U0312163

当代杰出青年科学文库

地球重力场天基测量理论及其内编队实现方法

张育林　王兆魁　刘红卫　著

科学出版社
北　京

内 容 简 介

本书系统讲述地球重力场天基测量的解析理论以及基于内编队系统的重力场测量实现方法,同时介绍与重力场测量相关的基础知识。天基重力场测量的解析理论包括绝对轨道摄动重力场测量、长基线和短基线相对轨道摄动重力场测量以及卫星编队重力场测量等不同测量方式下的分析方法。内编队重力场测量实现方法涉及内编队系统概述、内卫星纯引力轨道构造、内外卫星相对状态测量、内编队飞行控制技术等。全书内容丰富,体系完整,结构合理。

本书可供从事天基重力场测量技术研究的科研人员参考,也可作为高等院校航空宇航科学与技术相关专业研究生和高年级本科生的辅助教材。

图书在版编目 CIP 数据

地球重力场天基测量理论及其内编队实现方法 / 张育林,王兆魁,刘红卫著.—北京:科学出版社,2018.03
(当代杰出青年科学文库)
ISBN 978-7-03-054827-6

Ⅰ.①地⋯ Ⅱ.①张⋯②王⋯③刘⋯ Ⅲ.①航空重力测量-研究 Ⅳ.①P223

中国版本图书馆 CIP 数据核字(2017)第 255002 号

责任编辑:孙伯元 王 苏 / 责任校对:桂伟利
责任印制:师艳茹 / 封面设计:陈 敬

科 学 出 版 社 出版
北京东黄城根北街 16 号
邮政编码:100717
http://www.sciencep.com

河北鹏润印刷有限公司 印刷
科学出版社发行 各地新华书店经销

*

2018 年 3 月第 一 版 开本:720×1000 1/16
2018 年 3 月第一次印刷 印张:44 3/4 彩插:8
字数:890 000
定价:245.00 元
(如有印装质量问题,我社负责调换)

前　　言

重力场是地球的基本物理场,反映了地球内部的物质分布及其运动。通过对重力场的高精度测量,可以推测地球内部构造,用于指导地球科学研究、地质灾害预报和矿产资源勘探,并为运载火箭、洲际导弹等飞行器中的高精度惯性导航提供极其重要的校正数据。因此,高精度、高分辨率的重力场模型是国家重要的战略信息资源,重力场测量理论与方法研究历来受到各国的高度重视。

重力场研究始于 16 世纪,伽利略通过观测自由落体运动,进行了世界上第一次重力观测试验。1687 年,牛顿根据万有引力定律和地球自转,得出地球是两极略扁、赤道略突的旋转椭球。此后,惠更斯、勒让德、斯托克斯、莫洛金斯基等学者的研究,逐步奠定了地球重力场测量的理论基础。随着技术的不断进步,出现了地面重力测量、海洋重力测量、航空重力测量和卫星重力测量等多种手段。其中,卫星重力测量又称为天基重力场测量,它是随着 20 世纪 60 年代航天技术的发展而出现的测量方式,以卫星为测量载体,具有全天候、全球覆盖、不受地缘政治和地理环境影响等突出优势,是获取全球重力场模型的最有效手段。21 世纪以来,以CHAMP、GRACE、GOCE 重力卫星为标志,天基重力场测量技术逐渐成熟,实现了从理论到工程应用的巨大飞跃,极大地改善了全球重力场模型的精度和分辨率。同时,国内相关高校、研究所和工业部门相继开展了天基重力场测量的基础理论和实现方法研究,取得了丰硕的成果。

2006 年以来,作者围绕天基重力场测量基础理论问题,创新性地提出了基于内编队的天基重力场测量方法,给出了一种不依赖于加速度计的重力卫星实施新途径。针对天基重力场测量任务分析与设计,首次系统地建立了天基重力场测量解析分析方法,包括绝对轨道摄动重力场测量、长基线相对轨道摄动重力场测量、短基线相对轨道摄动重力场测量和卫星编队重力场测量等方式,并发现了不同测量方式之间的内在联系和统一描述方法,是天基重力场测量理论研究的重大进展,可为我国重力卫星任务顶层规划与设计提供技术支撑。在天基重力场测量实现方法研究上,针对自主提出的内编队系统,作者系统研究了基于内卫星纯引力轨道构造的重力信息获取技术,包括内卫星非引力干扰建模与抑制、内外卫星相对状态测量、纯引力轨道飞行控制等,构建了内编队重力场测量的理论与方法。

本书是作者在天基重力场测量方面研究的系统总结,包括天基重力场测量的解析理论体系、内编队重力场测量实现方法以及卫星精密定轨、卫星轨道动力学、卫星编队飞行、地球重力场等相关的理论基础,共 15 章。

第 1 章是绪论，介绍地球重力场测量的重要意义和基本方法，针对天基重力场测量，论述了其发展历史、研究现状和未来趋势，使读者能够从整体上把握天基重力场测量的发展脉络。

第 2 章是地球形状与地球重力场，着重介绍地球重力场的基本概念及其数学表示，以及现有重力场模型状况。第 3 章介绍勒让德多项式、缔合勒让德多项式和球谐函数等与重力场相关的数学基础。第 4 章是卫星轨道动力学基础，介绍卫星轨道运动的基本规律，分析地球引力对卫星绝对轨道以及相对轨道的摄动影响，使读者明白基于卫星绝对运动或相对运动反演重力场的物理依据。

精密定轨是天基重力场测量的基本条件和关键技术，第 5 章详细介绍基于 GPS 的卫星精密定轨方法。第 6～8 章分别针对三种天基重力场测量方式，利用频谱分析方法，建立重力场测量性能的解析分析方法，并据此提出天基重力场测量轨道参数、载荷指标的优化设计方法。第 9 章研究三种天基重力场测量的本质规律，深入揭示绝对轨道摄动重力场测量、长基线和短基线相对轨道摄动重力场测量的内在联系，建立天基重力场测量的统一描述方法。

第 10 章介绍卫星编队动力学的相关知识，为后面基于卫星编队的重力场测量研究提供理论基础。第 11 章建立卫星编队重力场测量的解析模型，并提出重力场测量卫星编队的构形优化设计和载荷匹配设计方法，为卫星编队重力场测量任务最优设计奠定了理论基础。

第 12 章介绍基于天基观测的地球重力场反演理论，使读者理解从各种重力卫星观测数据到高精度重力场模型获取的原理和方法。

第 13 章介绍作者自主提出的内编队重力场测量系统，包括内编队的系统组成、测量原理、任务目标、参数设计、内外卫星设计等。第 14、15 章介绍内卫星纯引力轨道构造方法，具体包括内卫星非引力干扰建模与抑制方法、内外卫星相对状态测量方法、内卫星纯引力轨道飞行控制技术等。

本书的研究工作得到了国家自然科学基金（11002076；11572168）、国家高分辨率对地观测系统重大专项和总装备部装备预先研究项目的资助，除作者外，谷振丰博士、党朝辉博士也为相关研究做出了重要贡献，在此一并表示感谢！

由于作者水平有限，书中不妥之处在所难免，敬请批评指正。

作　者
2017 年 1 月

目　　录

第1章　绪论 ……………………………………………………………………… 1

1.1　地球重力场测量的意义 ……………………………………………… 1

1.1.1　地球科学研究 ………………………………………………… 1

1.1.2　地质灾害预报 ………………………………………………… 2

1.1.3　矿产资源勘探 ………………………………………………… 3

1.1.4　高精度惯性导航 ……………………………………………… 3

1.2　地球重力场测量方法 …………………………………………………… 4

1.2.1　地面重力测量 ………………………………………………… 4

1.2.2　航空重力测量 ………………………………………………… 4

1.2.3　海洋重力测量 ………………………………………………… 5

1.2.4　天基重力测量 ………………………………………………… 5

1.3　天基重力场测量的发展历程与现状 ………………………………… 5

1.3.1　天基重力场测量的基本方法 ………………………………… 5

1.3.2　绝对轨道摄动重力场测量 …………………………………… 10

1.3.3　长基线相对轨道摄动重力场测量 …………………………… 15

1.3.4　短基线相对轨道摄动重力场测量 …………………………… 21

1.3.5　典型重力卫星系统 …………………………………………… 23

1.4　天基重力场测量的发展趋势 ………………………………………… 38

参考文献 ………………………………………………………………… 45

第2章　地球形状与地球重力场 ……………………………………………… 55

2.1　地球的形状和运动 …………………………………………………… 55

2.1.1　地球的形状和内部结构 ……………………………………… 55

2.1.2　地球自转和公转 ……………………………………………… 57

2.1.3　地球的基本参数 ……………………………………………… 59

2.2　地球重力场 …………………………………………………………… 60

2.2.1　重力的概念 …………………………………………………… 60

2.2.2　地球引力位的球谐展开 ……………………………………… 62

2.2.3　引力位函数的基本性质 ……………………………………… 66

2.2.4　正常地球与正常重力场 ……………………………………… 69

2.2.5　地球重力场测量中的指标量 ………………………………… 76

2.3　全球重力场模型 ··· 77

　2.3.1　全球重力场模型概述 ····································· 77

　2.3.2　SE 重力场模型 ·· 84

　2.3.3　GEM 重力场模型 ··· 84

　2.3.4　OSU 重力场模型 ··· 84

　2.3.5　TEG 重力场模型 ··· 85

　2.3.6　JGM 重力场模型 ··· 85

　2.3.7　GRIM 重力场模型 ·· 86

　2.3.8　EGM96 和 EGM2008 重力场模型 ···················· 86

　2.3.9　ITG 重力场模型 ··· 86

　2.3.10　GGM 重力场模型 ·· 87

　2.3.11　TUM 重力场模型 ·· 87

　2.3.12　EIGEN 重力场模型 ······································ 87

　2.3.13　IGG 重力场模型 ··· 87

　2.3.14　DQM 重力场模型 ·· 87

　2.3.15　WDM 重力场模型 ·· 88

　2.3.16　不同重力场模型的性能评估 ··························· 88

参考文献 ·· 94

第3章　地球重力场测量的数学基础 ································· 103

3.1　勒让德多项式与球谐函数 ······························· 103

　3.1.1　勒让德方程 ·· 103

　3.1.2　勒让德多项式 ··· 104

　3.1.3　缔合勒让德多项式 ·· 106

　3.1.4　球谐函数 ··· 107

3.2　缔合勒让德函数导数的去奇异性计算 ·················· 107

3.3　直角坐标系下的引力位函数及其偏导数 ··············· 110

3.4　微分方程组的数值解法 ··································· 127

　3.4.1　单步法 ··· 127

　3.4.2　多步法 ··· 132

3.5　大型线性代数方程组解法 ······························· 134

　3.5.1　线性方程组的直接解法 ··································· 135

　3.5.2　线性方程组的迭代解法 ··································· 140

参考文献 ·· 142

第4章　卫星轨道动力学基础 ··· 143

4.1　引言 ·· 143

4.2　时间系统及其转换 ··· 143
　　4.2.1　太阳时 ··· 144
　　4.2.2　世界时 ··· 144
　　4.2.3　恒星时 ··· 145
　　4.2.4　历书时 ··· 146
　　4.2.5　国际原子时 ··· 146
　　4.2.6　力学时 ··· 146
　　4.2.7　世界协调时 ··· 147
　　4.2.8　GPS 时 ·· 148
　　4.2.9　儒略日 ··· 148
4.3　坐标系统及其转换 ··· 149
　　4.3.1　坐标系定义 ··· 149
　　4.3.2　地心惯性坐标系和地球固连坐标系的转换 ······················· 150
　　4.3.3　地球固连坐标系和局部指北坐标系的转换 ······················· 154
　　4.3.4　地心惯性坐标系和轨道坐标系的转换 ··························· 154
4.4　二体问题 ··· 154
　　4.4.1　运动方程 ··· 154
　　4.4.2　面积积分 ··· 156
　　4.4.3　轨道积分 ··· 158
　　4.4.4　活力积分 ··· 161
　　4.4.5　近地点时间积分 ··· 163
4.5　卫星轨道描述 ··· 167
　　4.5.1　卫星轨道根数定义 ··· 167
　　4.5.2　由卫星轨道根数计算位置速度 ··································· 169
　　4.5.3　由卫星位置速度计算轨道根数 ··································· 170
4.6　卫星摄动运动方程 ··· 172
　　4.6.1　高斯型摄动运动方程 ··· 172
　　4.6.2　拉格朗日型摄动运动方程 ······································· 177
4.7　重力卫星的受力模型 ··· 179
　　4.7.1　地球中心引力 ··· 180
　　4.7.2　地球非球形摄动力 ··· 180
　　4.7.3　大气阻力 ··· 182
　　4.7.4　太阳光压 ··· 182
　　4.7.5　日、月及行星引力 ··· 183
　　4.7.6　潮汐摄动和地球自转形变摄动 ··································· 183

　　　　4.7.7　地球辐射压 ·· 184

　　　　4.7.8　广义相对论效应 ·· 185

　　　　4.7.9　经验摄动力 ·· 185

　　4.8　以轨道根数表示的地球非球形引力摄动位 ·················· 185

　　4.9　地球引力场引起的轨道摄动特征 ·························· 191

　　参考文献 ·· 193

第 5 章　重力卫星精密轨道确定方法 ······························ 194

　　5.1　卫星精密轨道跟踪系统 ·································· 194

　　　　5.1.1　DORIS ·· 194

　　　　5.1.2　SLR ··· 196

　　　　5.1.3　PRARE ··· 196

　　　　5.1.4　GNSS ·· 198

　　　　5.1.5　不同卫星轨道跟踪系统的比较 ······················ 203

　　5.2　GPS 观测方程 ·· 204

　　　　5.2.1　伪距观测 ·· 204

　　　　5.2.2　载波相位观测 ·· 205

　　　　5.2.3　多普勒观测 ·· 206

　　　　5.2.4　GPS 观测模型的一般形式 ··························· 207

　　　　5.2.5　GPS 观测模型的线性化 ····························· 208

　　5.3　GPS 观测方程的偏导数 ·································· 209

　　　　5.3.1　几何距离对 GPS 接收机状态矢量的偏导数 ········· 209

　　　　5.3.2　几何距离对 GPS 卫星状态矢量的偏导数 ··········· 210

　　　　5.3.3　多普勒观测量的偏导数 ······························ 210

　　　　5.3.4　钟差对其参数的偏导数 ······························ 211

　　　　5.3.5　对流层改正项对其参数的偏导数 ···················· 212

　　　　5.3.6　相位观测量模糊度参数的偏导数 ···················· 212

　　5.4　GPS 观测数据的组合与差分 ···························· 212

　　　　5.4.1　GPS 观测数据组合的一般形式 ····················· 212

　　　　5.4.2　宽巷组合和窄巷组合 ································· 213

　　　　5.4.3　无电离层延迟组合 ···································· 214

　　　　5.4.4　电离层残差组合 ······································ 215

　　　　5.4.5　Melbourne-Wubbena 观测值 ······················· 215

　　　　5.4.6　GPS 载波相位差分观测值 ························· 216

　　5.5　星载 GPS 精密定轨方法 ································ 219

　　　　5.5.1　运动学方法 ·· 219

　　　5.5.2　动力学方法 ·· 219

　　　5.5.3　简化动力学方法 ··· 221

　　　5.5.4　卫星定轨精度分析 ··· 221

　5.6　重力卫星精密定轨的工程技术条件 ·· 223

　　　5.6.1　GPS 接收机时钟精度 ·· 223

　　　5.6.2　GPS 接收机天线安装及其相位中心确定 ····················· 224

　　　5.6.3　重力卫星姿态测量精度 ·· 224

　　　5.6.4　IGS 全球观测数据获取能力 ·· 224

　　　5.6.5　SLR 激光反射镜的安装精度 ······································· 224

　　　5.6.6　基于地面激光测距站的卫星定轨精度检验能力 ············ 225

　参考文献 ·· 225

第 6 章　绝对轨道摄动重力场测量机理建模与任务设计方法 ·········· 227

　6.1　绝对轨道摄动重力场测量的基本原理 ···································· 227

　6.2　绝对轨道摄动重力场测量性能的解析建模 ······························ 229

　6.3　利用大规模数值模拟验证重力场测量解析模型 ······················· 236

　　　6.3.1　绝对轨道摄动重力场测量性能数值模拟 ······················ 236

　　　6.3.2　绝对轨道摄动重力场测量性能的解析模型校正 ············· 238

　　　6.3.3　校正后的绝对轨道摄动重力场测量性能解析模型验证 ····· 241

　6.4　任务参数对绝对轨道摄动重力场测量的影响分析 ···················· 244

　　　6.4.1　任务参数对重力场测量性能影响程度的分析模型 ··········· 244

　　　6.4.2　非引力干扰、定轨误差改变量对应的等效轨道高度改变量比较 ··· 246

　　　6.4.3　非引力干扰、采样间隔改变量对应的等效轨道高度改变量比较 ··· 248

　　　6.4.4　定轨误差、采样间隔改变量对应的等效轨道高度改变量比较 ··· 251

　　　6.4.5　任务参数对应的等效轨道高度改变量比较 ···················· 254

　6.5　绝对轨道摄动重力场测量任务优化设计方法 ·························· 256

　　　6.5.1　重力场测量任务参数的影响规律 ································· 257

　　　6.5.2　绝对轨道摄动重力场测量任务参数的优化设计方法 ········ 260

　6.6　典型重力卫星任务轨道与数据产品 ······································ 261

　　　6.6.1　CHAMP 卫星任务轨道 ··· 261

　　　6.6.2　CHAMP 卫星重力场测量数据产品及性能分析 ·············· 266

　参考文献 ·· 274

第 7 章　长基线相对轨道摄动重力场测量机理建模与任务设计方法 ··· 276

　7.1　长基线相对轨道摄动重力场测量机理 ···································· 276

　7.2　长基线相对轨道摄动重力场测量的解析建模 ·························· 277

　　　7.2.1　长基线相对轨道摄动重力场测量的能量守恒方程 ··········· 277

　　7.2.2　两个引力敏感器地心距之差与相对距离变化率的关系 ············ 280

　　7.2.3　两个引力敏感器相对距离变化率的数学表达式 ·············· 282

　　7.2.4　长基线相对轨道摄动重力场测量性能的解析模型 ············ 284

　　7.2.5　长基线相对轨道摄动重力场测量解析模型的验证 ············ 291

　7.3　长基线相对轨道摄动重力场测量任务轨道与载荷匹配设计方法 ··· 292

　　7.3.1　轨道高度的优化选择 ································ 292

　　7.3.2　引力敏感器相对距离的优化选择 ···················· 293

　　7.3.3　相对距离变化率测量误差、非引力干扰和定轨误差的优化选择 ··· 296

　　7.3.4　观测数据采样间隔的选择 ··························· 297

　　7.3.5　总任务时间的确定 ································ 298

　7.4　典型重力卫星任务轨道与数据产品 ······················ 298

　　7.4.1　GRACE卫星任务轨道 ····························· 298

　　7.4.2　GRACE卫星重力场测量数据产品及性能分析 ············· 303

　参考文献 ··· 311

第8章　短基线相对轨道摄动重力场测量机理建模与任务设计方法 ········ 313

　8.1　局部指北坐标系下的重力梯度表示 ······················ 313

　8.2　径向短基线相对轨道摄动重力场测量的解析建模 ············· 315

　8.3　迹向短基线相对轨道摄动重力场测量的解析建模 ············· 319

　8.4　轨道面法向短基线相对轨道摄动重力场测量的解析建模 ········ 321

　8.5　短基线相对轨道摄动重力场测量的解析模型 ··············· 322

　8.6　短基线相对轨道摄动重力场测量任务优化设计方法 ··········· 323

　　8.6.1　短基线相对轨道摄动重力场测量任务参数的影响规律 ······· 323

　　8.6.2　短基线相对轨道摄动重力场测量任务参数的优化设计方法 ····· 329

　8.7　典型重力卫星任务轨道与数据产品 ······················ 330

　　8.7.1　GOCE卫星任务轨道 ····························· 330

　　8.7.2　GOCE卫星重力场测量数据产品及性能分析 ············· 333

　参考文献 ··· 343

第9章　三种天基重力场测量方法的内在联系及统一描述 ·············· 345

　9.1　概述 ·· 345

　9.2　绝对和迹向长基线相对轨道摄动重力场测量的内在联系 ········ 345

　　9.2.1　绝对和长基线相对轨道摄动重力场测量内在联系的定性分析 ··· 345

　　9.2.2　长基线相对轨道摄动到绝对轨道摄动重力场测量参数的变换 ··· 346

　　9.2.3　绝对轨道摄动到长基线相对轨道摄动重力场测量参数的变换 ··· 351

　9.3　长基线和短基线相对轨道摄动重力场测量的内在联系 ········· 354

　　9.3.1　迹向长基线、短基线相对轨道摄动重力场测量参数的转换 ······· 354

9.3.2　法向长基线、短基线相对轨道摄动重力场测量参数的转换 ················ 365

9.3.3　径向长基线、短基线相对轨道摄动重力场测量参数的转换 ················ 365

9.4　径向和迹向短基线相对轨道摄动重力场测量的内在联系 ·············· 368

9.5　天基重力场测量的统一描述体系 ·············· 369

第 10 章　卫星编队动力学基础 371

10.1　卫星编队飞行 ·············· 371

10.1.1　卫星编队飞行的概念 ·············· 371

10.1.2　卫星编队飞行的优势 ·············· 373

10.1.3　卫星编队任务与计划 ·············· 374

10.2　基于动力学方法的卫星相对运动分析 ·············· 379

10.2.1　圆参考轨道下的卫星相对运动模型 ·············· 380

10.2.2　椭圆参考轨道下的相对运动模型 ·············· 384

10.2.3　考虑 J_2 摄动的卫星相对运动模型 ·············· 387

10.2.4　考虑大气阻力摄动的卫星相对运动模型 ·············· 392

10.3　基于运动学方法的卫星相对运动分析 ·············· 397

10.4　卫星编队构形设计方法 ·············· 401

10.5　典型的重力场测量卫星编队构形 ·············· 403

参考文献 ·············· 408

第 11 章　卫星编队重力场测量解析建模与性能最优设计方法 ·············· 414

11.1　卫星编队重力场测量的基本概念 ·············· 414

11.2　卫星编队重力场测量性能的解析模型 ·············· 415

11.3　重力场测量卫星编队构形优化设计与载荷匹配设计方法 ·············· 419

11.3.1　卫星编队任务参数对重力场测量性能的影响规律 ·············· 419

11.3.2　卫星编队重力场测量的约束条件 ·············· 432

11.3.3　重力场测量卫星编队构形优化设计方法 ·············· 433

11.3.4　重力场测量卫星编队载荷匹配设计方法 ·············· 437

11.4　重力场测量卫星编队构形长期自然维持策略 ·············· 437

11.5　卫星编队重力场测量的基本构形 ·············· 440

11.6　设计案例:面向地震研究的天基重力场测量任务设计 ·············· 443

11.6.1　重力场测量任务的目标 ·············· 443

11.6.2　重力场测量任务的工程约束 ·············· 443

11.6.3　综合多种观测手段的重力场测量任务优化设计 ·············· 444

11.6.4　卫星编队重力场测量任务设计结果 ·············· 449

参考文献 ·············· 450

第 12 章　基于天基观测的地球重力场反演理论 ················· 451

12.1　概述 ··· 451

12.2　绝对轨道摄动重力场反演的数学模型 ················· 452

　　12.2.1　Kaula 线性摄动法 ··························· 452

　　12.2.2　能量守恒法 ······························· 456

　　12.2.3　动力学方法 ······························· 459

　　12.2.4　短弧边值法 ······························· 467

　　12.2.5　加速度法 ································· 470

12.3　长基线相对轨道摄动重力场反演的数学模型 ··········· 474

　　12.3.1　Kaula 线性摄动法 ··························· 474

　　12.3.2　能量守恒法 ······························· 477

　　12.3.3　动力学方法 ······························· 479

　　12.3.4　短弧边值法 ······························· 482

　　12.3.5　加速度法 ································· 486

12.4　短基线相对轨道摄动重力场反演的数学模型 ··········· 488

12.5　卫星编队重力场反演的数学模型 ··················· 489

12.6　重力场测量观测方程中引力位系数的排列 ············· 490

　　12.6.1　以阶数为主的位系数排列 ··················· 490

　　12.6.2　以次数为主的位系数排列 ··················· 492

参考文献 ··· 493

第 13 章　内编队重力场测量系统 ··························· 495

13.1　内编队纯引力轨道构造与重力场测量 ··············· 495

13.2　内编队重力场测量系统概述 ······················· 496

　　13.2.1　内编队系统组成 ··························· 496

　　13.2.2　内编队重力场测量任务目标 ················· 497

　　13.2.3　内编队系统任务参数设计 ··················· 497

13.3　内卫星 ··· 499

　　13.3.1　内卫星所处腔体环境 ······················· 499

　　13.3.2　内卫星参数 ······························· 500

　　13.3.3　金铱合金内卫星加工 ······················· 503

　　13.3.4　金铱合金的物理性能 ······················· 504

　　13.3.5　内卫星锁紧释放机构 ······················· 506

13.4　外卫星 ··· 509

　　13.4.1　外卫星结构 ······························· 509

　　　13.4.2　外卫星尾翼优化设计 ･･････････････････････････ 511

　　　13.4.3　外卫星热控对结构的要求 ････････････････････ 511

　参考文献 ･･ 513

第 14 章　内卫星非引力干扰建模与抑制方法 ･･････････ 514

　14.1　内卫星纯引力轨道飞行干扰源 ･･･････････････････ 514

　14.2　外卫星万有引力精确计算与摄动抑制方法 ･･･････ 515

　　　14.2.1　外卫星万有引力作用的物理规律 ･･････････ 516

　　　14.2.2　外卫星万有引力对内卫星纯引力轨道飞行的影响 ･･ 518

　　　14.2.3　基于质点假设的外卫星万有引力计算误差分析 ･･ 518

　　　14.2.4　基于 CAD 模型的外卫星万有引力计算方法 ･･････ 525

　　　14.2.5　基于质量特性的外卫星万有引力计算方法 ･･････ 528

　　　14.2.6　基于补偿质量块的外卫星万有引力抑制方法 ･･ 534

　　　14.2.7　基于外卫星自旋的万有引力抑制方法 ･･･････ 538

　　　14.2.8　外卫星万有引力摄动地面检验方法 ･･･････････ 541

　　　14.2.9　外卫星万有引力摄动在轨飞行验证方法 ･････ 542

　14.3　内卫星热噪声的数学模型与抑制方法 ･････････････ 549

　　　14.3.1　内卫星辐射计效应 ･････････････････････････ 549

　　　14.3.2　内卫星热辐射压力 ･････････････････････････ 556

　　　14.3.3　内卫星残余气体阻尼 ･･･････････････････････ 558

　　　14.3.4　内卫星辐射计效应和气体阻尼的耦合作用 ･･･ 559

　14.4　内卫星电磁非引力干扰分析与抑制 ･･･････････････ 568

　　　14.4.1　电磁干扰力建模 ･･････････････････････････ 568

　　　14.4.2　基于金铱合金的内卫星电磁干扰力抑制 ･･････ 569

　14.5　测量光压建模与抑制 ･････････････････････････････ 572

　14.6　宇宙射线撞击 ･･･････････････････････････････････ 573

　14.7　出气效应分析与抑制 ･････････････････････････････ 574

　14.8　内卫星非引力干扰综合分析 ･････････････････････ 575

　　　14.8.1　内卫星各非引力干扰汇总 ･･･････････････････ 575

　　　14.8.2　内卫星非引力干扰的量级排序及耦合性分析 ･･ 576

　参考文献 ･･ 579

第 15 章　内编队相对状态测量与飞行控制技术 ･･･････ 581

　15.1　概述 ･･･ 581

　15.2　内编队动力学建模与分析 ･･･････････････････････ 584

　　　15.2.1　内编队系统编队动力学模型 ･･････････････････ 584

15.2.2　内编队系统相对姿态动力学模型 ·················· 585

15.2.3　内编队摄动干扰力模型 ························· 586

15.3　内外卫星相对状态测量方法 ······················ 589

15.3.1　内外卫星相对状态测量的意义 ···················· 589

15.3.2　红外被动成像测量方法 ························· 589

15.3.3　基于光束能量的内外卫星相对状态测量方法 ············ 603

15.3.4　内外卫星相对状态确定的滤波方法 ················· 606

15.4　内编队飞行控制方法 ·························· 610

15.4.1　时变系统控制理论 ·························· 610

15.4.2　内编队非线性控制算法设计 ···················· 611

15.4.3　仿真计算及分析 ··························· 616

15.5　内编队系统姿态轨道一体化控制方法 ·················· 618

15.5.1　基于微推力器组合的姿轨一体化控制总体方案 ··········· 619

15.5.2　姿轨一体化控制算法设计 ······················ 621

15.5.3　姿轨一体化推力分配算法设计 ···················· 622

15.5.4　仿真计算及分析 ··························· 623

参考文献 ································· 625

附录 A　内符合标准下的全球重力场模型性能 ·············· 628

附录 B　缩写词 ····························· 697

索引 ·································· 701

彩图

第1章 绪 论

1.1 地球重力场测量的意义

重力场是地球内部物质分布和地球旋转运动的反映,决定了地球内部及其周围的诸多物理事件[1]。地球重力场是大地测量学、地球物理学、大气学、海洋学、冰川学等地球科学研究的基础信息[2],广泛应用于自然灾害预报、矿产资源勘探、大型工程实施等国民经济和社会发展的重要方面,同时是洲际导弹远程精确打击、潜射导弹发射、水下重力匹配导航、天基武器精密定轨等军事行动的必要信息[3,4]。由此可见,重力场是地球空间极为重要的基础物理信息,也是关系国民经济社会发展和国防安全的重要战略信息。

因此,重力场测量历来为世界各国高度重视,其测量手段从地面重力测量逐步发展到航空重力测量、海洋重力测量和卫星重力测量,获取了精度、分辨率越来越高的重力场模型,尤其是基于卫星观测数据得到的全球高精度重力场模型,有力地推动了地球科学研究、自然灾害预报、矿产资源勘探、高精度武器装备建设等方面的快速发展。

1.1.1 地球科学研究

地球科学研究涉及的范围很广,包括大地测量学、地球物理学、地质学、大气学、海洋学、冰川学、水文学等。这些学科研究与地球相关的各种自然现象,其中高精度重力场模型是重要的基础信息。地球科学研究对重力场模型的需求如表1.1所示[5]。随着重力测量技术的发展,获取的重力场模型精度、空间分辨率、时间分辨率均大幅提高,极大地推动了地球科学研究的发展。根据由卫星重力测量得到的高精度时变全球重力场模型,可以分析地表和地下水资源的运动变化,从而使水文学研究的空间尺度从传统的数十公里扩展到局部区域甚至全球尺度[6]。文献[7]将卫星重力测量数据引入地球动力学研究,解决了长期困扰的大陆构造动力学中的边界条件选取问题。文献[8]基于卫星重力观测数据建立了全球地貌动力学模型,显示了全球海洋稳态环流的基本特征。文献[9]和文献[10]利用重力测量数据首次得到了南极、格陵兰冰盖质量的变化趋势,为准确掌握全球冰川增融变化提供了第一手资料。同时,重力测量数据为研究地球内部的质量分布、质量迁移提供了重要的手段[11]。更多的文献表明,重力场测量为地球科学研究提供了基本科学数据和研究手段，是其不断发展、不断进步的推动力。

表 1.1　地球科学研究对地球重力场模型的需求

科学领域		空间分辨率 需求/km	时变需求	大地水准面和 重力异常需求	备注
固体地球物理学	冰川均衡调整	>500	$10^4 \sim 10^5$ 年	$1 \sim 10 \mu m/$年	总的大地水准面变化为 $1 \sim 2 mm/$年
	地震	局部区域	瞬时～几十年	$0.1 \sim 1mm$	需要实时监测
	板块构造、地幔运动、火山构造	>10	瞬时，百年	$<1mm/$年	需要实时监测
	地核运动	>5000	$10s \sim 18$ 年	$1nGal \sim 1\mu Gal$	
水文学	地面水迁移、土壤湿度等	$10 \sim 5000$	$1h \sim$ 百年	$0.5 \sim 1mm$	对空间分辨率的要求比对精度的要求更高
海洋学	海水流动、地形测量	$20 \sim 50$	准静态	$5 \sim 10mm$	
	大陆架测定	$10 \sim 50$	准静态	$5 \sim 10mm$	
	海洋涡流	$10 \sim 100$	准静态	$5 \sim 10mm$	
	海水深度测量	$1 \sim 10$	静态	—	
	海盆质量迁移	$1000 \sim 5000$	数月～几十年	$10mm$	
	海底地形变化	$10 \sim 200$	数月～几十年	$0.1 \sim 1mm$	
	全球海平面监测	>2000	数年～数百年	$0.1mm/$年	需要实时监测
冰川学	冰层质量变化	$100 \sim 4000$	季节性	$<0.01mm/$年	需要实时监测
	冰层底部地形	$20 \sim 50$	准静态	$0.01 \sim 0.1mGal$	
	海冰表面	$10 \sim 100$	静态	$100mm$	
大地测量学	全球定位	$20 \sim 50$	静态	$5 \sim 20mm$	
	惯性导航	$5 \sim 10$	静态	$0.1mGal$	需要结合地面测量数据

注：$1Gal = 1cm/s^2$。

1.1.2　地质灾害预报

地球重力场可以反映地球板块的内部构造及其运动，并与地表附近大气、水文、洋流等运动密切相关，因此，基于高精度重力场模型可以进行地震、洪水、台风等自然灾害预测。文献[12]研究了 2011 年日本东北部海域地震前 3 个月的海洋重力测量数据，发现了该区域的重力异常变化，并分析指出这一变化是由海底隆起或板块断面处的密度增加引起的。文献[13]分析了 2010～2012 年川西地区的局部重力场变化，并指出该变化是 2013 年 4 月 20 日四川省芦山县 7.0 级地震孕育过程的反映。这些研究表明,基于高精度的重力场测量数据有可能实现地震的中长期预报。文献[14]以 2011 年发生的密苏里河洪水为例,说明根据卫星测量的时变重力数据可以确定该流域的水储量,包括冰雪、地表水、土壤水和地下水等,进而以此判断该区域出现洪水的可能性。在这一研究中,洪水的预测时间可以提前 5～11 个月。文献[15]揭示了大气活动中心、热带气旋多发区、高原低涡新生区与重力异常的关系,为基于高精度重力场模型的气候灾害预警提供了理论依据。文献[16]研究了在福建测量的重力固体潮资料,提取出其中的高频台风扰动,并指出台风中心距离测量点越近、风速越大、气压越低,重力固体潮的扰动越明显。这说明,根据重力固体潮资料可以实现对台风形成、移动、强弱变化的监测。

1.1.3 矿产资源勘探

高精度的重力场模型可以用于矿产资源勘探。地下物质密度的不均匀会引起地表重力异常,通过重力测量并进行异常分析,可以得到地质构造的几何参数、物性参数和密度分界面,从而用于勘探地下油、气、水、矿藏等。文献[17]提出了一种针对大、中型油田的高精度重力勘探方法,所探测的油田深度为 2000～3000m。文献[18]研究了我国境内剩余重力异常与金属矿藏分布之间的关系,为寻找金属矿藏提供了丰富的预测信息。

1.1.4 高精度惯性导航

作为重要的战略信息资源,高精度、高分辨率重力场模型在现代战争中的地位和作用日益凸显。洲际导弹远程精确打击、运载火箭发射、潜艇重力匹配导航、天基武器精密定轨等均离不开重力场模型的支持。

对于射程为 10000km 以上、要求命中精度为数百米的洲际弹道导弹,扰动重力和垂线偏差是影响落点误差的重要因素,它们引起的落点误差分别为 800m 和 900m。为了提高洲际弹道导弹的落点精度,需要给导弹的制导系统输入扰动重力场参数,用于校正导弹对预定轨道的偏离[19]。

在运载火箭的发射过程中,存在地面附近的低速飞行阶段。这时,火箭制导系统对重力场高频部分特别敏感,由此引起的加速度误差将累积成速度误差,使卫星入轨点与设计值相比出现偏差,甚至可能造成卫星入轨失败。获取发射场附近精确的重力场模型,对保证发射任务顺利实施、确保卫星精确入轨至关重要[20]。

潜艇重力匹配导航通过对比高精度、高分辨率重力场模型数据和海洋重力仪的实测值,给出潜艇的导航信息。重力匹配导航是一种无源的导航技术,可以克服传统水下惯导系统运行一段时间后需要外部校准的弱点,对增强潜艇水下活动的隐蔽性具有极其重要的军事意义[21,22]。另外,天基武器精密轨道的确定也离不开高精度重力场模型的支持[23]。

所以,开展高精度、高分辨率地球重力场测量,是推动地球科学研究的根本需求,是促进国民经济与社会发展的迫切需要,也是提高军事技术水平、适应现代战争的现实要求。

1.2　地球重力场测量方法

根据测量载体的不同,地球重力场测量可以分为地面重力测量[24]、航空重力测量[25]、海洋重力测量[26]和天基重力测量[27]等,如图 1.1 所示。

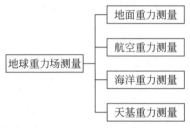

图 1.1　地球重力场测量的方法

1.2.1　地面重力测量

地面重力测量分为绝对重力测量和相对重力测量。绝对重力测量直接获取当地重力加速度值。相对重力测量获取当地重力与基准点重力之差。根据地面重力测量结果,可以反演得到引起该区域重力变化的地下物质密度分布、形态等信息[28]。地面重力测量可得到重力场的高频信息,但是效率低,且测量范围局限于陆地上的部分区域。

1.2.2　航空重力测量

航空重力测量是基于机载重力仪、定位传感器的空中重力测量。利用机载重力仪测量得到采样点的加速度,该加速度包含了引力加速度和飞机相对惯性空间的运动加速度。利用飞机和地面站同步接收全球定位系统(global position system,GPS)信号,差分处理后得到机载重力仪的运动加速度。将机载重力仪加速度测量值与机载 GPS 得到的垂向加速度测量值作差,得到采样点的重力加速度,进而得到地球重力信息。航空重力测量分为航空标量重力测量、航空矢量重力测量、航空重力梯度测量等三种方式,具有测量速度快、覆盖范围大等优势,可以在地面重力测量、海洋重力测量无法到达的地域进行测量[29],如南极洲和格陵兰岛等[30,31]。航空重力测量的空间分辨率可达 1km,重力异常精度可达 0.5mGal[32]。

1.2.3　海洋重力测量

海洋重力测量是地面重力测量的延伸,通常将重力仪安装在舰船或潜艇内进行重力加速度测量,并剔除海浪起伏、航行速度、机器振动、海流等因素的影响,得到连续的重力观测值,以此反演海洋重力场,其空间分辨率为 1~2km,重力异常精度为 1~2mGal[32]。由于海洋面积占全球面积的 71%,海洋重力测量是地球重力测量的重要手段。

1.2.4　天基重力测量

天基重力测量即天基重力场测量,在文献中也称为卫星重力测量或卫星重力场测量,它是指以卫星为载体的地球重力场测量,分为基于几何观测量和物理观测量的测量方式。前者主要指卫星测高,它利用星载雷达测高仪或激光测高仪,确定卫星与其海面星下点的几何距离,然后根据已知的卫星轨道和仪器校正、海面校正、对流层折射校正、电离层效应校正等各种校正,得到海洋大地水准面高,从而确定海洋重力场[33]。由于水对测量脉冲具有良好的反射性,而陆地的反射性较差,因此卫星测高仅适用于海洋区域。卫星测高的重力场测量空间分辨率为 10km,大地水准面误差为 5~10cm[1,32]。基于物理观测的天基重力场测量的理论依据是牛顿第二定律,通过观测卫星在重力场作用下的绝对或相对运动轨道,提取其中的引力信息,实现全球重力场模型恢复。相比其他重力场测量方式而言,基于物理观测量的天基重力场测量具有全球覆盖、全天候、不受地缘政治和地理环境影响等独特优势,受到了越来越多的重视,在理论研究和工程实践中均取得了长足发展,已成为获取全球重力场模型的最有效手段,并不断地引入新理论、新技术和新方法,引领着全球重力测量的发展方向。

1.3　天基重力场测量的发展历程与现状

1.3.1　天基重力场测量的基本方法

在仅存在地球引力的条件下,卫星沿纯引力轨道运行,其运动轨迹反映了地球重力场特征。根据牛顿运动定律可知,通过确定单个卫星的纯引力轨道绝对量或两个卫星纯引力轨道的相对量,可以反求重力场模型。但是,实际卫星运动会受到大气阻力、太阳光压、三体引力等非地球引力摄动的影响,这样,卫星轨道绝对量或相对量的观测值中混入了非地球引力的影响,从而阻碍了地球重力场模型的精确反演。因此,天基重力场测量的关键在于精确地敏感非地球引力信号,并将其从重力观测数据中剔除。

　　为了便于研究天基重力场测量并对其进行分类,这里引入天基引力敏感器的概念,它是指在空间中沿纯地球引力轨道运行,或虽然不沿纯地球引力轨道运行但是具备非引力干扰测量能力,从而经过处理可以得到纯引力轨道数据的卫星或卫星部件,通过对这些卫星或卫星部件的观测可以反演重力场。

　　根据引力信号获取方式的不同,天基引力敏感器有两种实现模式,分别是内编队模式和加速度计模式。内编队模式的核心是屏蔽非引力干扰,其中的内卫星作为引力敏感器,飞行在外卫星腔体中。外卫星屏蔽了大气阻力、太阳光压等外部干扰对内卫星的影响,并通过合理的物理参数设计,严格抑制内卫星在腔体中受到的非引力干扰,如外卫星对内卫星的万有引力、辐射计效应、热辐射压力、气体阻尼、电磁干扰等。这样,内卫星沿纯引力轨道运行,通过对内卫星轨道的测量可以获取地球引力信号,如图1.2所示[34]。加速度计模式的核心是测量非引力干扰,整个卫星作为引力敏感器,其质心位置安装有高精度加速度计,可以精确地测量卫星受到的大气阻力、太阳光压等非引力干扰,从而可以从卫星绝对摄动轨道或相对摄动轨道的观测值中剔除其影响,得到纯引力作用下的绝对轨道数据或相对轨道数据,进而反演重力场,如图1.3所示[35]。对于这两种模式,当内卫星非引力干扰抑制精度和加速度计测量精度相同时,它们具有相同的引力敏感能力。

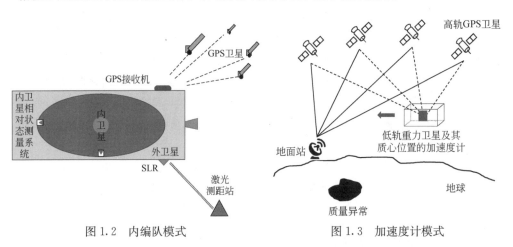

图1.2　内编队模式　　　　　　　　图1.3　加速度计模式

　　由此可见,天基重力场测量是通过引力敏感器获取地球重力场信号来实现的,地球重力场信号既可以反映在单个引力敏感器的绝对轨道摄动上,也可以反映在两个引力敏感器的相对轨道摄动上。根据观测数据的不同,天基重力场测量可以分为基于引力敏感器绝对轨道摄动的重力场测量(以下简称“绝对轨道摄动重力场测量”)、基于长基线上两个引力敏感器相对轨道摄动的重力场测量(以下简称“长基线相对轨道摄动重力场测量”)和基于短基线上两个引力敏感器相对轨道摄动的重力场测量(以下简称“短基线相对轨道摄动重力场测量”)。下面分别介绍其测量原理。

1. 绝对轨道摄动重力场测量

引力敏感器的绝对轨道摄动反映了地球重力场的影响,因而通过对引力敏感器绝对摄动轨道的观测可以反演重力场模型,其基本原理是牛顿第二定律,即根据运动轨迹确定动力学参数。可以利用地基摄影测量、多普勒测量或激光测量等手段测量引力敏感器摄动轨道,也可以利用高轨导航卫星确定引力敏感器摄动轨道。例如,1976 年 5 月 4 日发射的激光地球动力学卫星(laser geodynamics satellite, LAGEOS)就采用了地面激光测量方法来确定卫星轨道,如图 1.4 所示[36]。该卫星是一个直径为 60cm 的球体,表面有 426 个激光反射器,利用地面激光测距网对其进行跟踪,得到轨道摄动观测值,然后基于数学模型剔除非引力干扰的影响,从而恢复得到地球重力场模型[37,38]。挑战性小卫星有效载荷(challenging minisatellite payload,CHAMP)、内编队系统(inner-formation flying system,IFS)则利用 GPS 接收机实现卫星精密轨道确定,其精度为 5cm,如图 1.5 所示[34,39]。GPS 定轨具有全球覆盖、连续测量的优势,是目前重力卫星广泛采用的定轨方法。从形式上看,绝对轨道摄动重力场测量大多表现为高轨导航卫星对低轨引力敏感器的跟踪测量,因而很多文献将这种方式称为"高低跟踪重力场测量"。也有文献考虑这种重力场测量的观测数据是引力敏感器的绝对摄动轨道,将其称为绝对轨道摄动重力场测量[34]。相比之下,绝对轨道摄动重力场测量这一名称更能体现出其科学内涵,也便于与其他天基重力场测量方式相区分,因此本书采用该术语。

图 1.4 LAGEOS

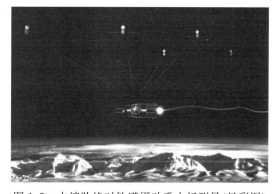

图 1.5 内编队绝对轨道摄动重力场测量(见彩图)

2. 长基线相对轨道摄动重力场测量

地球重力场会引起两个引力敏感器相对轨道的变化。根据牛顿运动定律可知,通过对引力敏感器相对轨道摄动的测量可以获取重力场模型。由轨道动力学可知,两个引力敏感器沿迹向形成的跟飞构形是长期自然维持的,而沿径向、轨道面法向的构形在物理上是不存在的,因而这里的长基线相对轨道摄动重力场测量的载体特指沿迹向跟飞的两个引力敏感器。对于这两个引力敏感器的星间测距,可以利用微波测距仪进行测量,其精度为微米级;也可以利用激光测距仪进行测量,其精度为纳米级。重力场恢复与气候实验(gravity recovery and climate experiment,GRACE)卫星采用了微波测量方式[40],如图 1.6 所示[41]。下一代重力卫星任务(next-generation gravimetry mission,NGGM)采用了激光测量方式,如图 1.7 所示[42]。无论采用微波星间测距还是激光干涉星间测距,其精度远高于绝对轨道摄动重力场测量中的定轨精度,因而和绝对轨道摄动重力场测量相比,长基线相对轨道摄动重力场测量可以大幅度提高测量性能。

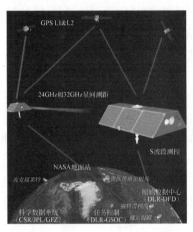
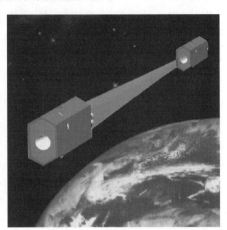

图 1.6　GRACE 卫星微波星间测距　　图 1.7　NGGM 激光星间测距

　　在长基线相对轨道摄动重力场测量中,为了便于敏感高阶引力信息,具备相对距离测量能力的两个引力敏感器通常位于低轨上。这样,从形式上看,长基线相对轨道摄动重力场测量表现为低轨上两个卫星的跟踪测量,因此也有文献将这种重力场测量方式称为低低跟踪重力场测量或星星跟踪重力场测量。图 1.8 以复合内编队系统为例,说明了长基线相对轨道摄动重力场测量的实现方法。

　　3. 短基线相对轨道摄动重力场测量

　　在长基线相对轨道摄动重力场测量中,星间基线长度在数十公里到数百公里范围内,如果将两个引力敏感器之间的测量基线缩短得足够小,以致它们的相对运动信息可以反映当地的重力梯度,那么就可以直接从重力梯度的观测方程出发,进行重力场反演。与长基线相对轨道摄动重力场测量相比,由于两个引力敏感器的距离非常小,它们所处的环境几乎完全相同,因此,它们的非引力干扰屏蔽或测量效果完全相同,因而其相对运动受非引力干扰的影响很小,使重力场测量性能得到提高。

　　在短基线相对轨道摄动重力场测量中,由于认为得到了当地重力梯度值,因此采用这种测量方式的重力卫星也称为重力梯度卫星,如地球重力场和海洋环流探测(gravity field and steady-state ocean circulation explorer,GOCE)卫星。在物理

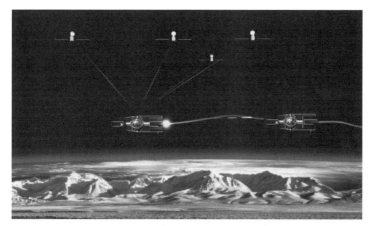

图 1.8　复合内编队长基线相对轨道摄动重力场测量(见彩图)

实现上,需要对极短距离上两个或多个引力敏感器相对轨道摄动进行测量。如在
GOCE 卫星中,6 个加速度计作为引力敏感器,两两正交固定在超稳定的结构上,
构成重力梯度仪,梯度仪中心与卫星质心重合,如图 1.9 所示[43]。由于 6 个加速度
计距离很小,它们敏感到的非引力干扰几乎完全相同,因此它们观测数据的差异反
映了当地的重力梯度信息。另外,也可以利用内编队模式实现短基线相对轨道摄
动重力场测量,在一个大的外卫星腔体内布置多个内卫星,这些内卫星作为引力敏
感器,均沿纯引力轨道运行,如图 1.10 所示。由于测量基线充分小,这些内卫星在
外卫星腔体中受到的非引力干扰几乎相同,因而其相对距离变化率可以反映当地
的重力梯度。无论采用哪种实现方式,均认为测量到了当地的重力梯度值,这是短
基线相对轨道摄动重力场测量研究的出发点。

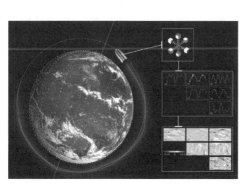

图 1.9　GOCE 卫星及其重力梯度仪

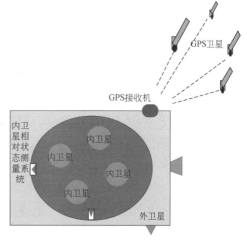

图 1.10　基于内编队的短基线相对
轨道摄动重力场测量

综上所述,根据观测数据的不同将天基重力场测量分为三类:①绝对轨道摄动重力场测量,其观测数据是引力敏感器的绝对摄动轨道,它实际上是地球引力位的一阶导数;②长基线相对轨道摄动重力场测量,其观测数据是两个引力敏感器的相对距离变化率,它实际上是长基线两端地球引力位一阶导数之差;③短基线相对轨道摄动重力场测量,其观测数据是重力梯度即地球引力位的二阶导数[44]。

天基重力场测量研究自 20 世纪 50 年代以来,在半个多世纪的发展历程中,随着重力场测量理论的突破和航天技术的飞跃发展,经历了从理论研究、技术验证到工程应用的过程,在获取全球重力场模型中发挥了重要的作用。

下面介绍绝对轨道摄动重力场测量、长基线相对轨道摄动重力场测量、短基线相对轨道摄动重力场测量的发展历史、现状以及任务研究方法,梳理已有成果的可鉴之处与不足之处,掌握天基重力场测量的发展趋势,从而明确未来天基重力场测量的研究方向。

1.3.2　绝对轨道摄动重力场测量

1. 绝对轨道摄动重力场测量的发展历程与现状

基于卫星观测数据对地球重力场模型参数进行估计的最早结果,是 1958 年根据美国探险者 1 号卫星(Explorer1)和苏联史普尼克 2 号卫星(Sputnik2)轨道摄动数据得到的地球扁率估计值 1/298.3,验证了地球形状的椭球特征[45]。1959 年,根据美国先锋 1 号卫星(Vanguard1)摄动数据得到了重力场的三阶位系数,验证了地球形状的梨形特征[46]。1961 年,基于先锋 1 号卫星、探险者 7 号卫星、先锋 3 号卫星的轨道摄动数据,得到了地球重力场模型的 2~5 阶位系数[47]。在这一研究过程中,人们意识到了卫星观测数据在全球重力场模型确定中的重要价值。1960年,Baker[48]首次提出了基于高低卫星跟踪的轨道摄动重力场测量模式,也就是绝对轨道摄动重力场测量,利用高轨卫星确定低轨卫星的轨道摄动,进而反演重力场。1966 年,Kaula[49]建立了卫星轨道根数与地球引力摄动位之间的数学关系,并利用卫星轨道摄动理论和地面重力资料,建立了 8 阶重力场模型,奠定了绝对轨道摄动重力场测量的研究基础。随后,人们开展了绝对轨道摄动重力场测量方法研究[50,51]。1975 年,人们开展了基于高低跟踪的轨道摄动测量技术验证,利用位于地球静止轨道上的美国应用技术卫星 6(Applications Technology Satellite-6,ATS-6)跟踪低轨的测地卫星 3 号(GEOS3)、雨云卫星 6 号(Nimbus6)、阿波罗-联盟(Apollo-Soyuz)飞船。在 ATS6/Nimbus6、ATS6/GEOS3 跟踪测量中,距离测量误差为 1m,距离变化率测量误差为 0.3mm/s[52];基于 ATS6/Apollo-Soyuz 跟踪测量数据,在 5°×5° 的空间网格分辨率下得到重力异常误差为 7mGal[53]。这些技术试验为绝对轨道摄动重力场测量奠定了技术基础。但是,由于当时技术水平的限制,基于高低跟踪的轨道观测优势并没有得到充分的发挥,用于测地研究的卫星定轨更多地采用了光学照相法、地面激光测距法、地面多普勒测距法等,并出现了部分基于天基观测的卫星定轨系统[45],如表1.2所示[54]。

表1.2 早期用于测地研究的卫星

卫星名称	卫星载荷	测量方式	轨道参数	发射时间	国别
ANNA1A	氙气灯,无线电多普勒测距仪	地面光学照相 地面多普勒测距	1075km×1181km 倾角50.1°	1962.05.10	美国
ANNA1B	氙气灯,无线电多普勒测距仪	地面光学照相 地面多普勒测距	1075km×1181km 倾角50.1°	1962.10.31	美国
BE-B	激光反射镜	地面激光测量	889km×1081km 倾角79.7°	1964.10.10	美国
GEOS1	激光反射镜,无线电多普勒测距仪	地面激光测量 地面多普勒测距	1113km×2275km 倾角59.4°	1965.11.06	美国
PAGEOS	卫星是具有光滑反射面的球体	地面激光测量	4191km×4276km 倾角86.9°	1966.06.24	美国
Diadème1	双频多普勒发射机 激光反射阵列	地面激光测量 地面多普勒测距	569km×1350km 倾角39.98°	1967.02.08	法国
Diadème2	双频多普勒发射机 激光反射阵列	地面激光测量 地面多普勒测距	591km×1881km 倾角39.45°	1967.02.15	法国
GEOS2	激光反射镜,无线电多普勒测距仪	地面激光测量 地面多普勒测距	1082km×1570km 倾角105.8°	1968.01.11	美国
LIDOS	无线电信标机	地面多普勒测距	1019km×4447km 倾角96°	1968.08.16	美国
Sfera系列,#1~#18	闪烁灯 多普勒测速仪	卫星照相测量 多普勒测速	1300~1400km 倾角74°	1968~1978	苏联
Starlette	激光反射阵列	地面激光测量	806km×1108km 倾角49.82°	1975.02.06	法国
LAGEOS1	激光角反射器	地面激光测量	5837km×5945km 倾角109.86°	1976.05.04	美国
Geo-lk系列,#2~#14	双频多普勒测距仪 激光角反射器	地面多普勒测距 地面激光测量	1500km×1500km 倾角73.6°或82.6°	1981~1994	苏联/俄罗斯
EGS	激光反射阵列	地面激光测量	1500km×1500km 倾角50°	1986.08.12	日本
Etalon1	激光反射阵列	地面激光测量	19095km×19156km 倾角65.24°	1989.01.10	苏联
Etalon2	激光反射阵列	地面激光测量	19097km×19146km 倾角65.35°	1989.05.31	苏联
LAGEOS2	激光角反射器	地面激光测量	5617km×5950km 倾角52.64°	1992.10.22	美国

卫星名称	卫星载荷	测量方式	轨道参数	发射时间	国别
Stella	激光反射阵列	地面激光测量	798km×805km 倾角 98.68°	1993.09.26	法国
GFZ1	激光角反射器	地面激光测量	382km×395km 倾角 51.6°	1995.04.09	德国
WESTPAC1	激光反射阵列	地面激光测量	835km×835km 倾角 98.68°	1998.07.10	澳大利亚
Larets	激光反射镜	地面激光测量	696km×675km 倾角 98.2°	2003.09.27	俄罗斯

注:ANNA 为 Army, Navy, NASA, Air Force;BE 为 beacon explorer;GEOS 为 geodetic earth orbiting satellite;LAGEOS 为 laser geodynamics satellite;LIDOS 为 large inclination doppler only satellite;PAGEOS 为 passive geodetic earth orbiting satellite;GFZ 为 Geo Forschungs Zentrum;EGS 为 experimental geodetic satellite。

由表 1.2 可知,早期基于绝对轨道摄动观测的测地卫星轨道高度大多在 800km 以上,这是为了避免大气阻力摄动引起的高度衰减,保证卫星轨道寿命,加之当时基于地面站的测量精度和全球覆盖测量能力有限,这些卫星难以实现高精度、高分辨率的重力场测量。高精度重力场测量要求尽可能低的轨道高度(200~500km)、全球连续高精度的卫星三维位置和速度测量、非引力干扰的精确测量或屏蔽[45]。20 世纪 90 年代以来,随着全球导航卫星系统(global navigation satellite system,GNSS)的逐步成熟和工程应用,以及高精度加速度计技术的飞速发展,实现高精度的全球重力场测量成为可能。2000 年 7 月 15 日,CHAMP 卫星成功发射,成为国际上第一个走向工程应用的高精度重力卫星。

CHAMP 卫星由德国地球科学研究中心研制,入轨时的轨道高度为 454km,偏心率为 0.004,倾角为 87.3°,设计寿命为 5 年。此卫星的科学目标是获取地球重力场模型、获取地球磁场模型、分析电离层和对流层特性,卫星有效载荷包括双频 GPS 接收机、高精度星载加速度计、激光后向反射镜、磁强计等,其中部分载荷的安装位置如图 1.11 所示。CHAMP 卫星利用 GPS 接收机和激光后向反射镜实现精密定轨,利用加速度计测量非引力干扰。从原理上讲,可以认为 CHAMP 卫星通过剔除非引力干扰对卫星定轨的影响,得到纯引力轨道,进而恢复重力场[55,56]。

CHAMP 卫星的定轨精度为厘米级,加速度计在迹向和轨道面法向的测量精度为 $3×10^{-9}$ m/s^2,在径向的测量精度为 $3×10^{-8}$ m/s$^{2[57]}$,重力场测量的有效阶数为 70 左右,相应的大地水准面累积误差在分米量级[58,59]。CHAMP 卫星仅采用了绝对轨道摄动重力场测量方式,由于定轨误差的限制只能用于低阶重力场恢复。

CHAMP 卫星于 2010 年 9 月 19 日结束任务,共运行 10 年 2 个月 4 天,远远超出了其设计寿命[60]。CHAMP 卫星获取了大量的重力观测数据,改善了现有重

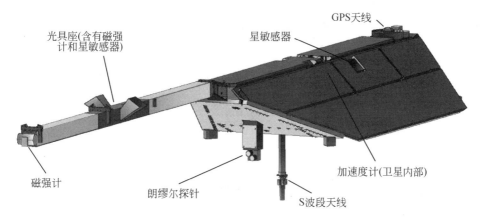

光具座(含有磁强
计和星敏感器)

星敏感器

GPS天线

磁强计

朗缪尔探针

S波段天线

加速度计(卫星内部)

图 1.11 CHAMP 卫星系统组成

力场模型低阶部分的精度和分辨率,利用 CHAMP 卫星观测数据建立了多种重力
场模型,如 EIGEN- CHAMP03S、EIGEN3P、EIGEN2、EIGEN1S 等重力场模
型[60]。CHAMP 卫星是国际上第一个专用的重力卫星,在天基重力场测量领域具
有里程碑的意义,开启了 21 世纪天基重力场测量的新纪元。

在国际重力场测量研究的潮流下,国内的国防科技大学、清华大学、中国航天
科技集团、总参测绘研究所、武汉大学、华中科技大学、中国人民解放军信息工程大
学等多家单位开展了卫星重力场测量研究。其中,国防科技大学和清华大学在
2006～2010 年间开展了基于绝对轨道摄动的重力场测量总体技术研究,提出了内
编队重力场测量系统方案。内编队系统主要由外卫星和内卫星两部分组成,其中
外卫星具有球形腔体,内卫星是标称位置位于腔体中心的球形验证质量,如图
1.12 所示。通过实现内卫星纯引力轨道环境和内卫星精密定轨完成高精度重力
场的测量,实现了不依赖于加速度计的重力卫星实施新途径[61～64]。通过抑制内卫
星在腔体中受到的非引力干扰,使内卫星沿纯引力轨道运行,非引力干扰抑制精度
达 $1.0 \times 10^{-10}\,\mathrm{m/s^2}$。利用可见光主动成像和红外被动成像相结合的方法,实现内
外卫星相对状态测量,相对位置测量精度优于 1mm,相对速度测量精度优于
0.1mm/s。利用外卫星精密定轨数据和内、外卫星相对状态测量数据,获取内卫星
纯引力轨道,以此来恢复地球重力场[65～67]。

2. 绝对轨道摄动重力场测量任务研究方法

数值模拟是绝对轨道摄动重力场测量任务分析与设计的重要手段,在给定一
组重力卫星任务参数的情况下,计算对应的重力场模型恢复阶数、大地水准面误
差、重力异常误差等重力场测量性能,从而确定给定的任务参数是否满足要求。绝
对轨道摄动重力场测量数值模拟方法包括 Kaula 线性摄动法、能量守恒法、动力学
积分法、短弧边值法、加速度法等[68]。

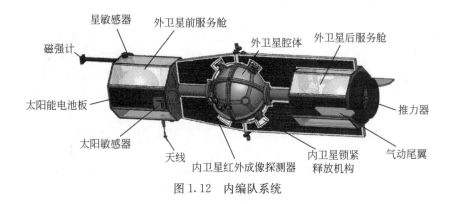

图 1.12　内编队系统

在 Kaula 线性摄动法中,建立了地球引力位系数与卫星轨道根数之间的解析关系,这样,根据卫星运动就可以计算得到位系数[28,49,69]。由于存在解析表达式,该方法便于分析重力场测量的灵敏度[68]。但是,由于该模型中的公式非常复杂,计算量很大,通常只能用于基于少量数据的低阶重力场模型恢复[70]。文献[71]基于一个月的 CHAMP 卫星几何法轨道和德国地球科学研究中心提供的快速科学轨道数据,利用 Kaula 线性摄动法进行了重力场恢复计算,得到 50 阶地球重力场模型。对比可知,该模型精度优于 EIGEN1S 模型,前 40 阶精度优于 EGM96 模型。

文献[72]建立了绝对轨道摄动重力场测量的能量守恒关系,将地球引力位函数、卫星动能、卫星非引力干扰引起的能量耗散、潮汐和三体引力引起的能量变化等联系在一起,得到了绝对轨道摄动重力场反演的能量守恒方法。文献[73]深入研究了基于能量守恒法的重力场测量性能评估方法,得到了先验重力场模型选择不影响计算结果的结论。文献[74]基于能量守恒法进行了绝对轨道摄动重力场测量模拟与恢复计算,得到了 70 阶重力场模型,对应的大地水准面累积误差为 18cm,并根据数值结果分析论证了 $10^{-4}\,\mathrm{m/s}$ 的卫星速度误差与 $3\times10^{-9}\,\mathrm{m/s^2}$ 的加速度测量误差的匹配性。文献[75]介绍了绝对轨道摄动重力场恢复计算的能量守恒方法,并利用 CHAMP 卫星实测轨道数据和加速度计数据进行了恢复计算,得到了 50 阶重力场模型 XISM02。文献[76]和文献[77]基于国外提供的 CHAMP 卫星几何法轨道,利用能量守恒法进行了重力场模型恢复。其中,为了提高卫星速度的插值精度,利用了基于牛顿数值微分公式和移去-恢复法的卫星速度计算方法,有效地提高了重力场恢复计算的精度。文献[78]针对绝对轨道摄动重力场测量,提出了改进的能量守恒计算方法,可以整体求解位系数、积分常数、加速度计校正参数等,避免了传统能量守恒法中加速度计数据事先标定、积分常数只能近似计算等缺陷。

文献[79]研究了基于动力法的绝对轨道摄动重力场恢复计算方法。动力法的基本原理是利用卫星初始位置、初始速度以及动力学模型进行轨道积分,根据精密轨道和积分轨道的差异不断精化初始位置、初始速度和动力学模型参数,从而得到地球重力场模型。动力法重力场恢复精度高,但是计算量极大,对计算平台要求高,并涉及先验重力场模型选取、积分弧长选取、加速度计参数校正等问题。文献[80]基于动力法进行了内编队重力场测量数值模拟,在内编队轨道高度为 300km、非引力干扰为 $1.0 \times 10^{-10} \, \mathrm{m/s^2}$、外卫星定轨误差为 3cm、内外卫星相对状态测量误差为 1mm 的情况下,计算可知内编队重力场测量的有效阶数为 72。文献[81]仅基于 GOCE 卫星的 GPS 定轨数据和由重力梯度仪得到的卫星加速度数据,进行了绝对轨道摄动重力场测量数值模拟计算。分析可知,GOCE 卫星轨道高度较低,因此与仅基于 GRACE 卫星、CHAMP 卫星的 GPS 定轨数据得到的重力场模型相比,GOCE 卫星摄动轨道可以显著提高 20 阶以上的重力场模型恢复精度,但是对于 20 阶以下的位系数精度的改进不明显。

文献[82]根据 2002 年 3 月~2003 年 3 月的 CHAMP 卫星运动轨道,利用短弧边值法进行了重力场恢复,得到了 ITG_CHAMP01E、ITG_CHAMP01K、ITG_CHAMP01S 等三个重力场模型。该方法将所有测量时间内的轨道数据分成各个弧段,其中每个弧段的时间长度为 30min。在每个弧段上,根据牛顿运动定律将重力场模型恢复转换为 Freholm 类型的边值问题,求解该问题可以得到重力场模型。文献[83]基于 GOCE 卫星的绝对轨道摄动数据,利用平均加速度法恢复了 120 阶重力场模型 GOCEAAA01S,在 120 阶时的大地水准面误差为 6.8cm。

通过文献分析可知,目前对绝对轨道摄动重力场测量性能评估的主要手段仍是数值模拟法,其优点在于可以全面考虑重力场测量的各种扰动因素,但是数值模拟的计算量很大,耗时长,不利于重力场测量性能的快速评估和任务参数的迅速设计。另外,虽然可以根据数值模拟结果分析不同任务参数对重力场测量性能的影响,但是这些分析结果无法准确而全面地阐述绝对轨道摄动重力场测量的物理机理,也就无法确定非引力干扰、卫星定轨误差、数据采样间隔等参数之间的耦合关系和匹配关系,难以进行重力场测量任务的优化设计。

1.3.3 长基线相对轨道摄动重力场测量

1. 长基线相对轨道摄动重力场测量的发展历程与现状

长基线相对轨道摄动重力场测量也就是星星跟踪重力场测量,最早由 Wolff[84] 于 1969 年提出,它采用了与地面相对重力测量类似的思想,通过测量两个低轨卫星的距离变化来恢复地球重力场。随后,人们开展了大量的理论研究,证明星星跟踪方式可以极大地提高重力场的测量性能,如 Kaula[85] 根据拉格朗日摄动理论证明了基于星间距离变化率数据计算引力位系数的可行性,Colombo[86] 基于 Hill 方程推导了星间距离变化率方程,建立了星间测量信号的线性化模型等,逐步完善了长基线相对轨道摄动重力场测量的基础理论。

1975 年,美国史密森天体物理天文台(Smithsonian Astrophysical Observatory, SAO)利用阿波罗飞船和联盟号飞船,首次进行了低轨星间跟踪测量的技术试验。两个飞船运行在 220km 的高度上,初始星间距离为 310km,利用双频相干无线电多普勒测距仪进行星间距离测量,经过 14 个小时的测量后两星距离漂移到 430km[87,88]。由于星间测距精度有限,该技术试验数据并没有产生重大影响[45,88]。1978 年,欧洲太空局(European Space Agency,ESA)提出了用于长基线相对轨道摄动重力场测量的星间测距试验低轨卫星激光任务(satellite laser low orbit mission,SLALOM),进行航天飞机和空间实验室(spacelab)之间的激光测距试验[89]。这些试验采用的星间测距技术,根本无法满足高精度重力场测量的需求,同时存在低轨大气阻力补偿、非引力干扰精确测量或屏蔽等问题,因而在当时的技术条件下,为了实现高精度重力场测量,需要进一步开展相应的工程实现方法和技术研究。

为此,20 世纪 80 年代初,美国国家航空航天局(National Aeronautics and Space Administration,NASA)提出了重力卫星任务(gravitational satellite mission,GRAVSAT),它采用长基线相对轨道摄动重力场测量任务方案,在 100km 空间分辨率上得到重力异常精度优于 2.5mGal。该任务由两颗卫星组成,计划由航天飞机携带送入高度为 160km 的轨道,星间距离为 300km,倾角为 90°± 1°,任务寿命为 6 个月。GRAVSAT 设计为圆柱体,长为 4.8m,直径为 0.9m,太阳电池板的尺寸为 1.5m×3.5m,质量为 1600kg。利用无线电多普勒测距仪得到两星距离变化率,其精度为 1.6μm;利用曾经在 TRIAD 卫星上得到成功应用的阻力补偿控制系统(disturbance compensation system,DISCOS),补偿低轨大气阻力等非引力干扰[90]。GRAVSAT 任务后来演变为重力研究任务(gravitational research mission,GRM)[91],当时预计 1992 年发射[92]。但由于 1986 年美国挑战者号航天飞机失事和预算困难,该任务于 1987 年被取消[45,69,93]。20 世纪 90 年代初,NASA 提出了重力场与磁场测量任务(gravity and magnetic earth surveyor,GAMES)。该任务由两颗卫星组成,飞行在 200km 高度的圆轨道上,形成跟飞编队。其中,一颗卫星为主动星,另一颗为被动星。主动星的载荷包括:①激光测距仪,用于测量主动星与被动星之间的距离;②加速度计,用于测量卫星受到的非引力干扰;③GPS 接收机,用于确定卫星轨道的位置和速度[93,94]。1994 年,GAMES 任务被取消[95]。

与此同时,ESA 在 1980~1986 年提出并研究了精密轨道确定卫星(precise orbit positioning satellite,POPSAT)方案,通过位于 7000km 高、倾角为 98°圆轨道上卫星的微波测距系统,为各种类型的地面测量站提供连续、全天候的跟踪定位服务,其精度为 10cm,用于精确地确定地球表面上各点的位置,同时监测地球的极移运动和自转运动[96]。POPSAT 可以为地面目标和低轨卫星提供定位服务,因此可以将

POPSAT 和 GRM 任务组合在一起,利用微波测距系统测量 POPSAT 和其中一个 GRM 卫星的星间距离变化率,这样组合后的系统将同时具备绝对轨道摄动、长基线相对轨道摄动重力场测量能力[92]。20 世纪 90 年代,法国提出了衔接过去和未来重力场研究的小卫星概念(mini-satellite concept to bridge the past and future in gravity field research)计划,也称为 BRIDGE 计划,用于探测地球重力场的中长波部分。该计划中有一个包含 DORIS 发射端的低轨飞行器,通过与 SPOT-5 或 ENVISAT 等装有 DORIS 接收机的卫星进行星间测距来恢复重力场[93,97]。

虽然 GRAVSAT、GRM、GAMES、POPSAT/GRM 等方案均没有得到实施,但是为后续长基线相对轨道摄动重力场测量任务的开展奠定了坚实的技术基础[45,98]。1997 年,Tapley 等[99]提出了 GRACE 长基线相对轨道摄动重力场测量方案,作为美国 NASA 和德国 DLR 的联合项目得到了立项支持。

GRACE 卫星于 2002 年 3 月 17 日发射,成为国际上第一个在低轨上采用长基线相对轨道摄动重力场测量方式的重力卫星。它由 485km 轨道高度上的两颗卫星组成跟飞编队,如图 1.13 所示[100],星间距离为(220 ± 50)km,轨道倾角为 89°,偏心率为 0.001,利用 GPS 接收机实现厘米级精密定轨,利用加速度计以 1.0×10^{-10}m/s^2 的精度实现非引力干扰测量,利用 K/Ka 波段电磁波以 1μm/s 的精度实现星间距离变化率测量[101,102]。GRACE 卫星同时采用了绝对轨道摄动和长基线相对轨道摄动重力场测量原理,重力场测量的有效阶数为 150 左右,相应的大地水准面累积误差为分米级[103]。与 CHAMP 卫星相比,由于 GRACE 卫星采用了长基线相对轨道摄动重力场测量方式,星间测距精度与 CHAMP 卫星定轨精度相比大幅度提高,因此 GRACE 卫星测量重力场的空间分辨率和精度均得到显著改善。

图 1.13　GRACE 重力场测量卫星

同时,GRACE 卫星以一月的时间分辨率实现对重力场变化的监测,空间分辨率为 400km,大地水准面精度为 2～3mm[6]。图 1.14 显示了由 GRACE 重力卫星观测数据得到的时变重力场模型序列,时间范围为 2002 年 4 月～2013 年 7 月,时间分辨率为 1 个月。

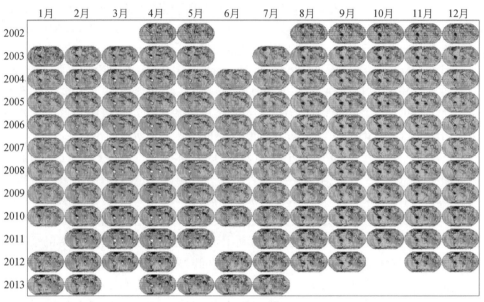

图 1.14　由 GRACE 卫星观测数据得到的时变重力场模型序列

图片来源:GFZ, UTA/CSR, NASA/JPL

　　GRACE 卫星自 2002 年运行以来,测量时间远超出 5 年的设计寿命。2010 年,NASA 和 DLR 签署协议,决定延长 GRACE 卫星任务到 2015 年[104],但实际运行时间取决于太阳活动、推进器性能、电池状态等。截至 2017 年 5 月,GRACE 卫星仍在轨正常工作[105]。

　　在国内长基线相对轨道摄动重力场测量研究中,国防科技大学和清华大学于 2011 年提出了基于内编队的星星跟踪复合编队重力场测量系统(简称复合内编队)。复合内编队由两个内编队系统组成,轨道高度为 287.9km,星间距离为 50～150km,每个内编队系统均由内卫星和外卫星构成,如图 1.15 和图 1.16 所示,其中内卫星位于外卫星腔体中。在每个内编队系统中,内卫星作为验证质量沿纯引力轨道运行,非引力干扰抑制精度为 $1.0\times10^{-12}\,\mathrm{m/s^2}$。外卫星带有高精度 GPS 接收机、激光后向反射镜、内卫星差分影像测量系统和激光干涉测距仪。高精度 GPS 接收机和激光后向反射镜可实现外卫星 5cm 精度的定轨,差分影像测量系统可实现 $1\mu\mathrm{m}$ 精度的内外卫星相对位置测量,激光干涉测距仪以 $1.0\times10^{-8}\,\mathrm{m/s}$ 的精度实现两个内卫星之间的距离变化率测量[106,107]。与 GRACE 卫星相同,复合内编队同时采用绝对轨道摄动和长基线相对轨道摄动重力场测量原理。利用外卫星精密轨道和内外卫星相对状态数据得到内卫星纯引力轨道,以此来恢复低阶重力场,同时利用两个内卫星的星间距离变化率数据恢复中高阶重力场。结合这两种重力场测量原理,复合内编队可实现 200 阶重力场有效测量,其中累积到 160 阶时的大地水准面误差为 1cm,重力异常误差为 1mGal。

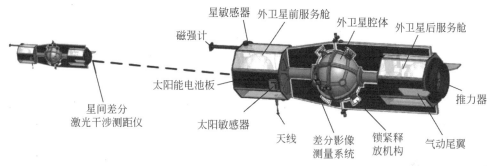

星敏感器　外卫星前服务舱　外卫星腔体　外卫星后服务舱
磁强计
太阳能电池板
星间差分
激光干涉测距仪
推力器
太阳敏感器
天线　差分影像　锁紧释
　　　测量系统　放机构　气动尾翼

图 1.15　复合内编队系统组成(见彩图)

图 1.16　复合内编队重力场测量系统(见彩图)

2. 长基线相对轨道摄动重力场测量任务研究方法

在长基线相对轨道摄动重力场测量中,已有文献主要采用数值法和解析法研究重力场测量机理与任务设计。通常采用的数值模拟方法包括 Kaula 线性摄动法、能量守恒法、动力学积分法、短弧长积分法等[70]。

Kaula[49,85]基于线性摄动理论建立了引力位系数与星间距离、星间距离变化率之间的关系。文献[108]分别基于线性摄动模型和数值方法计算得到了星间距离变化率,它们的傅里叶频谱基本相同,说明在绝大多数频谱上,线性摄动理论可用于高精度重力场测量数据的分析。文献[109]基于线性摄动理论分析了长基线相对轨道摄动重力场测量的物理机理,得到了星间距离比星间距离变化率更易于敏感引力位摄动的结论。

文献[110]针对长基线相对轨道摄动重力场测量,建立了地球引力位、星间距离变化率、非引力干扰、卫星速度、潮汐和三体引力之间的能量守恒关系,为基于能量守恒法的重力场测量性能分析奠定了基础。文献[74]根据 GRACE 卫星参数,基于能量守恒法进行了重力场测量数值模拟,得到了 120 阶重力场模型。同时,根据分析结果得到了 GRACE 卫星载荷参数的匹配关系,认为星间测距精度 $1\mu m/s$、定轨精度 3cm、非引力干扰 $3.0 \times 10^{-10}\ m/s^2$ 是匹配的。

文献[111]研究了基于动力法的长基线相对轨道摄动重力场反演方法。文献[112]基于 3 个月的 GRACE 卫星观测数据,利用动力法恢复得到了 DQM2006S1 模型,其阶数为 60。文献[113]基于动力法,推导得到了同时求解加速度计校正参数、卫星初始状态、引力位系数的数学模型,并分别利用 31 天、67 天的 GRACE 卫星的星间距离变化率数据和加速度计数据进行了重力场反演,得到了 TJGRACE01S、TJGRACE02S 模型,其阶数分别为 60 和 80。文献[94]基于动力法,根据 GRACE 卫星任务参数进行了重力场测量数值模拟,可知重力场测量有效阶数为 150,该结果成为评价由 GRACE 卫星实测数据所得重力场模型性能优劣的基本依据[98,114]。

文献[115]基于 3 年的 GRACE 卫星观测数据,利用短弧边值法恢复得到了静态重力场模型 ITG - GRACE02S,其阶数为 160,同时得到了重力场模型长波部分每月的变化。此外,文献[116]基于加速度法研究了长基线相对轨道摄动重力场测量机理。

在长基线相对轨道摄动重力场测量的解析法研究中,主要是基于频谱分析建立重力场测量阶误差方差与任务参数之间的关系,以此开展任务参数的分析与设计。文献[117]基于半解析法建立了 GRACE 卫星重力场测量的大地水准面误差与星间测距误差、卫星轨道误差、加速度计测量误差之间的关系,然后论证了该模型的合理性,并基于该模型开展了轨道参数的需求分析[118]。文献[119]针对长基线相对轨道摄动重力场测量模型,以 GRACE Follow-on 卫星为例,建立了重力场测量性能与卫星参数之间的关系,分析可知,GRACE Follow-on 在 360 阶的大地水准面误差为 12.31cm。文献[120]提出了一种确定长基线相对轨道摄动重力场测量有效阶数的方法,基于现有重力场模型计算高空引力扰动,然后通过对比扰动引力的频谱特性和加速度计测量噪声,确定重力场恢复的有效阶数。文献[121]则进一步利用谱分析法建立了长基线相对轨道摄动重力场测量性能的分析方法,不仅可以确定重力场测量的有效阶数,还可确定相应的大地水准面误差和重力异常误差。

综上所述,长基线相对轨道摄动重力场测量机理分析的方法有数值法和解析法。数值法精度高、考虑因素全面,是重要的分析手段;但是存在计算量大、不便于分析重力场测量规律的缺陷。解析法则用于分析任务参数对重力场测量的影响机理,便于任务参数快速、优化设计。由于影响长基线相对轨道摄动重力场测量性能的因素很多,包括轨道高度、星间距离、星间距离变化率测量误差、星间距离变化率采样间隔、定轨误差、定轨数据采样间隔、非引力干扰测量误差或抑制精度、非引力干扰数据间隔、总任务时间,并涉及重力场测量对采样率的最低要求和对总任务时间的覆盖测量要求等,而已有的解析方法尚未完全包含这些因素。因此,为开展重力场测量性能的快速评估与任务优化设计,需要建立更加完善的长基线相对轨道摄动重力场测量解析模型。

1.3.4　短基线相对轨道摄动重力场测量

1. 短基线相对轨道摄动重力场测量的发展历程与现状

短基线相对轨道摄动重力场测量也就是重力梯度重力场测量。1880 年,匈牙利物理学家厄特弗斯研制了扭秤重力梯度仪,它可以测量重力梯度,在早期重力场测量中得到了广泛应用[69]。随着空间技术的发展,人们认识到将重力梯度技术应用于地球重力场天基测量的独特优势。

20 世纪 80 年代,NASA 提出了超导重力梯度测量任务(superconducting gravity gradiometer mission,SGGM),通过卫星上的高精度重力梯度观测实现全球重力场恢复。卫星沿圆轨道运行,轨道高度为 $160 \sim 200 \mathrm{km}$,重力梯度仪的测量精度为 $10^{-4} \mathrm{E}(1 \mathrm{E} = 10^{-9} \mathrm{s}^{-2})$,重力场测量的空间分辨率为 $50 \mathrm{km}$,重力异常精度为 $3 \mathrm{mGal}$[122]。同时,ESA 提出了 Aristoteles 重力梯度卫星计划,该卫星搭载法国的 GRADIO 重力梯度仪进行高精度重力场测量,同时利用磁强计完成近地空间磁场环境的测量与分析[97]。当时预计 1997 年发射卫星,设计寿命为 4 年,其中重力场测量有效时间为 6 个月。卫星发射后进入高度为 $400 \mathrm{km}$、倾角为 $96°$ 的轨道,在重力场测量阶段使卫星高度下降,运行在高度为 $200 \mathrm{km}$、倾角为 $95.3°$ 的太阳同步晨昏轨道上。由于低轨大气阻力摄动的影响,每个轨道周期内卫星高度将自然衰减 $400 \mathrm{m}$,因而需要进行阻力补偿控制,使卫星高度保持在 $(200 \pm 3) \mathrm{km}$ 范围内[123]。ARISTOTELES 任务利用 GPS 接收机实现精密定轨,重力梯度测量精度为 $0.01 \mathrm{E}$,对应的重力场测量空间分辨率优于 $100 \mathrm{km}$,重力异常精度优于 $5 \mathrm{mGal}$,大地水准面精度优于 $10 \mathrm{cm}$[124]。1995 年,由于经费困难,Aristoteles 计划被取消[97]。

1989 年以来,NASA 和 ESA 合作开展了等效原理检验卫星(satellite test of the equivalence principle,STEP)任务研究,用于验证爱因斯坦广义相对论中的等效原理。该任务采用 4 对共轴圆柱体验证质量的方案,其纯引力轨道构造精度为 $10^{-13} \mathrm{m/s^2}$,通过比较两个验证质量的加速度差来检验等效原理,检验精度为 10^{-18}[125]。实际上,根据 STEP 卫星中任意两个验证质量之间的距离变化率可以得到重力梯度信息,因而 STEP 可以看作一个重力梯度卫星。在假设等效重力梯度测量误差为 $10^{-4} \mathrm{E}$ 的条件下,分析可知 STEP 恢复重力场的空间分辨率为 $100 \mathrm{km}$,大地水准面累积误差为 $2 \mathrm{cm}$[126]。

由于技术原因或预算困难,上述重力梯度卫星计划或被取消或正在研究。这些项目研究获得了重力梯度卫星测量的技术和方法,为后来的 GOCE 卫星成功实施奠定了坚实的技术基础。GOCE 卫星于 1999 年立项研制,于 2009 年 3 月 17 日发射,成为国际上第一个重力梯度测量卫星。它飞行在 250km 高度的近圆、太阳同步轨道上,倾角为 96.5°,质量为 1050kg。GOCE 卫星载有重力梯度仪,由 3 对加速度计两两正交布置在超稳定结构上,基线长度为 0.5m,可以测量卫星所在位置的重力梯度,测量带宽为 $0.005 \sim 0.1$Hz,测量精度为 5mE/Hz$^{1/2}$,同时装有 GPS-GLONASS 接收机,可实现 2cm 精度的卫星精密定轨[127~129]。GOCE 卫星同时采用了绝对轨道摄动和短基线相对轨道摄动重力场测量原理。在绝对轨道摄动测量中,利用重力梯度仪测量数据可以得到卫星线加速度,其精度为 2.0×10^{-12} m/(s^2 · Hz$^{1/2}$),结合精密定轨数据可以恢复低阶重力场。在短基线相对轨道摄动重力场测量也就是重力梯度测量中,重力梯度仪可以看作 3 个方向上的星星跟踪,但是基线长度更短,同一轴上加速度计数据作差消除了非引力干扰的影响,从而有利于敏感更高阶次的重力场信息。结合两种测量原理,GOCE 卫星可实现 200 阶重力场测量,相应的大地水准面累积误差为 1cm,重力异常累积误差为 1mGal[130]。

GOCE 卫星轨道高度较低,在大气阻力摄动作用下轨道逐渐降低,因而需要不断进行阻力补偿控制,以维持轨道高度。2013 年 11 月 11 日,由于燃料耗尽,GOCE 卫星在南大西洋海域坠入大气层,结束了重力场测量任务[131]。

2. 短基线相对轨道摄动重力场测量任务研究方法

目前,短基线相对轨道摄动重力场测量任务研究方法也分为数值模拟法和解析分析法。

文献[132]研究了重力梯度重力场测量的基本理论和方法,为利用各种梯度数据精化重力场模型提供了理论基础。文献[68]对重力梯度卫星轨道数据、重力梯度测量数据等进行了数值模拟研究,分析得到了基于空域最小二乘法的重力场解算模型。分析表明,卫星定轨误差对重力场测量性能的影响远小于重力梯度测量误差。文献[133]估算了重力梯度的空间变化及频谱分布,获取了重力梯度测量的频谱敏感范围,对重力梯度卫星任务规划具有指导意义。文献[74]利用预处理共轭梯度迭代法,对 GOCE 重力场测量进行了数值模拟,得到了 200 阶重力场模型,并论证了长基线与短基线相对轨道摄动重力场测量的互补性。文献[134]针对 GOCE 卫星性能评估与任务参数设计,进行了重力场测量数值模拟,在轨道高度为 250km、测量时间为 48 天、数据采样间隔为 4s、重力梯度测量误差为 3mE、倾角为 97° 的条件下,分析表明 GOCE 重力场测量的有效阶数为 220。文献[135]深入研究了重力梯度重力场测量方法,包括重力梯度边值问题最小二乘法、空域最小二乘法、时域法等。

在基于解析法的短基线相对轨道摄动重力场测量性能分析中,文献[136]利用频谱分析方法,建立了重力场测量性能与重力梯度测量误差之间的关系,并分析了重力梯度测量精度、卫星轨道高度、运行时间对重力场测量的影响。该文献提出的模型可以快速评估重力场测量性能,为短基线相对轨道摄动重力场测量任务设计提供了有力的工具。但是,该文献给出的模型仅考虑了重力梯度的径向分量,而忽略了迹向、轨道面法向重力梯度分量的影响,也没有考虑卫星定轨误差的影响。

综上可知,为了全面评估短基线相对轨道摄动重力场测量性能、指导任务参数优化设计,需要建立完善的重力场测量解析模型。

1.3.5 典型重力卫星系统

CHAMP、GRACE 和 GOCE 重力卫星分别采用了绝对轨道摄动、长基线相对轨道摄动和短基线相对轨道摄动重力场测量原理,先后成功发射入轨,取得了大量的重力观测数据,极大地改善了人们对地球重力场的认识,在重力卫星发展历程中具有里程碑的意义。下面详细介绍这 3 个典型的重力卫星系统,更好地理解相应的重力场测量原理和实现方法。

1. CHAMP 重力卫星系统

CHAMP 卫星的基本结构为铝夹芯板,外侧附加聚酰亚胺泡沫层。卫星的外形设计综合考虑气动性能、有效载荷和子系统布置、运载火箭整流罩空间等因素。CHAMP 卫星的两个侧面和顶面均装有固定的太阳能电池板,如图 1.17 所示。太阳能电池板的有效面积约为 $6.9m^2$,可以满足卫星有效载荷和平台的能源供应需求,NiH_2 电池用于地影阶段内的能量供应。

CHAMP 卫星的质量为 522kg,长 8333mm,高 750mm,宽 1621mm,面质比为 $0.00138m^2/kg$。为了避免卫星本体对磁强计的磁场作用,在卫星前部安装一个外伸的杆,磁强计安装在杆的顶端。杆长约 4m,这时卫星本体在磁强计位置处产生的杂散磁场强度低于 0.5nT。

1) CHAMP 卫星平台系统

CHAMP 卫星利用包括 14 个推力器的冷气推进系统,进行姿态和轨道控制,并利用 3 个磁力矩器补偿环境造成的卫星姿态扰动。通过控制使卫星实现三轴姿态稳定和对地指向,指向的角度波动范围为 ±2°,角速度的波

图 1.17 CHAMP 卫星正视图

动范围为 0.1(°)/s。其中,为了确定卫星姿态和旋转角速度,需要利用星敏感器、GPS 接收机、磁通门磁力仪、地球敏感器和太阳敏感器等载荷的测量数据。

电源系统用于卫星上电能的产生、调节、分配和存储。为了实现这一目的,需要 $6.9m^2$ 的太阳能电池板、电源控制与分配单元、容量为 16Ah 的 NiH_2 电池等。

热控设备保证卫星有效载荷和子系统在所有工作状态下具有安全的温度环境,保证设备平台的平均温度为 20℃。为了实现热控的目的,采用被动热控和主动热控相结合的方式。其中,被动热控包括表面喷漆、二次表面反射、多层绝缘等,主动热控主要指采用加热器等,用于实现高稳定度热环境。

在轨数据处理系统处理所有的科学测量数据和星务数据,它具有一定的故障检测、隔离和恢复功能。该系统从 GPS 信号中获取 1Hz 的频率基准,并将其分配给所有设备。此外,该系统还包括一个与 0.1Hz 的 GPS 参考脉冲相同步的时钟,保证 GPS 信号消失条件下的脉冲维持。数据处理系统中的中央处理器类型为 P3/1750,操作频率为 12MHz,数据存储 RAM/ROM 为 1024/256KB,内存容量为 1Gbit,用于存储观测数据。当卫星处于地面站可视区时,这些数据将下传至地面站。

射频通信系统采用 S 波段,上传载波频率为 2093.5MHz,数据率为 4Kbit/s;下传载波频率为 2280MHz,数据率为 32Kbit/s 或 1Mbit/s;射频输出功率为 0.5W 或 1W。该系统包括接收机、发射机、编码/解码装置和两个具有互补特性的半球形天线。

2) 加速度计

CHAMP 卫星上的加速度计由法国国家空间研究中心(Centre National d'Etudes Spatiales,CNES)提供,制造商为法国航空航天研究中心(Office National d'Etudes et de Recherches Aerospatials, ONERA)。该载荷用于测量作用在 CHAMP 卫星上的非引力干扰,包括大气阻力、太阳光压等。加速度计的中心是一个空心腔体,空腔内含有一个验证质量块,腔体内壁安装有电极,利用电极产生的电场使验证质量块悬浮在腔体中,加速度计外形及内部构造如图 1.18 所示。理论上,在仅存在地球引力的条件下,验证质量块和加速度本体相对静止,因为地球引力对两者的作用效果是完全相同的。实际上,由于大气阻力、太阳光压等非引力干扰的存在,它们作用在卫星上进而对加速度计本体产生作用,但是不会对验证质量块产生作用,这就使验证质量块相对腔体产生运动。腔体内壁电极可以敏感到验证质量块在腔体中的相对位置,并通过控制保证验证质量块始终位于腔体中心,这时所施加的电场控制力刚好与卫星受到的非引力干扰大小相等,方向相反,这就是加速度计测量非引力干扰的基本原理。为避免热环境引起腔体尺寸的变化,腔体内壁采用了超低膨胀率陶瓷材料。腔体内壁布置的电极对数目为 6,分别独立地控制验证质量块在腔体内的 3 个平移运动和 3 个旋转运动。为了降低卫星旋转和重力梯度对加速度计测量的干扰,加速度计安装在 CHAMP 卫星质心上,安装误差为 2mm。

(a)外形　　　　　　　　　　　　　　　　(b)内部构造

图 1.18　CHAMP 卫星加速度计及其内部构造

在 CHAMP 卫星中,加速度计敏感轴定义如下: X 轴与卫星本体 $-z$ 轴平行, Y 轴与卫星本体 x 轴平行, Z 轴与卫星本体 $-y$ 轴平行,绕加速度计 X 、 Y 、 Z 轴的旋转角分别定义为 φ 、 θ 、 κ 。CHAMP 卫星加速度计关于这些敏感轴的线性加速度和角加速度测量性能如表 1.3 所示。

表 1.3　CHAMP 卫星加速度计性能参数

项目	要求
测量频段	$10^{-4} \sim 10^{-1}\,\mathrm{Hz}$
线性加速度计测量范围	$\pm 10^{-4}\,\mathrm{m/s^2}$
线性加速度计测量精度	优于 $3 \times 10^{-9}\,\mathrm{m/s^2}$ (Y 和 Z 轴)
	优于 $3 \times 10^{-8}\,\mathrm{m/s^2}$ (X 轴)
角加速度测量精度	$1 \times 10^{-7}\,\mathrm{rad/s^2}$ (绕 X 轴)
	$5 \times 10^{-7}\,\mathrm{rad/s^2}$ (绕 Y 和 Z 轴)

3) GPS 接收机

CHAMP 卫星上的 GPS 接收机由 NASA 提供,制造商为喷气推进实验室(Jet Propulsion Laboratory,JPL),如图 1.19 所示,用于卫星精密轨道确定。

图 1.19　CHAMP 卫星上的 GPS 接收机

载有 GPS 接收机的 CHAMP 卫星和高轨 GPS 卫星形成高低跟踪测量模式，根据 GPS 接收机观测，可以获取其与 GPS 卫星之间的伪距和载波相位。GPS 卫星的星历是已知的，这样根据至少 4 个 GPS 卫星的观测数据，可以确定低轨 CHAMP 卫星的三维空间位置和当前时刻。当 CHAMP 卫星入轨后，GPS 接收机可以自启动，并完全自主运行。GPS 接收机具有 12 个通道，在轨工作时具有 3 个模式，分别是跟踪模式、掩星模式和高度测量模式。根据不同的工作模式，接收机可以自主确定所要跟踪的 GPS 卫星。该 GPS 接收机的性能参数如表 1.4 所示。

表 1.4　CHAMP 卫星 GPS 接收机性能参数

项目	要求
由遥测数据得到的卫星位置精度	优于 60m
时间校准精度	优于 1μs
用于精密定轨的观测数据	伪距精度优于 30cm（无电离层） 载波相位精度优于 0.2cm（无电离层）
掩星模式下的观测数据（1s 采样间隔）	伪距精度优于 50cm（无电离层） 载波相位精度优于 0.05cm（无电离层）

4）激光后向反射镜

CHAMP 卫星上的激光后向反射镜由 GFZ 制造，它是一个被动载荷，用于确定卫星的精密轨道，如图 1.20 所示。它由 4 个立方体棱镜构成，形成一个观测阵列，可以确保在大部分时间内有一个反射棱镜反射地面激光脉冲。根据激光脉冲从发射到被反射镜反射再到被地面站接收的时间，可以得到卫星和地面站之间的距离，其精度为 1～2cm。利用激光后向反射镜的观测数据，可以对 GPS 定轨精度进行验证，并与 GPS 观测数据一起用于轨道确定和重力场反演。

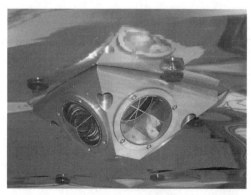

图 1.20　CHAMP 卫星上的激光后向反射镜

　　立方体棱镜的材料为熔融石英,表面有金属涂层,可作为反射面。其中,棱镜的正面无涂层,略呈球形。CHAMP 卫星上的激光后向反射镜物理参数如表 1.5 所示。激光后向反射镜安装在卫星质心正下方的支架上,由卫星质心指向激光后向反射镜参考点的方向沿天底方向,两者之间的偏移量为 250mm。为了得到地面站与卫星质心的距离,需要在由激光反射信号得到的距离的基础上,考虑卫星质心与激光后向反射镜参考点之间的偏移量。

表 1.5　激光后向反射镜参数

项目	要求
顶点长度	(28.0 ± 0.2)mm
正面孔直径	38.0mm
二面角偏移	$-3.8''$
前表面的曲率半径	500m(凸面)
折射率(532nm)	1.461

5) 磁通门磁力仪

　　CHAMP 卫星上的磁通门磁力仪由丹麦技术大学(Technical University of Denmark,DTU)研制,用于探测地球磁场强度矢量,如图 1.21 所示。在利用磁通门磁力仪测量磁场强度时,需要该载荷本身的姿态信息,因此磁通门磁力仪和星敏感器精密地安装在一个固定平台上。在固定平台上,距该磁通门磁力仪 60cm 位置处,安装有一个备份的磁通门磁力仪。在正常情况下,仅有一个磁通门磁力仪在工作。当两个磁通门磁力仪同时工作时,它们的测量数据作差可以得到地球磁场强度的梯度值,并且数据作差可以有效地消除卫星本身电磁环境的干扰。磁通门磁力仪的测量范围是 ± 65000nT,覆盖了地磁场强度的变化范围。在正常操作模式下,磁场数据的采样率为 50Hz,即 CHAMP 卫星每隔大约 150m 进行一次采样。磁通门磁力仪的性能参数如表 1.6 所示。

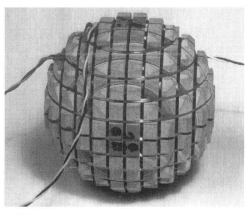

图 1.21　CHAMP 卫星上的磁通门磁力仪

表 1.6　磁通门磁力仪性能参数

项目	要求
地磁场测量范围	±65000nT
地磁场测量误差	10pT
数据采样率	50Hz(正常模式)、10Hz、1Hz
−3dB 带宽	13Hz
漂移	低于 0.5nT
质量和尺寸	350g(单个),直径 82mm
电子盒质量	3.5kg(包括正常使用的和备份的磁通门磁力仪)
功率	2W(单个)

6) Overhauser 标量磁强计

Overhauser 标量磁强计由法国电子与信息技术实验室(Laboratoire d'Electronique de Technologie et d'Instrumentation,LETI)研制,如图 1.22 所示,它可以得到地磁场强度的标量值,为基于磁通门磁力仪的矢量磁场测量提供校准和参考信息,其测量的性能参数如表 1.7 所示。标量磁强计测量的基本原理是质子磁共振,即当富含质子的液体暴露在磁场环境中时,质子将围绕磁场方向进动,进动频率与磁场强度之间存在严格的比例关系,并且在原理上,进动频率与磁场方向、温度环境和漂移无关。通过精确测量质子进动频率(0.8～3kHz),就可以获取磁场强度的标量值。其中,质子进动频率与磁场强度之间的比例常数称为回磁比。

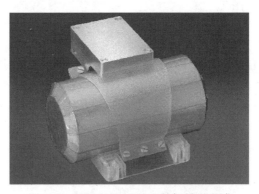

图 1.22　CHAMP 卫星上的标量磁强计

表 1.7　Overhauser 标量磁强计性能参数

项目	要求
测量范围	18000～65000nT
分辨率	10pT
噪声水平	小于 50pT(rms)
−3dB 带宽	0.28Hz

续表

项目	要求
采样率	1Hz
敏感器质量	1kg
电子设备质量	2kg
功率	4.5W
敏感器尺寸	直径 90mm,长度 180mm
电子设备尺寸	200mm×135mm×76mm

7) 星敏感器

CHAMP 卫星上装有两套星敏感器,该载荷由丹麦技术大学设计和研制,为卫星上的加速度计、数字离子漂移计、激光后向反射镜、GPS 接收机等有效载荷提供高精度的姿态数据,并为卫星姿态控制系统提供输入参考。其中,每套设备包括两个摄像头单元和一个通用数据处理单元。对于磁场测量任务而言,星敏感器的一个显著特征是,摄像头磁洁度指标允许摄像头和磁强计紧密地固定安装在一个刚性结构上,从而有效降低姿态数据在不同坐标系之间转换时的误差。单个星敏感器得到的赤经、赤纬精度为角秒量级,如果将两个星敏感器的观测数据组合,则可以进一步提高姿态测量精度。星敏感器的性能参数如表 1.8 所示。

表 1.8 星敏感器的性能参数

项目	要求
姿态确定精度	4arcsec(3σ)
视场角	18.4°×13.4°
采样率	1Hz(正常模式)、0.5Hz、2Hz
摄像头单元的磁矩	$10^{-5}\mathrm{A \cdot m^2}$
功率	8W
摄像头单元质量	200g
摄像头单元尺寸	50mm×50mm×45mm
通用数据处理单元质量	800g
通用数据处理单元尺寸	100mm×100mm×100mm

8) 数字离子漂移计

CHAMP 卫星上的数字离子漂移计由美国空军实验室(Air Force Research Laboratory,AFRL)提供,如图 1.23 所示,其作用是测量电离层中的离子分布及其运动。根据数字离子漂移计观测数据,可以得到离子密度和温度、漂移速度、电场等物理参数。结合磁场测量数据,可以进一步确定电离层的电流分布。数字离子漂移计上的敏感器是两个离子探测器,安装在数据处理单元的两个侧面上。在测

图 1.23　CHAMP 卫星上的数字离子漂移计

量时,通过探测孔的离子进入分析仪,能量超过系统设定阈值的离子将被电场引导,进入一个多通道板。这些离子将会撞击到一个分成 16×128 像素单元的阳极上,由此可以判断离子撞击的具体位置。结合光学观测,可以确定离子的入射方向。分析所有离子的入射和撞击位置,可以获取它们的速度分布情况。其中,法向速度分量由阳极上的离子撞击位置确定,迹向速度分量由分析仪上的电压变化或两个离子探测器观测数据的对比得到。离子温度可以根据阳极上撞击点范围的宽度确定,离子密度可以根据撞击点的数目确定。数字离子漂移计的性能参数如表 1.9 所示。

表 1.9　数字离子漂移计的性能参数

项目	要求
离子密度测量范围	$10^8 \sim 10^{12} \mathrm{m}^{-3}$
离子温度测量范围	$200 \sim 55000 \mathrm{K}$
离子漂移速度测量范围	$0 \sim 6 \mathrm{km/s}$
电场强度范围	$0 \sim 300 \mathrm{mV/m}$
离子速度测量精度	速度方向优于 $1°$,速度大小优于 $130 \mathrm{m/s}$
电场强度精度	$4 \mathrm{mV/m}$
采样率	$0 \mathrm{Hz}$、$1 \mathrm{Hz}$、$2 \mathrm{Hz}$、$4 \mathrm{Hz}$、$8 \mathrm{Hz}$、$16 \mathrm{Hz}$(漂移计) $0 \mathrm{Hz}$、$8 \mathrm{Hz}$、$16 \mathrm{Hz}$(分析仪) $0 \mathrm{Hz}$、$1/15 \mathrm{Hz}$(探测器)
功耗	$5 \mathrm{W}$
质量	$2.2 \mathrm{kg}$
尺寸	$153 \mathrm{mm} \times 150 \mathrm{mm} \times 109 \mathrm{mm}$

　　数字离子漂移计观测得到的离子速度与卫星轨道速度密切相关,因此,为了得到离子在空间的准确速度分布,需要根据 GPS 观测数据和星敏感器观测数据,确定精确的卫星速度。

　　2. GRACE 重力卫星系统

　　GRACE 卫星通过获取地球重力场引起的星间距离变化率数据来反演地球重力场模型。实际上,星间距离变化率观测数据中还包含了非引力干扰的影响,因此

为了实现地球重力场测量,GRACE 卫星的测量载荷除包括 K 波段星间测距装置
(K-band ranging system,KBR)外,还包括安装在卫星质心的加速度计
(accelorometer,ACC)。为了确定星间距离变化率数据测量时的卫星空间位置,还
需要在卫星上安装 GPS 接收机。此外,为了保证上述科学测量载荷功能的实现,
还需要一些辅助载荷,如超稳定振荡器(ultra stable oscillator,USO)、星敏感器组
件(star camera assembly,SCA)、质心微调组件(center of mass trim assembly,
MTA)等,如图 1.24 所示。其中,加速度计位于卫星质心,在轨运行时要考虑卫星
本体旋转对卫星质心加速度观测的干扰。GPS 天线和星敏感器组件紧贴加速度计
布置,有利于提高卫星质心确定精度和卫星姿态确定精度。冷气储罐沿卫星质心
对称布置,有利于降低卫星本体万有引力对加速度计验证质量的干扰。卫星前部
装有星间测距装置,尾部装有数据处理单元、GPS 掩星天线、射频和电子器件等。
下面将分别介绍这些卫星载荷。

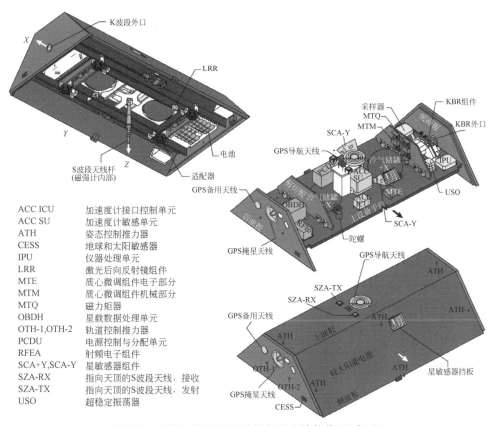

ACC ICU	加速度计接口控制单元
ACC SU	加速度计敏感单元
ATH	姿态控制推力器
CESS	地球和太阳敏感器
IPU	仪器处理单元
LRR	激光后向反射镜组件
MTE	质心微调组件电子部分
MTM	质心微调组件机械部分
MTQ	磁力矩器
OBDH	星载数据处理单元
OTH-1,OTH-2	轨道控制推力器
PCDU	电源控制与分配单元
RFEA	射频电子组件
SCA+Y,SCA-Y	星敏感器组件
SZA-RX	指向天顶的S波段天线,接收
SZA-TX	指向天顶的S波段天线,发射
USO	超稳定振荡器

图 1.24　GRACE 卫星上的设备和有效载荷(见彩图)

1) 加速度计

每个 GRACE 卫星上均装有加速度计,用于测量卫星受到的非引力干扰。在加

速度计内部腔体的中心,有一个长方体形状的验证质量,如图 1.25 所示,其尺寸为
40mm×40mm×10mm,质量为 70g。在理想情况下,验证质量位于加速度计腔体中
心,也就是卫星质心,它只受到地球引力的作用。但是,与加速度计本体固连在一起
的卫星除受到地球引力作用外,还受到大气阻力、太阳光压等非引力干扰的作用,使
得长方形验证质量与其屏蔽腔体之间存在相对运动。为了维持验证质量始终位于腔
体中心,需要对其施加电磁控制力,该控制力大小刚好等于卫星受到的非引力干扰。
GRACE 卫星上的加速度计可以获取 3 个轴上的加速度观测数据,其中沿径向和迹向
的加速度测量精度较高,而沿轨道面法向的测量精度较差,具体指标如表 1.10 所示。

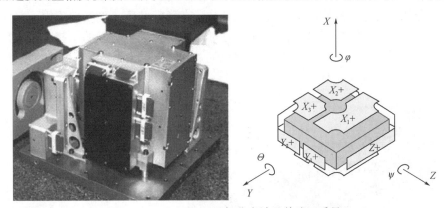

图 1.25　GRACE 卫星加速度计及其验证质量

表 1.10　GRACE 卫星加速度计测量范围和精度

坐标轴	测量范围	测量精度
X	$\pm 5 \times 10^{-5}$ m/s^2	1×10^{-10} m/(s^2 · Hz$^{1/2}$)
Y	$\pm 5 \times 10^{-4}$ m/s^2	1×10^{-9} m/(s^2 · Hz$^{1/2}$)
Z	$\pm 5 \times 10^{-5}$ m/s^2	1×10^{-10} m/(s^2 · Hz$^{1/2}$)
$\dot{\omega}_X$	$\pm 1 \times 10^{-2}$ rad/s^2	5×10^{-6} rad/(s^2 · Hz$^{1/2}$)
$\dot{\omega}_Y$	$\pm 1 \times 10^{-3}$ rad/s^2	2×10^{-7} rad/(s^2 · Hz$^{1/2}$)
$\dot{\omega}_Z$	$\pm 1 \times 10^{-2}$ rad/s^2	5×10^{-6} rad/(s^2 · Hz$^{1/2}$)

2) 星敏感器

星敏感器的作用是确定卫星在惯性空间中的指向。星敏感器可以观测到星空
背景,将其处理后与系统内部的星图对比,可以得到卫星姿态。GRACE 卫星上的
星敏感器和 CHAMP 卫星上的相同,均是由丹麦技术大学提供,如图 1.26 所示。
卫星姿态数据以四元数的形式来描述,其输出的时间间隔为 200ms。星敏感器姿
态确定的误差包括系统内置星图中的恒星位置误差、光学观测系统误差和图像数
字化引起的误差等。以四元数表示的姿态误差可以看作白噪声,其中旋转角(q_4)
误差为 $11''$,旋转轴指向(q_1、q_2、q_3)误差为 $9''$。

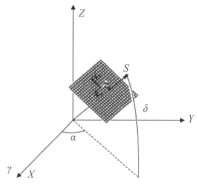

图 1.26　GRACE 卫星的星敏感器

3）GPS 接收机

GRACE 卫星采用 Black-Jack 类型的 GPS 接收机,如图 1.27 所示,通过被动地接收 GPS 卫星广播信号,获取伪距和载波相位信息,从而确定卫星在惯性空间中的位置,由此得到的卫星精密轨道确定精度为 5cm。

图 1.27　GRACE 卫星的 GPS 接收机

4）星间微波测距系统

星间微波测距系统是 GRACE 卫星重力场测量的核心载荷,以 $1\mu m/s$ 的精度获取星间距离的变化率。每个卫星上均装有发射和接收装置,传送和获取双频微波信号(K 波段,24GHz;Ka 波段,32GHz)。每个卫星上均有超稳振荡器,它可以产生正弦信号,然后传送给另一个卫星,利用仪器处理单元(instrument processing unit,IPU)可以提取信号的相位信息,由此得到星间测距结果。

3. GOCE 重力卫星系统

1996 年,在西班牙格兰纳达举办的用户专题学术讨论会(User Consultation Work-Shop,UCW)上提出了 GOCE 卫星任务概念,利用卫星获取高精度、高分辨率的重力观测数据,支持地球重力场研究以及静态海洋环流探测。经过可行性论证、工业设计与制造、地面性能测试等阶段后,GOCE卫星于2009年3月17日发射入轨,开展重力场测量任务。

GOCE卫星采用细长体构形,长约5m,直径约1m,横截面为八角形,质量为1050kg,结构上没有活动部件。GOCE卫星由有效载荷和卫星平台两部分组成,其中有效载荷包括重力梯度仪、GPS接收机、激光后向反射镜等,卫星平台包括电子设备、结构分系统、热控分系统、电源分系统、阻力补偿系统等。

1) GOCE卫星构形及其内部结构

GOCE卫星构形设计主要考虑任务需求和工程约束两个方面。任务需求是指卫星构形设计能够使气动力和力矩最小,并且满足被动气动稳定条件。工程约束是指卫星外形和体积能够容纳在运载火箭的整流罩内,且没有展开部分。

卫星本体沿其长度方向可以分为7个单元,每个单元内布置不同的载荷,如图1.28所示。重力梯度仪安装在卫星质心,这样可以使重力梯度测量值不受卫星自身旋转产生的角加速度的影响。星敏感器的安装位置尽可能靠近重力梯度仪,这样,在任务操作过程中,可以最大限度地降低星敏感器错位引起的卫星姿态确定误差。在轨运行时要求卫星本体有一个面对太阳的热面和背对太阳的阴面,并且在整个任务周期里几乎不变,这要求给阴面固定一个辐射器,以便为重力梯度仪提供稳定的热环境。氙贮箱安装在接近离子推进器的位置,从而最大限度地缩短氙气的输运通路。

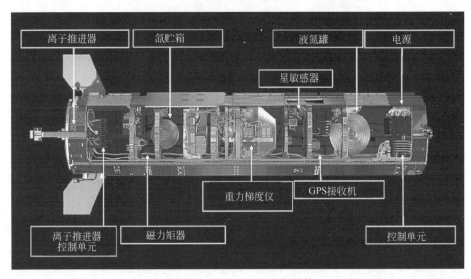

图1.28　GOCE卫星内部结构

2) 重力梯度仪

GOCE卫星上的静电重力梯度仪(electrostatic gravity gradiometer,EGG)由法国阿尔卡特航天公司(Alcatel Space Industry,ASI)制造,3对伺服控制电容加速

度计安装在超稳碳-碳结构的 3 个轴上,这 3 个轴两两正交布置,每个轴上两个加速度计之间的距离为 50cm,如图 1.29 和图 1.30 所示。这些加速度计观测数据作差可以获得卫星质心位置的重力梯度值,它是 GOCE 卫星重力场测量中的核心科学观测数据。

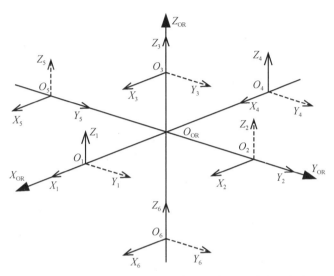

图 1.29　GOCE 卫星重力梯度仪中的加速度计布置方案

在图 1.29 中,实线轴表示加速度计的敏感轴,虚线轴表示非敏感轴,这种排列方式能够保证重力梯度张量测量中的 V_{xx}、V_{yy}、V_{zz}、V_{xz} 分量精度最高,有利于提高重力场的测量性能。同时,重力梯度数据也为卫星上的阻力补偿与姿态控制系统(drag-free and attitude control system,DFACS)提供数据参考,其提供的加速度用于产生非重力线性加速度观测量,垂直轴向的加速度通过组合产生角加速度观测量。

3) GPS 接收机

GOCE 卫星上装有双频、12 通道的 GPS 接收机,能够同时获取 12 个 GPS 卫星的广播信号,并以 1Hz 的频率分发伪距和载波相位观测数据,如图 1.31 所示。卫星精密轨道是实现长波重力场恢复的基本数据,同时为基于重力梯度的短波重力场测量提供卫星位置数据。同时,基于掩星技术,利用 GPS 数据可对大气进行监测和研究。

4) 激光后向反射镜

在 GOCE 卫星对地一侧装有激光后向反射镜,如图 1.32 所示,可以精确测得卫星与地面激光测距站之间的距离,进而获得卫星精密轨道。虽然基于激光后向反射镜的卫星定轨不具有 GPS 定轨的全弧段连续跟踪测量优势,但是由于其定轨精度极高,约为 1cm,主要用于校核由 GPS 接收机数据得到的精密轨道,并可用于确定部分弧段的卫星轨道。

图 1.30　GOCE 卫星重力梯度仪

1 为加速度计组;2 为超稳定碳-碳结构;3 为 X 形均衡框架;

4 为热控面板;5 为中间托架;6 为电路板

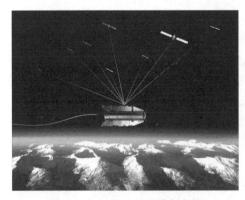

图 1.31　GOCE 卫星精密定轨

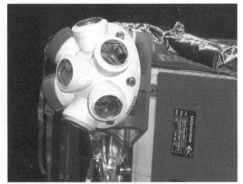

图 1.32　GOCE 卫星激光后向反射镜

5) 电子设备

GOCE 卫星的电子设备提供了电源供给、指令、观测、自治、故障识别、修正和恢复以及时间同步等支持科学测量的所有功能,其结构如图 1.33 所示。电源系统通过电源总线分配给有效载荷和卫星平台,更低级别的电源调节和分配在有效载荷或卫星平台部分完成。电源子系统由太阳电池阵和 78Ah 的电池(用于提供星蚀期和用电峰值时期的能量供应)以及电源控制与分配单元组成。

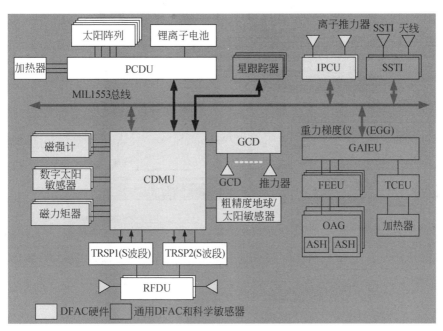

图 1.33 GOCE 卫星电子设备框图(见彩图)

6)离子推进器

GOCE 卫星上装有离子推进器,它作为飞行方向上线加速度控制的执行器,也可用于轨道维持,其结构如图 1.34 所示。两个离子推进器安装在与卫星质心平行的位置上,其中一个正常运转,另一个作为备份。离子推进器可以产生连续的推力,推力范围为 $1.5 \sim 20$mN,推力误差为 12μN,推力的最大变换速率为 2.5mN/s。

7)热控系统

GOCE 卫星中的热控系统用于维持卫星在发射、早期轨道阶段、标称模式以及生存模式下所需要的温度环境。卫星平台采用多层绝缘物、辐射器、油漆、过滤器、热垫圈、加热器、电热调节器、特殊蒙皮等多种热控组合,以满足卫星在太阳同步轨道环境下的温度稳定。对于重力梯度仪这一核心载荷,需要极其苛刻的温度稳定环境,采用主动热控来实现。

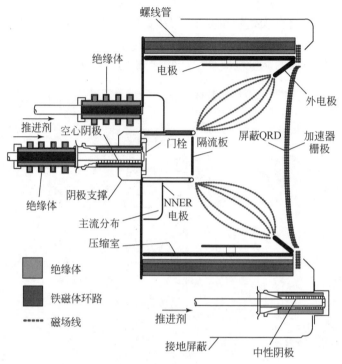

图 1.34　GOCE 卫星离子推进器

1.4　天基重力场测量的发展趋势

经过半个多世纪的发展,天基重力场测量形成了绝对轨道摄动重力场测量、长基线相对轨道摄动重力场测量、短基线相对轨道摄动重力场测量等三种体制,分别以 CHAMP、GRACE、GOCE 重力卫星为代表,标志着测量技术的成熟。在这些任务之后,天基重力场测量将如何发展、如何进一步提高测量的时间分辨率和空间分辨率,以满足对高精度重力场模型的需求,是迫切需要解决的问题。2007 年,天基重力场测量领域的专家在荷兰召开了"未来重力卫星测量"专题研讨会,商讨了天基重力场测量技术的发展路线[137]。会议充分肯定了 GRACE、GOCE 重力卫星在提升全球重力场模型分辨率和精度上的重大意义,同时也指出了其如下缺陷。

(1) 混淆:采样率不足导致潮汐等高频信号混入低频引力信号中,影响重力场的恢复精度。

(2) 时间分辨率和空间分辨率有限:GRACE、GOCE 重力卫星在一个空间点上仅能得到一组重力场测量数据,这样,由于采样率的限制,一个轨道周期内的测量点是有限的,根据采样定理可知最高恢复阶数存在上限限制。

（3）GRACE 卫星迹向星间跟踪测量缺少轨道面法向重力场信息,不利于扇谐项位系数恢复,使所恢复的全球大地水准面中出现沿南北方向的条纹状误差。

对于未来国际重力卫星技术发展的路线规划,会议分别指出了短期、中期和长期目标,确定了天基重力场测量的发展方向。

（1）短期目标:继续采用迹向长基线相对轨道摄动重力场测量方式,以保证重力场测量的连续性,同时考虑改善系统参数以提高重力场测量性能。

（2）中期目标:发展卫星编队重力场测量等新理论、新方法,如采用单组或多组 GRACE 构形,单个或多个 Pendulum、CartWheel 构形,在 GRACE Follow-on 任务中增加法向梯度测量等,以充分发挥当前的载荷水平。

（3）长期目标:引入新的重力场测量技术,如原子干涉测量技术、量子引力敏感技术等,提高引力信号的敏感能力。

为了实现天基重力场测量技术发展的短期目标,提出了 Swarm、GRACE Follow-on 等任务,它们在时间上的分布如图 1.35 所示。

图 1.35　重力卫星短期发展规划

自 2003 年以来,ESA 支持了新一代重力场测量任务 NGGM,采用长基线相对轨道摄动重力场测量方式,如图 1.36 所示[138]。NGGM 计划在超过 6 年的时间内测量全球重力场,其空间分辨率与 GOCE 相当,达到 100km,时间分辨率远超过 GRACE,达到 1 周或更短,并减少时变重力场中的高频混淆现象,以 0.1mm/年的精度实时监测大地水准面变化。NGGM 采用类似于 GRACE 的双星跟飞编队构形,飞行在太阳同步轨道上,轨道高度为 325km,倾角为 96.78°,星间距离为 10km,任务寿命为 6 年,关键载荷包括加速度计、差分激光干涉测距仪。其中,加速度计用于测量卫星受到的非引力干扰,测量精度为 $2 \times 10^{-12}\,\mathrm{m/s^2/Hz^{1/2}}$,差分激光干涉测距仪用于测量两个卫星的距离及其变化率,距离测量精度为 $1\mathrm{nm/Hz^{1/2}}$[42]。在 2009~2011 年开展了 NGGM 时变重力场监测能力评估,由德国阿斯特里姆公司(Astrium)和意大利泰累兹·阿莱尼亚宇航公司(Thales Alenia Space,TAS)领导,具体工作包括任务概念设计、测量性能仿真、误差分析等研究工作[139]。

Swarm 由 ESA 设计和研制,于 2013 年 11 月 22 日发射,用于探测地球磁场环

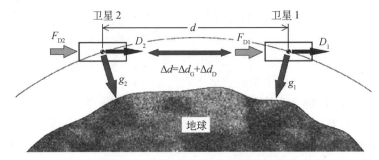

图 1.36　NGGM 重力场测量示意图

境。它由三颗卫星组成,如图 1.37 所示。其中,两颗卫星位于低轨上,高度为450km,倾角为 87.4°,它们的升交点赤经相差 1°～1.5°,第三颗卫星位于较高的轨道上,高度为 530km,倾角为 88°[140]。由于 Swarm 中的每颗卫星均有 GPS 接收机和加速度计,因此 Swarm 可以用于重力场测量。文献[141]利用能量法研究了Swarm 的重力场测量能力,指出 Swarm 测量静态重力场的有效阶数为 70,与CHAMP 相当;以年为时间尺度的时变重力场测量有效阶数为 6,低于 GRACE 时变重力场测量能力(40 阶)。考虑到 GOCE 任务已经结束,GRACE 卫星即将结束飞行[142],而 GRACE Follow-on 预计在 2018 年发射,所以在 GOCE、GRACE 任务结束后到 GRACE Follow-on 任务开始前,Swarm 是仅有的可用于重力场测量的在轨卫星,这是 Swarm 重力场测量精度有限但是仍然受到关注的原因。

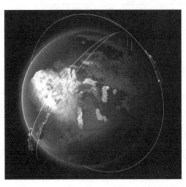
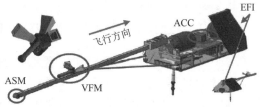

■ 矢量磁强计(vector field magnetometer,VFM)
■ 绝对标量磁强计(absolute scalar magnetometer,ASM)
■ 电场仪(electric field instrument,EFI)
■ 加速度计(accelerometer,ACC)

图 1.37　Swarm 卫星地磁场和重力场测量及其关键载荷

　　为了保持重力场测量任务的连续性,NASA 提出了 GRACE Follow-on 任务,预计 2018 年 4 月发射[143,144],寿命为 5 年。卫星轨道高度为(490±10)km,倾角为89.0°±0.06°,偏心率小于 0.0025。GEACE Follow-on 任务的目的是采用GRACE 模式继续进行重力场测量,同时验证星间激光干涉测距的有效性,为GRACE II 等未来高精度重力场测量任务奠定技术基础[145～147]。

　　为了满足重力卫星发展的中期目标,自 2005 年开始了卫星编队重力场测量的研究,通过充分发挥卫星编队优势来提高重力场的测量性能。文献[148]提出了基于 GRACE、CartWheel、Pendulum 等构形的卫星编队重力场测量概念,其任务构形如图 1.38 所示。分析表明,卫星编队测量方式可以克服传统重力卫星测量中的局限性,大幅度提高静态和时变重力场的测量精度。

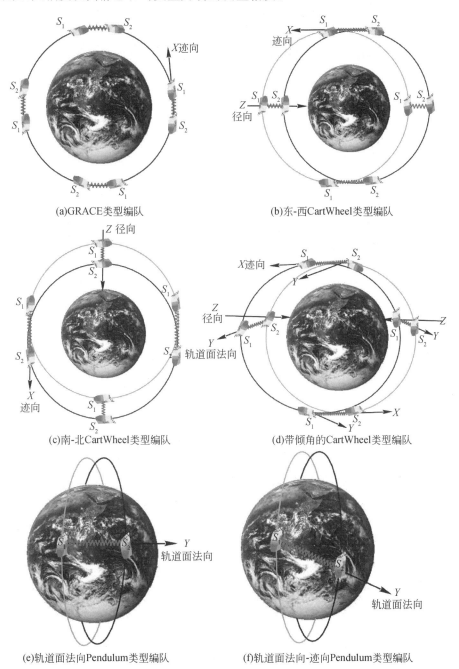

(a)GRACE类型编队

(b)东-西CartWheel类型编队

(c)南-北CartWheel类型编队

(d)带倾角的CartWheel类型编队

(e)轨道面法向Pendulum类型编队

(f)轨道面法向-迹向Pendulum类型编队

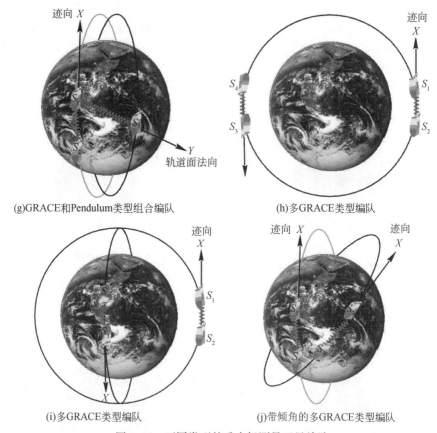

(g)GRACE和Pendulum类型组合编队　　　　　　(h)多GRACE类型编队

(i)多GRACE类型编队　　　　　　(j)带倾角的多GRACE类型编队

图 1.38　不同类型的重力场测量卫星编队

文献[5]、文献[149]、文献[150]指出,GRACE 重力场测量方式的缺点在于对南北方向的引力信号敏感能力较差,即测量扇谐项位系数的误差较大,利用卫星编队进行重力场测量可以使各阶次位系数误差更加均匀一致,并且测量精度更高。

通过上述分析可知,为了保证重力场测量的连续性,在未来数年内,国际重力卫星仍然采用长基线相对轨道摄动重力场测量模式,同时为了保证任务的可靠性、连续性和快速实施,更多地继承了 GRACE 卫星现有技术,或者在其基础上进行任务参数的部分调整。从中长期发展规划来看,为了满足相关科学研究与工程应用对重力场模型的需求,需要进一步提高重力场测量水平,这就要求引入卫星编队重力场测量等新模式,以及新的重力信号敏感技术。其中,卫星编队重力场测量可以同时引入径向、迹向和轨道面法向的跟踪测量,克服 CHAMP、GRACE、GOCE 等传统重力卫星测量中的混淆、重力场测量分辨率有限、最佳测量频带单一等缺陷,大幅度提高重力场测量的空间分辨率、时间分辨率和精度,是天基重力场测量发展的重要趋势。

在卫星编队重力场测量研究中,目前主要利用数值模拟开展机理分析与任务

设计。文献[148]和文献[151]利用数值法研究了 GRACE、CartWheel、Pendulum
编队构形的重力场测量性能,显示了卫星编队在提高重力场测量性能上的巨大潜
力。文献[152]利用数值法分析了迹向两星共线编队(即 GRACE 构形编队)、迹向
四星编队、两星 CartWheel 编队和四星 CartWheel 编队的重力场测量性能,如
图 1.39 所示。由图可知,迹向两星共线和迹向四星共线的大地水准面误差接近,两
星 CartWheel 构形下的大地水准面精度有所提高,而四星 CartWheel 构形下的大地水
准面精度则提高了一个数量级。这是因为在四星 CartWheel 构形中,观测数据中不
但有迹向引力信息,还有径向引力信息。图 1.40 显示了四种构形对应的大地水准面
精度在全球的分布,可知四星 CartWheel 编队由于引入了径向引力位信息,不但提高
了大地水准面精度,而且使大地水准面精度沿全球的分布更加均匀。在迹向两星共
线编队下,大地水准面存在沿南北方向的条纹状误差,这是因为沿迹向方向的引力位
差信号较弱。图 1.41 显示了 250km 轨道高度下的位系数误差,可知四星 CartWheel
编队不但减小了位系数误差,而且使其沿不同阶次的分布更加均匀。这说明与
GRACE 构形相比,CartWheel 构形具有更宽的测量频段和更高的测量精度。

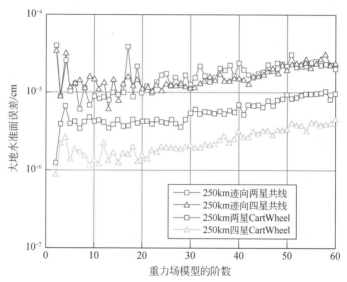

图 1.39　250km 轨道高度下四种编队测量重力场的大地水准面阶误差(见彩图)*

文献[153]研究了 GRACE、CartWheel 和激光干涉空间天线(laser interferometer
space antenna,LISA)类型的编队重力场测量机理。首先,分析了 J_2 摄动下这三类编
队构形的稳定性,进而利用数值法分析了三种编队构形的重力场测量性能。结果表
明,CartWheel、LISA 比 GRACE 的重力场测量精度高,并且全球大地水准面中不存在

---

*　为便于显示曲线变化趋势,全书部分图片的纵坐标采用等间隔的指数坐标。

条纹状误差。

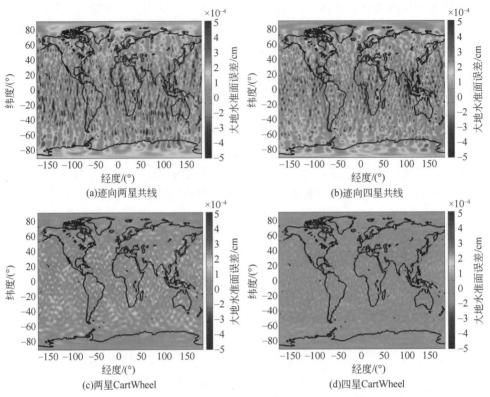

图 1.40　250km 高度下四种构形对应的大地水准面误差全球分布（见彩图）

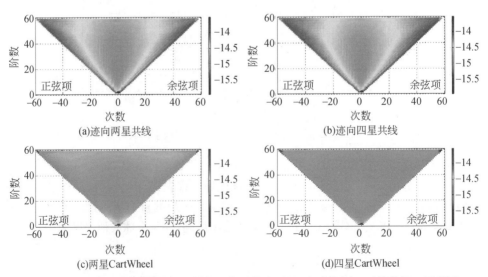

图 1.41　250km 高度下四种构形对应的位系数阶误差（取对数 $\log_{10}$ 后的结果）（见彩图）

文献[154]和文献[155]分析了两组星星跟踪卫星编队在时变重力场测量中的应用。利用 Monte-Carlo 法优化设计了两组卫星编队构形,其中一组编队的轨道高度为 320km,倾角为 90°,另一组编队的轨道高度为 270km,倾角为 72°,两组编队的回归周期均为 13 天。分析表明,与单个星星跟踪重力场测量相比,两组星星跟踪重力场测量可以实现更高空间分辨率的时变重力场测量,将测量误差降低67%。同时利用多组星星跟踪等效于提高数据采样率,从而可以降低混淆现象的影响。文献[156]研究了四星 CartWheel 重力场测量卫星编队,指出其具有高精度观测、全张量测量、时变信号强、混频效应弱的优势。其他文献也研究了卫星编队重力场测量,如文献[157]分析了卫星编队在重力场测量中降低混淆影响的优势,文献[158]分析了可用于卫星编队星间距离测量的激光干涉测距系统,文献[159]利用遗传算法研究了重力场测量编队的轨道优化问题,文献[160]研究了利用 COSMIC 星座和 GRACE 卫星定轨数据恢复低阶、时变重力场的问题。

由此可知,卫星编队重力场测量可以大幅度提高重力场测量水平,是天基重力场测量发展的重要方向。但是,目前的研究方法仅有数值模拟法,且只能得到特定任务构形的分析结果。因此,需要建立卫星编队重力场测量的解析模型,能够分析任意编队构形对应的重力场测量性能,为卫星编队优化设计提供理论指导。

综上所述,天基重力场测量在半个多世纪的发展历程中,逐步形成了绝对轨道摄动重力场测量、长基线和短基线相对轨道摄动重力场测量等方式,它们在提升全球重力场模型精度的同时,也面临着理论研究滞后于工程应用的现实问题。21 世纪以来,为了进一步提高全球重力场模型的精度和分辨率,引入了卫星编队重力场测量方式,更是面临着一系列急需解决的理论问题,目前主要依赖数值模拟开展研究,这不仅限制了后续天基重力场测量任务对不同测量方式的综合分析与应用,也不利于天基重力场测量理论的创新与变革。因此,迫切需要建立天基重力场测量的解析理论体系,用于天基重力场测量的机理分析,指导重力场测量任务优化设计。

参 考 文 献

[1] 宁津生. 卫星重力探测技术与地球重力场研究[J]. 大地测量与地球动力学, 2002, 22(1): 1—5.

[2] 宁津生. 跟踪世界发展动态, 致力地球重力场研究[J]. 武汉大学学报·信息科学版, 2001, 26(6): 471—474.

[3] 冯伟, 刘根友, 郝晓光. 重力场对弹道导弹自由段落点影响的仿真分析[J]. 测绘科学, 2009, 34(5): 118—121.

[4] 李珊珊. 水下重力辅助惯性导航的理论和方法研究[D]. 郑州: 中国人民解放军信息工程大学, 2010.

[5] Sneeuw N, Flury J, Rummel R. Science requirements on future missions and simulated

mission scenarios[J]. Earth, Moon, and Planets, 2005, 94: 113—142.

[6] Tapley B D, Bettadpur S, Ries J C, et al. GRACE measurements of mass variability in the Earth system[J]. Science, 2004, 305: 503—505.

[7] Tamisiea M E, Mitrovica J X, Davis J L. GRACE gravity data constrain ancient ice geometries and continental dynamics over Laurentia[J]. Science, 2007, 316: 881—883.

[8] Knudsen P, Bingham R, Andersen O, et al. A global mean dynamic topography and ocean circulation estimation using a preliminary GOCE gravity model[J]. Journal of Geodesy, 2011, 85(11): 861—879.

[9] Chen J L, Wilson C R, Tapley B D. Satellite gravity measurements confirm accelerated melting of Greenland ice sheet[J]. Science, 2006, 313: 1958—1960.

[10] Velicogna I, Wahr J. Measurements of time-variable gravity show mass loss in antarctica [J]. Science, 2006, 311: 1754—1756.

[11] 孙文科. 低轨道人造卫星(CHAMP、GRACE、GOCE)与高精度地球重力场[J]. 大地测量与地球动力学, 2002, 22(1): 92—100.

[12] Tsuboi S, Nakamura T. Sea surface gravity changes observed prior to March 11, 2011 Tohoku earthquake[J]. Physics of the Earth and Planetary Interiors, 2013, 221: 60—65.

[13] 祝意青, 闻学泽, 孙和平, 等. 2013 年四川芦山 Ms7.0 地震前的重力变化[J]. 地球物理学报, 2013, 56(6): 1887—1894.

[14] Reager J T, Thomas B F, Famiglietti J S. River basin flood potential inferred using GRACE gravity observations at several months lead time[J]. Nature Geoscience, 2014, 7: 588—592.

[15] 任振球. 全球重力异常对大气活动中心、气旋多发区的影响[J]. 地球物理学报, 2002, 45(3): 313—318.

[16] 杨锦玲, 关玉梅, 王青平, 等. 台风对连续重力固体潮的影响分析[J]. 大地测量与地球动力学, 2013, 33: 28—35.

[17] 王西文, 米哈依诺夫 I N. 高精度重力勘探直接预测油气藏的方法[J]. 石油地球物理勘探, 1996, 31(4): 569—574.

[18] 黄宗理, 严加永. 中国剩余重力异常与金属矿分布关系研究[J]. 地球学报, 2011, 32(6): 652—658.

[19] 宁津生. 地球重力场模型及其应用[J]. 冶金测绘, 1994, 3(2): 1—8.

[20] 方秀花, 李颖. 重力卫星及其应用[J]. 中国航天, 2004, 5: 14—17.

[21] 康晓磊, 崔恒彬, 许凤军. 基于重力匹配导航的潜艇避障方法分析[J]. 船舶电子工程, 2013, 33(7): 37,38.

[22] 吴太旗, 欧阳永忠, 陆秀平, 等. 重力匹配导航的影响模式分析[J]. 中国惯性技术学报, 2011, 19(5): 559—564.

[23] 宋涛, 徐培德. 空间动能武器毁伤效果仿真[J]. 火力与指挥控制, 2007, 32(12): 82—85.

[24] Crossley D, Hinderer J, Llubes M, et al. The potential of ground gravity measurements to validate GRACE data[J]. Advances in Geosciences, 2003, 1: 65—71.

[25] Verdun J, Klingelé E E, Bayer R, et al. The alpine Swiss-French airborne gravity survey [J]. Geophysical Journal International, 2003, 152: 8—19.

[26] Andersen O B, Knudsen P, Berry P A M. The DNSC08GRA global marine gravity field from double retracked satellite altimetry[J]. Journal of Geodesy, 2010, 84: 191—199.

[27] Jin S, van Dam T, Wdowinski S. Observing and understanding the Earth system variations from space geodesy[J]. Journal of Geodynamics, 2013, 72: 1—10.

[28] 王谦身. 重力学[M]. 北京: 地震出版社, 2003.

[29] 熊盛青, 周锡华, 郭志宏, 等. 航空重力勘探理论方法及应用[M]. 北京: 地质出版社, 2010.

[30] Olesen A V, Forsberg R, Keller K, et al. Airborne gravity survey of Lincoln Sea and Wandel Sea, North Greenland[J]. Physics and Chemistry of the Earth, Part A: Solid Earth and Geodesy, 2000, 25(1): 25—29.

[31] Mclean M, Reitmayr G. An airborne gravity survey south of the Prince Charles Mountains, East Antarctica[J]. Terra Antarctica, 2005, 12(2): 99—108.

[32] 黄谟涛, 翟国君, 管铮, 等. 海洋重力场测定及其应用[M]. 北京: 测绘出版社, 2005.

[33] 李征航, 魏二虎, 王正涛, 等. 空间大地测量学[M]. 武汉: 武汉大学出版社, 2010.

[34] 刘红卫, 王兆魁, 张育林. 内编队重力场测量系统轨道参数与载荷指标设计方法[J]. 地球物理学进展, 2013, 28(4): 1707—1713.

[35] Johannessen J A, Balmino G, Leprovost C, et al. The European gravity field and steady-state ocean circulation explorer satellite mission: its impact on geophysics[J]. Surveys in Geophysics, 2003, 24: 339—386.

[36] NASA Administrator. LAGEOS satellite, 1976 [EB/OL]. http://www.nasa.gov/multimedia/imagegallery/image_feature_2502.html[2015-12-20].

[37] Kucharski D, Lim H C, Kirchner G, et al. Spin parameters of LAGEOS-1 and LAGEOS-2 spectrally determined from satellite laser ranging data[J]. Advances in Space Research, 2013, 52: 1332—1338.

[38] Lerch F J, Klosko S M, Patel G B. A refined gravity model from Lageos (GEM-L2)[J]. Geophysical Research Letters, 1982, 9(11): 1263—1266.

[39] Moore P, Turner J F, Qiang Z. CHAMP orbit determination and gravity field recovery[J]. Advances in Space Research, 2003, 31(8): 1897—1903.

[40] Kima J, Lee S W. Flight performance analysis of GRACE K-band ranging instrument with simulation data[J]. Acta Astronautica, 2009, 65: 1571—1581.

[41] CSR/TSGC. The GRACE flight configuration [EB/OL]. http://www.csr.utexas.edu/grace/mission/flight_config.html[2015-12-20].

[42] Cesare S, Aguirre M, Allasio A, et al. The measurement of Earth's gravity field after the GOCE mission[J]. Acta Astronautica, 2010, 67: 702—712.

[43] ESA. GOCE data products[EB/OL]. http://www.esa.int/spaceinimages/Images/2008/04/GOCE_data_products[2015-12-30].

[44] Rummel R, Balmino G, Johannessen J, et al. Dedicated gravity field missions - principles

and aims[J]. Journal of Geodynamics, 2002, 33: 3—20.

[45] Seeber G. Satellite Geodesy[M]. New York: Walter de Gruyter, 2003.

[46] O'Keefe J A, Ann E, Squires R K. Vanguard measurements give pear-shaped component of Earth's figure[J]. Science, 1959, 129(3348): 565,566.

[47] Kozai Y. The gravitational field of the earth derived from motions of three satellites[J]. Astronomical Journal, 1961, 66(1): 8—10.

[48] Baker R M L. Orbit determination from range and range-rate data[C]//Semi-Annual Meeting of the American Rocket Society, Los Angeles, 1960.

[49] Kaula W M. Theory of Satellite Geodesy: Application of Satellites to Geodesy[M]. New York: Blaisdell Publishing Company, 1966.

[50] Martin C F, Martin T V, Smith D E. Satellite-to-satellite tracking for estimating geopotential coefficients[J]. Geophysical Monograph Series, The Use of Artificial Satellites for Geodesy, 1972, 15: 139—144.

[51] Schwarz C R. Refinement of the gravity field by satellite-to-satellite doppler tracking[J]. Geophysical Monograph Series, The Use of Artificial Satellites for Geodesy, 1972, 15: 133—138.

[52] Vonbun F O, Argentiero P D, Schmid P E. Orbit determination accuracies using satellite-to-satellite tracking[J]. IEEE Transactions on Aerospace and Electronic Systems, 1978, AES-14(6): 834—841.

[53] Vonbun F O, Kahn W D, Wells W T, et al. Determination of 5°×5° gravity anomalies using satellite-to-satellite tracking between ATS-6 and Apollo[J]. Geophysical Journal International, 2007, 61(3): 645—657.

[54] Gunter Dirk Krebs. Gunter's space page[EB/OL]. http://space.skyrocket.de[2015-12-31].

[55] Reigber C H, Lühr H, Schwintzer P. CHAMP mission status[J]. Advance in Space Research, 2002, 30(2): 129—134.

[56] van den Ijssel J, Visser P, Rodriguez E P. CHAMP precise orbit determination using GPS data[J]. Advance in Space Research, 2003, 31(8): 1889—1895.

[57] Reigber C, Balmino G, Schwintzer P, et al. Global gravity field recovery using solely GPS tracking and accelerometer data from CHAMP[J]. Space Science Review, 2003, 108: 55—66.

[58] Reigber C, Balmino G, Schwintzer P, et al. A high-quality global gravity field model from CHAMP GPS tracking data and accelerometry (EIGEN-1S)[J]. Geophysical Research Letter, 2002, 29(14): 1—4.

[59] Reigber C, Schwintzer P, Neumayer H, et al. The CHAMP-only Earth gravity field model EIGEN-2[J]. Advance in Space Research, 2003, 31(8): 1883—1888.

[60] Lühr H. GFZ German research centre for geosciences, the CHAMP mission[EB/OL]. http://op.gfz-potsdam.de/champ[2016-01-10].

[61] Wang Z K, Zhang Y L. Acquirement of pure gravity orbit using precise formation flying

technology[J]. Acta Astronautica, 2013, 82: 124-128.

[62] 刘红卫,王兆魁,张育林. 内卫星辐射计效应建模与分析[J]. 空间科学学报,2010, 30(3): 243-249.

[63] Liu H W, Wang Z K, Zhang Y L. Analysis of radiometer effect on the proof mass in purely gravitational orbit[J]. Applied Mathematics and Mechanics (English Edition), 2012, 33(5): 583-592.

[64] Liu H W, Wang Z K, Zhang Y L. The construction of guideline system for inner-formation flying system gravity field measurement[C]//The 63rd International Astronautical Congress, Naples, 2012.

[65] Liu H W, Wang Z K, Zhang Y L. Coupled modeling and analysis of radiometer effect and residual gas damping on proof mass in purely gravitational orbit[J]. Science China Technological Sciences, 2011, 54(3): 894-902.

[66] Gu Z F, Wang Z K, Zhang Y L. Reduction requirements of residual non- gravity disturbances of the inner formation flying system for Earth gravity measurement[C]//The 63rd International Astronautical Congress, Naples, 2012.

[67] Gu Z F, Wang Z K, Zhang Y L. Analysis of residual gas disturbance on the inner satellite of inner formation flying system[J]. Science China Technological Sciences, 2012, 55(9): 2511-2517.

[68] 钟波. 基于 GOCE 卫星重力测量技术确定地球重力场的研究[D]. 武汉:武汉大学, 2010.

[69] 陆仲连,吴晓平. 人造地球卫星与地球重力场[M]. 北京:测绘出版社,1994.

[70] 游为. 应用低轨卫星数据反演地球重力场模型的理论和方法[D]. 成都:西南交通大学, 2008.

[71] 徐天河,居向明. 用 Kaula 线性摄动方法恢复 CHAMP 重力场模型[J]. 大地测量与地球动力学, 2006, 26(4): 18-22.

[72] 王正涛. 卫星跟踪卫星测量确定地球重力场的理论与方法[D]. 武汉:武汉大学,2005.

[73] 邹贤才. 卫星轨道理论与地球重力场模型的确定[D]. 武汉:武汉大学,2007.

[74] 郑伟. 基于卫星重力测量恢复地球重力场的理论和方法[D]. 武汉:华中科技大学,2007.

[75] 徐天河,杨元喜. 基于能量守恒方法恢复 CHAMP 重力场模型[J]. 测绘学报,2005, 34(1): 1-6.

[76] 徐天河,杨元喜. 利用 CHAMP 卫星几何法轨道恢复地球重力场模型[J]. 地球物理学报, 2005, 48(2): 288-293.

[77] 徐天河. 利用 CHAMP 卫星轨道和加速度计数据推求地球重力场模型[D]. 西安:西安测绘研究所,2005.

[78] 徐天河,甘月红. 基于改进的能量守恒方法恢复 CHAMP 重力场模型[J]. 地球物理学进展, 2008, 23(1): 63-68.

[79] 王庆宾. 动力法反演地球重力场模型研究[D]. 郑州:中国人民解放军信息工程大学, 2009.

[80] 刘红卫,王兆魁,张育林. 内编队地球重力场测量性能数值分析[J]. 国防科技大学学报, 2013, 35(4): 14-19.

[81] Jäggi A, Bock H, Prange L, et al. GPS-only gravity field recovery with GOCE, CHAMP, and GRACE[J]. Advances in Space Research, 2011, 47: 1020—1028.

[82] Mayer-Gürr T, Ilk K H, Eicker A, et al. ITG-CHAMP01: A CHAMP gravity field model from short kinematic arcs over a one-year observation period[J]. Journal of Geodesy, 2005, 78(7): 462—480.

[83] 苏勇, 范东明, 贺全兵. 利用平均加速度法恢复 GOCE 地球重力场模型[J]. 大地测量与地球动力学, 2013, 33(6): 24—27.

[84] Wolff M. Direct measurements of the Earth's gravitational potential using a satellite pair [J]. Journal of Geophysical Research, 1969, 74(22): 5295—5300.

[85] Kaula W M. Interference of variations in the gravity field from satellite-to-satellite range rate[J]. Journal of Geophysical Research, 1983, 88(B10): 8345—8349.

[86] Colombo O L. The global mapping of gravity with two satellites[R]. Delft, The Netherlands: Netherlands Geodetic Commission, 1984.

[87] Estes R D, Grossi M D. Ionospheric electron density irregularities observed by satellite-to-satellite, dual-frequency, low-low doppler tracking link[J]. Radio Science, 1984, 19(4): 1098—1110.

[88] Weiffenbach G C, Grossi M D. Doppler tracking experiment MA-089[R]. Cambridge, USA: Smithsonian Astrophysical Observatory, 1976.

[89] Reigber C. Improvement of the gravity field from satellite techniques as proposed to the European Space Agency[C]//Proceedings of The 9th GEOP Conference An International Symposium on the Application of Geodesy to Geodynamics, Columbus, 1978.

[90] Pisacane V L, Ray J C, Macarthur J L, et al. Description of the dedicated gravitational satellite mission (GRAVSAT)[J]. IEEE Transactions on Geoscience and Remote Sensing, 1982, GE-20(3): 315—321.

[91] Yionoulis S M, Pisacane V L. Gravitational research mission: Status report[J]. IEEE Transactions on Geoscience and Remote Sensing, 1985, GE-23(4): 511—516.

[92] Wakker K F, Ambrosius B A C, Leenman H. Satellite orbit determination and gravity field recovery from satellite-to-satellite tracking[R]. Delft, The Netherlands: Delft University of Technology, 1989.

[93] Readings C J, Reynolds M L. Gravity-field and steady-state ocean circulation mission[R]. Paris, France: European Space Agency, Nine Candidate Earth Explorer Missions, 1996.

[94] Kim J. Simulation study of a low-low satellite-to-satellite tracking mission[D]. Austin: The University of Texas at Austin, 2000.

[95] Gunter Dirk Krebs. Gunter's space page[EB/OL]. http://space.skyrocket.de/doc_sdat/pams-stu.html[2015-12-31].

[96] Achtermann E. POPSAT, a geodetic satellite system concept[J]. Acta Astronautica, 1984, 11(10/11): 709—712.

[97] Sneeuw N, Ilk K H. The status of spaceborne gravity field mission concepts: A comparative simulation study[A]//Segawa J, Fujimoto H, Okubo S. Gravity, Geoid and

Marine Geodesy. Berlin：Springer-Verlag，1997：171—178.

[98] Reigber C，Schmidt R，Flechtner F，et al. An Earth gravity field model complete to degree and order 150 from GRACE：EIGEN-GRACE02S[J]. Journal of Geodynamics，2005，39：1—10.

[99] Tapley B D，Reigber C. The GRACE mission：Status and future plans[C]//EGU，EGS ⅩⅩⅦ General Assembly，Nice，2002.

[100] CSR/TSGC. The GRACE satellites[EB/OL]. http：//www. csr. utexas. edu/grace[2016-02-01].

[101] Kang Z，Nagel P，Pastor R. Precise orbit determination for GRACE[J]. Advance in Space Research，2003，31(8)：1875—1881.

[102] Kim J，Tapley B D. Error analysis of a low-low satellite-to-satellite tracking mission[J]. Journal of Guidance，Control，and Dynamics，2002，25(6)：1100—1106.

[103] Balmino G. Gravity field recovery from GRACE：Unique aspects of the high precise inter-satellite data and analysis methods[J]. Space Science Reviews，2003，108：47—54.

[104] Jet Propulsion Laboratory. NASA and DLR sign agreement to continue GRACE mission through 2015[EB/OL]. http：//www. jpl. nasa. gov/news/news. php? release＝2010-195[2015-12-31].

[105] The University of Texas. The GRACE mission elapsed time [EB/OL]. http：//www. csr. utexas. edu/grace[2017-05-01].

[106] 张育林，王兆魁，范丽，等. 星星跟踪复合编队地球重力场测量系统及其方法[P]. CN201210129720. 9，2012.

[107] 谷振丰，刘红卫，王兆魁，等. 基于引力位系数相对权重的卫星重力场测量分析[J]. 地球物理学进展，2013，28(1)：17—23.

[108] Visser P N A M. Low-low satellite-to-satellite tracking：A comparison between analytical linear orbit perturbation theory and numerical integration[J]. Journal of Geodesy，2005，79：160—166.

[109] Sharma J. Precise determination of the geopotential with a low-low satellite-to-satellite tracking mission[D]. Austin：The University of Texas at Austin，1995.

[110] Jekeli C. The determination of gravitational potential differences from satellite-to-satellite tracking[J]. Celestial Mechanics and Dynamical Astronomy，1999，75：85—101.

[111] 冉将军，许厚泽，沈云中，等. 新一代 GRACE 重力卫星反演地球重力场的预期精度[J]. 地球物理学报，2012，55(9)：2898—2908.

[112] 肖云. 基于卫星跟踪卫星数据恢复地球重力场的研究[D]. 郑州：中国人民解放军信息工程大学，2006.

[113] 张兴福. 应用低轨卫星跟踪数据反演地球重力场模型[D]. 上海：同济大学，2007.

[114] Meyer U，Flechtner F，Schmidt R，et al. A simulation study discussing the GRACE baseline accuracy [A]// Mertikas S P. Gravity，Geoid and Earth Observation，International Association of Geodesy Symposia 135. Berlin：Springer-Verlag，2010：171—176.

[115] Mayer-Gürr T, Eicker A, Llk K H. ITG-GRACE02S: A GRACE gravity field derived from range measurements of short arcs[C]//Proceedings of the First Symposium of International Gravity Field Service, Istanbul, 2006.

[116] 郑伟, 许厚泽, 钟敏, 等. 基于星间加速度法精确和快速确定 GRACE 地球重力场[J]. 地球物理学进展, 2011, 26(2): 416-423.

[117] 郑伟, 许厚泽, 钟敏, 等. 基于半解析法有效和快速估计 GRACE 全球重力场的精度[J]. 地球物理学报, 2008, 51(6): 1704-1710.

[118] 郑伟, 许厚泽, 钟敏, 等. 卫星跟踪卫星模式中轨道参数需求分析[J]. 天文学报, 2010, 51(1): 65-74.

[119] 郑伟, 许厚泽, 钟敏, 等. 利用解析法有效快速估计将来 GRACE Follow-on 地球重力场的精度[J]. 地球物理学报, 2010, 53(4): 796-806.

[120] 庞振兴, 肖云, 赵润. 基于轨道扰动引力谱分析的方法确定低观测重力卫星反演重力场的空间分辨率[J]. 地球物理学进展, 2010, 25(6): 1935-1940.

[121] 庞振兴, 姬剑锋, 肖云, 等. 利用谱分析法估计 GRACE Follow-on 地球重力场的空间分辨率[J]. 测绘学报, 2012, 41(3): 333-338.

[122] Paik H J, Leung J S, Morgan S H, et al. Global gravity survey by an orbiting gravity gradiometer[J]. Eos, Transaction American Geophysical Union, 1988, 69 (48): 1601 -1611.

[123] Koop R. Global gravity field modeling using satellite gravity gradiometry[R]. Delft, The Netherlands: Nederlandse Commissie Voor Geodesie, 1993.

[124] Visser P N A M, Wakker K F, Ambrosius B A C. Global gravity field recovery from the ARISTOTELES satellite mission[J]. Journal of Geophysical Research: Solid Earth, 1994, 99(B2): 2841-2851.

[125] Sumner T J, Anderson J, Blaser J P, et al. Satellite Test of the Equivalence Principle[J]. Advances in Space Research, 2007, 39: 254-258.

[126] Sneeuw N, Rummel R, Müller J. The Earth's gravity field from the STEP mission[J]. Classical and Quantum Gravity, 1996, 13: A113-A117.

[127] Drinkwater M R, Floberghagen R, Haagmans R, et al. GOCE: ESA's first Earth explorer core mission[J]. Space Science Reviews, 2003, 108: 419-432.

[128] Visser P N A M. A glimpse at the GOCE satellite gravity gradient observations[J]. Advances in Space Research, 2011, 47: 393-401.

[129] Bouman J, Koop R, Tscherning C C, et al. Calibration of GOCE SGG data using high -low SST, terrestrial gravity data and global gravity field models[J]. Journal of Geodesy, 2004, 78: 124-137.

[130] Baur O, Sneeuw N, Grafarend E W. Methodology and use of tensor invariants for satellite gravity gradiometry[J]. Journal of Geodesy, 2008, 82: 279-293.

[131] Bill C. GOCE reenters atmosphere[EB/OL]. http://www. esa. int/spaceinimages/Images/2013/11/GOCE_reenters_atmosphere[2016-02-01].

[132] 罗志才. 利用卫星重力梯度数据确定地球重力场的理论和方法[D]. 武汉:武汉测绘科技

大学，1996.

[133] 李迎春. 利用卫星重力梯度测量数据恢复地球重力场的理论和方法[D]. 郑州：中国人民解放军信息工程大学，2004.

[134] Sünkel H. From Eötvös to mGal[R]. Graz, Austria：European Space Agency, 2000.

[135] 徐新禹. 卫星重力梯度与卫星跟踪卫星数据确定地球重力场的研究[D]. 武汉：武汉大学，2008.

[136] 蔡林，周泽兵，祝竺，等. 卫星重力梯度恢复地球重力场的频谱分析[J]. 地球物理学报，2012，55(5)：1565—1571.

[137] Koop R, Rummel R. The future of satellite gravimetry[R]. Noordwijk, The Netherlands：The Workshop on the Future of Satellite Gravimetry, 2007.

[138] Gruber T. Next generation satellite gravimetry mission study (NGGM-D) [C]//EGU General Assembly, Vienna, 2014：2014-3732.

[139] Massotti L, Cara D D, del Amo J G, et al. The ESA Earth observation programmes activities for the preparation of the next generation gravity mission[C]//AIAA Guidance, Navigation, and Control Conference, AIAA 2013-4637, Boston, 2013：1—17.

[140] Friis-Christensen E, Lühr H, Hulot G. Swarm：A constellation to study the Earth's magnetic field[J]. Earth Planets Space, 2006, 58：351—358.

[141] Wang X X, Gerlach C, Rummel R. Time-variable gravity field from satellite constellations using the energy integral[J]. Geophysical Journal International, 2012, 190：1507—1525.

[142] GFZ. GRACE gravity missions[EB/OL]. http：//www.gfz-potsdam.de/en/research/organizational-units/departments/department-1/global-geomonitoring-and-gravity-field/topics/development-operation-and-analysis-of-gravity-field-satellite-missions/gravity-missions-studies[2015-10-30].

[143] 2018 in spaceflight[EB/OL]. https：//en.wikipedia.org/wiki/2018_in_spaceflight [2017-5-15].

[144] ESA. GRACE (Gravity Recovery And Climate Experiment) [EB/OL]. https：//directory.eoportal.org/web/eoportal/satellite-missions/g/grace [2017-5-15].

[145] Watkins M, Flechtner F. Status of the GRACE follow-on mission[C]// EGU General Assembly 2012, EGU2012-11403, Vienna, 2012.

[146] Philip L. Laser system on GRACE Follow-on to measure Earth's gravity as never before [EB/OL]. http：//esto.nasa.gov/news/news_gracefollowon.html[2015-12-15].

[147] Sheard B S, Heinzel G, Danzmann K, et al. Intersatellite laser ranging instrument for the GRACE Follow-on mission[J]. Journal of Geodesy, 2012, 86：1083—1095.

[148] Elsaka B. Simulated satellite formation flights for detecting the temporal variations of the Earth's gravity field[D]. Bonn：Institute for Geodesy and Geoinformation, 2010.

[149] Sneeuw N, Schaub H. Satellite cluster for future gravity field missions[C]// Proceedings of IAG Symposia 'Gravity, Geoid and Space Missions, 2005, 129：12—17.

[150] Sharifi M, Sneeuw N, Keller W. Gravity recovery capability of four generic satellite formations[J]. General Command of Mapping, 2007, 18：211—216.

[151] 赵倩. 利用卫星编队探测地球重力场的方法研究和仿真分析[D]. 武汉:武汉大学，2012.

[152] Wiese D N. Alternative mission architecture for a gravity recovery satellite mission[D]. Austin:The University of Texas at Austin，2005.

[153] Sneeuw N，Sharifi M A，Keller W. Gravity recovery from formation flight missions[C]// Proceedings of IAG Symposia Hotine-Marussi Symposium of Theoretical and Computational Geodesy：Hallenge and Role of Modern Geodesy，Wuhan，2006.

[154] Wiese D N. Optimizing two pairs of GRACE-like satellites for recovering temporal gravity variations[D]. Colorado：University of Colorado，2011.

[155] Wiese D N，Nerem R S，Lemoine F G. Design considerations for a dedicated gravity recovery satellite mission consisting of two pairs of satellites[J]. Journal of Geodesy，2012，86：81—98.

[156] 郑伟，许厚泽，钟敏，等. 基于下一代四星转轮式编队系统精确和快速反演 FSCF 地球重力场[J]. 地球物理学报，2013，56(9)：2928—2935.

[157] Visser P N A M，Sneeuw N，Reubelt T，et al. Space-borne gravimetric satellite constellations and ocean tides：Aliasing effects[J]. Geophysical Journal International，2010，181：789—805.

[158] Bender P L，Hall J L，Ye J，et al. Satellite-satellite laser links for future gravity missions [J]. Space Science Reviews，2003，108：377—384.

[159] Ellmer M. Optimization of the orbit parameters of future gravity missions using genetic algorithms[D]. Stuttgart：University of Stuttgart，2011.

[160] Lina T，Hwang C，Tseng T P，et al. Low-degree gravity change from GPS data of COSMIC and GRACE satellite missions[J]. Journal of Geodynamics，2012，53：34—42.

第 2 章　地球形状与地球重力场

　　地球重力场是地球内部物质分布及其运动的反映,影响着地球周围的诸多物理过程。根据重力观测数据,可以推算地球内部物质的分布及其运动,为重力勘探、地震预报、地学研究等提供信息来源,并为地球周围空间内的导弹飞行、火箭发射、卫星运动等提供必要的参考数据。重力场测量的目的,就是根据重力观测数据解算地球引力位系数,进而掌握地球重力场的物理特征。下面首先介绍地球形状及其内部物质运动的基本物理规律,然后介绍地球重力场的物理含义及其数学描述,最后给出目前国际上已有的重力场模型及其性能分析。

2.1　地球的形状和运动

2.1.1　地球的形状和内部结构

　　人类对地球形状的认识经历了漫长的发展过程。在古代,由于科学技术不发达,人们只能通过想象和简单观测来认识地球。我国古人提出了"天圆地方"的观念,认为天空是圆形的,像一把张开的伞;大地则是方形的,像棋盘一样,所谓"天圆如张盖,地方如棋局"。在西方,古人受海洋环境影响较大,具有较强的海洋意识,认为"地如盘状,浮于无垠海洋之上"。古埃及人认为,天空被高山所支撑。古印度人则认为四头大象驮着大地,站在一只巨大的海龟背上。公元前 6 世纪,毕达哥拉斯提出了地球圆球的学说。两个世纪之后,亚里士多德根据月球被地影遮住部分的边缘为弧形这一现象,得到大地是球形的结论。公元前 3 世纪,古希腊科学家埃拉托色尼通过其首创的子午圈弧度测量法,用实际测量纬度差来估测地球半径,最早证实了"地圆说"。在我国东汉时期,科学家张衡也认识到大地是球形的,并进行了完整的解释,"浑天如鸡子,天体圆如弹丸,地如鸡中黄,孤居于内,天大而地小"。1519～1522 年,葡萄牙航海家麦哲伦完成了人类历史上的首次环球航行,证实了地球的球体学说。随着科学技术的发展,人类开始深入了解地球形状的精细结构,通过对地球形状及其内部物质分布的研究,逐渐形成了大地测量学。英国科学家牛顿根据地球自转,认为地球是一个赤道凸起、两极略扁的椭球体。在 18 世纪中叶之前,人们单纯利用几何法来观测和确定地球形状。1743 年,法国科学家克莱罗论述了地球重力与地球椭球扁率之间的数学关系,称为克莱罗定律,奠定了利用物理方法研究地球形状的理论基础。19 世纪初,法国科学家拉普拉斯、德国科学家高斯和贝塞尔等,都认识到地球椭球无法完整准确地描述地球表面的形状。
1849年,英国科学家斯托克斯提出了斯托克斯定理,它是克莱罗定理的进一步发
展,根据该定理可以由地面重力测量数据来确定地球形状,但是在地球形状解算过
程中无法做到严格精确。1945年,苏联科学家莫洛坚斯基提出了莫洛坚斯基理
论,可以利用地面重力数据严格地确定地面点到参考椭球面的距离,从而确定地球
的精细形状。在天基重力场测量技术出现之前,人们通过地面重力观测数据来研
究地球的形状和地球重力场,称为经典大地测量。经典大地测量范围有限,无法覆
盖海洋以及环境恶劣的陆地部分,并且由于测量方法和技术的限制,其测量精度已
达极限。20世纪50年代以来,随着航天技术的出现和发展,人们认识到利用卫星
绝对运动轨道或两个卫星之间的相对运动轨道,可以确定地球重力场和分析地球
形状。根据卫星轨道摄动数据分析,发现地球南北半球不是对称的,南极到地心的
距离比北极到地心的距离短40m左右,反映出了地球的"梨"形特征。根据更多的
卫星重力观测数据,获得了越来越精密的地球重力场和地球形状模型。

地球的表面形状极为复杂,包括占70.8%左右的海洋和占29.2%的陆地。陆
地在南北半球的分布不对称,地球的陆地有2/3在北半球,1/3在南半球,地球上
最高的大陆南极洲位于地球南极,而在北极地区却有一个大洋——北冰洋,南极洲
和北冰洋的面积基本相等。陆地上的地貌包括山地、丘陵、高原、平原和盆地等,海
水覆盖下的海底地貌包括海山、海丘、海岭、海沟、深海平原等。陆地上最高点为珠
穆朗玛峰,海拔为8844.43m,海底最低点为太平洋上的马里亚纳海沟,海拔为
-11033m,两者相差接近20km。地球表面总面积为5.1亿km²,总体积为10832
亿km³。地球的平均赤道半径是6378.14km,平均极半径是6356.76km,赤道周长
和子午线方向的周长分别为40075km和39941km。

地球内部具有分层结构,如图2.1所示,由里向外依次为地核、地幔、地壳,它
们是同心的球层。地核和地幔的分界面称为古登堡面,地幔和地壳的分界面称为
莫霍面。地核平均厚度为3400km,分为内地核、过渡层和外地核三层,其中内地核
是半径为1250km的固态球体,由铁镍等金属元素构成;过渡层厚度为140km;外
地核厚度约2080km,主要物质为液态。地幔厚度约为2865km,由致密的造岩物质
组成,分为上地幔和下地幔两部分,它是地球内部质量最大、体积最大的部分。上
地幔的顶部是软流层,它是岩浆形成的区域。地壳是地球的表层,平均厚度约为
17km,与地球平均半径6371km相比,地壳仅是很薄的一层。陆地上地壳的平均
厚度为35km,海洋部分地壳的平均厚度为5~10km。一般而言,海拔越高,地壳越
厚。地壳内部存在不停的物质运动,由此产生力的作用,使地壳岩层变形、断裂、错
动,产生地震。软流层顶部以上以及地壳部分,形成岩石圈。根据板块构造理论,
全球岩石圈分为六大板块,分别是亚欧板块、非洲板块、美洲板块、太平洋板块、印
度洋板块、南极洲板块,板块与板块之间的分界线是海岭、海沟、大的褶皱山脉、裂

谷与转换断层带等。

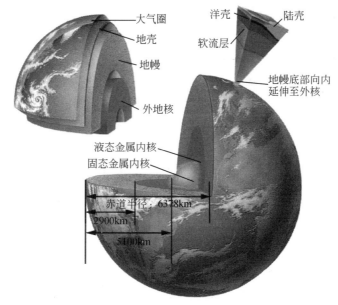

图 2.1　地球内部结构

地球表面形状及其内部质量分布决定了地球重力场。这意味着,通过对地球重力场的精确测量,可以反求地球形状和内部结构。因此,对地球形状的研究通常还包括对地球引力相关参数的理解,如地球质量、地球自转角速度、地球引力常数、地球引力位系数等。

2.1.2　地球自转和公转

地球是太阳系中的一颗普通行星,与其他行星一样,地球存在绕太阳的公转运动和绕自身旋转轴的自转运动。

1. 地球公转运动

地球公转是指地球在太阳引力作用下绕太阳的轨道运动,其轨道面称为黄道面。黄道面和赤道面之间存在 $23°26'$ 的夹角,称为黄赤交角。黄赤交角的存在使一年内太阳在地球表面上的直射点(即地球中心与太阳中心连线在地球表面上的交点)在赤道附近周期性地南北移动,形成四季变化。在春分时(每年 3 月 20 日或 21 日),太阳直射点位于赤道;之后,太阳直射点北移,在夏至时(每年 6 月 21 日或 22 日)达到最北端,即北回归线(北纬 $23°26'$),此时在地球自转一圈的过程中,北极圈(北纬 $66°34'$)内的所有点均会受到太阳光照射,出现极昼现象,而南极圈内的所有点均不会受到太阳光照射,出现极夜现象;然后,太阳直射点南移,在秋分时(每年 9 月 23 日或 24 日)太阳直射点又回到赤道上;接着,太阳直射点继续南移,在冬至时(每年 12 月 21 日、22 日或 23 日)达到最南端即南回归线(南纬 23°26′),此时,南极圈(南纬 66°34′)内出现极昼现象,而北极圈内则出现极夜现象;接着,太阳直射点北移,在春分时达到赤道,开始新的四季更替。

地球绕太阳的公转运动遵循开普勒三大定律:地球绕太阳的公转轨道为椭圆,太阳位于椭圆的一个焦点上;日地连线矢量在相等的时间内扫过相等的面积;地球绕太阳公转周期的平方与公转轨道长半轴的立方成正比。在描述地球公转周期时,可以选择春分点为参考物,也可以选择遥远的恒星。地球在公转轨道上运动,连续两次对向同一恒星的时间间隔称为一个恒星年,长度为 365 日 6 时 9 分 10 秒,即 365.2564 日;连续两次经过春分点的时间间隔称为一个回归年,其长度为 365 日 5 时 48 分 46 秒,即 365.2422 日。恒星年和回归年的差别在于,由于地轴进动春分点在一个回归年内西移 50.26″的角距,在一个恒星年内,地球绕太阳运动了 360°,而在一个回归年内,地球绕太阳运动的角度等于 360°与 50.26″之差,因此回归年略小于恒星年。回归年以春分点为参考,反映了地球上的四季变化,因此在描述四季变化时采用回归年。考虑到 1 回归年等于 365.2422 日,它不是整数日,不便于日常使用。因此,公历中定义 1 平年为 365 天,它比 1 回归年小 0.2422 天,而 4 个平年大约比 4 个回归年小 1 天。因此,为了保持平年和回归年基本一致,每经过 4 个平年,就会在其中的第 4 个平年中增加 1 天,这一年称为闰年,全年有 366 天。

2. 地球自转运动

地球在公转的同时,也在自西向东地绕地轴自转,从北极上空看沿逆时针方向旋转。描述地球自转周期时,参考物可以选择为太阳,也可以选择为遥远的恒星。对于地球上的某一子午线,在地球自转作用下,太阳连续两次经过上中天的时间间隔,称为一个太阳日;而该子午线连续两次对向同一遥远恒星的时间间隔,称为一个恒星日。由于地球自转的同时也绕太阳公转,在一个太阳日内地球自转角度并不是 360°,而是略大于 360°。由于遥远恒星可以认为是固定不动的,因此在一个恒星日内地球刚好自转 360°,一个恒星日小于一个太阳日。将一个太阳日分为 24 等份,每一份为 1 小时;每小时分为 60 等份,每一份为 1 分钟;每分钟分为 60 等份,每一份为 1 秒。分析得到,1 恒星日等于太阳日下的 23 小时 56 分 4 秒。由此,得到地球的自转周期为

$$T = 23\text{h}56\text{min}4\text{s} = 86164\text{s} \qquad (2\text{-}1\text{-}1)$$

地球自转的角速度为

$$\omega = \frac{2\pi}{T} = 7.29211515 \times 10^{-5}\,\text{rad/s} \qquad (2\text{-}1\text{-}2)$$

地球自转的线速度与当地纬度、海拔均有关系。设地球赤道半径为 R,当地纬度为 φ,海拔为 h,则该点的地球自转线速度 V 为

$$V = \omega(R\cos\varphi + h) \qquad (2\text{-}1\text{-}3)$$

　　实际上,地球自转轴在惯性空间中并不是固定不动的,这使得地球自转是不均匀的。这是因为地球相对月球、太阳存在周期性的运动,月球和太阳引力产生相对地球自转轴的力矩作用,导致地球在自转的同时,还存在进动和章动,其中进动现象称为岁差。此外,实际地球是弹性的,因而地球自身存在弹性体摆动,同时大气环流也会导致地球的弹性体摆动,这都使地球自转轴在地球本体内存在周期性的摆动,表现为自转轴与地球表面的交点周期性地移动,称为极移。岁差、章动、极移现象的存在,都导致地球自转轴在惯性空间内波动。

2.1.3　地球的基本参数

　　描述地球形状及其内部结构的基本参数如下:

(1) 地球椭球长半径:$a=6378.164$km;

(2) 地球椭球短半径:$b=6356.779$km;

(3) 地球平均半径:$r=(a^2b)^{1/3}=6371.03$km;

(4) 扁率:$\alpha=(a-b)/a=1/298.257223563$;

(5) 表面面积:5.1007×10^8km^2;

(6) 体积:1.0832×10^{21}m^3;

(7) 地球质量:$M_e=5.976\times10^{24}$kg;

(8) 地心引力常数:$GM_e=3.986004418\times10^{14}$m^3/s^2;

(9) 地球自转角速度:$\omega=7.29211515\times10^{-5}$rad/s;

(10) 自转周期:$T=23$h56min4s$=86164$s;

(11) 地球平均温度:22℃;

(12) 黄道面和赤道面夹角:$23°26'$;

(13) 地球公转轨道长半轴:1.495978×10^{11}m$=1$AU(天文单位);

(14) 地球近日点日心距:1.471×10^{11}m;

(15) 地球远日点日心距:1.521×10^{11}m;

(16) 地球公转平均速度:29.97km/s;

(17) 平均轨道角速度:$0.985609(°)$/d;

(18) 地球公转轨道偏心率:0.016722;

(19) 地球公转的恒星周期:365.2564d;

(20) 地球公转的回归周期:365.2422d;

(21) 地球公转的春分点周期:365.2424d;

(22) 地球上的逃逸速度:11.19km/s;

(23) 地球表面环绕速度:7.91km/s;

(24) 赤道表面重力加速度:9.78m/s^2;

(25) 两极表面重力加速度:9.83m/s^2;

（26）地球标准重力加速度：9.80665m/s^2；

（27）地球表面标准大气压：$1.01325\times10^5\text{Pa}$；

（28）地球平均密度：5.518g/cm^3；

（29）陆地面积：$1.49\times10^8\text{km}^2$；

（30）海洋面积：$3.61\times10^8\text{km}^2$；

（31）陆地平均高度：860m；

（32）海洋平均深度：3900m。

2.2　地球重力场

2.2.1　重力的概念

根据牛顿万有引力定律可知，任意两个质点之间均存在引力作用，引力的大小与两个质点质量的乘积成正比，与它们距离的平方成反比。设质点 1 和质点 2 的质量分别为 m_1 和 m_2，如图 2.2 所示。设由质点 1 指向质点 2 的矢量为 $\boldsymbol{r}$，则质点 1 受到质点 2 的引力作用为

$$\boldsymbol{F}=-G\frac{m_1m_2}{r^2}\frac{\boldsymbol{r}}{r} \tag{2-2-1}$$

其中，$G=6.67259\times10^{-11}\text{m}^3/(\text{kg}\cdot\text{s}^2)$ 是万有引力常数。同样，地球附近的质点也会受到地球的引力作用。当地球和质点的距离不是足够大时，在计算地球对质点的万有引力时，地球不能够看作质点。但是，地球可以看作无穷多个质量微元的组合，每个微元可以看作质点。地球质量 M 等于所有微元质量 $\text{d}m$ 之和

$$M=\int\text{d}m \tag{2-2-2}$$

地球对质点 m_0 的万有引力可以表示为所有微元对该质点的引力之和

$$\boldsymbol{F}=-\int_M G\frac{m_0}{r^2}\frac{\boldsymbol{r}}{r}\text{d}m \tag{2-2-3}$$

其中，$\boldsymbol{r}$ 是质量微元 $\text{d}m$ 指向质点 m_0 的矢量。

图 2.2　两个物体之间的引力作用

地球在不停地绕自转轴运动，带动地球表面质点也绕自转轴运动。这样，地球表面质点除受到地球引力作用外，还会受到离心力的作用。离心力的大小与地球

自转角速度的平方成正比,与质点到自转轴的距离成正比。过该质点做地球自转轴的垂线,设垂点指向该质点的矢量为 $\boldsymbol{\rho}$,如图 2.3 所示,则质点 m_0 受到的离心力 $\boldsymbol{P}$ 可表示为

$$\boldsymbol{P}=m_0\omega^2\boldsymbol{\rho} \tag{2-2-4}$$

其中,$\omega=7.29211515\times10^{-5}\,\mathrm{rad/s}$ 为地球自转角速度。

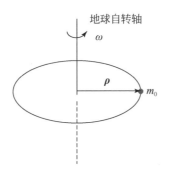

图 2.3　质点受到的离心力作用

质点受到的重力 $\boldsymbol{G}$ 为引力和离心力之和

$$\boldsymbol{G}=\boldsymbol{F}+\boldsymbol{P}=-\int_M G\,\frac{m_0}{r^2}\,\frac{\boldsymbol{r}}{r}\mathrm{d}m+m_0\omega^2\boldsymbol{\rho} \tag{2-2-5}$$

通常,取质点 m_0 的质量为 1,这样重力 $\boldsymbol{G}$ 为加速度量纲,国际单位为 $\mathrm{m/s^2}$。在重力测量领域,经常采用伽(Gal)这一单位,这是为了纪念历史上第一个测定重力加速度的科学家伽利略。地球表面重力在 978Gal(赤道地区)和 983Gal(两极地区)之间变化。

可以证明,地球引力和离心力均是保守力,即分别存在一个标量的引力位函数 V 和离心力位函数 Q,它们对某一方向的偏导数等于该方向上相应力的分量

$$\begin{cases}\dfrac{\partial V}{\partial x}=F_x\\[2mm]\dfrac{\partial V}{\partial y}=F_y,\\[2mm]\dfrac{\partial V}{\partial z}=F_z\end{cases}\qquad\begin{cases}\dfrac{\partial Q}{\partial x}=P_x\\[2mm]\dfrac{\partial Q}{\partial y}=P_y\\[2mm]\dfrac{\partial Q}{\partial z}=P_z\end{cases} \tag{2-2-6}$$

从而

$$\begin{cases}\dfrac{\partial(V+Q)}{\partial x}=G_x\\[2mm]\dfrac{\partial(V+Q)}{\partial y}=G_y\\[2mm]\dfrac{\partial(V+Q)}{\partial z}=G_z\end{cases} \tag{2-2-7}$$

这说明地球重力也是保守力。重力作用的物理空间称为重力场,包括引力场和离心力场。显然,重力场是保守力场,即重力场对物体做的功,只与物体在重力场中的始末位置有关,而与物体在始末位置之间的运动路径无关。

离心力位函数的形式非常简单,如式(2-2-8)所示

$$Q = \frac{1}{2}\omega^2\rho^2 = \frac{1}{2}\omega^2(x^2 + y^2) \tag{2-2-8}$$

由于地球的实际形状极不规则,质量分布也不均匀,引力位函数难以用一个简单的数学函数来表示,通常用无穷级数来逼近,这些级数的系数称为引力位系数。这样,虽然重力包括引力和离心力,但是由于引力是重力的主要部分,并且离心力的形式很简单,因此通常所说的重力场特指引力场,重力场测量的目的是获取一系列引力位系数,这些位系数集合称为重力场模型[1]。

2.2.2　地球引力位的球谐展开

质量为 m 的质点引力位为

$$V = G\frac{m}{r} \tag{2-2-9}$$

其中,r 是所计算引力位的点到质点的距离。将地球看作无穷多个质点的组合,则地球引力位可以表示为

$$V = G\int_\tau \frac{\mathrm{d}m}{r} \tag{2-2-10}$$

其中,积分区域 τ 表示对整个地球进行积分。以地心为原点,建立球坐标系,如图 2.4所示。地球内部质量微元 $\mathrm{d}m$ 的球坐标为 $(\rho_1, \theta_1, \lambda_1)$,地球外部一点 P 的球坐标为 (ρ, θ, λ),它们的地心矢量夹角为 ψ,它们之间的距离为 r。根据余弦定理,有

$$r^2 = \rho^2 + \rho_1{}^2 - 2\rho\rho_1\cos\psi \tag{2-2-11}$$

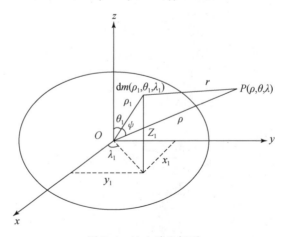

图 2.4　地心球坐标系

可以证明，$1/r$ 为调和函数，即满足 $\Delta(1/r) = 0$，它的级数展开式为

$$\frac{1}{r} = \sum_{n=0}^{\infty} \frac{\rho_1^n}{\rho^{n+1}} P_n(\cos\psi) \tag{2-2-12}$$

其中，$P_n(\cos\psi)$ 是勒让德多项式。将式(2-2-12)代入式(2-2-10)，得到地球引力位级数的表达式为

$$V = G \sum_{n=0}^{\infty} \frac{1}{\rho^{n+1}} \int_\tau \rho_1^n P_n(\cos\psi) \, \mathrm{d}m \tag{2-2-13}$$

由加法定理，得到

$$P_n(\cos\psi) = P_{n0}(\cos\theta) P_{n0}(\cos\theta_1)$$
$$+ \sum_{k=1}^{n} 2 \frac{(n-k)!}{(n+k)!} P_{nk}(\cos\theta_1)(\cos k\lambda_1 \cos k\lambda + \sin k\lambda_1 \sin k\lambda) P_{nk}(\cos\theta) \tag{2-2-14}$$

其中，$P_{nk}(\cos\theta)$ 是缔合勒让德多项式。将式(2-2-14)代入式(2-2-13)，得到

$$V(\rho,\theta,\lambda) = G \sum_{n=0}^{\infty} \frac{1}{\rho^{n+1}} \left[\begin{array}{l} \int_\tau \rho_1^n P_{n0}(\cos\theta_1) P_{n0}(\cos\theta) \, \mathrm{d}m \\[2mm] + \sum_{k=1}^{n} 2 \frac{(n-k)!}{(n+k)!} P_{nk}(\cos\theta) \int_\tau \rho_1^n P_{nk}(\cos\theta_1) \cos k(\lambda_1 - \lambda) \, \mathrm{d}m \end{array} \right] \tag{2-2-15}$$

设

$$a_{n0} = G \int_\tau \rho_1^n P_{n0}(\cos\theta_1) \, \mathrm{d}m \tag{2-2-16}$$

$$a_{nk} = 2G \frac{(n-k)!}{(n+k)!} \int_\tau \rho_1^n P_{nk}(\cos\theta_1) \cos k\lambda_1 \, \mathrm{d}m, \quad k = 1, 2, \cdots, n \tag{2-2-17}$$

$$b_{nk} = 2G \frac{(n-k)!}{(n+k)!} \int_\tau \rho_1^n P_{nk}(\cos\theta_1) \sin k\lambda_1 \, \mathrm{d}m, \quad k = 0, 1, \cdots, n \tag{2-2-18}$$

这样，式(2-2-15)可以表示为

$$V(\rho,\theta,\lambda) = \sum_{n=0}^{\infty} \sum_{k=0}^{n} \frac{1}{\rho^{n+1}} P_{nk}(\cos\theta)(a_{nk} \cos k\lambda + b_{nk} \sin k\lambda) \tag{2-2-19}$$

式(2-2-19)即为地球引力位的球谐展开式。由此可知，如果已知引力位系数集合 $\{a_{nk}, b_{nk}\}$，就可以直接计算得到任意一点的引力位。但是，由于实际地球形状不规则、质量分布不均匀，难以根据式(2-2-16)~式(2-2-18)通过积分得到这些引力位系数，需要根据一系列可测物理参数来估计引力位系数，进而分析地球形状及其质量分布。

在式(2-2-19)的无穷级数中，a_{nk} 称为余弦项系数，b_{nk} 称为正弦项系数，n 称为阶数，k 称为次数。在无穷级数展开中，前几项起主导作用，可以反映地球引力

位的基本物理性质。当 $k=0$ 时，$b_{nk}=0$，因而在引力位系数分析中不考虑 b_{n0} 这一项。对于零阶项，只有一个位系数，即 a_{00}；对于一阶项，有 3 个位系数，分别是 a_{10}、a_{11}、b_{11}；对于二阶项，有 5 个位系数，分别是 a_{20}、a_{21}、a_{22}、b_{21}、b_{22}。下面分别讨论这些位系数的性质。

1. 零阶位系数

考虑到 $P_{00}(\cos\theta_1)=1$，由式（2-2-16）得到

$$a_{00}=GM \tag{2-2-20}$$

由此可知，a_{00} 反映了地球引力位的质点特征，等效于将所有质量集中到地心时产生的引力位。

2. 一阶位系数

根据缔合勒让德多项式的定义，计算得到

$$P_{10}(\cos\theta_1)=\cos\theta_1, \quad P_{11}(\cos\theta_1)=\sin\theta_1 \tag{2-2-21}$$

将式（2-2-21）代入式（2-2-16）～式（2-2-18）中，得到

$$a_{10}=G\int_\tau \rho_1\cos\theta_1\,\mathrm{d}m=G\int_\tau z_1\,\mathrm{d}m \tag{2-2-22}$$

$$a_{11}=G\int_\tau \rho_1\sin\theta_1\cos\lambda_1\,\mathrm{d}m=G\int_\tau x_1\,\mathrm{d}m \tag{2-2-23}$$

$$b_{11}=G\int_\tau \rho_1\sin\theta_1\sin\lambda_1\,\mathrm{d}m=G\int_\tau y_1\,\mathrm{d}m \tag{2-2-24}$$

其中，(x_1,y_1,z_1) 是质量微元 $\mathrm{d}m$ 的直角坐标。假设在地心直角坐标系中，地球质心的坐标是 (x_0,y_0,z_0)，那么有

$$x_0=\frac{\int_\tau x_1\,\mathrm{d}m}{M}, \quad y_0=\frac{\int_\tau y_1\,\mathrm{d}m}{M}, \quad z_0=\frac{\int_\tau z_1\,\mathrm{d}m}{M} \tag{2-2-25}$$

由此得到

$$a_{10}=GMz_0, \quad a_{11}=GMx_0, \quad b_{11}=GMy_0 \tag{2-2-26}$$

由此可知，一阶引力位系数反映了地球质心与坐标系原点偏差引起的引力位。通常为了便于研究，将坐标系原点建立在地球质心上，这样，$x_0=y_0=z_0=0$，从而这 3 个一阶引力位系数全为 0。

3. 二阶位系数

根据缔合勒让德多项式的定义，可以得到

$$P_{20}(\cos\theta_1)=\frac{3}{2}\cos^2\theta_1-\frac{1}{2} \tag{2-2-27}$$

$$P_{21}(\cos\theta_1)=3\sin\theta_1\cos\theta_1 \tag{2-2-28}$$

$$P_{22}(\cos\theta_1)=3\sin^2\theta_1 \tag{2-2-29}$$

将式（2-2-27）～式（2-2-29）代入式（2-2-16）～式（2-2-18）中，得到

$$a_{20} = \frac{1}{2} G \int_{\tau} \rho_1{}^2 (3 \cos^2 \theta_1 - 1) \mathrm{d}m \tag{2-2-30}$$

$$a_{21} = G \int_{\tau} \rho_1{}^2 \cos\theta_1 \sin\theta_1 \cos\lambda_1 \mathrm{d}m \tag{2-2-31}$$

$$b_{21} = G \int_{\tau} \rho_1{}^2 \cos\theta_1 \sin\theta_1 \sin\lambda_1 \mathrm{d}m \tag{2-2-32}$$

$$a_{22} = G \int_{\tau} \rho_1{}^2 \frac{1}{4} \sin^2\theta_1 \cos 2\lambda_1 \mathrm{d}m \tag{2-2-33}$$

$$b_{22} = G \int_{\tau} \rho_1{}^2 \frac{1}{4} \sin^2\theta_1 \sin 2\lambda_1 \mathrm{d}m \tag{2-2-34}$$

根据直角坐标和球坐标之间的转换关系

$$x_1 = \rho_1 \sin\theta_1 \cos\lambda_1, \quad y_1 = \rho_1 \sin\theta_1 \sin\lambda_1, \quad z_1 = \rho_1 \cos\theta_1 \tag{2-2-35}$$

将式(2-2-30)～式(2-2-34)改写为

$$a_{20} = \frac{G}{2} \int_{\tau} (y_1{}^2 + z_1{}^2) \mathrm{d}m + \frac{G}{2} \int_{\tau} (x_1{}^2 + z_1{}^2) \mathrm{d}m - G \int_{\tau} (x_1{}^2 + y_1{}^2) \mathrm{d}m \tag{2-2-36}$$

$$a_{21} = G \int_{\tau} x_1 z_1 \mathrm{d}m \tag{2-2-37}$$

$$b_{21} = G \int_{\tau} y_1 z_1 \mathrm{d}m \tag{2-2-38}$$

$$a_{22} = \frac{G}{4} \int_{\tau} (x_1{}^2 + z_1{}^2) \mathrm{d}m - \frac{G}{4} \int_{\tau} (y_1{}^2 + z_1{}^2) \mathrm{d}m \tag{2-2-39}$$

$$b_{22} = \frac{G}{2} \int_{\tau} x_1 y_1 \mathrm{d}m \tag{2-2-40}$$

其中，$\int_{\tau} (y_1{}^2 + z_1{}^2) \mathrm{d}m$、$\int_{\tau} (x_1{}^2 + z_1{}^2) \mathrm{d}m$、$\int_{\tau} (x_1{}^2 + y_1{}^2) \mathrm{d}m$ 分别是地球相对于 x、y、z 轴的转动惯量；$\int_{\tau} y_1 z_1 \mathrm{d}m$、$\int_{\tau} x_1 z_1 \mathrm{d}m$、$\int_{\tau} x_1 y_1 \mathrm{d}m$ 分别是地球相对于 x、y、z 轴的惯性积。这说明，二阶位系数反映了地球二阶惯性矩引起的引力位。

对于三阶以上的引力位系数，其数学形式非常复杂，不具有直观的物理意义，这里不再讨论。对于引力位系数 $\{a_{nk}, b_{nk}\}$，随着阶数 n 的增加，位系数量级相差很大。为便于分析和计算，通常将引力位的级数表达式进行归一化处理。

设

$$\overline{P}_{n0}(\cos\theta) = \sqrt{2n+1}\, P_{n0}(\cos\theta) \tag{2-2-41}$$

$$\overline{P}_{nk}(\cos\theta) = \sqrt{2(2n+1) \frac{(n-k)!}{(n+k)!}}\, P_{n0}(\cos\theta), \quad k = 1, 2, \cdots, n \tag{2-2-42}$$

$$\overline{C}_{n0} = -\frac{a_{n0}}{GMa^n \sqrt{2n+1}} \tag{2-2-43}$$

$$\overline{C}_{nk} = -\frac{a_{nk}}{GMa^n}\sqrt{\frac{(n+k)!}{2(2n+1)(n-k)!}}, \quad k=1,2,\cdots,n \qquad (2\text{-}2\text{-}44)$$

$$\overline{S}_{nk} = -\frac{b_{nk}}{GMa^n}\sqrt{\frac{(n+k)!}{2(2n+1)(n-k)!}}, \quad k=1,2,\cdots,n \qquad (2\text{-}2\text{-}45)$$

其中，a 是所采用的地球椭球长半径；$\overline{P}_{nk}(\cos\theta)$ 称为完全规格化的缔合勒让德多项式；$\{\overline{C}_{nk},\overline{S}_{nk}\}$ 称为归一化的引力位系数，它们分别是余弦项和正弦项位系数。

这样，地球引力位可以表示为

$$V(\rho,\theta,\lambda) = \frac{GM}{\rho}\left[1 - \sum_{n=2}^{\infty}\sum_{k=0}^{n}\left(\frac{a}{\rho}\right)^n\overline{P}_{nk}(\cos\theta)(\overline{C}_{nk}\cos k\lambda + \overline{S}_{nk}\sin k\lambda)\right]$$

$$(2\text{-}2\text{-}46)$$

其中，中心引力项为 $\dfrac{GM}{\rho}$。非球形引力位 $R(\rho,\theta,\lambda)$ 为

$$R(\rho,\theta,\lambda) = \frac{GM}{\rho}\sum_{n=2}^{\infty}\sum_{k=0}^{n}\left(\frac{a}{\rho}\right)^n\overline{P}_{nk}(\cos\theta)(\overline{C}_{nk}\cos k\lambda + \overline{S}_{nk}\sin k\lambda) \qquad (2\text{-}2\text{-}47)$$

2.2.3　引力位函数的基本性质

下面介绍引力位函数的一些基本性质。

1. 引力位沿任意方向的导数等于引力在该方向上的分量

设在直角坐标系 $O\text{-}xyz$ 中，参考点 K 的引力矢量为 $\boldsymbol{F}$，从点 K 沿方向 $\boldsymbol{S}$ 移动位移 $\mathrm{d}S$ 到点 K'，在 3 个方向上产生的坐标增量分别是 $\mathrm{d}x$、$\mathrm{d}y$、$\mathrm{d}z$，则有

$$\mathrm{d}x = \mathrm{d}S\cos(\boldsymbol{S},\boldsymbol{x}), \quad \mathrm{d}y = \mathrm{d}S\cos(\boldsymbol{S},\boldsymbol{y}), \quad \mathrm{d}z = \mathrm{d}S\cos(\boldsymbol{S},\boldsymbol{z}) \qquad (2\text{-}2\text{-}48)$$

其中，$\cos(\boldsymbol{S},\boldsymbol{x})$、$\cos(\boldsymbol{S},\boldsymbol{y})$、$\cos(\boldsymbol{S},\boldsymbol{z})$ 分别是 $\boldsymbol{S}$ 方向和 $\boldsymbol{x}$、$\boldsymbol{y}$、$\boldsymbol{z}$ 方向夹角的余弦值。

设引力位函数 V 从点 K 移动到点 K' 的增量为 $\mathrm{d}V$，它可以表示为

$$\mathrm{d}V = \frac{\partial V}{\partial x}\mathrm{d}x + \frac{\partial V}{\partial y}\mathrm{d}y + \frac{\partial V}{\partial z}\mathrm{d}z = F_x\mathrm{d}x + F_y\mathrm{d}y + F_z\mathrm{d}z \qquad (2\text{-}2\text{-}49)$$

其中，(F_x,F_y,F_z) 是引力矢量 $\boldsymbol{F}$ 的 3 个坐标分量，其定义为

$$F_x = F\cos(\boldsymbol{F},\boldsymbol{x}), \quad F_y = F\cos(\boldsymbol{F},\boldsymbol{y}), \quad F_z = F\cos(\boldsymbol{F},\boldsymbol{z}) \qquad (2\text{-}2\text{-}50)$$

将式(2-2-48)和式(2-2-50)代入式(2-2-49)中，得到

$$\mathrm{d}V = F\mathrm{d}S\left[\begin{matrix}\cos(\boldsymbol{F},\boldsymbol{x})\cos(\boldsymbol{S},\boldsymbol{x}) \\ + \cos(\boldsymbol{F},\boldsymbol{y})\cos(\boldsymbol{S},\boldsymbol{y}) + \cos(\boldsymbol{F},\boldsymbol{z})\cos(\boldsymbol{S},\boldsymbol{z})\end{matrix}\right] \qquad (2\text{-}2\text{-}51)$$

设

$$\boldsymbol{S} = (S_x,S_y,S_z) \qquad (2\text{-}2\text{-}52)$$

$$\boldsymbol{x} = (1,0,0), \quad \boldsymbol{y} = (0,1,0), \quad \boldsymbol{z} = (0,0,1) \qquad (2\text{-}2\text{-}53)$$

则

$$\mathrm{d}V = F\mathrm{d}S\frac{F_xS_x + F_yS_y + F_zS_z}{FS} = F\mathrm{d}S\cos(\boldsymbol{F},\boldsymbol{S}) \qquad (2\text{-}2\text{-}54)$$

即

$$\frac{\mathrm{d}V}{\mathrm{d}S} = F\cos(\boldsymbol{F}, \boldsymbol{S}) = F_S \tag{2-2-55}$$

式(2-2-55)说明,引力位沿 $\boldsymbol{S}$ 的方向导数等于引力 $\boldsymbol{F}$ 在该方向上的分量 F_S。

2. 地球引力对物体做的功等于物体末、始位置的引力位函数之差

设物体的起始位置为点 K_0,在引力作用下移动到点 K,作用在物体上的引力大小为 F,则由式(2-2-55)得到地球引力对物体做的功为

$$\int_{K_0}^{K} F\cos(\boldsymbol{F}, \boldsymbol{S}) \mathrm{d}S = \int_{K_0}^{K} \mathrm{d}V = V(K) - V(K_0) \tag{2-2-56}$$

由此可知,引力对物体做的功等于物体最终位置和起始位置的引力位之差。

3. 地球外部的引力位函数满足拉普拉斯方程

引力位函数 V 满足拉普拉斯方程,是指它对 x、y、z 的二阶导数之和为 0,即

$$\frac{\partial^2 V}{\partial x^2} + \frac{\partial^2 V}{\partial y^2} + \frac{\partial^2 V}{\partial z^2} = 0 \tag{2-2-57}$$

式(2-2-10)以积分的形式给出地球引力位的表达式,设质量微元 $\mathrm{d}m$ 的坐标为 (ξ, η, ζ),则引力位可以表示为

$$V(x, y, z) = G \int_{\tau} \frac{1}{r} \mathrm{d}m = G \int_{\tau} \frac{1}{\sqrt{(x-\xi)^2 + (y-\eta)^2 + (z-\zeta)^2}} \mathrm{d}m \tag{2-2-58}$$

其中,$\frac{1}{r}$ 对 x、y、z 的一阶导数为

$$\frac{\partial}{\partial x}\left(\frac{1}{r}\right) = -\frac{x-\xi}{r^3}, \quad \frac{\partial}{\partial y}\left(\frac{1}{r}\right) = -\frac{y-\eta}{r^3}, \quad \frac{\partial}{\partial z}\left(\frac{1}{r}\right) = -\frac{z-\zeta}{r^3} \tag{2-2-59}$$

进而得到

$$\frac{\partial^2}{\partial x^2}\left(\frac{1}{r}\right) = -\left[\frac{1}{r^3} - \frac{3(x-\xi)^2}{r^5}\right]$$

$$\frac{\partial^2}{\partial y^2}\left(\frac{1}{r}\right) = -\left[\frac{1}{r^3} - \frac{3(y-\eta)^2}{r^5}\right] \tag{2-2-60}$$

$$\frac{\partial^2}{\partial z^2}\left(\frac{1}{r}\right) = -\left[\frac{1}{r^3} - \frac{3(z-\zeta)^2}{r^5}\right]$$

显然,有

$$\frac{\partial^2}{\partial x^2}\left(\frac{1}{r}\right) + \frac{\partial^2}{\partial y^2}\left(\frac{1}{r}\right) + \frac{\partial^2}{\partial z^2}\left(\frac{1}{r}\right) = 0 \tag{2-2-61}$$

则由式(2-2-58)得到

$$\frac{\partial^2 V}{\partial x^2} + \frac{\partial^2 V}{\partial y^2} + \frac{\partial^2 V}{\partial z^2} = G \int_{\tau} \left[\frac{\partial^2}{\partial x^2}\left(\frac{1}{r}\right) + \frac{\partial^2}{\partial y^2}\left(\frac{1}{r}\right) + \frac{\partial^2}{\partial z^2}\left(\frac{1}{r}\right)\right] \mathrm{d}m = 0 \tag{2-2-62}$$

4. 带谐项、田谐项和扇谐项

式(2-2-47)以球谐函数的无穷级数来表示引力位函数,根据阶数 n 和次数 k 的不同,可以对这些级数项进行分类,分别是带谐项、田谐项和扇谐项。满足 $n=2,3,\cdots,\infty$ 和 $k=0$ 条件的项称为带谐项;满足 $n=2,3,\cdots,\infty$ 和 $1\leqslant k<n$ 条件的项称为田谐项;满足 $n=2,3,\cdots,\infty$ 和 $k=n$ 条件的项称为扇谐项。下面分别分析它们的分布规律。

由式(2-2-41)和式(2-2-47)得到带谐项的表达式为

$$\frac{GM}{\rho}\left(\frac{a}{\rho}\right)^n \overline{C}_{n0}\overline{P}_{n0}(\cos\theta)=\frac{GM}{\rho}\left(\frac{a}{\rho}\right)^n \sqrt{2n+1}\,\overline{C}_{n0}P_{n0}(\cos\theta) \qquad (2\text{-}2\text{-}63)$$

由此可知,带谐项仅是余纬角 θ 的函数,与经度 λ 无关。在从北极到南极变化的过程中,即 θ 从 0 变化到 π 的过程中,存在 n 个值使带谐项为 0。带谐项随余纬角 θ 的变化规律,也就是勒让德多项式 $P_n(x)$ 随 $x(x=\cos\theta)$ 的变化规律。图 2.5 给出了前 6 阶勒让德多项式,其中横坐标为 $\cos\theta$。

分析得到 $P_n(\cos\theta)$ 具有如下性质。

(1) $P_n(\cos 0)=1,n=0,1,2,\cdots$。

(2) 当 n 为奇数时, $P_n(\cos\pi)=-1$;当 n 为偶数时, $P_n(\cos\pi)=1$。

(3) $P_n(\cos\theta)$ 在 $0<\theta<\pi$ 范围内有 n 个零点。

(4) 当 n 为奇数时, $P_n(\cos\theta)$ 关于点 $(\pi/2,0)$ 中心对称;当 n 为偶数时, $P_n(\cos\theta)$ 关于直线 $\theta=\pi/2$ 左右对称。

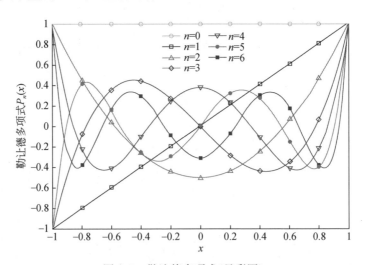

图 2.5　勒让德多项式(见彩图)

由于带谐项在 $0<\theta<\pi$ 范围内有 n 个零点,并且与经度无关,因此它将球面分成 $n+1$ 个球带,在相邻的两个球带上,带谐项的符号正负相反。当 n 为奇数时, $\theta=\pi/2$ 是一个零点,这时带谐项的值关于赤道 $(\theta=\pi/2)$ 互为相反数;当 n 为偶数

时,带谐项的值关于赤道相等。图 2.6 以 6 阶带谐项为例,给出了带谐项随纬度的变化规律。注意该图中的数值并不是带谐项的实际值,而是其相对值,主要是为了说明带谐项的分布规律。

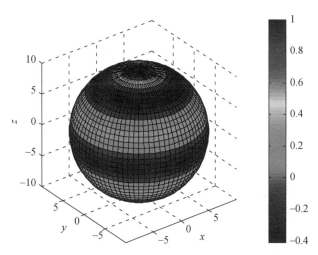

图 2.6　地球引力位的 6 阶带谐项沿球面的分布规律(见彩图)

由式(2-2-42)和式(2-2-47)可以得到田谐项和扇谐项的表达式为

$$\frac{GM}{\rho}\left(\frac{a}{\rho}\right)^{n}\overline{P}_{nk}(\cos\theta)(\overline{C}_{nk}\cos k\lambda + \overline{S}_{nk}\sin k\lambda)$$

$$=\frac{GM}{\rho}\left(\frac{a}{\rho}\right)^{n}\sqrt{2(2n+1)\frac{(n-k)!}{(n+k)!}}P_{nk}(\cos\theta)(\overline{C}_{nk}\cos k\lambda + \overline{S}_{nk}\sin k\lambda)$$

$$(2\text{-}2\text{-}64)$$

由式(2-2-64)可知,田谐项和扇谐项沿球面的分布规律等效于 $P_{nk}(\cos\theta)(\overline{C}_{nk}\cos k\lambda + \overline{S}_{nk}\sin k\lambda)$ 随 (θ,λ) 的分布规律。分析可知,$P_{nk}(\cos\theta)$ 在 $0\leqslant\theta\leqslant\pi$ 范围内有 $n-k+2$ 个零点。其中,当 $\theta=0$ 或 $\theta=\pi$ 时,$P_{nk}(\cos\theta)=0$。这说明,田谐项和扇谐项沿纬度方向具有 $n-k+1$ 个分区,相邻两个分区内的符号正负交替。同时,$\overline{C}_{nk}\cos k\lambda + \overline{S}_{nk}\sin k\lambda$ 在 $0\leqslant\lambda<2\pi$ 范围内具有 $2k$ 个零点,将球面沿经度方向分成 $2k$ 个分区,相邻两个分区内的符号也是正负交替。对于田谐项,整个球面被分成 $(n-k+1)\times(2k)$ 个田字格;对于扇谐项,整个球面被分成 $(1)\times(2k)$ 个分区,每个分区呈扇形。图 2.7 仍以 6 阶田谐项和扇谐项为例来说明它们沿球面的分布规律。同样,图中的数值不是田谐项和扇谐项的实际数值,也是为了说明其分布规律的相对值。

2.2.4　正常地球与正常重力场

地球的实际形状非常复杂,是一个赤道半径稍大于极半径的椭球体,同时北极

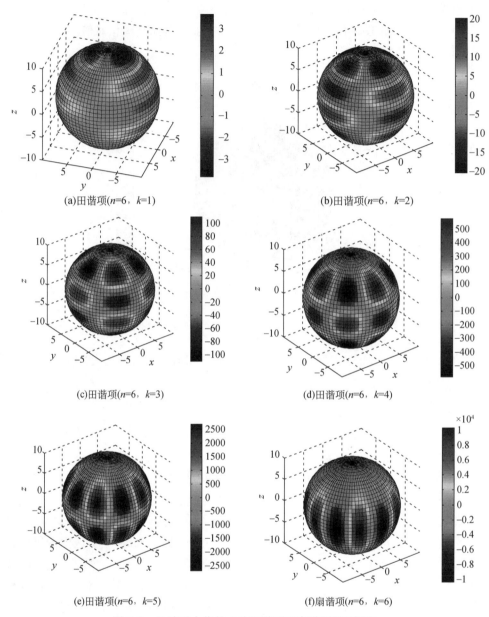

(a)田谐项($n=6$，$k=1$)　　　　　　(b)田谐项($n=6$，$k=2$)

(c)田谐项($n=6$，$k=3$)　　　　　　(d)田谐项($n=6$，$k=4$)

(e)田谐项($n=6$，$k=5$)　　　　　　(f)扇谐项($n=6$，$k=6$)

图 2.7　地球引力位的 6 阶田谐项和扇谐项(见彩图)

稍微突出、南极稍微缩入，呈梨形特征。地球内部具有复杂的结构，质量分布不均匀，这使地球重力场极其复杂。通常为便于研究，引入正常重力场的概念，将实际地球重力场看作正常重力场和扰动重力场之和。所谓正常重力场，是指一个形状和质量分布都很规则的匀速旋转的物体产生的重力场，该物体称为正常地球。正常重力场是研究地球形状和地球重力场的重要基础。

　　理论上,正常地球几何参数和物理参数的选择是任意的。考虑到实际地球接近椭球,通常选择"水准椭球"作为正常地球。水准椭球是指满足如下条件的旋转椭球。

　　(1) 绕短轴匀速旋转。

　　(2) 质心与几何中心重合。

　　(3) 重力位水准面是一组旋转的椭球面,椭球表面是其中的一个水准面。

　　水准椭球重力场取决于 4 个参数:椭球长半轴 a、椭球扁率 ε、椭球质量 M 和椭球自转角速度 ω。

　　下面建立椭球重力位、重力值与这 4 个参数之间的关系。以水准椭球中心 O 为原点,建立正交椭球坐标系 (u,θ,λ),如图 2.8 所示,其中,u 是与水准椭球有共同焦点的椭球短半径,θ 为余纬,λ 为经度,它们与直角坐标之间的关系为

$$\begin{cases} x=\sqrt{u^2+c^2}\sin\theta\sin\lambda \\ y=\sqrt{u^2+c^2}\sin\theta\cos\lambda \\ z=u\cos\theta \end{cases} \tag{2-2-65}$$

其中,$c=\sqrt{a^2-b^2}$ 为半焦距。

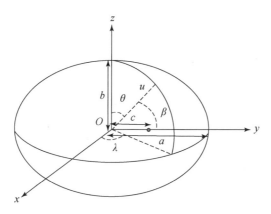

图 2.8　地心椭球坐标系

　　椭球短半轴和长半轴之间的关系为

$$b=a(1-\varepsilon) \tag{2-2-66}$$

　　水准椭球引力位是一个调和函数,可以用椭球谐函数级数的形式来表示

$$V(u,\theta,\lambda)=\sum_{n=0}^{\infty}\sum_{k=0}^{n}\frac{Q_{nk}\left(\mathrm{i}\dfrac{u}{c}\right)}{Q_{nk}\left(\mathrm{i}\dfrac{b}{c}\right)}(A_{nk}\cos k\lambda+B_{nk}\sin k\lambda)P_{nk}(\cos\theta) \tag{2-2-67}$$

其中,$\mathrm{i}^2=-1$;Q_{nk} 是第二类缔合勒让德多项式。根据水准椭球的旋转对称性可

知,其引力位 $V(u,\theta,\lambda)$ 与经度 λ 无关,因而式(2-2-67)可以表示为

$$V(u,\theta,\lambda) = \sum_{n=0}^{\infty} A_n \frac{Q_n\left(\mathrm{i}\,\dfrac{u}{c}\right)}{Q_n\left(\mathrm{i}\,\dfrac{b}{c}\right)} P_n(\cos\theta) \qquad (2\text{-}2\text{-}68)$$

已知离心力位为

$$Q(u,\theta) = \frac{1}{2}\omega^2(x^2+y^2) = \frac{1}{2}\omega^2(u^2+c^2)\sin^2\theta = \frac{1}{3}\omega^2(u^2+c^2)[1-P_2(\cos\theta)] \qquad (2\text{-}2\text{-}69)$$

因而水准椭球的正常重力位为

$$U(u,\theta) = \sum_{n=0}^{\infty} A_n \frac{Q_n\left(\mathrm{i}\,\dfrac{u}{c}\right)}{Q_n\left(\mathrm{i}\,\dfrac{b}{c}\right)} P_n(\cos\theta) + \frac{1}{3}\omega^2(u^2+c^2)[1-P_2(\cos\theta)] \qquad (2\text{-}2\text{-}70)$$

水准椭球面是一个等位面,设重力位为 U_0,则

$$U(b,\theta) = \sum_{n=0}^{\infty} A_n P_n(\cos\theta) + \frac{1}{3}\omega^2 a^2[1-P_2(\cos\theta)] = U_0 \qquad (2\text{-}2\text{-}71)$$

式(2-2-71)对于任意的 θ 均成立,由此得到

$$\begin{cases} A_0 = U_0 - \dfrac{1}{3}\omega^2 a^2 \\[2mm] A_2 = \dfrac{1}{3}\omega^2 a^2 \\[2mm] A_1 = A_3 = A_4 = 0 \end{cases} \qquad (2\text{-}2\text{-}72)$$

从而,得到水准椭球的引力位为

$$V(u,\theta) = \left(U_0 - \frac{1}{3}\omega^2 a^2\right) \frac{Q_0\left(\mathrm{i}\,\dfrac{u}{c}\right)}{Q_0\left(\mathrm{i}\,\dfrac{b}{c}\right)} + \frac{1}{3}\omega^2 a^2 \frac{Q_2\left(\mathrm{i}\,\dfrac{u}{c}\right)}{Q_2\left(\mathrm{i}\,\dfrac{b}{c}\right)} P_2(\cos\theta) \qquad (2\text{-}2\text{-}73)$$

根据第二类缔合勒让德多项式的定义,经过运算得到

$$Q_0\left(\mathrm{i}\,\frac{u}{c}\right) = -\mathrm{i}\arctan\left(\frac{c}{u}\right) \qquad (2\text{-}2\text{-}74)$$

$$Q_2\left(\mathrm{i}\,\frac{u}{c}\right) = \mathrm{i}\,\frac{1}{2}\left[\left(1+3\,\frac{u^2}{c^2}\right)\arctan\left(\frac{c}{u}\right) - 3\,\frac{u}{c}\right] \overset{\mathrm{def}}{=} \mathrm{i}q \qquad (2\text{-}2\text{-}75)$$

从而

$$Q_0\left(\mathrm{i}\,\frac{b}{c}\right) = -\mathrm{i}\arctan\left(\frac{c}{b}\right) \qquad (2\text{-}2\text{-}76)$$

$$Q_2\left(\mathrm{i}\,\frac{b}{c}\right) = \mathrm{i}\,\frac{1}{2}\left[\left(1+3\,\frac{b^2}{c^2}\right)\arctan\left(\frac{c}{b}\right) - 3\,\frac{b}{c}\right] \overset{\mathrm{def}}{=} \mathrm{i}q_0 \qquad (2\text{-}2\text{-}77)$$

这样,式(2-2-73)变为

$$V(u,\theta) = \left(U_0 - \frac{1}{3}\omega^2 a^2\right)\frac{\arctan(c/u)}{\arctan(c/b)} + \frac{1}{3}\omega^2 a^2\frac{q}{q_0}P_2(\cos\theta) \quad (2\text{-}2\text{-}78)$$

由于水准椭球表面的重力位 U_0 是未知的,因此需要首先计算 U_0 的表达式。已知坐标原点 O 到椭球坐标 (u,θ,λ) 的距离 ρ 满足

$$\rho^2 = u^2 + c^2\sin^2\theta \quad (2\text{-}2\text{-}79)$$

从而

$$\frac{1}{u} = \frac{1}{\rho}\left(1 - \frac{c^2}{\rho^2}\sin^2\theta\right)^{-1/2} = \frac{1}{\rho} + O\left(\frac{1}{\rho^3}\right) \quad (2\text{-}2\text{-}80)$$

$O\left(\dfrac{1}{\rho^3}\right)$ 表示分母是 ρ^3 以上的项,从而有

$$\arctan\left(\frac{c}{u}\right) = \frac{c}{u} + O\left(\frac{1}{u^3}\right) = \frac{c}{\rho} + O\left(\frac{1}{\rho^3}\right) \quad (2\text{-}2\text{-}81)$$

这样,式(2-2-78)所示的椭球引力位可以进一步表示为

$$V(u,\theta) = \left(U_0 - \frac{1}{3}\omega^2 a^2\right)\frac{c}{\rho}\frac{1}{\arctan(c/b)} + O\left(\frac{1}{\rho^3}\right) \quad (2\text{-}2\text{-}82)$$

同时,水准椭球对外部点的引力位也可以表示为

$$V(u,\theta) = \frac{GM}{\rho} + O\left(\frac{1}{\rho^3}\right) \quad (2\text{-}2\text{-}83)$$

由式(2-2-82)和式(2-2-83),可以得到

$$\frac{GM}{\rho} = \left(U_0 - \frac{1}{3}\omega^2 a^2\right)\frac{c}{\rho}\frac{1}{\arctan(c/b)} \quad (2\text{-}2\text{-}84)$$

由此得到水准椭球表面的重力位为

$$U_0 = \frac{GM}{c}\arctan\left(\frac{c}{b}\right) + \frac{1}{3}\omega^2 a^2 \quad (2\text{-}2\text{-}85)$$

于是,水准椭球的引力位为

$$V(u,\theta) = \frac{GM}{c}\arctan\left(\frac{c}{u}\right) + \frac{1}{3}\omega^2 a^2\frac{q}{q_0}P_2(\cos\theta) \quad (2\text{-}2\text{-}86)$$

考虑到式(2-2-69)中的离心力位,得到水准椭球的重力位为

$$U(u,\theta) = \frac{GM}{c}\arctan\left(\frac{c}{u}\right) + \omega^2 a^2\frac{q}{q_0}\frac{3\cos^2\theta - 1}{6} + \frac{1}{2}\omega^2(u^2 + c^2)\sin^2\theta$$

$$(2\text{-}2\text{-}87)$$

这就是由水准椭球的 4 个基本参数表示的重力位。下面给出水准椭球表面的重力表达式。设 S_u 是坐标面 u 的法线方向,γ_u 是该方向上的重力方向,则

$$-\gamma_u = \frac{\partial U(u,\theta)}{\partial S_u} \quad (2\text{-}2\text{-}88)$$

沿 S_u 方向的 θ、λ 均为常数,则

$$-\gamma_u = \frac{\partial U(u,\theta)}{\partial u}\frac{\mathrm{d}u}{\mathrm{d}S_u} \tag{2-2-89}$$

因为

$$\mathrm{d}S_u{}^2 = \left(\frac{\partial x}{\partial u}\mathrm{d}u\right)^2 + \left(\frac{\partial y}{\partial u}\mathrm{d}u\right)^2 + \left(\frac{\partial z}{\partial u}\mathrm{d}u\right)^2 \tag{2-2-90}$$

所以

$$\frac{\mathrm{d}u}{\mathrm{d}S_u} = \frac{1}{\sqrt{\left(\frac{\partial x}{\partial u}\right)^2 + \left(\frac{\partial y}{\partial u}\right)^2 + \left(\frac{\partial z}{\partial u}\right)^2}} \tag{2-2-91}$$

由式(2-2-65)得到

$$\begin{cases} \dfrac{\partial x}{\partial u} = \dfrac{u}{\sqrt{u^2 + c^2}}\sin\theta\sin\lambda \\[3mm] \dfrac{\partial y}{\partial u} = \dfrac{u}{\sqrt{u^2 + c^2}}\sin\theta\cos\lambda \\[3mm] \dfrac{\partial z}{\partial u} = \cos\theta \end{cases} \tag{2-2-92}$$

从而

$$\frac{\mathrm{d}u}{\mathrm{d}S_u} = \sqrt{\frac{u^2 + c^2}{u^2 + c^2\cos^2\theta}} \tag{2-2-93}$$

将式(2-2-93)代入式(2-2-89),得到

$$-\gamma_u = \sqrt{\frac{u^2 + c^2}{u^2 + c^2\cos^2\theta}}\frac{\partial U(u,\theta)}{\partial u} \tag{2-2-94}$$

由式(2-2-87),得到

$$\frac{\partial U(u,\theta)}{\partial u} = -\left[\frac{GM}{u^2 + c^2} - \omega^2 a^2\frac{\partial q}{\partial u}\frac{1}{q_0}\left(\frac{\cos^2\theta}{2} - \frac{1}{6}\right) - u\omega^2\sin^2\theta\right] \tag{2-2-95}$$

将式(2-2-95)代入式(2-2-94),得到

$$\gamma_u = \sqrt{\frac{u^2 + c^2}{u^2 + c^2\cos^2\theta}}\left[\frac{GM}{u^2 + c^2} - \omega^2 a^2\frac{\partial q}{\partial u}\frac{1}{q_0}\left(\frac{\cos^2\theta}{2} - \frac{1}{6}\right) - u\omega^2\sin^2\theta\right]$$
$$\tag{2-2-96}$$

令 $u = b$,得到水准椭球面上的重力为

$$\gamma_0 = \sqrt{\frac{a^2}{b^2 + c^2\cos^2\theta}}\left[\frac{GM}{a^2} + \omega^2 c\frac{q'_0}{q_0}\left(\frac{\cos^2\theta}{2} - \frac{1}{6}\right) - b\omega^2\sin^2\theta\right] \tag{2-2-97}$$

其中

$$q'_0 = \left(-\frac{u^2 + c^2}{c}\frac{\partial q}{\partial u}\right)_{u=b} = 3\left(1 + \frac{b^2}{c^2}\right)\left[1 - \frac{b}{c}\arctan\left(\frac{c}{b}\right)\right] - 1 \tag{2-2-98}$$

又因为

$$c^2 = a^2 - b^2, \quad \beta = \frac{\pi}{2} - \theta \tag{2-2-99}$$

并令

$$m = \frac{\omega^2 a^2 b}{GM}, \quad e' = \frac{c}{b} \tag{2-2-100}$$

得到

$$\gamma_0 = \frac{GM}{a\sqrt{a^2 \sin^2\beta + b^2 \cos^2\beta}} \left[\left(1 + \frac{me'}{3}\frac{q'_0}{q} \right) \sin^2\beta + \left(1 - m - \frac{me'}{6}\frac{q'_0}{q} \right) \cos^2\beta \right] \tag{2-2-101}$$

对于式(2-2-101)，分别令 $\beta=0$ 和 $\beta=\pi/2$，得到赤道位置的重力 γ_a 和两极位置的重力 γ_p 分别为

$$\gamma_a = \frac{GM}{ab}\left(1 - m - \frac{me'}{6}\frac{q'_0}{q} \right) \tag{2-2-102}$$

$$\gamma_p = \frac{GM}{a^2}\left(1 + \frac{me'}{3}\frac{q'_0}{q} \right) \tag{2-2-103}$$

这样，水准椭球表面的重力 γ_0 可以表示为

$$\gamma_0 = \frac{a\gamma_p \sin^2\beta + b\gamma_a \cos^2\beta}{\sqrt{a^2 \sin^2\beta + b^2 \cos^2\beta}} \tag{2-2-104}$$

这就是著名的索米里安公式，它给出了水准椭球表面重力 γ_0 和纬度 β 之间的关系。为使用方便，通常将 β 转换为大地纬度 B，其中大地纬度定义为椭球面法线与赤道面的夹角。

$$\tan\beta = \frac{b}{a}\tan B \tag{2-2-105}$$

因为有

$$\cos^2\beta = \frac{a^2 \cos^2 B}{a^2 \cos^2 B + b^2 \sin^2 B}, \quad \sin^2\beta = \frac{b^2 \sin^2 B}{a^2 \cos^2 B + b^2 \sin^2 B} \tag{2-2-106}$$

整理后得到水准椭球表面重力 γ_0 与大地纬度 B 之间的关系为

$$\gamma_0 = \frac{b\gamma_p \sin^2 B + a\gamma_a \cos^2 B}{\sqrt{a^2 \cos^2 B + b^2 \sin^2 B}} \tag{2-2-107}$$

下面给出正常重力场的球谐级数表示。正常地球是一个水准椭球，根据对称性可知，正常重力场的球谐级数只与余纬角 θ 有关，展开式中只存在带谐项。另外，由于水准椭球对称于赤道面，因此只存在偶阶带谐项。根据式(2-2-46)给出的实际地球引力位球谐展开以及上述分析，得到水准椭球产生的正常重力场球谐展开为

$$U(\rho, \theta) = \frac{GM}{\rho}\left[1 - \sum_{n=1}^{\infty} J_{2n}\left(\frac{a}{\rho} \right)^{2n} P_{2n}(\cos\theta) \right] \tag{2-2-108}$$

其中，前 3 项系数为

$$\begin{aligned} J_2 &= 1082.63 \times 10^{-6} \\ J_4 &= -2.37091222 \times 10^{-6} \\ J_6 &= 0.00608347 \times 10^{-6} \end{aligned} \tag{2-2-109}$$

2.2.5 地球重力场测量中的指标量

首先,引入斯托克斯定理:如果已知外水准面 σ 及其内部物质总质量 M,以及该物体绕固定轴匀速旋转的角速度 ω,则 σ 面上和面外的重力场可以唯一地确定。在地球重力场测量中,地球总质量 M 和地球自转角速度 ω 是已知的,只要确定了外水准面 σ,就可以唯一地确定地球重力场。可见,外水准面的确定至关重要。通常,选择外水准面为大地水准面,它是地球重力位的等势面,在海洋上它与静止的海平面重合;在陆地上,它延伸到大陆底部。

在 2.2.4 节引入了水准椭球和正常重力场的概念。水准椭球与实际地球很接近,由其产生的正常重力场与实际重力场也非常接近。实际地球重力场与正常重力场之间的差别,可以用大地水准面与水准椭球面之间的差别来表示。大地水准面到水准椭球表面的垂直距离称为大地水准面高;大地水准面上某一点的实际重力与该点在正常椭球表面投影点的正常重力之差称为重力异常。大地水准面误差和重力异常误差是描述重力场测量精度的重要物理量。

由于重力场模型是以无穷级数形式表示的,而在实际重力场测量中,模型的阶数是有限的,即存在重力场模型有效阶数的指标。为了确定这一指标,需要引入重力场模型阶方差和阶误差方差两个概念。1966 年,Kaula 给出了引力位系数满足的近似关系为

$$\sigma_n^2 = \frac{1}{2n+1} \sum_{k=0}^{n} (\overline{C}_{nk}^2 + \overline{S}_{nk}^2) \approx \frac{1}{2n+1} \frac{1.6 \times 10^{-10}}{n^3} \qquad (2\text{-}2\text{-}110)$$

σ_n^2 称为重力场模型的阶方差,它反映了引力信号在不同阶数 n 上的强度。重力场模型的阶误差方差 $\delta\sigma_n^2$ 定义为

$$\delta\sigma_n^2 = \frac{1}{2n+1} \sum_{k=0}^{n} \left[(\delta\overline{C}_{nk})^2 + (\delta\overline{S}_{nk})^2 \right] \qquad (2\text{-}2\text{-}111)$$

$(\delta\overline{C}_{nk}, \delta\overline{S}_{nk})$ 是反演重力场模型位系数与真实地球引力位系数之差,$\delta\sigma_n^2$ 反映了反演重力场模型在不同阶数 n 上的噪声强度。随着 n 的增加,当阶误差方差 $\delta\sigma_n^2$ 等于式(2-2-110)给出的阶方差 σ_n^2 时,即引力信号中的噪声等于引力信号本身时,认为达到重力场测量的有效阶数 $N_{\max}$,即 $N_{\max}$ 满足

$$\delta\sigma_{N_{\max}}^2 = \sigma_{N_{\max}}^2 \qquad (2\text{-}2\text{-}112)$$

有效阶数 $N_{\max}$ 与重力场模型的空间分辨率 L 具有如下对应关系:

$$L = \frac{\pi R_e}{N_{\max}} \qquad (2\text{-}2\text{-}113)$$

其中,R_e 是地球半径,空间分辨率又称为半波长。重力场模型的有效阶数越高,在空间上对重力场的刻画越精细。得到重力场测量的有效阶数后,可以计算大地水准面阶误差及其累积误差、重力异常阶误差及其累积误差等指标。

n 阶大地水准面的阶误差为

$$\Delta_n = R_e \sqrt{(2n+1)\delta\sigma_n^2} \tag{2-2-114}$$

n 阶大地水准面的累积误差为

$$\Delta = \sqrt{\sum_{k=2}^{n} (\Delta_k)^2} \tag{2-2-115}$$

n 阶重力异常的阶误差为

$$\Delta g_n = \frac{GM}{R_e^2}(n-1)\sqrt{(2n+1)\delta\sigma_n^2} \tag{2-2-116}$$

n 阶重力异常的累积误差为

$$\Delta g = \sqrt{\sum_{k=2}^{n} (\Delta g_k)^2} \tag{2-2-117}$$

2.3　全球重力场模型

2.3.1　全球重力场模型概述

地球重力场模型就是地球引力位球谐级数展开式中的一系列系数集合,包括正弦项和余弦项系数。设重力场模型中位系数的最高阶数为 n,则该模型中位系数的个数为 $n^2 + 2n - 3$。地球重力场模型的建立过程,就是根据地面、航空、船舶、卫星等手段获取的重力信息进行数据处理,推算得到引力位系数。其中,地面、航空、船舶测量为局部重力测量,包含了中、短波重力信息。地面跟踪卫星或卫星跟踪卫星重力场测量方式是基于卫星轨道运动来反推引力位系数,其测量信息包含了中、长波重力信息,是获取全球重力场模型的最有效方式。

早期主要利用地面、航空等重力测量方式,并根据部分卫星轨道摄动数据来建立重力场模型。据统计,到 2002 年所建立的全球重力场模型有 90 个左右。进入 20 世纪以来,随着 CHAMP、GRACE、GOCE 重力卫星的应用,基于这些重力卫星测量数据的全球重力场模型迅速增加,并且精度和分辨率得到极大的提高。同时,考虑到卫星重力测量在两极地区会出现部分测量空白区,在重力场模型建立过程中也会综合地面、航空等重力测量信息,以提高所建立的全球重力场模型的精度和适用范围。截至 2015 年,全球重力场模型增加至 170 个左右,如表 2.1 所示,并且新增重力场模型的精度和分辨率得到极大改善。这些重力场模型分别属于不同的系列,包括 SE、GEM、OSU、TEG、JGM、GRIM、EGM、ITG、GGM、TUM、EIGEN、IGG、DQM、WDM 等系列。

表 2.1　全球重力场模型

序号	重力场模型名称	年份	阶数	重力场模型来源	参考文献
1	GGM05G	2015	240	S(GRACE,GOCE)	[2]
2	GOCO05S	2015	280	S(SEE MODEL)	[3]

序号	重力场模型名称	年份	阶数	重力场模型来源	参考文献
3	GO_CONS_GCF_2_SPW_R4	2014	280	S(GOCE)	[4]
4	EIGEN6C4	2014	2190	S(GOCE,GRACE,LAGEOS),G,A	[5]
5	ITSG-GRACE2014S	2014	200	S(GRACE)	[6]
6	ITSG-GRACE2014K	2014	200	S(GRACE)	[6]
7	GO_CONS_GCF_2_TIM_R5	2014	280	S(GOCE)	[7]
8	GO_CONS_GCF_2_DIR_R5	2014	300	S(GOCE,GRACE,LAGEOS)	[8]
9	JYY_GOCE04S	2014	230	S(GOCE)	[9]
10	GOGRA04S	2014	230	S(GOCE,GRACE)	[9]
11	EIGEN6S2	2014	260	S(GOCE,GRACE,LAGEOS)	[10]
12	GGM05S	2014	180	S(GRACE)	[11]
13	EIGEN6C3STAT	2014	1949	S(GOCE,GRACE,LAGEOS),G,A	[12]
14	TONGJI-GRACE01	2013	160	S(GRACE)	[13]
15	JYY_GOCE02S	2013	230	S(GOCE)	[9]
16	GOGRA02S	2013	230	S(GOCE,GRACE)	[9]
17	ULUX_CHAMP2013S	2013	120	S(CHAMP)	[14]
18	ITG-GOCE02	2013	240	S(GOCE)	[15]
19	GO_CONS_GCF_2_TIM_R4	2013	250	S(GOCE)	[16]
20	GO_CONS_GCF_2_DIR_R4	2013	260	S(GOCE,GRACE,LAGEOS)	[8]
21	EIGEN6C2	2012	1949	S(GOCE,GRACE,LAGEOS),G,A	[12]
22	DGM1S	2012	250	S(GOCE,GRACE)	[17]
23	GOCO03S	2012	250	S(GOCE,GRACE,⋯)	[18]
24	GO_CONS_GCF_2_DIR_R3	2011	240	S(GOCE,GRACE,LAGEOS)	[19]
25	GO_CONS_GCF_2_TIM_R3	2011	250	S(GOCE)	[16]
26	GIF48	2011	360	S(GRACE),G,A	[20]
27	EIGEN6C	2011	1420	S(GOCE,GRACE,LAGEOS),G,A	[21]
28	EIGEN6S	2011	240	S(GOCE,GRACE,LAGEOS)	[21]
29	GOCO02S	2011	250	S(GOCE,GRACE)	[22]
30	AIUB-GRACE03S	2011	160	S(GRACE)	[23]
31	GO_CONS_GCF_2_DIR_R2	2011	240	S(GOCE)	[19]
32	GO_CONS_GCF_2_TIM_R2	2011	250	S(GOCE)	[16]
33	GO_CONS_GCF_2_SPW_R2	2011	240	S(GOCE)	[24]
34	GO_CONS_GCF_2_DIR_R1	2010	240	S(GOCE)	[19]

续表

序号	重力场模型名称	年份	阶数	重力场模型来源	参考文献
35	GO_CONS_GCF_2_TIM_R1	2010	224	S(GOCE)	[25]
36	GO_CONS_GCF_2_SPW_R1	2010	210	S(GOCE)	[26]
37	GOCO01S	2010	224	S(GOCE,GRACE)	[27]
38	EIGEN51C	2010	359	S(GRACE,CHAMP),G,A	[19]
39	AIUB-CHAMP03S	2010	100	S(CHAMP)	[28]
40	EIGEN-CHAMP05S	2010	150	S(CHAMP)	[29]
41	ITG-GRACE2010S	2010	180	S(GRACE)	[30]
42	AIUB-GRACE02S	2009	150	S(GRACE)	[31]
43	GGM03C	2009	360	S(GRACE),G,A	[32]
44	GGM03S	2008	180	S(GRACE)	[32]
45	AIUB-GRACE01S	2008	120	S(GRACE)	[33]
46	EIGEN5S	2008	150	S(GRACE,LAGEOS)	[34]
47	EIGEN5C	2008	360	S(GRACE,LAGEOS),G,A	[34]
48	EGM2008	2008	2190	S(GRACE),G,A	[35]
49	ITG-GRACE03	2007	180	S(GRACE)	[36]
50	AIUB-CHAMP01S	2007	90	S(CHAMP)	[37]
51	ITG-GRACE02S	2006	170	S(GRACE)	[38]
52	EIGENGL04S1	2006	150	S(GRACE,LAGEOS)	[39]
53	EIGENGL04C	2006	360	S(GRACE,LAGEOS),G,A	[39]
54	EIGENCG03C	2005	360	S(CHAMP,GRACE),G,A	[40]
55	GGM02C	2004	200	S(GRACE),G,A	[41]
56	GGM02S	2004	160	S(GRACE)	[41]
57	EIGENCG01C	2004	360	S(CHAMP,GRACE),G,A	[42]
58	EIGEN-CHAMP03S	2004	140	S(CHAMP)	[43]
59	EIGEN-GRACE02S	2004	150	S(GRACE)	[44]
60	TUM2S	2004	70	S(CHAMP)	[45]
61	DEOS_CHAMP01C	2004	70	S(CHAMP)	[46]
62	ITG_CHAMP01K	2003	70	S(CHAMP)	[47]
63	ITG_CHAMP01S	2003	70	S(CHAMP)	[47]
64	ITG_CHAMP01E	2003	75	S(CHAMP)	[47]
65	TUM2SP	2003	60	S(CHAMP)	[48]
66	TUM1S	2003	60	S(CHAMP)	[49]

序号	重力场模型名称	年份	阶数	重力场模型来源	参考文献
67	GGM01C	2003	200	TEG4,S(GRACE)	[41]
68	GGM01S	2003	120	S(GRACE)	[50]
69	EIGEN-GRACE01S	2003	140	S(GRACE)	[51]
70	EIGEN-CHAMP03SP	2003	140	S(CHAMP)	[52]
71	EIGEN2	2003	140	S(CHAMP)	[53]
72	EIGEN1	2002	119	S(CHAMP)	[54]
73	EIGEN1S	2002	119	GRIM5,S	[55]
74	PGM2000A	2000	360	S,G,A	[56]
75	TEG4	2000	180	S,G,A	[57]
76	DQM2000A	2000	540	S,G	[58]
77	DQM2000B	2000	720	S,G	[58]
78	DQM2000C	2000	1080	S,G	[58]
79	DQM2000D	2000	2160	S,G	[58]
80	GRIM5C1	1999	120	S,G,A	[59]
81	GRIM5S1	1999	99	S	[60]
82	GRIM4S4G	1999	100	GRIM4S4,S(GFZ 1)	[61]
83	DQM99A	1999	720	S,G	[62]
84	DQM99B	1999	720	S,G	[62]
85	DQM99C	1999	2160	S,G	[62]
86	DQM99D	1999	2160	S,G	[62]
87	GFZ97	1997	359	PGM062W,G,A	[63]
88	IGG97	1997	720	S,G	[64]
89	EGM96	1996	360	EGM96S,G,A	[65]
90	GFZ96	1996	359	PGM055,G,A	[66]
91	TEG3	1996	70	S,G,A	[67]
92	EGM96S	1996	70	S	[65]
93	GFZ95A	1995	360	GRIM4C4,G,A	[68]
94	GRIM4C4	1995	72	S,G,A	[69]
95	GRIM4S4	1995	70	S	[69]
96	JGM3	1994	70	S,G,A	[70]
97	JGM2	1994	70	S,G,A	[71]
98	JGM2S	1994	60	S	[71]

续表

序号	重力场模型名称	年份	阶数	重力场模型来源	参考文献
99	DQM94	1994	360	S,G	[72]
100	WDM94	1994	360	S,G	[73]
101	GFZ93B	1993	360	GRIM4C3,G,A	[74]
102	GFZ93A	1993	360	GRIM4C3,G,A	[74]
103	JGM1	1993	70	S,G,A	[71]
104	JGM1S	1993	60	S	[71]
105	IGG93	1993	360	S,G	[64]
106	OGE12	1992	360	GRIM4C2,G,A	[75]
107	GRIM4C3	1992	60	S,G,A	[76]
108	GRIM4S3	1992	60	S	[76]
109	WDM92CH	1992	360	S,G	[77]
110	OSU91A	1991	360	GEMT2,G,A	[78]
111	GRIM4C2	1991	50	S,G,A	[79]
112	GRIM4S2	1991	50	S	[79]
113	GEMT3	1991	50	S,G,A	[80]
114	GEMT3S	1991	50	S	[80]
115	TEG2B	1991	54	S,G,A	[81]
116	TEG2	1990	54	S,G,A	[81]
117	GRIM4C1	1990	50	S,G,A	[64]
118	GRIM4S1	1990	50	S	[64]
119	GEMT2	1989	50	S,G,A	[82]
120	GEMT2S	1989	50	S	[82]
121	POEML1	1989	20	S(LAGEOS)	[83]
122	OSU89B	1989	360	GEMT2,G,A	[84]
123	OSU89A	1989	360	GEMT2,G,A	[84]
124	WDM89	1989	180	S,G	[85]
125	TEG1	1988	50	S,G	[81]
126	GEMT1	1987	36	S	[86]
127	OSU86F	1986	360	GEML2,G,A	[87]
128	OSU86E	1986	360	GEML2,G,A	[87]
129	OSU86D	1986	250	GEML2,G,A	[88]
130	OSU86C	1986	250	GEML2,G,A	[88]

续表

序号	重力场模型名称	年份	阶数	重力场模型来源	参考文献
131	GPM2	1984	200	GEML2,G,A	[89]
132	GRIM3L1	1984	36	S,G,A	[90]
133	DQM84	1984	36	S,G	[62]
134	HAJELA84	1983	250	G	[91]
135	GPM1	1983	200	GEM9,G,A	[89]
136	GRIM3B	1983	36	S,G,A	[92]
137	GEML2	1982	20	S	[93]
138	GRIM3	1981	36	S,G,A	[94]
139	OSU81	1981	180	GEM9,G,A	[95]
140	GEM10C	1981	180	GEM10B,G,A	[96]
141	OSU78	1978	180	GEM9,G,A	[97]
142	GEM10B	1978	36	GEM10,A	[98]
143	GEM10A	1978	30	GEM10,A	[98]
144	GEM10	1977	22	S,G	[99]
145	GEM9	1977	20	S	[99]
146	DQM77	1977	22	S,G	[77]
147	GRIM2	1976	23	S,G	[100]
148	GEM8	1976	25	S,G	[101]
149	GEM7	1976	16	S	[101]
150	HARMOGRAV	1975	36	G	[102]
151	GRIM1	1975	10	S	[103]
152	KOCH74	1974	15	S,G	[104]
153	GEM6	1974	16	S,G	[105]
154	GEM5	1974	12	S	[105]
155	OSU73	1973	20	GEM3,G	[106]
156	SE3	1973	18	S,G	[107]
157	WGS72	1972	24	S,G	[108]
158	GEM4	1972	16	S,G	[109]
159	GEM3	1972	12	S	[109]
160	GEM2	1972	16	S,G	[110]
161	GEM1	1972	12	S	[110]
162	KOCH71	1971	11	S,G	[111]

序号	重力场模型名称	年份	阶数	重力场模型来源	参考文献
163	IGG71	1971	14	S,G	[64]
164	KOCH70	1970	8	S,G	[112]
165	SE2	1969	22	S,G	[113]
166	OSU68	1968	14	S,G	[114]
167	WGS66	1966	24	G	[115]
168	SE 1	1966	15	S	[116]

　　为了直观地理解地球重力场模型,表 2.2 以 EGM96 地球重力场模型为例,给出了前 6 阶引力位系数的数值。

表 2.2　EGM96 地球重力场模型的前 6 阶位系数

阶	次	余弦项	正弦项
2	0	$-4.84165371736\times10^{-4}$	0
2	1	$-1.86987635955\times10^{-10}$	$1.19528012031\times10^{-9}$
2	2	$2.43914352398\times10^{-6}$	$-1.40016683654\times10^{-6}$
3	0	$9.57254173792\times10^{-7}$	0
3	1	$2.02998882184\times10^{-6}$	$2.48513158716\times10^{-7}$
3	2	$9.04627768605\times10^{-7}$	$-6.19025944205\times10^{-7}$
3	3	$7.21072657057\times10^{-7}$	$1.41435626958\times10^{-6}$
4	0	$5.39873863789\times10^{-7}$	0
4	1	$-5.36321616971\times10^{-7}$	$-4.73440265853\times10^{-7}$
4	2	$3.50694105785\times10^{-7}$	$6.62671572540\times10^{-7}$
4	3	$9.90771803829\times10^{-7}$	$-2.00928369177\times10^{-7}$
4	4	$-1.88560802735\times10^{-7}$	$3.08853169333\times10^{-7}$
5	0	$6.85323475630\times10^{-8}$	0
5	1	$-6.21012128528\times10^{-8}$	$-9.44226127525\times10^{-8}$
5	2	$6.52438297612\times10^{-7}$	$-3.23349612668\times10^{-7}$
5	3	$-4.51955406071\times10^{-7}$	$-2.14847190624\times10^{-7}$
5	4	$-2.95301647654\times10^{-7}$	$4.96658876769\times10^{-8}$
5	5	$1.74971983203\times10^{-7}$	$-6.69384278219\times10^{-7}$
6	0	$-1.49957994714\times10^{-7}$	0
6	1	$-7.60879384947\times10^{-8}$	$2.62890545501\times10^{-8}$

续表

阶	次	余弦项	正弦项
6	2	$4.81732442832 \times 10^{-8}$	$-3.73728201347 \times 10^{-7}$
6	3	$5.71730990516 \times 10^{-8}$	$9.02694517163 \times 10^{-9}$
6	4	$-8.62142660109 \times 10^{-8}$	$-4.71408154267 \times 10^{-7}$
6	5	$-2.67133325490 \times 10^{-7}$	$-5.36488432483 \times 10^{-7}$
6	6	$9.67616121092 \times 10^{-9}$	$-2.37192006935 \times 10^{-7}$

2.3.2　SE 重力场模型

SE 系列重力场模型由美国史密森天体物理观测台（Smithsonian Astrophysical Observatory,SAO)于 1966～1973 年建立,包括 SE1、SE2、SE3 等模型。SE 系列重力场模型主要是低阶,最高的完全阶次是 22,带谐项系数最高到 36。SE1 重力场模型完全基于卫星摄动轨道计算得到,从 SE2 重力场模型开始结合地面重力测量数据。1980 年以后,SAO 不再建立地球重力场模型。

2.3.3　GEM 重力场模型

GEM 重力场模型由美国航空航天局戈达德航天中心（NASA/GSFC)建立,其典型特征是该系列中的绝大部分重力场模型的阶数较低。GEM10 之前的模型,是单纯利用卫星跟踪数据或者综合卫星跟踪数据和地面测量数据得到的,其中前者重力场模型的编号是奇数,后者重力场模型的编号是偶数。GEM10 重力场模型的阶数为 22,在此基础上融入 GEOS3 卫星测高数据,得到 GEM10A 和 GEM10B 重力场模型,其阶数分别增加到 30 和 36。以 GEM10B 为基础,利用残余大地水准面差加以扩充,得到 GEM10C 模型,其阶数扩展到 180。

该系列中的一些重力场模型专为精密定轨服务,如 GEML2 模型是在 GEM9 模型的基础上得到的,专为 LAGEOS 定轨建立,其阶数为 20。以 GEM10B 为基础,得到了 PGS1331 重力场模型,专为 STARLETTE 卫星定轨服务,其阶数为 36。GEMT 系列重力场模型是专为 TOPEX 测高卫星定轨而建立的,如 GEMT1 模型的阶数为 36,由此得到的卫星径向轨道确定精度为 25cm 左右;GEMT2 重力场模型是根据卫星观测数据建立的,根据该模型得到 TOPEX 卫星径向定轨精度为 12cm;结合卫星跟踪数据、卫星测高数据和地面重力测量数据,得到了 GEMT3 模型,由此得到的卫星径向定轨精度提高到 6.8cm;在 GEMT3 模型中融入 SPOT2 卫星的 DORIS 数据,得到 GEMT3A 模型,由此将 TOPEX 卫星径向定轨精度进一步提高到 5cm。

2.3.4　OSU 重力场模型

OSU 系列重力场模型是由美国俄亥俄州立大学建立的。从 20 世纪 70 年代开始,在 Rapp 的领导下进行平均重力异常数据集的编算工作。1986 年,根据 GEML2 模型和 1°×1°平均重力异常,得到了 OSU86C、OSU86D 重力场模型,其阶数为 250;基于 GEML2 模型和 30′×30′平均重力异常,建立了 OSU86E/F 重力场模型,其阶数为 360。之后,俄亥俄州立大学建立了 OSU89A/B 重力场模型,它们均是结合 GEMT2 模型和 30′×30′平均重力异常得到的。OSU91A 重力场模型是基于卫星跟踪数据、卫星测高数据、地面重力数据和地形信息综合分析得到的,其阶数为 360。该模型主要适合计算大地水准面高,也适合计算重力异常和垂线偏差中的中长波分量,由此得到的大地水准面误差在海洋上是 28cm,在陆地上是 46cm。

2.3.5　TEG 重力场模型

TEG 系列重力场模型由美国得克萨斯大学建立,包括 TEG1、TEG2、TEG3 和 TEG4 等模型。1988 年,根据激光跟踪数据、卫星多普勒跟踪数据、卫星测高数据和地面重力测量数据,得到了 TEG1 模型,其阶数为 50,利用该模型得到的 T/P 卫星和 GEOSAT 卫星径向轨道确定精度分别为 13cm 和 24cm。1990 年,根据卫星跟踪数据、卫星测高数据和地面重力数据,建立了 TEG2 模型,其阶数为 54,利用该模型得到的 GEOSAT 卫星径向轨道确定精度为 15~21cm。1996 年,建立了 TEG3 模型,其阶数为 70,在模型建立过程中使用的观测数据包括 T/P 卫星的 GPS 跟踪数据、激光跟踪数据、DORIS 跟踪数据和测高数据,SPOT2 卫星的 DORIS 跟踪数据,ERS1 卫星的激光跟踪数据和测高数据,LAGEOSII、ETALON1、ETALON2 卫星的激光跟踪数据等。2000 年,建立了 TEG4 重力场模型,其阶数扩展到 180,用于提高海洋大地水准面精度,并为 GRACE 卫星定轨服务。

2.3.6　JGM 重力场模型

美国航空航天局戈达德航天中心、得克萨斯大学和法国国家空间研究中心合作研究,建立了联合重力场模型(joint gravity model,JGM),具体包括 JGM1、JGM2、JGM3 模型,为 T/P 卫星精密定轨服务。JGM1 模型是根据卫星跟踪数据、卫星测高数据、全球地面重力测量数据以及卫星激光跟踪数据(LAGEOS、STAR-LETTE、AJISAI)、SPOT2 卫星的 DORIS 多普勒跟踪数据建立的,最高阶数为 70。将 T/P 卫星的激光跟踪数据和 DORIS 多普勒数据融入 JGM1 模型中,得到了 JGM2 模型,该模型使 T/P 卫星的径向轨道确定精度达到 2.2cm。在 JGM2 模型的基础上增加 T/P 卫星的 GPS 数据,得到了 JGM3 重力场模型,它使 T/P 卫星的径向轨道确定精度提高到 1cm 左右。

2.3.7　GRIM 重力场模型

GRIM 重力场模型由法国国家空间研究中心和德国地学研究中心合作建立，包括 GRIM1、GRIM2、GRIM3、GRIM4、GRIM5 等。其中，GRIM4C4 重力场模型利用了包括 LAGEOS、GEOSAT、SPOT、T/P、ERS1 等在内的 31 颗卫星跟踪数据、来自亚洲和南美洲的地面重力数据等，其阶次完全到 72。GRIM5C1 于 1999 年发布，由卫星跟踪数据和地面重力数据得到，其最高阶数为 120。

2.3.8　EGM96 和 EGM2008 重力场模型

EGM96 重力场模型于 1996 年发布，其模型阶数为 360，空间分辨率约为 55km，是当时最完善的全球重力场模型。该模型由美国航空航天局戈达德航天飞行中心、美国国家图像与测绘局（National Imagery and Mapping Agency，NIMA）、俄亥俄州立大学等单位的科学家合作建立。在 EGM96 重力场模型的建立过程中，采用了三类观测数据，分别是卫星跟踪数据、地面重力测量数据和卫星测高数据。其中，卫星跟踪数据包括 LAGEOS1、LAGEOS2、AJISAI、STARLETTE、GFZ1 等球状卫星的激光测距数据，T/P 卫星的 GPS 和 DORIS 测距数据，GPS/MET 的 GPS 数据，EUVE 的 GPS 和 TDRSS（NASA 的跟踪与数据中继卫星系统）数据，HILAT 和 RADICAL 的多普勒数据，SPOT2 的 DORIS 数据等。这些卫星跟踪数据中含有大量的长波重力场信息。由于这些卫星轨道高度普遍较高，因此其观测信息中的中高阶重力场信息很弱。地面重力测量数据是很好的补充，它们含有中高阶重力场信息。通过国际合作，EGM96 建立过程中使用的地面重力数据涵盖了阿拉斯加、加拿大、南美、非洲、中国、东南亚、东欧、俄罗斯等国家和地区，使 EGM96 重力场模型的适用范围很广。卫星测高数据是 EGM96 重力场模型建立过程中的重要数据，包括 T/P、ERS1、GEOSAT/ERM 等卫星的测高数据。对于重力场模型的低阶部分，测高数据直接用于解算位系数；对于高阶部分，测高数据先转换为平均重力异常，然后用于解算位系数。EGM96 重力场模型为全球地形测量提供了更加精确的参考平面，同时为卫星精密轨道确定提供了更为准确的引力模型。

EGM2008 是美国国家地理空间情报局（National Geospatial-Intelligence Agency，NGA）公布的超高阶全球重力场模型，它由 GRACE 卫星重力测量数据、地面重力数据和卫星测高数据得到，其中地面重力观测数据的覆盖率达到 83.8%，模型阶数为 2190，对应的空间分辨率为 9km。相比之前广泛应用的 EGM96 重力场模型，该模型在精度和分辨率方面均取得了巨大进步。

2.3.9　ITG 重力场模型

ITG 重力场模型由德国波恩大学理论大地测量研究所建立，其中的观测数据

来自 CHAMP、GRACE、GOCE 等重力卫星。2003 年,根据 CHAMP 卫星数据得
到了 ITG_CHAMP01K/S/E 等模型,其阶数分别为 70、70、75。基于 GRACE 卫
星数据得到的 ITG - GRACE03、ITG - GRACE2010s 等模型阶数达到 180。2013
年发布的基于 GOCE 卫星重力场测量数据得到的 ITG-GOCE02 模型阶数则达到
了 240。

2.3.10　GGM 重力场模型

GGM 系列重力场模型由美国得克萨斯大学空间研究中心建立,主要是基于
GRACE、GOCE 重力卫星数据得到的。最新的重力场模型是 2015 年发布的
GGM05G,其阶数为 240,该模型同时利用了 GRACE 卫星和 GOCE 卫星观测
数据。

2.3.11　TUM 重力场模型

TUM 系列重力场模型于 2003~2004 年发布,由德国慕尼黑工业大学建立,包
括 TUM1S、TUM2S、TUM2SP 等,它们是利用 CHAMP 卫星数据得到的低阶重
力场模型,其阶数分别为 60、70、60。

2.3.12　EIGEN 重力场模型

EIGEN 重力场模型是 2002 年以后欧洲利用 CHAMP、GRACE、GOCE 重力
卫星数据、同时结合地面重力数据和卫星测高数据建立的新一代重力场模型。这
些重力场模型的普遍特点是,大量采用重力卫星观测数据,因而在模型精度和空间
分辨率上得到极大的提高。在 EIGEN 重力场模型系列中,最新的超高阶重力场模
型是 EIGEN6C4,它于 2014 年发布,重力场模型阶数为 2190,对应的空间分辨率
为 9.13km。

2.3.13　IGG 重力场模型

IGG 系列重力场模型由中国科学院测量与地球物理研究所建立,早期的模型
包括 IGG71、IGG93、IGG97 等,这些重力场模型分别于 1971 年、1993 年、1997 年
建立,均利用了卫星跟踪数据和地面重力数据,它们的模型阶数分别为 14、360、
720。2008 年建立了 IGG- GRACE 模型,2009 年建立了 WHIGG- GEGM01S、
WHIGG-GEGM02S 等模型,这些模型是根据 GRACE 卫星重力观测数据得到的,
其最高阶数均为 120。

2.3.14　DQM 重力场模型

1977 年,我国西安测绘研究所建立了重力场模型 DQM77A 和 DQM77B,其阶数

分别为 22 和 20,1984 年对这些模型进行了改进,得到了最高阶数为 50 的 DQM84 系列重力场模型,共有 A、B、C、D 四个模型。1999 年,以 360 阶的 OSU91A 和 EGM96 重力场模型为基础,得到了更高阶数的重力场模型 DQM99A/B/C/D,其最高阶数分别为 720、720、2160、2160,在表示局部重力场和大地水准面时的精度得到提高。之后,基于局部积分谱权综合法,得到了 DQM2000A/B/C/D 系列重力场模型,其阶数分别为 540、720、1080、2160,在表示我国区域重力场时,其平均重力异常和点大地水准面高的精度分别比 EGM96 模型提高 10^{-4} m/s^2 和 10～25cm。

2.3.15　WDM 重力场模型

1989 年,武汉测绘科技大学(现为武汉大学测绘学院)建立了 180 阶的 WDM89 重力场模型,以国外低阶重力场模型为基础,结合我国境内及周边地面重力测量数据,对高阶引力位系数进行改进,在表示我国局部重力场模型时具有一定的优势。1994 年,基于我国 $30' \times 30'$ 平均空间重力异常和国外 GEMT2 重力场模型,建立了 WDM94 重力场模型,在表示我国的区域大地水准面时精度可达分米级,估计全球 $30' \times 30'$ 重力异常精度达 8.734mGal。

2.3.16　不同重力场模型的性能评估

到目前为止,国内外建立的全球重力场模型多达 170 个。这些模型具有不同的最高阶数,即具有不同的空间分辨率。同时,它们具有不同的精度,也就是说,对于两个重力场模型,即使它们的最高阶数相同,它们对应的大地水准面精度也可能存在差异。评估不同重力场模型的性能优劣,分析它们在不同阶数范围内的误差大小,对于选择合适的重力场模型、开展相应任务研究十分重要。重力场模型评估方法分为内符合评估法和外符合评估法两种[117]。内符合评估法是指将待评估重力场模型与选定的重力场模型相比,认为选定的重力场为真实重力场,待评估重力场模型越接近选定的重力场模型,则说明待评估重力场模型性能越好。内符合评估法仅具有相对意义,这就是说只有当选定的重力场模型非常接近实际重力场模型时,内符合评估法给出的结果才可靠。外符合评估法是指利用外部手段对重力场模型进行检验,包括地面激光测距、地面重力测量、GPS 水准检验等,外符合评估法给出的结果具有绝对的意义。下面利用外符合评估法,分析表 2.1 中重力场模型的性能优劣。根据表中的重力场模型,可以计算全球不同地理位置的大地水准面,同时利用 GPS 水准也可以确定相应地理位置的大地水准面,通过分析两者之差的均方根大小,可以确定这些重力场模型的性能,如表 2.3 所示。两者之差越小,说明该重力场模型越精确。其中,在对比分析时选择了美国 6169 个测量点,加拿大 2691 个测量点,欧洲 1047 个测量点,澳大利亚 201 个测量点,日本 816 个测量点,巴西 1112 个测量点,合计共 12036 个测量点[118]。

表 2.3 由重力场模型和 GPS 水准得到的不同点上大地水准面之差的均方根

（单位：m）

序号	重力场模型	模型阶数	美国	加拿大	欧洲	澳大利亚	日本	巴西	合计
1	EIGEN6C4	2190	0.247	0.126	0.121	0.212	0.079	0.446	0.236
2	EIGEN6C3STAT	1949	0.247	0.129	0.121	0.213	0.078	0.447	0.236
3	EIGEN6C2	1949	0.249	0.129	0.123	0.214	0.080	0.445	0.237
4	EIGEN6C	1420	0.247	0.136	0.128	0.219	0.082	0.448	0.238
5	EGM2008	2190	0.248	0.128	0.125	0.217	0.083	0.460	0.240
6	GIF48	360	0.319	0.209	0.229	0.236	0.275	0.474	0.306
7	EIGEN51C	359	0.335	0.234	0.248	0.234	0.312	0.476	0.322
8	EIGEN5C	360	0.341	0.278	0.266	0.244	0.339	0.524	0.342
9	EIGENGL04C	360	0.339	0.282	0.309	0.244	0.321	0.541	0.346
10	GGM03C	360	0.347	0.337	0.301	0.259	0.316	0.513	0.357
11	EIGENCG01C	360	0.351	0.335	0.349	0.263	0.351	0.543	0.368
12	EIGENCG03C	360	0.346	0.373	0.337	0.260	0.326	0.534	0.370
13	GO_CONS_GCF_2_TIM_R5	280	0.398	0.310	0.343	0.336	0.450	0.505	0.390
14	GOCO05S	280	0.399	0.308	0.344	0.335	0.450	0.505	0.390
15	GO_CONS_GCF_2_DIR_R5	300	0.405	0.299	0.345	0.327	0.447	0.507	0.392
16	GO_CONS_GCF_2_DIR_R4	260	0.404	0.322	0.372	0.337	0.476	0.512	0.400
17	EIGEN6S2	260	0.405	0.322	0.372	0.337	0.476	0.512	0.401
18	GO_CONS_GCF_2_SPW_R4	280	0.406	0.330	0.375	0.322	0.473	0.508	0.402
19	GO_CONS_GCF_2_TIM_R4	250	0.407	0.334	0.381	0.331	0.486	0.509	0.405
20	GO_CONS_GCF_2_DIR_R1	240	0.407	0.342	0.384	0.319	0.489	0.499	0.406
21	GOGRA04S	230	0.421	0.359	0.399	0.342	0.507	0.511	0.421
22	JYY_GOCE04S	230	0.422	0.359	0.399	0.342	0.506	0.511	0.421
23	GOCO03S	250	0.428	0.351	0.401	0.355	0.500	0.511	0.423
24	GO_CONS_GCF_2_TIM_R3	250	0.430	0.350	0.399	0.357	0.496	0.512	0.423
25	EGM96	360	0.379	0.353	0.493	0.298	0.364	0.730	0.427
26	PGM2000A	360	0.381	0.360	0.503	0.286	0.362	0.717	0.428
27	GOGRA02S	230	0.421	0.386	0.407	0.343	0.516	0.523	0.429
28	GO_CONS_GCF_2_DIR_R3	240	0.431	0.369	0.408	0.355	0.506	0.515	0.429
29	JYY_GOCE02S	230	0.422	0.386	0.407	0.344	0.516	0.522	0.429
30	DGM1S	250	0.441	0.348	0.413	0.366	0.513	0.517	0.432
31	GOCO02S	250	0.435	0.366	0.420	0.371	0.516	0.525	0.434

序号	重力场模型	模型阶数	美国	加拿大	欧洲	澳大利亚	日本	巴西	合计
32	GO_CONS_GCF_2_TIM_R2	250	0.436	0.367	0.420	0.375	0.515	0.525	0.434
33	ITG-GOCE02	240	0.429	0.391	0.422	0.371	0.511	0.524	0.435
34	GO_CONS_GCF_2_DIR_R2	240	0.443	0.388	0.434	0.391	0.519	0.535	0.445
35	GGM05G-UPTO210	210	0.448	0.374	0.454	0.357	0.543	0.521	0.446
36	EIGEN6S	240	0.446	0.392	0.434	0.397	0.520	0.539	0.448
37	GO_CONS_GCF_2_SPW_R2	240	0.457	0.399	0.469	0.376	0.553	0.541	0.460
38	GOCO01S	224	0.451	0.410	0.468	0.370	0.578	0.533	0.461
39	GO_CONS_GCF_2_TIM_R1	224	0.455	0.417	0.470	0.371	0.578	0.530	0.464
40	GGM02C	200	0.473	0.458	0.515	0.376	0.555	0.558	0.487
41	GO_CONS_GCF_2_SPW_R1	210	0.471	0.471	0.496	0.384	0.569	0.554	0.487
42	GGM01C	200	0.477	0.466	0.560	0.398	0.576	0.569	0.498
43	TEG4	200	0.468	0.459	0.716	0.445	0.601	0.711	0.528
44	ITSG-GRACE2014K	200	0.542	0.419	0.582	0.433	0.651	0.611	0.534
45	GFZ97	359	0.470	0.445	0.776	0.416	0.395	0.930	0.551
46	ITG-GRACE2010S	180	0.548	0.498	0.605	0.523	0.670	0.658	0.562
47	TONGJI-GRACE01	160	0.596	0.595	0.719	0.495	0.835	0.682	0.633
48	ITG-GRACE02S	170	0.623	0.569	0.652	0.489	0.860	0.680	0.637
49	ITG-GRACE03	180	0.633	0.636	0.670	0.603	0.752	0.686	0.650
50	GGM05S-UPTO150	150	0.640	0.606	0.723	0.478	0.876	0.668	0.659
51	AIUB-GRACE02S	150	0.630	0.639	0.725	0.495	0.911	0.665	0.665
52	AIUB-GRACE03S	160	0.650	0.632	0.740	0.486	0.835	0.657	0.667
53	GGM03S-UPTO150	150	0.641	0.620	0.739	0.494	0.893	0.700	0.669
54	EIGEN5S	150	0.630	0.671	0.765	0.475	0.909	0.714	0.680
55	EIGENGL04S1	150	0.630	0.660	0.771	0.464	0.952	0.739	0.684
56	OSU91A	360	0.534	0.873	0.737	0.453	0.561	1.058	0.701
57	GFZ95A	360	0.478	1.055	0.750	0.354	0.638	0.990	0.732
58	GFZ96	359	0.500	0.995	0.667	0.403	0.784	1.157	0.746
59	EIGEN-GRACE02S	150	0.739	0.727	0.865	0.538	1.027	0.744	0.769
60	AIUB-GRACE01S	120	0.723	0.768	0.978	0.563	1.161	0.728	0.793
61	EIGEN-GRACE01S	140	0.765	0.726	0.990	0.554	1.170	0.729	0.806
62	OSU89A	360	0.624	1.021	0.829	0.429	0.659	1.168	0.807
63	GRIM5C1	120	0.727	0.638	1.119	0.543	1.309	0.895	0.816

序号	重力场模型	模型阶数	美国	加拿大	欧洲	澳大利亚	日本	巴西	合计
64	OSU89B	360	0.637	1.077	0.834	0.434	0.627	1.103	0.819
65	GGM01S	120	0.748	0.879	1.016	0.636	1.187	0.826	0.845
66	GFZ93A	360	0.500	1.358	0.765	0.404	0.663	0.991	0.845
67	ULUX_CHAMP2013S	120	0.778	0.886	1.040	0.770	1.288	0.849	0.877
68	AIUB-CHAMP03S	100	0.755	1.032	1.217	0.632	1.523	0.834	0.942
69	EIGEN-CHAMP05S	150	0.784	1.045	1.280	0.660	1.613	0.777	0.970
70	OSU86E	360	0.470	1.596	1.276	0.459	0.623	1.409	1.019
71	OSU86F	360	0.490	1.613	1.328	0.465	0.580	1.448	1.038
72	ITSG-GRACE2014S	200	1.095	0.871	0.962	1.175	0.932	1.273	1.047
73	ITG_CHAMP01E	75	0.802	0.947	1.552	0.806	2.012	0.911	1.050
74	EIGEN-CHAMP03SP	140	0.823	1.082	1.536	0.853	2.043	0.893	1.088
75	EIGEN-CHAMP03S	140	0.816	1.113	1.539	0.850	2.019	0.888	1.089
76	GGM02S	160	0.978	1.149	1.290	1.356	1.030	1.309	1.091
77	DEOS_CHAMP-01C	70	0.813	1.007	1.575	0.886	2.156	0.952	1.092
78	ITG_CHAMP01K	70	0.841	1.059	1.647	0.944	2.116	0.981	1.121
79	AIUB-CHAMP01S	70	0.843	1.076	1.577	0.893	2.167	1.061	1.129
80	GPM2	200	0.696	1.791	0.949	1.061	0.894	1.544	1.156
81	ITG_CHAMP01S	70	0.908	1.122	1.594	0.979	2.151	1.047	1.164
82	JGM2	70	0.824	1.301	1.575	0.930	2.129	1.135	1.176
83	TEG3	70	0.828	1.311	1.572	0.949	2.138	1.160	1.183
84	JGM3	70	0.829	1.312	1.572	0.949	2.138	1.160	1.184
85	TUM2S	60	0.864	1.125	1.717	1.101	2.444	1.063	1.205
86	TUM2SP	60	0.866	1.179	1.723	1.089	2.530	1.067	1.230
87	GRIM4C4	72	0.859	1.309	1.658	0.922	2.254	1.307	1.232
88	GRIM4C4	72	0.859	1.309	1.658	0.922	2.254	1.307	1.232
89	TUM1S	60	0.860	1.209	1.740	1.165	2.513	1.094	1.237
90	EIGEN2	140	0.966	1.153	1.738	1.074	2.432	1.062	1.250
91	EIGEN1S	119	0.935	1.229	1.758	1.221	2.611	1.039	1.281
92	EIGEN1	119	0.973	1.152	1.920	1.397	2.538	1.225	1.308
93	OSU81	180	0.914	1.851	1.624	0.821	1.109	1.922	1.364
94	GEMT3	50	1.047	1.202	1.901	1.456	2.719	1.411	1.385
95	GRIM4C2	50	1.068	1.298	1.850	1.403	2.647	1.578	1.413

序号	重力场模型	模型阶数	美国	加拿大	欧洲	澳大利亚	日本	巴西	合计
96	GRIM4C1	50	1.097	1.378	1.878	1.390	2.668	1.534	1.442
97	EGM96S	70	1.118	1.168	2.063	1.507	3.006	1.429	1.468
98	GRIM5S1	99	1.079	1.366	1.917	1.514	3.403	1.182	1.512
99	JGM2S	70	1.300	1.168	2.279	1.786	3.598	1.560	1.667
100	JGM1S	60	1.299	1.173	2.283	1.754	3.680	1.611	1.684
101	GRIM4S4G	70	1.313	1.300	2.185	1.783	3.575	1.900	1.711
102	GRIM4S4	70	1.372	1.334	2.200	1.771	3.582	1.999	1.753
103	GRIM4S3	60	1.463	1.435	2.246	2.097	3.543	2.080	1.822
104	GRIM4S2	50	1.441	1.430	2.250	2.035	3.631	2.079	1.823
105	GEMT3S	50	1.440	1.278	2.433	2.042	4.240	1.791	1.878
106	GEMT2	50	1.474	1.338	2.476	2.112	4.290	1.910	1.925
107	GRIM4S1	50	1.617	1.553	2.341	2.201	3.807	1.934	1.940
108	GEM10B	36	1.539	1.657	2.549	2.288	3.069	2.666	1.943
109	GEM10A	30	1.526	1.710	2.664	2.190	3.282	2.829	2.003
110	GEM8	25	1.619	1.858	2.570	1.826	3.356	2.561	2.028
111	GEMT1	36	1.710	1.651	2.618	2.394	3.974	1.962	2.056
112	GRIM3L1	36	1.242	2.140	2.965	2.005	3.975	2.573	2.080
113	GEM10	30	2.207	2.056	2.818	2.509	4.629	2.763	2.529
114	OSU73	20	2.140	2.178	3.223	2.208	5.274	3.321	2.701
115	GRIM3	36	1.683	3.987	2.935	2.700	2.809	3.422	2.737
116	GEML2	30	2.181	2.561	3.258	2.367	5.160	3.170	2.767
117	GEM9	30	2.352	2.427	3.166	2.386	5.174	3.109	2.798
118	HARMOGRAV	36	2.244	3.310	4.186	6.992	3.032	4.141	3.094
119	GEM7	16	2.805	3.352	3.728	2.336	4.728	3.259	3.216
120	GEM2	22	2.910	3.359	3.937	3.003	4.080	3.677	3.277
121	WGS72	28	2.971	2.248	3.659	2.984	7.610	3.721	3.489
122	GEM6	16	3.326	3.196	5.067	2.231	4.165	2.997	3.504
123	GEM4	16	3.467	3.145	3.015	3.314	5.647	3.058	3.517
124	POEML1	20	4.059	2.521	2.871	2.834	3.462	3.396	3.549
125	WGS66	24	3.206	5.307	3.247	3.982	5.853	4.680	4.134
126	SE2	22	3.897	4.777	4.661	3.325	4.924	3.719	4.229
127	GEM1	22	4.180	5.075	3.349	3.449	4.847	2.713	4.262

序号	重力场模型	模型阶数	美国	加拿大	欧洲	澳大利亚	日本	巴西	合计
128	GEM5	12	4.548	4.921	3.693	4.227	3.625	3.996	4.457
129	GEM3	12	5.225	4.954	3.539	3.954	4.322	4.655	4.909
130	SE1	15	3.895	5.071	8.954	3.826	5.003	6.003	5.076
131	GRIM2	23	5.543	6.170	3.260	4.221	2.974	5.688	5.392
132	OSU68	14	4.261	8.921	2.793	5.097	4.013	3.690	5.528
133	GRIM1	31	4.030	8.028	9.618	6.887	6.987	12.201	6.973
134	SE3	24	7.758	9.249	3.170	3.723	2.632	3.981	7.282
135	KOCH70	8	15.783	12.300	10.780	13.334	2.854	10.538	13.617
136	KOCH74	15	18.039	11.445	9.288	9.567	11.198	4.042	14.668
137	KOCH71	11	17.179	10.880	8.763	11.823	6.075	21.583	15.242

如表 2.3 所示,基于 GPS 水准进行外符合评估,可知 EIGEN6C4 重力场模型的性能是最优的,从而可以认为 EIGEN6C4 模型是真实重力场模型,采用内符合评估法确定不同重力场模型的性能优劣。下面以 EIGEN-CHAMP03SP 模型性能评估为例,说明内符合评估法的使用流程。

对于给定的重力场模型,其 n 阶位系数对应的阶方差和阶误差方差为

$$\sigma_n^2 = \frac{1}{2n+1} \sum_{k=0}^{n} \left[(\overline{C}_{nk})^2 + (\overline{S}_{nk})^2 \right] \tag{2-3-1}$$

$$\delta\sigma_n^2 = \frac{1}{2n+1} \sum_{k=0}^{n} \left[(\delta\overline{C}_{nk})^2 + (\delta\overline{S}_{nk})^2 \right] \tag{2-3-2}$$

由此得到 n 阶位系数对应的大地水准面 N_n、大地水准面阶误差 Δ_n 及其累积误差 Δ 分别是

$$N_n = R_e \sqrt{(2n+1)\sigma_n^2} \tag{2-3-3}$$

$$\Delta_n = R_e \sqrt{(2n+1)\delta\sigma_n^2} \tag{2-3-4}$$

$$\Delta = \sqrt{\sum_{k=2}^{n} (\Delta_k)^2} \tag{2-3-5}$$

根据真实重力场模型 EIGEN6C4,利用式(2-3-1)和式(2-3-3)得到大地水准面在不同阶数上的分布,它反映了不同阶数上真实引力信号强度的变化。同样,可以根据 EIGEN-CHAMP03SP 模型,计算得到大地水准面高随阶数的变化,它反映了在不同阶数上该模型引力信号强度的变化。EIGEN-CHAMP03SP 相对 EIGEN-6C4 的大地水准面阶误差反映了 EIGEN-CHAMP03SP 模型的性能优劣。如果某一阶数上的大地水准面阶误差很小,则说明 EIGEN-CHAMP03SP 在该阶上的位系数精度很高,接近真实重力场模型的位系数;反之,说明该阶数位系数精度较差,

与真实重力场模型的位系数差距较大。

　　为了直观地反映两个重力场模型对应的大地水准面高之差,利用式(2-3-2)、式(2-3-4)、式(2-3-5),在不同阶数上计算 EIGEN-CHAMP03SP 模型相对真实重力场模型的大地水准面阶误差及其累积误差,如图 2.9 所示。由图可知,当阶数大于 75 时,EIGEN-CHAMP03SP 模型的引力信号误差大于引力信号本身,即信噪比小于 1。这就是说,虽然 EIGEN-CHAMP03SP 模型的阶数高达 140,但是相对 EIGEN64C4 模型而言只有 75 阶以下的部分是有效的。

　　更多重力场模型与真实重力场模型 EIGEN6C4 的比较,详见附录 A。

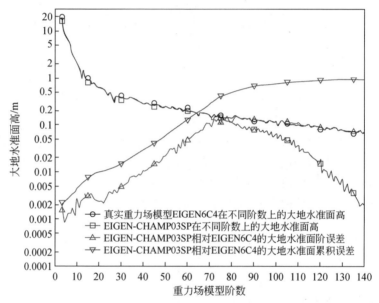

图 2.9　EIGEN-CHAMP03SP 模型与真实重力场模型 EIGEN6C4 的比较

参 考 文 献

[1] 陆仲连. 地球重力场理论与方法[M]. 北京:解放军出版社,1996.

[2] Bettadpur S, Ries J, Eanes R, et al. Evaluation of the GGM05 mean earth gravity models [C]//EGU General Assembly, Vienna, 2015.

[3] Mayer-Gürr T, Pail R, Gruber T, et al. The combined satellite gravity field model GOCO05s[C]//EGU General Assembly, Vienna, 2015.

[4] Gatti A, Reguzzoni M, Migliaccio F, et al. Space-wise grids of gravity gradients from GOCE data at nominal satellite altitude[C]//The 5th GOCE User Workshop, Paris, 2014.

[5] Förste C, Bruinsma S L, Abrikosov O, et al. EIGEN-6C4 The latest combined global gravity field model including GOCE data up to degree and order 2190 of GFZ Potsdam and GRGS Toulouse[C]//The 5th GOCE User Workshop, Paris, 2014.

[6] Mayer-Gürr T, Zehentner N, Klinger B, et al. ITSG-Grace2014: A new GRACE gravity field release computed in Graz[C]//The GRACE Science Team Meeting, Potsdam, 2014.

[7] Brockmann J M, Zehentner N, Höck E, et al. EGM_TIM_RL05: An independent geoid with centimeter accuracy purely based on the GOCE mission[J]. Geophysical Research Letters, 2014, 41(22): 8089—8099.

[8] Bruinsma S L, Foerste C, Abrikosov O, et al. The new ESA satellite-only gravity field model via the direct approach[J]. Geophysical Research Letters, 2013, 40: 3607—3612.

[9] Yi W, Rummel R, Gruber T. Gravity field contribution analysis of GOCE gravitational gradient components[J]. Studia Geophysica et Geodaetica, 2013, 57(2): 174—202.

[10] Rudenko S, Dettmering D, Esselborn S, et al. Influence of time variable geopotential models on precise orbits of altimetry satellites, global and regional mean sea level trends [J]. Advances in Space Research, 2014, 54(1): 92—118.

[11] Tapley B D, Flechtner F, Bettadpur S, et al. The status and future prospect for GRACE after the first decade[C]//American Geophysical Union Fall Meeting, San Francisco, 2013.

[12] Förste C, Bruinsma S L, Flechtner F, et al. A preliminary update of the direct approach GOCE processing and a new release of EIGEN-6C[C]//The AGU Fall Meeting 2012, San Francisco, 2012.

[13] Shen Y, Chen Q, Hsu H, et al. A modified short arc approach for recovering gravity field model[C]//The GRACE Science Team Meeting, Austin, 2013.

[14] Weigelt M, van Dam T, Jäggi A, et al. Time-variable gravity signal in greenland revealed by high-low satellite-to-satellite tracking[J]. Journal of Geophysical Research, 2013, 118 (7): 3848—3859.

[15] Schall J, Eicker A, Kusche J. The ITG-GOCE02 gravity field model from GOCE orbit and gradiometer data based on the short arc approach[J]. Journal of Geodesy, 2014, 88: 403—409.

[16] Pail R, Bruinsma S L, Migliaccio F, et al. First GOCE gravity field models derived by three different approaches[J]. Jounal of Geodesy, 2011, 85: 819—843.

[17] Farahani H H, Ditmar P, Klees R, et al. The static gravity field model DGM-1S from GRACE and GOCE data: Computation, validation and an analysis of GOCE mission's added value[J]. Journal of Geodesy, 2013, 87: 843—867.

[18] Mayer-Gürr T, Rieser D, Höck E, et al. The new combined satellite only model GOCO03S [C]//International Symposium on Gravity, Geoid and Height Systems 2012, Venice, 2012.

[19] Bruinsma S L, Marty J C, Balmino G, et al. GOCE gravity field recovery by means of the direct numerical method[C]//The ESA Living Planet Symposium 2010, Bergen, 2010.

[20] Ries J C, Bettadpur S, Poole S, et al. Mean background gravity fields for GRACE processing[C]//The GRACE Science Team Meeting, Austin, 2011.

[21] Förste C, Bruinsma S L, Shako R, et al. EIGEN-6 - A new combined global gravity field model including GOCE data from the collaboration of GFZ-Potsdam and GRGS-Toulouse [C]//American Geophysical Union, Fall Meeting 2011, San Francisco, 2011.

[22] Goiginger H, Höck E, Rieser D, et al. The combined satellite-only global gravity field model GOCO02S[C]//The 2011 General Assembly of the European Geosciences Union, Vienna, 2011.

[23] International Centre for Global Earth Models. AIUB-GRACE03S gravity field model[EB/OL]. http://icgem. gfz-potsdam. de/ICGEM/shms/aiub-grace03s. gfc[2015-12-31].

[24] Migliaccio F, Reguzzoni M, Gatti A, et al. A GOCE-only global gravity field model by the space-wise approach[C]//Proceedings of the 4th International GOCE User Workshop, Munich, 2011.

[25] Pail R, Goiginger H, Mayrhofer R, et al. GOCE gravity field model derived from orbit and gradiometry data applying the time-wise method[C]//The ESA Living Planet Symposium 2010, Bergen, 2010.

[26] Migliaccio F, Reguzzoni M, Sanso F, et al. GOCE data analysis: The space-wise approach and the first space-wise gravity field model[C]//The ESA Living Planet Symposium 2010, Bergen, 2010.

[27] Pail R, Goiginger H, Schuh W D, et al. Combined satellite gravity field model GOCO01S derived from GOCE and GRACE[J]. Geophysical Research Letters, 2010, 37: L20314.

[28] Jäggi A, Prange L, Meyer U, et al. Gravity field determination at aiub: From annual to multi-annual solutions [C]//European Geophysical Union, EGU General Assembly 2010, Vienna, 2010.

[29] Flechtner F, Dahle C, Neumayer K H, et al. The Release 04 CHAMP and GRACE EIGEN Gravity Field Models[A]//Flechtner F, Gruber T, Güntner A, et al. System Earth via Geodetic-Geophysical Space Techniques. Berlin: Springer, 2010.

[30] Mayer-Gürr T, Kurtenbach E, Eicker A. ITG-GRACE2010. http://www. igg. uni-bonn. de/apmg/index. php? id=itg-grace2010, %202010[2015-12-31].

[31] Jäggi A, Beutler G, Meyer U, et al. AIUB-GRACE02S: Status of GRACE gravity field recovery using the celestial mechanics approach[C]//The IAG Scientific Assembly 2009, Buenos Aires, 2009.

[32] Tapley B D, Ries J, Bettadpur S, et al. Mean earth gravity model from GRACE[C]// The GGM03 American Geophysical Unio Fall Meeting, San Francisco, 2007.

[33] Jäggi A, Beutler G, Mervart L. GRACE gravity field determination using the celestial mechanics approach-first results[C]//The IAG Symposium on "Gravity, Geoid, and Earth Observation 2008", Chania, 2008.

[34] Förste C, Flechtner F, Schmidt R, et al. EIGEN-GL05C - A new global combined high-resolution GRACE-based gravity field model of the GFZ-GRGS cooperation [C]// Geophysical Research Abstracts, Vienna, 2008.

[35] Pavlis N K, Holmes S A, Kenyon S C, et al. An earth gravitational model to degree 2160: EGM2008 [C]//The 2008 General Assembly of the European Geosciences Union, Vienna, 2008.

[36] Mayer-Guerr T, Eicker A, Ilk K H. ITG-GRACE03 [EB/OL]. http://www. igg. uni-

bonn. de/apmg/index. php? id＝itg-grace03,％202007[2015-12-31].

[37] Prange L, Jäggi A, Beutler G, et al. Gravity Field Determination at the AIUB‐the Celestial Mechanics Approach[A]//Sideris M. Observing Our Changing Earth. Berlin: Springer, 2009.

[38] Mayer-Gürr T, Eicker A, Ilk K H. ITG-GRACE02s: A GRACE gravity field derived from short arcs of the satellite's orbit[C]//Proceedings of the First Symposium of International Gravity Field Service, Istanbul, 2006.

[39] Förste C, Flechtner F, Schmidt R, et al. A mean global gravity field model from the combination of satellite mission and altimetry/gravimetry surface gravity data[C]//EGU General Assembly 2006, Vienna, 2006.

[40] Förste C, Flechtner F, Schmidt R, et al. A new high resolution global gravity field model derived from combination of GRACE and CHAMP mission and altimetry/gravimetry surface gravity data[C]//EGU General Assembly 2005, Vienna,2005.

[41] NASA, DLR. GRACE gravity model 03‐relseased 2008 [EB/OL]. http://www. csr. utexas. edu/grace/gravity[2015-12-31].

[42] Reigber C, Schwintzer P, Stubenvoll R, et al. A High Resolution Global Gravity Field Model Combining CHAMP and GRACE Satellite Mission and Surface Data: EIGEN-CG01C[R]. Potsdam: Geo Forschungs Zentrum, Scientific Technical Report STR06/07, 2006.

[43] Schwintzer P. EIGEN-CHAMP03S:CHAMP-only earth gravity field model derived from 33 months of CHAMP data[EB/OL]. http://op. gfz-potsdam. de/champ/results/grav/010_eigen-champ03s. html[2016-2-20].

[44] Reigber C, Schmidt R, Flechtner F, et al. An Earth gravity field model complete to degree and order 150 from GRACE: EIGEN-GRACE02S[J]. Journal of Geodynamics, 2005, 39: 1—10.

[45] Wermuth M, Svehla D, Földvary L, et al. A gravity field model from two years of CHAMP kinematic orbits using the energy balance approach[C]//EGU 1st General Assmbly, Nice,2004.

[46] Ditmar P, Kuznetsov V, van Eck A A, et al. DEOS_CHAMP-01C_70: A model of the Earth's gravity field computed from accelerations of the CHAMP satellite[J]. Journal of Geodesy, 2006, 79: 586—601.

[47] Ilk K H, Mayer-Gürr T, Feuchtinger M. Gravity Field Recovery by Analysis of Short Arcs of CHAMP[A]//Reigber C, Lühr H, Schwintzer P, et al. Earth Observation with CHAMP . Berlin:Springer,2005.

[48] Földvary L, Svehla D, Gerlach C, et al. Gravity Model TUM-2Sp Based on the Energy Balance Approach and Kinematic CHAMP Orbits[A]//Reigber C, Lühr H, Schwintzer P. Earth Observation with CHAMP. Berlin:Springer, 2005.

[49] Gerlach C, Földvary L, Svehla D, et al. A CHAMP-only gravity field model from kinematic orbits using the energy integral[J]. Geophysical Research Letters, 2003,

　　　　30(20): 315—331.

[50] Tapley B D, Chambers D P, Bettadpur S, et al. Large scale ocean circulation from the GRACE GGM01 Geoid[J]. Geophysical Research Letters, 2003, 30(22): 211—227.

[51] Reigber C. First GFZ GRACE gravity field model EIGEN-GRACE DIS released on July 25, 2003[EB/OL]. http://op. gfz- potsdam. de/grace/results/grav/g001_eigen- grace01s. html [2015-12-31].

[52] Reigber C, Jochmann H, Wünsch J, et al. Earth Gravity Field and Seasonal Variability from CHAMP[A]//Reigber C, Lühr H, Schwintzer P, et al. Earth Observation with CHAMP. Berlin:Springer, 2004.

[53] Reigber C, Schwintzer P, Neumayer K H, et al. The CHAMP- only earth gravity field model EIGEN-2[J]. Advances in Space Research, 2003, 31(8): 1883—1888.

[54] Reigber C, Balmino G, Schwintzer P, et al. Global gravity field recovery using solely GPS tracking and accelerometer data from CHAMP[J]. Space Science Reviews, 2003, 29: 55—66.

[55] Reigber C, Balmino G, Schwintzer P, et al. A high quality global gravity field model from CHAMP GPS tracking data and accelerometry (EIGEN- 1S)[J]. Geophysical Research Letters, 2002, 29(14): 37-1-37-4.

[56] Pavlis N K, Chinn D S, Cox C M, et al. Geopotential model improvement using POCM_4B dynamic ocean topography information: PGM2000A[C]// The Joint TOPEX/Poseidon and Jason- 1 Science Working Team Meeting, Miami, 2000.

[57] Tapley B D, Chambers D P, Cheng M K, et al. The TEG- 4 Earth Gravity Field Model [C]// The XXV General Assembly of the European Geophysical Society, Nice, 2000.

[58] 夏哲仁,石磐,李迎春. 高分辨率区域重力场模型 DQM2000[J]. 武汉大学学报(信息科学版), 2003, 28: 124—128.

[59] Gruber T, Reigber C, Schwintzer P. The 1999 GFZ pre- CHAMP high resolution gravity model[C]//Proceedings of IAG Symposium No. 121, Geodesy Beyond 2000 - The Challenges of the First Decade,Berlin, 2000.

[60] Biancale R, Balmino G, Lemoine J M, et al. A new global Earth's gravity field model from satellite orbit perturbations: GRIM5-S1[J]. Geophysical Research Letters, 2000, 27(22): 3611—3614.

[61] König R, Chen C, Reigber C, et al. Improvement in global gravity field recovery using GFZ-1 satellite laser tracking data[J]. Journal of Geodesy, 1999, 73: 189—208.

[62] 石磐,夏哲仁,孙中苗,等. 高分辨率地球重力场模型 DQM99[J]. 中国工程科学, 1999, 1(3): 51—55.

[63] Gruber T, Bode A, Reigber C, et al. DPAF global earth models based on ERS[C]// Proceedings of 3. ERS Symposium, Florenz, 1997.

[64] Schwintzer P, Reigber C, Massmann F H, et al. A new earth gravity field model in support of ERS- 1 and SPOT- 2 [R] . München: German Space Agency, Toulouse: French Space Agency, 1991.

［65］ Lemoine F G，Kenyon S C，Factor J K，et al. The Development of the Joint NASA GSFC and the National Imagery and Mapping Agency (NIMA) Geopotential Model EGM96［R］. Greenbelt：NASA Technical Paper NASA/TP1998206861，Goddard Space Flight Center，1998.

［66］ Gruber T，Anzenhofer M，Rentsch M. Improvements in High Resolution Gravity Field Modeling at GFZ［A］//Segawa J，Fujimoto H，Okubo S. Gravity, Geoid and Marine Geodesy. Berlin：Springer，1997.

［67］ Tapley B D，Shum C K，Ries J C，et al. The TEG3 Earth Geopotential Model［A］// Segawa J，Fujimoto H，Okubo S. Gravity, Geoid and Marine Geodesy. Berlin：Springer，1997：453－460.

［68］ Gruber T，Anzenhofer M，Rentsch M. The 1995 GFZ High Resolution Gravity Field Model ［A］//Rapp R H，Cazenave A A，Nerem R S. Global Gravity Field and Its Temporal Variation. Berlin：Springer，1996.

［69］ Schwintzer P，Reigber C，Bode A，et al. Long wavelength global gravity field models：GRIM4S4，GRIM4C4［J］. Journal of Geodesy，1997，71(4)：189－208.

［70］ Tapley B D，Watkins M，Ries J，et al. The joint gravity model 3［J］. Journal of Geophysical Research，1996，101(B12)：28029－28049.

［71］ Nerem R S，Lerch F J，Marshall J A，et al. Gravity model developments for topex/poseidon：Joint gravity models 1 and 2［J］. Journal of Geophysical Research，1994，99(C12)：24421－24447.

［72］ 夏哲仁，林丽，石磐. 360 阶地球重力场模型 DQM94A 及其精度分析［J］. 地球物理学报，1995，38(6)：788－795.

［73］ 宁津生，李建成，晁定波，等. WDM94 360 地球重力场模型研究［J］. 武汉测绘科技大学学报，1994，19(4)：283－291.

［74］ Gruber T，Anzenhofer M. The GFZ 360 gravity field model［C］//European Geophysical Society XVIII General Assembly，Wiesbaden，1993.

［75］ Gruber T，Bosch W. OGE12, A New 360 Gravity Field Model［A］// Montag H，Reigber C. Geodesy and Physics of the Earth. Berlin：Springer，1993.

［76］ Schwintzer P，Reigber C，Bode A，et al. Improvement of GRIM4 Earth Gravity Models Using Geosat Altimeter and Spot2 and ERS1 Tracking Data［A］//Montag H，Reigber C. Geodesy and Physics of the Earth. Berlin：Springer，1993.

［77］ 郑伟，许厚泽，钟敏，等. 地球重力场模型研究进展与现状［J］. 大地测量与地球动力学，2010，30(4)：83－91.

［78］ Rapp R H，Wang Y M，Pavlis N K. The Ohio State 1991 geopotential and sea surface topography harmonic coefficient models［R］. Columbus：The Ohio State University，Department of Geodetic Science，Report No. 410，1991.

［79］ Reigber C，Schwintzer P，Barth W，et al. GRIM4-C1，－C2p：Combination solutions of the global earth gravity field［J］. Surveys in Geophysics，1993，14(4-5)：381－393.

［80］ Lerch F J，Nerem R S，Putney B H，et al. Geopotential models of the earth from satellite tracking, altimeter and surface gravity observations: GEMT3 and GEMT3S [R]. Greenbelt:Goddard Space Flight Center, NASA Technical Memorandum 104555, 1992.

[81] Tapley B D, Shum C K, Yuan D N, et al. The University of Texas earth gravity field model [C]//XX General Assembly of IUGG/IAG, Wien, 1991.

[82] Marsh J G, Lerch F J, Putney B H,et al. The GEMT2 gravitational model[J]. Journal of Geophysical Research, 1990, 95(B13): 22043－22071.

[83] Dietrich R, Gendt G. A gravity field model from LAGEOS based on point masses (POEM-L1)[C]// The 6th International Symposium "Geodesy and Physics of the Earth", Potsdam, 1989.

[84] Rapp R H, Pavlis N K. The development and analysis of geopotential coefficient models to spherical harmonic degree 360[J]. Journal of Geophysical Research, 1990, 95(B13): 21885－21911.

[85] 晁定波. 论高精度卫星重力场模型和厘米级区域大地水准面的确定及水文学时变重力效应[J]. 测绘科学, 2006, 31(6): 16－19.

[86] Marsh J G, Lerch F J, Putney B H, et al. A new gravitational model for the earth from satellite tracking data: GEMT1[J]. Journal of Geophysical Research, 1988, 93(B6): 6169－6215.

[87] Rapp R H, Cruz J Y. Spherical harmonic expansion of the Earth's gravitational potential to degree 360 using 30′ mean anomalies [R]. Columbus: The Ohio State University, Department of Geodetic Science, 1986.

[88] Rapp R H, Cruz J Y. The representation of the Earth's gravitational potential in a spherical harmonic expansion to degree 250[R]. Columbus: The Ohio State University, Department of Geodetic Science, 1986.

[89] Weber G,Zomorrodian H. Regional geopotential model Improvement for the Iranian geoid determination[J]. Journal of Geodesy,1988,62(2):125－141.

[90] Reigber C, Balmino G, Müller H, et al. GRIM gravity model improvement using Lageos (GRIM3L1)[J]. Journal of Geophysical Research, 1985, 90(B11): 9285－9299.

[91] Hajela D P. Optimal estimation of high degree field from a global set of $1° \times 1°$ anomalies to degree and order 250[R]. Columbus: The Ohio State University, Department of Geodetic Science, 1984.

[92] Reigber C, Rizos C, Bosch W, et al. An improved GRIM3 Earth gravity field (GRIM3B) [C]//XVIII General Assembly of IUGG/IAG, Hamburg, 1983.

[93] Lerch F J, Klosko S M, Patel G B. A refined gravity model from Lageos (GEML2)[R]. Greenbelt:Goddard Space Flight Center,NASA Technical Memorandum 84986, 1983.

[94] Reigber C, Balmino G, Moynot B, et al. The GRIM3 earth gravity field model[J]. Manuscripta Geodaetica, 1983, 8: 93－138.

[95] Rapp R H. The earth's gravity field to degree and order 180 using SEASAT altimeter data, terrestrial gravity data and other data [R]. Columbus: The Ohio State University, Department of Geodetic Science, 1981.

[96] Lerch F J, Putney B H, Wagner C A, et al. Goddard Earth models for oceanographic appli-cations (GEM 10B and 10C)[J]. Marine-Geodesy, 1981, 5(2): 145—187.

[97] Rapp R H. A global $1° \times 1°$ anomaly field combining satellite, GEOS3 altimeter data[R]. The Ohio State University, Department of Geodetic Science, 1978.

[98] Lerch F J, Wagner C A, Klosko S M, et al. Gravity model improvement using GEOS3 Al-timetry (GEM10A and 10B)[C]//1978 Spring Annual Meeting of the American Geophysical Union, Miami, 1978.

[99] Lerch F J, Klosko S M, Laubscher R E, et al. Gravity model improvement using GEOS3 (GEM9 and 10)[J]. Journal of Geophysical Research, 1979, 84(B8): 3897—3916.

[100] Balmino G, Reigber C, Moynot B. The GRIM2 earth gravity field[R]. München: Deutsche Geodätische Kommission, 1976.

[101] Wagner C A, Lerch F J, Brownd J E, et al. Improvement in the geopotential derived from satellite and surface data(GEM 7 and 8)[J]. Journal of Geophysical Research, 1977, 82 (5):901—914.

[102] Harmograv D V. A spherical harmonic function to represent the Earth's gravitational potential[R]. St. Louis: Defense Mapping Agency, Aerospace Center, Technical Report TR74007, 1975.

[103] Balmino G, Reigber C, Moynot B. A geopotential model determined from recent satellite observation campaigns (GRIM1)[J]. Manuscripta Geodaetica, 1976, 1: 4169.

[104] Koch K R. Earth's gravity field and station coordinates from Doppler data, satellite trian-gulation and gravity anomalies[R]. Rockville: National Oceanic and Atmospheric Adminis-tration, NOAA Technical Report NOS 62, 1974.

[105] Lerch F J, Wagner C A, Richardson J A, et al. Goddard Earth models (5 and 6)[R]. Greenbelt: Goddard Space Flight Center, Report X92174145, 1974.

[106] Rapp R H. Numerical results from the combination of gravimetric and satellite data using the principles of least squares collocation[R]. Columbus: The Ohio State University, De-partment of Geodetic Science, Report No. 200, 1973.

[107] Gaposchkin E M. Smithonian standard earth (III)[R]. Cambridge, Massachusetts: Smithsonian Astrophysical Observatory, Special Report No. 353, 1973.

[108] Seppelin T O. The department of defense world geodetic system 1972[C]// International Symposium on Problems Related to the Redefinition of North American Geodetic Networks, Fredrickton, 1974.

[109] Lerch F J, Wagner C A, Putney M L, et al. Gravitational field models GEM3 and 4[R]. Greenbelt: Goddard Space Flight Center, Report X59272476, 1972.

[110] Lerch F J, Wagner C A, Smith D E, et al. Gravitational field models for the Earth (GEM1&2)[R]. Greenbelt: Goddard Space Flight Center, Report X55372146, 1972.

[111] Koch K R, Witte B. The Earth's gravity field represented by a simple layer potential from Doppler tracking of satellites[R]. Rockville: National Ocean Survey, NOAA Technical Memorandum NOS 9, 1971.

[112] Koch K R, Morrison F. A simple layer model of the geopotential from a combination of satellite and gravity data[J]. Journal of Geophysical Research, 1970, 75(8): 1483 —1492.

[113] Gaposchkin E M, Lambeck K. 1969 Smithonian standard earth (II)[R]. Cambridge: Smithonian Astrophysical Observatory, Special Report No. 315, 1970.

[114] Rapp R H. Gravitational potential of the Earth determined from a combination of satellite, observed, and model anomalies[J]. Journal of Geophysical Research, 1968, 73(20): 6555—6562.

[115] WGS Committee. The Department of Defense World Geodetic System 1966 [R]. Washington, D. C. : Defense Mapping Agency, 1996.

[116] Lundquist C A, Veis G. Geodetic parameters for a 1966 smithonian institution standard earth[R]. Cambridge: Smithonian Astrophysical Observatory, Special Report No. 200, 1966.

[117] 王正涛. 卫星跟踪卫星测量确定地球重力场的理论与方法[D]. 武汉:武汉大学, 2005.

[118] International Centre for Global Earth Models. Gravity field model[EB/OL]. http:// icgem. gfz-potsdam. de/ICGEM/ICGEM. html[2015-12-31].

第3章　地球重力场测量的数学基础

地球重力场是用球谐函数的无穷级数表示的,球谐函数是以地球余纬角为自变量的缔合勒让德多项式和以经度为自变量的三角函数的乘积,所有阶数和次数的球谐函数在球面上构成完备正交基,可以逼近地球引力位。第6~9章、第11和第12章介绍天基重力场测量的解析理论以及重力卫星任务优化设计时,大量采用基于球谐函数描述的地球引力位表达式,并对其进行各种数学变换和运算。为了更好地理解这些内容,这里介绍相关的数学基础。3.1和3.2节介绍球谐函数以及缔合勒让德多项式导数的计算;3.3节介绍直角坐标系下的引力位描述及其导数运算,这是第12章介绍基于天基观测的地球重力场反演理论时使用的基本表达式;3.4节介绍常用的高精度数值积分方法,包括单步法和多步法;3.5节介绍大型线性代数方程组的数值解法,这也会在第12章用到。

3.1　勒让德多项式与球谐函数

3.1.1　勒让德方程

已知球坐标系下的拉普拉斯方程为

$$\frac{1}{r^2}\frac{\partial}{\partial r}\left(r^2\frac{\partial u}{\partial r}\right)+\frac{1}{r^2\sin\theta}\left(\sin\theta\frac{\partial u}{\partial\theta}\right)+\frac{1}{r^2\sin^2\theta}\frac{\partial^2 u}{\partial\varphi^2}=0 \tag{3-1-1}$$

其中,$0\leqslant\theta\leqslant\pi$;$0\leqslant\varphi\leqslant2\pi$。采用分离变量法,设式(3-1-1)的解为 $u(r,\theta,\varphi)=R(r)Y(\theta,\varphi)$,将其代入式(3-1-1),整理得到

$$\frac{1}{R}\frac{d}{dr}\left(r^2\frac{dR}{dr}\right)=-\frac{1}{Y}\left[\frac{1}{r^2\sin\theta}\frac{\partial}{\partial\theta}\left(\sin\theta\frac{\partial Y}{\partial\theta}\right)+\frac{1}{r^2\sin^2\theta}\frac{\partial^2 Y}{\partial\varphi^2}\right] \tag{3-1-2}$$

式(3-1-2)等号左边是 r 的函数,等号右边是 (θ,φ) 的函数,为使式(3-1-2)成立,等式左右两边都应该为常数,设为 $n(n+1)$。于是,得到

$$r^2\frac{d^2 R}{dr^2}+2r\frac{dR}{dr}-n(n+1)R=0 \tag{3-1-3}$$

$$\frac{1}{\sin\theta}\frac{\partial}{\partial\theta}\left(\sin\theta\frac{\partial Y}{\partial\theta}\right)+\frac{1}{\sin^2\theta}\frac{\partial^2 Y}{\partial\varphi^2}+n(n+1)Y=0 \tag{3-1-4}$$

式(3-1-4)的解 Y 只与球面坐标 (θ,φ) 有关,称为球谐函数。式(3-1-3)的通解可以表示为

$$R(r)=Ar^n+Br^{-(n+1)} \tag{3-1-5}$$

其中，A、B 为常数。对球谐函数进一步应用分离变量法，设 $Y(\theta,\varphi)=\Theta(\theta)\Phi(\varphi)$，代入式(3-1-4)，整理得到

$$-\frac{1}{\Phi}\frac{\mathrm{d}^2\Phi}{\mathrm{d}\varphi^2}=\frac{1}{\Theta}\sin\theta\frac{\mathrm{d}}{\mathrm{d}\theta}\left(\sin\theta\frac{\mathrm{d}\Theta}{\mathrm{d}\theta}\right)+n(n+1)\sin^2\theta \tag{3-1-6}$$

同样，式(3-1-6)等号两边都应该为常数。根据等式左边的形式，可知常数可以表示为 $m^2(m=0,1,2,\cdots)$，由此得到

$$\frac{\mathrm{d}^2\Phi}{\mathrm{d}\varphi^2}+m^2\Phi=0 \tag{3-1-7}$$

$$\frac{\mathrm{d}^2\Theta}{\mathrm{d}\theta^2}+\cot\theta\frac{\mathrm{d}\Theta}{\mathrm{d}\theta}+\left[n(n+1)-\frac{m^2}{\sin^2\theta}\right]\Theta=0 \tag{3-1-8}$$

式(3-1-7)的通解为 $\Phi(\varphi)=C_1\cos m\varphi+C_2\sin m\varphi$，其中，$C_1$、$C_2$ 为常数。式(3-1-8)称为缔合勒让德方程。

设 $y=\Theta(\theta)$，$x=\cos\theta$，$0\leqslant\theta\leqslant\pi$，则式(3-1-8)变为

$$(1-x^2)\frac{\mathrm{d}^2y}{\mathrm{d}x^2}-2x\frac{\mathrm{d}y}{\mathrm{d}x}+\left[n(n+1)-\frac{m^2}{1-x^2}\right]y=0 \tag{3-1-9}$$

当解 $u(r,\theta,\lambda)$ 与 φ 无关时，根据式(3-1-7)可知 $m=0$，从而式(3-1-9)变为

$$(1-x^2)\frac{\mathrm{d}^2y}{\mathrm{d}x^2}-2x\frac{\mathrm{d}y}{\mathrm{d}x}+n(n+1)y=0 \tag{3-1-10}$$

式(3-1-10)即为勒让德方程。

3.1.2　勒让德多项式

设勒让德方程的解为 $y=\sum_{k=0}^{\infty}a_k x^k$，代入式(3-1-10)，计算得到

$$\sum_{k=0}^{\infty}\{(k+1)(k+2)a_{k+2}+[n(n+1)-k(k+1)]a_k\}x^k=0 \tag{3-1-11}$$

式(3-1-11)对于任意的 x 均成立，因此所有系数均为0，得到

$$a_{k+2}=-\frac{(n-k)(n+k+1)}{(k+1)(k+2)}a_k,\quad k=0,1,2,\cdots \tag{3-1-12}$$

从而得到勒让德方程的解为

$$y=a_0\left[1-\frac{n(n+1)}{2!}x^2+\frac{n(n-2)(n+1)(n+3)}{4!}x^4-\cdots\right]$$
$$+a_1\left[x-\frac{(n-1)(n+2)}{3!}x^3+\frac{(n-1)(n-3)(n+2)(n+4)}{5!}x^5-\cdots\right]$$
$$=C_1y_1+C_2y_2 \tag{3-1-13}$$

其中，$C_1=a_0$；$C_2=a_1$。可知，y_1 和 y_2 均是方程的解，并且是线性无关的。当 n 为非负整数时，y_1 和 y_2 中有一个是有限次数的多项式，另一个是无穷级数。经过计

算,得到该有限次数的多项式为

$$P_n(x) = \sum_{m=0}^{[n/2]} (-1)^m \frac{(2n-2m)!}{2^n m! (n-m)! (n-2m)!} x^{n-2m} \qquad (3\text{-}1\text{-}14)$$

其中,$[n/2]$ 表示不大于 $n/2$ 的最大整数。$P_n(x)$ 称为 n 阶勒让德多项式,其前三阶表达式为

$$P_0(x) = 1, \quad P_1(x) = x, \quad P_2(x) = \frac{3x^2-1}{2}, \quad P_3(x) = \frac{5x^3-3x}{2}$$

$$(3\text{-}1\text{-}15)$$

在 n 为非负整数的情况下,勒让德方程的另一个解是无穷级数,可以证明该无穷级数可以表示为

$$Q_n(x) = \frac{1}{2} P_n(x) \ln \frac{1+x}{1-x} + \frac{1}{2^n} \sum_{k=0}^{[(n-1)/2]} x^{n-1-2k} \sum_{s=0}^{k} \frac{(-1)^{s+1}}{2k-2s+1} \frac{(2n-2s)!}{s! (n-s)! (n-2s)!}$$

$$(3\text{-}1\text{-}16)$$

式(3-1-16)称为第二类勒让德多项式。因此,在 n 为非负整数的情况下,勒让德方程的通解为

$$y(x) = C_1 P_n(x) + C_2 Q_n(x) \qquad (3\text{-}1\text{-}17)$$

为便于使用,可以将勒让德多项式写成罗德里格斯的形式

$$P_n(x) = \frac{1}{2^n n!} \frac{\mathrm{d}}{\mathrm{d}x} (x^2-1)^n \qquad (3\text{-}1\text{-}18)$$

勒让德多项式是一个正交函数,满足

$$\int_{-1}^{1} P_n(x) P_m(x) \mathrm{d}x = \begin{cases} 0, & n \neq m \\ \dfrac{2}{2n+1}, & n = m \end{cases} \qquad (3\text{-}1\text{-}19)$$

或

$$\int_{0}^{\pi} P_n(\cos\theta) P_m(\cos\theta) \sin\theta \mathrm{d}\theta = \begin{cases} 0, & n \neq m \\ \dfrac{2}{2n+1}, & n = m \end{cases} \qquad (3\text{-}1\text{-}20)$$

勒让德多项式是一组完备正交基,因此定义在 $[-1,1]$ 上的函数 $f(x)$ 可以用勒让德函数的级数来表示

$$\begin{cases} f(x) = \sum_{n=0}^{\infty} f_n P_n(x) \\ f_n = \dfrac{2n+1}{2} \int_{-1}^{1} f(x) P_n(x) \mathrm{d}x \end{cases} \qquad (3\text{-}1\text{-}21)$$

一些常用的勒让德多项式递推公式如下:

$$(n+1)P_{n+1}(x) - (2n+1)xP_n(x) + nP_{n-1}(x) = 0, \quad n \geqslant 1$$

$$P_n(x) = P'_{n+1}(x) - 2xP'_n(x) + P'_{n-1}(x), \quad n \geqslant 1$$

$$(2n+1)P_n(x) = P'_{n+1}(x) - P'_{n-1}(x), \quad n \geqslant 1$$

$$P'_{n+1}(x) = (n+1)P_n(x) + xP'_n(x), \quad n \geqslant 0 \qquad (3\text{-}1\text{-}22)$$

$$xP_n(x) = xP'_n(x) - P'_{n-1}(x), \quad n \geqslant 1$$

$$(x^2-1)P'_n(x) = nxP_n(x) - nP_{n-1}(x), \quad n \geqslant 1$$

3.1.3　缔合勒让德多项式

缔合勒让德方程(3-1-9)的一个级数解称为缔合勒让德多项式,具体为

$$P_{nk}(x) = (1-x^2)^{k/2} \frac{\mathrm{d}^k P_n(x)}{\mathrm{d}x^k} \qquad (3\text{-}1\text{-}23)$$

n 称为阶数;k 称为次数。缔合勒让德多项式的微分表达式为

$$P_{nk}(x) = \frac{(1-x^2)^{k/2}}{2^n n!} \frac{\mathrm{d}^{n+k}}{\mathrm{d}x^{n+k}} (x^2-1)^n \qquad (3\text{-}1\text{-}24)$$

缔合勒让德多项式满足如下正交关系

$$\int_{-1}^{1} P_{nk}(x)P_{mk}(x)\mathrm{d}x = \begin{cases} 0, & n \neq m \\ \dfrac{2}{2n+1} \dfrac{(n+k)!}{(n-k)!}, & n = m \end{cases} \qquad (3\text{-}1\text{-}25)$$

$$\int_{-1}^{1} P_{nk}(x)P_{nm}(x) \frac{\mathrm{d}x}{1-x^2} = \begin{cases} 0, & k \neq m \\ \dfrac{1}{k} \dfrac{(n+k)!}{(n-k)!}, & k = m \end{cases} \qquad (3\text{-}1\text{-}26)$$

$P_{nm}(x)(n=m,m+1,m+2,\cdots)$ 是一组完备正交基,对于定义在 $[-1,1]$ 上的函数 $f(x)$ 可以表示为

$$\begin{cases} f(x) = \displaystyle\sum_{n=m}^{\infty} f_n P_{nm}(x) \\ f_n = \dfrac{2n+1}{2} \dfrac{(n-m)!}{(n+m)!} \displaystyle\int_{-1}^{1} f(x)P_{nm}(x)\mathrm{d}x \end{cases} \qquad (3\text{-}1\text{-}27)$$

缔合勒让德多项式 $P_{nm}(x)$ 满足如下递推关系:

$$(2n+1)xP_{nm}(x) = (n+m)P_{n-1,m}(x) + (n-m+1)P_{n+1,m}(x) \qquad (3\text{-}1\text{-}28)$$

$$(2n+1)\sqrt{1-x^2} P_{nm}(x) = P_{n-1,m+1}(x) - P_{n+1,m+1}(x) \qquad (3\text{-}1\text{-}29)$$

$$(2n+1)\sqrt{1-x^2} P_{nm}(x) = (n-m+2)(n-m+1)P_{n+1,m-1}(x)$$
$$- (n+m)(n+m-1)P_{n-1,m-1}(x)$$

$$(3\text{-}1\text{-}30)$$

$$(2n+1)(1-x^2) \frac{\mathrm{d}P_{nm}(x)}{\mathrm{d}x} = (n+1)(n+m)P_{n-1,m}(x) - n(n-m+1)P_{n+1,m}(x)$$

$$(3\text{-}1\text{-}31)$$

3.1.4　球谐函数

式(3-1-4)的解为球谐函数 $Y(\theta,\varphi)$,它等于 $\Phi(\varphi)$ 和缔合勒让德方程解 $\Theta(\theta)$ 的乘积,即

$$Y_{nm}(\theta,\varphi)=P_{nm}(\cos\theta)\begin{Bmatrix}\cos m\varphi\\\sin m\varphi\end{Bmatrix},\quad\begin{matrix}n=0,1,2,\cdots\\m=0,1,2,\cdots,n\end{matrix} \tag{3-1-32}$$

任意两个球谐函数在球面 $\sigma(0<\theta<\pi,0<\varphi<2\pi)$ 上正交,即 $n\neq l$ 和 $k\neq m$ 中至少有一个使下式成立:

$$\iint_\sigma Y_{nk}(\theta,\varphi)Y_{lm}(\theta,\varphi)\mathrm{d}\sigma=\iint_\sigma Y_{nk}(\theta,\varphi)Y_{lm}(\theta,\varphi)\sin\theta\mathrm{d}\theta\mathrm{d}\varphi=0 \tag{3-1-33}$$

球谐函数是一组完备正交基,以球面坐标 (θ,φ) 为变量的任意单值、有限函数 $f(\theta,\varphi)$,均可以表示为球谐函数的级数形式

$$f(\theta,\varphi)=\sum_{n=0}^\infty\sum_{m=0}^n(C_{nm}\cos m\varphi+S_{nm}\sin m\varphi)P_{nm}(\cos\theta) \tag{3-1-34}$$

其中,系数为

$$C_{nm}=\frac{2n+1}{2\pi\delta_m}\frac{(n-m)!}{(n+m)!}\int_0^{2\pi}\int_0^\pi f(\theta,\varphi)P_{nm}(\cos\theta)\cos m\varphi\sin\theta\mathrm{d}\theta\mathrm{d}\varphi$$

$$S_{nm}=\frac{2n+1}{2\pi}\frac{(n-m)!}{(n+m)!}\int_0^{2\pi}\int_0^\pi f(\theta,\varphi)P_{nm}(\cos\theta)\sin m\varphi\sin\theta\mathrm{d}\theta\mathrm{d}\varphi \tag{3-1-35}$$

$$\delta_m=\begin{cases}2,&m=0\\1,&m\neq0\end{cases}$$

3.2　缔合勒让德函数导数的去奇异性计算

设勒让德函数为 $P_n(x)$,则缔合勒让德函数为

$$P_{nm}(x)=(1-x^2)^{\frac{m}{2}}\frac{\mathrm{d}^m P_n(x)}{\mathrm{d}x^m} \tag{3-2-1}$$

用 $\cos\theta$ 代替 x ,得到

$$P_{nm}(\cos\theta)=\sin^m\theta\frac{\mathrm{d}^m P_n(\cos\theta)}{\mathrm{d}(\cos\theta)^m} \tag{3-2-2}$$

式(3-2-2)对 θ 求导,得到

$$\frac{\mathrm{d}P_{nm}(\cos\theta)}{\mathrm{d}\theta}=m\sin^{m-1}\theta\cos\theta\frac{\mathrm{d}^m P_n(\cos\theta)}{\mathrm{d}(\cos\theta)^m}+\sin^m\theta\frac{\mathrm{d}}{\mathrm{d}\theta}\frac{\mathrm{d}^m P_n(\cos\theta)}{\mathrm{d}(\cos\theta)^m}$$

$$=m\sin^{m-1}\theta\cos\theta\frac{\mathrm{d}^m P_n(\cos\theta)}{\mathrm{d}(\cos\theta)^m}-\sin^{m+1}\theta\frac{\mathrm{d}^{m+1} P_n(\cos\theta)}{\mathrm{d}(\cos\theta)^{m+1}},\quad m\geqslant1 \tag{3-2-3}$$

$$\frac{\mathrm{d}P_{n0}(\cos\theta)}{\mathrm{d}\theta}=\frac{\mathrm{d}P_n(\cos\theta)}{\mathrm{d}\theta},\quad m=0 \tag{3-2-4}$$

可以验证,对于 $n \geqslant 1$,$m \geqslant 0$,下式成立:

$$(1-x^2)P_n^{(m+2)}(x) - 2(m+1)xP_n^{(m+1)}(x)$$
$$+[n(n+1)-m(m+1)]P_n^{(m)}(x) = 0 \tag{3-2-5}$$

令 m 取 $m-1$,则可得

$$(1-x^2)P_n^{(m+1)}(x) - 2mxP_n^{(m)}(x)$$
$$+[n(n+1)-m(m-1)]P_n^{(m-1)}(x) = 0, \quad m \geqslant 1 \tag{3-2-6}$$

用 $\cos\theta$ 代替 x,得到

$$\sin^2\theta \frac{\mathrm{d}^{m+1}P_n(\cos\theta)}{\mathrm{d}(\cos\theta)^{m+1}} - 2m\cos\theta \frac{\mathrm{d}^m P_n(\cos\theta)}{\mathrm{d}(\cos\theta)^m}$$
$$+[n(n+1)-m(m-1)]\frac{\mathrm{d}^{m-1}P_n(\cos\theta)}{\mathrm{d}(\cos\theta)^{m-1}} = 0, \quad m \geqslant 1 \tag{3-2-7}$$

从而,由式(3-2-7)得到

$$\frac{1}{2}\left\{ \sin^2\theta \frac{\mathrm{d}^{m+1}P_n(\cos\theta)}{\mathrm{d}(\cos\theta)^{m+1}} + [n(n+1)-m(m-1)]\frac{\mathrm{d}^{m-1}P_n(\cos\theta)}{\mathrm{d}(\cos\theta)^{m-1}} \right\}$$
$$= m\cos\theta \frac{\mathrm{d}^m P_n(\cos\theta)}{\mathrm{d}(\cos\theta)^m}, \quad m \geqslant 1 \tag{3-2-8}$$

将式(3-2-8)代入式(3-2-3),得到

$$\frac{\mathrm{d}P_{nm}(\cos\theta)}{\mathrm{d}\theta} = -\frac{1}{2}\sin^{m+1}\theta \frac{\mathrm{d}^{m+1}P_n(\cos\theta)}{\mathrm{d}(\cos\theta)^{m+1}}$$
$$+\frac{1}{2}[n(n+1)-m(m-1)]\sin^{m-1}\theta \frac{\mathrm{d}^{m-1}P_n(\cos\theta)}{\mathrm{d}(\cos\theta)^{m-1}}, \quad m \geqslant 1 \tag{3-2-9}$$

即

$$\frac{\mathrm{d}P_{nm}(\cos\theta)}{\mathrm{d}\theta} = \begin{cases} -\dfrac{1}{2}P_{n,m+1}(\cos\theta) + \dfrac{1}{2}(n-m+1)(n+m)P_{n,m-1}(\cos\theta), & n-1 \geqslant m \geqslant 1 \\ nP_{n,n-1}(\cos\theta), & m = n \end{cases} \tag{3-2-10}$$

由式(3-2-2)得到

$$P_{n1}(\cos\theta) = \sin\theta \frac{\mathrm{d}P_n(\cos\theta)}{\mathrm{d}(\cos\theta)} = -\sin\theta \frac{\mathrm{d}P_n(\cos\theta)}{\mathrm{d}\theta}\frac{1}{\sin\theta} = -\frac{\mathrm{d}P_n(\cos\theta)}{\mathrm{d}\theta} \tag{3-2-11}$$

从而,有

$$\frac{\mathrm{d}P_{nm}(\cos\theta)}{\mathrm{d}\theta} = \begin{cases} -P_{n1}(\cos\theta), & m = 0 \\ -\dfrac{1}{2}P_{n,m+1}(\cos\theta) + \dfrac{1}{2}(n-m+1)(n+m)P_{n,m-1}(\cos\theta), & 1 \leqslant m \leqslant n-1 \\ nP_{n,n-1}(\cos\theta), & m = n \end{cases} \tag{3-2-12}$$

已知缔合勒让德多项式的归一化关系为

$$\overline{P}_{nk}(\cos\theta)=\sqrt{(2n+1)\frac{2}{\delta_k}\frac{(n-k)!}{(n+k)!}}\,P_{nk}(\cos\theta),\quad \delta_k=\begin{cases}2,&k=0\\1,&k\neq0\end{cases}$$

$$(3\text{-}2\text{-}13)$$

从而,式(3-2-12)变为

$$\frac{\mathrm{d}\overline{P}_{nm}(\cos\theta)}{\mathrm{d}\theta}=\begin{cases}-\sqrt{\dfrac{n(n+1)}{2}}\,\overline{P}_{n1}(\cos\theta),\quad m=0\\[2mm]-\dfrac{1}{2}\sqrt{\dfrac{\delta_{m+1}}{\delta_m}(n+m+1)(n-m)}\,\overline{P}_{n,m+1}(\cos\theta)\\[2mm]+\dfrac{1}{2}\sqrt{\dfrac{\delta_{m-1}}{\delta_m}(n-m+1)(n+m)}\,\overline{P}_{n,m-1}(\cos\theta),\quad 1\leqslant m\leqslant n-1\\[2mm]\sqrt{\dfrac{n\delta_{n-1}}{2\delta_n}}\,\overline{P}_{n,n-1}(\cos\theta),\quad m=n\end{cases}$$

$$(3\text{-}2\text{-}14)$$

式(3-2-14)即为缔合勒让德函数一阶导数去奇异性计算公式。下面在式(3-2-14)的基础上,分三种情况推导二阶导数的去奇异性公式。

(1) $m=0$ 时,由 $\dfrac{\mathrm{d}\overline{P}_{n0}(\cos\theta)}{\mathrm{d}\theta}=-\sqrt{\dfrac{n(n+1)}{2}}\,\overline{P}_{n1}(\cos\theta)$,得到

$$\frac{\mathrm{d}^2\overline{P}_{n0}(\cos\theta)}{\mathrm{d}\theta^2}=-\sqrt{\frac{n(n+1)}{2}}\frac{\mathrm{d}P_{n1}(\cos\theta)}{\mathrm{d}\theta}$$

$$=\frac{1}{2}\sqrt{\frac{(n-1)n(n+1)(n+2)}{2}}\,\overline{P}_{n2}(\cos\theta)-\frac{n(n+1)}{2}\overline{P}_{n0}(\cos\theta)$$

$$(3\text{-}2\text{-}15)$$

(2) $m=1$ 时,由 $\dfrac{\mathrm{d}\overline{P}_{n1}(\cos\theta)}{\mathrm{d}\theta}=-\dfrac{1}{2}\sqrt{(n+2)(n-1)}\,\overline{P}_{n2}(\cos\theta)+\dfrac{1}{2}\sqrt{2n(n+1)}\,\overline{P}_{n0}(\cos\theta)$,得到

$$\frac{\mathrm{d}^2\overline{P}_{n1}(\cos\theta)}{\mathrm{d}\theta^2}=-\frac{1}{2}\sqrt{(n+2)(n-1)}\frac{\mathrm{d}\overline{P}_{n2}(\cos\theta)}{\mathrm{d}\theta}+\frac{1}{2}\sqrt{2n(n+1)}\frac{\mathrm{d}}{\mathrm{d}\theta}\overline{P}_{n0}(\cos\theta)$$

$$(3\text{-}2\text{-}16)$$

进而,将式(3-2-14)代入式(3-2-16)得到

$$\frac{\mathrm{d}^2\overline{P}_{n1}(\cos\theta)}{\mathrm{d}\theta^2}=\frac{1}{4}\sqrt{(n+2)(n+3)(n-2)(n-1)}\,\overline{P}_{n3}(\cos\theta)$$

$$-\frac{(n+2)(n-1)}{4}\overline{P}_{n1}(\cos\theta)-\frac{2n(n+1)}{4}\overline{P}_{n1}(\cos\theta)$$

$$=\frac{1}{4}\sqrt{(n+2)(n+3)(n-2)(n-1)}\,\overline{P}_{n3}(\cos\theta)-\frac{3n^2+3n-2}{4}\overline{P}_{n1}(\cos\theta)$$

$$(3\text{-}2\text{-}17)$$

(3) $m \geqslant 2$ 时,由式(3-2-14),得到

$$\frac{d^2 \overline{P}_{nm}(\cos\theta)}{d\theta^2} = -\frac{1}{2}\sqrt{(n+m+1)(n-m)}\ \frac{d}{d\theta}\overline{P}_{n,m+1}(\cos\theta)$$
$$+\frac{1}{2}\sqrt{(n-m+1)(n+m)}\ \frac{d\overline{P}_{n,m-1}(\cos\theta)}{d\theta} \quad (3\text{-}2\text{-}18)$$

将式(3-2-14)代入式(3-2-18),得到

$$\frac{d^2 \overline{P}_{nm}(\cos\theta)}{d\theta^2} = \frac{\sqrt{(n-m-1)(n-m)(n+m+1)(n+m+2)}}{4}\overline{P}_{n,m+2}(\cos\theta)$$
$$-\frac{n^2+n-m^2}{2}\overline{P}_{nm}(\cos\theta)$$
$$+\frac{\sqrt{\delta_{m-2}(n-m+1)(n-m+2)(n+m-1)(n+m)}}{4}\overline{P}_{n,m-2}(\cos\theta)$$
$$(3\text{-}2\text{-}19)$$

在以上公式中,对于完全规格化的缔合勒让德函数 $\overline{P}_{nm}(\cos\theta)$,若下标 m 大于 n,则该项直接置 0。式(3-2-15)、式(3-2-17)、式(3-2-19)即为缔合勒让德函数二阶导数的去奇异性计算公式。

3.3　直角坐标系下的引力位函数及其偏导数

在地球引力位函数的球谐级数展开式中,自变量为地球固连坐标系中的球坐标,缔合勒让德多项式和三角函数的乘积构成球谐函数。当阶数很大时,球谐级数展开式中的缔合勒让德多项式计算量会急剧增加,不便于直接进行计算。如果将引力位用直角坐标表示,并通过递推算法计算各个阶数上的引力位函数,则可以大大降低计算量,这在第 12 章介绍的基于天基观测的重力场反演中非常实用。

下面推导引力位函数及其偏导数在直角坐标系下的表示,定义

$$V_{nm} = \frac{P_{nm}(\sin\varphi)(\cos m\lambda + i\sin m\lambda)}{r^{n+1}} \quad (3\text{-}3\text{-}1)$$

其中,i 为虚数单位,$P_{nm}(\sin\varphi)$ 是缔合勒让德多项式。在地球固连坐标系中,引力位的直角坐标表示为

$$R(x,y,z) = \frac{GM_e}{R_e}\sum_{n=0}^{\infty}\sum_{m=0}^{n}(\overline{C}_{nm}E_{nm}+\overline{S}_{nm}F_{nm}) \quad (3\text{-}3\text{-}2)$$

其中,(x,y,z) 是地球固连坐标系中的直角坐标;$\{\overline{C}_{nm},\overline{S}_{nm}\}$ 是位系数;R_e 为所采用的地球椭球长半径。$\overline{P}_{nm}(\cos\theta)$ 是完全规格化的缔合勒让德多项式,它与缔合勒让德多项式 $P_{nm}(\cos\theta)$ 的关系为

$$\overline{P}_{nm}(\cos\theta) = \sqrt{(2n+1)\frac{2}{\delta_m}\frac{(n-m)!}{(n+m)!}}P_{nm}(\cos\theta),\quad \delta_m = \begin{cases}2, & m=0\\1, & m\neq 0\end{cases}$$
$$(3\text{-}3\text{-}3)$$

式(3-3-2)中的初始值为

$$
\begin{cases}
E_{00} = \dfrac{R_{\mathrm{e}}}{r}, & E_{11} = \dfrac{\sqrt{3}\,x R_{\mathrm{e}}^2}{r^3} \\[2mm]
F_{00} = 0, & F_{11} = \dfrac{\sqrt{3}\,y R_{\mathrm{e}}^2}{r^3}
\end{cases}
\tag{3-3-4}
$$

变量定义为

$$
E_{nm} = \left(\frac{R_{\mathrm{e}}}{r}\right)^{n+1} \cos m\lambda \overline{P}_{nm}(\cos\theta)
\tag{3-3-5}
$$

$$
F_{nm} = \left(\frac{R_{\mathrm{e}}}{r}\right)^{n+1} \sin m\lambda \overline{P}_{nm}(\cos\theta)
\tag{3-3-6}
$$

在地球固连坐标系中,球坐标系下的引力位函数表示为

$$
R(r,\theta,\lambda) = \frac{GM_{\mathrm{e}}}{r} \sum_{n=0}^{\infty} \sum_{m=0}^{n} \left(\frac{R_{\mathrm{e}}}{r}\right)^n (\overline{C}_{nm}\cos m\lambda + \overline{S}_{nm}\sin m\lambda)\overline{P}_{nm}(\cos\theta)
\tag{3-3-7}
$$

比较式(3-3-1)、式(3-3-5)式(3-3-6),得到

$$
V_{nm} = \frac{1}{R_{\mathrm{e}}^{n+1}} \sqrt{\frac{\delta_m(n+m)!}{2(2n+1)(n-m)!}}(E_{nm}+\mathrm{i}F_{nm})
\tag{3-3-8}
$$

由式(3-3-2)和式(3-3-8),得到引力位函数的频谱分量是

$$
R_{nm} = \mu R_{\mathrm{e}}^n \sqrt{\frac{2(2n+1)(n-m)!}{\delta_m(n+m)!}} \operatorname{Re}\left[V_{nm}(\overline{C}_{nm}-\mathrm{i}\overline{S}_{nm})\right]
\tag{3-3-9}
$$

其中,Re 表示取复数的实数部分。下面以式(3-3-8)和式(3-3-9)为基础,计算 E_{nm}、F_{nm} 的递推关系以及引力位频谱分量 R_{nm} 的偏导数关系。

由文献[1]中的公式(14)~公式(17),可知

$$
V_{00} = \frac{1}{r}
\tag{3-3-10}
$$

$$
V_{nn} = (2n-1)\frac{x+\mathrm{i}y}{r^2}V_{n-1,n-1}
\tag{3-3-11}
$$

$$
V_{n+1,n} = (2n+1)\frac{z}{r^2}V_{nn}
\tag{3-3-12}
$$

$$
(n-m)V_{nm} = (2n-1)\frac{z}{r^2}V_{n-1,m} - \frac{n+m-1}{r^2}V_{n-2,m}
\tag{3-3-13}
$$

递推顺序如图 3.1 所示。

由式(3-3-8)和式(3-3-10),得到初值 E_{nm}、F_{nm} 为

$$
E_{00} = \frac{R_{\mathrm{e}}}{r}, \quad F_{00} = 0
\tag{3-3-14}
$$

由式(3-3-8)和式(3-3-11),得到图 3.1 中的第 1 层递推关系为

$$
\begin{cases}
E_{nn} = \dfrac{R_{\mathrm{e}}}{r^2}\sqrt{\dfrac{\delta_{n-1}(2n+1)}{\delta_n(2n)}}(xE_{n-1,n-1}-yF_{n-1,n-1}) \\[3mm]
F_{nn} = \dfrac{R_{\mathrm{e}}}{r^2}\sqrt{\dfrac{\delta_{n-1}(2n+1)}{\delta_n(2n)}}(xF_{n-1,n-1}+yE_{n-1,n-1})
\end{cases}
\tag{3-3-15}
$$

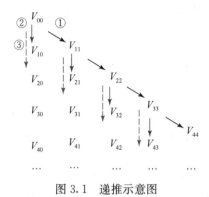

图 3.1　递推示意图

由式(3-3-8)和式(3-3-12),得到图 3.1 中的第 2 层递推关系为

$$
\begin{cases}
E_{n+1,n} = \dfrac{R_e z}{r^2}\sqrt{2n+3}\,E_{nn} \\[2mm]
F_{n+1,n} = \dfrac{R_e z}{r^2}\sqrt{2n+3}\,F_{nn}
\end{cases}
\tag{3-3-16}
$$

由式(3-3-8)和式(3-3-13),得到图 3.1 中的第 3 层递推关系为

$$
\begin{cases}
E_{nm} = \dfrac{z R_e}{r^2}\sqrt{\dfrac{(2n+1)(2n-1)}{(n-m)(n+m)}}\,E_{n-1,m} - \dfrac{R_e^2}{r^2}\sqrt{\dfrac{(2n+1)(n-m-1)(n+m-1)}{(2n-3)(n-m)(n+m)}}\,E_{n-2,m} \\[3mm]
F_{nm} = \dfrac{z R_e}{r^2}\sqrt{\dfrac{(2n+1)(2n-1)}{(n-m)(n+m)}}\,F_{n-1,m} - \dfrac{R_e^2}{r^2}\sqrt{\dfrac{(2n+1)(n-m-1)(n+m-1)}{(2n-3)(n-m)(n+m)}}\,F_{n-2,m}
\end{cases}
\tag{3-3-17}
$$

式(3-3-14)～式(3-3-17)即为 E_{nm}、F_{nm} 的递推关系。文献[1]中第四部分给出了引力位频谱分量的一阶偏导数,其中,上标 * 表示复数的共轭。

$$
\frac{\partial V_{nm}}{\partial x} =
\begin{cases}
-\dfrac{V_{n+1,m+1}}{2} + \dfrac{(n-m+2)!}{2(n-m)!}V_{n+1,m-1}, & m>0 \\[3mm]
-\dfrac{V_{n+1,1}}{2} - \dfrac{V_{n+1,1}^{*}}{2}, & m=0
\end{cases}
\tag{3-3-18}
$$

$$
\frac{\partial V_{nm}}{\partial y} =
\begin{cases}
\dfrac{iV_{n+1,m+1}}{2} + \dfrac{i(n-m+2)!}{2(n-m)!}V_{n+1,m-1}, & m>0 \\[3mm]
\dfrac{iV_{n+1,1}}{2} - \dfrac{iV_{n+1,1}^{*}}{2}, & m=0
\end{cases}
\tag{3-3-19}
$$

$$
\frac{\partial V_{nm}}{\partial z} = -\frac{(n-m+1)!}{(n-m)!}V_{n+1,m}
\tag{3-3-20}
$$

由式(3-3-8)、式(3-3-9)和式(3-3-18),得到沿 x 方向的加速度(考虑 $m>0$)为

$$a_{x,nm} = \frac{\partial R_{nm}}{\partial x} = \mu R_{\mathrm{e}}^n \sqrt{\frac{2(2n+1)(n-m)!}{\delta_m(n+m)!}} \, \mathrm{Re}\left[\frac{\partial V_{nm}}{\partial x}(\overline{C}_{nm} - \mathrm{i}\overline{S}_{nm})\right]$$

$$= \mu R_{\mathrm{e}}^n \sqrt{\frac{2(2n+1)(n-m)!}{\delta_m(n+m)!}} \, \mathrm{Re}\left\{\left[-\frac{V_{n+1,m+1}}{2} + \frac{(n-m+2)!}{2(n-m)!}V_{n+1,m-1}\right](\overline{C}_{nm} - \mathrm{i}\overline{S}_{nm})\right\}$$

$$= \mu R_{\mathrm{e}}^n \sqrt{\frac{2(2n+1)(n-m)!}{\delta_m(n+m)!}} \, \mathrm{Re}\left\{\begin{array}{l} -\dfrac{1}{2R_{\mathrm{e}}^{n+2}}\sqrt{\dfrac{\delta_{m+1}(n+m+2)!}{2(2n+3)(n-m)!}} \\[2mm] \times (E_{n+1,m+1} + \mathrm{i}F_{n+1,m+1}) \\[2mm] + \dfrac{(n-m+2)!}{2(n-m)!}\dfrac{1}{R_{\mathrm{e}}^{n+2}} \\[2mm] \times \sqrt{\dfrac{\delta_{m-1}(n+m)!}{2(2n+3)(n-m+2)!}} \\[2mm] \times (E_{n+1,m-1} + \mathrm{i}F_{n+1,m-1}) \end{array}(\overline{C}_{nm} - \mathrm{i}\overline{S}_{nm})\right\}$$

$$= \frac{\mu}{R_{\mathrm{e}}^2}\mathrm{Re}\left\{\begin{array}{l} -\dfrac{1}{2}\sqrt{\dfrac{\delta_{m+1}(2n+1)(n+m+2)!}{\delta_m(2n+3)(n+m)!}}\,(E_{n+1,m+1} + \mathrm{i}F_{n+1,m+1}) \\[3mm] + \dfrac{1}{2}\sqrt{\dfrac{\delta_{m-1}(2n+1)(n-m+2)!}{\delta_m(2n+3)(n-m)!}}\,(E_{n+1,m-1} + \mathrm{i}F_{n+1,m-1}) \end{array}(\overline{C}_{nm} - \mathrm{i}\overline{S}_{nm})\right\}$$

$$= \frac{\mu}{R_{\mathrm{e}}^2}\left\{\begin{array}{l} \left[-\dfrac{1}{2}\sqrt{\dfrac{\delta_{m+1}(2n+1)(n+m+2)(n+m+1)}{\delta_m(2n+3)}}\,E_{n+1,m+1} \\[3mm] + \dfrac{1}{2}\sqrt{\dfrac{\delta_{m-1}(2n+1)(n-m+2)(n-m+1)}{\delta_m(2n+3)}}\,E_{n+1,m-1}\right]\overline{C}_{nm} \\[4mm] + \left[-\dfrac{1}{2}\sqrt{\dfrac{\delta_{m+1}(2n+1)(n+m+2)(n+m+1)}{\delta_m(2n+3)}}\,F_{n+1,m+1} \\[3mm] + \dfrac{1}{2}\sqrt{\dfrac{\delta_{m-1}(2n+1)(n-m+2)(n-m+1)}{\delta_m(2n+3)}}\,F_{n+1,m-1}\right]\overline{S}_{nm} \end{array}\right\}$$

$$(3\text{-}3\text{-}21)$$

定义

$$b_2 = \sqrt{\frac{(2n+1)(n+m+2)(n+m+1)}{2n+3}} \tag{3-3-22}$$

$$b_3 = \sqrt{\frac{(2n+1)(n-m+2)(n-m+1)}{2n+3}} \tag{3-3-23}$$

则式(3-3-21)变为

$$a_{x,nm} = \frac{\mu}{2R_{\mathrm{e}}^2}\left[\begin{array}{l}\left(-b_2\sqrt{\dfrac{\delta_{m+1}}{\delta_m}}E_{n+1,m+1} + b_3\sqrt{\dfrac{\delta_{m-1}}{\delta_m}}E_{n+1,m-1}\right)\overline{C}_{nm} \\[3mm] + \left(-b_2\sqrt{\dfrac{\delta_{m+1}}{\delta_m}}F_{n+1,m+1} + b_3\sqrt{\dfrac{\delta_{m-1}}{\delta_m}}F_{n+1,m-1}\right)\overline{S}_{nm}\end{array}\right] \tag{3-3-24}$$

考虑到 $m>0$,式(3-3-24)进一步简化为

$$a_{x,nm} = \frac{\mu}{2R_e^2}\left[-b_2(E_{n+1,m+1}\overline{C}_{nm}+F_{n+1,m+1}\overline{S}_{nm})+b_3\sqrt{\delta_{m-1}}(E_{n+1,m-1}\overline{C}_{nm}+F_{n+1,m-1}\overline{S}_{nm})\right]$$

$$(3\text{-}3\text{-}25)$$

由式(3-3-8)、式(3-3-9)和式(3-3-18)可以得到沿 x 方向的加速度(考虑 $m=0$)为

$$
\begin{aligned}
a_{x,n0} &= \frac{\partial R_{n0}}{\partial x}=\mu R_e^n\sqrt{\frac{2(2n+1)(n-m)!}{\delta_m(n+m)!}}\,\mathrm{Re}\left[\frac{\partial V_{nm}}{\partial x}(\overline{C}_{nm}-\mathrm{i}\overline{S}_{nm})\right]\\
&= \mu R_e^n\sqrt{2n+1}\,\mathrm{Re}\left(\frac{\partial V_{n0}}{\partial x}\overline{C}_{n0}\right)\\
&= \mu R_e^n\sqrt{2n+1}\,\overline{C}_{n0}\,\mathrm{Re}\left(-\frac{V_{n+1,1}}{2}-\frac{V_{n+1,1}^*}{2}\right)\\
&= -\mu R_e^n\sqrt{2n+1}\,\overline{C}_{n0}\,\frac{1}{R_e^{n+2}}\sqrt{\frac{(n+2)!}{2(2n+3)n!}}E_{n+1,1}\\
&= -\frac{\mu}{R_e^2}\sqrt{\frac{(2n+1)(n+2)(n+1)}{2(2n+3)}}E_{n+1,1}\overline{C}_{n0}
\end{aligned}
$$

$$(3\text{-}3\text{-}26)$$

定义

$$b_1 = \sqrt{\frac{(2n+1)(n+2)(n+1)}{2(2n+3)}}$$

$$(3\text{-}3\text{-}27)$$

则有

$$a_{x,n0} = -\frac{\mu}{R_e^2}b_1 E_{n+1,1}\overline{C}_{n0}$$

$$(3\text{-}3\text{-}28)$$

由式(3-3-8)、式(3-3-9)和式(3-3-19),得到沿 y 方向的加速度(考虑 $m>0$)为

$$
\begin{aligned}
a_{y,nm} &= \frac{\partial R_{nm}}{\partial y}=\mu R_e^n\sqrt{\frac{2(2n+1)(n-m)!}{\delta_m(n+m)!}}\,\mathrm{Re}\left[\frac{\partial V_{nm}}{\partial y}(\overline{C}_{nm}-\mathrm{i}\overline{S}_{nm})\right]\\
&= \mu R_e^n\sqrt{\frac{2(2n+1)(n-m)!}{\delta_m(n+m)!}}\,\mathrm{Re}\left\{\left[\frac{\mathrm{i}V_{n+1,m+1}}{2}+\frac{\mathrm{i}(n-m+2)!}{2(n-m)!}V_{n+1,m-1}\right](\overline{C}_{nm}-\mathrm{i}\overline{S}_{nm})\right\}\\
&= \mu R_e^n\sqrt{\frac{2(2n+1)(n-m)!}{\delta_m(n+m)!}}\\
&\quad\times\mathrm{Re}\left\{\begin{bmatrix}\dfrac{\mathrm{i}}{2}\dfrac{1}{R_e^{n+2}}\sqrt{\dfrac{\delta_{m+1}(n+m+2)!}{2(2n+3)(n-m)!}}\,(E_{n+1,m+1}+\mathrm{i}F_{n+1,m+1})\\[2mm]+\dfrac{\mathrm{i}(n-m+2)!}{2(n-m)!}\dfrac{1}{R_e^{n+2}}\\[2mm]\times\sqrt{\dfrac{\delta_{m-1}(n+m)!}{2(2n+3)(n-m+2)!}}\,(E_{n+1,m-1}+\mathrm{i}F_{n+1,m-1})\end{bmatrix}(\overline{C}_{nm}-\mathrm{i}\overline{S}_{nm})\right\}\\
&= \frac{\mu}{2R_e^2}
\end{aligned}
$$

$$\times \mathrm{Re}\left\{\begin{bmatrix}\sqrt{\dfrac{(2n+1)(n+m+2)(n+m+1)}{2n+3}}\,(E_{n+1,m+1}+\mathrm{i}F_{n+1,m+1})\\[2mm]+\sqrt{\dfrac{(2n+1)(n-m+2)(n-m+1)\delta_{m-1}}{2n+3}}\,(E_{n+1,m-1}+\mathrm{i}F_{n+1,m-1})\end{bmatrix}(\mathrm{i}\overline{C}_{nm}+\overline{S}_{nm})\right\}$$

$$=\frac{\mu}{2R_e^2}\mathrm{Re}\{[b_2(E_{n+1,m+1}+\mathrm{i}F_{n+1,m+1})+b_3\sqrt{\delta_{m-1}}\,(E_{n+1,m-1}+\mathrm{i}F_{n+1,m-1})](\mathrm{i}\overline{C}_{nm}+\overline{S}_{nm})\}$$

$$=\frac{\mu}{2R_e^2}\left[b_2(E_{n+1,m+1}\overline{S}_{nm}-F_{n+1,m+1}\overline{C}_{nm})+b_3\sqrt{\delta_{m-1}}\,(E_{n+1,m-1}\overline{S}_{nm}-F_{n+1,m-1}\overline{C}_{nm})\right]$$

$$(3\text{-}3\text{-}29)$$

由式(3-3-8)、式(3-3-9)和式(3-3-19)，得到沿 y 方向的加速度(考虑 $m=0$)为

$$a_{y,n0}=\frac{\partial R_{nm}}{\partial y}=\mu R_e^n\sqrt{\frac{2(2n+1)(n-m)!}{\delta_m(n+m)!}}\,\mathrm{Re}\left[\frac{\partial V_{nm}}{\partial y}(\overline{C}_{nm}-\mathrm{i}\overline{S}_{nm})\right]$$

$$=\mu R_e^n\sqrt{2n+1}\,\mathrm{Re}\left[\left(\frac{\mathrm{i}V_{n+1,1}}{2}-\frac{\mathrm{i}V_{n+1,1}^{*}}{2}\right)\overline{C}_{nm}\right]$$

$$=-\frac{\mu}{R_e^2}\sqrt{\frac{(2n+1)(n+2)(n+1)}{2(2n+3)}}\,F_{n+1,1}\overline{C}_{nm}$$

$$=-\frac{\mu}{R_e^2}b_1F_{n+1,1}\overline{C}_{n0}$$

$$(3\text{-}3\text{-}30)$$

由式(3-3-8)、式(3-3-9)和式(3-3-20)，得到沿 z 方向的加速度为

$$a_{z,nm}=\frac{\partial R_{nm}}{\partial z}=\mu R_e^n\sqrt{\frac{2(2n+1)(n-m)!}{\delta_m(n+m)!}}\,\mathrm{Re}\left[\frac{\partial V_{nm}}{\partial z}(\overline{C}_{nm}-\mathrm{i}\overline{S}_{nm})\right]$$

$$=-\mu R_e^n\sqrt{\frac{2(2n+1)(n-m)!}{\delta_m(n+m)!}}\,\mathrm{Re}\left[\frac{(n-m+1)!}{(n-m)!}V_{n+1,m}(\overline{C}_{nm}-\mathrm{i}\overline{S}_{nm})\right]$$

$$=-\mu R_e^n\sqrt{\frac{2(2n+1)(n-m)!}{\delta_m(n+m)!}}\,\mathrm{Re}\begin{bmatrix}\dfrac{(n-m+1)!}{(n-m)!}\dfrac{1}{R_e^{n+2}}\\[2mm]\times\sqrt{\dfrac{\delta_m(n+m+1)!}{2(2n+3)(n-m+1)!}}\\[2mm](E_{n+1,m}+\mathrm{i}F_{n+1,m})(\overline{C}_{nm}-\mathrm{i}\overline{S}_{nm})\end{bmatrix}$$

$$=-\frac{\mu}{R_e^2}\sqrt{\frac{(n+m+1)(n-m+1)(2n+1)}{2n+3}}\,(E_{n+1,m}\overline{C}_{nm}+F_{n+1,m}\overline{S}_{nm})$$

$$(3\text{-}3\text{-}31)$$

定义

$$b_4=\sqrt{\frac{(n+m+1)(n-m+1)(2n+1)}{2n+3}} \qquad (3\text{-}3\text{-}32)$$

则有

$$a_{z,nm} = -\frac{\mu}{R_e^2} b_4 (E_{n+1,m}\overline{C}_{nm} + F_{n+1,m}\overline{S}_{nm}) \qquad (3\text{-}3\text{-}33)$$

文献[1]中第四部分给出的引力位频谱分量的二阶偏导数为

$$\frac{\partial^2 V_{nm}}{\partial x^2} = \begin{cases} \dfrac{V_{n+2,m+2}}{4} - \dfrac{(n-m+2)!}{2(n-m)!} V_{n+2,m} + \dfrac{(n-m+4)!}{4(n-m)!} V_{n+2,m-2}, & m > 1 \\[3mm] \dfrac{V_{n+2,3}}{4} - \dfrac{(n+1)!}{2(n-1)!} V_{n+2,1} - \dfrac{(n+1)!}{4(n-1)!} V_{n+2,1}^*, & m = 1 \\[3mm] \dfrac{V_{n+2,2}}{4} - \dfrac{(n+2)!}{2n!} V_{n+2,0} + \dfrac{V_{n+2,2}^*}{4}, & m = 0 \end{cases}$$

$$(3\text{-}3\text{-}34)$$

$$\frac{\partial^2 V_{nm}}{\partial x \partial y} = \begin{cases} -\dfrac{\mathrm{i}V_{n+2,m+2}}{4} + \dfrac{\mathrm{i}(n-m+4)!}{4(n-m)!} V_{n+2,m-2}, & m > 1 \\[3mm] -\dfrac{\mathrm{i}V_{n+2,3}}{4} - \dfrac{\mathrm{i}(n+1)!}{4(n-1)!} V_{n+2,1}^*, & m = 1 \\[3mm] -\dfrac{\mathrm{i}V_{n+2,2}}{4} + \dfrac{\mathrm{i}V_{n+2,2}^*}{4}, & m = 0 \end{cases} \qquad (3\text{-}3\text{-}35)$$

$$\frac{\partial^2 V_{nm}}{\partial y^2} = \begin{cases} -\dfrac{V_{n+2,m+2}}{4} - \dfrac{(n-m+2)!}{2(n-m)!} V_{n+2,m} - \dfrac{(n-m+4)!}{4(n-m)!} V_{n+2,m-2}, & m > 1 \\[3mm] -\dfrac{V_{n+2,3}}{4} - \dfrac{(n+1)!}{2(n-1)!} V_{n+2,1} + \dfrac{(n+1)!}{4(n-1)!} V_{n+2,1}^*, & m = 1 \\[3mm] -\dfrac{V_{n+2,2}}{4} - \dfrac{(n+2)!}{2n!} V_{n+2,0} - \dfrac{V_{n+2,2}^*}{4}, & m = 0 \end{cases}$$

$$(3\text{-}3\text{-}36)$$

$$\frac{\partial^2 V_{nm}}{\partial x \partial z} = \begin{cases} \dfrac{(n-m+1)}{2} V_{n+2,m+1} - \dfrac{(n-m+3)!}{2(n-m)!} V_{n+2,m-1}, & m > 0 \\[3mm] \dfrac{(n+1)}{2} V_{n+2,1} + \dfrac{(n+1)}{2} V_{n+2,1}^*, & m = 0 \end{cases}$$

$$(3\text{-}3\text{-}37)$$

$$\frac{\partial^2 V_{nm}}{\partial y \partial z} = \begin{cases} -\dfrac{\mathrm{i}(n-m+1)}{2} V_{n+2,m+1} - \dfrac{\mathrm{i}(n-m+3)!}{2(n-m)!} V_{n+2,m-1}, & m > 0 \\[3mm] -\dfrac{\mathrm{i}(n+1)}{2} V_{n+2,1} + \dfrac{\mathrm{i}(n+1)}{2} V_{n+2,1}^*, & m = 0 \end{cases}$$

$$(3\text{-}3\text{-}38)$$

$$\frac{\partial^2 V_{nm}}{\partial z^2} = \frac{(n-m+2)!}{(n-m)!} V_{n+2,m} \qquad (3\text{-}3\text{-}39)$$

由式(3-3-8)、式(3-3-9)和式(3-3-34),得到(考虑 $m > 1$)

$$\frac{\partial a_{x,nm}}{\partial x}=\frac{\partial^2 R_{nm}}{\partial x^2}=\mu R_{\mathrm{e}}^n\sqrt{\frac{2(2n+1)(n-m)!}{\delta_m(n+m)!}}\,\mathrm{Re}\left[\frac{\partial^2 V_{nm}}{\partial x^2}(\overline{C}_{nm}-\mathrm{i}\overline{S}_{nm})\right]$$

$$=\mu R_{\mathrm{e}}^n\sqrt{\frac{2(2n+1)(n-m)!}{\delta_m(n+m)!}}$$

$$\times\mathrm{Re}\left[\begin{array}{l}\dfrac{1}{4}\dfrac{1}{R_{\mathrm{e}}^{n+3}}\sqrt{\dfrac{\delta_{m+2}(n+m+4)!}{2(2n+5)(n-m)!}}\\ \times(E_{n+2,m+2}+\mathrm{i}F_{n+2,m+2})\\ -\dfrac{(n-m+2)!}{2(n-m)!}\dfrac{1}{R_{\mathrm{e}}^{n+3}}\sqrt{\dfrac{\delta_m(n+m+2)!}{2(2n+5)(n-m+2)!}}\\ \times(E_{n+2,m}+\mathrm{i}F_{n+2,m})\\ +\dfrac{(n-m+4)!}{4(n-m)!}\dfrac{1}{R_{\mathrm{e}}^{n+3}}\sqrt{\dfrac{\delta_{m-2}(n+m)!}{2(2n+5)(n-m+4)!}}\\ \times(E_{n+2,m-2}+\mathrm{i}F_{n+2,m-2})\end{array}\right](\overline{C}_{nm}-\mathrm{i}\overline{S}_{nm})$$

$$=\frac{\mu}{4R_{\mathrm{e}}^3}\mathrm{Re}\left[\begin{array}{l}\sqrt{\dfrac{(2n+1)(n+m+4)!}{(2n+5)(n+m)!}}(E_{n+2,m+2}+\mathrm{i}F_{n+2,m+2})\\ -2\sqrt{\dfrac{(2n+1)(n+m+2)!\,(n-m+2)!}{(2n+5)(n+m)!\,(n-m)!}}\\ \times(E_{n+2,m}+\mathrm{i}F_{n+2,m})\\ +\sqrt{\dfrac{\delta_{m-2}(2n+1)(n-m+4)!}{(2n+5)(n-m)!}}\\ \times(E_{n+2,m-2}+\mathrm{i}F_{n+2,m-2})\end{array}\right](\overline{C}_{nm}-\mathrm{i}\overline{S}_{nm})$$

$$(3\text{-}3\text{-}40)$$

定义

$$d_5=\sqrt{\frac{(2n+1)(n+m+4)!}{(2n+5)(n+m)!}}=\sqrt{\frac{(2n+1)(n+m+4)(n+m+3)(n+m+2)(n+m+1)}{2n+5}}$$

$$(3\text{-}3\text{-}41)$$

$$d_6=\sqrt{\frac{(2n+1)(n+m+2)!\,(n-m+2)!}{(2n+5)(n+m)!\,(n-m)!}}=\sqrt{\frac{(2n+1)(n+m+2)(n+m+1)(n-m+2)(n-m+1)}{2n+5}}$$

$$(3\text{-}3\text{-}42)$$

$$d_7=\sqrt{\frac{(2n+1)(n-m+4)!}{(2n+5)(n-m)!}}=\sqrt{\frac{(2n+1)(n-m+4)(n-m+3)(n-m+2)(n-m+1)}{2n+5}}$$

$$(3\text{-}3\text{-}43)$$

则有

$$\frac{\partial a_{x,nm}}{\partial x}=\frac{\mu}{4R_e^3}\mathrm{Re}\left\{\begin{bmatrix}d_5\,(E_{n+2,m+2}+\mathrm{i}F_{n+2,m+2})\\-2d_6\,(E_{n+2,m}+\mathrm{i}F_{n+2,m})\\+d_7\sqrt{\delta_{m-2}}\,(E_{n+2,m-2}+\mathrm{i}F_{n+2,m-2})\end{bmatrix}(\overline{C}_{nm}-\mathrm{i}\overline{S}_{nm})\right\}$$

$$=\frac{\mu}{4R_e^3}\begin{bmatrix}d_5\,(E_{n+2,m+2}\overline{C}_{nm}+F_{n+2,m+2}\overline{S}_{nm})\\-2d_6\,(E_{n+2,m}\overline{C}_{nm}+F_{n+2,m}\overline{S}_{nm})\\+d_7\sqrt{\delta_{m-2}}\,(E_{n+2,m-2}\overline{C}_{nm}+F_{n+2,m-2}\overline{S}_{nm})\end{bmatrix},\quad m>1$$

$$(3\text{-}3\text{-}44)$$

由式(3-3-8)、式(3-3-9)和式(3-3-34)，得到(考虑 $m=1$)

$$\frac{\partial a_{x,nm}}{\partial x}=\frac{\partial^2 R_{nm}}{\partial x^2}=\mu R_e^n\sqrt{\frac{2(2n+1)(n-m)!}{\delta_m(n+m)!}}\,\mathrm{Re}\left[\frac{\partial^2 V_{nm}}{\partial x^2}(\overline{C}_{nm}-\mathrm{i}\overline{S}_{nm})\right]$$

$$=\mu R_e^n\sqrt{\frac{2(2n+1)(n-1)!}{(n+1)!}}\,\mathrm{Re}\left[\frac{\partial^2 V_{n1}}{\partial x^2}(\overline{C}_{n1}-\mathrm{i}\overline{S}_{n1})\right]$$

$$=\mu R_e^n\sqrt{\frac{2(2n+1)(n-1)!}{(n+1)!}}\,\mathrm{Re}\left[\begin{bmatrix}\dfrac{V_{n+2,3}}{4}-\dfrac{(n+1)!}{2(n-1)!}V_{n+2,1}\\-\dfrac{(n+1)!}{4(n-1)!}V_{n+2,1}^*\end{bmatrix}(\overline{C}_{n1}-\mathrm{i}\overline{S}_{n1})\right]$$

$$=\mu R_e^n\sqrt{\frac{2(2n+1)(n-1)!}{(n+1)!}}$$

$$\times\mathrm{Re}\left[\begin{bmatrix}\dfrac{1}{4}\dfrac{1}{R_e^{n+3}}\sqrt{\dfrac{(n+5)!}{2(2n+5)(n-1)!}}\,(E_{n+2,3}+\mathrm{i}F_{n+2,3})\\-\dfrac{(n+1)!}{2(n-1)!}\dfrac{1}{R_e^{n+3}}\sqrt{\dfrac{(n+3)!}{2(2n+5)(n+1)!}}\,(E_{n+2,1}+\mathrm{i}F_{n+2,1})\\-\dfrac{(n+1)!}{4(n-1)!}\dfrac{1}{R_e^{n+3}}\sqrt{\dfrac{(n+3)!}{2(2n+5)(n+1)!}}\,(E_{n+2,1}-\mathrm{i}F_{n+2,1})\end{bmatrix}(\overline{C}_{n1}-\mathrm{i}\overline{S}_{n1})\right]$$

$$=\frac{\mu}{4R_e^3}\left[d_5\,(E_{n+2,3}\overline{C}_{n1}+F_{n+2,3}\overline{S}_{n,1})-d_7\,(3E_{n+2,1}\overline{C}_{n1}+F_{n+2,1}\overline{S}_{n1})\right]\qquad(3\text{-}3\text{-}45)$$

由式(3-3-8)、式(3-3-9)和式(3-3-34)，得到(考虑 $m=0$)

$$\frac{\partial a_{x,nm}}{\partial x}=\frac{\partial^2 R_{nm}}{\partial x^2}=\mu R_e^n\sqrt{\frac{2(2n+1)(n-m)!}{\delta_m(n+m)!}}\,\mathrm{Re}\left[\frac{\partial^2 V_{nm}}{\partial x^2}(\overline{C}_{nm}-\mathrm{i}\overline{S}_{nm})\right]$$

$$=\mu R_e^n\sqrt{2n+1}\,\mathrm{Re}\left[\left(\frac{V_{n+2,2}}{4}-\frac{(n+2)!}{2n!}V_{n+2,0}+\frac{V_{n+2,2}^*}{4}\right)\overline{C}_{n0}\right]$$

$$=\frac{\mu}{2R_e^3}\left[\sqrt{\frac{(2n+1)(n+4)!}{2(2n+5)n!}}\,E_{n+2,2}-\frac{(n+2)!}{n!}\sqrt{\frac{(2n+1)}{(2n+5)}}\,E_{n+2,0}\right]\overline{C}_{n0}$$

$$(3\text{-}3\text{-}46)$$

由式(3-3-8)、式(3-3-9)和式(3-3-35)，得到(考虑 $m>1$)

$$\frac{\partial a_{x,nm}}{\partial y} = \frac{\partial^2 R_{nm}}{\partial x \partial y} = \mu R_{\rm e}^n \sqrt{\frac{2(2n+1)(n-m)!}{\delta_m (n+m)!}} \, {\rm Re}\left[\frac{\partial^2 V_{nm}}{\partial x \partial y}(\overline{C}_{nm} - {\rm i}\overline{S}_{nm})\right]$$

$$= \mu R_{\rm e}^n \sqrt{\frac{2(2n+1)(n-m)!}{\delta_m (n+m)!}}$$

$$\times {\rm Re}\left[\begin{array}{c} -\dfrac{{\rm i}V_{n+2,m+2}}{4} \\[2mm] +\dfrac{{\rm i}(n-m+4)!}{4(n-m)!}V_{n+2,m-2} \end{array}\right](\overline{C}_{nm} - {\rm i}\overline{S}_{nm})$$

$$= \frac{\mu}{R_{\rm e}^3}\sqrt{\frac{2(2n+1)(n-m)!}{(n+m)!}}$$

$$\times {\rm Re}\left[\begin{array}{c} -\dfrac{{\rm i}}{4}\sqrt{\dfrac{(n+m+4)!}{2(2n+5)(n-m)!}} \\[2mm] \times(E_{n+2,m+2} + {\rm i}F_{n+2,m+2}) \\[2mm] +\dfrac{{\rm i}(n-m+4)!}{4(n-m)!}\sqrt{\dfrac{\delta_{m-2}(n+m)!}{2(2n+5)(n-m+4)!}} \\[2mm] \times(E_{n+2,m-2} + {\rm i}F_{n+2,m-2}) \end{array}\right](\overline{C}_{nm} - {\rm i}\overline{S}_{nm})$$

$$= \frac{\mu}{4R_{\rm e}^3}\left[\begin{array}{c} -d_5(E_{n+2,m+2}\overline{S}_{nm} - F_{n+2,m+2}\overline{C}_{nm}) \\[2mm] +d_7\sqrt{\delta_{m-2}}(E_{n+2,m-2}\overline{S}_{nm} - F_{n+2,m-2}\overline{C}_{nm}) \end{array}\right] \tag{3-3-47}$$

由式(3-3-8)、式(3-3-9)和式(3-3-35)，得到(考虑 $m=1$)

$$\frac{\partial a_{x,nm}}{\partial y} = \frac{\partial^2 R_{nm}}{\partial x \partial y} = \mu R_{\rm e}^n \sqrt{\frac{2(2n+1)(n-m)!}{\delta_m (n+m)!}} \, {\rm Re}\left[\frac{\partial^2 V_{nm}}{\partial x \partial y}(\overline{C}_{nm} - {\rm i}\overline{S}_{nm})\right]$$

$$= \mu R_{\rm e}^n \sqrt{\frac{2(2n+1)(n-1)!}{(n+1)!}}$$

$$\times {\rm Re}\left\{\left[-\frac{{\rm i}V_{n+2,3}}{4} - \frac{{\rm i}(n+1)!}{4(n-1)!}V_{n+2,1}^*\right](\overline{C}_{n1} - {\rm i}\overline{S}_{n1})\right\}$$

$$= \mu R_{\rm e}^n \sqrt{\frac{2(2n+1)(n-1)!}{(n+1)!}}$$

$$\times {\rm Re}\left\{\left[\begin{array}{c} -\dfrac{{\rm i}}{4}\dfrac{1}{R_{\rm e}^{n+3}}\sqrt{\dfrac{(n+5)!}{2(2n+5)(n-1)!}} \\[2mm] \times(E_{n+2,3} + {\rm i}F_{n+2,3}) \\[2mm] -\dfrac{{\rm i}(n+1)!}{4(n-1)!}\dfrac{1}{R_{\rm e}^{n+3}}\sqrt{\dfrac{(n+3)!}{2(2n+5)(n+1)!}} \\[2mm] \times(E_{n+2,1} - {\rm i}F_{n+2,1}) \end{array}\right](\overline{C}_{n1} - {\rm i}\overline{S}_{n1})\right\}$$

$$= \frac{\mu}{4R_{\rm e}^3}\left[\begin{array}{c} \sqrt{\dfrac{(2n+1)(n+5)!}{(2n+5)(n+1)!}}(F_{n+2,3}\overline{C}_{n1} - E_{n+2,3}\overline{S}_{n1}) \\[2mm] -\sqrt{\dfrac{(2n+1)(n+3)!}{(2n+5)(n-1)!}}(F_{n+2,1}\overline{C}_{n1} + E_{n+2,1}\overline{S}_{n1}) \end{array}\right] \tag{3-3-48}$$

由式(3-3-8)、式(3-3-9)和式(3-3-35),得到(考虑 $m=0$)

$$\frac{\partial a_{x,nm}}{\partial y}=\frac{\partial^2 R_{nm}}{\partial x \partial y}=\mu R_{\mathrm{e}}^n \sqrt{\frac{2(2n+1)(n-m)!}{\delta_m(n+m)!}} \times \mathrm{Re}\left[\frac{\partial^2 V_{nm}}{\partial x \partial y}(\bar{C}_{nm}-\mathrm{i}\bar{S}_{nm})\right]$$

$$=\mu R_{\mathrm{e}}^n \sqrt{2n+1}\,\mathrm{Re}\left[\left(-\frac{\mathrm{i}V_{n+2,2}}{4}+\frac{\mathrm{i}V_{n+2,2}^*}{4}\right)\bar{C}_{n0}\right]$$

$$=\mu R_{\mathrm{e}}^n \sqrt{2n+1}\times \mathrm{Re}\left\{\left[\begin{array}{l}-\dfrac{\mathrm{i}}{4}\dfrac{1}{R_{\mathrm{e}}^{n+3}}\sqrt{\dfrac{(n+4)!}{2(2n+5)n!}}\,(E_{n+2,2}+\mathrm{i}F_{n+2,2})\\[3mm]+\dfrac{\mathrm{i}}{4}\dfrac{1}{R_{\mathrm{e}}^{n+3}}\sqrt{\dfrac{(n+4)!}{2(2n+5)n!}}\,(E_{n+2,2}-\mathrm{i}F_{n+2,2})\end{array}\right]\bar{C}_{n0}\right\}$$

$$=\frac{\mu}{2R_{\mathrm{e}}^3}\sqrt{\frac{(2n+1)(n+4)!}{2(2n+5)n!}}\,F_{n+2,2}\bar{C}_{n0} \tag{3-3-49}$$

由式(3-3-8)、式(3-3-9)和式(3-3-36),得到(考虑 $m>1$)

$$\frac{\partial a_{y,nm}}{\partial y}=\frac{\partial^2 R_{nm}}{\partial y^2}=\mu R_{\mathrm{e}}^n \sqrt{\frac{2(2n+1)(n-m)!}{\delta_m(n+m)!}}\,\mathrm{Re}\left[\frac{\partial^2 V_{nm}}{\partial y^2}(\bar{C}_{nm}-\mathrm{i}\bar{S}_{nm})\right]$$

$$=\mu R_{\mathrm{e}}^n \sqrt{\frac{2(2n+1)(n-m)!}{\delta_m(n+m)!}}$$

$$\times \mathrm{Re}\left\{\left[\begin{array}{l}-\dfrac{V_{n+2,m+2}}{4}\\[3mm]-\dfrac{(n-m+2)!}{2(n-m)!}V_{n+2,m}\\[3mm]-\dfrac{(n-m+4)!}{4(n-m)!}V_{n+2,m-2}\end{array}\right](\bar{C}_{nm}-\mathrm{i}\bar{S}_{nm})\right\}$$

$$=\mu R_{\mathrm{e}}^n \sqrt{\frac{2(2n+1)(n-m)!}{\delta_m(n+m)!}}$$

$$\times \mathrm{Re}\left\{\left[\begin{array}{l}-\dfrac{1}{4}\dfrac{1}{R_{\mathrm{e}}^{n+3}}\sqrt{\dfrac{\delta_{m+2}(n+m+4)!}{2(2n+5)(n-m)!}}\\[3mm]\times(E_{n+2,m+2}+\mathrm{i}F_{n+2,m+2})\\[3mm]-\dfrac{(n-m+2)!}{2(n-m)!}\dfrac{1}{R_{\mathrm{e}}^{n+3}}\\[3mm]\times\sqrt{\dfrac{\delta_m(n+m+2)!}{2(2n+5)(n-m+2)!}}\\[3mm]\times(E_{n+2,m}+\mathrm{i}F_{n+2,m})\\[3mm]-\dfrac{(n-m+4)!}{4(n-m)!}\dfrac{1}{R_{\mathrm{e}}^{n+3}}\\[3mm]\times\sqrt{\dfrac{\delta_{m-2}(n+m)!}{2(2n+5)(n-m+4)!}}\\[3mm]\times(E_{n+2,m-2}+\mathrm{i}F_{n+2,m-2})\end{array}\right](\bar{C}_{nm}-\mathrm{i}\bar{S}_{nm})\right\}$$

$$= \frac{\mu}{4R_{\rm e}^3} \begin{bmatrix} -d_5(E_{n+2,m+2}\overline{C}_{nm} + F_{n+2,m+2}\overline{S}_{nm}) \\ -2d_6(E_{n+2,m}\overline{C}_{nm} + F_{n+2,m}\overline{S}_{nm}) \\ -d_7\sqrt{\delta_{m-2}}(E_{n+2,m-2}\overline{C}_{nm} + F_{n+2,m-2}\overline{S}_{nm}) \end{bmatrix} \qquad (3\text{-}3\text{-}50)$$

由式(3-3-8)、式(3-3-9)和式(3-3-36),得到(考虑 $m=1$)

$$\frac{\partial a_{y,nm}}{\partial y} = \frac{\partial^2 R_{nm}}{\partial y^2} = \mu R_{\rm e}^n \sqrt{\frac{2(2n+1)(n-m)!}{\delta_m(n+m)!}} \,\mathrm{Re}\left[\frac{\partial^2 V_{nm}}{\partial y^2}(\overline{C}_{nm} - \mathrm{i}\overline{S}_{nm})\right]$$

$$= \mu R_{\rm e}^n \sqrt{\frac{2(2n+1)(n-1)!}{(n+1)!}}$$

$$\times \mathrm{Re}\left\{ \begin{bmatrix} -\dfrac{V_{n+2,3}}{4} \\ -\dfrac{(n+1)!}{2(n-1)!}V_{n+2,1} \\ +\dfrac{(n+1)!}{4(n-1)!}V_{n+2,1}^* \end{bmatrix} (\overline{C}_{n1} - \mathrm{i}\overline{S}_{n1}) \right\}$$

$$= \mu R_{\rm e}^n \sqrt{\frac{2(2n+1)(n-1)!}{(n+1)!}}$$

$$\times \mathrm{Re}\left\{ \begin{bmatrix} -\dfrac{1}{4}\dfrac{1}{R_{\rm e}^{n+3}}\sqrt{\dfrac{\delta_3(n+5)!}{2(2n+5)(n-1)!}} \\ \times(E_{n+2,3} + \mathrm{i}F_{n+2,3}) \\ -\dfrac{(n+1)!}{2(n-1)!}\dfrac{1}{R_{\rm e}^{n+3}}\sqrt{\dfrac{\delta_1(n+3)!}{2(2n+5)(n+1)!}} \\ \times(E_{n+2,1} + \mathrm{i}F_{n+2,1}) \\ +\dfrac{(n+1)!}{4(n-1)!}\dfrac{1}{R_{\rm e}^{n+3}}\sqrt{\dfrac{\delta_1(n+3)!}{2(2n+5)(n+1)!}} \\ \times(E_{n+2,1} - \mathrm{i}F_{n+2,1}) \end{bmatrix} (\overline{C}_{n1} - \mathrm{i}\overline{S}_{n1}) \right\}$$

$$= \frac{\mu}{4R_{\rm e}^3} \begin{bmatrix} -\sqrt{\dfrac{(2n+1)(n+5)!}{(2n+5)(n+1)!}}(E_{n+2,3}\overline{C}_{n1} + F_{n+2,3}\overline{S}_{n1}) \\ -\sqrt{\dfrac{(2n+1)(n+3)!}{(2n+5)(n-1)!}}(E_{n+2,1}\overline{C}_{n1} + 3F_{n+2,1}\overline{S}_{n1}) \end{bmatrix} \qquad (3\text{-}3\text{-}51)$$

由式(3-3-8)、式(3-3-9)和式(3-3-36),得到(考虑 $m=0$)

$$\frac{\partial a_{y,nm}}{\partial y} = \frac{\partial^2 R_{nm}}{\partial y^2} = \mu R_{\rm e}^n \sqrt{\frac{2(2n+1)(n-m)!}{\delta_m(n+m)!}} \,\mathrm{Re}\left[\frac{\partial^2 V_{nm}}{\partial y^2}(\overline{C}_{nm} - \mathrm{i}\overline{S}_{nm})\right]$$

$$= \mu R_{\rm e}^n \sqrt{2n+1}\,\mathrm{Re}\left\{\left[-\frac{V_{n+2,2}}{4} - \frac{(n+2)!}{2n!}V_{n+2,0} - \frac{V_{n+2,2}^*}{4}\right]\overline{C}_{n0}\right\}$$

$$= \mu R_e^n \sqrt{2n+1} \, \mathrm{Re} \left\{ \begin{bmatrix} -\dfrac{1}{4}\dfrac{1}{R_e^{n+3}}\sqrt{\dfrac{(n+4)!}{2(2n+5)n!}}\,(E_{n+2,2}+\mathrm{i}F_{n+2,2}) \\[2mm] -\dfrac{(n+2)!}{2n!}\dfrac{1}{R_e^{n+3}}\sqrt{\dfrac{1}{2n+5}}\,E_{n+2,0} \\[2mm] -\dfrac{1}{4}\dfrac{1}{R_e^{n+3}}\sqrt{\dfrac{(n+4)!}{2(2n+5)n!}}\,(E_{n+2,2}-\mathrm{i}F_{n+2,2}) \end{bmatrix} \overline{C}_{n0} \right\}$$

$$= \frac{\mu}{2R_e^3}\left[-\sqrt{\frac{(2n+1)(n+4)!}{2(2n+5)n!}}\,E_{n+2,2} - (n+2)(n+1)\sqrt{\frac{2n+1}{2n+5}}\,E_{n+2,0} \right]\overline{C}_{n0}$$

$$(3\text{-}3\text{-}52)$$

由式(3-3-8)、式(3-3-9)和式(3-3-37)，得到(考虑 $m>0$)

$$\frac{\partial a_{x,nm}}{\partial z} = \frac{\partial^2 R_{nm}}{\partial x \partial z} = \mu R_e^n \sqrt{\frac{2(2n+1)(n-m)!}{\delta_m(n+m)!}}\,\mathrm{Re}\left[\frac{\partial^2 V_{nm}}{\partial x \partial z}(\overline{C}_{nm}-\mathrm{i}\overline{S}_{nm})\right]$$

$$= \mu R_e^n \sqrt{\frac{2(2n+1)(n-m)!}{\delta_m(n+m)!}}$$

$$\times \mathrm{Re}\left\{ \begin{bmatrix} \dfrac{(n-m+1)}{2}V_{n+2,m+1} \\[2mm] -\dfrac{(n-m+3)!}{2(n-m)!}V_{n+2,m-1} \end{bmatrix} (\overline{C}_{nm}-\mathrm{i}\overline{S}_{nm}) \right\}$$

$$= \mu R_e^n \sqrt{\frac{2(2n+1)(n-m)!}{\delta_m(n+m)!}}$$

$$\times \mathrm{Re}\left\{ \begin{bmatrix} \dfrac{(n-m+1)}{2}\dfrac{1}{R_e^{n+3}}\sqrt{\dfrac{(n+m+3)!}{2(2n+5)(n-m+1)!}} \\[2mm] \times (E_{n+2,m+1}+\mathrm{i}F_{n+2,m+1}) \\[2mm] -\dfrac{(n-m+3)!}{2(n-m)!}\dfrac{1}{R_e^{n+3}}\sqrt{\dfrac{\delta_{m-1}(n+m+1)!}{2(2n+5)(n-m+3)!}} \\[2mm] \times (E_{n+2,m-1}+\mathrm{i}F_{n+2,m-1}) \end{bmatrix} (\overline{C}_{nm}-\mathrm{i}\overline{S}_{nm}) \right\}$$

$$= \frac{\mu}{2R_e^3}\left[\begin{matrix} \sqrt{\dfrac{(2n+1)(n-m+1)(n+m+3)!}{(2n+5)(n+m)!}}\,(E_{n+2,m+1}\overline{C}_{nm}+F_{n+2,m+1}\overline{S}_{nm}) \\[3mm] -\sqrt{\dfrac{\delta_{m-1}(2n+1)(n+m+1)(n-m+3)!}{(2n+5)(n-m)!}}\,(E_{n+2,m-1}\overline{C}_{nm}+F_{n+2,m-1}\overline{S}_{nm}) \end{matrix} \right]$$

$$(3\text{-}3\text{-}53)$$

由式(3-3-8)、式(3-3-9)和式(3-3-37)，得到(考虑 $m=0$)

$$\frac{\partial a_{x,nm}}{\partial z} = \frac{\partial^2 R_{nm}}{\partial x \partial z} = \mu R_e^n \sqrt{\frac{2(2n+1)(n-m)!}{\delta_m(n+m)!}}\,\mathrm{Re}\left[\frac{\partial^2 V_{nm}}{\partial x \partial z}(\overline{C}_{nm}-\mathrm{i}\overline{S}_{nm})\right]$$

$$= \mu R_e^n \sqrt{2n+1}\,\mathrm{Re}\left\{ \left[\frac{(n+1)}{2}V_{n+2,1} + \frac{n+1}{2}V_{n+2,1}^* \right]\overline{C}_{n0} \right\}$$

$$= \mu R_{e}^{n} \sqrt{2n+1} \operatorname{Re}\left\{\begin{bmatrix} \dfrac{(n+1)}{2} \dfrac{1}{R_{e}^{n+3}} \sqrt{\dfrac{(n+3)!}{2(2n+5)(n+1)!}} \\ \times (E_{n+2,1} + \mathrm{i}F_{n+2,1}) \\ + \dfrac{(n+1)}{2} \dfrac{1}{R_{e}^{n+3}} \sqrt{\dfrac{(n+3)!}{2(2n+5)(n+1)!}} \\ \times (E_{n+2,1} - \mathrm{i}F_{n+2,1}) \end{bmatrix} \overline{C}_{n0}\right\}$$

$$= \frac{\mu}{R_{e}^{3}}(n+1)\sqrt{\frac{(2n+1)(n+3)!}{2(2n+5)(n+1)!}} E_{n+2,1}\overline{C}_{n0} \tag{3-3-54}$$

由式(3-3-8)、式(3-3-9)和式(3-3-38),得到(考虑 $m > 0$)

$$\frac{\partial a_{y,nm}}{\partial z} = \frac{\partial^{2} R_{nm}}{\partial y \partial z} = \mu R_{e}^{n} \sqrt{\frac{2(2n+1)(n-m)!}{\delta_{m}(n+m)!}} \operatorname{Re}\left[\frac{\partial^{2} V_{nm}}{\partial y \partial z}(\overline{C}_{nm} - \mathrm{i}\overline{S}_{nm})\right]$$

$$= \mu R_{e}^{n} \sqrt{\frac{2(2n+1)(n-m)!}{\delta_{m}(n+m)!}}$$

$$\times \operatorname{Re}\left\{\left[-\frac{\mathrm{i}(n-m+1)}{2}V_{n+2,m+1} - \frac{\mathrm{i}(n-m+3)!}{2(n-m)!}V_{n+2,m-1}\right](\overline{C}_{nm} - \mathrm{i}\overline{S}_{nm})\right\}$$

$$= \mu R_{e}^{n} \sqrt{\frac{2(2n+1)(n-m)!}{\delta_{m}(n+m)!}}$$

$$\times \operatorname{Re}\left\{\begin{bmatrix} -\dfrac{\mathrm{i}(n-m+1)}{2}\dfrac{1}{R_{e}^{n+3}}\sqrt{\dfrac{(n+m+3)!}{2(2n+5)(n-m+1)!}} \\ (E_{n+2,m+1} + \mathrm{i}F_{n+2,m+1}) \\ -\dfrac{\mathrm{i}(n-m+3)!}{2(n-m)!}\dfrac{1}{R_{e}^{n+3}}\sqrt{\dfrac{\delta_{m-1}(n+m+1)!}{2(2n+5)(n-m+3)!}} \\ (E_{n+2,m-1} + \mathrm{i}F_{n+2,m-1}) \end{bmatrix}(\overline{C}_{nm} - \mathrm{i}\overline{S}_{nm})\right\}$$

$$= \frac{\mu}{2R_{e}^{3}}\begin{bmatrix} \sqrt{\dfrac{(2n+1)(n-m+1)(n+m+3)!}{(2n+5)(n+m)!}} \\ (F_{n+2,m+1}\overline{C}_{nm} - E_{n+2,m+1}\overline{S}_{nm}) \\ + \sqrt{\dfrac{\delta_{m-1}(2n+1)(n+m+1)(n-m+3)!}{(2n+5)(n-m)!}} \\ (F_{n+2,m-1}\overline{C}_{nm} - E_{n+2,m-1}\overline{S}_{nm}) \end{bmatrix} \tag{3-3-55}$$

由式(3-3-8)、式(3-3-9)和式(3-3-38),得到(考虑 $m = 0$)

$$\frac{\partial a_{y,nm}}{\partial z} = \frac{\partial^{2} R_{nm}}{\partial y \partial z} = \mu R_{e}^{n} \sqrt{\frac{2(2n+1)(n-m)!}{\delta_{m}(n+m)!}} \operatorname{Re}\left[\frac{\partial^{2} V_{nm}}{\partial y \partial z}(\overline{C}_{nm} - \mathrm{i}\overline{S}_{nm})\right]$$

$$= \mu R_{e}^{n} \sqrt{2n+1} \operatorname{Re}\left\{\left[-\frac{\mathrm{i}(n+1)}{2}V_{n+2,1} + \frac{\mathrm{i}(n+1)}{2}V_{n+2,1}^{*}\right]\overline{C}_{n0}\right\}$$

$$
\begin{aligned}
&= \mu R_{\mathrm{e}}^{n} \sqrt{2n+1}\, \mathrm{Re}\left\{
\begin{bmatrix}
-\dfrac{\mathrm{i}(n+1)}{2}\dfrac{1}{R_{\mathrm{e}}^{n+3}}\sqrt{\dfrac{(n+3)!}{2(2n+5)(n+1)!}} \\[2mm]
\times(E_{n+2,1}+\mathrm{i}F_{n+2,1}) \\[2mm]
+\dfrac{\mathrm{i}(n+1)}{2}\dfrac{1}{R_{\mathrm{e}}^{n+3}}\sqrt{\dfrac{(n+3)!}{2(2n+5)(n+1)!}} \\[2mm]
\times(E_{n+2,1}-\mathrm{i}F_{n+2,1})
\end{bmatrix}\overline{C}_{n0}\right\}
\end{aligned}
$$

$$
= \frac{\mu}{R_{\mathrm{e}}^{3}}(n+1)\sqrt{\frac{(2n+1)(n+3)!}{2(2n+5)(n+1)!}}\,F_{n+2,1}\overline{C}_{n0} \tag{3-3-56}
$$

由式(3-3-8)、式(3-3-9)和式(3-3-39),得到

$$
\frac{\partial a_{z,nm}}{\partial z}=\frac{\partial^{2}R_{nm}}{\partial z^{2}}=\mu R_{\mathrm{e}}^{n}\sqrt{\frac{2(2n+1)(n-m)!}{\delta_{m}(n+m)!}}\,\mathrm{Re}\left[\frac{\partial^{2}V_{nm}}{\partial z^{2}}(\overline{C}_{nm}-\mathrm{i}\overline{S}_{nm})\right]
$$

$$
=\mu R_{\mathrm{e}}^{n}\sqrt{\frac{2(2n+1)(n-m)!}{\delta_{m}(n+m)!}}
$$

$$
\times\,\mathrm{Re}\left[
\begin{array}{l}
\dfrac{(n-m+2)!}{(n-m)!}\dfrac{1}{R_{\mathrm{e}}^{n+3}}\\[2mm]
\times(E_{n+2,m}+\mathrm{i}F_{n+2,m})\sqrt{\dfrac{\delta_{m}(n+m+2)!}{2(2n+5)(n-m+2)!}}(\overline{C}_{nm}-\mathrm{i}\overline{S}_{nm})
\end{array}\right]
$$

$$
=\frac{\mu}{R_{\mathrm{e}}^{3}}\sqrt{\frac{(2n+1)(n-m+2)!}{(2n+5)(n-m)!}\frac{(n+m+2)!}{(n+m)!}}(E_{n+2,m}\overline{C}_{nm}+F_{n+2,m}\overline{S}_{nm})
$$

$$
=\frac{\mu}{R_{\mathrm{e}}^{3}}d_{6}(E_{n+2,m}\overline{C}_{nm}+F_{n+2,m}\overline{S}_{nm}) \tag{3-3-57}
$$

综上所述,$\{E_{nm},F_{nm}\}$ 的递推关系为

$$
E_{00}=\frac{R_{\mathrm{e}}}{r},\quad F_{00}=0 \tag{3-3-58}
$$

$$
\begin{cases}
E_{nn}=\dfrac{R_{\mathrm{e}}}{r^{2}}\sqrt{\dfrac{\delta_{n-1}(2n+1)}{\delta_{n}(2n)}}(xE_{n-1,n-1}-yF_{n-1,n-1})\\[4mm]
F_{nn}=\dfrac{R_{\mathrm{e}}}{r^{2}}\sqrt{\dfrac{\delta_{n-1}(2n+1)}{\delta_{n}(2n)}}(xF_{n-1,n-1}+yE_{n-1,n-1})
\end{cases} \tag{3-3-59}
$$

$$
\begin{cases}
E_{n+1,n}=\dfrac{R_{\mathrm{e}}z}{r^{2}}\sqrt{2n+3}\,E_{nn}\\[4mm]
F_{n+1,n}=\dfrac{R_{\mathrm{e}}z}{r^{2}}\sqrt{2n+3}\,F_{nn}
\end{cases} \tag{3-3-60}
$$

$$
\begin{cases}
E_{nm}=\dfrac{zR_{\mathrm{e}}}{r^{2}}\sqrt{\dfrac{(2n+1)(2n-1)}{(n-m)(n+m)}}E_{n-1,m}-\dfrac{R_{\mathrm{e}}^{2}}{r^{2}}\sqrt{\dfrac{(2n+1)(n-m-1)(n+m-1)}{(2n-3)(n-m)(n+m)}}E_{n-2,m}\\[4mm]
F_{nm}=\dfrac{zR_{\mathrm{e}}}{r^{2}}\sqrt{\dfrac{(2n+1)(2n-1)}{(n-m)(n+m)}}F_{n-1,m}-\dfrac{R_{\mathrm{e}}^{2}}{r^{2}}\sqrt{\dfrac{(2n+1)(n-m-1)(n+m-1)}{(2n-3)(n-m)(n+m)}}F_{n-2,m}
\end{cases}
$$

$$
\tag{3-3-61}
$$

引力位频谱分量的一阶偏导数即摄动加速度为

$$
a_{x,nm} = \begin{cases} \dfrac{\mu}{2R_e^2} \begin{bmatrix} -b_2 (E_{n+1,m+1}\overline{C}_{nm} + F_{n+1,m+1}\overline{S}_{nm}) \\ + b_3 \sqrt{\delta_{m-1}} (E_{n+1,m-1}\overline{C}_{nm} + F_{n+1,m-1}\overline{S}_{nm}) \end{bmatrix} & m > 0 \\[4mm] -\dfrac{\mu}{R_e^2} b_1 E_{n+1,1}\overline{C}_{n0}, \quad m = 0 \end{cases} \tag{3-3-62}
$$

其中

$$
b_1 = \sqrt{\frac{(2n+1)(n+2)(n+1)}{2(2n+3)}} \tag{3-3-63}
$$

$$
b_2 = \sqrt{\frac{(2n+1)(n+m+2)(n+m+1)}{(2n+3)}} \tag{3-3-64}
$$

$$
b_3 = \sqrt{\frac{(2n+1)(n-m+2)(n-m+1)}{(2n+3)}} \tag{3-3-65}
$$

$$
a_{y,nm} = \begin{cases} \dfrac{\mu}{2R_e^2} \begin{bmatrix} b_2 (E_{n+1,m+1}\overline{S}_{nm} - F_{n+1,m+1}\overline{C}_{nm}) + \\ b_3 \sqrt{\delta_{m-1}} (E_{n+1,m-1}\overline{S}_{nm} - F_{n+1,m-1}\overline{C}_{nm}) \end{bmatrix}, & m > 0 \\[4mm] -\dfrac{\mu}{R_e^2} b_1 F_{n+1,1}\overline{C}_{n0}, \quad m = 0 \end{cases} \tag{3-3-66}
$$

$$
a_{z,nm} = -\frac{\mu}{R_e^2} b_4 (E_{n+1,m}\overline{C}_{nm} + F_{n+1,m}\overline{S}_{nm}) \tag{3-3-67}
$$

其中

$$
b_4 = \sqrt{\frac{(n+m+1)(n-m+1)(2n+1)}{2n+3}} \tag{3-3-68}
$$

下面给出引力位频谱分量的二阶偏导数,定义

$$
\begin{aligned} d_5 &= \sqrt{\frac{(2n+1)(n+m+4)!}{(2n+5)(n+m)!}} \\ &= \sqrt{\frac{(2n+1)(n+m+4)(n+m+3)(n+m+2)(n+m+1)}{2n+5}} \end{aligned}
$$
$$\tag{3-3-69}$$

$$
\begin{aligned} d_6 &= \sqrt{\frac{(2n+1)(n+m+2)!}{(2n+5)(n+m)!} \frac{(n-m+2)!}{(n-m)!}} \\ &= \sqrt{\frac{(2n+1)(n+m+2)(n+m+1)(n-m+2)(n-m+1)}{2n+5}} \end{aligned}
$$
$$\tag{3-3-70}$$

$$
\begin{aligned} d_7 &= \sqrt{\frac{(2n+1)(n-m+4)!}{(2n+5)(n-m)!}} \\ &= \sqrt{\frac{(2n+1)(n-m+4)(n-m+3)(n-m+2)(n-m+1)}{2n+5}} \end{aligned}
$$
$$\tag{3-3-71}$$

$$\frac{\partial a_{x,nm}}{\partial x} = \begin{cases} \dfrac{\mu}{4R_{\mathrm{e}}^{3}} \begin{bmatrix} d_{5}(E_{n+2,m+2}\overline{C}_{nm}+F_{n+2,m+2}\overline{S}_{nm}) \\ -2d_{6}(E_{n+2,m}\overline{C}_{nm}+F_{n+2,m}\overline{S}_{nm}) \\ +d_{7}\sqrt{\delta_{m-2}}(E_{n+2,m-2}\overline{C}_{nm}+F_{n+2,m-2}\overline{S}_{nm}) \end{bmatrix}, & m>1 \\[20pt] \dfrac{\mu}{4R_{\mathrm{e}}^{3}} \begin{bmatrix} d_{5}(E_{n+2,3}\overline{C}_{n1}+F_{n+2,3}\overline{S}_{n1}) \\ -d_{7}(3E_{n+2,1}\overline{C}_{n1}+F_{n+2,1}\overline{S}_{n1}) \end{bmatrix}, & m=1 \\[20pt] \dfrac{\mu}{2R_{\mathrm{e}}^{3}}\left[\sqrt{\dfrac{(2n+1)(n+4)!}{2(2n+5)n!}}E_{n+2,2}-\dfrac{(n+2)!}{n!}\sqrt{\dfrac{2n+1}{2n+5}}E_{n+2,0}\right]\overline{C}_{n0}, & m=0 \end{cases}$$

$$(3\text{-}3\text{-}72)$$

$$\frac{\partial a_{x,nm}}{\partial y} = \begin{cases} \dfrac{\mu}{4R_{\mathrm{e}}^{3}} \begin{bmatrix} -d_{5}(E_{n+2,m+2}\overline{S}_{nm}-F_{n+2,m+2}\overline{C}_{nm}) \\ +d_{7}\sqrt{\delta_{m-2}}(E_{n+2,m-2}\overline{S}_{nm}-F_{n+2,m-2}\overline{C}_{nm}) \end{bmatrix}, & m>1 \\[20pt] \dfrac{\mu}{4R_{\mathrm{e}}^{3}} \begin{bmatrix} \sqrt{\dfrac{(2n+1)(n+5)!}{(2n+5)(n+1)!}}(F_{n+2,3}\overline{C}_{n1}-E_{n+2,3}\overline{S}_{n1}) \\ -\sqrt{\dfrac{(2n+1)(n+3)!}{(2n+5)(n-1)!}}(F_{n+2,1}\overline{C}_{n1}+E_{n+2,1}\overline{S}_{n1}) \end{bmatrix}, & m=1 \\[20pt] \dfrac{\mu}{2R_{\mathrm{e}}^{3}}\sqrt{\dfrac{(2n+1)(n+4)!}{2(2n+5)n!}}F_{n+2,2}\overline{C}_{n0}, & m=0 \end{cases}$$

$$(3\text{-}3\text{-}73)$$

$$\frac{\partial a_{y,nm}}{\partial y} = \begin{cases} \dfrac{\mu}{4R_{\mathrm{e}}^{3}} \begin{bmatrix} -d_{5}(E_{n+2,m+2}\overline{C}_{nm}+F_{n+2,m+2}\overline{S}_{nm}) \\ -2d_{6}(E_{n+2,m}\overline{C}_{nm}+F_{n+2,m}\overline{S}_{nm}) \\ -d_{7}\sqrt{\delta_{m-2}}(E_{n+2,m-2}\overline{C}_{nm}+F_{n+2,m-2}\overline{S}_{nm}) \end{bmatrix}, & m>1 \\[20pt] \dfrac{\mu}{4R_{\mathrm{e}}^{3}} \begin{bmatrix} -\sqrt{\dfrac{(2n+1)(n+5)!}{(2n+5)(n+1)!}}(E_{n+2,3}\overline{C}_{n1}+F_{n+2,3}\overline{S}_{n1}) \\ -\sqrt{\dfrac{(2n+1)(n+3)!}{(2n+5)(n-1)!}}(E_{n+2,1}\overline{C}_{n1}+3F_{n+2,1}\overline{S}_{n1}) \end{bmatrix}, & m=1 \\[20pt] \dfrac{\mu}{2R_{\mathrm{e}}^{3}}\left[-\sqrt{\dfrac{(2n+1)(n+4)!}{2(2n+5)n!}}E_{n+2,2}-(n+2)(n+1)\sqrt{\dfrac{(2n+1)}{(2n+5)}}E_{n+2,0}\right]\overline{C}_{n0}, & m=0 \end{cases}$$

$$(3\text{-}3\text{-}74)$$

$$\frac{\partial a_{x,nm}}{\partial z} = \begin{cases} \dfrac{\mu}{2R_{\mathrm{e}}^{3}} \begin{bmatrix} \sqrt{\dfrac{(2n+1)(n-m+1)(n+m+3)!}{(2n+5)(n+m)!}} \\ \times(E_{n+2,m+1}\overline{C}_{nm}+F_{n+2,m+1}\overline{S}_{nm}) \\ -\sqrt{\dfrac{\delta_{m-1}(2n+1)(n+m+1)(n-m+3)!}{(2n+5)(n-m)!}} \\ \times(E_{n+2,m-1}\overline{C}_{nm}+F_{n+2,m-1}\overline{S}_{nm}) \end{bmatrix}, & m>0 \\[30pt] \dfrac{\mu}{R_{\mathrm{e}}^{3}}(n+1)\sqrt{\dfrac{(2n+1)(n+3)!}{2(2n+5)(n+1)!}}E_{n+2,1}\overline{C}_{n0}, & m=0 \end{cases}$$

$$(3\text{-}3\text{-}75)$$

$$\frac{\partial a_{y,nm}}{\partial z}=\begin{cases}\dfrac{\mu}{2R_{\mathrm{e}}^{3}}\left[\begin{array}{l}\sqrt{\dfrac{(2n+1)(n-m+1)(n+m+3)!}{(2n+5)(n+m)!}}\\ \times(F_{n+2,m+1}\overline{C}_{nm}-E_{n+2,m+1}\overline{S}_{nm})\\ +\sqrt{\dfrac{\delta_{m-1}(2n+1)(n+m+1)(n-m+3)!}{(2n+5)(n-m)!}}\\ \times(F_{n+2,m-1}\overline{C}_{nm}-E_{n+2,m-1}\overline{S}_{nm})\end{array}\right], & m>0\\[4pt] \dfrac{\mu}{R_{\mathrm{e}}^{3}}(n+1)\sqrt{\dfrac{(2n+1)(n+3)!}{2(2n+5)(n+1)!}}\,F_{n+2,1}\overline{C}_{n0}, & m=0\end{cases}$$

$$(3\text{-}3\text{-}76)$$

$$\frac{\partial a_{z,nm}}{\partial z}=\frac{\mu}{R_{\mathrm{e}}^{3}}d_{6}(E_{n+2,m}\overline{C}_{nm}+F_{n+2,m}\overline{S}_{nm}) \qquad (3\text{-}3\text{-}77)$$

3.4　微分方程组的数值解法

天基重力场测量根据单个卫星绝对运动轨道或两个卫星的相对运动轨道等观测数据,计算得到地球引力位系数,即地球重力场模型。在观测数据处理中,选择一个已有的重力场模型作为参考重力场模型,并选择相应的非引力干扰模型,进行轨道动力学积分,可以得到单个卫星绝对运动轨道或两个卫星相对运动轨道的计算值。当然,这一计算值和实际观测值存在一定的差别。不断地进行迭代,修正参考重力场模型、非引力干扰模型以及轨道积分的初值,使计算值和观测值之间的偏差最小,从而得到反演重力场模型。这是第 12 章所要介绍的动力法重力场反演的基本流程。由此可见,轨道动力学积分是基本的计算过程,它是指在已知卫星初始位置和初始速度、卫星动力学模型的基础上,求解关于卫星位置、速度的微分方程组,即卫星摄动运动方程。由于卫星受力的动力学模型极为复杂,几乎不可能得到卫星摄动运动方程的解析解,通常利用数值方法来计算卫星轨道。下面介绍常用的微分方程数值解法,包括单步法和多步法。

3.4.1　单步法

考虑一阶微分方程

$$\begin{cases}y'(x)=f(x,y)\\ y(x_{0})=y_{0}\end{cases} \qquad (3\text{-}4\text{-}1)$$

如果函数 $f(x,y)$ 满足利普希茨条件,即存在常数 L ,使式(3-4-2)成立,那么微分方程(3-4-1)的解存在且唯一。满足利普希茨条件的微分方程求解问题称为微分方程的初值问题。

$$|f(x,y_{1})-f(x,y_{2})|\leqslant L|y_{1}-y_{2}| \qquad (3\text{-}4\text{-}2)$$

微分方程初值问题的数值解法,是指通过一定的算法得到自变量取 $x_0 < x_1 < x_2 < \cdots < x_n$ 时的 $y(x)$ 值。通常选取等步长 h ,这样 $x_n = x_0 + nh$ 。存在各种各样的数值解法,它们的基本思想和理论基础均是泰勒展开。在区间 (x_0, x_N) 上数值求解微分方程,将区间分为 N 等份,每份的长度为

$$h = (x_N - x_0)/N \tag{3-4-3}$$

每个区间两端的自变量取值为

$$x_n = x_0 + nh, \quad n = 0, 1, \cdots, N \tag{3-4-4}$$

根据中值定理,存在 θ ($0 \leqslant \theta \leqslant 1$)使

$$\frac{y(x_{n+1}) - y(x_n)}{h} = y'(x_n + \theta h) \tag{3-4-5}$$

从而,结合式(3-4-1)得到

$$y(x_{n+1}) = y(x_n) + hf[x_n + \theta h, y(x_n + \theta h)] \tag{3-4-6}$$

对于式(3-4-6), $f[x_n + \theta h, y(x_n + \theta h)]$ 取不同程度的近似,可以得到不同种类的数值解法。

取 $\theta = 0$,式(3-4-6)变为

$$y_{n+1} = y_n + hf(x_n, y_n) \tag{3-4-7}$$

其中, y_n 表示由数值计算得到的 $y(x_n)$ 近似值, $y(x_n) - y_n$ 称为局部截断误差,根据泰勒展开可知其形式为 h 的幂级数。如果局部截断误差为 $O(h^{p+1})$,则称计算方法具有 p 阶精度。式(3-4-7)称为向前欧拉公式。根据该公式可以由初值 (x_0, y_0) 向前得到所有点 $x_n = x_0 + nh$ 上的值 y_n 。对于向前欧拉公式,有 $y(x_{n+1}) - y_{n+1} = O(h^2)$,说明该方法的计算精度为 1 阶。

取 $\theta = 1$,式(3-4-6)变为

$$y_{n+1} = y_n + hf(x_{n+1}, y_{n+1}) \tag{3-4-8}$$

式(3-4-8)称为向后欧拉公式,其精度也为 1 阶。与向前欧拉公式不同,该公式是隐式表达式,无法直接根据 (x_n, y_n) 计算后面的值 y_{n+1} 。通常,需要进行迭代,先利用向前欧拉公式得到 y_{n+1} 的初值

$$y_{n+1}^0 = y_n + hf(x_n, y_n) \tag{3-4-9}$$

然后根据式(3-4-10)进行迭代,收敛后得到 y_{n+1} 。

$$y_{n+1}^{k+1} = y_n + hf(x_{n+1}, y_{n+1}^k) \tag{3-4-10}$$

综合向前和向后欧拉公式,取式(3-4-7)和式(3-4-8)的平均值,得到

$$y_{n+1} = y_n + \frac{h}{2}[f(x_n, y_n) + f(x_{n+1}, y_{n+1})] \tag{3-4-11}$$

式(3-4-11)称为梯形公式,其精度为 2 阶。

取 $\theta = 1/2$,式(3-4-6)变为

$$y_{n+1} = y_n + hf\left[x_n + \frac{h}{2}, y_n + \frac{h}{2}f(x_n, y_n)\right] \tag{3-4-12}$$

式(3-4-12)称为中点公式,可知 $y(x_{n+1})-y_{n+1}=O(h^3)$,说明该方法具有 2 阶精度。

在计算式(3-4-6)中的 $f[x_n+\theta h,y(x_n+\theta h)]$ 时,向前和向后欧拉公式分别利用了区间的左端点值和右端点值,梯形公式同时利用了左右端点值。这说明如果采用区间 (x_n,x_{n+1}) 上更多的值来计算 $f[x_n+\theta h,y(x_n+\theta h)]$,则可以提高计算精度,这就是龙格-库塔方法的基本思想。

龙格-库塔公式的一般形式为

$$\begin{cases} y_{n+1}=y_n+h\sum_{i=1}^{L}\lambda_i k_i \\ k_1=f(x_n,y_n) \\ k_2=f(x_n+s_2 h,y_n+s_2 h k_1) \\ k_i=f\left(x_n+s_i h,y_n+s_i h\sum_{j=1}^{i-1}a_{ij}k_j\right),\quad i=3,4,\cdots,L \end{cases} \tag{3-4-13}$$

其中, λ_i 、s_i 、a_{ij} 为一组待定系数,满足

$$\sum_{i=1}^{L}\lambda_i=1,\quad 0\leqslant s_i\leqslant 1,\quad \sum_{j=1}^{i-1}a_{ij}=1 \tag{3-4-14}$$

这些未知系数确定的基本依据是使 y_{n+1} 的计算精度最高。由式(3-4-13)可知在区间 (x_n,x_{n+1}) 上共选取了 L 个点,如果其计算精度为 p 阶,则式(3-4-13)称为 L 级 p 阶龙格-库塔公式。下面以 2 级公式为例,说明未知系数的确定过程。2 级龙格-库塔公式的一般形式为

$$\begin{cases} y_{n+1}=y_n+h(\lambda_1 k_1+\lambda_2 k_2) \\ k_1=f(x_n,y_n) \\ k_2=f(x_n+sh,y_n+shk_1),\quad 0<s<1 \end{cases} \tag{3-4-15}$$

其中, λ_1 、λ_2 、s 为待定系数。假设前一步的计算是准确的,即 $y_n=y(x_n)$,则根据式(3-4-1)有

$$k_1=f(x_n,y_n) \tag{3-4-16}$$

进行泰勒展开,得到

$$\begin{aligned} k_2 &=f(x_n+sh,y_n+shk_1) \\ &=f(x_n,y_n)+sh\frac{\partial f}{\partial x}(x_n,y_n)+shk_1\frac{\partial f}{\partial y}(x_n,y_n)+O(h^2) \\ &=y'(x_n)+shy''(x_n)+O(h^3) \end{aligned} \tag{3-4-17}$$

从而

$$y_{n+1}=y(x_n)+(\lambda_1+\lambda_2)hy'(x_n)+\lambda_2 sh^2 y''(x_n)+O(h^3) \tag{3-4-18}$$

根据泰勒展开,有

$$y(x_{n+1}) = y(x_n) + hy'(x_n) + \frac{h^2}{2}y''(x_n) + O(h^3) \qquad (3\text{-}4\text{-}19)$$

从而得到截断误差为

$$y(x_{n+1}) - y_{n+1} = (1 - \lambda_1 - \lambda_2)hy'(x_n) + \left(\frac{1}{2} - \lambda_2 s\right)h^2 y''(x_n) + O(h^3)$$

$$(3\text{-}4\text{-}20)$$

如果 $\lambda_1 + \lambda_2 = 1$, $\lambda_2 s = \dfrac{1}{2}$,则由此得到的 2 级龙格-库塔公式具有 2 阶精度。

需要说明的是,使龙格-库塔公式计算精度最高的未知系数解并不是唯一的。

同理,得到 3 级龙格-库塔公式的一种形式如下,又称为侯恩公式,它具有 3 阶精度。

$$y_{n+1} = y_n + \frac{h}{4}\left[f(x_n, y_n) + 3f\left(x_n + \frac{2}{3}h, y_n + \frac{2}{3}hf(x_n, y_n)\right)\right] \quad (3\text{-}4\text{-}21)$$

常用的 4 级 4 阶龙格-库塔公式为[2]

$$\begin{cases} y_{n+1} = y_n + \dfrac{h}{6}(k_1 + 2k_2 + 2k_3 + k_4) \\[2mm] k_1 = f(x_n, y_n) \\[2mm] k_2 = f\left(x_n + \dfrac{h}{2}, y_n + \dfrac{hk_1}{2}\right) \\[2mm] k_3 = f\left(x_n + \dfrac{h}{2}, y_n + \dfrac{hk_2}{2}\right) \\[2mm] k_4 = f(x_n + h, y_n + hk_3) \end{cases} \qquad (3\text{-}4\text{-}22)$$

4 级 4 阶龙格-库塔公式的另一种形式如下,称为基尔(Gill)公式,它具有更好的计算稳定性。

$$\begin{cases} y_{n+1} = y_n + \dfrac{h}{6}\left[k_1 + (2-\sqrt{2})k_2 + (2+\sqrt{2})k_3 + k_4\right] \\[2mm] k_1 = f(x_n, y_n) \\[2mm] k_2 = f\left(x_n + \dfrac{h}{2}, y_n + \dfrac{hk_1}{2}\right) \\[2mm] k_3 = f\left[x_n + \dfrac{h}{2}, y_n + \dfrac{\sqrt{2}-1}{2}hk_1 + \left(1 - \dfrac{\sqrt{2}}{2}\right)hk_2\right] \\[2mm] k_4 = f\left[x_n + h, y_n - \dfrac{\sqrt{2}}{2}hk_2 + \left(1 + \dfrac{\sqrt{2}}{2}\right)hk_3\right] \end{cases} \qquad (3\text{-}4\text{-}23)$$

具有 8 阶精度的龙格-库塔公式为

$$\left\{\begin{aligned}
&y_{n+1}=y_n+\frac{h}{840}(41k_1+27k_4+272k_5+27k_6+216k_7+216k_9+41k_{10})\\
&k_1=f(x_n,y_n)\\
&k_2=f\left(x_n+\frac{4}{27}h,y_n+\frac{4}{27}k_1\right)\\
&k_3=f\left(x_n+\frac{2}{9}h,y_n+\frac{1}{18}k_1+\frac{1}{6}k_2\right)\\
&k_4=f\left(x_n+\frac{1}{3}h,y_n+\frac{1}{12}k_1+\frac{1}{4}k_3\right)\\
&k_5=f\left(x_n+\frac{1}{2}h,y_n+\frac{1}{8}k_1+\frac{3}{8}k_4\right)\\
&k_6=f\left[x_n+\frac{2}{3}h,y_n+\frac{1}{54}(13k_1-27k_3+42k_2+8k_5)\right]\\
&k_7=f\left[x_n+\frac{1}{6}h,y_n+\frac{1}{4320}(389k_1-54k_3+966k_4-824k_5+243k_6)\right]\\
&k_8=f\left[x_n+h,y_n+\frac{1}{20}(-231k_1+81k_3-1164k_4+656k_5-122k_6+800k_7)\right]\\
&k_9=f\left[x_n+\frac{5}{6}h,y_n+\frac{1}{288}(-127k_1+18k_3-678k_4+456k_5-9k_6+576k_7+4k_8)\right]\\
&k_{10}=f\left[x_n+h,y_n+\frac{1}{820}\binom{1481k_1-81k_3+7104k_4}{-3376k_5+72k_6-5040k_7-60k_8+720k_9}\right]
\end{aligned}\right.$$

$$(3\text{-}4\text{-}24)$$

上面给出了标量形式的龙格-库塔公式。如果要求解微分方程组,也就是说函数为矢量形式,即

$$\boldsymbol{y}(x)=(y_1(x),y_2(x),\cdots,y_K(x))^{\mathrm{T}} \qquad (3\text{-}4\text{-}25)$$

其中,初值为

$$\boldsymbol{y}(x_0)=\boldsymbol{y}_0 \qquad (3\text{-}4\text{-}26)$$

则对应的 4 级 4 阶龙格-库塔公式为

$$\left\{\begin{aligned}
&\boldsymbol{y}_{n+1}=\boldsymbol{y}_n+\frac{h}{6}(\boldsymbol{k}_1+2\boldsymbol{k}_2+2\boldsymbol{k}_3+\boldsymbol{k}_4)\\
&\boldsymbol{k}_1=\boldsymbol{f}(x_n,\boldsymbol{y}_n)\\
&\boldsymbol{k}_2=\boldsymbol{f}\left(x_n+\frac{h}{2},\boldsymbol{y}_n+\frac{h\boldsymbol{k}_1}{2}\right)\\
&\boldsymbol{k}_3=\boldsymbol{f}\left(x_n+\frac{h}{2},\boldsymbol{y}_n+\frac{h\boldsymbol{k}_2}{2}\right)\\
&\boldsymbol{k}_4=\boldsymbol{f}(x_n+h,\boldsymbol{y}_n+h\boldsymbol{k}_3)
\end{aligned}\right. \qquad (3\text{-}4\text{-}27)$$

对于向前欧拉公式、向后欧拉公式、梯形公式、中点公式和龙格-库塔公式而言,在计算 y_{n+1} 时,只需要知道前一步的值 y_n 即可,因而这些方法均称为单步法。

需要注意的是,如果所要求解的微分方程阶数为 2 或 2 以上,可以先进行降阶处理,例如,对于一个 2 阶微分方程,可以通过引入一个新的变量,将其变为两个 1 阶微分方程。

3.4.2 多步法

在单步法中,根据初值 (x_0, y_0) 可以得到 $y_i (i=1,2,\cdots,N)$,在每一步计算中仅利用了前一步的信息。实际上,当已经计算完成若干步后,如果同时利用前面几步的信息,则有望提高计算精度,这就是多步法的基本思想。

对于式(3-4-1),存在如下形式的积分表达式

$$y(x_{n+1}) = y(x_n) + \int_{x_n}^{x_{n+1}} f[x,y(x)]\mathrm{d}x \qquad (3\text{-}4\text{-}28)$$

通常,$f[x,y(x)]$ 的形式非常复杂,难以对其积分进行解析运算。不过,这时假设已经利用单步法得到了 $r+1$ 个值 (x_{n-k}, y_{n-k}),其中 $k=0,1,\cdots,r$。也就是说,这时得到了 $r+1$ 个离散点值 $[x_{n-k}, f(x_{n-k}, y_{n-k})]$,就可以利用这些离散点构造插值多项式来近似代替 $f[x,y(x)]$,这样就可以得到积分近似值,其中

$$P_r(x) = \sum_{k=0}^{r} l_k(x) f(x_{n-k}, y_{n-k}) \qquad (3\text{-}4\text{-}29)$$

于是,式(3-4-28)变为

$$y(x_{n+1}) = y(x_n) + \sum_{k=0}^{r} f(x_{n-k}, y_{n-k}) \int_{x_n}^{x_{n+1}} l_k(x)\mathrm{d}x \qquad (3\text{-}4\text{-}30)$$

从而得到

$$y_{n+1} = y_n + h \sum_{k=0}^{r} \beta_{rk} f(x_{n-k}, y_{n-k}) \qquad (3\text{-}4\text{-}31)$$

其中

$$l_k(x) = \prod_{\substack{j=0 \\ j \neq k}}^{r} \frac{x - x_{n-j}}{x_{n-k} - x_{n-j}} = \prod_{\substack{j=0 \\ j \neq k}}^{r} \frac{t+j}{j-k}, \quad x = x_n + th, \quad x_{n-j} = x_n - jh$$

$$(3\text{-}4\text{-}32)$$

$$\beta_{rk} = \frac{1}{h} \int_{x_n}^{x_{n+1}} l_k(x)\mathrm{d}x = \int_0^1 \prod_{\substack{j=0 \\ j \neq k}}^{r} \frac{t+j}{j-k}\mathrm{d}t, \quad k=0,1,\cdots,r \qquad (3\text{-}4\text{-}33)$$

根据式(3-4-33),得到 β_{rk} 的部分值,如表 3.1 所示。

表 3.1　β_{rk} 的前几项值

	$k=0$	$k=1$	$k=2$	$k=3$	$k=4$	$k=5$
$r=0$	1	—	—	—	—	—
$r=1$	3/2	−1/2	—	—	—	—

	$k=0$	$k=1$	$k=2$	$k=3$	$k=4$	$k=5$
$r=2$	23/12	$-4/3$	5/12	—	—	—
$r=3$	55/24	$-59/24$	37/24	$-3/8$	—	—
$r=4$	1901/720	$-1387/360$	109/30	$-637/360$	251/720	—
$r=5$	4277/1440	$-2641/480$	4991/720	$-3649/720$	959/480	$-95/288$

式(3-4-31)称为亚当斯-巴什福思(Adams-Bashforth)公式,它是显式的多步法积分公式,在计算 y_{n+1} 时,需要已知的前面离散点个数为 $r+1$。当 $r=1$ 时,有

$$y_{n+1}=y_n+\frac{h}{2}\big[3f(x_n,y_n)-f(x_{n-1},y_{n-1})\big] \tag{3-4-34}$$

当 $r=2$ 时,有

$$y_{n+1}=y_n+\frac{h}{12}\big[23f(x_n,y_n)-16f(x_{n-1},y_{n-1})+5f(x_{n-2},y_{n-2})\big] \tag{3-4-35}$$

当 $r=3$ 时,有

$$y_{n+1}=y_n+\frac{h}{24}\begin{bmatrix}55f(x_n,y_n)-59f(x_{n-1},y_{n-1})\\+37f(x_{n-2},y_{n-2})-9f(x_{n-3},y_{n-3})\end{bmatrix} \tag{3-4-36}$$

当 $r=4$ 时,有

$$y_{n+1}=y_n+\frac{h}{720}\begin{bmatrix}1901f(x_n,y_n)-2774f(x_{n-1},y_{n-1})\\+2616f(x_{n-2},y_{n-2})-1274f(x_{n-3},y_{n-3})+251f(x_{n-4},y_{n-4})\end{bmatrix} \tag{3-4-37}$$

虽然亚当斯-巴什福思公式是显式的,计算量较小,但是它实际上是根据由 $r+1$ 个离散点 $[x_{n-k},f(x_{n-k},y_{n-k})]$ 拟合得到的多项式来估计 (x_n,x_{n+1}) 区间上的 $f(x,y)$ 值。由于拟合函数的精度仅能在其离散数据拟合范围内得到保证,而在该范围外的误差可能会较大,因此随着不断积分使计算误差迅速放大。为了避免这一问题,在选取插值多项式时选用的离散点应包括 $[x_{n+1},f(x_{n+1},y_{n+1})]$。按照与亚当斯-巴什福思公式类似的分析过程,得到

$$y_{n+1}=y_n+h\sum_{k=0}^{r}\gamma_{rk}f(x_{n-k+1},y_{n-k+1}) \tag{3-4-38}$$

其中

$$\gamma_{rk}=\frac{1}{h}\int_{x_n}^{x_{n+1}}l_k(x)\mathrm{d}x=\int_{-1}^{0}\prod_{\substack{j=0\\j\neq k}}^{r}\frac{t+j}{j-k}\mathrm{d}t,\quad k=0,1,\cdots,r \tag{3-4-39}$$

根据式(3-4-39)得到 γ_{rk} 的部分值,如表 3.2 所示。

表 3.2　γ_{rk} 的前几项值

	$k=0$	$k=1$	$k=2$	$k=3$	$k=4$	$k=5$
$r=0$	1	—	—	—	—	—
$r=1$	1/2	1/2	—	—	—	—
$r=2$	5/12	2/3	−1/12	—	—	—
$r=3$	3/8	19/24	−5/24	1/24	—	—
$r=4$	251/720	323/360	−11/30	53/360	−19/720	—
$r=5$	95/288	1427/1440	−133/240	241/720	−173/1440	3/160

式(3-4-38)称为亚当斯-莫尔顿(Adams-Moulton)公式,它是隐式形式的多步法积分公式,计算量大,但是计算稳定性好,精度高。当 $r=2$ 时,亚当斯-莫尔顿公式的具体形式为

$$y_{n+1}=y_n+\frac{h}{12}\left[5f(x_{n+1},y_{n+1})+8f(x_n,y_n)-f(x_{n-1},y_{n-1})\right] \quad (3\text{-}4\text{-}40)$$

当 $r=3$ 时,有

$$y_{n+1}=y_n+\frac{h}{24}\begin{bmatrix}9f(x_{n+1},y_{n+1})+19f(x_n,y_n)\\-5f(x_{n-1},y_{n-1})+f(x_{n-2},y_{n-2})\end{bmatrix} \quad (3\text{-}4\text{-}41)$$

当 $r=4$ 时,有

$$y_{n+1}=y_n+\frac{h}{720}\begin{bmatrix}251f(x_{n+1},y_{n+1})+646f(x_n,y_n)\\-264f(x_{n-1},y_{n-1})+106f(x_{n-2},y_{n-2})-19f(x_{n-3},y_{n-3})\end{bmatrix}$$
$$(3\text{-}4\text{-}42)$$

在实际应用中,利用单步法启动计算,从 y_0 开始得到 y_1、y_2、y_3(假设多步法计算中需要前 4 个离散点数值),那么首先利用显式的亚当斯-巴什福思公式进行预测,即

$$\overline{y}_{n+1}=y_n+\frac{h}{24}\begin{bmatrix}55f(x_n,y_n)-59f(x_{n-1},y_{n-1})\\+37f(x_{n-2},y_{n-2})-9f(x_{n-3},y_{n-3})\end{bmatrix} \quad (3\text{-}4\text{-}43)$$

然后利用亚当斯-莫尔顿公式对预测值进行校正,得到

$$y_{n+1}=y_n+\frac{h}{24}\begin{bmatrix}9f(x_{n+1},\overline{y}_{n+1})+19f(x_n,y_n)\\-5f(x_{n-1},y_{n-1})+f(x_{n-2},y_{n-2})\end{bmatrix} \quad (3\text{-}4\text{-}44)$$

3.5　大型线性代数方程组解法

在重力场反演计算的每一步迭代中,都需要求解地球重力场模型,它是将引力位系数以及非引力干扰模型参数、卫星初始状态参数等作为未知数,求解关于这些

未知数的线性方程组得到的。假设所要计算的重力场模型阶数为 n ,则模型中的引力位系数共有 $n^2 + 2n - 3$ 个,再加上非引力干扰模型参数、卫星初始状态参数等,所要求解的线性方程组是非常大的。例如,重力场模型阶数为 200,则仅关于引力位系数的未知数就有 40397 个。对于大型线性方程组的求解,通常分为直接法和迭代法。直接法包括矩阵求逆法、矩阵分解法等,其优点是可以直接得到线性方程组的精确解,缺点是计算量极大,耗时长,适合中小型线性方程组求解。迭代法避免了求逆带来的巨大计算量,基于一个与原线性方程组等价的迭代关系式,从假设初值开始不断进行迭代,直至收敛,得到原线性方程组的解。尽管迭代法会带来一定的误差,但是其计算量小,仍然是重力场反演计算中首选的大型线性方程组求解方法。本节将分别介绍线性方程组求解的直接法和迭代法。

3.5.1　线性方程组的直接解法

线性方程组的直接解法包括高斯消元法、高斯-若尔当消元法、LU 矩阵分解法、LDL^T 矩阵分解法、平方根法、追赶法等。

1. 高斯消元法

设所要求解的线性方程组为

$$A_{n \times n} \, x_{n \times 1} = b_{n \times 1} \tag{3-5-1}$$

其中, $x_{n \times 1}$ 为未知列矢量; $A_{n \times n}$ 、$b_{n \times 1}$ 分别是已知的矩阵和列矢量, $A_{n \times n}$ 为非奇异矩阵。高斯消元法由消元过程和回代过程组成。设由 $A_{n \times n}$ 和 $b_{n \times 1}$ 组成的增广矩阵为

$$A'_{n \times (n+1)} = \begin{bmatrix} a_{11} & a_{12} & \cdots & a_{1n} & b_1 \\ a_{21} & a_{22} & \cdots & a_{2n} & b_2 \\ \vdots & \vdots & & \vdots & \vdots \\ a_{n1} & a_{n2} & \cdots & a_{nn} & b_n \end{bmatrix} \tag{3-5-2}$$

对增广矩阵 $A'_{n \times (n+1)}$ 进行初等变换,包括交换两行位置、对某一行乘以非零的倍数、将一行加在另一行上,得到上三角矩阵为

$$\widetilde{A}_{n \times (n+1)} = \begin{bmatrix} a'_{11} & a'_{12} & \cdots & a'_{1n} & b'_1 \\ & a'_{22} & \cdots & a'_{2n} & b'_2 \\ & & \ddots & \vdots & \vdots \\ & & & a'_{nn} & b'_n \end{bmatrix} = \begin{bmatrix} MA & Mb \end{bmatrix} \tag{3-5-3}$$

显然, $A'_{n \times (n+1)}$ 和 $\widetilde{A}_{n \times (n+1)}$ 对应的方程组的解相同。然后,进行回代过程,很容易得到原方程组的解为

$$
\begin{cases}
x_n = \dfrac{1}{a'_{nn}} b'_n \\[2mm]
x_{n-1} = \dfrac{1}{a'_{n-1,n-1}} (b'_{n-1} - a'_{n-1,n} x_n) \\[2mm]
\qquad\vdots \\[2mm]
x_2 = \dfrac{1}{a'_{22}} (b'_2 - a'_{2n} x_n - a'_{2,n-1} x_{n-1} - \cdots - a'_{23} x_3) \\[2mm]
x_1 = \dfrac{1}{a'_{11}} (b'_1 - a'_{1n} x_n - a'_{1,n-1} x_{n-1} - \cdots - a'_{13} x_3 - a'_{12} x_2)
\end{cases}
\tag{3-5-4}
$$

在式(3-5-3)中，对增广矩阵 $\boldsymbol{A}'_{n\times(n+1)}$ 进行初等变换，等价于分别对 $\boldsymbol{A}_{n\times n}$ 和 $\boldsymbol{b}_{n\times 1}$ 左乘以矩阵 $\boldsymbol{M}$，其形式如式(3-5-5)所示，表明依次对 $\boldsymbol{A}_{n\times n}$ 和 $\boldsymbol{b}_{n\times 1}$ 矩阵左乘 $\boldsymbol{M}_1$，$\boldsymbol{M}_2,\cdots,\boldsymbol{M}_{n-1}$，进行 $n-1$ 次初等变换后，可以得到变换后的增广矩阵 $\widetilde{\boldsymbol{A}}_{n\times(n+1)}$。

$$
\boldsymbol{M} = \boldsymbol{M}_{n-1}\,\boldsymbol{M}_{n-2}\cdots\boldsymbol{M}_2\,\boldsymbol{M}_1
\tag{3-5-5}
$$

其中，$\boldsymbol{M}_k$ 的形式如式(3-5-6)所示，空白部分的元素为 0，$a_{ik}^{(k)}$（$i=k,k+1,\cdots,n$）位于 $\boldsymbol{M}_k$ 矩阵的第 i 行第 k 列，表示第 k 步消元时第 i 个方程中 x_k 的系数。

$$
\boldsymbol{M}_k =
\begin{bmatrix}
1 & & & & & \\
 & \ddots & & & & \\
 & & 1 & & & \\
 & & -\dfrac{a_{k+1,k}^{(k)}}{a_{kk}^{(k)}} & 1 & & \\
 & & \vdots & & \ddots & \\
 & & -\dfrac{a_{n,k}^{(k)}}{a_{kk}^{(k)}} & & & 1
\end{bmatrix},
\quad k=1,2,\cdots,n-1
\tag{3-5-6}
$$

在 $\boldsymbol{M}_k$ 矩阵中，假设第 k 次迭代后的对角元素 $a_{kk}^{(k)}$ 不为 0。如果 $a_{kk}^{(k)}=0$ 或者其绝对值很小，用它作为除数可能会导致很大的计算误差。这时，应当首先选择 $|a_{ik}^{(k)}|$（$i=k,k+1,\cdots,n$）中最大的一个作为主元，将主元所在行与第 k 行交换后，重新计算 $\boldsymbol{M}_k$ 矩阵，再进行该步消元过程。

2. 高斯-若尔当消元法

高斯-若尔当消元法是通过初等变换，将式(3-5-2)中的增广矩阵 $\boldsymbol{A}'_{n\times(n+1)}$ 的前 n 列组成的矩阵变为单位阵，这时增广矩阵的最后一列即为原方程组的解，不再需要高斯消元法中的回代过程。在具体实现中，首先利用高斯消元法中的消元过程，得到式(3-5-3)所示的 $\widetilde{\boldsymbol{A}}_{n\times(n+1)}$ 矩阵。对第 n 行除以 a'_{nn}，使第 n 行中第 n 列的元素为 1，其余元素为 0；然后，将第 n 行乘以 $-a'_{n-1,n}$，加在第 $n-1$ 行上，使第 $n-1$ 行中第 $n-1$ 列的元素为 1，其余元素为 0；接着，将第 n 行乘以 $-a'_{n-2,n}$、第 $n-1$ 行乘以 $-a'_{n-2,n-1}$，同时加在第 $n-2$ 行上，使第 $n-2$ 行中第 $n-2$ 列的元素为 1，其余元素为 0。以此类推，可以将增广矩阵 $\boldsymbol{A}'_{n\times(n+1)}$ 的前 n 列变为单位阵，而此时增广矩阵的

第 $n+1$ 列即为原方程组的解。

3. LU 矩阵分解法

对于式(3-5-1)，两边同时乘以 $\boldsymbol{M}=\boldsymbol{M}_{n-1}\,\boldsymbol{M}_{n-2}\cdots\boldsymbol{M}_2\,\boldsymbol{M}_1$，得到

$$\boldsymbol{M}_{n-1}\,\boldsymbol{M}_{n-2}\cdots\boldsymbol{M}_2\,\boldsymbol{M}_1\,\boldsymbol{A}_{n\times n}\,\boldsymbol{x}_{n\times 1}=\boldsymbol{M}_{n-1}\,\boldsymbol{M}_{n-2}\cdots\boldsymbol{M}_2\,\boldsymbol{M}_1\,\boldsymbol{b}_{n\times 1} \tag{3-5-7}$$

即

$$\boldsymbol{M}_1^{-1}\,\boldsymbol{M}_2^{-1}\cdots\boldsymbol{M}_{n-1}^{-1}\,\boldsymbol{M}_{n-1}\,\boldsymbol{M}_{n-2}\cdots\boldsymbol{M}_2\,\boldsymbol{M}_1\,\boldsymbol{A}_{n\times n}\,\boldsymbol{x}_{n\times 1}=\boldsymbol{b}_{n\times 1} \tag{3-5-8}$$

显然，$\boldsymbol{M}_1^{-1}\,\boldsymbol{M}_2^{-1}\cdots\boldsymbol{M}_{n-1}^{-1}$ 为下三角矩阵，$\boldsymbol{M}_{n-1}\,\boldsymbol{M}_{n-2}\cdots\boldsymbol{M}_2\,\boldsymbol{M}_1\,\boldsymbol{A}_{n\times n}$ 为上三角矩阵，设

$$\boldsymbol{L}=\boldsymbol{M}_1^{-1}\,\boldsymbol{M}_2^{-1}\cdots\boldsymbol{M}_{n-1}^{-1},\quad \boldsymbol{U}=\boldsymbol{M}_{n-1}\,\boldsymbol{M}_{n-2}\cdots\boldsymbol{M}_2\,\boldsymbol{M}_1\,\boldsymbol{A}_{n\times n} \tag{3-5-9}$$

则

$$\boldsymbol{LU}=\boldsymbol{A}_{n\times n} \tag{3-5-10}$$

这说明，高斯消元法本质上是将矩阵 $\boldsymbol{A}_{n\times n}$ 分解为下三角矩阵和上三角矩阵的乘积。将式(3-5-10)写成分量形式为

$$\begin{bmatrix} a_{11} & a_{12} & \cdots & a_{1n} \\ a_{21} & a_{22} & \cdots & a_{2n} \\ \vdots & \vdots & & \vdots \\ a_{n1} & a_{n2} & \cdots & a_{nn} \end{bmatrix}=\begin{bmatrix} 1 & & & \\ l_{21} & 1 & & \\ \vdots & \vdots & \ddots & \\ l_{n1} & l_{n2} & \cdots & 1 \end{bmatrix}\begin{bmatrix} u_{11} & u_{12} & \cdots & u_{1n} \\ & u_{22} & \cdots & u_{2n} \\ & & \ddots & \vdots \\ & & & u_{nn} \end{bmatrix} \tag{3-5-11}$$

通过令式(3-5-11)中等式两边的对应元素相等，得到 $\boldsymbol{L}$ 和 $\boldsymbol{U}$ 矩阵的计算公式为

$$\begin{cases} u_{1j}=a_{1j},\quad j=1,2,\cdots,n \\[2mm] l_{i1}=\dfrac{a_{i1}}{u_{11}},\quad i=2,3,\cdots,n \\[4mm] u_{kj}=a_{kj}-\displaystyle\sum_{m=1}^{k-1}l_{km}u_{mj},\quad k=1,2,\cdots,n;j=k,k+1,\cdots,n \\[6mm] l_{ik}=\dfrac{a_{ik}-\displaystyle\sum_{m=1}^{k-1}l_{im}u_{mk}}{u_{kk}},\quad k=1,2,\cdots,n;i=k+1,\cdots,n \end{cases} \tag{3-5-12}$$

这样，式(3-5-1)等价为 $\boldsymbol{Ux}=\boldsymbol{y}$、$\boldsymbol{Ly}=\boldsymbol{b}$，其解非常容易得到。式(3-5-12)的计算要求矩阵 $\boldsymbol{A}_{n\times n}$ 的顺序主子式不为 0。如果存在某个顺序主子式为 0，考虑到矩阵 $\boldsymbol{A}_{n\times n}$ 可逆，则可以对矩阵 $\boldsymbol{A}_{n\times n}$ 进行初等变换，即左乘以矩阵 $\boldsymbol{P}$，使 $\boldsymbol{PA}$ 的顺序主子式均不为 0，并且式(3-5-1)与方程 $\boldsymbol{PAx}=\boldsymbol{Pb}$ 等价。这时，按照式(3-5-12)，可以对 $\boldsymbol{PA}$ 进行分解，使 $\boldsymbol{PA}=\boldsymbol{LU}$。

4. LDL$^\mathrm{T}$ 矩阵分解法

如果式(3-5-1)中的矩阵 $\boldsymbol{A}$ 为实对称矩阵，那么首先根据式(3-5-12)对其进行 $\boldsymbol{LU}$ 分解，即 $\boldsymbol{A}=\boldsymbol{LU}$。将 $\boldsymbol{U}$ 矩阵表示为

$$U = DU_0 = \begin{bmatrix} u_{11} & & & \\ & u_{22} & & \\ & & \ddots & \\ & & & u_{nn} \end{bmatrix} \begin{bmatrix} 1 & u_{12}/u_{11} & \cdots & u_{1n}/u_{11} \\ & \ddots & & \\ & & \ddots & u_{n-1,n}/u_{n-1,n-1} \\ & & & 1 \end{bmatrix}$$

$$(3\text{-}5\text{-}13)$$

考虑到 A 的对称性,有 $L = U_0^{\mathrm{T}}$ 。设 $d_i = u_{ii}$,则实对称矩阵 A 可以分解为

$$A = LDL^{\mathrm{T}} \tag{3-5-14}$$

这时,式(3-5-1)的解可以表示为

$$\begin{cases} y_1 = b_1 \\ y_i = b_i - \sum_{k=1}^{i-1} l_{ik} y_k, \quad i = 2, 3, \cdots, n \end{cases}$$

$$(3\text{-}5\text{-}15)$$

$$\begin{cases} x_n = \dfrac{y_n}{d_n} \\ x_i = \dfrac{y_i}{d_i} - \sum_{k=i+1}^{n} l_{ki} x_k, \quad i = n-1, \cdots, 2, 1 \end{cases}$$

5. 平方根法

如果式(3-5-1)中的矩阵 A 为实对称正定矩阵,那么按照式(3-5-14)进行分解得到的矩阵 $D = \mathrm{diag}(d_1, d_2, \cdots, d_n)$ 满足 $d_i > 0 (i = 1, 2, \cdots, n)$ 。于是,式(3-5-14)可以表示为

$$A = L \cdot \mathrm{diag}(d_1^{1/2}, d_2^{1/2}, \cdots, d_n^{1/2}) \cdot \mathrm{diag}(d_1^{1/2}, d_2^{1/2}, \cdots, d_n^{1/2}) \cdot L^{\mathrm{T}}$$

$$(3\text{-}5\text{-}16)$$

设 $\widetilde{L} = L \cdot \mathrm{diag}(d_1^{1/2}, d_2^{1/2}, \cdots, d_n^{1/2})$,则

$$A = \widetilde{L}\,\widetilde{L}^{\mathrm{T}} \tag{3-5-17}$$

同样,根据式(3-5-17)等式两边对应元素相等的方法,可以得到 $\widetilde{L}$ 矩阵中各个元素的计算方法为

$$\begin{cases} l_{11} = (a_{11})^{1/2} \\ l_{i1} = \dfrac{a_{i1}}{l_{11}}, \quad i = 2, 3, \cdots, n \\ l_{jj} = \left(a_{jj} - \sum_{k=1}^{j-1} l_{jk}^{2}\right)^{1/2}, \quad j = 2, 3, \cdots, n \\ l_{ij} = \dfrac{a_{ij} - \sum_{k=1}^{j-1} l_{ik} l_{jk}}{l_{jj}}, \quad i = j+1, \cdots, n \end{cases} \tag{3-5-18}$$

这时,式(3-5-1)的解可以表示为

$$
\begin{cases}
y_1 = \dfrac{b_1}{l_{11}} \\[2mm]
y_i = \dfrac{b_i - \sum\limits_{k=1}^{i-1} l_{ik} y_k}{l_{ii}}, \quad i = 2, \cdots, n
\end{cases}
\tag{3-5-19}
$$

$$
\begin{cases}
x_n = \dfrac{y_n}{l_{nn}} \\[2mm]
x_i = \dfrac{y_i - \sum\limits_{k=i+1}^{n} l_{ki} x_k}{l_{ii}}, \quad i = n-1, \cdots, 2, 1
\end{cases}
$$

6. 追赶法

如果式(3-5-1)中的 $\boldsymbol{A}_{n\times n}$ 矩阵具有三对角形式,那么其 $\boldsymbol{LU}$ 分解可以表示为

$$
\boldsymbol{A} = \begin{bmatrix}
b_1 & c_1 & & & \\
a_2 & b_2 & c_2 & & \\
& \ddots & \ddots & \ddots & \\
& & a_{n-1} & b_{n-1} & c_{n-1} \\
& & & a_n & b_n
\end{bmatrix} = \boldsymbol{LU}
\tag{3-5-20}
$$

$$
= \begin{bmatrix}
1 & & & & \\
l_2 & 1 & & & \\
& l_3 & 1 & & \\
& & \ddots & \ddots & \\
& & & l_n & 1
\end{bmatrix}
\begin{bmatrix}
u_1 & c_1 & & & \\
& u_2 & c_2 & & \\
& & \ddots & \ddots & \\
& & & u_{n-1} & c_{n-1} \\
& & & & u_n
\end{bmatrix}
$$

其中

$$
\begin{cases}
u_1 = b_1 \\
l_i = \dfrac{a_i}{u_{i-1}}, \quad i = 2, 3, \cdots, n \\
u_i = b_i - l_i c_{i-1}, \quad i = 2, 3, \cdots, n
\end{cases}
\tag{3-5-21}
$$

引入中间变量 $\boldsymbol{y}$,式(3-5-1)等价为 $\boldsymbol{Ux}=\boldsymbol{y}$,$\boldsymbol{Ly}=\boldsymbol{b}$,根据这两个由上三角矩阵、下三角矩阵构成的方程,容易得到原方程组的解如式(3-5-22)所示,这种方法称为求解三对角线性方程组的追赶法。

$$
\begin{cases}
y_1 = b_1 \\
y_i = b_i - l_i y_{i-1}, \quad i = 2, 3, \cdots, n
\end{cases}
$$
$$
\begin{cases}
x_n = \dfrac{y_n}{u_n} \\
x_i = \dfrac{y_i - c_i x_{i+1}}{u_i}, \quad i = n-1, \cdots, 1
\end{cases}
\tag{3-5-22}
$$

3.5.2　线性方程组的迭代解法

线性方程组的迭代解法包括雅可比迭代法、高斯-赛德尔迭代法、超松弛迭代法等,适合于大型线性方程组的求解。

1. 雅可比迭代法

将式(3-5-1)写成分量形式,有

$$\begin{cases} a_{11}x_1 + a_{12}x_2 + \cdots + a_{1n}x_n = b_1 \\ a_{21}x_1 + a_{22}x_2 + \cdots + a_{2n}x_n = b_2 \\ \qquad\qquad\vdots \\ a_{n1}x_1 + a_{n2}x_2 + \cdots + a_{nn}x_n = b_n \end{cases} \tag{3-5-23}$$

设对角元素 $a_{ii} \neq 0(i=1,2,\cdots,n)$。如果某一对角元素为0,则总可以通过矩阵初等变换构造出与原方程组等价的、对角元素不为0的线性方程组。由式(3-5-23)可以得到

$$\begin{cases} x_1 = \dfrac{1}{a_{11}}(b_1 - a_{12}x_2 - a_{13}x_3 - \cdots - a_{1n}x_n) \\ x_2 = \dfrac{1}{a_{22}}(b_2 - a_{21}x_1 - a_{23}x_3 - \cdots - a_{2n}x_n) \\ \qquad\qquad\vdots \\ x_n = \dfrac{1}{a_{nn}}(b_n - a_{n1}x_1 - a_{n2}x_2 - \cdots - a_{n,n-1}x_{n-1}) \end{cases} \tag{3-5-24}$$

写成迭代形式,即为

$$\begin{cases} x_1^{(k+1)} = \dfrac{1}{a_{11}}[b_1 - a_{12}x_2^{(k)} - a_{13}x_3^{(k)} - \cdots - a_{1n}x_n^{(k)}] \\ x_2^{(k+1)} = \dfrac{1}{a_{22}}[b_2 - a_{21}x_1^{(k)} - a_{23}x_3^{(k)} - \cdots - a_{2n}x_n^{(k)}] \\ \qquad\qquad\vdots \\ x_n^{(k+1)} = \dfrac{1}{a_{nn}}[b_n - a_{n1}x_1^{(k)} - a_{n2}x_2^{(k)} - \cdots - a_{n,n-1}x_{n-1}^{(k)}] \end{cases} \tag{3-5-25}$$

上标 k 表示第 k 次迭代结果,给定迭代计算的初始值 $\boldsymbol{x}^{(0)} = (x_1^{(0)}, x_2^{(0)}, \cdots, x_n^{(0)})$,就可以根据式(3-5-25)不断地进行迭代计算,收敛后得到原方程组的解。这就是雅可比迭代计算方法。下面将迭代公式写成矩阵形式。设

$$\boldsymbol{A} = \boldsymbol{D} - \boldsymbol{L} - \boldsymbol{U} \tag{3-5-26}$$

其中

$$\boldsymbol{D} = \begin{bmatrix} a_{11} & 0 & \cdots & 0 \\ 0 & a_{22} & \cdots & 0 \\ \vdots & \vdots & & \vdots \\ 0 & 0 & \cdots & a_{nn} \end{bmatrix} \tag{3-5-27}$$

$$\boldsymbol{L} = -\begin{bmatrix} 0 & & & \\ a_{21} & 0 & & \\ \vdots & & \ddots & \\ a_{n1} & \cdots & a_{n,n-1} & 0 \end{bmatrix} \tag{3-5-28}$$

$$\boldsymbol{U} = -\begin{bmatrix} 0 & a_{12} & \cdots & a_{1n} \\ & 0 & & \vdots \\ & & \ddots & a_{n-1,n} \\ & & & 0 \end{bmatrix} \tag{3-5-29}$$

则雅可比迭代公式可以表示为

$$\boldsymbol{x}^{(k+1)} = \boldsymbol{D}^{-1}(\boldsymbol{L}+\boldsymbol{U})\boldsymbol{x}^{(k)} + \boldsymbol{D}^{-1}\boldsymbol{b}, \quad k=0,1,2,\cdots \tag{3-5-30}$$

2. 高斯-赛德尔迭代法

高斯-赛德尔迭代法是对雅可比迭代法的改进。对于式(3-5-25),当由第一个公式计算得到 $x_1^{(k+1)}$ 时,那么计算第 $2\sim n$ 个公式时就可以用 $x_1^{(k+1)}$ 替换 $x_1^{(k)}$ 。同理,在计算第 $j\sim n$ 个公式时,就可以利用前面计算得到的 $x_1^{(k+1)}$, $x_2^{(k+1)}$,…, $x_{j-1}^{(k+1)}$ 分别替换 $x_1^{(k)}$, $x_2^{(k)}$,…, $x_{j-1}^{(k)}$,充分利用最新迭代得到的结果,这就是高斯-赛德尔迭代法。其迭代公式为

$$\begin{cases} x_1^{(k+1)} = \dfrac{1}{a_{11}}\left[b_1 - a_{12}x_2^{(k)} - a_{13}x_3^{(k)} - \cdots - a_{1n}x_n^{(k)} \right] \\ x_2^{(k+1)} = \dfrac{1}{a_{22}}\left[b_2 - a_{21}x_1^{(k+1)} - a_{23}x_3^{(k)} - \cdots - a_{2n}x_n^{(k)} \right] \\ x_3^{(k+1)} = \dfrac{1}{a_{33}}\left[b_3 - a_{31}x_1^{(k+1)} - a_{32}x_2^{(k+1)} - \cdots - a_{3n}x_n^{(k)} \right] \\ \qquad\qquad \vdots \\ x_n^{(k+1)} = \dfrac{1}{a_{nn}}\left[b_n - a_{n1}x_1^{(k+1)} - a_{n2}x_2^{(k+1)} - \cdots - a_{n,n-1}x_{n-1}^{(k+1)} \right] \end{cases}$$

$$\tag{3-5-31}$$

矢量形式的高斯-赛德尔迭代公式为

$$\boldsymbol{x}^{(k+1)} = (\boldsymbol{D}-\boldsymbol{L})^{-1}\boldsymbol{U}\boldsymbol{x}^{(k)} + (\boldsymbol{D}-\boldsymbol{L})^{-1}\boldsymbol{b}, \quad k=0,1,2,\cdots \tag{3-5-32}$$

3. 超松弛迭代法

使用雅可比迭代法或高斯-赛德尔迭代法,虽然可以得到线性方程组的解,但是有时迭代过程非常慢,无法确定计算量。如果收敛过程过于缓慢,就使得迭代计算失去了意义。因此,迭代法的加速是非常重要的。超松弛迭代法就是在高斯-赛德尔迭代法基础上改进得到的,目的是加速迭代计算过程。

首先,利用高斯-赛德尔迭代公式(3-5-32)计算得到中间变量 $\widetilde{\boldsymbol{x}}^{(k+1)}$:

$$\widetilde{\boldsymbol{x}}^{(k+1)} = (\boldsymbol{D}-\boldsymbol{L})^{-1}\boldsymbol{U}\boldsymbol{x}^{(k)} + (\boldsymbol{D}-\boldsymbol{L})^{-1}\boldsymbol{b}, \quad k=0,1,2,\cdots \tag{3-5-33}$$

然后,将 $\widetilde{\boldsymbol{x}}^{(k+1)}$ 和 $\boldsymbol{x}^{(k)}$ 进行加权,得到迭代公式:

$$\boldsymbol{x}^{(k+1)} = \omega \tilde{\boldsymbol{x}}^{(k+1)} + (1-\omega)\boldsymbol{x}^{(k)} \tag{3-5-34}$$

其中，ω 为松弛因子。为了保证迭代过程收敛，要求 $0 < \omega < 2$。通常，$\tilde{\boldsymbol{x}}^{(k+1)}$ 比 $\boldsymbol{x}^{(k)}$ 的精度更高，因此在式(3-5-34)中可以加大 $\tilde{\boldsymbol{x}}^{(k+1)}$ 的比重，即 $1 < \omega < 2$，此时称为超松弛迭代法。否则，选择 $0 < \omega < 1$，此时称为低松弛迭代法。当 $\omega = 1$ 时，退化为高斯-赛德尔迭代法。松弛因子对迭代速度的影响极大，根据方程组矩阵性质或实际经验，选择合适的松弛因子，从而加速迭代计算过程。

参 考 文 献

[1] Cunningham L E. On the computation of the spherical harmonic terms needed during the numerical integration of the orbital motion of an artificial satellite[J]. Celestial Mechanics, 1970, 2(2): 207-216.

[2] 叶其孝, 沈永欢. 实用数学手册[M]. 北京: 科学出版社, 2005.

第 4 章 卫星轨道动力学基础

4.1 引 言

在天基重力场测量中,无论绝对轨道摄动重力场测量,还是长基线或短基线相对轨道摄动重力场测量,或是卫星编队重力场测量,都需要获取卫星的绝对或相对摄动轨道,地球重力信息蕴含在这些绝对或相对摄动轨道中。单纯在地球中心引力作用下,也就是在将地球看作质点的条件下,卫星运动轨道是固定不变的圆锥曲线,称为二体轨道,包括圆轨道、椭圆轨道、抛物线轨道和双曲线轨道。虽然实际重力卫星会受到地球引力摄动以及非引力摄动的影响,但是相比而言,地球中心引力的作用是最主要的,它远大于摄动力,因此实际卫星轨道可以看成在二体轨道上的修正。对二体轨道以及实际摄动轨道运动规律的分析,有助于理解地球重力场对卫星运动的摄动作用,进而根据摄动轨道特性确定重力场。

首先介绍卫星轨道动力学中的时间系统、坐标系统,它们是卫星轨道描述中的基本条件。然后介绍在地球中心引力作用下的二体轨道,以及基于轨道根数和位置速度的卫星轨道表示,使读者认识重力卫星轨道的描述方法。接着介绍描述重力卫星运动的摄动运动方程,包括高斯型摄动方程和拉格朗日摄动方程,以及重力卫星受到的各种摄动力模型,为重力卫星摄动运动分析提供基础。最后介绍重力卫星实际轨道根数与非球形引力位之间的解析关系,说明重力场对卫星轨道摄动影响的典型特征,使读者认识到天基重力场测量的本质,即根据重力场作用下的卫星摄动轨道反求重力场参数。

4.2 时间系统及其转换

时间用来描述物体运动的先后次序,将物体运动的三维坐标按照一定的顺序串联起来,形成动态的变化过程。对于时间的描述,包括两个要素,即时间起点和时间刻度。时间起点的选择是人为的,对于时间刻度,可以利用具有足够稳定性并且可观测的周期运动来描述。由于实际应用目的的不同,产生了多种时间系统。例如,基于地球周期性的自转运动,建立了太阳时、世界时和恒星时;基于地球公转运动,建立了历书时,并进而提出了太阳质心动力学时和地球质心动力学时;基于原子内部的周期运动,建立了国际原子时。

4.2.1 太阳时

在地球自转作用下,从地球上看太阳东升西落,具有周日视运动。真太阳中心连续两次经过同一子午圈的时间间隔,称为一个真太阳日。某地的真太阳时等于真太阳中心相对于该点子午线的时角。实际上,真太阳时并不是一个均匀的时间刻度,这是因为以地球为参考物,太阳的东升西落运动既包括地球自转运动,也包含地球绕太阳的公转运动,而地球公转轨迹是一个椭圆轨道,不同位置处的地球公转速度是不同的。此外,真太阳是沿黄道面运动的,而真太阳时中的时角是在地球赤道平面上度量的,两个平面之间存在约 $23°26'$ 的夹角,这都导致太阳周日视运动在时间上是不均匀的,也就是说真太阳时是不均匀的。

为了克服真太阳时的这一不足,引入了平太阳时的概念。平太阳的周年视运动轨迹位于地球赤道平面内,并且角速度是均匀的,等于真太阳的平均角速度。平太阳连续两次经过子午圈的时间间隔称为一个平太阳日,在此基础上均分可以得到平太阳时系统中的"时"、"分"、"秒"等时间单位。

在数值上,平太阳时等于平太阳与当地子午线之间的时角。显然,当平太阳位于当地子午线正上方时,处于正午时刻,平太阳时为 0;当平太阳位于当地子午线正下方时,处于子夜时刻,平太阳时为 12h。这与人们日常生活中所习惯的时间系统相差 12h,为此引入了民用时 m_c,它与平太阳时 m 之间的关系为

$$m_c = m + 12h \tag{4-2-1}$$

4.2.2 世界时

民用时是一种地方时,它与当地子午线有关,同一时刻不同经度的民用时是不同的,位于不同经度上的国家使用了不同的民用时。为了建立统一的时间描述,定义格林尼治子午线位置上的民用时为世界时(universal time,UT)。由定义可知,世界时的均匀性受地球自转的影响。人们发现,地球自转轴是随时间变化的,即存在极移现象;同时,地球自转的角速度也不是均匀的,包含长期变化项和周期性变化项。为了更加准确地描述时间,从 1956 年起在世界时的基础上增加了极移改正项 $\Delta\lambda$ 和地球自转角速度的季节性改正项 ΔT_s,得到改正后的世界时 UT1 和 UT2,而原始未改正的世界时记为 UT0,其关系为

$$UT1 = UT0 + \Delta\lambda \tag{4-2-2}$$

$$UT2 = UT1 + \Delta T_s = UT0 + \Delta\lambda + \Delta T_s \tag{4-2-3}$$

其中

$$\Delta\lambda = \frac{1}{15}(x_p \sin\lambda - y_p \cos\lambda)\tan\varphi \tag{4-2-4}$$

$$\Delta T_s = 0.022\sin2\pi t - 0.012\cos2\pi t - 0.006\sin4\pi t + 0.004\cos4\pi t \tag{4-2-5}$$

$$t = \frac{\mathrm{MJD} - 51544.03}{365.2422} \tag{4-2-6}$$

其中，x_p 和 y_p 是瞬时地极坐标；λ 和 φ 是观测点的经度和纬度；MJD 是儒略日；t 以贝塞尔年为单位。

4.2.3　恒星时

从地球上看，太阳沿黄道逆时针绕地球运动。当太阳从南向北沿黄道运动时，存在与地球赤道面相交的点，称为春分点。在以太阳为中心的参考系中，黄道面和赤道面是静止的，因而这个平面相交形成的春分点也是静止的，但是地球不停地自转，方向为自西向东。如果观察者站在地球上，那么春分点将自东向西绕地球旋转。春分点连续两次经过同一子午圈上中天的时间间隔定义为一个恒星日，将其分为 24 等份，每一份为一个恒星时。某一地点的恒星时（sidereal time，ST）即为春分点相对于该点子午圈的时角。

实际上，由于地球岁差、章动和极移的影响，且地球自转轴随时间不断变化，这导致赤道面在以太阳为中心的参考系中是变化的，这样，春分点在该参考系中也是变化的，春分点每年大约进动 $0.014°$。存在瞬时的地球自转轴和人为定义的平均地球自转轴，相应的春分点称为真春分点 γ_T 和平春分点 γ_M，由此得到的恒星时分别称为真恒星时和平恒星时。某地的真恒星时是真春分点相对于该地子午圈的时角（local apparent sidereal time，LAST），平恒星时是平春分点相对于该点子午圈的时角（local mean sidereal time，LMST）。真春分点的格林尼治时角（Greenwich apparent sidereal time，GAST）、平春分点的格林尼治时角（Greenwich mean sidereal time，GMST）与 LAST、LMST 的关系如图 4.1 所示，其数学关系为

$$\mathrm{LAST} - \mathrm{LMST} = \mathrm{GAST} - \mathrm{GMST} = \Delta\psi\cos\varepsilon \tag{4-2-7}$$

$$\mathrm{GMST} = 67310^s.54841 + (8640184^s.812866 + 876600^h)T_u$$

$$+ 0^s.093104 T_u^2 - 0^s.62 \times 10^{-5} T_u^3 \tag{4-2-8}$$

$$\mathrm{GMST} - \mathrm{LMST} = \mathrm{GAST} - \mathrm{LAST} = \lambda \tag{4-2-9}$$

其中，$\Delta\psi$ 为黄经章动；ε 为黄赤交角；T_u 是自 J2000.0 到计算时刻的儒略世纪数：

$$T_u = \frac{\mathrm{JD(UT1)} - 2451545.0}{36525.0} \tag{4-2-10}$$

平太阳时和平恒星时之间的关系为

$$24^h(\text{平恒星时}) = 24^h(1-v)(\text{平太阳时})$$

$$24^h(\text{平太阳时}) = 24^h(1+\mu)(\text{平恒星时})$$

$$1-v = 0.997269566329084$$

$$1+\mu = 1.002737909350975 \tag{4-2-11}$$

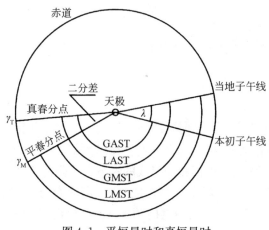

图 4.1　平恒星时和真恒星时

4.2.4　历书时

经过极移改正和地球自转角速度季节性改正后的世界时 UT2,仍然不是均匀的时间,这是因为地球自转中包含长期变化项以及不规则变化项。相比而言,行星绕太阳的公转运动要稳定得多。从 1960 年开始,国际天文学会利用历书时(ephemeris time,ET)代替了世界时,用于描述天体运动,编制天体历书。历书时的秒长定义为1980 年 1 月 0.5 日对应的回归年的 1/31556925.9747,并以 1900 年1 月 0 日的世界时 12h 作为历书时的 1900 年 1 月 0 日 12h。

历书时中包含了不规则因素的影响,不能够由严格的理论公式表示,只能通过观测得到。由于观测精度有限,1976 年召开的第十六届国际天文学联合会决定,从 1984 年起天文计算和历表编制以原子时为基础,不再使用历书时。

4.2.5　国际原子时

为了建立更加准确、更加稳定的时间系统,人们通过观测原子内部的周期性运动,建立了原子时。原子时秒长的定义为:铯 133 原子基态的两个超精细能级间在零磁场下跃迁辐射 9192631770 周期所持续的时间,起点定义为 UT1 时间的 1958年 1 月 1 日 0 时,后来发现原子时起点比世界时 UT1 滞后 0.0039s。

目前,国际计量局根据全球 58 个实验室大约 240 台自由运转的原子钟,经过数据处理得到全球统一的原子时,即国际原子时(international atomic time,TAI)。

4.2.6　力学时

力学时是天体力学研究中采用的一种均匀的时间系统。根据所描述运动参考系的不同,力学时分为太阳系质心动力学时(barycentric dynamic time,TDB)和地

球质心动力学时(terrestrial dynamic time,TDT),它们之间相差一个周期性的相对论效应项

$$\text{TDT} = \text{TDB} - 0^{s}.001658 \sin g - 0^{s}.000014 \sin(2g) \qquad (4\text{-}2\text{-}12)$$

其中,$g = 357.53° + 0.9856003° \cdot [\text{JD}(T) - 2451545.0]$ 是地球公转轨道的平近点角。TDB 时间用于描述以太阳质心为中心的牛顿动力学过程,而 TDT 时间则用于描述以地球质心为中心的动力学过程。

地球动力学时建立在国际原子时基础上,两者的关系为

$$\text{TDT} = \text{TAI} + 32^{s}.184 \qquad (4\text{-}2\text{-}13)$$

4.2.7　世界协调时

原子时是非常均匀的时间系统,相比而言,由于地球自转角速度具有长期减慢的趋势,世界时 UT1 与原子时的差距会逐渐增加。1958 年,原子时约等于世界时;2001 年,原子时比世界时多 32s。为了既能够发挥原子时均匀性的优势,又能充分反映地球的自转性质,综合国际原子时和世界时 UT1,提出了协调世界时(coordinated universal time,UTC)。它采用原子秒的步长,并在 UTC 的 6 月 30 日或 12 月 31 日最后一秒引入跳秒,使 UTC 和 UT1 之间的差距不超过 0.9s,其关系为 UT1 = UTC + DUT1,其中,DUT1 可以在国际地球自转服务(international earth rotation service,IERS)的公报中查到。UTC 和 TAI 之间的跳秒也可以通过 IERS 查到。表 4.1 列举了截至 2017 年的跳秒数。

表 4.1　UTC 和 TAI 之间的跳秒数

1972 JAN 1 =	JD 2441317.5	TAI−UTC = 10.0s	1988 JAN 1 =	JD 2447161.5	TAI−UTC = 24.0s
1972 JUL 1 =	JD 2441499.5	TAI−UTC = 11.0s	1990 JAN 1 =	JD 2447892.5	TAI−UTC = 25.0s
1973 JAN 1 =	JD 2441683.5	TAI−UTC = 12.0s	1991 JAN 1 =	JD 2448257.5	TAI−UTC = 26.0s
1974 JAN 1 =	JD 2442048.5	TAI−UTC = 13.0s	1992 JUL 1 =	JD 2448804.5	TAI−UTC = 27.0s
1975 JAN 1 =	JD 2442413.5	TAI−UTC = 14.0s	1993 JUL 1 =	JD 2449169.5	TAI−UTC = 28.0s
1976 JAN 1 =	JD 2442778.5	TAI−UTC = 15.0s	1994 JUL 1 =	JD 2449534.5	TAI−UTC = 29.0s
1977 JAN 1 =	JD 2443144.5	TAI−UTC = 16.0s	1996 JAN 1 =	JD 2450083.5	TAI−UTC = 30.0s
1978 JAN 1 =	JD 2443509.5	TAI−UTC = 17.0s	1997 JUL 1 =	JD 2450630.5	TAI−UTC = 31.0s
1979 JAN 1 =	JD 2443874.5	TAI−UTC = 18.0s	1999 JAN 1 =	JD 2451179.5	TAI−UTC = 32.0s
1980 JAN 1 =	JD 2444239.5	TAI−UTC = 19.0s	2006 JAN 1 =	JD 2453736.5	TAI−UTC = 33.0s
1981 JUL 1 =	JD 2444786.5	TAI−UTC = 20.0s	2009 JAN 1 =	JD 2454832.5	TAI−UTC = 34.0s
1982 JUL 1 =	JD 2445151.5	TAI−UTC = 21.0s	2012 JUL 1 =	JD 2456109.5	TAI−UTC = 35.0s
1983 JUL 1 =	JD 2445516.5	TAI−UTC = 22.0s	2016 JAN 1 =	JD 2457388.5	TAI−UTC = 36.0s
1985 JUL 1 =	JD 2446247.5	TAI−UTC = 23.0s	2017 JAN 1 =	JD 2457754.5	TAI−UTC = 37.0s

4.2.8　GPS 时

GPS 卫星是随时间连续运动的。为了实现精密导航定位,需要采用连续、均匀、稳定的时间系统。为此,引入了 GPS 时(global positioning system time, GPST),它采用了原子时的秒长,步长极其稳定。定义 1980 年 1 月 6 日 0 时, GPST 和 UTC 时间相等,以后不作跳秒修正,保证时间的连续性。

4.2.9　儒略日

儒略日(Julian date,JD)是自太阳时的公元前 4713 年 1 月 1 日中午起经历的天数,它在卫星轨道计算中使用起来很方便,不需要任何复杂的转换。儒略日数字很大,在使用中一般前两位不变,因此经常使用简化儒略日(modified Julian date, MJD)。

$$MJD = JD - 2400000.5 \qquad (4\text{-}2\text{-}14)$$

在轨道计算中,需要进行儒略日和公历日期的互换,由公历日期(Year, Month,Day,Hour,Minute,Second)计算儒略日的公式为

$$a = \text{floor}\left(\frac{14 - \text{Month}}{12}\right) \qquad (4\text{-}2\text{-}15)$$

$$y = \text{Year} + 4800 - a \qquad (4\text{-}2\text{-}16)$$

$$m = \text{Month} + 12a - 3 \qquad (4\text{-}2\text{-}17)$$

$$JND = \text{Day} + \text{floor}\left(\frac{153m + 2}{5}\right) + 365y + \text{floor}\left(\frac{y}{4}\right)$$
$$- \text{floor}\left(\frac{y}{100}\right) + \text{floor}\left(\frac{y}{400}\right) - 32045 \qquad (4\text{-}2\text{-}18)$$

$$JD = JND + \frac{\text{Hour} - 12}{24} + \frac{\text{Minute}}{1440} + \frac{\text{Second}}{86400} \qquad (4\text{-}2\text{-}19)$$

其中,floor(·)函数表示舍去小数部分,保留整数部分。

由儒略日计算公历日期(Year,Month,Day,Hour,Minute,Second)的公式为

$$J = JD + 0.5 \qquad (4\text{-}2\text{-}20)$$

$$j = J + 32044 \qquad (4\text{-}2\text{-}21)$$

$$g = \text{floor}\left(\frac{j}{146097}\right), \quad d_g = \text{mod}(j, 146097) \qquad (4\text{-}2\text{-}22)$$

$$c = \text{floor}\left\{\left[\text{floor}\left(\frac{d_g}{36524}\right) + 1\right] \times \frac{3}{4}\right\}, \quad d_c = d_g - 36524c \qquad (4\text{-}2\text{-}23)$$

$$b = \text{floor}\left(\frac{d_c}{1461}\right), \quad d_b = \text{mod}(d_c, 1461) \qquad (4\text{-}2\text{-}24)$$

$$a = \text{floor}\left\{\left[\text{floor}\left(\frac{d_b}{365}\right) + 1\right] \times \frac{3}{4}\right\}, \quad d_a = d_b - 365a \qquad (4\text{-}2\text{-}25)$$

$$y = 400g + 100c + 4b + a \tag{4-2-26}$$

$$m = \text{floor}\left(\frac{d_a \times 5 + 308}{153}\right) - 2 \tag{4-2-27}$$

$$d = d_a - \text{floor}\left(\frac{(m+4) \times 153}{5}\right) + 122 \tag{4-2-28}$$

$$\text{Year} = y - 4800 + \text{floor}\left(\frac{m+2}{12}\right) \tag{4-2-29}$$

$$\text{Month} = \text{mod}(m+2, 12) + 1 \tag{4-2-30}$$

$$\text{Day} = \text{floor}(d+1) \tag{4-2-31}$$

$$\text{totals} = (d + 1 - \text{Day}) \times 24 \times 3600 \tag{4-2-32}$$

$$\text{Hour} = \text{floor}\left(\frac{\text{totals}}{3600}\right) \tag{4-2-33}$$

$$\text{totalss} = \text{totals} - \text{Hour} \times 3600 \tag{4-2-34}$$

$$\text{Minute} = \text{floor}\left(\frac{\text{totalss}}{60}\right) \tag{4-2-35}$$

$$\text{Second} = \text{totalss} - \text{Minute} \times 60 \tag{4-2-36}$$

4.3　坐标系统及其转换

精确的坐标系定义对重力卫星测量数据描述和重力场反演极为重要。在天基重力场测量中,主要涉及三类坐标系,分别是地心惯性坐标系、地球固连坐标系、与卫星本体相关的坐标系。其中,地心惯性坐标系用于在牛顿运动定律下描述卫星的运动,地球固连坐标系用于精密定轨中地面跟踪数据的描述以及地球重力场模型的描述,与卫星本体相关的坐标系用于描述重力卫星载荷的观测数据。

4.3.1　坐标系定义

地心惯性坐标系定义如下:以地球质心为原点,x 轴指向 J2000.0 时刻的春分点,z 轴指向该时刻瞬时自转轴经岁差、章动改正后的方向,y 与 x、z 轴构成右手坐标系,xy 平面为该时刻的赤道平面。其中,J2000.0 时刻是指儒略日的2451545.0 日(即 2000 年 1 月 1 日 12 时),或国际原子时的 2000 年 1 月 1 日11:59:27.816,或 UTC 时间的 2000 年 1 月 1 日 11:58:55.816。

地球固连坐标系定义如下:它是固连在地球上的坐标系,随地球一起运动。以地球质心为原点,x 轴指向格林尼治子午面与赤道的交点,z 轴指向国际协议原点(conventional international origin,CIO),y 与 x、z 轴构成右手直角坐标系。在地球固连坐标系中,重力卫星运动状态通常利用直角坐标 (x, y, z) 来表示,而地球重力场模型通常用球坐标系 (r, θ, λ) 来表示。其中,r 为研究点到地心的距离,θ 为该点的余纬角,λ 为该点的经度。两个坐标系之间的转换关系为

$$\begin{cases} x = r\sin\theta\cos\lambda \\ y = r\sin\theta\sin\lambda \\ z = r\cos\theta \end{cases} \tag{4-3-1}$$

轨道坐标系以卫星质心为原点，z 轴由地心指向卫星质心，x 轴在卫星轨道面内与 z 轴垂直，并指向卫星速度方向，y 轴与 x、z 轴构成右手直角坐标系。

局部指北坐标系以卫星质心为原点，x 轴指向正北方向，z 轴由地心指向卫星质心，y 轴指向西，与 x、z 轴构成右手直角坐标系。

卫星本体坐标系以卫星质心为原点，x 轴指向卫星头部，y 轴指向地心，并与 x 轴垂直，z 轴与 x 轴、y 轴构成右手直角坐标系。根据卫星本体坐标系相对轨道坐标系的欧拉旋转角，可以确定两个坐标系之间的转换矩阵。设欧拉角旋转顺序是偏航-滚动-俯仰，轨道坐标系为 $O\text{-}XYZ$，偏航角 ϕ 是本体坐标系 x 轴在 XY 平面内的投影与 X 轴的夹角，滚动角 φ 是本体坐标系 y 轴与 XY 平面的夹角，俯仰角 θ 是本体坐标系 x 轴与 XY 平面的夹角，则由本体坐标系到轨道坐标系的转换矩阵为

$$\boldsymbol{M} = \begin{bmatrix} \cos\theta\cos\phi - \sin\theta\sin\varphi\sin\phi & \cos\theta\sin\phi + \sin\theta\sin\varphi\cos\phi & -\sin\theta\cos\varphi \\ -\cos\varphi\sin\phi & \cos\phi\cos\varphi & \sin\varphi \\ \sin\theta\cos\phi + \cos\theta\sin\varphi\sin\phi & \sin\theta\sin\phi - \cos\theta\sin\varphi\cos\phi & \cos\theta\cos\varphi \end{bmatrix}$$

$$\tag{4-3-2}$$

有效载荷坐标系定义如下：在重力卫星测量中，有效载荷坐标系是指加速度计坐标系、重力梯度仪坐标系或内编队系统中的外卫星腔体坐标系等，它与卫星本体坐标系之间的转换关系，可以根据相应载荷的安装矩阵确定。

4.3.2 地心惯性坐标系和地球固连坐标系的转换

设一个矢量在地心惯性坐标系中表示为 $\boldsymbol{X}_{\text{CIS}}$，在地球固连坐标系中表示为 $\boldsymbol{X}_{\text{CTS}}$，两者的转换关系为

$$\boldsymbol{X}_{\text{CTS}} = \boldsymbol{R}_{\text{M}} \boldsymbol{R}_{\text{S}} \boldsymbol{R}_{\text{N}} \boldsymbol{R}_{\text{P}} \boldsymbol{X}_{\text{CIS}} \tag{4-3-3}$$

其中，$\boldsymbol{R}_{\text{P}}$ 为岁差矩阵；$\boldsymbol{R}_{\text{N}}$ 为章动矩阵；$\boldsymbol{R}_{\text{S}}$ 为地球自转矩阵；$\boldsymbol{R}_{\text{M}}$ 为极移矩阵。为了便于描述这四类矩阵，首先，给出绕 3 个坐标轴的旋转矩阵定义

$$\boldsymbol{R}_x(\alpha) = \begin{bmatrix} 1 & 0 & 0 \\ 0 & \cos\alpha & \sin\alpha \\ 0 & -\sin\alpha & \cos\alpha \end{bmatrix} \tag{4-3-4}$$

$$\boldsymbol{R}_y(\alpha) = \begin{bmatrix} \cos\alpha & 0 & -\sin\alpha \\ 0 & 1 & 0 \\ \sin\alpha & 0 & \cos\alpha \end{bmatrix} \tag{4-3-5}$$

$$\boldsymbol{R}_z(\alpha) = \begin{bmatrix} \cos\alpha & \sin\alpha & 0 \\ -\sin\alpha & \cos\alpha & 0 \\ 0 & 0 & 1 \end{bmatrix} \tag{4-3-6}$$

岁差矩阵为

$$\boldsymbol{R}_{\mathrm{P}} = \boldsymbol{R}_z(-z)\,\boldsymbol{R}_y(\theta)\,\boldsymbol{R}_z(-\zeta) \tag{4-3-7}$$

其中

$$z = 2306''.2181t + 1''.09468t^2 + 0''.018203t^3$$
$$\theta = 2004''.3109t - 0''.42665t^2 - 0''.041833t^3$$
$$\zeta = 2306''.2181t + 0''.30188t^2 + 0''.017998t^3 \tag{4-3-8}$$

t 是相对于 J2000.0 的儒略世纪数

$$t = \frac{\mathrm{JD(TDB)} - 2451545.0}{36525.0} \tag{4-3-9}$$

JD 表示儒略日；TDB 是质心动力学时。

章动矩阵为

$$\boldsymbol{R}_{\mathrm{N}} = \boldsymbol{R}_x(-\varepsilon - \Delta\varepsilon)\,\boldsymbol{R}_z(-\Delta\psi)\,\boldsymbol{R}_x(\varepsilon) \tag{4-3-10}$$

其中，ε 为黄赤夹角；$\Delta\varepsilon$ 为交角章动；$\Delta\psi$ 为黄经章动。

$$\varepsilon = 23°.43929111 - 46''.8150t - 0''.00059t^2 + 0''.001813t^3 \tag{4-3-11}$$

$$\Delta\varepsilon = \sum_{i=1}^{106}(\Delta\varepsilon)_i\cos\phi_i \tag{4-3-12}$$

$$\Delta\psi = \sum_{i=1}^{106}(\Delta\psi)_i\cos\phi_i \tag{4-3-13}$$

其中

$$\phi_i = p_{l,i}l + p_{l',i}l' + p_{F,i}F + p_{D,i}D + p_{\Omega,i}\Omega \tag{4-3-14}$$

月球平近点角为

$$l = 134°57'46''.733 + 477198°52'02''.633t + 31''.310t^2 + 0''.064t^3 \tag{4-3-15}$$

太阳平近点角为

$$l' = 357°31'39''.804 + 35999°03'01''.224t - 0''.577t^2 - 0''.012t^3 \tag{4-3-16}$$

月球平升交角为

$$F = 93°16'18''.877 + 483202°01'03''.137t - 13''.257t^2 + 0''.011t^3 \tag{4-3-17}$$

日月平角矩为

$$D = 297°51'01''.307 + 445267°06'41''.328t - 6''.891t^2 + 0''.019t^3 \tag{4-3-18}$$

月球轨道对黄道平均升交点的黄经为

$$\Omega = 125°02'40''.280 - 1934°08'10''.539t + 7''.455t^2 + 0''.008t^3 \tag{4-3-19}$$

式(4-3-15)～式(4-3-19)中的 t 由式(4-3-9)计算得到,式(4-3-14)中的 $p_{l,i}$、$p_{l',i}$、$p_{F,i}$、$p_{D,i}$、$p_{\Omega,i}$ 由表 4.2 得到。

表 4.2 黄经和交角章动序列表 *

i	a	b	c	d	e	f	g	h	j	i	a	b	c	d	e	f	g	h	j
1	0	0	0	0	1	x_1	x_5	x_6	8.9	33	0	−1	0	0	1	−12	0	6	0
2	0	0	2	−2	2	x_2	−1.6	5736	−3.1	34	2	0	−2	0	0	11	0	0	0
3	0	0	2	0	2	x_3	−0.2	977	−0.5	35	−1	0	2	2	1	−10	0	5	0
4	0	0	0	0	2	2062	0.2	−895	0.5	36	1	0	2	2	2	−8	0	3	0
5	0	−1	0	0	0	x_4	3.4	54	−0.1	37	0	−1	2	0	2	−7	0	3	0
6	1	0	0	0	0	712	0.1	−7	0	38	0	0	2	2	1	−7	0	3	0
7	0	1	2	−2	2	−517	1.2	224	−0.6	39	1	1	0	−2	0	−7	0	0	0
8	0	0	2	0	1	−386	−0.4	200	0	40	0	1	2	0	2	7	0	−3	0
9	1	0	2	0	2	−301	0	129	−0.1	41	−2	0	0	2	1	−6	0	3	0
10	0	−1	2	−2	2	217	−0.5	−95	0.3	42	0	0	0	2	1	−6	0	3	0
11	−1	0	0	2	0	158	0	−1	0	43	2	0	2	−2	2	6	0	−3	0
12	0	0	2	−2	1	129	0.1	−70	0	44	1	0	0	2	0	6	0	0	0
13	−1	0	2	0	2	123	0	−53	0	45	1	0	2	−2	1	6	0	−3	0
14	1	0	0	0	1	63	0.1	−33	0	46	0	0	0	−2	1	−5	0	3	0
15	0	0	0	2	0	63	0	−2	0	47	0	−1	2	−2	1	−5	0	3	0
16	−1	0	2	2	2	−59	0	26	0	48	2	0	2	0	1	−5	0	3	0
17	−1	0	0	0	1	−58	−0.1	32	0	49	1	−1	0	0	0	5	0	0	0
18	1	0	2	0	1	−51	0	27	0	50	1	0	0	−1	0	−4	0	0	0
19	−2	0	0	2	0	−48	0	1	0	51	0	0	0	1	0	−4	0	0	0
20	−2	0	2	0	1	46	0	−24	0	52	0	1	0	−2	0	−4	0	0	0
21	0	0	2	2	2	−38	0	16	0	53	1	0	−2	0	0	4	0	0	0
22	2	0	2	0	2	−31	0	13	0	54	2	0	0	−2	1	4	0	−2	0
23	2	0	0	0	0	29	0	−1	0	55	0	1	2	−2	1	4	0	−2	0
24	1	0	2	−2	2	29	0	−12	0	56	1	1	0	0	0	−3	0	0	0
25	0	0	2	0	0	26	0	−1	0	57	1	−1	0	−1	0	−3	0	0	0
26	0	0	2	−2	0	−22	0	0	0	58	−1	−1	2	2	2	−3	0	1	0
27	−1	0	2	0	1	21	0	−10	0	59	0	−1	2	2	2	−3	0	1	0
28	0	2	0	0	0	17	−0.1	0	0	60	1	−1	2	0	2	−3	0	1	0
29	0	2	2	−2	2	−16	0.1	7	0	61	3	0	2	0	2	−3	0	1	0
30	−1	0	0	2	1	16	0	−8	0	62	−2	0	2	0	2	−3	0	1	0
31	0	1	0	0	1	−15	0	9	0	63	1	0	2	0	0	3	0	0	0
32	1	0	0	−2	1	−13	0	7	0	64	−1	0	2	4	2	−2	0	1	0

续表

i	a	b	c	d	e	f	g	h	j	i	a	b	c	d	e	f	g	h	j
65	1	0	0	0	2	−2	0	1	0	86	−2	0	2	4	2	−1	0	1	0
66	−1	0	2	−2	1	−2	0	1	0	87	2	0	2	2	2	−1	0	0	0
67	0	−2	2	−2	1	−2	0	1	0	88	0	−1	2	0	1	−1	0	0	0
68	−2	0	0	2	1	−2	0	1	0	89	0	0	0	−2	0	1	−1	0	0
69	2	0	0	0	1	2	0	−1	0	90	0	0	4	−2	2	1	0	0	0
70	3	0	0	0	0	2	0	0	0	91	0	0	1	0	1	2	0	0	0
71	1	1	2	0	2	2	0	−1	0	92	1	1	2	−2	2	1	0	−1	0
72	0	0	2	1	2	2	0	−1	0	93	3	0	2	−2	2	1	0	0	0
73	1	0	0	2	1	−1	0	0	0	94	−2	0	2	2	2	1	0	−1	0
74	1	0	2	2	1	−1	0	0	0	95	−1	0	0	0	2	1	0	−1	0
75	1	1	0	−2	1	−1	0	0	0	96	0	0	−2	2	1	1	0	0	0
76	0	1	0	2	0	−1	0	0	0	97	0	1	2	0	2	1	0	0	0
77	0	1	2	−2	0	−1	0	0	0	98	−1	0	4	0	2	1	0	0	0
78	0	1	−2	2	0	−1	0	0	0	99	2	1	0	−2	0	1	0	0	0
79	1	0	−2	2	0	−1	0	0	0	100	2	0	0	2	0	1	0	0	0
80	1	0	−2	−2	0	−1	0	0	0	101	2	0	2	−2	1	1	0	−1	0
81	1	0	2	−2	0	−1	0	0	0	102	2	0	−2	0	1	1	0	0	0
82	1	0	0	−4	0	−1	0	0	0	103	1	−1	0	−2	0	1	0	0	0
83	2	0	0	−4	0	−1	0	0	0	104	−1	0	0	1	1	1	0	0	0
84	0	0	2	4	2	−1	0	0	0	105	−1	−1	0	2	1	1	0	0	0
85	0	0	2	−1	2	−1	0	0	0	106	0	1	0	1	0	1	0	0	0

* $x_1=-171996, x_2=-13187, x_3=-2274, x_4=-1426, x_5=-174.2, x_6=92025$。

在表 4.2 中，a、b、c、d、e 分别表示 $p_{l,i}$、$p_{l',i}$、$p_{F,i}$、$p_{D,i}$、$p_{\Omega,i}$。

$$(\Delta\psi)_i = (f + gt) \cdot 0.001'' \tag{4-3-20}$$

$$(\Delta\varepsilon)_i = (h + jt) \cdot 0.001'' \tag{4-3-21}$$

地球自转矩阵为

$$\boldsymbol{R}_S = \boldsymbol{R}_z(\text{GAST}) \tag{4-3-22}$$

其中，GAST 为格林尼治真恒星时

$$\text{GAST} = \text{GMST} + \Delta\psi\cos(\varepsilon + \Delta\varepsilon) + 0''.00264\sin\Omega + 0''.000063\sin2\Omega \tag{4-3-23}$$

GMST 是格林尼治平恒星时

$$\text{GMST} = 67310^{\text{s}}.54841 + (8640184^{\text{s}}.812866 + 876600^{\text{h}})T_u$$
$$+ 0^{\text{s}}.093104T_u^2 - 0^{\text{s}}.62 \times 10^{-5}T_u^3 \tag{4-3-24}$$

其中，$\Delta\varepsilon$、$\Delta\psi$ 由式(4-3-12)和式(4-3-13)确定，Ω 由式(4-3-19)确定，T_u 为

$$T_u = \frac{\mathrm{JD(UT1)} - 2451545.0}{36525.0} \tag{4-3-25}$$

极移矩阵为

$$\boldsymbol{R}_\mathrm{M} = \boldsymbol{R}_y(-x_p)\,\boldsymbol{R}_x(-y_p) \tag{4-3-26}$$

从国际地球自转服务机构(International Earth Rotation Service, IERS)网站上可以查到极移数据，然后通过插值得到 x_p、y_p。

4.3.3 地球固连坐标系和局部指北坐标系的转换

设一个矢量在地球固连坐标系中的坐标为 (X,Y,Z)，在局部指北坐标系中的坐标为 (x,y,z)，两者之间存在如下转换关系：

$$\begin{bmatrix} X \\ Y \\ Z \end{bmatrix} = \begin{bmatrix} -\cos\lambda\cos\theta & \sin\lambda & \cos\lambda\sin\theta \\ -\sin\lambda\cos\theta & -\cos\lambda & \sin\lambda\sin\theta \\ \sin\theta & 0 & \cos\theta \end{bmatrix} \begin{bmatrix} x \\ y \\ z+r \end{bmatrix} \tag{4-3-27}$$

其中，(r,θ,λ) 是在地球固连坐标系中与 (X,Y,Z) 相对应的球坐标。

4.3.4 地心惯性坐标系和轨道坐标系的转换

设卫星在地心惯性系中的位置矢量为 $\boldsymbol{r}$，速度矢量为 $\dot{\boldsymbol{r}}$，则根据轨道坐标系的定义可知，沿轨道坐标系 3 个轴方向的单位矢量为

$$\boldsymbol{x}_0 = \frac{(\boldsymbol{r} \times \dot{\boldsymbol{r}}) \times \boldsymbol{r}}{\|(\boldsymbol{r} \times \dot{\boldsymbol{r}}) \times \boldsymbol{r}\|} \tag{4-3-28}$$

$$\boldsymbol{y}_0 = \frac{\boldsymbol{r} \times \dot{\boldsymbol{r}}}{\|\boldsymbol{r} \times \dot{\boldsymbol{r}}\|} \tag{4-3-29}$$

$$\boldsymbol{z}_0 = \frac{\boldsymbol{r}}{\|\boldsymbol{r}\|} \tag{4-3-30}$$

则由轨道坐标系到地心惯性系的转换矩阵为

$$\boldsymbol{M} = (\boldsymbol{x}_0, \boldsymbol{y}_0, \boldsymbol{z}_0) \tag{4-3-31}$$

4.4　二体问题

二体问题研究卫星在地球质点假设下的引力运动，卫星轨迹是圆锥曲线。通过对二体问题的研究，可以掌握卫星运动的基本规律，进而开展卫星轨道分析和设计。在二体问题研究中，需要做以下假设：①作用力仅为地球引力；②地球是匀质球体，并且质量集中在球心；③假设卫星为质点。

4.4.1 运动方程

在惯性坐标系 $O\text{-}XYZ$ 中，设两个质点的质量分别 m_1 和 m_2，其位置矢量分别

为 r_1 和 r_2,则相对位置矢量为 $r = r_1 - r_2$,如图 4.2 所示。

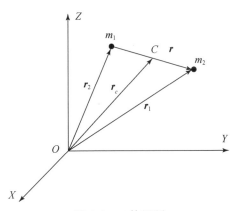

图 4.2　二体问题

设 C 点为由 m_1 和 m_2 组成的质点系的质心,其位置矢量为 r_c。由于在质点系中各个质点对质心的质量矩之和为 0,即

$$m_1(r_1 - r_c) + m_2(r_2 - r_c) = \mathbf{0} \tag{4-4-1}$$

将 $r = r_1 - r_2$ 代入式(4-4-1),得到

$$r_1 = r_c + \frac{m_2}{m_1 + m_2} r \tag{4-4-2}$$

$$r_2 = r_c - \frac{m_1}{m_1 + m_2} r \tag{4-4-3}$$

设作用于质点 m_1 的力为 F_1,作用于质点 m_2 的力为 F_2,根据牛顿第二定律,可以得到

$$\begin{cases} F_1 = m_1 \ddot{r}_1 = m_1 \ddot{r}_c + \dfrac{m_1 m_2}{m_1 + m_2} \ddot{r} \\[3mm] F_2 = m_2 \ddot{r}_2 = m_2 \ddot{r}_c - \dfrac{m_1 m_2}{m_1 + m_2} \ddot{r} \end{cases} \tag{4-4-4}$$

根据牛顿第三运动定律,可知

$$F_1 + F_2 = 0 \tag{4-4-5}$$

即

$$\ddot{r}_c(m_1 + m_2) = \mathbf{0} \tag{4-4-6}$$

因为 $m_1 + m_2 \neq 0$,故有

$$\ddot{r}_c = 0 \tag{4-4-7}$$

这说明二体系统的质心始终没有加速度。由于二体系统受到的合外力为零,因此其质心在惯性坐标系中静止或做匀速直线运动。

考虑质点 m_1 相对质点 m_2 的运动,由式(4-4-4)和式(4-4-7)得到

$$\boldsymbol{F}_1 = -\boldsymbol{F}_2 = \frac{m_1 m_2}{m_1 + m_2}\ddot{\boldsymbol{r}} \tag{4-4-8}$$

由于质点 m_1 和 m_2 仅受万有引力作用,故

$$\boldsymbol{F} = -\frac{Gm_1 m_2}{r^2}\frac{\boldsymbol{r}}{r} = -\frac{Gm_1 m_2}{r^3}\boldsymbol{r} \tag{4-4-9}$$

联立式(4-4-8)和式(4-4-9)得到

$$\frac{m_1 m_2}{m_1 + m_2}\ddot{\boldsymbol{r}} + \frac{Gm_1 m_2}{r^3}\boldsymbol{r} = 0 \tag{4-4-10}$$

设 $\mu = G(m_1 + m_2)$,则

$$\ddot{\boldsymbol{r}} + \frac{\mu}{r^3}\boldsymbol{r} = 0 \tag{4-4-11}$$

对于近地卫星, $m_2 = m_e = 5.974242 \times 10^{24} \text{kg}$ 为地球质量, m_1 为卫星质量, $m_1 \ll m_2$, m_1 可忽略不计,故 $\mu_e = Gm_e = 3.986 \times 10^{14} \text{m}^3 / \text{s}^2$ 。

式(4-4-11)是二体运动方程,它可以转换成 6 个一阶非线性常微分方程组成的方程组。尽管式(4-4-11)的形式比较简单,但是难以直接得到方程的解析解。可以从这一方程出发,寻找 6 个独立的积分常数,含有这 6 个积分常数的联立表达式与原方程是等价的,并且便于分析卫星轨道运动。这 6 个积分常数分别是面积积分中的 3 个常数、轨道积分中的一个常数、活力积分中的一个常数、时间积分中的一个常数。

4.4.2 面积积分

$\boldsymbol{r}$ 叉乘式(4-4-11)的等式两边,得到

$$\boldsymbol{r} \times \ddot{\boldsymbol{r}} + \frac{\mu}{r^3}(\boldsymbol{r} \times \boldsymbol{r}) = 0 \tag{4-4-12}$$

根据矢量积的求导法则,有

$$\frac{\mathrm{d}}{\mathrm{d}t}(\boldsymbol{r} \times \dot{\boldsymbol{r}}) = \dot{\boldsymbol{r}} \times \dot{\boldsymbol{r}} + \boldsymbol{r} \times \ddot{\boldsymbol{r}} \tag{4-4-13}$$

将式(4-4-12)代入式(4-4-13)中,得到

$$\frac{\mathrm{d}}{\mathrm{d}t}(\boldsymbol{r} \times \dot{\boldsymbol{r}}) = 0 \tag{4-4-14}$$

对式(4-4-14)进行积分,设积分常矢量为 $\boldsymbol{h}$,则有

$$\boldsymbol{r} \times \dot{\boldsymbol{r}} = \boldsymbol{h} \tag{4-4-15}$$

在惯性坐标系中, $\boldsymbol{h} = (h_X, h_Y, h_Z)^\mathrm{T}$, h_X 、 h_Y 、 h_Z 为 3 个积分常数。 $\boldsymbol{h}$ 实际上是卫星单位质量的动量矩,根据动量矩守恒可知 $\boldsymbol{h}$ 为常矢量。 $\boldsymbol{h}$ 的大小和方向均不变,说明二体运动的轨道面在惯性空间中是固定的。

根据面积积分公式

$$2A = 2\frac{\mathrm{d}A}{\mathrm{d}t} = |\boldsymbol{r}| |\dot{\boldsymbol{r}}| \sin\gamma = |\boldsymbol{r} \times \dot{\boldsymbol{r}}| = h \tag{4-4-16}$$

可知 h 为面积速度的 2 倍,因此式(4-4-15)称为面积积分。卫星在单位时间内扫过的面积越大,卫星的轨道半长轴越大,故 h 可以反映轨道的大小。考虑到 h 为常数,这一结论就是开普勒第二定律:卫星地心向径(即地球质心指向卫星质心的矢量 $\boldsymbol{r}$)在相同的时间内扫过的面积相等,如图 4.3 所示。

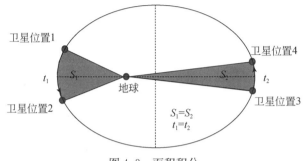

图 4.3 面积积分

设 γ 为垂直航迹角,表示卫星位置矢量与速度矢量的夹角;Θ 为水平航迹角,表示位置矢量与速度矢量夹角的余角,如图 4.4 所示。设 $|\dot{\boldsymbol{r}}|=v$,则有

$$h=|\boldsymbol{r}||\dot{\boldsymbol{r}}|\sin\gamma=rv\cos\Theta \tag{4-4-17}$$

下面进一步分析面积积分中的 3 个积分常数 h_X、h_Y、h_Z 的物理意义。在惯性坐标系中,若运动平面相对于 XY 平面的倾角 i 和轨道升交点相对于 X 轴的赤经 Ω 固定,则轨道平面在惯性空间的指向完全确定。下面建立 i、Ω 与积分常数 h_X、h_Y、h_Z 之间的数学关系。

如图 4.5 所示,以轨道平面为基准面,建立轨道坐标系 $O\text{-}x'y'z'$,x' 轴与 $\boldsymbol{r}$ 重合,z' 轴与 $\boldsymbol{h}$ 重合,y' 与 x' 轴、z' 轴成右手系。设 u 为从轨道升交点到 x' 轴指向之间的夹角,称为纬度辐角。当 $-90°\leqslant u\leqslant90°$ 时,称为轨道的上升段;当 $90°\leqslant u\leqslant270°$ 时,称为轨道的下降段。轨道坐标系到惯性坐标系的转换关系为

$$\begin{bmatrix}X\\Y\\Z\end{bmatrix}=\boldsymbol{M}_O^I\begin{bmatrix}x'\\y'\\z'\end{bmatrix}=\boldsymbol{M}_3(-\Omega)\boldsymbol{M}_1(-i)\boldsymbol{M}_3(-u)\begin{bmatrix}x'\\y'\\z'\end{bmatrix} \tag{4-4-18}$$

$$\boldsymbol{M}_O^I=\begin{bmatrix}\cos\Omega\cos u-\sin\Omega\sin u\cos i & -\cos\Omega\sin u-\sin\Omega\cos u\cos i & \sin\Omega\sin i\\ \sin\Omega\cos u+\cos\Omega\sin u\cos i & -\sin\Omega\sin u+\cos\Omega\cos u\cos i & -\cos\Omega\sin i\\ \sin u\sin i & \cos u\sin i & \cos i\end{bmatrix}$$

$$\tag{4-4-19}$$

在轨道坐标系 $O\text{-}x'y'z'$ 中,$\boldsymbol{h}=(0,0,h)^\mathrm{T}$,$\boldsymbol{r}=(r,0,0)^\mathrm{T}$,$\dot{\boldsymbol{r}}=(\dot{r},r\dot{u},0)^\mathrm{T}$,其中,$\dot{r}$ 为径向速度,也可表示为 v_r;$r\dot{u}$ 为切向速度,也可表示为 v_t,$\dot{u}$ 为切向角速度。根据坐标转换关系,得到

$$\begin{bmatrix} h_X \\ h_Y \\ h_Z \end{bmatrix} = \boldsymbol{R}_3(-\Omega)\,\boldsymbol{R}_1(-i)\,\boldsymbol{R}_3(-u) \begin{bmatrix} 0 \\ 0 \\ h \end{bmatrix} = \begin{bmatrix} h\sin\Omega\sin i \\ -h\cos\Omega\sin i \\ h\cos i \end{bmatrix} \tag{4-4-20}$$

故有

$$\cos i = \frac{h_Z}{h}, \quad \tan\Omega = -\frac{h_X}{h_Y} \tag{4-4-21}$$

所以,积分常数 h_X、h_Y、h_Z 可以用具有更加明确物理意义的卫星轨道角动量 h、轨道倾角 i 和升交点赤经 Ω 来表示。

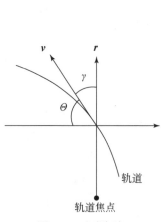

图 4.4　速度倾角

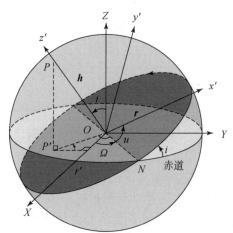

图 4.5　轨道坐标系 $O\text{-}x'y'z'$

4.4.3　轨道积分

式(4-4-11)与 $\boldsymbol{h}$ 叉乘,得到

$$\ddot{\boldsymbol{r}} \times \boldsymbol{h} = -\frac{\mu}{r^3}\boldsymbol{r} \times \boldsymbol{h} = -\frac{\mu}{r^3}\boldsymbol{r} \times (\boldsymbol{r} \times \dot{\boldsymbol{r}}) \tag{4-4-22}$$

根据矢量的叉乘运算法则 $\boldsymbol{a} \times (\boldsymbol{b} \times \boldsymbol{c}) = (\boldsymbol{a} \cdot \boldsymbol{c})\boldsymbol{b} - (\boldsymbol{a} \cdot \boldsymbol{b})\boldsymbol{c}$,得到

$$\ddot{\boldsymbol{r}} \times \boldsymbol{h} = -\frac{\mu}{r^3}\big[(\boldsymbol{r} \cdot \dot{\boldsymbol{r}})\boldsymbol{r} - (\boldsymbol{r} \cdot \boldsymbol{r})\dot{\boldsymbol{r}}\big] \tag{4-4-23}$$

根据 $\boldsymbol{r}$ 和 $\dot{\boldsymbol{r}}$ 的定义,得到 $\boldsymbol{r} \cdot \dot{\boldsymbol{r}} = r\dot{r}$,所以有

$$\ddot{\boldsymbol{r}} \times \boldsymbol{h} = -\frac{\mu}{r^3}(r\dot{r} \cdot \boldsymbol{r} - r^2 \cdot \dot{\boldsymbol{r}}) = \frac{\mu}{r^2}(r \cdot \dot{\boldsymbol{r}} - \dot{r} \cdot \boldsymbol{r}) = \mu\frac{\mathrm{d}}{\mathrm{d}t}\left(\frac{\boldsymbol{r}}{r}\right) \tag{4-4-24}$$

对式(4-4-24)积分,得到

$$\dot{\boldsymbol{r}} \times \boldsymbol{h} = \frac{\mu}{r}(\boldsymbol{r} + r\boldsymbol{e}) \tag{4-4-25}$$

其中,$\boldsymbol{e}$ 为积分常矢量,在惯性坐标系中 $\boldsymbol{e} = (e_x, e_y, e_z)^{\mathrm{T}}$,$e_x$、$e_y$ 和 e_z 为积分常数。由式(4-4-25)得到 $\boldsymbol{e}$ 的表达式为

$$e = \frac{1}{\mu}\left(\dot{r} \times h - \frac{\mu}{r}r\right) \tag{4-4-26}$$

将式(4-4-25)与 h 点乘,得到

$$(\dot{r} \times h) \cdot h = \frac{\mu}{r}(r + re) \cdot h \tag{4-4-27}$$

根据三矢量叉乘混合运算法则,有

$$(\dot{r} \times h) \cdot h = \dot{r} \cdot (h \times h) = 0 \tag{4-4-28}$$

由于 $r \cdot h = 0$,比较式(4-4-27)和式(4-4-28)可得

$$(\dot{r} \times h) \cdot h = \dot{r} \cdot (h \times h) = \frac{\mu}{r}(r \cdot h + re \cdot h) = \mu e \cdot h = 0 \tag{4-4-29}$$

由式(4-4-29)可得

$$e \cdot h = 0 \tag{4-4-30}$$

这说明 e 位于轨道面内,并且 e_x、e_y 和 e_z 中只有两个是独立的。设 e 为 e 的大小, ω 为从轨道升交点方向到 e 的角度,下面给出 e、ω 与积分常数 e_x、e_y 和 e_z 的关系。引入近焦点坐标系 $O\text{-}x''y''z''$,其中, x'' 轴与 e 重合, z'' 轴与 h 重合, y'' 轴与 x'' 轴、 z'' 轴成右手坐标系,如图 4.6 所示。

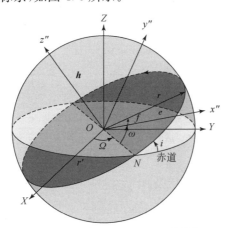

图 4.6　近焦点坐标系 $O\text{-}x''y''z''$

近焦点坐标系与地心惯性系的转换关系为

$$\begin{bmatrix} X \\ Y \\ Z \end{bmatrix} = \boldsymbol{M}_{O'}^{I} \begin{bmatrix} x'' \\ y'' \\ z'' \end{bmatrix} = \boldsymbol{M}_3(-\Omega)\,\boldsymbol{M}_1(-i)\,\boldsymbol{M}_3(-\omega) \begin{bmatrix} x'' \\ y'' \\ z'' \end{bmatrix} \tag{4-4-31}$$

$$\boldsymbol{M}_{O'}^{I} = \begin{bmatrix} \cos\Omega\cos\omega - \sin\Omega\sin\omega\cos i & -\cos\Omega\sin\omega - \sin\Omega\cos\omega\cos i & \sin\Omega\sin i \\ \sin\Omega\cos\omega + \cos\Omega\sin\omega\cos i & -\sin\Omega\sin\omega + \cos\Omega\cos\omega\cos i & -\cos\Omega\sin i \\ \sin\omega\sin i & \cos\omega\sin i & \cos i \end{bmatrix}$$

$$\tag{4-4-32}$$

在坐标系 $O\text{-}x''y''z''$ 中，$\boldsymbol{e}=(e,0,0)^{\mathrm{T}}$。根据上述转换关系，得到

$$\begin{bmatrix} e_x \\ e_y \\ e_z \end{bmatrix}=\boldsymbol{M}_3(-\varOmega)\boldsymbol{M}_1(-i)\boldsymbol{M}_3(-\omega)\begin{bmatrix} e \\ 0 \\ 0 \end{bmatrix}=e\begin{bmatrix} \cos\varOmega\cos\omega-\sin\varOmega\sin\omega\cos i \\ \sin\varOmega\cos\omega+\cos\varOmega\sin\omega\cos i \\ \sin\omega\sin i \end{bmatrix}$$

$$(4\text{-}4\text{-}33)$$

由式(4-4-33)可以得到

$$\begin{cases} e_x=e(\cos\varOmega\cos\omega-\sin\varOmega\sin\omega\cos i) \\ e_y=e(\sin\varOmega\cos\omega+\cos\varOmega\sin\omega\cos i) \\ e_z=e\sin\omega\sin i \end{cases}$$

$$(4\text{-}4\text{-}34)$$

第一式两边同时乘以 $\cos\varOmega$，得到

$$e_x\cos\varOmega=e(\cos^2\varOmega\cos\omega-\sin\varOmega\cos\varOmega\sin\omega\cos i) \qquad (4\text{-}4\text{-}35)$$

第二式两边同时乘以 $\sin\varOmega$，得到

$$e_y\sin\varOmega=e(\sin^2\varOmega\cos\omega+\sin\varOmega\cos\varOmega\sin\omega\cos i) \qquad (4\text{-}4\text{-}36)$$

式(4-4-35)与式(4-4-36)相加，得到

$$e_x\cos\varOmega+e_y\sin\varOmega=e\cos\omega \qquad (4\text{-}4\text{-}37)$$

第三式可整理为

$$e\sin\omega=\frac{e_z}{\sin i} \qquad (4\text{-}4\text{-}38)$$

所以有

$$\tan\omega=\frac{e_z}{(e_y\sin\varOmega+e_x\cos\varOmega)\sin i} \qquad (4\text{-}4\text{-}39)$$

由图 4.7 中可以看出，f 为轨道平面内从 $\boldsymbol{e}$ 到 $\boldsymbol{r}$ 的夹角，称为真近点角，它满足如下关系

$$\begin{cases} f=u-\omega \\ \cos f=\dfrac{\boldsymbol{r}\cdot\boldsymbol{e}}{re} \end{cases} \qquad (4\text{-}4\text{-}40)$$

所以

$$\dot{u}=\dot{f}, \quad h=|\boldsymbol{r}\times\dot{\boldsymbol{r}}|=r^2\dot{f} \qquad (4\text{-}4\text{-}41)$$

利用矢量的叉点乘混合运算法则，$(\boldsymbol{a}\times\boldsymbol{b})\cdot\boldsymbol{c}=\boldsymbol{b}\cdot(\boldsymbol{c}\times\boldsymbol{a})$，将式(4-4-25)等号左右两边分别与 $\boldsymbol{r}$ 点乘，得到

$$(\dot{\boldsymbol{r}}\times\boldsymbol{h})\cdot\boldsymbol{r}=\boldsymbol{h}\cdot(\boldsymbol{r}\times\dot{\boldsymbol{r}})=\boldsymbol{h}\cdot\boldsymbol{h}=h^2 \qquad (4\text{-}4\text{-}42)$$

$$\frac{\mu}{r}(\boldsymbol{r}+r\boldsymbol{e})\cdot\boldsymbol{r}=\mu r(1+e\cos f) \qquad (4\text{-}4\text{-}43)$$

比较式(4-4-42)和式(4-4-43)，得到

$$r=\frac{h^2/\mu}{1+e\cos f}=\frac{h^2/\mu}{1+e\cos(u-\omega)} \qquad (4\text{-}4\text{-}44)$$

式(4-4-44)为二体运动的轨道方程,称为轨道积分,它是极坐标形式的圆锥曲线方程。可以看出,h 和 e 两个参数决定了轨道的形状,轨道矢径 r 与真近点角 f 有关,当 $f = 0°$ 时,r 最小,此时 e 指向轨道近地点,因而也称 e 为近地点矢量;e 表示圆锥曲线的偏心率,故 e 也称为偏心率矢量。$e = 0$ 为圆轨道,$0 < e < 1$ 为椭圆轨道,$e = 1$ 为抛物线轨道,$e > 1$ 为双曲线轨道。为了进一步描述轨道运动,将式(4-4-44)与圆锥曲线方程比较,圆锥曲线极坐标的原点位于一个焦点上,如图 4.7 所示,设圆锥曲线的半通径为 p,则圆锥曲线可以描述为

$$r = \frac{p}{1 + e\cos f} \tag{4-4-45}$$

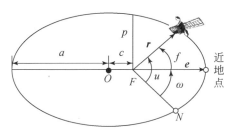

图 4.7　椭圆参数

此方程与轨道方程(4-4-44)的数学形式完全一致,所以

$$p = \frac{h^2}{\mu} = a(1 - e^2) \tag{4-4-46}$$

其中,a 为圆锥曲线的半长轴,可以代替 h 作为积分常数。

$$h^2 = \mu a (1 - e^2) \tag{4-4-47}$$

$$r = \frac{p}{1 + e\cos f} = \frac{p}{1 + e\cos(u - \omega)} = \frac{a(1 - e^2)}{1 + e\cos(u - \omega)} \tag{4-4-48}$$

因为半通径 p 是实际长度,永远为正,故椭圆轨道半长轴 $a > 0$,抛物线轨道 $a \to \infty$,双曲线轨道 $a < 0$。对于双曲线轨道,常记 $a_1 = -a > 0$,则 $p = a_1(e^2 - 1)$,$r = \frac{a_1(e^2 - 1)}{1 + e\cos f}$。

4.4.4　活力积分

用 $\dot{r}$ 点乘式(4-4-11),得到

$$\dot{r} \cdot \ddot{r} + \frac{\mu}{r^3}\dot{r} \cdot r = \frac{1}{2}\frac{\mathrm{d}}{\mathrm{d}t}(\dot{r} \cdot \dot{r}) + \frac{1}{2}\frac{\mathrm{d}}{\mathrm{d}t}(r \cdot r) = 0 \tag{4-4-49}$$

$$\frac{1}{2}\frac{\mu}{r^3}\frac{\mathrm{d}}{\mathrm{d}t}(r \cdot r) = \frac{\mu}{r^2}\dot{r} \tag{4-4-50}$$

故可得

$$\dot{r} \cdot \ddot{r} + \frac{\mu}{r^3} \dot{r} \cdot r = \frac{\mathrm{d}}{\mathrm{d}t} \left(\frac{1}{2} \dot{r} \cdot \dot{r} - \frac{\mu}{r} \right) = 0 \qquad (4\text{-}4\text{-}51)$$

积分式(4-4-51)得到

$$\frac{1}{2} \dot{r} \cdot \dot{r} - \frac{\mu}{r} = \frac{1}{2} v^2 - \frac{\mu}{r} = \varepsilon \qquad (4\text{-}4\text{-}52)$$

其中，ε 为积分常数，表示单位质量的总机械能。由此可知，二体系统的机械能守恒。由式(4-4-52)可知

$$v^2 = \dot{r} \cdot \dot{r} = \dot{r}^2 + r^2 \dot{u}^2 = \dot{r}^2 + r^2 \dot{f}^2 = v_r^2 + v_t^2 \qquad (4\text{-}4\text{-}53)$$

因为

$$\dot{f} = \frac{h}{r^2}, \quad \dot{r} = \frac{r^2}{p} e \dot{f} \sin f \qquad (4\text{-}4\text{-}54)$$

所以有

$$v_r = \dot{r} = \frac{h}{p} e \sin f = \sqrt{\frac{\mu}{p}} e \sin f \qquad (4\text{-}4\text{-}55)$$

考虑到 $r\dot{f} = \dfrac{h}{r}$ ，所以

$$v_t = \dot{r} f = \frac{h}{p}(1 + e\cos f) = \sqrt{\frac{\mu}{p}} (1 + e\cos f) \qquad (4\text{-}4\text{-}56)$$

$$v = \frac{h}{p} \sqrt{1 + 2e\cos f + e^2} \qquad (4\text{-}4\text{-}57)$$

因为二体运动下的卫星机械能守恒，所以可以根据任意一点位置 r 、速度 v 计算卫星的机械能 ε 。为方便起见，取 $f = 90°$ 的点，得到 $r = p$ ，$v^2 = (h/p)^2 (1+e^2)$ ，代入式(4-4-52)，得到

$$\varepsilon = -\frac{\mu}{2a} \qquad (4\text{-}4\text{-}58)$$

由此可知，二体运动下的卫星机械能由半长轴唯一确定，并可得到

$$v^2 = \mu \left(\frac{2}{r} - \frac{1}{a} \right) \qquad (4\text{-}4\text{-}59)$$

式(4-4-59)称为活力积分，可以方便地计算卫星在轨道上不同位置时的速度。可以根据轨道能量和半长轴的符号，判断轨道类型：

(1)圆轨道 $a = r$ ，能量为负，$v = \sqrt{\dfrac{\mu}{r}}$ ；

(2)椭圆轨道 $a > 0$ ，能量为负，$v = \sqrt{\dfrac{2\mu}{r} - \dfrac{\mu}{a}}$ ；

(3)抛物线轨道 $a \to \infty$ ，能量为零，$v = \sqrt{\dfrac{2\mu}{r}}$ ；

(4)双曲线轨道 $a < 0$ ，能量为正，$v = \sqrt{\dfrac{2\mu}{r} + \dfrac{\mu}{a_1}}$ 。

距离地球无穷远处的势能定义为 0,假设卫星飞到无穷远处的速度为 0,即动能将卫星从该点移至无穷远处,动能全部转化为势能,恰好脱离地球引力场的作用,这样的卫星轨道为抛物线轨道,机械能为 0;当卫星速度大于抛物线轨道速度时,只需要一部分动能就可以使卫星飞至无穷远处,这样的轨道为双曲线轨道,机械能大于零;当卫星速度小于抛物线轨道速度时,卫星无法到达无穷远处,此时的轨道为圆轨道或椭圆轨道,机械能小于 0。

4.4.5 近地点时间积分

至此仍然不能完全解出二体问题的运动方程,至少还需要一个包含新的独立常数的积分。因为 $\dot{f} = \dfrac{h}{r^2}$,将 $h = \sqrt{p\mu}$ 和 $r = \dfrac{p}{1+e\cos f}$ 代入 $\dot{f} = \dfrac{h}{r^2}$,得到

$$\frac{\mathrm{d}f}{\mathrm{d}t} = \sqrt{\frac{\mu}{p^3}}\,(1+e\cos f)^2 \tag{4-4-60}$$

即

$$\mathrm{d}t = \sqrt{\frac{p^3}{\mu}}\,\frac{\mathrm{d}f}{(1+e\cos)^2} \tag{4-4-61}$$

积分后,得到

$$t - t_0 = \sqrt{\frac{p^3}{\mu}} \int_{f_0}^{f} \frac{\mathrm{d}f}{(1+e\cos f)^2} \tag{4-4-62}$$

其中,f_0 为 t_0 时刻的真近点角。式(4-4-62)为卫星在轨道上的位置 f 与其飞行时间 t 的关系。

对于圆轨道,有 $e=0$, $p=a=r_c$,所以有

$$t - t_0 = \sqrt{\frac{r_c^3}{\mu}}(f - f_0) \tag{4-4-63}$$

卫星的轨道周期为

$$T_c = 2\pi\sqrt{\frac{r_c^3}{\mu}} \tag{4-4-64}$$

在一般情况下,无法得到式(4-4-62)的解析形式的积分结果,需要寻找替代的分析方法。下面分别针对椭圆、抛物线和双曲线轨道三种情况进行讨论。

1. 椭圆轨道

引入偏近点角的概念,如图 4.8 所示,以椭圆的半长轴 a 为半径,以椭圆中心 O 为圆心作辅助圆,当卫星运行到 S 点时,过 S 作长轴 AP 的垂线 SR,交辅助圆于 Q,交长轴于 R。连接 QO,那么 $\angle QOF$ 为偏近点角 E, $\angle SFR$ 为真近点角 f。

在图 4.8 中,$QO=a$, $OF=c=ea$, $FS=r$,则有

$$FR = OR - OF = a\cos E - ae \tag{4-4-65}$$

所以

$$r\cos f = a\cos E - ae \tag{4-4-66}$$

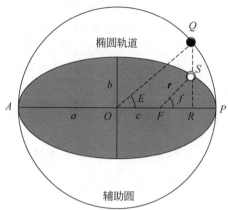

图 4.8　椭圆轨道的辅助圆

根据椭圆的性质,得到

$$\frac{SR}{QR} = \frac{b\sin E}{a\sin E} = \frac{b}{a} \tag{4-4-67}$$

因为 $b = a\sqrt{1-e^2}$,而 $QR = a\sin E$, $SR = r\sin f$,所以

$$r\sin f = a\sqrt{1-e^2}\sin E \tag{4-4-68}$$

由式(4-4-66)和式(4-4-68)整理可得

$$\begin{aligned} r^2 &= a^2(\cos^2 E - 2e\cos E + e^2 + \sin^2 E - e^2\sin^2 E) \\ &= a^2(1 - 2e\cos E + e^2\cos^2 E) \end{aligned} \tag{4-4-69}$$

于是,由偏近点角表示的椭圆方程为

$$r = a(1 - e\cos E) \tag{4-4-70}$$

由式(4-4-66)和式(4-4-70)可得

$$\cos f = \frac{\cos E - e}{1 - e\cos E}$$

利用三角函数的半角公式,得到

$$\tan^2\frac{f}{2} = \frac{1-\cos f}{1+\cos f} = \frac{1-e\cos E-\cos E+e}{1-e\cos E+\cos E-e} = \frac{1+e}{1-e}\tan^2\frac{E}{2} \tag{4-4-71}$$

即

$$\tan\frac{f}{2} = \sqrt{\frac{1+e}{1-e}}\tan\frac{E}{2} \tag{4-4-72}$$

式(4-4-72)为偏近点角与真近点角之间的关系。由图 4.9 可知,$\dfrac{f}{2}$ 与 $\dfrac{E}{2}$ 在同一象限,因此根号前符号为正。当 $\dfrac{E}{2} \in \left[0, \dfrac{\pi}{2}\right]$ 时, $\dfrac{f}{2} = \arctan\left(\sqrt{\dfrac{1+e}{1-e}}\tan\dfrac{E}{2}\right)$;当

$\dfrac{E}{2} \in \left[\dfrac{\pi}{2}, \pi\right]$ 时, $\dfrac{f}{2} = \arctan\left(\sqrt{\dfrac{1+e}{1-e}} \tan\dfrac{E}{2}\right) + \pi$ 。

对式(4-4-70)求导, 得

$$\frac{\mathrm{d}r}{\mathrm{d}t} = ae\sin E\, \frac{\mathrm{d}E}{\mathrm{d}t} \tag{4-4-73}$$

而

$$\frac{\mathrm{d}r}{\mathrm{d}t} = v_r = \frac{\mu}{h} e\sin f = \frac{\mu e\sin f}{\sqrt{\mu a(1-e^2)}} \tag{4-4-74}$$

$$\sin f = \frac{a}{r}\sqrt{1-e^2}\,\sin E = \frac{\sin E}{1 - e\cos E}\sqrt{1-e^2} \tag{4-4-75}$$

代入式(4-4-73), 得到

$$\frac{\mathrm{d}E}{\mathrm{d}t} = \sqrt{\frac{\mu}{a^3}}\,\frac{1}{1 - e\cos E} \tag{4-4-76}$$

$$(1 - e\cos E)\mathrm{d}E = \sqrt{\frac{\mu}{a^3}}\,\mathrm{d}t \tag{4-4-77}$$

对式(4-4-77)积分, 得到

$$E - e\sin E = \sqrt{\frac{\mu}{a^3}}\,(t - \tau) \tag{4-4-78}$$

其中, τ 为积分常数。当 $E=0$ 时, 可求得 $t = \tau$, 由此可知 τ 为过近地点的时刻。令 $n = \sqrt{\dfrac{\mu}{a^3}}$ 为平均角速度, $M = n(t - \tau)$ 为平近点角, 则

$$E - e\sin E = M \tag{4-4-79}$$

式(4-4-79)为开普勒方程, 它表示卫星在椭圆轨道上的位置与过近地点后时间之间的关系。由椭圆轨道运行周期 $T = 2\pi\sqrt{\dfrac{a^3}{\mu}}$, 可以得到开普勒第三定律为

$$\frac{a^3}{T^2} = \frac{\mu}{4\pi^2} \tag{4-4-80}$$

可知, 椭圆轨道的运行周期只与半长轴有关, 与椭圆轨道的形状无关。

2. 抛物线轨道

抛物线轨道的偏心率 $e = 1$, 所以

$$\mathrm{d}t = \sqrt{\frac{p^3}{\mu}}\,\frac{\mathrm{d}f}{(1 + \cos f)^2} \tag{4-4-81}$$

对式(4-4-81)积分, 得到

$$\int \frac{\mathrm{d}f}{(1 + \cos f)^2} = \frac{1}{4}\int \frac{\mathrm{d}f}{\cos^4\dfrac{f}{2}} = \frac{1}{2}\int \left(1 + \tan^2\frac{f}{2}\right)\mathrm{d}\left(\tan\frac{f}{2}\right)$$

$$= \frac{1}{2}\left(\tan\frac{f}{2} + \frac{1}{3}\tan^3\frac{f}{2}\right) + C \tag{4-4-82}$$

$$\tan\frac{f}{2}+\frac{1}{3}\tan^3\frac{f}{2}=2\sqrt{\frac{p^3}{\mu}}(t-\tau) \tag{4-4-83}$$

其中,积分常数 τ 为过近地点时间,该方程称为巴克方程。

3. 双曲线轨道

对于双曲线轨道,采用类似于讨论椭圆轨道的分析方法,以等边双曲线作为辅助曲线,并引入双曲近点角 H。设轨道近地点为 P,双曲线的中心为 O,PO 为双曲线的半长轴;设在时刻 t 卫星位于双曲线轨道上的 S 点,$r=FS$。过 S 点作垂直于半长轴 PO 的直线,与半长轴、辅助双曲线分别交于 R 点和 Q 点,则真近点角 $f=\angle SFR$,如图 4.9 所示。

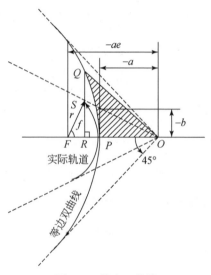

图 4.9　等边双曲线

定义双曲近点角为 H,有

$$\begin{cases}RO=-a\cosh H\\ SR=-b\sinh H\end{cases} \tag{4-4-84}$$

根据几何关系,得到

$$\begin{cases}SR=r\sin f\\ FR=r\cos f\end{cases} \tag{4-4-85}$$

$$FR=FO-RO=-ae+a\cosh H \tag{4-4-86}$$

从而得到

$$\begin{cases}r\cos f=-ae+a\cosh H\\ r\sin f=-b\sinh H\end{cases} \tag{4-4-87}$$

考虑到双曲线的性质,$a^2+b^2=a^2e^2$ 和 $\cosh^2 H-\sinh^2 H=1$,整理式(4-4-87)得到

$$r^2 = a^2 (1 - e\cosh H)^2 \qquad (4\text{-}4\text{-}88)$$

从而,由双曲近点角 H 表示的双曲线轨道方程为

$$r = a_1(e\cosh H - 1) \qquad (4\text{-}4\text{-}89)$$

其中,$a_1 = -a > 0$。由于 $r \in [a(1-e), \infty)$,所以 $\cosh H \geqslant 1$。双曲近点角与椭圆轨道的偏近点角相似。

由于 $r = \dfrac{a_1(e^2-1)}{1+e\cos f}$,分析得到双曲近点角和真近点角的关系为

$$\cos f = \frac{e - \cosh H}{e\cosh H - 1}, \quad \sin f = \frac{\sqrt{e^2-1}\,\sinh H}{e\cosh H - 1} \qquad (4\text{-}4\text{-}90)$$

$$\cosh H = \frac{e + \cos f}{1 + e\cos f}, \quad \sinh H = \frac{\sqrt{e^2-1}\,\sin f}{1 + e\cos f} \qquad (4\text{-}4\text{-}91)$$

$$\tan \frac{f}{2} = \sqrt{\frac{e+1}{e-1}} \tanh \frac{H}{2} \qquad (4\text{-}4\text{-}92)$$

双曲近点角对时间的偏导数为

$$(e\cosh H - 1)\dot{H} = \sqrt{\frac{\mu}{-a^3}} \qquad (4\text{-}4\text{-}93)$$

$$e\sinh H - H = \sqrt{\frac{\mu}{a_1^3}}(t - \tau) \qquad (4\text{-}4\text{-}94)$$

其中,τ 为积分常数,表示双曲线轨道的近地点时刻。

4.5　卫星轨道描述

4.5.1　卫星轨道根数定义

轨道根数又称为轨道要素,是一组描述卫星轨道运动状态的、相互独立的参数。常用的轨道根数包括轨道半长轴 a、偏心率 e、轨道倾角 i、升交点赤经 Ω、近地点角距 ω、过近地点时间 τ 等,这些参数具有明确的几何意义,这里用 σ 表示。

1. 经典轨道根数

对于椭圆轨道,轨道根数可以表示为 $\sigma = (a, e, i, \Omega, \omega, \tau)$,轨道运动如图 4.10 所示。

轨道根数的具体定义如下。

(1)a:半长轴,表示轨道的大小。

(2)e:偏心率,表示轨道的形状。

(3)Ω:升交点赤经,历元平春分点沿着平赤道逆时针度量至轨道升交点的角度。

(4)i:轨道倾角,赤道面按逆时针旋转到轨道面的角度,也是 $\boldsymbol{h}$ 与 Z 轴之间的

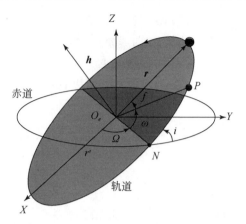

图 4.10　经典轨道根数

夹角,故 $0° \leqslant i \leqslant 180°$。当 $i \leqslant 90°$ 时,轨道称为顺行轨道,当 $i \geqslant 90°$ 时,轨道称为逆行轨道。

(5) ω:近地点角距,自轨道升交点起,在轨道平面内沿轨道运动方向度量至近地点的角度。

(6) τ:卫星过轨道近地点的时间。在已知 τ 的情况下,可由开普勒方程求解任意时刻卫星在轨道上的真近点角 f、偏近点角 E、平近点角 M 或纬度辐角 u,所以有时也常用这 4 个参数中的任意一个代替 τ,作为第 6 个轨道根数。

对于双曲线轨道,轨道根数的定义基本与椭圆轨道相同,只是用 $a_1 = -a$ 来代替 a。对于抛物线轨道,由于偏心率 $e = 1$,故只有 5 个轨道根数,$\sigma = (a, i, \Omega, \omega, \tau)$。

2. 改进轨道根数

在通常情况下,经典轨道根数可以方便地描述大多数卫星的轨道运动。但是,在一些特殊情况下,经典轨道根数的定义可能失去意义,无法准确描述卫星的实际运动。例如,当轨道偏心率等于 0 或非常接近 0 时,近地点难以确定,那么与近地点相关的轨道根数 ω 和 τ 就失去了意义,也使得真近点角 f、偏近点角 E 和平近点角 M 都无法确定。

这时,可以选择一组新的参数来代替 e、ω 和 τ,进而方便地描述任意偏心率($0 \leqslant e < 1$)的轨道,引入以下无奇点参数:

$$\begin{cases} a, i, \Omega \\ h = e\cos\omega \\ k = -e\sin\omega \\ L = M + \omega \end{cases} \tag{4-5-1}$$

又如,在近圆轨道即偏心率非常接近 0 的情况下,如果轨道倾角 i 等于 0°或 180°,那么这时升交点就不确定,ω 和 Ω 无意义,f、E 和 M 也无法度量。此时,可以用如下无奇点参数来描述卫星轨道:

$$\begin{cases} a \\ p = \sin i \cos \Omega \\ q = -\sin i \sin \Omega \\ h = e\cos(\omega+\Omega) \\ k = -e\sin(\omega+\Omega) \\ L = M+\omega+\Omega \end{cases} \quad 或 \quad \begin{cases} a \\ p = \tan\dfrac{i}{2}\sin\Omega \\ q = \tan\dfrac{i}{2}\cos\Omega \\ h = e\cos(\omega\pm\Omega) \\ k = -e\sin(\omega\pm\Omega) \\ L = M+\omega+\Omega \end{cases} \tag{4-5-2}$$

其中,对于 h 和 k 中的"$\pm$"号,当轨道顺行时为"$+$",逆行时为"$-$"。h 和 k 共同描述了轨道形状和近地点位置,p 和 q 共同描述了轨道面的方向。

4.5.2　由卫星轨道根数计算位置速度

描述卫星轨道运动的微分方程共有 6 个独立的积分常数,说明卫星轨道运动需要由 6 个独立的参数来描述。既可以选择 6 个轨道根数,也可以选择三维位置和三维速度这 6 个参数,它们是等价的,存在相互转换关系。由卫星轨道根数计算位置速度的一般形式为

$$\begin{cases} \boldsymbol{r} = \boldsymbol{r}(t,\sigma) \\ \dot{\boldsymbol{r}} = \dot{\boldsymbol{r}}(t,\sigma) \end{cases} \tag{4-5-3}$$

如果用真近点角 f 替换积分常数 τ,那么式(4-5-3)中的 t 将包含在 f 中。在近焦点坐标系 $O\text{-}x''y''z''$ 中,有

$$\begin{bmatrix} x'' \\ y'' \\ z'' \end{bmatrix} = \begin{bmatrix} r\cos f \\ r\sin f \\ 0 \end{bmatrix} \tag{4-5-4}$$

根据惯性坐标系与近焦点坐标系的转换关系,可以得到卫星的位置矢量为

$$\boldsymbol{r} = \begin{bmatrix} X \\ Y \\ Z \end{bmatrix} = \boldsymbol{M}_3(-\Omega)\,\boldsymbol{M}_1(-i)\,\boldsymbol{M}_3(-\omega)\begin{bmatrix} r\cos f \\ r\sin f \\ 0 \end{bmatrix} \tag{4-5-5}$$

式(4-5-5)可以改写为如下形式:

$$\boldsymbol{r} = r\cos f \cdot \boldsymbol{P} + r\sin f \cdot \boldsymbol{Q} \tag{4-5-6}$$

其中,$\boldsymbol{P}$ 和 $\boldsymbol{Q}$ 分别为 x'' 轴和 y'' 轴的单位矢量,即

$$\boldsymbol{P} = \boldsymbol{M}_3(-\Omega)\boldsymbol{M}_1(-i)\boldsymbol{M}_3(-\omega)\begin{bmatrix} 1 \\ 0 \\ 0 \end{bmatrix} = \begin{bmatrix} \cos\Omega\cos u - \sin\Omega\sin u\cos i \\ \sin\Omega\cos u + \cos\Omega\sin u\cos i \\ \sin u\sin i \end{bmatrix} \tag{4-5-7}$$

$$Q = M_3(-\Omega)M_1(-i)M_3(-\omega-90°)\begin{bmatrix}1\\0\\0\end{bmatrix} = \begin{bmatrix}-\cos\Omega\sin u - \sin\Omega\cos u\cos i\\-\sin\Omega\sin u + \cos\Omega\cos u\cos i\\\cos u\sin i\end{bmatrix}$$

$$(4\text{-}5\text{-}8)$$

列矢量 P 和 Q 是升交点赤经 Ω、近地点角距 ω 和轨道倾角 i 的函数,式(4-5-6)中除真近点角 f 以外,其他参数都是常量。于是,求导得到卫星速度为

$$\dot{r} = (\dot{r}\cos f - r\sin f \cdot \dot{f}) \cdot P + (\dot{r}\sin f + r\cos f \cdot \dot{f}) \cdot Q \qquad (4\text{-}5\text{-}9)$$

$$v = -\frac{h}{p}\sin f \cdot P + \frac{h}{p}(e + \cos f) \cdot Q \qquad (4\text{-}5\text{-}10)$$

其中,$\dot{r} = \dfrac{r^2}{p}e\sin f \cdot \dot{f} = \dfrac{h}{p}\sin f$;$r\dot{f} = \dfrac{h}{p}(1 + e\cos f)$。

对于椭圆轨道,位置矢量可以用偏近点角表示

$$r = a(\cos E - e) \cdot P + a\sqrt{1-e^2}\sin E \cdot Q \qquad (4\text{-}5\text{-}11)$$

求导得到

$$\dot{r} = (-a\sin E \cdot P + a\sqrt{1-e^2}\cos E \cdot Q)\dot{E} \qquad (4\text{-}5\text{-}12)$$

考虑到

$$\dot{E} = \frac{an}{r} \qquad (4\text{-}5\text{-}13)$$

其中,n 为轨道的平均角速度。从而,得到用偏近点角表示的速度矢量为

$$\dot{r} = -\frac{a^2 n}{r}\sin E \cdot P + \frac{a^2 n}{r}\sqrt{1-e^2}\cos E \cdot Q \qquad (4\text{-}5\text{-}14)$$

对于抛物线轨道,位置矢量可以用式(4-5-6)表示,取 $e=1$,得到速度为

$$v = -\frac{h}{p}\sin f \cdot P + \frac{h}{p}(1 + \cos f) \cdot Q \qquad (4\text{-}5\text{-}15)$$

对于双曲线轨道,用双曲近点角表示的位置矢量为

$$r = a_1(e - \cosh H) \cdot P + a_1\sqrt{e^2-1}\sinh H \cdot Q \qquad (4\text{-}5\text{-}16)$$

式(4-5-16)对时间求导,得到

$$\dot{r} = (-a_1\sinh H \cdot P + a_1\sqrt{e^2-1}\cosh H \cdot Q)\dot{H} \qquad (4\text{-}5\text{-}17)$$

由于

$$\dot{H} = \frac{a_1 n_1}{r}, \quad n_1 = \sqrt{\frac{\mu}{a_1^3}} \qquad (4\text{-}5\text{-}18)$$

于是,得到用双曲近点角表示的速度矢量为

$$\dot{r} = -\frac{a_1^2 n_1}{r}\sinh H \cdot P + \frac{a_1^2 n_1 \sqrt{e^2-1}}{r}\cosh H \cdot Q \qquad (4\text{-}5\text{-}19)$$

4.5.3　由卫星位置速度计算轨道根数

已知某一时刻卫星的位置和速度矢量分别为 r 和 v,可以按照下列步骤计算

卫星的 6 个轨道根数。

1)计算 $\boldsymbol{h}$ 、$\boldsymbol{n}$ 和 $\boldsymbol{e}$ 三个矢量

卫星单位质量的动量矩为

$$\boldsymbol{h} = \boldsymbol{r} \times \boldsymbol{v} = (h_x, h_y, h_z)^\mathrm{T} \tag{4-5-20}$$

$\boldsymbol{n}$ 是由地心指向升交点的单位矢量,它既垂直于 $\boldsymbol{h}$,又垂直于赤道面的法线方向 $\boldsymbol{k} = (0, 0, 1)^\mathrm{T}$,由此得到

$$\boldsymbol{n} = \boldsymbol{k} \times \boldsymbol{h} = (n_x, n_y, n_z)^\mathrm{T} \tag{4-5-21}$$

卫星的偏心率矢量为

$$\boldsymbol{e} = \frac{1}{\mu}(\boldsymbol{r} \times \boldsymbol{h}) - \frac{\boldsymbol{r}}{r} = \begin{bmatrix} e_x \\ e_y \\ e_z \end{bmatrix} \tag{4-5-22}$$

2)计算轨道倾角和升交点赤经

$$\cos i = \frac{h_z}{h}, \quad i \in [0, \pi] \tag{4-5-23}$$

$$\tan\Omega = -\frac{h_x}{h_y}, \quad \Omega \in [0, 2\pi] \tag{4-5-24}$$

从而,轨道倾角为 $i = \arccos\left(\dfrac{h_z}{h}\right)$,范围为 $0° \leqslant i \leqslant 180°$ 。计算升交点赤经 Ω 时,需要考虑象限问题。当 $n_x \geqslant 0$ 时,$\Omega \in \left[-\dfrac{\pi}{2}, \dfrac{\pi}{2}\right]$, $\Omega = \arctan\left(-\dfrac{h_x}{h_y}\right)$;当 $n_x < 0$ 时,$\Omega \in \left(\dfrac{\pi}{2}, \dfrac{3\pi}{2}\right)$, $\Omega = \arctan\left(-\dfrac{h_x}{h_y}\right) + \pi$ 。

3)计算偏心率和近地点角距

偏心率和近地点角距满足如下关系:

$$e = |\boldsymbol{e}| = \sqrt{e_x^2 + e_y^2 + e_z^2} \tag{4-5-25}$$

$$\tan\omega = \frac{e_z}{(e_y \sin\Omega + e_z \cos\Omega)\sin i} \tag{4-5-26}$$

由于 $\omega \in [0, 2\pi]$,因此计算近地点角距时也需要考虑象限问题。如果 $\boldsymbol{n} \cdot \boldsymbol{e} \geqslant 0$,那么 $\omega \in \left[-\dfrac{\pi}{2}, \dfrac{\pi}{2}\right]$, $\omega = \arctan\dfrac{e_z}{(e_y \sin\Omega + e_z \cos\Omega)\sin i}$;如果 $\boldsymbol{n} \cdot \boldsymbol{e} < 0$,那么 $\omega \in \left(\dfrac{\pi}{2}, \dfrac{3\pi}{2}\right)$, $\omega = \arctan\dfrac{e_z}{(e_y \sin\Omega + e_z \cos\Omega)\sin i} + \pi$ 。

4)计算半长轴

$$a = \frac{h^2}{\mu(1 - e^2)} \tag{4-5-27}$$

5)计算真近点角

$$\tan u = \frac{Z}{(Y\sin\Omega + X\cos\Omega)\sin i} \tag{4-5-28}$$

如果 $n \cdot r \geqslant 0$,那么 $u \in \left[-\dfrac{\pi}{2}, \dfrac{\pi}{2}\right]$, $u = \arctan \dfrac{Z}{(Y\sin\Omega + X\cos\Omega)\sin i}$;如果

$n \cdot r < 0$,那么 $u \in \left(\dfrac{\pi}{2}, \dfrac{3\pi}{2}\right)$, $u = \arctan \dfrac{Z}{(Y\sin\Omega + X\cos\Omega)\sin i} + \pi$ 。所以有

$$f = u - \omega \tag{4-5-29}$$

6)计算过近地点时刻

当轨道为椭圆轨道时,偏心率 $0 < e < 1$,根据真近点角与偏近点角的关系

$$\tan \frac{E}{2} = \sqrt{\frac{1-e}{1+e}} \tan \frac{f}{2}$$

得到

$$n(t - \tau) = E - e\sin E \tag{4-5-30}$$

当轨道为抛物线轨道时,偏心率 $e = 1$,可以通过求解如下巴克方程得到 τ。

$$2\sqrt{\frac{\mu}{p^3}}(t - \tau) = \tan \frac{f}{2} + \frac{1}{3}\tan^3 \frac{f}{2} \tag{4-5-31}$$

当轨道为双曲线轨道时,偏心率 $e > 1$,这时

$$\tanh \frac{H}{2} = \sqrt{\frac{e-1}{e+1}} \tan \frac{f}{2} , \quad \sqrt{\frac{\mu}{a_1^3}}(t - \tau) = e\sinh H - H \tag{4-5-32}$$

4.6　卫星摄动运动方程

重力卫星在轨运行时,除受地球中心引力的作用外,还受到地球非球形摄动力、大气阻力、太阳光压、潮汐、日月引力等摄动力的作用。这说明重力卫星的实际轨道并不是标准的圆轨道或椭圆轨道,而是在摄动力作用下轨道根数不断变化的轨道,称为摄动轨道,摄动轨道相对二体轨道的偏差称为轨道摄动。轨道摄动按性质分为长期项摄动和周期项摄动。长期项摄动造成轨道根数的持续漂移,周期项摄动造成轨道根数以正弦或余弦函数的形式变化。周期项摄动又分为长周期项摄动和短周期项摄动,长周期项摄动的周期大于轨道周期,短周期项摄动的周期小于轨道周期。

下面介绍两种可以用来描述重力卫星摄动轨道的微分方程,即高斯型摄动运动方程和拉格朗日型摄动运动方程。高斯型摄动运动方程针对任意摄动力的情况,描述了轨道根数变化与摄动力 3 个分量之间的关系,其中的摄动力可以是保守力,也可以是非保守力。拉格朗日型摄动运动方程针对摄动力是保守力的情况,描述了卫星轨道根数变化与摄动力位函数之间的关系。通过对摄动运动方程的分析,可以获取重力卫星的运动规律。

4.6.1　高斯型摄动运动方程

在轨道坐标系 $O\text{-}x'y'z'$ 中, x' 、 y' 、 z' 分别为轨道径向、迹向和轨道面法向,3 个方向上的单位矢量分别为 $\hat{r}$ 、 $\hat{t}$ 和 $\hat{h}$,速度大小为 v_r 、 v_t 和 v_h ,于是

$$\begin{cases} \boldsymbol{r} = r\,\hat{\boldsymbol{r}} \\ \boldsymbol{v} = v_r\hat{\boldsymbol{r}} + v_t\hat{\boldsymbol{t}} \end{cases} \tag{4-6-1}$$

其中,轨道坐标系与地心惯性系的关系如图 4.6 所示。对式(4-6-1)求导,得到

$$\begin{cases} \dot{r}\hat{\boldsymbol{r}} + r\dot{\hat{\boldsymbol{r}}} = v_r\hat{\boldsymbol{r}} + v_t\hat{\boldsymbol{t}} \\ \dot{v}_r\hat{\boldsymbol{r}} + v_r\dot{\hat{\boldsymbol{r}}} + \dot{v}_t\hat{\boldsymbol{t}} + v_t\dot{\hat{\boldsymbol{t}}} = -\dfrac{\mu}{r^2}\hat{\boldsymbol{r}} + \boldsymbol{f} \end{cases} \tag{4-6-2}$$

设 ω 为轨道坐标系 $O\text{-}x'y'z'$ 相对于地心惯性系 $O\text{-}XYZ$ 转动的角速度矢量,它在轨道坐标系中的分量为 ω_r、ω_t 和 ω_h,则

$$\boldsymbol{\omega} = \omega_r\hat{\boldsymbol{r}} + \omega_t\hat{\boldsymbol{t}} + \omega_h\hat{\boldsymbol{h}} \tag{4-6-3}$$

轨道坐标系 3 个方向上的单位矢量 $\hat{\boldsymbol{r}}$、$\hat{\boldsymbol{h}}$ 和 $\hat{\boldsymbol{t}}$ 对时间的导数为

$$\begin{cases} \dot{\hat{\boldsymbol{r}}} = \boldsymbol{\omega} \times \hat{\boldsymbol{r}} = -\omega_t\hat{\boldsymbol{h}} + \omega_h\hat{\boldsymbol{t}} \\ \dot{\hat{\boldsymbol{t}}} = \boldsymbol{\omega} \times \hat{\boldsymbol{t}} = \omega_r\hat{\boldsymbol{h}} - \omega_h\hat{\boldsymbol{r}} \\ \dot{\hat{\boldsymbol{h}}} = \boldsymbol{\omega} \times \hat{\boldsymbol{h}} = -\omega_r\hat{\boldsymbol{t}} + \omega_t\hat{\boldsymbol{r}} \end{cases} \tag{4-6-4}$$

将式(4-6-4)代入式(4-6-2)中,整理得到

$$\begin{cases} \omega_t = 0 \\ \omega_h = \dfrac{v_t}{r}, \\ \omega_r = \dfrac{f_h}{v_t} \end{cases} \quad \begin{cases} \dot{r} = v_r \\ \dot{v}_r = v_t\omega_h - \dfrac{\mu}{r^2} + f_r \\ \dot{v}_t = -v_r\omega_h + f_t \end{cases} \tag{4-6-5}$$

角速度 $\boldsymbol{\omega}$ 也可以表示为

$$\boldsymbol{\omega} = \dot{\Omega}\hat{\boldsymbol{k}} + \dot{i}\hat{\boldsymbol{n}} + \dot{u}\hat{\boldsymbol{h}} \tag{4-6-6}$$

其中,$\hat{\boldsymbol{k}}$ 为地心惯性系 Z 轴的单位矢量;$\hat{\boldsymbol{n}}$ 为节点线 ON 轴的单位矢量。根据前面提到的 $O\text{-}x'y'z'$ 与 $O\text{-}XYZ$ 的转换关系

$$\begin{bmatrix} X \\ Y \\ Z \end{bmatrix} = \begin{bmatrix} \cos\Omega\cos u - \sin\Omega\sin u\cos i & -\cos\Omega\sin u - \sin\Omega\cos u\cos i & \sin\Omega\sin i \\ \sin\Omega\cos u + \cos\Omega\sin u\cos i & -\sin\Omega\sin u + \cos\Omega\cos u\cos i & -\cos\Omega\sin i \\ \sin u\sin i & \cos u\sin i & \cos i \end{bmatrix} \begin{bmatrix} x' \\ y' \\ z' \end{bmatrix}$$

可以得到 $\hat{\boldsymbol{k}}$ 和 $\hat{\boldsymbol{n}}$ 在轨道坐标系中的表示

$$\begin{cases} \hat{\boldsymbol{k}} = \sin u\sin i \cdot \hat{\boldsymbol{r}} + \cos u\sin i \cdot \hat{\boldsymbol{t}} + \cos i \cdot \hat{\boldsymbol{h}} \\ \hat{\boldsymbol{n}} = \cos u \cdot \hat{\boldsymbol{r}} - \sin u \cdot \hat{\boldsymbol{t}} \end{cases} \tag{4-6-7}$$

所以

$$\boldsymbol{\omega} = (\dot{\Omega}\sin u\sin i + \dot{i}\cos u)\hat{\boldsymbol{r}} + (\dot{\Omega}\cos u\sin i - \dot{i}\sin u)\hat{\boldsymbol{t}} + (\dot{\Omega}\cos i + \dot{u})\hat{\boldsymbol{h}} \tag{4-6-8}$$

比较式(4-6-3)和式(4-6-8),得到

$$\begin{cases} \dot{\Omega}\sin u\sin i + \dot{i}\cos u = \dfrac{f_h}{v_t} \\[3mm] \dot{\Omega}\cos u\sin i - \dot{i}\sin u = 0 \\[3mm] \dot{\Omega}\cos i + \dot{u} = \dfrac{v_t}{r} \end{cases} \tag{4-6-9}$$

求解式(4-6-9),得到 $\dot{\Omega}$、$\dot{i}$ 和 $\dot{u}$ 分别为

$$\begin{cases} \dot{i} = \dfrac{f_h}{v_t}\cos u \\[3mm] \dot{\Omega} = \dfrac{f_h}{v_t}\dfrac{\sin u}{\sin i} \\[3mm] \dot{u} = \dfrac{v_t}{r} - \dot{\Omega}\cos i \end{cases} \tag{4-6-10}$$

将 v_t 代入式(4-6-10),进一步得到 $\dot{\Omega}$ 和 $\dot{i}$ 的表达式为

$$\begin{cases} \dot{i} = \dfrac{r\cos u}{na^2\sqrt{1-e^2}}f_h \\[4mm] \dot{\Omega} = \dfrac{r\sin u}{na^2\sqrt{1-e^2}\sin i}f_h \end{cases} \tag{4-6-11}$$

当轨道倾角 i 与升交点赤经 Ω 变化时,轨道面的位置将发生变化。改变轨道面的位置仅与参数 f_h 有关。冲量 $f_h\mathrm{d}t$ 使轨道面绕 r 转过一个角度,其值为 $(f_h/v_t)\mathrm{d}t$,这使倾角 i、升交点赤经 Ω、纬度辐角 u 均获得增量

$$\begin{cases} \mathrm{d}i = \dfrac{f_h\mathrm{d}t}{v_t}\cos u \\[3mm] \mathrm{d}\Omega = \dfrac{f_h\mathrm{d}t}{v_t}\dfrac{\sin u}{\sin i} \\[3mm] \mathrm{d}u = -\cos i\,\mathrm{d}\Omega + \omega_h\mathrm{d}t \end{cases} \tag{4-6-12}$$

式(4-6-12)反映了摄动力的侧向分量对轨道平面的影响。将式(4-6-5)中的速度用轨道根数来表示,得到

$$\begin{cases} \dot{r} = \sqrt{\dfrac{\mu}{p}}e\sin f \\[3mm] \dot{v}_r = \dfrac{\mu}{r^2}e\cos f + f_r \\[3mm] \dot{v}_t = -\dfrac{\mu}{r^2}e\sin f + f_t \end{cases} \tag{4-6-13}$$

将地心距、径向速度和周向速度分别对时间求导,并代入式(4-6-13),得到

$$
\begin{cases}
e\sin f \cdot \dot{f} + \dfrac{1}{r}\dot{p} - \cos f \cdot \dot{e} = \dfrac{\sqrt{\mu p}}{r^2}e\sin f & (1)\\[3mm]
e\cos f \cdot \dot{f} - \dfrac{e\sin f}{2p}\dot{p} + \sin f \cdot \dot{e} = \dfrac{\sqrt{\mu p}}{r^2}e\cos f + f_r & (2)\\[3mm]
-\sqrt{\dfrac{\mu}{p}}\,e\sin f \cdot \dot{f} - \dfrac{1}{2}\sqrt{\dfrac{\mu}{p}}\,\dfrac{1+e\cos f}{p}\dot{p} + \sqrt{\dfrac{\mu}{p}}\cos f \cdot \dot{e}\\[3mm]
= -\dfrac{\sqrt{\mu p}}{r^2}e\sin f + f_t & (3)
\end{cases}
\tag{4-6-14}
$$

由上述方程组的(1)式和(3)式,得到

$$
\dot{p} = 2r\sqrt{\dfrac{p}{\mu}}\,f_t
\tag{4-6-15}
$$

由上述方程组的(1)式和(2)式,得到

$$
\dot{e} = \dfrac{\sqrt{1-e^2}}{na}\big[\sin f \cdot f_r + (\cos f + \cos E)f_t\big]
\tag{4-6-16}
$$

$$
\dot{f} = \dfrac{v_t}{r} + \dfrac{r}{he}\big[\cos f(1+e\cos f)f_r - \sin f(2+e\cos f)f_t\big]
\tag{4-6-17}
$$

由于 $\dot{\omega} = \dot{u} - \dot{f}$ 和 $\dot{u} = \dfrac{v_t}{r} - \dot{\Omega}\cos i$,得到 $\dot{\omega}$ 的表达式为

$$
\dot{\omega} = \dfrac{\sqrt{1-e^2}}{nae}\left[-\cos f \cdot f_r + \left(1+\dfrac{r}{p}\right)\sin f \cdot f_t\right] - \dot{\Omega}\cos i
\tag{4-6-18}
$$

将半通径对时间求导,得到

$$
\dot{a} = \dfrac{\dot{p}}{1-e^2} + \dfrac{2ae\dot{e}}{1-e^2} = \dfrac{2}{n\sqrt{1-e^2}}\big[e\sin f \cdot f_r + (1+e\cos f)f_t\big]
\tag{4-6-19}
$$

由开普勒方程得到

$$
\dot{M} = \dot{E}(1-e\cos E) - \dot{e}\sin E
\tag{4-6-20}
$$

代入用偏近点角表示的轨道方程中,得到

$$
\dot{M} = \dfrac{r}{a}\dot{E} - \dfrac{r\sin f}{\sqrt{ap}}\dot{e}
\tag{4-6-21}
$$

关系式 $\cos f = \dfrac{\cos E - e}{1-e\cos E}$ 两边同时对时间求导,得到

$$
-\sin E\dot{E} = \left(\dfrac{r}{p}\right)^2\sin^2 f \cdot \dot{e} + \left(\dfrac{r}{p}\right)^2\sin f \cdot (1-e^2)\dot{f}
\tag{4-6-22}
$$

代入 $r\sin f = a\sqrt{1-e^2}\sin E$,得到

$$
\dot{E} = -\dfrac{r}{p}\dfrac{\sin f}{\sqrt{1-e^2}}\dot{e} + \dfrac{1}{\sqrt{1-e^2}}\dfrac{r}{a}\dot{f}
\tag{4-6-23}
$$

将 $\dot{E}$ 代入式(4-6-21)中,得到

$$\dot{M}=\frac{r\sin f}{\sqrt{ap}}\left(1+\frac{r}{p}\right)\dot{e}+\frac{r^2}{\sqrt{a^3p}}\dot{f} \tag{4-6-24}$$

展开可得

$$\dot{M}=n-\frac{1-e^2}{nae}\left[\left(2e\frac{r}{p}-\cos f\right)f_r+\left(1+\frac{r}{p}\right)\sin f\cdot f_t\right] \tag{4-6-25}$$

根据式(4-6-11)、式(4-6-16)、式(4-6-18)、式(4-6-19)、式(4-6-25),得到第一种形式的高斯型摄动运动方程为

$$\begin{cases}
\dot{a}=\dfrac{2}{n\sqrt{1-e^2}}\left[e\sin f\cdot f_r+(1+e\cos f)f_t\right] \\[2mm]
\dot{e}=\dfrac{\sqrt{1-e^2}}{na}\left[\sin f\cdot f_r+(\cos f+\cos E)f_t\right] \\[2mm]
\dot{i}=\dfrac{r\cos u}{na^2\sqrt{1-e^2}}f_h \\[2mm]
\dot{\Omega}=\dfrac{r\sin u}{na^2\sqrt{1-e^2}\sin i}f_h \\[2mm]
\dot{\omega}=\dfrac{\sqrt{1-e^2}}{nae}\left[-\cos f\cdot f_r+\left(1+\dfrac{r}{p}\right)\sin f\cdot f_t\right]-\cos i\dot{\Omega} \\[2mm]
\dot{M}=n-\dfrac{1-e^2}{nae}\left[\left(2e\dfrac{r}{p}-\cos f\right)f_r+\left(1+\dfrac{r}{p}\right)\sin f\cdot f_t\right]
\end{cases} \tag{4-6-26}$$

由式(4-6-26)可知,受 f_r、f_t 影响的轨道根数包括 a、e、ω、M,受 f_h 影响的轨道根数包括 i、Ω、ω。

在上述第一种类型的高斯摄动方程中,摄动力分解为径向、迹向、轨道面法向 3 个方向的分量。有时为了方便,摄动力轨道面内的分量会分解为速度方向 f_u 和轨道面内法向 f_n。f_r、f_t 和 f_u、f_n 的关系为

$$\begin{cases}
f_r=f_u\sin\Theta-f_n\cos\Theta \\
f_t=f_u\cos\Theta+f_n\sin\Theta
\end{cases} \tag{4-6-27}$$

代入水平航迹角公式,得到

$$\begin{cases}
f_r=\dfrac{e\sin f}{\sqrt{1+2e\cos f+e^2}}f_u-\dfrac{1+e\cos f}{\sqrt{1+2e\cos f+e^2}}f_n \\[3mm]
f_t=\dfrac{1+e\cos f}{\sqrt{1+2e\cos f+e^2}}f_u+\dfrac{e\sin f}{\sqrt{1+2e\cos f+e^2}}f_n
\end{cases} \tag{4-6-28}$$

将式(4-6-28)代入第一种类型的高斯摄动运动方程中,得到第二种类型的高斯摄动运动方程为

$$
\begin{cases}
\dot{a} = \dfrac{2}{n\sqrt{1-e^2}}(1+2e\cos f+e^2)^{1/2}f_u \\[3mm]
\dot{e} = \dfrac{\sqrt{1-e^2}}{na}(1+2e\cos f+e^2)^{-1/2}\big[2(\cos f+e)f_u-\sqrt{1-e^2}\sin E\cdot f_n\big] \\[3mm]
\dot{i} = \dfrac{r\cos u}{na^2\sqrt{1-e^2}}f_h \\[3mm]
\dot{\Omega} = \dfrac{r\sin u}{na^2\sqrt{1-e^2}\sin i}f_h \\[3mm]
\dot{\omega} = \dfrac{\sqrt{1-e^2}}{nae}(1+2e\cos f+e^2)^{-1/2}\big[2\cos f\cdot f_u+(\cos E+e)f_n\big]-\cos i\cdot\dot{\Omega} \\[3mm]
\dot{M} = n-\dfrac{1-e^2}{nae}(1+2e\cos f+e^2)^{-1/2}\left[\begin{array}{l}\left(2\sin f+\dfrac{2e^2}{\sqrt{1-e^2}}\sin E\right)f_u \\[2mm] +(\cos E-e)f_n\end{array}\right]
\end{cases}
$$

$$(4\text{-}6\text{-}29)$$

4.6.2　拉格朗日型摄动运动方程

如果摄动力是保守力,则存在标量形式的位函数,摄动力表示为位函数偏导数的形式

$$\boldsymbol{f}=\mathrm{grad}R=\frac{\partial R}{\partial \boldsymbol{r}} \tag{4-6-30}$$

$\dfrac{\partial R}{\partial \sigma}$ 与 f_r、f_t、f_h 间的关系满足

$$\frac{\partial R}{\partial \sigma}=\frac{\partial R}{\partial \boldsymbol{r}}\cdot\frac{\partial \boldsymbol{r}}{\partial \sigma}=\boldsymbol{f}\cdot\frac{\partial \boldsymbol{r}}{\partial \sigma} \tag{4-6-31}$$

其中,摄动力在地心惯性系中可以表示为

$$\boldsymbol{f}=\boldsymbol{R}_3(-\Omega)\boldsymbol{R}_1(-i)\boldsymbol{R}_3(-u)\begin{bmatrix}f_r\\f_t\\f_h\end{bmatrix}=\begin{bmatrix}l_1 & l_2 & l_3\\ m_1 & m_2 & m_3\\ n_1 & n_2 & n_3\end{bmatrix}\begin{bmatrix}f_r\\f_t\\f_h\end{bmatrix} \tag{4-6-32}$$

因为 $\boldsymbol{r}=r\hat{\boldsymbol{r}}$,所以有

$$\frac{\partial \boldsymbol{r}}{\partial \sigma}=\frac{\partial r}{\partial \sigma}\hat{\boldsymbol{r}}+r\frac{\partial \hat{\boldsymbol{r}}}{\partial \sigma} \tag{4-6-33}$$

因为

$$
\begin{cases}
l_1=\cos\Omega\cos u-\sin\Omega\sin u\cos i \\
m_1=\sin\Omega\cos u+\cos\Omega\sin u\cos i \\
n_1=\sin u\sin i
\end{cases} \tag{4-6-34}
$$

$$\frac{\partial \hat{\boldsymbol{r}}}{\partial \sigma} = \left(\frac{\partial l_1}{\partial \sigma}, \quad \frac{\partial m_1}{\partial \sigma}, \quad \frac{\partial n_1}{\partial \sigma} \right)^{\mathrm{T}} \tag{4-6-35}$$

整理得到

$$\frac{\partial \hat{\boldsymbol{r}}}{\partial \sigma} = \begin{bmatrix} l_3 \sin u \dfrac{\partial i}{\partial \sigma} - m_1 \dfrac{\partial \Omega}{\partial \sigma} + l_2 \dfrac{\partial u}{\partial \sigma} \\[2mm] m_3 \sin u \dfrac{\partial i}{\partial \sigma} + l_1 \dfrac{\partial \Omega}{\partial \sigma} + m_2 \dfrac{\partial u}{\partial \sigma} \\[2mm] n_3 \sin u \dfrac{\partial i}{\partial \sigma} + n_2 \dfrac{\partial u}{\partial \sigma} \end{bmatrix} \tag{4-6-36}$$

因为

$$\frac{\partial R}{\partial \sigma} = \boldsymbol{f} \cdot \frac{\partial \boldsymbol{r}}{\partial \sigma} = \boldsymbol{f} \cdot \left(\frac{\partial r}{\partial \sigma}\hat{\boldsymbol{r}} + r \frac{\partial \hat{\boldsymbol{r}}}{\partial \sigma} \right) = f_r \frac{\partial r}{\partial \sigma} + r\boldsymbol{f} \cdot \frac{\partial \hat{\boldsymbol{r}}}{\partial \sigma} \tag{4-6-37}$$

其中

$$\boldsymbol{f} \cdot \frac{\partial \hat{\boldsymbol{r}}}{\partial \sigma} = f_t \left(\cos i \frac{\partial \Omega}{\partial \sigma} + \frac{\partial u}{\partial \sigma} \right) + f_h \left(\sin u \frac{\partial i}{\partial \sigma} - \sin i \cos u \frac{\partial \Omega}{\partial \sigma} \right) \tag{4-6-38}$$

整理后可得

$$\frac{\partial R}{\partial \sigma} = f_r \frac{\partial r}{\partial \sigma} + r f_t \left(\cos i \frac{\partial \Omega}{\partial \sigma} + \frac{\partial u}{\partial \sigma} \right) + r f_h \left(\sin u \frac{\partial i}{\partial \sigma} - \sin i \cos u \frac{\partial \Omega}{\partial \sigma} \right) \tag{4-6-39}$$

因为 $r = r(a, e, M)$，所以

$$\begin{cases} \dfrac{\partial r}{\partial a} = \dfrac{r}{a} \\[3mm] \dfrac{\partial r}{\partial e} = -a \cos f \\[3mm] \dfrac{\partial r}{\partial M} = \dfrac{ae}{\sqrt{1-e^2}} \sin f \end{cases} \tag{4-6-40}$$

因为 $u = (\omega, e, M)$，所以

$$\begin{cases} \dfrac{\partial u}{\partial \omega} = 1 \\[3mm] \dfrac{\partial u}{\partial e} = \dfrac{1}{1-e^2} \left(1 + \dfrac{p}{r} \right) \sin f \\[3mm] \dfrac{\partial u}{\partial M} = \left(\dfrac{a}{r} \right)^2 \sqrt{1-e^2} \end{cases} \tag{4-6-41}$$

又因为 $\dfrac{\partial \Omega}{\partial \sigma} = \dfrac{\partial \Omega}{\partial \Omega} = 1$，$\dfrac{\partial i}{\partial \sigma} = \dfrac{\partial i}{\partial i} = 1$，所以由式（4-6-39）可以得到

$$
\begin{cases}
\dfrac{\partial R}{\partial a} = \dfrac{r}{a} f_r \\[2mm]
\dfrac{\partial R}{\partial e} = -a\cos f \cdot f_r + r\left(\dfrac{1}{1-e^2} + \dfrac{a}{r}\right)\sin f \cdot f_t \\[2mm]
\dfrac{\partial R}{\partial i} = r\sin u \cdot f_h \\[2mm]
\dfrac{\partial R}{\partial \Omega} = r\cos i \cdot f_t - r\cos u \sin i \cdot f_h \\[2mm]
\dfrac{\partial R}{\partial \omega} = r f_t \\[2mm]
\dfrac{\partial R}{\partial M} = \dfrac{ae}{\sqrt{1-e^2}}\sin f \cdot f_r + \dfrac{a^2\sqrt{1-e^2}}{r} f_t
\end{cases}
\tag{4-6-42}
$$

式 (4-6-42) 是用 f_r、f_t、f_h、r、f 和 u 参数来表示 $\dfrac{\partial R}{\partial \sigma}$，将这 6 个参数的表达式代入第一种类型的高斯摄动方程中，可得由位函数表示的拉格朗日型摄动运动方程，具体如下：

$$
\begin{cases}
\dot{a} = \dfrac{2}{na}\dfrac{\partial R}{\partial M} \\[2mm]
\dot{e} = \dfrac{1-e^2}{na^2 e}\dfrac{\partial R}{\partial M} - \dfrac{\sqrt{1-e^2}}{na^2 e}\dfrac{\partial R}{\partial \omega} \\[2mm]
\dot{i} = \dfrac{1}{na^2\sqrt{1-e^2}\sin i}\left(\cos i\dfrac{\partial R}{\partial \omega} - \dfrac{\partial R}{\partial \Omega}\right) \\[2mm]
\dot{\Omega} = \dfrac{1}{na^2\sqrt{1-e^2}\sin i}\dfrac{\partial R}{\partial i} \\[2mm]
\dot{\omega} = \dfrac{\sqrt{1-e^2}}{na^2 e}\dfrac{\partial R}{\partial e} - \cos i\dfrac{\mathrm{d}\Omega}{\mathrm{d}t} \\[2mm]
\dot{M} = n - \dfrac{1-e^2}{na^2 e}\dfrac{\partial R}{\partial e} - \dfrac{2}{na}\dfrac{\partial R}{\partial a}
\end{cases}
\tag{4-6-43}
$$

该方程组中前 3 个方程只涉及 $\dfrac{\partial R}{\partial(\Omega,\omega,M)}$，而后 3 个方程只涉及 $\dfrac{\partial R}{\partial(a,e,i)}$。由于地球非球形摄动力是保守力，存在位函数，因此拉格朗日型摄动运动方程可以用于分析地球非球形摄动对卫星轨道的影响。

4.7　重力卫星的受力模型

重力卫星在轨运行时，除受到地球中心引力作用外，还受到地球非球形摄动力以及非地球引力干扰的影响，其中非地球引力干扰包括大气阻力、太阳光压、潮汐摄动、日月三体引力、地球反照辐射压等。天基重力场测量的目的是获取地球中心引力和非球形摄动力作用下的卫星绝对轨道、长基线或短基线相对轨道,这就要求精确剔除非引力干扰的影响。对于非引力干扰,无论采用测量模式还是抑制模式,均要求掌握非引力干扰的物理机理和数学模型。

4.7.1　地球中心引力

在 J2000.0 坐标系下,地球中心引力为

$$f_{\text{earthcentre}} = -\frac{\mu}{r^3} r \tag{4-7-1}$$

其中,$\mu = GM_{\text{e}}$ 为地球引力常数,G 为万有引力常数,M_{e} 为地球质量。

4.7.2　地球非球形摄动力

地球引力摄动位定义在地球固连坐标系中,通过偏导数得到非球形摄动力在地球固连坐标系中的表示,然后通过坐标转换得到它在 J2000.0 坐标系中的表示。

在地球固连坐标系中,用球坐标表示的地球引力非球形摄动位函数为

$$R(r,\theta,\lambda) = \frac{GM_{\text{e}}}{r} \sum_{n=2}^{\infty} \sum_{k=0}^{n} \left(\frac{R_{\text{e}}}{r}\right)^n (\bar{C}_{nk}\cos k\lambda + \bar{S}_{nk}\sin k\lambda) \bar{P}_{nk}(\cos\theta) \tag{4-7-2}$$

其中,(r,θ,λ) 为球坐标,θ 为余纬,λ 为经度;$\{\bar{C}_{nk}, \bar{S}_{nk}\}$ 是位系数;R_{e} 为所采用的地球椭球长半径;$\bar{P}_{nk}(\cos\theta)$ 是完全规格化的缔合勒让德多项式,它与缔合勒让德多项式 $P_{nk}(\cos\theta)$ 的关系为

$$\bar{P}_{nk}(\cos\theta) = \sqrt{(2n+1)\frac{2}{\delta_k}\frac{(n-k)!}{(n+k)!}}\, P_{nk}(\cos\theta), \quad \delta_k = \begin{cases} 2, & k=0 \\ 1, & k \neq 0 \end{cases} \tag{4-7-3}$$

通过运算 $\dfrac{\partial R(r,\theta,\lambda)}{\partial(r,\theta,\lambda)}\dfrac{\partial(r,\theta,\lambda)}{\partial(x,y,z)}$ 可以得到非球形引力摄动沿地球固连坐标系 3 个坐标方向 (x,y,z) 的分量。但是,在计算 $\dfrac{\partial R(r,\theta,\lambda)}{\partial(r,\theta,\lambda)}$ 时涉及缔合勒让德多项式、高阶阶乘、球坐标和直角指标转换等,计算量大且易出现计算偏差,为此可以将地球非球形摄动位 $R(r,\theta,\lambda)$ 在直角坐标系下进行表示。定义

$$E_{nk} = \left(\frac{R_{\text{e}}}{r}\right)^{n+1}\cos k\lambda \bar{P}_{nk}(\cos\theta) \tag{4-7-4}$$

$$F_{nk} = \left(\frac{R_{\text{e}}}{r}\right)^{n+1}\sin k\lambda \bar{P}_{nk}(\cos\theta) \tag{4-7-5}$$

从而有

$$R(x,y,z) = \frac{GM_{\text{e}}}{R_{\text{e}}} \sum_{n=2}^{\infty} \sum_{k=0}^{n} (\bar{C}_{nk}E_{nk} + \bar{S}_{nk}F_{nk}) \tag{4-7-6}$$

其中，(x,y,z) 是地球固连坐标系中的直角坐标，初始值为

$$
\begin{cases}
E_{00} = \dfrac{R_e}{r}, & E_{11} = \dfrac{\sqrt{3}\,x R_e^2}{r^3} \\[3mm]
F_{00} = 0, & F_{11} = \dfrac{\sqrt{3}\,y R_e^2}{r^3}
\end{cases}
\tag{4-7-7}
$$

系数 $\{E_{nk}, F_{nk}\}$ 的递推关系为

$$
\begin{cases}
E_{nn} = \dfrac{R_e}{r^2} \sqrt{\dfrac{\delta_{n-1}(2n+1)}{\delta_n(2n)}}\,(x E_{n-1,n-1} - y F_{n-1,n-1}) \\[3mm]
F_{nn} = \dfrac{R_e}{r^2} \sqrt{\dfrac{\delta_{n-1}(2n+1)}{\delta_n(2n)}}\,(x F_{n-1,n-1} + y E_{n-1,n-1})
\end{cases}
\tag{4-7-8}
$$

$$
\begin{cases}
E_{n+1,n} = \dfrac{R_e z}{r^2} \sqrt{2n+3}\,E_{nn} \\[3mm]
F_{n+1,n} = \dfrac{R_e z}{r^2} \sqrt{2n+3}\,F_{nn}
\end{cases}
\tag{4-7-9}
$$

$$
\begin{cases}
E_{nm} = \dfrac{z R_e}{r^2} \sqrt{\dfrac{(2n+1)(2n-1)}{(n-m)(n+m)}}\,E_{n-1,m} - \dfrac{R_e^2}{r^2} \sqrt{\dfrac{(2n+1)(n-m-1)(n+m-1)}{(2n-3)(n-m)(n+m)}}\,E_{n-2,m} \\[3mm]
F_{nm} = \dfrac{z R_e}{r^2} \sqrt{\dfrac{(2n+1)(2n-1)}{(n-m)(n+m)}}\,F_{n-1,m} - \dfrac{R_e^2}{r^2} \sqrt{\dfrac{(2n+1)(n-m-1)(n+m-1)}{(2n-3)(n-m)(n+m)}}\,F_{n-2,m}
\end{cases}
\tag{4-7-10}
$$

引力位频谱分量沿 x 方向的一阶偏导数即摄动加速度如式(4-7-11)所示，具体推导过程见 3.3 节。

$$
a_{x,nm} =
\begin{cases}
\dfrac{\mu}{2R_e^2}\left[\begin{array}{l} -b_2(E_{n+1,m+1}\bar{C}_{nm} + F_{n+1,m+1}\bar{S}_{nm}) \\[2mm] +b_3\sqrt{\delta_{m-1}}\,(E_{n+1,m-1}\bar{C}_{nm} + F_{n+1,m-1}\bar{S}_{nm}) \end{array}\right], & m > 0 \\[6mm]
-\dfrac{\mu}{R_e^2}\,b_1 E_{n+1,1}\bar{C}_{n0}, & m = 0
\end{cases}
\tag{4-7-11}
$$

其中

$$
b_1 = \sqrt{\dfrac{(2n+1)(n+2)(n+1)}{2(2n+3)}}
\tag{4-7-12}
$$

$$
b_2 = \sqrt{\dfrac{(2n+1)(n+m+2)(n+m+1)}{(2n+3)}}
\tag{4-7-13}
$$

$$
b_3 = \sqrt{\dfrac{(2n+1)(n-m+2)(n-m+1)}{(2n+3)}}
\tag{4-7-14}
$$

引力位频谱分量沿 y 方向的一阶偏导数为

$$a_{y,nm}=\begin{cases}\dfrac{\mu}{2R_e^2}\left[\begin{array}{l}b_2(E_{n+1,m+1}\bar{S}_{nm}-F_{n+1,m+1}\bar{C}_{nm})\\+b_3\sqrt{\delta_{m-1}}(E_{n+1,m-1}\bar{S}_{nm}-F_{n+1,m-1}\bar{C}_{nm})\end{array}\right],&m>0\\[3mm]-\dfrac{\mu}{R_e^2}b_1F_{n+1,1}\bar{C}_{n0},&m=0\end{cases}$$

$$(4\text{-}7\text{-}15)$$

引力位频谱分量沿 z 方向的一阶偏导数为

$$a_{z,nm}=-\frac{\mu}{R_e^2}b_4(E_{n+1,m}\bar{C}_{nm}+F_{n+1,m}\bar{S}_{nm})\qquad(4\text{-}7\text{-}16)$$

其中

$$b_4=\sqrt{\frac{(n+m+1)(n-m+1)(2n+1)}{2n+3}}\qquad(4\text{-}7\text{-}17)$$

从而得到地球引力非球形摄动加速度在地球固连坐标系中的表示为

$$a_x=\sum_{n=2}^{\infty}\sum_{m=0}^{n}a_{x,nm},\quad a_y=\sum_{n=2}^{\infty}\sum_{m=0}^{n}a_{y,nm},\quad a_z=\sum_{n=2}^{\infty}\sum_{m=0}^{n}a_{z,nm}\qquad(4\text{-}7\text{-}18)$$

通过坐标转换,可以得到地球非球形摄动力在 J2000.0 惯性系中的表示为

$$f_{\text{earthperturbation}}=[\boldsymbol{R}_M\ \boldsymbol{R}_S\ \boldsymbol{R}_N\ \boldsymbol{R}_P]^T\begin{bmatrix}a_x\\a_y\\a_z\end{bmatrix}\qquad(4\text{-}7\text{-}19)$$

其中,$\boldsymbol{R}_P$ 是岁差矩阵;$\boldsymbol{R}_N$ 是章动矩阵;$\boldsymbol{R}_S$ 地球自转矩阵;$\boldsymbol{R}_M$ 是极移矩阵。

4.7.3　大气阻力

卫星沿轨道运行时,大气中的气体分子会撞击在卫星表面上,被表面吸附或反射,使卫星受到阻力作用。大气阻力引起的摄动加速度为

$$\ddot{\boldsymbol{r}}_{\text{drag}}=-\frac{C_D S}{m}\rho v_r \boldsymbol{v}_r\qquad(4\text{-}7\text{-}20)$$

其中,C_D 为阻力系数;S 为卫星迎风面积;m 为卫星质量;ρ 是卫星所在位置的大气密度;$\boldsymbol{v}_r=\boldsymbol{v}_s-\boldsymbol{\omega}\times\boldsymbol{r}_s$ 是卫星相对大气的速度,$\boldsymbol{v}_s$ 为卫星在地心惯性系中的速度,$\boldsymbol{r}_s$ 是卫星在地心惯性系中的位置矢量,$\boldsymbol{\omega}$ 是地球自转角速度矢量。

4.7.4　太阳光压

当卫星表面受到太阳光照射时,光子会撞击在卫星表面,使卫星受到力的作用,这就是太阳光压,其引起的卫星摄动加速度为

$$\ddot{\boldsymbol{r}}_{\text{solar\_press}}=\upsilon\left(\frac{S}{m}\rho_s\right)\left(\frac{\Delta_s^2}{\kappa^2}\right)\cos\theta\left[(1-\eta)\frac{\boldsymbol{\kappa}}{\kappa}+(2\eta\cos\theta)\boldsymbol{n}\right]\qquad(4\text{-}7\text{-}21)$$

其中,υ 为地影因子;S/m 是卫星面质比;$\Delta_s=1\text{AU}=1.49597870\times10^8\text{km}$ 为一个

天文单位;ρ_s 是距离太阳 Δ_s 时的光压强度,取为 $4.5605 \times 10^{-6}\,\mathrm{N/m^2}$;$\boldsymbol{\kappa} = \boldsymbol{r} - \boldsymbol{r}_{\mathrm{sun}}$,$\boldsymbol{r}$ 和 $\boldsymbol{r}_{\mathrm{sun}}$ 分别是卫星和太阳在地心惯性系中的位置矢量;η 是卫星表面的反射系数,$0 \leqslant \eta \leqslant 1$;$\boldsymbol{n}$ 是卫星受晒面法向的单位矢量;θ 是矢量 $\boldsymbol{\kappa}$ 和 $\boldsymbol{n}$ 之间的夹角。

4.7.5　日、月及行星引力

卫星轨道会受到日、月和行星等天体的引力作用,考虑到卫星与它们的距离很远,可以把这些天体看作质点,得到其摄动加速度为

$$\ddot{\boldsymbol{r}}_N = -\sum_{i=1}^{n} GM_i \left(\frac{\boldsymbol{r} - \boldsymbol{r}_i}{|\boldsymbol{r} - \boldsymbol{r}_i|^3} + \frac{\boldsymbol{r}_i}{|\boldsymbol{r}_i|^3} \right) \tag{4-7-22}$$

其中,下标 i 表示太阳、月球或行星;M_i 是对应天体的质量;G 是万有引力常数;$\boldsymbol{r}$ 和 $\boldsymbol{r}_i$ 分别是卫星和天体在地心惯性系中的位置矢量。

4.7.6　潮汐摄动和地球自转形变摄动

在日月引力作用下,地球岩石圈、水圈和大气圈的形状和质量分布产生周期性的变化,分别称为地球固体潮、海潮和大气潮,合称为潮汐。潮汐现象会对卫星轨道产生摄动影响。同时,实际的地球是一个弹性体,在自转作用下,地球形状和质量分布也会产生一定的变化,进而对卫星轨道产生摄动作用,称为地球自转形变摄动。地球潮汐摄动和自转形变摄动可以看作对非球形引力位的修正,因而其摄动位均可以表示为

$$\Delta V_i(r, \theta, \lambda) = \frac{GM}{r} \sum_{l=2}^{\infty} \sum_{m=0}^{l} \left(\frac{a}{r} \right)^l \overline{P}_{lm}(\cos\theta)(\Delta \overline{C}_{i,lm} \cos m\lambda + \Delta \overline{S}_{i,lm} \sin m\lambda)$$

$$\tag{4-7-23}$$

下标 i 分别表示固体潮、海潮、大气潮和地球自转形变项,记为 st、ot、at 和 rt。如果得到系数改正项 $\{\Delta \overline{C}_{i,lm}, \Delta \overline{S}_{i,lm}\}$,那么就可以计算三类潮汐和地球自转形变引起的摄动位之和

$$\Delta V = \Delta V_{\mathrm{st}} + \Delta V_{\mathrm{ot}} + \Delta V_{\mathrm{at}} + \Delta V_{\mathrm{rt}} \tag{4-7-24}$$

固体潮中的位系数改正项为[1]

$$\begin{bmatrix} \Delta \overline{C}_{\mathrm{st},lm} \\ \Delta \overline{S}_{\mathrm{st},lm} \end{bmatrix} = \frac{k_{lm}}{2l+1} \sum_{j=1}^{2} \left(\frac{M_j}{M} \right) \left(\frac{a}{r_j} \right)^{l+1} \overline{P}_{lm}(\sin\varphi_j) \begin{bmatrix} \cos m\lambda_j \\ \sin m\lambda_j \end{bmatrix} \tag{4-7-25}$$

其中,k_{lm} 为 l 阶 m 次对应的名义拉夫数;$j=1$ 对应太阳,$j=2$ 对应月球;M_j 为太阳或月球质量;M 为地球质量;a 是地球赤道半径;r_j 是太阳或月球到地球的距离;λ_j、φ_j 是太阳或月球在地球固连坐标系中的经度和地心纬度,其中经度以格林尼治子午线为零度,向东递增,范围为 $0 \sim 2\pi$。

海潮中的位系数改正项为[1,2]

$$\begin{bmatrix} \Delta \bar{C}_{\text{ot},lm} \\ \Delta \bar{S}_{\text{ot},lm} \end{bmatrix} = \frac{1+k'_l}{2l+1} \frac{4\pi a^2 \rho_w}{M} \sqrt{\frac{(l+m)!}{(1+\delta)(2l+1)(l-m)!}}$$

$$\times \sum_s \left\{ \begin{bmatrix} C^+_{lm,s} + C^-_{lm,s} \\ S^+_{lm,s} - S^-_{lm,s} \end{bmatrix} \cos\theta_s + \begin{bmatrix} S^+_{lm,s} + S^-_{lm,s} \\ -C^+_{lm,s} + C^-_{lm,s} \end{bmatrix} \sin\theta_s \right\} \quad (4\text{-}7\text{-}26)$$

其中，k'_l 是 l 阶负荷变形系数，$k'_2 = -0.3075$，$k'_3 = -0.195$，$k'_4 = -0.132$，$k'_5 = -0.1032$，$k'_6 = -0.0892$；ρ_w 是海水平均密度，可取 1025kg/m^3；若 $m=0$，则 $\delta=0$，否则 $\delta=1$；$C^{\pm}_{lm,s}$ 和 $S^{\pm}_{lm,s}$ 是分潮波 s 的海潮系数；θ_s 是分潮波 s 的辐角。

大气潮和海潮的位系数改正项表达式相同，即式(4-7-26)，区别在于 ρ_w 应取为大气密度。

地球自转形变引起的位系数改正项很小，通常取到 2 阶就可以满足重力场反演要求，其系数为

$$\begin{cases} \Delta \bar{C}_{\text{rt},20} = -\dfrac{2}{3\sqrt{5}} \dfrac{a^3}{GM} k_2 \omega_e^2 m_3 \\[4mm] \Delta \bar{C}_{\text{rt},21} = -\dfrac{1}{\sqrt{15}} \dfrac{a^3}{GM} k_2 \omega_e^2 m_1 \\[4mm] \Delta \bar{S}_{\text{rt},21} = -\dfrac{1}{\sqrt{15}} \dfrac{a^3}{GM} k_2 \omega_e^2 m_2 \\[4mm] \Delta \bar{C}_{\text{rt},22} = \Delta \bar{S}_{\text{rt},22} = 0 \end{cases} \quad (4\text{-}7\text{-}27)$$

其中，$k_2 = 0.3$ 为 2 阶拉夫数；ω_e 为地球自转角速度；m_1、m_2、m_3 可以通过下式计算得到

$$\begin{bmatrix} m_1 \\ m_2 \\ m_3 \end{bmatrix} = \begin{bmatrix} 1 & 0 & 0 \\ 0 & -1 & 0 \\ 0 & 0 & -1/86400 \end{bmatrix} \begin{bmatrix} x_p \\ y_p \\ \Upsilon \end{bmatrix} \quad (4\text{-}7\text{-}28)$$

x_p、y_p 为极移量；Υ 为日长变化。

根据固体潮、海潮、大气潮和地球自转形变引起的引力位系数改正项，通过式(4-7-23)和式(4-7-24)可以得到这些摄动力的引力位之和 ΔV。在重力卫星摄动力计算中，把 ΔV 加在地球非球形摄动位函数 $R(r,\theta,\lambda)$ 即式(4-7-2)中予以考虑。

4.7.7　地球辐射压

地球反照和红外辐射均会对卫星产生力的作用，对应的摄动加速度分别是

$$\ddot{\boldsymbol{r}}_{\text{reflect}} = \iint_{\sigma} (1+\eta) \frac{S}{m} \rho_s \frac{\kappa^2}{r_s^2} \frac{1}{\pi} v_s \cos\theta_s \frac{I_a \cos\alpha}{\rho^2} \frac{\boldsymbol{\rho}}{\rho} \, d\sigma \quad (4\text{-}7\text{-}29)$$

$$\ddot{\boldsymbol{r}}_e = \iint_{\sigma} (1+\eta) \frac{S}{m} \rho_s \frac{\kappa^2}{r_s^2} \frac{1}{4\pi} \frac{I_e \cos\alpha}{\rho^2} \frac{\boldsymbol{\rho}}{\rho} \, d\sigma \quad (4\text{-}7\text{-}30)$$

其中，η 为反射率；S 为照射面积；m 为卫星质量；ρ_s 为太阳辉光度；κ 是太阳到地球面元的距离；$\boldsymbol{\rho}$ 是地面微元 $d\sigma$ 到卫星的矢量；α 是地面微元 $d\sigma$ 法向与 $\boldsymbol{\rho}$ 矢量的夹角；r_s 是地心到太阳的距离；I_a 为地球反照率系数；I_e 为地球红外辐射率系数；θ_s 是地球表面微元 $d\sigma$ 法向与 $\boldsymbol{r}_s$ 矢量之间的夹角；当 $\cos\theta_s \leqslant 0$ 时，$v_s = 0$；当 $\cos\theta_s > 0$ 时，$v_s = 1$。

4.7.8　广义相对论效应

传统意义上的天基重力场反演是在牛顿动力学框架下进行的。为了实现更高精度的重力场测量，需要考虑爱因斯坦广义相对论，引入广义相对论改正项（或称为后牛顿效应改正项），其对应的摄动加速度改正项为

$$\ddot{\boldsymbol{r}}_{\text{relative}} = -\frac{GM_e}{c^2 r^3}\left\{\left[2(\beta+\gamma)\frac{GM_e}{r} - \gamma\dot{\boldsymbol{r}}^2\right]\boldsymbol{r} + 2(1+\gamma)(\boldsymbol{r}\cdot\dot{\boldsymbol{r}})\dot{\boldsymbol{r}}\right\} \quad (4\text{-}7\text{-}31)$$

其中，GM_e 是地球引力常数；β、γ 分别是相对论效应改正的第一、二参数，通常取为 1；c 是光速；r 是卫星地心距；$\boldsymbol{r}$、$\dot{\boldsymbol{r}}$ 分别是卫星在地心惯性系中的位置矢量和速度矢量。

4.7.9　经验摄动力

在高精度重力场反演中，将卫星受到的所有摄动力进行建模，并使模型精度尽可能高。但是，建模中不可避免地存在假设、近似和截断误差，同时还可能存在一些未知机理的摄动力，这使重力卫星摄动力模型与真实摄动力之间存在差距。为了缩小这一差距，提高重力场的反演精度，引入了经验摄动力模型，其表达式为

$$\begin{bmatrix} f_S \\ f_T \\ f_W \end{bmatrix} = \begin{bmatrix} C_{11} + C_{12}\cos(\omega+f) + C_{13}\sin(\omega+f) \\ C_{21} + C_{22}\cos(\omega+f) + C_{23}\sin(\omega+f) \\ C_{31} + C_{32}\cos(\omega+f) + C_{33}\sin(\omega+f) \end{bmatrix} \quad (4\text{-}7\text{-}32)$$

其中，ω 是卫星近地点角距；f 是真近点角；f_S、f_T、f_W 是 3 个正交方向上的经验摄动加速度；$C_{ij}(i,j=1,2,3)$ 是待定系数。

4.8　以轨道根数表示的地球非球形引力摄动位

在重力卫星测量中，若采用非引力干扰屏蔽的实现方式，则可以在物理上构造出纯引力轨道，然后基于纯引力轨道的绝对信息或相对信息反演重力场；若采用非引力干扰测量的实现方式，即利用星载加速度计测量非引力干扰，然后在数据处理中剔除其影响，从原理上讲也可以获取纯引力轨道绝对值或相对值的计算数据，进而获取地球重力场模型。可见，无论采用哪种实现方式，重力卫星测量的基本条件是获取地球引力摄动下重力卫星的绝对轨道或相对轨道。本节将在纯引力轨道运动的假设下，给出地球引力位与重力卫星轨道根数之间的数学表达式，为基于绝对

或相对轨道摄动的天基重力场测量研究提供分析工具。

根据第 2 章可知,地球非球形引力摄动位的球谐级数展开式为

$$R(\rho,\theta,\lambda) = \sum_{n=2}^{\infty}\sum_{k=0}^{n}R_{nk} = \frac{GM}{\rho}\sum_{n=2}^{\infty}\sum_{k=0}^{n}\left(\frac{a_{e}}{\rho}\right)^{n}P_{nk}(\cos\theta)(C_{nk}\cos k\lambda + S_{nk}\sin k\lambda)$$

$$(4\text{-}8\text{-}1)$$

其中,符号说明见第 2 章。

$$R_{nk} = \frac{GM}{\rho}\left(\frac{a_{e}}{\rho}\right)^{n}P_{nk}(\cos\theta)(C_{nk}\cos k\lambda + S_{nk}\sin k\lambda) \qquad (4\text{-}8\text{-}2)$$

式(4-8-2)是以地心球坐标表示的非球形引力摄动位函数,无法反映出卫星轨道运动位置与相应引力位函数之间的关系。用某一时刻卫星轨道根数来表示该时刻地球固连坐标系中的球坐标 (ρ,θ,λ),然后代入式(4-8-2),将非球形引力位函数表示成轨道根数的形式,那么就可以直观地分析卫星轨道根数与地球引力位之间的关系。

根据缔合勒让德多项式定义可知

$$P_{nk}(\cos\theta) = \frac{\sin^{k}\theta}{2^{n}n!}\sum_{s=0}^{m}\frac{(2n-2s)!}{(n-k-2s)!}(-1)^{s}C_{n}^{s}\cos^{n-k-2s}\theta \qquad (4\text{-}8\text{-}3)$$

其中

$$C_{n}^{s} = \frac{n!}{s!\,(n-s)!} \qquad (4\text{-}8\text{-}4)$$

$$m = \begin{cases} \dfrac{n-k}{2}, & n-k \text{ 为偶数} \\[2mm] \dfrac{n-k-1}{2}, & n-k \text{ 为奇数} \end{cases} \qquad (4\text{-}8\text{-}5)$$

设卫星轨道倾角为 i,近地点角距为 ω,真近点角为 f,升交点赤经为 Ω,则根据图 4.11 所示的球面三角关系,可知它们与余纬角 θ 之间的关系为

$$\cos\theta = \sin(\omega + f)\sin i \qquad (4\text{-}8\text{-}6)$$

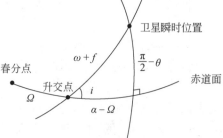

图 4.11　球面三角关系

在图 4.11 中，α 为卫星赤经。将式(4-8-6)代入式(4-8-3)中，得到[3,4]

$$P_{nk}(\cos\theta) = \frac{\sin^k\theta}{2^n n!} \sum_{s=0}^{m} \frac{(2n-2s)!}{(n-k-2s)!} (-1)^s C_n^s \sin^{n-k-2s}(\omega+f) \sin^{n-k-2s}i$$

$$(4-8-7)$$

设该时刻的格林尼治恒星时为 S_G，则与该时刻卫星位置对应的地球固连坐标系中的球坐标 λ 为

$$\lambda = \alpha - S_G = (\alpha - \Omega) + (\Omega - S_G) \tag{4-8-8}$$

于是，得到

$$\cos k\lambda = \cos k(\alpha - \Omega)\cos k(\Omega - S_G) - \sin k(\alpha - \Omega)\sin k(\Omega - S_G) \quad (4-8-9)$$

$$\sin k\lambda = \sin k(\alpha - \Omega)\cos k(\Omega - S_G) + \cos k(\alpha - \Omega)\sin k(\Omega - S_G) \quad (4-8-10)$$

根据三角函数公式，得到

$$\cos kx = \mathrm{Re}\,(\cos x + \mathrm{j}\sin x)^k = \mathrm{Re}\sum_{l=0}^{k} C_k^l \mathrm{j}^l \cos^{k-l}x \, \sin^l x \tag{4-8-11}$$

$$\sin kx = \mathrm{Re}[-\mathrm{j}\,(\cos x + \mathrm{j}\sin x)^k] = \mathrm{Re}\sum_{l=0}^{k} C_k^l \mathrm{j}^{l-1} \cos^{k-l}x \, \sin^l x \tag{4-8-12}$$

其中，$\mathrm{j}=\sqrt{-1}$；Re 表示取该复数的实数部分。令 $x = \alpha - \Omega$，代入式(4-8-11)和式(4-8-12)中，得到

$$\cos k(\alpha - \Omega) = \mathrm{Re}\sum_{l=0}^{k} C_k^l \mathrm{j}^l \cos^{k-l}(\alpha - \Omega) \, \sin^l(\alpha - \Omega) \tag{4-8-13}$$

$$\sin k(\alpha - \Omega) = \mathrm{Re}\sum_{l=0}^{k} C_k^l \mathrm{j}^{l-1} \cos^{k-l}(\alpha - \Omega) \, \sin^l(\alpha - \Omega) \tag{4-8-14}$$

将式(4-8-13)和式(4-8-14)代入式(4-8-9)和式(4-8-10)中，得到

$$\cos k\lambda = \mathrm{Re}\sum_{l=0}^{k} C_k^l \mathrm{j}^l \cos^{k-l}(\alpha - \Omega) \, \sin^l(\alpha - \Omega) \left[\cos k(\Omega - S_G) + \mathrm{j}\sin k(\Omega - S_G)\right]$$

$$(4-8-15)$$

$$\sin k\lambda = \mathrm{Re}\sum_{l=0}^{k} C_k^l \mathrm{j}^l \cos^{k-l}(\alpha - \Omega) \, \sin^l(\alpha - \Omega)\left[\sin k(\Omega - S_G) - \mathrm{j}\cos k(\Omega - S_G)\right]$$

$$(4-8-16)$$

另外，根据图 4.12，由球面三角公式可以得到

$$\cos(\alpha - \Omega) = \cos(\omega + f)/\sin\theta$$
$$\sin(\alpha - \Omega) = \sin(\omega + f)\cos i/\sin\theta \tag{4-8-17}$$

将式(4-8-17)代入式(4-8-15)和式(4-8-16)中，并考虑到式(4-8-7)，得到

$$\cos k\lambda P_{nk}(\cos\theta) = \frac{1}{2^n n!} \sum_{s=0}^{m} \frac{(2n-2s)!}{(n-k-2s)!} (-1)^s C_n^s \sin^{n-k-2s}(\omega+f) \sin^{n-k-2s}i$$

$$\times \mathrm{Re}\sum_{l=0}^{k} C_k^l \mathrm{j}^l \cos^{k-l}(\omega+f) \, \sin^l(\omega+f)$$

$$\times \cos^l i \left[\cos k(\Omega - S_G) + \mathrm{j}\sin k(\Omega - S_G)\right] \tag{4-8-18}$$

$$\sin k\lambda P_{nk}(\cos\theta) = \frac{1}{2^n n!} \sum_{s=0}^{m} \frac{(2n-2s)!}{(n-k-2s)!} (-1)^s C_n^s \sin^{n-k-2s}(\omega+f) \sin^{n-k-2s} i$$

$$\times \operatorname{Re} \sum_{l=0}^{k} C_k^l \mathrm{j}^l \cos^{k-l}(\omega+f) \sin^l(\omega+f)$$

$$\times \cos^l i \left[\sin k(\Omega - S_G) - \mathrm{j}\cos k(\Omega - S_G)\right] \tag{4-8-19}$$

将式(4-8-18)和式(4-8-19)代入式(4-8-2)中,得到

$$R_{nk} = \frac{GM}{\rho} \left(\frac{a_e}{\rho}\right)^n \frac{1}{2^n n!} \sum_{s=0}^{m} \frac{(2n-2s)!}{(n-k-2s)!} (-1)^s C_n^s \sin^{n-k-2s}(\omega+f)$$

$$\times \sin^{n-k-2s} i \sum_{l=0}^{k} C_k^l \mathrm{j}^l \cos^{k-l}(\omega+f) \sin^l(\omega+f) \cos^l i$$

$$\times \operatorname{Re}\left[(C_{nk} - \mathrm{j}S_{nk})\cos k(\Omega - S_G) + (S_{nk} + \mathrm{j}C_{nk})\sin k(\Omega - S_G)\right] \tag{4-8-20}$$

已知三角函数存在如下公式:

$$\sin^a x \cos^b x = \left(\frac{e^{\mathrm{j}x} - e^{-\mathrm{j}x}}{2\mathrm{j}}\right)^a \left(\frac{e^{\mathrm{j}x} + e^{-\mathrm{j}x}}{2}\right)^b$$

$$= \frac{1}{2^{a+b}\mathrm{j}^a} \sum_{c=0}^{a} C_a^c (e^{\mathrm{j}x})^{a-c} (e^{-\mathrm{j}x})^c \sum_{d=0}^{b} C_b^d (e^{\mathrm{j}x})^{b-d} (e^{-\mathrm{j}x})^d$$

$$= \frac{(-1)^a \mathrm{j}^a}{2^{a+b}} \sum_{c=0}^{a} \sum_{d=0}^{b} (-1)^c C_a^c C_b^d \left[\cos(a+b-2c-2d)x + \mathrm{j}\sin(a+b-2c-2d)x\right] \tag{4-8-21}$$

在式(4-8-21)中,分别取 $x = \omega + f$、$a = n-k-2s+l$、$b = k-l$,代入式(4-8-20)中,得到

$$R_{nk} = \frac{GM}{\rho} \left(\frac{a_e}{\rho}\right)^n \frac{1}{2^n n!} \sum_{s=0}^{m} \frac{(2n-2s)!}{(n-k-2s)!} (-1)^s C_n^s \sin^{n-k-2s} i$$

$$\times \operatorname{Re}\left[(C_{nk} - \mathrm{j}S_{nk})\cos k(\Omega - S_G) + (S_{nk} + \mathrm{j}C_{nk})\sin k(\Omega - S_G)\right]$$

$$\times \sum_{l=0}^{k} C_k^l \mathrm{j}^l \cos^l i \frac{(-\mathrm{j})^{n-k-2s+l}}{2^{n-2s}} \sum_{c=0}^{n-k-2s+l} \sum_{d=0}^{k-l} C_{n-k-2s+l}^c C_{k-l}^d (-1)^c$$

$$\times \{\cos[(n-2s-2c-2d)(\omega+f)] + \mathrm{j}\sin[(n-2s-2c-2d)(\omega+f)]\} \tag{4-8-22}$$

根据三角函数中的积化和差公式,得到

$$\cos k(\Omega - S_G)\cos[(n-2s-2c-2d)(\omega+f)]$$

$$= \frac{1}{2} \left\{ \begin{array}{l} \cos[(n-2s-2c-2d)(\omega+f) + k(\Omega - S_G)] \\ + \cos[(n-2s-2c-2d)(\omega+f) - k(\Omega - S_G)] \end{array} \right\} \tag{4-8-23}$$

$$\cos k(\Omega - S_G)\sin[(n-2s-2c-2d)(\omega+f)]$$

$$= \frac{1}{2} \left\{ \begin{array}{l} \sin[(n-2s-2c-2d)(\omega+f) + k(\Omega - S_G)] \\ + \sin[(n-2s-2c-2d)(\omega+f) - k(\Omega - S_G)] \end{array} \right\} \tag{4-8-24}$$

$$\times \sin k(\Omega - S_G)\cos[(n-2s-2c-2d)(\omega+f)]$$

$$= \frac{1}{2}\left\{ \begin{array}{l} \sin[(n-2s-2c-2d)(\omega+f)+k(\Omega-S_G)] \\ -\sin[(n-2s-2c-2d)(\omega+f)-k(\Omega-S_G)] \end{array} \right\} \tag{4-8-25}$$

$$\times \sin k(\Omega - S_G)\sin[(n-2s-2c-2d)(\omega+f)]$$

$$= \frac{1}{2}\left\{ \begin{array}{l} -\cos[(n-2s-2c-2d)(\omega+f)+k(\Omega-S_G)] \\ +\cos[(n-2s-2c-2d)(\omega+f)-k(\Omega-S_G)] \end{array} \right\} \tag{4-8-26}$$

由此得到

$$[(C_{nk}-jS_{nk})\cos k(\Omega-S_G)+(S_{nk}+jC_{nk})\sin k(\Omega-S_G)]$$

$$\times [\cos(n-2s-2c-2d)(\omega+f)+j\sin(n-2s-2c-2d)(\omega+f)]$$

$$= (C_{nk}-jS_{nk})\cos[(n-2s-2c-2d)(\omega+f)+k(\Omega-S_G)]$$

$$+(S_{nk}+jC_{nk})\sin[(n-2s-2c-2d)(\omega+f)+k(\Omega-S_G)]$$

$$\tag{4-8-27}$$

将式(4-8-27)代入式(4-8-22)中,得到

$$R_{nk} = \frac{GM}{\rho}\left(\frac{a_e}{\rho}\right)^n \frac{1}{2^n n!}\sum_{s=0}^{m}\frac{(2n-2s)!}{(n-k-2s)!}(-1)^s C_n^s \sin^{n-k-2s}i$$

$$\times \mathrm{Re}\sum_{l=0}^{k}C_k^l\cos^l i\frac{j^l(-j)^{n-k-2s+l}}{2^{n-2s}}\sum_{c=0}^{n-k-2s+l}\sum_{d=0}^{k-l}C_{n-k-2s+l}^c C_{k-l}^d(-1)^c$$

$$\times \left\{ \begin{array}{l} (C_{nk}-jS_{nk})\cos[(n-2s-2c-2d)(\omega+f)+k(\Omega-S_G)] \\ +(S_{nk}+jC_{nk})\sin[(n-2s-2c-2d)(\omega+f)+k(\Omega-S_G)] \end{array} \right\}$$

$$\tag{4-8-28}$$

考虑到地球引力非球形摄动位函数 R_{nk} 是实数,因此式(4-8-28)中的虚数部分应当删除,由此得到

$$R_{nk} = \frac{GM}{\rho}\left(\frac{a_e}{\rho}\right)^n\frac{1}{2^n n!}(-1)^m\sum_{s=0}^{m}\frac{(2n-2s)!}{(n-k-2s)!}C_n^s\sin^{n-k-2s}i$$

$$\times \sum_{l=0}^{k}C_k^l\frac{\cos^l i}{2^{n-2s}}\sum_{c=0}^{n-k-2s+l}\sum_{d=0}^{k-l}C_{n-k-2s+l}^c C_{k-l}^d(-1)^c$$

$$\times \left\{ \begin{array}{l} W_{nk,1}\cos[(n-2s-2c-2d)(\omega+f)+k(\Omega-S_G)] \\ +W_{nk,2}\sin[(n-2s-2c-2d)(\omega+f)+k(\Omega-S_G)] \end{array} \right\} \tag{4-8-29}$$

当 $n-k$ 为偶数时,$W_{nk,1}=-C_{nk}$,$W_{nk,2}=-S_{nk}$;当 $n-k$ 为奇数时,$W_{nk,1}=S_{nk}$,$W_{nk,2}=-C_{nk}$。

设

$$p = s+c+d \tag{4-8-30}$$

则有

$$n-2s-2c-2d = n-2p$$
$$d = p-s-c \tag{4-8-31}$$

当 $c+d=0$ 时,$p=s$,这要求 $0\leqslant p\leqslant m$;当 $c+d=n-2s$ 时,$p=n-s$,又因为

$s \geqslant 0$，因此要求 $p \leqslant n$。于是，式(4-8-29)可以表示为

$$R_{nk} = \frac{GM}{\rho} \left(\frac{a_e}{\rho}\right)^n \sum_{p=0}^{n} F_{npk}(i)$$
$$\times \left\{ \begin{matrix} W_{nk,1} \cos[(n-2s-2c-2d)(\omega+f)+k(\Omega-S_G)] \\ + W_{nk,2} \sin[(n-2s-2c-2d)(\omega+f)+k(\Omega-S_G)] \end{matrix} \right\}$$

$$(4-8-32)$$

其中，倾角函数 $F_{npk}(i)$ 为

$$F_{npk}(i) = \sum_s \frac{(-1)^m (2n-2s)!}{2^{2n-2s}(n-s)! \; s! \; (n-k-2s)!} \sin^{n-k-2s} i \sum_{l=0}^{k} C_k^l \cos^l i$$
$$\times \sum_c C_{n-k-2s+l}^c C_{k-l}^{p-s-c} (-1)^c \qquad (4-8-33)$$

在式(4-8-33)中，当 $p \leqslant m$ 时，$0 \leqslant s \leqslant p$；当 $p > m$ 时，$0 \leqslant s \leqslant n-p$。

当 $k-l \geqslant p-s$ 时，如果 $p-s \leqslant n-k-2s+l$，则 $0 \leqslant c \leqslant p-s$；如果 $p-s \geqslant n-k-2s+l$，则 $0 \leqslant c \leqslant n-k-2s+l$。

当 $n-k-2s+l \geqslant p-s \geqslant k-l$ 时，$p-s-k+l \leqslant c \leqslant p-s$。

在式(4-8-32)中，需要将地心距 ρ、卫星真近点角 f 用轨道半长轴 a、偏心率 e、平近点角 M 这 3 个轨道根数来表示，也就是需要进行如下替换：

$$\frac{1}{\rho^{n+1}} \begin{bmatrix} \cos \\ \sin \end{bmatrix} [(n-2p)(\omega+f)+k(\Omega-S_G)]$$
$$= \frac{1}{a^{n+1}} \sum_{q=-\infty}^{\infty} G_{npq}(e) \begin{bmatrix} \cos \\ \sin \end{bmatrix} [(n-2p)\omega+(n-2p+q)M+k(\Omega-S_G)]$$

$$(4-8-34)$$

$G_{npq}(e)$ 是偏心率 e 的函数。当 $q=2p-n$ 时，有

$$G_{npq}(e) = \frac{1}{(1-e^2)^{n-1/2}} \sum_{d=0}^{p'-1} C_{n-1}^{2d+n-2p'} C_{2d+n-2p'}^d \left(\frac{e}{2}\right)^{2d+n-2p'} \qquad (4-8-35)$$

其中，当 $p \leqslant n/2$ 时，$p'=p$；当 $p \geqslant n/2$ 时，$p'=n-p$。

当 $q \neq 2p-n$ 时：

$$G_{npq}(e) = (-1)^{|q|} (1+\beta^2)^n \beta^{|q|} \sum_{m=0}^{\infty} P_{npqm}(e) Q_{npqm}(e) \beta^{2m} \qquad (4-8-36)$$

其中

$$\beta = \frac{e}{1+\sqrt{1-e^2}} \qquad (4-8-37)$$

$$P_{npqm}(e) = \sum_{v=0}^{h} C_{2p'-2n}^{h-v} \frac{(-1)^v}{v!} \left[\frac{(n-2p'+q')e}{2\beta}\right]^v \qquad (4-8-38)$$

当 $q' \geqslant 0$ 时，$h=m+q'$；当 $q' < 0$ 时，$h=m$。

$$Q_{npqm}(e) = \sum_{v=0}^{h} C_{-2p'}^{h-v} \frac{1}{v!} \left[\frac{(n-2p'+q')e}{2\beta}\right]^v \qquad (4-8-39)$$

当 $q' \geqslant 0$ 时，$h = m$；当 $q' < 0$ 时，$h = m - q'$；当 $p \leqslant n/2$ 时，$p' = p$，$q' = q$；当 $p > n/2$ 时，$p' = n - p$，$q' = -q$。

将式(4-8-34)代入式(4-8-32)中，得到以轨道根数表示的地球非球形引力摄动位函数为

$$R_{nk}(a, e, i, \Omega, \omega, M, S_G) = \frac{GMa_e^n}{a^{n+1}} \sum_{p=0}^{n} F_{npk}(i) \sum_{q=-\infty}^{\infty} G_{npq}(e) S_{nkpq}(\omega, M, \Omega, S_G)$$

（4-8-40）

其中

$$S_{nkpq}(\omega, M, \Omega, S_G) = W_{nk,1} \cos[(n-2p)\omega + (n-2p+q)M + k(\Omega - S_G)]$$
$$+ W_{nk,2} \sin[(n-2p)\omega + (n-2p+q)M + k(\Omega - S_G)]$$
$$\begin{cases} W_{nk,1} = -C_{nk}, W_{nk,2} = -S_{nk}, & n-k \text{ 为偶数} \\ W_{nk,1} = S_{nk}, W_{nk,2} = -C_{nk}, & n-k \text{ 为奇数} \end{cases}$$

（4-8-41）

4.9　地球引力场引起的轨道摄动特征

4.8 节建立了以卫星轨道根数为自变量的地球非球形摄动位函数，将该函数代入式(4-6-43)中的摄动运动方程中，可以直观地反映不同阶次引力位系数与卫星轨道根数变化之间的关系。设

$$w = (n-2p)\omega + (n-2p+q)M + k(\Omega - S_G) \tag{4-9-1}$$

$$T_{nkpq}(\omega, M, \Omega, S_G) = S'_{nkpq} = \frac{\partial S_{nkpq}}{\partial w} \tag{4-9-2}$$

则

$$\frac{\partial S_{nkpq}}{\partial \omega} = \frac{\partial S_{nkpq}}{\partial w} \frac{\partial w}{\partial \omega} = (n-2p)T_{nkpq} \tag{4-9-3}$$

$$\frac{\partial S_{nkpq}}{\partial \Omega} = \frac{\partial S_{nkpq}}{\partial w} \frac{\partial w}{\partial \Omega} = kT_{nkpq} \tag{4-9-4}$$

$$\frac{\partial S_{nkpq}}{\partial M} = \frac{\partial S_{nkpq}}{\partial w} \frac{\partial w}{\partial M} = (n-2p+q)T_{nkpq} \tag{4-9-5}$$

将式(4-8-40)代入式(4-6-43)中，得到

$$\begin{cases} \left(\frac{da}{dt}\right)_{nk} = \frac{2GMa_e^n}{\bar{n}a^{n+2}} \sum_{p=0}^{n} \sum_{q=-\infty}^{\infty} (n-2p+q)F_{npk}G_{npq}T_{nkpq} \\ \left(\frac{de}{dt}\right)_{nk} = \frac{GMa_e^n \sqrt{1-e^2}}{\bar{n}ea^{n+3}} \sum_{p=0}^{n} \sum_{q=-\infty}^{\infty} \left[\begin{matrix} \sqrt{1-e^2}(n-2p+q) \\ -(n-2p) \end{matrix}\right] F_{npk}G_{npq}T_{nkpq} \\ \left(\frac{di}{dt}\right)_{nk} = \frac{GMa_e^n}{\bar{n}a^{n+3}\sqrt{1-e^2}\sin i} \sum_{p=0}^{n} \sum_{q=-\infty}^{\infty} [(n-2p)\cot i - k]F_{npk}G_{npq}T_{nkpq} \end{cases}$$

$$
\begin{cases}
\left(\dfrac{\mathrm{d}\Omega}{\mathrm{d}t}\right)_{nk} = \dfrac{GMa_{\mathrm e}^{n}}{\bar n a^{n+3}\sqrt{1-e^{2}}\sin i}\sum_{p=0}^{n}\sum_{q=-\infty}^{\infty}\dfrac{\mathrm dF_{npk}}{\mathrm di}G_{npq}S_{nkpq}\\[2mm]
\left(\dfrac{\mathrm{d}\omega}{\mathrm{d}t}\right)_{nk} = \dfrac{GMa_{\mathrm e}^{n}}{\bar n a^{n+3}}\sum_{p=0}^{n}\sum_{q=-\infty}^{\infty}S_{nkpq}\left[\dfrac{\sqrt{1-e^{2}}}{e}F_{npk}\dfrac{\mathrm dG_{npq}}{\mathrm de}-\dfrac{\cot i}{\sqrt{1-e^{2}}}\dfrac{\mathrm dF_{npk}}{\mathrm di}G_{npq}\right]\\[2mm]
\left(\dfrac{\mathrm{d}M}{\mathrm{d}t}\right)_{nk} = \bar n-\dfrac{GMa_{\mathrm e}^{n}}{\bar n a^{n+3}}\sum_{p=0}^{n}\sum_{q=-\infty}^{\infty}F_{npk}S_{nkpq}\left[\dfrac{1-e^{2}}{e}\dfrac{\mathrm dG_{npq}}{\mathrm de}-2(n+1)G_{npq}\right]
\end{cases}
$$

$$(4\text{-}9\text{-}6)$$

其中，$\bar n$ 为卫星轨道角速度。上述函数中的自变量为

$$F_{npk}=F_{npk}(i),\quad G_{npq}=G_{npq}(e),\quad S_{nkpq}=S_{nkpq}(\omega,M,\Omega,S_{\mathrm G};C_{nk},S_{nk})$$
$$T_{nkpq}=T_{nkpq}(\omega,M,\Omega,S_{\mathrm G};C_{nk},S_{nk})$$

$$(4\text{-}9\text{-}7)$$

S_{nkpq}、T_{nkpq} 项以线性形式包含了 n 阶 k 次引力位系数 C_{nk}、S_{nk}，这样，式(4-9-6)就可以直接反映任意阶次非球形引力位对轨道的摄动影响。将所有阶次引力位系数对轨道根数的影响求代数和，可以得到总的非球形摄动位对轨道的摄动作用。以 2 阶 0 次位系数为例，不考虑短周期项即只考虑满足 $2-2p+q=0$ 的项，得到该阶次位系数对轨道根数的长期影响为

$$
\begin{cases}
\left(\dfrac{\mathrm da}{\mathrm dt}\right)_{20}=\left(\dfrac{\mathrm de}{\mathrm dt}\right)_{20}=\left(\dfrac{\mathrm di}{\mathrm dt}\right)_{20}=0\\[2mm]
\left(\dfrac{\mathrm d\Omega}{\mathrm dt}\right)_{20}=-\dfrac{3}{2}\dfrac{\bar n C_{20}a_{\mathrm e}^{2}}{a^{2}(1-e^{2})^{2}}\cos i\\[2mm]
\left(\dfrac{\mathrm d\omega}{\mathrm dt}\right)_{20}=\dfrac{3}{4}\dfrac{\bar n C_{20}a_{\mathrm e}^{2}}{a^{2}(1-e^{2})^{2}}(1-5\cos^{2}i)\\[2mm]
\left(\dfrac{\mathrm dM}{\mathrm dt}\right)_{20}=n-\dfrac{3}{4}\dfrac{\bar n C_{20}a_{\mathrm e}^{2}}{a^{2}(1-e^{2})^{3/2}}(3\cos^{2}i-1)
\end{cases}
$$

$$(4\text{-}9\text{-}8)$$

同样，对于 3 阶 0 次位系数，不考虑短周期项即只考虑满足 $3-2p+q=0$ 条件的项，得到该阶次位系数对轨道根数的影响为

$$
\begin{cases}
\dfrac{\mathrm da}{\mathrm dt}=0\\[2mm]
\dfrac{\mathrm de}{\mathrm dt}=\dfrac{3}{2}C_{30}\dfrac{\bar n a_{\mathrm e}^{3}}{a^{3}}\left(1-\dfrac{5}{4}\sin^{2}i\right)(1-e^{2})^{-2}\sin i\cos\omega\\[2mm]
\dfrac{\mathrm di}{\mathrm dt}=-\dfrac{3}{2}C_{30}\dfrac{\bar n e a_{\mathrm e}^{3}\cot i}{a^{3}}\left(1-\dfrac{5}{4}\sin^{2}i\right)(1-e^{2})^{-3}\cos\omega\\[2mm]
\dfrac{\mathrm d\Omega}{\mathrm dt}=-\dfrac{3}{2}C_{30}\dfrac{\bar n a_{\mathrm e}^{3}e\cot i}{a^{3}}\left(1-\dfrac{15}{4}\sin^{2}i\right)(1-e^{2})^{-3}\sin\omega
\end{cases}
$$

$$\begin{cases} \dfrac{\mathrm{d}\omega}{\mathrm{d}t} = -\dfrac{3}{2}C_{30}\ \dfrac{\bar{n}a_{\mathrm{e}}^{3}\sin\omega}{a^{3}}\ (1-e^{2})^{-3} \left[\begin{array}{l} \dfrac{1}{e}\left(1-\dfrac{5}{4}\ \sin^{2}i\right)(1+4e^{2})\sin i \\ -e\cot i\left(1-\dfrac{15}{4}\ \sin^{2}i\right)\cos i \end{array} \right] \\[2.5em] \dfrac{\mathrm{d}M}{\mathrm{d}t} = \bar{n}+\dfrac{3}{2}C_{30}\ \dfrac{\bar{n}a_{\mathrm{e}}^{3}}{a^{3}}\ (1-e^{2})^{-7/2}\ \dfrac{1-2e^{4}+e^{2}}{e}\left(1-\dfrac{5}{4}\ \sin^{2}i\right)\sin i\sin\omega \end{cases}$$

$$(4\text{-}9\text{-}9)$$

　　地球引力场会引起卫星轨道根数的变化,如式(4-9-6)所示。通过对卫星轨道的观测,从理论上可以根据式(4-9-6)计算得到各个阶次的引力位系数 C_{nk} 和 S_{nk}。例如,1958 年根据卫星升交点赤经变化的观测值,推算出地球扁率值。实际上,目前地球引力位系数中的低阶项主要就是根据卫星摄动轨道得到的,这就是绝对轨道摄动重力场测量的理论依据。绝对轨道摄动重力场测量要求获取重力卫星的精密轨道,目前精密定轨精度最高为 $1\sim2\mathrm{cm}$,由于技术水平的限制精度不可能再继续提高,因此绝对轨道摄动重力场测量方式仅适用于低阶位系数恢复。为了提高重力场测量的分辨率和精度,通常测量两个重力卫星(或引力敏感器)摄动轨道之间的相对量,也就是长基线和短基线相对轨道摄动重力场测量的基本思想。虽然这两种测量方式以相对摄动轨道为核心观测数据,如长基线相对轨道摄动重力场测量要求获取两个卫星的星间距离变化率,短基线相对轨道摄动重力场测量要求获取两个引力敏感器之间的相对速度或相对加速度,但是它们的理论依据仍然是式(4-9-6),只不过通过方程作差来分析引力位系数与两个卫星轨道根数差之间的关系,进而求得引力位系数即重力场模型。

参 考 文 献

[1]Dennis D M,Gérard P. IERS conventions(2003)[R]. Frankfurt:International Earth Rotation and Reference Systems Service,2004.

[2] 钟波. 基于 GOCE 卫星重力测量技术确定地球重力场的研究[D]. 武汉:武汉大学,2010.

[3] Kaula W M. Theory of Satellite Geodesy:Application of Satellites to Geodesy[M]. New York:Dover Publications,2000.

[4] 陆仲连,吴晓平. 人造地球卫星与地球重力场[M]. 北京:测绘出版社,1994.

第5章　重力卫星精密轨道确定方法

卫星精密轨道是天基重力场测量的基本观测数据,是实现高精度重力场恢复的重要因素。在绝对轨道摄动重力场测量中,卫星定轨精度是决定重力场测量精度和分辨率的关键要素,定轨数据是核心的科学观测数据;在长基线或短基线相对轨道摄动重力场测量中,虽然核心观测数据变为星间距离变化率或重力梯度,但是定轨数据为重力场反演计算提供卫星位置和速度参考,也是必不可少的科学观测数据。与其他航天任务相比,天基重力场测量对定轨精度的要求很高,通常为厘米级,这就对卫星精密定轨技术和方法提出了极高的要求。

星载 GPS 测量技术是低轨卫星精密定轨最常用、最有效的方法之一,已经成为重力卫星系统的关键技术。下面介绍 GPS 精密定轨的基本原理、观测方程、定轨数据处理方法以及目前的精密定轨工程技术条件等。

5.1　卫星精密轨道跟踪系统

卫星精密轨道跟踪系统包括 DORIS 系统、SLR 系统、PRARE、GNSS 等,用于跟踪卫星运动轨迹,确定卫星位置和速度等。这些系统具有不同的技术特征,包括测量特性、时间覆盖范围、空间覆盖范围和精度水平等。

5.1.1　DORIS

天基多普勒轨道确定和无线电定位组合(Doppler orbitography and radio positioning integrated by satellite,DORIS)系统由法国国家空间研究中心、法国地理研究所(Instituto Geográfico National,IGN)和法国空间大地测量研究机构(Groupe de Recherche de Geodisie Spatiale,GRSG)共同开发,用于确定低轨卫星轨道,其精度达到 10~15cm。DORIS 系统可以实现卫星轨道确定和地面信标定位,其基本原理是卫星上的接收机可以收到地面信标信号,通过分析信号的多普勒频移获取卫星与地面站的距离,进而确定卫星轨道。DORIS 系统以 2036.25MHz 和 401.25MHz 两个频率发送无线电信号,其中,2036.25MHz 的信号用于精确确定多普勒频移,401.25MHz 的信号用于电离层校正。DORIS 系统的距离变化率观测值精度可达 0.5mm/s。

DORIS 系统在 1990 年发射的 SPOT2 卫星上得到了验证,并应用于后续的 SPOT 系列卫星。法美联合研制的 Topex/Poseidon 卫星、新一代测高卫星 Jason-1 和

Envisat 卫星、中国 HY-2 卫星系列,也应用了 DORIS 轨道跟踪系统,如图 5.1 所示,其提供的服务数据包括实时和精密轨道、重力场信息、地球自转信息、时间基准等。

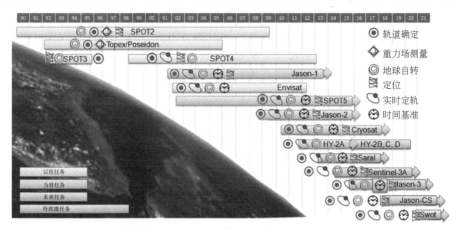

图 5.1　采用 DORIS 系统的卫星任务(见彩图)

DORIS 系统提供三种模式的定轨服务,分别是实时模式、业务运行模式和精密定轨模式。在实时模式中,卫星上的接收机、天线、开关等设备和软件自主处理观测数据,得到卫星实时轨道,位置精度为 4m,速度精度为 0.4cm/s。在业务运行模式中,DORIS 系统的控制与数据处理中心对观测数据进行离线处理,得到的轨道径向精度约为 20cm。在精密定轨模式中,DORIS 系统的精密定轨服务中心对数据进行处理,得到径向精度为 5cm 的卫星轨道。DORIS 系统的地面信标站由 IGN 负责运行和管理,信标站组成如图 5.2 所示[1]。

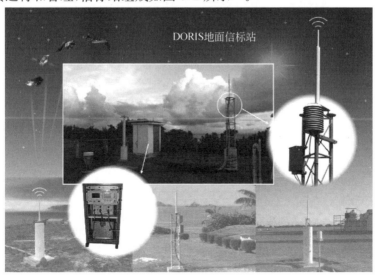

图 5.2　DORIS 系统全球信标站分布

5.1.2　SLR

卫星激光测距(satellite laser ranging,SLR)技术最早出现在 1964 年,当时利用激光对 Beacon-B 卫星进行跟踪测量[2]。在过去几十年里,卫星激光测距一直是重要的卫星轨道跟踪技术,是提供卫星绝对轨道最可靠的手段,因而常作为卫星轨道跟踪的基准系统。在跟踪测量时,地面站发射激光脉冲到卫星,被卫星上安装的反射镜反射,然后被地面站接收,如图 5.3 所示。根据激光的往返时间,可以确定卫星与地面站之间的距离,进而确定卫星轨道,时间测量精度可达 30ps,轨道精度优于 1cm。相对于无线电测量系统,激光测距不受电离层折射的影响,并且受水汽的影响也要小得多。SLR 系统的不足之处是地面跟踪站分布稀疏,难以实现全弧段连续跟踪测量,且会受非晴朗天气的影响。

图 5.3　卫星激光测距系统

国际激光测距服务(international laser ranging service,ILRS)组织是全球卫星激光测距系统的管理机构,由跟踪站、操控中心、全球和区域数据中心、分析中心、管理局等组成,卫星激光测距工作流程如图 5.4 所示。ILRS 成立于 1998 年,收集、分析卫星和月球地面激光测距数据,产生卫星星历、地球指向参数、地面激光跟踪站坐标、时变的地心坐标、基本物理常数、月球星历、月球指向参数等数据产品,满足科学研究与工程应用等方面的需求。

5.1.3　PRARE

精密测距测速系统(precise range and range-rate equipment,PRARE)的概念最早由德国斯图加特大学和慕尼黑大地测量研究所提出,后在德国空间局资助下于 20 世纪 80 年代发展起来。PRARE 可以提供卫星与地面站之间的距离和距离

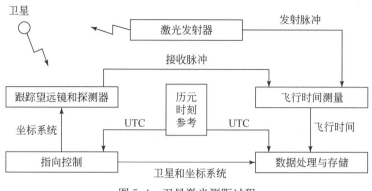

图 5.4　卫星激光测距过程

变化率,其测量的基本依据是信号的传输时间和信号的多普勒频移。其中,距离的测量精度为厘米级,距离变化率的测量精度为亚毫米每秒量级[3]。PRARE 的空间部分从卫星向下广播两种频段的微波信号,分别是 X 波段的 8500MHz 信号和 S 波段的 2200MHz 信号[4],这两种信号使用了同一种伪随机噪声码进行调制。地面站接收到信号后,分别对两种信号进行解调,通过相关性分析确定 S 波段信号相对 X 波段信号的时间延迟,这一延迟反映了单程测量中的电离层延迟效应。

　　PRARE 的首次试验是在 ESA 的第一颗资源遥感卫星 ERS1 上进行的,空间和地面仪器设备由柏林工业大学和斯图加特大学研制,数据管理与分析部分由 GFZ 研制。1991 年 7 月,ERS1 卫星携带 PRARE 的空间设备发射入轨,但是由于电子模块故障,试验任务很快失败。之后,对 PRARE 的空间设备进行改进,搭载俄罗斯气象卫星 METEOR3/7 进入太空,于 1994 年 1 月至 1995 年 10 月期间成功地进行了系统测试。1995 年 4 月 21 日,PRARE 的空间设备又搭载 ERS2 卫星入轨,并正常工作。

　　PRARE 包括五部分,分别是空间设备、地面跟踪网、主控站、系统监控站和校验站。空间设备的功能是同时对 4 个地面站进行距离和距离变化率的测量,并向地面站广播卫星星历。空间设备的尺寸为 $40cm \times 25cm \times 18cm$,功耗为 32W,质量为 20kg。地面跟踪网由 31 个地面站组成,进行卫星跟踪和测量数据处理,具体包括 X 波段信号接收、相干处理和脉冲再生成转发,X 波段和 S 波段信号到达地面的时间差、地面气象数据等改正数据的获取和上行发送,卫星星历数据处理等。主控站位于德国上法芬霍芬,负责地面站的管理、观测数据预处理等。系统监控站与主控站直接相连,位于德国斯图加特,负责空间设备运行控制和空间数据管理,接收卫星下发的跟踪数据,并向卫星发送地面指令。校验站位于德国波茨坦。此外,利用激光测距系统与 PRARE 进行同步观测,以对 PRARE 的测量结果进行校核。PRARE 不受天气状况的影响,可以全自动地运行,正常工作时可以实现无人值守,并且地面站设备轻便,可以方便地安放在其他位置。

虽然 PRARE 可以提供双程的距离和距离变化率,但也使地面站的建设相对 DORIS 系统而言复杂得多,这导致 PRARE 的地面站数目较少,全球分布不是很广泛,因而应用范围受到限制。2004 年以后,PRARE 不再有资金支持,加之地面站设备老化,系统于 2007 年 1 月停止工作[5]。

5.1.4　GNSS

GNSS(global navigation satellite system)是全球卫星导航系统,典型代表包括美国的 GPS 系统、俄罗斯的 GLONASS 系统、欧洲的 GALILEO 系统和中国的北斗卫星导航系统等。其中,GPS 是在美国国防部支持下发展起来的具有全方位、全天候、全时段、高精度的无线电导航系统,于 1994 年建设完成,当时具有 24 颗卫星,全球覆盖率高达 98%。截至 2016 年 1 月 13 日,GPS 星座中的卫星数目为 32,其中 31 颗卫星正常运行,1 颗卫星处于维护状态,如表 5.1 所示[6]。这些卫星分布在 6 个轨道面上,相邻两个轨道面的升交点赤经相差 60°,轨道倾角为 55°左右,轨道高度为 20180km,轨道周期为 11h58min,回归周期为 1 天。

表 5.1　GPS 卫星星座

轨道面	序号	NORAD 编号	卫星类型	发射时间	启动时间	运行时间/月
A	1	29486	IIR-M	2006.09.25	2006.10.13	111.1
	2	32711	IIR-M	2008.03.15	2008.03.24	93.7
	3	38833	II-F	2012.10.04	2012.11.14	38.0
	4	39533	II-F	2014.02.21	2014.05.30	19.5
B	5	27663	II-R	2003.01.29	2003.02.18	154.9
	6	36585	II-F	2010.05.28	2010.08.27	64.6
	7	26407	II-R	2000.07.16	2000.08.17	185.0
	8	29601	IIR-M	2006.11.17	2006.12.13	109.1
	9	40534	II-F	2015.03.25	2015.04.20	8.8
	10	34661	IIR-M	2009.03.24	处于维修状态	
C	11	32384	IIR-M	2007.12.20	2008.01.02	96.4
	12	39166	II-F	2013.05.15	2013.06.21	30.8
	13	28190	II-R	2004.03.20	2004.04.05	141.4
	14	28874	IIR-M	2005.09.26	2005.11.13	122.1
	15	40730	II-F	2015.07.15	2015.08.12	5.1

轨道面	序号	NORAD 编号	卫星类型	发射时间	启动时间	运行时间/月
D	16	28474	II-R	2004.11.06	2004.11.22	133.8
	17	37753	II-F	2011.07.16	2011.10.14	51.0
	18	27704	II-R	2003.03.31	2003.04.12	153.2
	19	25933	II-R	1999.10.07	2000.01.03	192.5
	20	39741	II-F	2014.05.17	2014.06.10	19.1
E	21	26360	II-R	2000.05.11	2000.06.01	187.5
	22	28129	II-R	2003.12.21	2004.01.12	144.1
	23	35752	IIR-M	2009.08.17	2009.08.27	76.6
	24	26690	II-R	2001.01.30	2001.02.15	179.0
	25	20959	II-A	1990.11.26	1990.12.10	301.3
	26	41019	II-F	2015.10.30	2015.12.09	1.2
	27	40294	II-F	2014.10.29	2014.12.12	13.1
F	28	26605	II-R	2000.11.10	2000.12.10	181.2
	29	32260	IIR-M	2007.10.17	2007.10.31	98.5
	30	24876	II-R	1997.07.23	1998.01.31	215.5
	31	28361	II-R	2004.06.23	2004.07.09	138.2
	32	40105	II-F	2014.08.02	2014.09.17	15.9

GPS 系统包括三部分,分别是空间部分、控制部分和用户部分。空间部分和控制部分由美国空军管理和运行。空间部分指 GPS 卫星星座,其轨道分布使地面上任意位置、任意时刻均可以观测到 6 颗以上的卫星。地面部分包括一个主控站、一个备用的主控站、4 个专用的地面天线和 6 个专用的监测站。用户部分是指 GPS 接收机等接收设备,用来接收 GPS 卫星的广播信息。GPS 提供两种类型的服务,分别是标准定位服务和精密定位服务。标准定位服务对全世界用户都是免费的,精密定位服务专门供美国授权的军方用户和政府机构使用[7]。

GPS 信号是 GPS 卫星发送给用户的导航信息,包括测距码、导航电文和载波信号,其中,测距码和导航电文调制在载波上。利用测距码和载波信号,均可以实现定位功能。这里首先介绍基于测距码的定位原理。码是指传递信息的二进制数及其序列,每个二进制位称为一个码元或一个比特,它是码的度量单位。将物理信息数字化,并按照一定的规则表示成二进制数组合的形式,称为编码。在二进制数字信息传输过程中,每秒钟传递的比特数称为数码率,单位为 bit/s。码序列可以看作以时间为自变量的、取值为 0 或 1 的函数,用 $u(t)$ 来表示。如果一组码序列在 t 时刻,码元取 0 或 1 是完全随机的,概率均为 0.5,那么这组码序列称为随机噪声码,它具有非周期性、无法复制并且自相关性好等特点。这里的自相关性是指两个结构相同的码序列的相关程度,常用自相关函数来表示。设两个随机噪声码 $u(t)$ 和 $\hat{u}(t)$ 的结构相同,它们对应码元中具有相同码值的码元个数为 S_u ,码值不同的码元个数为 D_u ,则自相关函数为

$$R = \frac{S_u - D_u}{S_u + D_u} \tag{5-1-1}$$

自相关函数越大,说明两个码序列的相关程度越高。如果 $u(t)$ 和 $\hat{u}(t)$ 对应码元上的码值相同,那么就可以通过计算它们的自相关函数来判断两个码序列是否对齐。随机噪声码虽然具有自相关性好的优点,但是其非周期性特点给实际应用带来了困难。为了解决这一问题,引入了伪随机噪声码,它是一个周期性重复的码序列,在一个周期内,码元的码值按照固定的规则产生。在工程应用中,伪随机噪声码是通过多级反馈移位寄存器实现的。现以四级反馈移位寄存器为例来说明伪随机噪声码的产生方法。在移位寄存器开始工作时,将各级存储单元置"1",当脉冲信号加到移位寄存器上时,每个存储单元上的值向下一个存储单元移位,最后一个码元输出,同时将某两个存储单元上的值(如存储单元 3 和 4)上的值按照二进制加法相加,输入第一个存储单元。依次类推,在脉冲信号的不断作用下,移位寄存器会经历 15 种不同的存储状态,最后回到起始状态,如表 5.2 所示。设移位寄存器的级数为 r ,则该移位寄存器的输出值在一个周期内的最大码元个数称为码长,其大小为

$$N_u = 2^r - 1 \tag{5-1-2}$$

表 5.2　移位寄存器在一个周期内的状态

状态编号	各级存储值				③+④→①	输出值
	①	②	③	④		
1	1	1	1	1	0	1
2	0	1	1	1	0	1
3	0	0	1	1	0	1
4	0	0	0	1	1	1
5	1	0	0	0	0	0
6	0	1	0	0	0	0
7	0	0	1	0	1	0
8	1	0	0	1	1	1
9	1	1	0	0	0	0
10	0	1	1	0	1	0
11	1	0	1	1	0	1
12	1	1	0	1	1	1
13	1	1	1	0	1	0
14	1	1	1	0	1	1
15	1	1	1	1		

脉冲的时间间隔称为码元宽度,用 t_u 表示,那么码序列的周期为

$$T_u = (2^r - 1)t_u = N_u t_u \qquad (5\text{-}1\text{-}3)$$

GPS 卫星的测距码分为 C/A 码和 P 码两种。GPS 卫星的基准频率 $f_0 = 10.23\text{MHz}$,两个 10 级移位寄存器在频率 $f = f_0/10$ 的脉冲驱动下,分别产生伪随机噪声序列 G_1 和 G_2,G_2 经过相位选择器,输出一个与 G_2 平移等价的码序列,然后与 G_1 相加,得到 C/A 码。C/A 码为短码,码长为 $N_u = 1023\text{bit}$,码元宽度为 $t_u = 1/f = 0.97752\mu\text{s}$,由式(5-1-3)得到 C/A 码序列的周期为 $T_u = N_u t_u = 1\text{ms}$,数码率为 $N_u/T_u = 1.023\text{Mbit/s}$。设光速为 c,则 C/A 码在一个码元宽度即一个脉冲宽度下的传输距离为 $L_{C/A} = t_u c = 293.256\text{m}$。C/A 码码长很短,易于捕获,因此 C/A 码除用于测距外,还可以作为 GPS 卫星信号的捕获码。

P 码由两组 12 级反馈移位寄存器电路产生,其原理与 C/A 码类似,但是码长更长,$N_u = 2.35 \times 10^{14}\text{bit}$,脉冲的频率等于 GPS 卫星基准频率 f_0,因此码元宽度为 $t_u = 0.097752\mu\text{s}$,周期为 $T_u = N_u t_u = 267$ 天,P 码在一个码元宽度内传输的距离为 $L_{C/A} = t_u c = 29.3256\text{m}$,数码率为 $N_u/T_u = 10.23\text{Mbit/s}$。将 P 码分为 38 份,每一份的周期为 7 天,码长约为 $6.19 \times 10^{12}\text{bit}$。在这 38 份中,有 5 份供地面监控站使用,32 份分配给不同的 GPS 卫星,1 份闲置备用。

C/A 码或 P 码定位的原理如下。假设 t_0 时刻 GPS 卫星产生并发送出一个测距码,同时接收机也复制出具有相同结构的复制码。测距码经过 Δt 时间后被接收机接收,复制码在时间延迟控制器的作用下与测距码进行相关性分析,不断调整时间延迟量 τ,使两个码序列对齐,即自相关函数取最大值,此时 $\tau = \Delta t$,由此得到接收机到 GPS 卫星的计算距离为 $\rho = c\Delta t$。实际上,GPS 卫星和接收机的时钟均有误差,测距码和复制码产生的时间均存在误差,同时,电磁波通过电离层和对流层时会产生延迟,因此 ρ 并不是接收机到 GPS 卫星的真实距离,因此称为伪距。在 GPS 定位服务中,GPS 卫星星历认为是已知的,GPS 卫星时钟误差由导航电文给出,用户的三维空间位置和接收机时钟改正量是未知的,因此至少需要 4 颗 GPS 卫星与用户之间的伪距观测值联立才能得到用户的空间坐标。一般而言,码相位的相关精度约为码元宽度的 $1\% \sim 10\%$,这就是说 C/A 码的测距误差为 $2.93 \sim 29.3\text{m}$,P 码测距误差为 $0.29 \sim 2.9\text{m}$,因此 C/A 码、P 码又分别称为粗码和精码。

导航电文又称为数据码(D 码),包括 GPS 卫星星历、卫星钟差改正参数、测距时间标志、大气折射改正参数以及由 C/A 码捕获 P 码等信息,是 GPS 卫星导航定位的数据基础。导航电文是二进制编码文件,按照规定的格式形成数据帧,以帧为单位向外发送。每帧的数据量为 1500bit,发送速度为 50bit/s,因此每帧导航电文的发送时间为 30s。

一个主帧包含 5 个子帧,每个子帧为 300bit,传输时间为 6s。对于子帧 1~3,

每个子帧有 10 个字码,每个字码有 30bit;对于子帧 4 和 5,各有 25 个页面,每个页面 300bit。在每次的主帧传输过程中,子帧 1~3 全部传输,子帧 4 和 5 各传输一个页面。这样,经过 25 次主帧传输(12.5min),才能将子帧 4 和 5 中的所有页面传输完[8]。

　　每个子帧的第一个字码(第 1~30bit)是遥测字(telemetry word,TLW),作用是标明卫星注入数据的状态。每个子帧的第二个字码(第 31~60bit)是转换字(handover word,HOW),其作用是帮助用户在跟踪测量时实现从 C/A 码到 P 码的转换。每个子帧的数据含义如图 5.5 所示,更加详细的介绍见文献[9]和文献[10]。

图 5.5　GPS 卫星导航电文

　　测距码和导航电文都是低频信号,不利于直接向用户传输。例如,C/A 码和 P 码的数码率分别为 1.023Mbit/s 和 10.23Mbit/s,导航电文数码率只有 50bit/s。为了有效地向用户传递信号,需要对信号进行调制。选择 L 波段上的 L_1 和 L_2 载波,使用两个载波频率是为了对电离层延迟进行双频改正。其中,L_1 载波频率为 1575.42MHz,它等于基准频率 10.23MHz 的 154 倍,用来调制 C/A 码、P 码和导航电文;L_2 载波频率为 1227.60MHz,它等于基准频率 10.23MHz 的 120 倍,用来调制 P 码和导航电文。利用载波相位可以进行测距,L_1 和 L_2 载波的波长分别为 19.03cm 和 24.42cm,载波相位测距精度为波长的 1%~10%,由此得到两种载波测距的误差为 0.19~1.9cm、0.24~2.4cm。测距码、导航电文和载波的关系如图 5.6 所示。测距码和载波相位测距的性能对比如表 5.3 所示。

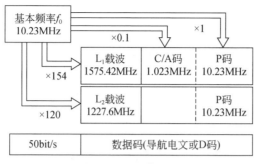

图 5.6　GPS 信号图

表 5.3　GPS 测距码和载波相位测距对比

参数	测距码		载波	
	C/A 码	P 码	L_1 载波	L_2 载波
频率	1.023MHz	10.23MHz	1575.42MHz	1227.6MHz
码宽或波长	293.2m	29.32m	19.03cm	24.42cm
测距精度	2.93~29.3m	0.29~2.9m	0.19~1.9cm	0.24~2.4cm

5.1.5　不同卫星轨道跟踪系统的比较

DORIS、SLR、PRARE、GPS 等卫星轨道跟踪系统具有不同的技术特点,它们的性能参数如表 5.4 所示[11]。

表 5.4　不同轨道跟踪系统的比较

跟踪系统	观测值	精度	应用卫星
SLR	测距数据	0.5~5cm	CHAMP、GRACE、GOCE 等
DORIS	距离变化率	0.5mm/s	T/P 测高卫星、Jason-1、Envisat
PRARE	测距数据、距离变化率	2.5cm,0.25mm/s	ERS2
GPS	载波相位、测距码	2~5mm,0.3~3m	T/P 测高卫星、Jason-1、Envisat、CHAMP、GRACE、GOCE

在上述卫星轨道跟踪系统中,PRARE 目前已经停止工作,DORIS 系统的数据处理需要在国外机构的协作下才能完成,这两类系统都不能作为我国重力卫星定轨的优选方案。GPS 定轨可以实现全球覆盖的连续精密定轨,是重力卫星任务的首选定轨方案,并已在 CHAMP、GRACE、GOCE 等天基重力场测量任务中得到验证,其优势主要表现为:①能够实现全弧段的卫星轨道跟踪,事后定轨精度可达厘米级;②不需要进行地面跟踪站建设,目前,国际 GPS 地球动力学服务(international

GPS service for geodynamics, IGS)机构在全球有 200 多个跟踪台站对 GPS 导航星座进行跟踪,并提供厘米级精度的 GPS 卫星精密轨道和 GPS 卫星钟差以及相应的数据改正,这些数据都是共享的,如此多的跟踪站可以为后期的数据处理提供保障;③星载 GPS 接收机可以同时跟踪 6~14 颗 GPS 卫星,图形结构好,通过与 IGS 地面跟踪站的联合可以提供可靠的卫星轨道解。

SLR 虽然无法实现全球连续的卫星轨道跟踪测量,但是其测量精度高,可达 1~2cm。另外,SLR 卫星跟踪测量可靠性高,主要是在卫星上安装激光后向反射镜,反射地面站发射的激光。因此,重力卫星普遍使用了 SLR 测量手段,作为对其他卫星跟踪系统的检验标准。

5.2　GPS 观测方程

5.2.1　伪距观测

伪距是指 GPS 卫星发射信号时的位置与接收机接收信号时的位置之间的距离测量值,它是根据测距码(C/A 码或 P 码)得到的。通过分析 GPS 卫星发射的测距码和接收机产生的复制码之间的相关性,得到测距码从 GPS 卫星发射位置到接收机接收位置的传输时间,传输时间乘以光速得到伪距。当然,由于 GPS 卫星时钟和接收机时钟均存在误差,同时,电离层、对流层等传输介质也会对传输过程产生扰动,这使伪距中包含了误差因素,不完全等于 GPS 卫星和接收机之间的几何距离。

设 GPS 卫星发射测距码的真实时间为 t_s,接收机接收测距码的真实时间为 t_r,则在不考虑任何误差的情况下,得到的伪距观测值为

$$R_r^s(t_r, t_s) = (t_r - t_s)c \tag{5-2-1}$$

其中,c 为光速。设接收机钟差为 δt_r,GPS 卫星的钟差为 δt_s,则接收机接收测距码的观测时间为 $t_r + \delta t_r$,GPS 卫星发射测距码的观测时间为 $t_s + \delta t_s$。于是,考虑接收机钟差和 GPS 卫星钟差时的伪距观测值为

$$R_r^s(t_r, t_s) = (t_r - t_s)c + (\delta t_r - \delta t_s)c \tag{5-2-2}$$

若考虑对流层、电离层、潮汐、多径效应、相对论效应等误差因素,得到的伪距观测值应为[12]

$$\begin{aligned}R_r^s(t_r, t_s) = &(t_r - t_s)c + (\delta t_r - \delta t_s)c \\ &+ \delta_{\text{ion},\rho} + \delta_{\text{trop},\rho} + \delta_{\text{tide},\rho} + \delta_{\text{mul},\rho} + \delta_{\text{rel},\rho} + \varepsilon_\rho\end{aligned} \tag{5-2-3}$$

其中,$\delta_{\text{ion},\rho}$ 为电离层改正项;$\delta_{\text{trop},\rho}$ 为对流层改正项;$\delta_{\text{tide},\rho}$ 为潮汐改正项;$\delta_{\text{mul},\rho}$ 为多径效应改正项;$\delta_{\text{rel},\rho}$ 为相对论效应项;ε_ρ 为其他改正项。在式(5-2-3)中,伪距 $R_r^s(t_r, t_s)$ 是已知的观测量;$(t_r - t_s)c$ 是 GPS 卫星与 GPS 接收机之间的真实距离,

是所要求解的未知量;GPS 时钟相对于 GPS 时间系统的钟差 δt_s 由导航电文给出,它是已知量;接收机时钟相对于 GPS 时间系统的钟差 δt_r 是未知的;电离层、对流层、潮汐、多径效应、相对论效应等改正项由数学模型得到。由此可知,待求的未知数共有 4 个,分别是接收机的三维位置和接收机钟差。这样,至少需要 4 颗卫星的伪距观测数据,才能得到 GPS 接收机的空间位置。设 GPS 接收机在时刻 t 共观测到 N 颗卫星,其中第 j 颗卫星的空间位置为 (x_s^j, y_s^j, z_s^j),待估的接收机位置为 (x_r, y_r, z_r),则 GPS 卫星发射测距码时的位置到 GPS 接收机接收测距码时位置的真实距离为

$$(t_r - t_s)c = \sqrt{(x_s^j - x_r)^2 + (y_s^j - y_r)^2 + (z_s^j - z_r)^2} \tag{5-2-4}$$

将式(5-2-4)代入式(5-2-3)中,得到基于伪距的 GPS 观测方程为

$$R_r^s(t_r, t_s) = \sqrt{(x_s^j - x_r)^2 + (y_s^j - y_r)^2 + (z_s^j - z_r)^2}$$
$$+ (\delta t_r - \delta t_s)c + \delta_{\text{ion},\rho} + \delta_{\text{trop},\rho} + \delta_{\text{tide},\rho} + \delta_{\text{mul},\rho} + \delta_{\text{rel},\rho} + \varepsilon_\rho \tag{5-2-5}$$

针对 N ($N \geqslant 4$)颗观测到的 GPS 卫星,均建立式(5-2-5)所示的方程,联立求解得到接收机空间位置和接收机钟差。

上述基于伪距观测的 GPS 定位模型适用于 C/A 码或 P 码。伪距的测量水平主要取决于电子设备的精度,目前伪距观测精度可以达到码元宽度的 $1\% \sim 10\%$。

5.2.2　载波相位观测

伪距的观测精度取决于 C/A 码或 P 码的码元宽度,两种测距码的码元宽度分别是 293m 和 29.3m,长度过大,因而导致伪距的观测精度较差。如果采用 L_1 或 L_2 载波来确定 GPS 卫星和接收机之间的距离,由于它们的波长很短(分别为19.03cm 和 24.42cm),那么观测精度会大大提高,这是载波相位观测的优势。

GPS 接收机接收到载波信号后,首先进行载波重建,恢复出原始连续的 L_1 或 L_2 载波信号。这是因为在信号发射过程中,测距码和导航电文调制在载波上,载波的相位不再连续。二进制调制信号从 0 变为 1 或从 1 变为 0,调制波的相位会突变 $180°$。为了利用载波进行测距,需要将测距码和导航电文从载波信号中去除,获取连续、完整的载波相位。载波重建的方法包括码相关法、平方法、互相关法、Z 跟踪法等[13]。不过,在载波相位测量中,为简化问题描述,认为通过观测已经得到解调后的载波信号。

设载波的波长为 λ,在 t_r 时刻,GPS 卫星位置的载波相位为 φ_s,同一瞬间 GPS 接收机位置的载波相位为 φ_r,其中相位以周为单位,则 GPS 卫星与接收机之间的距离为

$$\rho = \lambda[\varphi_s(t_r) - \varphi_r(t_r)] \tag{5-2-6}$$

不过,t_r 时刻 GPS 卫星位置的载波相位是无法直接测量的。通常,利用 GPS

接收机振荡器产生一个与 GPS 卫星上载波信号频率、初始相位完全相同的信号 $\Phi_{rs}(t_r)$，于是 $\Phi_{rs}(t_r) = \varphi_s(t_r)$，这样得到 GPS 卫星与接收机的距离为

$$\rho = \lambda[\Phi_{rs}(t_r) - \varphi_r(t_r)] \tag{5-2-7}$$

式(5-2-7)计算的前提条件是，认为 $\Phi_{rs}(t_r) - \varphi_r(t_r)$ 中包含 GPS 卫星到接收机之间的完整相位差。实际上，载波相位观测到的是一系列无任何标记的余弦波，无法确定所获取的载波是从 GPS 卫星到接收机的第几个载波。在首次载波观测的情况下，只能利用鉴相器得到载波差 $\Phi_{rs}(t_r) - \varphi_r(t_r)$ 中不足一个载波周期的部分 $F_r(\varphi)$。在此后的观测中，当载波信号从 360°变为 0°时，利用计数器把所增加的整数载波个数 $\text{Int}(\varphi)$ 记录下来，这样，实际观测的载波相位为

$$\tilde{\varphi}(t_r) = \text{Int}(\varphi) + F_r(\varphi) \tag{5-2-8}$$

$\tilde{\varphi}(t_r)$ 仍然不是 GPS 卫星(严格讲为 GPS 卫星天线相位中心)与 GPS 接收机(严格讲是 GPS 接收天线的相位中心)之间的距离，因为没有考虑初始观测时刻载波个数的整数部分 N。N 称为整周模糊度，需要利用其他方法来估计整周模糊度。也就是说，对于式(5-2-7)中的载波相位观测量 $\lambda[\Phi_{rs}(t_r) - \varphi_r(t_r)]$，需要增加 λN 才等于 GPS 卫星与接收机的距离

$$\rho = \lambda[\Phi_{rs}(t_r) - \varphi_r(t_r)] + \lambda N \tag{5-2-9}$$

即

$$\lambda[\Phi_{rs}(t_r) - \varphi_r(t_r)] = \rho - \lambda N \tag{5-2-10}$$

设在 t_r 时刻，GPS 卫星的位置为 (x_s, y_s, z_s)，GPS 接收机的位置为 (x_r, y_r, z_r)，则有

$$\lambda[\Phi_{rs}(t_r) - \varphi_r(t_r)] = \sqrt{(x_s - x_r)^2 + (y_s - y_r)^2 + (z_s - z_r)^2} - \lambda N \tag{5-2-11}$$

考虑 GPS 卫星钟差 δt_s、GPS 接收机钟差 δt_r、电离层改正 $\delta_{ion,\varphi}$、对流层改正 $\delta_{trop,\varphi}$、潮汐改正 $\delta_{tide,\varphi}$、多径效应改正 $\delta_{mul,\varphi}$、相对论效应改正 $\delta_{rel,\varphi}$ 和其他误差 ε_φ 后，得到基于载波相位的 GPS 观测方程为

$$\lambda[\Phi_{rs}(t_r) - \varphi_r(t_r)] = \sqrt{(x_s - x_r)^2 + (y_s - y_r)^2 + (z_s - z_r)^2} - \lambda N$$
$$+ (\delta t_s - \delta t_r)c - \delta_{ion,\varphi} + \delta_{trop,\varphi} + \delta_{tide,\varphi} + \delta_{mul,\varphi} + \delta_{rel,\varphi} + \varepsilon_\varphi \tag{5-2-12}$$

其中，c 为光速。GPS 接收机位置 (x_r, y_r, z_r)、整周模糊度参数 N、GPS 接收机钟差 δt_r、GPS 卫星钟差 δt_s 是待估计的参数。与伪距观测不同，GPS 卫星钟差 δt_s 需要作为未知数进行估计，因为由导航电文得到的 GPS 卫星钟差引起的测距误差较大，远大于载波相位的测量误差，所以需要精确估计。

5.2.3　多普勒观测

GPS 卫星和 GPS 接收机之间的距离随时间变化，导致接收机收到的载波信号

频率出现漂移,因此可以根据频率漂移确定 GPS 卫星和接收机之间的距离变化,这是多普勒观测的基本思想。

假设 GPS 卫星发射的载波频率为 f ,GPS 卫星和接收机的相对距离变化率为 v_ρ ,光速为 c ,则 GPS 接收机接收的载波信号频率 f_r 为

$$f_r = f \left(1 + \frac{v_\rho}{c}\right)^{-1} \approx f \left(1 - \frac{v_\rho}{c}\right) \tag{5-2-13}$$

从而,接收频率相对发射频率的漂移量为

$$f_d = f - f_r \approx f \frac{v_\rho}{c} = \frac{v_\rho}{\lambda} = \frac{1}{\lambda} \frac{d\rho}{dt} \tag{5-2-14}$$

其中,λ 为载波的波长;ρ 为 GPS 卫星和接收机之间的距离。多普勒观测量实际上是相位观测量对时间的导数。

考虑 GPS 卫星钟差、GPS 接收机钟差、电离层、对流层、潮汐、相对论效应、多径效应、其他误差等改正项,式(5-2-14)改写为

$$f_d = \frac{1}{\lambda} \frac{d\rho}{dt} + f \frac{d(\delta t_r - \delta t_s)}{dt} + \delta_{ion,f} + \delta_{trop,f} + \delta_{tide,f} + \delta_{rel,f} + \delta_{mul,f} + \varepsilon_f \tag{5-2-15}$$

式(5-2-15)可以表示为

$$\lambda \int_{t_0}^{t} f_d(t) dt = \rho(t) - \rho(t_0) + c \int_{t_0}^{t} d(\delta t_r - \delta t_s)$$
$$+ \lambda \int_{t_0}^{t} (\delta_{ion,f} + \delta_{trop,f} + \delta_{tide,f} + \delta_{rel,f} + \delta_{mul,f} + \varepsilon_f) dt \tag{5-2-16}$$

其中,c 为光速;$\rho(t_0)$ 为初始时刻 GPS 卫星与接收机的距离。设在 t 时刻 GPS 卫星的位置为 (x_s, y_s, z_s) ,GPS 接收机的位置为 (x_r, y_r, z_r) ,则

$$\rho(t) = \sqrt{(x_s - x_r)^2 + (y_s - y_r)^2 + (z_s - z_r)^2} \tag{5-2-17}$$

将式(5-2-17)代入式(5-2-16)中,得到基于多普勒频移的 GPS 观测方程为

$$\lambda \int_{t_0}^{t} f_d(t) dt = \sqrt{(x_s - x_r)^2 + (y_s - y_r)^2 + (z_s - z_r)^2} - \rho(t_0)$$
$$+ c \int_{t_0}^{t} d(\delta t_r - \delta t_s) + \lambda \int_{t_0}^{t} (\delta_{ion,f} + \delta_{trop,f} + \delta_{tide,f} + \delta_{rel,f} + \delta_{mul,f} + \varepsilon_f) dt \tag{5-2-18}$$

5.2.4　GPS 观测模型的一般形式

根据 5.2.1～5.2.3 节,将基于伪距、载波相位、多普勒频移的 GPS 观测方程汇总如下:

$$R_r^s(t_r, t_s) = \sqrt{(x_s^j - x_r)^2 + (y_s^j - y_r)^2 + (z_s^j - z_r)^2}$$
$$+ (\delta t_r - \delta t_s)c + \delta_{ion,\rho} + \delta_{trop,\rho} + \delta_{tide,\rho} + \delta_{mul,\rho} + \delta_{rel,\rho} + \varepsilon_\rho \tag{5-2-19}$$
$$\lambda[\Phi_{rs}(t_r) - \varphi_r(t_r)] = \sqrt{(x_s - x_r)^2 + (y_s - y_r)^2 + (z_s - z_r)^2} - \lambda N$$

$$+ (\delta t_{\mathrm{s}} - \delta t_{\mathrm{r}})c - \delta_{\mathrm{ion},\varphi} + \delta_{\mathrm{trop},\varphi} + \delta_{\mathrm{tide},\varphi} + \delta_{\mathrm{mul},\varphi} + \delta_{\mathrm{rel},\varphi} + \varepsilon_{\varphi}$$

$$(5\text{-}2\text{-}20)$$

$$\lambda \int_{t_0}^{t} f_{\mathrm{d}}(t)\mathrm{d}t = \sqrt{(x_{\mathrm{s}} - x_{\mathrm{r}})^2 + (y_{\mathrm{s}} - y_{\mathrm{r}})^2 + (z_{\mathrm{s}} - z_{\mathrm{r}})^2} - \rho(t_0)$$

$$+ c\int_{t_0}^{t}\mathrm{d}(\delta t_{\mathrm{r}} - \delta t_{\mathrm{s}}) + \lambda\int_{t_0}^{t}(\delta_{\mathrm{ion},f} + \delta_{\mathrm{trop},f} + \delta_{\mathrm{tide},f} + \delta_{\mathrm{rel},f} + \delta_{\mathrm{mul},f} + \varepsilon_f)\mathrm{d}t$$

$$(5\text{-}2\text{-}21)$$

其中,式(5-2-19)、式(5-2-20)、式(5-2-21)的等式左边分别是伪距、载波相位和多普勒频移的观测量,统一记为 W ;等式右边是关于 GPS 接收机状态矢量 $\boldsymbol{x}_{\mathrm{r}}$ 、GPS 卫星状态矢量 $\boldsymbol{x}_{\mathrm{s}}$ 、接收机钟差 δt_{r} 、GPS 卫星钟差 δt_{s} 、整周模糊度 N 、电离层改正 δ_{ion} 、对流层改正 δ_{trop} 、潮汐改正 δ_{tide} 、相对论效应改正 δ_{rel} 、多径效应改正 δ_{mul} 和其他误差 ε 的函数,因此这 3 个观测方程可以统一表示为

$$W = F(\boldsymbol{x}_{\mathrm{r}}, \boldsymbol{x}_{\mathrm{s}}, \delta t_{\mathrm{r}}, \delta t_{\mathrm{s}}, N, \delta_{\mathrm{ion}}, \delta_{\mathrm{trop}}, \delta_{\mathrm{tide}}, \delta_{\mathrm{rel}}, \delta_{\mathrm{mul}}, \varepsilon) \qquad (5\text{-}2\text{-}22)$$

其中,GPS 卫星和 GPS 接收机状态矢量分别包括位置和速度参数:

$$\boldsymbol{x}_{\mathrm{r}} = (x_{\mathrm{r}}, y_{\mathrm{r}}, z_{\mathrm{r}}, \dot{x}_{\mathrm{r}}, \dot{y}_{\mathrm{r}}, \dot{z}_{\mathrm{r}}), \qquad \boldsymbol{x}_{\mathrm{s}} = (x_{\mathrm{s}}, y_{\mathrm{s}}, z_{\mathrm{s}}, \dot{x}_{\mathrm{s}}, \dot{y}_{\mathrm{s}}, \dot{z}_{\mathrm{s}}) \qquad (5\text{-}2\text{-}23)$$

在式(5-2-22)中,等式左边是观测量,从原理上讲等式右边的所有参数均可以通过 GPS 观测量计算得到。因而,GPS 技术广泛应用于定位导航(解算测站位置和速度)、精密定轨(计算卫星轨道状态)、授时(时钟同步)、气象服务(分析对流层物理状态)、电离层探测(分析电离层参数)等。同时,精密卫星轨道是地球重力场、大气阻力、太阳光压等摄动力综合作用的结果,因此,GPS 也广泛应用于天基重力场测量、空间物理探测等领域,通过获取精密的卫星轨道数据来反演地球重力场、大气密度等科学参数[12]。

5.2.5　GPS 观测模型的线性化

式(5-2-22)表示的 GPS 观测模型是一个非线性方程,通常对其进行线性化处理,从而便于根据观测数据计算方程右端的参数。更一般地,将式(5-2-22)右端的所有变量用 $\boldsymbol{y} = (y_1, y_2, \cdots, y_n)$ 表示,那么

$$W = F(\boldsymbol{y}) = F(y_1, y_2, \cdots, y_n) \qquad (5\text{-}2\text{-}24)$$

在估计式(5-2-22)右端参数时,首先选择这些参数的初始值 $\boldsymbol{y}_0$ 。初始值的选择是任意的,一般应当根据经验来选择,使初始值接近真实值。

$$\boldsymbol{y}_0 = (y_{10}, y_{20}, \cdots, y_{n0}) \qquad (5\text{-}2\text{-}25)$$

$F(\boldsymbol{y})$ 在初始值 $\boldsymbol{y}_0$ 附近进行泰勒展开,得到

$$W = F(\boldsymbol{y}) = F(\boldsymbol{y}_0) + \frac{\partial F(\boldsymbol{y})}{\partial \boldsymbol{y}}\mathrm{d}\boldsymbol{y} + \varepsilon \qquad (5\text{-}2\text{-}26)$$

其中

$$\frac{\partial F(\boldsymbol{y})}{\partial \boldsymbol{y}} = \left(\frac{\partial F}{\partial y_1}, \frac{\partial F}{\partial y_2}, \cdots, \frac{\partial F}{\partial y_n}\right), \quad \mathrm{d}\boldsymbol{y} = \boldsymbol{y} - \boldsymbol{y}_0 = (\mathrm{d}y_1, \mathrm{d}y_2, \cdots, \mathrm{d}y_n)^{\mathrm{T}}$$

$$(5\text{-}2\text{-}27)$$

真实观测量 W 与基于初始值 $\boldsymbol{y}_0$ 得到的计算观测量 $F(\boldsymbol{y}_0)$ 之差称为平差观测量,记为 L ,根据式(5-2-26)和式(5-2-27)得到

$$L = W - F(\boldsymbol{y}_0) = \left(\frac{\partial F}{\partial y_1}, \frac{\partial F}{\partial y_2}, \cdots, \frac{\partial F}{\partial y_n}\right)\begin{bmatrix} \mathrm{d}y_1 \\ \mathrm{d}y_2 \\ \vdots \\ \mathrm{d}y_n \end{bmatrix} + \varepsilon \qquad (5\text{-}2\text{-}28)$$

假设共有 m 组观测数据,针对每组观测数据均可以建立式(5-2-28)所示的方程,联立得到线性化的 GPS 观测方程为

$$\begin{bmatrix} L_1 \\ L_2 \\ \vdots \\ L_m \end{bmatrix} = \begin{bmatrix} \dfrac{\partial F}{\partial y_{11}} & \dfrac{\partial F}{\partial y_{12}} & \cdots & \dfrac{\partial F}{\partial y_{1n}} \\ \dfrac{\partial F}{\partial y_{21}} & \dfrac{\partial F}{\partial y_{22}} & \cdots & \dfrac{\partial F}{\partial y_{2n}} \\ \vdots & \vdots & \vdots & \\ \dfrac{\partial F}{\partial y_{m1}} & \dfrac{\partial F}{\partial y_{m2}} & \cdots & \dfrac{\partial F}{\partial y_{mn}} \end{bmatrix} \begin{bmatrix} \mathrm{d}y_1 \\ \mathrm{d}y_2 \\ \vdots \\ \mathrm{d}y_n \end{bmatrix} + \begin{bmatrix} \varepsilon_1 \\ \varepsilon_2 \\ \vdots \\ \varepsilon_m \end{bmatrix} \qquad (5\text{-}2\text{-}29)$$

利用最小二乘法,求解得到 $\boldsymbol{y}$ 相对初始值 $\boldsymbol{y}_0$ 的改正量 $\mathrm{d}\boldsymbol{y}$,从而得到待估参数估计值为 $\boldsymbol{y} = \boldsymbol{y}_0 + \mathrm{d}\boldsymbol{y}$ 。如果 $\mathrm{d}\boldsymbol{y}$ 的每个分量相对 $\boldsymbol{y}_0$ 中的相应分量均很小,说明初始值 $\boldsymbol{y}_0$ 的选择是合理的,线性化误差很小;否则,说明线性化误差较大,需要以本次计算得到的待估参数 $\boldsymbol{y}$ 作为新的初始值,重新进行线性化近似,直到求解得到的 $\mathrm{d}\boldsymbol{y}$ 远小于 $\boldsymbol{y}_0$ 为止。

5.3　GPS 观测方程的偏导数

根据式(5-2-28)可知,为了实现 GPS 观测方程的线性化,需要获取观测量 $F(\boldsymbol{y})$ 对待估参数 $\boldsymbol{y}$ 的偏导数,其中待估参数包括接收机状态参数、GPS 卫星状态参数、电离层参数、钟差参数等。下面分别给出这些偏导数的计算公式[12]。

5.3.1　几何距离对 GPS 接收机状态矢量的偏导数

信号传输的几何距离 $\rho(t_{\mathrm{r}}, t_{\mathrm{s}})$ 是 GPS 卫星位置和 GPS 接收机位置的函数。其中,与 GPS 卫星对应的时间为 t_{s} ,与 GPS 接收机对应的时间为 t_{r}:

$$\rho(t_{\mathrm{r}}, t_{\mathrm{s}}) = \sqrt{(x_{\mathrm{s}} - x_{\mathrm{r}})^2 + (y_{\mathrm{s}} - y_{\mathrm{r}})^2 + (z_{\mathrm{s}} - z_{\mathrm{r}})^2} \qquad (5\text{-}3\text{-}1)$$

对式(5-3-1)进行线性化近似,得到

$$\rho(t_{\mathrm{r}}, t_{\mathrm{s}}) = \rho(t_{\mathrm{r}}, t_{\mathrm{r}}) + \frac{\mathrm{d}\rho(t_{\mathrm{r}}, t_{\mathrm{r}})}{\mathrm{d}t} \Delta t \qquad (5\text{-}3\text{-}2)$$

其中,信号传输时间为 $\Delta t = t_r - t_s$。$\rho(t_r, t_r)$ 对时间的导数为

$$\frac{\mathrm{d}\rho(t_r, t_r)}{\mathrm{d}t} = \frac{(x_s - x_r)(\dot{x}_s - \dot{x}_r) + (y_s - y_r)(\dot{y}_s - \dot{y}_r) + (z_s - z_r)(\dot{z}_s - \dot{z}_r)}{\rho(t_r, t_r)}$$

(5-3-3)

从而得到

$$\rho(t_r, t_s) = \rho(t_r, t_r)$$
$$+ \frac{(x_s - x_r)(\dot{x}_s - \dot{x}_r) + (y_s - y_r)(\dot{y}_s - \dot{y}_r) + (z_s - z_r)(\dot{z}_s - \dot{z}_r)}{\rho(t_r, t_r)}\Delta t$$

(5-3-4)

已知 GPS 接收机的状态矢量为 $\boldsymbol{x}_r = (x_r, y_r, z_r, \dot{x}_r, \dot{y}_r, \dot{z}_r)$,由式(5-3-1)得到几何距离 $\rho(t_r, t_s)$ 对 (x_r, y_r, z_r) 的偏导数为

$$\frac{\partial\rho(t_r, t_s)}{\partial(x_r, y_r, z_r)} = \frac{-1}{\rho(t_r, t_s)}(x_s - x_r, y_s - y_r, z_s - z_r)$$

(5-3-5)

由式(5-3-4)得到几何距离 $\rho(t_r, t_s)$ 对 $(\dot{x}_r, \dot{y}_r, \dot{z}_r)$ 的偏导数为

$$\frac{\partial\rho(t_r, t_s)}{\partial(\dot{x}_r, \dot{y}_r, \dot{z}_r)} = \frac{-\Delta t}{\rho(t_r, t_r)}(x_s - x_r, y_s - y_r, z_s - z_r)$$

(5-3-6)

5.3.2 几何距离对 GPS 卫星状态矢量的偏导数

GPS 卫星的状态矢量为 $\boldsymbol{x}_s = (x_s, y_s, z_s, \dot{x}_s, \dot{y}_s, \dot{z}_s)$,由式(5-3-1)得到几何距离 $\rho(t_r, t_s)$ 对 (x_s, y_s, z_s) 的偏导数为

$$\frac{\partial\rho(t_r, t_s)}{\partial(x_s, y_s, z_s)} = \frac{1}{\rho(t_r, t_s)}(x_s - x_r, y_s - y_r, z_s - z_r)$$

(5-3-7)

由式(5-3-4)得到几何距离 $\rho(t_r, t_s)$ 对 $(\dot{x}_s, \dot{y}_s, \dot{z}_s)$ 的偏导数为

$$\frac{\partial\rho(t_r, t_s)}{\partial(\dot{x}_s, \dot{y}_s, \dot{z}_s)} = \frac{\Delta t}{\rho(t_r, t_r)}(x_s - x_r, y_s - y_r, z_s - z_r)$$

(5-3-8)

5.3.3 多普勒观测量的偏导数

由式(5-2-14)可知,多普勒观测量反映了 GPS 卫星与 GPS 接收机之间的距离变化率 $\mathrm{d}\rho(t_r, t_s)/\mathrm{d}t$。因此,多普勒观测量的偏导数可以看作 $\mathrm{d}\rho(t_r, t_s)/\mathrm{d}t$ 的偏导数。式(5-3-1)对时间求导,得到

$$\frac{\mathrm{d}\rho(t_r, t_s)}{\mathrm{d}t} = \frac{(x_s - x_r)(\dot{x}_s - \dot{x}_r) + (y_s - y_r)(\dot{y}_s - \dot{y}_r) + (z_s - z_r)(\dot{z}_s - \dot{z}_r)}{\rho(t_r, t_s)}$$

(5-3-9)

根据式(5-3-1),得到

$$\frac{\partial \rho(t_r,t_s)}{\partial x_s}=\frac{x_s-x_r}{\rho(t_r,t_s)}, \qquad \frac{\partial \rho(t_r,t_s)}{\partial y_s}=\frac{y_s-y_r}{\rho(t_r,t_s)}, \qquad \frac{\partial \rho(t_r,t_s)}{\partial z_s}=\frac{z_s-z_r}{\rho(t_r,t_s)}$$

$$\frac{\partial \rho(t_r,t_s)}{\partial x_r}=\frac{-(x_s-x_r)}{\rho(t_r,t_s)}, \qquad \frac{\partial \rho(t_r,t_s)}{\partial y_r}=\frac{-(y_s-y_r)}{\rho(t_r,t_s)}, \qquad \frac{\partial \rho(t_r,t_s)}{\partial z_r}=\frac{-(z_s-z_r)}{\rho(t_r,t_s)}$$

$$(5\text{-}3\text{-}10)$$

由式(5-3-9)和式(5-3-10)，得到 $\mathrm{d}\rho(t_r,t_s)/\mathrm{d}t$ 对 GPS 卫星位置 (x_s,y_s,z_s) 的偏导数为

$$\frac{\partial [\mathrm{d}\rho(t_r,t_s)/\mathrm{d}t]}{\partial (x_s,y_s,z_s)}=\frac{[(\dot{x}_s-\dot{x}_r),(\dot{y}_s-\dot{y}_r),(\dot{z}_s-\dot{z}_r)]}{\rho(t_r,t_s)}$$
$$-h\frac{[(x_s-x_r),(y_s-y_r),(z_s-z_r)]}{[\rho(t_r,t_s)]^3} \quad (5\text{-}3\text{-}11)$$

其中，$h=(x_s-x_r)(\dot{x}_s-\dot{x}_r)+(y_s-y_r)(\dot{y}_s-\dot{y}_r)+(z_s-z_r)(\dot{z}_s-\dot{z}_r)$。

得到 $\mathrm{d}\rho(t_r,t_s)/\mathrm{d}t$ 对 GPS 卫星速度 $(\dot{x}_s,\dot{y}_s,\dot{z}_s)$ 的偏导数为

$$\frac{\partial [\mathrm{d}\rho(t_r,t_s)/\mathrm{d}t]}{\partial (\dot{x}_s,\dot{y}_s,\dot{z}_s)}=\frac{[(x_s-x_r),(y_s-y_r),(z_s-z_r)]}{\rho(t_r,t_s)}$$
$$-h\Delta t\frac{[(x_s-x_r),(y_s-y_r),(z_s-z_r)]}{[\rho(t_r,t_s)]^3} \quad (5\text{-}3\text{-}12)$$

得到 $\mathrm{d}\rho(t_r,t_s)/\mathrm{d}t$ 对 GPS 接收机位置 (x_r,y_r,z_r) 的偏导数为

$$\frac{\partial [\mathrm{d}\rho(t_r,t_s)/\mathrm{d}t]}{\partial (x_r,y_r,z_r)}=-\frac{[(\dot{x}_s-\dot{x}_r),(\dot{y}_s-\dot{y}_r),(\dot{z}_s-\dot{z}_r)]}{\rho(t_r,t_s)}$$
$$+h\frac{[(x_s-x_r),(y_s-y_r),(z_s-z_r)]}{[\rho(t_r,t_s)]^3} \quad (5\text{-}3\text{-}13)$$

得到 $\mathrm{d}\rho(t_r,t_s)/\mathrm{d}t$ 对 GPS 接收机速度 $(\dot{x}_r,\dot{y}_r,\dot{z}_r)$ 的偏导数为

$$\frac{\partial [\mathrm{d}\rho(t_r,t_s)/\mathrm{d}t]}{\partial (\dot{x}_r,\dot{y}_r,\dot{z}_r)}=-\frac{[(x_s-x_r),(y_s-y_r),(z_s-z_r)]}{\rho(t_r,t_s)}$$
$$+h\Delta t\frac{[(x_s-x_r),(y_s-y_r),(z_s-z_r)]}{[\rho(t_r,t_s)]^3} \quad (5\text{-}3\text{-}14)$$

5.3.4　钟差对其参数的偏导数

设 GPS 接收机钟差 δt_r 和 GPS 卫星钟差 δt_s 均以二次多项式近似，即

$$\delta t_r=a+bt+ct^2, \qquad \delta t_s=d+et+gt^2 \quad (5\text{-}3\text{-}15)$$

由此得到钟差对钟差参数的偏导数为

$$\frac{\partial (\delta t_r)}{\partial (a,b,c)}=(1,t,t^2), \qquad \frac{\partial (\delta t_s)}{\partial (d,e,g)}=(1,t,t^2) \quad (5\text{-}3\text{-}16)$$

对于多普勒观测，钟差为

$$\delta_{\text{clock}}=f\frac{\mathrm{d}(\delta t_r-\delta t_s)}{\mathrm{d}t} \quad (5\text{-}3\text{-}17)$$

于是，多普勒观测中的钟差对其参数的偏导数为

$$\frac{\partial \delta_{\text{clock}}}{\partial (a,b,c,d,e,g)} = (0, f, 2tf, 0, -f, -2tf) \tag{5-3-18}$$

5.3.5　对流层改正项对其参数的偏导数

假设对流层模型为

$$\begin{aligned} &\text{I} : \delta_{\text{trop}} = f_{\text{p}} \mathrm{d}\rho \\ &\text{II} : \delta_{\text{trop}} = f_{z} \mathrm{d}\rho / F + f_{\text{a}} \mathrm{d}\rho / F_{\text{c}} \end{aligned} \tag{5-3-19}$$

其中，$\mathrm{d}\rho$ 是由标准对流层模型得到的对流层效应；f_{p}、f_{z}、f_{a} 分别是传输路径、天顶和方位方向上的对流层延迟参数；F 和 F_{c} 分别是映射函数和联合映射函数[12]，则对流层延迟对参数 f_{p}、f_{z}、f_{a} 的偏导数为

$$\begin{aligned} &\text{I} : \frac{\partial \delta_{\text{trop}}}{\partial f_{\text{p}}} = \mathrm{d}\rho \\ &\text{II} : \frac{\partial \delta_{\text{trop}}}{\partial (f_{z}, f_{\text{a}})} = \left(\frac{\mathrm{d}\rho}{F}, \frac{\mathrm{d}\rho}{F_{\text{c}}} \right) \end{aligned} \tag{5-3-20}$$

5.3.6　相位观测量模糊度参数的偏导数

相位观测量中模糊度参数的偏导数为

$$\frac{\partial (\lambda N)}{\partial (\lambda N)} = 1, \quad \frac{\partial (\lambda N)}{\partial N} = \lambda \tag{5-3-21}$$

5.4　GPS 观测数据的组合与差分

5.2 节建立了基于伪距、载波相位、多普勒频移的 GPS 观测方程，它们是针对单个接收机位置、单一观测数据的。如果将同一接收机的不同观测数据进行组合，或者将不同接收机的观测数据进行差分，则可以降低或消除观测方程中的部分未知参数，有利于提高 GPS 定位的精度。这就是 GPS 观测数据的组合与差分。

5.4.1　GPS 观测数据组合的一般形式

GPS 观测数据组合是指将同一地点、同一接收机的观测数据进行加权组合，得到新的虚拟观测量。观测数据包括不同频率的测距码（C/A 码、P 码）、不同频率的载波信号（L_1、L_2 载波相位观测）、不同频率的多普勒频移（L_1、L_2 载波对应的频移观测量）。

根据式(5-2-5)、式(5-2-12)、式(5-2-15)，伪距、载波相位和多普勒频移的观测方程分别简记为

$$R_j = \rho + (\delta t_{\text{r}} - \delta t_{\text{s}}) c + \delta_{\text{ion}}(j) + \delta_{\text{trop}} + \delta_{\text{tide}} + \delta_{\text{mul}} + \delta_{\text{rel}} + \varepsilon_\rho \tag{5-4-1}$$

$$\lambda_j \Phi_j = \rho - \lambda_j N_j + (\delta t_s - \delta t_r)c - \delta_{ion}(j) + \delta_{trop} + \delta_{tide} + \delta_{mul} + \delta_{rel} + \varepsilon_\varphi$$

$$\tag{5-4-2}$$

$$D_j = \frac{1}{\lambda_j}\frac{d\rho}{dt} + f_j \frac{d(\delta t_r - \delta t_s)}{dt} + \delta_{ion}(j) + \delta_{trop} + \delta_{tide} + \delta_{rel} + \delta_{mul} + \varepsilon_f$$

$$\tag{5-4-3}$$

其中，Φ_j 是载波相位的观测值，下标 j 是针对不同的频率。电离层延迟可以表示为

$$\delta_{ion}(j) = \frac{A}{f_j^2} \tag{5-4-4}$$

其中，$A = -40.3TEC$，TEC 是 GPS 信号传输路径上的总电子数，单位为电子/平方米。设电子数密度为 n_e，TEC 可以表示为从 GPS 接收机到 GPS 卫星路径上的线积分

$$TEC = \int_{GPS接收机}^{GPS卫星} n_e dl \tag{5-4-5}$$

伪距与伪距进行组合的一般形式为

$$R = \frac{n_1 R_1 + n_2 R_2}{n_1 + n_2} \tag{5-4-6}$$

载波相位的组合为

$$\Phi = n_1 \Phi_1 + n_2 \Phi_2 \tag{5-4-7}$$

组合信号的频率和波长分别为

$$f = n_1 f_1 + n_2 f_2, \quad \lambda = \frac{c}{f} \tag{5-4-8}$$

从而，基于载波相位组合的观测方程为

$$\lambda \Phi = \frac{1}{f}(f_1 n_1 \lambda_1 \Phi_1 + f_2 n_2 \lambda_2 \Phi_2) \tag{5-4-9}$$

通过选取不同的组合系数，可以实现不同类型的虚拟伪距和载波相位观测值。

5.4.2　宽巷组合和窄巷组合

设 L_1 载波的相位观测量为 Φ_1，频率为 f_1；L_2 载波的相位观测量为 Φ_2，频率为 f_2。两个载波相位观测值的线性组合为

$$\Phi_{nm} = n\Phi_1 + m\Phi_2 \tag{5-4-10}$$

线性组合信号对应的频率和波长为

$$f_{nm} = nf_1 + mf_2, \quad \lambda_{nm} = \frac{c}{f_{nm}} \tag{5-4-11}$$

如果取 $n = 1, m = -1$，那么有

$$\Phi_{1,-1} = \Phi_1 - \Phi_2, \quad \lambda_{1,-1} = 86.25cm \tag{5-4-12}$$

此时的组合称为宽巷组合，相对于原来的单频载波波长，组合载波信号的波长

变大了。不过,波长变大后,线性组合观测值对应的噪声也会变大。例如,假设载波相位 Φ_1 和 Φ_2 的观测误差均为 ± 0.01 周,那么宽巷组合信号的观测误差为 $86.25\text{cm} \times 0.01 \times \sqrt{2} = 1.22\text{cm}$。因而,这些宽巷组合信号通常并不会用于确定最终结果,而是辅助确定整周模糊度等参数。

如果取 $n=1, m=1$,那么有

$$\Phi_{1,1} = \Phi_1 + \Phi_2, \quad \lambda_{1,1} = 10.70\text{cm} \tag{5-4-13}$$

式(5-4-13)是窄巷组合表达式,组合载波信号的波长相对 λ_1 和 λ_2 而言均变窄了。

5.4.3　无电离层延迟组合

对于伪距组合或者载波相位组合,通过选取合适的线性组合系数,可以消除电离层延迟。

首先,考虑利用伪距组合来消除电离层延迟。设 L_1 和 L_2 载波的频率分别是 f_1 和 f_2,分别由 L_1 和 L_2 载波上的测距码得到的伪距分别为 ρ_1 和 ρ_2,消除电离层延迟后的伪距为 ρ,则有

$$\rho = \rho_1 + \frac{A}{f_1^2}, \quad \rho = \rho_2 + \frac{A}{f_2^2} \tag{5-4-14}$$

对两种频率下的伪距 ρ_1 和 ρ_2 进行线性组合,得到

$$\rho_{nm} = n\rho_1 + m\rho_2 = (n+m)\rho - \left(\frac{n}{f_1^2} + \frac{m}{f_2^2}\right)A \tag{5-4-15}$$

如果要求伪距组合中不含电离层延迟项,并且距离不变,即

$$n+m=1, \quad \frac{n}{f_1^2} + \frac{m}{f_2^2} = 0 \tag{5-4-16}$$

得到

$$n = \frac{f_1^2}{f_1^2 - f_2^2}, \quad m = -\frac{f_2^2}{f_1^2 - f_2^2} \tag{5-4-17}$$

即无电离层延迟的伪距组合为

$$\rho_{nm} = \frac{f_1^2 \rho_1 - f_2^2 \rho_2}{f_1^2 - f_2^2} \tag{5-4-18}$$

下面分析利用载波相位组合来消除电离层延迟。设 L_1 和 L_2 载波的频率分别是 f_1 和 f_2,波长分别为 λ_1 和 λ_2,载波相位观测值分别为 Φ_1 和 Φ_2,整周模糊度分别为 N_1 和 N_2,分别利用两种载波相位得到的 GPS 卫星和接收机距离为

$$\rho = \lambda_1(\Phi_1 + N_1) - \frac{A}{f_1^2}, \quad \rho = \lambda_2(\Phi_2 + N_2) - \frac{A}{f_2^2} \tag{5-4-19}$$

线性组合后的载波相位为

$$\Phi = n\Phi_1 + m\Phi_2 = \frac{nf_1 + mf_2}{c}\rho - (nN_1 + mN_2) + \left(\frac{n}{f_1} + \frac{m}{f_2}\right)\frac{A}{c} \tag{5-4-20}$$

其中，c 为光速。要求组合后的载波相位无电离层延迟项，即

$$\frac{n}{f_1} + \frac{m}{f_2} = 0 \qquad (5\text{-}4\text{-}21)$$

式(5-4-21)的解不唯一。可取 $n = f_1, m = -f_2$，此时无电离层延迟的组合载波相位观测方程为

$$\Phi = \frac{f_1^2 - f_2^2}{c}\rho - (f_1 N_1 - f_2 N_2) \qquad (5\text{-}4\text{-}22)$$

也可以取 $n = \dfrac{f_1^2}{f_1^2 - f_2^2}, m = -\dfrac{f_1 f_2}{f_1^2 - f_2^2}$，此时无电离层延迟的组合载波相位观测方程为

$$\Phi = \frac{f_1}{c}\rho - \frac{f_1}{f_1^2 - f_2^2}(f_1 N_1 - f_2 N_2) \qquad (5\text{-}4\text{-}23)$$

5.4.4　电离层残差组合

由式(5-4-20)可知，当 $n f_1 + m f_2 = 0$ 时，线性组合的载波相位观测值中不含有 GPS 卫星到接收机的几何距离值 ρ。取 $n = 1, m = -f_1/f_2$，则组合相位为

$$\begin{aligned}
\Phi = n\Phi_1 + m\Phi_2 &= -\left(N_1 - \frac{f_1}{f_2}N_2\right) + \left(\frac{1}{f_1} - \frac{f_1}{f_2^2}\right)\frac{A}{c} \\
&= -\left(N_1 - \frac{f_1}{f_2}N_2\right) - \left(\frac{1}{f_1} - \frac{f_1}{f_2^2}\right)\frac{40.3\text{TEC}}{c}
\end{aligned} \qquad (5\text{-}4\text{-}24)$$

在保持对信号连续跟踪的情况下，$N_1 - \dfrac{f_1}{f_2}N_2$ 为常数，因此组合相位值只随着电子含量 TEC 的变化而变化，常用于周跳的探测及修复工作[13]。

5.4.5　Melbourne-Wubbena 观测值

Melbourne-Wubbena 观测值是将双频伪距、双频载波相位观测值组合得到的，也称为 M-W 组合。设双频伪距和双频载波相位的观测方程为

$$\begin{cases}
\rho_1 = \rho - \dfrac{A}{f_1^2}, & \rho_2 = \rho - \dfrac{A}{f_2^2} \\[2mm]
\Phi_1 = \dfrac{\rho}{\lambda_1} + \dfrac{A}{c f_1} - N_1, & \Phi_2 = \dfrac{\rho}{\lambda_2} + \dfrac{A}{c f_2} - N_2
\end{cases} \qquad (5\text{-}4\text{-}25)$$

其中，ρ 是 GPS 卫星与接收机的几何距离和所有与频率无关的改正项之和。由伪距观测方程得到

$$A = \frac{f_1^2 f_2^2 (\rho_1 - \rho_2)}{f_1^2 - f_2^2}, \quad \rho = \frac{f_1^2 \rho_1 - f_2^2 \rho_2}{f_1^2 - f_2^2} \qquad (5\text{-}4\text{-}26)$$

由双频载波相位观测方程得到

$$(\Phi_1 - \Phi_2) + (N_1 - N_2) = \left(\frac{1}{\lambda_1} - \frac{1}{\lambda_2}\right)\rho + \left(\frac{1}{f_1} - \frac{1}{f_2}\right)\frac{A}{c} \qquad (5\text{-}4\text{-}27)$$

将式(5-4-26)代入式(5-4-27),得到

$$(\varPhi_1 - \varPhi_2) + (N_1 - N_2) = \frac{1}{c} \frac{(f_1 - f_2)(f_1\rho_1 + f_2\rho_2)}{f_1 + f_2} \tag{5-4-28}$$

设

$$\frac{c}{f_1 - f_2} = \lambda_\Delta, \quad \varPhi_1 - \varPhi_2 = \varPhi_\Delta, \quad N_1 - N_2 = N_\Delta \tag{5-4-29}$$

则有

$$\lambda_\Delta \varPhi_\Delta + \lambda_\Delta N_\Delta = \frac{f_1\rho_1 + f_2\rho_2}{f_1 + f_2} \tag{5-4-30}$$

式(5-4-30)即为 M-W 组合观测方程,反映了宽巷观测值和双频伪距观测值之间的关系,常用于宽巷观测值的周跳探测与修复、宽巷模糊度确定等[13]。其中,$\varPhi_\Delta$ 称为宽巷观测量,N_Δ 称为宽巷模糊度。

5.4.6　GPS 载波相位差分观测值

假设两个 GPS 接收机 K 和 M 同时接收 GPS 卫星 P 的信号,如图 5.7(a)所示,分别建立载波相位观测方程,相减得到单差观测值。单差最重要的性质是消除了模型中的 GPS 卫星钟差项。如果两个接收机相距不远,则电离层和对流层项经过差分后也会减小。假设接收机 K 和 M 分别同时跟踪 GPS 卫星 P 和 Q,如图 5.7(b)所示,由接收机 K、M 对 GPS 卫星 P 的观测数据得到单差,由对 GPS 卫星 Q 的观测数据也可以得到单差,两个单差相减得到双差观测量。双差可以进一步消除接收机钟差项,并减弱电离层和对流层项。如果接收机 K 和 M 同时连续地跟踪 GPS 卫星 P 和 Q,得到两个时刻的观测量,如图 5.7(c)所示,针对每个时刻均可以建立双差观测量,两个双差观测量相减得到三差观测量。

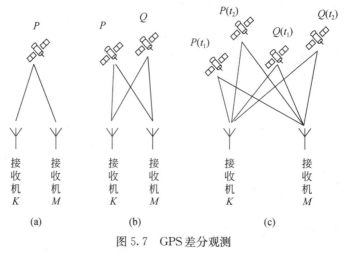

图 5.7　GPS 差分观测

1. 单差观测量

在 t 时刻，GPS 接收机 K 和 M 分别跟踪 GPS 卫星 P，载波相位观测量分别是 $\Phi_K^P(t)$ 和 $\Phi_M^P(t)$，卫星到两个接收机的几何距离分别为 $\rho_K^P(t)$ 和 $\rho_M^P(t)$，整周模糊度分别为 N_K^P 和 N_M^P，GPS 卫星钟差为 $\delta t_P(t)$，接收机 K 和 M 的钟差分别为 $\delta t_K(t)$ 和 $\delta t_M(t)$，电离层延迟分别为 $\delta_{\mathrm{ion},K}^P(t)$ 和 $\delta_{\mathrm{ion},M}^P(t)$，两个载波相位观测中的其他误差项分别记为 $\delta_{\mathrm{other}K}^P(t)$ 和 $\delta_{\mathrm{other}M}^P(t)$，则由式(5-4-2)分别得到两个接收机的载波相位观测方程为

$$\Phi_K^P(t) = \frac{f}{c}\rho_K^P(t) - N_K^P + \left[\delta t_P(t) - \delta t_K(t)\right]f - \frac{f}{c}\delta_{\mathrm{ion},K}^P(t) + \frac{f}{c}\delta_{\mathrm{other}K}^P(t)$$

$$(5\text{-}4\text{-}31)$$

$$\Phi_M^P(t) = \frac{f}{c}\rho_M^P(t) - N_M^P + \left[\delta t_P(t) - \delta t_M(t)\right]f - \frac{f}{c}\delta_{\mathrm{ion},M}^P(t) + \frac{f}{c}\delta_{\mathrm{other}M}^P(t)$$

$$(5\text{-}4\text{-}32)$$

其中

$$\delta_{\mathrm{other}K}^P(t) = (\delta_{\mathrm{trop}} + \delta_{\mathrm{tide}} + \delta_{\mathrm{mul}} + \delta_{\mathrm{rel}} + \varepsilon_\varphi)_K^P \qquad (5\text{-}4\text{-}33)$$

$$\delta_{\mathrm{other}M}^P(t) = (\delta_{\mathrm{trop}} + \delta_{\mathrm{tide}} + \delta_{\mathrm{mul}} + \delta_{\mathrm{rel}} + \varepsilon_\varphi)_M^P \qquad (5\text{-}4\text{-}34)$$

式(5-4-31)和式(5-4-32)相减，消除 GPS 卫星钟差项，得到

$$\Phi_K^P(t) - \Phi_M^P(t) = \left[\frac{f}{c}\rho_K^P(t) - \frac{f}{c}\rho_M^P(t)\right] - \left[\delta t_K(t) - \delta t_M(t)\right]f$$

$$- (N_K^P - N_M^P) - \frac{f}{c}\left[\delta_{\mathrm{ion},K}^P(t) - \delta_{\mathrm{ion},M}^P(t)\right] + \frac{f}{c}\left[\delta_{\mathrm{other}K}^P(t) - \delta_{\mathrm{other},M}^P(t)\right]$$

$$(5\text{-}4\text{-}35)$$

设

$$\Delta\Phi_{KM}^P(t) = \Phi_K^P(t) - \Phi_M^P(t), \quad \Delta\rho_{KM}^P(t) = \rho_K^P(t) - \rho_M^P(t)$$

$$\Delta N_{KM}^P = N_K^P - N_M^P, \quad \Delta\delta t_{KM}(t) = \delta t_K(t) - \delta t_M(t)$$

$$\Delta\delta_{\mathrm{ion},KM}^P(t) = \delta_{\mathrm{ion},K}^P(t) - \delta_{\mathrm{ion},M}^P(t), \quad \Delta\delta_{\mathrm{other}KM}^P(t) = \delta_{\mathrm{other}K}^P(t) - \delta_{\mathrm{other},M}^P(t)$$

$$(5\text{-}4\text{-}36)$$

则式(5-4-35)变为

$$\Delta\Phi_{KM}^P(t) = \frac{f}{c}\Delta\rho_{KM}^P(t) - \Delta N_{KM}^P - \Delta\delta t_{KM}(t)f$$

$$- \frac{f}{c}\Delta\delta_{\mathrm{ion},KM}^P(t) + \frac{f}{c}\Delta\delta_{\mathrm{other}KM}^P(t) \qquad (5\text{-}4\text{-}37)$$

式(5-4-37)即为两个接收机载波相位观测值作差得到的单差观测量 $\Delta\Phi_{KM}^P(t)$，其中下标 K 或 M 对应接收机，上标 P 对应 GPS 卫星。

2. 双差观测量

假设 GPS 接收机 K 和 M 在对 GPS 卫星 P 跟踪的同时，也对 GPS 卫星 Q 进行了跟踪，如图 5.7(b)所示，仿照式(5-4-37)，得到针对卫星 Q 的单差观测量为

$$\Delta\Phi_{KM}^{Q}(t)=\frac{f}{c}\Delta\rho_{KM}^{Q}(t)-\Delta N_{KM}^{Q}-\Delta\delta t_{KM}(t)f$$

$$-\frac{f}{c}\Delta\delta_{\mathrm{ion},KM}^{Q}(t)+\frac{f}{c}\Delta\delta_{\mathrm{other}KM}^{Q}(t) \tag{5-4-38}$$

将式(5-4-37)和式(5-4-38)作差,消除 GPS 接收机钟差,得到

$$\Delta\Phi_{KM}^{P}(t)-\Delta\Phi_{KM}^{Q}(t)$$

$$=\frac{f}{c}[\Delta\rho_{KM}^{P}(t)-\Delta\rho_{KM}^{Q}(t)]-(\Delta N_{KM}^{P}-\Delta N_{KM}^{Q})$$

$$-\frac{f}{c}[\Delta\delta_{\mathrm{ion},KM}^{P}(t)-\Delta\delta_{\mathrm{ion},KM}^{Q}(t)]+\frac{f}{c}[\Delta\delta_{\mathrm{other}KM}^{P}(t)-\Delta\delta_{\mathrm{other}KM}^{Q}(t)]$$

$$\tag{5-4-39}$$

设

$$\Delta\Phi_{KM}^{PQ}(t)=\Delta\Phi_{KM}^{P}(t)-\Delta\Phi_{KM}^{Q}(t),\quad \Delta\rho_{KM}^{PQ}(t)=\Delta\rho_{KM}^{P}(t)-\Delta\rho_{KM}^{Q}(t)$$

$$\Delta N_{KM}^{PQ}=\Delta N_{KM}^{P}-\Delta N_{KM}^{Q},\quad \Delta\delta_{\mathrm{ion},KM}^{PQ}(t)=\Delta\delta_{\mathrm{ion},KM}^{P}(t)-\Delta\delta_{\mathrm{ion},KM}^{Q}(t)$$

$$\Delta\delta_{\mathrm{other}KM}^{PQ}(t)=\Delta\delta_{\mathrm{other}KM}^{P}(t)-\Delta\delta_{\mathrm{other}KM}^{Q}(t)$$

$$\tag{5-4-40}$$

则式(5-4-39)变为

$$\Delta\Phi_{KM}^{PQ}(t)=\frac{f}{c}\Delta\rho_{KM}^{PQ}(t)-\Delta N_{KM}^{PQ}-\frac{f}{c}\Delta\delta_{\mathrm{ion},KM}^{PQ}(t)+\frac{f}{c}\Delta\delta_{\mathrm{other}KM}^{PQ}(t)$$

$$\tag{5-4-41}$$

式(5-4-41)即为 GPS 载波相位的双差观测方程。如果接收机 K 和 M 在时刻 t 同时对 m 个 GPS 卫星进行跟踪,那么可以建立 $m-1$ 个双差观测方程。

3. 三差观测值

假设接收机 K 和 M 同时对 GPS 卫星 P 和 Q 进行了连续跟踪,对于其中的时刻 t_1 和 t_2,分别建立双差观测方程如下:

$$\Delta\Phi_{KM}^{PQ}(t_1)=\frac{f}{c}\Delta\rho_{KM}^{PQ}(t_1)-\Delta N_{KM}^{PQ}-\frac{f}{c}\Delta\delta_{\mathrm{ion},KM}^{PQ}(t_1)+\frac{f}{c}\Delta\delta_{\mathrm{other}KM}^{PQ}(t_1)$$

$$\tag{5-4-42}$$

$$\Delta\Phi_{KM}^{PQ}(t_2)=\frac{f}{c}\Delta\rho_{KM}^{PQ}(t_2)-\Delta N_{KM}^{PQ}-\frac{f}{c}\Delta\delta_{\mathrm{ion},KM}^{PQ}(t_2)+\frac{f}{c}\Delta\delta_{\mathrm{other}KM}^{PQ}(t_2)$$

$$\tag{5-4-43}$$

两个双差观测量作差,得到

$$[\Delta\Phi_{KM}^{PQ}(t_1)-\Delta\Phi_{KM}^{PQ}(t_2)]$$

$$=\frac{f}{c}[\Delta\rho_{KM}^{PQ}(t_1)-\Delta\rho_{KM}^{PQ}(t_2)]$$

$$-\frac{f}{c}[\Delta\delta_{\mathrm{ion},KM}^{PQ}(t_1)-\Delta\delta_{\mathrm{ion},KM}^{PQ}(t_2)]+\frac{f}{c}[\Delta\delta_{\mathrm{other}KM}^{PQ}(t_1)-\Delta\delta_{\mathrm{other}KM}^{PQ}(t_2)]$$

$$\tag{5-4-44}$$

设

$$\Delta\Phi_{KM}^{PQ}(t_1,t_2)=\Delta\Phi_{KM}^{PQ}(t_1)-\Delta\Phi_{KM}^{PQ}(t_2) \tag{5-4-45}$$

$$\Delta\rho_{KM}^{PQ}(t_1,t_2)=\Delta\rho_{KM}^{PQ}(t_1)-\Delta\rho_{KM}^{PQ}(t_2) \tag{5-4-46}$$

$$\Delta\delta_{\mathrm{ion},KM}^{PQ}(t_1,t_2)=\Delta\delta_{\mathrm{ion},KM}^{PQ}(t_1)-\Delta\delta_{\mathrm{ion},KM}^{PQ}(t_2) \tag{5-4-47}$$

$$\Delta\delta_{\mathrm{other}KM}^{PQ}(t_1,t_2)=\Delta\delta_{\mathrm{other}KM}^{PQ}(t_1)-\Delta\delta_{\mathrm{other}KM}^{PQ}(t_2) \tag{5-4-48}$$

则式(5-4-44)变为

$$\Delta\Phi_{KM}^{PQ}(t_1,t_2)=\frac{f}{c}\Delta\rho_{KM}^{PQ}(t_1,t_2)-\frac{f}{c}\Delta\delta_{\mathrm{ion},KM}^{PQ}(t_1,t_2)+\frac{f}{c}\Delta\delta_{\mathrm{other}KM}^{PQ}(t_1,t_2)$$

$$\tag{5-4-49}$$

式(5-4-49)即为 GPS 载波相位的三差观测方程。在三差观测量中,整周模糊度参数 ΔN_{KM}^{PQ} 被消去。通常,三差解的精度不如双差解,因而在 GPS 测量中广泛应用的是双差观测,三差解一般用作精度较好的初始值,或者用于整周跳变的探测与修复[13]。

5.5　星载 GPS 精密定轨方法

基于星载 GPS 观测数据的卫星精密定轨方法可分为运动学方法、简化动力学方法和动力学方法。

5.5.1　运动学方法

利用星载 GPS 接收机接收的伪距和相位观测数据,在不依赖于任何动力学模型的情况下,由纯几何法确定卫星轨道,所以也称为几何法定轨。运动学定轨得到的是一组离散的点位,连续轨道可以通过数据插值得到。

运动学定轨的突出特点是不需要低轨卫星的受力状态,定轨精度不随卫星高度而变化。运动学定轨的优势在于计算速度快,对软件和硬件要求不高,缺点是受观测到的 GPS 卫星空间分布结构的制约,而这种分布结构又是随时间变化的,导致几何法定轨精度出现波动。

5.5.2　动力学方法

如果已知各种卫星受力模型,通过数值积分得到积分轨道,并与由 GPS 卫星观测值计算得到的精密轨道相比较,它们之间将不会完全重合。如果利用两种轨道的差别,建立其与各种先验模型参数修正值之间的关系,进而可以改进先验模型的参数。假设除地球重力场摄动外的其他摄动均已准确测定或利用模型算出(如潮汐摄动力),并利用先验重力场模型(如 EGM96),同时引入卫星在初始时刻的状态矢量作为增加的未知参数,则可以通过积分得到卫星轨道,再由最小二乘平差即可获得卫星初始时刻状态矢量改正数,以及先验重力场模型的改正值。为了得到更精确的结果,这个过程通常需要多次迭代,通过不断地改进卫星初始时刻的状态矢量以及重力场模型参数,使积分轨道越来越接近于观测轨道,最终获得精密的卫星轨道,同时得到更为精确的地球重力场模型,这就是动力学方法定轨的原理,如图 5.8 所示,流程如图 5.9 所示。

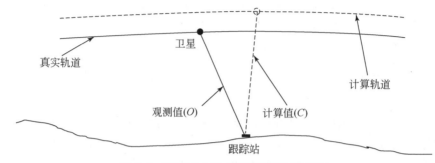

图 5.8　基于动力学方法的精密定轨原理

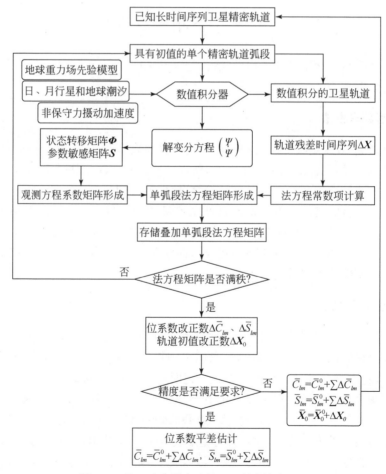

图 5.9　基于动力学方法的卫星精密定轨流程

　　动力法定轨需要全球 IGS 站对 GPS 卫星的双频观测数据和先验重力场模型，需要建立精确的动力学模型，而且运算量极大，对计算平台要求高。动力法定轨利用卫星轨道动力学方程作为约束，因而具有更高的定轨精度。

5.5.3　简化动力学方法

　　鉴于几何法定轨不能满足定轨的高精度要求，而动力学方法计算量又很大，一种较好的方法是将几何法定轨和动力学模型结合起来，称为简化动力学定轨法。该方法把分批滤波后得到的动力学轨道作为参考轨道，又在后续的序贯滤波/平滑过程中，附加了过程噪声参数来考虑动力学模型中的摄动因素和动力学模型误差。该方法充分利用卫星的几何和动力学信息，对动力学和几何信息作加权处理，在动力模型和几何模型之间寻求平衡，既利用了轨道动力学模型的约束条件，又充分保留了观测值的信息。

　　简化动力学法与动力学方法的差异就在于使用较少的动力学模型。在卫星定轨中，一般在某些方向上按一定的间隔设置伪随机脉冲参数，具体是在径向、切向和法向按一定的时间间隔各预置一组随机脉冲，用于吸收动力学模型误差。对于引入的随机参数，给予一个期望值及先验权。这样有利于局部动力学模型的优化，对物理模型参数的调节更加有效，且仅需要调节较少的模型参数，在更大程度上保留了观测数据的原始信息。在简化动力学定轨法中，将 GPS 卫星星历和钟差当做已知值，所以 GPS 卫星星历和钟差的误差直接影响定轨精度。

5.5.4　卫星定轨精度分析

　　利用 GPS 确定卫星轨道时，存在各种误差，它们决定了卫星的定轨精度。这些误差归纳起来，可以分为如下四类，具体如表 5.5 所示。

　　(1)可用模型修正的误差：电离层延迟改正误差、天线相位中心偏差、相对论效应。这些误差用模型修正可以达到较高的精度。

　　(2)可估计的系统误差：接收机钟差。在数据处理过程中求解该系统误差，从而可消除其影响。

　　(3)随机误差：GPS 精密星历误差、接收机载波相位测量误差。这两种误差是随机的，对卫星定轨会产生重要的影响。

　　(4)可忽略的误差：对流层延迟。

表 5.5　星载 GPS 定轨误差源

误差源	改正后的误差	说明
精密星历轨道误差	2.5cm(等效伪距或相位观测误差 1.5cm)	在动力学定轨中可估计
精密星历钟差误差	0.075ns(等效相位观测误差 2.25cm)	在动力学定轨中可估计

误差源	改正后的误差	说明
GPS 卫星天线相位中心偏差	0.1～0.2cm	系统误差
接收机天线相位中心偏差	0.4cm	可估计的系统误差
接收机钟差	可忽略	可估计的系统误差
相对论效应	0.09cm	可用模型修正
接收机载波相位测量误差	0.2～0.8cm	随机误差
电离层延迟改正误差	2cm	可用模型修正
对流层延迟	可忽略	可忽略的误差

对于星载 GPS 载波相位观测,写成相位测距值的形式

$$p^j = \frac{c}{f}\varphi^j = R^j - D_{ion} + D_{rel} + D_{ant} + D_{ant}^j + N^j + f\delta t - f\delta t^j + v^j \quad (5\text{-}5\text{-}1)$$

娄精度其中,上标 j 代表第 j 颗卫星;N^j 为第 j 颗卫星的整周模糊度,可作为待估参数;f 为载波频率;c 为光速;v^j 为接收机载波相位测量误差;δt^j 和 δt 分别为 GPS 卫星钟差和接收机钟差;D_{rel} 为广义相对论修正量;D_{ant} 为接收机天线相位中心偏差;D_{ant}^j 为 GPS 卫星天线相位中心偏差;D_{ion} 为电离层延迟引起的偏差;R^j 为 t 时刻卫星位置至接收机之间的几何距离。由于对流层延迟可忽略,故式(5-5-1)不包括对流层延迟误差。对式(5-5-1)中的各种误差进行修正,组成相位观测方程为

$$V = AX - L \quad (5\text{-}5\text{-}2)$$

若采用运动学定轨,则由纯几何法组成法方程,解算轨道参数,得到

$$X = (A^T PA)^{-1} A^T PL \quad (5\text{-}5\text{-}3)$$

根据协方差传播定律,轨道参数的协方差矩阵为

$$\Sigma_{XX} = (A^T PA)^{-1} \sigma_0^2 \quad (5\text{-}5\text{-}4)$$

其中,σ_0 为(5-5-2)式中 L 的均方差。对于星载 GPS 定轨,σ_0 由表 5.5 的误差项组成,假设各种误差是不相关的,在准确解算出整周模糊度的情况下,有

$$\sigma_0 = \pm\sqrt{1.5^2 + 2.25^2 + 0.2^2 + 0.4^2 + 0.09^2 + 0.8^2 + 2.0^2} = \pm 3.4872(\text{cm})$$
$$(5\text{-}5\text{-}5)$$

设矩阵 Q 为

$$Q = (A^T PA)^{-1} \quad (5\text{-}5\text{-}6)$$

取矩阵 Q 的前 3 个对角线元素 Q_{11}、Q_{22}、Q_{33}(对应位置 x、y、z),则可定义位置几何精度衰减因子 PDOP 为

$$\text{PDOP} = \sqrt{Q_{11} + Q_{22} + Q_{33}} \quad (5\text{-}5\text{-}7)$$

根据式(5-5-5)可以估算定轨误差为

$$\sigma_P = \pm \mathrm{PDOP} \cdot \sigma_0 \tag{5-5-8}$$

PDOP 值由实际 GPS 观测几何结构计算得到,在地面 GPS 观测的情况下,平均 PDOP 值为 3.0,而对于低轨卫星星载 GPS 观测,由于可见卫星颗数增加,PDOP 值会降低。低轨卫星的可视 GPS 卫星数较多,大部分为 8~12 颗,某些弧段达到了 14 颗,这些 GPS 卫星几何结构对应的 PDOD 值较好,大部分达到 1.5 以下。

对于几何法定轨,当 PDOP 值为 1.5 时,运动学定轨精度估算为

$$\sigma_P = \pm \sigma_0 \cdot \mathrm{PDOP} = \pm 3.4872 \times 1.5 = \pm 5.2308 (\mathrm{cm}) \tag{5-5-9}$$

这与实际运动学定轨精度(5.0cm~7.0cm)相当。若采用简化动力学定轨和动力学定轨,则要利用轨道动力学约束,也即利用轨道动力学先验信息组成法方程,然后解算轨道参数矢量。法方程简化形式为

$$\boldsymbol{X} = (\boldsymbol{A}^\mathrm{T} \boldsymbol{P} \boldsymbol{A} + \boldsymbol{\Sigma}_{X0}^{-1})^{-1} \boldsymbol{A}^\mathrm{T} \boldsymbol{P} \boldsymbol{L} \tag{5-5-10}$$

式(5-5-6)所示的矩阵 $\boldsymbol{Q}$ 为

$$\boldsymbol{Q} = (\boldsymbol{A}^\mathrm{T} \boldsymbol{P} \boldsymbol{A} + \boldsymbol{\Sigma}_{X0}^{-1})^{-1} \tag{5-5-11}$$

其中,$\boldsymbol{\Sigma}_{X0}$ 为利用轨道动力学计算得到的位置协方差先验矩阵。式(5-5-11)定义的 PDOP 值可降低到 1.0 以下。于是,简化动力学定轨和动力学定轨精度可估算为

$$\sigma_P = \pm \sigma_0 \cdot \mathrm{PDOP} = \pm 1.0 \times 3.4872 = \pm 3.4872 (\mathrm{cm}) \tag{5-5-12}$$

这说明,在目前的工程技术条件下,简化动力学定轨和动力学定轨精度均可达到 5cm。

5.6　重力卫星精密定轨的工程技术条件

结合我国实际工程技术能力,分析重力卫星精密轨道确定所需要的技术条件,包括国产星载双频 GPS 接收机性能、GPS 接收机天线安装及其相位中心确定精度、重力卫星姿态测量精度、IGS 全球观测数据获取能力、全球 SLR 定轨精度检验能力和 SLR 激光反射阵列位置确定精度等,分析这些现有的技术条件和工程约束能否满足我国重力卫星工程实施中所需要的厘米级定轨要求。

5.6.1　GPS 接收机时钟精度

利用星载 GPS 进行精密定轨主要采用的是载波相位观测数据。定轨过程中要估计整周模糊度,算法复杂,因此需要性能可靠的 GPS 接收机,以获得稳定的双频观测值。星载 GPS 接收机的关键性能包括以下几个方面。

(1)星载 GPS 接收机的时钟精度。

(2)星载 GPS 接收机周跳及粗差性能。

(3)星载 GPS 接收机的通道数、采样率、存储量和传输速率。

国产双频星载 GPS 接收机已在 HY-2A(海洋 2A)卫星上得到成功应用,其定轨的径向精度可达 1～2cm,三维定轨精度优于 5cm。这表明国产双频星载 GPS 接收机可为我国重力卫星精密定轨及重力场反演等科学任务提供有力保障。

5.6.2　GPS 接收机天线安装及其相位中心确定

在重力卫星 GPS 接收机天线安装中,为了保证 GPS 接收机天线具有良好的视野,需要将其安装在卫星天顶方向,以便跟踪和接收 GPS 卫星信号。GPS 观测直接得到的是接收机天线相位中心的轨迹,而天基重力场测量要求获取卫星质心的精密轨道,其精度要求为厘米级。因此,在将 GPS 观测数据从接收机天线相位中心到卫星质心的转换中,要求接收机天线相位中心和卫星质心相对位置确定精度至少高一个数量级,即毫米级。

虽然 GPS 接收机天线相位中心和卫星质心相对位置可以在地面精确测定,但是当重力卫星在轨工作时,随着推进剂消耗、环境变化等因素的影响,接收机天线相位中心和卫星质心的相对位置是不断变化的,分为平均相位中心偏差(phase center offset,PCO)和瞬时相位中心变化(phase center variation,PCV)。PCO 和 PCV 可以分别利用直接法和残差法进行估计,估计精度约为 4mm,可以满足毫米级的精度要求。

5.6.3　重力卫星姿态测量精度

卫星姿态为卫星本体坐标系和惯性系之间的转换提供了依据,用于天线相位中心到卫星质心的转换计算,是获取重力卫星精密轨道必不可少的观测数据。

假设重力卫星的长、宽、高分别为 1.8m、0.6m 和 0.6m。通过分析坐标转换关系,得到对卫星偏航角、俯仰角和滚动角的测量精度要求分别为 0.057°、0.057° 和 0.116°。已成功实施的 HY-2A 卫星姿态测量精度达到 0.03°,说明基于我国现有技术条件,可以满足重力卫星精密定轨对姿态的测量要求。

5.6.4　IGS 全球观测数据获取能力

采用动力法定轨时,需要利用全球 IGS 站的观测数据。可以从 IGS 组织获取,该组织不但提供 IGS 站的观测值数据,还提供站点坐标、历元、站移动速度、GPS 卫星的精密星历和卫星时钟信息以及 IGS 站站钟信息等。

IGS 观测站的分布如图 5.10 所示。

5.6.5　SLR 激光反射镜的安装精度

激光后向反射镜外形为 4 块六面体棱镜,安装在卫星上,用于反射 SLR 测距站的激光信号。星载 GPS 定轨要求得到卫星质心的坐标数据,SLR 激光测距得到

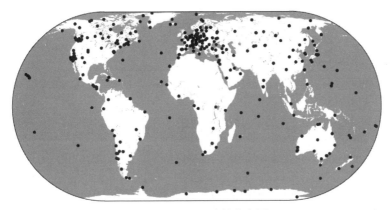

图 5.10　IGS 跟踪站分布图

的是地面跟踪站和激光反射棱镜之间的距离。为了利用 SLR 测距数据检验星载 GPS 的定轨精度,必须获取卫星质心与激光反射棱镜之间的相对位置,得到棱镜反射中心在卫星本体坐标系中的准确坐标,从而将激光测距数据归算到卫星质心。

卫星地面激光测距的精度约为 1cm,要求棱镜反射中心和卫星质心相对位置的测量精度比激光测距精度高 1 个数量级,即 1mm,这一要求可以通过地面反复试验保证。

5.6.6　基于地面激光测距站的卫星定轨精度检验能力

利用国内地面激光跟踪站进行卫星跟踪,能够达到检验重力卫星定轨精度的目的。选用国内的 5 个固定站和 2 个流动站,其中固定站为北京、上海、武汉、昆明和长春,构成地面激光测距的跟踪网,完成对重力卫星定轨精度的检验。

参 考 文 献

[1] International DORIS Service. DORIS Station[EB/OL]. https://ids-doris.org/doris-system/ tracking-network/doris-station.html [2017-02-03].

[2] NASA. International Laser Ranging Service(ILRS)[EB/OL]. https://ilrs.cddis.eosdis. nasa.gov/about/reports/travaux2007.html[2015-12-30].

[3] 张飞鹏,黄珹,张忠平. 精密测距测速系统的研究与应用[J]. 天文学进展,1999,17(1): 33—43.

[4] National Academy of Sciences. Operational considerations technology[EB/OL]. http:// www.nap.edu/read/1855/chapter/4#73[2017-5-12].

[5] GFZ. Precise-range-and-range-rate-equipment[EB/OL]. http://www.gfz-potsdam.de/en/ section/globalgeomonitoringandgravityfield/projects/precise-range-and-range-rate-equipment /[2015-12-31].

[6] Information and Analysis Center for Positioning,Navigation and Timing. GPS constellation

status[EB/OL]. https：//www. glonass- iac. ru/en/GPS/index. php[2016- 1- 13].

［7］寇艳红 . GPS 原理与应用[M]. 北京：电子工业出版社，2007.

［8］Kaplan E D，Hegarty C J. Understanding GPS：Principles and Applications［M］. 2nd ed. Boston：Artech House，2006.

［9］Arinc. Navstar GPS space segment/navigation user interfaces[R]. Fountain Valley：ARINC Research Corporation，2004.

［10］Dunn M J. Global positioning systems directorate systems engineering and integration[R]. El Sequndo：GPS Joint Program Office，2013.

［11］蒋兴伟 . 海洋动力环境卫星基础理论与工程应用[M]. 北京：海洋出版社，2014.

［12］李强，刘广军，于海亮，等 . GPS 理论、算法与应用[M]. 2 版 . 北京：清华大学出版社，2011.

［13］李征航，黄劲松，独行知 . GPS 测量[M]. 武汉：武汉大学出版社，2013.

第6章 绝对轨道摄动重力场测量机理建模 与任务设计方法

天基重力场测量分为绝对轨道摄动重力场测量、长基线相对轨道摄动重力场测量和短基线相对轨道摄动重力场测量。已成功发射的 CHAMP、GRACE、GOCE 重力卫星分别采用了这三类测量方式,它们获取了大量的观测数据,极大地提高了全球重力场模型的精度和分辨率。根据相关文献分析可知,在这些重力卫星任务分析与设计、重力场测量性能评估中过多地依赖于数值模拟,虽然有效保证了计算精度,但是计算量极大,任务设计周期长,并且缺乏系统性的机理研究和规律分析,不利于准确把握任务参数对测量任务的作用及其优化选取。因而,需要建立天基重力场测量的解析理论体系,用于重力卫星测量机理分析与任务优化设计。同时,考虑到我国正在开展重力卫星的论证与研制工作,任务参数的论证与设计迫切需要解析方法的支持。因此,建立天基重力场测量的解析理论,既是理论研究与创新的必然要求,也是我国重力卫星发展的迫切需要。

从绝对轨道摄动重力场测量的原理出发,建立重力场测量性能指标与任务参数之间的解析关系。然后根据由动力学方法得到的重力场测量数值模拟结果,对解析关系进行校正。进而根据校正后的解析关系分析任务参数的影响规律,提出绝对轨道摄动重力场测量任务优化设计方法。

6.1 绝对轨道摄动重力场测量的基本原理

绝对轨道摄动重力场测量通过观测引力敏感器的绝对摄动轨道,来实现重力场恢复。对于引力敏感器,在加速度计模式中指重力卫星本身,如 CHAMP 重力卫星;在屏蔽模式中指密闭腔体中的验证质量块,如内编队系统中的内卫星。已知引力敏感器绕地球运动的能量守恒方程为[1]

$$V = \frac{1}{2} \, |\dot{\boldsymbol{r}}|^2 - \omega(r_x \dot{r}_y - r_y \dot{r}_x) - \int_{t_0}^{t} \boldsymbol{a} \cdot \dot{\boldsymbol{r}} \mathrm{d}t - V_t - E_0 \qquad (6\text{-}1\text{-}1)$$

其中,V 是地球引力位函数;$\boldsymbol{r}$、$\dot{\boldsymbol{r}}$ 分别是引力敏感器在地心惯性系中的位置和速度;ω 是地球自转角速度;$|\dot{\boldsymbol{r}}|^2/2$ 是引力敏感器的动能;$\omega(r_x \dot{r}_y - r_y \dot{r}_x)$ 是地球自转引起的引力敏感器能量变化;$\int_{t_0}^{t} \boldsymbol{a} \cdot \dot{\boldsymbol{r}} \mathrm{d}t$ 是非引力干扰对引力敏感器的做功;V_t 是三体引力、潮汐等引起的引力敏感器能量的变化;E_0 是积分常数。对于非引力干扰,理论上通过测量或屏蔽手段剔除其对纯引力轨道的扰动。不过,实际测量或

屏蔽不可避免地存在一定的误差,使引力敏感器纯引力轨道受到非引力干扰测量误差或屏蔽误差的扰动。这一扰动与引力敏感器定轨误差对纯引力轨道观测的影响是相同的,这里暂时不考虑非引力干扰,在后面分析定轨误差时统一纳入分析过程,因而认为

$$\int_{t_0}^{t} \boldsymbol{a} \cdot \dot{\boldsymbol{r}} \mathrm{d}t = 0 \tag{6-1-2}$$

这样,由引力敏感器纯引力轨道位置 $\boldsymbol{r}$ 和速度 $\dot{\boldsymbol{r}}$,以及三体引力模型、潮汐模型可以得到各个历元的引力位。考虑到引力位展开为球谐函数的级数形式,将各个历元的引力位球谐级数联立,得到关于引力位系数的线性方程组,求解该线性方程组得到引力位系数集合即地球重力场模型。

从数学上看,如果不考虑任何误差,则引力敏感器纯引力轨道积分和重力场反演是两个互逆的过程,即由全谱段重力场模型可以精确计算引力敏感器纯引力轨道,反过来由纯引力轨道也可以精确反演全谱段重力场模型。但是,定轨误差、非引力干扰以及计算误差的引入,使这种互逆过程被破坏,即由全谱段重力场模型可以计算纯引力轨道的理论值,但是由纯引力轨道观测数据无法反演全谱段重力场模型。引力敏感器纯引力轨道数据质量既受轨道参数的影响,也受定轨误差的影响,同时,非引力干扰也不可能被完全抑制或完全精确测量,这些因素都会对重力场测量性能造成影响。

在绝对轨道摄动重力场测量中,重力场测量性能取决于对引力敏感器绝对运动轨道的获取能力,以及引力敏感器自身非引力干扰屏蔽或测量的能力。随着重力场阶数的增加,地球引力高阶摄动引起的引力敏感器绝对运动越来越微弱,而利用地面测控系统或高轨导航卫星等远距离测量手段均难以实现极高精度的轨道确定,这意味着绝对轨道摄动重力场测量很难敏感到地球引力的高阶摄动,因而它主要用于低阶重力场测量。

绝对轨道摄动重力场测量的任务参数包括轨道参数和载荷指标两类。下面分析这两类参数对重力场测量的影响规律。

1)轨道参数对绝对轨道摄动重力场测量的影响规律

影响绝对轨道摄动重力场测量性能的轨道参数包括轨道高度、偏心率和倾角。

地球引力信号随轨道高度的增加而迅速衰减,所以轨道高度越低,越有利于敏感获取更高阶次的引力信息。但是,轨道高度越低,大气阻力越大,对卫星的控制要求越高。因而,在卫星控制能力范围内,应当尽可能降低轨道高度,以提高重力场测量的空间分辨率和精度。

偏心率应尽可能小,即实际轨道应当尽可能接近圆轨道,这样可以使测量数据的精度尽可能一致,有利于保证重力场的反演精度,同时也使卫星受到的空间环境尽可能一致,便于进行卫星控制。

轨道倾角应尽可能接近 $90°$,即采用极轨道或近极轨道,从而满足全球覆盖测

量要求。从数据测量的角度看,全球覆盖测量保证了采样数据的完整性,有利于提高重力场的测量精度。从数学的角度看,重力场测量是采集各点引力位观测量,并按球谐级数表达式进行数据拟合的过程,拟合系数即引力位系数。由于数据拟合仅在原始数据采集范围内有效,因而只有进行全球覆盖测量,才能保证反演重力场模型在全球范围内有效。

此外,重力卫星轨道参数还包括升交点赤经、近地点角距和真近点角。重力场测量要求实现全球覆盖,而不同升交点赤经、近地点角距和初始真近点角下的全球覆盖效果是相同的,所以这 3 个轨道参数对重力场测量不产生影响。

2)载荷指标对绝对轨道摄动重力场测量的影响规律

绝对轨道摄动重力场测量的载荷指标包括引力敏感器定轨精度、非引力干扰抑制或测量精度、数据采样间隔、总任务时间。这些载荷指标相互制约,共同决定了对地球引力信号的敏感能力,它们之间的关系如图 6.1 所示。

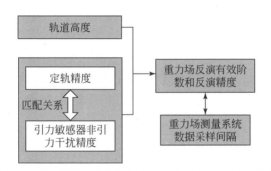

图 6.1　绝对轨道摄动重力场测量的载荷指标匹配关系

在图 6.1 中,非引力干扰抑制或测量精度通过时间累积对引力敏感器纯引力轨道产生扰动,定轨精度是对真实卫星轨道观测时引入的扰动量。定轨精度和非引力干扰精度应满足匹配关系,即非引力干扰引起的引力敏感器轨道摄动量和定轨误差量应当匹配,两者共同决定了纯引力轨道理论值的观测精度,反映了对地球引力信号的敏感能力。轨道高度决定了引力敏感器所在位置的各阶引力信号强度,轨道高度越低,引力信号越强。这样,根据引力敏感器的敏感能力和轨道高度,可以确定重力场反演的有效阶数和精度。

为了满足全球覆盖测量要求,对观测数据采样间隔和总任务时间提出了要求,即观测数据采样间隔应足够小、回归周期足够长,分别使采样点的星下点在南北方向和东西方向的间隔均小于重力场测量有效阶数对应的空间分辨率。

6.2　绝对轨道摄动重力场测量性能的解析建模

下面利用谱分析方法,建立重力场测量有效阶数、大地水准面误差和重力异常误差等重力场测量性能与轨道参数、载荷指标等任务参数之间的解析关系,为绝对轨道摄动重力场测量性能评估与任务优化提供理论工具。

在绝对轨道摄动重力场测量中,由于引力敏感器非引力干扰和定轨误差的存在,其纯引力轨道观测值存在一定的误差,该误差决定了绝对轨道摄动重力场测量的性能。对于式(6-1-1)所示的引力敏感器能量守恒方程,在纯引力轨道观测误差一定的条件下,$\omega(r_x \dot{r}_y - r_y \dot{r}_x)$ 误差项远小于 $|\dot{r}|^2/2$ 误差项,在解析分析中可忽略。V_s 项是三体引力、潮汐摄动引起的引力敏感器能量变化,可由精确模型计算得到,因而不需要考虑其影响。非引力干扰通过时间累积引起纯引力轨道观测误差,和定轨误差共同构成纯引力轨道的确定误差。将引力位 V 表示成中心引力位 U_0 和非球形摄动位 R 之和,则能量守恒方程变为

$$U_0 + R = \frac{1}{2} |\dot{r}|^2 - E_0 = \frac{GM}{r} + R \tag{6-2-1}$$

$$R(r,\theta,\lambda) = \frac{GM}{r} \sum_{n=2}^{\infty} \sum_{k=0}^{n} \left(\frac{a}{r}\right)^n (\bar{C}_{nk} \cos k\lambda + \bar{S}_{nk} \sin k\lambda) \bar{P}_{nk}(\cos\theta) \tag{6-2-2}$$

其中,a 是所采用的地球椭球长半径;(r,θ,λ) 是地球固连坐标系中的球坐标;$\{\bar{C}_{nk}, \bar{S}_{nk}\}$ 为归一化的引力位系数,它们分别是余弦项和正弦项位系数;$\bar{P}_{nk}(\cos\theta)$ 是完全规格化的缔合勒让德多项式,它与缔合勒让德多项式 $P_{nk}(\cos\theta)$ 的关系为

$$\bar{P}_{nk}(\cos\theta) = \sqrt{(2n+1)\frac{2}{\delta_k}\frac{(n-k)!}{(n+k)!}} P_{nk}(\cos\theta), \quad \delta_k = \begin{cases} 2, & k=0 \\ 1, & k \neq 0 \end{cases} \tag{6-2-3}$$

由式(6-2-1)和式(6-2-2)可得

$$R = \frac{1}{2} |\dot{r}|^2 - \frac{GM}{r} - E_0 \tag{6-2-4}$$

对式(6-2-4)微分,得到

$$\delta R = v \delta v + \frac{GM}{r^2} \delta r \tag{6-2-5}$$

进而得到第 n 阶上的阶误差关系为

$$P_n^2\{\delta R\} = P_n^2\left\{v\delta v + \frac{GM}{r^2}\delta r\right\} \tag{6-2-6}$$

对于式(6-2-6)等号左边项,考虑功率谱的定义可得[2]

$$P_n^2\{\delta R\} = \sum_{k=-n}^{n} \left[\frac{1}{4\pi}\int_0^{2\pi}\int_0^{\pi} \delta R(r,\theta,\lambda)\bar{Y}_{nk}(\theta,\lambda)\sin\theta \, \mathrm{d}\theta \, \mathrm{d}\lambda\right]^2 \tag{6-2-7}$$

其中

$$\bar{Y}_{nk}(\theta,\lambda) = \bar{P}_{n|k|}(\cos\theta)Q_k(\lambda) \tag{6-2-8}$$

$$Q_k(\lambda) = \begin{cases} \cos k\lambda, & k \geqslant 0 \\ \sin|k|\lambda, & k < 0 \end{cases} \tag{6-2-9}$$

将式(6-2-2)代入式(6-2-7)，根据球谐函数的正交性，化简得到

$$P_n^2\{\delta R\} = \left(\frac{GM}{a}\right)^2 \left(\frac{a}{r}\right)^{2n+2} \sum_{k=0}^{n} \left[(\delta \bar{C}_{nk})^2 + (\delta \bar{S}_{nk})^2\right] \tag{6-2-10}$$

其中，$\delta \bar{C}_{nk}$、$\delta \bar{S}_{nk}$ 是位系数误差。下面推导式(6-2-6)等号的右端项。由式(6-2-4)可知，引力敏感器纯引力轨道反映了地球非球形摄动位特征。轨道误差分为速度误差 δv 和位置误差 δr，其功率谱密度分别为 $S_{\delta v}(f)$ 和 $S_{\delta r}(f)$，则由傅里叶变换可得到 δv 和 δr 的自相关函数为

$$R_{\delta v}(\tau) = \int_{-\infty}^{\infty} S_{\delta v}(f) e^{i2\pi f \tau} df \tag{6-2-11}$$

$$R_{\delta r}(\tau) = \int_{-\infty}^{\infty} S_{\delta r}(f) e^{i2\pi f \tau} df \tag{6-2-12}$$

引力敏感器纯引力轨道速度误差 δv 和位置误差 δr 均为功率有限信号，根据自相关函数的定义可得[3]

$$R_{\delta v}(0) = \lim_{T \to \infty} \frac{1}{T} \int_{-T/2}^{T/2} |\delta v(t)|^2 dt \tag{6-2-13}$$

$$R_{\delta r}(0) = \lim_{T \to \infty} \frac{1}{T} \int_{-T/2}^{T/2} |\delta r(t)|^2 dt \tag{6-2-14}$$

假设 δv 和 δr 均为白噪声过程，即任意时刻的随机变量 δv、δr 互不相关，且均值为 0，功率谱密度为常数。在式(6-2-11)和式(6-2-12)中，令 $\tau = 0$，并将式(6-2-13)和式(6-2-14)代入其中，得到

$$R_{\delta v}(0) = \sigma_{\delta v}^2 = \int_{-\infty}^{\infty} S_{\delta v}(f) df \tag{6-2-15}$$

$$R_{\delta r}(0) = \sigma_{\delta r}^2 = \int_{-\infty}^{\infty} S_{\delta r}(f) df \tag{6-2-16}$$

其中，$\sigma_{\delta v}^2$ 和 $\sigma_{\delta r}^2$ 为引力敏感器纯引力轨道速度和位置误差的方差。δv 和 δr 的实际测量数据具有带宽限制，其最高频率 $f_{\max}$ 通常取为 Nyquist 频率 f_{Nyq}[4]

$$f_{\max} = f_{\mathrm{Nyq}} = \frac{1}{2\Delta t} \tag{6-2-17}$$

其中，Δt 是数据采样间隔。考虑到白噪声假设，得到

$$\sigma_{\delta v}^2 = \int_{-f_{\max}}^{f_{\max}} S_{\delta v}(f) df = 2 S_{\delta v} f_{\max} \tag{6-2-18}$$

$$\sigma_{\delta r}^2 = \int_{-f_{\max}}^{f_{\max}} S_{\delta r}(f) df = 2 S_{\delta r} f_{\max} \tag{6-2-19}$$

为了分析引力敏感器纯引力轨道误差对各阶次位系数的影响，需要将 $\sigma_{\delta v}^2$ 和 $\sigma_{\delta r}^2$ 变换到以阶数 n 和次数 k 为自变量的二维离散频谱上[4,5]

$$\sigma_{nk,\delta v}^2 = \int_{f_{nk}-\Delta f/2}^{f_{nk}+\Delta f/2} S_{\delta v}(f) df = S_{\delta v} \Delta f \tag{6-2-20}$$

$$\sigma_{nk,\delta r}^2 = \int_{f_{nk}-\Delta f/2}^{f_{nk}+\Delta f/2} S_{\delta r}(f) df = S_{\delta r} \Delta f \tag{6-2-21}$$

其中，f_{nk} 是 n 阶 k 次对应的二维频率；Δf 为频率分辨率，取为重力场覆盖测量时间 T 的倒数，即[4]

$$\Delta f = \frac{1}{T} \tag{6-2-22}$$

考虑到 n 阶内共有 $2n+1$ 个位系数，可知速度误差和位置误差对第 n 阶频带的扰动为

$$\sigma_{n,\delta v}^2 = (2n+1)\sigma_{nk,\delta v}^2 \tag{6-2-23}$$

$$\sigma_{n,\delta r}^2 = (2n+1)\sigma_{nk,\delta r}^2 \tag{6-2-24}$$

由式(6-2-17)～式(6-2-24)得到

$$\sigma_{n,\delta v}^2 = (2n+1)\frac{\sigma_{\delta v}^2 \Delta t}{T} \tag{6-2-25}$$

$$\sigma_{n,\delta r}^2 = (2n+1)\frac{\sigma_{\delta r}^2 \Delta t}{T} \tag{6-2-26}$$

对于式(6-2-6)等号右边的项，由功率谱定义得到

$$P_n^2\left\{v\delta v + \frac{GM}{r^2}\delta r\right\} = \sum_{k=-n}^{n}\left[\frac{1}{4\pi}\int_0^{2\pi}\int_0^{\pi}\left(v\delta v + \frac{GM}{r^2}\delta r\right)\bar{Y}_{nk}(\theta,\lambda)\sin\theta\mathrm{d}\theta\mathrm{d}\lambda\right]^2$$

$$= \sum_{k=-n}^{n}\left[\frac{1}{4\pi}\int_0^{2\pi}\int_0^{\pi}(v\delta v)\bar{Y}_{nk}(\theta,\lambda)\sin\theta\mathrm{d}\theta\mathrm{d}\lambda\right]^2 + \sum_{k=-n}^{n}\left[\frac{1}{4\pi}\int_0^{2\pi}\int_0^{\pi}\left(\frac{GM}{r^2}\delta r\right)\bar{Y}_{nk}(\theta,\lambda)\sin\theta\mathrm{d}\theta\mathrm{d}\lambda\right]^2$$

$$+ \sum_{k=-n}^{n}\left[2\times\frac{1}{4\pi}\int_0^{2\pi}\int_0^{\pi}(v\delta v)\bar{Y}_{nk}(\theta,\lambda)\sin\theta\mathrm{d}\theta\mathrm{d}\lambda \cdot \frac{1}{4\pi}\int_0^{2\pi}\int_0^{\pi}\left(\frac{GM}{r^2}\delta r\right)\bar{Y}_{nk}(\theta,\lambda)\sin\theta\mathrm{d}\theta\mathrm{d}\lambda\right] \tag{6-2-27}$$

利用 Schwarz 不等式，得到

$$P_n^2\left\{v\delta v + \frac{GM}{r^2}\delta r\right\}$$

$$\leqslant \sum_{k=-n}^{n}\left[\frac{1}{4\pi}\int_0^{2\pi}\int_0^{\pi}(v\delta v)\bar{Y}_{nk}(\theta,\lambda)\sin\theta\mathrm{d}\theta\mathrm{d}\lambda\right]^2 + \sum_{k=-n}^{n}\left[\frac{1}{4\pi}\int_0^{2\pi}\int_0^{\pi}\left(\frac{GM}{r^2}\delta r\right)\bar{Y}_{nk}(\theta,\lambda)\sin\theta\mathrm{d}\theta\mathrm{d}\lambda\right]^2$$

$$+ 2\sqrt{\sum_{k=-n}^{n}\left[\frac{1}{4\pi}\int_0^{2\pi}\int_0^{\pi}(v\delta v)\bar{Y}_{nk}(\theta,\lambda)\sin\theta\mathrm{d}\theta\mathrm{d}\lambda\right]^2 \cdot \sum_{k=-n}^{n}\left[\frac{1}{4\pi}\int_0^{2\pi}\int_0^{\pi}\left(\frac{GM}{r^2}\delta r\right)\bar{Y}_{nk}(\theta,\lambda)\sin\theta\mathrm{d}\theta\mathrm{d}\lambda\right]^2}$$

$$= v^2 P_n^2\{\delta v\} + \left(\frac{GM}{r^2}\right)^2 P_n^2\{\delta r\} + 2v\frac{GM}{r^2}\sqrt{P_n^2\{\delta v\}P_n^2\{\delta r\}}$$

$$= v^2\sigma_{n,\delta v}^2 + \left(\frac{GM}{r^2}\right)^2\sigma_{n,\delta r}^2 + 2v\frac{GM}{r^2}\sqrt{\sigma_{n,\delta v}^2\sigma_{n,\delta r}^2} \tag{6-2-28}$$

将式(6-2-25)和式(6-2-26)代入式(6-2-28)，得到

$$P_n^2\left\{v\delta v + \frac{GM}{r^2}\delta r\right\} < (2n+1)\frac{\Delta t}{T}\left[v^2\sigma_{\delta v}^2 + \left(\frac{GM}{r^2}\right)^2\sigma_{\delta r}^2 + 2v\frac{GM}{r^2}\sigma_{\delta v}\sigma_{\delta r}\right] \tag{6-2-29}$$

由于重力卫星轨道偏心率接近 0,因此可认为

$$v^2 = \frac{GM}{r} \tag{6-2-30}$$

从而,由式(6-2-30)得到

$$P_n^2 \left\{ v\delta v + \frac{GM}{r^2}\delta r \right\} < (2n+1)\frac{\Delta t}{T}\left(\frac{\mu}{r}\sigma_{\delta v}^2 + \frac{\mu^2}{r^4}\sigma_{\delta r}^2 + 2\frac{\mu^{3/2}}{r^{5/2}}\sigma_{\delta v}\sigma_{\delta r} \right) \tag{6-2-31}$$

其中,$\mu = GM$。由式(6-2-6)和式(6-2-10),得到

$$\sum_{k=0}^{n} \left[(\delta\bar{C}_{nk})^2 + (\delta\bar{S}_{nk})^2 \right]$$
$$< (2n+1)\left(\frac{a}{\mu}\right)^2\left(\frac{r}{a}\right)^{2n+2}\frac{\Delta t}{T}\left(\frac{\mu}{r}\sigma_{\delta v}^2 + \frac{\mu^2}{r^4}\sigma_{\delta r}^2 + 2\frac{\mu^{3/2}}{r^{5/2}}\sigma_{\delta v}\sigma_{\delta r} \right) \tag{6-2-32}$$

在式(6-2-32)中,$\sigma_{\delta v}^2$ 和 $\sigma_{\delta r}^2$ 是纯引力轨道观测误差的方差,分为引力敏感器定轨误差和非引力干扰两部分。设非引力干扰为 δF,它会引起纯引力轨道位置累积误差和速度累积误差,最大值对应匀加速直线运动条件下的累积误差,其平均累积误差为

$$(\Delta v)_{\delta F} = \frac{1}{T_{\text{arc}}}\int_0^{T_{\text{arc}}} (\delta F)t\mathrm{d}t = \frac{(\delta F)T_{\text{arc}}}{2} \tag{6-2-33}$$

$$(\Delta r)_{\delta F} = \frac{1}{T_{\text{arc}}}\int_0^{T_{\text{arc}}} \frac{1}{2}(\delta F)t^2\mathrm{d}t = \frac{(\delta F)T_{\text{arc}}^2}{6} \tag{6-2-34}$$

其中,T_{arc} 为积分弧长,它是重力场反演中的计算参数,是将总测量时间分成的各个弧段的时间长度。由于积分弧长不是实际的物理参数,理论上不会影响重力场的测量性能。但是,由卫星摄动轨道计算引力位系数是一个高度非线性的过程,通常利用线性化近似方法来求解位系数。积分弧长会直接影响线性化近似误差,进而影响重力场反演性能。积分弧长的选择应当恰当,一方面,积分弧长应当足够小,从而使非引力干扰引起的轨道累积误差较小;另一方面,积分弧长应当足够长,从而可以充分反映出不同频段的重力场波形特征。这里选取积分弧长为 2 小时,大于一个轨道周期,可以反映不同频段的重力场波形特征,同时保证误差累积较小。

设引力敏感器定轨的速度误差和位置误差分别为(Δv)、(Δr),则有

$$\sigma_{\delta v}^2 = (\Delta v)_{\delta F}^2 + (\Delta v)^2 \tag{6-2-35}$$

$$\sigma_{\delta r}^2 = (\Delta r)_{\delta F}^2 + (\Delta r)^2 \tag{6-2-36}$$

设绝对轨道摄动重力场测量卫星系统的轨道高度为 h,则

$$r = a + h \tag{6-2-37}$$

将式(6-2-33)～式(6-2-37)代入式(6-2-32)中,得到

$$\sum_{k=0}^{n} \left[(\delta \bar{C}_{nk})^2 + (\delta \bar{S}_{nk})^2\right] < (2n+1)\left(\frac{a}{\mu}\right)^2 \left(\frac{a+h}{a}\right)^{2n+2}$$

$$\times \frac{\Delta t}{T} \left\{\sqrt{\frac{\mu}{a+h}\left[\frac{(\delta F)^2 T_{\mathrm{arc}}^2}{4} + (\Delta v)^2\right]} + \frac{\mu}{(a+h)^2}\sqrt{\frac{(\delta F)^2 T_{\mathrm{arc}}^4}{36} + (\Delta r)^2}\right\}^2$$

$$(6\text{-}2\text{-}38)$$

设

$$G(h, \delta F, \Delta r, \Delta v, \Delta t, T)$$

$$= \left(\frac{a}{\mu}\right)^2 \frac{\Delta t}{T} \left\{\sqrt{\frac{\mu}{a+h}\left[\frac{(\delta F)^2 T_{\mathrm{arc}}^2}{4} + (\Delta v)^2\right]} + \frac{\mu}{(a+h)^2}\sqrt{\frac{(\delta F)^2 T_{\mathrm{arc}}^4}{36} + (\Delta r)^2}\right\}^2$$

$$(6\text{-}2\text{-}39)$$

则反演重力场模型的阶误差方差为

$$\delta\sigma_n^2 = \frac{1}{2n+1}\sum_{k=0}^{n}\left[(\delta \bar{C}_{nk})^2 + (\delta \bar{S}_{nk})^2\right]$$

$$< \left(\frac{a+h}{a}\right)^{2n+2} G(h, \delta F, \Delta r, \Delta v, \Delta t, T) \qquad (6\text{-}2\text{-}40)$$

根据 Kaula 准则,重力场模型的阶方差为

$$\sigma_n^2 = \frac{1}{2n+1}\sum_{k=0}^{n}(\bar{C}_{nk}^2 + \bar{S}_{nk}^2) \approx \frac{1}{2n+1}\frac{1.6\times10^{-10}}{n^3} \qquad (6\text{-}2\text{-}41)$$

阶误差方差 $\delta\sigma_n^2$ 是阶数 n 的增函数,阶方差 σ_n^2 是 n 的减函数。随着 n 的增加,当 $\delta\sigma_n^2$ 等于 σ_n^2 时,认为达到重力场测量的有效阶数 $N_{\max}$,也称为最高反演阶数。

$$\left(\frac{a+h}{a}\right)^{2N_{\max}+2} G(h, \delta F, \Delta r, \Delta v, \Delta t, T) = \frac{1}{2N_{\max}+1}\frac{1.6\times10^{-10}}{N_{\max}^3} \quad (6\text{-}2\text{-}42)$$

由式(6-2-42)确定最高反演阶数 $N_{\max}$ 后,计算得到 $N_{\max}$ 之前的大地水准面阶误差

$$\Delta_n = a\sqrt{\sum_{k=0}^{n}\left[(\delta \bar{C}_{nk})^2 + (\delta \bar{S}_{nk})^2\right]} = a\sqrt{(2n+1)\delta\sigma_n^2}$$

$$= \frac{(a+h)^{n+1}}{a^n}\sqrt{(2n+1)G(h, \delta F, \Delta r, \Delta v, \Delta t, T)} \qquad (6\text{-}2\text{-}43)$$

于是,N 阶对应的大地水准面累积误差为

$$\Delta = a\sqrt{\sum_{n=2}^{N}\sum_{k=0}^{n}\left[(\delta \bar{C}_{nk})^2 + (\delta \bar{S}_{nk})^2\right]} = a\sqrt{\sum_{n=2}^{N}(2n+1)\delta\sigma_n^2}$$

$$= a\sqrt{\sum_{n=2}^{N}(2n+1)\left(\frac{a+h}{a}\right)^{2n+2} G(h, \delta F, \Delta r, \Delta v, \Delta t, T)} \qquad (6\text{-}2\text{-}44)$$

第 n 阶反演重力场模型对应的重力异常误差为

$$
\begin{aligned}
\Delta g_n &= \frac{\mu}{a^2}(n-1)\sqrt{\sum_{k=0}^{n}\left[(\delta\overline{C}_{nk})^2+(\delta\overline{S}_{nk})^2\right]} \\
&= \frac{\mu}{a^2}(n-1)\left(\frac{a+h}{a}\right)^{n+1}\sqrt{(2n+1)G(h,\delta F,\Delta r,\Delta v,\Delta t,T)}
\end{aligned}
$$

$$(6\text{-}2\text{-}45)$$

于是，N 阶对应的重力异常累积误差为

$$
\Delta g=\sqrt{\sum_{n=2}^{N}(\Delta g_n)^2} \tag{6-2-46}
$$

根据式(6-2-42)～式(6-2-46)可知，影响重力场测量性能的系统参数包括重力卫星轨道高度 h、定轨误差 Δr 和 Δv、非引力干扰 δF、数据采样间隔 Δt 和任务周期 T。其中，h、Δt 和 T 对重力场测量性能的影响均是直接的，即 h、Δt 或 T 对重力场测量性能的影响不受其他系统参数的制约。但是，Δr 和 δF 之间则存在制约关系，即当重力卫星定轨误差 Δr 满足一定条件时，单纯降低非引力干扰 δF 不会带来重力场测量性能的明显提高，反之亦然。

Δr 和 δF 对重力场测量性能的影响，反映在 Δr 和 δF 对 $G(h,\delta F,\Delta r,\Delta v,\Delta t,T)$ 函数的影响上，G 函数越大，重力场测量性能越差。在仅考虑 Δr 和 δF 变化的情况下，得到 G 函数图像，如图 6.2 所示。由图可知，当重力卫星定轨误差一定时，降低非引力干扰会减小 G 函数，进而提高重力场反演性能。但是，当非引力干扰降低到一定程度后，它对 G 函数的影响很小，说明非引力干扰和定轨误差之间存在匹配关系。令定轨误差和非引力干扰对 G 函数的贡献相等，即

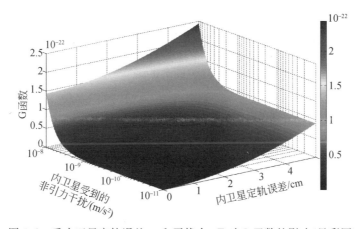

图 6.2　重力卫星定轨误差 Δr 和干扰力 δF 对 G 函数的影响(见彩图)

$$
G(h,\delta F,0,0,\Delta t,T)=G(h,0,\Delta r,\Delta v,\Delta t,T) \tag{6-2-47}
$$

得到与定轨误差 Δr、Δv 相匹配的非引力干扰 $(\delta F)_{\Delta r,\Delta v}$ 为

$$(\delta F)_{\Delta r,\Delta v}=\frac{\sqrt{\dfrac{\mu}{a+h}}\,(\Delta v)+\dfrac{\mu}{(a+h)^2}(\Delta r)}{\sqrt{\dfrac{\mu}{a+h}}\,\dfrac{T_{\mathrm{arc}}}{2}+\dfrac{\mu}{(a+h)^2}\dfrac{T_{\mathrm{arc}}^2}{6}} \tag{6-2-48}$$

6.3　利用大规模数值模拟验证重力场测量解析模型

6.2 节建立了绝对轨道摄动重力场测量性能与引力敏感器轨道高度、定轨误差、非引力干扰、数据采样间隔和任务测量时间之间的解析公式,可计算得到重力场测量性能。但是,在解析公式推导中存在近似和假设,使得解析公式的计算结果和实际结果之间存在一定的偏差。

为了提高解析公式的计算精度,可以利用重力场测量数值模拟结果对解析公式进行系数修正。

6.3.1　绝对轨道摄动重力场测量性能数值模拟

基于动力学方法进行绝对轨道摄动重力场测量的数值模拟。首先,选定一个标准重力场模型,积分得到引力敏感器纯引力轨道的理论值,即标称轨道;然后,在标准重力场模型、引力敏感器非引力干扰、三体和潮汐摄动等作用下进行积分,并在积分轨道中增加定轨误差,得到纯引力轨道的观测值,即参考轨道。将参考轨道与标称轨道作差,计算每个历元时刻 i 的状态转移矩阵 $\boldsymbol{\Phi}$ 和参数敏感度矩阵 $\boldsymbol{S}$,这样,对于历元时刻 i 得到关于引力敏感器初始状态和引力位系数改变量的方程。将所有历元时刻的方程联立得到方程组即法方程,求解得到位系数的改变量,将其叠加在标准重力场模型上,就得到了反演重力场模型。

动力法反演重力场模型的计算量非常大,耗时长。为了尽快得到计算结果,基于国家超级计算天津中心"天河一号"平台和清华大学信息科学与技术国家实验室"探索 100"百万亿次集群计算平台,采用 MATLAB 进行多核、多节点并行程序设计,每个进程可执行一个积分弧段内的轨道积分和微分方程求解,最后将各个弧段数据汇总得到法方程,求解法方程得到重力场模型,如图 6.3 所示。

首先进行测试计算,验证程序的准确性和并行计算的可靠性。在不考虑输入误差的情况下,正向进行轨道积分,然后反向进行位系数反演,由反演结果可以评估程序的截断误差、舍入误差和离散化误差等计算误差。测试计算参数如表 6.1 所示,计算得到位系数阶误差方差如图 6.4 所示。在不考虑观测误差的条件下,位系数阶误差方差的理论值为 0。由图 6.4 可知,位系数阶误差方差的计算值在 10^{-25} 以下,比阶方差小 10 个数量级以上。它是程序的计算误差,完全可以忽略,从而验证了绝对轨道摄动重力场测量数值模拟并行程序设计的可靠性。

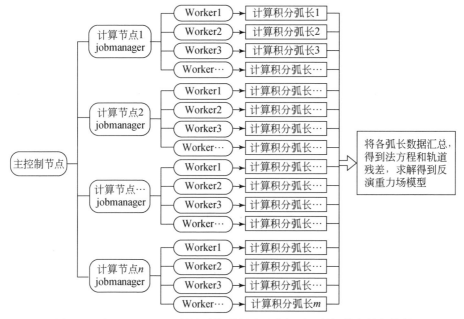

图 6.3　基于 MATLAB 的绝对轨道摄动重力场测量数据模拟并行结构

表 6.1　绝对轨道摄动重力场测量数值模拟的测试计算参数

参数	数值	参数	数值
轨道高度	300km	引力敏感器非引力干扰	0m/s^2
轨道倾角	90°	引力敏感器定轨误差	0cm
偏心率	0	观测数据采样间隔	1s
任务测量时间	16 天	并行核数	192 核
积分弧长	2 小时	模拟重力场	EGM96，100 阶
数据量	3TB	总计算时间	90 小时

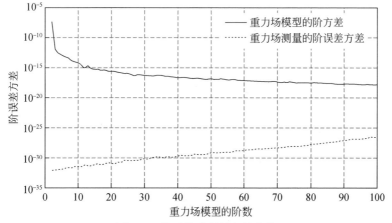

图 6.4　位系数阶误差方差曲线

6.3.2　绝对轨道摄动重力场测量性能的解析模型校正

根据式(6-2-39)和式(6-2-40),可设系数修正后的位系数阶误差方差为

$$\delta\hat{\sigma}_n^2 = K_1 \left(\frac{a+h}{a}\right)^{K_2 n+2} \left(\frac{a}{\mu}\right)^2 \frac{\Delta t}{T} \left\{ \sqrt{\frac{\mu}{a+h}\left[\frac{(\delta F)^2 T_{\text{arc}}^2}{4} + K_3 (\Delta v)^2\right]} + \frac{\mu}{(a+h)^2}\sqrt{\frac{(\delta F)^2 T_{\text{arc}}^4}{36} + K_4 (\Delta r)^2}\right\}^2$$

$$(6\text{-}3\text{-}1)$$

其中,K_1、K_2、K_3 和 K_4 是修正系数,K_1 是比例修正系数,K_2 是对轨道高度的指数修正系数,K_3 和 K_4 是对引力敏感器定轨误差和非引力干扰的权重修正系数。选取两组任务参数进行绝对轨道摄动重力场测量数据模拟,如表 6.2 和表 6.3 所示,其中定轨的速度误差Δv 在数值上比位置误差Δr 小 3 个数量级[6~8]。

表 6.2　绝对轨道摄动重力场测量模拟计算参数(一)

参数	数值	参数	数值
轨道高度	300km	引力敏感器非引力干扰	$1.0 \times 10^{-10}\,\text{m/s}^2$
轨道倾角	90°	引力敏感器定轨误差	5cm
偏心率	0	定轨数据采样间隔	1s
任务测量时间	32 天	计算方式	并行计算
积分弧长	2 小时	并行核数	192 核
模拟重力场	EGM96,120 阶	—	—

表 6.3　绝对轨道摄动重力场测量模拟计算参数(二)

参数	数值	参数	数值
轨道高度	300km	引力敏感器非引力干扰	$1.0 \times 10^{-10}\,\text{m/s}^2$
轨道倾角	90°	引力敏感器定轨误差	0cm
偏心率	0	定轨数据采样间隔	1s
任务测量时间	16 天	计算方式	并行计算
积分弧长	2 小时	并行核数	192 核
模拟重力场	EGM96,120 阶	—	—

在表 6.2 和表 6.3 的参数设置下,进行绝对轨道摄动重力场测量数值模拟计算,得到迭代收敛后的位系数阶误差方差,如图 6.5 和图 6.6 所示。

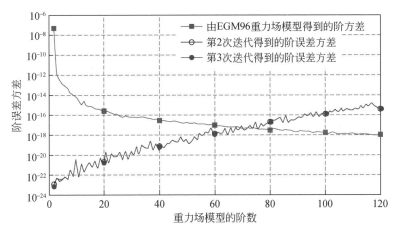

图 6.5　与表 6.2 参数对应的位系数阶误差方差曲线

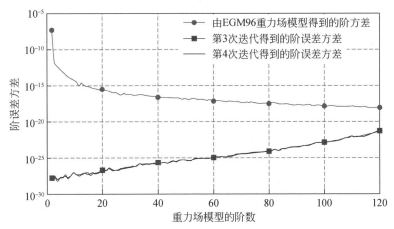

图 6.6　与表 6.3 参数对应的位系数阶误差方差曲线

利用图 6.5 和图 6.6 中的阶误差方差数值模拟结果,按照式(6-3-1)的形式进行非线性数据拟合,得到绝对轨道摄动重力场测量解析模型的修正系数为

$$K_1 = 1.9104 \times 10^{-3}, \quad K_2 = 2.8, \quad K_3 = 826.6256, \quad K_4 = 1256.6471$$

$$(6\text{-}3\text{-}2)$$

于是,由式(6-3-1)可以解析计算表 6.2 和表 6.3 中任务参数对应的阶误差方差,它与数值计算结果的比较如图 6.7 所示。由图可知,拟合系数的选取是合理的。

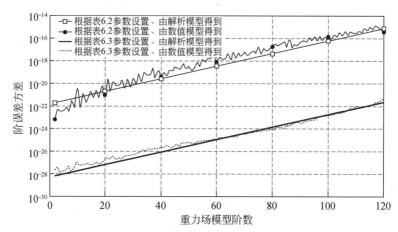

图 6.7　阶误差方差曲线解析结果和数值结果的比较

由修正后的阶误差方差,得到重力场测量的有效阶数 $N_{\max}$ 满足

$$K_1 \left(\frac{a+h}{a}\right)^{K_2 n+2} \left(\frac{a}{\mu}\right)^2 \frac{\Delta t}{T} \left\{ \begin{array}{l} \sqrt{\dfrac{\mu}{a+h}\left[\dfrac{(\delta F)^2 T_{\mathrm{arc}}^2}{4} + K_3 (\Delta v)^2\right]} \\ + \dfrac{\mu}{(a+h)^2}\sqrt{\dfrac{(\delta F)^2 T_{\mathrm{arc}}^4}{36} + K_4 (\Delta r)^2} \end{array} \right\}^2 = \frac{1}{2N_{\max}+1}\frac{1.6\times10^{-10}}{N_{\max}^3}$$

$$(6\text{-}3\text{-}3)$$

　　根据修正后的位系数阶误差方差,可以得到大地水准面阶误差及其累积误差、重力异常阶误差及其累积误差。

　　在式(6-3-1)中,假设非引力干扰数据间隔和定轨数据间隔相等,均为 Δt 。当两者不一致时,重力场测量的阶误差方差需要表示为

$$\delta\hat{\sigma}_n^2 = K_1 \left(\frac{a+h}{a}\right)^{K_2 n+2} \left(\frac{a}{\mu}\right)^2 \frac{1}{T} \left\{ \begin{array}{l} \sqrt{\dfrac{\mu}{a+h}\left[\dfrac{(\delta F)^2 (\Delta t)_{\delta F} T_{\mathrm{arc}}^2}{4} + K_3 (\Delta v)^2 (\Delta t)_{\Delta v}\right]} \\ + \dfrac{\mu}{(a+h)^2}\sqrt{\dfrac{(\delta F)^2 (\Delta t)_{\delta F} T_{\mathrm{arc}}^4}{36} + K_4 (\Delta r)^2 (\Delta t)_{\Delta r}} \end{array} \right\}^2$$

$$(6\text{-}3\text{-}4)$$

其中, $(\Delta t)_{\delta F}$ 为非引力干扰数据间隔; $(\Delta t)_{\Delta v} = (\Delta t)_{\Delta r}$ 为定轨数据间隔。这样,确定重力场测量有效阶数 $N_{\max}$ 的式(6-3-3)需要调整为

$$K_1 \left(\frac{a+h}{a}\right)^{K_2 n+2} \left(\frac{a}{\mu}\right)^2 \frac{1}{T} \left\{ \begin{array}{l} \sqrt{\dfrac{\mu}{a+h}\left[\dfrac{(\delta F)^2 (\Delta t)_{\delta F} T_{\mathrm{arc}}^2}{4} + K_3 (\Delta v)^2 (\Delta t)_{\Delta v}\right]} \\ + \dfrac{\mu}{(a+h)^2}\sqrt{\dfrac{(\delta F)^2 (\Delta t)_{\delta F} T_{\mathrm{arc}}^4}{36} + K_4 (\Delta r)^2 (\Delta t)_{\Delta r}} \end{array} \right\}^2$$

$$= \frac{1}{2N_{\max}+1}\frac{1.6\times10^{-10}}{N_{\max}^3}$$

$$(6\text{-}3\text{-}5)$$

6.3.3 校正后的绝对轨道摄动重力场测量性能解析模型验证

CHAMP 卫星采用了绝对轨道摄动重力场测量原理,可利用解析公式计算其重力场测量性能,并与实际性能相比来验证解析公式。EIGEN2 是利用 6 个月的 CHAMP 卫星数据反演得到的重力场模型,其反演参数如表 6.4 所示。

表 6.4 EIGEN2 重力场模型的反演参数

参数名称	数值	数据来源
轨道高度	420km	文献[9]
非引力干扰	$3 \times 10^{-9} \mathrm{m/s^2}$	文献[10]
精密定轨	2.7cm	文献[11]
积分弧长	1.4484d①	文献[9]
采样间隔	10s	文献[10]
重力场测量时间	182.5d	文献[9]

①由文献[9]中的两种积分弧长加权得到。

根据表 6.4 中的参数,利用解析公式(6-3-1)和式(6-3-2),计算阶误差方差、大地水准面误差、重力异常误差,如图 6.8～图 6.10 所示。由图可知,重力场测量的有效阶数为 49 550km 半波长(对应 36 阶)时的大地水准面累积误差和重力异常累积误差分别为 13.6cm、0.65mGal,而 EIGEN2 重力场模型在 550km 半波长时的大地水准面累积误差和重力异常累积误差分别为 10cm、0.5mGal[9],两者基本吻合,验证了绝对轨道摄动重力场测量性能解析公式的正确性。同时,通过对比绝对轨道摄动重力场测量的数值结果和解析结果,进一步验证解析模型的正确性。分别在不同的任务参数下,进行重力场测量性能计算,得到基于解析公式和数值模拟的反演重力场模型的阶误差方差,如图 6.11～图 6.15 所示,其中的参数设置标记

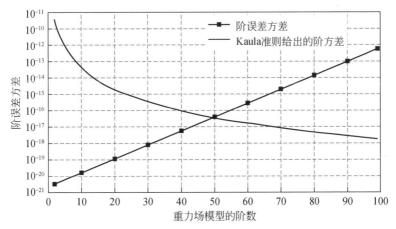

图 6.8 阶误差方差曲线

在相应的图中。由图可知,解析公式和数值模拟得到的阶误差方差曲线非常吻合,从而验证了所建立的绝对轨道摄动重力场测量解析模型的正确性。

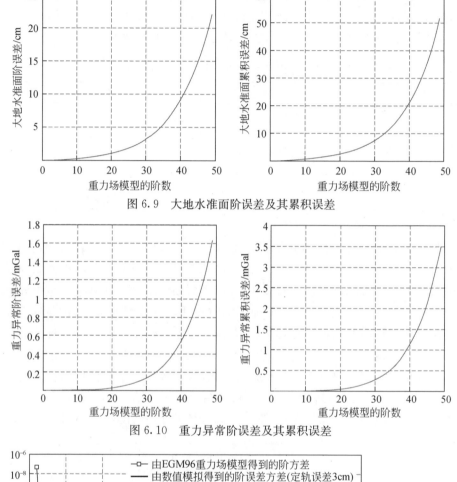

图 6.9　大地水准面阶误差及其累积误差

图 6.10　重力异常阶误差及其累积误差

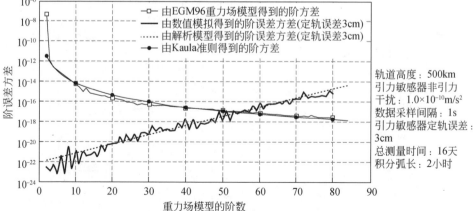

图 6.11　解析法和数值法得到的绝对轨道摄动重力场测量阶误差方差曲线 1

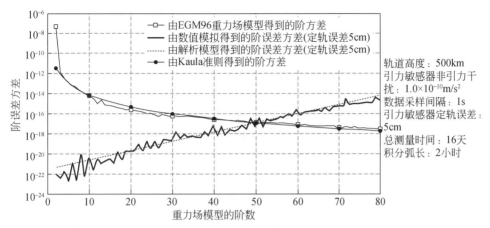

图 6.12　解析法和数值法得到的绝对轨道摄动重力场测量阶误差方差曲线 2

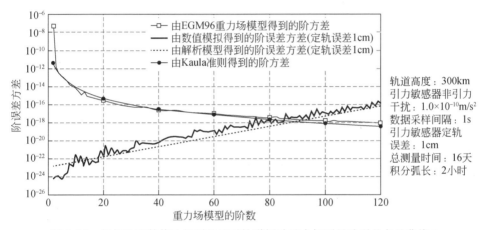

图 6.13　解析法和数值法得到的绝对轨道摄动重力场测量阶误差方差曲线 3

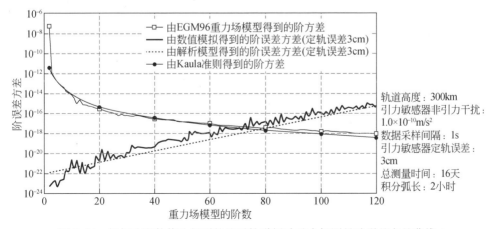

图 6.14　解析法和数值法得到的绝对轨道摄动重力场测量阶误差方差曲线 4

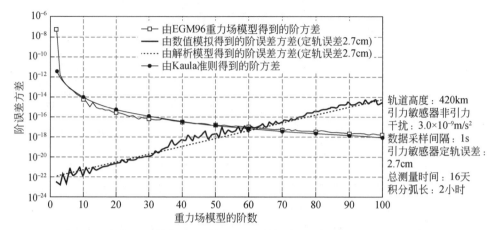

图 6.15　解析法和数值法得到的绝对轨道摄动重力场测量阶误差方差曲线 5

6.4　任务参数对绝对轨道摄动重力场测量的影响分析

由于轨道高度、引力敏感器定轨误差、非引力干扰、数据采样间隔和总测量时间具有不同的物理量纲,无法直接比较它们对绝对轨道摄动重力场测量性能的影响大小。为此,提出了等效轨道高度的概念,在重力场测量性能一定的条件下,在数学上将各个参数对重力场测量性能的影响均等效地转变为轨道高度的影响,从而直观、定量地比较各个系统参数的影响程度。

6.4.1　任务参数对重力场测量性能影响程度的分析模型

首先,定义参数 A 大于参数 B 对重力场测量性能的影响程度,是指在其他系统参数不变的情况下,当参数 A 和参数 B 分别变为原来的 x 倍时,前者引起的重力场最高反演阶数变化量大于后者,其中 x 在 1 附近。

容易验证,绝对轨道摄动重力场测量性能随轨道高度、定轨误差、非引力干扰、数据采样间隔和总测量时间均是单调变化的。在重力场测量性能不变的条件下,任何系统参数的变化均可唯一地等效为轨道高度的变化,这样,利用等效轨道高度改变量可以定量地比较各个系统参数对重力场测量性能的影响程度。

由式(6-3-1)得到绝对轨道摄动重力场测量的阶误差方差为

$$\delta\sigma_n^2(h,\delta F,\Delta r,\Delta t,T) = K_1 \left(\frac{a+h}{a}\right)^{K_2 n+2} \left(\frac{a}{\mu}\right)^2 \frac{\Delta t}{T} \left\{ \sqrt{\frac{\mu}{a+h}\left[\frac{(\delta F)^2 T_{arc}^2}{4} + K_3 C^2 (\Delta r)^2\right]} + \frac{\mu}{(a+h)^2}\sqrt{\frac{(\delta F)^2 T_{arc}^4}{36} + K_4 (\Delta r)^2} \right\}^2$$

$$(6\text{-}4\text{-}1)$$

其中，$C = 1.0 \times 10^{-3} \mathrm{s}^{-1}$。设非引力干扰的改变量为 $\widetilde{F}$，与之对应的等效轨道高度改变量为 $\widetilde{h}_{\delta F}$，则

$$\delta \sigma_n^2 (h + \widetilde{h}_{\delta F}, \delta F, \Delta r, \Delta t, T) = \delta \sigma_n^2 (h, \delta F + \widetilde{F}, \Delta r, \Delta t, T) \tag{6-4-2}$$

得到非引力干扰的变化倍数 $(\delta F + \widetilde{F})/\delta F$ 与等效轨道高度改变量 $\widetilde{h}_{\delta F}$ 满足

$$
\left(\frac{a + h + \widetilde{h}_{\delta F}}{a + h} \right)^{\frac{K_2 n + 2}{2}}
\left\{
\begin{array}{l}
\sqrt{\dfrac{\mu}{a + h + \widetilde{h}_{\delta F}} \left[\dfrac{T_{\mathrm{arc}}^2}{4} \dfrac{(\delta F)^2}{(\Delta r)^2} + K_3 C^2 \right]} \\[4mm]
+ \dfrac{\mu}{(a + h + \widetilde{h}_{\delta F})^2} \sqrt{\dfrac{T_{\mathrm{arc}}^4}{36} \dfrac{(\delta F)^2}{(\Delta r)^2} + K_4}
\end{array}
\right\}
$$

$$
= \left\{
\begin{array}{l}
\sqrt{\dfrac{\mu}{a + h} \left[\dfrac{T_{\mathrm{arc}}^2}{4} \dfrac{(\delta F)^2}{(\Delta r)^2} \left(\dfrac{\delta F + \widetilde{F}}{\delta F} \right)^2 + K_3 C^2 \right]} \\[4mm]
+ \dfrac{\mu}{(a + h)^2} \sqrt{\dfrac{T_{\mathrm{arc}}^4}{36} \dfrac{(\delta F)^2}{(\Delta r)^2} \left(\dfrac{\delta F + \widetilde{F}}{\delta F} \right)^2 + K_4}
\end{array}
\right\} \tag{6-4-3}
$$

同理，得到定轨误差的变化倍数 $(\Delta r + \widetilde{r})/\Delta r$ 与等效轨道高度改变量 $\widetilde{h}_{\Delta r}$ 满足

$$
\left(\frac{a + h + \widetilde{h}_{\Delta r}}{a + h} \right)^{\frac{K_2 n + 2}{2}}
\left\{
\begin{array}{l}
\sqrt{\dfrac{\mu}{a + h + \widetilde{h}_{\Delta r}} \left[\dfrac{T_{\mathrm{arc}}^2}{4} \dfrac{(\delta F)^2}{(\Delta r)^2} + K_3 C^2 \right]} \\[4mm]
+ \dfrac{\mu}{(a + h + \widetilde{h}_{\Delta r})^2} \sqrt{\dfrac{T_{\mathrm{arc}}^4}{36} \dfrac{(\delta F)^2}{(\Delta r)^2} + K_4}
\end{array}
\right\}
$$

$$
= \left\{
\begin{array}{l}
\sqrt{\dfrac{\mu}{a + h} \left[\dfrac{T_{\mathrm{arc}}^2}{4} \dfrac{(\delta F)^2}{(\Delta r)^2} + K_3 C^2 \left(\dfrac{\Delta r + \widetilde{r}}{\Delta r} \right)^2 \right]} \\[4mm]
+ \dfrac{\mu}{(a + h)^2} \sqrt{\dfrac{T_{\mathrm{arc}}^4}{36} \dfrac{(\delta F)^2}{(\Delta r)^2} + K_4 \left(\dfrac{\Delta r + \widetilde{r}}{\Delta r} \right)^2}
\end{array}
\right\} \tag{6-4-4}
$$

得到数据采样间隔的变化倍数 $(\Delta t + \widetilde{t})/\Delta t$ 与等效轨道高度改变量 $\widetilde{h}_{\Delta t}$ 满足

$$
\left(\frac{a + h + \widetilde{h}_{\Delta t}}{a + h} \right)^{\frac{K_2 n + 2}{2}}
\left\{
\begin{array}{l}
\sqrt{\dfrac{\mu}{a + h + \widetilde{h}_{\Delta t}} \left[\dfrac{T_{\mathrm{arc}}^2}{4} \dfrac{(\delta F)^2}{(\Delta r)^2} + K_3 C^2 \right]} \\[4mm]
+ \dfrac{\mu}{(a + h + \widetilde{h}_{\Delta t})^2} \sqrt{\dfrac{T_{\mathrm{arc}}^4}{36} \dfrac{(\delta F)^2}{(\Delta r)^2} + K_4}
\end{array}
\right\}
$$

$$
= \left(\frac{\Delta t + \widetilde{t}}{\Delta t} \right)^{\frac{1}{2}}
\left\{
\begin{array}{l}
\sqrt{\dfrac{\mu}{a + h} \left[\dfrac{T_{\mathrm{arc}}^2}{4} \dfrac{(\delta F)^2}{(\Delta r)^2} + K_3 C^2 \right]} \\[4mm]
+ \dfrac{\mu}{(a + h)^2} \sqrt{\dfrac{T_{\mathrm{arc}}^4}{36} \dfrac{(\delta F)^2}{(\Delta r)^2} + K_4}
\end{array}
\right\} \tag{6-4-5}
$$

得到总测量时间的变化倍数 $(T+\tilde{T})/T$ 与等效轨道高度改变量 $\tilde{h}_T$ 满足

$$\left(\frac{a+h+\tilde{h}_T}{a+h}\right)^{\frac{K_2 n+2}{2}}\left\{\begin{array}{l}\sqrt{\dfrac{\mu}{a+h+\tilde{h}_T}\left[\dfrac{T_{\mathrm{arc}}^2}{4}\dfrac{(\delta F)^2}{(\Delta r)^2}+K_3 C^2\right]}\\[4mm]+\dfrac{\mu}{(a+h+\tilde{h}_T)^2}\sqrt{\dfrac{T_{\mathrm{arc}}^4}{36}\dfrac{(\delta F)^2}{(\Delta r)^2}+K_4}\end{array}\right\}$$

$$\hspace{6cm}(6\text{-}4\text{-}6)$$

$$=\left(\frac{T+\tilde{T}}{T}\right)^{-\frac{1}{2}}\left\{\begin{array}{l}\sqrt{\dfrac{\mu}{a+h}\left[\dfrac{T_{\mathrm{arc}}^2}{4}\dfrac{(\delta F)^2}{(\Delta r)^2}+K_3 C^2\right]}\\[4mm]+\dfrac{\mu}{(a+h)^2}\sqrt{\dfrac{T_{\mathrm{arc}}^4}{36}\dfrac{(\delta F)^2}{(\Delta r)^2}+K_4}\end{array}\right\}$$

由式(6-4-1)可知,阶误差方差 $\delta\sigma_n^2$ 与采样间隔 Δt 成正比,与总测量时间 T 成反比,说明 Δt 与 $1/T$ 对重力场测量性能的影响程度是相同的。由于 $(\delta F+\tilde{F})/\delta F$、$(\Delta r+\tilde{r})/\Delta r$、$(\Delta t+\tilde{t})/\Delta t$ 与 $\tilde{h}$ 的函数关系很复杂,很难直接比较它们所对应的等效轨道高度改变量 $\tilde{h}$ 的大小。但是,根据物理意义可知,$\tilde{h}$ 与 $(\delta F+\tilde{F})/\delta F$、$(\Delta r+\tilde{r})/\Delta r$、$(\Delta t+\tilde{t})/\Delta t$ 均是单调递增关系,同时式(6-4-3)~式(6-4-5)右边项分别是 $(\delta F+\tilde{F})/\delta F$、$(\Delta r+\tilde{r})/\Delta r$、$(\Delta t+\tilde{t})/\Delta t$ 的增函数,这样,直接比较式(6-4-3)~式(6-4-5)的右边项,就可以得到它们对应的等效轨道高度改变量的大小关系。

6.4.2　非引力干扰、定轨误差改变量对应的等效轨道高度改变量比较

令 $(\delta F+\tilde{F})/\delta F$ 和 $(\Delta r+\tilde{r})/\Delta r$ 均为 x,将式(6-4-3)和式(6-4-4)右端项作差得

$$f_{\delta F-\Delta r}(x)=\left\{\begin{array}{l}\sqrt{\dfrac{\mu}{a+h}\left[\dfrac{T_{\mathrm{arc}}^2}{4}\dfrac{(\delta F)^2}{(\Delta r)^2}x^2+K_3 C^2\right]}\\[4mm]+\dfrac{\mu}{(a+h)^2}\sqrt{\dfrac{T_{\mathrm{arc}}^4}{36}\dfrac{(\delta F)^2}{(\Delta r)^2}x^2+K_4}\end{array}\right\}-\left\{\begin{array}{l}\sqrt{\dfrac{\mu}{a+h}\left[\dfrac{T_{\mathrm{arc}}^2}{4}\dfrac{(\delta F)^2}{(\Delta r)^2}+K_3 C^2 x^2\right]}\\[4mm]+\dfrac{\mu}{(a+h)^2}\sqrt{\dfrac{T_{\mathrm{arc}}^4}{36}\dfrac{(\delta F)^2}{(\Delta r)^2}+K_4 x^2}\end{array}\right\}$$

$$\hspace{6cm}(6\text{-}4\text{-}7)$$

函数 $f_{\delta F-\Delta r}(x)$ 可以表示为

$$f_{\delta F-\Delta r}(x)=\frac{\dfrac{\mu}{a+h}\left[\dfrac{T_{\mathrm{arc}}^2}{4}\dfrac{(\delta F)^2}{(\Delta r)^2}-K_3 C^2\right](x^2-1)}{\sqrt{\dfrac{\mu}{a+h}\left[\dfrac{T_{\mathrm{arc}}^2}{4}\dfrac{(\delta F)^2}{(\Delta r)^2}x^2+K_3 C^2\right]}+\sqrt{\dfrac{\mu}{a+h}\left[\dfrac{T_{\mathrm{arc}}^2}{4}\dfrac{(\delta F)^2}{(\Delta r)^2}+K_3 C^2 x^2\right]}}$$

$$+ \frac{\mu}{(a+h)^2} \frac{\left[\dfrac{T_{\text{arc}}^4}{36} \dfrac{(\delta F)^2}{(\Delta r)^2} - K_4\right](x^2 - 1)}{\sqrt{\dfrac{T_{\text{arc}}^4}{36} \dfrac{(\delta F)^2}{(\Delta r)^2} x^2 + K_4} + \sqrt{\dfrac{T_{\text{arc}}^4}{36} \dfrac{(\delta F)^2}{(\Delta r)^2} + K_4 x^2}} \quad (6\text{-}4\text{-}8)$$

显然,若

$$\begin{cases} \dfrac{T_{\text{arc}}^2}{4} \dfrac{(\delta F)^2}{(\Delta r)^2} - K_3 C^2 < 0 \\[3mm] \dfrac{T_{\text{arc}}^4}{36} \dfrac{(\delta F)^2}{(\Delta r)^2} - K_4 < 0 \end{cases} \quad (6\text{-}4\text{-}9)$$

则有

$$\begin{cases} f_{\delta F - \Delta r}(x) > 0, & 0 \leqslant x < 1 \\ f_{\delta F - \Delta r}(x) = 0, & x = 1 \\ f_{\delta F - \Delta r}(x) < 0, & 1 < x < \infty \end{cases} \quad (6\text{-}4\text{-}10)$$

$x < 1$ 表示非引力干扰或定轨误差降低,等效于轨道高度降低,即等效轨道高度改变量小于 0;反之,若 $x > 1$ 则等效轨道高度改变量大于 0,从而由式(6-4-10)得到

$$\begin{cases} \tilde{h}_{\Delta r} < \tilde{h}_{\delta F} < 0, & 0 \leqslant x < 1 \\ \tilde{h}_{\delta F} = \tilde{h}_{\Delta r} = 0, & x = 1 \\ \tilde{h}_{\Delta r} > \tilde{h}_{\delta F} > 0, & 1 < x < \infty \end{cases} \quad (6\text{-}4\text{-}11)$$

式(6-4-11)可以进一步表示为

$$\begin{cases} \tilde{h}_{\delta F} = \tilde{h}_{\Delta r} = 0, & x = 1 \\ |\tilde{h}_{\Delta r}| > |\tilde{h}_{\delta F}| > 0, & x \neq 1 \end{cases} \quad (6\text{-}4\text{-}12)$$

积分弧长 T_{arc} 为 7200s,$C = 1 \times 10^{-3}$,K_3 和 K_4 由式(6-3-2)得到,将式(6-4-9)化简得到

$$\frac{\delta F}{\Delta r} < \min\left\{ \frac{2\sqrt{K_3}\, C}{T_{\text{arc}}}, \frac{6\sqrt{K_4}}{T_{\text{arc}}^2} \right\} = 4.1 \times 10^{-6}\, \text{s}^{-2} \quad (6\text{-}4\text{-}13)$$

由式(6-4-12)和式(6-4-13)可知,在 $\delta F / \Delta r$ 小于 $4.1 \times 10^{-6}\,\text{s}^{-2}$ 的情况下,如果 Δr 和 δF 分别改变同样的倍数,则有 $|\tilde{h}_{\Delta r}| > |\tilde{h}_{\delta F}|$,说明此时定轨误差大于非引力干扰对重力场测量性能的影响。

对于式(6-4-8),如果

$$\begin{cases} \dfrac{T_{\text{arc}}^2}{4} \dfrac{(\delta F)^2}{(\Delta r)^2} - K_3 C^2 > 0 \\[3mm] \dfrac{T_{\text{arc}}^4}{36} \dfrac{(\delta F)^2}{(\Delta r)^2} - K_4 > 0 \end{cases} \quad (6\text{-}4\text{-}14)$$

即

$$\frac{\delta F}{\Delta r} > \max\left\{\frac{2\sqrt{K_3}\,C}{T_{\text{arc}}}, \frac{6\sqrt{K_4}}{T_{\text{arc}}^2}\right\} = 8.0 \times 10^{-6}\,\text{s}^{-2} \qquad (6\text{-}4\text{-}15)$$

按照同样的分析可知,在 $\delta F/\Delta r$ 大于 $8.0\times10^{-6}\,\text{s}^{-2}$ 的情况下,如果 Δr 和 δF 分别改变同样的倍数则有 $|\tilde{h}_{\delta F}| > |\tilde{h}_{\Delta r}|$,说明此时非引力干扰大于定轨误差对重力场测量性能的影响。当 $\delta F/\Delta r$ 位于 $4.1\times10^{-6}\,\text{s}^{-2}$ 和 $8.0\times10^{-6}\,\text{s}^{-2}$ 之间时,认为定轨误差和非引力干扰相匹配,它们对重力场测量性能的影响程度相当。这里定义常数 $4.1\times10^{-6}\,\text{s}^{-2}$ 为 δF 和 Δr 的匹配下限 M_{inf},定义常数 $8.0\times10^{-6}\,\text{s}^{-2}$ 为 δF 和 Δr 的匹配上限 M_{sup}。需要说明的是,在绝对轨道摄动重力场测量中,非引力干扰和定轨误差的匹配下限 M_{inf} 和匹配上限 M_{sup} 是不变的,它们与其他任务参数无关。

6.4.3 非引力干扰、采样间隔改变量对应的等效轨道高度改变量比较

令 $(\delta F + \tilde{F})/\delta F$ 和 $(\Delta t + \tilde{t})/\Delta t$ 均为 x,将式(6-4-3)和式(6-4-5)右端项作差得

$$
\begin{aligned}
f_{\delta F-\Delta t}(x) = & \sqrt{\frac{\mu}{a+h}\left[\frac{T_{\text{arc}}^2}{4}\frac{(\delta F)^2}{(\Delta r)^2}x^2 + K_3 C^2\right] + \frac{\mu}{(a+h)^2}\sqrt{\frac{T_{\text{arc}}^4}{36}\frac{(\delta F)^2}{(\Delta r)^2}x^2 + K_4}} \\
& - x^{\frac{1}{2}}\left\{\sqrt{\frac{\mu}{a+h}\left[\frac{T_{\text{arc}}^2}{4}\frac{(\delta F)^2}{(\Delta r)^2} + K_3 C^2\right] + \frac{\mu}{(a+h)^2}\sqrt{\frac{T_{\text{arc}}^4}{36}\frac{(\delta F)^2}{(\Delta r)^2} + K_4}}\right\}
\end{aligned}
$$

$$(6\text{-}4\text{-}16)$$

式(6-4-16)可以表示为

$$
f_{\delta F-\Delta t}(x) = \left[\sqrt{\frac{\mu}{a+h}}\frac{\dfrac{T_{\text{arc}}^2}{4}\dfrac{(\delta F)^2}{(\Delta r)^2}x - K_3 C^2}{\sqrt{\dfrac{T_{\text{arc}}^2}{4}\dfrac{(\delta F)^2}{(\Delta r)^2}x^2 + K_3 C^2} + \sqrt{\dfrac{T_{\text{arc}}^2}{4}\dfrac{(\delta F)^2}{(\Delta r)^2}x + K_3 C^2}\,x} \right.
$$
$$
\left. + \frac{\mu}{(a+h)^2}\frac{\dfrac{T_{\text{arc}}^4}{36}\dfrac{(\delta F)^2}{(\Delta r)^2}x - K_4}{\sqrt{\dfrac{T_{\text{arc}}^4}{36}\dfrac{(\delta F)^2}{(\Delta r)^2}x^2 + K_4} + \sqrt{\dfrac{T_{\text{arc}}^4}{36}\dfrac{(\delta F)^2}{(\Delta r)^2}x + K_4}\,x}\right](x-1)
$$

$$(6\text{-}4\text{-}17)$$

由于式(6-4-17)的形式复杂,为了判断 $f_{\delta F-\Delta t}(x)$ 在不同 x 值时的正负号,分如下三种情况进行讨论。

(1) 当如下关于 x_1、x_2 方程的根均大于 1 时,有

$$\frac{T_{\text{arc}}^2}{4}\frac{(\delta F)^2}{(\Delta r)^2}x_1 - K_3 C^2 = 0, \qquad \frac{T_{\text{arc}}^4}{36}\frac{(\delta F)^2}{(\Delta r)^2}x_2 - K_4 = 0 \qquad (6\text{-}4\text{-}18)$$

即

$$\frac{\delta F}{\Delta r} < M_{\text{inf}} \qquad (6\text{-}4\text{-}19)$$

由式(6-4-17)可知

$$
\begin{cases}
f_{\delta F-\Delta t}(x) > 0, & 0 < x < 1 \\
f_{\delta F-\Delta t}(x) = 0, & x = 1 \\
f_{\delta F-\Delta t}(x) < 0, & 1 < x < \min(x_1, x_2)
\end{cases} \tag{6-4-20}
$$

当 $0 < x < 1$ 时,等效轨道高度改变量 $\tilde{h} < 0$;当 $x > 1$ 时,等效轨道高度改变量 $\tilde{h} > 0$。利用式(6-4-20)得到非引力干扰和采样间隔改变引起的等效轨道高度改变量满足

$$
\begin{cases}
\tilde{h}_{\Delta t} < \tilde{h}_{\delta F} < 0, & 0 < x < 1 \\
\tilde{h}_{\Delta t} = \tilde{h}_{\delta F} = 0, & x = 1 \\
\tilde{h}_{\Delta t} > \tilde{h}_{\delta F} > 0, & 1 < x < \min(x_1, x_2)
\end{cases} \tag{6-4-21}
$$

式(6-4-21)可以进一步表示为

$$
\begin{cases}
\tilde{h}_{\Delta t} = \tilde{h}_{\delta F} = 0, & x = 1 \\
|\tilde{h}_{\Delta t}| > |\tilde{h}_{\delta F}| > 0, & 0 < x < \min(x_1, x_2), x \neq 1
\end{cases} \tag{6-4-22}
$$

对比式(6-4-13)和式(6-4-19)可知,式(6-4-19)是定轨误差大于非引力干扰对重力场测量性能影响的条件,由式(6-4-22)可知此时采样间隔也大于非引力干扰对重力场测量性能的影响。

(2) 当如下关于 x_1、x_2 方程的根均小于 1 时,有

$$
\frac{T_{\text{arc}}^2}{4} \frac{(\delta F)^2}{(\Delta r)^2} x_1 - K_3 C^2 = 0, \qquad \frac{T_{\text{arc}}^4}{36} \frac{(\delta F)^2}{(\Delta r)^2} x_2 - K_4 = 0 \tag{6-4-23}
$$

即

$$
\frac{\delta F}{\Delta r} > M_{\text{sup}} \tag{6-4-24}
$$

由式(6-4-17)可知

$$
\begin{cases}
f_{\delta F-\Delta t}(x) < 0, & \max(x_1, x_2) < x < 1 \\
f_{\delta F-\Delta t}(x) = 0, & x = 1 \\
f_{\delta F-\Delta t}(x) > 0, & x > 1
\end{cases} \tag{6-4-25}
$$

进而得到非引力干扰和定轨误差改变引起的等效轨道高度改变量满足

$$
\begin{cases}
\tilde{h}_{\delta F} < \tilde{h}_{\Delta t} < 0, & \max(x_1, x_2) < x < 1 \\
\tilde{h}_{\Delta t} = \tilde{h}_{\delta F} = 0, & x = 1 \\
\tilde{h}_{\delta F} > \tilde{h}_{\Delta t} > 0, & x > 1
\end{cases} \tag{6-4-26}
$$

式(6-4-26)可以进一步表示为

$$\begin{cases} \tilde{h}_{\Delta t} = \tilde{h}_{\delta F} = 0, & x = 1 \\ |\tilde{h}_{\delta F}| > |\tilde{h}_{\Delta t}| > 0, & x > \max(x_1, x_2), x \neq 1 \end{cases} \quad (6\text{-}4\text{-}27)$$

对比式(6-4-15)和式(6-4-24)可知,式(6-4-24)是非引力干扰大于定轨误差对重力场测量性能影响的条件,由式(6-4-27)可知此时非引力干扰大于采样间隔对重力场测量性能的影响。

(3) 当如下关于 x_1、x_2 方程的根一个大于 1,一个小于 1 时,有

$$\frac{T_{\text{arc}}^2}{4} \frac{(\delta F)^2}{(\Delta r)^2} x_1 - K_3 C^2 = 0, \quad \frac{T_{\text{arc}}^4}{36} \frac{(\delta F)^2}{(\Delta r)^2} x_2 - K_4 = 0 \quad (6\text{-}4\text{-}28)$$

即

$$M_{\text{inf}} < \frac{\delta F}{\Delta r} < M_{\text{sup}} \quad (6\text{-}4\text{-}29)$$

由式(6-4-17)难以直接判断 $f_{\delta F - \Delta t}(x)$ 在 $x = 1$ 附近的正负号。但是,由前面的分析可知非引力干扰和定轨误差相匹配,即两者改变相同的倍数所引起的等效轨道高度改变量相当,这在数学上对应式(6-4-1)根号中的两项大致相当,即

$$\begin{cases} \dfrac{(\delta F)^2 T_{\text{arc}}^2}{4} \approx K_3 C^2 (\Delta r)^2 \\ \dfrac{(\delta F)^2 T_{\text{arc}}^4}{36} \approx K_4 (\Delta r)^2 \end{cases} \quad (6\text{-}4\text{-}30)$$

下面利用式(6-4-1)给出的阶误差方差 $\delta \sigma_n{}^2$ 来判断非引力干扰和采样间隔改变引起的等效轨道高度改变量大小。设采样间隔 Δt 变为原来的 β 倍,显然这使 $\delta \sigma_n{}^2$ 变为原来的 β 倍。令非引力干扰 δF 也变为原来的 β 倍,设这使 $\delta \sigma_n{}^2$ 变为原来的 α 倍,考虑到式(6-4-30),有

$$\alpha K_1 \left(\frac{a+h}{a}\right)^{K_2 n+2} \left(\frac{a}{\mu}\right)^2 \frac{\Delta t}{T} \left\{ \sqrt{\frac{\mu}{a+h}\left[\frac{(\delta F)^2 T_{\text{arc}}^2}{4} + K_3 C^2 (\Delta r)^2\right]} + \frac{\mu}{(a+h)^2}\sqrt{\frac{(\delta F)^2 T_{\text{arc}}^4}{36} + K_4 (\Delta r)^2} \right\}^2$$

$$= K_1 \left(\frac{a+h}{a}\right)^{K_2 n+2} \left(\frac{a}{\mu}\right)^2 \frac{\Delta t}{T} \left\{ \sqrt{\frac{\mu}{a+h}\left[\frac{(\beta \delta F)^2 T_{\text{arc}}^2}{4} + K_3 C^2 (\Delta r)^2\right]} + \frac{\mu}{(a+h)^2}\sqrt{\frac{(\beta \delta F)^2 T_{\text{arc}}^4}{36} + K_4 (\Delta r)^2} \right\}^2$$

$$\approx K_1 \left(\frac{a+h}{a}\right)^{K_2 n+2} \left(\frac{a}{\mu}\right)^2 \frac{\Delta t}{T} \left\{ \sqrt{\frac{\mu}{a+h}\left[\frac{\beta^2+1}{2}\frac{(\delta F)^2 T_{\text{arc}}^2}{4} + \frac{\beta^2+1}{2}K_3 C^2 (\Delta r)^2\right]} + \frac{\mu}{(a+h)^2}\sqrt{\frac{\beta^2+1}{2}\frac{(\delta F)^2 T_{\text{arc}}^4}{36} + \frac{\beta^2+1}{2}K_4 (\Delta r)^2} \right\}^2$$

$$=\frac{\beta^2+1}{2}K_1\left(\frac{a+h}{a}\right)^{K_2 n+2}\left(\frac{a}{\mu}\right)^2\frac{\Delta t}{T}\left\{\begin{aligned}&\sqrt{\frac{\mu}{a+h}\left[\frac{(\delta F)^2\,T_{\text{arc}}^2}{4}+K_3 C^2\,(\Delta r)^2\right]}\\&+\frac{\mu}{(a+h)^2}\sqrt{\frac{(\delta F)^2\,T_{\text{arc}}^4}{36}+K_4\,(\Delta r)^2}\end{aligned}\right\}^2$$

$$(6\text{-}4\text{-}31)$$

由式(6-4-31)可知

$$\alpha=\frac{\beta^2+1}{2} \tag{6-4-32}$$

显然

$$\begin{cases}\alpha>\beta,&\beta\neq 1\\\alpha=\beta,&\beta=1\end{cases} \tag{6-4-33}$$

式(6-4-33)说明,当 β 在 1 附近变化时, α 略大于 β ,意味着如果非引力干扰 δF 和采样间隔 Δt 分别改变相同的倍数,前者引起的阶误差方差变化量略大于后者,说明此时非引力干扰 δF 略大于采样间隔 Δt 对重力场测量性能的影响。

6.4.4　定轨误差、采样间隔改变量对应的等效轨道高度改变量比较

令 $(\Delta r+\tilde{r})/\Delta r$ 和 $(\Delta t+\tilde{t})/\Delta t$ 均为 x ,将式(6-4-4)和式(6-4-5)右端项作差得

$$\begin{aligned}f_{\Delta r-\Delta t}(x)=&\sqrt{\frac{\mu}{a+h}\left[\frac{T_{\text{arc}}^2}{4}\frac{(\delta F)^2}{(\Delta r)^2}+K_3 C^2 x^2\right]}+\frac{\mu}{(a+h)^2}\sqrt{\frac{T_{\text{arc}}^4}{36}\frac{(\delta F)^2}{(\Delta r)^2}+K_4 x^2}\\&-x^{\frac{1}{2}}\left\{\sqrt{\frac{\mu}{a+h}\left[\frac{T_{\text{arc}}^2}{4}\frac{(\delta F)^2}{(\Delta r)^2}+K_3 C^2\right]}+\frac{\mu}{(a+h)^2}\sqrt{\frac{T_{\text{arc}}^4}{36}\frac{(\delta F)^2}{(\Delta r)^2}+K_4}\right\}\end{aligned}$$

$$(6\text{-}4\text{-}34)$$

式(6-4-34)可以表示为

$$f_{\Delta r-\Delta t}(x)=\left\{\begin{aligned}&\sqrt{\frac{\mu}{a+h}}\frac{\left[K_3 C^2 x-\frac{T_{\text{arc}}^2}{4}\frac{(\delta F)^2}{(\Delta r)^2}\right]}{\sqrt{\left[\frac{T_{\text{arc}}^2}{4}\frac{(\delta F)^2}{(\Delta r)^2}+K_3 C^2 x^2\right]}+\sqrt{\left[\frac{T_{\text{arc}}^2}{4}\frac{(\delta F)^2}{(\Delta r)^2}x+K_3 C^2 x\right]}}\\&+\frac{\mu}{(a+h)^2}\frac{\left[K_4 x-\frac{T_{\text{arc}}^4}{36}\frac{(\delta F)^2}{(\Delta r)^2}\right]}{\sqrt{\frac{T_{\text{arc}}^4}{36}\frac{(\delta F)^2}{(\Delta r)^2}+K_4 x^2}+\sqrt{\frac{T_{\text{arc}}^4}{36}\frac{(\delta F)^2}{(\Delta r)^2}x+K_4 x}}\end{aligned}\right\}(x-1)$$

$$(6\text{-}4\text{-}35)$$

分如下三种情况讨论 $f_{\Delta r-\Delta t}(x)$ 在 $x=1$ 附近的正负号。

(1)当如下关于 x_1 和 x_2 的两个方程的根均大于 1 时,有

$$K_3 C^2 x_1-\frac{T_{\text{arc}}^2}{4}\frac{(\delta F)^2}{(\Delta r)^2}=0,\quad K_4 x_2-\frac{T_{\text{arc}}^4}{36}\frac{(\delta F)^2}{(\Delta r)^2}=0 \tag{6-4-36}$$

即

$$\frac{\delta F}{\Delta r} > M_{\text{sup}} \tag{6-4-37}$$

可知此时 $f_{\Delta r - \Delta t}(x)$ 满足

$$\begin{cases} f_{\Delta r - \Delta t}(x) > 0, & 0 < x < 1 \\ f_{\Delta r - \Delta t}(x) = 1, & x = 1 \\ f_{\Delta r - \Delta t}(x) < 0, & 1 < x < \min(x_1, x_2) \end{cases} \tag{6-4-38}$$

进而得到定轨误差 Δr 和采样间隔 Δt 改变引起的等效轨道高度改变量满足

$$\begin{cases} \tilde{h}_{\Delta t} < \tilde{h}_{\Delta r} < 0, & 0 < x < 1 \\ \tilde{h}_{\Delta t} = \tilde{h}_{\Delta r} = 0, & x = 1 \\ \tilde{h}_{\Delta t} > \tilde{h}_{\Delta r} > 0, & 1 < x < \min(x_1, x_2) \end{cases} \tag{6-4-39}$$

对比式(6-4-15)和式(6-4-37)可知,式(6-4-37)是非引力干扰大于定轨误差对重力场测量性能影响的条件,由式(6-4-39)可知此时采样间隔大于定轨误差对重力场测量性能的影响。

(2)当如下关于 x_1 和 x_2 的两个方程的根均小于 1 时,有

$$K_3 C^2 x_1 - \frac{T_{\text{arc}}^2}{4} \frac{(\delta F)^2}{(\Delta r)^2} = 0, \quad K_4 x_2 - \frac{T_{\text{arc}}^4}{36} \frac{(\delta F)^2}{(\Delta r)^2} = 0 \tag{6-4-40}$$

即

$$\frac{\delta F}{\Delta r} < M_{\text{inf}} \tag{6-4-41}$$

可知此时 $f_{\Delta r - \Delta t}(x)$ 满足

$$\begin{cases} f_{\Delta r - \Delta t}(x) < 0, & \max(x_1, x_2) < x < 1 \\ f_{\Delta r - \Delta t}(x) = 1, & x = 1 \\ f_{\Delta r - \Delta t}(x) > 0, & x > 1 \end{cases} \tag{6-4-42}$$

于是,由定轨误差 Δr 和采样间隔 Δt 改变引起的等效轨道高度改变量满足

$$\begin{cases} \tilde{h}_{\Delta r} < \tilde{h}_{\Delta t} < 0, & \max(x_1, x_2) < x < 1 \\ \tilde{h}_{\Delta r} = \tilde{h}_{\Delta t} = 0, & x = 1 \\ \tilde{h}_{\Delta r} > \tilde{h}_{\Delta t} > 0, & x > 1 \end{cases} \tag{6-4-43}$$

对比式(6-4-13)和式(6-4-41)可知,式(6-4-41)是定轨误差大于非引力干扰对重力场测量性能影响的条件,由式(6-4-43)可知此时定轨误差大于采样间隔对重力场测量性能的影响。

(3)当如下关于 x_1 和 x_2 的两个方程的根一个小于 1 而另一个大于 1 时,有

$$K_3 C^2 x_1 - \frac{T_{\text{arc}}^2}{4} \frac{(\delta F)^2}{(\Delta r)^2} = 0, \quad K_4 x_2 - \frac{T_{\text{arc}}^4}{36} \frac{(\delta F)^2}{(\Delta r)^2} = 0 \tag{6-4-44}$$

即

$$M_{\text{inf}} < \frac{\delta F}{\Delta r} < M_{\text{sup}} \tag{6-4-45}$$

很难直接根据式(6-4-35)判断 $f_{\Delta r - \Delta t}(x)$ 的正负号,但是由式(6-4-45)可知此时非引力干扰和定轨误差相匹配,在数学上可以用式(6-4-30)中的结果表示

$$\begin{cases} \dfrac{(\delta F)^2 T_{\text{arc}}^2}{4} \approx K_3 C^2 \, (\Delta r)^2 \\[2mm] \dfrac{(\delta F)^2 T_{\text{arc}}^4}{36} \approx K_4 \, (\Delta r)^2 \end{cases} \tag{6-4-46}$$

与 6.4.2 节相似,直接利用阶误差方差 $\delta\sigma_n^2$ 来分析定轨误差 Δr 和采样间隔 Δt 改变引起的等效轨道高度的改变量。设采样间隔 Δt 变为原来的 β 倍,则 $\delta\sigma_n^2$ 变为原来的 β 倍。设定轨误差 Δr 也变为原来的 β 倍,这使 $\delta\sigma_n^2$ 变为原来的 α 倍,则考虑到式(6-4-46)有

$$\alpha K_1 \left(\frac{a+h}{a}\right)^{K_2 n + 2} \left(\frac{a}{\mu}\right)^2 \frac{\Delta t}{T} \left\{ \sqrt{\frac{\mu}{a+h}\left[\frac{(\delta F)^2 T_{\text{arc}}^2}{4} + K_3 C^2 \, (\Delta r)^2\right]} + \frac{\mu}{(a+h)^2}\sqrt{\frac{(\delta F)^2 T_{\text{arc}}^4}{36} + K_4 \, (\Delta r)^2} \right\}^2$$

$$= K_1 \left(\frac{a+h}{a}\right)^{K_2 n + 2} \left(\frac{a}{\mu}\right)^2 \frac{\Delta t}{T} \left\{ \sqrt{\frac{\mu}{a+h}\left[\frac{(\delta F)^2 T_{\text{arc}}^2}{4} + K_3 C^2 \, (\beta \Delta r)^2\right]} + \frac{\mu}{(a+h)^2}\sqrt{\frac{(\delta F)^2 T_{\text{arc}}^4}{36} + K_4 \, (\beta \Delta r)^2} \right\}^2$$

$$= K_1 \left(\frac{a+h}{a}\right)^{K_2 n + 2} \left(\frac{a}{\mu}\right)^2 \frac{\Delta t}{T} \left\{ \sqrt{\frac{\mu}{a+h}\left[\frac{\beta^2+1}{2}\frac{(\delta F)^2 T_{\text{arc}}^2}{4} + \frac{\beta^2+1}{2}K_3 C^2 \, (\Delta r)^2\right]} + \frac{\mu}{(a+h)^2}\sqrt{\frac{\beta^2+1}{2}\frac{(\delta F)^2 T_{\text{arc}}^4}{36} + \frac{\beta^2+1}{2}K_4 \, (\Delta r)^2} \right\}^2$$

$$= \frac{\beta^2+1}{2}K_1 \left(\frac{a+h}{a}\right)^{K_2 n + 2} \left(\frac{a}{\mu}\right)^2 \frac{\Delta t}{T} \left\{ \sqrt{\frac{\mu}{a+h}\left[\frac{(\delta F)^2 T_{\text{arc}}^2}{4} + K_3 C^2 \, (\Delta r)^2\right]} + \frac{\mu}{(a+h)^2}\sqrt{\frac{(\delta F)^2 T_{\text{arc}}^4}{36} + K_4 \, (\Delta r)^2} \right\}^2$$

$$\tag{6-4-47}$$

可知

$$\begin{cases} \alpha = \dfrac{\beta^2+1}{2} > \beta, \quad \beta \neq 1 \\[2mm] \alpha = \dfrac{\beta^2+1}{2} = \beta, \quad \beta = 1 \end{cases} \tag{6-4-48}$$

由式(6-4-48)可知,当 β 在 1 附近变化时,α 略大于 β,意味着在定轨误差和采样间隔分别变化相同倍数的情况下,前者引起的阶误差方差变化量略大于后者,说

明此时定轨误差略大于采样间隔对重力场测量性能的影响。

6.4.5　任务参数对应的等效轨道高度改变量比较

设轨道高度 h、非引力干扰 δF、定轨误差 Δr、采样间隔 Δt 和任务周期倒数 $1/T$ 对重力场测量性能的影响程度分别记为 ξ_h、$\xi_{\delta F}$、$\xi_{\Delta r}$、$\xi_{\Delta t}$ 和 $\xi_{1/T}$。根据式(6-4-1) 给出的阶误差方差可知,轨道高度 h 的指数远大于其他参数的指数,说明轨道高度 h 对重力场测量性能的影响程度是最大的。另外,Δt 和 $1/T$ 对重力场测量性能的影响程度是相同的。结合 6.4.1～6.4.4 节的分析可得如下结论:

当 $\delta F/\Delta r < M_{\inf} = 4.1 \times 10^{-6}\,\mathrm{s}^{-2}$ 时,有

$$\xi_h > \xi_{\Delta r} > \xi_{\Delta t} = \xi_{1/T} > \xi_{\delta F} \tag{6-4-49}$$

当 $M_{\inf} = 4.1 \times 10^{-6}\,\mathrm{s}^{-2} < \delta F/\Delta r < M_{\sup} = 8.0 \times 10^{-6}\,\mathrm{s}^{-2}$ 时,有

$$\xi_h > \xi_{\delta F} \approx \xi_{\Delta r} \gtrsim \xi_{\Delta t} = \xi_{1/T} \tag{6-4-50}$$

当 $M_{\sup} = 8.0 \times 10^{-6}\,\mathrm{s}^{-2} < \delta F/\Delta r$ 时,有

$$\xi_h > \xi_{\delta F} > \xi_{\Delta t} = \xi_{1/T} > \xi_{\Delta r} \tag{6-4-51}$$

其中,符号 $\gtrsim$ 表示略大于。为了验证式(6-4-49)～式(6-4-51),在三种不同的 $\delta F/\Delta r$ 下利用式(6-4-3)～式(6-4-6)计算等效轨道高度的改变量。其中,参数设置如表 6.5 所示,计算结果如图 6.16 所示。

表 6.5　等效轨道高度改变量计算参数

参数		数值	参数	数值
轨道高度		300km	纯引力轨道采样间隔	5s
轨道倾角		90°	积分弧长	2 小时
偏心率		0	总测量时间	6 月
情况 1	非引力干扰	$1.0 \times 10^{-10}\,\mathrm{m/s}^2$	定轨位置误差	3cm
情况 2	非引力干扰	$1.0 \times 10^{-7}\,\mathrm{m/s}^2$	定轨位置误差	2cm
情况 3	非引力干扰	$1.0 \times 10^{-6}\,\mathrm{m/s}^2$	定轨位置误差	1cm

图 6.16(a)～(c)分别在 $\delta F/\Delta r < 4.1 \times 10^{-6}\,\mathrm{s}^{-2}$、$4.1 \times 10^{-6}\,\mathrm{s}^{-2} < \delta F/\Delta r < 8.0 \times 10^{-6}\,\mathrm{s}^{-2}$、$\delta F/\Delta r > 8.0 \times 10^{-6}\,\mathrm{s}^{-2}$ 的条件下,给出了系统参数变化引起的等效轨道高度改变量,可知计算结果与式(6-4-49)～式(6-4-51)中的结论相吻合,从而验证了关于系统参数对重力场测量性能影响程度的结论。

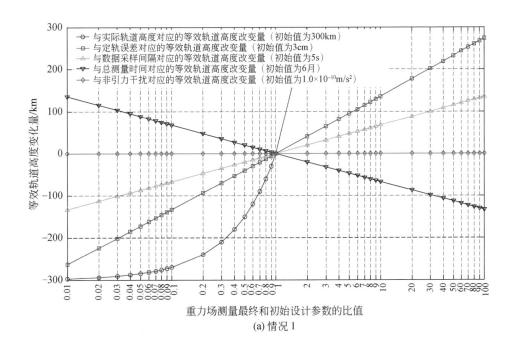

(a) 情况 1

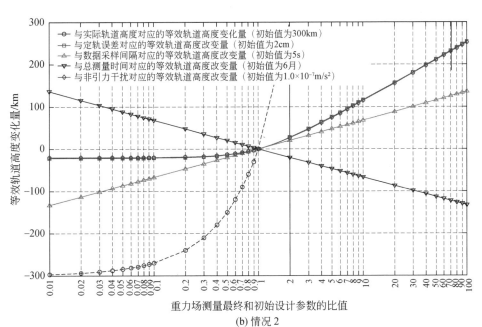

(b) 情况 2

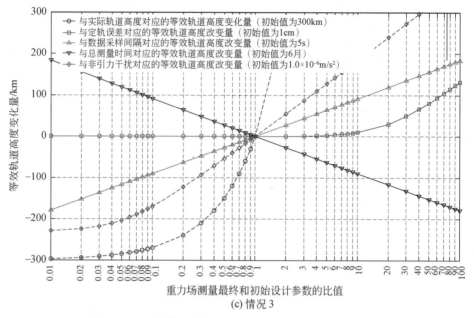

（c）情况3

图6.16　不同任务参数变化引起的等效轨道高度改变量

　　综上所述,轨道高度对重力场测量性能的影响最大,采样间隔与总测量时间的倒数对重力场测量性能的影响程度相等,即在重力场测量性能上采样率的提高等效于总测量时间的延长,非引力干扰与定轨误差之间存在匹配制约的关系。当非引力干扰与定轨误差的比值小于M_{inf}时,系统参数对重力场测量性能的影响程度从高到低依次为轨道高度、定轨误差、采样间隔、非引力干扰;当非引力干扰与定轨误差的比值大于M_{inf}且小于M_{sup}时,非引力干扰与定轨误差相匹配,两者对重力场测量性能的影响程度相当,系统参数的影响程度从高到低依次为轨道高度、定轨误差、采样间隔,其中,定轨误差略大于采样间隔对重力场测量性能的影响;当非引力干扰与定轨误差的比值大于M_{sup}时,系统参数对重力场测量性能的影响程度从高到低依次为轨道高度、非引力干扰、采样间隔、定轨误差。其中,M_{inf}和M_{sup}是绝对轨道摄动重力场测量中的非引力干扰和定轨误差匹配下限和上限,它们的数值为$4.1 \times 10^{-6} s^{-2}$和$8.0 \times 10^{-6} s^{-2}$。

6.5　绝对轨道摄动重力场测量任务优化设计方法

　　基于校正后的重力场测量性能解析公式,分析轨道参数、载荷指标对重力场测量的影响规律,进而提出绝对轨道摄动重力场测量任务的优化设计方法,包括轨道参数设计方法和载荷指标匹配设计方法。

6.5.1   重力场测量任务参数的影响规律

选择绝对轨道摄动重力场测量任务参数,如表 6.6 所示;在其他参数不变的条件下,单独改变轨道高度、非引力干扰、定轨误差、采样间隔和总测量时间中的一个参数,利用校正后的解析公式计算重力场测量性能随该参数的变化,从而得出系统参数对重力场测量性能的影响规律。其中,参数变化范围如表 6.7 所示。

表 6.6   绝对轨道摄动重力场测量系统的设计参数

参数	数值	参数	数值
轨道高度	300km	引力敏感器非引力干扰	$1.0\times10^{-10}\,\mathrm{m/s^2}$
轨道倾角	90°	引力敏感器定轨误差	3cm
总测量时间	6 月	定轨数据采样间隔	5s
积分弧长	2 小时		

表 6.7   绝对轨道摄动重力场测量系统的参数变化范围

系统参数	参数变化范围	系统参数	参数变化范围
轨道高度	$100\sim600\mathrm{km}$	非引力干扰	$1.0\times10^{-15}\sim1.0\times10^{-5}\,\mathrm{m/s^2}$
定轨误差	$0\sim5\mathrm{cm}$	数据采样间隔	$0\sim60\mathrm{s}$
总测量时间	$1\sim24$ 月		

将轨道高度在 $100\sim600\mathrm{km}$ 范围内变化,得到绝对轨道摄动重力场测量有效阶数随轨道高度的变化,如图 6.17 所示。由图可知,重力场测量性能随轨道高度的降低而迅速增加,轨道高度是重力场测量性能的重要因素。

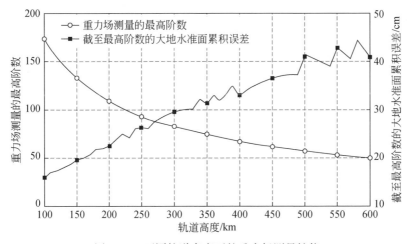

图 6.17   不同轨道高度下的重力场测量性能

　　绝对轨道摄动重力场测量性能随引力敏感器非引力干扰的变化如图 6.18 所示。由图可知,在任务设计参数下,当非引力干扰小于 $1.0 \times 10^{-8}\,\mathrm{m/s^2}$ 时重力场测量性能随非引力干扰基本不变,因为这时定轨误差起主导作用,它淹没了非引力干扰对重力场测量的影响。但是,当非引力干扰大于 $1.0 \times 10^{-8}\,\mathrm{m/s^2}$ 后,重力场测量性能随非引力干扰的增加而迅速降低,此时非引力干扰起主导作用。

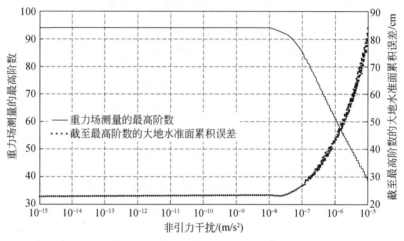

图 6.18　不同非引力干扰下的重力场测量性能

　　重力场测量性能随引力敏感器定轨误差的变化如图 6.19 所示。由图可知,重力场测量性能随定轨误差的增加而迅速降低,因为此时相对于非引力干扰而言,定轨误差起主导作用。需要说明的是,当非引力干扰起主导作用时,降低定轨误差并不会带来重力场测量性能的明显提高,这说明非引力干扰和定轨误差之间存在匹配关系。

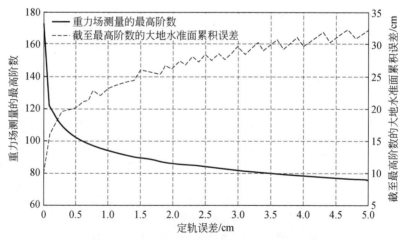

图 6.19　不同定轨误差下的重力场测量性能

　　绝对轨道摄动重力场测量性能随采样间隔的变化如图 6.20 所示。由图可知，重力场测量性能随数据采样间隔的增加而降低，这是因为由解析公式可以看出，反演重力场模型的阶误差方差与采样间隔成正比。

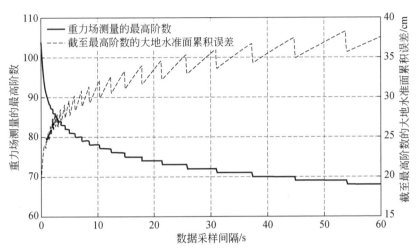

图 6.20　不同数据采样间隔下的重力场测量性能

　　绝对轨道摄动重力场测量性能随总测量时间的变化如图 6.21 所示。由图可知，重力场测量性能随总测量时间的增加而增加，这是因为由解析模型可知，反演重力场模型的阶误差方差与总测量时间成反比。

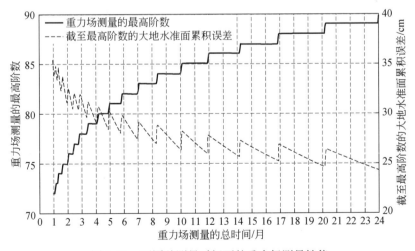

图 6.21　不同总测量时间下的重力场测量性能

　　综上所述，绝对轨道摄动重力场测量性能随轨道高度的增加而迅速降低，随引力敏感器非引力干扰和定轨误差的增加而降低，与采样间隔和总测量时间的比值成正比。非引力干扰和定轨误差之间存在匹配关系,当非引力干扰大于定轨误差对重力场测量的影响时,非引力干扰占主导作用,降低定轨误差并不会显著提高重力场的测量性能;反之,当定轨误差大于非引力干扰对重力场测量的影响时,存在同样的规律。

6.5.2 绝对轨道摄动重力场测量任务参数的优化设计方法

通过 6.5.1 节分析系统参数对重力场测量性能的影响规律,可以得到轨道参数和载荷指标的设计方法,具体如下。

(1)轨道高度越低,越有利于提高重力场测量性能。但是,轨道高度与回归周期相关,而重力卫星星下点轨迹在东西方向上的全球覆盖测量与回归周期有关,因此轨道高度的选择应兼顾全球覆盖测量要求。

设地球自转角速度为 ω_e,重力卫星的轨道周期为 T_0,则升交点赤经每天西退角度为 $T_0\omega_e$。为了实现 N_{max} 阶重力场测量目标,在 D 天内完成一次回归,所形成的星下点轨迹在东西方向上的间隔应小于 N^* 阶对应的空间分辨率 $\pi R_e/N^*$,其中 $N^* \geqslant N_{max}$,R_e 是地球半径。根据回归轨道的定义,可知

$$\frac{2\pi}{T_0(\omega_e - \mathrm{d}\Omega/\mathrm{d}t)} = \frac{N^*}{D} \tag{6-5-1}$$

其中,N^* 和 D 是两个互质的正整数。J_2 摄动引起的升交点赤经变化为

$$\frac{\mathrm{d}\Omega}{\mathrm{d}t} = \frac{3}{2} J_2 \left(\frac{\mu}{R_e^3}\right)^{\frac{1}{2}} \left(\frac{R_e}{R_e + h}\right)^{3.5} \frac{\cos i}{(1 - e^2)^2} (\mathrm{rad/s}) \tag{6-5-2}$$

重力卫星轨道周期为

$$T_0 = 2\pi \sqrt{\frac{R_e + h^3}{\mu}} \tag{6-5-3}$$

h 是轨道高度;$\mu = GM$ 是地球引力常数。将式(6-5-3)代入式(6-5-1),得到

$$h = \left\{\mu \left[\frac{D}{(\omega_e - \mathrm{d}\Omega/\mathrm{d}t)N^*}\right]^2\right\}^{\frac{1}{3}} - R_e \tag{6-5-4}$$

由此可知,在实际条件允许的情况下,轨道高度一方面应尽可能低,另一方面应当兼顾全球覆盖测量,即满足式(6-5-4)。

(2)偏心率尽可能小,即轨道为圆轨道或近圆轨道。

(3)倾角接近 90°,即轨道为极轨道或近极轨道,满足全球覆盖测量要求。

(4)引力敏感器定轨误差和非引力干扰越小,越有利于重力场测量性能的提高,但是两者之间存在匹配制约关系。即当定轨误差 Δr 较大时,单纯降低非引力干扰 δF 不会带来重力场测量性能的明显提高,反之亦然。在式(6-3-1)所给出的绝对轨道摄动重力场测量阶误差方差中,分别令定轨误差为 0 和非引力干扰为 0,使两种情况下的阶误差方差相等,即

$$\delta \hat{\sigma}_n^2 \big|_{\delta F=0} = \delta \hat{\sigma}_n^2 \big|_{\Delta r=0, \Delta v=0} \tag{6-5-5}$$

得到与引力敏感器定轨误差 Δr、Δv 相匹配的非引力干扰为

$$(\delta \hat{F})_{\Delta r, \Delta v} = \frac{\sqrt{\dfrac{K_3 \mu}{a+h}}(\Delta v) + \dfrac{\mu \sqrt{K_4}}{(a+h)^2}(\Delta r)}{\sqrt{\dfrac{\mu}{a+h}} \dfrac{T_{\text{arc}}}{2} + \dfrac{\mu}{(a+h)^2} \dfrac{T_{\text{arc}}^2}{6}} \qquad (6\text{-}5\text{-}6)$$

这意味着在绝对轨道摄动重力场测量任务设计中,在满足工程约束的条件下,一方面应当使定轨误差、非引力干扰尽可能小,另一方面应当使两者满足式(6-5-6),从而最大限度地同时发挥两种载荷的引力敏感能力。

(5)定轨数据采样间隔和非引力干扰数据间隔的选择,应当使测量点在南北方向上的星下点间隔小于 $N_{\max}$ 阶对应的空间分辨率 $\pi R_{\text{e}}/N_{\max}$,即

$$\frac{2\pi R_{\text{e}}}{T_0 / \Delta t} \leqslant \frac{\pi R_{\text{e}}}{N_{\max}} \qquad (6\text{-}5\text{-}7)$$

从而得到对数据采样间隔 Δt 的要求为

$$\Delta t \leqslant \frac{\pi}{N_{\max}} \sqrt{\frac{(R_{\text{e}}+h)^3}{\mu}} \qquad (6\text{-}5\text{-}8)$$

(6)总测量时间应大于重力卫星的回归周期 D,即

$$T \geqslant D = (\omega_{\text{e}} - \mathrm{d}\Omega/\mathrm{d}t) N_{\max} \sqrt{\frac{(a_{\text{e}}+h)^3}{\mu}} \qquad (6\text{-}5\text{-}9)$$

数据采样间隔、总测量时间和轨道高度的选择均涉及全球覆盖测量要求,因此在任务设计中这些参数应当交叉设计,使其同时满足要求。

(7)按照上述步骤进行迭代设计,在每一步迭代中,利用重力场测量性能解析式(6-3-1)和式(6-3-2),计算重力场测量的有效阶数、大地水准面阶误差及其累积误差、重力异常阶误差及其累积误差,然后与重力场测量任务要求相比。若满足要求,则完成设计;否则,调整任务参数重新设计。

6.6　典型重力卫星任务轨道与数据产品

6.6.1　CHAMP 卫星任务轨道

CHAMP 卫星是国际上第一颗专用的重力卫星,也是典型的采用绝对轨道摄动重力场测量原理的重力卫星,它于 2000 年 7 月 15 日由俄罗斯"宇宙号"火箭从普列谢茨克航天发射场送入轨道。火箭点火时间为 UTC11:59:59.628,133s 后助推器分离,150s 后整流罩分离,490s 后一级火箭发动机关闭,1915s 后二级火箭发动机关闭,1938s 后卫星从火箭上脱离,进入太空。CHAMP 卫星初始入轨高度为 454km,轨道为近圆轨道,倾角为 87°,轨道周期为 93.55min,每天绕地球旋转 15.40 圈。

CHAMP 卫星采用近圆、近极轨道,这样可以实现全球均匀的地球重力场测量和磁场测量。CHAMP 卫星选择初始轨道高度为 454km,可以保证在多年的任务周期内大气阻力引起的轨道高度衰减较小,同时在太阳活动、电离层等多种因素作用下,CHAMP 卫星能够保持正常的工作状态,并有效地获取地球重力数据。同时,454km 的轨道高度可以保证对地磁场的主要区域进行观测。当然,从重力场测量的角度看,轨道高度越低,越有利于敏感到更强的引力信号。

在大气阻力的作用下,CHAMP 卫星轨道高度不断下降。2010 年 2 月,CHAMP 卫星轨道高度降为 296km,2 月 22 日卫星绕指向天底的轴旋转 180°,使卫星尾部指向飞行速度方向,该姿态可以使卫星在稠密的大气层内保持稳定。经过 3718 天的在轨飞行后,CHAMP 卫星于 2010 年 9 月 19 日,在俄罗斯堪察加半岛西部的鄂霍次克海上空大气层内烧毁。

在网站 https://www.space-track.org 上可以下载 CHAMP 卫星在整个任务周期内的两行轨道根数(two-line element,TLE)。两行轨道根数是美国的北美防空防天司令部(North American Aerospace Defense Command,NORAD)建立的,用于描述卫星轨道。对于每个历元时刻,描述卫星轨道的数据共有 2 行,每行有 69 个字符,其格式如图 6.22 所示,其中每一行内的数据定义如表 6.8 所示。

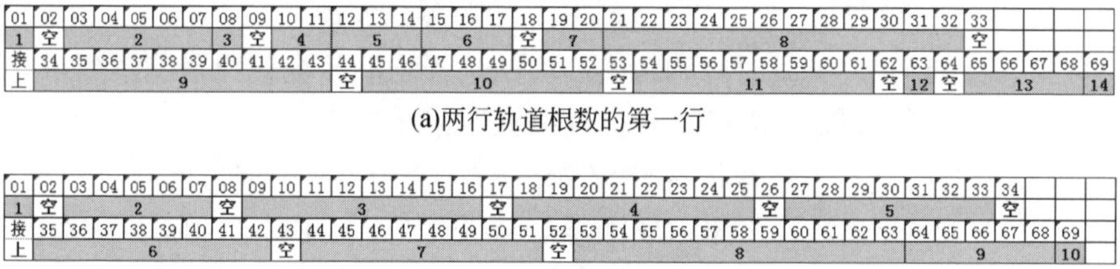

(a)两行轨道根数的第一行

(b)两行轨道根数的第二行

图 6.22　两行轨道根数定义

表 6.8　两行轨道根数中的数据定义

行数	序号	列数	描述
第一行	1	01	行号
	2	03～07	北美防空防天司令部的卫星编目号
	3	08	卫星密级,U 表示公开,S 表示秘密,带 S 的秘密目标不会公布轨道根数
	4	10～11	卫星的国际标识符(发射年份的后两位,如 00 表示 2000 年)
	5	12～14	卫星的国际标识符(发射当年的编号,如 016 表示当年第 16 次发射)
	6	15～17	卫星的国际标识符(当次发射的卫星字母编号,如 B 表示该卫星是本次发射的第 2 颗卫星)
	7	19～20	卫星星历的年份,如 00 表示 2000 年
	8	21～32	卫星星历的天数,如 197.55747090 表示该历元时刻是当年的第 197.55747090 天

续表

行数	序号	列数	描述
第一行	9	34~43	卫星每天运动圈数对时间一阶导数的二分之一,又称为弹道系数,单位为圈/天²
	10	45~52	卫星每天运动圈数对时间二阶导数的六分之一,单位为圈/天³
	11	54~61	BSTAR 阻力系数
	12	63	星历类型
	13	65~68	星历编号
	14	69	检验位
第二行	1	01	行号
	2	03~07	北美防空防天司令部的卫星编目号
	3	09~16	倾角,单位为度
	4	18~25	升交点赤经,单位为度
	5	27~33	偏心率(假设存在小数点)
	6	35~42	近地点角距,单位为度
	7	44~51	平近点角,单位为度
	8	53~63	每天绕行圈数,单位为圈/天
	9	64~68	当前历元的绕行圈数
	10	69	检验位

　　根据 https://www.space-track.org 网站提供的两行轨道根数,得到 CHAMP 卫星在任务周期(2000 年 7 月 15 日~2010 年 9 月 19 日)内的轨道变化,如图 6.23 和图 6.24 所示。

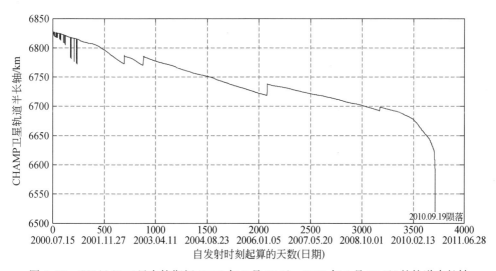

图 6.23　CHAMP 卫星在轨期间(2000 年 7 月 15 日~2010 年 9 月 19 日)的轨道半长轴

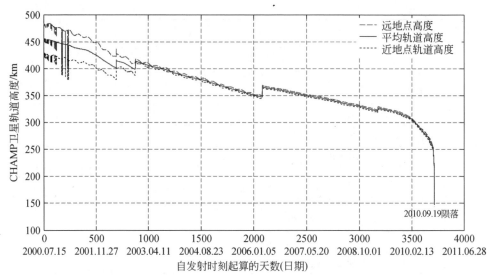

图 6.24　CHAMP 卫星在轨期间(2000 年 7 月 15 日～2010 年 9 月 19 日)的轨道高度

　　由图 6.23 和图 6.24 可知,CHAMP 卫星在 2000 年 7 月 15 日发射入轨时的轨道高度为 454km,经过 10 年 2 个月的飞行后,轨道高度降低为 148km,坠入大气层,结束重力场测量任务。期间,多次抬升轨道高度,如 2002 年 6 月 10 日将轨道高度由 402km 抬升到 416km、2002 年 12 月 8 日将轨道高度由 399km 抬升到 414km、2006 年 3 月 26 日将轨道高度由 348km 抬升到 366km。

　　图 6.25 给出了 CHAMP 卫星在轨运行期间轨道偏心率随时间的变化。由此

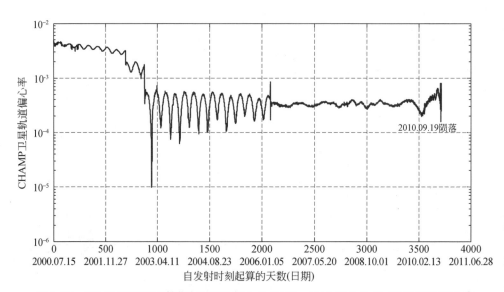

图 6.25　CHAMP 卫星在轨期间(2000 年 7 月 15 日～2010 年 9 月 19 日)的轨道偏心率

可知,初始入轨后,CHAMP 卫星的偏心率在 4×10^{-3} 左右,然后随着时间的增加,偏心率逐渐降低。大约经过 1000 天后,轨道偏心率始终在 3×10^{-4} 附近波动。

图 6.26 给出了 CHAMP 卫星轨道倾角随时间的变化。由图可知,初始入轨时刻的倾角约为 $87.28°$,并且随着时间的增加倾角逐渐减小。在整个任务期间,倾角变化很小,倾角在 $87.18° \sim 87.28°$ 内波动。图 6.27 给出了 CHAMP 卫星升交点赤经随时间的变化。由图可知,初始入轨时升交点赤经约为 $150°$,并且随着时间的增加,升交点赤经线性地减小。由图 6.27 可知,升交点赤经随时间变化的周期为 948.82 天,升交点赤经的变化率为 $0.3794(°)/$天。

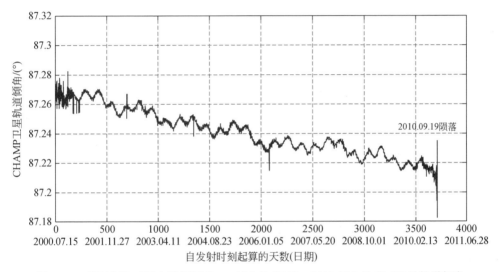

图 6.26　CHAMP 卫星在轨期间(2000 年 7 月 15 日~2010 年 9 月 19 日)的轨道倾角

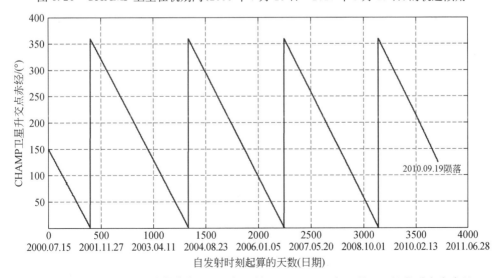

图 6.27　CHAMP 卫星在轨期间(2000 年 7 月 15 日~2010 年 9 月 19 日)的升交点赤经

6.6.2　CHAMP 卫星重力场测量数据产品及性能分析

根据对卫星原始观测数据处理程度的不同,CHAMP 数据产品分为 5 个层次,分别是水平 0、水平 1、水平 2、水平 3、水平 4。水平 0 数据是最原始的卫星观测数据,经过信息还原和解码后,得到水平 1 数据。水平 1 数据已经由遥测格式转换成软件可读的、具有物理意义的数据,与卫星上的有效载荷相对应,如 GPS 接收机接收的测距码和载波相位观测数据(0.1Hz)。水平 1 数据也包括地面站的 GPS 卫星载波相位观测数据(0.1Hz)、测距码观测数据(0.033Hz)以及激光测距观测数据。水平 2 数据是进一步处理后的数据,如处理后的角加速度和线加速度数据(0.1Hz),其中包括卫星姿态数据、推力器点火时间等。水平 3 数据包括 CHAMP 卫星和 GPS 卫星的快速科学轨道数据。水平 4 数据是事后处理得到的 CHAMP 卫星、GPS 卫星精密轨道以及地球重力场模型等[12]。自 CHAMP 卫星入轨以来,国际上大量研究机构根据观测数据,反演得到了具有不同性能的重力场模型,如表 6.9 所示。这些模型名称可以在 2.3.1 节查到。根据每个模型所采用的观测数据时段,结合图 6.24 可以得到在该观测时间段内 CHAMP 卫星的轨道高度变化范围。

表 6.9　基于 CHAMP 卫星观测数据得到的重力场模型

序号	模型名称	模型阶数	观测数据时段 (时段长度,单位为天)	观测时段内 CHAMP 卫星轨道 高度(变化范围)/km
1	ULUX_CHAMP2013S	120	2003.01~2009.12[13];(2556)	412.75~310.84
2	AIUB-CHAMP03S	100	2002.01~2009.12[14];(2921)	420.77~310.84
3	EIGEN-CHAMP05S	150	2002.10~2008.09[15];(2191)	406.45~330.65
4	AIUB-CHAMP01S	70	2002.03~2003.03[16];(395)	413.03~406.93
5	EIGEN-CHAMP03S	140	2000.10~2003.06[17];(1002)	452.51~402.08
6	TUM2S	70	2002.01~2003.12[18];(729)	420.77~391.16
7	DEOS_CHAMP01C	70	2002.3.10~2003.1.25[19];(322)	411.90~411.12
8	ITG_CHAMP01K	70	2002.03~2003.03[20];(360)	413.03~406.93
9	ITG_CHAMP01S	70	2002.03~2003.03[20];(360)	413.03~406.93
10	ITG_CHAMP01E	75	2002.03~2003.03[20];(360)	413.03~406.93
11	TUM2SP	60	2002.06~2003.05[21];(365)	402.15~403.56
12	TUM1S	60	2002.06~2002.12[22];(167)	402.15~412.85
13	EIGEN-CHAMP03SP	140	2000.07~2003.06[23];(1094)	454.50~402.08
14	EIGEN3P	140	2000.07~2003.06[24,25];(1094)	454.50~402.08

序号	模型名称	模型阶数	观测数据时段 （时段长度,单位为天）	观测时段内 CHAMP 卫星轨道高度(变化范围)/km
15	EIGEN2	140	2000.07～2000.12, 2001.09～2001.12[9,24];(304)	454.50～446.57 434.05～420.94
16	EIGEN1	119	2000.07.30～2000.08.10, 2000.09.24～2000.12.31[26];(88)	455.19～447.94 452.88～446.54
17	EIGEN1S	114	2000.07.30～2000.08.10, 2000.09.24 ～ 2000.12.31[24,27]; (88)	455.19～447.94 452.88～446.54

对于表 6.9 中的重力场模型,下面分析其空间分辨率、精度以及由观测数据到重力场模型的解算精度。根据表中第 3 列的模型阶数 N,可以式(6-6-1)确定空间分辨率 L,其中 R_e 为地球平均半径。阶数越高,说明该模型的空间分辨率越高。

$$L = \frac{\pi R_e}{N} \qquad (6-6-1)$$

根据 2.3.16 节的分析,认为 EIGEN6C4 模型可以代表"真实重力场"。对于表 6.9 中的每个重力场模型,通过比较其与 EIGEN6C4 模型在不同阶数上的阶误差方差,来确定该重力场模型的精度指标。其中,阶误差方差定义为

$$\delta\sigma_{n,\text{actual}}^2 = \frac{1}{2n+1} \sum_{k=0}^{n} \left[(\delta\bar{C}_{nk})^2 + (\delta\bar{S}_{nk})^2 \right] \qquad (6-6-2)$$

其中,$\delta\bar{C}_{nk}$、$\delta\bar{S}_{nk}$ 分别是被比较重力场模型与 EIGEN6C4 模型在相应阶次上位系数之差。另外,基于 6.3 节建立的适用于 CHAMP 卫星的绝对轨道摄动重力场测量性能解析公式,根据 CHAMP 卫星的轨道参数和载荷指标,可以得到重力场测量阶误差方差的理论值 $\delta\sigma_{n,\text{theoretical}}^2$。

在基于解析公式计算 CHAMP 卫星重力场测量的理论阶误差方差时,需要用到其轨道参数和载荷性能参数。根据文献[11]可知,CHAMP 卫星精密轨道确定精度为厘米级,这里取为 1cm;根据文献[19]和文献[22]可知,CHAMP 卫星轨道数据采样间隔为 30s;根据文献[26]可知,CHAMP 卫星加速度计在迹向和轨道面法向的测量精度为 $3\times10^{-9}\,\text{m/s}^2$,在径向的测量精度为 $3\times10^{-8}\,\text{m/s}^2$,在计算中取为 $3\times10^{-9}\,\text{m/s}^2$;根据文献[28]可知,CHAMP 卫星加速度计数据测量间隔为 10s。对于表 6.9 中的不同重力场模型,在计算时采用不同的总任务时间和轨道高度,如表中第 4 列和第 5 列所示,其中轨道高度取为该时间段内的最低轨道高度。积分弧长取为 2 小时。通过计算,得到描述表 6.9 中重力场模型的精度、模型解算方法误差的曲线,如图 6.28～图 6.44 所示。

在图 6.28～图 6.44 中,由 Kaula 准则和 EIGEN6C4 模型得到的阶方差基本

相同,它们均反映了地球引力信号随阶数的变化。由解析公式得到的阶误差方差 $\delta\sigma_{n,\text{theoretical}}^{2}$ 反映了在相应的任务参数下重力场恢复计算可能达到的最小误差,而某模型相对 EIGEN6C4 模型的阶误差方差 $\delta\sigma_{n,\text{actual}}^{2}$ 则反映了重力场恢复计算的实际误差。$\delta\sigma_{n,\text{actual}}^{2}$ 越接近 $\delta\sigma_{n,\text{theoretical}}^{2}$,说明该重力场模型在解算过程中与计算方法相关的误差越小,如积分误差、迭代计算方法误差、截断误差等。可知,ULUX_CHAMP2013S、AIUB-CHAMP03S、EIGEN-CHAMP05S 等重力场模型在反演过程中使用的方法解算误差相对较小,而 TUM2S、TUM1S、EIGEN2、EIGEN1 等模型在解算过程中使用的方法计算误差相对较大。此外,$\delta\sigma_{n,\text{actual}}^{2}$ 相对阶方差的比值越小,说明在该阶数上的引力位系数越有效,即待评估重力场模型在该阶数上的恢复精度越高。

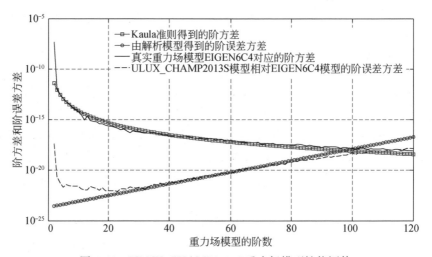

图 6.28　ULUX_CHAMP2013S 重力场模型性能评估

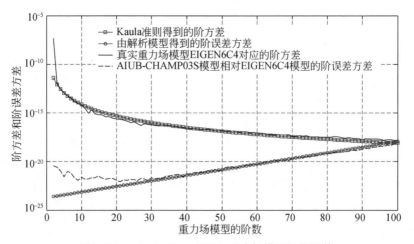

图 6.29　AIUB-CHAMP03S 重力场模型性能评估

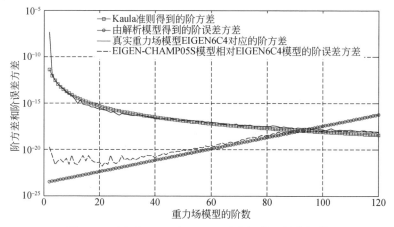

图 6.30　EIGEN-CHAMP05S 重力场模型性能评估

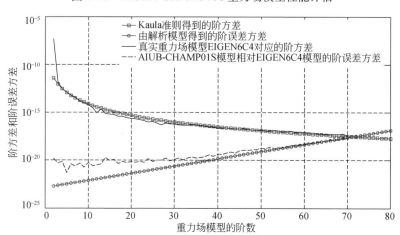

图 6.31　AIUB-CHAMP01S 重力场模型性能评估

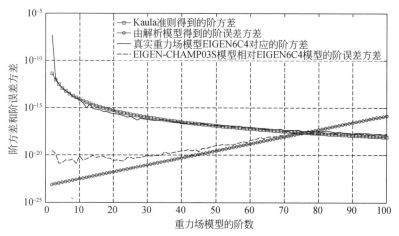

图 6.32　EIGEN-CHAMP03S 重力场模型性能评估

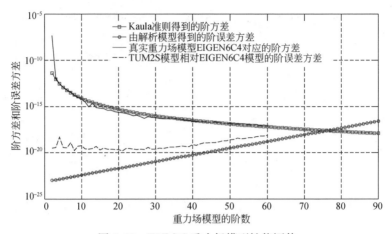

图 6.33　TUM2S 重力场模型性能评估

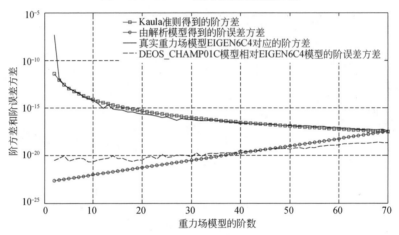

图 6.34　DEOS_CHAMP01C 重力场模型性能评估

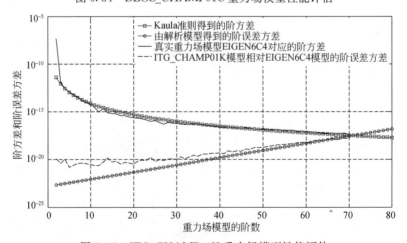

图 6.35　ITG_CHAMP01K 重力场模型性能评估

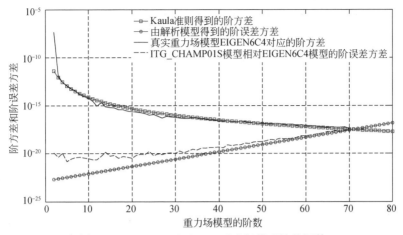

图 6.36　ITG_CHAMP01S 重力场模型性能评估

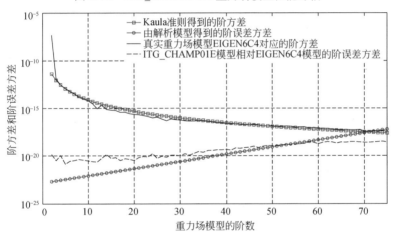

图 6.37　ITG_CHAMP01E 重力场模型性能评估

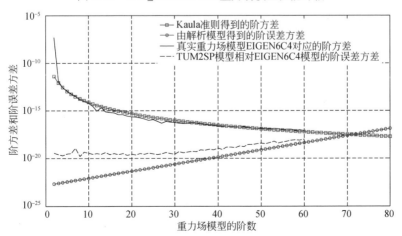

图 6.38　TUM2SP 重力场模型性能评估

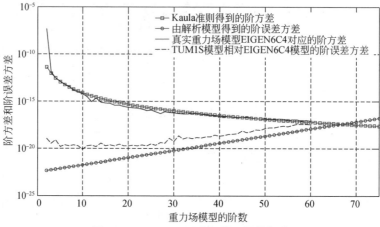

图 6.39　TUM1S重力场模型性能评估

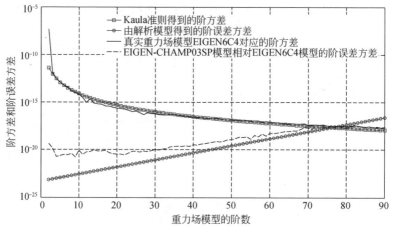

图 6.40　EIGEN-CHAMP03SP重力场模型性能评估

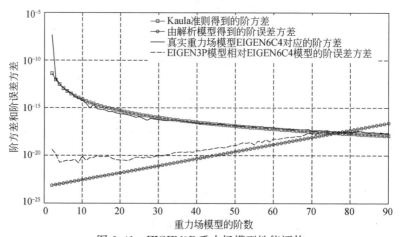

图 6.41　EIGEN3P重力场模型性能评估

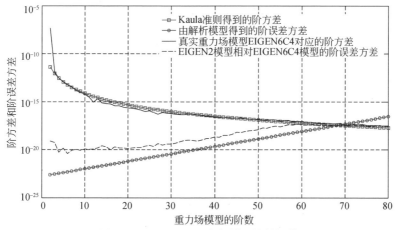

图 6.42　EIGEN2 重力场模型性能评估

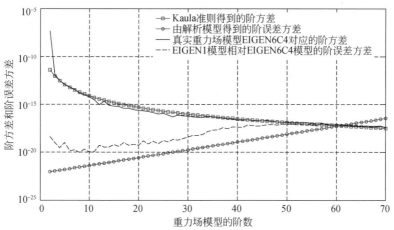

图 6.43　EIGEN1 重力场模型性能评估

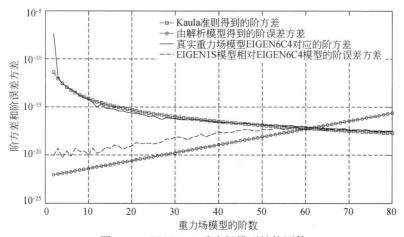

图 6.44　EIGEN1S 重力场模型性能评估

参 考 文 献

[1] Liu H W,Wang Z K,Zhang Y L. Modeling and analysis of Earth's gravity field measurement per-formance by inner-formation flying system[J]. Advance in Space Research,2013,52(3):451－465.

[2] 郑伟,许厚泽,钟敏,等. 利用解析法有效快速估计将来 GRACE Follow-On 地球重力场的精度[J]. 地球物理学报,2010,53(4):796－806.

[3] 郑君里,应启珩,杨为理. 信号与系统[M]. 北京:高等教育出版社,2005.

[4] Sneeuw N. A semi-analytical approach to gravity field analysis from satellite observations [D]. Munich:Technical University of Munich,2000.

[5] 蔡林,周泽兵,祝竺,等. 卫星重力梯度恢复地球重力场的频谱分析[J]. 地球物理学报,2012,55(5):1565－1571.

[6] Hobbs D,Bohn P. Precise orbit determination for low earth orbit satellites[J]. Annuals of the Marie Curie Fellowships,2006,4:1－7.

[7] Canuto E,Massotti L. All-propulsion design of the drag-free and attitude control of the European satellite GOCE[J]. Acta Astronautica,2009,64:325－344.

[8] Hanuschak G,Small H,Debra D,et al. Gravity Probe B GPS orbit determination with verification by satellite laser ranging[C]//Proceedings GNSS 2005 Meeting,Long Beach,2005.

[9] Reigber C,Schwintzer P,Neumayer H,et al. The CHAMP-only Earth gravity field model EIGEN-2[J]. Advance in Space Research,2003,31(8):1883－1888.

[10] Reigber C,Balmino G,Schwintzer P,et al. A high-quality global gravity field model from CHAMP GPS tracking data and accelerometry (EIGEN-1S)[J]. Geophysical Research Letter,2002,29(14):1－4.

[11] van den Ijssel J,Visser P,Rodriguez E P. CHAMP precise orbit determination using GPS data[J]. Advance in Space Research,2003,31(8):1889－1895.

[12] Lühr H. GFZ German research centre for geosciences, the CHAMP mission [EB/OL]. http://op. gfz-potsdam. de/champ/index_CHAMP. html[2015-12-31].

[13] Weigelt M,van Dam T,Jäggi A,et al. Time-variable gravity signal in greenland revealed by high-low satellite-to-satellite tracking[J]. Journal of Geophysical Research,2013,118(7):3848－3859.

[14] Prange L. Global gravity field determination using the GPS measurements made onboard the low earth orbiting satellite CHAMP [D]. Bern: Inauguraldissertation der Philosophisch-naturwissenschaftlichen Fakultät der Universität Bern,2010.

[15] International Centre for Global Earth Models. EIGEN-CHAMP05S gravity field model[EB/OL]. http://icgem. gfz-potsdam. de/ICGEM/shms/eigen-champ05s. gfc[2015-12-31].

[16] International Centre for Global Earth Models. AIVB-CHAMP01S gravity field model[EB/OL]. http://icgem. gfz-potsdam. de/ICGEM/shms/aiub-champ01s. gfc[2015-12-31].

[17] International Centre for Global Earth Models. EIGEN-CHAMP03S gravity field model[EB/OL]. http://icgem. gfz-potsdam. de/ICGEM/shms/eigen-champ03s. gfc[2015-12-31].

[18] Wermuth M,Svehla D,Földvary L,et al. A gravity field model from two years of CHAMP

kinematic orbits using the energy balance approach［C］//EGU 1st General Assmbly, Nice,2004.

［19］ International Centre for Global Earth Models. DEOS_CHAMP-01C gravity field model［EB/ OL］. http://icgem. gfz-potsdam. de/ICGEM/shms/deos_champ-01c. gfc［2015-12-31］.

［20］ Ilk K H,Mayer-Gürr T,Feuchtinger M. Gravity Field Recovery by Analysis of Short Arcs of CHAMP［A］//Reigber C, Lühr H, Schwintzer P, et al. Earth Observation with CHAMP. Berlin:Springer,2005:127—132.

［21］ Földvary L,Svehla D,Gerlach C,et al. Gravity Model TUM-2Sp Based on the Energy Balance Approach and Kinematic CHAMP Orbits［A］//Reigber C, Lühr H, Schwintzer P, et al. Earth Observation with CHAMP. Berlin:Springer,2005:13—18.

［22］ Gerlach C,Földvary L,Svehla D,et al. A CHAMP-only gravity field model from kinematic orbits using the energy integral［J］. Geophysical Research Letters,2003,30(20):315-331.

［23］ International Centre for Global Earth Models. EIGEN-CHAMP03Sp gravity field model ［EB/OL］. http://icgem. gfz-potsdam. de/ICGEM/shms/eigen-champ03sp. gfc［2015-12-31］.

［24］ GFZ. CHAMP science results［EB/OL］. http://op. gfz-potsdam. de/champ/results/index_ RESULTS. html［2015-12-31］.

［25］ Reigber C,Jochmann H,Wünsch J,et al. Earth Gravity Field and Seasonal Variability from CHAMP［A］//Reigber C, Lühr H, Schwintzer P, et al. Earth Observatioin with CHAMP. Berlin:Springer,2005:25—30.

［26］ Reigber C,Balmino G,Schwintzer P,et al. Global gravity field recovery using solely GPS tracking and accelerometer data from CHAMP［J］. Space Science Reviews, 2003, 29: 55—66.

［27］ Reigber C,Balmino G,Schwintzer P,et al. A high quality global gravity field model from CHAMP GPS tracking data and Accelerometry (EIGEN-1S)［J］. Geophysical Research Letters,2002,29(14):37-1-37-4.

［28］ van Helleputte T,Doornbos E,Visser P. CHAMP and GRACE accelerometer calibration by GPS-based orbit determination［J］. Advances in Space Research,2009,43:1890—1896.

第 7 章　长基线相对轨道摄动重力场测量机理建模
与任务设计方法

本章建立长基线相对轨道摄动重力场测量的解析理论。从长基线上两个引力敏感器运动的能量守恒方程出发,利用频谱分析方法推导建立重力场测量性能与轨道高度、引力敏感器相对距离、相对距离变化率测量精度、引力敏感器非引力干扰、定轨误差、相对距离变化率采样间隔、非引力干扰数据间隔、定轨数据间隔、总任务时间等任务参数之间的解析关系,据此提出长基线相对轨道摄动重力场测量的轨道优化设计与载荷匹配设计方法,为长基线相对轨道摄动重力场测量任务分析与设计提供理论指导。

只有沿迹向的跟飞构形是自然维持的,因此这里的长基线相对轨道摄动重力场测量是指通过对迹向两个引力敏感器相对距离的测量,实现重力信息的获取和重力场模型的反演。

7.1　长基线相对轨道摄动重力场测量机理

与绝对轨道摄动重力场测量类似,长基线相对轨道摄动重力场测量的任务参数也可以分为轨道参数和载荷指标两类。其中,轨道参数包括轨道高度、偏心率、轨道倾角和星间距离;载荷指标包括引力敏感器定轨精度、引力敏感器非引力干扰抑制或测量精度、两个引力敏感器相对距离变化率测量精度、测量数据采样间隔、总任务时间等。下面分析这些参数对重力场测量的影响规律。

1. 轨道参数对长基线相对轨道摄动重力场测量的影响规律

与绝对轨道摄动重力场测量中轨道参数的分析相同,在卫星控制能力允许的情况下,轨道高度应当尽可能低;偏心率接近 0,即卫星轨道为圆轨道或近圆轨道;轨道倾角接近 90°,即卫星轨道为极轨道或近极轨道。

星间距离与重力场测量的空间分辨率有关。为了使敏感到的某一阶引力信号信噪比最大,应当将两个引力敏感器星下点距离取为该阶数对应的空间分辨率,这样,对于该阶引力信号敏感而言,两个引力敏感器始终相距半个波长,观测数据的信噪比最大,从而位系数恢复精度最高。

2. 载荷指标对长基线相对轨道摄动重力场测量的影响规律

在载荷指标中,引力敏感器定轨精度、引力敏感器非引力干扰抑制或测量精度、两个引力敏感器相对距离变化率测量精度反映了对引力信号的敏感能力,这些指标精度越高,重力场测量性能越高。但是,这三类载荷指标之间存在匹配关系,分别是定轨精度应当与非引力干扰精度相匹配、相对距离变化率测量精度应当与非引力干扰精度相匹配。这里所说的匹配是指当两个载荷指标对重力场测量的贡献基本相同时,单独提高其中一个载荷指标不会带来重力场测量性能的显著提高,只有同时提高两个载荷指标才能明显改善重力场的测量性能。

与绝对轨道摄动重力场测量类似,测量数据采样间隔、总任务时间的选取应当使引力敏感器星下点轨迹满足在南北、东西方向上的全球覆盖测量要求。在此基础上,测量数据采样间隔越小、总任务时间越长,重力场测量性能越高。

7.2　长基线相对轨道摄动重力场测量的解析建模

利用频谱分析方法,建立重力场测量任务参数与阶误差方差之间的解析关系,进而得到重力场测量的有效阶数、大地水准面误差和重力异常误差等重力场测量性能。

7.2.1　长基线相对轨道摄动重力场测量的能量守恒方程

设长基线相对轨道摄动重力场测量的两个引力敏感器分别为 A 和 B,如图 7.1 所示。B 为引导敏感器,A 为跟踪敏感器。对于这两个引力敏感器,存在如下能量守恒关系:

$$V_A - V_B = \frac{1}{2}(\dot{\boldsymbol{r}}_A^2 - \dot{\boldsymbol{r}}_B^2) - \omega\left[(r_x\dot{r}_y - r_y\dot{r}_x)_A - (r_x\dot{r}_y - r_y\dot{r}_x)_B\right]$$
$$- \int_{t_0}^{t}(\boldsymbol{a}_A \cdot \dot{\boldsymbol{r}}_A - \boldsymbol{a}_B \cdot \dot{\boldsymbol{r}}_B)\mathrm{d}t - V_{t,AB} - E_{0,AB} \qquad (7\text{-}2\text{-}1)$$

在式(7-2-1)中,等式左边为引力敏感器 A 和 B 的引力位差。已知引力位的球谐展开式为

$$V(r,\theta,\lambda) = \frac{\mu}{r}\left[1 + \sum_{n=2}^{\infty}\sum_{k=0}^{n}\left(\frac{a_e}{r}\right)^n(\bar{C}_{nk}\cos k\lambda + \bar{S}_{nk}\sin k\lambda)\bar{P}_{nk}(\cos\theta)\right]$$
$$(7\text{-}2\text{-}2)$$

其中,(r,θ,λ) 是地球固连坐标系中的球坐标;μ 是地球引力常数;a_e 是地球椭球长半径;$\bar{C}_{nk}$ 和 $\bar{S}_{nk}$ 分别是 n 阶 k 次引力位系数的余弦项和正弦项;$\bar{P}_{nk}(\cos\theta)$ 是完全规格化的缔合勒让德多项式。

引力位 $V(r,\theta,\lambda)$ 可分为中心引力位 μ/r 和非球形摄动位 $R(r,\theta,\lambda)$ 两部分

$$V(r,\theta,\lambda) = \frac{\mu}{r} + R(r,\theta,\lambda) \qquad (7\text{-}2\text{-}3)$$

$$R(r,\theta,\lambda) = \frac{\mu}{r}\sum_{n=2}^{\infty}\sum_{k=0}^{n}\left(\frac{a_e}{r}\right)^n(\bar{C}_{nk}\cos k\lambda + \bar{S}_{nk}\sin k\lambda)\bar{P}_{nk}(\cos\theta) \qquad (7\text{-}2\text{-}4)$$

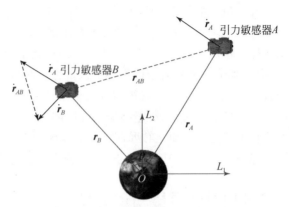

图 7.1　长基线相对轨道摄动重力场测量

从而,式(7-2-1)的左边项可以表示为

$$V_A(r,\theta,\lambda) - V_B(r,\theta,\lambda) = \left(\frac{\mu}{r_A} - \frac{\mu}{r_B}\right) + \left[R_A(r,\theta,\lambda) - R_B(r,\theta,\lambda)\right]$$

$$(7\text{-}2\text{-}5)$$

在式(7-2-1)中,等式右边第一项是引力敏感器 A 和 B 的动能差。设 e 是 A 指向 B 的单位矢量:

$$e = \frac{\boldsymbol{r}_{AB}}{|\boldsymbol{r}_{AB}|} \qquad (7\text{-}2\text{-}6)$$

引力敏感器 A 和 B 的动能差可表示为

$$\frac{1}{2}(\dot{\boldsymbol{r}}_A^2 - \dot{\boldsymbol{r}}_B^2) = -\frac{1}{2}(\dot{\boldsymbol{r}}_A + \dot{\boldsymbol{r}}_B) \cdot \dot{\boldsymbol{r}}_{AB}$$

$$= -\frac{1}{2}(\dot{\boldsymbol{r}}_A + \dot{\boldsymbol{r}}_B) \cdot \{(\dot{\boldsymbol{r}}_{AB} \cdot e)e + [\dot{\boldsymbol{r}}_{AB} - (\dot{\boldsymbol{r}}_{AB} \cdot e)e]\}$$

$$(7\text{-}2\text{-}7)$$

考虑到引力敏感器 A 和 B 距离很近,它们的平均速度近似沿其连线方向,即

$$\frac{1}{2}(\dot{\boldsymbol{r}}_A + \dot{\boldsymbol{r}}_B) \cdot [(\dot{\boldsymbol{r}}_{AB} \cdot e)e] \gg \frac{1}{2}(\dot{\boldsymbol{r}}_A + \dot{\boldsymbol{r}}_B) \cdot [\dot{\boldsymbol{r}}_{AB} - (\dot{\boldsymbol{r}}_{AB} \cdot e)e] \quad (7\text{-}2\text{-}8)$$

所以,式(7-2-8)可近似表示为

$$\frac{1}{2}(\dot{\boldsymbol{r}}_A^2 - \dot{\boldsymbol{r}}_B^2) \approx -\frac{1}{2}(\dot{\boldsymbol{r}}_A + \dot{\boldsymbol{r}}_B) \cdot [(\dot{\boldsymbol{r}}_{AB} \cdot e)e] = -\frac{1}{2}(\dot{\boldsymbol{r}}_A + \dot{\boldsymbol{r}}_B) \cdot (\dot{\rho}e)$$

$$(7\text{-}2\text{-}9)$$

其中, $\dot{\rho}$ 是引力敏感器 A 和 B 之间的距离变化率,等于 $\dot{\boldsymbol{r}}_{AB}$ 在单位矢量 e 上的投影。由于假设引力敏感器 A 和 B 的轨道为圆轨道,同时考虑到 A 和 B 的地心距基本相等,设其平均值为 r_0,则式(7-2-9)可进一步表示为

$$\frac{1}{2}(\dot{\boldsymbol{r}}_A^2 - \dot{\boldsymbol{r}}_B^2) \approx -\sqrt{\frac{\mu}{r_0}}\,\dot{\rho} \qquad (7\text{-}2\text{-}10)$$

在式(7-2-1)中,等号右端第二项是由于地球自转引起的引力敏感器 A 和 B 的能量差。数值计算表明,在近地轨道上该项比动能差小 4 个数量级,在解析分析中可以忽略。式(7-2-1)等号右端的第三项是非引力干扰引起的引力敏感器 A 和 B 的能量差。在重力场测量中,非引力干扰通过时间累积引起实际轨道偏移纯引力轨道,同时引起相对距离变化率偏移纯引力作用下的相对距离变化率。为简便起见,这里暂且在形式上忽略非引力干扰,而在后面分析纯引力轨道误差和纯引力相对距离变化率误差时考虑非引力干扰的影响。式(7-2-1)等号右端的第四项是三体引力、潮汐等引起的 A 和 B 能量差。三体引力、潮汐等具有高精度数学模型,可以满足静态重力场测量要求,所以在解析建模中可以不考虑这一项。式(7-2-1)等号右端的第五项是积分常数。

将式(7-2-5)和式(7-2-10)代入式(7-2-1),得到

$$R_A(r,\theta,\lambda) - R_B(r,\theta,\lambda) = -\sqrt{\frac{\mu}{r_0}}\dot{\rho} - \left(\frac{\mu}{r_A} - \frac{\mu}{r_B}\right) - E_{0,AB} \quad (7\text{-}2\text{-}11)$$

对式(7-2-11)微分,得到

$$\delta R_A - \delta R_B = \frac{1}{2}\sqrt{\frac{\mu}{r_0^3}}\dot{\rho}(\delta r) - \sqrt{\frac{\mu}{r_0}}\delta\dot{\rho} + \left(\frac{\mu}{r_A^2} - \frac{\mu}{r_B^2}\right)(\delta r)$$

$$\approx \frac{1}{2}\sqrt{\frac{\mu}{r_0^3}}\dot{\rho}(\delta r) - \sqrt{\frac{\mu}{r_0}}\delta\dot{\rho} + \frac{2\mu}{r_0^3}(r_B - r_A)(\delta r) \quad (7\text{-}2\text{-}12)$$

其中, δr 为纯引力轨道的位置误差,包括定轨误差和非引力干扰引起的纯引力轨道偏移量两部分; $\delta\dot{\rho}$ 为纯引力轨道相对距离变化率误差,包括相对距离变化率测量误差和非引力干扰引起的相对距离变化率偏移量。

对于不同的重力场测量系统而言,两个引力敏感器地心距之差 $r_B - r_A$ 是不同的。在复合内编队系统中,由于外卫星腔体的屏蔽,两个引力敏感器即内卫星均沿纯引力轨道运行,它们的地心距之差仅受地球引力的影响。在 GRACE 重力场测量任务中,引力敏感器即为两个卫星,其地心距之差受地球引力以及大气阻力、太阳光压等摄动力的影响。在 NGGM 和 GRACE Follow-on 任务中,两个卫星作为引力敏感器,它们除受到地球引力和大气阻力、太阳光压等摄动力外,还受到阻力补偿控制系统的作用力,其地心距之差是这些力综合作用的结果。但是,无论哪种方式,重力场测量任务均要求获取纯引力作用下的引力敏感器运动。不同的是,在复合内编队系统中,通过腔体屏蔽和非引力干扰抑制,在物理上构造出引力敏感器的纯引力轨道,并通过测量直接获取纯引力作用下的引力敏感器轨道以及相对距离变化率;在 GRACE、GRACE Follow-on 和 NGGM 任务中,利用加速度计测量非引力干扰,然后在重力场模型恢复中剔除其影响,在理论上也可以得到纯引力轨道数据和相对距离变化率数据。从重力场测量效果上看,这两种方式是等效的。为了便于分析,在下面的推导中选取复合内编队的非引力干扰屏蔽模式,即假设两个引力敏感器均沿纯引力轨道运行。

在地球引力非球形摄动力作用下,两个引力敏感器的地心距均会出现周期性的变化,导致其距离变化率也出现周期性变化。这就是说,两个引力敏感器之间的地心距之差和相对距离变化率之间存在一定的关系。下面建立描述这一关系的方程。

7.2.2　两个引力敏感器地心距之差与相对距离变化率的关系

已知两个引力敏感器的距离变化率是矢量 $\dot{\boldsymbol{r}}_{AB}$ 和 $\boldsymbol{e}$ 的内积

$$\dot{\rho} = \dot{\boldsymbol{r}}_{AB} \cdot \boldsymbol{e} = |\dot{\boldsymbol{r}}_{AB}| \cos\langle \dot{\boldsymbol{r}}_{AB}, \boldsymbol{e}\rangle \tag{7-2-13}$$

矢量 $\dot{\boldsymbol{r}}_{AB}$ 和 $\boldsymbol{e}$ 与坐标系的选取无关,所以 $\dot{\rho}$ 的大小也与坐标系的选取无关。采用极坐标推导两个引力敏感器的地心距差 $r_B - r_A$ 与相对距离变化率 $\dot{\rho}$ 之间的关系。在由 $\boldsymbol{r}_A$ 和 $\boldsymbol{r}_B$ 决定的平面内,如图 7.1 所示,设直线 L_2 平分 $\boldsymbol{r}_A$ 和 $\boldsymbol{r}_B$ 的夹角,直线 L_1 垂直于 L_2。选取地心为极点,直线 L_1 为极轴,逆时针方向为角度正方向,则引力敏感器 A 和 B 的位置矢量可以表示为

$$\boldsymbol{r}_A = r_A \mathrm{e}^{\mathrm{i}\frac{\pi-\theta_0}{2}} \tag{7-2-14}$$

$$\boldsymbol{r}_B = r_B \mathrm{e}^{\mathrm{i}\frac{\pi+\theta_0}{2}} \tag{7-2-15}$$

其中,$\mathrm{i} = \sqrt{-1}$;θ_0 是引力敏感器 A 和 B 的地心矢量夹角。引力敏感器 A 和 B 的速度矢量可表示为

$$\dot{\boldsymbol{r}}_A = \dot{r}_A \mathrm{e}^{\mathrm{i}\frac{2\pi-\theta_0}{2}} \tag{7-2-16}$$

$$\dot{\boldsymbol{r}}_B = \dot{r}_B \mathrm{e}^{\mathrm{i}\frac{2\pi+\theta_0}{2}} \tag{7-2-17}$$

于是,可以得到引力敏感器 A 和 B 的位置矢量差和速度矢量差为

$$\boldsymbol{r}_{AB} = \boldsymbol{r}_B - \boldsymbol{r}_A = r_B \mathrm{e}^{\mathrm{i}\frac{\pi+\theta_0}{2}} - r_A \mathrm{e}^{\mathrm{i}\frac{\pi-\theta_0}{2}} \tag{7-2-18}$$

$$\dot{\boldsymbol{r}}_{AB} = \dot{\boldsymbol{r}}_B - \dot{\boldsymbol{r}}_A = \dot{r}_B \mathrm{e}^{\mathrm{i}\frac{2\pi+\theta_0}{2}} - \dot{r}_A \mathrm{e}^{\mathrm{i}\frac{2\pi-\theta_0}{2}} \tag{7-2-19}$$

在地球非球形摄动下,引力敏感器 A 和 B 的地心距会产生周期性的振荡。设在时刻 t 引力敏感器 A 的地心距为 r_0,引力敏感器 B 的地心距为 $r_0 + \Delta r_0$。下面计算矢量 $\boldsymbol{e}$ 的幅角,将式(7-2-18)代入式(7-2-6),得到

$$\boldsymbol{e} = \frac{\boldsymbol{r}_{AB}}{|\boldsymbol{r}_{AB}|} = \frac{(r_0 + \Delta r_0)\mathrm{e}^{\mathrm{i}\frac{\pi+\theta_0}{2}} - r_0 \mathrm{e}^{\mathrm{i}\frac{\pi-\theta_0}{2}}}{\rho} \tag{7-2-20}$$

其中,ρ 为引力敏感器 A 和 B 的相对距离。整理式(7-2-20),得到

$$\boldsymbol{e} = \left[-(2r_0 + \Delta r_0)\sin\frac{\theta_0}{2} + \mathrm{i}\Delta r_0 \cos\frac{\theta_0}{2} \right] / \rho \tag{7-2-21}$$

从而得到 $\boldsymbol{e}$ 的辐角为

$$\arg(\boldsymbol{e}) = \pi + \arctan\left[-\frac{\Delta r_0}{(2r_0 + \Delta r_0)\tan\dfrac{\theta_0}{2}} \right] \tag{7-2-22}$$

下面计算 $\dot{r}_{AB}$ 的辐角。在圆轨道假设条件下,引力敏感器 A 和 B 的速度大小近似为

$$\dot{r}_A = \sqrt{\mu/r_0} \tag{7-2-23}$$

$$\dot{r}_B = \sqrt{\mu/(r_0 + \Delta r_0)} \tag{7-2-24}$$

将式(7-2-23)和式(7-2-24)代入式(7-2-19),得到

$$\dot{r}_{AB} = \dot{r}_B - \dot{r}_A = \sqrt{\mu/(r_0 + \Delta r_0)}\, \mathrm{e}^{\mathrm{i}\frac{2\pi + \theta_0}{2}} - \sqrt{\mu/r_0}\, \mathrm{e}^{\mathrm{i}\frac{2\pi - \theta_0}{2}} \tag{7-2-25}$$

整理式(7-2-25),得到

$$\dot{r}_{AB} = \left[\sqrt{\mu/r_0} - \sqrt{\mu/(r_0 + \Delta r_0)}\right]\cos\frac{\theta_0}{2}$$
$$- \mathrm{i}\left[\sqrt{\mu/(r_0 + \Delta r_0)} + \sqrt{\mu/r_0}\right]\sin\frac{\theta_0}{2} \tag{7-2-26}$$

从而得到 $\dot{r}_{AB}$ 虚部和实部的比为

$$\frac{\mathrm{Im}(\dot{r}_{AB})}{\mathrm{Re}(\dot{r}_{AB})} = -\frac{\left[\sqrt{\mu/(r_0 + \Delta r_0)} + \sqrt{\mu/r_0}\right]\sin\dfrac{\theta_0}{2}}{\left[\sqrt{\mu/r_0} - \sqrt{\mu/(r_0 + \Delta r_0)}\right]\cos\dfrac{\theta_0}{2}} \approx -\frac{(4r_0 + \Delta r_0)\tan\dfrac{\theta_0}{2}}{\Delta r_0}$$
$$\tag{7-2-27}$$

从而得到 $\dot{r}_{AB}$ 的辐角为

$$\arg(\dot{r}_{AB}) = \arctan\left[\frac{\Delta r_0}{(4r_0 + \Delta r_0)\tan\dfrac{\theta_0}{2}}\right] - \frac{\pi}{2} \tag{7-2-28}$$

由式(7-2-22)和式(7-2-28)得到 e 和 $\dot{r}_{AB}$ 之间的夹角为

$$\langle \dot{r}_{AB}, e \rangle = \arg(\dot{r}_{AB}) - \arg(e)$$
$$= \arctan\left[\frac{\Delta r_0}{(4r_0 + \Delta r_0)\tan\dfrac{\theta_0}{2}}\right] + \arctan\left[\frac{\Delta r_0}{(2r_0 + \Delta r_0)\tan\dfrac{\theta_0}{2}}\right] - \frac{3\pi}{2} \tag{7-2-29}$$

于是

$$\cos\langle \dot{r}_{AB}, e \rangle = \cos\left\{\arctan\left[\frac{\Delta r_0}{(4r_0 + \Delta r_0)\tan\dfrac{\theta_0}{2}}\right] + \arctan\left[\frac{\Delta r_0}{(2r_0 + \Delta r_0)\tan\dfrac{\theta_0}{2}}\right] - \frac{3\pi}{2}\right\}$$
$$\tag{7-2-30}$$

化简得到

$$\cos\langle \dot{r}_{AB}, e \rangle \approx -\frac{3\Delta r_0}{4r_0 \tan\dfrac{\theta_0}{2}} \tag{7-2-31}$$

由式(7-2-13)和式(7-2-31),得到

$$|\dot{\boldsymbol{r}}_{AB}| = \frac{\dot{\rho}}{\cos\langle\dot{\boldsymbol{r}}_{AB},\boldsymbol{e}\rangle} = -\frac{4r_0\left(\tan\dfrac{\theta_0}{2}\right)\dot{\rho}}{3\Delta r_0} \qquad (7\text{-}2\text{-}32)$$

由式(7-2-26)得到

$$|\dot{\boldsymbol{r}}_{AB}|^2 = \left(\sqrt{\frac{\mu}{r_0}}-\sqrt{\frac{\mu}{r_0+\Delta r_0}}\right)^2\cos^2\frac{\theta_0}{2} + \left(\sqrt{\frac{\mu}{r_0+\Delta r_0}}+\sqrt{\frac{\mu}{r_0}}\right)^2\sin^2\frac{\theta_0}{2}$$

$$(7\text{-}2\text{-}33)$$

由式(7-2-32)和式(7-2-33)得到两个引力敏感器地心距之差 Δr_0 和相对距离变化率 $\dot{\rho}$ 之间的关系为

$$r_B - r_A = \Delta r_0 = -\frac{2r_0}{3\cos\dfrac{\theta_0}{2}}\sqrt{\frac{r_0}{\mu}}\dot{\rho} \qquad (7\text{-}2\text{-}34)$$

将式(7-2-34)代入式(7-2-12),得到迹向上两个引力敏感器的能量守恒关系为

$$\delta R_A - \delta R_B = \left(\frac{1}{2}-\frac{4}{3\cos\dfrac{\theta_0}{2}}\right)\sqrt{\frac{\mu}{r_0^3}}\dot{\rho}\delta r - \sqrt{\frac{\mu}{r_0}}\delta\dot{\rho} \qquad (7\text{-}2\text{-}35)$$

为了计算式(7-2-35)等号右端项的功率谱密度,需要得到 $\dot{\rho}$ 随时间变化的表达式。

7.2.3　两个引力敏感器相对距离变化率的数学表达式

由于地球引力的周期性摄动,两个引力敏感器轨道半长轴均会出现周期性的振荡,这导致它们的相对距离变化率也出现周期性的振荡。其中,J_2 项摄动是主要摄动项,其影响可以分为长期项和短周期项。J_2 摄动的长期项对轨道半长轴无影响,短周期项对半长轴的影响为[1]

$$a_s(t) = \frac{3}{2}\frac{J_2}{a}\left\{\frac{2}{3}\left(1-\frac{3}{2}\sin^2 i\right)\left[\left(\frac{a}{r}\right)^3-(1-e^2)^{-3/2}\right]+\sin^2 i\left(\frac{a}{r}\right)^3\cos 2(f+\omega)\right\}$$

$$(7\text{-}2\text{-}36)$$

其中,a 是半长轴;i 是轨道倾角;r 是引力敏感器地心距;e 是偏心率;f 是真近点角;ω 是近地点角距。对于迹向长基线相对轨道摄动重力场测量系统而言,有

$$i \approx 90°, \quad e \approx 0, \quad a \approx r \qquad (7\text{-}2\text{-}37)$$

从而,式(7-2-36)可近似表示为

$$r_s(t) = \frac{3}{2}\frac{J_2}{r}\cos(2\theta+\xi) \qquad (7\text{-}2\text{-}38)$$

其中,θ 是余纬;ξ 是初始相位角。迹向上两个引力敏感器的瞬时地心距之差为

$$\Delta r_0 = (3/2)(J_2/r)\left[\cos(2\theta+2\theta_0+\xi)-\cos(2\theta+\xi)\right] \qquad (7\text{-}2\text{-}39)$$

由此可知,两个引力敏感器地心距之差振荡的幅值正比于 $(\sin\theta_0)/r_0$,其中 θ_0 是两个引力敏感器地心矢量的夹角。考虑到式(7-2-34),可知

$$\mathrm{Am}(\dot{\rho}) \propto \frac{\cos\dfrac{\theta_0}{2}}{r_0^2}\sqrt{\frac{\mu}{r_0}}\sin\theta_0 \tag{7-2-40}$$

其中,$\mathrm{Am}(\cdot)$ 表示幅值;$\propto$ 表示正比于。引力敏感器相对距离变化率的振荡周期应当与轨道周期相同,从而

$$\dot{\rho}(t) = K\frac{\cos\dfrac{\theta_0}{2}}{r_0^2}\sqrt{\frac{\mu}{r_0}}\sin\theta_0\cos(nt+\xi) \tag{7-2-41}$$

其中,K 是待定系数;n 是轨道角速度;$\xi=-\pi/2$ 是初始相位。考虑到引力敏感器轨道为极轨道,所以有

$$\dot{\rho}(\theta) = K\frac{\cos\dfrac{\theta_0}{2}}{r_0^2}\sqrt{\frac{\mu}{r_0}}\sin\theta_0\cos(\theta+\xi) \tag{7-2-42}$$

为了得到系数 K,在不同的轨道高度和引力敏感器相对距离下,进行纯引力轨道积分,根据积分轨道得到相对距离变化率随时间振荡的幅值,如表 7.1 所示。

表 7.1　不同轨道高度和地心矢量夹角下的相对距离变化率幅值

（单位:m/s）

地心矢量夹角 \ 轨道高度	0.2°	0.4°	0.6°	0.8°	1.0°
200km	8.52384717×10^{-2}	1.70054302×10^{-1}	2.54878559×10^{-1}	3.39375389×10^{-1}	4.24052520×10^{-1}
250km	8.39648169×10^{-2}	1.66955167×10^{-1}	2.49980172×10^{-1}	3.32888860×10^{-1}	4.15999957×10^{-1}
300km	8.22614068×10^{-2}	1.63879328×10^{-1}	2.45575028×10^{-1}	3.26890250×10^{-1}	4.08533929×10^{-1}
350km	8.07749317×10^{-2}	1.60715522×10^{-1}	2.40566235×10^{-1}	3.20445000×10^{-1}	4.00451832×10^{-1}
400km	7.90730919×10^{-2}	1.57561129×10^{-1}	2.35965947×10^{-1}	3.14446876×10^{-1}	3.92894479×10^{-1}

地心矢量夹角 \ 轨道高度	1.2°	1.4°	1.6°	1.8°	2.0°
200km	5.08769221×10^{-1}	5.93621975×10^{-1}	6.78081254×10^{-1}	7.62879389×10^{-1}	8.47098944×10^{-1}
250km	4.99688820×10^{-1}	5.82412568×10^{-1}	6.65497074×10^{-1}	7.48424917×10^{-1}	8.31446183×10^{-1}
300km	4.90153499×10^{-1}	5.71442505×10^{-1}	6.53303618×10^{-1}	7.34316987×10^{-1}	8.15750088×10^{-1}
350km	4.80516090×10^{-1}	5.60716101×10^{-1}	6.40541874×10^{-1}	7.20322030×10^{-1}	8.00195000×10^{-1}
400km	4.71103131×10^{-1}	5.49539036×10^{-1}	6.28048672×10^{-1}	7.06380954×10^{-1}	7.84346464×10^{-1}

以 $\dfrac{\cos\dfrac{\theta_0}{2}}{r_0^2}\sqrt{\dfrac{\mu}{r_0}}\sin\theta_0$ 为横坐标,以表 7.1 中相对距离变化率幅值为纵坐标,得到图 7.2。可知,式(7-2-42)给出的相对距离变化率表达式是合理的,拟合得到系数 K 为

$$K = 1.3476 \times 10^{11}\,\mathrm{m}^2 \qquad (7\text{-}2\text{-}43)$$

将式(7-2-42)代入式(7-2-35),得到迹向上两个引力敏感器的能量守恒关系为

$$\delta R_A - \delta R_B = K\left[\dfrac{\cos\dfrac{\theta_0}{2}}{2} - \dfrac{4}{3}\right]\dfrac{\mu\sin\theta_0}{r_0^4}\cos(\theta+\xi)\delta r - \sqrt{\dfrac{\mu}{r_0}}\,\dot{\delta\rho} \qquad (7\text{-}2\text{-}44)$$

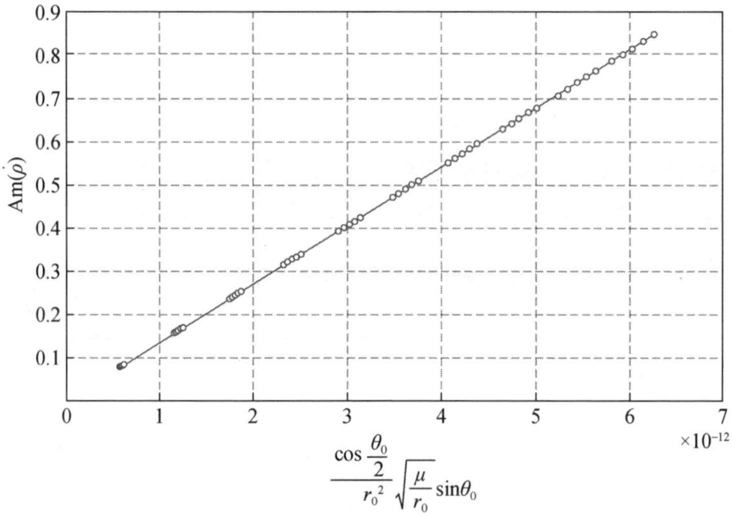

图 7.2　引力敏感器相对距离变化率幅值与 r_0 和 θ_0 的关系

下面根据式(7-2-44)建立迹向长基线相对轨道摄动重力场测量的阶误差方差表达式,进而得到重力场测量的有效阶数、大地水准面误差和重力异常误差等重力场测量性能。

7.2.4　长基线相对轨道摄动重力场测量性能的解析模型

由式(7-2-44)得到第 n 阶上的阶误差方差关系为

$$P_n^2(\delta R_A - \delta R_B) = P_n^2\left[K\left[\dfrac{\cos\dfrac{\theta_0}{2}}{2} - \dfrac{4}{3}\right]\dfrac{\mu\sin\theta_0}{r_0^4}\cos(\theta+\xi)\delta r - \sqrt{\dfrac{\mu}{r_0}}\,\dot{\delta\rho}\right]$$

$$(7\text{-}2\text{-}45)$$

对于式(7-2-45),由功率谱定义得到

$$P_n^2(\delta R_A - \delta R_B) = \sum_{k=-n}^{n} \left[\frac{1}{4\pi} \int_0^{2\pi} \int_0^{\pi} (\delta R_A - \delta R_B) \bar{Y}_{nk}(\theta,\lambda) \sin\theta \mathrm{d}\theta \mathrm{d}\lambda \right]^2$$

$$(7\text{-}2\text{-}46)$$

其中

$$\bar{Y}_{nk}(\theta,\lambda) = \bar{P}_{n|k|}(\cos\theta) Q_k(\lambda) \qquad (7\text{-}2\text{-}47)$$

$$Q_k(\lambda) = \begin{cases} \cos k\lambda, & k \geqslant 0 \\ \sin|k|\lambda, & k < 0 \end{cases} \qquad (7\text{-}2\text{-}48)$$

由于迹向上两个引力敏感器均沿极轨道运行,并且在同一个轨道面内,它们的非球形摄动引力位可分别表示为

$$R_A(r,\theta,\lambda) = \frac{\mu}{r_0} \sum_{n=2}^{\infty} \sum_{k=0}^{n} \left(\frac{a_e}{r_0} \right)^n (\bar{C}_{nk}\cos k\lambda + \bar{S}_{nk}\sin k\lambda) \bar{P}_{nk}[\cos(\theta+\theta_0)]$$

$$(7\text{-}2\text{-}49)$$

$$R_B(r,\theta,\lambda) = \frac{\mu}{r_0} \sum_{n=2}^{\infty} \sum_{k=0}^{n} \left(\frac{a_e}{r_0} \right)^n (\bar{C}_{nk}\cos k\lambda + \bar{S}_{nk}\sin k\lambda) \bar{P}_{nk}(\cos\theta) \quad (7\text{-}2\text{-}50)$$

将式(7-2-49)和式(7-2-50)代入式(7-2-46),得到

$$P_n^2(\delta R_A - \delta R_B)$$

$$= \sum_{k=-n}^{n} \left[\frac{1}{4\pi} \int_0^{2\pi} \int_0^{\pi} \left(\frac{\mu}{r_0} \sum_{l=2}^{\infty} \sum_{m=0}^{l} \frac{\left(\frac{a_e}{r_0} \right)^l (\delta\bar{C}_{lm}\cos m\lambda + \delta\bar{S}_{lm}\sin m\lambda)}{\times \{ \bar{P}_{lm}[\cos(\theta+\theta_0)] - \bar{P}_{lm}(\cos\theta) \}} \right) \bar{Y}_{nk}(\theta,\lambda) \sin\theta \mathrm{d}\theta \mathrm{d}\lambda \right]^2$$

$$= \frac{1}{16} \frac{\mu^2}{r_0^2} \sum_{k=0}^{n} \left[\sum_{l=\max(2,k)}^{\infty} \delta_k (\delta\bar{C}_{lk}) \left(\frac{a_e}{r_0} \right)^l \int_0^{\pi} \{ \bar{P}_{lk}[\cos(\theta+\theta_0)] - \bar{P}_{lk}(\cos\theta) \} \bar{P}_{nk}(\cos\theta) \sin\theta \mathrm{d}\theta \right]^2$$

$$+ \frac{1}{16} \frac{\mu^2}{r_0^2} \sum_{k=1}^{n} \left[\sum_{l=\max(2,k)}^{\infty} (\delta\bar{S}_{lk}) \left(\frac{a_e}{r_0} \right)^l \int_0^{\pi} \{ \bar{P}_{lk}[\cos(\theta+\theta_0)] - \bar{P}_{lk}(\cos\theta) \} \bar{P}_{nk}(\cos\theta) \sin\theta \mathrm{d}\theta \right]^2$$

$$\approx \frac{1}{16} \frac{\mu^2}{r_0^2} \sum_{k=0}^{n} \left[\sum_{l=n-1,n,n+1} \delta_k (\delta\bar{C}_{lk}) \left(\frac{a_e}{r_0} \right)^l \int_0^{\pi} \{ \bar{P}_{lk}[\cos(\theta+\theta_0)] - \bar{P}_{lk}(\cos\theta) \} \bar{P}_{nk}(\cos\theta) \sin\theta \mathrm{d}\theta \right]^2$$

$$+ \frac{1}{16} \frac{\mu^2}{r_0^2} \sum_{k=1}^{n} \left[\sum_{l=n-1,n,n+1} (\delta\bar{S}_{lk}) \left(\frac{a_e}{r_0} \right)^l \int_0^{\pi} \{ \bar{P}_{lk}[\cos(\theta+\theta_0)] - \bar{P}_{lk}(\cos\theta) \} \bar{P}_{nk}(\cos\theta) \sin\theta \mathrm{d}\theta \right]^2$$

$$(7\text{-}2\text{-}51)$$

其中

$$\delta_k = \begin{cases} 2, & k = 0 \\ 1, & k \neq 0 \end{cases} \qquad (7\text{-}2\text{-}52)$$

设

$$A_n(l,k,\theta_0) = \delta_k \int_0^{\pi} \{ \bar{P}_{lk}[\cos(\theta+\theta_0)] - \bar{P}_{lk}(\cos\theta) \} \bar{P}_{nk}(\cos\theta) \sin\theta \mathrm{d}\theta$$

$$(7\text{-}2\text{-}53)$$

则式(7-2-51)变为

$$P_n^2(\delta R_A - \delta R_B)$$

$$= \frac{1}{16} \frac{\mu^2}{r_0^2} \left(\frac{a_e}{r_0}\right)^{2(n-1)} \sum_{k=0}^{n} \left[\begin{array}{l} (\delta \bar{C}_{n-1,k}) A_n(n-1,k,\theta_0) + (\delta \bar{C}_{nk})\left(\frac{a_e}{r_0}\right) A_n(n,k,\theta_0) \\ + (\delta \bar{C}_{n+1,k})\left(\frac{a_e}{r_0}\right)^2 A_n(n+1,k,\theta_0) \end{array} \right]^2$$

$$+ \frac{1}{16} \frac{\mu^2}{r_0^2} \left(\frac{a_e}{r_0}\right)^{2(n-1)} \sum_{k=1}^{n} \left[\begin{array}{l} (\delta \bar{S}_{n-1,k}) A_n(n-1,k,\theta_0) + (\delta \bar{S}_{nk})\left(\frac{a_e}{r_0}\right) A_n(n,k,\theta_0) \\ + (\delta \bar{S}_{n+1,k})\left(\frac{a_e}{r_0}\right)^2 A_n(n+1,k,\theta_0) \end{array} \right]^2$$

$$(7\text{-}2\text{-}54)$$

下面计算式(7-2-54)中第一个中括号中的表达式,将平方项展开并利用不等式关系,得到

$$\sum_{k=0}^{n} \left[(\delta \bar{C}_{n-1,k}) A_n(n-1,k,\theta_0) + (\delta \bar{C}_{nk})\left(\frac{a_e}{r_0}\right) A_n(n,k,\theta_0) + (\delta \bar{C}_{n+1,k})\left(\frac{a_e}{r_0}\right)^2 A_n(n+1,k,\theta_0) \right]^2$$

$$\leqslant \sum_{k=0}^{n} \left\{ \begin{array}{l} (\delta \bar{C}_{n-1,k})^2 \left[\begin{array}{l} A_n^2(n-1,k,\theta_0) + \left(\frac{a_e}{r_0}\right) \mid A_n(n-1,k,\theta_0) A_n(n,k,\theta_0) \mid \\ + \left(\frac{a_e}{r_0}\right)^2 \mid A_n(n-1,k,\theta_0) A_n(n+1,k,\theta_0) \mid \end{array} \right] \\ + (\delta \bar{C}_{nk})^2 \left[\begin{array}{l} \left(\frac{a_e}{r_0}\right)^2 A_n^2(n,k,\theta_0) + \left(\frac{a_e}{r_0}\right) \mid A_n(n-1,k,\theta_0) A_n(n,k,\theta_0) \mid \\ + \left(\frac{a_e}{r_0}\right)^3 \mid A_n(n,k,\theta_0) A_n(n+1,k,\theta_0) \mid \end{array} \right] \\ (\delta \bar{C}_{n+1,k})^2 \left[\begin{array}{l} \left(\frac{a_e}{r_0}\right)^4 A_n^2(n+1,k,\theta_0) + \left(\frac{a_e}{r_0}\right)^2 \mid A_n(n-1,k,\theta_0) A_n(n+1,k,\theta_0) \mid \\ + \left(\frac{a_e}{r_0}\right)^3 \mid A_n(n,k,\theta_0) A_n(n+1,k,\theta_0) \mid \end{array} \right] \end{array} \right\}$$

$$(7\text{-}2\text{-}55)$$

设

$$\left\{ \begin{array}{l} B_1(r_0,n,k,\theta_0) = A_n^2(n-1,k,\theta_0) + \left(\dfrac{a_e}{r_0}\right) \mid A_n(n-1,k,\theta_0) A_n(n,k,\theta_0) \mid \\ \qquad\qquad\qquad + \left(\dfrac{a_e}{r_0}\right)^2 \mid A_n(n-1,k,\theta_0) A_n(n+1,k,\theta_0) \mid \\ B_2(r_0,n,k,\theta_0) = \left(\dfrac{a_e}{r_0}\right)^2 A_n^2(n,k,\theta_0) + \left(\dfrac{a_e}{r_0}\right) \mid A_n(n-1,k,\theta_0) A_n(n,k,\theta_0) \mid \\ \qquad\qquad\qquad + \left(\dfrac{a_e}{r_0}\right)^3 \mid A_n(n,k,\theta_0) A_n(n+1,k,\theta_0) \mid \\ B_3(r_0,n,k,\theta_0) = \left(\dfrac{a_e}{r_0}\right)^4 A_n^2(n+1,k,\theta_0) + \left(\dfrac{a_e}{r_0}\right)^2 \mid A_n(n-1,k,\theta_0) A_n(n+1,k,\theta_0) \mid \\ \qquad\qquad\qquad + \left(\dfrac{a_e}{r_0}\right)^3 \mid A_n(n,k,\theta_0) A_n(n+1,k,\theta_0) \mid \end{array} \right.$$

$$(7\text{-}2\text{-}56)$$

则式(7-2-55)可进一步表示为

$$\sum_{k=0}^{n} \left[\begin{array}{l} (\delta\bar{C}_{n-1,k}) A_n(n-1,k,\theta_0) + (\delta\bar{C}_{nk})\left(\dfrac{a_e}{r_0}\right) A_n(n,k,\theta_0) \\ + (\delta\bar{C}_{n+1,k})\left(\dfrac{a_e}{r_0}\right)^2 A_n(n+1,k,\theta_0) \end{array} \right]^2$$

$$\leqslant \sum_{k=0}^{n} \left[\begin{array}{l} (\delta\bar{C}_{n-1,k})^2 B_1(r_0,n,k,\theta_0) + (\delta\bar{C}_{nk})^2 B_2(r_0,n,k,\theta_0) \\ + (\delta\bar{C}_{n+1,k})^2 B_3(r_0,n,k,\theta_0) \end{array} \right]$$

$$\approx \sum_{k=0}^{n} (\delta\bar{C}_{nk})^2 \cdot \dfrac{1}{n+1} \sum_{k=0}^{n} \left[\begin{array}{l} B_1(r_0,n,k,\theta_0) + B_2(r_0,n,k,\theta_0) \\ + B_3(r_0,n,k,\theta_0) \end{array} \right] \tag{7-2-57}$$

同理，得到式(7-2-54)中第 2 个中括号的表达式为

$$\sum_{k=1}^{n} \left[(\delta\bar{S}_{n-1,k}) A_n(n-1,k,\theta_0) + (\delta\bar{S}_{nk})\left(\dfrac{a_e}{r_0}\right) A_n(n,k,\theta_0) + (\delta\bar{S}_{n+1,k})\left(\dfrac{a_e}{r_0}\right)^2 A_n(n+1,k,\theta_0) \right]^2$$

$$\approx \sum_{k=0}^{n} (\delta\bar{S}_{nk})^2 \cdot \dfrac{1}{n+1} \sum_{k=0}^{n} \left[B_1(r_0,n,k,\theta_0) + B_2(r_0,n,k,\theta_0) + B_3(r_0,n,k,\theta_0) \right]$$

$$\tag{7-2-58}$$

将式(7-2-57)和式(7-2-58)代入式(7-2-54)，得到

$$P_n^2(\delta R_A - \delta R_B)$$

$$= \dfrac{1}{16(n+1)} \dfrac{\mu^2}{r_0^2} \left(\dfrac{a_e}{r_0}\right)^{2(n-1)} \sum_{k=0}^{n} \left[B_1(r_0,n,k,\theta_0) + B_2(r_0,n,k,\theta_0) + B_3(r_0,n,k,\theta_0) \right]$$

$$\times \sum_{k=0}^{n} \left[(\delta\bar{C}_{nk})^2 + (\delta\bar{S}_{nk})^2 \right]$$

$$\tag{7-2-59}$$

下面推导式(7-2-45)的右端部分。为便于数学表示，设

$$D = K \left| \dfrac{\cos\dfrac{\theta_0}{2}}{2} - \dfrac{4}{3} \right| \dfrac{\mu\sin\theta_0}{r_0^4} \tag{7-2-60}$$

根据功率谱密度的定义，得到式(7-2-45)等号右端的部分为

$$P_n^2 \left[D\cos(\theta+\xi)\delta r - \sqrt{\dfrac{\mu}{r_0}}\,\delta\dot{\rho} \right]$$

$$= \sum_{k=-n}^{n} \left\{ \dfrac{1}{4\pi} \int_0^{2\pi}\int_0^{\pi} \left[D\cos(\theta+\xi)\delta r - \sqrt{\dfrac{\mu}{r_0}}\,\delta\dot{\rho} \right] \bar{Y}_{nk}(\theta,\lambda)\sin\theta\,\mathrm{d}\theta\,\mathrm{d}\lambda \right\}^2$$

$$= \sum_{k=-n}^{n} \left[\dfrac{D}{4\pi} \int_0^{2\pi}\int_0^{\pi} \cos(\theta+\xi)\delta r \bar{Y}_{nk}(\theta,\lambda)\sin\theta\,\mathrm{d}\theta\,\mathrm{d}\lambda \right]^2$$

$$+ \sum_{k=-n}^{n} \left[\dfrac{1}{4\pi} \sqrt{\dfrac{\mu}{r_0}} \int_0^{2\pi}\int_0^{\pi} \delta\dot{\rho}\bar{Y}_{nk}(\theta,\lambda)\sin\theta\,\mathrm{d}\theta\,\mathrm{d}\lambda \right]^2$$

$$-\sum_{k=-n}^{n}\left[2\cdot\frac{D}{4\pi}\int_{0}^{2\pi}\int_{0}^{\pi}\cos(\theta+\xi)\delta r\overline{Y}_{nk}(\theta,\lambda)\sin\theta\mathrm{d}\theta\mathrm{d}\lambda\right.$$

$$\left.\cdot\frac{1}{4\pi}\sqrt{\frac{\mu}{r_{0}}}\int_{0}^{2\pi}\int_{0}^{\pi}\dot{\delta\rho}\overline{Y}_{nk}(\theta,\lambda)\sin\theta\mathrm{d}\theta\mathrm{d}\lambda\right] \tag{7-2-61}$$

式(7-2-61)中的各项分别为

$$\sum_{k=-n}^{n}\left[\frac{D}{4\pi}\int_{0}^{2\pi}\int_{0}^{\pi}\cos(\theta+\xi)\delta r\overline{Y}_{nk}(\theta,\lambda)\sin\theta\mathrm{d}\theta\mathrm{d}\lambda\right]^{2}$$

$$=\left(\frac{D}{4\pi}\right)^{2}\frac{2\pi S_{\delta r}}{T}\sum_{k=0}^{n}\int_{0}^{\pi}\left[\overline{P}_{nk}(\cos\theta)\right]^{2}\cos^{2}(\theta+\xi)\sin^{2}\theta\mathrm{d}\theta \tag{7-2-62}$$

$$\sum_{k=-n}^{n}\left[\frac{1}{4\pi}\sqrt{\frac{\mu}{r_{0}}}\int_{0}^{2\pi}\int_{0}^{\pi}\dot{\delta\rho}\overline{Y}_{nk}(\theta,\lambda)\sin\theta\mathrm{d}\theta\mathrm{d}\lambda\right]^{2}$$

$$=\left(\frac{1}{4\pi}\sqrt{\frac{\mu}{r_{0}}}\right)^{2}\frac{2\pi S_{\dot{\delta\rho}}}{T}\sum_{k=0}^{n}\int_{0}^{\pi}\left[\overline{P}_{nk}(\cos\theta)\right]^{2}\sin^{2}\theta\mathrm{d}\theta \tag{7-2-63}$$

其中，$S_{\delta r}$ 是纯引力轨道位置误差 δr 的功率谱密度；$S_{\dot{\delta\rho}}$ 是纯引力作用下的相对距离变化率误差 $\dot{\delta\rho}$ 的功率谱密度；T 是重力场测量总时间。为了便于表示，在式(7-2-62)和式(7-2-63)中设

$$f_{\delta r}(n)=\sum_{k=0}^{n}\int_{0}^{\pi}\left[\overline{P}_{nk}(\cos\theta)\right]^{2}\cos^{2}(\theta+\xi)\sin^{2}\theta\mathrm{d}\theta \tag{7-2-64}$$

$$f_{\dot{\delta\rho}}(n)=\sum_{k=0}^{n}\int_{0}^{\pi}\left[\overline{P}_{nk}(\cos\theta)\right]^{2}\sin^{2}\theta\mathrm{d}\theta \tag{7-2-65}$$

由式(7-2-61)～式(7-2-65)，得到

$$P_{n}^{2}\left[D\cos(\theta+\xi)\delta r-\sqrt{\frac{\mu}{r_{0}}}\dot{\delta\rho}\right]\leqslant\left[\frac{D}{4\pi}\sqrt{\frac{2\pi S_{\delta r}}{T}f_{\delta r}(n)}+\frac{1}{4\pi}\sqrt{\frac{\mu}{r_{0}}}\sqrt{\frac{2\pi S_{\dot{\delta\rho}}}{T}f_{\dot{\delta\rho}}(n)}\right]^{2} \tag{7-2-66}$$

已知纯引力轨道位置误差 δr 和纯引力相对距离变化率误差 $\dot{\delta\rho}$ 的方差与功率谱密度的关系为

$$\sigma_{\delta r}^{2}=\int_{-f_{\delta r,\max}}^{f_{\delta r,\max}}S_{\delta r}(f)\mathrm{d}f=2S_{\delta r}f_{\delta r,\max} \tag{7-2-67}$$

$$\sigma_{\dot{\delta\rho}}^{2}=\int_{-f_{\dot{\delta\rho},\max}}^{f_{\dot{\delta\rho},\max}}S_{\dot{\delta\rho}}(f)\mathrm{d}f=2S_{\dot{\delta\rho}}f_{\dot{\delta\rho},\max} \tag{7-2-68}$$

其中，最高频率 $f_{\delta r,\max}$ 和 $f_{\dot{\delta\rho},\max}$ 通常取为 Nyquist 频率：

$$f_{\delta r,\max}=\frac{1}{2(\Delta t)_{\delta r}} \tag{7-2-69}$$

$$f_{\dot{\delta\rho},\max}=\frac{1}{2(\Delta t)_{\dot{\delta\rho}}} \tag{7-2-70}$$

其中，$(\Delta t)_{\delta r}$ 和 $(\Delta t)_{\dot{\delta\rho}}$ 分别是纯引力轨道位置数据和纯引力相对距离变化率数据的采样间隔。将式(7-2-67)～式(7-2-70)代入式(7-2-66)，得到

$$P_n^2 \left[D\cos(\theta+\xi)\delta r - \sqrt{\frac{\mu}{r_0}}\,\dot{\delta\rho} \right]$$

$$\leqslant \left[\frac{D}{4\pi}\sqrt{\frac{2\pi\sigma_{\delta r}^2\,(\Delta t)_{\delta r}}{T}f_{\delta r}(n)} + \frac{1}{4\pi}\sqrt{\frac{\mu}{r_0}}\sqrt{\frac{2\pi\sigma_{\dot{\delta\rho}}^2\,(\Delta t)_{\dot{\delta\rho}}}{T}f_{\dot{\delta\rho}}(n)} \right]^2$$

$$= \frac{1}{8\pi T}\left[D\sqrt{\sigma_{\delta r}^2\,(\Delta t)_{\delta r}f_{\delta r}(n)} + \sqrt{\frac{\mu}{r_0}}\sqrt{\sigma_{\dot{\delta\rho}}^2\,(\Delta t)_{\dot{\delta\rho}}f_{\dot{\delta\rho}}(n)} \right]^2 \tag{7-2-71}$$

由式(7-2-45)、式(7-2-59)和式(7-2-71),得到迹向长基线相对轨道摄动重力场测量的阶误差方差为

$$\delta\sigma_n^2 = \frac{1}{2n+1}\sum_{k=0}^n \left[(\delta\bar{C}_{nk})^2 + (\delta\bar{S}_{nk})^2 \right]$$

$$= \frac{1}{\displaystyle\sum_{k=0}^n \left[B_1(r_0,n,k,\theta_0) + B_2(r_0,n,k,\theta_0) + B_3(r_0,n,k,\theta_0) \right]}$$

$$\times \frac{2(n+1)}{2n+1}\frac{r_0^{2n}}{\pi\mu^2 Ta_e^{2n-2}}\left[D\sqrt{\sigma_{\delta r}^2\,(\Delta t)_{\delta r}f_{\delta r}(n)} + \sqrt{\frac{\mu}{r_0}}\sqrt{\sigma_{\dot{\delta\rho}}^2\,(\Delta t)_{\dot{\delta\rho}}f_{\dot{\delta\rho}}(n)} \right]^2 \tag{7-2-72}$$

在式(7-2-72)中,纯引力轨道位置误差 $\sigma_{\delta r}^2$ 包括定轨误差 $(\Delta r)_m^2$ 和非引力干扰引起的纯引力轨道偏移 $(\Delta r)_{\Delta F}^2$。同样,纯引力相对距离变化率误差 $\sigma_{\dot{\delta\rho}}^2$ 包括相对距离变化率测量误差 $(\Delta\dot\rho)_m^2$ 和非引力干扰引起的相对距离变化率偏移 $(\Delta\dot\rho)_{\Delta F}^2$,即

$$\sigma_{\delta r}^2\,(\Delta t)_{\delta r} = (\Delta r)_{\Delta F}^2\,(\Delta t)_{\Delta F} + (\Delta r)_m^2\,(\Delta t)_{\Delta r} \tag{7-2-73}$$

$$\sigma_{\dot{\delta\rho}}^2\,(\Delta t)_{\dot{\delta\rho}} = (\Delta\dot\rho)_{\Delta F}^2\,(\Delta t)_{\Delta F} + (\Delta\dot\rho)_m^2\,(\Delta t)_{\Delta\dot\rho} \tag{7-2-74}$$

其中,$(\Delta t)_{\Delta F}$ 是非引力干扰测量或抑制间隔;$(\Delta t)_{\Delta r}$ 是引力敏感器轨道数据的采样间隔;$(\Delta t)_{\Delta\dot\rho}$ 是相对距离变化率采样间隔。

非引力干扰 δF 引起纯引力轨道位置累积误差和相对距离变化率累积误差,其最大值对应匀加速直线运动条件下的累积误差,其平均累积误差为

$$(\Delta r)_{\Delta F} = \frac{1}{T_{arc}}\int_0^{T_{arc}}\frac{1}{2}(\Delta F)t^2\,\mathrm{d}t = \frac{(\Delta F)T_{arc}^2}{6} \tag{7-2-75}$$

$$(\Delta\dot\rho)_{\Delta F} = \frac{1}{T_{arc}}\int_0^{T_{arc}}(\Delta F)t\,\mathrm{d}t = \frac{(\Delta F)T_{arc}}{2} \tag{7-2-76}$$

其中,T_{arc} 为积分弧长。将式(7-2-73)~式(7-2-76)代入式(7-2-72),得到阶误差方差为

$$\delta\sigma_n^2 = \frac{1}{2n+1}\sum_{k=0}^n \left[(\delta\bar{C}_{nk})^2 + (\delta\bar{S}_{nk})^2 \right]$$

$$= \cfrac{1}{\displaystyle\sum_{k=0}^{n}\left[B_1(r_0,n,k,\theta_0)+B_2(r_0,n,k,\theta_0)+B_3(r_0,n,k,\theta_0)\right]}$$

$$\times \frac{1}{2n+1}\frac{2(n+1)r_0^{2n}}{\pi\mu^2 Ta_e^{2n-2}}\left\{\begin{array}{l}D\sqrt{\left[\dfrac{(\Delta F)^2 T_{\mathrm{arc}}^4}{36}(\Delta t)_{\Delta F}+(\Delta r)_m^2(\Delta t)_{\Delta r}\right]f_{\delta r}(n)}\\[4mm]+\sqrt{\dfrac{\mu}{r_0}}\sqrt{\left[\dfrac{(\Delta F)^2 T_{\mathrm{arc}}^2}{4}(\Delta t)_{\Delta F}+(\dot{\Delta\rho})_m^2(\Delta t)_{\dot{\Delta\rho}}\right]f_{\dot{\delta\rho}}(n)}\end{array}\right\}^2$$

$$\tag{7-2-77}$$

其中

$$\left\{\begin{array}{l}
B_1(r_0,n,k,\theta_0)=A_n^2(n-1,k,\theta_0)+\left(\dfrac{a_e}{r_0}\right)|A_n(n-1,k,\theta_0)A_n(n,k,\theta_0)|\\[3mm]
\qquad\qquad +\left(\dfrac{a_e}{r_0}\right)^2|A_n(n-1,k,\theta_0)A_n(n+1,k,\theta_0)|\\[3mm]
B_2(r_0,n,k,\theta_0)=\left(\dfrac{a_e}{r_0}\right)^2 A_n^2(n,k,\theta_0)+\left(\dfrac{a_e}{r_0}\right)|A_n(n-1,k,\theta_0)A_n(n,k,\theta_0)|\\[3mm]
\qquad\qquad +\left(\dfrac{a_e}{r_0}\right)^3|A_n(n,k,\theta_0)A_n(n+1,k,\theta_0)|\\[3mm]
B_3(r_0,n,k,\theta_0)=\left(\dfrac{a_e}{r_0}\right)^4 A_n^2(n+1,k,\theta_0)+\left(\dfrac{a_e}{r_0}\right)^2|A_n(n-1,k,\theta_0)A_n(n+1,k,\theta_0)|\\[3mm]
\qquad\qquad +\left(\dfrac{a_e}{r_0}\right)^3|A_n(n,k,\theta_0)A_n(n+1,k,\theta_0)|
\end{array}\right.$$

$$\tag{7-2-78}$$

$$A_n(l,k,\theta_0)=\delta_k\int_0^{\pi}\{\bar{P}_{lk}[\cos(\theta+\theta_0)]-\bar{P}_{lk}(\cos\theta)\}\bar{P}_{nk}(\cos\theta)\sin\theta\mathrm{d}\theta$$

$$\tag{7-2-79}$$

$$\delta_k=\begin{cases}2,&k=0\\1,&k\neq0\end{cases}\tag{7-2-80}$$

$$D=K\left|\frac{\cos\dfrac{\theta_0}{2}}{2}-\frac{4}{3}\right|\frac{\mu\sin\theta_0}{r_0^4}\tag{7-2-81}$$

$$f_{\delta r}(n)=\sum_{k=0}^{n}\int_0^{\pi}\left[\bar{P}_{nk}(\cos\theta)\right]^2\cos^2(\theta+\xi)\sin^2\theta\mathrm{d}\theta=\frac{3}{8}(2n+1)\pi\tag{7-2-82}$$

$$f_{\dot{\delta\rho}}(n)=\sum_{k=0}^{n}\int_0^{\pi}\left[\bar{P}_{nk}(\cos\theta)\right]^2\sin^2\theta\mathrm{d}\theta=\left(n+\frac{1}{2}\right)\pi\tag{7-2-83}$$

$$r_0=a_e+h\tag{7-2-84}$$

$$K=1.3476\times10^{11}\,\mathrm{m}^2,\quad \xi=-\frac{\pi}{2}\tag{7-2-85}$$

上述公式中的物理参数说明如表 7.2 所示。由此得到了迹向长基线相对轨道摄动重力场测量的阶误差方差解析表达式,进而可以得到重力场测量的有效阶数、大地水准面阶误差及其累积误差和重力异常阶误差及其累积误差等重力场测量性能。

表 7.2　迹向长基线相对轨道摄动重力场测量解析模型中的物理参数

符号	物理量	符号	物理量
$\delta\sigma_n^2$	阶误差方差	$(\delta\bar{C}_{nk},\delta\bar{S}_{nk})$	位系数误差
r_0	引力敏感器地心距	θ_0	两个引力敏感器地心矢量夹角
a_e	地球平均半径	μ	地球引力常数
h	引力敏感器轨道高度	T_{arc}	积分弧长
ΔF	非引力干扰	$(\Delta t)_{\Delta F}$	非引力干扰数据间隔
$(\Delta r)_m$	引力敏感器定轨位置误差	$(\Delta t)_{\Delta r}$	轨道数据采样间隔
$(\Delta\dot{\rho})_m$	相对距离变化率测量误差	$(\Delta t)_{\Delta\dot{\rho}}$	相对距离变化率采样间隔
T	重力场测量的总时间		

7.2.5　长基线相对轨道摄动重力场测量解析模型的验证

为了验证所建立的迹向长基线相对轨道摄动重力场测量性能解析模型,在 GRACE 卫星系统参数下利用该解析公式计算重力场测量的有效阶数和大地水准面精度,然后与国际上公布的 GRACE 卫星重力场测量性能进行比较,可以评估所建立的解析模型的正确性。在 GRACE 卫星中,轨道高度为 460km,星间距离为 220km,非引力干扰为 $1.0\times10^{-10}\,\mathrm{m/s^2}$,定轨误差为 3cm,星间距离变化率测量误差为 $1.0\times10^{-6}\,\mathrm{m/s}$,总测量时间为 6 个月,非引力干扰数据间隔为 5s,轨道数据采样间隔为 5s,星间距离变化率数据间隔为 5s。在这些参数设置下,得到重力场测量的阶误差方差和大地水准面阶误差,如图 7.3 和图 7.4 所示。

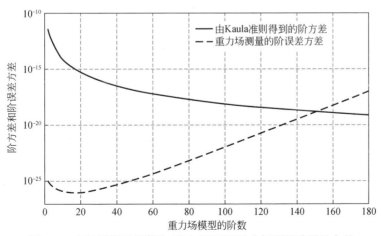

图 7.3　由解析模型得到的 GRACE 卫星重力场测量阶误差方差

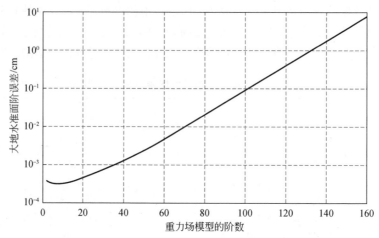

图 7.4　由解析模型得到的 GRACE 卫星重力场测量大地水准面阶误差

由图 7.3 和图 7.4 可知,利用迹向长基线相对轨道摄动重力场测量性能解析公式,得到 GRACE 卫星测量重力场的有效阶数约为 150,与文献[2]和文献[3]给出的 GRACE 卫星测量性能基本吻合,说明所建立的长基线相对轨道摄动重力场测量性能解析模型是正确的。

7.3　长基线相对轨道摄动重力场测量任务轨道与载荷匹配设计方法

利用 7.2 节建立的长基线相对轨道摄动重力场测量解析模型,分析轨道参数、载荷指标等任务参数对重力场测量的影响规律,建立任务参数的优化设计方法。

7.3.1　轨道高度的优化选择

在表 7.3 所示的长基线相对轨道摄动重力场测量系统参数下,令轨道高度在 210～490km 内变化,其他系统参数不变,利用解析模型计算重力场测量性能,如图 7.5 所示。图中横坐标是重力场模型的阶数,虚线是 Kaula 准则给出的阶方差,实线是不同轨道高度下的位系数阶误差方差,虚线和实线交点的横坐标是重力场测量的有效阶数,已在图中标注。

表 7.3　长基线相对轨道摄动重力场测量系统参数

参数	数值	参数	数值
轨道高度	210～490km	两个引力敏感器的相对距离	100km
定轨误差	5cm	轨道数据采样间隔	10s
相对距离变化率误差	$1.0×10^{-8}$ m/s	相对距离变化率采样间隔	10s
非引力干扰	$1.0×10^{-12}$ m/s^2	重力场测量总时间	1 年

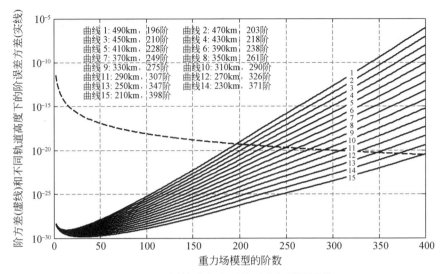

图 7.5 不同轨道高度下的重力场测量性能

综上可知,轨道高度越低,长基线相对轨道摄动重力场测量性能越高。在卫星控制能力允许的情况下,应尽可能降低轨道高度,以敏感更强的引力信号。同时,轨道高度决定了回归周期,进而决定了星下点轨迹在东西方向上的间隔。从满足全球覆盖测量要求的角度出发,与绝对轨道摄动重力场测量对轨道高度的要求相同,它应满足下述关系:

$$h = \left\{ \mu \left[\frac{D}{(\omega_e - d\Omega/dt)N^*} \right]^2 \right\}^{\frac{1}{3}} - R_e \tag{7-3-1}$$

其中,h 是轨道高度;R_e 是地球半径;ω_e 是地球自转角速度;$d\Omega/dt$ 是升交点赤经随时间的变化率;μ 是万有引力常数与地球质量的乘积。卫星在 D 天内完成一次回归,绕地球 N^* 圈,其中 $N^* \geqslant N_{max}$,N_{max} 是任务要求的重力场反演有效阶数。

7.3.2 引力敏感器相对距离的优化选择

令引力敏感器相对距离在 2~500km 内变化,利用解析模型计算重力场测量的阶误差方差,进而得到大地水准面阶误差。然后,将大地水准面阶误差在不同的阶数范围内进行累积,如图 7.6~图 7.13 所示。

由图 7.6~图 7.13 可知,引力敏感器相对距离越大,越有利于恢复低阶重力场;相对距离越小,越有利于恢复高阶重力场。对计算结果进行分析,可知引力敏感器相对距离 L 和最佳测量阶数 n 之间满足如下关系:

$$L = \frac{\pi(R_e + h)}{n} \tag{7-3-2}$$

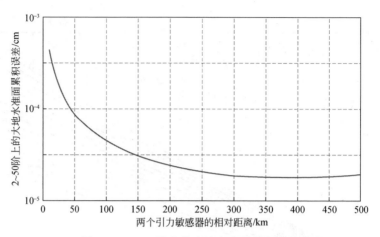

图 7.6　2～50 阶上的大地水准面累积误差

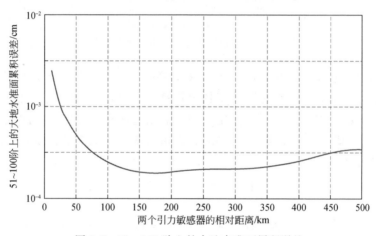

图 7.7　51～100 阶上的大地水准面累积误差

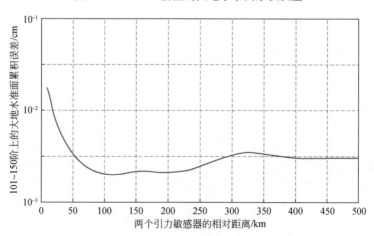

图 7.8　101～150 阶上的大地水准面累积误差

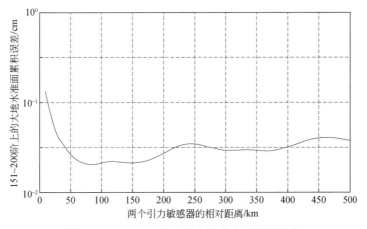

图 7.9　151～200 阶上的大地水准面累积误差

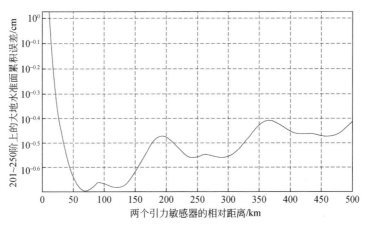

图 7.10　201～250 阶上的大地水准面累积误差

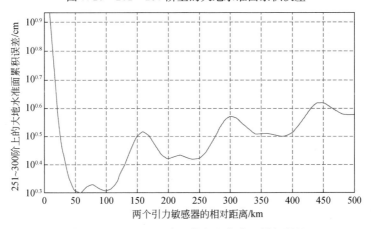

图 7.11　251～300 阶上的大地水准面累积误差

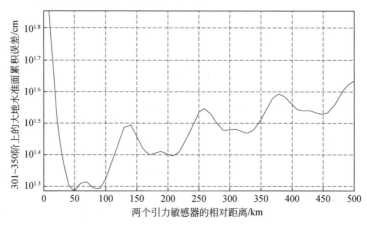

图 7.12　301～350 阶上的大地水准面累积误差

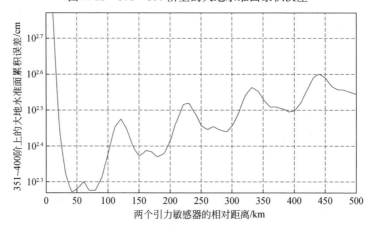

图 7.13　351～400 阶上的大地水准面累积误差

7.3.3　相对距离变化率测量误差、非引力干扰和定轨误差的优化选择

相对距离变化率测量误差、非引力干扰和定轨误差越小,越有利于提高重力场的测量精度。但是,这些载荷指标之间存在匹配制约的关系,即一个载荷指标对重力场测量的影响程度,依赖于其他载荷指标。当其中一个载荷指标的误差很大时,单纯提高其他载荷指标的精度不会显著提高重力场的测量精度。通过对长基线相对轨道摄动重力场测量解析模型的分析,可以建立定轨误差、相对距离变化率测量误差和非引力干扰的定量匹配关系,使它们对重力场测量具有相同的贡献,从而充分发挥载荷指标的性能。由解析模型可知,载荷指标的匹配关系应当包括以下几点。

(1)非引力干扰引起的引力敏感器纯引力轨道偏差应和定轨误差相匹配,两者共同构成纯引力轨道误差;

(2)非引力干扰引起的引力敏感器纯引力相对距离变化率偏差应和星间测距

误差相匹配,两者共同构成了纯引力相对距离变化率误差;

(3)纯引力轨道误差和纯引力相对距离变化率误差应当匹配,两者共同对重力场测量性能产生影响。

设

$$(\Delta F)_1 = \frac{\sqrt{3}D}{2}\sqrt{\frac{(\Delta F)^2 T_{\text{arc}}^4}{36} \frac{(\Delta t)_{\Delta F}}{T}} \tag{7-3-3}$$

$$(\Delta F)_2 = \sqrt{\frac{\mu}{a_e + h}}\sqrt{\frac{(\Delta F)^2 T_{\text{arc}}^2}{4} \frac{(\Delta t)_{\Delta F}}{T}} \tag{7-3-4}$$

则 $(\Delta F)_1$ 和 $(\Delta F)_2$ 的比值为

$$\frac{(\Delta F)_1}{(\Delta F)_2} = \frac{\sqrt{3}}{6}\frac{K}{\left[\frac{4}{3} - \frac{\cos\frac{\theta_0}{2}}{2}\right]}\sqrt{\frac{\mu}{a_e + h}}\frac{\sin\theta_0}{(a_e + h)^3}T_{\text{arc}} \tag{7-3-5}$$

对于长基线相对轨道摄动重力场测量任务参数的通常选取范围,即轨道高度低于 500km、星间相对距离低于 500km、积分弧长低于 2 天,计算可知 $(\Delta F)_1/(\Delta F)_2$ 小于 10^{-4}。这说明 $(\Delta F)_1$ 对重力场测量的贡献远小于 $(\Delta F)_2$。因此,根据上述给出的三种匹配关系,结合式(7-2-77)给出的长基线相对轨道摄动重力场测量性能解析公式,得到匹配关系的定量描述为

$$\frac{(\Delta F)^2 T_{\text{arc}}^2}{4}\frac{(\Delta t)_{\Delta F}}{T} = (\Delta\dot\rho)_m^2\frac{(\Delta t)_{\Delta\dot\rho}}{T} \tag{7-3-6}$$

$$\frac{\sqrt{3}D}{2}\sqrt{(\Delta r)_m^2\frac{(\Delta t)_{\Delta r}}{T}} = \frac{1}{2}\sqrt{\frac{\mu}{a_e + h}}\sqrt{\frac{(\Delta F)^2 T_{\text{arc}}^2}{4}\frac{(\Delta t)_{\Delta F}}{T} + (\Delta\dot\rho)_m^2\frac{(\Delta t)_{\Delta\dot\rho}}{T}} \tag{7-3-7}$$

化简得到相对距离变化率测量误差、非引力干扰和定轨误差的匹配关系为

$$\begin{cases} (\Delta\dot\rho)_m = \frac{(\Delta F)T_{\text{arc}}}{2}\sqrt{\frac{(\Delta t)_{\Delta F}}{(\Delta t)_{\Delta\dot\rho}}} \\ (\Delta r)_m = \frac{1}{\sqrt{3}D}\sqrt{\frac{\mu}{a_e + h}}\sqrt{\frac{(\Delta F)^2 T_{\text{arc}}^2}{4}\frac{(\Delta t)_{\Delta F}}{(\Delta t)_{\Delta r}} + (\Delta\dot\rho)_m^2\frac{(\Delta t)_{\Delta\dot\rho}}{(\Delta t)_{\Delta r}}} \end{cases} \tag{7-3-8}$$

7.3.4 观测数据采样间隔的选择

全球覆盖测量要求是指数据采样点对应的星下点在南北方向和东西方向上的间隔均不超过重力场测量有效阶数对应的空间分辨率。其中,南北方向上的覆盖测量由测量数据采样间隔决定,这与绝对轨道摄动重力场测量对观测数据采样间隔的要求相同,即

$$\Delta t \leqslant \frac{\pi}{N_{\max}}\sqrt{\frac{(R_e + h)^3}{\mu}} \tag{7-3-9}$$

其中，Δt 是观测数据采样间隔，包括相对距离变化率采样间隔、定轨数据采样间隔和非引力干扰测量或抑制间隔；N_{max} 是重力场测量的有效阶数；R_e 是地球半径；h 为轨道高度；μ 是万有引力常数和地球质量的乘积。

7.3.5　总任务时间的确定

总任务时间决定了东西方向上的覆盖测量，与绝对轨道摄动重力场测量相同，对总任务时间的要求为

$$T \geqslant D = (\omega_e - \frac{d\Omega}{dt})N_{max}\sqrt{\frac{(R_e + h)^3}{\mu}} \qquad (7\text{-}3\text{-}10)$$

这样就建立了长基线相对轨道摄动重力场测量轨道选择与载荷匹配设计方法，即轨道高度应尽可能低，由之确定的回归周期应满足全球覆盖测量要求；引力敏感器相对距离取为重力场测量阶数对应的空间分辨率；相对距离变化率测量误差，非引力干扰和定轨误差越小，越有利于重力场测量，同时它们应满足匹配关系，以充分发挥载荷能力；数据采样间隔应满足南北方向上的全球覆盖测量要求；总测量时间应满足东西方向上的覆盖测量要求；最后，利用解析模型校核长基线相对轨道摄动重力场测量性能，若满足要求则设计完成，否则按照上述方法调整设计参数，直到满足要求为止。

7.4　典型重力卫星任务轨道与数据产品

7.4.1　GRACE 卫星任务轨道

GRACE 是美德联合开展的天基重力场测量任务，它采用长基线相对轨道摄动重力场测量原理，目的是获取高精度的静态和动态地球重力场模型，为相关科学研究和技术应用提供重力参考。2002 年 3 月 17 日，GRACE 卫星从俄罗斯普列谢茨克航天发射场（东经 40.3°，北纬 62.7°）发射入轨，初始轨道高度在 500km 左右，每个卫星质量为 487kg，轨道周期为 91min。GRACE 卫星设计寿命为 5 年，但是实际运行时间远远超出设计寿命，目前仍然在轨运行，2015 年 11 月底，轨道高度仍然在380km 左右。GRACE 卫星陨落后，将由 GRACE Follow-on 任务代替，它预计于 2018年 6 月由猎鹰 9 号（Falcon 9）火箭从美国范登堡空军基地发射入轨[4]。

根据 www.space-track.org 网站提供的两行轨道根数，得到 GRACE 卫星从发射入轨到 2015 年 11 月为止（2002 年 3 月 17 日～2015 年 11 月 22 日）的轨道变化，如图 7.14～图 7.18 所示。由图可知，GRACE1 和 GRACE2 卫星的轨道半长轴、轨道高度、偏心率、倾角、升交点赤经非常接近，它们的曲线在图中几乎重合，因此，下面将 GRACE1 和 GRACE2 统称为 GRACE 卫星。图 7.14 和图 7.15 给出

了 GRACE 卫星轨道半长轴和轨道高度随时间的变化。由图可知,GRACE 卫星在 2002 年 3 月 17 日入轨时的平均轨道高度约为 502km,然后在大气阻力的作用下,卫星的轨道高度逐渐降低。在 2013 年 2 月 27 日,也就是经历了 10 年 11 个月后,轨道高度才降低到 460km 左右。但是,之后由于大气密度随高度的降低而增加,轨道高度下降速度明显加快。在 2015 年 11 月 22 日,也就是从 2013 年 2 月 27 日开始又经历了 2 年 9 个月后,轨道高度降低到 383km。CHAMP 卫星仅比 GRACE 卫星早入轨 1 年 8 个月,但是它在 2010 年 9 月 19 日已经坠入大气层(高度为 148km),而 GRACE 卫星目前仍在轨运行,高度为 383km。这主要得益于 GRACE 卫星入轨点比 CHAMP 卫星高约 50km,在 500~450km 高度范围内卫星轨道降低较为缓慢,而在 450km 以下卫星轨道高度下降相对较快,因而 GRACE 卫星的寿命大大超过 CHAMP 卫星。

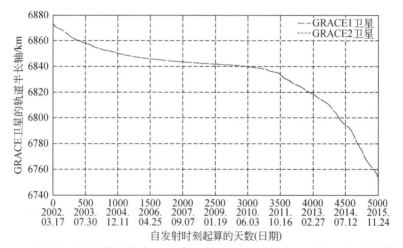

图 7.14　GRACE 卫星在轨运行时(2002 年 3 月 17 日~2015 年 11 月 22 日)的轨道半长轴

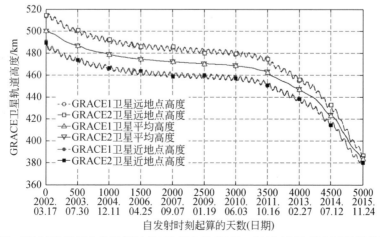

图 7.15　GRACE 卫星在轨运行时(2002 年 3 月 17 日~2015 年 11 月 22 日)的轨道高度

图 7.16 给出了 GRACE 卫星轨道偏心率随时间的变化。由图可知,在大气阻力作用下,卫星在轨道高度降低的同时,偏心率也振荡式地缓慢减小,即轨道逐渐变圆。2002 年 3 月 17 日入轨时的偏心率约为 2×10^{-3},在 2015 年 11 月 22 日时偏心率降为 0.7×10^{-3}。图 7.17 给出了 GRACE 卫星轨道倾角随时间的变化。由图可知,在从发射入轨到 2015 年 11 月 22 日的 13 年 8 个月内,轨道倾角变化很小,基本在 $88.99° \sim 89.04°$ 内波动。

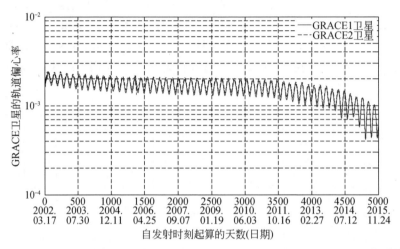

图 7.16　GRACE 卫星在轨运行时(2002 年 3 月 17 日~2015 年 11 月 22 日)的轨道偏心率

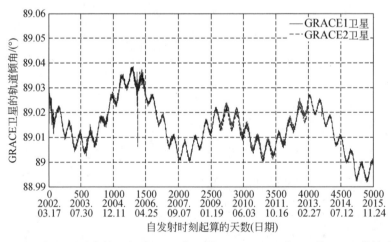

图 7.17　GRACE 卫星在轨运行时(2002 年 3 月 17 日~2015 年 11 月 22 日)的轨道倾角

图 7.18 给出了 GRACE 卫星升交点赤经随时间的变化。由图可知,在 2002 年 3 月 17 日入轨时的升交点赤经为 354.43°,然后随时间线性降低。经过 2712.89

天后,升交点赤经又变为 354.43°,即升交点赤经的变化周期为 2712.89 天,由此得到升交点赤经的变化率为 0.1327(°)/天。

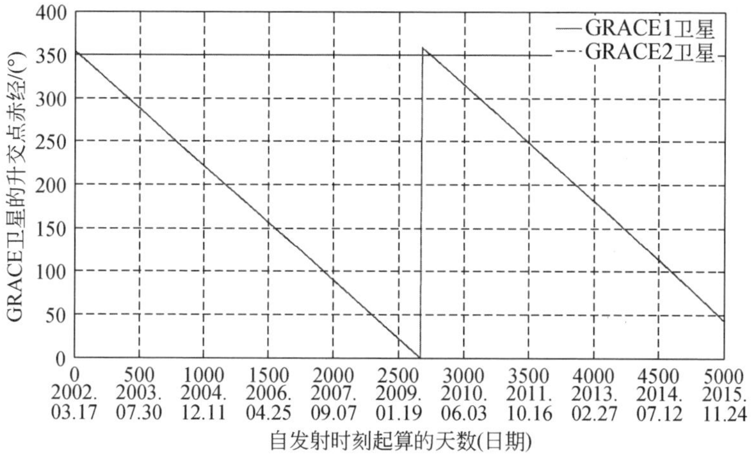

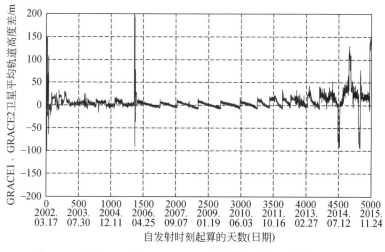

图 7.18　GRACE 卫星在轨运行时(2002 年 3 月 17 日～2015 年 11 月 22 日)的升交点赤经

由图 7.14～图 7.18 可知,在轨运行期间,GRACE 卫星编队中的两个卫星即 GRACE1 和 GRACE2 的轨道根数相差很小。为了直观地描述这一差别,下面给出它们相应的轨道根数差随时间的变化,如图 7.19～图 7.23 所示。

图 7.19 和图 7.20 给出了 GRACE 卫星编队中两个卫星轨道高度之差和半长轴之差随时间的变化,可知在 2002～2015 年,两个卫星轨道高度或半长轴之差在 ±200m 范围内变化。

图 7.19　GRACE1 和 GRACE2 卫星轨道高度之差随时间的变化

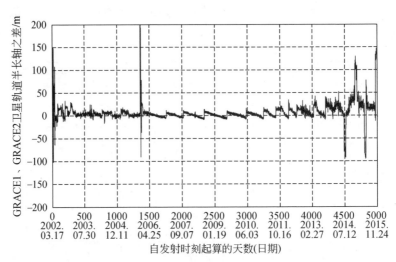

图 7.20　GRACE1 和 GRACE2 卫星轨道半长轴之差随时间的变化

　　图 7.21 给出了 GRACE 卫星编队中两个卫星轨道偏心率之差随时间的变化。由图可知,在轨运行期间两个卫星偏心率的差别在 10^{-4} 量级以下,并且随着轨道高度的不断降低,两个卫星各自的轨道偏心率在减小,两星偏心率之差也在逐渐减小。

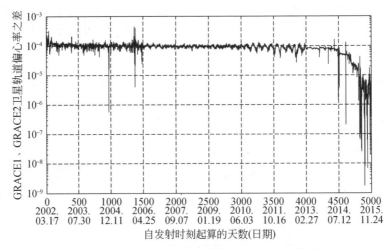

图 7.21　GRACE1 和 GRACE2 卫星轨道偏心率之差随时间的变化

　　图 7.22 给出了 GRACE 卫星编队中两个卫星轨道倾角之差随时间的变化,可知在 2002 年 3 月 17 日～2015 年 11 月 22 日的在轨运行期间,两个卫星的轨道倾角非常接近,它们之差在所有时刻均小于 0.01°。图 7.23 给出了两星升交点赤经之差随时间的变化,可以发现在轨运行期间,两星的升交点赤经也非常接近,它们

之差始终小于 $0.04°$。两星的倾角和升交点赤经非常接近,说明它们基本上始终处于同一个轨道面内。

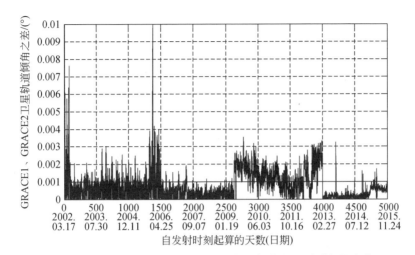

图 7.22　GRACE1 和 GRACE2 卫星轨道倾角之差随时间的变化

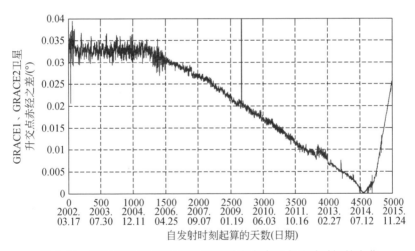

图 7.23　GRACE1 和 GRACE2 卫星升交点赤经之差随时间的变化

7.4.2　GRACE 卫星重力场测量数据产品及性能分析

GRACE 卫星任务的数据产品分为 3 级,分别是水平 0、水平 1 和水平 2,这些产品由美国喷气推进实验室、德国地学研究中心、美国得克萨斯大学空间研究中心等机构共享的科学数据系统(science data system,SDS)产生和发布[5]。

水平 0 数据是原始的卫星下传数据,由 GRACE 卫星任务操作系统(mission

operation system,MOS)的原始数据中心（raw data center,RDC)收集和处理。其中,任务操作系统位于德国的施特雷利茨,它利用位于魏尔海姆和施特雷利茨的跟踪天线,一天内可以从每个 GRACE 卫星上接收两次数据,包括 GPS 接收机、星间微波测距装置、加速度计等科学仪器测量数据以及卫星星务数据,然后对这些原始观测数据进行提取、格式化转换等操作。

水平 1 数据种类分为水平 1A 和水平 1B 两种。水平 1A 数据是水平 0 数据经过无损处理后得到的,可与水平 0 数据进行相互转换。在处理过程中,加入了科学测量仪器的物理参数,将观测数据从二进制编码数据转换为具有物理含义的工程数据,并标注对应的时间。为了便于进行下一步数据处理,水平 1A 产品也包括一些辅助数据。水平 1B 数据产品是在水平 0 和水平 1A 的基础上处理得到的,这种处理过程是不可逆、存在一定信息损失的,并且降低了数据采样率。

水平 2 数据产品是基于水平 1B 产品得到的全球静态重力场模型和每月、每周的时变重力场模型序列。同时,水平 2 数据产品也包括全球大气、海洋质量变化等数据,用于分析时变重力场。

GRACE 卫星从原始观测数据到最终重力场模型的获取过程,如图 7.24 所示,这些数据产品可以从 http://isdc.gfz-potsdam.de 网站下载。

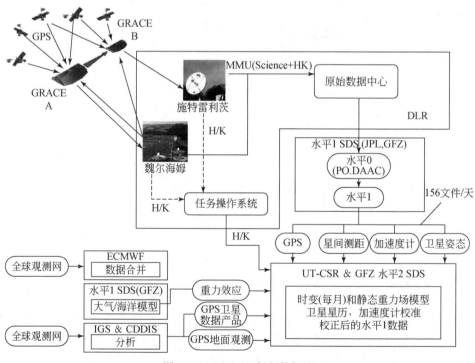

图 7.24　GRACE 任务数据流

　　自 GRACE 卫星发射以来,根据其观测数据反演得到了一系列重力场模型,详见 2.3.1 节。其中,完全利用 GRACE 数据得到的重力场模型如表 7.4 所示。根据表中第 4 列中的观测数据时段,结合图 7.15 得到 GRACE 卫星在该时段内的轨道高度变化,如表中第 5 列所示。

表 7.4　基于 GRACE 卫星观测数据得到的重力场模型

序号	模型名称	模型阶数	观测数据时段 时间跨度;时段长度/天	观测时段内 GRACE 卫星轨道高度/km
1	ITSG-GRACE2014S	200	2003.02～2013.12[6];3985	490.37～435.22
2	ITSG-GRACE2014K	200	2003.02～2013.12[6];3985	490.37～435.22
3	GGM05S	180	2003.03～2013.05[7];3743	489.68～443.73
4	TONGJI-GRACE01	160	2003.01～2011.10[8,9];3224	491.21～461.95
5	AIUB-GRACE03S	160	2003.07～2009.08[10];2223	487.11～469.83
6	ITG-GRACE2010S	180	2002.08～2009.08[11];365	496.08～469.83
7	AIUB-GRACE02S	150	2006.01～2007.12[12];729	475.19～471.71
8	GGM03S	180	2003.01～2006.12[13];1460	491.21～473.19
9	AIUB-GRACE01S	120	2003.01～2003.12[14];365	491.21～435.22
10	ITG-GRACE03	180	2002.08～2007.04[15];1733	496.08～472.60
11	ITG-GRACE02S	170	2003.02～2005.12[16];1064	490.37～475.20
12	GGM02S	160	2002.04.04～2003.12.31[17];363	500.54～483.38
13	EIGEN-GRACE02S	150	2002.08,11;2003.04,05,08[3,18];110	497.04～486.19
14	GGM01S	120	2002.04～2002.11[19,20];111	500.63～492.52
15	EIGEN-GRACE01S	140	2002.08,2002.12[21];39	497.04～491.24

　　下面分析表中由 GRACE 卫星观测数据得到的重力场模型性能。与 6.6.2 节的分析类似,选取 EIGEN6C4 模型作为真实重力场,通过分析表 7.4 中重力场模型与 EIGEN6C4 模型的差别,判断该模型的有效阶数、精度等指标。利用 7.2 节建立的长基线相对轨道摄动重力场测量性能解析公式,结合 GRACE 卫星任务参数,计算得到在该任务参数下的 GRACE 卫星重力场测量理论阶误差方差,同时计算该模型相对 EIGEN6C4 模型的真实阶误差方差。真实阶误差方差越接近理论阶误差方差,说明在该模型建立过程中采用的重力场反演方法越有效,计算精度越高。

　　根据文献[22]和文献[23]可知,GRACE 卫星星间微波测距精度为 $1\mu m/s$;根据文献[3]可知,星间微波测距装置的数据采样间隔为 0.1s,GRACE 卫星上的 SuperSTAR 加速度计测量非引力干扰的精度为 1.0×10^{-10} m/s^2,量程为 $\pm5.0\times10^{-5}$ m/s^2,加速度计数据测量间隔为 10s。GRACE 卫星上 GPS 接收机的数据采样间隔为 10s,但是由于地面 IGS 站采样间隔为 30s,可用于卫星精密轨道确定和重力场反演的定轨数据采样间隔取为 30s[3];利用 GPS 接收机观测数据,经事后处理得到的卫星精密轨道精度为 2cm[24]。根据任务设计,GRACE 卫星编队中两个卫星的距离保持为 170~270km,平均值为 220km[25]。在利用 7.2 节的长基线相对轨道摄动重力场测量性能解析公式估计 GRACE 卫星测量性能时,轨道高度选用表 7.4 中的第 5 列数据,取该时段始末时刻轨道高度的平均值,重力场测量总时间选用表 7.4 中的第 4 列数据。在计算中,积分弧长选为 2 小时。由此计算得到表 7.4 中重力场模型相对真实重力场的实际阶误差方差,以及由解析公式得到的理论阶误差方差,如图 7.25~图 7.39 所示。由图可知,除 ITG-GRACE2010S 重力场模型的实际阶误差方差与其理论阶误差方差比较接近外,其他重力场模型的实际阶误差方差均大于理论阶误差方差,说明这些模型在解算过程中由于计算方法、数据处理等因素,观测数据中的引力信号产生了一定程度的损失。也就是说,可以通过改进数据处理算法来提高重力场模型恢复的精度和空间分辨率。

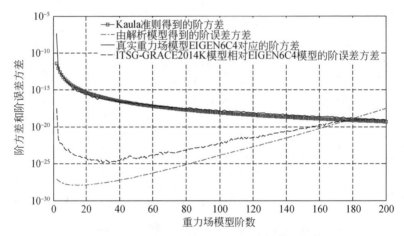

图 7.25   ITSG-GRACE2014K 重力场模型性能

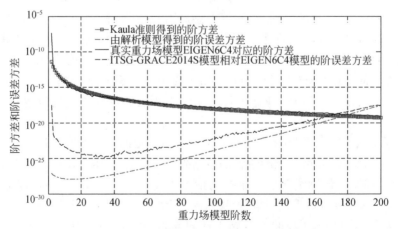

图 7.26   ITSG-GRACE2014S 重力场模型性能

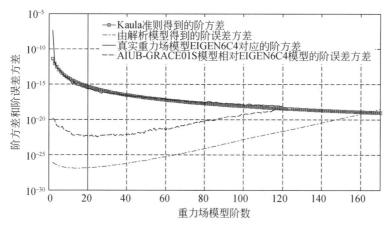

图 7.27　AIUB-GRACE01S 重力场模型性能

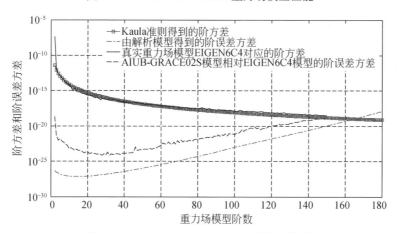

图 7.28　AIUB-GRACE02S 重力场模型性能

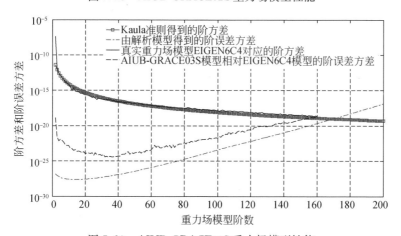

图 7.29　AIUB-GRACE03S 重力场模型性能

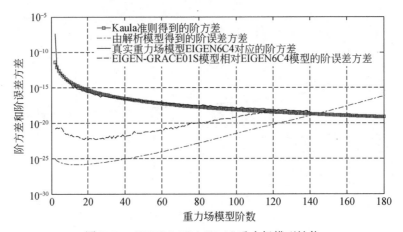

图 7.30　EIGEN-GRACE01S 重力场模型性能

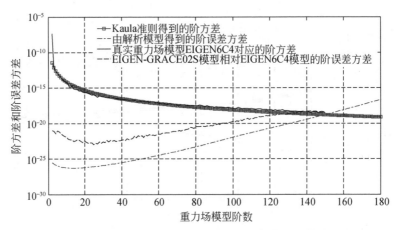

图 7.31　EIGEN-GRACE02S 重力场模型性能

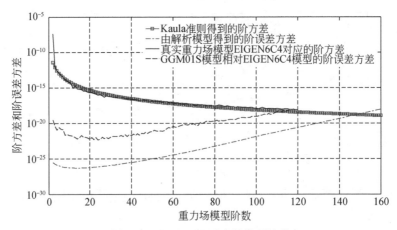

图 7.32　GGM01S 重力场模型性能

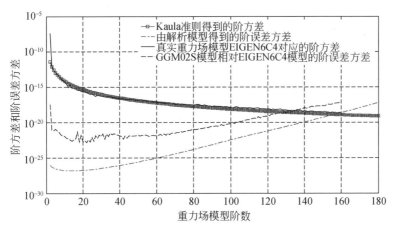

图 7.33 GGM02S 重力场模型性能

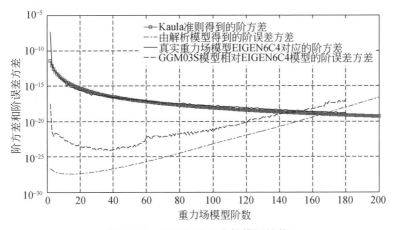

图 7.34 GGM03S 重力场模型性能

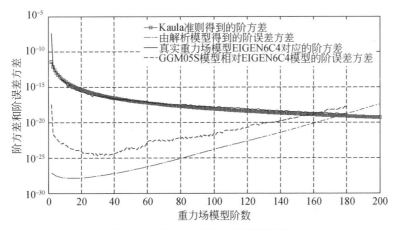

图 7.35 GGM05S 重力场模型性能

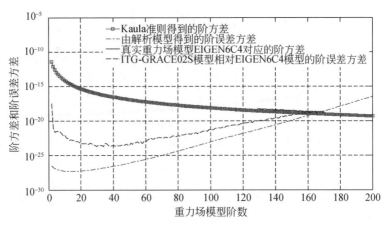

图 7.36　ITG-GRACE02S 重力场模型性能

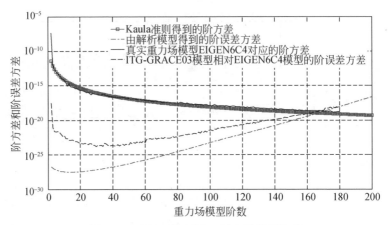

图 7.37　ITG-GRACE03 重力场模型性能

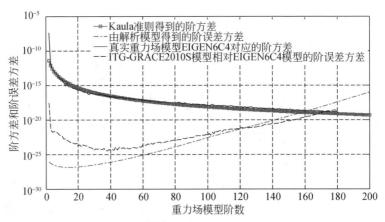

图 7.38　ITG-GRACE2010S 重力场模型性能

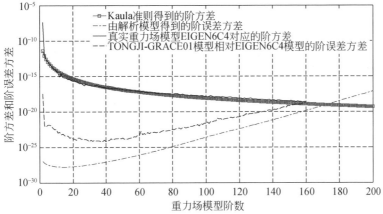

图 7.39　TONGJI-GRACE01 重力场模型性能

参 考 文 献

[1] Hou X Y,Zhao Y H,Liu L. Formation flying in elliptic orbits with the J_2 perturbation[J]. Research in Astron Astrophys,2012,12(11):1563—1575.

[2] Kim J. Simulation study of a low-low satellite-to-satellite tracking mission[D]. Austin:The University of Texas at Austin,2000.

[3] Reigber C,Schmidt R,Flechtner F,et al. An Earth gravity field model complete to degree and order 150 from GRACE:EIGEN-GRACE02S[J]. Journal of Geodynamics,2005,39:1—10.

[4] Spaceflight101. Spaceflight 101 launch calendar [EB/OL]. http:/spaceflight101. com/calendar/[2017-5-12].

[5] German Research Centre for Geosciences. GRACE gravity field measurement[EB/OL]. http://www. gfz-potsdam. de/en/section/globalgeomonitoringandgravityfield/topics/development-operation-and-analysis-of-gravity-field-satellite-missions/grace/grace-products/[2015-12-31].

[6] Mayer-Gürr T,Zehentner N,Klinger B,et al. ITSG-Grace2014:A new GRACE gravity field release computed in Graz[C]//GRACE Science Team Meeting,Potsdam,2014.

[7] International Centre for Global Earth Models. GGM05S gravity field model[EB/OL]. http://icgem. gfz-potsdam. de/ICGEM/shms/ggm05s. gfc[2015-12-31].

[8] Chen Q J,Shen Y Z,Zhang X F,et al. Global Earth's gravity field solution with GRACE orbit and range measurements using modified short arc approach [J]. Acta Geodaetica et Geophysica,2015,50(2):173—185.

[9] Chen Q J,Shen Y Z,Zhang X F,et al. Tongji-GRACE01:A GRACE-only static gravity field model recovered from GRACE Level-1B data using modified short arc approach[J]. Advances in Space Research,2015,56(5):941—951.

[10] International Centre for Global Earth Models. AIUB-GRACE03S gravity field model[EB/OL]. http://icgem. gfz-potsdam. de/ICGEM/shms/aiub-grace03s. gfc[2015-12-31].

[11] Mayer-Gürr T, Kurtenbach E, Eicker A. ITG-Grace2010[EB/OL]. http://www. igg. uni-bonn. de/apmg/index. php? id=itg-grace2010,％202010[2015-5-12].

[12] International Centre for Global Earth Models. AIUB-GRACE02S gravity field model[EB/OL]. http:/icgem. gfz-potsdam. de/ICGEM/shms/aiub-grace02s. gfc[2015-12-31].

[13] Tapley B D, Ries J, Bettadpur S, et al. The GGM03 mean earth gravity model from GRACE [C]//American Geophysical Union Fall Meeting, San Francisco, 2007.

[14] International Centre for Global Earth Models. AIUB-GRACE01S gravity field model[EB/OL]. http://icgem. gfz-potsdam. de/ICGEM/shms/aiub-grace01s. gfc[2015-12-31].

[15] Mayer-Guerr T, Eicker A, Ilk K H. ITG-Grace03[EB/OL]. http://www. igg. uni-bonn. de/apmg/index. php? id=itg-grace03,％202007[2017-5-12].

[16] Mayer-Gürr T, Eicker A, Ilk K H. ITG-GRACE02s: A GRACE gravity field derived from short arcs of the satellite's orbits[C]//Proceedings of the First Symposium of the International Gravity Field Service, Istanbul, 2006.

[17] International Centre for Global Earth Models. GGM02S gravity field model[EB/OL]. http://icgem. gfz-potsdam. de/ICGEM/shms/ggm02s. gfc[2015-12-31].

[18] International Centre for Global Earth Models. EIGEN-GRACE02S gravity field model[EB/OL]. http://icgem. gfz-potsdam. de/ICGEM/shms/eigen-grace02s. gfc[2015-12-31].

[19] International Centre for Global Earth Models. GGM01S gravity field model[EB/OL]. http://icgem. gfz-potsdam. de/ICGEM/shms/ggm01s. gfc[2015-12-31].

[20] NASA, DLR. GRACE gravity model [EB/OL]. http://www2. csr. utexas. edu/grace/gravity/[2015-12-31].

[21] International Centre for Global Earth Models. EIGEN-GRACE01S gravity field model[EB/OL]. http://icgem. gfz-potsdam. de/ICGEM/shms/eigen-grace01s. gfc[2015-12-31].

[22] Kang Z, Nagel P, Pastor R. Precise orbit determination for GRACE[J]. Advance in Space Research, 2003, 31(8):1875—1881.

[23] Kim J, Tapley B D. Error analysis of a low-low satellite-to-satellite tracking mission[J]. Journal of Guidance, Control, and Dynamics, 2002, 25(6):1100—1106.

[24] Kang Z, Tapley B, Bettadpur S, et al. Precise orbit determination for GRACE using accelerometer data[J]. Advances in Space Research, 2006, 38:2131—2136.

[25] Herman J, Presti D, Codazzi A, et al. Attitude Control for GRACE: The first low-flying satellite formation[C]//Proceedings of the 18th International Symposium on Space Flight Dynamics, Munich, 2004.

第8章　短基线相对轨道摄动重力场测量机理建模与任务设计方法

本章建立短基线相对轨道摄动重力场测量的解析理论。在短基线相对轨道摄动重力场测量中,观测数据是极短距离上的两个引力敏感器相对加速度或相对距离变化率,分别对应重力梯度仪测量模式和内编队腔体中含有多颗内卫星的测量模式。无论哪种测量模式,它们的观测数据均等效于当地的重力梯度。因此,下面假设已经得到了径向、迹向、轨道面法向的重力梯度值,以此为出发点建立短基线相对轨道摄动重力场测量性能与任务参数之间的解析关系,并分析引力敏感器轨道高度、重力梯度测量误差、重力梯度采样间隔、引力敏感器定轨误差、定轨数据采样间隔、总任务时间等任务参数的影响机理,从而建立短基线相对轨道摄动重力场测量任务分析与设计方法。

由于重力卫星运行在近极轨道上,因此可假设迹向为南北方向,轨道面法向为东西方向,径向由地心指向卫星。为了便于数学表示,在局部指北坐标系下描述重力梯度,进而推导重力场测量性能。首先,给出局部指北坐标系中的重力梯度表达式。

8.1　局部指北坐标系下的重力梯度表示

已知地球引力位在地心球坐标系中的球谐展开式为

$$V(\rho,\theta,\lambda) = \frac{GM}{\rho}\left[1 + \sum_{n=2}^{\infty}\sum_{k=0}^{n}\left(\frac{a}{\rho}\right)^n(\bar{C}_{nk}\cos k\lambda + \bar{S}_{nk}\sin k\lambda)\bar{P}_{nk}(\cos\theta)\right]$$

$$(8\text{-}1\text{-}1)$$

其中,球坐标(ρ,θ,λ)的定义如图 8.1 所示,ρ、θ、λ 分别是地心向径、地心余纬和地心经度;G 为万有引力常数;M 为地球质量;a 为所采用的地球椭球长半径;$\{\bar{C}_{nk}, \bar{S}_{nk}\}$是位系数;$\bar{P}_{nk}(\cos\theta)$是完全规格化的缔合勒让德多项式,它与缔合勒让德多项式 $P_{nk}(\cos\theta)$的关系为

$$\bar{P}_{nk}(\cos\theta) = \sqrt{(2n+1)\frac{2}{\delta_k}\frac{(n-k)!}{(n+k)!}}\, P_{nk}(\cos\theta), \quad \delta_k = \begin{cases} 2, & k=0 \\ 1, & k\neq 0 \end{cases} \quad (8\text{-}1\text{-}2)$$

由式(8-1-1)得到地球非球形摄动位函数为

$$R(\rho,\theta,\lambda) = \frac{GM}{a}\sum_{n=2}^{\infty}\sum_{k=0}^{n}\left(\frac{a}{\rho}\right)^{n+1}(\bar{C}_{nk}\cos k\lambda + \bar{S}_{nk}\sin k\lambda)\bar{P}_{nk}(\cos\theta) \quad (8\text{-}1\text{-}3)$$

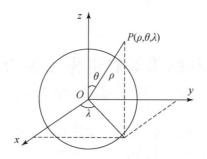

$$图 8.1 \quad 地心球坐标系$$

$R(\rho,\theta,\lambda)$ 对 (ρ,θ,λ) 的一阶、二阶偏导数分别为

$$\frac{\partial R(\rho,\theta,\lambda)}{\partial \rho} = -\frac{GM}{a^2} \sum_{n=2}^{\infty} \sum_{k=0}^{n} (n+1) \left(\frac{a}{\rho}\right)^{n+2} (\bar{C}_{nk} \cos k\lambda + \bar{S}_{nk} \sin k\lambda) \bar{P}_{nk}(\cos\theta)$$

$$(8\text{-}1\text{-}4)$$

$$\frac{\partial^2 R(\rho,\theta,\lambda)}{\partial \rho^2} = \frac{GM}{a^3} \sum_{n=2}^{\infty} \sum_{k=0}^{n} (n+1)(n+2) \left(\frac{a}{\rho}\right)^{n+3} (\bar{C}_{nk} \cos k\lambda + \bar{S}_{nk} \sin k\lambda) \bar{P}_{nk}(\cos\theta)$$

$$(8\text{-}1\text{-}5)$$

$$\frac{\partial R(\rho,\theta,\lambda)}{\partial \lambda} = \frac{GM}{a} \sum_{n=2}^{\infty} \sum_{k=0}^{n} \left(\frac{a}{\rho}\right)^{n+1} k(-\bar{C}_{nk} \sin k\lambda + \bar{S}_{nk} \cos k\lambda) \bar{P}_{nk}(\cos\theta)$$

$$(8\text{-}1\text{-}6)$$

$$\frac{\partial^2 R(\rho,\theta,\lambda)}{\partial \lambda^2} = -\frac{GM}{a} \sum_{n=2}^{\infty} \sum_{k=0}^{n} \left(\frac{a}{\rho}\right)^{n+1} k^2 (\bar{C}_{nk} \cos k\lambda + \bar{S}_{nk} \sin k\lambda) \bar{P}_{nk}(\cos\theta)$$

$$(8\text{-}1\text{-}7)$$

$$\frac{\partial R(\rho,\theta,\lambda)}{\partial \theta} = \frac{GM}{a} \sum_{n=2}^{\infty} \sum_{k=0}^{n} \left(\frac{a}{\rho}\right)^{n+1} (\bar{C}_{nk} \cos k\lambda + \bar{S}_{nk} \sin k\lambda) \frac{\mathrm{d}\bar{P}_{nk}(\cos\theta)}{\mathrm{d}\theta}$$

$$(8\text{-}1\text{-}8)$$

$$\frac{\partial^2 R(\rho,\theta,\lambda)}{\partial \theta^2} = \frac{GM}{a} \sum_{n=2}^{\infty} \sum_{k=0}^{n} \left(\frac{a}{\rho}\right)^{n+1} (\bar{C}_{nk} \cos k\lambda + \bar{S}_{nk} \sin k\lambda) \frac{\mathrm{d}^2 \bar{P}_{nk}(\cos\theta)}{\mathrm{d}\theta^2}$$

$$(8\text{-}1\text{-}9)$$

$$\frac{\partial^2 R(\rho,\theta,\lambda)}{\partial \rho \partial \theta}$$

$$= -\frac{GM}{a^2} \sum_{n=2}^{\infty} \sum_{k=0}^{n} (n+1) \left(\frac{a}{\rho}\right)^{n+2} (\bar{C}_{nk} \cos k\lambda + \bar{S}_{nk} \sin k\lambda) \frac{\mathrm{d}\bar{P}_{nk}(\cos\theta)}{\mathrm{d}\theta} \quad (8\text{-}1\text{-}10)$$

$$\frac{\partial^2 R(\rho,\theta,\lambda)}{\partial \rho \partial \lambda}$$

$$= \frac{GM}{a^2} \sum_{n=2}^{\infty} \sum_{k=0}^{n} (n+1) \left(\frac{a}{\rho}\right)^{n+2} k(\bar{C}_{nk} \sin k\lambda - \bar{S}_{nk} \cos k\lambda) \bar{P}_{nk}(\cos\theta) \quad (8\text{-}1\text{-}11)$$

$$\frac{\partial^2 R(\rho,\theta,\lambda)}{\partial\theta\partial\lambda}=\frac{GM}{a}\sum_{n=2}^{\infty}\sum_{k=0}^{n}\left(\frac{a}{\rho}\right)^{n+1}k(-\bar{C}_{nk}\sin k\lambda+\bar{S}_{nk}\cos k\lambda)\frac{\mathrm{d}\bar{P}_{nk}(\cos\theta)}{\mathrm{d}\theta}$$

$$(8-1-12)$$

已知地心球坐标系(ρ,θ,λ)与局部指北坐标系(x,y,z)的梯度张量之间的转换关系为[1]

$$\frac{\partial^2 R}{\partial z^2}=\frac{\partial^2 R}{\partial\rho^2}\qquad(8-1-13)$$

$$\frac{\partial^2 R}{\partial x^2}=\frac{1}{\rho}\frac{\partial R}{\partial\rho}+\frac{1}{\rho^2}\frac{\partial^2 R}{\partial\theta^2}\qquad(8-1-14)$$

$$\frac{\partial^2 R}{\partial y^2}=\frac{1}{\rho}\frac{\partial R}{\partial\rho}+\frac{\cot\theta}{\rho^2}\frac{\partial R}{\partial\theta}+\frac{1}{\rho^2\sin^2\theta}\frac{\partial^2 R}{\partial\lambda^2}\qquad(8-1-15)$$

$$\frac{\partial^2 R}{\partial x\partial y}=\frac{1}{\rho^2\sin\theta}\frac{\partial^2 R}{\partial\theta\partial\lambda}-\frac{\cos\theta}{\rho^2\sin^2\theta}\frac{\partial R}{\partial\lambda}\qquad(8-1-16)$$

$$\frac{\partial^2 R}{\partial x\partial z}=\frac{1}{\rho^2}\frac{\partial R}{\partial\theta}-\frac{1}{\rho}\frac{\partial^2 R}{\partial\rho\partial\theta}\qquad(8-1-17)$$

$$\frac{\partial^2 R}{\partial y\partial z}=\frac{1}{\rho^2\sin\theta}\frac{\partial R}{\partial\lambda}-\frac{1}{\rho\sin\theta}\frac{\partial^2 R}{\partial\rho\partial\lambda}\qquad(8-1-18)$$

其中,在局部指北坐标系中,x轴指向北,y轴指向西,z轴与x轴、y轴构成右手直角坐标系。

在式(8-1-13)~式(8-1-18)中,等式左边是非球形摄动引力位的梯度值。下面分别利用重力梯度的径向、迹向和法向分量,进行重力场测量性能解析建模,然后将其组合得到短基线相对轨道摄动重力场测量的解析模型。

8.2 径向短基线相对轨道摄动重力场测量的解析建模

由式(8-1-5)和式(8-1-13)得到利用径向梯度分量$\partial^2 R/\partial z^2$测量重力场的观测方程为

$$\frac{\partial^2 R}{\partial z^2}=\frac{GM}{a^3}\sum_{n=2}^{\infty}\sum_{k=0}^{n}(n+1)(n+2)\left(\frac{a}{\rho}\right)^{n+3}(\bar{C}_{nk}\cos k\lambda+\bar{S}_{nk}\sin k\lambda)\bar{P}_{nk}(\cos\theta)$$

$$(8-2-1)$$

分别计算式(8-2-1)两边的功率谱。已知函数$u(r,\theta,\lambda)$功率谱定义为

$$P_n^2\{u(r,\theta,\lambda)\}=\sum_{k=-n}^{n}\left[\frac{1}{4\pi}\int_0^{2\pi}\int_0^{\pi}u(r,\theta,\lambda)\bar{Y}_{nk}(\theta,\lambda)\sin\theta\mathrm{d}\theta\mathrm{d}\lambda\right]^2\qquad(8-2-2)$$

其中

$$\bar{Y}_{nk}(\theta,\lambda)=\bar{P}_{n|k|}(\cos\theta)Q_k(\lambda)\qquad(8-2-3)$$

$$Q_k(\lambda)=\begin{cases}\cos k\lambda,&k\geqslant0\\\sin|k|\lambda,&k<0\end{cases}\qquad(8-2-4)$$

由功率谱密度的定义得到

$$P_n^2\left\{\frac{\partial^2 R}{\partial z^2}\right\} = \left[\frac{GM}{a^3}(n+1)(n+2)\right]^2 \left(\frac{a}{\rho}\right)^{2n+6} \sum_{k=0}^{n}\left[(\bar{C}_{nk})^2 + (\bar{S}_{nk})^2\right] \quad (8\text{-}2\text{-}5)$$

观测误差包括卫星定轨误差、重力梯度测量误差等，由式(8-2-5)可以得到测量误差与位系数反演误差之间的关系为

$$\delta\left[P_n^2\left\{\frac{\partial^2 R}{\partial z^2}\right\}\right] = -\frac{2n+6}{a}\left[\frac{GM}{a^3}(n+1)(n+2)\right]^2 \left(\frac{a}{\rho}\right)^{2n+7}(\delta\rho)_n \sum_{k=0}^{n}\left[(\bar{C}_{nk})^2 + (\bar{S}_{nk})^2\right]$$

$$+ \left[\frac{GM}{a^3}(n+1)(n+2)\right]^2 \left(\frac{a}{\rho}\right)^{2n+6}\delta\left\{\sum_{k=0}^{n}\left[(\bar{C}_{nk})^2 + (\bar{S}_{nk})^2\right]\right\}$$

$$(8\text{-}2\text{-}6)$$

由于

$$\delta(\rho_n^2) = 2\rho\delta\rho_n \quad (8\text{-}2\text{-}7)$$

因此

$$(\delta\rho)_n = \delta\rho_n = \frac{\delta(\rho_n^2)}{2\rho} \quad (8\text{-}2\text{-}8)$$

将式(8-2-8)代入式(8-2-6)中得到

$$\delta\left[P_n^2\left\{\frac{\partial^2 R}{\partial z^2}\right\}\right] = -\frac{2n+6}{a}\left[\frac{GM}{a^3}(n+1)(n+2)\right]^2 \left(\frac{a}{\rho}\right)^{2n+7}\frac{\delta(\rho_n^2)}{2\rho} \sum_{k=0}^{n}\left[(\bar{C}_{nk})^2 + (\bar{S}_{nk})^2\right]$$

$$+ \left[\frac{GM}{a^3}(n+1)(n+2)\right]^2 \left(\frac{a}{\rho}\right)^{2n+6}\delta\left\{\sum_{k=0}^{n}\left[(\bar{C}_{nk})^2 + (\bar{S}_{nk})^2\right]\right\}$$

$$(8\text{-}2\text{-}9)$$

当 $\delta\rho_n$ 服从白噪声分布时，可以验证下式成立：

$$\sqrt{D[\delta(\rho_n^2)]} \approx 2I_\rho D(\delta\rho_n) = 2I_\rho\rho\sigma_{n,\delta\rho}^2, \quad \rho \gg \delta\rho_n, \quad I_\rho = 1\text{m}^{-1} \quad (8\text{-}2\text{-}10)$$

其中，I_ρ 是为了满足单位量纲一致而引入的参数；$D(\delta\rho_n)$ 表示 $\delta\rho$ 在第 n 阶分量的方差。对于固定轨道高度的全球覆盖重力场测量，$P_n^2\left\{\frac{\partial^2 R}{\partial z^2}\right\}$ 是恒定不变的，$\delta\left[P_n^2\left\{\frac{\partial^2 R}{\partial z^2}\right\}\right]$ 反映了由重力梯度测量误差引起的 $P_n^2\left\{\frac{\partial^2 R}{\partial z^2}\right\}$ 波动。由于假设测量误差是白噪声，与重力梯度信号不相关，因而 $P_n^2\left\{\frac{\partial^2 R}{\partial z^2}\right\}$ 的波动可用白噪声功率谱来表示，即

$$\delta\left[P_n^2\left\{\frac{\partial^2 R}{\partial z^2}\right\}\right] = P_n^2\left\{\delta\left(\frac{\partial^2 R}{\partial z^2}\right)\right\} \quad (8\text{-}2\text{-}11)$$

在式(8-2-9)中，δ 表示相关物理参数的偏差。将式(8-2-10)和式(8-2-11)代入式(8-2-9)中得到

$$P_n^2\left\{\delta\left(\frac{\partial^2 R}{\partial z^2}\right)\right\} = -\frac{2n+6}{a}\left[\frac{GM}{a^3}(n+1)(n+2)\right]^2 \left(\frac{a}{\rho}\right)^{2n+7}I_\rho\sigma_{n,\delta\rho}^2 \sum_{k=0}^{n}\left[(\bar{C}_{nk})^2 + (\bar{S}_{nk})^2\right]$$

$$+ \left[\frac{GM}{a^3}(n+1)(n+2)\right]^2 \left(\frac{a}{\rho}\right)^{2n+6}\delta\left\{\sum_{k=0}^{n}\left[(\bar{C}_{nk})^2 + (\bar{S}_{nk})^2\right]\right\} \quad (8\text{-}2\text{-}12)$$

已知第 n 阶上的重力梯度测量误差、定轨误差与总误差之间的关系为[2]

$$(\delta\rho)_n^2 = \sigma_{n,\delta\rho}^2 = (2n+1)\frac{\sigma_{\delta\rho}^2 (\Delta t)_{\delta\rho}}{T} \tag{8-2-13}$$

$$P_n^2\left\{\delta\left(\frac{\partial^2 R}{\partial z^2}\right)\right\} = (2n+1)\frac{\sigma_{R_{zz}}^2 (\Delta t)_{R_{zz}}}{T} \tag{8-2-14}$$

其中，$\sigma_{\delta\rho}$ 是引力敏感器定轨误差；$\sigma_{R_{zz}}$ 是重力梯度分量 R_{zz} 的测量误差；$(\Delta t)_{\delta\rho}$ 是纯引力轨道数据采样间隔；$(\Delta t)_{R_{zz}}$ 是重力梯度 R_{zz} 的采样间隔；T 是重力场测量的总时间。纯引力轨道位置误差 $\sigma_{\delta\rho}$ 由定轨误差 $(\Delta r)_m$ 和非引力干扰引起的纯引力轨道偏移 $(\Delta r)_{\Delta F}$ 组成，其关系为

$$\sigma_{\delta\rho}^2 (\Delta t)_{\delta\rho} = (\Delta r)_{\Delta F}^2 (\Delta t)_{\Delta F} + (\Delta r)_m^2 (\Delta t)_m \tag{8-2-15}$$

其中，$(\Delta t)_{\Delta F}$ 是非引力干扰数据间隔。引力敏感器受到的非引力干扰是通过梯度仪得到的，因而 $(\Delta t)_{\Delta F} = (\Delta t)_{R_{zz}}$。非引力干扰 δF 引起纯引力轨道位置累积误差，其最大值对应匀加速直线运动条件下的累积误差，其平均值为

$$(\Delta r)_{\Delta F} = \frac{1}{T_{\text{arc}}}\int_0^{T_{\text{arc}}} \frac{1}{2}(\Delta F)t^2 \mathrm{d}t = \frac{(\Delta F)T_{\text{arc}}^2}{6} \tag{8-2-16}$$

其中，T_{arc} 是积分弧长。从而，式(8-2-15)变为

$$\sigma_{\delta\rho}^2 (\Delta t)_{\delta\rho} = \left[\frac{(\Delta F)T_{\text{arc}}^2}{6}\right]^2 (\Delta t)_{R_{zz}} + (\Delta r)_m^2 (\Delta t)_m \tag{8-2-17}$$

从而，式(8-2-13)变为

$$(\delta\rho)_n^2 = \sigma_{n,\delta\rho}^2 = \frac{2n+1}{T}\left[\frac{(\Delta F)^2 T_{\text{arc}}^4}{36}(\Delta t)_{R_{zz}} + (\Delta r)_m^2 (\Delta t)_m\right] \tag{8-2-18}$$

根据 Kaula 准则，地球重力场模型的阶方差为

$$\sigma_n^2 = \frac{1}{2n+1}\sum_{k=0}^{n}(\bar{C}_{nk}^2 + \bar{S}_{nk}^2) \approx \frac{1}{2n+1}\frac{1.6\times10^{-10}}{n^3} \tag{8-2-19}$$

将式(8-2-14)、式(8-2-18)和式(8-2-19)代入式(8-2-12)中得到

$$(2n+1)\frac{\sigma_{R_{zz}}^2 (\Delta t)_{R_{zz}}}{T}$$

$$= -\frac{2n+6}{a}\left[\frac{GM}{a^3}(n+1)(n+2)\right]^2 \left(\frac{a}{\rho}\right)^{2n+7} I_\rho \frac{2n+1}{T}\left[\frac{(\Delta F)^2 T_{\text{arc}}^4}{36}(\Delta t)_{R_{zz}} + (\Delta r)_m^2 (\Delta t)_m\right]$$

$$\times \frac{1.6\times10^{-10}}{n^3} + \left[\frac{GM}{a^3}(n+1)(n+2)\right]^2 \left(\frac{a}{\rho}\right)^{2n+6}\delta\left\{\sum_{k=0}^{n}\left[(\bar{C}_{nk})^2 + (\bar{S}_{nk})^2\right]\right\} \tag{8-2-20}$$

化简式(8-2-20)，得到重力场测量的位系数阶误差方差为

$$\delta\sigma_n^2 = \frac{1}{2n+1}\delta\left\{\sum_{k=0}^{n}\left[(\bar{C}_{nk})^2 + (\bar{S}_{nk})^2\right]\right\}$$

$$= \frac{1}{T}\frac{\sigma_{R_{zz}}^2 (\Delta t)_{R_{zz}}}{\left[\frac{GM}{a^3}(n+1)(n+2)\right]^2 \left(\frac{a}{\rho}\right)^{2n+6}}$$

$$+\frac{2n+6}{\rho}\frac{I_{\rho}}{T}\left[\frac{(\Delta F)^2 T_{\text{arc}}^4}{36}(\Delta t)_{R_{zz}}+(\Delta r)_m^2(\Delta t)_m\right]\frac{1.6\times 10^{-10}}{n^3} \quad (8\text{-}2\text{-}21)$$

在式(8-2-21)中,引力敏感器地心距 ρ 是地球平均半径 a 与轨道高度 h 的和,即

$$\rho=a+h \quad (8\text{-}2\text{-}22)$$

引力敏感器的非引力干扰可由式(8-2-23)估计

$$\Delta F=\sigma_{R_{zz}}l_0 \quad (8\text{-}2\text{-}23)$$

其中,l_0 是重力梯度仪中同一个轴上两个加速度计的基线长度。将式(8-2-22)和式(8-2-23)代入式(8-2-21)中,得到径向短基线相对轨道摄动重力场测量的阶误差方差为

$$\delta\sigma_n^2=\frac{1}{2n+1}\delta\left\{\sum_{k=0}^n\left[(\bar{C}_{nk})^2+(\bar{S}_{nk})^2\right]\right\}=\frac{1}{T}\frac{\sigma_{R_{zz}}^2(\Delta t)_{R_{zz}}}{\left[\dfrac{GM}{a^3}(n+1)(n+2)\right]^2\left(\dfrac{a}{a+h}\right)^{2n+6}}$$

$$+\frac{2n+6}{a+h}\frac{I_{\rho}}{T}\left[\frac{(\sigma_{R_{zz}}l_0)^2 T_{\text{arc}}^4}{36}(\Delta t)_{R_{zz}}+(\Delta r)_m^2(\Delta t)_m\right]\frac{1.6\times 10^{-10}}{n^3} \quad (8\text{-}2\text{-}24)$$

于是,根据式(8-2-24)表示的径向短基线相对轨道摄动重力场测量阶误差方差,可以得到重力场测量有效阶数、大地水准面阶误差及其累积误差、重力异常阶误差及其累积误差等。

文献[3]针对 GOCE 卫星径向重力梯度测量进行了数值模拟,得到了重力场测量的阶误差标准差曲线,如图 8.2 所示。其中,数值模拟中的参数为:轨道高度为 250km、测量时间为 48 天、倾角为 97°、数据采样间隔为 4s、重力梯度测量误差为 3mE。按照该参数设置,利用式(8-2-24)计算重力场测量的阶误差方差,如图 8.3 所示。

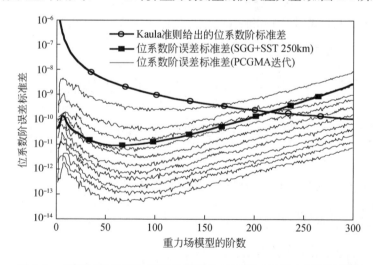

图 8.2　文献[3]中基于数值模拟得到的 GOCE 卫星重力场测量性能

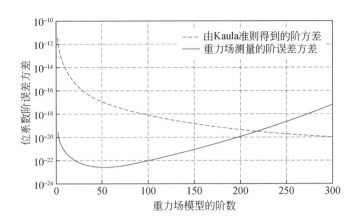

图 8.3　基于解析模型得到的 GOCE 卫星重力场测量性能

注意,图 8.2 中的纵坐标是位系数阶误差标准差,图 8.3 的纵坐标是位系数阶误差方差,两者是平方的关系。对比图 8.2 和图 8.3 可知,基于数值模拟和解析模型得到的重力场测量性能基本吻合,从而验证了所建立的径向短基线相对轨道摄动重力场测量解析模型的正确性。

8.3　迹向短基线相对轨道摄动重力场测量的解析建模

由式(8-1-4)、式(8-1-9)、式(8-1-14)得到迹向重力梯度分量为

$$\frac{\partial^2 R}{\partial x^2} = \frac{GM}{a^3} \sum_{n=2}^{\infty} \sum_{k=0}^{n} \left(\frac{a}{\rho}\right)^{n+3} \left(\bar{C}_{nk}\cos k\lambda + \bar{S}_{nk}\sin k\lambda\right) \left[\frac{\mathrm{d}^2 \bar{P}_{nk}(\cos\theta)}{\mathrm{d}\theta^2} - (n+1)\bar{P}_{nk}(\cos\theta)\right]$$

$$(8\text{-}3\text{-}1)$$

计算式(8-3-1)两边的功率谱,结果为

$$P_n^2\left\{\frac{\partial^2 R}{\partial x^2}\right\} = \sum_{k=0}^{n}\left\{\frac{GM}{4a^3}\sum_{l=\max\{2,k\}}^{\infty}\left(\frac{a}{\rho}\right)^{l+3}\bar{C}_{lk}\delta_k\right.$$

$$\left.\times\int_0^\pi\left[\frac{\mathrm{d}^2\bar{P}_{lk}(\cos\theta)}{\mathrm{d}\theta^2} - (l+1)\bar{P}_{lk}(\cos\theta)\right]\bar{P}_{nk}(\cos\theta)\sin\theta\mathrm{d}\theta\right\}^2$$

$$+ \sum_{k=1}^{n}\left\{\frac{GM}{4a^3}\sum_{l=\max\{2,k\}}^{\infty}\left(\frac{a}{\rho}\right)^{l+3}\bar{S}_{lk}\right.$$

$$\left.\times\int_0^\pi\left[\frac{\mathrm{d}^2\bar{P}_{lk}(\cos\theta)}{\mathrm{d}\theta^2} - (l+1)\bar{P}_{lk}(\cos\theta)\right]\bar{P}_{nk}(\cos\theta)\sin\theta\mathrm{d}\theta\right\}^2 \quad (8\text{-}3\text{-}2)$$

对于式(8-3-2)中第二个求和,当 l 和 n 的奇偶性不同时,可以验证关于 θ 的积分为 0;当 $l = n$ 时,积分结果最大,从而式(8-3-2)可以近似为

$$P_n^2\left\{\frac{\partial^2 R}{\partial x^2}\right\} \approx \sum_{k=0}^{n}\left\{\frac{GM}{4a^3}\left(\frac{a}{\rho}\right)^{n+3}\bar{C}_{nk}\delta_k\right.$$

$$\left.\times \int_0^{\pi}\left[\frac{\mathrm{d}^2\bar{P}_{nk}(\cos\theta)}{\mathrm{d}\theta^2}-(n+1)\bar{P}_{nk}(\cos\theta)\right]\bar{P}_{nk}(\cos\theta)\sin\theta\mathrm{d}\theta\right\}^2$$

$$+\sum_{k=0}^{n}\left\{\frac{GM}{4a^3}\left(\frac{a}{\rho}\right)^{n+3}\bar{S}_{nk}\delta_k\right.$$

$$\left.\times \int_0^{\pi}\left[\frac{\mathrm{d}^2\bar{P}_{nk}(\cos\theta)}{\mathrm{d}\theta^2}-(n+1)\bar{P}_{nk}(\cos\theta)\right]\bar{P}_{nk}(\cos\theta)\sin\theta\mathrm{d}\theta\right\}^2$$

$$=\sum_{k=0}^{n}\left[\frac{GM}{4a^3}\left(\frac{a}{\rho}\right)^{n+3}\delta_k B_{nk}\right]^2(\bar{C}_{nk}^2+\bar{S}_{nk}^2)$$

$$=\sum_{k=0}^{n}\left(\frac{GM}{4a^3}\delta_k B_{nk}\right)^2\left(\frac{a}{\rho}\right)^{2n+6}(\bar{C}_{nk}^2+\bar{S}_{nk}^2) \tag{8-3-3}$$

其中

$$B_{nk}=\int_0^{\pi}\left[\frac{\mathrm{d}^2\bar{P}_{nk}(\cos\theta)}{\mathrm{d}\theta^2}-(n+1)\bar{P}_{nk}(\cos\theta)\right]\bar{P}_{nk}(\cos\theta)\sin\theta\mathrm{d}\theta$$

$$=\begin{cases}-2(n^2+n+1), & k=0\\(4n+2)k-(4n^2+8n+6), & k\geqslant 1\end{cases} \tag{8-3-4}$$

由式(8-3-3)得到

$$P_n^2\left\{\frac{\partial^2 R}{\partial x^2}\right\}=\left(\frac{GM}{4a^3}\right)^2\left(\frac{a}{\rho}\right)^{2n+6}\sum_{k=0}^{n}(\delta_k B_{nk})^2(\bar{C}_{nk}^2+\bar{S}_{nk}^2)$$

$$\approx\left(\frac{GM}{4a^3}\right)^2\left(\frac{a}{\rho}\right)^{2n+6}\left[\frac{1}{n}\sum_{k=0}^{n}(\delta_k B_{nk})^2\right]\sum_{k=0}^{n}(\bar{C}_{nk}^2+\bar{S}_{nk}^2) \tag{8-3-5}$$

由式(8-3-5)得到重力场测量任务参数与位系数反演误差之间的关系为

$$\delta\left[P_n^2\left\{\frac{\partial^2 R}{\partial x^2}\right\}\right]=P_n^2\left\{\delta\left(\frac{\partial^2 R}{\partial x^2}\right)\right\}$$

$$=-\frac{2n+6}{a}\left(\frac{GM}{4a^3}\right)^2\left(\frac{a}{\rho}\right)^{2n+7}(\delta\rho)_n\left[\frac{1}{n}\sum_{k=0}^{n}(\delta_k B_{nk})^2\right]\sum_{k=0}^{n}(\bar{C}_{nk}^2+\bar{S}_{nk}^2)$$

$$+\left(\frac{GM}{4a^3}\right)^2\left(\frac{a}{\rho}\right)^{2n+6}\left[\frac{1}{n}\sum_{k=0}^{n}(\delta_k B_{nk})^2\right]\sum_{k=0}^{n}(\delta\bar{C}_{nk}^2+\delta\bar{S}_{nk}^2) \tag{8-3-6}$$

采用与8.2节类似的推导,参考式(8-2-13)、式(8-2-17)和式(8-2-18),得到迹向短基线相对轨道摄动重力场测量的阶误差方差为

$$\delta\sigma_n^2=\frac{1}{2n+1}\sum_{k=0}^{n}(\delta\bar{C}_{nk}^2+\delta\bar{S}_{nk}^2)$$

$$=\frac{1}{\left(\frac{GM}{4a^3}\right)^2\left(\frac{a}{\rho}\right)^{2n+6}\left[\frac{1}{n}\sum_{k=0}^{n}(\delta_k B_{nk})^2\right]}\frac{\sigma_{R_{xx}}^2\,(\Delta t)_{R_{xx}}}{T}$$

$$+ \frac{2n+6}{\rho} \frac{I_\rho}{T} \left[\frac{(\Delta F)^2 T_{arc}^4}{36} (\Delta t)_{R_{xx}} + (\Delta r)_m^2 (\Delta t)_m \right] \sum_{k=0}^{n} (\bar{C}_{nk}^2 + \bar{S}_{nk}^2)$$

$$(8\text{-}3\text{-}7)$$

考虑到式(8-2-22)和式(8-2-23),由式(8-3-7)进一步得到迹向短基线相对轨道摄动重力场测量的阶误差方差为

$$\delta \sigma_n^2 = \frac{1}{T} \frac{\sigma_{R_{xx}}^2 (\Delta t)_{R_{xx}}}{\left(\frac{GM}{4a^3} \right)^2 \left(\frac{a}{a+h} \right)^{2n+6} \left[\frac{1}{n} \sum_{k=0}^{n} (\delta_k B_{nk})^2 \right]}$$

$$+ \frac{2n+6}{a+h} \frac{I_\rho}{T} \left[\frac{(\sigma_{R_{xx}} l_0)^2 T_{arc}^4}{36} (\Delta t)_{R_{xx}} + (\Delta r)_m^2 (\Delta t)_m \right] \frac{1.6 \times 10^{-10}}{n^3} \quad (8\text{-}3\text{-}8)$$

其中

$$\frac{1}{n} \sum_{k=0}^{n} (\delta_k B_{nk})^2 = \frac{2(8n^5 + 56n^4 + 114n^3 + 145n^2 + 85n + 24)}{3n} \quad (8\text{-}3\text{-}9)$$

这样得到了迹向短基线相对轨道摄动重力场测量的阶误差方差,进而可以确定重力场测量的有效阶数、大地水准面误差、重力异常误差等指标。

8.4　轨道面法向短基线相对轨道摄动重力场测量的解析建模

由式(8-1-4)、式(8-1-7)、式(8-1-8)和式(8-1-15)得到重力梯度沿轨道面法向的分量为

$$\frac{\partial^2 R}{\partial y^2} = \frac{GM}{\rho^3} \sum_{n=2}^{\infty} \sum_{k=0}^{n} \left(\frac{a}{\rho} \right)^n (\bar{C}_{nk} \cos k\lambda + \bar{S}_{nk} \sin k\lambda) \begin{bmatrix} -(n+1)\bar{P}_{nk}(\cos\theta) \\ + \cot\theta \dfrac{\mathrm{d}\bar{P}_{nk}(\cos\theta)}{\mathrm{d}\theta} \\ - \dfrac{k^2}{\sin^2\theta} \bar{P}_{nk}(\cos\theta) \end{bmatrix} \quad (8\text{-}4\text{-}1)$$

根据功率谱密度的定义,计算式(8-4-1)等式两边的功率谱密度,结果为

$$P_n^2 \left\{ \frac{\partial^2 R}{\partial y^2} \right\} = \sum_{k=0}^{n} \left\{ \frac{1}{4} \frac{GM}{\rho^3} \delta_k \sum_{l=\max\{2,k\}}^{\infty} \left(\frac{a}{\rho} \right)^l \bar{C}_{lk} \int_0^{\pi} \begin{bmatrix} -(l+1)\bar{P}_{lk}(\cos\theta) \\ + \cot\theta \dfrac{\mathrm{d}\bar{P}_{lk}(\cos\theta)}{\mathrm{d}\theta} \\ - \dfrac{k^2}{\sin^2\theta} \bar{P}_{lk}(\cos\theta) \end{bmatrix} \bar{P}_{nk}(\cos\theta) \sin\theta \mathrm{d}\theta \right\}^2$$

$$+ \sum_{k=1}^{n} \left\{ \frac{1}{4} \frac{GM}{\rho^3} \delta_k \sum_{l=\max\{2,k\}}^{\infty} \left(\frac{a}{\rho} \right)^l \bar{S}_{lk} \int_0^{\pi} \begin{bmatrix} -(l+1)\bar{P}_{lk}(\cos\theta) \\ + \cot\theta \dfrac{\mathrm{d}\bar{P}_{lk}(\cos\theta)}{\mathrm{d}\theta} \\ - \dfrac{k^2}{\sin^2\theta} \bar{P}_{lk}(\cos\theta) \end{bmatrix} \bar{P}_{nk}(\cos\theta) \sin\theta \mathrm{d}\theta \right\}^2 \quad (8\text{-}4\text{-}2)$$

在式(8-4-2)中,可以使 l 仅取 n,从而进一步简化为

$$P_n^2\left\{\frac{\partial^2 R}{\partial y^2}\right\} = \left(\frac{GM}{4a^3}\right)^2 \left(\frac{a}{\rho}\right)^{2n+6} \sum_{k=0}^{n} (\bar{C}_{nk}^2 + \bar{S}_{nk}^2) f_{yy}(n,k) \qquad (8\text{-}4\text{-}3)$$

其中

$$f_{yy}(n,k)$$

$$= \left\{\delta_k \int_0^\pi \left[-(n+1)\bar{P}_{nk}(\cos\theta) + \cot\theta \frac{\mathrm{d}\bar{P}_{nk}(\cos\theta)}{\mathrm{d}\theta} - \frac{k^2}{\sin^2\theta}\bar{P}_{nk}(\cos\theta)\right] \bar{P}_{nk}(\cos\theta)\sin\theta\mathrm{d}\theta\right\}^2$$

$$= (\delta_k D_{nk})^2 \qquad (8\text{-}4\text{-}4)$$

由式(8-4-3)得到

$$P_n^2\left\{\frac{\partial^2 R}{\partial y^2}\right\} = \left(\frac{GM}{4a^3}\right)^2 \left(\frac{a}{\rho}\right)^{2n+6} \sum_{k=0}^{n} (\bar{C}_{nk}^2 + \bar{S}_{nk}^2) f_{yy}(n,k)$$

$$\approx \left(\frac{GM}{4a^3}\right)^2 \left(\frac{a}{\rho}\right)^{2n+6} \left[\frac{1}{n}\sum_{k=0}^{n} (\delta_k D_{nk})^2\right] \sum_{k=0}^{n} (\bar{C}_{nk}^2 + \bar{S}_{nk}^2) \qquad (8\text{-}4\text{-}5)$$

对比式(8-3-5)和式(8-4-5),可以直接得到轨道面法向短基线相对轨道摄动重力场测量的阶误差方差为

$$\delta\sigma_n^2 = \frac{1}{2n+1}\sum_{k=0}^{n}(\delta\bar{C}_{nk}^2 + \delta\bar{S}_{nk}^2) = \frac{1}{T}\frac{\sigma_{R_{yy}}^2 (\Delta t)_{R_{yy}}}{\left(\frac{GM}{4a^3}\right)^2 \left(\frac{a}{a+h}\right)^{2n+6}\left[\frac{1}{n}\sum_{k=0}^{n}(\delta_k D_{nk})^2\right]}$$

$$+ \frac{2n+6}{a+h}\frac{I_\rho}{T}\left[\frac{(\sigma_{R_{yy}} l_0)^2 T_{\mathrm{arc}}^4}{36}(\Delta t)_{R_{yy}} + (\Delta r)_m^2 (\Delta t)_m\right]\frac{1.6\times10^{-10}}{n^3} \qquad (8\text{-}4\text{-}6)$$

其中

$$D_{nk} = \int_0^\pi \left[\begin{array}{l}-(n+1)\bar{P}_{nk}(\cos\theta) + \cot\theta \frac{\mathrm{d}\bar{P}_{nk}(\cos\theta)}{\mathrm{d}\theta}\\ -\frac{k^2}{\sin^2\theta}\bar{P}_{nk}(\cos\theta)\end{array}\right] \bar{P}_{nk}(\cos\theta)\sin\theta\mathrm{d}\theta$$

$$= -(4n+2)(k+1) \qquad (8\text{-}4\text{-}7)$$

从而

$$\frac{1}{n}\sum_{k=0}^{n}(\delta_k D_{nk})^2 = \frac{16n^5 + 88n^4 + 180n^3 + 314n^2 + 218n + 48}{3n} \qquad (8\text{-}4\text{-}8)$$

于是,得到了轨道面法向短基线相对轨道摄动重力场测量的阶误差方差。同样可以计算轨道面法向短基线相对轨道摄动重力场测量的有效阶数、大地水准面阶误差及其累积误差、重力异常阶误差及其累积误差等。

8.5　短基线相对轨道摄动重力场测量的解析模型

8.2~8.4节分别建立了径向、迹向、轨道面法向短基线相对轨道摄动重力场

测量的解析模型。将不同方向上的重力场测量性能综合,可以得到总的重力场测量性能。文献[1]和文献[4]针对一般的地球重力场参量 u_n,给出了基于不同观测数据组合评估其误差的方法,即 u_n 误差平方的倒数等于单独基于各种数据得到的误差平方的倒数和。那么,将 u_n 看作重力场模型的阶标准差 σ_n,即

$$\sigma_n = \sqrt{\frac{1}{2n+1}\sum_{k=0}^{n}(\overline{C}_{nk}^2 + \overline{S}_{nk}^2)} \tag{8-5-1}$$

可以得到如下结论:假设有 M 种观测数据,若由单一观测数据得到的阶误差方差为 $\delta\sigma_{n,i}^2\,(i=1,2,\cdots,M)$,则由 M 种观测数据组合得到的阶误差方差最优估计 $\delta\sigma_n^2$ 满足如下关系:

$$\frac{1}{\delta\sigma_n^2} = \frac{1}{\delta\sigma_{n,1}^2} + \frac{1}{\delta\sigma_{n,2}^2} + \cdots + \frac{1}{\delta\sigma_{n,M}^2} \tag{8-5-2}$$

由此得到综合径向、迹向、轨道面法向短基线相对轨道摄动观测数据的重力场测量阶误差方差 $\delta\hat{\sigma}_n^2$,进而可以确定重力场测量的有效阶数、大地水准面误差和重力异常误差等。

$$\frac{1}{\delta\hat{\sigma}_n^2} = \frac{1}{\delta\sigma_{n,z}^2} + \frac{1}{\delta\sigma_{n,x}^2} + \frac{1}{\delta\sigma_{n,y}^2} \tag{8-5-3}$$

其中, $\delta\sigma_{n,z}^2$、$\delta\sigma_{n,x}^2$、$\delta\sigma_{n,y}^2$ 分别是径向、迹向、法向短基线相对轨道摄动重力场测量的阶误差方差,分别由式(8-2-24)、式(8-3-8)、式(8-4-6)计算确定。

8.6　短基线相对轨道摄动重力场测量任务优化设计方法

以 8.5 节建立的短基线相对轨道摄动重力场测量解析模型为依据,研究轨道高度、重力梯度测量精度、定轨精度、重力梯度数据采样间隔、定轨数据采样间隔、总测量时间等参数对重力场测量的影响,进而提出短基线相对轨道摄动重力场测量任务的优化设计方法。

8.6.1　短基线相对轨道摄动重力场测量任务参数的影响规律

根据表 8.1 的任务参数,分别计算径向、迹向、轨道面法向短基线相对轨道摄动重力场测量性能以及综合 3 个方向的重力场测量性能,如图 8.4~图 8.6 所示。

表 8.1　短基线相对轨道摄动重力场测量的任务参数

参数	数值	参数	数值
引力敏感器轨道高度	250km	总测量时间	6 月
重力梯度测量精度	3mE	重力梯度数据采样间隔	10s
引力敏感器定轨精度	5cm	定轨数据采样间隔	10s

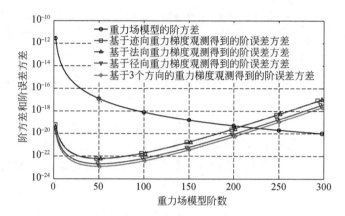

图 8.4　短基线相对轨道摄动重力场测量的阶误差方差

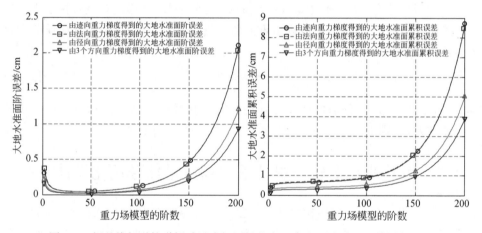

图 8.5　短基线相对轨道摄动重力场测量的大地水准面阶误差及其累积误差

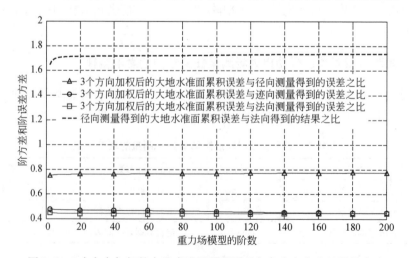

图 8.6　3 个方向加权的大地水准面累积误差与各个方向上的误差之比

由图 8.4~图 8.6 可知,3 个方向加权后得到的大地水准面累积误差比任意单个方向测量得到的误差小。其中,径向测量的误差最小,对总重力场测量性能的贡献最大;由迹向、轨道面法向观测得到的大地水准面累积误差较大,且均是径向误差的 1.6~1.8 倍。同时可以看出,虽然径向测量占有主导地位,但是并没有达到使迹向、法向测量可以忽略的程度。因此,下面将以 3 个方向加权后的总重力场测量性能为目标函数,分析不同任务参数的影响规律。

1. 轨道高度的影响规律

在如表 8.2 所示的参数设置下,计算得到重力场测量性能如图 8.7 所示。由图可知,当轨道高度由 500km 降到 200km 时,重力场测量的有效阶数由 115 增加到了 285,说明重力场测量性能随轨道高度的降低而迅速增加,轨道高度是影响短基线相对轨道摄动重力场测量性能的重要因素。

表 8.2 轨道高度的选择范围

参数	数值	参数	数值
引力敏感器轨道高度	200~500km	总测量时间	6 个月
重力梯度测量精度	3mE	重力梯度数据采样间隔	10s
引力敏感器定轨精度	5cm	定轨数据采样间隔	10s

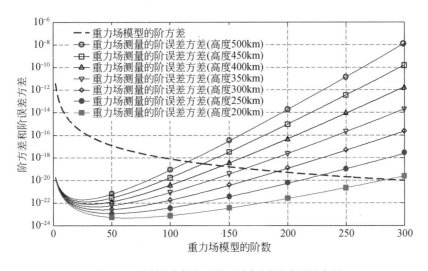

图 8.7 不同轨道高度下的重力场测量阶误差方差

2. 重力梯度测量精度的影响规律

在表 8.3 所示参数设置下,计算重力场测量性能,得到不同重力梯度测量精度下的阶误差方差,如图 8.8 所示。由图可知,随着重力梯度测量精度的提高,重力场测量性能迅速增加。与轨道高度相同,重力梯度测量精度也是影响短基线相对轨道摄动重力场测量水平的重要参数。

表 8.3　重力梯度测量精度的选择范围

参数	数值	参数	数值
引力敏感器轨道高度	250km	总测量时间	6 个月
重力梯度测量精度	0.1mE、1mE、10mE	重力梯度数据采样间隔	10s
引力敏感器定轨精度	5cm	定轨数据采样间隔	10s

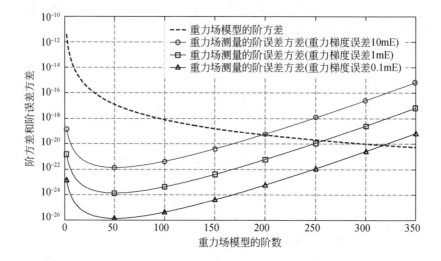

图 8.8　不同重力梯度测量精度下的重力场测量阶误差方差

3. 定轨精度的影响规律

如表 8.4 所示,在其他参数不变的情况下,分别取引力敏感器定轨精度为 1cm 和 50cm,得到重力场测量的阶误差方差曲线,如图 8.9 所示。由图可知定轨误差取 1cm 和 50cm 时的重力场测量性能差别很小,说明定轨误差在几厘米到数十厘米范围内变化时,对短基线相对轨道摄动重力场测量的影响基本不变。

表 8.4　引力敏感器定轨精度的选择范围

参数	数值	参数	数值
引力敏感器轨道高度	250km	总测量时间	6 个月
重力梯度测量精度	3mE	重力梯度数据采样间隔	10s
引力敏感器定轨精度	1cm、50cm	定轨数据采样间隔	10s

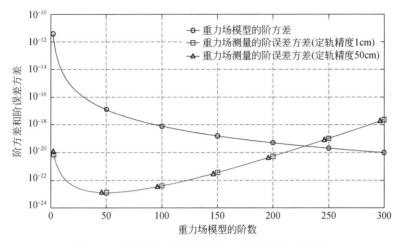

图 8.9　不同定轨精度下的重力场测量阶误差方差

4. 重力梯度数据采样间隔的影响规律

根据表 8.5,分别取重力梯度数据的采样间隔为 1s、15s、30s、45s,计算重力场测量的阶误差方差,如图 8.10 所示。由图可知,重力梯度数据采样间隔越小,重力场测量性能越高。

表 8.5　重力梯度数据采样间隔的选择范围

参数	数值	参数	数值
引力敏感器轨道高度	250km	总测量时间	6 个月
重力梯度测量精度	3mE	重力梯度数据采样间隔	1s、15s、30s、45s
引力敏感器定轨精度	5cm	定轨数据采样间隔	10s

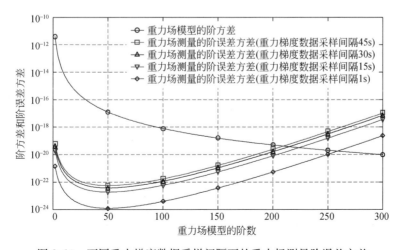

图 8.10　不同重力梯度数据采样间隔下的重力场测量阶误差方差

5. 定轨数据采样间隔的影响规律

如表 8.6 所示,分别取定轨数据采样间隔为 1s 和 100s,计算重力场测量的阶误差方差,如图 8.11 所示,两种采样间隔对应的阶误差方差曲线基本重合。可知定轨数据采样间隔在数秒到数十秒范围内变化时,对重力场测量的影响基本不变。

表 8.6　定轨数据采样间隔的选择范围

参数	数值	参数	数值
引力敏感器轨道高度	250km	总测量时间	6 个月
重力梯度测量精度	3mE	重力梯度数据采样间隔	10s
引力敏感器定轨精度	5cm	定轨数据采样间隔	1s、100s

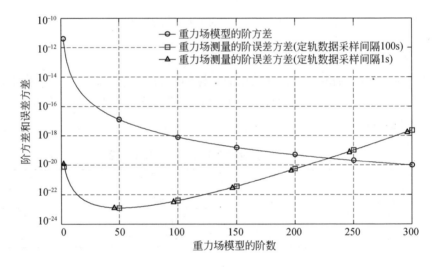

图 8.11　不同定轨数据采样间隔下的重力场测量阶误差方差

6. 总任务测量时间的影响规律

如表 8.7 所示,将总测量时间在 1~12 个月内取值,得到重力场测量的阶误差方差曲线,如图 8.12 所示。由图可知,总测量时间越长,重力场测量性能越高。

表 8.7　总任务测量时间的选择范围

参数	数值	参数	数值
引力敏感器轨道高度	250km	总测量时间	1~12 个月
重力梯度测量精度	3mE	重力梯度数据采样间隔	10s
引力敏感器定轨精度	5cm	定轨数据采样间隔	10s

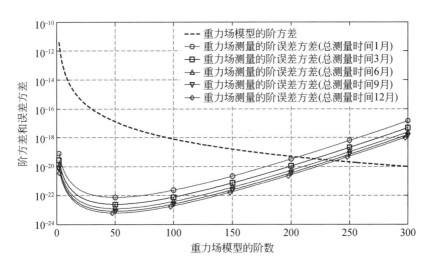

图 8.12　不同总测量时间下的重力场测量阶误差方差

根据上述分析可知,轨道高度、重力梯度测量精度是影响重力场测量性能最主要的因素;重力梯度数据采样间隔越小,总测量时间越长,重力场测量性能越高;重力场测量性能随定轨精度、定轨数据采样间隔的变化很小。从原理上讲,虽然重力梯度测量精度和定轨精度之间存在匹配关系,但在实际载荷精度范围内,重力梯度精度远大于定轨精度的影响,因而不需要考虑两者之间的匹配关系。

8.6.2　短基线相对轨道摄动重力场测量任务参数的优化设计方法

根据上述对短基线相对轨道摄动重力场测量任务参数影响规律的分析,为实现重力场测量性能最优化,应当按照如下方法设计任务参数:

(1)轨道高度尽可能低,同时由轨道高度决定的回归周期应当满足东西方向上的全球覆盖测量要求。

(2)重力梯度测量精度尽可能高。

(3)目前精密定轨精度达到厘米级,完全满足短基线相对轨道摄动重力场测量的任务要求。

(4)重力梯度数据采样间隔尽可能小,并存在上限约束,用于满足南北方向上的全球覆盖测量要求。

(5)定轨数据采样间隔对重力场测量性能的影响很小,只需满足上限约束即满足南北方向上的全球覆盖测量要求即可。

(6)总任务测量时间尽可能长,并存在下限约束,与轨道高度决定的回归周期相协调,共同满足东西方向上的全球覆盖测量要求。

全球覆盖测量对观测数据采样间隔、总任务测量时间、轨道高度的定量要求,与绝对轨道摄动重力场测量、长基线相对轨道摄动重力场测量中的要求相同,详见6.5.2节和7.3节,这里不再重复。

8.7 典型重力卫星任务轨道与数据产品

8.7.1 GOCE 卫星任务轨道

GOCE 卫星是国际上第一个专用的重力梯度卫星,采用了短基线相对轨道摄动重力场测量原理。它于 2009 年 3 月 17 日 14:21(UTC)从俄罗斯普列谢茨克航天发射场发射,运载器为"呼啸号"火箭。发射 90min 左右时,火箭上面级点火启动,将卫星准确送入预定轨道,并很快与地面建立联系。初始入轨高度为 288km,然后在大气阻力作用下自然降低到任务测量轨道上,高度约为 260km。在自然降轨过程中,对卫星推进系统进行了可靠性检验。GOCE 卫星轨道为太阳同步昏晨轨道,升交点地方时为 18:00。通过阻力补偿控制系统,使 GOCE 卫星轨道高度基本保持不变,在低轨上敏感引力信号。卫星燃料消耗完后,轨道迅速衰减,在 2013 年 11 月 11 日 00:16(UTC)坠入大气层,其中与地面最后一次联系的时间为 2013 年 11 月 10 日 22:42(UTC)。

根据 www.space-track.org 网站提供的两行轨道根数,得到 GOCE 卫星在任务周期(2009 年 3 月 17 日～2013 年 11 月 11 日)内的轨道变化,如图 8.13 和图 8.14 所示。根据 6.6.1 节中两行轨道根数的定义可知,GOCE 卫星在轨运行时的轨道偏心率、倾角、升交点赤经、近地点角距、平近点角可以直接从两行轨道根数中得到。对于半长轴,可以根据两行轨道根数中给出的卫星每天运转圈数得到。设 GOCE 卫星每天运转圈数为 N_{rev},每天的时间长度为 T_{day},则根据轨道动力学容易得到 GOCE 卫星轨道半长轴 a 可以表示为

$$a = \left(\frac{\mu}{4\pi^2}\frac{T_{day}^2}{N_{rev}^2}\right)^{1/3} \tag{8-7-1}$$

设 GOCE 卫星轨道的偏心率为 e,地球的平均半径为 R_e,则卫星的近地点高度 h_p 和远地点高度 h_a 分别为

$$h_p = a(1-e) - R_e \tag{8-7-2}$$
$$h_a = a(1+e) - R_e \tag{8-7-3}$$

图 8.13 和图 8.14 给出了 GOCE 卫星在轨运行期间(2009 年 3 月 17 日～2013 年 11 月 11 日)的轨道半长轴和轨道高度变化,可知 GOCE 卫星入轨时轨道高度约为 288km,经过 180 天左右的调整后,轨道高度降低到 260km 左右,然后在之后的约 2 年 11 个月内(2009 年 9 月 13 日～2012 年 8 月 1 日),GOCE 卫星通过阻力补偿控制系统,克服大气阻力引起的轨道衰减,使轨道高度始终保持在 260km 附近,开展重力场测量任务。2013 年 10 月 21 日之后,GOCE 卫星阻力补偿控制

系统燃料消耗完毕,此时轨道高度已经降为 234km,这时在稠密大气作用下卫星轨道高度迅速降低,经过 22 天后(2013 年 11 月 11 日)降低到 123km,认为卫星已经完全坠入大气层,GOCE 任务结束。

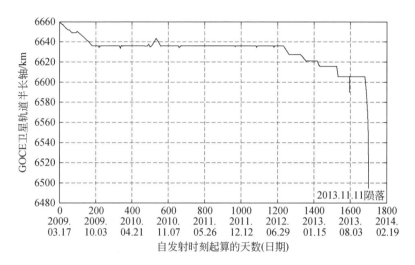

图 8.13　GOCE 卫星在轨期间(2009 年 3 月 17 日～2013 年 11 月 11 日)的轨道半长轴

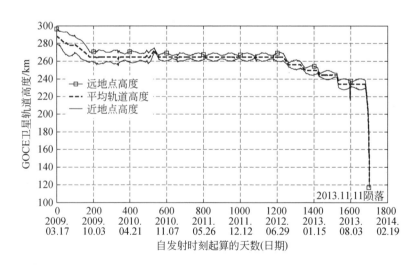

图 8.14　GOCE 卫星在轨期间(2009 年 3 月 17 日～2013 年 11 月 11 日)的轨道高度

GOCE 卫星通过阻力补偿控制系统,实现了极低轨道飞行,在低轨道上可以敏感到更强的引力信号,使重力场测量的分辨率和精度得到大幅度提升,这是 GOCE 卫星超低轨道飞行的优势。不过,超低轨道飞行的条件是需要消耗大量燃料进行轨道实时维持,一旦燃料消耗完会很快坠入大气层烧毁。

　　图 8.15 给出了 GOCE 卫星轨道偏心率随时间的变化。由图可知,在整个任务周期内,GOCE 卫星轨道偏心率保持为 $10^{-4} \sim 10^{-3}$,轨道接近圆轨道。圆轨道飞行可以保证重力梯度观测数据的精度尽可能一致,有利于提高重力场的反演精度。同时,使 GOCE 卫星受到的空间环境尽可能一致,便于阻力补偿控制系统对卫星轨道进行维持控制。

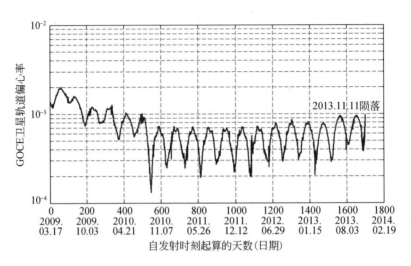

图 8.15　GOCE 卫星在轨期间(2009 年 3 月 17 日~2013 年 11 月 11 日)的轨道偏心率

　　图 8.16 给出了 GOCE 卫星轨道倾角随时间的变化。由图可知,卫星初始入轨时的轨道倾角为 $96.7°$,随着时间的增加,轨道倾角逐渐降低,卫星陨落时轨道倾角为 $96.54°$。

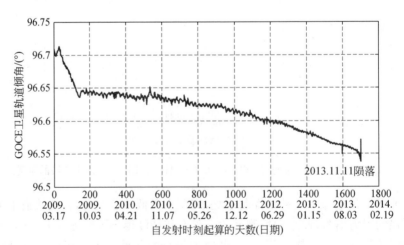

图 8.16　GOCE 卫星在轨期间(2009 年 3 月 17 日~2013 年 11 月 11 日)的轨道倾角

图 8.17 给出了 GOCE 卫星升交点赤经随时间的变化。由图可知,卫星入轨时升交点赤经为 85.53°,然后升交点赤经随时间线性增加,在 0°~360° 内呈周期性变化,变化的周期为 1 年。这是因为 GOCE 卫星采用了太阳同步轨道,升交点赤经的变化周期等于地球绕太阳的公转周期,即 1 年。

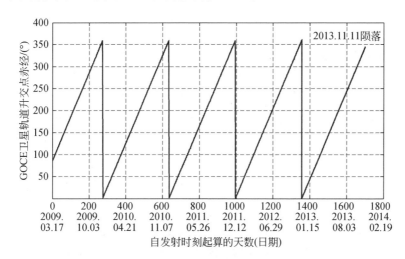

图 8.17　GOCE 卫星在轨期间(2009 年 3 月 17 日~2013 年 11 月 11 日)的升交点赤经

8.7.2　GOCE 卫星重力场测量数据产品及性能分析

1. GOCE 卫星数据概述

GOCE 卫星在 4 年 7 个月的飞行过程中,获取了大量的重力观测数据,以空前的精度和空间分辨率绘制地球重力场,由此得到的全球重力分布图和大地水准面模型为全球用户提供了令人满意的数据产品,从而为相关学科发展和应用研究(如大地测量学、地球物理学、海洋环流、冰川学、地震学、水文学等)提供了有利的工具。GOCE 卫星的数据产品对科学研究以及非商业用途的用户均是免费公开的。

在将 GOCE 卫星原始观测数据转变为适合于用户使用的数据过程中,需要大量的工作和努力,包括地面卫星控制、卫星数据处理与存储、不同类型的数据发布等。GOCE 卫星由欧空局的空间操作中心(European Space Operations Center,ESOC)中的飞行操作部分(Flight Operation Segment,FOS)进行控制和操作,其中,空间操作中心位于德国的达姆施塔特。在空间操作中心,GOCE 卫星的在轨运行状态被实时监测,并对卫星进行遥控,发送控制指令。

原始数据通过下行链路从 GOCE 卫星下传到瑞典北部的基律纳地面站,该地面站非常适合 GOCE 卫星的近极轨道。数据被接收之后,立刻传送到空间操作中心的飞行操作部分,并进一步传送给位于意大利弗拉斯卡蒂的载荷数据处理机构,如图 8.18 所示。在这里,对数据进行校准和验证,实现从遥测数据到水平 1B 数据产品的变换。水平 1B 数据产品是通过转换、校准和验证得到的 GOCE 卫星数据的时间序列,主要包括卫星本体参考系中的重力梯度数据和地球固连坐标系中的轨道数据,其中轨道数据包括卫星位置和速度数据。另外,水平 1B 数据也包括卫星姿态数据和星务管理数据。

图 8.18　　GOCE 卫星数据传输链路(见彩图)

　　利用位于荷兰的高性能数据处理中心,水平 1B 数据被转换到水平 2 数据产品。在 GOCE 卫星的整个任务运行过程中,ESA 组织 10 个欧洲大学和研究机构的人员负责高性能数据处理中心的工作,这些人员的学科涉及重力学、大地测量学等领域。在高性能数据处理中心,有 3 套重力场恢复的并行计算方法,用于保证 GOCE 卫星重力场测量数据产品的高品质。在重力场恢复计算过程中,GOCE 卫星精密轨道也可以解算出来。水平 2 数据是为全球用户提供的基本数据产品,包括重力梯度频谱值、大地水准面高和重力异常网格值等。

　　2. 数据校准

　　为了实现高精度重力场测量,GOCE 卫星上安装了重力梯度仪和 GPS 接收机等有效载荷。重力场测量任务对这些有效载荷的技术要求是非常严格的,达到尽可能高的载荷指标,并且精确地安装在卫星上。但是,实际上,无论载荷制造还是载荷安装,都不是完美的,与理想状态之间不可避免地存在差别。这样就要求对这些载荷的观测数据进行校准和验证,以弥补有效载荷的制造与安装误差。

对于 GOCE 卫星而言,完整的校准过程是非常复杂的。根据任务流程和时间先后顺序,校准过程可以分为任务开始之前的地面校准、飞行过程中的在轨校准和任务事后校准。为了保证 GOCE 卫星数据产品的准确性和可靠性,这 3 个校准过程缺一不可。

1)任务开始之前的地面校准

任务开始前的校准是在地面测试工作台上完成的。首先进行加速度计测试,然后将测试好的加速度计成对地精确装配,形成重力梯度仪。实际上,飞行前校准的最大困难在于,地球上 1g 重力加速度环境阻止了对加速度计进行严格意义上的校准,这是因为它们被设计为在 0g 环境下具有最高的测量精度。为了克服地面重力环境的影响,利用落塔进行微重力环境下的加速度计性能测试。

2)飞行过程中的在轨校准

GOCE 卫星在轨运行过程中,利用卫星上的推力器可以实现校准。首先,根据设计好的特定动力学过程及其模型,利用加速度计观测值校准推力器输出。然后,启动校准后的推力器,使其对加速度计载荷产生连续的非引力作用,然后分析加速度计信号,以此实现加速度计参数校准,包括比例因子和漂移因子。另外,这一校准过程可以提供重力梯度仪中每个轴上加速度计的对准误差。

3)飞行任务完成后的事后校准

GOCE 卫星任务完成后,利用地面观测数据以及现有的重力场模型,对卫星观测数据进行外部校准,以进一步纠正存在的误差,提高 GOCE 卫星数据产品的精度。

3. 数据产品

GOCE 卫星的任务目标是提供高精度、高分辨率的静态地球重力场模型,实现 200 阶重力场测量,大地水准面精度为 1cm,重力异常精度为 1mGal。GOCE 卫星数据产品的应用方向包括海洋学、固体地球、大地测量学、冰河学、海平面变化研究等。

在 GOCE 卫星飞行过程中,重力梯度仪和 GPS 接收机提供了恢复重力场所需的主要数据,同时,卫星姿态与轨道控制系统以及在轨仪器校准程序提供了必要的辅助数据。为了使 GOCE 数据产品更好地应用于地球重力场恢复以及其他科学研究领域,根据不同的用户需求将 GOCE 数据产品分为 5 个等级,如表 8.8 所示,相应的数据处理过程如图 8.19 所示。

表 8.8　GOCE 数据类型

数据类别	处理步骤
水平 0～1B	(1)从 GPS 接收机得到的实时轨道 (2)重力梯度仪数据,包括共模加速度和姿态信息 (3)加速度计、GPS 接收机、星敏感器、阻力补偿控制数据组合分析
水平 2	(1)地球重力场球谐系数的确定 (2)重力场模型和 GOCE 卫星精确轨道 (3)基于重力场模型,得到大地水准面和重力异常
水平 3	为了进一步应用于不同领域,对水平 2 数据产品进行处理

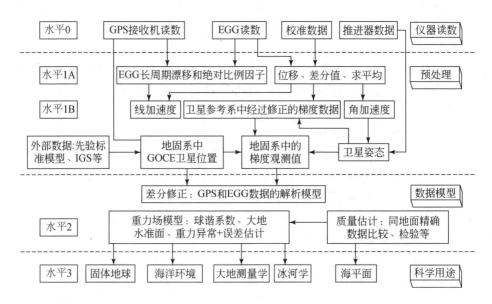

图 8.19　GOCE 数据产品处理过程

1)水平 0 数据

水平 0 数据是 GOCE 卫星原始观测数据,在卫星经过地面站时向下传输,包括来自重力梯度仪和 GPS 接收机的科学测量数据、辅助数据以及星务数据。科学数据包括重力梯度仪的电极电压、时标、单个加速度计数据、GPS 接收机载波相位观测量、测距码观测量、载荷在轨校准数据等。辅助数据包括从星敏感器得到的卫星姿态数据和时间、验证质量极化电压、燃料消耗量、推进器开关情况等。星务数据包括与卫星运行状态有关的数据。

2)水平 1A 数据

水平 1A 数据包括由科学仪器原始观测量经预处理后得到的数据,以及卫星辅助数据。

3）水平 1B 数据

水平 1B 数据是指经过校正和空间定位的、按照时间顺序排列的科学仪器数据,包括经过改正后的 GPS 观测值、卫星在地球固连坐标系或惯性系中的位置速度、地球固连坐标系中的重力梯度数据、卫星姿态数据、卫星加速度和角加速度数据等。在从水平 1A 到水平 1B 的转换过程中,最大限度地利用了校准数据。

4）水平 2 数据

水平 2 数据产品是提供给用户的最基本的产品,包括重力场模型、大地水准面模型、重力异常数据、重力梯度数据等。

5）水平 3 数据

水平 3 数据产品是为满足不同学科需求由水平 2 数据变换而来的,具体应用领域包括固体地球物理、大地测量学、水文学、冰川学、海洋环流等。

4. GOCE 数据得到的重力场模型及其性能分析

国际上众多研究机构根据 GOCE 卫星重力梯度仪数据、GPS 接收机数据等,反演得到了一系列高精度重力场模型,如表 8.9 所示。

表 8.9　利用 GOCE 卫星数据得到的重力场模型

序号	模型名称	模型阶数	观测数据时段;时段长度/天	观测时段内 GOCE 卫星轨道高度/km
1	GO_CONS_GCF_2_SPW_R4	280	2009.11.01～2012.07.31[5];1003	264.69～264.58
2	GO_CONS_GCF_2_TIM_R5	280	2009.11.01～2013.10.20[6];1449	264.69～255.95
3	JYY_GOCE04S	230	2009.11.01～2013.10.19[7];1448	264.69～255.94
4	JYY_GOCE02S	230	2009.11.01～2012.08.31[8];1034	264.69～255.92
5	ITG-GOCE02	240	2009.11.01～2010.06.30[9];241	264.69～264.64
6	GO_CONS_GCF_2_TIM_R4	250	2009.11.01～2012.06.19[10];961	264.69～264.50
7	GO_CONS_GCF_2_TIM_R3	250	2009.11.01～2011.04.17[11];532	264.69～264.60
8	GO_CONS_GCF_2_DIR_R2	240	2009.11.01～2010.06.30[12];241	264.69～264.64
9	GO_CONS_GCF_2_TIM_R2	250	2009.11.01～2010.07.05[13];246	264.69～264.31
10	GO_CONS_GCF_2_SPW_R2	240	2009.10.30～2010.07.05[14];247	264.53～264.31
11	GO_CONS_GCF_2_DIR_R1	240	2009.11.01～2010.01.11[15];71	264.69～264.64
12	GO_CONS_GCF_2_TIM_R1	224	2009.11.01～2010.01.11[16];71	264.69～264.64
13	GO_CONS_GCF_2_SPW_R1	210	2009.10.30～2010.01.11[17];72	264.53～264.64

对于表 8.9 中的重力场模型及其阶数,可以在 2.3.1 节给出的全球重力场模型列表中查到,最后一列中的轨道高度由图 8.14 得到。可以看出,在 2009 年 10 月 3 日～2012 年 6 月 29 日,GOCE 卫星轨道高度基本保持在 264km 附近。下面

分析表 8.9 中重力场模型的性能。对于空间分辨率指标,可以根据表中第 3 列的模型阶数确定,阶数越高,说明该模型的空间分辨率越高。对这些重力场模型精度和模型建立过程中的解算误差分析,采用类似于 6.6.2 节、7.4.2 节的分析方法,选取 EIGEN6C4 模型来代表真实重力场,根据真实重力场计算引力位系数的阶方差,它反映了真实地球引力信号在各个阶数上的分布。对于表 8.9 中的任意重力场模型 A,计算该模型相对真实重力场的实际阶误差方差,实际阶误差方差相对阶方差越小,说明模型 A 在该阶数上的引力位系数精度越高。同时,根据与模型 A 相关的轨道参数、载荷指标,利用 8.2~8.5 节建立的短基线相对轨道摄动重力场测量解析方法,计算得到重力场测量的理论阶误差方差,它反映了在相应的轨道参数、载荷指标下,GOCE 卫星可能达到的最佳重力场测量性能。实际阶误差方差越接近理论阶误差方差,说明模型 A 在建立过程中采用的算法精度越高,由重力场反演方法引起的解算误差越小。

根据文献[18]可知,GOCE 卫星重力梯度仪观测精度为 $3mE(3×10^{-12}\,s^{-2})$,测量带宽为 5~100mHz,重力梯度仪中同一个轴上两个加速度计之间的测量基线为 0.5m。根据文献[19]~文献[21]可知,GOCE 卫星上的 GPS/GLONASS 接收机观测数据经过处理后,可以实现 2cm 精度的轨道确定。根据文献[22]和文献[20]可知,GOCE 卫星观测数据采样间隔为 1s。在 GOCE 卫星重力场测量性能解析计算中,积分弧长取 2 小时,重力场测量的时间长度由表 8.9 中的第 4 列得到,轨道高度由第 5 列得到。考虑到在重力场测量过程中,GOCE 卫星轨道高度基本保持为 255~265km,这里取为 260km。根据这些任务参数,计算得到 GOCE 卫星重力场测量性能的理论阶误差方差,并计算表 8.9 中重力场模型相对真实重力场的实际阶误差方差,结果如图 8.20~图 8.32 所示。

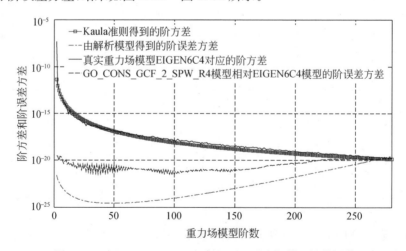

图 8.20　GO_CONS_GCF_2_SPW_R4 重力场模型性能评估

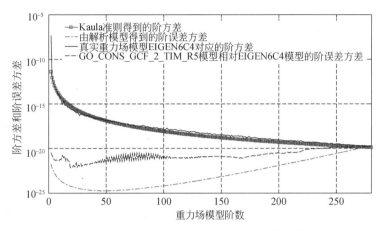

图 8.21　GO_CONS_GCF_2_TIM_R5 重力场模型性能评估

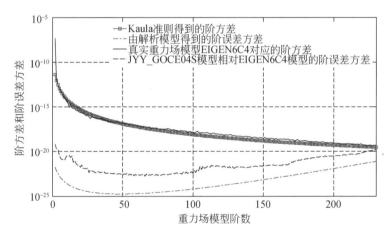

图 8.22　JYY_GOCE04S 重力场模型性能评估

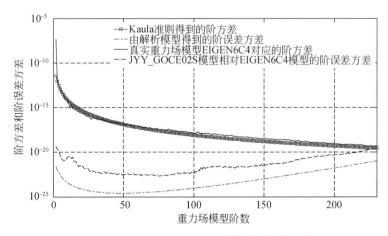

图 8.23　JYY_GOCE02S 重力场模型性能评估

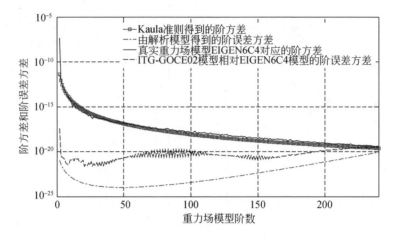

图 8.24   ITG-GOCE02 重力场模型性能评估

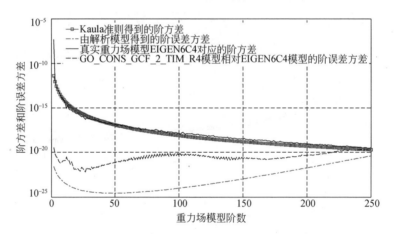

图 8.25   GO_CONS_GCF_2_TIM_R4 重力场模型性能评估

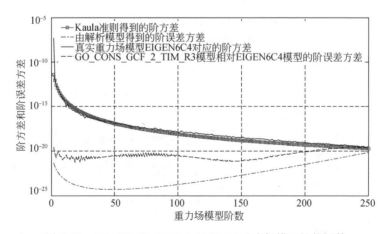

图 8.26   GO_CONS_GCF_2_TIM_R3 重力场模型性能评估

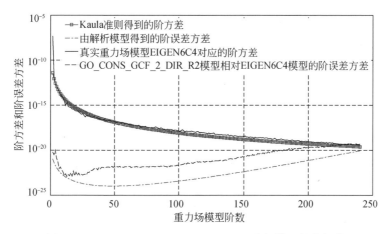

图 8.27　GO_CONS_GCF_2_DIR_R2 重力场模型性能评估

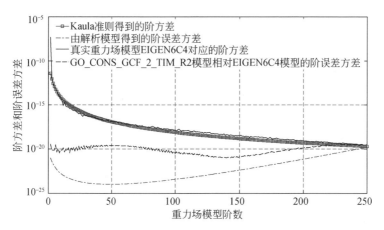

图 8.28　GO_CONS_GCF_2_TIM_R2 重力场模型性能评估

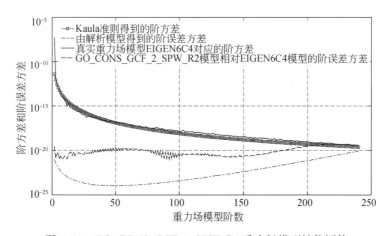

图 8.29　GO_CONS_GCF_2_SPW_R2 重力场模型性能评估

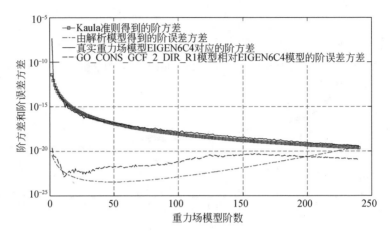

图 8.30　GO_CONS_GCF_2_DIR_R1 重力场模型性能评估

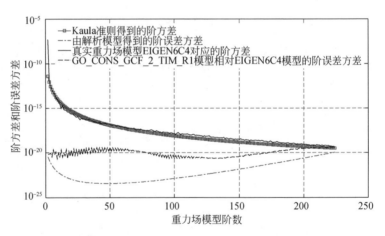

图 8.31　GO_CONS_GCF_2_TIM_R1 重力场模型性能评估

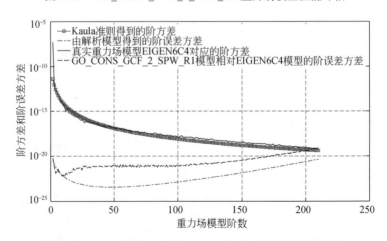

图 8.32　GO_CONS_GCF_2_SPW_R1 重力场模型性能评估

由图 8.20~图 8.32 可得如下结论。

(1)表 8.9 中的重力场模型在其阶数范围内,引力位系数均是有效的,即引力位系数的阶误差方差小于阶方差。

(2)表 8.9 中重力场模型相对真实重力场的阶误差方差均大于由解析公式计算得到的理论阶误差方差,说明表中的重力场模型在解算过程中存在计算方法上的误差。通过改进重力场反演算法,根据已有的 GOCE 卫星观测数据,可以进一步提高重力场的恢复精度。

参 考 文 献

[1] 刘晓刚. GOCE 卫星测量恢复地球重力场模型的理论与方法[D]. 郑州:解放军信息工程大学, 2011.

[2] Liu H W, Wang Z K, Zhang Y L. Modeling and analysis of Earth's gravity field measurement performance by inner- formation flying system[J]. Advance in Space Research, 2013, 52(3): 451—465.

[3] Sünkel. H. From Eötvös to mGal[R]. Noordwijk: European Space Agency, ESA/ESTEC Contract No. 13392/98/NL/GD, 2000.

[4] 钟波. 基于 GOCE 卫星重力测量技术确定地球重力场的研究[D]. 武汉:武汉大学, 2010.

[5] International Centre for Global Earth Models. GO_CONS_GCF_2_SPW_R4 gravity field model[EB/OL]. http://icgem. gfz-potsdam. de/ICGEM/shms/go_cons_gcf_2_spw_r4. gfc [2015-12-31].

[6] International Centre for Global Earth Models. GO_CONS_GCF_2_TIM_R5 gravity field model[EB/OL]. http://icgem. gfz- potsdam. de/ICGEM/shms/go_cons_gcf_2_tim_r5. gfc [2015-12-31].

[7] International Centre for Global Earth Models. JYY_GOCE04S gravity field model[EB/OL]. http://icgem. gfz-potsdam. de/ICGEM/shms/jyy_goce04s. gfc[2015-12-31].

[8] International Centre for Global Earth Models. JYY_GOCE02S gravity field model[EB/OL]. http://icgem. gfz-potsdam. de/ICGEM/shms/jyy_goce02s. gfc[2015-12-31].

[9] International Centre for Global Earth Models. ITG- GOCE02 gravity field model[EB/OL]. http://icgem. gfz-potsdam. de/ICGEM/shms/itg-goce02. gfc[2015-12-31].

[10] International Centre for Global Earth Models. GO_CONS_GCF_2_TIM_R4 gravity field model[EB/OL]. http://icgem. gfz- potsdam. de/ICGEM/shms/go_cons_gcf_2_tim_r4. gfc [2015-12-31].

[11] International Centre for Global Earth Models. GO_CONS_GCF_2_TIM_R3 gravity field model[EB/OL]. http://icgem. gfz- potsdam. de/ICGEM/shms/go_cons_gcf_2_tim_r3. gfc [2015-12-31].

[12] International Centre for Global Earth Models. GO_CONS_GCF_2_DIR_R2 gravity field model[EB/OL]. http://icgem. gfz- potsdam. de/ICGEM/shms/go_cons_gcf_2_dir_r2. gfc [2015-12-31].

[13] International Centre for Global Earth Models. GO_CONS_GCF_2_TIM_R2 gravity field model[EB/OL]. http://icgem. gfz-potsdam. de/ICGEM/shms/go_cons_gcf_2_tim_r2. gfc [2015-12-31].

[14] International Centre for Global Earth Models. GO_CONS_GCF_2_SPW_R2 gravity field model[EB/OL]. http://icgem. gfz-potsdam. de/ICGEM/shms/go_cons_gcf_2_spw_r2. gfc [2015-12-31].

[15] International Centre for Global Earth Models. GO_CONS_GCF_2_DIR_R1 gravity field model[EB/OL]. http://icgem. gfz-potsdam. de/ICGEM/shms/go_cons_gcf_2_dir_r1. gfc [2015-12-31].

[16] International Centre for Global Earth Models. GO_CONS_GCF_2_TIM_R1 gravity field model[EB/OL]. http://icgem. gfz-potsdam. de/ICGEM/shms/go_cons_gcf_2_tim_r1. gfc [2015-12-31].

[17] International Centre for Global Earth Models. GO_CONS_GCF_2_SPW_R1 gravity field model[EB/OL]. http://icgem. gfz-potsdam. de/ICGEM/shms/go_cons_gcf_2_spw_r1. gfc [2015-12-31].

[18] Albertella A, Migliaccio F, Sansó F. GOCE: The earth gravity field by space gradiometry [J]. Celestial Mechanics and Dynamical Astronomy, 2002, 83: 1—15.

[19] Drinkwater M R, Floberghagen R, Haagmans R, et al. GOCE: ESA's first Earth explorer core mission[J]. Space Science Reviews, 2003, 108: 419—432.

[20] Visser P N A M. A glimpse at the GOCE satellite gravity gradient observations[J]. Advances in Space Research, 2011, 47: 393—401.

[21] Bouman J, Koop R, Tscherning C C, et al. Calibration of GOCE SGG data using high-low SST, terrestrial gravity data and global gravity field models[J]. Journal of Geodesy, 2004, 78: 124—137.

[22] Johannessen J A, Balmino G, Leprovost C, et al. The European gravity field and steady-state ocean circulation explorer satellite mission: Its impact on geophysics[J]. Surveys in Geophysics, 2003, 24: 339—386.

第9章 三种天基重力场测量方法的
内在联系及统一描述

9.1 概　　述

第6～第8章分别研究了绝对轨道摄动重力场测量、长基线相对轨道摄动重力场测量和短基线相对轨道摄动重力场测量的物理机理,建立了相应的解析模型。从本质上讲,无论哪种测量方式,均利用引力敏感器的动力学信息来恢复重力场。如果单个引力敏感器绝对运动的测量精度和两个引力敏感器相对运动的测量精度相同,那么它们可以敏感到相同的引力信息;长基线和短基线相对轨道摄动重力场测量在本质上是相同的,它们的区别仅在于引力敏感器之间的测量基线不同,这使得星间测距信息以不同的形式表现出来。当星间基线较长时,星间测距信息表现为两个引力敏感器所在位置的引力位一阶导数差;当星间基线较短时,星间测距信息表现为重力梯度,也就是引力位的二阶导数。于是,有理由认为三种测量方式在本质上是一致的,应当存在天基重力场测量的统一描述方法,即对于其中的任意两种测量方式,如果它们的任务参数满足某种等效关系,那么它们将具有相同的重力场测量性能。下面将通过理论分析,寻求不同重力场测量方式中任务参数之间的等效关系,建立天基重力场测量的统一描述方法。

9.2 绝对和迹向长基线相对轨道摄动重力场测量的内在联系

9.2.1 绝对和长基线相对轨道摄动重力场测量内在联系的定性分析

绝对轨道摄动重力场测量和长基线相对轨道摄动重力场测量在原理上具有密切的联系,这里的长基线相对轨道摄动重力场测量特指沿迹向的星星跟踪测量。一方面,在绝对轨道摄动重力场测量中,根据实际引力敏感器运动,可以生成一个虚拟的引力敏感器运动,它们包含相同的纯引力轨道信息,且沿迹向相差一定距离。将实际和虚拟的引力敏感器运动作差,可以得到虚拟的纯引力星间距离变化率。另一方面,在迹向长基线相对轨道摄动重力场测量中,根据星间测距数据和非引力干扰数据,可以得到实际的纯引力星间距离变化率。

虚拟的纯引力星间距离变化率误差包含非引力干扰引起的速率偏差和定轨数

据差分产生的误差;实际纯引力星间距离变化率误差包含星间测距误差和非引力干扰引起的速率偏差。如果实际和虚拟的星间距离变化率误差相等,则它们应具有相同的重力场测量能力。这意味着如果已知长基线相对轨道摄动重力场测量任务参数,那么可以得到与之对应的绝对轨道摄动重力场测量任务参数,两类重力场测量任务参数具有相同的重力场测量能力;反之,如果已知绝对轨道摄动重力场测量任务参数,也可以得到与之对应的长基线相对轨道摄动重力场测量任务参数,这两类任务参数也具有相同的重力场测量性能。

9.2.2　长基线相对轨道摄动到绝对轨道摄动重力场测量参数的变换

在迹向长基线相对轨道摄动重力场测量中,轨道高度为 h_r,引力敏感器相对距离为 L,相对距离变化率测量精度为 $\delta\dot{\rho}$,非引力干扰为 a_r。通常,相对距离 L 在几十公里到几百公里范围内,有利于测量中高阶重力场。这要求在与之对应的绝对轨道摄动重力场测量中,轨道高度应当更低,能够敏感到更高阶的引力信息,从而使两类任务参数具有相同的重力场测量性能。因此,绝对轨道摄动重力场测量中的轨道高度需要表示为

$$h_u = K_a h_r \tag{9-2-1}$$

其中,K_a 是与引力敏感器相对距离 L 有关的修正系数,可以假设为

$$K_a = K_4 L + K_b \tag{9-2-2}$$

其中,K_a 和 K_b 为待估参数。在绝对轨道摄动重力场测量中,与相对距离变化率测量精度 $\delta\dot{\rho}$ 相对应的是定轨精度 δr。已知引力敏感器相对距离越大,越有利于低阶重力场测量,而不利于中高阶重力场测量,因此可以建立如下关系:

$$\delta r = \frac{K_\beta \delta\dot{\rho}}{L} \tag{9-2-3}$$

其中,K_β 是比例修正系数。在长基线相对轨道摄动重力场测量中,非引力干扰 a_r 引起纯引力星间距离变化率的偏差;在绝对轨道摄动重力场测量中,非引力干扰 a_u 引起纯引力轨道偏差,导致由绝对运动差分计算虚拟星间距离变化率时的偏差。在两种重力场测量方式中,a_r 和 a_u 对纯引力星间距离变化率的影响是不同的,并且与相对距离 L 有关,因此可以假设

$$a_u = \frac{K_\gamma a_r}{L} \tag{9-2-4}$$

其中,K_γ 是比例修正系数。在绝对轨道摄动重力场测量中,定轨位置精度 δr 和非引力干扰 a_u 存在如下匹配关系:

$$a_u = \frac{\sqrt{\dfrac{K_3\mu}{a+h_u}}\left(\dfrac{\delta r}{C_K}\right) + \dfrac{\mu\sqrt{K_4}}{(a+h_u)^2}(\delta r)}{\sqrt{\dfrac{\mu}{a+h_u}}\dfrac{T_{\text{arc}}}{2} + \dfrac{\mu}{(a+h_u)^2}\dfrac{T_{\text{arc}}^2}{6}} \tag{9-2-5}$$

其中,$C_K = 1000 \text{s}^{-1}$ 是定轨位置误差和速度误差在数量上的比值。根据第 7 章的内容可知,在长基线相对轨道摄动重力场测量中,相对距离变化率测量精度 $\delta \dot{\rho}$ 与非引力干扰 a_r 满足如下匹配关系:

$$\delta \dot{\rho} = \frac{a_r T_{\text{arc}}}{2} \sqrt{\frac{(\Delta t)_{\Delta F}}{(\Delta t)_{\Delta \dot{\rho}}}} \tag{9-2-6}$$

其中,式(9-2-5)和式(9-2-6)中符号的定义分别见 6.5 节和 7.3 节。由式(9-2-3)和式(9-2-4)得

$$a_u \delta \dot{\rho} = \frac{K_\gamma}{K_\beta} \delta r a_r \tag{9-2-7}$$

由式(9-2-5)和式(9-2-6)得

$$a_u \delta \dot{\rho} = \frac{\dfrac{1}{C_K} \sqrt{\dfrac{K_3 \mu}{a + h_u} + \dfrac{\mu \sqrt{K_4}}{(a + h_u)^2}}}{\sqrt{\dfrac{\mu}{a + h_u} + \dfrac{\mu}{(a + h_u)^2}} \dfrac{T_{\text{arc}}}{3}} \delta r a_r \sqrt{\frac{(\Delta t)_{\Delta F}}{(\Delta t)_{\Delta \dot{\rho}}}} \tag{9-2-8}$$

由式(9-2-7)和式(9-2-8)得到 K_β 和 K_γ 满足如下关系:

$$\frac{K_\gamma}{K_\beta} = \frac{\dfrac{1}{C_K} \sqrt{\dfrac{K_3 \mu}{a + h_u} + \dfrac{\mu \sqrt{K_4}}{(a + h_u)^2}}}{\sqrt{\dfrac{\mu}{a + h_u} + \dfrac{\mu}{(a + h_u)^2}} \dfrac{T_{\text{arc}}}{3}} \sqrt{\frac{(\Delta t)_{\Delta F}}{(\Delta t)_{\Delta \dot{\rho}}}} \tag{9-2-9}$$

综上可知,在长基线相对轨道摄动重力场测量参数到绝对轨道摄动重力场测量参数的变换关系中,需要拟合估计的参数共有 3 个,分别是 K_a、K_b 和 K_β。第 6、第 7 章分别建立了绝对轨道摄动和长基线相对轨道摄动重力场测量阶误差方差与任务参数之间的关系。为了便于表示,这里假设两种测量方式下的阶误差方差解析表达式分别是 f_u、f_r,则应有

$$f_u = f_u(h_u, \delta r, a_u) = f_u[(K_a L + K_b) h_r, K_\beta \delta \dot{\rho} / L, K_\gamma a_r / L] \tag{9-2-10}$$

$$f_r = f_r(h_r, L, \delta \dot{\rho}, a_r) \tag{9-2-11}$$

令 $\| f_u - f_r \|_2$ 取最小值,通过数据拟合得到

$$\begin{cases} K_a = (6.9 \times 10^{-7} L + 0.874) \times 0.6502, & L > 10^5 \text{m} \\ K_a = 0.943 \times 0.6502, & L \leqslant 10^5 \text{m} \end{cases} \tag{9-2-12}$$

$$K_\beta = 1.099725 \times 10^7 \text{m} \cdot \text{s} \tag{9-2-13}$$

其中,L 的单位为 m。这样,式(9-2-1)~式(9-2-4)给出了迹向长基线相对轨道摄动重力场测量到绝对轨道摄动重力场测量的任务参数转换关系。下面将验证其正确性。选择一组长基线相对轨道摄动重力场测量任务参数,如表 9.1 所示。单独改变其中某个参数,按照等效转换关系计算对应的绝对轨道摄动重力场测量任务参数,其中表 9.2 给出了参数变化范围。对于这两类重力场测量任务参数,分别利用各自的解析模型计算阶误差方差,然后对比计算结果,如图 9.1~图 9.5 所示。

其中,点线是重力场模型的阶方差,实线是基于长基线相对轨道摄动重力场测量解析模型得到的阶误差方差,虚线是基于绝对轨道摄动重力场测量解析模型得到的阶误差方差。

表 9.1　长基线相对轨道摄动重力场测量任务参数

参数	数值	参数	数值
轨道高度	400km	引力敏感器相对距离	100km
定轨误差	5cm	轨道数据采样间隔	5s
相对距离变化率误差	$1.0 \times 10^{-6}\,\text{m/s}$	相对距离变化率数据采样间隔	5s
非引力干扰误差	$1.0 \times 10^{-10}\,\text{m/s}^2$	非引力干扰数据间隔	5s
重力场测量总时间	6 months		

表 9.2　长基线相对轨道摄动重力场测量任务参数的变化范围

参数	变化范围	参数	变化范围
轨道高度	$200 \sim 500\text{km}$	引力敏感器相对距离	$50 \sim 300\text{km}$
定轨误差	$1 \sim 15\text{cm}$	非引力干扰误差	$10^{-8} \sim 10^{-11}\,\text{m/s}^2$
相对距离变化率误差	$10^{-5} \sim 10^{-8}\,\text{m/s}$		

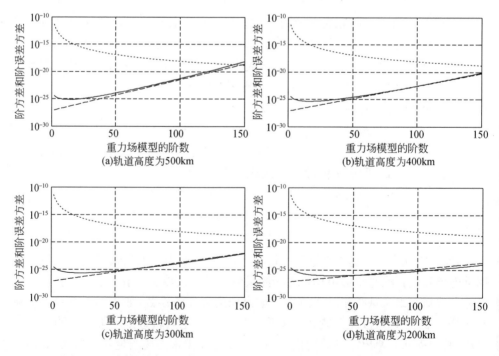

图 9.1　不同轨道高度下的绝对、长基线相对轨道摄动重力场测量性能对比

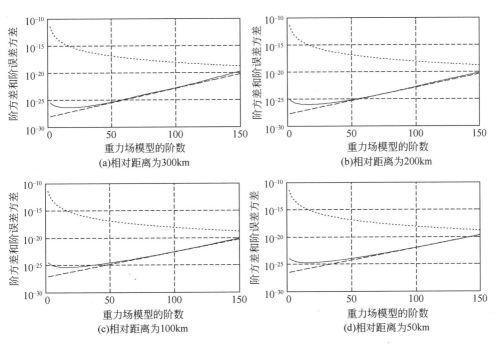

图 9.2　不同相对距离下的绝对、长基线相对轨道摄动重力场测量性能对比

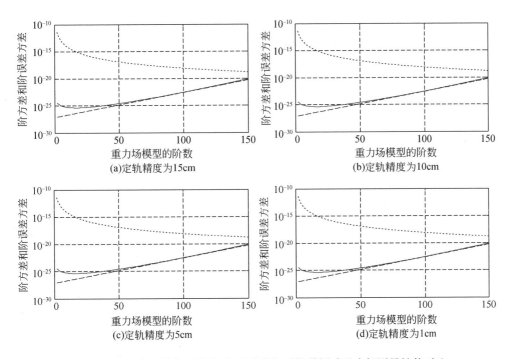

图 9.3　不同定轨精度下的绝对、长基线相对轨道摄动重力场测量性能对比

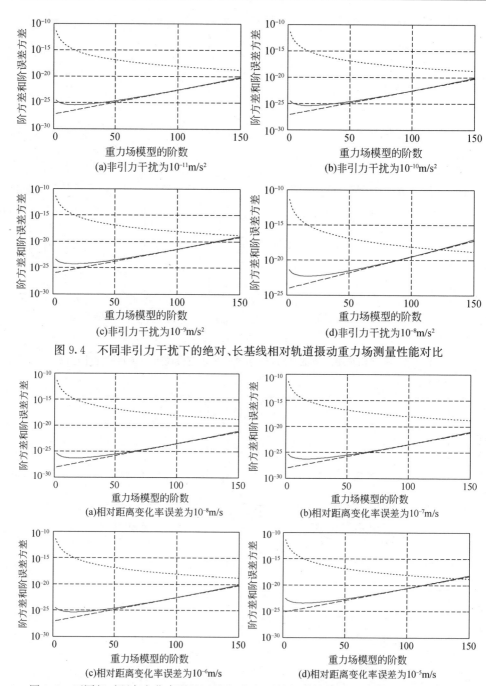

图 9.4　不同非引力干扰下的绝对、长基线相对轨道摄动重力场测量性能对比

图 9.5　不同相对距离变化率误差下的绝对、长基线相对轨道摄动重力场测量性能对比

由图 9.1～图 9.5 可知,如果绝对轨道摄动重力场测量和长基线相对轨道摄动重力场测量的任务参数满足式(9-2-1)～式(9-2-4)所示的等效转换关系,则分别利

用各自解析模型得到的阶误差方差基本相等,也就是说它们具有相同的重力场测量性能,从而验证了等效转换关系的正确性。

9.2.3 绝对轨道摄动到长基线相对轨道摄动重力场测量参数的变换

若已知绝对轨道摄动重力场测量的任务参数,包括轨道高度 h_u、定轨位置误差 δr、非引力干扰 a_u,则可以由式(9-2-1)、式(9-2-3)、式(9-2-4)得到对应的长基线相对轨道摄动重力场测量任务参数为

$$h_r = \frac{h_u}{K_\alpha} \tag{9-2-14}$$

$$\delta \dot{\rho} = \frac{L \delta r}{K_\beta} \tag{9-2-15}$$

$$a_r = \frac{L a_u}{K_\gamma} \tag{9-2-16}$$

绝对轨道摄动重力场测量的最佳频段分布在低阶,而长基线相对轨道摄动重力场测量的最佳频段分布在中高阶,并且其分布与引力敏感器的相对距离有关。为了使长基线相对轨道摄动重力场测量的最佳频段分布在低阶,应当使相对距离足够大,可以假设相对距离满足如下关系:

$$L = K_c R_e \tag{9-2-17}$$

其中,R_e 为地球半径;K_c 为比例系数。在不同的轨道高度上,相同的引力敏感器相对距离对应不同的最佳测量频段。因此,K_c 与轨道高度 h_u 有关,可以假设

$$K_c = C_\alpha h_u + C_\beta \tag{9-2-18}$$

与 9.2.2 节类似,通过数据拟合得到

$$K_c = 2 \times 10^{-7} h_u + 10^{-2} \tag{9-2-19}$$

其中,h_u 是绝对轨道摄动重力场测量中的轨道高度,单位为 m。这样,式(9-2-14)~式(9-2-17)和式(9-2-19)建立了绝对轨道摄动重力场测量参数到长基线相对轨道摄动重力场测量参数的等效转换关系。下面验证这一关系。选定一组绝对轨道摄动重力场测量参数,单独改变其中的某个参数,如表 9.3 和表 9.4 所示,计算与之等效的长基线相对轨道摄动重力场测量参数,然后分别利用各自的重力场测量解析模型计算,得到两种任务参数对应的阶误差方差,如图 9.6~图 9.8 所示。其中,点线是重力场模型的阶方差,虚线是基于绝对轨道摄动重力场测量任务参数得到的阶误差方差,实线是根据长基线相对轨道摄动重力场测量任务参数得到的阶误差方差。

表 9.3 绝对轨道摄动重力场测量的任务参数

参数	数值	参数	数值
轨道高度	350km	非引力干扰误差	$1.0 \times 10^{-8}\,\text{m/s}^2$
定轨误差	5cm	非引力干扰数据间隔	5s
定轨数据采样间隔	5s	重力场测量总时间	6 个月

表 9.4　绝对轨道摄动重力场测量任务参数的变化范围

参数	数值	参数	数值
轨道高度	200～500km	非引力干扰误差	$10^{-6}\sim10^{-9}\,\mathrm{m/s^2}$
定轨误差	1～15cm		

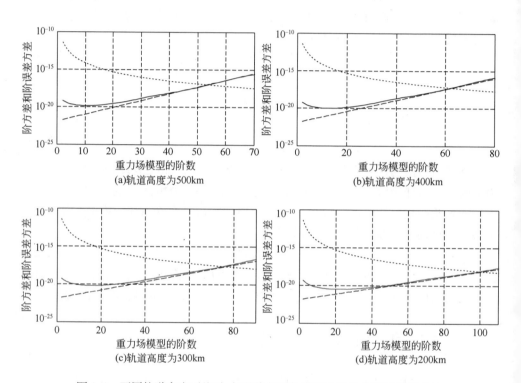

图 9.6　不同轨道高度下绝对、长基线相对轨道摄动重力场测量性能对比

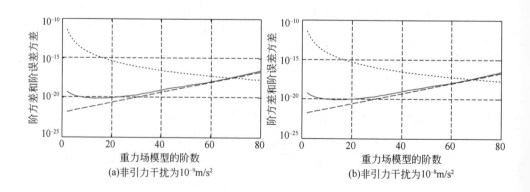

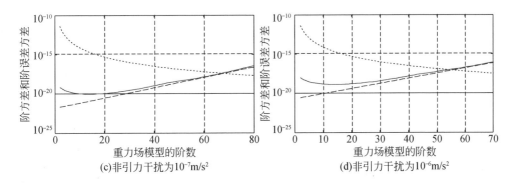

(c)非引力干扰为10^{-7}m/s²　　　　(d)非引力干扰为10^{-6}m/s²

图 9.7　不同非引力干扰下绝对、长基线相对轨道摄动重力场测量性能对比

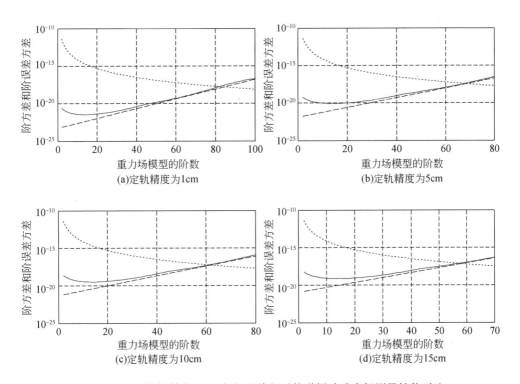

(a)定轨精度为1cm　　　　(b)定轨精度为5cm

(c)定轨精度为10cm　　　　(d)定轨精度为15cm

图 9.8　不同定轨精度下绝对、长基线相对轨道摄动重力场测量性能对比

　　由图 9.6～图 9.8 可知,如果绝对轨道摄动重力场测量和长基线相对轨道摄动重力场测量的任务参数满足式(9-2-14)～式(9-2-17)和式(9-2-19)所示的关系,那么它们具有相同的重力场测量性能,这说明所建立的由绝对轨道摄动重力场测量参数到长基线相对轨道摄动重力场测量参数等效转换关系是正确的。

9.3　长基线和短基线相对轨道摄动重力场测量的内在联系

在长基线相对轨道摄动重力场测量中,通过观测获取两个引力敏感器相对距离的变化率,从中剔除非引力干扰的影响,得到纯引力作用下的相对距离变化率,以此反演重力场。在短基线相对轨道摄动重力场测量中,由于测量基线足够小,非引力干扰对引力敏感器的影响几乎相同,差分后可认为消除了非引力干扰的影响,同时正是由于测量基线足够小,观测数据差分值可看作当地重力梯度,进而以此反演重力场。可以看出,长基线和短基线相对轨道摄动重力场测量的原始观测数据在本质上是相同的,其差别在于测量基线是否足够小,从而差分后非引力干扰能否被消除以及差分信息能否看作重力梯度。因此,长基线和短基线相对轨道摄动重力场测量的任务参数之间必然存在一定的转换关系,在满足转换关系的条件下,两种任务参数具有相同的重力场测量性能。

下面分别针对迹向、轨道面法向和径向 3 个方向,建立长基线和短基线相对轨道摄动重力场测量任务参数之间的等效转换关系。

9.3.1　迹向长基线、短基线相对轨道摄动重力场测量参数的转换

设迹向坐标为 x,则对于迹向上的两个引力敏感器,存在如下关系:

$$\ddot{\rho}_x = a_{2x} - a_{1x} + \int_{x_1}^{x_2} \left(\frac{\partial^2 R}{\partial x^2} \right) \mathrm{d}x \tag{9-3-1}$$

其中,$\ddot{\rho}_x$ 是引力敏感器迹向相对距离对时间的二阶导数;$a_{2x} - a_{1x}$ 是两个引力敏感器受到的迹向非引力干扰之差;$\partial^2 R / \partial x^2$ 是沿迹向的重力梯度值;x_1 和 x_2 分别是引力敏感器 1、2 在迹向的坐标。由式(9-3-1)得到误差传递关系为

$$\delta \ddot{\rho}_x = \delta a_x + \delta \left[\int_{x_1}^{x_2} \left(\frac{\partial^2 R}{\partial x^2} \right) \mathrm{d}x \right] \tag{9-3-2}$$

重力场测量要求实现全球覆盖测量,这样,式 (9-3-2) 中的 $\delta \ddot{\rho}_x$、δa_x、$\delta \left[\int_{x_1}^{x_2} (\partial^2 R / \partial x^2) \mathrm{d}x \right]$ 在球面上的任意点处均有测量值,因而其自变量均为球坐标 (θ, λ)。对式(9-3-2)进行球谐级数展开,那么对应的球谐分量应当相等,即

$$(\delta \ddot{\rho}_x)_n = (\delta a_x)_n + \left[\delta \left(\int_{x_1}^{x_2} \frac{\partial^2 R}{\partial x^2} \mathrm{d}x \right) \right]_n \tag{9-3-3}$$

对任意函数 $f(\theta, \lambda)$ 进行球谐展开

$$f(\theta, \lambda) = \sum_{n=0}^{\infty} \sum_{k=0}^{n} (C_{f,nk} \cos k\lambda + S_{f,nk} \sin k\lambda) P_{nk}(\cos\theta) \tag{9-3-4}$$

其误差为

$$\delta f(\theta, \lambda) = \sum_{n=0}^{\infty} \sum_{k=0}^{n} (\delta C_{f,nk} \cos k\lambda + \delta S_{f,nk} \sin k\lambda) P_{nk}(\cos\theta) \tag{9-3-5}$$

对比式(9-3-4)和式(9-3-5),可知

$$\delta(f_n) = \sum_{k=0}^{n} (\delta C_{f,nk} \cos k\lambda + \delta S_{f,nk} \sin k\lambda) P_{nk}(\cos\theta) \qquad (9\text{-}3\text{-}6)$$

$$(\delta f)_n = \sum_{k=0}^{n} (\delta C_{f,nk} \cos k\lambda + \delta S_{f,nk} \sin k\lambda) P_{nk}(\cos\theta) \qquad (9\text{-}3\text{-}7)$$

即

$$(\delta f)_n = \delta(f_n) \qquad (9\text{-}3\text{-}8)$$

于是,式(9-3-3)可以变为

$$(\delta\ddot{\rho}_x)_n = (\delta a_x)_n + \delta\left[\left(\int_{x_1}^{x_2} \frac{\partial^2 R}{\partial x^2} dx\right)_n\right] \qquad (9\text{-}3\text{-}9)$$

根据 3.2 节的内容可知,缔合勒让德函数一阶导数的去奇异性计算公式为

$$\frac{d\overline{P}_{nm}(\cos\theta)}{d\theta} = \begin{cases} -\sqrt{\dfrac{(n+1)n}{2}}\,\overline{P}_{n1}(\cos\theta), & m=0 \\[3mm] -\dfrac{1}{2}\sqrt{\dfrac{\delta_{m+1}}{\delta_m}}(n+m+1)(n-m)\,\overline{P}_{n,m+1}(\cos\theta) \\[3mm] +\dfrac{1}{2}\sqrt{\dfrac{\delta_{m-1}}{\delta_m}}(n-m+1)(n+m)\,\overline{P}_{n,m-1}(\cos\theta), & 1\leqslant m \leqslant n-1 \\[3mm] \sqrt{\dfrac{n\delta_{n-1}}{2\delta_n}}\,\overline{P}_{n,n-1}(\cos\theta), & m=n \end{cases}$$

$$(9\text{-}3\text{-}10)$$

由此可知,$P_{nk}(\cos\theta)$ 对 θ 求导后,阶数 n 仍然保持不变。在重力场测量中假设轨道倾角为 $90°$,则迹向 x 与 θ 在同一方向上,从而

$$\frac{\partial R_n}{\partial x} = \left(\frac{\partial R}{\partial x}\right)_n \qquad (9\text{-}3\text{-}11)$$

于是

$$\left(\int_x^{x+\Delta x} \frac{\partial^2 R}{\partial x^2} dx\right)_n = \left(\frac{\partial R}{\partial x}\bigg|_{x=x+\Delta x} - \frac{\partial R}{\partial x}\bigg|_{x=x}\right)_n$$

$$= \frac{\partial R_n}{\partial x}\bigg|_{x=x+\Delta x} - \frac{\partial R_n}{\partial x}\bigg|_{x=x} = \int_x^{x+\Delta x} \frac{\partial}{\partial x}\frac{\partial R_n}{\partial x} dx = \int_x^{x+\Delta x} \left(\frac{\partial^2 R}{\partial x^2}\right)_n dx \qquad (9\text{-}3\text{-}12)$$

从而,式(9-3-9)变为

$$(\delta\ddot{\rho}_x)_n = (\delta a_x)_n + \delta\left[\int_x^{x+\Delta x} \left(\frac{\partial^2 R}{\partial x^2}\right)_n dx\right] \qquad (9\text{-}3\text{-}13)$$

其中,$\Delta x = x_2 - x_1$ 为相对距离。在利用相对距离变化率、非引力干扰计算等效的重力梯度时,设所采用的时间弧长为 T_d,则式(9-3-13)在 T_d 时间内进行积分,得到

$$\int_0^{T_d} (\delta\ddot{\rho}_x)_n dt = \int_0^{T_d} (\delta a_x)_n dt + \int_0^{T_d} \delta\left[\int_0^{\Delta x} \left(\frac{\partial^2 R}{\partial x^2}\right)_n dx\right] dt \qquad (9\text{-}3\text{-}14)$$

对于式(9-3-14)等号右端的第二项,有

$$\delta\left[\int_0^{T_d}\int_x^{x+\Delta x}\left(\frac{\partial^2 R}{\partial x^2}\right)_n \mathrm{d}x\mathrm{d}t\right]\leqslant \frac{1}{v_0}\frac{1}{\max\left\{\frac{\mathrm{d}^2\overline{P}_{nk}(\cos\theta)}{\mathrm{d}\theta^2}\right\}}\delta\left[\left(\frac{\partial^2 R}{\partial \theta^2}\right)_n\right]$$

$$\times\left(\sum_{k=0}^n \{\overline{P}_{nk}[\cos(\theta_x+\theta_0)]-\overline{P}_{nk}(\cos\theta_x)-\overline{P}_{nk}(\cos\theta_0)+\overline{P}_{nk}(\cos 0)\}^2\right)^{\frac{1}{2}}$$

$$=\frac{r^2}{v_0}\frac{1}{\max\left\{\frac{\mathrm{d}^2\overline{P}_{nk}(\cos\theta)}{\mathrm{d}\theta^2}\right\}}\delta\left[\left(\frac{\partial^2 R}{\partial x^2}\right)_n\right]$$

$$\times\left(\sum_{k=0}^n \{\overline{P}_{nk}[\cos(\theta_x+\theta_0)]-\overline{P}_{nk}(\cos\theta_x)-\overline{P}_{nk}(\cos\theta_0)+\overline{P}_{nk}(\cos 0)\}^2\right)^{\frac{1}{2}}$$

$$\tag{9-3-15}$$

$$v_0=\sqrt{\frac{GM}{a_e+h}}\tag{9-3-16}$$

设

$$\Lambda(n,\Delta x,\theta_x,h)$$

$$=\frac{r^2}{v_0}\frac{1}{\max\left\{\frac{\mathrm{d}^2\overline{P}_{nk}(\cos\theta)}{\mathrm{d}\theta^2}\right\}}\left(\sum_{k=0}^n\left\{\begin{matrix}\overline{P}_{nk}[\cos(\theta_x+\theta_0)]-\overline{P}_{nk}(\cos\theta_x)\\-\overline{P}_{nk}(\cos\theta_0)+\overline{P}_{nk}(\cos 0)\end{matrix}\right\}^2\right)^{\frac{1}{2}}$$

$$\tag{9-3-17}$$

则有

$$\delta\left[\int_0^{T_d}\int_x^{x+\Delta x}\left(\frac{\partial^2 R}{\partial x^2}\right)_n \mathrm{d}x\mathrm{d}t\right]=\delta\left[\left(\frac{\partial^2 R}{\partial x^2}\right)_n\right]\Lambda(\Delta x,T_d,n)\tag{9-3-18}$$

在式(9-3-17)中,可以证明当 $k=0$ 且 $\theta=0$ 时, $\frac{\mathrm{d}^2\overline{P}_{nk}(\cos\theta)}{\mathrm{d}\theta^2}$ 的绝对值最大,因此可以取

$$\max\left\{\frac{\mathrm{d}^2\overline{P}_{nk}(\cos\theta)}{\mathrm{d}\theta^2}\right\}=\left|\frac{\mathrm{d}^2\overline{P}_{n0}(\cos\theta)}{\mathrm{d}\theta^2}\right|\tag{9-3-19}$$

根据第 3 章的内容得到

$$\max\left\{\frac{\mathrm{d}^2\overline{P}_{nk}(\cos\theta)}{\mathrm{d}\theta^2}\right\}$$

$$=\left|\frac{1}{2}\sqrt{\frac{(n-1)n(n+1)(n+2)}{2}}\overline{P}_{n2}(\cos\theta)-\frac{n(n+1)}{2}\overline{P}_{n0}(\cos\theta)\right|\tag{9-3-20}$$

从而,式(9-3-14)可以近似为

$$(\delta\dot{\rho}_x)_n=\frac{1}{2}(\delta a_x)_n T_d+\delta\left[\left(\frac{\partial^2 R}{\partial x^2}\right)_n\right]\Lambda(\Delta x,T_d,n)\tag{9-3-21}$$

即

$$(\delta\dot{\rho}_x)_n - \frac{1}{2}(\delta a_x)_n T_d = \delta\left[\left(\frac{\partial^2 R}{\partial x^2}\right)_n\right]\Lambda(\Delta x, T_d, n) \tag{9-3-22}$$

由于引力敏感器相对距离测量和非引力干扰测量是两个互不相关的物理过程,因此可以假设$(\delta\dot{\rho}_x)_n$和$(\delta a_x)_n$的协方差为0。同时,考虑到式(9-3-22)中的各误差正负号的随机性,可以将式(9-3-22)变为

$$\delta\left[\left(\frac{\partial^2 R}{\partial x^2}\right)_n\right] = \frac{\sqrt{(\delta\dot{\rho}_x)_n^2 + (\delta a_x)_n^2 T_d^2/4}}{\Lambda(\Delta x, T_d, n)} \tag{9-3-23}$$

已知

$$\sigma_{n,\delta R_{xx}}^2 = \frac{(2n+1)\sigma_{\delta R_{xx}}^2(\Delta t)_{\delta R_{xx}}}{T} \tag{9-3-24}$$

$$\sigma_{n,\delta a_x}^2 = \frac{(2n+1)\sigma_{\delta a_x}^2(\Delta t)_{\delta a_x}}{T} \tag{9-3-25}$$

$$\sigma_{n,\delta\dot{\rho}_x}^2 = \frac{(2n+1)\sigma_{\delta\dot{\rho}_x}^2(\Delta t)_{\delta\dot{\rho}_x}}{T} \tag{9-3-26}$$

从而

$$\sqrt{\sigma_{\delta R_{xx}}^2(\Delta t)_{\delta R_{xx}}} = \frac{1}{\Lambda(\Delta x, T_d, n)}\sqrt{\sigma_{\delta\dot{\rho}_x}^2(\Delta t)_{\delta\dot{\rho}_x} + \sigma_{\delta a_x}^2(\Delta t)_{\delta a_x}T_d^2/4} \tag{9-3-27}$$

式(9-3-27)说明了迹向长基线与短基线相对轨道摄动重力场测量参数之间的等效转换关系,其含义是若长基线相对轨道摄动重力场测量任务参数为$\sigma_{\delta\dot{\rho}_x}^2(\Delta t)_{\delta\dot{\rho}_x}$、$\sigma_{\delta a_x}^2(\Delta t)_{\delta a_x}$、$\Delta x$,短基线相对轨道摄动重力场测量任务参数为$\sigma_{\delta R_{xx}}^2(\Delta t)_{\delta R_{xx}}$,则它们对于第$n$阶引力位系数的测量精度是相等的。

将式(9-3-27)代入迹向短基线相对轨道摄动重力场测量性能的计算公式中,得到等效的长基线相对轨道摄动重力场测量阶误差方差为

$$\delta\sigma_n^2 = \frac{1}{T}\frac{1}{\Lambda^2(\Delta x, T_d, n)}\frac{\sigma_{\delta\dot{\rho}_x}^2(\Delta t)_{\delta\dot{\rho}_x} + \sigma_{\delta a_x}^2(\Delta t)_{\delta a_x}T_d^2/4}{\left(\frac{GM}{4a^3}\right)^2\left(\frac{a}{a+h}\right)^{2n+6}\left[\frac{1}{n}\sum_{k=0}^n(\delta_k B_{nk})^2\right]}$$
$$+ \frac{2n+6}{a+h}\frac{I_\rho}{T}\left\{\begin{matrix}\frac{l_0^2 T_{arc}^4}{36}\frac{1}{\Lambda^2(\Delta x, T_d, n)}[\sigma_{\delta\dot{\rho}_x}^2(\Delta t)_{\delta\dot{\rho}_x} + \sigma_{\delta a_x}^2(\Delta t)_{\delta a_x}T_d^2/4]\\ +(\Delta r)_m^2(\Delta t)_m\end{matrix}\right\}\frac{1.6\times10^{-10}}{n^3} \tag{9-3-28}$$

由于在长基线和短基线相对轨道摄动重力场测量中均存在一定的近似和假设,并且近似程度不完全相同,因此为了使长基线和短基线相对轨道摄动重力场测量任务参数的转换关系更加准确,需要对式(9-3-28)进行系数校正:

$$\delta\sigma_n^2 = K_\varepsilon\frac{1}{T}\frac{1}{\Lambda^2(\Delta x, T_d, n)}\frac{\sigma_{\delta\dot{\rho}_x}^2(\Delta t)_{\delta\dot{\rho}_x} + \sigma_{\delta a_x}^2(\Delta t)_{\delta a_x}T_d^2/4}{\left(\frac{GM}{4a^3}\right)^2\left(\frac{a}{a+h}\right)^{2n+6}\left[\frac{1}{n}\sum_{k=0}^n(\delta_k B_{nk})^2\right]}$$

$$+ K_\phi \frac{2n+6}{a+h} \frac{I_\rho}{T} \left\{ \begin{matrix} \dfrac{l_0^2 T_{\mathrm{arc}}^4}{36} \dfrac{1}{\Lambda^2(\Delta x, T_d, n)} \left[\begin{matrix} \sigma_{\delta\dot\varphi_x}^2 (\Delta t)_{\delta\dot\varphi_x} \\ + \sigma_{\delta a_x}^2 (\Delta t)_{\delta a_x} T_d^2/4 \end{matrix} \right] \\ + (\Delta r)_m^2 (\Delta t)_m \end{matrix} \right\} \frac{1.6 \times 10^{-10}}{n^3}$$

$$(9\text{-}3\text{-}29)$$

对于式(9-3-29)中的系数 K_ε 和 K_ϕ 以及时间常数 T_d,需要根据计算数据进行拟合,保证在满足等效转换关系时,分别由长基线和短基线相对轨道摄动重力场测量性能解析公式得到的阶误差方差相同。在不同参数下进行计算,对计算结果进行拟合,得到

$$K_\varepsilon = 0.1135, \quad K_\phi = 0.001, \quad T_d = 7200\mathrm{s} \qquad (9\text{-}3\text{-}30)$$

为了验证迹向上长基线到短基线相对轨道摄动重力场测量参数等效转换关系的正确性,选定一组长基线相对轨道摄动重力场测量任务参数,如表 9.5 所示。在其他参数不变的情况下,单独改变其中的某个参数,如表 9.6 所示。基于该参数,利用长基线相对轨道摄动重力场测量性能解析公式计算阶误差方差,同时根据式(9-3-27)得到等效的短基线相对轨道摄动重力场测量任务参数,然后利用短基线相对轨道摄动重力场测量解析公式即式(9-3-29)计算阶误差方差,如图 9.9～图 9.13 所示。其中,点线为重力场模型的阶方差,虚线是根据长基线相对轨道摄动重力场测量任务参数得到的阶误差方差;实线是根据短基线相对轨道摄动重力场测量任务参数得到的阶误差方差。

表 9.5 长基线相对轨道摄动重力场测量的任务参数

参数	数值	参数	数值
轨道高度	460km	迹向引力敏感器相对距离	220km
定轨误差	5cm	轨道数据采样间隔	5s
相对距离变化率误差	1.0×10^{-6} m/s	相对距离变化率采样间隔	5s
非引力干扰精度	3.0×10^{-10} m/s^2	非引力干扰数据间隔	5s
重力场测量总时间	6 个月		

表 9.6 长基线相对轨道摄动重力场测量任务参数的变化范围

参数	数值	参数	数值
轨道高度	200～500km	迹向引力敏感器相对距离	10～200km
相对距离变化率误差	$10^{-5} \sim 10^{-8}$ m/s	定轨误差	1～15cm
非引力干扰精度	$10^{-8} \sim 10^{-11}$ m/s^2		

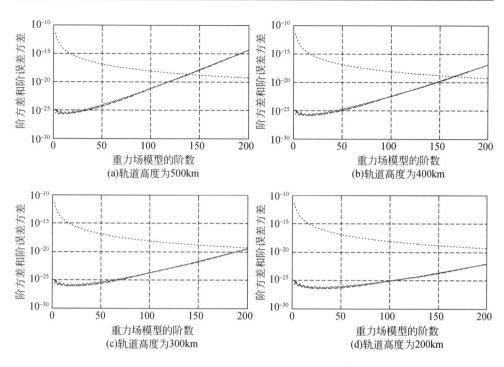

图 9.9　不同轨道高度下长基线、短基线相对轨道摄动重力场测量性能对比

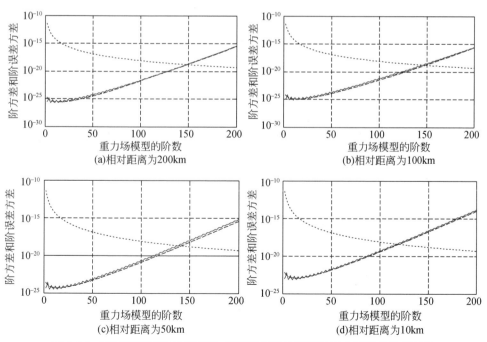

图 9.10　不同相对距离下长基线、短基线相对轨道摄动重力场测量性能对比

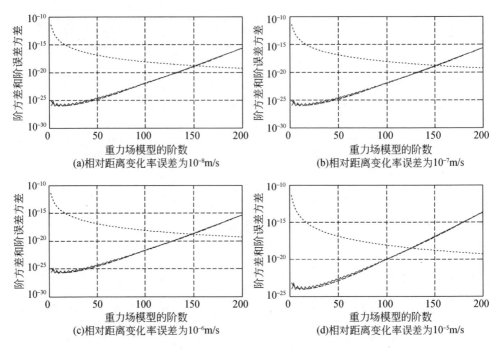

图 9.11　不同相对距离变化率误差下长基线、短基线相对轨道摄动重力场测量性能对比

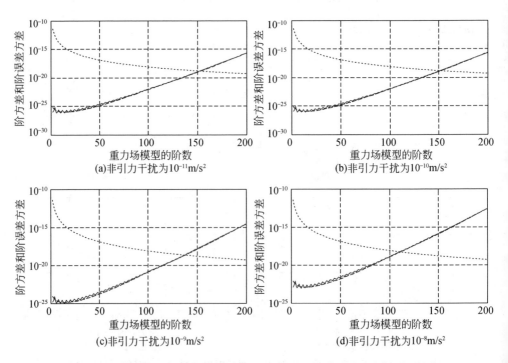

图 9.12　不同非引力干扰下长基线、短基线相对轨道摄动重力场测量性能

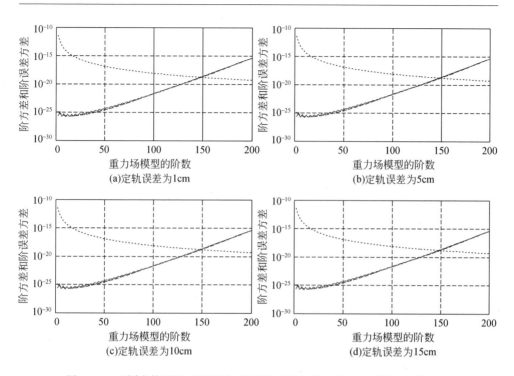

图 9.13　不同定轨误差下长基线、短基线相对轨道摄动重力场测量性能对比

综上可知,在满足等效转换关系的条件下,长基线、短基线相对轨道摄动重力场测量的阶误差方差非常吻合,从而验证了所建立的长基线到短基线相对轨道摄动重力场测量任务参数等效转换关系的正确性,也证明了长基线和短基线相对轨道摄动重力场测量在原理上的一致性。

下面建立迹向短基线到长基线相对轨道摄动重力场测量任务参数的等效转换关系。由式(9-3-27)得到

$$\sigma_{\delta R_{xx}}^2(\Delta t)_{\delta R_{xx}} = \frac{1}{[\Lambda(\Delta x, T_d, n)]^2}[\sigma_{\delta\dot{\rho}_x}^2(\Delta t)_{\delta\dot{\rho}_x} + \sigma_{\delta a_x}^2(\Delta t)_{\delta a_x} T_d^2/4] \qquad (9\text{-}3\text{-}31)$$

在长基线相对轨道摄动重力场测量中,相对距离变化率测量精度和非引力干扰精度之间存在如下匹配关系:

$$\sigma_{\delta\dot{\rho}_x}^2(\Delta t)_{\delta\dot{\rho}_x} = \frac{\sigma_{\delta a_x}^2(\Delta t)_{\delta a_x} T_{arc}^2}{4} \qquad (9\text{-}3\text{-}32)$$

其中,$T_{arc} = T_d$。由式(9-3-31)和式(9-3-32)可知,在将短基线相对轨道摄动重力场测量参数转换到长基线相对轨道摄动重力场测量参数时,重力梯度测量精度将平均地分配到相对距离变化率测量精度和非引力干扰精度上,即

$$\sigma_{\delta\dot{\rho}_x} = \frac{1}{\sqrt{2}}\sigma_{\delta R_{xx}}[\Lambda(\Delta x, T_d, n)]\sqrt{\frac{(\Delta t)_{\delta R_{xx}}}{(\Delta t)_{\delta\dot{\rho}_x}}} \qquad (9\text{-}3\text{-}33)$$

$$\sigma_{\delta a_x} = \frac{\sqrt{2}\,\sigma_{\delta R_{xx}}\left[\Lambda(\Delta x, T_d, n)\right]}{T_d}\sqrt{\frac{(\Delta t)_{\delta R_{xx}}}{(\Delta t)_{\delta a_x}}} \qquad (9\text{-}3\text{-}34)$$

在短基线相对轨道摄动重力场测量中,测量基线很短,通常在 1m 以内,因此在等效的长基线相对轨道摄动重力场测量中,引力敏感器的迹向距离可以选为

$$\Delta x = 1\text{m} \qquad (9\text{-}3\text{-}35)$$

将式(9-3-33)～式(9-3-35)代入长基线相对轨道摄动重力场测量性能解析公式,得到重力场测量的阶误差方差为

$$\delta\sigma_n^2 = \frac{1}{2n+1}\sum_{k=0}^{n}\left[(\delta\bar{C}_{nk})^2 + (\delta\bar{S}_{nk})^2\right]$$

$$= \frac{1}{\sum_{k=0}^{n}\left[B_1(r_0,n,k,\theta_0) + B_2(r_0,n,k,\theta_0) + B_3(r_0,n,k,\theta_0)\right]}\frac{1}{2n+1}\frac{2(n+1)r_0^{2n}}{\pi\mu^2 T a_e^{2n-2}}$$

$$\times\left[D\sqrt{\left\{\frac{2\sigma_{\delta R_{xx}}^{\;2}\,(\Delta t)_{\delta R_{xx}}\left[\Lambda(\Delta x, T_d, n)\right]^2}{T_d^2}\frac{T_{\text{arc}}^4}{36} + (\Delta r)_m^2\,(\Delta t)_{\Delta r}\right\}f_{\delta r}(n)} \atop +\sqrt{\frac{\mu}{r_0}}\sqrt{\frac{1}{2}\left[\frac{\sigma_{\delta R_{xx}}^{\;2}\,(\Delta t)_{\delta R_{xx}}T_{\text{arc}}^2}{T_d^2} + \sigma_{\delta R_{xx}}^2\,(\Delta t)_{\delta R_{xx}}\right]\left[\Lambda(\Delta x, T_d, n)\right]^2 f_{\delta\dot\rho}(n)}\right]^2$$

$$(9\text{-}3\text{-}36)$$

对式(9-3-36)进行校正,使得到的等效长基线相对轨道摄动重力场测量任务参数可以更好地反映短基线的测量性能,将式(9-3-36)进一步表示为

$$\delta\sigma_n^2 = \frac{1}{2n+1}\sum_{k=0}^{n}\left[(\delta\bar{C}_{nk})^2 + (\delta\bar{S}_{nk})^2\right]$$

$$= \frac{1}{K_\varepsilon}\frac{1}{\sum_{k=0}^{n}\left[B_1(r_0,n,k,\theta_0) + B_2(r_0,n,k,\theta_0) + B_3(r_0,n,k,\theta_0)\right]}\frac{1}{2n+1}\frac{2(n+1)r_0^{2n}}{\pi\mu^2 T a_e^{2n-2}}$$

$$\times\left[D\sqrt{\left\{\frac{2\sigma_{\delta R_{xx}}^2\,(\Delta t)_{\delta R_{xx}}\left[\Lambda(\Delta x, T_d, n)\right]^2}{T_d^2}\frac{T_{\text{arc}}^4}{36} + (\Delta r)_m^2\,(\Delta t)_{\Delta r}\right\}f_{\delta r}(n)} \atop +\sqrt{\frac{\mu}{r_0}}\sqrt{\frac{1}{2}\left[\frac{\sigma_{\delta R_{xx}}^2\,(\Delta t)_{\delta R_{xx}}T_{\text{arc}}^2}{T_d^2} + \sigma_{\delta R_{xx}}^2\,(\Delta t)_{\delta R_{xx}}\right]\left[\Lambda(\Delta x, T_d, n)\right]^2 f_{\delta\dot\rho}(n)}\right]^2$$

$$(9\text{-}3\text{-}37)$$

下面验证所建立的迹向短基线到长基线相对轨道摄动重力场测量的参数转换关系。选定一组短基线相对轨道摄动重力场测量参数,单独改变某个任务参数,保持其他参数不变,如表 9.7 所示。根据这些短基线任务参数,利用其重力场测量性能解析公式计算阶误差方差;同时,按照式(9-3-33)～式(9-3-35)计算等效的长基线任务参数,然后利用校正后的长基线相对轨道摄动重力场测量性能解析公式(9-3-37)计算阶误差方差,如图 9.14～图 9.16 所示。其中,点线为重力场模型

的阶方差,实线为基于短基线相对轨道摄动重力场测量解析公式得到的阶误差方差,虚线为在满足等效转换关系条件下,基于长基线相对轨道摄动重力场测量解析公式得到的阶误差方差。由图可知,两种方式下得到的阶误差方差非常吻合,验证了所建立的短基线到长基线相对轨道摄动重力场测量参数等效转换关系的正确性。

表 9.7　短基线相对轨道摄动重力场测量的任务参数及其变化范围

参数	数值	参数	数值
轨道高度	250km	重力梯度测量误差	3mE
定轨误差	5cm	重力梯度数据间隔	5s
轨道数据采样间隔	5s	重力场测量总时间	6个月
轨道高度变化范围	250~400km	重力梯度测量误差变化范围	$10^{-1}\sim10^{-4}$E
定轨误差变化范围	1~15cm		

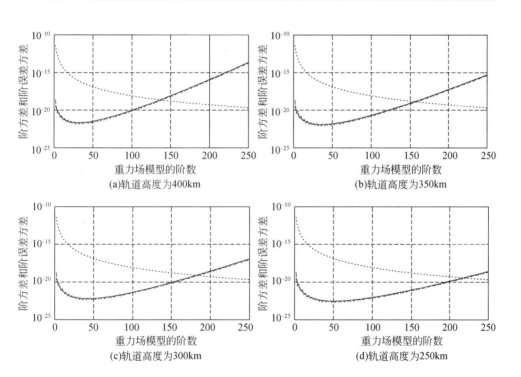

(a)轨道高度为400km

(b)轨道高度为350km

(c)轨道高度为300km

(d)轨道高度为250km

图 9.14　不同轨道高度下短基线、长基线相对轨道摄动重力场测量性能对比

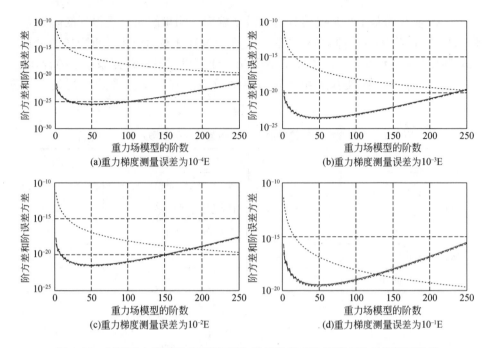

图 9.15　不同重力梯度误差下短基线、长基线相对轨道摄动重力场测量性能

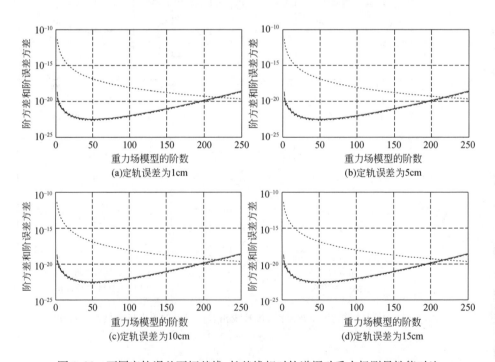

图 9.16　不同定轨误差下短基线、长基线相对轨道摄动重力场测量性能对比

9.3.2　法向长基线、短基线相对轨道摄动重力场测量参数的转换

　　根据轨道动力学可知,两个引力敏感器的法向距离随时间不断变化,因而在轨道面法向上的长基线相对轨道摄动重力场测量是无法自然维持的。但是,可以假设存在某一外力施加在引力敏感器上,用于维持法向长基线相对轨道摄动重力场测量,使引力敏感器在轨道面法向上的相对距离保持不变。这一外力可以无限精确地施加在引力敏感器上,可以无限精确地测量,并且在重力场恢复计算中可以无限精确地剔除,从而对重力场测量性能不产生任何影响。在这种意义上,认为存在相对距离不变的法向长基线相对轨道摄动重力场测量。

　　在轨道面法向 y 上,存在长基线和短基线相对轨道摄动重力场测量任务参数的转换关系:

$$(\delta \ddot{\rho}_y)_n = (\delta a_y)_n + \delta \left[\int_y^{y+\Delta y} \left(\frac{\partial^2 R}{\partial y^2} \right)_n \mathrm{d}y \right] \tag{9-3-38}$$

这与迹向长基线、短基线相对轨道摄动重力场测量任务参数的转换关系类似:

$$(\delta \ddot{\rho}_x)_n = (\delta a_x)_n + \delta \left[\int_x^{x+\Delta x} \left(\frac{\partial^2 R}{\partial x^2} \right)_n \mathrm{d}x \right] \tag{9-3-39}$$

　　对比式(9-3-38)和式(9-3-39)可知,轨道面法向上长基线、短基线相对轨道摄动重力场测量任务参数满足相同的等效转换关系,与 9.3.1 节中迹向上的等效转换关系是相同的。

　　同时,在轨道参数和载荷指标相同的条件下,迹向和轨道面法向上的短基线相对轨道摄动重力场测量性能相同。这意味着,如果迹向和轨道面法向长基线相对轨道摄动重力场测量的轨道参数和载荷指标完全相同,那么它们也应具有相同的重力场测量性能。于是,可以得到如下结论:对于轨道面法向的长基线或短基线相对轨道摄动重力场测量,可以用法向的轨道参数、载荷指标替换迹向长基线或短基线相对轨道摄动重力场测量性能解析公式中的对应参数,得到法向长基线或短基线相对轨道摄动重力场测量的解析表达式。

9.3.3　径向长基线、短基线相对轨道摄动重力场测量参数的转换

　　根据轨道动力学可知,两个引力敏感器在径向上的相对距离也是随时间变化的,因而径向上的长基线相对轨道摄动重力场测量也是无法自然维持的。与9.3.2 节类似,通过精确引入确保引力敏感器径向测量维持的外力,并在重力场恢复中精确地剔除其影响,从而认为存在相对距离不变的径向长基线相对轨道摄动重力场测量。

　　下面建立径向长基线到短基线重力场测量任务参数的转换关系,从而可以基于短基线相对轨道摄动重力场测量解析公式研究径向长基线相对轨道摄动重力场测量性能。设径向为 z,径向上长基线和短基线相对轨道摄动重力场测量参数存

在如下关系:

$$\ddot{\rho}_z = a_{2z} - a_{1z} + \int_{z_1}^{z_2} \left(\frac{\partial^2 R}{\partial z^2} \right) \mathrm{d}z \tag{9-3-40}$$

其中,$\ddot{\rho}_z$ 是径向上引力敏感器相对距离对时间的二阶导数;$a_{2z} - a_{1z}$ 是两个引力敏感器受到的径向非引力干扰之差;$\partial^2 R / \partial z^2$ 是沿径向的重力梯度值;z_1 和 z_2 分别是两个引力敏感器在径向的坐标。由式(9-3-40)得到误差传递关系为

$$\delta \ddot{\rho}_z = \delta a_z + \delta \left[\int_{z_1}^{z_2} \left(\frac{\partial^2 R}{\partial z^2} \right) \mathrm{d}z \right] \tag{9-3-41}$$

即

$$\delta \ddot{\rho}_r = \delta a_r + \delta \left(\int_{r_1}^{r_2} \frac{\partial^2 R}{\partial r^2} \mathrm{d}r \right) \tag{9-3-42}$$

其中,r 为径向。已知地球引力位的非球形摄动部分为

$$R(r, \theta, \lambda) = \frac{GM}{r} \sum_{n=2}^{\infty} \sum_{k=0}^{n} \left(\frac{a}{r} \right)^n (\bar{C}_{nk} \cos k\lambda + \bar{S}_{nk} \sin k\lambda) \bar{P}_{nk}(\cos \theta) \tag{9-3-43}$$

从而

$$\frac{\partial R}{\partial r} = -\frac{GM}{a^2} \sum_{n=2}^{\infty} \sum_{k=0}^{n} (n+1) \frac{a^{n+2}}{r^{n+2}} (\bar{C}_{nk} \cos k\lambda + \bar{S}_{nk} \sin k\lambda) \bar{P}_{nk}(\cos \theta) \tag{9-3-44}$$

$$\frac{\partial^2 R}{\partial r^2} = \frac{GM}{a^3} \sum_{n=2}^{\infty} \sum_{k=0}^{n} (n+1)(n+2) \frac{a^{n+3}}{r^{n+3}} (\bar{C}_{nk} \cos k\lambda + \bar{S}_{nk} \sin k\lambda) \bar{P}_{nk}(\cos \theta) \tag{9-3-45}$$

对于式(9-3-42)等号右端的第二项,有

$$\delta \left(\int_{r_1}^{r_2} \frac{\partial^2 R}{\partial r^2} \mathrm{d}r \right) = \delta \left(\frac{\partial R}{\partial r} \Big|_{r=r_2} - \frac{\partial R}{\partial r} \Big|_{r=r_1} \right)$$

$$= \delta \left\{ \frac{GM}{a^2} \sum_{n=2}^{\infty} \sum_{k=0}^{n} (n+1) a^{n+2} \left[\frac{1}{r^{n+2}} - \frac{1}{(r+\Delta r)^{n+2}} \right] (\bar{C}_{nk} \cos k\lambda + \bar{S}_{nk} \sin k\lambda) \bar{P}_{nk}(\cos \theta) \right\} \tag{9-3-46}$$

从而,第 n 阶上的误差为

$$\delta_n \left(\int_{r_1}^{r_2} \frac{\partial^2 R}{\partial r^2} \mathrm{d}r \right) = \delta \left\{ \begin{array}{l} \frac{GM}{a^2} (n+1) a^{n+2} \left[\frac{1}{r^{n+2}} - \frac{1}{(r+\Delta r)^{n+2}} \right] \\ \times \sum_{k=0}^{n} (\bar{C}_{nk} \cos k\lambda + \bar{S}_{nk} \sin k\lambda) \bar{P}_{nk}(\cos \theta) \end{array} \right\} \tag{9-3-47}$$

由式(9-3-45)得到

$$\left(\frac{\partial^2 R}{\partial r^2} \right)_{nk} = \frac{GM}{a^3} (n+1)(n+2) \frac{a^{n+3}}{r^{n+3}} (\bar{C}_{nk} \cos k\lambda + \bar{S}_{nk} \sin k\lambda) \bar{P}_{nk}(\cos \theta) \tag{9-3-48}$$

即

$$\frac{(\partial^2 R/\partial r^2)_{nk}}{\frac{GM}{a^3}(n+1)(n+2)\frac{a^{n+3}}{r^{n+3}}}=(\bar{C}_{nk}\cos k\lambda+\bar{S}_{nk}\sin k\lambda)\bar{P}_{nk}(\cos\theta) \qquad (9\text{-}3\text{-}49)$$

在推导过程中,假设 $\Delta r>0$。从式(9-3-49)可以看出,径向长基线相对轨道摄动重力场测量中两个引力敏感器的地心距离分别为 r 和 $r+\Delta r$,这样,短基线相对轨道摄动重力场测量中的轨道高度可取为 r。将式(9-3-49)代入式(9-3-47)中,得到

$$\delta_n\left(\int_{r_1}^{r_2}\frac{\partial^2 R}{\partial r^2}\mathrm{d}r\right)=\frac{r}{n+2}\left[1-\frac{r^{n+2}}{(r+\Delta r)^{n+2}}\right]\delta\left[\sum_{k=0}^{n}\left(\frac{\partial^2 R}{\partial r^2}\right)_{nk}\right] \qquad (9\text{-}3\text{-}50)$$

由式(9-3-41)得到

$$(\delta\ddot{\rho}_z)_n=(\delta a_z)_n+\delta_n\left(\int_{z_1}^{z_2}\frac{\partial^2 R}{\partial z^2}\mathrm{d}z\right) \qquad (9\text{-}3\text{-}51)$$

将式(9-3-50)代入式(9-3-51),得到

$$(\delta\ddot{\rho}_z)_n=(\delta a_z)_n+\frac{r}{n+2}\left[1-\frac{r^{n+2}}{(r+\Delta r)^{n+2}}\right]\delta\left[\sum_{k=0}^{n}\left(\frac{\partial^2 R}{\partial r^2}\right)_{nk}\right]$$

$$=(\delta a_z)_n+\frac{r}{n+2}\left[1-\frac{r^{n+2}}{(r+\Delta r)^{n+2}}\right]\delta\left[\left(\frac{\partial^2 R}{\partial r^2}\right)_n\right] \qquad (9\text{-}3\text{-}52)$$

对式(9-3-52)在 T_d 时间内进行积分,得到

$$\int_0^{T_d}(\delta\ddot{\rho}_z)_n\mathrm{d}t=\int_0^{T_d}(\delta a_z)_n\mathrm{d}t+\frac{r}{n+2}\left[1-\frac{r^{n+2}}{(r+\Delta r)^{n+2}}\right]\int_0^{T_d}\delta\left[\left(\frac{\partial^2 R}{\partial r^2}\right)_n\right]\mathrm{d}t$$
$$(9\text{-}3\text{-}53)$$

即

$$(\delta\dot{\rho}_z)_n-\frac{1}{2}(\delta a_z)_n T_d=\frac{1}{2}\frac{r}{n+2}\left[1-\frac{r^{n+2}}{(r+\Delta r)^{n+2}}\right]T_d\delta\left[\left(\frac{\partial^2 R}{\partial r^2}\right)_n\right] \qquad (9\text{-}3\text{-}54)$$

考虑到误差量的正负号,式(9-3-54)可以表示为

$$\sqrt{(\delta\dot{\rho}_z)_n^2+\frac{1}{4}(\delta a_z)_n^2 T_d^2}=\frac{1}{2}\frac{r}{n+2}\left[1-\frac{r^{n+2}}{(r+\Delta r)^{n+2}}\right]T_d\delta\left[\left(\frac{\partial^2 R}{\partial r^2}\right)_n\right]$$
$$(9\text{-}3\text{-}55)$$

已知

$$\sigma_{n,\delta R_{zz}}^2=(2n+1)\frac{\sigma_{\delta R_{zz}}^2(\Delta t)_{\delta R_{zz}}}{T} \qquad (9\text{-}3\text{-}56)$$

$$\sigma_{n,\delta a_z}^2=(2n+1)\frac{\sigma_{\delta a_z}^2(\Delta t)_{\delta a_z}}{T} \qquad (9\text{-}3\text{-}57)$$

$$\sigma_{n,\delta\dot{\rho}_z}^2=(2n+1)\frac{\sigma_{\delta\dot{\rho}_z}^2(\Delta t)_{\delta\dot{\rho}_z}}{T} \qquad (9\text{-}3\text{-}58)$$

由式(9-3-55)得到

$$\sigma^2_{\delta R_{zz}}(\Delta t)_{\delta R_{zz}} = \frac{\sigma^2_{\delta\dot\rho_z}(\Delta t)_{\delta\dot\rho_z} + \frac{1}{4}\sigma^2_{\delta a_z}(\Delta t)_{\delta a_z}T_d^2}{\left\{\frac{1}{2}\frac{r}{n+2}\left[1-\frac{r^{n+2}}{(r+\Delta r)^{n+2}}\right]T_d\right\}^2}$$

$$= \frac{4\sigma^2_{\delta\dot\rho_z}(\Delta t)_{\delta\dot\rho_z}/T_d^2 + \sigma^2_{\delta a_z}(\Delta t)_{\delta a_z}}{\left\{\frac{r}{n+2}\left[1-\frac{r^{n+2}}{(r+\Delta r)^{n+2}}\right]\right\}^2} \qquad (9\text{-}3\text{-}59)$$

式(9-3-59)即为径向长基线和短基线相对轨道摄动重力场测量任务参数之间的等效转换关系。当径向相对距离趋于 0,即 $\Delta r\to 0$ 时,两个引力敏感器受到的非引力干扰趋于相同,其差值趋于 0,即 $\sigma_{\delta a_z}\to 0$,从而

$$\lim_{\Delta r\to 0}\sigma^2_{\delta R_{zz}}(\Delta t)_{\delta R_{zz}} = \left(\frac{2\sigma_{\delta\dot\rho_z}/T_d}{\Delta r}\right)^2(\Delta t)_{\delta\dot\rho_z} \qquad (9\text{-}3\text{-}60)$$

将式(9-3-59)代入径向短基线相对轨道摄动重力场测量解析公式,得到

$$\delta\sigma_n^2 = \frac{1}{2n+1}\delta\left\{\sum_{k=0}^{n}\left[(\bar C_{nk})^2 + (\bar S_{nk})^2\right]\right\}$$

$$= \frac{1}{T}\frac{1}{\left[\frac{GM}{a^3}(n+1)(n+2)\right]^2\left(\frac{a}{a+h}\right)^{2n+6}}\frac{4\sigma^2_{\delta\dot\rho_z}(\Delta t)_{\delta\dot\rho_z}/T_d^2 + \sigma^2_{\delta a_z}(\Delta t)_{\delta a_z}}{\left\{\frac{r}{n+2}\left[1-\frac{r^{n+2}}{(r+\Delta r)^{n+2}}\right]\right\}^2} + \frac{2n+6}{a+h}\frac{I_\rho}{T}$$

$$\times\left[\frac{l_0^2 T_{\text{arc}}^4}{36}\frac{4\sigma^2_{\delta\dot\rho_z}(\Delta t)_{\delta\dot\rho_z}/T_d^2 + \sigma^2_{\delta a_z}(\Delta t)_{\delta a_z}}{\left\{\frac{r}{n+2}\left[1-\frac{r^{n+2}}{(r+\Delta r)^{n+2}}\right]\right\}^2} + (\Delta r)_m^2(\Delta t)_m\right]\frac{1.6\times10^{-10}}{n^3}$$

$$(9\text{-}3\text{-}61)$$

利用式(9-3-61)可以计算径向相对距离为 Δr 的长基线相对轨道摄动重力场测量阶误差方差。

9.4　径向和迹向短基线相对轨道摄动重力场测量的内在联系

已知径向短基线相对轨道摄动重力场测量的阶误差方差为

$$\delta\sigma_{n,z}^2 = \frac{1}{T}\frac{\sigma^2_{R_{zz}}(\Delta t)_{R_{zz}}}{\left[\frac{GM}{a^3}(n+1)(n+2)\right]^2\left(\frac{a}{a+h}\right)^{2n+6}}$$

$$+ \frac{2n+6}{a+h}\frac{I_\rho}{T}\left[\frac{(\sigma_{R_{zz}}l_0)^2 T_{\text{arc}}^4}{36}(\Delta t)_{R_{zz}} + (\Delta r)_m^2(\Delta t)_m\right]\frac{1.6\times10^{-10}}{n^3} \qquad (9\text{-}4\text{-}1)$$

迹向短基线相对轨道摄动重力场测量的阶误差方差为

$$\delta\sigma_{n,x}^2 = \frac{1}{T}\frac{\sigma^2_{R_{xx}}(\Delta t)_{R_{xx}}}{\left(\frac{GM}{4a^3}\right)^2\left(\frac{a}{a+h}\right)^{2n+6}\left[\frac{1}{n}\sum_{k=0}^{n}(\delta_k B_{nk})^2\right]}$$

$$+ \frac{2n+6}{a+h}\frac{I_\rho}{T}\left[\frac{(\sigma_{R_{xx}}l_0)^2 T_{\text{arc}}^4}{36}(\Delta t)_{R_{xx}} + (\Delta r)_m^2(\Delta t)_m\right]\frac{1.6\times10^{-10}}{n^3}$$

$$(9\text{-}4\text{-}2)$$

其中

$$\frac{1}{n}\sum_{k=0}^{n}(\delta_k B_{nk})^2 = \frac{2(8n^5 + 56n^4 + 114n^3 + 145n^2 + 85n + 24)}{3n} \quad (9\text{-}4\text{-}3)$$

可以验证,在式(9-4-1)、式(9-4-2)右端项中,求和的第一项远远大于第二项。因此,径向和迹向短基线相对轨道摄动重力场测量的阶误差方差比值为

$$\frac{\delta\sigma_{n,z}^2}{\delta\sigma_{n,x}^2} = \frac{8n^5 + 56n^4 + 114n^3 + 145n^2 + 85n + 24}{24n(n+1)^2(n+2)^2} \quad (9\text{-}4\text{-}4)$$

其中,假设两种测量方式中的轨道参数和载荷指标均相同,由式(9-4-4)得到径向、迹向短基线相对轨道摄动重力场测量阶误差方差之比随阶数 n 的变化,如图 9.17 所示。

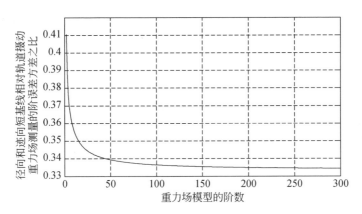

图 9.17　径向和迹向短基线相对轨道摄动重力场测量的阶误差方差之比

由式(9-4-4)和图 9.17 可知,径向和迹向短基线相对轨道摄动重力场测量阶误差方差之比仅是 n 的函数。这意味着,如果得到了径向短基线相对轨道摄动重力场测量性能,可以直接由式(9-4-4)得到迹向短基线相对轨道摄动重力场测量性能,反之亦然。同时可知,当重力场模型的阶数 n 足够大时,该比值趋于 $1/3$。

同理,得到径向和法向短基线相对轨道摄动重力场测量的阶误差方差之比为

$$\frac{\delta\sigma_{n,z}^2}{\delta\sigma_{n,y}^2} = \frac{8n^5 + 44n^4 + 90n^3 + 157n^2 + 109n + 24}{24n(n+1)^2(n+2)^2}$$

9.5　天基重力场测量的统一描述体系

通过 9.2～9.4 节的研究,得到绝对轨道摄动重力场测量、长基线相对轨道摄动重力场测量、短基线相对轨道摄动重力场测量等三种测量方法的内在联系,如图 9.18 所示,具体描述如下。

(1)绝对轨道摄动重力场测量、迹向长基线相对轨道摄动重力场测量以及迹向、法向、径向短基线相对轨道摄动重力场测量是物理可实现的;而固定测量基线的法向、径向长基线相对轨道摄动重力场测量在物理上是不存在的,但是可以通过精确地引入外力,并在重力场反演中精确地剔除,建立法向、径向长基线相对轨道摄动重力场测量的理论概念。

(2)绝对轨道摄动重力场测量和迹向长基线相对轨道摄动重力场测量任务参数之间存在等效转换关系,即当满足此关系时,两种任务参数对应相同的重力场测量性能,证明了两种重力场测量方式在原理上的统一性。

(3)迹向上长基线、短基线相对轨道摄动重力场测量任务参数也存在等效转换关系。

(4)迹向、法向短基线相对轨道摄动重力场测量之间存在等价关系,即两种测量方式的轨道参数和载荷指标相同时,它们具有相同的重力场测量性能。

(5)迹向、法向长基线相对轨道摄动重力场测量之间也存在等价关系。

(6)法向、径向短基线相对轨道摄动重力场测量存在比例转换关系,比例系数仅与重力场模型的阶数有关。在轨道参数和载荷指标相同的条件下,如果已知其中一种测量方式的重力场测量阶误差方差,可以通过乘以与阶数有关的比例系数得到另一种测量方式下的阶误差方差。

(7)存在法向短基线到法向长基线相对轨道摄动重力场测量参数的等效转换关系,以及径向短基线到径向长基线相对轨道摄动重力场测量参数的等效转换关系。

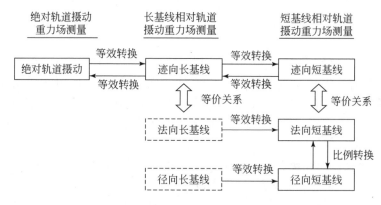

图9.18 三种天基重力场测量方法之间的内在联系

综上所述,对于绝对轨道摄动重力场测量、长基线相对轨道摄动重力场测量、短基线相对轨道摄动重力场测量等三种天基重力场测量方式,任意一种测量方式下的任务参数经过适当的等效变换、等价关系或比例变换后,可以得到另一种测量方式下的任务参数,并且两种测量方式具有相同的重力场测量性能,从而证明了三种天基重力场测量方式在本质上的一致性。

第 10 章 卫星编队动力学基础

长基线相对轨道摄动重力场测量实际上是一种最简单的卫星编队测量方式，长基线两端的卫星沿飞行方向形成跟飞编队。GRACE 卫星是已经成功实施的长基线相对轨道摄动重力场测量任务，它自 2002 年发射入轨以来，至今在轨正常运行，为人们提供了大量的卫星重力观测数据。GRACE Follow-on 是 GRACE 的后续任务，也采用了长基线相对轨道摄动重力场测量原理，预计 2018 年发射，相对 GRACE 而言，其星间测距精度得到明显提高。对于 GRACE Follow-on 和 GRACE 任务，编队中两个卫星的相对运动构形是实现星间高精度测距的物理基础，这要求两个卫星的相对距离在较长的时间内保持在一定的范围内。理论上可以使两个卫星在迹向（即飞行方向）、径向或轨道面法向等任何一个或多个方向上产生相对运动，进而进行星间测距。实际上，只有沿迹向飞行的两个卫星相对运动构形是长期自然维持的，可以在较小的轨道调整和轨道维持燃料消耗下，实现重力场测量任务的长期运行。而径向和轨道面法向上两个卫星的相对运动构形在摄动力作用下，很容易发散，因而长期重力场测量任务需要极大的燃料消耗，工程实现难度大。这也是 GRACE、GRACE Follow-on 任务选择迹向跟飞模式的主要原因。

不过，沿迹向上的星间测距存在一些不足。例如，为了实现全球覆盖测量，重力卫星轨道为极轨道或近极轨道，这意味着飞行方向近似为南北方向，这样，星间测距信息中包含的扇谐项引力信号就会极弱，不利于扇谐项位系数的恢复。再如，由于地球引力信号在径向上的变化是最明显的，相对于径向的星间测距而言，迹向星间测距数据中包含的引力信号显得很弱。同时包含径向、迹向和法向等 3 个方向上相对运动的卫星编队将极大地提高重力场的测量性能。因而，为了进一步提升天基重力场测量的分辨率和精度，需要针对一般情形下的卫星编队运动，研究其重力场测量的理论和方法，这些研究成果将在第 11 章中介绍。本章主要介绍卫星编队动力学的相关基础知识，为第 11 章介绍卫星编队重力场测量理论做准备，具体内容包括卫星编队飞行的基本概念、卫星编队相对运动分析、卫星编队构形设计以及典型的重力场测量卫星编队构形等。

10.1 卫星编队飞行

10.1.1 卫星编队飞行的概念

20 世纪 90 年代，航天技术的进步以及军事、经济、科学等领域发展对航天任务需求的不断提高,这要求卫星具备越来越强的功能,这意味着在卫星设计和卫星制造中需要增加更多的载荷子系统,以及为实现这些载荷子系统正常工作而配备的保障系统。这不仅带来了卫星体积庞大、造价昂贵的问题,同时也使卫星系统极为复杂、制造周期长,并且整个卫星系统运行风险增加、可靠性降低,单个子系统功能的失效极有可能带来整个卫星系统的崩溃。如果能够根据任务需求,将各个载荷系统的功能分散到多个小卫星上,使它们共同完成同一空间任务,不但可以有效避免上述问题,而且还会产生单星任务所不具备的空间优势,如长基线干涉测量、多维立体观测等。这就出现了卫星编队的概念,它是指多个卫星为实现同一任务而组成的、具有稳定相对运动构形的空间协同系统。任务协同是卫星编队飞行的本质要求,它是指编队中的卫星之间存在信息共享和信息交互,分工合作,共同实现同一任务目标。为了实现有效的信息交互和功能协同,要求编队中的卫星具有相同的轨道周期,从而形成稳定的相对运动构形,便于星间信息传递和任务分工。

传统意义上,卫星编队中的各个卫星是独立的,它们之间不存在相互作用力,均独立地在地球引力以及其他摄动力作用下进行轨道运动,其相对视运动在空间上形成特定的构形,并基于一定的协同策略实现构形维持,相互协作完成任务。多个在物理上并不相连的卫星组成一个大的卫星系统,该系统在功能和控制上相当于一个大卫星,又称为虚拟卫星或虚拟平台。不过,近年研究出现的编队中卫星与卫星之间也可能存在力的作用,如绳系作用力、电磁作用力、库仑力以及多力复合作用等,使卫星编队的内涵不断扩展。

如果使编队中卫星与卫星之间的相对距离增大到一定的程度,那么不同卫星之间无法进行信息交互和任务协作,并且它们的相对构形也不再固定不变,这时将失去卫星编队执行任务的协同功能,取而代之的是这些卫星具有极大的空间跨度,组成巨大的空间网,具有强大的覆盖特性,这就是卫星星座的概念。一般而言,卫星星座的空间距离在几百到几千公里,而卫星编队的空间距离在几百米到几百公里范围内;卫星星座的覆盖范围是所有卫星覆盖范围的并集,而卫星编队的覆盖范围则小很多,等于所有卫星覆盖范围的交集。在卫星星座中,每个卫星或少数几个卫星是一个任务单元,通过增加卫星数目达到提高覆盖范围的效果;而在卫星编队中,所有卫星组成一个任务单元,各个卫星之间明确分工,共同实现同一个任务目标。可以根据任务应用来区分卫星编队和卫星星座。以地球重力场测量为例,在卫星编队重力场测量中,卫星与卫星之间维持稳定的相对运动构形和相对姿态指向,通过测量星间距离和星间距离变化率来反演地球重力场,由于编队中增加了星间任务协同和星间高精度测距手段,因而相对于单星测量而言,卫星编队测量方式会大大提高重力场测量的空间分辨率和精度。如果去掉某些卫星,以致无法进行相应的星间测距,那么就失去了卫星编队重力场测量的意义。而在卫星星座重力场测量中,各个卫星是相互独立的,都是独立的任务单元,单元与单元之间的空间距离会很大,不存在星间测距,不同任务单元重力场观测数据的汇总在于提高重力场测量的覆盖特性,从而提高时间分辨率。在卫星星座重力场测量中,如果失去某些任务单元,剩余的任务单元仍然可以独立地开展重力场测量,只不过总的重力场测量时间分辨率会有所降低。对于静态重力场测量而言,卫星编队测量方式的意义更大,由于增加的星间测距精度远大于卫星定轨精度,如微波星间测距精度为微米级,激光星间测距精度为纳米级,而卫星定轨精度最高也就是厘米级,并且卫星编队的星间测距在空间上是三维的,因而卫星编队重力场测量性能将远高于绝对轨道摄动重力场测量和长基线相对轨道摄动重力场测量,是天基重力场测量技术发展的重要方向。

10.1.2　卫星编队飞行的优势

卫星编队通过各个卫星之间的任务协同,共同完成同一空间任务,其功能并不是所有单星功能的简单叠加,而是通过功能协作产生了单星任务所无法实现的效益,如空间长基线干涉测量、大范围立体成像、间断式定位导航等。与传统单星任务相比,卫星编队任务具有如下优势[1,2]。

(1)实现空间上的长基线测量。由于卫星尺寸的限制,单个卫星的观测基线很短。而卫星编队中两个卫星的距离可以很大,在几十公里到几百公里范围内,观测基线得到大幅度提高。观测基线的增加带来观测任务性能的提升。在基于单星的绝对轨道摄动重力场测量中,只能获取绝对轨道摄动数据,厘米级的定轨精度决定了这种方式适用于恢复低阶重力场;而卫星编队中的星间测距精度达到微米级到纳米级,利用星间长基线观测可以实现更高的重力场测量性能,使重力场模型恢复阶数达到中高阶以上。

(2)大幅度降低卫星任务的研制成本。卫星编队将任务功能分散到各个卫星上,这些卫星在平台和结构上具有一定的相似性,可以实现批量生产和模块化组合,有利于降低卫星系统的研制成本。

(3)卫星编队在任务功能实现上更具有灵活性。编队中的各个卫星具有不同的能力,这些卫星通过变换相对运动构形以及功能组合,可以实现不同的任务目的,任务实现的灵活性更强。

(4)在轨生存能力更强。卫星编队在将任务功能分散到各个卫星的同时,也分散了卫星系统的风险。对于传统单星任务而言,卫星系统中某一部件的失效极有可能带来整星功能的丧失。对于卫星编队而言,如果某个卫星失效,只需要利用备份卫星或发射新的卫星来替换该失效卫星即可,这使卫星编队在轨生存能力更强,抗毁能力更高。

(5)提高观测数据的时间分辨率和空间分辨率。卫星编队中的多个卫星除具有任务协同功能外,还可以各自独立地、同时地在不同的空间位置上完成观测任务,从而提高任务观测的时间和空间分辨率。例如,在 GRACE 卫星重力场测量中,即使不考虑星间观测数据,相对单星绝对轨道摄动观测而言,两个卫星的轨道摄动观测等效于将重力场测量的时间分辨率提高一倍。

10.1.3　卫星编队任务与计划

21 世纪以来,随着航天应用需求的增加,卫星编队逐渐显示出了巨大的技术优势和应用前景。近年来,纳卫星、皮卫星、飞卫星等小卫星技术得到迅速推广,其模块化生产、批量发射、尺寸小、成本低、研制周期短等特点,促进了卫星编队技术的发展,其应用领域涉及对地观测、空间科学研究、深空探测等。

1. 对地观测

LandSat7 和 Earth Observing-1(EO-1)组成的卫星编队用于获取相同的地面目标图像,从而对两星的成像系统进行对比分析[3]。LandSat7 卫星由 NASA 研制,于 1999 年 4 月 15 日发射入轨,沿太阳同步轨道运行,轨道高度为 708km×710km,倾角为 98.21°,轨道周期为 98.83min,回归周期为 16 天,每天可以获取和下发 532 幅图像,空间分辨率为 15m[4]。EO-1 卫星也是 NASA 的对地成像卫星,于 2000 年 11 月 21 日发射入轨,沿太阳同步轨道,高度为 690km×700km,倾角为 97.503°,周期为 98.7min。EO-1 卫星紧跟 LandSat7 卫星,星间距离为 450km。在任务执行过程中,两星共享导航数据和任务规划,使 EO-1 卫星的地面轨迹偏离 LandSat7 卫星不超过±3km,两星实现了对地面相同目标成像的目的,如图 10.1 所示。

图 10.1　LandSat7 和 EO-1 卫星编队(见彩图)

　　GRACE 也是典型的对地观测卫星编队任务,两星初始轨道高度为 500km 左右,沿飞行方向一前一后飞行,星间距离保持在(220±50)km 的范围内。通过两星的星间距离维持和姿态对准,利用 K/Ka 波段微波测距装置获取星间距离变化率,从而反演地球重力场。

　　A-train(afternoon train)是由来自不同国家的多个对地观测卫星组成的编队,沿太阳同步轨道运行,高度为 705km,倾角为 98.14°,在每天下午 1:30(太阳时)穿过赤道,由此得名。编队中的卫星沿飞行方向一字排开,相邻两个卫星之间运行的时间间隔为数分钟,它们协同观测,实现对地球大气和地面目标的三维高精度成像,如图 10.2 所示。

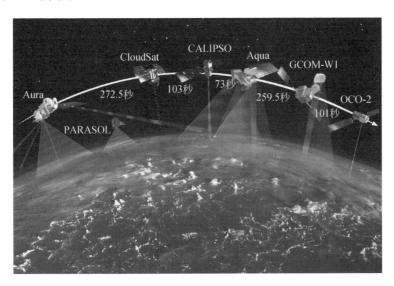

图 10.2　A-train 卫星任务(见彩图)

2. 空间科学研究

　　TechSat21(technology satellite of the 21st century)是美国空军实验室于 1998 年提出的卫星编队概念,其核心任务是验证卫星编队组成的虚拟雷达技术,同时完成无线电辐射测量、导航、通信任务,验证根据任务需求快速变换编队构形的能力。卫星编队计划运行在 560km 高的圆轨道上,倾角为 35.4°。2001 年,确定由 3 颗小卫星组成该编队,星间距离和相位可以根据任务需求进行调整,卫星与卫星之间存在通信链路,可以实现功能互补,任何一个卫星可以通过星间链路对其他卫星进行控制和管理,3 个卫星组成一幅巨大且灵活可调的空间虚拟天线。由于技术难度过大以及费用超支,该任务于 2003 年被取消[5]。

　　干涉车轮(CartWheel)也是一个利用卫星编队实现空间分布式雷达的任务计划,由法国空间局提出,多个卫星组成共轨道面绕飞构形。该任务以全球陆地三维成像和洋流观测为主要任务,系统方案简单[6]。德国空间中心提出了基于钟摆 (pendulum)构形、干涉车轮与钟摆混合构形(carpe)的天基雷达方案。

磁层多尺度(magnetospheric multiscale,MMS)任务是 NASA 研制的用于研究地磁场环境的卫星编队,由 4 颗完全相同的卫星组成四面体编队构形,如图 10.3 所示,用于获取关于磁重联、高能粒子加速等信息。2015 年 3 月 13 日,MMS 卫星由 AtlasV 火箭发射入轨,沿大椭圆轨道运行,近地点高度为 2550km,远地点高度在白天为 70080km,晚上为 152900km,倾角为 28°。编队中每个卫星的质量为 1360kg,通过自旋实现定向,旋转角速度为 3rev/min。为了获取期望的科学观测数据,需要通过轨道控制使其保持四面体编队构形。

图 10.3　MMS 卫星编队(见彩图)

LISA 任务由美国 NASA 和欧洲 ESA 联合研制,它是一个探测空间引力波的卫星编队任务。LISA 任务由 3 颗运行在日心轨道上的卫星组成,形成边长为 5×10^6 km 的等边三角形构形。等边三角形的边长需要严格维持,通过激光干涉测量边长的变化,分析确定空间引力波通过边长所处空间时引起的边长变化,从而验证引力波的存在。鉴于 LISA 技术难度过大,ESA 提出了 eLISA 任务,它是 LISA 任务的简化版,星间距离缩短为 1×10^6 km,对激光测距和卫星平台控制要求有所降低。为了验证 eLISA 中的相关技术,2015 年 12 月 3 日发射了 LISA Pathfinder 任务,运行在 Lissajous 轨道上,近地点为 50 万公里,远地点为 80 万公里,倾角为 60°。

3. 深空探测

卫星编队具有高可靠性、分布式空间测量等优势,非常适合用于深空环境探测。Relic 是一个由 100 多个 CubeSat 卫星组成的卫星编队计划,其科学目标是探索研究从黑洞到星际介质的能量传输[7]。超低频无线电波(约 5MHz)在地面和近地环境中无法被捕获。然而,它对于探测活跃星系中的粒子加速过程非常重要。对于这样的低频波段测量,所需要的接收器是简单的偶极子天线。在 Relic 任务中,将建立一个纳卫星集群,每个纳卫星携带一个偶极子天线和低频接收器。这些纳卫星以松散的编队形式飞行,形成一个具有足够角分辨率和灵敏度的合成孔径干涉测量阵列,能够探测到来自遥远星系的无线电信号,因而可以获取该星系中的粒子加速过程,进而有助于理解遥远活跃星系核中发生的物理过程。

　　Relic 编队中的 100 多个卫星形成一个球面编队构形,如图 10.4 所示,位置保持精度约为 10cm,该精度数值小于 5MHz 频率对应的无线电波长。每个卫星将接收到的信号以准确的时间发送给主航天器。由于所有卫星的时间都进行了同步,因此主航天器可以将收到的所有信号进行关联、合成,生成所需的图像。Relic 卫星集群需要布置在远离地球及其磁场的空间区域,可采用逐渐远离地球的轨道。这样做也是为了最大限度地减少作用在卫星上的干扰力矩,进而减少编队构形保持所需的燃料。主航天器的体型要大得多,动力也更充足,不仅要接收来自 CubeSat 卫星编队的信号,还要对信号进行处理,并直接向地球传输。

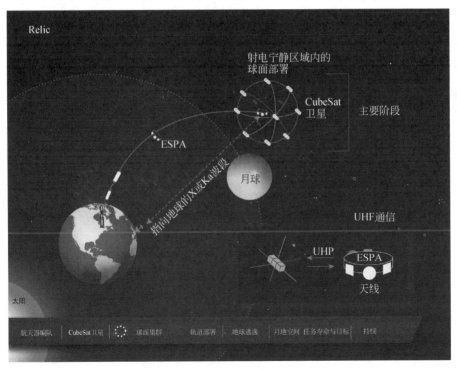

图 10.4　Relic 卫星编队(见彩图)

十多年以来,卫星编队技术发展迅速,除上述任务外,还有更多的卫星编队任务或计划,如表 10.1 所示,限于篇幅这里不再详细介绍,有兴趣的读者可以阅读相应的参考文献。

表 10.1 卫星编队任务和计划

序号	编队任务名称	研制单位
1	Space Technology-3 [8]	NASA
2	Space Technology-5 [9]	NASA
3	PRISMA [10]	Swedish Space Corporation(SSC)
4	LISA	NASA 和 ESA
5	TechSat 21	Air Force Research Laboratory
6	MMS	NASA
7	CartWheel [11]	CNES
8	Pendulum [12]	ESA
9	GRACE	NASA 和 GFZ
10	StarLight [13]	NASA
11	Deep Space-3 [14]	NASA
12	Orion [15~17]	NASA
13	Terrestrial Planet Finder (TPF) [18]	NASA
14	Auroral Lites [19]	NASA
15	Auroral Multiscale Midex [20]	NASA
16	GEOTAIL II [21]	Institute of Space and Astronautical Science(ISAS)
17	EMERALD [22]	USA
18	Micro- Arcsecond Xray Imaging Mission (MAXIM) [23]	NASA
19	Lifefinder telescope project [24]	NASA
20	ultralight astronomical telescopes and arrays [25]	NASA
21	EO-1 and LandSat7	NASA
22	ESSAIM [26]	CNES
23	University Nanosatellite Program [27,28]	USA
24	BISSAT [29]	Italian Space Agency
25	SABRINA [30]	Italy
26	TanDEM-X [31]	Deutsches Zentrum für Luft- und Raumfahrt(DLR)
27	ClusterII [32]	ESA

序号	编队任务名称	研制单位
28	SMART-2 [33]	ESA
29	3 Corner Satellite [34]	University of Colorado at Boulder, Arizona State University, New Mexico State University
30	DARWIN [35]	ESA
31	GEMINI [36]	DLR
32	MUSTANG [37]	British National Space Center(BNSC)
33	Ionospheric Nanosatellite Formation (ION-F) [38]	Utah State University, University of Washington and Virginia Polytechnic
34	Drag-free CubeSat [39,40]	University of Florida
35	FTS CubeSat [41]	Exelis Geospatial Systems
36	InSAR [12]	University of Toronto
37	AAReST [42,43]	California Institute of Technology
38	AeroCube-4 [44,45]	Aerospace Corporation
39	Real-TimeGeolocation [46]	Israel Institute of Technology
40	QUEST [47]	Kyushu University
41	CanX-4&5 [48,49]	University of Toronto
42	CPO [50,51]	Tyvak Nano-Satellite Systems
43	TW-1 [52]	Chinese Academy of Science
44	UIUC-JPL FF Missio [53]	University of Illinois at Urbana-Champaign
45	SWIFT [54]	Jet Propulsion Laboratory, NASA

10.2　基于动力学方法的卫星相对运动分析

卫星与卫星之间的相对运动规律是卫星编队任务分析与设计的基本依据。虽然编队中的卫星数目是任意的,但是这些卫星之间并不存在相互作用力,它们均独立地在地球引力和摄动力作用下运动,因此对卫星编队中所有卫星相对运动规律的分析,等价于对其中的两个卫星相对运动的分析。因而,在对卫星编队运动规律分析时,假设编队中仅有两个卫星。下面基于动力学运动方程,分析编队中卫星的相对运动规律。

对于组成卫星编队的两颗卫星,选取其中的一个卫星作为基准点,称为参考星,其轨道称为参考轨道,与之相关的参数用下标 m 表示。另一个卫星相对参考星运动,称为环绕星,与之相关的参数用下标 s 表示。编队运动规律的分析,就是对环绕星相对参考星运动的分析。实际上,参考星可以是一个真实的卫星,也可以是一个沿特定轨道运行的虚拟点。由于参考星和环绕星之间不存在作用力,无论参考星选择为真实卫星,还是虚拟点,都不影响对环绕星相对运动规律的分析。参考轨道可以是圆轨道,也可以是椭圆轨道。下面针对不同情形下的参考轨道,建立环绕星相对参考星的运动模型。

10.2.1 圆参考轨道下的卫星相对运动模型

假设参考星沿圆轨道运行,参考星和环绕星在地心惯性系中的位置矢量分别为 $\boldsymbol{r}_{\mathrm{m}}$ 和 $\boldsymbol{r}_{\mathrm{s}}$,则环绕星相对参考星的位置矢量为

$$\boldsymbol{r}=\boldsymbol{r}_{\mathrm{s}}-\boldsymbol{r}_{\mathrm{m}} \tag{10-2-1}$$

两个卫星除受到地球中心引力外,还受到摄动力 $\boldsymbol{f}$。根据第 4 章介绍的卫星轨道动力学基础,可以得到两个卫星各自的运动方程为

$$\frac{\mathrm{d}^2 \boldsymbol{r}_{\mathrm{m}}}{\mathrm{d}t^2}=-\frac{\mu \boldsymbol{r}_{\mathrm{m}}}{r_{\mathrm{m}}^3}+\boldsymbol{f}_{\mathrm{m}} \tag{10-2-2}$$

$$\frac{\mathrm{d}^2 \boldsymbol{r}_{\mathrm{s}}}{\mathrm{d}t^2}=-\frac{\mu \boldsymbol{r}_{\mathrm{s}}}{r_{\mathrm{s}}^3}+\boldsymbol{f}_{\mathrm{s}} \tag{10-2-3}$$

其中,μ 为万有引力常数和地球质量的乘积;r_{m}、r_{s} 分别是参考星和环绕星到地心的距离。由式(10-2-1)~式(10-2-3)得到

$$\frac{\mathrm{d}^2 \boldsymbol{r}}{\mathrm{d}t^2}=\frac{\mu}{r_{\mathrm{m}}^3}\left[\boldsymbol{r}_{\mathrm{m}}-\left(\frac{r_{\mathrm{m}}}{r_{\mathrm{s}}}\right)^3 \boldsymbol{r}_{\mathrm{s}}\right]+\Delta\boldsymbol{f} \tag{10-2-4}$$

其中,环绕星和参考星受到的摄动力之差为 $\Delta\boldsymbol{f}=\boldsymbol{f}_{\mathrm{s}}-\boldsymbol{f}_{\mathrm{m}}$。式(10-2-4)是在地心惯性系中描述的,为了进一步分析,定义参考星轨道坐标系。坐标原点位于参考星质心,x 轴为沿参考星地心矢量 $\boldsymbol{r}_{\mathrm{m}}$ 的方向,y 轴在参考星轨道面内与 x 轴垂直,并指向飞行方向,z 轴与 x、y 轴构成右手直角坐标系,3 个坐标方向分别代表了径向、迹向和轨道面法向。设参考星轨道坐标系相对于地心惯性系的旋转角速度矢量为 $\boldsymbol{\omega}$,则根据理论力学中绝对运动和相对运动的基本关系,得到式(10-2-4)在参考星轨道坐标系中的表示为[1]

$$\ddot{\boldsymbol{r}}+2\boldsymbol{\omega}\times\dot{\boldsymbol{r}}+\boldsymbol{\omega}\times(\boldsymbol{\omega}\times\boldsymbol{r})+\dot{\boldsymbol{\omega}}\times\boldsymbol{r}=\frac{\mu}{r_{\mathrm{m}}^3}\left[\boldsymbol{r}_{\mathrm{m}}-\left(\frac{r_{\mathrm{m}}}{r_{\mathrm{s}}}\right)^3 \boldsymbol{r}_{\mathrm{s}}\right]+\Delta\boldsymbol{f} \tag{10-2-5}$$

在轨道坐标系中,有

$$\boldsymbol{r}=(x,y,z)^{\mathrm{T}} \tag{10-2-6}$$

$$\boldsymbol{\omega}=(0,0,n)^{\mathrm{T}} \tag{10-2-7}$$

$$n=\sqrt{\frac{\mu}{a_{\mathrm{m}}^3}} \tag{10-2-8}$$

a_{m} 为参考星的轨道半长轴;n 为参考星的轨道角速度。由于假设参考星轨道为圆轨道,因此 $a_{\mathrm{m}}=r_{\mathrm{m}}$,轨道角速度为常数,从而

$$\dot{\boldsymbol{\omega}}=\mathbf{0}, \quad 2\boldsymbol{\omega}\times\dot{\boldsymbol{r}}=2\,(-n\dot{y},n\dot{x},0)^{\mathrm{T}}, \quad \boldsymbol{\omega}\times(\boldsymbol{\omega}\times\boldsymbol{r})=(-n^2x,-n^2y,0)^{\mathrm{T}}$$

$$(10\text{-}2\text{-}9)$$

在参考星轨道坐标系中,得到两个卫星的地心矢量为

$$\boldsymbol{r}_{\mathrm{m}}=(r_{\mathrm{m}},0,0)^{\mathrm{T}}, \quad \boldsymbol{r}_{\mathrm{s}}=(r_{\mathrm{m}}+x,y,z)^{\mathrm{T}} \tag{10-2-10}$$

根据式(10-2-5)~式(10-2-10),得到环绕星相对参考星运动的数学模型为

$$\begin{bmatrix}\ddot{x}\\\ddot{y}\\\ddot{z}\end{bmatrix}=-2\begin{bmatrix}0&-n&0\\n&0&0\\0&0&0\end{bmatrix}\begin{bmatrix}\dot{x}\\\dot{y}\\\dot{z}\end{bmatrix}+\begin{bmatrix}n^2&0&0\\0&n^2&0\\0&0&0\end{bmatrix}\begin{bmatrix}x\\y\\z\end{bmatrix}-\begin{bmatrix}0&-\dot{n}&0\\\dot{n}&0&0\\0&0&0\end{bmatrix}\begin{bmatrix}x\\y\\z\end{bmatrix}$$

$$+\frac{\mu}{r_{\mathrm{m}}^3}\left\{\begin{bmatrix}r_{\mathrm{m}}\\0\\0\end{bmatrix}-\frac{r_{\mathrm{m}}^3}{[(r_{\mathrm{m}}+x)^2+y^2+z^2]^{3/2}}\begin{bmatrix}r_{\mathrm{m}}+x\\y\\z\end{bmatrix}\right\}+\begin{bmatrix}\Delta f_x\\\Delta f_y\\\Delta f_z\end{bmatrix} \tag{10-2-11}$$

式(10-2-11)严格描述了环绕星相对参考星的运动,但是它是非线性的,不便于分析。考虑到环绕星和参考星距离远小于其地心距离,因此可以进行线性化处理。环绕星的地心距离可以表示为

$$r_{\mathrm{s}}=\sqrt{(r_{\mathrm{m}}+x)^2+y^2+z^2}=\sqrt{r^2+r_{\mathrm{m}}^2+2xr_{\mathrm{m}}} \tag{10-2-12}$$

忽略二阶和二阶以上的小量,得到

$$\left(\frac{r_{\mathrm{m}}}{r_{\mathrm{s}}}\right)^3=\left[1+\left(\frac{r}{r_{\mathrm{m}}}\right)^2+\frac{2x}{r_{\mathrm{m}}}\right]^{-3/2}\approx1-\frac{3x}{r_{\mathrm{m}}} \tag{10-2-13}$$

从而得到

$$\boldsymbol{r}_{\mathrm{m}}-\left(\frac{r_{\mathrm{m}}}{r_{\mathrm{s}}}\right)^3\boldsymbol{r}_{\mathrm{s}}=\boldsymbol{r}_{\mathrm{m}}-\left(1-\frac{3x}{r_{\mathrm{m}}}\right)(\boldsymbol{r}_{\mathrm{m}}+\boldsymbol{r})\approx3\,\frac{x}{r_{\mathrm{m}}}\boldsymbol{r}_{\mathrm{m}}-\boldsymbol{r}=\begin{bmatrix}2x\\-y\\-z\end{bmatrix} \tag{10-2-14}$$

将式(10-2-14)代入式(10-2-11),得到

$$\begin{cases}\ddot{x}-2n\dot{y}-\dot{n}y-3n^3x=f_x\\\ddot{y}+2n\dot{x}+\dot{n}x=f_y\\\ddot{z}+n^2z=f_z\end{cases} \tag{10-2-15}$$

考虑到 n 为常数,进一步得到

$$\begin{cases}\ddot{x}-2n\dot{y}-3n^3x=f_x\\\ddot{y}+2n\dot{x}=f_y\\\ddot{z}+n^2z=f_z\end{cases} \tag{10-2-16}$$

其中,$(f_x,f_y,f_z)=\Delta\boldsymbol{f}$。式(10-2-16)即为描述卫星相对运动的 Hill 方程,也称为 Clohessey-Whiltshire 方程(简称 C-W 方程)。该方程是一个常系数的线性微分方程组,它是 Clohessey 和 Whiltshire 在 20 世纪 60 年代研究空间交会对接问题时建立的。如果假设两个卫星受到的摄动力之差为 0,即 $\Delta\boldsymbol{f}=\mathbf{0}$,则 Hill 方程存在解析解。注意,在 Hill 方程推导中有两个假设:参考星轨道为圆轨道,环绕星和参考星

的距离远小于其地心距离。

假设作用在两个卫星上的摄动力之差 $\Delta \boldsymbol{f} = (f_x, f_y, f_z)$ 为常数，根据式(10-2-16)可知，x、y 方向上的运动是耦合的，它们均与 z 方向上的运动解耦。设初始时刻 t_0 时的位置和速度分别为 $\boldsymbol{\rho}_0 = (x_0, y_0, z_0)^T$ 和 $\boldsymbol{v}_0 = (\dot{x}_0, \dot{y}_0, \dot{z}_0)^T$，对式(10-2-16)中的第二式积分，得到

$$\dot{y} + 2nx - f_y t = \dot{y}_0 + 2nx_0 \tag{10-2-17}$$

将式(10-2-17)代入式(10-2-16)的第一式，积分得到

$$x(t) = \left(\frac{\dot{x}_0}{n} - 2\frac{f_y}{n^2} \right) \sin nt - \left(3x_0 + 2\frac{\dot{y}_0}{n} + \frac{f_x}{n^2} \right) \cos nt + 2\left(2x_0 + \frac{\dot{y}_0}{n} + \frac{f_x}{2n^2} \right) + 2\frac{f_y}{n}t \tag{10-2-18}$$

将式(10-2-18)代入式(10-2-17)，积分后得到

$$y(t) = 2\left(\frac{2}{n}\dot{y}_0 + 3x_0 + \frac{f_x}{n^2} \right) \sin nt + 2\left(\frac{\dot{x}_0}{n} - \frac{2}{n^2}f_y \right) \cos nt - \frac{3}{2}f_y t^2$$
$$- 3\left(\dot{y}_0 + 2nx_0 + \frac{2f_x}{3n} \right)t + \left(y_0 - \frac{2}{n}\dot{x}_0 + \frac{4}{n^2}f_y \right) \tag{10-2-19}$$

z 方向上的运动是独立的，对式(10-2-16)中的第三式积分，得到

$$z(t) = \frac{\dot{z}_0}{n}\sin nt + \left(z_0 - \frac{f_z}{n^2} \right)\cos nt + \frac{f_z}{n^2} \tag{10-2-20}$$

当参考星和环绕星上作用的摄动力之差 $\Delta \boldsymbol{f} = (f_x, f_y, f_z)$ 等于 0 时，Hill 方程的解为

$$\begin{cases} x(t) = \dfrac{\dot{x}_0}{n}\sin nt - \left(3x_0 + 2\dfrac{\dot{y}_0}{n} \right)\cos nt + 2\left(2x_0 + \dfrac{\dot{y}_0}{n} \right) \\[2mm] y(t) = 2\left(\dfrac{2}{n}\dot{y}_0 + 3x_0 \right)\sin nt + 2\dfrac{\dot{x}_0}{n}\cos nt - 3(\dot{y}_0 + 2nx_0)t + \left(y_0 - \dfrac{2}{n}\dot{x}_0 \right) \\[2mm] z(t) = \dfrac{\dot{z}_0}{n}\sin nt + z_0 \cos nt \end{cases} \tag{10-2-21}$$

由此得到环绕星相对参考星的速度为

$$\begin{cases} \dot{x}(t) = \dot{x}_0 \cos nt + (3nx_0 + 2\dot{y}_0)\sin nt \\ \dot{y}(t) = (4\dot{y}_0 + 6nx_0)\cos nt - 2\dot{x}_0 \sin nt - 3(\dot{y}_0 + 2nx_0) \\ \dot{z}(t) = \dot{z}_0 \cos nt - nz_0 \sin nt \end{cases} \tag{10-2-22}$$

将式(10-2-21)和式(10-2-22)表示为矩阵形式，得到在任意时刻 t 时，相对位置 $\boldsymbol{\rho}(t)$、相对速度 $\boldsymbol{v}(t)$ 与初始状态之间的关系为

$$\begin{bmatrix} \boldsymbol{\rho}(t) \\ \boldsymbol{v}(t) \end{bmatrix} = \begin{bmatrix} \boldsymbol{\Phi}_{\rho\rho} & \boldsymbol{\Phi}_{\rho v} \\ \boldsymbol{\Phi}_{v\rho} & \boldsymbol{\Phi}_{vv} \end{bmatrix} \begin{bmatrix} \boldsymbol{\rho}_0 \\ \boldsymbol{v}_0 \end{bmatrix} \tag{10-2-23}$$

其中

$$\boldsymbol{\Phi}_{pp} = \begin{bmatrix} 4-3\cos nt & 0 & 0 \\ 6(\sin nt - nt) & 1 & 0 \\ 0 & 0 & \cos nt \end{bmatrix} \qquad (10\text{-}2\text{-}24)$$

$$\boldsymbol{\Phi}_{pv} = \begin{bmatrix} \dfrac{\sin nt}{n} & \dfrac{2(1-\cos nt)}{n} & 0 \\ \dfrac{2(\cos nt - 1)}{n} & \dfrac{4}{n} - 3t & 0 \\ 0 & 0 & \dfrac{\sin nt}{n} \end{bmatrix} \qquad (10\text{-}2\text{-}25)$$

$$\boldsymbol{\Phi}_{vp} = \begin{bmatrix} 3n\sin nt & 0 & 0 \\ 6n(\cos nt - 1) & 0 & 0 \\ 0 & 0 & -n\sin nt \end{bmatrix} \qquad (10\text{-}2\text{-}26)$$

$$\boldsymbol{\Phi}_{vv} = \begin{bmatrix} \cos nt & 2\sin nt & 0 \\ -2\sin nt & 4\cos nt - 3 & 0 \\ 0 & 0 & \cos nt \end{bmatrix} \qquad (10\text{-}2\text{-}27)$$

由式(10-2-21)可知,环绕星相对参考星的运动在 xy 平面内是耦合的,通过数学变换,可以得到

$$\frac{(x-x_{c0})^2}{b^2} + \frac{\left(y-y_{c0}+\dfrac{3}{2}x_{c0}nt\right)^2}{(2b)^2} = 1 \qquad (10\text{-}2\text{-}28)$$

其中

$$x_{c0} = 4x_0 + 2\frac{\dot{y}_0}{n} \qquad (10\text{-}2\text{-}29)$$

$$y_{c0} = y_0 - 2\frac{\dot{x}_0}{n} \qquad (10\text{-}2\text{-}30)$$

$$b = \sqrt{\left(3x_0 + 2\frac{\dot{y}_0}{n}\right)^2 + \left(\frac{\dot{x}_0}{n}\right)^2} \qquad (10\text{-}2\text{-}31)$$

综上可知,环绕星相对参考星的运动轨迹在瞬时是一个椭圆,椭圆中心为 $\left(x_{c0}, y_{c0}-\dfrac{3}{2}x_{c0}nt\right)$,长半轴和短半轴分别为 $2b$ 和 b。当 $x_{c0}=0$ 时,椭圆中心不随时间变化,环绕星相对参考星的运动构成封闭椭圆,由此得到环绕星伴飞的条件为 $\dot{y}_0 = -2nx_0$。所谓伴飞,是指环绕星相对参考星的距离不会发散,环绕星不一定围绕参考星运动。如果进一步要求 $y_{c0}=0$,则环绕星相对参考星的运动将以参考星为中心,由此得到环绕飞行即绕飞的条件为同时满足 $\dot{y}_0 = -2nx_0$ 和 $y_0 = 2\dot{x}_0/n$。

根据伴飞的条件,得到 Hill 方程的解为[55]

$$
\begin{cases}
x(t) = \dfrac{\dot{x}_0}{n}\sin nt + x_0 \cos nt \\[2mm]
y(t) = -2x_0 \sin nt + 2\dfrac{\dot{x}_0}{n}\cos nt + \left(y_0 - \dfrac{2}{n}\dot{x}_0\right) \\[2mm]
z(t) = \dfrac{\dot{z}_0}{n}\sin nt + z_0 \cos nt
\end{cases} \tag{10-2-32}
$$

根据绕飞的条件,得到 Hill 方程的解为

$$
\begin{cases}
x(t) = \dfrac{\dot{x}_0}{n}\sin nt + x_0 \cos nt \\[2mm]
y(t) = -2x_0 \sin nt + 2\dfrac{\dot{x}_0}{n}\cos nt \\[2mm]
z(t) = \dfrac{\dot{z}_0}{n}\sin nt + z_0 \cos nt
\end{cases} \tag{10-2-33}
$$

Hill 方程的解基于环绕星相对参考星的初始位置和速度,给出了相对运动随时间的变化规律。

10.2.2　椭圆参考轨道下的相对运动模型

Hill 方程建立时假设参考星轨道为圆轨道,并以时间作为自变量来描述相对运动。如果参考星轨道是椭圆轨道,则以真近点为自变量来描述相对运动,则会带来数学表达上的方便。20 世纪 60 年代,Lawden 提出了一系列可以描述椭圆参考轨道相对运动的方程。之后,Tschauner、Hempel 也推导得到了类似的方程,称为T-H 方程,也称为 Lawden 方程,可以描述椭圆参考轨道下的卫星相对运动。下面给出方程的推导过程[56]。

首先,定义归一化的位置坐标

$$
u = \frac{x}{r_{\mathrm{m}}}, \quad v = \frac{y}{r_{\mathrm{m}}}, \quad w = \frac{z}{r_{\mathrm{m}}} \tag{10-2-34}
$$

即

$$
x = r_{\mathrm{m}}u, \quad y = r_{\mathrm{m}}v, \quad z = r_{\mathrm{m}}w \tag{10-2-35}
$$

对于椭圆轨道运动而言,如果以时间为自变量,则运动沿时间是不均匀的,参考星在近地点的运动速度快,在远地点的运动速度慢。为了得到均匀的参考星运动描述,需要以真近点角为自变量。分别以时间和以真近点角为自变量的微分具有如下关系:

$$
\frac{\mathrm{d}(\,\cdot\,)}{\mathrm{d}t} = \frac{\mathrm{d}(\,\cdot\,)}{\mathrm{d}f}\frac{\mathrm{d}f}{\mathrm{d}t} \tag{10-2-36}
$$

对于沿椭圆轨道运行的参考星而言,存在如下关系[57]:

$$
\frac{\mathrm{d}f}{\mathrm{d}t} = \frac{h}{r_{\mathrm{m}}^2}, \quad p = \frac{h^2}{\mu}, \quad r_{\mathrm{m}} = \frac{p}{1+e\cos f}, \quad \frac{\mathrm{d}r_{\mathrm{m}}}{\mathrm{d}f} = \frac{pe\sin f}{(1+e\cos f)^2} \tag{10-2-37}
$$

由式(10-2-35)、式(10-2-36)和式(10-2-37),得到

$$\frac{\mathrm{d}x}{\mathrm{d}t}=\frac{h}{p}\left[(e\sin f)u+(1+e\cos f)\frac{\mathrm{d}u}{\mathrm{d}f}\right] \tag{10-2-38}$$

$$\frac{\mathrm{d}^2x}{\mathrm{d}t^2}=\frac{h^2}{p^3}(1+e\cos f)^2\left[(e\cos f)u+(1+e\cos f)\frac{\mathrm{d}^2u}{\mathrm{d}f^2}\right] \tag{10-2-39}$$

类似地,有

$$\frac{\mathrm{d}y}{\mathrm{d}t}=\frac{h}{p}\left[(e\sin f)v+(1+e\cos f)\frac{\mathrm{d}v}{\mathrm{d}f}\right] \tag{10-2-40}$$

$$\frac{\mathrm{d}^2y}{\mathrm{d}t^2}=\frac{h^2}{p^3}(1+e\cos f)^2\left[(e\cos f)v+(1+e\cos f)\frac{\mathrm{d}^2v}{\mathrm{d}f^2}\right] \tag{10-2-41}$$

$$\frac{\mathrm{d}z}{\mathrm{d}t}=\frac{h}{p}\left[(e\sin f)w+(1+e\cos f)\frac{\mathrm{d}w}{\mathrm{d}f}\right] \tag{10-2-42}$$

$$\frac{\mathrm{d}^2z}{\mathrm{d}t^2}=\frac{h^2}{p^3}(1+e\cos f)^2\left[(e\cos f)w+(1+e\cos f)\frac{\mathrm{d}^2w}{\mathrm{d}f^2}\right] \tag{10-2-43}$$

已知

$$n=\sqrt{\frac{\mu}{r_\mathrm{m}^3}}\,,\quad \frac{\mathrm{d}n}{\mathrm{d}t}=\frac{\mathrm{d}f}{\mathrm{d}t}\frac{\mathrm{d}r_\mathrm{m}}{\mathrm{d}f}\frac{\mathrm{d}n}{\mathrm{d}r_\mathrm{m}}=-\frac{3}{2}\frac{h}{p}e\sin f\sqrt{\frac{\mu}{r_\mathrm{m}^5}} \tag{10-2-44}$$

由式(10-2-38)～式(10-2-43)以及式(10-2-35)和式(10-2-36),得

$$\begin{cases}\dfrac{\mathrm{d}^2u}{\mathrm{d}f^2}-2\dfrac{\mathrm{d}v}{\mathrm{d}f}=\dfrac{\partial W}{\partial u}+f_x\\[2mm]\dfrac{\mathrm{d}^2v}{\mathrm{d}f^2}+2\dfrac{\mathrm{d}u}{\mathrm{d}f}=\dfrac{\partial W}{\partial v}+f_y\\[2mm]\dfrac{\mathrm{d}^2w}{\mathrm{d}f^2}=\dfrac{\partial W}{\partial w}+f_z\end{cases} \tag{10-2-45}$$

其中

$$W=\frac{1}{1+e\cos f}\left[\frac{1}{2}(u^2+v^2-ew^2\cos f)-U\right] \tag{10-2-46}$$

$$U=-\frac{1}{\left[(1+u)^2+v^2+w^2\right]^{1/2}}+1-u$$

考虑到 $u\ll1,v\ll1,w\ll1$,得到

$$\frac{\partial W}{\partial u}\approx\frac{3u}{1+e\cos f},\quad \frac{\partial W}{\partial v}\approx0,\quad \frac{\partial W}{\partial w}\approx-w \tag{10-2-47}$$

从而

$$\begin{cases}\dfrac{\mathrm{d}^2u}{\mathrm{d}f^2}-2\dfrac{\mathrm{d}v}{\mathrm{d}f}-\dfrac{3u}{1+e\cos f}=f_x\\[2mm]\dfrac{\mathrm{d}^2v}{\mathrm{d}f^2}+2\dfrac{\mathrm{d}u}{\mathrm{d}f}=f_y\\[2mm]\dfrac{\mathrm{d}^2w}{\mathrm{d}f^2}+w=f_z\end{cases} \tag{10-2-48}$$

式(10-2-48)即为 T-H 方程。Lawden 针对椭圆参考轨道,推导得到了以真近点角为自变量的如下相对运动状态方程。该方程在本质上与 T-H 方程是一致的[56]。其中,x' 表示变量 x 对真近点角 f 求导。

$$\frac{\mathrm{d}}{\mathrm{d}f}\begin{bmatrix}x'\\x\\y'\\y\end{bmatrix}=\begin{bmatrix}\dfrac{2e\sin f}{1+e\cos f}&\dfrac{3+e\cos f}{1+e\cos f}&2&\dfrac{-2e\sin f}{1+e\cos f}\\1&0&0&0\\-2&\dfrac{2e\sin f}{1+e\cos f}&\dfrac{2e\sin f}{1+e\cos f}&\dfrac{e\cos f}{1+e\cos f}\\0&0&1&0\end{bmatrix}\begin{bmatrix}x'\\x\\y'\\y\end{bmatrix}$$

$$+\frac{(1-e^2)^3}{(1+e\cos f)^4n^2}\begin{bmatrix}1&0\\0&0\\0&1\\0&0\end{bmatrix}\begin{bmatrix}f_x\\f_y\end{bmatrix} \tag{10-2-49}$$

$$\frac{\mathrm{d}}{\mathrm{d}f}\begin{bmatrix}z'\\z\end{bmatrix}=\begin{bmatrix}\dfrac{2e\sin f}{1+e\cos f}&\dfrac{-1}{1+e\cos f}\\1&0\end{bmatrix}\begin{bmatrix}z'\\z\end{bmatrix}+\frac{(1-e^2)^3}{(1+e\cos f)^4n^2}\begin{bmatrix}f_z\\0\end{bmatrix}$$

综上可知,在椭圆参考轨道下,xy 平面内的运动是耦合的,z 方向上的运动是独立的。为了保证在椭圆参考轨道下卫星相对运动具有周期性,要求真近点为 0 时满足[56]

$$\frac{y'(0)}{x(0)}=-\frac{2+e}{1+e} \tag{10-2-50}$$

在时域上的对应条件为

$$\frac{\dot{y}(0)}{x(0)}=-\frac{n(2+e)}{(1+e)^{1/2}(1-e)^{3/2}} \tag{10-2-51}$$

式(10-2-51)是基于 T-H 方程设计椭圆参考轨道下的编队运动时需要满足的初始条件。当偏心率为 0 时,式(10-2-51)退化为 $\dot{y}(0)=-2nx(0)$,这与 C-W 方程中的伴飞条件相同。

T-H 方程可以用来描述椭圆参考轨道下的相对运动,当然也可以用来描述圆参考轨道下的相对运动。取偏心率 $e=0$,不考虑摄动力,T-H 方程(式(10-2-48))退化为常系数线性常微分方程,其解析解为[58]

$$\begin{cases}u(f)=4u_0+2v_0'-(3u_0+2v_0')\cos f+u_0'\sin f\\v(f)=v_0-2u_0'-(6u_0+3v_0')f+2u_0'\cos f+(6u_0+4v_0')\sin f\\w(f)=w_0\cos f+w_0'\sin f\end{cases} \tag{10-2-52}$$

其中,$(u_0,v_0,w_0,u_0',v_0',w_0')$ 为初始条件,表示真近点角为 0 时的相对运动状态。与 C-W 方程中的分析类似,可知在 T-H 方程描述下的圆参考轨道相对运动的伴飞条件为 $v_0'=-2u_0$,绕飞条件为 $v_0'=-2u_0$、$v_0=2u_0'$。

　　此外,其他学者也建立了不同形式的椭圆参考轨道下的相对运动模型。例如,Melton[59]将 T-H 方程对偏心率参数进行了级数展开,得到了关于时间的显式解,其精度取决于级数展开的阶数,由于忽略了 3 阶以上的高阶项,该模型适用于偏心率为 0~0.3 的情况。Yamanaka 在不考虑摄动因素的情况下,推导建立了以真近点角为自变量的相对运动模型,适用于参考轨道为任意椭圆轨道的情况,即参考星的偏心率范围为 0~1,该模型形式简单,且具有较高的精度[60~62]。考虑到 T-H 方程的分母中有 $1+e\cos f$ 项,存在奇异点,文献[63]对 T-H 方程进行了改进,提出了 Brumberg-Kelley 方程,该方程以时间为独立变量,且在非正交坐标系中进行了线性化,避免了 T-H 方程中存在的奇异现象。文献[64]和文献[65]提出了 Lane 线性相对运动模型,基于几何方法得到了曲线坐标系下相对位置、相对速度的表达式,并引入了相对位置、相对速度和卫星轨道根数之间的灵敏度矩阵,可用于椭圆参考轨道下的卫星编队运动分析与设计。文献[66]和文献[67]以 T-H 方程为基础,建立了以真近点角为自变量的相对运动模型,通过优化消除了真近点角为 π 的整数倍时存在的奇异性问题,提高了计算的稳定性。限于篇幅,不再详细介绍这些模型,有兴趣的读者可以阅读相关文献。

10.2.3　考虑 J_2 摄动的卫星相对运动模型

　　地球赤道半径约为 6378km,极半径约为 6357km,地球的实际形状更接近椭球体。这样,实际地球引力可以看作中心引力、椭球体引力摄动以及更高阶引力摄动之和。所谓 J_2 项是指地球引力球谐展开的二阶带谐项,相对于其他阶次的引力摄动而言,J_2 项摄动是最主要的,它反映了地球椭球体相对于标准球体而产生的引力摄动。其中,球谐级数展开的具体形式见 2.2.2 节。重力卫星运行轨道较低,一般在 500km 以下,在这一高度范围内,J_2 项摄动是卫星编队运动的主要摄动因素,下面建立 J_2 摄动下的卫星编队动力学模型。此外,另一个对卫星编队运动具有重要影响的摄动因素是大气阻力,将在 10.2.4 节中介绍。

　　在摄动分析中,可以将摄动因素对卫星轨道根数的影响分为长期项、长周期项和短周期项。其中,长期项将会累积,使轨道根数随时间逐渐增加或逐渐降低,可能导致编队构形发散。周期性项则不会累积,使轨道根数在其标称值附近周期性地振荡,不会导致编队构形发散。J_2 项摄动中不含有长周期项,其长期项对卫星 6 个轨道根数的影响为

$$\dot a=0,\quad \dot e=0,\quad \dot i=0$$

$$\dot\Omega=-\frac{3J_2R_e^2}{2p^2}n\cos i$$

$$\dot\omega=\frac{3J_2R_e^2}{2p^2}n\left(2-\frac{5}{2}\sin^2 i\right) \tag{10-2-53}$$

$$\dot M=n+\frac{3J_2R_e^2}{2p^2}n\left(1-\frac{3}{2}\sin^2 i\right)\sqrt{1-e^2}$$

其中，$J_2 = 1082.63 \times 10^{-6}$；$R_e$ 为地球平均半径；n 为平均轨道角速度；$p = a(1 - e^2)$ 为轨道半通径。由以上公式可知，J_2 项不会引起轨道半长轴 a、偏心率 e 和倾角 i 的长期变化，但是会引起升交点赤经 Ω、近地点角距 ω 和平近点角 M 的长期变化，进而引起卫星编队构形的变化。式(10-2-5)严格描述了环绕星相对参考星的运动，如果考虑 J_2 项摄动，同时忽略其他摄动力的影响，那么将该方程右端的 Δf 项改为 J_2 项引起的两星摄动加速度差 ∇F_{J2}，即[68,69]

$$\ddot{\boldsymbol{r}} + 2\boldsymbol{\omega} \times \dot{\boldsymbol{r}} + \boldsymbol{\omega} \times (\boldsymbol{\omega} \times \boldsymbol{r}) + \dot{\boldsymbol{\omega}} \times \boldsymbol{r} = \frac{\mu}{r_m^3}\left[\boldsymbol{r}_m - \left(\frac{r_m}{r_s}\right)^3 \boldsymbol{r}_s\right] + \nabla F_{J_2} = -\frac{\mu}{r_m^3}\begin{bmatrix} -2x \\ y \\ z \end{bmatrix} + \nabla F_{J_2}$$

$$(10\text{-}2\text{-}54)$$

$$\nabla F_{J_2} = G\begin{bmatrix} 1 - 3\sin^2 i_m \sin^2 \theta_m & \sin^2 i_m \sin 2\theta_m & \sin 2i_m \sin \theta_m \\ \sin^2 i_m \sin 2\theta_m & -\frac{1}{4} + \sin^2 i_m\left(\frac{7}{4}\sin^2 \theta_m - \frac{1}{2}\right) & -\frac{1}{4}\sin 2i_m \cos \theta_m \\ \sin 2i_m \sin \theta_m & -\frac{1}{4}\sin 2i_m \cos \theta_m & -\frac{3}{4} + \sin^2 i_m\left(\frac{5}{4}\sin^2 \theta_m + \frac{1}{2}\right) \end{bmatrix}\begin{bmatrix} x \\ y \\ z \end{bmatrix}$$

$$(10\text{-}2\text{-}55)$$

已知 $G = 6n^2 J_2 (\bar{a}_m / r_m)^3$，$\theta_m = \omega_m + f_m$ 为参考星的纬度辐角，等于近地点角距和真近点角之和，$(x, y, z)^T$ 是环绕星在参考星轨道坐标系中的位置矢量，下标 m 表示参考星的参数。$\bar{a}_m$ 为参考星平均轨道半长轴，轨道角速度 n 是基于 $\bar{a}_m$ 计算得到的，r_m 是参考星圆轨道的平均半径。

这里认为参考星的平均轨道是圆轨道，但是在 J_2 项中的短周期项影响下，式(10-2-55)中的参考星轨道根数会产生周期性振荡，具体形式为[67,70]

$$r_m = \bar{a}_m\left\{1 + J\left[\frac{3}{4}(1 - 3\cos^2 \bar{i}_m) + \frac{1}{4}\sin^2 \bar{i}_m \cos 2\bar{\theta}_m\right]\right\} \qquad (10\text{-}2\text{-}56)$$

$$\theta_m = \bar{\theta}_m(0) + \dot{\bar{\theta}}_m t + \frac{1}{8}J(1 - 7\cos^2 \bar{i}_m)\sin 2\bar{\theta}_m \qquad (10\text{-}2\text{-}57)$$

$$i_m = \bar{i}_m + \frac{3}{8}J\sin 2\bar{i}_m \cos 2\bar{\theta}_m \qquad (10\text{-}2\text{-}58)$$

$$\Omega_m = \bar{\Omega}_m(0) + \dot{\bar{\Omega}}_m t + \frac{3}{4}J\cos \bar{i}_m \sin 2\bar{\theta}_m \qquad (10\text{-}2\text{-}59)$$

$$\bar{\theta}_m = \bar{\theta}_m(0) + \dot{\bar{\theta}}_m t, \quad J = J_2\left(\frac{R_e}{\bar{a}_m}\right)^2 \qquad (10\text{-}2\text{-}60)$$

$$\dot{\bar{\theta}}_m = n\left[1 - \frac{3}{2}J(1 - 4\cos^2 \bar{i}_m)\right] \qquad (10\text{-}2\text{-}61)$$

$$\dot{\bar{\Omega}}_m = -\frac{3}{2}Jn\cos \bar{i}_m \qquad (10\text{-}2\text{-}62)$$

在式(10-2-54)中，参考星轨道坐标系相对于地心惯性系的旋转角速度为

$$\boldsymbol{\omega} = \begin{bmatrix} \dot{\Omega}_m \sin i_m \sin\theta_m + \dot{i}_m \cos\theta_m \\ \dot{\Omega}_m \sin i_m \cos\theta_m - \dot{i}_m \sin\theta_m \\ \dot{\Omega}_m \cos i_m + \dot{\theta}_m \end{bmatrix} \tag{10-2-63}$$

近似认为 $\dot{\Omega}_m = \bar{\dot{\Omega}}_m, \dot{\theta}_m = \bar{\dot{\theta}}_m, \dot{i}_m = 0$，得

$$\boldsymbol{\omega} = \begin{bmatrix} \omega_x \\ \omega_y \\ \omega_z \end{bmatrix} = \begin{bmatrix} \bar{\dot{\Omega}}_m \sin i_m \sin\theta_m \\ \bar{\dot{\Omega}}_m \sin i_m \cos\theta_m \\ \bar{\dot{\Omega}}_m \cos i_m + \dot{\theta}_m \end{bmatrix} \tag{10-2-64}$$

将式(10-2-55)和式(10-2-64)代入式(10-2-54)中，整理得到在圆参考轨道下考虑 J_2 项摄动的相对运动方程为

$$\frac{d}{dt} \begin{bmatrix} x \\ y \\ z \\ \dot{x} \\ \dot{y} \\ \dot{z} \end{bmatrix} = \begin{bmatrix} 0 & 0 & 0 & 1 & 0 & 0 \\ 0 & 0 & 0 & 0 & 1 & 0 \\ 0 & 0 & 0 & 0 & 0 & 1 \\ a_{41} & a_{42} & a_{43} & 0 & 2\omega_z & 0 \\ a_{51} & a_{52} & a_{53} & -2\omega_z & 0 & 2\omega_x \\ a_{61} & a_{62} & a_{63} & 0 & -2\omega_x & 0 \end{bmatrix} \begin{bmatrix} x \\ y \\ z \\ \dot{x} \\ \dot{y} \\ \dot{z} \end{bmatrix} \tag{10-2-65}$$

其中

$$a_{41} = \omega_z^2 + 2\frac{\mu}{r_m^3} + G(1 - 3\sin^2 \bar{i}_m \sin^2 \bar{\theta}_m) \tag{10-2-66}$$

$$a_{42} = \dot{\omega}_z + G\sin^2 \bar{i}_m \sin 2\bar{\theta}_m \tag{10-2-67}$$

$$a_{43} = -\omega_x \omega_z + G\sin 2\bar{i}_m \sin \bar{\theta}_m \tag{10-2-68}$$

$$a_{51} = -\dot{\omega}_z + G\sin^2 \bar{i}_m \sin 2\bar{\theta}_m \tag{10-2-69}$$

$$a_{52} = \omega_x^2 + \omega_z^2 - \frac{\mu}{r_m^3} + G\left[-\frac{1}{4} + \sin^2 \bar{i}_m \left(\frac{7}{4}\sin^2 \bar{\theta}_m - \frac{1}{2} \right) \right] \tag{10-2-70}$$

$$a_{53} = \dot{\omega}_x - \frac{1}{4}G\sin 2\bar{i}_m \cos \bar{\theta}_m \tag{10-2-71}$$

$$a_{61} = -\omega_x \omega_z + G\sin 2\bar{i}_m \sin \bar{\theta}_m \tag{10-2-72}$$

$$a_{62} = -\dot{\omega}_x - \frac{1}{4}G\sin 2\bar{i}_m \cos \bar{\theta}_m \tag{10-2-73}$$

$$a_{63} = \omega_x^2 - \frac{\mu}{r_m^3} + G\left[-\frac{3}{4} + \sin^2 \bar{i}_m \left(\frac{5}{4}\sin^2 \bar{\theta}_m + \frac{1}{2} \right) \right] \tag{10-2-74}$$

此外，对于圆参考轨道下的、考虑 J_2 项摄动的相对运动，不同学者给出了不同类型的动力学模型，如 Pluym-Damarent 模型、Schweighart 模型、Yamamoto 模型等，这些模型的推导过程及其形式可参考文献[71]～文献[73]。

下面在椭圆参考轨道下，给出考虑 J_2 项摄动时的卫星相对运动模型。文献[74]

给出环绕星在参考星轨道坐标系中相对位置与两星轨道根数差之间的关系,具体为

$$x(f)=\frac{r}{a}\delta a-a\cos f\delta e+\frac{ae\sin f}{\eta}\delta M \tag{10-2-75}$$

$$y(f)=\frac{r\sin f(2+e\cos f)}{\eta^2}\delta e+r\cos i\delta\Omega+r\delta\omega+\frac{r(1+e\cos f)^2}{\eta^3}\delta M \tag{10-2-76}$$

$$z(f)=r\sin(\omega+f)\delta i-r\sin i\cos(\omega+f)\delta\Omega \tag{10-2-77}$$

其中,a、e、i、Ω、ω、M、f 分别为参考星的轨道半长轴、偏心率、倾角、升交点赤经、近地点角距、平近点角和真近点角;轨道根数前面增加 δ 表示的是环绕星相对参考星的轨道根数差;$r=a(1-e^2)/(1+e\cos f)$ 是参考星地心距离;$\eta=\sqrt{1-e^2}$。在参考星轨道坐标系中,坐标原点位于参考星的质心,x 轴沿卫星地心矢量方向,z 轴沿卫星角动量方向,与轨道面垂直,x、y、z 构成右手直角坐标系。

在 J_2 项摄动作用下,式(10-2-75)～式(10-2-77)中的轨道根数差会产生变化,包括长期项和短周期项。忽略短周期项的影响,用 $(\bar{a},\bar{e},\bar{i},\bar{\Omega},\bar{\omega},\bar{M})$ 表示参考星的平均轨道根数,即消除周期项影响后的轨道根数。由于 J_2 项只会引起升交点赤经、近地点角距和平近点角的变化,即 $(\bar{a},\bar{e},\bar{i})$ 不随时间变化,$(\bar{\Omega},\bar{\omega},\bar{M})$ 却会随时间变化。这样,两星平均轨道根数之差 $(\delta\bar{a},\delta\bar{e},\delta\bar{i})$ 也不随时间变化,而 $(\delta\bar{\Omega},\delta\bar{\omega},\delta\bar{M})$ 会随时间变化,其变化率为

$$\delta\dot{\bar{\Omega}}=\frac{\partial\dot{\bar{\Omega}}}{\partial\bar{a}}\delta\bar{a}+\frac{\partial\dot{\bar{\Omega}}}{\partial\bar{e}}\delta\bar{e}+\frac{\partial\dot{\bar{\Omega}}}{\partial\bar{i}}\delta\bar{i}$$

$$\delta\dot{\bar{\omega}}=\frac{\partial\dot{\bar{\omega}}}{\partial\bar{a}}\delta\bar{a}+\frac{\partial\dot{\bar{\omega}}}{\partial\bar{e}}\delta\bar{e}+\frac{\partial\dot{\bar{\omega}}}{\partial\bar{i}}\delta\bar{i} \tag{10-2-78}$$

$$\delta\dot{\bar{M}}=\frac{\partial\dot{\bar{M}}}{\partial\bar{a}}\delta\bar{a}+\frac{\partial\dot{\bar{M}}}{\partial\bar{e}}\delta\bar{e}+\frac{\partial\dot{\bar{M}}}{\partial\bar{i}}\delta\bar{i}$$

其中

$$\frac{\partial\dot{\bar{\Omega}}}{\partial\bar{a}}=\frac{21}{\bar{a}}C\cos\bar{i},\quad \frac{\partial\dot{\bar{\Omega}}}{\partial\bar{e}}=\frac{24\bar{e}}{\bar{\eta}^2}C\cos\bar{i},\quad \frac{\partial\dot{\bar{\Omega}}}{\partial\bar{i}}=6C\sin\bar{i}$$

$$\frac{\partial\dot{\bar{\omega}}}{\partial\bar{a}}=-\frac{21}{2\bar{a}}C(5\cos^2\bar{i}-1),\quad \frac{\partial\dot{\bar{\omega}}}{\partial\bar{e}}=\frac{12\bar{e}}{\bar{\eta}^2}C(5\cos^2\bar{i}-1)$$

$$\frac{\partial\dot{\bar{\omega}}}{\partial\bar{i}}=-15C\sin(2\bar{i}),\quad \frac{\partial\dot{\bar{M}}}{\partial\bar{a}}=-\frac{3\bar{n}}{2\bar{a}}-\frac{\bar{\eta}}{4\bar{a}}C[63\cos(2\bar{i})-21] \tag{10-2-79}$$

$$\frac{\partial\dot{\bar{M}}}{\partial\bar{e}}=\frac{9\bar{e}}{\bar{\eta}}C(3\cos^2\bar{i}-1),\quad \frac{\partial\dot{\bar{M}}}{\partial\bar{i}}=-9\bar{\eta}C\sin(2\bar{i})$$

$$C=\frac{J_2\bar{n}R_{\mathrm{e}}^2}{4\bar{a}^2(1-\bar{e}^2)^2}$$

由此得到环绕星相对参考星的轨道根数差随时间的变化为

$$\delta a(t) = \delta a_0, \quad \delta e(t) = \delta e_0, \quad \delta i(t) = \delta i_0$$

$$\delta \Omega(t) = \delta \Omega_0 + t \cdot \delta \dot{\overline{\Omega}}, \quad \delta \omega(t) = \delta \omega_0 + t \cdot \delta \dot{\overline{\omega}}, \quad \delta M(t) = \delta M_0 + t \cdot \delta \dot{\overline{M}}$$

$$(10\text{-}2\text{-}80)$$

其中，δa_0、δe_0、δi_0、$\delta \Omega_0$、$\delta \omega_0$、δM_0 是初始时刻两星的平均轨道根数差；t 是自初始时刻起算的时间。式(10-2-80)给出了在 J_2 项作用下两星轨道根数差随时间的变化。参考星轨道根数也是随时间变化的，可以表示为

$$a(t) = a_0, \quad e(t) = e_0, \quad i(t) = i_0$$

$$\Omega(t) = \Omega_0 + t \cdot \dot{\overline{\Omega}}, \quad \omega(t) = \omega_0 + t \cdot \dot{\overline{\omega}}, \quad M(t) = M_0 + t \cdot \dot{\overline{M}}$$

$$(10\text{-}2\text{-}81)$$

将式(10-2-80)和式(10-2-81)代入式(10-2-75)~式(10-2-77)，得到

$$x(f) = \frac{r(f)}{a_0} \delta a_0 - a_0 \delta e_0 \cos f + \frac{a_0 e_0 \sin f}{\eta_0} (\delta M_0 + t \delta \dot{\overline{M}}) \qquad (10\text{-}2\text{-}82)$$

$$y(f) = \frac{r(f) \sin f (2 + e_0 \cos f)}{\eta_0^2} \delta e_0 + r(f) \cos i_0 (\delta \Omega_0 + t \delta \dot{\overline{\Omega}})$$

$$+ r(f)(\delta \omega_0 + t \delta \dot{\overline{\omega}}) + \frac{r(f)(1 + e_0 \cos f)^2}{\eta_0^3} (\delta M_0 + t \delta \dot{\overline{M}}) \qquad (10\text{-}2\text{-}83)$$

$$z(f) = r(f) \sin(\omega_0 + \dot{\overline{\omega}} t + f) \delta i_0 - r(f) \sin i_0 \cos(\omega_0 + \dot{\overline{\omega}} t + f)(\delta \Omega_0 + t \delta \dot{\overline{\Omega}})$$

$$(10\text{-}2\text{-}84)$$

对时间求导，得到环绕星相对参考星的速度为

$$\dot{x}(f) = \frac{\dot{r}(f)}{a_0} \delta a_0 + \frac{a_0 e_0 \dot{f} \cos f}{\eta_0} (\delta M_0 + t \delta \dot{\overline{M}}) + \frac{a_0 e_0 \sin f}{\eta_0} \delta \dot{\overline{M}} + a_0 \delta e_0 \dot{f} \sin f$$

$$(10\text{-}2\text{-}85)$$

$$\dot{y}(f) = \frac{\delta e_0}{\eta_0^2} \big[\dot{r} \sin f (2 + e_0 \cos f) + r \dot{f} \cos f (2 + e_0 \cos f) - r e_0 \dot{f} \sin^2 f \big]$$

$$+ \dot{r} \cos i_0 (\delta \Omega_0 + t \delta \dot{\overline{\Omega}}) + r \delta \dot{\overline{\Omega}} \cos i_0 + \dot{r}(\delta \omega_0 + t \delta \dot{\overline{\omega}}) + r \delta \dot{\overline{\omega}}$$

$$+ \frac{1}{\eta_0^3} \begin{bmatrix} \dot{r}(1 + e_0 \cos f)^2 (\delta M_0 + t \delta \dot{\overline{M}}) \\ -2 r \dot{f} e_0 \sin f (1 + e_0 \cos f)(\delta M_0 + t \delta \dot{\overline{M}}) \\ + r(1 + e_0 \cos f)^2 \delta \dot{\overline{M}} \end{bmatrix} \qquad (10\text{-}2\text{-}86)$$

$$\dot{z}(f) = \dot{r} \sin(\omega_0 + \dot{\overline{\omega}} t + f) \delta i_0 + r(\dot{\overline{\omega}} + \dot{f}) \cos(\omega_0 + \dot{\overline{\omega}} t + f) \delta i_0$$

$$- \dot{r} \sin i_0 \cos(\omega_0 + \dot{\overline{\omega}} t + f)(\delta \Omega_0 + t \delta \dot{\overline{\Omega}})$$

$$+ r(\dot{\overline{\omega}} + \dot{f}) \sin i_0 \sin(\omega_0 + \dot{\overline{\omega}} t + f)(\delta \Omega_0 + t \delta \dot{\overline{\Omega}})$$

$$- r \delta \dot{\overline{\Omega}} \sin i_0 \cos(\omega_0 + \dot{\overline{\omega}} t + f) \qquad (10\text{-}2\text{-}87)$$

其中

$$\dot{r}=\frac{a_0 e_0 \sin f}{\eta}\dot{M}, \quad \dot{f}=\frac{(1+e_0\cos f)^2}{\eta^3}\dot{M} \tag{10-2-88}$$

式(10-2-82)～式(10-2-88)即为考虑 J_2 项摄动的、椭圆参考轨道下环绕星相对参考星的运动方程。

此外,针对考虑 J_2 项摄动的椭圆参考轨道下的相对运动,很多学者建立了不同的分析模型,如 Kechichian 模型和 Vadali 模型[71],文献[2]、文献[57]、文献[75]～文献[78]也分别建立了各自的椭圆参考轨道下的相对运动模型,感兴趣的读者可以阅读这些文献。

10.2.4　考虑大气阻力摄动的卫星相对运动模型

除 J_2 项摄动外,大气阻力是低轨卫星编队飞行的另一个重要摄动力。大气阻力是耗散力,会消耗卫星的机械能,表现为使卫星轨道半长轴逐渐降低,也就是使轨道周期逐渐减小。如果大气阻力使编队中不同卫星轨道半长轴降低的速度差异较大,则有可能导致这些卫星的轨道周期差异变大,从而引起编队构形发散。

文献[79]在 C-W 方程的基础上,考虑了 J_2 项摄动,建立了相对运动的线性微分方程。文献[80]在文献[79]的基础上进一步考虑了大气阻力摄动,得到了线性化的相对运动方程,并使方程适用范围从圆参考轨道扩展到小偏心率椭圆参考轨道。

文献[79]在参考星轨道坐标系中给出环绕星的相对运动方程为

$$\ddot{x}-2nc\dot{y}-(5c^2-2)n^2 x=-3n^2 J_2\left(\frac{R_e^2}{r_m}\right)\left[\frac{1}{2}-\frac{3\sin^2 i_m\sin^2(kt)}{2}-\frac{1+3\cos 2i_m}{8}\right]$$

$$\ddot{y}+2nc\dot{x}=-3n^2 J_2\left(\frac{R_e^2}{r_m}\right)\sin^2 i_m\sin(kt)\cos(kt)$$

$$\ddot{z}+q^2 z=2lq\cos(qt+\varphi)$$

$$\tag{10-2-89}$$

其中,(x,y,z) 是在参考星轨道坐标系中表示的环绕星相对位置;R_e 是地球平均半径;下标 m 表示参考星轨道参数;r_m 是参考星地心距;i_m 是参考星倾角;n 是参考星轨道角速度;t 为时间变量;φ 是轨道面法向运动的初始相位;k、c 定义如下:

$$c=\sqrt{1+s}$$

$$s=\frac{3}{8}J_2\left(\frac{R_e}{r_m}\right)^2(1+3\cos 2i_m) \tag{10-2-90}$$

$$k=nc+\frac{3}{2}nJ_2\left(\frac{R_e}{r_m}\right)^2\cos^2 i_m$$

q、l 的确定过程如下:

$$i_{sat1}=i_{sat2}+\frac{\Delta\dot{z}_0}{kr_m},\quad \Delta\Omega_0=\frac{\Delta z_0}{r_m\sin i_m}$$

$$\gamma_0=\mathrm{arccot}\left(\frac{\cot i_{sat2}\sin i_{sat1}-\cos i_{sat1}\cos\Delta\Omega_0}{\sin\Delta\Omega_0}\right)$$

$$\Phi_0=\arccos(\cos i_{sat1}\cos i_{sat2}+\sin i_{sat1}\sin i_{sat2}\cos\Delta\Omega_0)$$

(10-2-91)

$$\dot{\Omega}_{sat1}=-\frac{3}{2}nJ_2\left(\frac{R_e}{r_m}\right)^2\cos i_{sat1},\quad \dot{\Omega}_{sat2}=-\frac{3}{2}nJ_2\left(\frac{R_e}{r_m}\right)^2\cos i_{sat2}$$

$$q=nc-(\cos\gamma_0\sin\gamma_0\cot\Delta\Omega_0-\sin^2\gamma_0\cos i_{sat1})(\dot{\Omega}_{sat1}-\dot{\Omega}_{sat2})-\dot{\Omega}_{sat1}\cos i_{sat1}$$

$$l=-r_m\frac{\sin i_{sat1}\sin i_{sat2}\sin\Delta\Omega_0}{\sin\Phi_0}(\dot{\Omega}_{sat1}-\dot{\Omega}_{sat2})$$

下标 sat2 是参考星的初始参数,选择为参考星处于圆轨道上的瞬时状态参数;sat1 是环绕星的初始参数。为了避免编队构形发散,要求环绕星初始位置和初始速度满足:

$$\dot{x}_0=\frac{y_0n(1-s)}{2\sqrt{1+s}},\quad \dot{y}_0=-2x_0n\sqrt{1+s}+\frac{3}{4}\frac{n^2}{k}J_2\frac{R_e^2}{r_m^2}\sin^2 i_m \quad (10\text{-}2\text{-}92)$$

考虑到式(10-2-91)中的卫星轨道根数在 J_2 摄动作用下会发生变化,文献[79]给出了参考星轨道根数随时间的变化:

$$i_m(t)=i_{m0}-\frac{3}{2}\frac{n}{k}J_2\left(\frac{R_e}{r_{m0}}\right)^2\cos i_{m0}\sin i_{m0}\sin^2(kt)$$

(10-2-93)

$$\Omega_m(t)=\Omega_{m0}-\left(\frac{3nJ_2R_e^2}{2r_{m0}^2}\cos i_{m0}\right)t,\quad \theta(t)=kt$$

其中,下标 0 表示初始时刻的参数。在式(10-2-89)中增加大气阻力摄动加速度项,得到

$$\ddot{x}-2nc\dot{y}-(5c^2-2)n^2x=-3n^2J_2\left(\frac{R_e^2}{r_{m0}}\right)$$

$$\times\left[\frac{1}{2}-\frac{3\sin^2 i_{m0}\sin^2(kt)}{2}-\frac{1+3\cos 2i_{m0}}{8}\right]+f_{drag,x}$$

$$\ddot{y}+2nc\dot{x}=-3n^2J_2\left(\frac{R_e^2}{r_{m0}}\right)\sin^2 i_{m0}\sin(kt)\cos(kt)+f_{drag,y}$$

$$\ddot{z}+q^2z=2lq\cos(qt+\varphi)+f_{drag,z}$$

(10-2-94)

其中,轨道角速度为 $n=\sqrt{\mu/r_{m0}^3}$;大气阻力摄动加速度的表达式为

$$\boldsymbol{f}_{drag}=-\frac{1}{2}\frac{C_DA}{m}\rho\,|\,\boldsymbol{v}_{srel}\,|\,\boldsymbol{v}_{srel} \quad (10\text{-}2\text{-}95)$$

其中,C_D 为阻力系数;A 为卫星迎风面积;m 为卫星质量;ρ 为卫星所在位置的大气密度;$\boldsymbol{v}_{srel}=\boldsymbol{v}_s-\boldsymbol{\omega}_e\times\boldsymbol{r}_s$ 为卫星相对大气的运动速度,$\boldsymbol{r}_s$、$\boldsymbol{v}_s$ 分别是卫星在地心惯性系中的位置和速度,$\boldsymbol{\omega}_e$ 是地球旋转角速度。$\boldsymbol{v}_{srel}$ 可以用参考星轨道坐标系中的位

置和速度表示:

$$\boldsymbol{v}_{\mathrm{srel}} = \begin{bmatrix} \dot{x} + \dot{r}_{\mathrm{m}} - y(\dot{\theta} - \omega_{\mathrm{e}}\cos i) - z\omega_{\mathrm{e}}\cos\theta\sin i \\ \dot{y} + (r_{\mathrm{m}} + x)(\dot{\theta} - \omega_{\mathrm{e}}\cos i) + z\omega_{\mathrm{e}}\sin\theta\sin i \\ \dot{z} + (r_{\mathrm{m}} + x)\omega_{\mathrm{e}}\cos\theta\sin i - y\omega_{\mathrm{e}}\sin\theta\sin i \end{bmatrix} \qquad (10\text{-}2\text{-}96)$$

对上述方程进行无量纲化处理。定义无量纲的时间为

$$\tau = n_0 t = \sqrt{\frac{\mu}{r_{\mathrm{m}0}^3}}\, t \qquad (10\text{-}2\text{-}97)$$

选取相对运动尺寸 D 为特征长度,定义无量纲化的相对位置为

$$\hat{x} = \frac{x}{D}, \quad \hat{y} = \frac{y}{D}, \quad \hat{z} = \frac{z}{D} \qquad (10\text{-}2\text{-}98)$$

无量纲和有量纲参数对时间导数的关系为

$$\dot{x} = \frac{\mathrm{d}x}{\mathrm{d}t} = n_0 \frac{\mathrm{d}x}{\mathrm{d}(n_0 t)} = n_0 \frac{\mathrm{d}x}{\mathrm{d}\tau} = n_0 D \frac{\mathrm{d}\hat{x}}{\mathrm{d}\tau} = D n_0 \hat{x}' \qquad (10\text{-}2\text{-}99)$$

根据无量纲参数定义及其导数关系,将式(10-2-94)表示为无量纲形式:

$$\hat{x}'' - 2\hat{n}c\hat{y}' - (5c^2 - 2)\hat{n}^2\hat{x} = -3\hat{n}^2 J_2 \frac{R_{\mathrm{e}}^2}{\hat{r}_{\mathrm{m}} D^2}$$

$$\times \left[\frac{1}{2} - \frac{3}{2}\sin^2 i_{\mathrm{m}}\sin^2(\hat{k}\tau) - \frac{1 + 3\cos 2i_{\mathrm{m}}}{8} \right] + \frac{f_{\mathrm{drag},x}}{n_0^2 d}$$

$$\hat{y}'' + 2\hat{n}c\hat{x}' = -3\hat{n}^2 J_2 \frac{R_{\mathrm{e}}^2}{\hat{r}_{\mathrm{m}} D^2}\sin^2 i_{\mathrm{m}}\sin(\hat{k}\tau)\cos(\hat{k}\tau) + \frac{f_{\mathrm{drag},y}}{n_0^2 d}$$

$$\hat{z}'' + \hat{q}^2\hat{z} = 2\frac{l}{n_0 d}\hat{q}\cos(\hat{q}\tau + \varphi) + \frac{f_{\mathrm{drag},z}}{n_0^2 d}$$

$$(10\text{-}2\text{-}100)$$

其中

$$\hat{n} = \frac{n}{n_0}, \quad \hat{k} = \frac{k}{n_0}, \quad \hat{q} = \frac{q}{n_0}, \quad \hat{r}_{\mathrm{m}} = \frac{r_{\mathrm{m}}}{D} \qquad (10\text{-}2\text{-}101)$$

无量纲的大气阻力摄动加速度为

$$\hat{\boldsymbol{f}}_{\mathrm{drag}} = \frac{\boldsymbol{f}_{\mathrm{drag}}}{n_0^2 d} = -\frac{1}{2}\frac{1}{\beta\hat{r}_{\mathrm{m}}}\,|\,\hat{\boldsymbol{v}}_{\mathrm{srel}}\,|\,\hat{\boldsymbol{v}}_{\mathrm{srel}} \qquad (10\text{-}2\text{-}102)$$

其中

$$\beta = \left(\rho\frac{C_{\mathrm{D}}A}{m}r_{\mathrm{m}} \right)^{-1} \qquad (10\text{-}2\text{-}103)$$

$$\hat{\boldsymbol{v}}_{\mathrm{srel}} = \begin{bmatrix} \hat{x}' - \hat{y}(\hat{n}c - \hat{\omega}_{\mathrm{e}}\cos i) - \hat{z}\hat{\omega}_{\mathrm{e}}\cos\theta\sin i \\ \hat{y}' + (\hat{r}_{\mathrm{m}} + \hat{x})(\hat{n}c - \hat{\omega}_{\mathrm{e}}\cos i) + \hat{z}\hat{\omega}_{\mathrm{e}}\sin\theta\sin i \\ \hat{z}' + (\hat{r}_{\mathrm{m}} + \hat{x})\hat{\omega}_{\mathrm{e}}\cos\theta\sin i - \hat{y}\hat{\omega}_{\mathrm{e}}\sin\theta\sin i \end{bmatrix} \qquad (10\text{-}2\text{-}104)$$

其中,$\hat{\omega}_{\mathrm{e}} = \dfrac{\omega_{\mathrm{e}}}{n_0}$;$\theta = \omega + f$ 为纬度辐角;β 可以看作无量纲的弹道系数。根据文献[80]

可知,线性化的无量纲大气阻力摄动加速度 $\hat{\boldsymbol{f}}_{\text{drag}}$ 为

$$\hat{\boldsymbol{f}}_{\text{drag}} \approx -\frac{1}{2}\frac{\hat{\sigma}}{\beta \hat{r}_{\text{m}}}\begin{bmatrix} \hat{x}' - \hat{y}\hat{\sigma} - \hat{z}\hat{\zeta}\cos\theta \\ \hat{r}_{\text{m}}\hat{\sigma} + 2(\hat{y}' + \hat{x}\hat{\sigma} + \hat{z}\hat{\zeta}\sin\theta) \\ \hat{r}_{\text{m}}\hat{\zeta}\cos\theta + \hat{z}' + \hat{x}\hat{\zeta}\cos\theta - \hat{y}\hat{\zeta}\sin\theta \end{bmatrix} \tag{10-2-105}$$

$$\hat{\zeta} = \hat{\omega}_{\text{e}}\sin i, \quad \hat{\sigma} = \hat{n}c - \hat{\omega}_{\text{e}}\cos i$$

用下标 m 表示参考星,下标 s 表示环绕星,两星受到的大气阻力差为

$$\Delta \hat{\boldsymbol{f}}_{\text{drag}} = \hat{\boldsymbol{f}}_{\text{drag,s}} - \hat{\boldsymbol{f}}_{\text{drag,m}} \tag{10-2-106}$$

编队中的两个卫星轨道半长轴相同,相对距离很近,它们所处位置的大气阻力近似相同,并假设它们具有相同的质量和迎风面积,从而认为两星的无量纲弹道系数近似相等,均表示为 β。由式(10-2-105)和式(10-2-106)可以得到环绕星和参考星大气阻力之差的具体形式,然后代入式(10-2-100),整理得到同时考虑大气阻力摄动和 J_2 项摄动的、线性化的相对运动方程为

$$\boldsymbol{M}\hat{\boldsymbol{x}}'' + \boldsymbol{C}\hat{\boldsymbol{x}}' + \boldsymbol{K}\hat{\boldsymbol{x}} = \boldsymbol{F} \tag{10-2-107}$$

其中,$\boldsymbol{M}$ 为惯量矩阵;$\boldsymbol{C}$ 为阻尼矩阵;$\boldsymbol{K}$ 为刚度矩阵;$\boldsymbol{F}$ 为广义力矩阵。它们的表达式为

$$\boldsymbol{K} = \begin{bmatrix} -(5c^2 - 2)\hat{n}^2 & -\dfrac{\hat{\sigma}^2}{2\beta} & -\dfrac{\hat{\sigma}\hat{\zeta}\cos\theta}{2\beta} \\ \dfrac{\hat{\sigma}^2}{\beta} & 0 & \dfrac{\hat{\sigma}\hat{\zeta}\sin\theta}{\beta} \\ \dfrac{\hat{\sigma}\hat{\zeta}\cos\theta}{2\beta} & -\dfrac{\hat{\sigma}\hat{\zeta}\sin\theta}{2\beta} & \hat{q}^2 \end{bmatrix}, \quad \boldsymbol{F} = \begin{bmatrix} 0 \\ 0 \\ \dfrac{2\hat{q}l\cos(\hat{q}\tau + \varphi)}{n_0 d} \end{bmatrix} \tag{10-2-108}$$

$$\boldsymbol{M} = \begin{bmatrix} 1 & 0 & 0 \\ 0 & 1 & 0 \\ 0 & 0 & 1 \end{bmatrix}, \quad \boldsymbol{C} = \begin{bmatrix} \dfrac{\hat{\sigma}^2}{2\beta} & -2\hat{n}c & 0 \\ 2\hat{n}c & \dfrac{\hat{\sigma}}{\beta} & 0 \\ 0 & 0 & \dfrac{\hat{\sigma}}{2\beta} \end{bmatrix} \tag{10-2-109}$$

式(10-2-107)适用于圆参考轨道,下面通过变换使其适用于小偏心率椭圆参考轨道。在椭圆参考轨道下,大气阻力摄动加速度可以近似表示为

$$\boldsymbol{f}_{\text{drag}} \approx \frac{1}{2}\rho\frac{C_{\text{D}}A}{m}(an)^2\begin{bmatrix} e\sin f \\ 1 + 2e\cos f - 2\hat{\omega}_{\text{e}}\cos i \\ \hat{\omega}_{\text{e}}\cos\theta\sin i \end{bmatrix} \tag{10-2-110}$$

考虑参考轨道在大气阻力摄动和 J_2 摄动下的长期变化,即参考轨道的平均轨道根数满足如下关系:

$$\frac{\mathrm{d}\bar{a}}{\mathrm{d}t}=-\frac{1}{\beta}\bar{a}n(1-2\hat{\omega}_{\mathrm{e}}\cos\bar{i}),\quad \frac{\mathrm{d}\bar{i}}{\mathrm{d}t}=-\frac{1}{4\beta}n\hat{\omega}_{\mathrm{e}}\sin\bar{i}$$

$$\frac{\mathrm{d}\bar{\Omega}}{\mathrm{d}t}=-\frac{3}{2}J_{2}n\left(\frac{R_{\mathrm{e}}}{\bar{a}}\right)^{2}\cos\bar{i},\quad \frac{\mathrm{d}\bar{e}}{\mathrm{d}t}=-\frac{1}{2\beta}\bar{e}n$$

$$\frac{\mathrm{d}\bar{\omega}}{\mathrm{d}t}=\frac{3}{4}J_{2}n\left(\frac{R_{\mathrm{e}}}{\bar{a}}\right)^{2}(5\cos^{2}\bar{i}-1),\quad \frac{\mathrm{d}\bar{M}}{\mathrm{d}t}=n+\frac{3}{4}J_{2}n\left(\frac{R_{\mathrm{e}}}{\bar{a}}\right)^{2}(3\cos^{2}\bar{i}-1)$$

$$(10\text{-}2\text{-}111)$$

为了使式(10-2-107)的适用范围扩展到小偏心率椭圆轨道,需要将 J_2 摄动和大气阻力摄动表达式扩展到椭圆轨道。J_2 项产生的摄动加速度 $\Delta\boldsymbol{f}_{J_2}$ 等于其引力梯度 $\nabla\boldsymbol{J}_2(\boldsymbol{r}_{\mathrm{m}})$ 与两星相对位置矢量 $\boldsymbol{x}$ 的乘积,即

$$\Delta\boldsymbol{f}_{J_2}=\nabla\boldsymbol{J}_2(\boldsymbol{r}_{\mathrm{m}})\boldsymbol{x} \tag{10-2-112}$$

将式(10-2-112)在一个椭圆轨道周期内平均,得到

$$\Delta\boldsymbol{f}_{J_2}=\frac{1}{2\pi}\int_{0}^{2\pi}\nabla\boldsymbol{J}_2(\boldsymbol{r}_{\mathrm{m}})\mathrm{d}\theta\cdot\boldsymbol{x}$$

$$\approx n^{2}\begin{bmatrix} 4s & 0 & 4e\tilde{s}\sin\omega \\ 0 & -s & -e\tilde{s}\cos\omega \\ 4e\tilde{s}\sin\omega & -e\tilde{s}\cos\omega & -3s \end{bmatrix}\begin{bmatrix} x \\ y \\ z \end{bmatrix} \tag{10-2-113}$$

其中

$$s=\frac{3}{8}J_{2}\left(\frac{R_{\mathrm{e}}}{a}\right)^{2}(1+3\cos2i),\quad \tilde{s}=\frac{15}{4}J_{2}\left(\frac{R_{\mathrm{e}}}{a}\right)^{2}\sin2i \tag{10-2-114}$$

同样,可以推导得到适用于椭圆参考轨道的两星大气阻力之差为

$$\Delta\boldsymbol{f}_{\mathrm{drag}}=-\frac{1}{2}\left(\frac{1}{\beta_{\mathrm{s}}}-\frac{1}{\beta_{\mathrm{m}}}\right)an^{2}\tilde{\sigma}_{2}\begin{bmatrix} 0 \\ 1 \\ 0 \end{bmatrix}-\frac{n^{2}\tilde{\sigma}_{2}}{2\beta_{\mathrm{s}}}\begin{bmatrix} 0 & -1 & 0 \\ 2 & 0 & 0 \\ 0 & 0 & 0 \end{bmatrix}\begin{bmatrix} x \\ y \\ z \end{bmatrix}$$

$$-\frac{n\tilde{\sigma}_{1}}{2\beta_{\mathrm{s}}}\begin{bmatrix} 1 & 0 & 0 \\ 0 & 2 & 0 \\ 0 & 0 & 1 \end{bmatrix}\begin{bmatrix} \dot{x} \\ \dot{y} \\ \dot{z} \end{bmatrix} \tag{10-2-115}$$

其中,β_{m} 和 β_{s} 分别是参考星和环绕星的无量纲弹道系数

$$\beta_{\mathrm{m}}=\left[\rho_{\mathrm{m}}\left(\frac{C_{\mathrm{D}}A}{m}\right)_{\mathrm{m}}a_{\mathrm{m}}\right]^{-1},\quad \beta_{\mathrm{s}}=\left[\rho_{\mathrm{s}}\left(\frac{C_{\mathrm{D}}A}{m}\right)_{\mathrm{s}}a_{\mathrm{s}}\right]^{-1} \tag{10-2-116}$$

用式(10-2-113)和式(10-2-115)给出的适用于椭圆参考轨道的摄动力,替换原来圆参考轨道下相应的表达式,得到适用于椭圆参考轨道的、同时考虑 J_2 摄动和大气阻力摄动的相对运动方程为

$$\boldsymbol{M}_{\mathrm{e}}\ddot{\boldsymbol{x}}+\boldsymbol{C}_{\mathrm{e}}\dot{\boldsymbol{x}}+\boldsymbol{K}_{\mathrm{e}}\boldsymbol{x}=\boldsymbol{F}_{\mathrm{e}} \tag{10-2-117}$$

其中,$\boldsymbol{x}=(x,y,z)^{\mathrm{T}}$ 是环绕星在参考星轨道坐标系中的位置矢量。

$$\boldsymbol{M}_{\mathrm{e}}=\begin{bmatrix}1 & 0 & 0\\ 0 & 1 & 0\\ 0 & 0 & 1\end{bmatrix},\quad \boldsymbol{C}_{\mathrm{e}}=n\begin{bmatrix}\dfrac{\tilde{\sigma}_1}{2\beta_{\mathrm{s}}} & -2(c+2e\cos f) & 0\\[2mm] 2(c+2e\cos f) & \dfrac{\tilde{\sigma}_1}{\beta_{\mathrm{s}}} & 0\\[2mm] 0 & 0 & \dfrac{\tilde{\sigma}_1}{2\beta_{\mathrm{s}}}\end{bmatrix}$$

$$(10\text{-}2\text{-}118)$$

$$\boldsymbol{K}_{\mathrm{e}}=n^2\begin{bmatrix}-(5c^2-2+10e\cos f) & -\dfrac{\ddot{\theta}}{n^2}-\dfrac{\tilde{\sigma}_2}{2\beta_{\mathrm{s}}} & -4e\tilde{s}\sin\omega\\[3mm] -\dfrac{\ddot{\theta}}{n^2}+\dfrac{\tilde{\sigma}_2}{\beta_{\mathrm{s}}} & -e\cos f & e\tilde{s}\cos\omega\\[3mm] -4e\tilde{s}\sin\omega & e\tilde{s}\cos\omega & 3c^2-2+3e\cos f\end{bmatrix}$$

$$(10\text{-}2\text{-}119)$$

$$\ddot{\theta}=n^2\left[\frac{3}{2\beta_{\mathrm{m}}}\left(1+\frac{4}{3}e\cos f-2\hat{\omega}_{\mathrm{e}}\cos i\right)-2e\sin f\left(1+2e\cos f-\frac{s}{2}\right)\right]$$

$$(10\text{-}2\text{-}120)$$

$$\tilde{\sigma}_1=1+\frac{2}{3}e\cos f-\hat{\omega}_{\mathrm{e}}\cos i,\quad \tilde{\sigma}_2=1+\frac{4}{3}e\cos f-2\hat{\omega}_{\mathrm{e}}\cos i \quad(10\text{-}2\text{-}121)$$

$$\boldsymbol{F}_{\mathrm{e}}=-\frac{1}{2\beta_{\mathrm{s}}}\left(1-\frac{\beta_{\mathrm{s}}}{\beta_{\mathrm{m}}}\right)an^2\tilde{\sigma}_2\begin{bmatrix}0\\1\\0\end{bmatrix} \quad(10\text{-}2\text{-}122)$$

10.3　基于运动学方法的卫星相对运动分析

10.2 节基于牛顿运动定律,针对圆参考轨道和椭圆参考轨道,建立了环绕星相对参考星的运动所满足的微分方程。在方程的建立过程中,采用了线性化近似以及摄动力近似,这样,在对微分方程进行积分求解时,近似带来的误差将会随时间积累。采用运动学方法,也就是根据两星的轨道根数差来分析相对运动,可以避免部分近似,同时,基于轨道根数的相对运动描述相对直观,便于编队构形的分析与设计。

设卫星 6 个轨道根数组成的矢量为 $\boldsymbol{e}=(a,e,i,\Omega,\omega,M)^{\mathrm{T}}$,相对轨道根数定义为环绕星与参考星轨道根数之差,即

$$\delta\boldsymbol{e}=\boldsymbol{e}_{\mathrm{s}}-\boldsymbol{e}_{\mathrm{m}}=(\delta a,\delta e,\delta i,\delta\Omega,\delta\omega,\delta M)^{\mathrm{T}} \quad(10\text{-}3\text{-}1)$$

在图 10.5 中,O_{e} 是地球质心,S_{m} 和 S_{s} 分别表示参考星和环绕星,N_{m} 和 N_{s} 分别是参考星和环绕星的升交点,A 是环绕星相对参考星的升交点,$\Delta\Omega$ 是环绕星与参考星升交点赤经之差,φ,k 分别是 N_{m}、N_{s} 到 A 的地心角,u_{m}、u_{s} 分别是 A 点到参考星和环绕星的地心角,Δi 是两星轨道倾角之差。

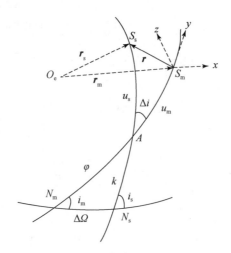

图 10.5　环绕星和参考星的相对位置

根据球面三角关系,得到

$$\tan\Delta\Omega = \frac{\sin\varphi}{\cos\varphi\cos i_{\mathrm{m}} + \sin i_{\mathrm{m}}\cot\Delta i} \qquad (10\text{-}3\text{-}2)$$

$$\tan k = \frac{\sin\varphi}{\cos\varphi\cos\Delta i + \sin\Delta i\cot i_{\mathrm{m}}} \qquad (10\text{-}3\text{-}3)$$

$$\cos i_{\mathrm{s}} = -\frac{\sin\Delta\Omega\cos\varphi - \sin\varphi\cos\Delta\Omega\cos i_{\mathrm{m}}}{\sin k} \qquad (10\text{-}3\text{-}4)$$

在参考星轨道坐标系中,参考星的地心矢量表示为

$$\boldsymbol{r}_{\mathrm{m}} = (r_{\mathrm{m}},0,0)^{\mathrm{T}} \qquad (10\text{-}3\text{-}5)$$

在环绕星轨道坐标系中,它的地心矢量为

$$\boldsymbol{r}_{\mathrm{s}} = (r_{\mathrm{s}},0,0)^{\mathrm{T}} \qquad (10\text{-}3\text{-}6)$$

根据坐标系的定义可知环绕星轨道坐标系到参考星轨道坐标系的旋转矩阵为

$$\boldsymbol{M}_{\mathrm{m\text{-}s}} = \begin{bmatrix} \cos u_{\mathrm{m}} & \sin u_{\mathrm{m}} & 0 \\ -\sin u_{\mathrm{m}} & \cos u_{\mathrm{m}} & 0 \\ 0 & 0 & 1 \end{bmatrix} \begin{bmatrix} 1 & 0 & 0 \\ 0 & \cos\Delta i & -\sin\Delta i \\ 0 & \sin\Delta i & \cos\Delta i \end{bmatrix} \begin{bmatrix} \cos u_{\mathrm{s}} & -\sin u_{\mathrm{s}} & 0 \\ \sin u_{\mathrm{s}} & \cos u_{\mathrm{s}} & 0 \\ 0 & 0 & 1 \end{bmatrix}$$

$$(10\text{-}3\text{-}7)$$

考虑到 Δi 为小量,非常接近 0,并假设 $\Delta u = u_{\mathrm{s}} - u_{\mathrm{m}}$,于是由式(10-3-7)得到

$$\boldsymbol{M}_{\mathrm{m\text{-}s}} = \begin{bmatrix} \cos\Delta u & -\sin\Delta u & -\Delta i\sin u_{\mathrm{m}} \\ \sin\Delta u & \cos\Delta u & \Delta i\cos u_{\mathrm{m}} \\ \Delta i\sin u_{\mathrm{s}} & \Delta i\cos u_{\mathrm{s}} & 1 \end{bmatrix} \qquad (10\text{-}3\text{-}8)$$

在参考星轨道坐标系中,环绕星的位置矢量为

$$\boldsymbol{r} = \boldsymbol{M}_{\mathrm{m\text{-}s}}\boldsymbol{r}_{\mathrm{s}} - \boldsymbol{r}_{\mathrm{m}} \qquad (10\text{-}3\text{-}9)$$

将式(10-3-2)～式(10-3-8)代入式(10-3-9)中,化简得到

$$\begin{bmatrix} x \\ y \\ z \end{bmatrix} = \begin{bmatrix} r_s - r_m \\ r_s \Delta u \\ r_s \Delta i \sin u_s \end{bmatrix} \tag{10-3-10}$$

设近地点角距用 ω 表示,真近点角用 f 表示,则根据几何关系得到

$$u_m = \omega_m + f_m - \varphi, \quad u_s = \omega_s + f_s - k \tag{10-3-11}$$

在小偏心率假设条件下,有

$$r_m = a(1 - e_m \cos M_m) + O(e_m^2), \quad r_s = a(1 - e_s \cos M_s) + O(e_s^2)$$
$$f_m = M_m + 2e_m \sin M_m + O(e_m^2), \quad f_s = M_s + 2e_s \sin M_s + O(e_s^2) \tag{10-3-12}$$

从而得到

$$u_m = \omega_m + M_m + 2e_m \sin M_m - \varphi$$
$$u_s = \omega_s + M_s + 2e_s \sin M_s - k$$
$$\Delta u = \Delta\lambda + 2(e_s \sin M_s - e_m \sin M_m)$$
$$\Delta\lambda = (\omega_s - \omega_m) + (M_s - M_m) - (k - \varphi) \tag{10-3-13}$$

假设初始时刻参考星位于近地点,则平近点角满足

$$M_m = nt, \quad M_s = nt + \Delta\lambda - (\omega_s - \omega_m) + (k - \varphi) \tag{10-3-14}$$

将式(10-3-11)～式(10-3-14)代入式(10-3-10)中,整理得到

$$x = -ae_A \cos(nt + \theta)$$
$$y = 2ae_A \sin(nt + \theta) + a\Delta\lambda \tag{10-3-15}$$
$$z = a\Delta i \sin(nt + \psi)$$

其中

$$e_A = \sqrt{(e_s \cos\phi - e_m)^2 + (e_s \sin\phi)^2}, \quad \theta = \arctan\left(\frac{e_s \sin\phi}{e_s \cos\phi - e_m}\right)$$
$$\phi = \Delta\lambda - (\omega_s - \omega_m) + (k - \varphi), \quad \psi = \omega_m - \varphi \tag{10-3-16}$$
$$\Delta\lambda = (\omega_s - \omega_m) + (M_s - M_m) - (k - \varphi)$$

式(10-3-15)和式(10-3-16)即为卫星编队相对运动的运动学方程,根据推导过程可知,该方程适用于小偏心率参考轨道的情况。

此外,很多文献也从不同角度推导建立了相对运动的运动学方程,这里不加推导地给出,其详细推导过程可参考相应的文献。文献[56]针对近圆参考轨道,建立的相对运动方程为

$$x(t) = -ae_A \cos(nt + M_{m0} + \theta)$$
$$y(t) = a[2e_A \sin(nt + M_{m0} + \theta) + \Delta\lambda + \Delta\Omega \cos i_m] \tag{10-3-17}$$
$$z(t) = -ae_B \cos(nt + M_{m0} + \omega_m + \eta)$$

其中,M_{m0} 为参考星初始时刻的平近点角;n 为参考星的平均轨道角速度;a 为参考星的轨道半长轴;ω_m 为参考星的近地点角距;i_m 为参考星的轨道倾角,其他参数的

形式为

$$e_A = \sqrt{(e_s\cos\Delta M - e_m)^2 + (e_s\sin\Delta M)^2}, \quad e_B = \sqrt{(\Delta\Omega\sin i_m)^2 + (\Delta i)^2}$$

$$\sin\theta = \frac{e_s\sin\Delta M}{e_A}, \quad \cos\theta = \frac{e_s\cos\Delta M - e_m}{e_A}$$

$$\sin\eta = \frac{\Delta i}{e_B}, \quad \cos\eta = \frac{\Delta\Omega\sin i_m}{e_B}$$

$$\Delta\lambda = (\omega_s + M_s) - (\omega_m + M_m), \quad \Delta M = M_s - M_m$$

$$(10\text{-}3\text{-}18)$$

下标 m 表示参考星,下标 s 表示环绕星,符号 Δ 表示环绕星与参考星的轨道根数之差。

文献[57]和文献[67]给出的相对运动方程为

$$x = \delta r$$
$$y = r(\delta\theta + \cos i\delta\Omega) \qquad\qquad (10\text{-}3\text{-}19)$$
$$z = r(\sin\theta\delta i - \cos\theta\sin i\delta\Omega)$$

其中,$\theta = f + \omega$。考虑到 $r = \frac{a(1-e^2)}{1+e\cos f}$ 以及真近点角和平近点角之间的关系,上述相对运动方程可进一步展开为[81,82]

$$x = \frac{1-e^2}{1+e\cos f}\Delta a - a\Delta e\cos f + \frac{ae\sin f}{\sqrt{1-e^2}}\Delta M$$

$$y = \frac{a(1-e^2)}{1+e\cos f}(\Delta\omega + \Delta\Omega\cos i) + \frac{a(2+e\cos f)\sin f}{1+e\cos f}\Delta e + \frac{a(1+e\cos f)}{\sqrt{1-e^2}}\Delta M$$

$$z = \frac{a(1-e^2)}{1+e\cos f}\Delta i\sin(f+\omega) - \frac{a(1-e^2)}{1+e\cos f}\Delta\Omega\cos(f+\omega)\sin i$$

$$(10\text{-}3\text{-}20)$$

文献[83]和文献[84]在假设参考星和环绕星轨道半长轴相等、参考星沿椭圆轨道运行的条件下,推导得到的相对运动方程为

$$x = -a\Delta e\cos f_m + \frac{ae_m\sin f_m}{\sqrt{1-e_m^2}}\Delta M$$

$$y = r_m\left(\frac{2+e_m\cos f_m}{1-e_m^2}\Delta e\sin f_m + \Delta\Omega\cos i_m + \Delta\omega + \frac{a^2\sqrt{1-e_m^2}}{r_m^2}\Delta M\right) \quad (10\text{-}3\text{-}21)$$

$$z = r_s[\Delta i\sin(\omega_s + f_s) - \Delta\Omega\sin i_m\cos(\omega_s + f_s)]$$

文献[85]同样在假设环绕星和参考星轨道半长轴相等的条件下,得到了如下相对运动方程:

$$x = \frac{a}{(1+e_m\cos f_m)^2}[e_m(1-e_m^2)\Delta f\sin f_m - 2e_m - (1+e_m^2)\cos f_m]$$

$$y = \frac{a(1-e_m^2)}{1+e_m\cos f_m}(\Delta\omega + \Delta f + \Delta\Omega\cos i_m)$$

$$z = \frac{a(1-e_m^2)}{1+e_m\cos f_m}[\Delta i\sin(\omega_m + f_m) - \Delta\Omega\cos(\omega_m + f_m)\sin i_m]$$

$$(10\text{-}3\text{-}22)$$

10.4　卫星编队构形设计方法

卫星编队构形的参数设计,就是在已知参考星轨道根数以及编队构形的条件下,计算得到环绕星的轨道根数,其中编队构形可以利用动力学方法描述,也可以利用运动学方法描述。这里根据运动学方法描述构形参数,给出环绕星轨道根数的计算方法。以参考星质心为原点,建立轨道坐标系 $O\text{-}xyz$,x 指向径向,z 指向轨道面法向,y 沿迹向,与 x、z 构成右手直角坐标系。设参考星下标为 m,环绕星下标为 s,由式(10-3-17)可知在参考星轨道坐标系中,环绕星相对参考星的运动可以表示为

$$x(t)=-ae_A\cos(nt+M_{m,0}+\theta)$$
$$y(t)=2ae_A\sin(nt+M_{m,0}+\theta)+a(\Delta\lambda+\Delta\Omega\cos i_m) \tag{10-4-1}$$
$$z(t)=-ae_B\cos(nt+M_{m,0}+\omega_m+\eta)$$

其中,$M_{m,0}$ 为初始时刻参考星的平近点角,且

$$e_A=\sqrt{(e_s\cos\Delta M-e_m)^2+(e_s\sin\Delta M)^2} \tag{10-4-2}$$

$$e_B=\sqrt{(\Delta\Omega\sin i_m)^2+(\Delta i)^2} \tag{10-4-3}$$

$$\sin\theta=\frac{e_s\sin\Delta M}{e_A},\quad \cos\theta=\frac{e_s\cos\Delta M-e_m}{e_A} \tag{10-4-4}$$

$$\sin\eta=\frac{\Delta i}{e_B},\quad \cos\eta=\frac{\Delta\Omega\sin i_m}{e_B} \tag{10-4-5}$$

$$\Delta\lambda=(\omega_s+M_s)-(\omega_m+M_m)=\Delta\omega+\Delta M \tag{10-4-6}$$

$$\Delta M=M_s-M_m \tag{10-4-7}$$

设

$$p=ae_A,\quad s=ae_B \tag{10-4-8}$$

$$l=a(\Delta\lambda+\Delta\Omega\cos i_m) \tag{10-4-9}$$

$$\xi_{xy}=M_{m,0}+\theta \tag{10-4-10}$$

$$\xi_z=M_{m,0}+\omega_m+\eta \tag{10-4-11}$$

于是,由式(10-4-1)得到

$$x(t)=-p\cos(nt+\xi_{xy})$$
$$y(t)=2p\sin(nt+\xi_{xy})+l \tag{10-4-12}$$
$$z(t)=-s\cos(nt+\xi_z)$$

p 是轨道面内椭圆运动的短半轴;s 是轨道面法向简谐运动的振幅;l 是编队构形中心到参考星的距离;ξ_{xy} 是轨道面内椭圆运动的初始相位;ξ_z 是轨道面法向运动的初始相位。这就是卫星编队构形的五要素描述方法。

卫星编队构形的五要素描述方法形式简洁,物理含义明确,可以通过选取不同的五要素参数,设计出不同类型的编队构形。

根据卫星编队任务要求,确定编队构形的五要素,进而根据所选取的参考星轨道根数,可以分析计算满足编队构形要求的环绕星轨道根数。设参考星的初始轨道根数为 a_m、e_m、i_m、Ω_m、ω_m、$M_{m,0}$,卫星编队构形的五要素为 p、s、l、ξ_{xy}、ξ_z。下面给出环绕星轨道根数的计算方法。

(1)求环绕星轨道半长轴 a_s。由参考星和环绕星的轨道周期相同,得到

$$a = a_s = a_m \tag{10-4-13}$$

(2)求环绕星偏心率 e_s 和平近点角 $M_{s,0}$。由式(10-4-10)求出 θ 为

$$\theta = \xi_{xy} - M_{m,0} \tag{10-4-14}$$

由式(10-4-8),求出 e_A 为

$$e_A = \frac{p}{a} \tag{10-4-15}$$

由式(10-4-4),得到

$$e_s \sin\Delta M = e_A \sin\theta, \quad e_s \cos\Delta M = e_A \cos\theta + e_m \tag{10-4-16}$$

由式(10-4-16)可以求出 ΔM,进而得到

$$M_{s,0} = M_{m,0} + \Delta M \tag{10-4-17}$$

进而由式(10-4-16)求出

$$e_s = \frac{e_A \cos\theta + e_m}{\cos\Delta M} \tag{10-4-18}$$

(3)求环绕星轨道倾角 i_s、升交点赤经 Ω_s 和近地点角距 ω_s。由式(10-4-11)求出 η 为

$$\eta = \xi_z - M_{m,0} - \omega_m \tag{10-4-19}$$

由式(10-4-8),求出 e_B 为

$$e_B = \frac{s}{a} \tag{10-4-20}$$

从而,由式(10-4-5)得到

$$\Delta i = e_B \sin\eta, \quad \Delta\Omega = \frac{e_B \cos\eta}{\sin i_m} \tag{10-4-21}$$

从而求出 i_s 和 Ω_s 为

$$i_s = i_m + \Delta i \tag{10-4-22}$$

$$\Omega_s = \Omega_m + \Delta\Omega \tag{10-4-23}$$

由式(10-4-9),得到

$$\Delta\lambda = \frac{l}{a} - \Delta\Omega \cos i_m \tag{10-4-24}$$

近地点角距之差为

$$\Delta\omega = \Delta\lambda - \Delta M \tag{10-4-25}$$

进而求出环绕星的近地点角距为

$$\omega_s = \omega_m + \Delta\omega \tag{10-4-26}$$

综上所述,根据式(10-4-13)、式(10-4-17)、式(10-4-18)、式(10-4-22)、式(10-4-23)、式(10-4-26)可以得到环绕星轨道根数,完成卫星编队构形设计。

10.5　典型的重力场测量卫星编队构形

目前,GRACE 是已经成功实施的卫星编队重力场测量任务,两个卫星沿迹向形成跟飞编队,两星协同工作,利用控制系统实现星间距离维持和星间姿态对准,然后利用微波测距仪获取星间距离的变化率信息,以此反演重力场。GRACE 卫星仅利用了迹向上的编队运动,实际上,径向、轨道面法向上的编队运动更有利于重力场测量。径向是引力变化最明显的方向,这使径向测距数据中包含信噪比更大的引力信息;迹向测距有利于带谐项位系数恢复,轨道面法向测距有利于扇谐项位系数恢复,两个方向上的测量信息互补,有利于所有次数的位系数恢复。根据式(10-4-12)给出的卫星编队构形五要素描述方程,可以通过选取不同组合的参数,得到各种各样的编队构形,如跟飞构形、CartWheel 构形、Pendulum 构形、空间圆构形、星下点圆构形以及不同构形的组合。

1. 跟飞构形

跟飞编队对应的五要素如表 10.2 所示,l 为星间距离。

表 10.2　跟飞编队下的构形五要素

	p	s	ξ_{xy}	ξ_z	l
环绕星	0	0	任意值	任意值	$l \neq 0$

以两颗沿迹向跟飞的卫星为例,得到它们的编队构形如图 10.6 所示,星间测距数据中仅包含迹向引力信息。

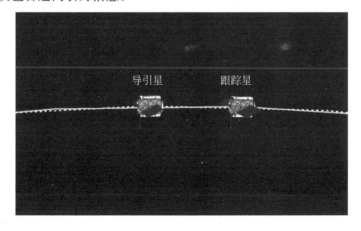

图 10.6　跟飞编队构形

2. CartWheel 构形

CartWheel 编队对应的构形五要素如表 10.3 所示，以编队中有 3 颗卫星为例，它们分布在参考星轨道面内的短半轴为 p_1 的椭圆上，参考星位于椭圆中心，3 颗环绕星相位相差120°，均匀地分布在椭圆上，如图 10.7 所示。环绕星与环绕星、环绕星与参考星之间可以进行星间测距，这些测量数据中同时包含径向和迹向的引力信息。

表 10.3　CartWheel 编队下的构形五要素

	p	s	ξ_{xy}	ξ_z	l
环绕星 1	$p_1 \neq 0$	0	θ	任意值	0
环绕星 2	$p_1 \neq 0$	0	$\theta + 120°$	任意值	0
环绕星 3	$p_1 \neq 0$	0	$\theta + 240°$	任意值	0

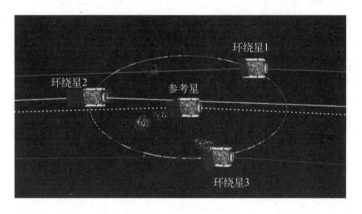

图 10.7　CartWheel 构形

3. Pendulum 构形

Pendulum 编队构形参数如表 10.4 所示，以编队中有 2 颗环绕星为例，它们相对于参考星仅存在轨道面法向上的简谐运动，如图 10.8 所示。该编队中参考星与环绕星、环绕星与环绕星的星间测距数据中仅包含轨道面法向的引力信息，有利于扇谐项位系数的恢复。

表 10.4　Pendulum 编队下的构形五要素

	p	s	ξ_{xy}	ξ_z	l
环绕星 1	0	$s_1 \neq 0$	任意值	θ	0
环绕星 2	0	$s_1 \neq 0$	任意值	$\theta + 180°$	0

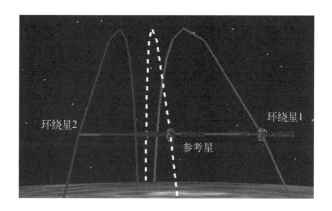

图 10.8　Pendulum 编队构形

4. CartWheel 构形与跟飞构形组合

　　CartWheel 构形与跟飞构形组合下的构形五要素如表 10.5 所示,以编队中有 3 颗环绕星为例,这 3 颗卫星相对参考星的运动轨迹是一个椭圆,该椭圆位于参考星轨道面内,椭圆中心在迹向上与参考星相距一定的距离,如图 10.9 所示。该编队中的参考星与环绕星、环绕星与环绕星之间的测距数据中同时包含径向和迹向的引力信息。

表 10.5　CartWheel 构形与跟飞构形组合下的构形五要素

	p	s	ξ_{xy}	ξ_z	l
环绕星 1	$p_1 \neq 0$	0	θ	任意值	$l_1 \neq 0$
环绕星 2	$p_1 \neq 0$	0	$\theta + 120°$	任意值	$l_1 \neq 0$
环绕星 3	$p_1 \neq 0$	0	$\theta + 240°$	任意值	$l_1 \neq 0$

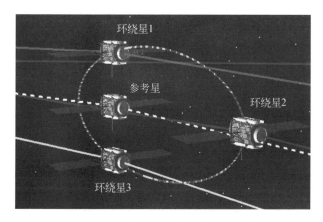

图 10.9　CartWheel 构形与跟飞构形组合

5. Pendulum 构形与跟飞构形组合

Pendulum 构形与跟飞构形组合下的编队五要素如表 10.6 所示，以编队中有 3 颗环绕星为例，它们在飞行方向上距离参考星的距离分别为 l_1、$l_1+\Delta l$、$l_1+2\Delta l$，沿轨道面法向简谐振动，它们的初始相位相差120°，如图 10.10 所示。3 颗环绕星和参考星在迹向上相差一定的距离，因此这些卫星的星间测距信息中不仅包含了轨道面法向引力信息，也包含了迹向引力信息。因此，这样的重力场测量编队可以看作 Pendulum 构形和跟飞构形的组合。

表 10.6　Pendulum 和跟飞组合编队下的构形五要素

	p	s	ξ_{xy}	ξ_z	l
环绕星 1	0	$s_1\neq0$	任意值	θ	$l_1\neq0$
环绕星 2	0	$s_1\neq0$	任意值	$\theta+120°$	$l_1+\Delta l$
环绕星 3	0	$s_1\neq0$	任意值	$\theta+240°$	$l_1+2\Delta l$

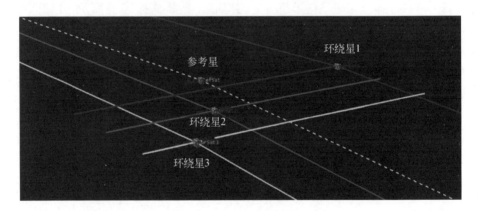

图 10.10　Pendulum 构形与跟飞构形组合

6. CartWheel 构形和 Pendulum 构形组合

CartWheel 构形和 Pendulum 构形组合下的编队构形参数如表 10.7 所示，同样以编队中有 3 颗环绕星为例，这 3 颗环绕星相对参考星的运动轨迹在轨道面内投影为一个封闭的椭圆，在轨道面法向上是简谐运动，如图 10.11 所示。此时，编队中的星间测距数据中同时包含了径向、迹向和轨道面法向的引力信息。

表 10.7　CartWheel 构形和 Pendulum 构形组合编队下的构形五要素

	p	s	ξ_{xy}	ξ_z	l
环绕星 1	$p_1\neq0$	$s_1\neq0$	α	θ	0
环绕星 2	$p_1\neq0$	$s_1\neq0$	$\alpha+120°$	$\theta+120°$	0
环绕星 3	$p_1\neq0$	$s_1\neq0$	$\alpha+240°$	$\theta+240°$	0

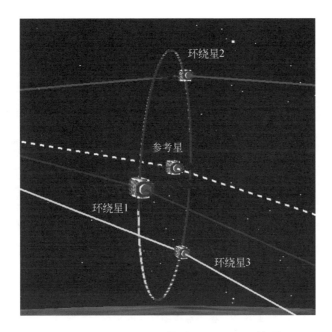

图 10.11　CartWheel 构形和 Pendulum 构形

7. 空间圆构形

空间圆编队构形参数如表 10.8 所示,环绕星相对参考星在空间上是一个圆,其半径为 r,环绕星在圆上的初始相位为 θ。空间圆轨道面与参考星轨道坐标系的 xz 平面垂直,与 yz 平面的夹角为 $30°$ 或 $150°$,对应的 ξ_z 取 θ 或 $\theta - 180°$,如图 10.12 所示。空间圆编队实际上是 CartWheel 构形和 Pendulum 构形组合中的特殊情况,其星间测距数据中也同时包含了径向、迹向和轨道面法向的引力信息。

8. 星下点圆编队构形

星下点圆编队构形参数如表 10.9 所示,相对运动轨迹的星下点投影为圆,圆半径为 r,环绕星在圆上的初始相位为 θ,相对运动平面与 xz 平面垂直,与 yz 平面的夹角为 $26.5°$ 或 $153.5°$,对应的 ξ_z 取 θ 或 $\theta - 180°$,如图 10.13 所示。星下点圆编队实际上也是 CartWheel 构形和 Pendulum 构形组合中的特殊情况,其星间测距数据中也是同时包含了径向、迹向和轨道面法向的引力信息。

表 10.8　空间圆编队下的构形五要素

	p	s	ξ_{xy}	ξ_z	l
环绕星	$r/2$	$\sqrt{3}r/2$	θ	θ 或 $\theta - 180°$	0

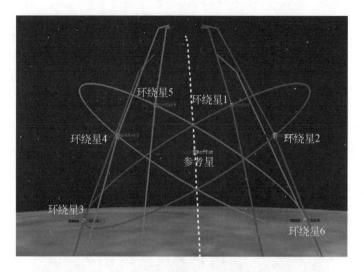

图 10.12　空间圆构形

表 10.9　星下点圆编队下的构形五要素

	p	s	ξ_{xy}	ξ_z	l
环绕星	$r/2$	r	θ	θ 或 $\theta-180°$	0

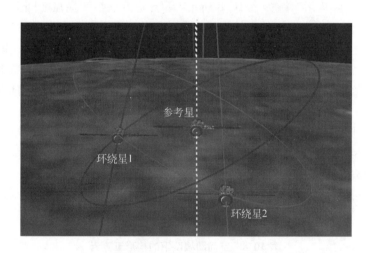

图 10.13　星下点圆编队构形

参 考 文 献

[1] 张育林,曾国强,王兆魁,等. 分布式卫星系统理论及应用[M]. 北京:科学出版社,2008.
[2] 郝继刚. 分布式卫星编队构形控制研究[D]. 长沙:国防科技大学,2006.

[3] Guinn J R. EO-1 technology validation report enhanced flying formation algorithm[C]//Jet Propulsion Laboratory,Califonia Institute of Technology,Pasadena,2001.

[4] Wikipedia. Landsat 7[EB/OL]. https://en. wikipedia. org/wiki/Landsat_7[2015-12-31].

[5] Singer J. DARPA to solicit bids for formation flying studies[EB/OL]. http://spacenews. com/darpa-solicit-bids-formation-flying-studies[2015-12-31].

[6] Massonnet D. Capabilities and limitations of the interferometric cartwheel [J]. IEEE Transactions on Geoscience and Remote Sensing,2001,39(3):506—520.

[7] Norton C D,Pellegrino S,Johnson M, et al. Small satellites:A revolution in space science [R]. Pasadena:Keck Institute for Space Studies,California Institute of Technology,2014.

[8] Reichbach J G, Sedwick R J, Martinez-Sanchez M. Micropropulsion system selection for precision formation flying satellites[C]//The 37th Joint Propulsion Conference and Exhibit, Joint Propulsion Conferences,Salt Lake City,2001.

[9] Carlisle C C,Finnegan E J. Space Technology 5:Pathfinder for future micro-sat constellations [C]//Montara:Aerospace Conference,IEEE,2004.

[10] Gill E,Montenbruck O,D'Amico S. Autonomous formation flying for the PRISMA mission [J]. Journal of Spacecraft and Rockets,2007,44(3):671—681.

[11] Amiot T,Douchin F,Thouvenot E, et al. The interferometric cartwheel:A multi-purpose formation of passive radar microsatellites[J]. Geoscience and Remote Sensing Symposium, 2002,1:435—437.

[12] Peterson E,Zee R E,Fotopoulos G. Possible orbit scenarios for an InSAR formation flying microsatellite mission[C]//The 22nd Annual AIAA/USU Conference on Small Satellites, SSC08-VI-5,Logan,2008.

[13] Blackwood G H, Lay O P, Deininger W D, et al. StarLight mission:A formation-flying stellar interferometer[C]//Proceedings of SPIE,Interferometry in Space,Waikoloa,2003.

[14] Blandino J J,Cassady r j. propulsion requirements and options for the new millennium interferometer (DS-3) mission[C]//The 34th AIAA/ASME/SAE/ASEE Joint Propulsion Conference,Cleveland,1998.

[15] Brian E,Robert T. The Orion microsatellite mission:A testbed for command,control and communications for formation fleets[C]//Proceedings of the 14th Annual AIAA/USU Conference on Small Satellites,Logan,2000.

[16] Jonathan P H,Robert T. Orion:A low-cost demonstration of formation flying in space using GPS[C]//AIAA/AAS Astrodynamics Specialist Conference and Exhibit,Boston,1998.

[17] Robertson A,Inalhan G,Jonathan P H. Spacecraft formation flying control design for the orion mission [C]//AIAA Guidance, Navigation, and Control Conference and Exhibit, Portland,1999.

[18] NASA. Terrestrial planet finder a space telescope to find planets outside from our solar-system as small as Earth[EB/OL]. http://www. terrestrial-planet-finder. com[2015-12-31].

[19] Hametz M,Conway D,Richon K. Design of a formation of earth orbiting satellites:The auroral lites mission[C]//Proceedings of the 1999 NASA GSFC Flight Mechanics and

Estimation Conference,Greenbelt,1999.

[20] Tan Z, Bainum P M, Strong A. The implementation of maintaining constant distance between satellites in elliptic orbits [C]//AAS Spaceflight Mechanics Meeting, Clearwater,2000.

[21] Natsume K,Saiki T,Kawaguchi J. On the formation flying with frozen geometry in elliptic orbits with application to geomagnetic plasma physics missions[C]//The 52nd International Astronautical Congress,Toulouse,2001.

[22] Kitts C,Twiggs R,Pranajaya F,et al. Emerald:A low-cost spacecraft mission for validating formation flying technologies[C]//Proceedings Aerospace Conference,Los Alamitos,1999.

[23] Folta D,Hartman K,Howell K,et al. Formation control of the MAXIM L2 libration orbit mission[C]. AIAA Astrodynamics Conference,Providence,2004.

[24] Woolf N. The path to lifefinder[EB/OL]. http://www. niac. usra. edu/studies [2015-12-31].

[25] LaPointe M R. Formation flying withshepherd satellites[R]. Cleveland:Ohio Aerospace Institute,NASA Institute for Advanced Concepts,Grant 07600-072,2001.

[26] Le Bourget. ESSAIM,micro-satellites in formation[EB/OL]. http://northamerica. airbus-group. com/north-america/usa/Airbus-Group-Inc/news/press. en_20050613_essaim. html [2015-12-31].

[27] Martin M, Schlossberg H, Mitola J, et al. University nanosatellite program[C]//IAF Symposium,Redondo Beach,1999.

[28] Luu K,Martin M,Das A,et al. Microsatellite and formation flying technologies onuniversity nanosatellites[C]//AIAA Space Technology Conference,Albuquerque,1999.

[29] D'Errico M,Moccia A. The BISSAT mission:A bistatic SAR operating in formation with COSMO/SkyMed X-band radar[C]//IEEE Aerospace Conference,Piscataway,2002.

[30] D'Errico M. Distributed Space Missions for Earth System Monitoring[M]. New York: Springer,2013.

[31] Krieger G,Moreira A,Fiedler H,et al. TanDEM-X:A satellite formation for high-resolution SAR interferometry[J]. IEEE Transactions on Geoscience and Remote Sensing, 2007, 45(11):3317—3341.

[32] Wikipedia. Cluster II (spacecraft)[EB/OL]. https://en. wikipe dia. org/wiki/Cluster_II_ (spacecraft)[2015-12-31].

[33] Haupt C,Kudielka K H,Fischer E,et al. High-precision optical metrology system for the SMART-2 mission as precursor for the DARWIN satellite constellation [C]//The International Society for Optical Engineering,Proceedings of SPIE 4777,Interferometry XI: Techniques and Analysis,Seattle,2002.

[34] Chien S. Three Corner Satellite [EB/OL]. http://ai. jpl. nasa. gov/public/projects/3cs [2015-12-31].

[35] Wikipedia. Darwin (spacecraft)[EB/OL]. https://en. wikipedia. org/wiki/Darwin_(spacecraft) [2015-12-31].

[36] DLR. GEMINI mission proposal [EB/OL]. http://www. dlr. de/rb/en/desktopdefault.

aspx/tabid-10749/11127_read-25421[2015-12-31].

[37] Peter C E R, Tom S B, Stephen E H. Mustang: A technology demonstrator for formation flying and distributed systems technologies in space[C]//Dynamics and Control of Systems and Structures in Space (DCSSS), 5th Conference, Cambridge, 2002.

[38] Krebs G D. ION- F ionospheric observation nanosatellite formation[EB/OL]. http://space. skyrocket. de/doc_sdat/ion-f. htm[2015-12-31].

[39] Zoellner A, Conklin J W, Buchman S, et al. The drag- free CubeSat[C]//The 9th Annual Spring CubeSat Developer's Workshop, California Polytechnic State University, San Luis Obispo, 2012.

[40] Conklin J, Nguyen A, Hong S, et al. Small satellite constellations for earth geodesy and aeronomy[C]//AIAA/USU Conference on Small Satellites, Logan, 2013.

[41] Wloszek P, Glumb R, Lancaster R, et al. FTS CubeSat constellation providing 3D winds [C]//AIAA/USU Conference on Small Satellites, Logan, 2013.

[42] Underwood C, Pellegrino S, Lappas V, et al. Autonomous assembly of a recon guarble space telescope (AAReST) a CubeSat/Microsatellite based technology demonstrator[C]// Proceedings of the AIAA/USU Conference on Small Satellites, Logan, 2013.

[43] Underwood C, Pellegrino S, Lappas V J, et al. Using CubeSat/Micro- satellite technology to demonstrator the autonomous assembly of a reconguarble space telescope (AAReST)[J]. ActaAstronautica, 2015, 114: 112—122.

[44] Gangestad J, Rowen D, Hardy B, et al. forest fires, sunglint and a solar eclipse: Responsive remote sensing with aeroCube—4[C]//The 11th Annual CubeSat Developers'Workshop-The Edge of Exploration, San Luis Opispo, 2014.

[45] Gangestad J, Hardy B, Hinkley D. Operations, orbit determination, and formation control of the AeroCube-4 CubeSats[C]//AIAA/USU Conference on Small Satellites, Logan, 2013.

[46] Leiter N. Real- time geolocation with a satellite formation[C]//AIAA/USU Conference on Small Satellites, Logan, 2013.

[47] Carlson J, Nakamura Y. The Kyushu/US experimental satellite tether (QUEST) mission, a small satellite to test and validate spacecraft tether deployment and operations[C]//AIAA/ USU Conference on Small Satellites, Logan, 2000.

[48] Bonin G, Roth N, Armitage S, et al. The CanX-4&5 formation flying mission: A technology pathfinder for nanosatellite constellations[C]//AIAA/USU Conference on Small Satellites, Logan, 2013.

[49] Sarda K, Eagleson S, Mauthe S, et al. CanX-4 & CanX-5: Precision formation flight demon-strated by low cost nanosatellites[C]//ASTRO 2006-13th CASI(Canadian Aeronautics and Space Institute)Canadian Astronautics Conference, Montreal, 2006.

[50] Griesbach J D, Westphal J J, Roscoe C W T, et al. Proximity operations nano- satellite flight demonstration (PONSFD) rendezvous proximity operations design and trade study results [C]//Advanced Maui Optical and Space Surveillance Technologies Conference, Maui, 2013.

[51] Krebs G D. CPOD Cubesat proximity operations demonstration[EB/OL]. http://space.

skyrocket. de/doc_sdat/cpod. htm[2015-12-31].

[52] Wu S, Mu Z, Chen W, et al. TW-1: A CubeSat constellation for space networking experiments[C]//The 6th European CubeSat Symposium, Estavayer-le-Lac, 2014.

[53] Subramanian G P, Foust R, Chan S, et al. Information-driven systems engineering study of a formation flying demonstration mission using four CubeSats[C]//AIAA SciTech Small Satellites, Kissimee, 2015.

[54] Hadaegh F Y, Chung S J, Manohara H M. On development of 100-gram-class spacecraft for swarm applications[J]. IEEE Systems Journal, 2014, 10(2):673—684.

[55] 郗晓宁, 王威, 高玉东. 近地航天器轨道基础[M]. 长沙:国防科技大学出版社, 2003.

[56] 孟云鹤. 航天器编队飞行导论[M]. 北京:国防工业出版社, 2014.

[57] Alfriend K T, Vadali S R, Gurfil P, et al. Spacecraft Formation Flying:Dynamics, Control and Navigation[M]. Kidlington:Butterworth-Heinemann Elsevier Astrodynamics Series, 2010.

[58] 王兆魁. 分布式卫星动力学建模与控制研究[D]. 长沙:国防科技大学, 2006.

[59] Melton R G. Time-explicit representation of relative motion between elliptical orbits[J]. Journal of Guidance, Control and Dynamics, 2000, 23(4):604—610.

[60] Yamanaka K, Ankerson F. New state transition matrix for relative motion on an arbitrary elliptical orbit[J]. Journal of Guidance, Control and Dynamics, 2002, 25(1):60—66.

[61] 陈小前, 袁建平, 姚雯. 航天器在轨服务技术[M]. 北京:中国宇航出版社, 2009.

[62] 袁建平, 和兴锁. 航天器轨道机动动力学[M]. 北京:中国宇航出版社, 2010.

[63] Kelly T J. An analytical approach to the two-impulse optimal rendezvous problem[C]//AAS/AIAA Spaceflight Mechanics Meeting, Cocoa Beach, 1994.

[64] 朱彦伟. 航天器近距离相对运动轨迹规划与控制研究[D]. 长沙:国防科技大学, 2009.

[65] Carter T E. New form for the optimal rendezvous equations near a Keplerian orbit[J]. Journal of Guidance, Control and Dynamics, 1990, 13(1):183—186.

[66] Carter T E, Humi M. Clohessy-Wiltshire equations modified to include quadratic drag[J]. Journal of Guidance, Control and Dynamics, 2002, 25(6):1058—1063.

[67] Gim D W, Alfriend K T. State transition matrix of relative motion for the perturbed non-circular reference orbit[J]. Journal of Guidance, Control and Dynamics, 2003, 26(6):956—971.

[68] Izzo D, Sabatini M, Valente C. A new linear model describing formation flying dynamics under J_2 effects[C]//Proceedings of the 17th AIDAA National Congress, Esagrafica, Roma, 2003.

[69] Vadali S R. Model for linearized satellite relative motion about a J_2 perturbed mean circular orbit[J]. Journal of Guidance, Control, and Dynamics, 2009, 32(5):1687—1691.

[70] Sengupta P, Vadali S R, Alfriend K T. Averaged relative motion and applications to formation flight near perturbed orbits[J]. Journal of Guidance, Control, and Dynamics, 2008, 31(2):258—272.

[71] 袁建平, 李俊峰, 和兴锁, 等. 航天器相对运动轨道动力学[M]. 北京:中国宇航出版社, 2013.

[72] Yeh H, Sparks A. Geometry and control of satellite formation[C]//Proceedings of the

American Control Conference,Chicago,2000.

[73] Sedwick R J,Miller D W,Kong E M C. Mitigation of differential perturbations in clusters of formation flying satellites[C]//Proceedings of the AAS/AIAA Space Flight Mechanics Meeting,American Astronautial Society,Breckenridge,1999:99—124.

[74] Hamel J F, de Lafontaine J. Linearized dynamics of formation flying spacecraft on a J_2 perturbed elliptical orbit[J]. Journal of Guidance, Control, and Dynamics,2007,30(6): 1649—1658.

[75] 孟云鹤. 近地轨道航天器编队飞行控制与应用研究[D]. 长沙:国防科技大学,2006.

[76] Wei C Z, Park S Y, Park C. Linearized dynamics model for relative motion under a J_2 perturbed elliptical reference orbit[J]. International Journal of Non-Linear Mechanics,2013, 55:55—69.

[77] Hou X Y,Zhao Y H,Liu L. Formation flying in elliptic orbits with the J_2 perturbation[J]. Research in Astron Astrophys,2012,12(11):1563—1575.

[78] Kimura M, Yamada K. State transition matrix for long- distance formation with J_2 in eccentric orbits[J]. Acta Astronautica,2014,101:33—41.

[79] Schweighart S A,Sedwick R J. High-fidelity linearized J_2 model for satellite formation flight [J]. Journal of Guidance,Control and Dynamics,2002,25(6):1073—1080.

[80] Reid T. Formation flight of satellites in the presence of atmospheric drag[J]. Journal of Aerospace Engineering,Sciences and Applications,2011,3(1):64—91.

[81] Jiang F,Li J,Baoyin H. Approximate analysis for relative motion of satellite formation flying in elliptical orbits[J]. Celestial Mechanics and Dynamical Astronomy,2007,98:31—66.

[82] Dang Z H,Wang Z K,Zhang Y L. Modeling and analysis of the bounds of periodical satellite relative motion[J]. Journal of Guidance,Control,and Dynamics,2014,37(7):1984—1998.

[83] 安雪滢,杨乐平,张为华,等. 大椭圆轨道航天器编队飞行相对运动分析[J]. 国防科技大学 学报,2005,27(2):1—5.

[84] 安雪滢. 椭圆轨道航天器编队飞行动力学及应用研究[D]. 长沙:国防科技大学,2006.

[85] 王功波,郗晓宁. 基于相对轨道根数的几种大椭圆轨道编队构形[J]. 国防科技大学学报, 2009,31(2):10—14.

第 11 章 卫星编队重力场测量解析建模 与性能最优设计方法

迹向长基线相对轨道摄动重力场测量具有构形自然维持的优势,便于工程实现,因而目前的长基线相对轨道摄动重力场测量主要是迹向上的跟踪测量,如已经成功实施的 GRACE 和正在研制中的 GRACE Follow-on、NGGM、复合内编队等。实际上,其他方向尤其是径向长基线星间测距信息的缺失,限制了长基线相对轨道摄动重力场测量性能的进一步提高。如果能够同时利用 3 个方向上的长基线星间测距,就可以大大提高重力场测量的精度和分辨率,这实际上就是卫星编队重力场测量。它突破了传统长基线相对轨道摄动重力场测量中仅有迹向观测信息的约束,引入了径向、法向长基线星间测距信息,并使测量基线在一定范围内连续变化,从而使最佳重力场测量频段更宽,同时也使误差分布更加均匀,避免了迹向长基线测量引起的大地水准面在南北方向上的条纹状误差。可见,卫星编队重力场测量在提高全球重力场模型精度、分辨率上具有巨大的潜力,是天基重力场测量发展的重要趋势。

根据文献可知,卫星编队重力场测量研究始于 2005 年左右,主要针对 LISA、CartWheel、Pendulum 等典型构形进行数值模拟,分析编队构形参数对重力场测量的影响。实际上,这些研究只能说明特定编队构形、特定任务参数下的重力场测量性能,而无法揭示卫星编队重力场测量的物理机理和普遍规律,也就限制了卫星编队重力场测量理论和应用的发展。为了克服这一缺陷,本章建立卫星编队重力场测量性能与任务参数之间的解析关系,提出重力场测量卫星编队构形优化设计方法和载荷匹配设计方法,并研究在摄动环境下编队构形的长期自然维持策略,为编队重力场测量的工程实施提供理论指导。

11.1 卫星编队重力场测量的基本概念

本章所研究的卫星编队重力场测量,是指通过观测编队中一组或多组星间距离变化率信息,并从中剔除非引力干扰的影响,进而反演地球重力场。由于卫星编队运动可以表示为径向、迹向和轨道面法向运动的叠加,因此卫星编队重力场测量可以看作这 3 个方向上长基线相对轨道摄动重力场测量的加权。由此可知,卫星编队重力场测量的任务参数应包括轨道参数、编队构形参数、载荷指标。其中,轨道参数主要指轨道高度,编队构形参数包括径向、迹向、轨道面法向的相对运动参数,载荷指标包括星间距离变化率测量误差、非引力干扰、定轨误差、星间距离变化率采样间隔、定轨数据采样间隔、非引力干扰数据间隔、总测量时间等。卫星编队重力场测量性能的解析建模,就是建立重力场测量有效阶数、大地水准面误差和重力异常误差等重力场测量性能与任务参数之间的解析关系。

11.2　卫星编队重力场测量性能的解析模型

根据轨道动力学可知,卫星编队中两个卫星的径向、轨道面法向的相对距离是不断变化的,因而不存在固定长度的径向、法向长基线相对轨道摄动重力场测量。但是,根据 9.3.2 节和 9.3.3 节的思想,可以通过精确地引入外部控制力,并在重力场反演中精确地剔除其影响,认为存在星间距离不变的径向、法向长基线相对轨道摄动重力场测量概念。将 3 个方向上长基线相对轨道摄动重力场测量性能组合,可得到卫星编队重力场测量性能。

为了获取迹向、径向、法向长基线相对轨道摄动重力场测量性能,首先需要建立卫星编队运动描述方法,分析这 3 个方向上星间距离随时间的变化规律。可以利用卫星的相对位置和相对速度描述编队运动,也可以利用轨道根数差来描述编队运动。其中,轨道根数差描述方法物理意义明确,便于理论分析。重力卫星一般运行在圆轨道或近圆轨道上,这样可以选择一个沿圆轨道运行的虚拟点作为参考星,编队中的所有卫星均看作环绕星。10.4 节给出卫星编队构形的五要素描述法如下:

$$x(t) = -p\cos(nt + \xi_{xy})$$
$$y(t) = 2p\sin(nt + \xi_{xy}) + l \qquad (11\text{-}2\text{-}1)$$
$$z(t) = -s\cos(nt + \xi_z)$$

其中,p 是轨道面内椭圆运动的短半轴;s 是轨道面法向简谐运动的振幅;l 是编队构形中心到参考星的距离;ξ_{xy} 是轨道面内椭圆运动的初始相位;ξ_z 是轨道面法向运动的初始相位。由迹向、径向、法向长基线相对轨道摄动重力场测量的解析模型可知,重力场测量性能仅与编队构形参数中的 3 个有关,即迹向、径向、法向的星间距离,与之相关的参数是 p、s、l,其他参数(ξ_{xy}、ξ_z)与重力场测量无关。这样,3 个参数 p、s、l 恰好完备地描述了编队构形对重力场测量的影响,这是五要素描述法在卫星编队重力场测量研究中的优势,因而这里采用编队构形五要素描述方法。可知,环绕星相对参考星的运动在参考星轨道平面内的轨迹是一个椭圆,在轨道面法向的运动是一个简谐振动。

由第 7 章的内容可知,迹向长基线相对轨道摄动重力场测量的阶误差方差为

$$\delta\sigma_{n,y}^2 = K_\varepsilon \frac{1}{T} \frac{1}{\Lambda^2(n, \Delta y, \theta_y, h)} \frac{\sigma_{\delta\dot{\varphi}_y}^2(\Delta t)_{\delta\dot{\varphi}_y} + \sigma_{\delta a_y}^2(\Delta t)_{\delta a_y} T_d^2/4}{\left(\dfrac{GM}{4a^3}\right)^2 \left(\dfrac{a}{a+h}\right)^{2n+6} \left[\dfrac{1}{n}\displaystyle\sum_{k=0}^n (\delta_k B_{nk})^2\right]}$$

$$+ K_\phi \frac{2n+6}{a+h} \frac{I_\rho}{T} \begin{Bmatrix} \dfrac{l_0^2 T_{\mathrm{arc}}^4}{36} \dfrac{1}{\Lambda^2(n, \Delta y, \theta_y, h)} \left[\sigma_{\delta\dot\rho_y}^2 (\Delta t)_{\delta\dot\rho_y} + \sigma_{\delta a_y}^2 (\Delta t)_{\delta a_y} T_d^2/4 \right] \\ + (\Delta r)_m^2 (\Delta t)_m \end{Bmatrix} \frac{1.6 \times 10^{-10}}{n^3}$$

$$(11\text{-}2\text{-}2)$$

$$K_\varepsilon = 0.1135, \quad K_\phi = 0.001, \quad T_d = 7200\mathrm{s}, \quad T_{\mathrm{arc}} = 7200\mathrm{s} \qquad (11\text{-}2\text{-}3)$$

$$\Lambda(n, \Delta y, \theta_y, h) = \frac{r^2}{v_0} \frac{1}{\max\left\{ \dfrac{\mathrm{d}^2 \bar P_{nk}(\cos\theta)}{\mathrm{d}\theta^2} \right\}} \left(\sum_{k=0}^{n} \begin{Bmatrix} \bar P_{nk}\left[\cos(\theta_y + \theta_0)\right] - \bar P_{nk}(\cos\theta_y) \\ - \bar P_{nk}(\cos\theta_0) + \bar P_{nk}(\cos 0) \end{Bmatrix}^2 \right)^{\frac{1}{2}}$$

$$(11\text{-}2\text{-}4)$$

$$\frac{1}{n} \sum_{k=0}^{n} (\delta_k B_{nk})^2 = \frac{2(8n^5 + 56n^4 + 114n^3 + 145n^2 + 85n + 24)}{3n} \qquad (11\text{-}2\text{-}5)$$

$$\theta_y = \pi/2, \quad I_\rho = 1\mathrm{m}^{-1}, \quad l_0 = 0.5\mathrm{m} \qquad (11\text{-}2\text{-}6)$$

其中,T 为重力场测量的总时间;n 为重力场模型的阶数;Δy 是迹向星间距离;h 为参考星的轨道高度;a 为地球半径;$r = a + h$ 为参考星到地心的距离;v_0 是参考星的圆轨道速度;θ_0 是两个卫星迹向星间距离对应的地心矢量夹角;$\bar P_{nk}(\cdot)$ 是完全规格化的缔合勒让德多项式;$\sigma_{\delta\dot\rho_y}$ 为星间距离变化率测量精度;$(\Delta t)_{\delta\dot\rho_y}$ 为星间距离变化率采样间隔;$\sigma_{\delta a_y}$ 为非引力干扰;$(\Delta t)_{\delta a_y}$ 为非引力干扰数据间隔;GM 为万有引力常数与地球质量的乘积;$(\Delta r)_m$ 为定轨精度;$(\Delta t)_m$ 为定轨数据采样间隔。

设

$$f_{ya} = K_\varepsilon \frac{\sigma_{\delta\dot\rho_y}^2 (\Delta t)_{\delta\dot\rho_y} + \sigma_{\delta a_y}^2 (\Delta t)_{\delta a_y} T_d^2/4}{\left(\dfrac{GM}{4a^3}\right)^2 \left(\dfrac{a}{a+h}\right)^{2n+6} \left[\dfrac{1}{n} \displaystyle\sum_{k=0}^{n} (\delta_k B_{nk})^2\right]}$$
$$+ K_\phi I_\rho \frac{2n+6}{a+h} \frac{l_0^2 T_{\mathrm{arc}}^4}{36} \left[\sigma_{\delta\dot\rho_y}^2 (\Delta t)_{\delta\dot\rho_y} + \sigma_{\delta a_y}^2 (\Delta t)_{\delta a_y} T_d^2/4\right] \frac{1.6 \times 10^{-10}}{n^3}$$

$$(11\text{-}2\text{-}7)$$

$$f_{yb} = K_\phi I_\rho \frac{2n+6}{a+h} (\Delta r)_m^2 (\Delta t)_m \frac{1.6 \times 10^{-10}}{n^3} \qquad (11\text{-}2\text{-}8)$$

则式(11-2-2)给出的迹向长基线相对轨道摄动重力场测量性能可以表示为

$$\delta\sigma_{n,y}^2 = \frac{1}{T} \frac{f_{ya}(\sigma_{\delta\dot\rho_y}, \sigma_{\delta a_y}, (\Delta t)_{\delta\dot\rho_y}, (\Delta t)_{\delta a_y}, h, n)}{\Lambda^2(n, \Delta y, \theta_y, h)} + \frac{1}{T} f_{yb}(h, n, (\Delta r)_m, (\Delta t)_m)$$

$$(11\text{-}2\text{-}9)$$

根据对称性,设轨道面法向星间距离为 Δz,则法向长基线相对轨道摄动重力场测量的阶误差方差为

$$\delta\sigma_{n,z}^2 = \frac{1}{T} \frac{f_{za}\left[\sigma_{\delta\dot{\rho}_z}, \sigma_{\delta a_z}, (\Delta t)_{\delta\dot{\rho}_z}, (\Delta t)_{\delta a_z}, h, n\right]}{\Lambda^2(n, \Delta z, \theta_z, h)} + \frac{1}{T} f_{zb}\left[h, n, (\Delta r)_m, (\Delta t)_m\right]$$

$$(11\text{-}2\text{-}10)$$

其中，$\sigma_{\delta\dot{\rho}_z}$ 为轨道面法向星间距离变化率测量误差；$\sigma_{\delta a_z}$ 为轨道面法向非引力干扰；$(\Delta t)_{\delta\dot{\rho}_z}$ 为轨道面法向星间距离变化率采样间隔；$(\Delta t)_{\delta a_z}$ 为非引力干扰数据间隔；f_{za}、f_{zb} 的表达式分别与 f_{ya}、f_{yb} 相同，$\theta_y = \theta_z = \pi/2$。

径向长基线相对轨道摄动重力场测量的阶误差方差为

$$\delta\sigma_{n,x}^2 = \frac{1}{T} \frac{1}{\left[\frac{GM}{a^3}(n+1)(n+2)\right]^2 \left(\frac{a}{\hat{r}}\right)^{2n+6}} \frac{4\sigma_{\delta\dot{\rho}_x}^2 (\Delta t)_{\delta\dot{\rho}_x}/T_d^2 + \sigma_{\delta a_x}^2 (\Delta t)_{\delta a_x}}{\left\{\frac{\hat{r}}{n+2}\left[1 - \frac{\hat{r}^{n+2}}{(\hat{r}+\Delta r)^{n+2}}\right]\right\}^2}$$

$$+ \frac{2n+6}{\hat{r}} \frac{I_\rho}{T}\left(\frac{l_0^2 T_{\text{arc}}^4}{36} \frac{4\sigma_{\delta\dot{\rho}_x}^2 (\Delta t)_{\delta\dot{\rho}_x}/T_d^2 + \sigma_{\delta a_x}^2 (\Delta t)_{\delta a_x}}{\left\{\frac{\hat{r}}{n+2}\left[1 - \frac{\hat{r}^{n+2}}{(\hat{r}+\Delta r)^{n+2}}\right]\right\}^2} + (\Delta r)_m^2 (\Delta t)_m\right) \frac{1.6 \times 10^{-10}}{n^3}$$

$$(11\text{-}2\text{-}11)$$

其中，$\sigma_{\delta\dot{\rho}_x}$ 为径向星间距离变化率测量误差；$\sigma_{\delta a_x}$ 为径向非引力干扰；$(\Delta t)_{\delta\dot{\rho}_x}$ 为径向星间距离变化率采样间隔；$(\Delta t)_{\delta a_x}$ 为非引力干扰数据间隔；$\Delta r = |x| > 0$ 为环绕星和参考星的径向星间距离；$\hat{r} = a + h + x/2$，h 为参考星的轨道高度，x 为环绕星相对参考星的径向坐标。

设

$$f_{xa} = \frac{4\sigma_{\delta\dot{\rho}_x}^2 (\Delta t)_{\delta\dot{\rho}_x}/T_d^2 + \sigma_{\delta a_x}^2 (\Delta t)_{\delta a_x}}{\left[\frac{GM}{a^3}(n+1)(n+2)\right]^2 \left(\frac{a}{\hat{r}}\right)^{2n+6}}$$

$$+ I_\rho \frac{2n+6}{\hat{r}} \frac{l_0^2 T_{\text{arc}}^4}{36} \frac{1.6 \times 10^{-10}}{n^3}\left[4\sigma_{\delta\dot{\rho}_x}^2 (\Delta t)_{\delta\dot{\rho}_x}/T_d^2 + \sigma_{\delta a_x}^2 (\Delta t)_{\delta a_x}\right] \quad (11\text{-}2\text{-}12)$$

$$f_{xb} = I_\rho \frac{2n+6}{\hat{r}} (\Delta r)_m^2 (\Delta t)_m \frac{1.6 \times 10^{-10}}{n^3} \quad (11\text{-}2\text{-}13)$$

则径向长基线相对轨道摄动重力场测量的阶误差方差为

$$\delta\sigma_{n,x}^2 = \frac{1}{T} \frac{f_{xa}\left[\sigma_{\delta\dot{\rho}_x}, \sigma_{\delta a_x}, (\Delta t)_{\delta\dot{\rho}_x}, (\Delta t)_{\delta a_x}, h, n\right]}{\left\{\frac{\hat{r}}{n+2}\left[1 - \frac{\hat{r}^{n+2}}{(\hat{r}+\Delta r)^{n+2}}\right]\right\}^2} + \frac{1}{T} f_{xb}\left[h, n, (\Delta r)_m, (\Delta t)_m\right]$$

$$(11\text{-}2\text{-}14)$$

实际上，由于卫星编队中环绕星相对参考星在 3 个方向上的星间距离是随时间变化的，因此式(11-2-9)、式(11-2-10)、式(11-2-14)分别给出的迹向、法向、径向重力场测量阶误差方差仅在时间微元 $\mathrm{d}t$ 上成立，即

$$\delta\sigma_{n,y,\mathrm{d}t}^2 = \frac{1}{\mathrm{d}t} \frac{f_{ya}}{\Lambda^2(n, \Delta y, \theta_y, h)} + \frac{1}{\mathrm{d}t} f_{yb} \quad (11\text{-}2\text{-}15)$$

$$\delta\sigma_{n,z,\mathrm{d}t}^2 = \frac{1}{\mathrm{d}t} \frac{f_{za}}{\Lambda^2(n, \Delta z, \theta_z, h)} + \frac{1}{\mathrm{d}t} f_{zb} \quad (11\text{-}2\text{-}16)$$

$$\delta\sigma_{n,x,\mathrm{d}t}^2 = \frac{1}{\mathrm{d}t}\frac{f_{xa}}{\left\{\dfrac{\hat{r}}{n+2}\left[1-\dfrac{\hat{r}^{n+2}}{(\hat{r}+\Delta r)^{n+2}}\right]\right\}^2} + \frac{1}{\mathrm{d}t}f_{xb} \tag{11-2-17}$$

在时间微元 $\mathrm{d}t$ 上,卫星编队重力场测量的阶误差方差为

$$\frac{1}{\delta\sigma_{n,\mathrm{d}t}^2} = \frac{1}{\dfrac{f_{xa}}{\left\{\dfrac{\hat{r}}{n+2}\left[1-\dfrac{\hat{r}^{n+2}}{(\hat{r}+\Delta r)^{n+2}}\right]\right\}^2} + f_{xb}}\mathrm{d}t + \frac{1}{\dfrac{f_{ya}}{\Lambda^2(n,\Delta y,\theta_y,h)} + f_{yb}}\mathrm{d}t + \frac{1}{\dfrac{f_{za}}{\Lambda^2(n,\Delta z,\theta_z,h)} + f_{zb}}\mathrm{d}t$$

$$\tag{11-2-18}$$

设重力场测量的总时间为 T,参考星的轨道周期为 T_0,则卫星编队相对运动的周期也是 T_0。在整个测量时间内积分,得到卫星编队重力场测量的阶误差方差 $\delta\sigma_n^2$ 为

$$\frac{1}{\delta\sigma_n^2} = \frac{T}{T_0}\int_0^{T_0}\frac{1}{\dfrac{f_{xa}}{\left\{\dfrac{\hat{r}}{n+2}\left[1-\dfrac{\hat{r}^{n+2}}{(\hat{r}+\Delta r)^{n+2}}\right]\right\}^2} + f_{xb}}\mathrm{d}t$$

$$+ \frac{T}{T_0}\int_0^{T_0}\frac{1}{\dfrac{f_{ya}}{\Lambda^2(n,\Delta y,\theta_y,h)} + f_{yb}}\mathrm{d}t + \frac{T}{T_0}\int_0^{T_0}\frac{1}{\dfrac{f_{za}}{\Lambda^2(n,\Delta z,\theta_z,h)} + f_{zb}}\mathrm{d}t$$

$$\tag{11-2-19}$$

其中,迹向星间距离为 $\Delta y = |y(t)|$;轨道面法向星间距离为 $\Delta z = |z(t)|$;径向星间距离为 $\Delta r = |x(t)|$;$\hat{r} = a + h + x/2$;$x(t)$、$y(t)$、$z(t)$ 为环绕星在参考星轨道坐标系中的径向、迹向、法向位置坐标,详见式(11-2-1)。对于 3 个方向上的星间距离变化率测量误差,设总星间距离变化率测量误差为 $\sigma_{\delta\dot\rho}^2$,则根据几何关系有

$$\sigma_{\delta\dot\rho_x}^2 = \sigma_{\delta\dot\rho}^2\frac{x^2(t)}{x^2(t) + y^2(t) + z^2(t)}$$

$$\sigma_{\delta\dot\rho_y}^2 = \sigma_{\delta\dot\rho}^2\frac{y^2(t)}{x^2(t) + y^2(t) + z^2(t)} \tag{11-2-20}$$

$$\sigma_{\delta\dot\rho_z}^2 = \sigma_{\delta\dot\rho}^2\frac{z^2(t)}{x^2(t) + y^2(t) + z^2(t)}$$

对于 3 个方向上的非引力干扰,可以假设如下关系:

$$\sigma_{\delta a}^2 = \sigma_{\delta a_x}^2 = \sigma_{\delta a_y}^2 = \sigma_{\delta a_z}^2 \tag{11-2-21}$$

式(11-2-19)给出了利用卫星编队中一组星间测距数据得到的重力场测量阶误差方差。实际上,卫星编队中可以存在多组星间测距。假设编队中共有 N 个卫星,则根据式(11-2-19)可以得到卫星编队总的重力场测量阶误差方差 $\delta\hat\sigma_n^2$ 满足如下关系:

$$\frac{1}{\delta\hat\sigma_n^2} = \frac{1}{2}\sum_{i=1}^{N}\sum_{j=1}^{N}\frac{\delta_{ij}}{\delta\sigma_n^2(i,j)} \tag{11-2-22}$$

其中,下标 i、j 为卫星编号,若 i 和 j 之间存在星间测距,则 $\delta_{ij}=1$;否则,$\delta_{ij}=0$。显然,$\delta_{ii}=0$。首先,基于式(11-2-22)得到重力场测量阶误差方差 $\delta\hat{\sigma}_n^2$,然后计算重力场恢复的有效阶数、大地水准面阶误差及其累积误差、重力异常阶误差及其累积误差等卫星编队重力场测量性能。

11.3　重力场测量卫星编队构形优化设计与载荷匹配设计方法

根据 11.2 节建立的卫星编队重力场测量解析模型,研究轨道参数、编队构形参数、载荷指标对重力场测量的影响规律,进而提出重力场测量编队构形的优化设计方法以及载荷匹配设计方法,实现卫星编队重力场测量性能的最优化。

11.3.1　卫星编队任务参数对重力场测量性能的影响规律

由式(11-2-1)可知,环绕星相对参考星的运动是简谐振荡。由于参考星的选择是人为的,这样也可以选择某个环绕星作为参考星,这意味卫星编队中环绕星相对环绕星的运动也是简谐振荡。为简便起见,仅针对一个环绕星和一个参考星的情况,研究编队任务参数对重力场测量性能的影响规律。

1. 轨道高度对卫星编队重力场测量的影响规律

在不同的轨道高度下,计算卫星编队重力场测量性能,其中编队任务参数设置如表 11.1 所示。计算得到卫星编队重力场测量性能,如图 11.1～图 11.3 所示。

表 11.1　卫星编队重力场测量任务参数(轨道高度变化)

轨道参数			
轨道高度		250～500km	
载荷指标			
星间距离变化率测量精度	1.0×10^{-6}m/s	星间距离变化率数据间隔	5s
卫星定轨精度	5cm	卫星定轨数据间隔	5s
非引力干扰精度	3.0×10^{-10}m/s^2	非引力干扰数据间隔	5s
总任务测量时间	6个月		
编队构形参数			
轨道面内椭圆运动短半轴	50km	轨道面内椭圆运动初始相位	$20°$
轨道面法向运动振幅	30km	轨道面法向运动初始相位	$160°$
编队中心到参考星距离	40km		

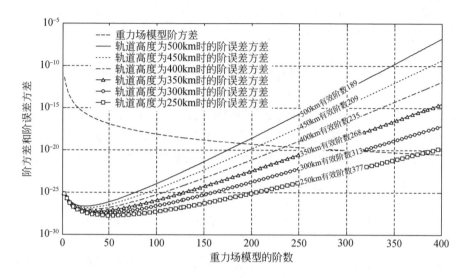

图 11.1　不同轨道高度下卫星编队重力场测量的阶误差方差

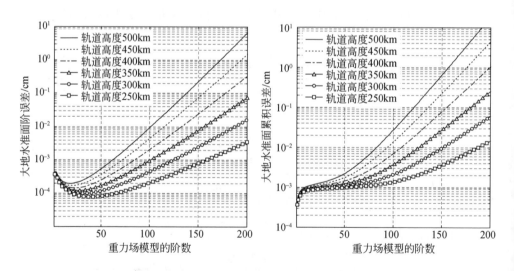

图 11.2　不同轨道高度下编队重力场测量的大地水准面阶误差及其累积误差

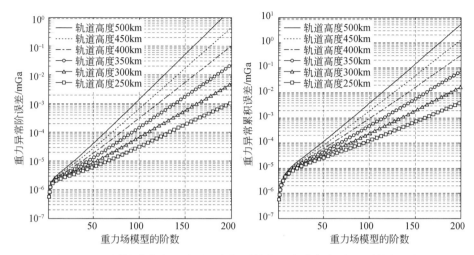

图 11.3　不同轨道高度下编队重力场测量的重力异常阶误差及其累积误差

由图 11.1～图 11.3 可知,重力场测量性能随轨道高度的降低而迅速增加。轨道高度越低,越有利于敏感高阶重力场信息,重力场测量的有效阶数越高,大地水准面和重力异常误差越小。

2. 编队构形参数对重力场测量性能的影响规律

由式(11-2-1)可知,环绕星相对参考星的运动在径向、迹向是耦合的,并且法向与这两个方向是解耦的。首先,分析径向、迹向上的编队构形参数对重力场测量的影响,分为 $p \neq 0$、$l = 0$,$p = 0$、$l \neq 0$,$p \neq 0$、$l \neq 0$ 三种情况,研究编队构形参数 p、l 对重力场测量的影响规律。

1) $p \neq 0$,$l = 0$

令 p 在 10～50km 范围内变化,其他参数设置如表 11.2 所示,计算卫星编队重力场测量的阶误差方差,如图 11.4 所示。

表 11.2　卫星编队重力场测量任务参数($p \neq 0$, $l = 0$)

轨道参数			
轨道高度		460km	
载荷指标			
星间距离变化率测量精度	1.0×10^{-6} m/s	星间距离变化率数据间隔	5s
卫星定轨精度	5cm	卫星定轨数据间隔	5s
非引力干扰精度	3.0×10^{-10} m/s^2	非引力干扰数据间隔	5s
总任务测量时间	6 个月		
编队构形参数			
轨道面内椭圆运动短半轴 p	10～50km	轨道面内椭圆运动初始相位	20°
轨道面法向运动振幅 s	0km	轨道面法向运动初始相位	160°
编队中心到参考星距离 l	0km		

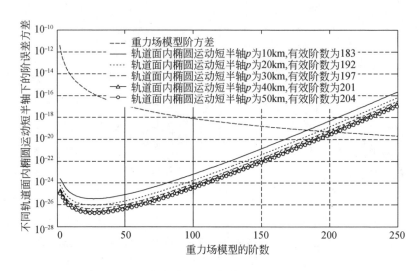

图 11.4　不同轨道面内椭圆运动短半轴对应的重力场测量阶误差方差

由图 11.4 可知,当轨道面内椭圆运动短半轴 p 分别取 10km、20km、30km、40km、50km 时,重力场测量的有效阶数分别为 183、192、197、201、204。这是因为 p 越大,径向星间距离越大,从而星间测距数据中包含的引力信息越强,越有利于提高重力场测量水平。

2) $p=0$、$l\neq0$

令 l 在 50~250km 范围内变化,如表 11.3 所示,计算得到重力场测量的阶误差方差曲线如图 11.5 所示。

表 11.3　卫星编队重力场测量任务参数($p=0$, $l\neq0$)

轨道参数			
轨道高度		460km	
载荷指标			
星间距离变化率测量精度	1.0×10^{-6}m/s	星间距变化率数据间隔	5s
卫星定轨精度	5cm	卫星定轨数据间隔	5s
非引力干扰精度	3.0×10^{-10}m/s²	非引力干扰数据间隔	5s
总任务测量时间	6个月		
编队构形参数			
轨道面内椭圆运动短半轴 p	0km	轨道面内椭圆运动初始相位	20°
轨道面法向运动振幅 s	0km	轨道面法向运动初始相位	160°
编队中心到参考星距离 l	50~250km		

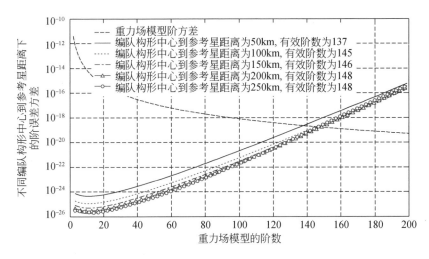

图 11.5　不同编队构形中心到参考星距离下的重力场测量阶误差方差

在轨道面内椭圆运动短半轴为 0 的情况下,编队构形中心到参考星的距离即为环绕星和参考星的迹向星间距离。由图 11.5 可知,随着迹向星间距离的增加,低阶重力场测量误差逐渐降低,而中高阶重力场测量误差基本不变。但是,迹向星间距离的改变,会调整重力场测量的最佳频段。分析可知,若迹向星间距离为 L,则最佳重力场测量阶数 N_{best} 为

$$N_{\text{best}} = \frac{\pi(a+h)}{L} \tag{11-3-1}$$

其中,a 为地球半径;h 为轨道高度。在图 11.5 中,中高阶部分的阶误差方差曲线交叉重叠,其细节如图 11.6 所示。可知,迹向星间距离分别取 L_1、L_2,则与之相应的阶误差方差曲线会发生交叉,交叉点位于 $N_{\text{best},1}$ 和 $N_{\text{best},2}$ 之间,从而验证了星间距离 L 与最佳重力场测量阶数 N_{best} 之间的函数关系。

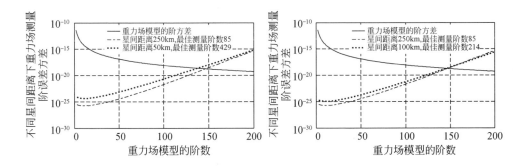

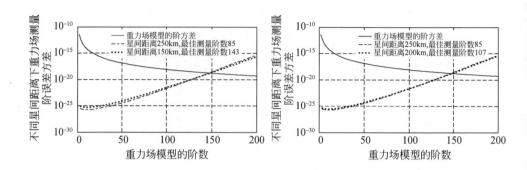

图 11.6　不同星间距离下的重力场测量阶误差方差

3）$p\neq0$、$l\neq0$

为了对比径向和迹向重力场测量性能，令 $p=50\mathrm{km}$，$l=100\mathrm{km}$，$s=0\mathrm{km}$，其他参数如表 11.4 所示，分别计算由径向星间测距和迹向星间测距得到的阶误差方差，如图 11.7 所示。可知，基于迹向星间测距的重力场测量的有效阶数为 144，而基于径向星间测距的重力场测量有效阶数为 206，径向星间测距远大于迹向星间测距的重力场测量性能。

表 11.4　卫星编队重力场测量任务参数（$p=50\mathrm{km}$，$l=100\mathrm{km}$）

轨道参数			
轨道高度		460km	
载荷指标			
星间距离变化率测量精度	$1.0\times10^{-6}\mathrm{m/s}$	星间距离变化率数据间隔	5s
卫星定轨精度	5cm	卫星定轨数据间隔	5s
非引力干扰精度	$3.0\times10^{-10}\mathrm{m/s^2}$	非引力干扰数据间隔	5s
总任务测量时间	6个月		
编队构形参数			
轨道面内椭圆运动短半轴 p	50km	轨道面内椭圆运动初始相位	20°
轨道面法向运动振幅 s	0km	轨道面法向运动初始相位	160°
编队中心到参考星距离 l	100km		

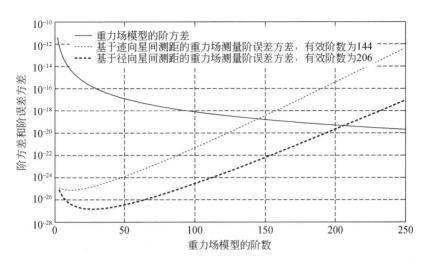

图 11.7　基于径向和迹向星间测距的重力场测量性能对比

令 $p=50\mathrm{km}$, l 在 $50\sim250\mathrm{km}$ 范围内变化,如表 11.5 所示,计算重力场测量的阶误差方差,如图 11.8 所示。与图 11.5 对比可知,在图 11.8 中编队构形中心到参考星距离 l 的改变虽然也会调整不同频段上的阶误差方差,但是调整的幅度更小,表现为 l 取不同值时的阶误差方差曲线基本重合。这是因为这时径向存在振幅为 50km 的简谐振动,径向星间测距对重力场测量的贡献起主导作用。

表 11.5　卫星编队重力场测量任务参数($p\neq0$, $l\neq0$)

轨道参数		
轨道高度	460km	
载荷指标		
星间距离变化率测量精度	$1.0\times10^{-6}\mathrm{m/s}$	星间距离变化率数据间隔	5s
卫星定轨精度	5cm	卫星定轨数据间隔	5s
非引力干扰精度	$3.0\times10^{-10}\mathrm{m/s^2}$	非引力干扰数据间隔	5s
总任务测量时间	6 个月		
编队构形参数		
轨道面内椭圆运动短半轴 p	50km	轨道面内椭圆运动初始相位	20°
轨道面法向运动振幅 s	0km	轨道面法向运动初始相位	160°
编队中心到参考星距离 l	$50\sim250\mathrm{km}$		

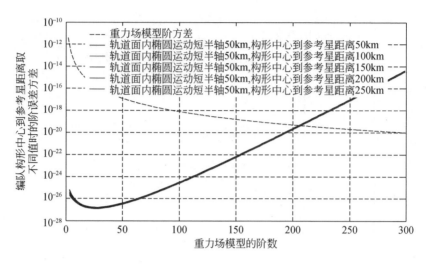

图 11.8　编队构形中心到参考星距离取不同值时的阶误差方差

4)轨道面法向振幅对重力场测量性能的影响规律

令轨道面法向振幅 s 在 $10\sim250$km 范围内变化,其他参数设置如表 11.6 所示,计算得到重力场测量的阶误差方差,如图 11.9 所示。可知,随着轨道面法向振幅 s 的增加,环绕星相对参考星的法向距离在 $0\sim s$ 内周期性变化。由式(11-3-1)可知,法向星间测距对应的最佳重力场测量频段为 $[\pi(a+h)/s,+\infty]$。这意味着振幅 s 越大,重力场测量的最佳频段从越低的阶数扩展到无穷大。

表 11.6　卫星编队重力场测量任务参数($s\neq0$)

轨道参数			
轨道高度		460km	
载荷指标			
星间距离变化率测量精度	1.0×10^{-6}m/s	星间距离变化率数据间隔	5s
卫星定轨精度	5cm	卫星定轨数据间隔	5s
非引力干扰精度	3.0×10^{-10}m/s^2	非引力干扰数据间隔	5s
总任务测量时间	6个月		
编队构形参数			
轨道面内椭圆运动短半轴 p	0km	轨道面内椭圆运动初始相位	$20°$
轨道面法向运动振幅 s	$10\sim250$km	轨道面法向运动初始相位	$160°$
编队中心到参考星距离 l	0km		

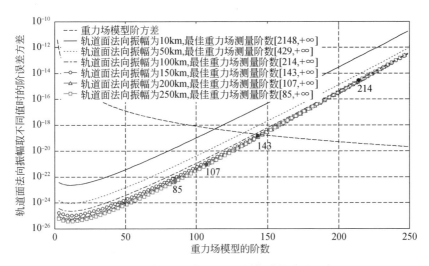

图 11.9　轨道面法向振幅取不同值时的阶误差方差

为了比较由径向、迹向和轨道面法向星间测距数据得到的重力场测量性能,令
$p=s=100\text{km}$,$l=0\text{km}$,其他参数与表 11.6 中的参数设置相同,分别基于径向、迹
向、法向观测分量计算重力场测量的阶误差方差,如图 11.10 所示。

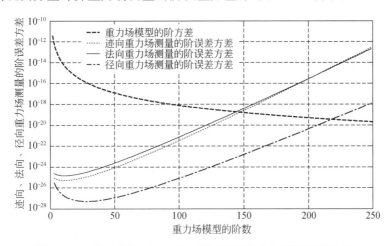

图 11.10　基于迹向、法向、径向星间测距的重力场测量性能对比

由图 11.10 可知,在轨道参数、载荷指标相同的条件下,径向星间测距对应的
重力场测量性能远大于迹向、轨道面法向上的重力场测量性能,径向参数是重力场
测量卫星编队构形参数中最主要的因素。

5)轨道面内椭圆运动初始相位和轨道面法向运动初始相位的影响规律

在轨道面内椭圆运动初始相位 ξ_{xy} 和轨道面法向运动初始相位 ξ_z 分别取不同
值的情况下,计算重力场测量的阶误差方差。其中,计算参数设置如表 11.7 所示。

令 ξ_{xy} 取 20°，ξ_z 在 0°～360°内变化，得到重力场测量的阶误差方差，并分别计算其与 $\xi_{xy}=0$、$\xi_z=0$ 时的阶误差方差的比值，如图 11.11 所示。

同样，令 ξ_z 取 20°，ξ_{xy} 在 0°～360°内变化，得到相应阶误差方差与初始相位均为 0°时的阶误差方差之比，如图 11.12 所示。

由图 11.11 和图 11.12 可知，在轨道面内椭圆运动初始相位或轨道面法向运动初始相位变化的情况下，重力场测量的阶误差方差基本保持不变，说明这两个参数对重力场测量没有影响。

表 11.7　卫星编队重力场测量任务参数（初始相位变化）

轨道参数			
轨道高度		460km	
载荷指标			
星间距离变化率测量精度	1.0×10^{-6} m/s	星间距离变化率数据间隔	5s
卫星定轨精度	5cm	卫星定轨数据间隔	5s
非引力干扰精度	3.0×10^{-10} m/s²	非引力干扰数据间隔	5s
总任务测量时间	6个月		
编队构形参数			
轨道面内椭圆运动短半轴	20km	编队中心到参考星距离	100km
轨道面法向运动振幅	30km		
情况 1	轨道面内椭圆运动初始相位/(°)	20	
	轨道面法向运动初始相位/(°)	0～360	
情况 2	轨道面内椭圆运动初始相位/(°)	0～360	
	轨道面法向运动初始相位/(°)	20	

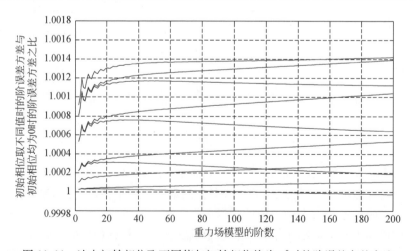

图 11.11　法向初始相位取不同值与初始相位均为 0°时的阶误差方差之比

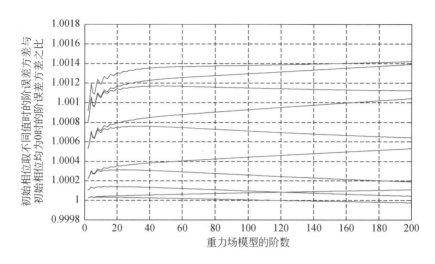

图 11.12　椭圆运动初始相位取不同值与初始相位均为 0°时的阶误差方差之比

综上可得到卫星编队构形参数对重力场测量性能的影响规律,具体如下。

(1)轨道面内椭圆运动短半轴 p 产生径向的相对运动,是决定重力场测量性能的主导因素,远大于由迹向、轨道面法向星间测距得到的重力场测量性能。

(2)编队构形中心到参考星的距离 l 会调整不同频段上的重力场测量阶误差方差,当 $p=0$ 时它对应最佳的重力场测量阶数为 $\pi(a+h)/l$。

(3)当 p 较大时,l 对不同频段上的重力场测量阶误差方差调整作用不明显。

(4)法向相对运动的振幅 s 越大,重力场测量的最佳频段从越低的阶数 $\pi(a+h)/s$ 扩展到无穷大。随着法向振幅 s 的增加,高阶重力场测量性能基本不变,但是低阶重力场测量会有所提高。

(5)迹向星间测距有利于带谐项位系数恢复,不利于扇谐项位系数恢复;轨道面法向星间测距则有利于扇谐项位系数恢复,而不利于带谐项位系数恢复。两个方向上的星间测距结合,可以使不同阶次的位系数误差更加均匀。

(6)轨道面内椭圆运动的初始相位、轨道面法向运动的初始相位对重力场测量没有影响。

3. 载荷指标对重力场测量性能的影响规律

下面研究星间距离变化率测量误差、定轨误差、非引力干扰、总测量时间等载荷指标对重力场测量的影响规律。选择一组卫星编队重力场测量任务参数,如表 11.8 所示。在其他参数不变的情况下,单独改变其中的某一个参数,计算相应的重力场测量阶误差方差,如图 11.13～图 11.16 所示。其中,星间距离变化率测量精度的变化范围为 $10^{-8}\sim10^{-4}\,\mathrm{m/s}$,定轨精度的变化范围为 $1\sim20\,\mathrm{cm}$,

非引力干扰的变化范围为$10^{-8}\sim10^{-12}\,\text{m/s}^2$,总任务测量时间的变化范围为 6～30 月。

表 11.8　卫星编队重力场测量任务参数

轨道参数			
轨道高度		460km	
载荷指标			
星间距离变化率测量精度	$1.0\times10^{-6}\,\text{m/s}$	星间距离变化率数据间隔	5s
卫星定轨精度	5cm	卫星定轨数据间隔	5s
非引力干扰精度	$3.0\times10^{-10}\,\text{m/s}^2$	非引力干扰数据间隔	5s
总任务测量时间	6 个月		
编队构形参数			
轨道面内椭圆运动短半轴 p	50km	轨道面内椭圆运动初始相位	20°
轨道面法向运动振幅 s	40km	轨道面法向运动初始相位	160°
编队中心到参考星距离 l	30km		

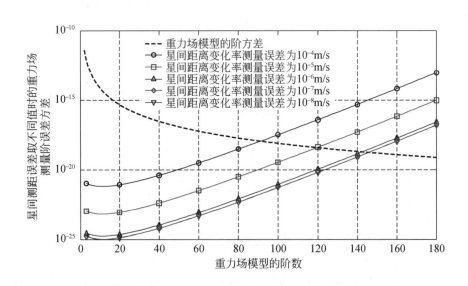

图 11.13　星间测距误差取不同值时的卫星编队重力场测量阶误差方差

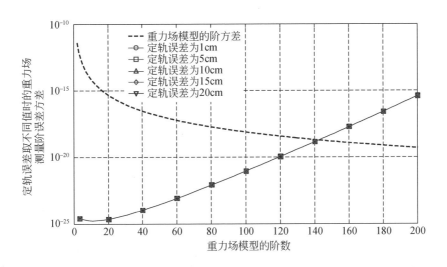

图 11.14　定轨精度取不同值时的卫星编队重力场测量阶误差方差

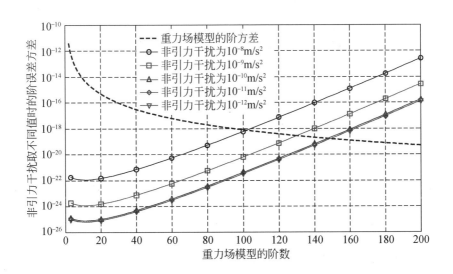

图 11.15　非引力干扰取不同值时的卫星编队重力场测量阶误差方差

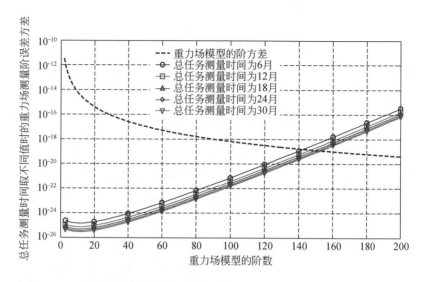

图 11.16　总任务测量时间取不同值时的卫星编队重力场测量阶误差方差

根据图 11.13～图 11.16 的计算结果,并结合天基重力场测量的基本规律,总结得到载荷指标对卫星编队重力场测量的如下影响规律。

(1)星间距离变化率测量误差越小,重力场测量性能越高。

(2)定轨误差的改变对卫星编队重力场测量性能的影响很小。

(3)非引力干扰越小,重力场测量性能越高。

(4)星间距离变化率测量误差、定轨误差和非引力干扰之间存在匹配关系。

(5)总测量时间越长,重力场测量性能越高。

(6)由式(11-2-7)～式(11-2-11)可知,卫星编队重力场测量的阶误差方差正比于测量数据采样间隔与总测量时间的比值。因此,总测量时间的增加等效于测量数据采样间隔的缩小。总测量时间越长,数据采样间隔越小,重力场测量性能越高。

11.3.2　卫星编队重力场测量的约束条件

在卫星编队重力场测量任务设计中,需要考虑如下约束条件。

(1)最低轨道高度约束。设参考星轨道高度为 h,径向运动的最大星间距离为 p,则环绕星的最低高度为 $h-p$,要求最低高度不低于 h_l,即

$$h-p \geqslant h_l \Rightarrow 0 \leqslant p \leqslant h-h_l \qquad (11-3-2)$$

(2)相对运动范围约束。在卫星编队相对运动方程建立的过程中,假设轨道偏心率很小、环绕星和参考星距离很近,同时忽略了摄动因素的影响。实际上,这些因素对于卫星编队构形的长期维持而言,均是不可忽略的。因此,为了便于相对运动构形的长期维持控制,对径向、迹向和轨道面法向的运动振幅存在一定的上限约

束,即

$$\begin{cases} 0 \leqslant p \leqslant p_u \\ 0 \leqslant l + 2p \leqslant l_u \\ 0 \leqslant s \leqslant s_u \end{cases} \tag{11-3-3}$$

综合式(11-3-2)和式(11-3-3),得

$$\begin{cases} 0 \leqslant p \leqslant \min(p_u, h - h_l) \\ 0 \leqslant l + 2p \leqslant l_u \\ 0 \leqslant s \leqslant s_u \end{cases} \tag{11-3-4}$$

环绕星相对参考星运动的两个相位参数对重力场测量没有影响,均在 $0° \sim 360°$ 内变化。但是,对于两个环绕星的相对运动,相位差与它们相对运动的简谐运动振幅有关,因而在设计中需要对相位参数进行优化。

(3)星间测距链路数目约束。卫星编队重力场测量中的卫星数目可以是 2 个或 2 个以上。对于存在 2 个以上卫星的重力场测量编队,理论上任意两个卫星之间均存在星间测距,会使重力场测量性能最大化。但是,星间测距要求两个卫星姿态精确对准,这样在实际工程中就限制了一个卫星与其他卫星进行星间测距的链路数目,设最大星间测距链路数目为 N_{links}。

(4)卫星数目约束。理论上,卫星数目越多,星间测距链路越多,重力场测量性能越高。但是,卫星数目越多,整个编队系统越复杂,可靠性越低,因此对卫星数目存在上限约束,设为 N_{sat}。

11.3.3　重力场测量卫星编队构形优化设计方法

在卫星编队运动中,参考星轨道面内运动与轨道面法向运动是解耦的。因此,可以独立设计轨道面内和轨道面法向的构形参数。在轨道面内,径向星间测距对重力场测量的影响远大于迹向星间测距,因此可以优先考虑编队径向构形参数。

1. 卫星编队径向构形参数的优化设计方法

设卫星编队中共有 N_{sat} 个卫星,为了保证运动周期相同,这些卫星具有相同的轨道半长轴。选择参考星为一个沿圆轨道运行的虚拟点,与实际卫星半长轴相同。对于编队中的卫星 i、j,它们相对于参考星的径向运动为

$$x_i(t) = -p_i \cos(nt + \xi_{xy,i}) \tag{11-3-5}$$

$$x_j(t) = -p_j \cos(nt + \xi_{xy,j}) \tag{11-3-6}$$

卫星 i 和 j 的径向相对运动为

$$x_i(t) - x_j(t) = \sqrt{p_i{}^2 + p_j{}^2 - 2p_i p_j \cos(\xi_{xy,i} - \xi_{xy,j})} \cos(nt + \psi_{xy,ij}) \tag{11-3-7}$$

其中,$\psi_{xy,ij}$ 的余弦值和正弦值分别为

$$\cos\psi_{xy,ij} = \frac{p_j\cos\xi_{xy,j} - p_i\cos\xi_{xy,i}}{\sqrt{{p_i}^2 + {p_j}^2 - 2p_ip_j\cos(\xi_{xy,i} - \xi_{xy,j})}}$$

$$\sin\psi_{xy,ij} = \frac{p_j\sin\xi_{xy,j} - p_i\sin\xi_{xy,i}}{\sqrt{{p_i}^2 + {p_j}^2 - 2p_ip_j\cos(\xi_{xy,i} - \xi_{xy,j})}} \tag{11-3-8}$$

可知，两个环绕星 i,j 在径向的相对运动仍然是简谐振动。为了实现重力场测量性能最大，应使两个卫星径向相对运动的振幅最大。当编队中卫星数目 $N_{sat} = 2$ 时，应使两个卫星的振幅均取到最大值，相位相差 π，即

$$p_1 = p_2 = \min(p_u, h - h_l) \tag{11-3-9}$$

$$\xi_{xy,1} - \xi_{xy,2} = \pm\pi \tag{11-3-10}$$

当编队中卫星数目 $N_{sat} \geq 3$ 时，这些卫星围绕参考星形成一定的测量构形，不容易直接得到这些卫星在径向的最佳相位分布，需要利用优化算法进行分析。设编队中所有卫星相对环绕星的径向振幅和初始相位分别为 p_i 和 $\xi_{xy,i}$，其中 $i = 1$，$2, \cdots, N_{sat}$。式(11-2-14)给出的基于径向星间测距的重力场测量阶误差方差是径向星间距离 Δr 的函数，而任意两个卫星 i 和 j 的径向星间距离可以由式(11-3-7)表示，即

$$\Delta r = |x_i(t) - x_j(t)| \tag{11-3-11}$$

于是，由卫星 i 和 j 的径向星间测距得到的重力场测量阶误差方差可表示为

$$\delta\sigma_{n,x,ij}^2(\Delta r) = \delta\sigma_{n,x}^2(p_i, \xi_{xy,i}, p_j, \xi_{xy,j}) \tag{11-3-12}$$

设卫星编队重力场测量的阶误差方差为 $\delta\sigma_{n,x}^2$，则构形优化设计的目标函数可以选择为累积到 N 阶的大地水准面误差，即

$$\min\Delta = a\sqrt{\sum_{n=2}^{N}(2n+1)\delta\sigma_{n,x}^2} \tag{11-3-13}$$

其中

$$\frac{1}{\delta\sigma_{n,x}^2} = \frac{1}{2}\sum_{i=1}^{N_{sat}}\sum_{j=1,j\neq i}^{N_{sat}}\frac{\Delta_{ij}}{\delta\sigma_{n,x,ij}^2(p_i, \xi_{xy,i}, p_j, \xi_{xy,j})} \tag{11-3-14}$$

约束条件为

$$0 \leq \Delta_{ij} \leq 1, \quad \Delta_{ij} \subseteq Z \tag{11-3-15}$$

$$\Delta_{ii} = 0, \quad i = 1, 2, \cdots, N_{sat} \tag{11-3-16}$$

$$\Delta_{ij} = \Delta_{ji}, \quad i, j = 1, 2, \cdots, N_{sat} \tag{11-3-17}$$

$$1 \leq \sum_{j=1}^{S_m}\Delta_{ij} \leq N_{links}, \quad i = 1, 2, \cdots, N_{sat} \tag{11-3-18}$$

$$0 < p_i \leq \min(p_u, h - h_l), \quad i = 1, 2, \cdots, N_{sat} \tag{11-3-19}$$

$$0 \leq \xi_{xy,i} \leq 2\pi, \quad i = 1, 2, \cdots, N_{sat} \tag{11-3-20}$$

在式(11-3-15)中，$\Delta_{ij} = 1$ 说明卫星 i 和 j 之间存在星间测距，$\Delta_{ij} = 0$ 说明它们之间无星间测距；式(11-3-16)说明卫星与其自身之间不存在星间测距；式(11-3-17)说

明星间测距具有对称性;式(11-3-18)说明一个卫星的星间测距链路数目最小为1,最大为 N_{links};式(11-3-19)是对径向运动振幅的约束;式(11-3-20)说明相对运动的初始相位可以在 $0\sim2\pi$ 内连续变化。根据式(11-3-13)~式(11-3-20),针对卫星数目不超过 6 的编队,进行径向运动初始相位优化设计,得到的最佳径向运动相位分布如图 11.17 所示。

在图 11.17 所示的环绕星径向简谐运动优化设计中,为了实现重力场测量性能的最大化,所有卫星的径向振幅均取到最大值,即

$$p_i=\min(p_u,h-h_l),\quad i=1,2,\cdots,N_{\text{sat}} \tag{11-3-21}$$

在图 11.17 中,若两个卫星之间由虚线连接,说明两星之间存在星间测距,否则不存在星间测距。

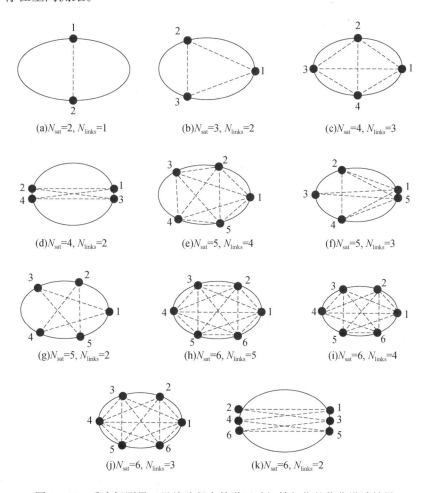

图 11.17　重力场测量卫星编队径向简谐运动初始相位的优化设计结果

由图 11.17 可知,当卫星数目为 2 时,最佳的径向简谐运动初始相位为

$$\xi_{xy,1}=\xi_0, \quad \xi_{xy,2}=\xi_0+\pi \tag{11-3-22}$$

当卫星数目为 3 时,最佳的径向简谐运动初始相位为

$$\xi_{xy,1}=\xi_0, \quad \xi_{xy,2}=\xi_0+\frac{2\pi}{3}, \quad \xi_{xy,3}=\xi_0+\frac{4\pi}{3} \tag{11-3-23}$$

当卫星数目为 4 时,最佳的径向简谐运动初始相位为

$$\begin{cases} \xi_{xy,1}=\xi_0, \quad \xi_{xy,2}=\xi_0+\dfrac{\pi}{2}, \quad \xi_{xy,3}=\xi_0+\pi, \quad \xi_{xy,4}=\xi_0+\dfrac{3\pi}{2}, \quad N_{\text{links}}=3 \\ \xi_{xy,1}=\xi_0, \quad \xi_{xy,2}=\xi_0+\pi, \quad \xi_{xy,3}=\xi_0, \quad \xi_{xy,4}=\xi_0+\pi, \quad N_{\text{links}}=2 \end{cases} \tag{11-3-24}$$

当卫星数目为 5 时,最佳的径向简谐运动初始相位为

$$\begin{cases} \xi_{xy,1}=\xi_0, \quad \xi_{xy,2}=\xi_0+\dfrac{2\pi}{5}, \quad \xi_{xy,3}=\xi_0+\dfrac{4\pi}{5}, \quad \xi_{xy,4}=\xi_0+\dfrac{6\pi}{5}, \quad \xi_{xy,5}=\xi_0+\dfrac{8\pi}{5}, \quad N_{\text{links}}=4 \\ \xi_{xy,1}=\xi_0, \quad \xi_{xy,2}=\xi_0+\dfrac{2\pi}{3}, \quad \xi_{xy,3}=\xi_0+\pi, \quad \xi_{xy,4}=\xi_0+\dfrac{4\pi}{3}, \quad \xi_{xy,5}=\xi_0, \quad N_{\text{links}}=3 \\ \xi_{xy,1}=\xi_0, \quad \xi_{xy,2}=\xi_0+\dfrac{2\pi}{5}, \quad \xi_{xy,3}=\xi_0+\dfrac{4\pi}{5}, \quad \xi_{xy,4}=\xi_0+\dfrac{6\pi}{5}, \quad \xi_{xy,5}=\xi_0+\dfrac{8\pi}{5}, \quad N_{\text{links}}=2 \end{cases} \tag{11-3-25}$$

当卫星数目为 6 时,最佳的径向简谐运动初始相位为

$$\begin{cases} \xi_{xy,1}=\xi_0, \quad \xi_{xy,2}=\xi_0+\dfrac{\pi}{3}, \quad \xi_{xy,3}=\xi_0+\dfrac{2\pi}{3}, \quad \xi_{xy,4}=\xi_0+\pi, \quad \xi_{xy,5}=\xi_0+\dfrac{4\pi}{3}, \quad \xi_{xy,6}=\xi_0+\dfrac{5\pi}{3}, \quad N_{\text{links}}=5,4,3 \\ \xi_{xy,1}=\xi_0, \quad \xi_{xy,2}=\xi_0+\pi, \quad \xi_{xy,3}=\xi_0, \quad \xi_{xy,4}=\xi_0+\pi, \quad \xi_{xy,5}=\xi_0, \quad \xi_{xy,6}=\xi_0+\pi, \quad N_{\text{links}}=2 \end{cases} \tag{11-3-26}$$

由式(11-3-21)～式(11-3-26)和图 11.17 得到了为实现卫星编队重力场测量性能最大化,编队中各个卫星径向振幅和径向运动初始相位的设计方法。

2. 卫星编队迹向构形参数的优化设计方法

完成径向分量的构形设计后,可以进行迹向分量的构形设计。由于径向和迹向耦合,径向简谐运动振幅取最大值后,卫星 i 和 j 的迹向相对运动为

$$y_i(t)-y_j(t)=-4\min(p_u,h-h_l)\sin(nt+\psi_{xy,ij})+l_i-l_j \tag{11-3-27}$$

当轨道面内椭圆运动短半轴较小时,应当沿迹向移动编队构形中心的位置,移动距离为重力场测量阶数对应的空间分辨率;当轨道面内椭圆运动短半轴较大时,移动编队构形中心到参考星的距离,其效果是降低某一频段内的阶误差方差,但同时会增加另一频段内的阶误差方差。这时应当基于阶误差方差解析公式来确定合适的编队构形中心到参考星距离之差 l_i-l_j。

3. 卫星编队法向构形参数的优化设计方法

由式(11-2-1)可知,环绕星相对参考星的径向和法向具有相同的运动规律,均是简谐运动,并且为实现重力场测量性能最大,简谐运动振幅的选取原则也是相同

的,即令振幅达到最大值。因此,重力场测量卫星编队中轨道面法向运动的振幅设计方法为

$$s_i = s_u, \quad i = 1, 2, \cdots, N_{sat} \tag{11-3-28}$$

重力场测量卫星编队中各个卫星轨道面法向运动初始相位的选取方法,与图 11.17 和式(11-3-22)~式(11-3-26)相同。

11.3.4　重力场测量卫星编队载荷匹配设计方法

11.3.1 节研究了载荷指标对重力场测量性能的影响,得到了星间距离变化率测量误差和非引力干扰之间存在匹配关系、定轨误差对重力场测量影响很小的结论。式(11-2-2)、式(11-2-10)、式(11-2-11)给出了 3 个方向上长基线相对轨道摄动重力场测量的阶误差方差表达式,令星间测距误差和非引力干扰引起阶误差方差的变化相同,得到这两项指标的匹配关系满足:

$$\frac{4\sigma_{\delta\dot\rho}^2 (\Delta t)_{\delta\dot\rho}}{T_d^2} = \sigma_{\delta a}^2 (\Delta t)_{\delta a} \tag{11-3-29}$$

在满足上述匹配关系的条件下,星间测距误差和非引力干扰应当尽可能小。由于定轨误差对卫星编队重力场测量性能的影响很小,因此目前可实现的厘米级定轨精度完全满足任务要求。

对于星间距离变化率采样间隔、非引力干扰数据间隔、定轨数据间隔等测量数据采样间隔,应当尽可能小,并存在上限约束,满足南北方向上的全球覆盖测量要求,即

$$\Delta t \leqslant \frac{\pi}{N_{max}} \sqrt{\frac{(R_e + h)^3}{\mu}} \tag{11-3-30}$$

其中,Δt 是测量数据采样间隔;N_{max} 是卫星编队重力场测量的有效阶数;R_e 是地球半径;h 为参考星的轨道高度;μ 是地球引力常数。

总任务测量时间尽可能长,并存在下限约束,与轨道高度决定的回归周期 D 相协调,满足东西方向上的全球覆盖测量,即

$$T \geqslant D = \left(\omega_e - \frac{d\Omega}{dt}\right) N_{max} \sqrt{\frac{(R_e + h)^3}{\mu}} \tag{11-3-31}$$

其中,ω_e 是地球自转角速度;$d\Omega/dt$ 是轨道升交点赤经随时间的变化率。根据重力场测量卫星编队构形设计方法和载荷指标匹配设计方法,可以进行卫星编队任务参数的优化设计,从而充分发挥载荷水平,实现卫星编队重力场测量性能的最优化。

11.4　重力场测量卫星编队构形长期自然维持策略

11.3 节中的重力场测量编队构形设计方法是在中心引力假设下得到的,但是实际上卫星编队会受到各种摄动力的影响。为了敏感到尽可能强的引力信

号,重力场测量卫星编队轨道高度应尽可能低,一般在 $200\sim500\mathrm{km}$ 内。在这样的轨道高度上,编队卫星受到的摄动力主要是大气阻力和 J_2 项摄动。大气阻力是耗散力,气体分子通过与卫星表面碰撞、摩擦,降低卫星机械能,导致轨道高度逐渐降低,使卫星轨道周期变短。编队中各个卫星受大气阻力作用不尽相同,这样在大气阻力的长期作用下,编队中的各个卫星轨道周期可能出现较大差异,引起编队构形发散。J_2 项摄动力是保守力,它虽然不会使轨道半长轴产生长期漂移,但会使升交点赤经、近地点角距和平近点角产生长期漂移,这也会导致编队构形的发散。

对于卫星编队重力场测量任务而言,虽然不要求编队严格保持设计构形,但是星间距离不能过于发散,编队构形应维持在一定的范围内。这一要求的提出,一方面是为了保证星间测距的实现,因为星间距离过大无法保证星间测距仪工作;另一方面也是考虑到重力场反演的空间分辨率要求,因为星间距离与最适于反演的位系数阶数具有对应关系,为了保证特定阶数范围内的重力场测量精度,要求星间距离必须维持在一定的范围内。虽然通过对卫星施加主动控制力,可以精密地保持重力场测量编队构形,但是这会消耗大量的燃料,缩短任务寿命,不利于卫星编队长期在轨测量。因此,寻求一种既节约燃料又能够长期维持编队构形的策略,是非常有意义的。

下面将针对重力场测量卫星编队受到的大气阻力摄动和 J_2 项摄动,建立相应的摄动补偿抑制方法,使编队构形维持在一定的范围内,保证重力场测量任务的实现。文献[1]针对 J_2 项摄动,提出了一种通过初始轨道根数偏置实现构形长期自然维持的策略,具体为设定环绕星相对参考星的轨道半长轴差和倾角差:

$$\delta a=-\frac{J_2}{2L^4\eta^6}\frac{4+3\beta\eta}{\beta}(1+5\cos^2 i)ae\delta e \tag{11-4-1}$$

$$\delta i=\frac{4e}{\eta^2\tan i}\delta e \tag{11-4-2}$$

其中,$L=\sqrt{(R_e+h)/R_e}$,R_e 为地球赤道半径,h 为参考星的轨道高度;$\eta=\sqrt{1-e^2}$;$\beta=1/\sqrt{1-e^2}$;a、e、i 分别为参考星的轨道半长轴、偏心率、轨道倾角。在天基重力场测量中,为了实现全球覆盖测量,倾角接近 $90°$,因此由式(11-4-2)得到 $\delta i=0$,这意味着只需要按照式(11-4-1)调整环绕星和参考星的轨道半长轴差,就可以在一段时间内克服 J_2 项摄动引起的编队构形发散。

文献[2]研究了大气阻力摄动对编队构形的影响,提出了一种抑制大气阻力摄动影响的长半轴修正方法,具体为

$$\delta a=-\frac{1}{2}\frac{\Delta_{\mathrm{sat}}(T)-\Delta_{\mathrm{ref}}(T)}{T}t \tag{11-4-3}$$

其中,δa 为环绕星相对参考星的轨道半长轴偏置量;$\Delta_{\mathrm{sat}}(T)$ 是在大气阻力摄动下环绕星在一个轨道周期内的半长轴变化量;$\Delta_{\mathrm{ref}}(T)$ 是参考星在一个轨道周期内的

半长轴变化量;T 为轨道周期;t 为抑制大气阻力摄动的时间长度。

下面通过具体算例,验证上述大气阻力摄动和 J_2 摄动抑制方法。选择参考星的初始平轨道根数为

$$a = 6728.137 \text{km}, \quad e = 0.001, \quad i = 90°, \quad \Omega = 10°, \quad \omega = 20°, \quad M = 10°$$

(11-4-4)

对应的瞬时轨道根数为

$$a = 6733.045367 \text{km}, \quad e = 8.98 \times 10^{-4}, \quad i = 90°$$
$$\Omega = 10°, \quad \omega = 46.0753°, \quad M = 343.979°$$

(11-4-5)

编队构形五要素选择为

$$p = 50 \text{km}, \quad s = 0, \quad l = 0, \quad \xi_{xy} = 20°, \quad \xi_z = 160°$$

(11-4-6)

计算得到环绕星的平轨道根数为

$$a = 6728.137 \text{km}, \quad e = 0.008418, \quad i = 90°$$
$$\Omega = 10°, \quad \omega = 11.181982°, \quad M = 18.818018°$$

(11-4-7)

对应的瞬时轨道根数为

$$a = 6732.99066 \text{km}, \quad e = 0.008164, \quad i = 90°$$
$$\Omega = 10°, \quad \omega = 13.74886°, \quad M = 16.30608°$$

(11-4-8)

由式(11-4-1)得到为了抑制 J_2 项摄动对编队构形的影响,应当使环绕星产生的初始轨道半长轴偏置量为

$$(\delta a)_{J_2} = 0.1699525 \text{m}$$

(11-4-9)

在仅有大气阻力摄动作用的情况下,轨道积分得到环绕星和参考星轨道半长轴随时间的变化,如图 11.18 所示。由图可知,大气阻力摄动对轨道半长轴影响的长期项是最主要的,周期项的影响远小于长期项,且长期项引起的半长轴变化与时间呈线性关系。在 3 天的时间内,参考星轨道半长轴由 6733.0455km 降低到 6728.8936km,环绕星轨道半长轴由 6732.9906km 降低到 6727.6512km,由此计算得到

$$-\frac{1}{2} \frac{\Delta_{\text{sat}}(T) - \Delta_{\text{ref}}(T)}{T} = 2.2907 \times 10^{-3} (\text{m/s})$$

(11-4-10)

按照 2 天的自然维持时间,计算得到为了抑制大气阻力摄动需要的环绕星半长轴偏置量为

$$(\delta a)_{\text{drag}} = 395.8333 \text{m}$$

(11-4-11)

按照式(11-4-9)和式(11-4-11),调整式(11-4-7)中的轨道半长轴,得到调整后的环绕星平根数,然后将其转换为瞬时轨道根数,得到

$$a = 6733.3865 \text{km}, \quad e = 0.008164, \quad i = 90°$$
$$\Omega = 10°, \quad \omega = 13.74886°, \quad M = 16.30608°$$

(11-4-12)

在大气阻力、高阶地球非球形摄动环境下,进行高精度轨道积分,计算环绕星相对参考星的距离,如图 11.19 所示。其中,环绕星初始轨道根数分为偏置和未偏

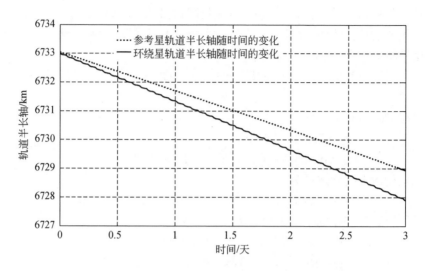

图 11.18　大气阻力摄动下环绕星和参考星半长轴随时间的变化

置两种情况。由图可知,环绕星初始轨道根数采用偏置后,能够在较长时间内保持环绕星和参考星相对构形的稳定,从而有助于减少编队构形保持所需的燃料,对延长卫星编队任务寿命、提高重力场测量性能具有重要的意义。

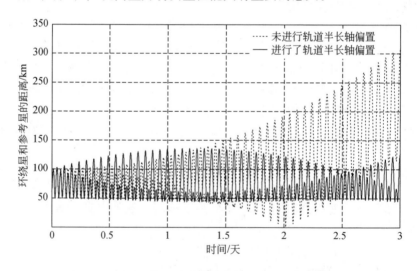

图 11.19　环绕星与参考星星间距离随时间的变化

11.5　卫星编队重力场测量的基本构形

以卫星编队中存在 2 个卫星为例,研究重力场测量卫星编队的基本构形。当编队中存在多个卫星以及多组星间测距时,其测量方式是这些基本构形的组合。卫星编队可以由五要素来描述,但是重力场测量性能仅与其中的 3 个参数有关,即轨道面内椭圆运动短半轴 p、编队构形中心到参考星的距离 l、轨道面法向运动振幅 s。根据这 3 个参数是否为 0,可以得到如下 7 种重力场测量编队的基本构形:

$$p\neq0,\quad l=0,\quad s=0 \tag{11-5-1}$$
$$p=0,\quad l\neq0,\quad s=0 \tag{11-5-2}$$
$$p=0,\quad l=0,\quad s\neq0 \tag{11-5-3}$$
$$p\neq0,\quad l\neq0,\quad s=0 \tag{11-5-4}$$
$$p\neq0,\quad l=0,\quad s\neq0 \tag{11-5-5}$$
$$p=0,\quad l\neq0,\quad s\neq0 \tag{11-5-6}$$
$$p\neq0,\quad l\neq0,\quad s\neq0 \tag{11-5-7}$$

根据式(11-2-1)的卫星编队构形五要素描述,可知 $p\neq0$、$l=0$、$s=0$ 对应参考星轨道面内长半轴和短半轴之比为 2∶1 的椭圆运动,即 CartWheel 编队构形,而参数 ξ_{xy} 决定了 CartWheel 构形的初始相位,表明 CartWheel 构形是南北方向、东西方向或是其他方向,这些方向上的编队构形具有相同的重力场测量性能;$p=0$、$l\neq0$、$s=0$ 对应两星在迹向形成固定星间基线的编队构形,即 GRACE 编队构形;$p=0$、$l=0$、$s\neq0$ 对应两星在轨道面法向上形成的简谐振动,即 Pendulum 编队构形,参数 ξ_z 决定了 Pendulum 构形的初始相位;$p\neq0$、$l\neq0$、$s=0$ 是 CartWheel 和 GRACE 编队构形的组合,$p\neq0$、$l=0$、$s\neq0$ 是 CartWheel 和 Pendulum 编队构形的组合,$p=0$、$l\neq0$、$s\neq0$ 是 GRACE 和 Pendulum 编队构形的组合,$p\neq0$、$l\neq0$、$s\neq0$ 是 CartWheel、GRACE 和 Pendulum 编队构形的组合。关于这些编队构形的具体运动形式,见 10.5 节。

下面对比绝对轨道摄动重力场测量、短基线相对轨道摄动重力场测量以及基于卫星编队的长基线相对轨道摄动重力场测量的性能,其中任务参数如表 11.9 所示。在卫星编队重力场测量中,分别针对上述 7 种基本编队构形,计算重力场测量的阶误差方差,如图 11.20 所示。

表 11.9　天基重力场测量任务参数

轨道参数			
轨道高度		300km	
载荷指标			
星间距离变化率测量精度	$1.0\times10^{-6}\,\mathrm{m/s}$	星间距离变化率数据间隔	5s
卫星定轨精度	5cm	卫星定轨数据间隔	5s
非引力干扰精度	$3.0\times10^{-10}\,\mathrm{m/s^2}$	非引力干扰数据间隔	5s
重力梯度测量精度	0.1mE	重力梯度数据采样间隔	5s
总任务测量时间	6 个月		

编队构形参数			
轨道面内椭圆运动短半轴	50km	轨道面内椭圆运动初始相位	20°
轨道面法向运动振幅	50km	轨道面法向运动初始相位	160°
编队中心到参考星距离	50km		

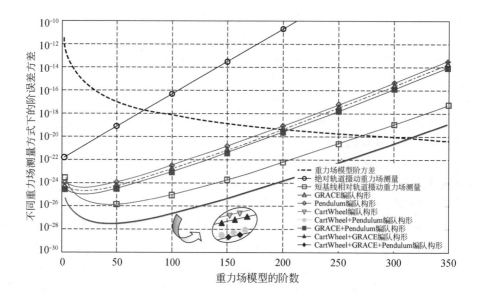

图 11.20　不同测量方式下的重力场测量阶误差方差(见彩图)

由图 11.20 可知,绝对轨道摄动重力场测量的精度和分辨率有限,因而中高阶重力场测量需要采用长基线或短基线相对轨道摄动重力场测量方式。传统长基线相对轨道摄动重力场测量采用 GRACE 构形,得到沿迹向的引力位差分信息;而传统短基线相对轨道摄动重力场测量采用重力梯度方式,直接获取重力梯度即引力位对位置坐标的二阶导数。在目前的载荷水平下,重力梯度测量方式优于迹向长基线测量方式。但是,在基于卫星编队的长基线相对轨道摄动重力场测量中,引入了径向星间测距信息。由于地球引力在径向的变化远大于其他方向上的变化,因此径向测距信息的引入极大地提高了重力场测量性能,比重力梯度方式更有利于敏感高阶重力场信息。

因此,相比于短基线以及传统迹向长基线相对轨道摄动重力场测量,卫星编队重力场测量在提升全球重力场模型精度和分辨率上显示出独特的优势,极具发展潜力。

11.6 设计案例:面向地震研究的天基重力场测量任务设计

以地震研究对高精度地球重力场模型的需求为出发点,综合运用天基重力场测量的各种方法,包括绝对轨道摄动重力场测量方法、长基线相对轨道摄动重力场测量方法、短基线相对轨道摄动重力场测量方法以及卫星编队重力场测量方法,开展天基重力场测量任务的综合论证,完成重力卫星系统参数的总体优化设计,实现既定的重力场测量任务目标。

11.6.1 重力场测量任务的目标

地震是地球板块运动及其相互作用的结果,并引起局部区域重力场的变化。通过对全球重力场高精度、高分辨率的长期监测,并从中提取有关地震孕育的信息,可以为地震机理研究提供极其重要的参考信息。文献[3]指出,地震研究对大地水准面精度的要求为 0.1~1mm,对重力场模型的分辨率要求为局部区域,空间分辨率要求取为 60km。文献[4]以唐山大地震为例,研究了唐山及周围地区重力变化,在半年时间内重力变化达到 0.01mGal,在地震前重力变化会达到最大值,约为 0.1mGal。这里,将重力异常的精度指标取为 0.01mGal。

针对地震研究对重力场模型的精度需求,确定重力场测量的有效阶数为 350,时间分辨率为 3 个月(即根据 3 个月测量数据可以完成一次重力场恢复计算),空间分辨率为 60km(对应重力场模型的阶数为 333)时的大地水准面累积误差不超过 1mm,重力异常累积误差不超过 0.01mGal。

11.6.2 重力场测量任务的工程约束

在天基重力场测量任务设计中,存在各种工程约束条件。在研究中,设定的约束条件具体如下。

(1)卫星数目不超过 3 个,每个卫星可与其他卫星进行星间测距。卫星数目以及星间测距链路数目过多,会造成重力卫星系统复杂度的增加和可靠性的降低,同时也会增加任务成本,因此卫星数目不宜过多。

(2)轨道高度平均值不低于 300km。卫星运行在过低的轨道高度上,会大幅度增加克服大气阻力摄动、维持轨道高度的燃料消耗,从而降低卫星寿命,不利于重力卫星长期在轨运行,因此卫星轨道高度存在最小值约束。

(3)卫星在运行过程中距离地面的最低高度不低于 200km。

(4)两个卫星在径向、迹向、法向的相对距离最大值(p_u、s_u、L_u)均不超过 100km。在低轨大气阻力摄动、地球非球形摄动下,过长的星间距离会导致编队构形快速发散,影响重力场测量性能,甚至无法进行重力场测量。

(5)覆盖测量时间和数据采样间隔满足全球覆盖测量要求,同时覆盖测量时间应小于任务要求的时间分辨率。

(6)在载荷指标中,星间距离变化率可采用激光进行测量,误差不低于 $1.0\times10^{-8}\,\mathrm{m/s}$;卫星精密定轨误差小于 5cm,但大于 1cm;对于非引力干扰,可以利用高精度加速度计进行测量或采用内编队模式进行屏蔽,其误差大于等于 $1.0\times10^{-13}\,\mathrm{m/s^2}$;重力梯度仪测量误差大于等于 0.01mE。

(7)测量数据的最小采样间隔为 2s,即最高采样频率为 0.5Hz。

11.6.3　综合多种观测手段的重力场测量任务优化设计

在上述工程条件约束下,确定合理的重力场测量方式,并优化设计轨道参数、编队构形参数和载荷指标,实现重力场测量目标。

1. 轨道参数设计

为了保证重力卫星具有稳定的光照条件,选择太阳同步轨道;为了保证重力卫星星下点轨迹均匀地实现全球覆盖,选择回归轨道,回归周期 D 选为 23 天。对于太阳同步轨道,升交点赤经随时间的变化为

$$\frac{\mathrm{d}\Omega}{\mathrm{d}t}=\frac{0.9856}{86400}[(°)/\mathrm{s}] \tag{11-6-1}$$

又计算得到

$$N^*=\frac{D}{\sqrt{(R_e+h)^3/\mu}(\omega_e-\mathrm{d}\Omega/\mathrm{d}t)} \tag{11-6-2}$$

其中,N^* 是在 D 天内卫星运动的轨道周数;R_e 是地球半径;h 是轨道高度;μ 是地球引力常数;ω_e 是地球自转角速度。

根据 11.6.2 节对轨道高度的约束 $h\geqslant300\mathrm{km}$,并考虑到 N^* 应当大于等于重力场测量的有效阶数 $N_{\max}=350$,由式(11-6-2)得到

$$350\leqslant N^*\leqslant366 \tag{11-6-3}$$

满足上述关系的 N^* 均与 D 互质。得到 N^* 后,可以进而得到轨道高度 h,然后利用式(11-6-1)计算太阳同步轨道的倾角,其中假设轨道偏心率为 0,计算结果如表 11.10 所示。

表 11.10　太阳同步回归轨道设计

回归周期 D/天	卫星运动圈数 N^*	轨道高度 h/km	倾角/(°)
23	350	494.6108	97.3811
23	351	481.5226	97.3317
23	352	468.4963	97.2828
23	353	455.5316	97.2344

续表

回归周期 D/天	卫星运动圈数 N^*	轨道高度 h/km	倾角/(°)
23	354	442.6279	97.1865
23	355	429.7849	97.1390
23	356	417.0020	97.0919
23	357	404.2788	97.0453
23	358	391.6148	96.9992
23	359	379.0097	96.9534
23	360	366.4629	96.9081
23	361	353.9741	96.8632
23	362	341.5428	96.8188
23	363	329.1687	96.7747
23	364	316.8511	96.7311
23	365	304.5899	96.6878

为了实现最佳重力场测量性能,应使轨道高度尽可能低。因此,确定重力卫星太阳同步轨道的高度为 304.5899km,倾角为 96.6878°。在该设计条件下,卫星星下点轨迹满足东西方向上的全球覆盖测量,如图 11.21 所示。需要说明的是,图 11.21 是在仅考虑 J_2 摄动下得到的,卫星实际在轨运行时会受到地球高阶非球形引力、大气阻力、太阳光压等因素的影响,从而使实际轨道偏离设计的回归轨道。因而,在轨运行时需要对卫星进行轨道修正,使其沿着预定的太阳同步回归轨道飞行。

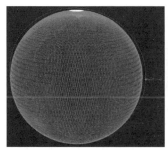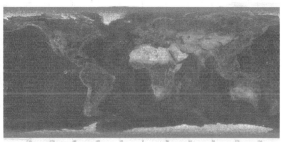

图 11.21 重力卫星全球覆盖测量示意图(见彩图)

2. 数据采样间隔的确定

根据确定的轨道高度 h 以及重力场测量有效阶数 N_{max},计算对数据采样间隔的要求为

$$\Delta t \leqslant \frac{\pi}{N_{\max}}\sqrt{\frac{(R_e+h)^3}{\mu}}=7.76\text{s} \tag{11-6-4}$$

根据 11.6.2 节的约束条件,测量数据采样间隔最小为 2s,满足南北方向上全球覆盖测量对采样间隔的要求。为了实现最佳的重力场测量性能,将采样间隔设计为 2s。

3. 重力场测量方式的确定

重力场测量的可选方式包括绝对轨道摄动重力场测量、基于迹向星间测距的长基线相对轨道摄动重力场测量、基于重力梯度仪的短基线相对轨道摄动重力场测量和基于卫星编队的长基线相对轨道摄动重力场测量等。

在绝对轨道摄动重力场测量方式中,3 个卫星均装有精密定轨系统和非引力干扰测量或屏蔽系统,利用它们的观测数据组合进行重力场反演。为了实现最佳重力场测量性能,将载荷指标取到最佳状态,即定轨精度为 1cm、非引力干扰精度为 $1.0\times10^{-13}\text{m/s}^2$、数据采样间隔为 2s,总测量时间取为任务要求的时间分辨率,即 3 个月。

在基于迹向星间测距的长基线相对轨道摄动重力场测量中,3 个卫星沿迹向形成串行编队,中间的卫星分别与前后两个卫星进行星间测距,将这两组星间测距数据组合进行重力场反演。将载荷指标取到最佳状态,即星间距离变化率测量精度为 $1.0\times10^{-8}\text{m/s}$、定轨精度为 1cm、非引力干扰精度为 $1.0\times10^{-13}\text{m/s}^2$、数据采样间隔为 2s、总测量时间为 3 个月,星间距离在 50～100km 内可调。

在基于重力梯度仪的短基线相对轨道摄动重力场测量中,3 个卫星均装有重力梯度仪,各自独立地运行在设计轨道上,将其测量数据组合进行重力场恢复。同样,将载荷指标取到最佳状态,即重力梯度仪测量误差为 0.01mE、定轨精度为 1cm、数据采样间隔为 2s,总测量时间为 3 个月。

在基于卫星编队的长基线相对轨道摄动重力场测量中,由 11.2 节和 11.3 节建立的卫星编队重力场测量理论可知,为了实现最佳的重力场测量性能,应当使每个卫星均与其他两个卫星进行星间测距,将 3 组星间测距数据组合进行重力场反演。任意两个卫星的径向相对运动振幅均取到最大值 100km,3 个卫星相对中心虚拟参考星均匀分布,相位差为 120°,形成 3 星 CartWheel 编队构形;在轨道面法向上,任意两个卫星法向相对运动振幅取到最大值 100km,3 星在法向上相对中心虚拟参考星的相位均相差 120°,形成 3 星 Pendulum 编队构形。为了实现最优的重力场测量性能,将载荷指标取到最佳状态,即星间距离变化率测量精度为 $1.0\times10^{-8}\text{m/s}$、定轨精度为 1cm、非引力干扰精度为 $1.0\times10^{-13}\text{m/s}^2$、数据采样间隔为 2s、总测量时间为 3 个月。

按照上述参数设置,分别计算这四种测量方式下的重力场测量阶误差方差,并计算所有方式的综合测量性能,如图 11.22 所示。

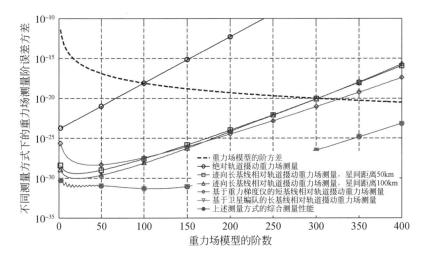

图 11.22　不同测量方式下的重力场测量阶误差方差

　　综上可知,在给定的任务参数约束下,卫星编队重力场测量性能与所有测量方式的综合测量性能相差很小,也就是说基于卫星编队的长基线相对轨道摄动重力场测量性能远大于其他方式,因而从降低重力卫星系统复杂度的角度考虑,仅采用卫星编队重力场测量这一种测量方式。

　　图 11.23 和图 11.24 给出了卫星编队重力场测量的大地水准面误差和重力异常误差,可知 333 阶的大地水准面累积误差为 0.12mm,重力异常累积误差为 0.0057mGal,由图 11.22 可知卫星编队重力场测量的有效阶数大于 400,满足任务目标要求。

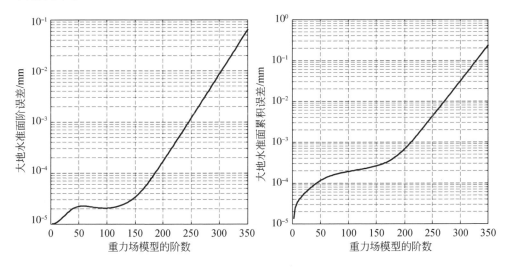

图 11.23　卫星编队重力场测量的大地水准面阶误差及其累积误差

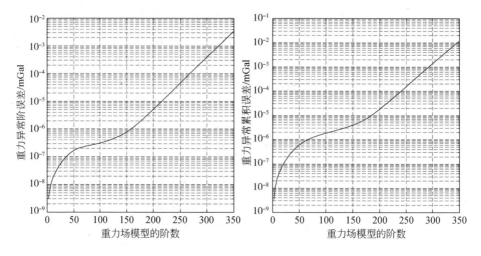

图 11.24　卫星编队重力场测量的重力异常阶误差及其累积误差

4. 载荷指标的匹配优化设计和重力场测量性能核算

由 11.3 节的分析可知,定轨精度对卫星编队重力场测量性能的影响很小,可选为 5cm;根据式(11-3-29)计算得到与星间距离变化率测量精度 1.0×10^{-8} m/s 相匹配的非引力干扰为 2.78×10^{-12} m/s^2,因而将非引力干扰修正为 1.0×10^{-12} m/s^2。其他任务参数保持不变,重新核算卫星编队重力场测量性能,得到重力场测量有效阶数大于 400,到 333 阶的大地水准面累积误差为 0.28mm,重力异常累积误差为 0.01mGal,仍然满足任务要求。

5. 重力场测量任务参数确定

1)编队中卫星的轨道根数

首先,确定重力场测量卫星编队中各个卫星的轨道根数。令参考星为一虚拟点,运行在所设计的太阳同步回归轨道上,其轨道根数为

$$a_0 = 6682.7269 \text{km}, \quad e_0 = 0, \quad i_0 = 96.6878°$$
$$\Omega_0 = 0°, \quad \omega_0 = 0°, \quad M_0 = 0° \tag{11-6-5}$$

3 个环绕星围绕虚拟参考星运行,径向、法向相位均匀分布。由式(11-3-7)可知,径向、法向振幅应分别设置为最大允许距离 p_u、s_u 的 $1/\sqrt{3}$,任意两个环绕星相对运动的径向和法向最大距离分别小于 p_u、s_u。这样,3 个环绕星相对参考星的运动方程为

$$
\begin{cases}
x_1(t) = -\dfrac{p_u}{\sqrt{3}}\cos(nt) \\[2mm]
y_1(t) = \dfrac{2p_u}{\sqrt{3}}\sin(nt) \\[2mm]
z_1(t) = -\dfrac{s_u}{\sqrt{3}}\cos\left(nt+\dfrac{\pi}{3}\right)
\end{cases},
\begin{cases}
x_2(t) = -\dfrac{p_u}{\sqrt{3}}\cos\left(nt+\dfrac{2\pi}{3}\right) \\[2mm]
y_2(t) = \dfrac{2p_u}{\sqrt{3}}\sin\left(nt+\dfrac{2\pi}{3}\right) \\[2mm]
z_2(t) = -\dfrac{s_u}{\sqrt{3}}\cos(nt+\pi)
\end{cases},
\begin{cases}
x_3(t) = -\dfrac{p_u}{\sqrt{3}}\cos\left(nt+\dfrac{4\pi}{3}\right) \\[2mm]
y_3(t) = \dfrac{2p_u}{\sqrt{3}}\sin\left(nt+\dfrac{4\pi}{3}\right) \\[2mm]
z_3(t) = -\dfrac{s_u}{\sqrt{3}}\cos\left(nt+\dfrac{5\pi}{3}\right)
\end{cases}
$$

$$\tag{11-6-6}$$

于是，3 个环绕星的轨道根数为

$$a_1 = 6682.7269\text{km}, \quad e_1 = 0.008639, \quad i_1 = 97.116486°$$
$$\Omega_1 = 0.249197°, \quad \omega_1 = 0.029021°, \quad M_1 = 0°$$
$$a_2 = 6682.7269\text{km}, \quad e_2 = 0.008639, \quad i_2 = 96.687800°$$
$$\Omega_2 = 359.501605°, \quad \omega_2 = 239.941957°, \quad M_2 = 120° \qquad (11\text{-}6\text{-}7)$$
$$a_3 = 6682.7269\text{km}, \quad e_3 = 0.008639, \quad i_3 = 96.259114°$$
$$\Omega_3 = 0.249197°, \quad \omega_3 = 120.029021°, \quad M_3 = 240°$$

由此得到的重力场测量卫星编队如图 11.25 所示，图中椭圆是环绕星相对虚拟参考星的轨迹以及环绕星相对环绕星的运动轨迹，虚线是环绕星与环绕星的星间测距链路。

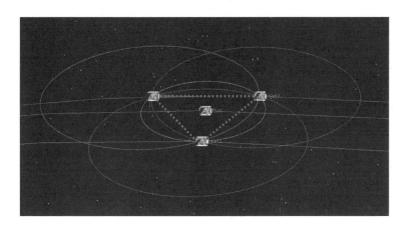

图 11.25　重力场测量卫星编队（见彩图）

2) 重力场测量载荷指标

根据任务约束和匹配设计，确定重力场测量载荷指标如下：星间距离变化率测量精度为 $1.0 \times 10^{-8}\text{m/s}$、非引力干扰为 $1.0 \times 10^{-12}\text{m/s}^2$、定轨精度为 5cm、测量数据采样间隔为 2s、重力场测量时间为 3 个月。

3) 重力场测量性能

在上述任务参数设置下，完成一次全球覆盖测量的时间为 23 天，优于任务要求的时间分辨率 (3 个月)。基于 3 个月观测数据得到的重力场测量有效阶数大于 400，到 333 阶的大地水准面累积误差为 0.28mm，重力异常累积误差为 0.01mGal，满足任务要求的分辨率指标和精度指标。

11.6.4　卫星编队重力场测量任务设计结果

根据地震研究对高精度重力场模型的需求，开展了天基重力场测量任务方案的综合优化设计。首先，通过分析确定重力场测量有效阶数为 350，时间分辨率为

3 个月，累积到 333 阶的大地水准面误差为 1mm，重力异常误差为 0.01mGal。基于假定的工程约束条件，选取参考星轨道为太阳同步回归轨道，轨道高度为 304.5899km，倾角为 96.6878°。然后，对比分析了绝对轨道摄动重力场测量、迹向长基线相对轨道摄动重力场测量、基于重力梯度仪的短基线相对轨道摄动重力场测量、基于卫星编队的长基线相对轨道摄动重力场测量等不同方式的测量性能，可知卫星编队的重力场测量性能远大于其他方式，从简化重力场测量载荷的角度考虑，确定仅采用卫星编队重力场测量方式的系统方案。最后，进行了卫星编队轨道设计、载荷匹配设计、重力场测量性能核算，确定了最终的卫星编队重力场测量任务参数，其重力场测量水平可满足地震研究对高精度重力场模型的需求。

参 考 文 献

[1] Dang Z H, Wang Z K, Zhang Y L. An improved initial constraint among differential orbital elements for the J_2 invariant relative motion[C]//The 2nd IAA Conference on Dynamics and Control of Space System, Roma, 2014.

[2] 黄卫东，张育林. 分布式卫星轨道构形的大气摄动分析及修正方法[J]. 宇航学报, 2005, 26(5): 649—652.

[3] Sneeuw N, Flury J, Rummel R. Science requirements on future missions and simulated mission scenarios[J]. Earth, Moon, and Planets, 2005, 94: 113—142.

[4] 王谦身. 重力学[M]. 北京：地震出版社, 2003.

第12章 基于天基观测的地球重力场反演理论

12.1 概 述

基于天基观测数据的重力场反演就是利用各种重力卫星观测数据,计算获取地球引力位系数。其中,重力卫星观测数据包括 GPS 精密定轨数据、星间距离变化率观测数据、加速度计观测数据、重力梯度仪观测数据等。根据数据处理方式的不同,重力场反演方法可以分为空域法和时域法。空域法将重力场反演归结为基于经典位理论的大地测量边值问题,把所有的观测值看作卫星轨道位置的函数,将其归算到一个标称的轨道球面上,并通过插值得到不同网格点上的值,然后利用球谐分析方法或最小二乘配置方法求解位系数。在空域法中,不涉及时间变量。时域法将所有的观测值看作沿卫星轨道的时间序列,基于轨道动力学理论建立引力位系数与观测值之间的关系,即建立观测方程,求解得到重力场模型。

空域法要求轨道球面上具有足够稠密的观测数据,数据间断处可以通过插值得到,能够较好地将引力位系数的阶和次分开,使大型法方程矩阵求解问题转换为分块对角矩阵的求逆问题,计算效率很高。但是,空域法无法反映卫星轨道的摄动特性,并且插值过程中会带来误差。时域法可以很好地反映卫星轨道参数和载荷指标的影响,便于分析任务参数对重力场测量的影响规律。时域法包括 Kaula 线性摄动法、能量守恒法、动力法、短弧边值法、加速度法等。Kaula 线性摄动法基于4.8节介绍的地球引力非球形摄动位与重力卫星轨道根数之间的解析关系,构建重力卫星观测量与引力位系数之间的线性方程组,求解得到引力位系数集合即重力场模型。能量守恒法是根据重力卫星的势能(即引力位相反数)与卫星动能、非引力干扰引起的能量耗散、三体和潮汐作用引起的能量变化等之间的关系,建立描述引力位系数与重力卫星观测量之间关系的方程组,求解得到重力场模型。动力法通过不断迭代计算,使引力位系数、非引力动力学参数、卫星初始状态等参数不断逼近真实值,从而得到重力场模型。虽然动力学方法计算量极大,对计算资源要求极高,但是能够充分兼顾各种扰动因素的影响,计算精度高,是目前重力场反演中广泛采用的方法。短弧边值法是将重力卫星运动的时间序列分为各个弧段,在每个弧段上将重力场反演问题转换为 Freholm 类型的边值问题,求解得到重力场模型。加速度法的基本原理是牛顿第二定律,即地球重力场参数和卫星加速度之间存在直接的关系,根据卫星精密轨道进行数值运算得到卫星加速度,建立重力场模型参数的观测方程,进而得到重力场模型。

　　下面针对绝对轨道摄动重力场测量、长基线相对轨道摄动重力场测量和短基线相对轨道摄动重力场测量以及卫星编队重力场测量等天基重力场测量方式,给出其重力场反演理论与方法。

12.2　绝对轨道摄动重力场反演的数学模型

12.2.1　Kaula 线性摄动法

　　Kaula 线性摄动法是恢复地球重力场模型的经典方法,在 20 世纪 60 年代,利用该方法分析卫星轨道摄动,得到低阶引力位系数。该方法的基本原理是根据 4.8 节给出的卫星轨道根数与地球引力位系数之间的关系,构造轨道摄动量与待解位系数之间的观测方程,求解得到重力场模型。在观测方程的构造过程中,将轨道摄动完全归算到地球非球形摄动项上,而没有顾及非引力干扰对轨道摄动的影响。非引力干扰对高阶引力位系数恢复的影响很大,而对低阶引力位系数恢复的影响相对较小。因而,Kaula 线性摄动法主要适用于低阶重力场反演,且恢复精度有限,而对高阶重力场恢复则难以实现。尽管如此,Kaula 线性摄动法由于存在解析表达式,因而便于分析重力场测量的灵敏度。

　　在 Kaula 线性摄动法中,定义轨道摄动量是瞬时轨道根数相对于参考轨道根数的偏差。这里的参考轨道是一个长期进动的椭圆轨道,即轨道半长轴 $\bar{a}$、偏心率 $\bar{e}$、倾角 $\bar{i}$ 保持不变,升交点赤经、近地点角距、平近点角是时间的线性函数,它们的变化率 $\dot{\bar{\omega}}$、$\dot{\bar{\Omega}}$、$\dot{\bar{M}}$ 为常数,这样,瞬时轨道根数可以表示为[1]

$$\begin{cases} a = \bar{a} + \Delta a \\ e = \bar{e} + \Delta e \\ i = \bar{i} + \Delta i \\ \omega = \bar{\omega} + \Delta\omega = \bar{\omega}_0 + \dot{\bar{\omega}}t + \Delta\omega \\ \Omega = \bar{\Omega} + \Delta\Omega = \bar{\Omega}_0 + \dot{\bar{\Omega}}t + \Delta\Omega \\ M = \bar{M} + \Delta M = \bar{M}_0 + \dot{\bar{M}}t + \Delta M \end{cases} \tag{12-2-1}$$

Δa、Δe、Δi、$\Delta\omega$、$\Delta\Omega$、ΔM 为瞬时轨道根数相对于参考轨道根数的扰动量。根据文献[1]给出的结果,由这些轨道根数摄动量可以得到轨道径向、迹向和法向上的位置摄动量。径向定义为地心指向卫星的方向,沿该方向的轨道摄动量为

$$\Delta r = \Delta a \sum_{s=0}^{\infty} H_s \cos s\bar{M} + \Delta e \bar{a} \sum_{s=0}^{\infty} \frac{\partial H_s}{\partial e} \cos s\bar{M} - \Delta M \bar{a} \sum_{s=0}^{\infty} s H_s \sin s\bar{M}$$

$$\tag{12-2-2}$$

其中

$$H_0(e)=1+\frac{e^2}{2}, \quad H_s(e)=-\frac{2e}{s^2}J_s'(se), \quad s=1,2,\cdots \tag{12-2-3}$$

J_s 是 s 阶第一类贝塞尔函数，J_s' 是 J_s 对 e 的导数。迹向定义为轨道面内沿卫星速度矢量的方向，该方向上的轨道摄动量为

$$\Delta\tau=\bar{r}\left[\Delta\omega+\Delta M+\Delta\Omega\cos\bar{i}+\Delta M\sum_{u=1}^{\infty}uI_u\cos u\overline{M}+\Delta e\sum_{u=1}^{\infty}\frac{\mathrm{d}I_u(e)}{\mathrm{d}e}\sin u\overline{M}\right] \tag{12-2-4}$$

其中

$$I_u(e)=\frac{2}{u}\left\{J_u(ue)+\sum_{v=1}^{\infty}\beta^v\left[J_{u-v}(ue)+J_{u+v}(ue)\right]\right\}, \quad u=1,2,\cdots \tag{12-2-5}$$

$$\beta(e)=\frac{1-(1-e^2)^{1/2}}{e} \tag{12-2-6}$$

法向定义为垂直于轨道面、指向卫星角动量的方向，沿该方向的轨道摄动量为

$$\Delta\eta=\bar{a}\sum_{s=0}^{\infty}H_s\cos s\overline{M}\left\{\begin{array}{l}\left[\Delta i\sin\bar{\omega}-\Delta\Omega\sin\bar{i}\cos\bar{\omega}\right]\sum_{u=0}^{\infty}R_u\cos u\overline{M}\\[2mm]+\left[\Delta i\cos\bar{\omega}+\Delta\Omega\sin\bar{i}\sin\bar{\omega}\right]\sum_{u=0}^{\infty}Q_u\sin u\overline{M}\end{array}\right\} \tag{12-2-7}$$

其中

$$R_0=-e, \quad R_u=\frac{2(1-e^2)}{e}J_u(ue), \quad u=1,2,\cdots \tag{12-2-8}$$

$$Q_0=0, \quad Q_u=\frac{2}{u}\sqrt{1-e^2}\,J_u'(ue), \quad u=1,2,\cdots \tag{12-2-9}$$

根据 4.8 节可知，地球引力位可以表示为轨道根数的函数

$$R(a,e,i,\Omega,\omega,M,S_{\mathrm{G}})=\sum_{n=0}^{\infty}\sum_{k=0}^{n}\frac{GMa_{\mathrm{e}}^n}{a^{n+1}}\sum_{p=0}^{n}F_{npk}(i)\sum_{q=-\infty}^{\infty}G_{npq}(e)S_{nkpq}(\omega,M,\Omega,S_{\mathrm{G}}) \tag{12-2-10}$$

其中，GM 是地球质量和万有引力常数的乘积；a_{e} 为地球平均半径；S_{G} 为格林尼治恒星时；倾角函数 $F_{npk}(i)$、偏心率函数 $G_{npq}(e)$ 的定义见 4.8 节。

$$S_{nkpq}(\omega,M,\Omega,S_{\mathrm{G}})=\begin{cases}-C_{nk}\cos[\psi_{nkpq}(\Omega,\omega,M,S_{\mathrm{G}})]\\-S_{nk}\sin[\psi_{nkpq}(\Omega,\omega,M,S_{\mathrm{G}})], \quad n-k\text{ 为偶数}\\S_{nk}\cos[\psi_{nkpq}(\Omega,\omega,M,S_{\mathrm{G}})]\\-C_{nk}\sin[\psi_{nkpq}(\Omega,\omega,M,S_{\mathrm{G}})], \quad n-k\text{ 为奇数}\end{cases} \tag{12-2-11}$$

$$\psi_{nkpq}(\Omega,\omega,M,S_{\mathrm{G}})=(n-2p)\omega+(n-2p+q)M+k(\Omega-S_{\mathrm{G}}) \tag{12-2-12}$$

4.6 节给出了拉格朗日摄动运动方程，它反映了地球引力摄动位与轨道根数

变化率之间的关系。根据文献[1]可知,将式(12-2-10)代入拉格朗日摄动运动方程,可以得到方程的解为

$$\Delta\alpha = \sum_{n=1}^{\infty}\sum_{m=0}^{n}\sum_{p=0}^{n}\sum_{q=-\infty}^{\infty} C_{nkpq}^{\alpha}(\bar{a},\bar{e},\bar{i})S_{nkpq}(\omega,M,\Omega,S_{\mathrm{G}};C_{nk},S_{nk}) \quad (12\text{-}2\text{-}13)$$

其中,α 表示半长轴 a、偏心率 e 或倾角 i。

$$\Delta\alpha = \sum_{n=1}^{\infty}\sum_{m=0}^{n}\sum_{p=0}^{n}\sum_{q=-\infty}^{\infty} C_{nkpq}^{\alpha}(\bar{a},\bar{e},\bar{i})S_{nkpq}^{*}(\omega,M,\Omega,S_{\mathrm{G}};C_{nk},S_{nk}) \quad (12\text{-}2\text{-}14)$$

其中,α 表示升交点赤经 Ω、近地点角距 ω 或平近点角 M。

以下公式中的 $\bar{n}$ 是参考轨道的平均运动角速度,F_{nkp}、G_{npq}、ψ_{nkpq}、$\dot{\psi}_{nkpq}$、$\mathrm{d}G_{npq}/\mathrm{d}e$、$\mathrm{d}F_{nkp}/\mathrm{d}i$ 均是根据参考轨道根数计算得到的。

$$C_{nkpq}^{a} = 2\bar{a}\left(\frac{a_{\mathrm{e}}}{\bar{a}}\right)^{n} F_{nkp}G_{npq}(n-2p+q)\frac{\bar{n}}{\dot{\psi}_{nkpq}} \quad (12\text{-}2\text{-}15)$$

$$C_{nkpq}^{e} = \left(\frac{a_{\mathrm{e}}}{\bar{a}}\right)^{n}\frac{(1-\bar{e}^{2})^{1/2}}{\bar{e}}F_{nkp}G_{npq}\begin{bmatrix}(1-\bar{e}^{2})^{1/2}(n-2p+q)\\-(n-2p)\end{bmatrix}\frac{\bar{n}}{\dot{\psi}_{nkpq}}$$

$$C_{nkpq}^{i} = \left(\frac{a_{\mathrm{e}}}{\bar{a}}\right)^{n}\frac{F_{nkp}G_{npq}}{(1-\bar{e}^{2})^{1/2}\sin\bar{i}}[(n-2p)\cos\bar{i}-k]\frac{\bar{n}}{\dot{\psi}_{nkpq}} \quad (12\text{-}2\text{-}16)$$

$$C_{nkpq}^{\omega} = \left(\frac{a_{\mathrm{e}}}{\bar{a}}\right)^{n}\left[(1-\bar{e}^{2})^{1/2}\frac{F_{nkp}}{\bar{e}}\frac{\mathrm{d}G_{npq}}{\mathrm{d}e}-\frac{\cos\bar{i}}{(1-\bar{e}^{2})^{1/2}\sin\bar{i}}\frac{\mathrm{d}F_{nkp}}{\mathrm{d}i}G_{npq}\right]\frac{\bar{n}}{\dot{\psi}_{nkpq}}$$

$$(12\text{-}2\text{-}17)$$

$$C_{nkpq}^{\Omega} = \left(\frac{a_{\mathrm{e}}}{\bar{a}}\right)^{n}\frac{\mathrm{d}F_{nkp}}{\mathrm{d}i}\frac{G_{npq}}{(1-\bar{e}^{2})^{1/2}\sin\bar{i}}\frac{\bar{n}}{\dot{\psi}_{nkpq}} \quad (12\text{-}2\text{-}18)$$

$$C_{nkpq}^{M} = \left(\frac{a_{\mathrm{e}}}{\bar{a}}\right)^{n}F_{nkp}\begin{bmatrix}2(n+1)G_{npq}-\dfrac{1-e^{2}}{e}\dfrac{\mathrm{d}G_{npq}}{\mathrm{d}e}\\-3G_{npq}(n-2p+q)\dfrac{\bar{n}}{\dot{\psi}_{nkpq}}\end{bmatrix}\frac{\bar{n}}{\dot{\psi}_{nkpq}} \quad (12\text{-}2\text{-}19)$$

$$S_{nkpq}^{*}(\omega,M,\Omega,S_{\mathrm{G}}) = \begin{cases}C_{nk}\sin[\psi_{nkpq}(\Omega,\omega,M,S_{\mathrm{G}})]\\-S_{nk}\cos[\psi_{nkpq}(\Omega,\omega,M,S_{\mathrm{G}})], \quad n-k\ \text{为偶数}\\(-S_{nk})\sin[\psi_{nkpq}(\Omega,\omega,M,S_{\mathrm{G}})]\\-C_{nk}\cos[\psi_{nkpq}(\Omega,\omega,M,S_{\mathrm{G}})], \quad n-k\ \text{为奇数}\end{cases} \quad (12\text{-}2\text{-}20)$$

可知，$S_{nkpq}(C_{nk},S_{nk})$ 和 $S_{nkpq}^*(C_{nk},S_{nk})$ 均是引力位系数 C_{nk} 和 S_{nk} 的线性函数。将式(12-2-13)和式(12-2-14)代入式(12-2-2)、式(12-2-4)、式(12-2-7)，得到

$$
\begin{aligned}
\Delta r =& \sum_{s=0}^{\infty} H_s \cos s\overline{M} \cdot \sum_{n=1}^{\infty}\sum_{k=0}^{n}\sum_{p=0}^{n}\sum_{q=-\infty}^{\infty} C_{nkpq}^a S_{nkpq}(C_{nk},S_{nk}) \\
&+ \bar{a}\sum_{s=0}^{\infty}\frac{\partial H_s}{\partial e}\cos s\overline{M} \cdot \sum_{n=1}^{\infty}\sum_{k=0}^{n}\sum_{p=0}^{n}\sum_{q=-\infty}^{\infty} C_{nkpq}^e S_{nkpq}(C_{nk},S_{nk}) \\
&- \bar{a}\sum_{s=0}^{\infty} sH_s \sin s\overline{M} \cdot \sum_{n=1}^{\infty}\sum_{k=0}^{n}\sum_{p=0}^{n}\sum_{q=-\infty}^{\infty} C_{nkpq}^M S_{nkpq}^*(C_{nk},S_{nk})
\end{aligned}
\tag{12-2-21}
$$

$$
\Delta\tau = \bar{r}\left[
\begin{aligned}
&\sum_{n=1}^{\infty}\sum_{k=0}^{n}\sum_{p=0}^{n}\sum_{q=-\infty}^{\infty} C_{nkpq}^\omega S_{nkpq}^*(C_{nk},S_{nk}) \\
&+ \sum_{n=1}^{\infty}\sum_{k=0}^{n}\sum_{p=0}^{n}\sum_{q=-\infty}^{\infty} C_{nkpq}^M S_{nkpq}^*(C_{nk},S_{nk}) \\
&+ \cos \bar{i}\sum_{n=1}^{\infty}\sum_{k=0}^{n}\sum_{p=0}^{n}\sum_{q=-\infty}^{\infty} C_{nkpq}^\Omega S_{nkpq}^*(C_{nk},S_{nk}) \\
&+ \sum_{n=1}^{\infty}\sum_{k=0}^{n}\sum_{p=0}^{n}\sum_{q=-\infty}^{\infty} C_{nkpq}^M S_{nkpq}^*(C_{nk},S_{nk}) \cdot \sum_{u=1}^{\infty} uI_u \cos u\overline{M} \\
&+ \sum_{n=1}^{\infty}\sum_{k=0}^{n}\sum_{p=0}^{n}\sum_{q=-\infty}^{\infty} C_{nkpq}^e S_{nkpq}(C_{nk},S_{nk}) \cdot \sum_{u=1}^{\infty}\frac{\mathrm{d}I_u(e)}{\mathrm{d}e}\sin u\overline{M}
\end{aligned}
\right]
\tag{12-2-22}
$$

$$
\Delta\eta = \bar{a}\sum_{s=0}^{\infty} H_s \cos s\overline{M}\left\{
\begin{aligned}
&\left[
\begin{aligned}
&\sin\bar{\omega}\sum_{n=1}^{\infty}\sum_{k=0}^{n}\sum_{p=0}^{n}\sum_{q=-\infty}^{\infty} C_{nkpq}^i S_{nkpq}(C_{nk},S_{nk}) \\
&- \sin\bar{i}\cos\bar{\omega}\sum_{n=1}^{\infty}\sum_{k=0}^{n}\sum_{p=0}^{n}\sum_{q=-\infty}^{\infty} C_{nkpq}^\Omega S_{nkpq}^*(C_{nk},S_{nk})
\end{aligned}
\right]\sum_{u=0}^{\infty} R_u \cos u\overline{M} \\
&+ \left[
\begin{aligned}
&\cos\bar{\omega}\sum_{n=1}^{\infty}\sum_{k=0}^{n}\sum_{p=0}^{n}\sum_{q=-\infty}^{\infty} C_{nkpq}^i S_{nkpq}(C_{nk},S_{nk}) \\
&+ \sin\bar{i}\sin\bar{\omega}\sum_{n=1}^{\infty}\sum_{k=0}^{n}\sum_{p=0}^{n}\sum_{q=-\infty}^{\infty} C_{nkpq}^\Omega S_{nkpq}^*(C_{nk},S_{nk})
\end{aligned}
\right]\sum_{u=0}^{\infty} Q_u \sin u\overline{M}
\end{aligned}
\right\}
\tag{12-2-23}
$$

由式(12-2-21)、式(12-2-22)和式(12-2-23)可知，虽然径向轨道摄动 Δr、迹向轨道摄动 $\Delta\tau$ 和法向轨道摄动 $\Delta\eta$ 的形式非常复杂，但是 S_{nkpq} 和 S_{nkpq}^* 均是引力位系数 $(C_{nk},S_{nk})_{n=2,3,\cdots;k=0,1,\cdots,n}$ 的线性函数，因而 3 个方向上的轨道摄动均是引力位系数 C_{nk} 和 S_{nk} 的线性组合，线性组合的系数可以根据卫星轨道根数的观测量得到，因

而被看作已知量。设所要反演的重力场模型阶数为 $n_{\max}$，则待求引力位系数共有 $N = n_{\max}^2 + 2n_{\max} - 3$ 个，这些位系数组成的矢量为

$$\boldsymbol{x} = (C_{20}, C_{21}, S_{21}, C_{22}, S_{22}; \cdots; C_{N0}, C_{N1}, S_{N1}, \cdots, C_N, S_N)^{\mathrm{T}} \quad (12\text{-}2\text{-}24)$$

那么，根据式（12-2-21）、式（12-2-22）和式（12-2-23）可以得到以方程组形式描述的径向、迹向、法向轨道摄动量为

$$\begin{bmatrix} \Delta r \\ \Delta \tau \\ \Delta \eta \end{bmatrix} = \begin{bmatrix} A_{11} & A_{12} & \cdots & A_{1N} \\ A_{21} & A_{22} & \cdots & A_{2N} \\ A_{31} & A_{32} & \cdots & A_{3N} \end{bmatrix} \boldsymbol{x} \quad (12\text{-}2\text{-}25)$$

其中，$A_{ij}(i=1,2,3; j=1,2,\cdots,N)$ 可以根据式（12-2-21）～式（12-2-23）中相应的系数得到。式（12-2-25）是针对一个历元时刻的轨道摄动量建立的方程，假设观测数据中共有 P 个历元，对每个历元时刻建立上述方程，并以下标表示各个历元时刻，联立所有方程得到

$$\begin{bmatrix} (\Delta r)_1 \\ (\Delta \tau)_1 \\ (\Delta \eta)_1 \\ \vdots \\ (\Delta r)_P \\ (\Delta \tau)_P \\ (\Delta \eta)_P \end{bmatrix}_{3P \times 1} = \begin{bmatrix} (A_{11})_1 & (A_{12})_1 & \cdots & (A_{1N})_1 \\ (A_{21})_1 & (A_{22})_1 & \cdots & (A_{2N})_1 \\ (A_{31})_1 & (A_{32})_1 & \cdots & (A_{3N})_1 \\ \vdots & \vdots & \vdots & \vdots \\ (A_{11})_P & (A_{12})_P & \cdots & (A_{1N})_P \\ (A_{21})_P & (A_{22})_P & \cdots & (A_{2N})_P \\ (A_{31})_P & (A_{32})_P & \cdots & (A_{3N})_P \end{bmatrix}_{3P \times N} \boldsymbol{x}_{N \times 1} \quad (12\text{-}2\text{-}26)$$

式（12-2-26）即为 Kaula 线性摄动法恢复地球重力场的观测方程，利用最小二乘法求解得到引力位系数集合，即地球重力场模型。

12.2.2 能量守恒法

能量守恒法是指利用能量守恒方程，建立地球引力位与非引力干扰、精密定轨等观测数据之间的关系，得到重力场反演的观测方程，求解得到重力场模型。在能量守恒方程中，地球引力位以卫星势能相反数的形式表示，大气阻力、太阳光压等非引力干扰以耗散能的形式表示，定轨数据中的速度表现为卫星动能，潮汐、三体引力等也以能量的形式表示，从而构造出引力位系数与重力卫星观测数据之间的数学关系。

下面基于拉格朗日方程和哈密顿函数，推导重力卫星运动的能量守恒方程。设质点系中共有 s 个质点，其广义坐标分别为 $q_1, q_2, \cdots, q_s$，它们受到的广义力分别为 $Q_1, Q_2, \cdots, Q_s$，质点系的动能为 T，则有

$$\frac{\mathrm{d}}{\mathrm{d}t}\left(\frac{\partial T}{\partial \dot{q}_j}\right) - \frac{\partial T}{\partial q_j} = Q_j, \quad j = 1, 2, \cdots, s \quad (12\text{-}2\text{-}27)$$

由于作用在卫星上的地球重力场是一个保守力场，引力广义力仅与广义坐标有关，而与广义速度无关，并且可以表示为势能函数 U 对广义坐标的偏导数，从而有

$$U=\sum_{j=1}^{s}U_j, \quad Q_j=-\frac{\partial U}{\partial q_j}, \quad \frac{\partial U}{\partial \dot{q}_j}=0 \tag{12-2-28}$$

由式(12-2-27)、式(12-2-28)得到

$$\frac{\mathrm{d}}{\mathrm{d}t}\left[\frac{\partial (T-U)}{\partial \dot{q}_j}\right]-\frac{\partial (T-U)}{\partial q_j}=0, \quad j=1,2,\cdots,s \tag{12-2-29}$$

已知引力位函数 V 是卫星势能函数的相反数,即

$$V=-U=-\sum_{j=1}^{s}U_j \tag{12-2-30}$$

定义质点系的拉格朗日函数为系统动能与势能之差,得到

$$L=T-U=T+V \tag{12-2-31}$$

定义第 j 个质点的广义动量 p_j 为

$$p_j=\frac{\partial L}{\partial \dot{q}_j}=\frac{\partial T}{\partial \dot{q}_j} \tag{12-2-32}$$

对式(12-2-31)微分,得到

$$\mathrm{d}L=\sum_{j=1}^{s}\left(\frac{\partial L}{\partial q_j}\mathrm{d}q_j+\frac{\partial L}{\partial \dot{q}_j}\mathrm{d}\dot{q}_j\right)+\frac{\partial L}{\partial t}\mathrm{d}t=\sum_{j=1}^{s}(\dot{p}_j\mathrm{d}q_j+p_j\mathrm{d}\dot{q}_j)+\frac{\partial L}{\partial t}\mathrm{d}t \tag{12-2-33}$$

进一步整理,得到

$$\mathrm{d}\left[\sum_{j=1}^{s}(p_j\dot{q}_j)-L\right]=\sum_{j=1}^{s}(-\dot{p}_j\mathrm{d}q_j+\dot{q}_j\mathrm{d}p_j)-\frac{\partial L}{\partial t}\mathrm{d}t \tag{12-2-34}$$

引入哈密顿函数

$$H=\sum_{j=1}^{s}(p_j\dot{q}_j)-L \tag{12-2-35}$$

地球重力场可以看作稳定的力场,也就是说拉格朗日函数 L 和哈密顿函数 H 中不显含时间 t,因而动能 T 是广义速度 $\dot{q}_j$ 的二次齐次函数。根据二次齐次函数的数学形式,容易得到

$$\sum_{j=1}^{s}\frac{\partial L}{\partial \dot{q}_j}\dot{q}_j=\sum_{j=1}^{s}\frac{\partial T}{\partial \dot{q}_j}\dot{q}_j=2T \tag{12-2-36}$$

拉格朗日函数 L 是广义坐标和广义速度的函数,不显含时间 t,因而

$$\frac{\mathrm{d}L}{\mathrm{d}t}=\sum_{j=1}^{s}\frac{\partial T}{\partial q_j}\dot{q}_j+\sum_{j=1}^{s}\frac{\partial T}{\partial \dot{q}_j}\ddot{q}_j \tag{12-2-37}$$

考虑到式(12-2-29),得到

$$\frac{\mathrm{d}L}{\mathrm{d}t}=\sum_{j=1}^{s}\frac{\mathrm{d}}{\mathrm{d}t}\left(\frac{\partial L}{\partial \dot{q}_j}\right)\dot{q}_j+\sum_{j=1}^{s}\frac{\partial T}{\partial \dot{q}_j}\ddot{q}_j=\frac{\mathrm{d}}{\mathrm{d}t}\left[\sum_{j=1}^{s}\left(\frac{\partial L}{\partial \dot{q}_j}\right)\dot{q}_j\right]=\frac{\mathrm{d}}{\mathrm{d}t}(2T) \tag{12-2-38}$$

由式(12-2-38)容易得到动能 T 和势能 U 之和为常数 E 的结论,常数 E 代表

质点系的机械能

$$T+U=E \tag{12-2-39}$$

由式(12-2-35)以及广义动量定义得到

$$H=\sum_{j=1}^{s}(p_j\dot{q}_j)-L=\sum_{j=1}^{s}\left(\frac{\partial L}{\partial \dot{q}_j}\dot{q}_j\right)-L=2T-L=T+U=E \tag{12-2-40}$$

式(12-2-40)说明,所定义的哈密顿函数即为系统机械能。考虑到式(12-2-30),得到式(12-2-41)所示的形式,其中假设卫星质量为单位质量

$$V=T-E \tag{12-2-41}$$

这说明,当根据定轨数据得到卫星动能 T,并且已知卫星运动的机械能 E 时,可以得到地球引力位函数 V,由此得到引力位系数。首先,给出重力卫星运动的哈密顿函数的具体形式。用下标 i 表示地心惯性系中的变量,用下标 e 表示地球固连坐标系中的变量。根据绝对运动和牵连运动的关系,得到系统运动的广义动量为

$$\boldsymbol{p}=\dot{\boldsymbol{r}}_i=\dot{\boldsymbol{r}}_e+\boldsymbol{\omega}\times\boldsymbol{r}_e \tag{12-2-42}$$

其中,$\boldsymbol{\omega}$ 为地球自转角速度矢量。由此得到系统的拉格朗日函数为

$$L=T+V=\frac{1}{2}\dot{\boldsymbol{r}}_i^2+V=\frac{1}{2}\dot{\boldsymbol{r}}_e^2+\dot{\boldsymbol{r}}_e\cdot(\boldsymbol{\omega}\times\boldsymbol{r}_e)+\frac{1}{2}(\boldsymbol{\omega}\times\boldsymbol{r}_e)\cdot(\boldsymbol{\omega}\times\boldsymbol{r}_e)+V \tag{12-2-43}$$

进而得到哈密顿函数为

$$H=\boldsymbol{p}\cdot\dot{\boldsymbol{r}}_e-L=(\dot{\boldsymbol{r}}_e+\boldsymbol{\omega}\times\boldsymbol{r}_e)\cdot\dot{\boldsymbol{r}}_e-L=\frac{1}{2}\dot{\boldsymbol{r}}_e^2-\frac{1}{2}(\boldsymbol{\omega}\times\boldsymbol{r}_e)\cdot(\boldsymbol{\omega}\times\boldsymbol{r}_e)-V \tag{12-2-44}$$

根据地心惯性系和地球固连坐标系中速度之间的关系 $\dot{\boldsymbol{r}}_e=\dot{\boldsymbol{r}}_i-\boldsymbol{\omega}\times\boldsymbol{r}_e$,将哈密顿函数用地心惯性系中的变量表示,得到

$$H=\frac{1}{2}\dot{\boldsymbol{r}}_i^2-\omega(r_{ix}\dot{r}_{iy}-\dot{r}_{ix}r_{iy})-V=E \tag{12-2-45}$$

即

$$V=\frac{1}{2}\dot{\boldsymbol{r}}_i^2-\omega(r_{ix}\dot{r}_{iy}-\dot{r}_{ix}r_{iy})-E \tag{12-2-46}$$

当然,在上述推导过程中假设卫星只受地球重力场的作用,实际卫星还会受到大气阻力、太阳光压、潮汐、三体引力等非地球引力的作用。在建立实际重力卫星能量守恒方程时,需要增加对非地球引力干扰的修正项,分为非保守力项和保守力项。其中,非保守力项包括大气阻力、太阳光压等,可以表示为

$$E_{nc}=\int_{t_0}^{t}\boldsymbol{a}\cdot\dot{\boldsymbol{r}}_i\mathrm{d}t \tag{12-2-47}$$

其中,$\boldsymbol{a}$ 是卫星受到的非引力干扰,它是重力卫星的观测数据。保守力项包括日月行星等三体引力、潮汐(固体潮、海潮、大气潮)、地球自转形变等引起的卫星能量变

化,可以用精确的数学模型来表示,记为 V_c。从而,式(12-2-46)修正为

$$V = \frac{1}{2}\dot{r}_i{}^2 - \omega(r_{ix}\dot{r}_{iy} - \dot{r}_{ix}r_{iy}) - \int_{t_0}^t \boldsymbol{a} \cdot \dot{\boldsymbol{r}}_i \mathrm{d}t - V_c - E \qquad (12\text{-}2\text{-}48)$$

式(12-2-48)即为重力卫星运动的能量守恒方程。根据 3.3 节,在地球固连坐标系中以直角坐标为自变量的引力位表示为

$$V(X,Y,Z) = \frac{GM}{r_e} + \frac{GM}{r_e} \sum_{n=2}^{\infty} \sum_{m=0}^{n} (\bar{C}_{nm}E_{nm} + \bar{S}_{nm}F_{nm}) \qquad (12\text{-}2\text{-}49)$$

其中,GM 为万有引力常数和地球质量的乘积;r_e 是地球平均半径;E_{nm}、F_{nm} 是卫星位置的函数,由精密定轨数据得到。由式(12-2-48)、式(12-2-49)得到

$$\frac{GM}{r_e} \sum_{n=2}^{\infty} \sum_{m=0}^{n} (\bar{C}_{nm}E_{nm} + \bar{S}_{nm}F_{nm})$$

$$= \frac{1}{2}\dot{r}_i^2 - \frac{GM}{r_e} - \omega(r_{ix}\dot{r}_{iy} - \dot{r}_{ix}r_{iy}) - \int_{t_0}^t \boldsymbol{a} \cdot \dot{\boldsymbol{r}}_i \mathrm{d}t - V_c - E \qquad (12\text{-}2\text{-}50)$$

式(12-2-50)左端表示地球引力位系数的线性组合,组合系数是卫星位置的函数,可以根据定轨数据得到。式(12-2-50)右端可以根据非引力干扰观测数据、卫星定轨的位置和速度数据以及潮汐、三体引力等保守力建模得到,因而右端函数认为是已知的。对于每个历元时刻,均可以建立式(12-2-50)所示的能量守恒关系。设所要恢复的地球重力场模型最高阶数为 n,则待求解的引力位系数个数为 $N = n^2 + 2n - 3$,设在历元时刻 i,式(12-2-50)中第 j 个引力位系数的线性组合系数为 A_{ij},等式右端记为 d_i,则有

$$(A_{i1}, A_{i2}, \cdots, A_{iN}) \cdot (C_{20}, C_{21}, S_{21}, C_{22}, S_{22}; \cdots; C_{N0}, \cdots, C_{NN}, S_{NN})^{\mathrm{T}} = d_i$$
$$(12\text{-}2\text{-}51)$$

设共有 P 个观测历元,对每个历元时刻建立式(12-2-51)所示的方程,联立得到

$$\begin{bmatrix} A_{11} & A_{12} & \cdots & A_{1N} \\ A_{21} & A_{22} & \cdots & A_{2N} \\ \vdots & \vdots & & \vdots \\ A_{P1} & A_{P2} & \cdots & A_{PN} \end{bmatrix} \cdot (C_{20}, C_{21}, S_{21}, C_{22}, S_{22}; \cdots; C_{N0}, \cdots, C_{NN}, S_{NN})^{\mathrm{T}} = \begin{bmatrix} d_1 \\ d_2 \\ \vdots \\ d_N \end{bmatrix}$$
$$(12\text{-}2\text{-}52)$$

式(12-2-52)即为基于能量守恒方程的重力场测量观测方程,求解得到引力位系数,即地球重力场模型。

12.2.3　动力学方法

在 J2000.0 惯性坐标系下,设坐标原点到引力敏感器的列矢量为 $\boldsymbol{r}$,则引力敏感器的状态列矢量为

$$X = \begin{bmatrix} r \\ \dot{r} \end{bmatrix} \tag{12-2-53}$$

根据牛顿第二定律可知,引力敏感器状态 $X(t)$ 是初始条件 $X(t_0)$ 和动力学参数 P 的函数,即

$$X = X(X_0, P, t) \tag{12-2-54}$$

$X(t_0)$、P 的改变量 ΔX_0、ΔP 引起的引力敏感器状态改变量为

$$\Delta X = \frac{\partial X(t)}{\partial X(t_0)} \Delta X_0 + \frac{\partial X(t)}{\partial P} \Delta P \tag{12-2-55}$$

设

$$\Phi = \left[\frac{\partial X(t)}{\partial X(t_0)} \right]_{6 \times 6} = \begin{bmatrix} \left[\dfrac{\partial r(t)}{\partial (r(t_0), \dot{r}(t_0))} \right]_{3 \times 6} \\ \left[\dfrac{\partial \dot{r}(t)}{\partial (r(t_0), \dot{r}(t_0))} \right]_{3 \times 6} \end{bmatrix} \tag{12-2-56}$$

$$S = \left[\frac{\partial X(t)}{\partial P} \right]_{6 \times k} = \begin{bmatrix} \left[\dfrac{\partial r(t)}{\partial P} \right]_{3 \times k} \\ \left[\dfrac{\partial \dot{r}(t)}{\partial P} \right]_{3 \times k} \end{bmatrix} \tag{12-2-57}$$

其中,k 是动力学参数的个数,包括引力位系数和其他动力学参数。设标称轨道为 $X(t)$,它是纯引力轨道的理论值;参考轨道为 $X^*(t)$,它是纯引力轨道的观测值。于是,式(12-2-55)变为

$$\Delta X = X^*(t) - X(t) = \frac{\partial X(t)}{\partial X(t_0)} \bigg|_{X(t)} \Delta X_0 + \frac{\partial X(t)}{\partial P} \bigg|_{X(t)} \Delta P \tag{12-2-58}$$

下面给出状态转移矩阵 Φ 和参数敏感度矩阵 S 的计算方法。引力敏感器的运动方程可表示为

$$\ddot{r} = f(t, r, \dot{r}, p) \tag{12-2-59}$$

其中,f 为引力敏感器受到的总加速度;$p = [r(t_0), \dot{r}(t_0), P]^T$ 为参数矢量,包含了初始状态参数和动力学参数。式(12-2-59)对 p 求偏导数,得到

$$\frac{d^2}{dt^2} \left(\frac{\partial r}{\partial p} \right) = \frac{\partial \ddot{r}}{\partial r} \left(\frac{\partial r}{\partial p} \right) + \frac{\partial \ddot{r}}{\partial \dot{r}} \frac{d}{dt} \left(\frac{\partial r}{\partial p} \right) + \frac{\partial \ddot{r}}{\partial p} \tag{12-2-60}$$

设

$$A(t) = \left[\frac{\partial \ddot{r}}{\partial r} \right]_{3 \times 3} \tag{12-2-61}$$

$$B(t) = \left[\frac{\partial \ddot{r}}{\partial \dot{r}} \right]_{3 \times 3} \tag{12-2-62}$$

$$Y(t) = \left[\frac{\partial r}{\partial p} \right]_{3 \times (6+k)} \tag{12-2-63}$$

$$C(t)=\left[\frac{\partial\ddot{\boldsymbol r}}{\partial\boldsymbol p}\right]_{3\times(6+k)}=\left[\frac{\partial\ddot{\boldsymbol r}}{\partial\boldsymbol r(t_0)}\quad\frac{\partial\ddot{\boldsymbol r}}{\partial\dot{\boldsymbol r}(t_0)}\quad\frac{\partial\ddot{\boldsymbol r}}{\partial\boldsymbol P}\right]=\left[\boldsymbol 0_{3\times3}\quad\boldsymbol 0_{3\times3}\quad\frac{\partial\ddot{\boldsymbol r}}{\partial\boldsymbol P}\right]_{3\times(6+k)}$$

(12-2-64)

则有

$$\ddot{\boldsymbol Y}(t)=\boldsymbol A(t)\boldsymbol Y(t)+\boldsymbol B(t)\dot{\boldsymbol Y}(t)+\boldsymbol C(t) \tag{12-2-65}$$

进而

$$\begin{cases}\dfrac{\mathrm{d}\boldsymbol Y(t)}{\mathrm{d}t}=\dot{\boldsymbol Y}(t)\\[2mm]\dfrac{\mathrm{d}\dot{\boldsymbol Y}(t)}{\mathrm{d}t}=\boldsymbol A(t)\boldsymbol Y(t)+\boldsymbol B(t)\dot{\boldsymbol Y}(t)+\boldsymbol C(t)\end{cases} \tag{12-2-66}$$

由式(12-2-63)可知

$$\dot{\boldsymbol Y}(t)=\left[\frac{\partial\dot{\boldsymbol r}}{\partial\boldsymbol p}\right]_{3\times(6+k)} \tag{12-2-67}$$

设

$$\boldsymbol\Psi(t)=\begin{bmatrix}\boldsymbol Y(t)\\\dot{\boldsymbol Y}(t)\end{bmatrix}=\begin{bmatrix}\dfrac{\partial\boldsymbol r}{\partial\boldsymbol p}\\[2mm]\dfrac{\partial\dot{\boldsymbol r}}{\partial\boldsymbol p}\end{bmatrix}=\begin{bmatrix}\dfrac{\partial\boldsymbol r}{\partial\boldsymbol r(t_0)}&\dfrac{\partial\boldsymbol r}{\partial\dot{\boldsymbol r}(t_0)}&\dfrac{\partial\boldsymbol r}{\partial\boldsymbol P}\\[2mm]\dfrac{\partial\dot{\boldsymbol r}}{\partial\boldsymbol r(t_0)}&\dfrac{\partial\dot{\boldsymbol r}}{\partial\dot{\boldsymbol r}(t_0)}&\dfrac{\partial\dot{\boldsymbol r}}{\partial\boldsymbol P}\end{bmatrix}_{6\times(6+k)}=[\boldsymbol\Phi_{6\times6}\quad\boldsymbol S_{6\times k}]$$

(12-2-68)

则

$$\frac{\mathrm{d}\boldsymbol\psi(t)}{\mathrm{d}t}=\frac{\mathrm{d}}{\mathrm{d}t}\begin{bmatrix}\boldsymbol Y(t)\\\dot{\boldsymbol Y}(t)\end{bmatrix}=\begin{bmatrix}\dot{\boldsymbol Y}(t)\\\boldsymbol A(t)\boldsymbol Y(t)+\boldsymbol B(t)\dot{\boldsymbol Y}(t)+\boldsymbol C(t)\end{bmatrix}$$

$$=\begin{bmatrix}\boldsymbol 0_{3\times3}&\boldsymbol I_{3\times3}\\\boldsymbol A(t)_{3\times3}&\boldsymbol B(t)_{3\times3}\end{bmatrix}\begin{bmatrix}\boldsymbol Y(t)_{3\times(6+k)}\\\dot{\boldsymbol Y}(t)_{3\times(6+k)}\end{bmatrix}+\begin{bmatrix}\boldsymbol 0_{3\times(6+k)}\\\boldsymbol C(t)_{3\times(6+k)}\end{bmatrix}$$

$$=\begin{bmatrix}\boldsymbol 0_{3\times3}&\boldsymbol I_{3\times3}\\\boldsymbol A(t)_{3\times3}&\boldsymbol B(t)_{3\times3}\end{bmatrix}\boldsymbol\psi(t)_{6\times(6+k)}+\begin{bmatrix}\boldsymbol 0_{3\times(6+k)}\\\boldsymbol C(t)_{3\times(6+k)}\end{bmatrix} \tag{12-2-69}$$

初始条件为

$$\boldsymbol\Psi(t_0)=[\boldsymbol\Phi_{6\times6}(t_0)\quad\boldsymbol S_{6\times k}(t_0)]=[\boldsymbol I_{6\times6}\quad\boldsymbol 0_{6\times k}] \tag{12-2-70}$$

由于初始状态和动力学参数无关,因此$\boldsymbol S_{6\times k}(t_0)=\boldsymbol 0_{6\times k}$。由式(12-2-68)~式(12-2-70),可以得到状态转移矩阵$\boldsymbol\Phi$和参数敏感度矩阵$\boldsymbol S$,进而由式(12-2-55)可以建立观测方程,具体为

$$(\Delta\boldsymbol X)_i\big|_{6\times1}=\boldsymbol\Phi_i\Delta\boldsymbol X_0+\boldsymbol S_i\Delta\boldsymbol P=[\boldsymbol\Phi_i\quad\boldsymbol S_i]_{6\times(6+k)}\begin{bmatrix}\Delta\boldsymbol X_0\\\Delta\boldsymbol P\end{bmatrix}_{(6+k)\times1} \tag{12-2-71}$$

下标i表示对轨道积分的历元时刻i建立上述关系,同样对每个历元建立这样的关系,以$\Delta\boldsymbol X_0$、$\Delta\boldsymbol P$为未知数得到线性方程组,求解该线性方程组得到力学参数改进量$\Delta\boldsymbol P$。

将式(12-2-69)写成分量形式为

$$
\frac{\mathrm{d}}{\mathrm{d}t}
\begin{bmatrix}
\dfrac{\partial \boldsymbol{r}}{\partial \boldsymbol{r}(t_0)} & \dfrac{\partial \boldsymbol{r}}{\partial \dot{\boldsymbol{r}}(t_0)} & \dfrac{\partial \boldsymbol{r}}{\partial \boldsymbol{P}} \\
\dfrac{\partial \dot{\boldsymbol{r}}}{\partial \boldsymbol{r}(t_0)} & \dfrac{\partial \dot{\boldsymbol{r}}}{\partial \dot{\boldsymbol{r}}(t_0)} & \dfrac{\partial \dot{\boldsymbol{r}}}{\partial \boldsymbol{P}}
\end{bmatrix}_{6\times(6+k)}
$$

$$
=
\begin{bmatrix}
\boldsymbol{0}_{3\times3} & \boldsymbol{I}_{3\times3} \\
\boldsymbol{A}(t)_{3\times3} & \boldsymbol{B}(t)_{3\times3}
\end{bmatrix}
\begin{bmatrix}
\dfrac{\partial \boldsymbol{r}}{\partial \boldsymbol{r}(t_0)} & \dfrac{\partial \boldsymbol{r}}{\partial \dot{\boldsymbol{r}}(t_0)} & \dfrac{\partial \boldsymbol{r}}{\partial \boldsymbol{P}} \\
\dfrac{\partial \dot{\boldsymbol{r}}}{\partial \boldsymbol{r}(t_0)} & \dfrac{\partial \dot{\boldsymbol{r}}}{\partial \dot{\boldsymbol{r}}(t_0)} & \dfrac{\partial \dot{\boldsymbol{r}}}{\partial \boldsymbol{P}}
\end{bmatrix}_{6\times(6+k)}
+
\begin{bmatrix}
\boldsymbol{0}_{3\times(6+k)} \\
\boldsymbol{C}(t)_{3\times(6+k)}
\end{bmatrix}
$$

$$
=
\begin{bmatrix}
\dfrac{\partial \dot{\boldsymbol{r}}}{\partial \boldsymbol{r}(t_0)} & \dfrac{\partial \dot{\boldsymbol{r}}}{\partial \dot{\boldsymbol{r}}(t_0)} & \dfrac{\partial \dot{\boldsymbol{r}}}{\partial \boldsymbol{P}} \\
\boldsymbol{A}(t)_{3\times3}\dfrac{\partial \boldsymbol{r}}{\partial \boldsymbol{r}(t_0)}+\boldsymbol{B}(t)_{3\times3}\dfrac{\partial \dot{\boldsymbol{r}}}{\partial \boldsymbol{r}(t_0)} & \boldsymbol{A}(t)_{3\times3}\dfrac{\partial \boldsymbol{r}}{\partial \dot{\boldsymbol{r}}(t_0)}+\boldsymbol{B}(t)_{3\times3}\dfrac{\partial \dot{\boldsymbol{r}}}{\partial \dot{\boldsymbol{r}}(t_0)} & \boldsymbol{A}(t)_{3\times3}\dfrac{\partial \boldsymbol{r}}{\partial \boldsymbol{P}}+\boldsymbol{B}(t)_{3\times3}\dfrac{\partial \dot{\boldsymbol{r}}}{\partial \boldsymbol{P}}+\dfrac{\partial \ddot{\boldsymbol{r}}}{\partial \boldsymbol{P}}
\end{bmatrix}
$$

$$(12\text{-}2\text{-}72)$$

可见，$\dfrac{\partial \ddot{\boldsymbol{r}}}{\partial \boldsymbol{P}}$ 中位系数的排列顺序与求解得到的 $\dfrac{\partial \boldsymbol{r}}{\partial \boldsymbol{P}}$、$\dfrac{\partial \dot{\boldsymbol{r}}}{\partial \boldsymbol{P}}$ 中位系数的排列顺序是相同的，这就是说观测方程(12-2-55)中的位系数排列顺序是由 $\boldsymbol{C}(t)_{3\times(6+k)}$ 矩阵中的位系数输入顺序决定的。

由式(12-2-69)和式(12-2-70)进行积分时，需要根据式(12-2-61)、式(12-2-62)和式(12-2-64)计算 $\boldsymbol{A}(t)$、$\boldsymbol{B}(t)$ 和 $\boldsymbol{C}(t)$。偏导数运算中的 $\ddot{\boldsymbol{r}}$ 是卫星受到的总加速度，包括由模型得到的加速度和噪声项。由于噪声项与卫星位置、速度和动力学参数无关，因此可以认为 $\ddot{\boldsymbol{r}}$ 就是由动力学模型得到的加速度。下面给出矩阵 $\boldsymbol{A}(t)$、$\boldsymbol{B}(t)$ 和 $\boldsymbol{C}(t)$ 的计算方法。

1)$\boldsymbol{A}(t)=\left[\dfrac{\partial \ddot{\boldsymbol{r}}}{\partial \boldsymbol{r}}\right]_{3\times3}$ 项的计算

(1)地球中心引力项。

对于地球中心引力，有

$$
\ddot{\boldsymbol{r}}=-\frac{\mu}{r^3}\boldsymbol{r}=\left(-\frac{\mu}{r^3}x,-\frac{\mu}{r^3}y,-\frac{\mu}{r^3}z\right) \tag{12-2-73}
$$

从而得到

$$
\boldsymbol{A}_0=\left(\frac{\partial \ddot{\boldsymbol{r}}}{\partial \boldsymbol{r}}\right)_{3\times3}=-\frac{\partial\left(\frac{\mu}{r^3}x,\frac{\mu}{r^3}y,\frac{\mu}{r^3}z\right)}{\partial(x,y,z)}
$$

$$
=-\mu
\begin{bmatrix}
\dfrac{\partial\left(\frac{x}{r^3}\right)}{\partial x} & \dfrac{\partial\left(\frac{x}{r^3}\right)}{\partial y} & \dfrac{\partial\left(\frac{x}{r^3}\right)}{\partial z} \\
\dfrac{\partial\left(\frac{y}{r^3}\right)}{\partial x} & \dfrac{\partial\left(\frac{y}{r^3}\right)}{\partial y} & \dfrac{\partial\left(\frac{y}{r^3}\right)}{\partial z} \\
\dfrac{\partial\left(\frac{z}{r^3}\right)}{\partial x} & \dfrac{\partial\left(\frac{z}{r^3}\right)}{\partial y} & \dfrac{\partial\left(\frac{z}{r^3}\right)}{\partial z}
\end{bmatrix}
=-\mu
\begin{bmatrix}
\dfrac{1}{r^3}-\dfrac{3x^2}{r^5} & -\dfrac{3xy}{r^5} & -\dfrac{3xz}{r^5} \\
-\dfrac{3xy}{r^5} & \dfrac{1}{r^3}-\dfrac{3y^2}{r^5} & -\dfrac{3yz}{r^5} \\
-\dfrac{3xz}{r^5} & -\dfrac{3yz}{r^5} & \dfrac{1}{r^3}-\dfrac{3z^2}{r^5}
\end{bmatrix}
$$

$$(12\text{-}2\text{-}74)$$

（2）地球非球形引力摄动项。

$$\left[\frac{\partial \ddot{\boldsymbol{r}}}{\partial \boldsymbol{r}}\right]_{3\times3} = \left[\frac{\partial(a_x, a_y, a_z)}{\partial(x, y, z)}\right]_{3\times3}$$

$$= \sum_{n=2}^{N_{\max}} \sum_{m=0}^{n} \left[\frac{\partial(a_{x,nm}, a_{y,nm}, a_{z,nm})}{\partial(x, y, z)}\right]_{3\times3} = \sum_{n=2}^{N_{\max}} \sum_{m=0}^{n} \begin{bmatrix} \dfrac{\partial a_{x,nm}}{\partial x} & \dfrac{\partial a_{x,nm}}{\partial y} & \dfrac{\partial a_{x,nm}}{\partial z} \\[2mm] \dfrac{\partial a_{y,nm}}{\partial x} & \dfrac{\partial a_{y,nm}}{\partial y} & \dfrac{\partial a_{y,nm}}{\partial z} \\[2mm] \dfrac{\partial a_{z,nm}}{\partial x} & \dfrac{\partial a_{z,nm}}{\partial y} & \dfrac{\partial a_{z,nm}}{\partial z} \end{bmatrix}$$

$$(12\text{-}2\text{-}75)$$

式（12-2-75）最终表示为引力位对地球固连坐标系坐标分量的二阶导数形式。

$$\frac{\partial a_{x,nm}}{\partial x} = \begin{cases} \dfrac{\mu}{4R_{\mathrm{e}}^3} \begin{bmatrix} d_5(E_{n+2,m+2}\bar{C}_{nm} + F_{n+2,m+2}\bar{S}_{nm}) \\[1mm] -2d_6(E_{n+2,m}\bar{C}_{nm} + F_{n+2,m}\bar{S}_{nm}) \\[1mm] +d_7\sqrt{\delta_{m-2}}(E_{n+2,m-2}\bar{C}_{nm} + F_{n+2,m-2}\bar{S}_{nm}) \end{bmatrix}, & m>1 \\[8mm] \dfrac{\mu}{4R_{\mathrm{e}}^3} \begin{bmatrix} d_5(E_{n+2,3}\bar{C}_{n1} + F_{n+2,3}\bar{S}_{n1}) \\[1mm] -d_7(3E_{n+2,1}\bar{C}_{n1} + F_{n+2,1}\bar{S}_{n1}) \end{bmatrix}, & m=1 \\[8mm] \dfrac{\mu}{2R_{\mathrm{e}}^3} \begin{bmatrix} \sqrt{\dfrac{(2n+1)(n+4)!}{2(2n+5)n!}}\, E_{n+2,2} \\[3mm] -\dfrac{(n+2)!}{n!}\sqrt{\dfrac{(2n+1)}{(2n+5)}}\, E_{n+2,0} \end{bmatrix} \bar{C}_{n0}, & m=0 \end{cases}$$

$$(12\text{-}2\text{-}76)$$

$$\frac{\partial a_{x,nm}}{\partial y} = \begin{cases} \dfrac{\mu}{4R_{\mathrm{e}}^3} \begin{bmatrix} -d_5(E_{n+2,m+2}\bar{S}_{nm} - F_{n+2,m+2}\bar{C}_{nm}) \\[1mm] +d_7\sqrt{\delta_{m-2}}(E_{n+2,m-2}\bar{S}_{nm} - F_{n+2,m-2}\bar{C}_{nm}) \end{bmatrix}, & m>1 \\[8mm] \dfrac{\mu}{4R_{\mathrm{e}}^3} \begin{bmatrix} \sqrt{\dfrac{(2n+1)(n+5)!}{(2n+5)(n+1)!}}\,(F_{n+2,3}\bar{C}_{n1} - E_{n+2,3}\bar{S}_{n1}) \\[3mm] -\sqrt{\dfrac{(2n+1)(n+3)!}{(2n+5)(n-1)!}}\,(F_{n+2,1}\bar{C}_{n1} + E_{n+2,1}\bar{S}_{n1}) \end{bmatrix}, & m=1 \\[8mm] \dfrac{\mu}{2R_{\mathrm{e}}^3}\sqrt{\dfrac{(2n+1)(n+4)!}{2(2n+5)n!}}\, F_{n+2,2}\bar{C}_{n0}, & m=0 \end{cases}$$

$$(12\text{-}2\text{-}77)$$

$$\frac{\partial a_{y,nm}}{\partial y}=\begin{cases}\dfrac{\mu}{4R_{e}^{3}}\begin{bmatrix}-d_{5}(E_{n+2,m+2}\bar{C}_{nm}+F_{n+2,m+2}\bar{S}_{nm})\\-2d_{6}(E_{n+2,m}\bar{C}_{nm}+F_{n+2,m}\bar{S}_{nm})\\-d_{7}\sqrt{\delta_{m-2}}\,(E_{n+2,m-2}\bar{C}_{nm}+F_{n+2,m-2}\bar{S}_{nm})\end{bmatrix},\quad m>1\\[30pt]\dfrac{\mu}{4R_{e}^{3}}\begin{bmatrix}-\sqrt{\dfrac{(2n+1)(n+5)!}{(2n+5)(n+1)!}}(E_{n+2,3}\bar{C}_{n1}+F_{n+2,3}\bar{S}_{n1})\\-\sqrt{\dfrac{(2n+1)(n+3)!}{(2n+5)(n-1)!}}(E_{n+2,1}\bar{C}_{n1}+3F_{n+2,1}\bar{S}_{n1})\end{bmatrix},\quad m=1\\[30pt]\dfrac{\mu}{2R_{e}^{3}}\left[-\sqrt{\dfrac{(2n+1)(n+4)!}{2(2n+5)n!}}E_{n+2,2}-(n+2)(n+1)\sqrt{\dfrac{(2n+1)}{(2n+5)}}E_{n+2,0}\right]\bar{C}_{n0},\quad m=0\end{cases}$$

$$(12\text{-}2\text{-}78)$$

$$\frac{\partial a_{x,nm}}{\partial z}=\begin{cases}\dfrac{\mu}{2R_{e}^{3}}\begin{bmatrix}\sqrt{\dfrac{(2n+1)(n-m+1)(n+m+3)!}{(2n+5)(n+m)!}}(E_{n+2,m+1}\bar{C}_{nm}+F_{n+2,m+1}\bar{S}_{nm})\\-\sqrt{\dfrac{\delta_{m-1}(2n+1)(n+m+1)(n-m+3)!}{(2n+5)(n-m)!}}(E_{n+2,m-1}\bar{C}_{nm}+F_{n+2,m-1}\bar{S}_{nm})\end{bmatrix},\quad m>0\\[30pt]\dfrac{\mu}{R_{e}^{3}}(n+1)\sqrt{\dfrac{(2n+1)(n+3)!}{2(2n+5)(n+1)!}}E_{n+2,1}\bar{C}_{n0},\quad m=0\end{cases}$$

$$(12\text{-}2\text{-}79)$$

$$\frac{\partial a_{y,nm}}{\partial z}=\begin{cases}\dfrac{\mu}{2R_{e}^{3}}\begin{bmatrix}\sqrt{\dfrac{(2n+1)(n-m+1)(n+m+3)!}{(2n+5)(n+m)!}}(F_{n+2,m+1}\bar{C}_{nm}-E_{n+2,m+1}\bar{S}_{nm})\\+\sqrt{\dfrac{\delta_{m-1}(2n+1)(n+m+1)(n-m+3)!}{(2n+5)(n-m)!}}(F_{n+2,m-1}\bar{C}_{nm}-E_{n+2,m-1}\bar{S}_{nm})\end{bmatrix},\quad m>0\\[30pt]\dfrac{\mu}{R_{e}^{3}}(n+1)\sqrt{\dfrac{(2n+1)(n+3)!}{2(2n+5)(n+1)!}}F_{n+2,1}\bar{C}_{n0},\quad m=0\end{cases}$$

$$(12\text{-}2\text{-}80)$$

$$\frac{\partial a_{z,nm}}{\partial z}=\frac{\mu}{R_{e}^{3}}d_{6}(E_{n+2,m}\bar{C}_{nm}+F_{n+2,m}\bar{S}_{nm}) \tag{12-2-81}$$

其中

$$\begin{cases}d_{5}=\sqrt{\dfrac{(2n+1)(n+m+4)!}{(2n+5)(n+m)!}}\\[10pt]d_{6}=\sqrt{\dfrac{(2n+1)(n+m+2)!\ (n-m+2)!}{(2n+5)(n+m)!\ (n-m)!}}\\[10pt]d_{7}=\sqrt{\dfrac{(2n+1)(n-m+4)!}{(2n+5)(n-m)!}}\end{cases} \tag{12-2-82}$$

式(12-2-75)是在地球固连坐标系中表示的,需要转换到惯性系中,转换关系为

$$\boldsymbol{A}_{1}=\left(\frac{\partial\ddot{\boldsymbol{r}}}{\partial\boldsymbol{r}}\right)_{sf}=\boldsymbol{R}(t)^{-1}\left(\frac{\partial\ddot{\boldsymbol{r}}}{\partial\boldsymbol{r}}\right)_{ef}\boldsymbol{R}(t)=\boldsymbol{R}(t)^{\mathrm{T}}\left(\frac{\partial\ddot{\boldsymbol{r}}}{\partial\boldsymbol{r}}\right)_{ef}\boldsymbol{R}(t) \tag{12-2-83}$$

(3)大气阻力项。

假设重力卫星受到的大气阻力为

$$\ddot{\boldsymbol{r}}_{\text{drag}} = -\frac{1}{2} C_D \frac{S}{m} \rho v \boldsymbol{v} \tag{12-2-84}$$

其中,C_D 为阻力系数;S/m 为卫星面质比;ρ 是大气密度,它是卫星位置的函数;v 是卫星运动速度。这里假设大气相对惯性系是静止的。大气密度取指数模型,表达式为

$$\rho = \rho_0 e^{-\frac{r-r_0}{H_0 + \frac{\mu}{2}(r-r_0)}} \tag{12-2-85}$$

其中

$$\rho_0 = 3.6 \times 10^{-10} \text{kg/m}^3, \quad H_0 = 37.4 \text{km}$$
$$r_0 = H_0 + 6371 \text{km}, \quad \mu \approx 0.1 \tag{12-2-86}$$

将式(12-2-85)代入式(12-2-84),得到

$$\ddot{\boldsymbol{r}}_{\text{drag}} = -\frac{1}{2} C_D \frac{S}{m} \rho_0 e^{-\frac{r-r_0}{H_0 + \frac{\mu}{2}(r-r_0)}} v \boldsymbol{v} \tag{12-2-87}$$

将大气阻力摄动加速度对卫星位置矢量求偏导数,得到

$$\boldsymbol{A}_2(t) = \left[\frac{\partial \ddot{\boldsymbol{r}}_{\text{drag}}}{\partial \boldsymbol{r}}\right]_{3 \times 3} = \begin{bmatrix} \dfrac{\partial \ddot{r}_{\text{drag},x}}{\partial r_x} & \dfrac{\partial \ddot{r}_{\text{drag},x}}{\partial r_y} & \dfrac{\partial \ddot{r}_{\text{drag},x}}{\partial r_z} \\[2mm] \dfrac{\partial \ddot{r}_{\text{drag},y}}{\partial r_x} & \dfrac{\partial \ddot{r}_{\text{drag},y}}{\partial r_y} & \dfrac{\partial \ddot{r}_{\text{drag},y}}{\partial r_z} \\[2mm] \dfrac{\partial \ddot{r}_{\text{drag},z}}{\partial r_x} & \dfrac{\partial \ddot{r}_{\text{drag},z}}{\partial r_y} & \dfrac{\partial \ddot{r}_{\text{drag},z}}{\partial r_z} \end{bmatrix}$$

$$= 2C_D \rho_0 H_0 \frac{S}{m} \frac{\dot{r}}{r} \frac{\exp\left[-\dfrac{2(r-r_0)}{2H_0 + \mu(r-r_0)}\right]}{[2H_0 + \mu(r-r_0)]^2} \begin{bmatrix} \dot{r}_x \\ \dot{r}_y \\ \dot{r}_z \end{bmatrix} (r_x, r_y, r_z) \tag{12-2-88}$$

从而,得到矩阵 $\boldsymbol{A}(t) = \left[\dfrac{\partial \ddot{\boldsymbol{r}}}{\partial \boldsymbol{r}}\right]_{3 \times 3}$ 为

$$\boldsymbol{A}(t) = \boldsymbol{A}_0 + \boldsymbol{A}_1 + \boldsymbol{A}_2 \tag{12-2-89}$$

2)$\boldsymbol{B}(t) = \left[\dfrac{\partial \ddot{\boldsymbol{r}}}{\partial \dot{\boldsymbol{r}}}\right]_{3 \times 3}$ 的计算

矩阵 $\boldsymbol{B}(t)$ 是引力参考敏感器受到的加速度对其速度的偏导数。对于基于内编队模式的天基重力场测量,引力参考敏感器是内卫星,它运行在外卫星腔体内部,不受大气阻力的影响,也就是说内卫星摄动加速度与其运动速度无关,从而 $\boldsymbol{B}(t) = \boldsymbol{0}$。

对于加速度计模式的天基重力场测量,引力参考敏感器是整个卫星,其加速度与卫星速度有关。将加速度对速度变量求偏导数,得到矩阵 $\boldsymbol{B}(t)$,其中假设大气模型为指数模型,大气阻力摄动加速度具有式(12-2-87)的形式:

$$B_{\mathrm{drag}}(t) = \left[\frac{\partial \ddot{\boldsymbol{r}}_{\mathrm{drag}}}{\partial \dot{\boldsymbol{r}}}\right]_{3\times3} = \begin{bmatrix} \dfrac{\partial \ddot{r}_{\mathrm{drag},x}}{\partial \dot{r}_x} & \dfrac{\partial \ddot{r}_{\mathrm{drag},x}}{\partial \dot{r}_y} & \dfrac{\partial \ddot{r}_{\mathrm{drag},x}}{\partial \dot{r}_z} \\[4mm] \dfrac{\partial \ddot{r}_{\mathrm{drag},y}}{\partial \dot{r}_x} & \dfrac{\partial \ddot{r}_{\mathrm{drag},y}}{\partial \dot{r}_y} & \dfrac{\partial \ddot{r}_{\mathrm{drag},y}}{\partial \dot{r}_z} \\[4mm] \dfrac{\partial \ddot{r}_{\mathrm{drag},z}}{\partial \dot{r}_x} & \dfrac{\partial \ddot{r}_{\mathrm{drag},z}}{\partial \dot{r}_y} & \dfrac{\partial \ddot{r}_{\mathrm{drag},z}}{\partial \dot{r}_z} \end{bmatrix}$$

$$= -\frac{1}{2}C_{\mathrm{D}}\rho_0 \frac{S}{m}\frac{\exp\left[-\dfrac{2(r-r_0)}{2H_0+\mu(r-r_0)}\right]}{\dot{r}}\left\{\begin{bmatrix} \dot{r}_x \\ \dot{r}_y \\ \dot{r}_z \end{bmatrix}(\dot{r}_x,\dot{r}_y,\dot{r}_z) + \dot{r}^2\begin{bmatrix} 1 & & \\ & 1 & \\ & & 1 \end{bmatrix}\right\}$$

$$(12\text{-}2\text{-}90)$$

3) $\boldsymbol{C}(t) = \left[\boldsymbol{0}_{3\times3}, \boldsymbol{0}_{3\times3}, \dfrac{\partial \ddot{\boldsymbol{r}}}{\partial \boldsymbol{P}}\right]_{3\times(6+k)}$ 的计算

如果不考虑地球非球形摄动以外的动力学参数,则

$$\boldsymbol{P} = [C_{nm}, S_{nm}]_{n=2,\cdots,N_{\max}; m=0,\cdots,n} \tag{12-2-91}$$

从而

$$\frac{\partial \ddot{\boldsymbol{r}}}{\partial C_{nm}} = \frac{\partial(a_x, a_y, a_z)}{\partial C_{nm}} = \sum_{i=2}^{N_{\max}}\sum_{j=0}^{i}\begin{bmatrix} \dfrac{\partial a_{x,ij}}{\partial C_{nm}} \\[3mm] \dfrac{\partial a_{y,ij}}{\partial C_{nm}} \\[3mm] \dfrac{\partial a_{z,ij}}{\partial C_{nm}} \end{bmatrix} = \begin{bmatrix} \dfrac{\partial a_{x,nm}}{\partial C_{nm}} \\[3mm] \dfrac{\partial a_{y,nm}}{\partial C_{nm}} \\[3mm] \dfrac{\partial a_{z,nm}}{\partial C_{nm}} \end{bmatrix} \tag{12-2-92}$$

$$\frac{\partial \ddot{\boldsymbol{r}}}{\partial S_{nm}} = \frac{\partial(a_x, a_y, a_z)}{\partial S_{nm}} = \sum_{i=2}^{N_{\max}}\sum_{j=0}^{i}\begin{bmatrix} \dfrac{\partial a_{x,ij}}{\partial S_{nm}} \\[3mm] \dfrac{\partial a_{y,ij}}{\partial S_{nm}} \\[3mm] \dfrac{\partial a_{z,ij}}{\partial S_{nm}} \end{bmatrix} = \begin{bmatrix} \dfrac{\partial a_{x,nm}}{\partial S_{nm}} \\[3mm] \dfrac{\partial a_{y,nm}}{\partial S_{nm}} \\[3mm] \dfrac{\partial a_{z,nm}}{\partial S_{nm}} \end{bmatrix} \tag{12-2-93}$$

其中

$$\frac{\partial a_{x,nm}}{\partial \bar{C}_{nm}} = \begin{cases} \dfrac{\mu}{2R_{\mathrm{e}}^2}\left(-b_2 E_{n+1,m+1} + b_3\sqrt{\delta_{m-1}}\,E_{n+1,m-1}\right), & m>0 \\[4mm] -\dfrac{\mu}{R_{\mathrm{e}}^2}b_1 E_{n+1,1}, & m=0 \end{cases} \tag{12-2-94}$$

$$\frac{\partial a_{x,nm}}{\partial \bar{S}_{nm}} = \begin{cases} \dfrac{\mu}{2R_{\mathrm{e}}^2}\left(-b_2 F_{n+1,m+1} + b_3\sqrt{\delta_{m-1}}\,F_{n+1,m-1}\right), & m>0 \\[4mm] 0, & m=0 \end{cases} \tag{12-2-95}$$

$$\frac{\partial a_{y,nm}}{\partial \bar{C}_{nm}} = \begin{cases} -\dfrac{\mu}{2R_{\mathrm{e}}^2}(b_2 F_{n+1,m+1} + b_3 \sqrt{\delta_{m-1}}\, F_{n+1,m-1}), & m > 0 \\ -\dfrac{\mu}{R_{\mathrm{e}}^2} b_1 F_{n+1,1}, & m = 0 \end{cases} \tag{12-2-96}$$

$$\frac{\partial a_{y,nm}}{\partial \bar{S}_{nm}} = \begin{cases} \dfrac{\mu}{2R_{\mathrm{e}}^2}(b_2 E_{n+1,m+1} + b_3 \sqrt{\delta_{m-1}}\, E_{n+1,m-1}), & m > 0 \\ 0, & m = 0 \end{cases} \tag{12-2-97}$$

$$\frac{\partial a_{z,nm}}{\partial \bar{C}_{nm}} = -\frac{\mu}{R_{\mathrm{e}}^2} b_4 E_{n+1,m} \tag{12-2-98}$$

$$\frac{\partial a_{z,nm}}{\partial \bar{S}_{nm}} = -\frac{\mu}{R_{\mathrm{e}}^2} b_4 F_{n+1,m} \tag{12-2-99}$$

$$b_1 = \sqrt{\frac{(n+1)(n+2)(2n+1)}{2(2n+3)}} \tag{12-2-100}$$

$$b_2 = \sqrt{\frac{(2n+1)(n+m+2)(n+m+1)}{2n+3}} \tag{12-2-101}$$

$$b_3 = \sqrt{\frac{(2n+1)(n-m+2)(n-m+1)}{2n+3}} \tag{12-2-102}$$

$$b_4 = \sqrt{\frac{(n+m+1)(n-m+1)(2n+1)}{2n+3}} \tag{12-2-103}$$

由式(12-2-92)～式(12-2-103)得到的矩阵 $\boldsymbol{C}(t)$ 是在地球固连坐标系中表示的,需要左乘 $\boldsymbol{R}^{\mathrm{T}}(t)$ 得到在惯性系中的坐标表示,转换关系为

$$(X, Y, Z)^{\mathrm{T}} \xrightarrow{\text{左乘} \boldsymbol{R}(t)} (x, y, z)^{\mathrm{T}}$$

$$\Rightarrow \frac{\partial(a_x, a_y, a_z)}{\partial(\bar{C}_{nm}, \bar{S}_{nm})} \xrightarrow{\text{左乘} \boldsymbol{R}^{\mathrm{T}}(t)} \frac{\partial(a_X, a_Y, a_Z)}{\partial(\bar{C}_{nm}, \bar{S}_{nm})} \tag{12-2-104}$$

实际上,在计算矩阵 $\boldsymbol{A}(t)$、$\boldsymbol{B}(t)$、$\boldsymbol{C}(t)$ 时,只考虑了地球中心引力项、地球非球形引力摄动项和大气阻力摄动项。如果考虑更多的摄动力模型,将相应的摄动力分别对卫星位置矢量、速度矢量和引力位系数求偏导数,得到相应的矩阵 $\boldsymbol{A}(t)$、$\boldsymbol{B}(t)$、$\boldsymbol{C}(t)$。

12.2.4　短弧边值法

根据牛顿第二定律,重力卫星的运动可以表示为

$$\ddot{\boldsymbol{r}}(t) = \boldsymbol{a}(t, \boldsymbol{r}, \dot{\boldsymbol{r}}; \boldsymbol{x}, \boldsymbol{y}) \tag{12-2-105}$$

其中,$\boldsymbol{r}$、$\dot{\boldsymbol{r}}$、$\ddot{\boldsymbol{r}}$ 分别为卫星在地心惯性系中的位置、速度和加速度矢量;t 为时间变量;矢量 $\boldsymbol{x}$ 为与地球相关的动力学参数,包括地球引力位系数、潮汐摄动参数等;矢量 $\boldsymbol{y}$ 表示与卫星在轨空间环境相关的动力学参数,如加速度计测量数据。重力卫

星从位置 r_A 到位置 r_B 的运动形成一个弧段,弧段边值为

$$r_A = r(t_A), \quad r_B = r(t_B) \tag{12-2-106}$$

将 $[t_A, t_B]$ 段内的时间单位化,设单位化的时间为 τ,时间长度为 $T = t_B - t_A$,则有

$$\tau = \frac{t - t_A}{T} \tag{12-2-107}$$

在时刻 τ,重力卫星的位置矢量为[2]

$$r(\tau) = (1 - \tau)r_A + \tau r_B - T^2 \int_0^1 K(\tau, \tau') a(\tau', r, \dot{r}; x, y) \mathrm{d}\tau' \tag{12-2-108}$$

其中,核函数 $K(\tau, \tau')$ 为

$$K(\tau, \tau') = \begin{cases} \tau(1 - \tau'), & \tau \leqslant \tau' \\ \tau'(1 - \tau), & \tau \geqslant \tau' \end{cases} \tag{12-2-109}$$

对于动力学参数 x 和 y,将它们分为已知的参考值 (x^0, y^0) 和未知的改正量 $(\Delta x, \Delta y)$ 之和的形式,即

$$x = x^0 + \Delta x, \quad y = y^0 + \Delta y \tag{12-2-110}$$

将重力卫星受到的加速度 $a(t, r, \dot{r}; x, y)$ 进行泰勒展开,并取一阶近似,得到

$$a(\tau', r, \dot{r}; x, y) = a_S(\tau', r, \dot{r}, y^0) + a_{\Delta S}(\tau', r, \dot{r}, \Delta y) + a_E(\tau', r, x^0) + a_{\Delta E}(\tau', r, \Delta x) \tag{12-2-111}$$

其中,$a_S(\tau', r, \dot{r}, y^0)$ 为卫星空间环境动力学参数的参考值部分产生的加速度;$a_{\Delta S}(\tau', r, \dot{r}, \Delta y)$ 为改正量部分产生的加速度;$a_E(\tau', r, x^0)$ 为地球动力学参数的参考值部分产生的加速度;$a_{\Delta E}(\tau', r, \Delta x)$ 为相应的改正量部分产生的加速度。

$a_E(\tau', r, x^0)$ 可以分为参考重力场产生的加速度 $\nabla V^0(\tau', r, x^0)$ 和潮汐产生的加速度 $a_T(\tau', r)$ 之和,即

$$a_E(\tau', r, x^0) = a_T(\tau', r) + \nabla V^0(\tau', r, x^0) \tag{12-2-112}$$

$a_{\Delta E}(\tau', r, \Delta x)$ 是地球重力场模型改正量部分产生的加速度,即

$$a_{\Delta E}(\tau', r, \Delta x) = \nabla V_d(\tau', r, \Delta x) \tag{12-2-113}$$

参考重力场模型可以表示为

$$V^0 = \frac{GM_e}{r} \sum_{n=0}^{n_{\max}} \sum_{m=0}^{n} \left(\frac{R_e}{r}\right)^n \bar{P}_{nm}(\cos\theta)(\bar{C}_{nm}\cos m\lambda + \bar{S}_{nm}\sin m\lambda) \tag{12-2-114}$$

其中,GM_e 为万有引力常数和地球质量的乘积;R_e 为地球平均半径;$\bar{P}_{nm}$ 为完全规格化的 n 阶 m 次缔合勒让德多项式;(r, θ, λ) 为地球固连坐标系中的球坐标;$\bar{C}_{nm}$、$\bar{S}_{nm}$ 为地球引力位系数。地球重力场模型的修正量表示为

$$V_d = \frac{GM_e}{r} \sum_{n=0}^{n_{\max}} \sum_{m=0}^{n} \left(\frac{R_e}{r}\right)^n \bar{P}_{nm}(\cos\theta)(\Delta\bar{C}_{nm}\cos m\lambda + \Delta\bar{S}_{nm}\sin m\lambda) \tag{12-2-115}$$

其中，$\Delta \bar{C}_{nm}$ 和 $\Delta \bar{S}_{nm}$ 为引力位系数的修正量。将式(12-2-111)代入式(12-2-108)，得到

$$
\begin{aligned}
\boldsymbol{r}(\tau) = (1-\tau)\boldsymbol{r}_A + \tau\boldsymbol{r}_B &- T^2 \int_0^1 K(\tau,\tau')\boldsymbol{a}_S(\tau',\boldsymbol{r},\dot{\boldsymbol{r}},\boldsymbol{y}^0)\mathrm{d}\tau' \\
&- T^2 \int_0^1 K(\tau,\tau')\boldsymbol{a}_{\Delta S}(\tau',\boldsymbol{r},\dot{\boldsymbol{r}},\Delta\boldsymbol{y})\mathrm{d}\tau' \\
&- T^2 \int_0^1 K(\tau,\tau')\boldsymbol{a}_E(\tau',\boldsymbol{r},\boldsymbol{x}^0)\mathrm{d}\tau' \\
&- T^2 \int_0^1 K(\tau,\tau')\boldsymbol{a}_{\Delta E}(\tau',\boldsymbol{r},\Delta\boldsymbol{x})\mathrm{d}\tau'
\end{aligned}
\tag{12-2-116}
$$

对式(12-2-116)取一阶线性近似，对任意时刻 τ_i，得到

$$
(1-\tau_i)\boldsymbol{r}_A + \tau_i\boldsymbol{r}_B + \sum_{m=1}^{M} \Delta y_m \boldsymbol{f}_{im} + \sum_{k=1}^{K} \Delta x_k \boldsymbol{d}_{ik(n,m)} = \boldsymbol{l}(\tau_i)
\tag{12-2-117}
$$

其中，M 为空间环境动力学参数的个数；K 为地球引力位系数的个数。

$$
\Delta\boldsymbol{x} = (\Delta x_1, \Delta x_2, \cdots, \Delta x_K)^{\mathrm{T}}, \quad \Delta\boldsymbol{y} = (\Delta y_1, \Delta y_2, \cdots, \Delta y_M)^{\mathrm{T}}
\tag{12-2-118}
$$

$$
\boldsymbol{f}_{im} = -T^2 \int_0^1 K(\tau_i,\tau') \frac{\partial \boldsymbol{a}_S(\tau',\boldsymbol{r},\dot{\boldsymbol{r}},\boldsymbol{y})}{\partial \boldsymbol{y}} \mathrm{d}\tau'
\tag{12-2-119}
$$

$$
\boldsymbol{d}_{ik(n,m)} = -GM_e R_e^{\,n} T^2 \int_0^1 K(\tau_i,\tau') \nabla\left[\frac{\bar{P}_{nm}(\cos\theta)}{r^{n+1}} Q(\lambda)\right] \mathrm{d}\tau'
\tag{12-2-120}
$$

$$
\begin{aligned}
\boldsymbol{l}(\tau_i) = \boldsymbol{r}(\tau_i) &+ T^2 \int_0^1 K(\tau_i,\tau')\boldsymbol{a}_S(\tau',\boldsymbol{r},\dot{\boldsymbol{r}},\boldsymbol{y}^0)\mathrm{d}\tau' \\
&+ T^2 \int_0^1 K(\tau_i,\tau')\boldsymbol{a}_E(\tau',\boldsymbol{r},\boldsymbol{x}^0)\mathrm{d}\tau'
\end{aligned}
\tag{12-2-121}
$$

其中，$Q(\lambda)$ 取 $\cos(m\lambda)$ 或 $\sin(m\lambda)$；$\boldsymbol{a}_S(\tau',\boldsymbol{r},\dot{\boldsymbol{r}},\boldsymbol{y}^0)$ 指重力卫星的非引力干扰观测数据；$\boldsymbol{a}_E(\tau',\boldsymbol{r},\boldsymbol{x}^0)$ 指参考地球重力场模型和潮汐等引起的卫星加速度。对于式(12-2-120)中的梯度计算部分 $\nabla(\cdot)$，设

$$
\begin{aligned}
P_{nm}^C &= \bar{P}_{nm}(\cos\theta)\cos m\lambda \\
P_{nm}^S &= \bar{P}_{nm}(\cos\theta)\sin m\lambda
\end{aligned}
\tag{12-2-122}
$$

则有

$$
\nabla\left(\frac{P_{nm}^C}{r^{n+1}}\right) = \frac{1}{2r^{n+2}}
\begin{bmatrix}
(1-\delta_{0m})(n-m+2)(n-m+1)P_{n+1,m-1}^C - (1+\delta_{0m})P_{n+1,m+1}^C \\
-(1-\delta_{1m})(n-m+2)(n-m+1)P_{n+1,m-1}^S - (1+\delta_{0m})P_{n+1,m+1}^S \\
-2(n-m+1)P_{n+1,m}^C
\end{bmatrix}
\tag{12-2-123}
$$

$$
\nabla\left(\frac{P_{nm}^S}{r^{n+1}}\right) = \frac{1}{2r^{n+2}}
\begin{bmatrix}
(1-\delta_{1m})(n-m+2)(n-m+1)P_{n+1,m-1}^S - (1-\delta_{0m})P_{n+1,m+1}^S \\
(1-\delta_{0m})(n-m+2)(n-m+1)P_{n+1,m-1}^C + (1-\delta_{0m})P_{n+1,m+1}^C \\
-(1-\delta_{0m})(n-m+1)P_{n+1,m}^S
\end{bmatrix}
\tag{12-2-124}
$$

其中,δ 为 Kronecker 符号。在式(12-2-117)中,待求解的未知数包括 t_A 时刻的卫星位置矢量、t_B 时刻的卫星位置矢量、M 个空间环境动力学参数、K 个地球重力场参数的改正量。假设在 $t_A \sim t_B$ 时间范围内共有 N 个观测历元,根据式(12-2-117)可以得到

$$
\begin{bmatrix}
\boldsymbol{A}_1 & \boldsymbol{B}_1 & \boldsymbol{f}_{1,1} & \cdots & \boldsymbol{f}_{1,M} & \boldsymbol{d}_{1,1} & \cdots & \boldsymbol{d}_{1,K} \\
\vdots & \vdots & \vdots & & \vdots & \vdots & & \vdots \\
\boldsymbol{A}_{N-1} & \boldsymbol{B}_{N-1} & \boldsymbol{f}_{N-1,1} & \cdots & \boldsymbol{f}_{N-1,M} & \boldsymbol{d}_{N-1,1} & \cdots & \boldsymbol{d}_{N-1,K} \\
\boldsymbol{E} & \boldsymbol{0} & \boldsymbol{0} & \cdots & \boldsymbol{0} & \boldsymbol{0} & \cdots & \boldsymbol{0} \\
\boldsymbol{0} & \boldsymbol{E} & \boldsymbol{0} & \cdots & \boldsymbol{0} & \boldsymbol{0} & \cdots & \boldsymbol{0}
\end{bmatrix}
\begin{bmatrix}
\hat{\boldsymbol{r}}_A \\
\hat{\boldsymbol{r}}_B \\
\Delta y_1 \\
\vdots \\
\Delta y_M \\
\Delta x_1 \\
\vdots \\
\Delta x_K
\end{bmatrix}
=
\begin{bmatrix}
\boldsymbol{l}_1 \\
\vdots \\
\boldsymbol{l}_{N-1} \\
\boldsymbol{r}_A \\
\boldsymbol{r}_B
\end{bmatrix}
$$

$$(12\text{-}2\text{-}125)$$

其中,$\boldsymbol{E}$ 为 3 阶单位矩阵;$\boldsymbol{A}_i = (1-\tau_i)\boldsymbol{E}$,$\boldsymbol{B}_i = \tau_i \boldsymbol{E}$。式(12-2-125)即为短弧边值法进行重力场反演的观测方程,求解得到地球重力场模型的改正量 $\Delta \boldsymbol{x}$,将其加在重力场模型的参考值 $\boldsymbol{x}^0$ 上,得到反演重力场模型。

12.2.5　加速度法

设重力卫星在 J2000.0 地心惯性坐标系中的位置矢量、速度矢量和加速度矢量分别为 $\boldsymbol{r}$、$\dot{\boldsymbol{r}}$、$\ddot{\boldsymbol{r}}$,$\ddot{\boldsymbol{r}}_0[\boldsymbol{r}(t)]$ 为地球中心引力产生的加速度,地球非球形摄动引力位为 $R(\boldsymbol{r})$,卫星受到的非地球引力为 $\boldsymbol{f}(t,\boldsymbol{r},\dot{\boldsymbol{r}})$,包括太阳光压、大气阻力、日月三体引力、固体潮、海潮、大气潮等。根据牛顿第二定律,重力卫星运动加速度满足如下关系:

$$\ddot{\boldsymbol{r}}(t) = \ddot{\boldsymbol{r}}_0[\boldsymbol{r}(t)] + \mathrm{grad}[R(\boldsymbol{r})] + \boldsymbol{f}(t,\boldsymbol{r},\dot{\boldsymbol{r}}) \qquad (12\text{-}2\text{-}126)$$

其中,$\mathrm{grad}[R(\boldsymbol{r})]$ 为地球非球形引力摄动位的梯度,即非球形引力。卫星位置、速度、加速度可以通过精密定轨及其插值得到,卫星受到的非地球引力中的太阳光压、大气阻力等表面作用力可以通过加速度计测量或通过内编队模式中的外卫星腔体屏蔽,非引力干扰中的潮汐、三体引力等可以通过高精度建模得到。这样,在式(12-2-126)中,只有非球形摄动位 $R(\boldsymbol{r})$ 中的引力位系数是未知的。根据重力卫星在不同历元时刻的观测量,基于上述公式建立关于引力位系数的观测方程,求解得到重力场模型。

在用卫星精密星历计算卫星速度、加速度时,需要用到插值方法。常用的插值方法包括拉格朗日插值法、牛顿插值法、埃尔米特插值法、样条插值法、分段线性插值等。这里利用牛顿插值公式,给出由精密轨道位置矢量计算加速度矢量的公式。设已知 $n+1$ 个离散点 $(x_i, f(x_i))$,其中,$i = 0, 1, \cdots, n$,相邻离散点的距离均为

Δx。利用这些离散点估计区间 $x_0 < x < x_n$ 上的 $f(x)$ 值。定义函数 $f(x)$ 的 0 阶差商为

$$f[x_k] = f(x_k) \tag{12-2-127}$$

函数 $f(x)$ 的 1 阶差商为

$$f[x_i, x_j] = \frac{f(x_i) - f(x_j)}{x_i - x_j} \tag{12-2-128}$$

函数 $f(x)$ 的 2 阶差商为

$$f[x_i, x_j, x_k] = \frac{f[x_i, x_j] - f[x_j, x_k]}{x_i - x_k} \tag{12-2-129}$$

函数 $f(x)$ 的 k 阶差商为

$$f[x_0, x_1, \cdots, x_k] = \frac{f[x_0, x_1, \cdots, x_{k-1}] - f[x_1, \cdots, x_{k-1}, x_k]}{x_0 - x_k} \tag{12-2-130}$$

则牛顿插值公式可以表示为

$$\begin{aligned} N_n(x) = & f[x_0] + f[x_0, x_1](x - x_0) + f[x_0, x_1, x_2](x - x_0)(x - x_1) \\ & + f[x_0, x_1, x_2, \cdots, x_n](x - x_0)(x - x_1)\cdots(x - x_{n-1}) \end{aligned} \tag{12-2-131}$$

设 $w_k(x) = (x - x_0)(x - x_1)\cdots(x - x_{k-1})$，其中 $k = 1, 2, \cdots, n$，并定义 $w_0(x) = 1$，则有

$$\begin{aligned} N_n(x) = & f[x_0] + f[x_0, x_1]w_1(x) + f[x_0, x_1, x_2]w_2(x) \\ & + f[x_0, x_1, x_2, \cdots, x_n]w_n(x) = \sum_{k=0}^{n} f[x_0, x_1, \cdots, x_k]w_k(x) \end{aligned}$$

$$\tag{12-2-132}$$

已知

$$\frac{\mathrm{d}w_k(x)}{\mathrm{d}x} = \sum_{i=0}^{k-1} \prod_{\substack{j=0 \\ j \neq i}}^{k-1} (x - x_j) \tag{12-2-133}$$

$$\frac{\mathrm{d}^2 w_k(x)}{\mathrm{d}x^2} = \sum_{i=0}^{k-1} \sum_{l=0}^{k-1} \prod_{\substack{j=0 \\ j \neq l, j \neq i}}^{k-1} (x - x_j) \tag{12-2-134}$$

从而，插值函数 $N_n(x)$ 的一阶和二阶导数分别为

$$\frac{\mathrm{d}N_n(x)}{\mathrm{d}x} = \sum_{k=1}^{n} f[x_0, x_1, \cdots, x_k] \cdot \sum_{i=0}^{k-1} \prod_{\substack{j=0 \\ j \neq i}}^{k-1} (x - x_j) \tag{12-2-135}$$

$$\frac{\mathrm{d}^2 N_n(x)}{\mathrm{d}x^2} = \sum_{k=2}^{n} f[x_0, x_1, \cdots, x_k] \cdot \sum_{i=0}^{k-1} \sum_{l=0}^{k-1} \prod_{\substack{j=0 \\ j \neq l, j \neq i}}^{k-1} (x - x_j) \tag{12-2-136}$$

令用 t 代替 x，$\boldsymbol{r}(t_k)$ 代替 $f(x_k)$，自变量间隔 Δt 代替 Δx，则得到由 n 个历元时刻星历估计重力卫星速度和加速度的插值公式为

$$\dot{\boldsymbol{r}}_n(t) = \sum_{k=1}^{n} \boldsymbol{r}[t_0, t_1, \cdots, t_k] \cdot \sum_{i=0}^{k-1} \prod_{\substack{j=0 \\ j \neq i}}^{k-1} (t - t_j) \tag{12-2-137}$$

$$\dot{\boldsymbol{r}}_n(t) = \sum_{k=2}^{n} \boldsymbol{r}[t_0, t_1, \cdots, t_k] \cdot \sum_{i=0}^{k-1} \sum_{l=0}^{k-1} \prod_{\substack{j=0 \\ j \neq l, j \neq i}}^{k-1} (t - t_j) \quad (12\text{-}2\text{-}138)$$

以计算 t_1、t_2、t_3、t_4 时刻的卫星速度和加速度为例,分别令 n 取 3、5、7、9,得到对应时刻的速度和加速度为

$$\dot{\boldsymbol{r}}(t_1) = -\frac{1}{2\Delta t}[\boldsymbol{r}(t_0) - \boldsymbol{r}(t_2)]$$

$$\dot{\boldsymbol{r}}(t_2) = \frac{1}{12\Delta t}[\boldsymbol{r}(t_0) - 8\boldsymbol{r}(t_1) + 8\boldsymbol{r}(t_3) - \boldsymbol{r}(t_4)]$$

$$\dot{\boldsymbol{r}}(t_3) = -\frac{1}{60\Delta t}[\boldsymbol{r}(t_0) - 9\boldsymbol{r}(t_1) + 45\boldsymbol{r}(t_2) - 45\boldsymbol{r}(t_4) + 9\boldsymbol{r}(t_5) - \boldsymbol{r}(t_6)] \quad (12\text{-}2\text{-}139)$$

$$\dot{\boldsymbol{r}}(t_4) = \frac{1}{280\Delta t}\begin{bmatrix} \boldsymbol{r}(t_0) - \dfrac{32}{3}\boldsymbol{r}(t_1) + 56\boldsymbol{r}(t_2) - 224\boldsymbol{r}(t_3) + 224\boldsymbol{r}(t_5) \\ -56\boldsymbol{r}(t_6) + \dfrac{32}{3}\boldsymbol{r}(t_7) - \boldsymbol{r}(t_8) \end{bmatrix}$$

$$\ddot{\boldsymbol{r}}(t_1) = \frac{1}{(\Delta t)^2}[\boldsymbol{r}(t_0) - 2\boldsymbol{r}(t_1) + \boldsymbol{r}(t_2)]$$

$$\ddot{\boldsymbol{r}}(t_2) = \frac{1}{24(\Delta t)^2}[-2\boldsymbol{r}(t_0) + 32\boldsymbol{r}(t_1) - 60\boldsymbol{r}(t_2) + 32\boldsymbol{r}(t_3) - 2\boldsymbol{r}(t_4)]$$

$$\ddot{\boldsymbol{r}}(t_3) = \frac{1}{(\Delta t)^2}\begin{bmatrix} \dfrac{1}{90}\boldsymbol{r}(t_0) - \dfrac{3}{20}\boldsymbol{r}(t_1) + \dfrac{3}{2}\boldsymbol{r}(t_2) - \dfrac{49}{18}\boldsymbol{r}(t_3) \\ + \dfrac{3}{2}\boldsymbol{r}(t_4) - \dfrac{3}{20}\boldsymbol{r}(t_5) + \dfrac{1}{90}\boldsymbol{r}(t_6) \end{bmatrix} \quad (12\text{-}2\text{-}140)$$

$$\ddot{\boldsymbol{r}}(t_4) = \frac{1}{(\Delta t)^2}\begin{bmatrix} -\dfrac{1}{560}\boldsymbol{r}(t_0) + \dfrac{8}{315}\boldsymbol{r}(t_1) - \dfrac{1}{5}\boldsymbol{r}(t_2) + \dfrac{8}{5}\boldsymbol{r}(t_3) - \dfrac{205}{72}\boldsymbol{r}(t_4) \\ + \dfrac{8}{5}\boldsymbol{r}(t_5) - \dfrac{1}{5}\boldsymbol{r}(t_6) + \dfrac{8}{315}\boldsymbol{r}(t_7) - \dfrac{1}{560}\boldsymbol{r}(t_8) \end{bmatrix}$$

由式(12-2-126)得到

$$\ddot{\boldsymbol{r}}(t) - \ddot{\boldsymbol{r}}_0[\boldsymbol{r}(t)] - \boldsymbol{f}(t, \boldsymbol{r}, \dot{\boldsymbol{r}}) = \mathrm{grad}[R(\boldsymbol{r})] \quad (12\text{-}2\text{-}141)$$

设卫星在地球固连坐标系中的位置矢量为 $(X(t), Y(t), Z(t))^{\mathrm{T}}$,J2000.0 地心惯性系到地球固连坐标系的转换矩阵为 $\boldsymbol{M}(t)$,则有

$$\mathrm{grad}[R(\boldsymbol{r})] = \boldsymbol{M}^{-1}(t)\left[\frac{\partial R(\boldsymbol{M}(t)\boldsymbol{r})}{\partial X} \quad \frac{\partial R(\boldsymbol{M}(t)\boldsymbol{r})}{\partial Y} \quad \frac{\partial R(\boldsymbol{M}(t)\boldsymbol{r})}{\partial Z}\right]^{\mathrm{T}} \quad (12\text{-}2\text{-}142)$$

根据 3.3 节的内容可知,地球非球形摄动位是在地球固连坐标系中表示的,它对该坐标系 3 个直角坐标分量的偏导数为

$$\frac{\partial R(\boldsymbol{M}(t)\boldsymbol{r})}{\partial X} = a_X = \sum_{n=2}^{\infty} \sum_{m=0}^{n} a_{X,nm}$$

$$\frac{\partial R(\boldsymbol{M}(t)\boldsymbol{r})}{\partial Y} = a_Y = \sum_{n=2}^{\infty} \sum_{m=0}^{n} a_{Y,nm} \quad (12\text{-}2\text{-}143)$$

$$\frac{\partial R(\boldsymbol{M}(t)\boldsymbol{r})}{\partial Z} = a_Z = \sum_{n=2}^{\infty} \sum_{m=0}^{n} a_{Z,nm}$$

下面的公式中，μ 是地球质量和万有引力常数的乘积；R_e 为地球平均半径；E_{nm}、F_{nm} 均是 (X,Y,Z) 的函数，其中 (X,Y,Z) 是地球固连坐标系中的直角坐标；$\bar{C}_{nm}$、$\bar{S}_{nm}$ 是地球引力位系数的余弦项和正弦项，它们是待求参数。

$$a_{x,nm}=\frac{\mu}{2R_\mathrm{e}^2}\left[\begin{array}{l}-b_2(E_{n+1,m+1}\bar{C}_{nm}+F_{n+1,m+1}\bar{S}_{nm})\\+b_3\sqrt{\delta_{m-1}}(E_{n+1,m-1}\bar{C}_{nm}+F_{n+1,m-1}\bar{S}_{nm})\end{array}\right],\quad m>0$$

$$a_{x,n0}=-\frac{\mu}{R_\mathrm{e}^2}b_1E_{n+1,1}\bar{C}_{n0}$$

$$a_{y,nm}=\frac{\mu}{2R_\mathrm{e}^2}\left[\begin{array}{l}b_2(E_{n+1,m+1}\bar{S}_{nm}-F_{n+1,m+1}\bar{C}_{nm})\\+b_3\sqrt{\delta_{m-1}}(E_{n+1,m-1}\bar{S}_{nm}-F_{n+1,m-1}\bar{C}_{nm})\end{array}\right],\quad m>0$$

$$a_{y,n0}=-\frac{\mu}{R_\mathrm{e}^2}b_1F_{n+1,1}\bar{C}_{n0}$$

$$a_{z,nm}=-\frac{\mu}{R_\mathrm{e}^2}b_4(E_{n+1,m}\bar{C}_{nm}+F_{n+1,m}\bar{S}_{nm})$$

$$\delta_m=\begin{cases}2,&m=0\\1,&m\neq0\end{cases}$$

$$E_{nm}=E_{nm}(X,Y,Z),\quad F_{nm}=F_{nm}(X,Y,Z)$$

$$(12\text{-}2\text{-}144)$$

$$b_1=\sqrt{\frac{(n+1)(n+2)(2n+1)}{2(2n+3)}},\quad b_2=\sqrt{\frac{(2n+1)(n+m+2)(n+m+1)}{2n+3}}$$
$$b_3=\sqrt{\frac{(2n+1)(n-m+2)(n-m+1)}{2n+3}},\quad b_4=\sqrt{\frac{(n+m+1)(n-m+1)(2n+1)}{2n+3}}$$

$$(12\text{-}2\text{-}145)$$

由式(12-2-141)～式(12-2-143)得到加速度法恢复重力场模型的观测方程为

$$\boldsymbol{M}^{-1}(t)\left(\sum_{n=2}^{\infty}\sum_{m=0}^{n}a_{X,nm},\sum_{n=2}^{\infty}\sum_{m=0}^{n}a_{Y,nm},\sum_{n=2}^{\infty}\sum_{m=0}^{n}a_{Z,nm}\right)^{\mathrm{T}}$$
$$=\ddot{\boldsymbol{r}}(t)-\ddot{\boldsymbol{r}}_0[\boldsymbol{r}(t)]-\boldsymbol{f}(t,\boldsymbol{r},\dot{\boldsymbol{r}})$$

$$(12\text{-}2\text{-}146)$$

由于 $a_{X,nm}$、$a_{Y,nm}$、$a_{Z,nm}$ 均是引力位系数 $\bar{C}_{nm}$、$\bar{S}_{nm}$ 的线性组合，因而式(12-2-146)可以写成以引力位系数为未知数的线性方程组形式。

设待求位系数组成的矢量为

$$\boldsymbol{u}=(\bar{C}_{20},\bar{C}_{21},\bar{S}_{21},\bar{C}_{22},\bar{S}_{22};\cdots;\bar{C}_{n0},\bar{C}_{n1},\bar{S}_{n1},\cdots,\bar{C}_{nn},\bar{S}_{nn})^{\mathrm{T}}\quad(12\text{-}2\text{-}147)$$

则式(12-2-146)左边关于引力位系数的矩阵如式(12-2-148)所示。其中，待求重力场模型阶数为 n，未知位系数个数为 $N=n^2+2n-3$。

$$A(t) = M^{-1}(t) \begin{bmatrix} \dfrac{\partial a_X}{\partial(\bar{C}_{20}, \bar{C}_{21}, \bar{S}_{21}, \bar{C}_{22}, \bar{S}_{22}; \cdots; \bar{C}_{n0}, \bar{C}_{n1}, \bar{S}_{n1}, \cdots, \bar{C}_{nn}, \bar{S}_{nn})} \\ \dfrac{\partial a_Y}{\partial(\bar{C}_{20}, \bar{C}_{21}, \bar{S}_{21}, \bar{C}_{22}, \bar{S}_{22}; \cdots; \bar{C}_{n0}, \bar{C}_{n1}, \bar{S}_{n1}, \cdots, \bar{C}_{nn}, \bar{S}_{nn})} \\ \dfrac{\partial a_Z}{\partial(\bar{C}_{20}, \bar{C}_{21}, \bar{S}_{21}, \bar{C}_{22}, \bar{S}_{22}; \cdots; \bar{C}_{n0}, \bar{C}_{n1}, \bar{S}_{n1}, \cdots, \bar{C}_{nn}, \bar{S}_{nn})} \end{bmatrix}$$

$$(12\text{-}2\text{-}148)$$

从而,观测方程(12-2-146)可以表示为

$$A_{3\times N}(t) u_{N\times 1} = \ddot{r}(t) - \ddot{r}_0[r(t)] - f(t, r, \dot{r}) = d_{3\times 1}(t, r, \dot{r}, \ddot{r})$$

$$(12\text{-}2\text{-}149)$$

式(12-2-149)是针对一个观测历元建立的。假设共有 M 个观测历元,对所有历元时刻建立上述形式的方程,联立得到

$$\begin{bmatrix} A_1(t) \\ A_2(t) \\ \vdots \\ A_M(t) \end{bmatrix}_{3M\times N} u_{N\times 1} = \begin{bmatrix} d_1(t, r, \dot{r}, \ddot{r}) \\ d_2(t, r, \dot{r}, \ddot{r}) \\ \vdots \\ d_M(t, r, \dot{r}, \ddot{r}) \end{bmatrix}_{3M\times 1} \qquad (12\text{-}2\text{-}150)$$

利用最小二乘法,求解式(12-2-150)得到所有的位系数 u,即地球重力场模型。这就是加速度法恢复地球重力场的基本原理和数学模型。

12.3　长基线相对轨道摄动重力场反演的数学模型

这里的长基线相对轨道摄动重力场测量,是指两个低轨卫星均运行在极轨道或近极轨道上,它们沿飞行方向形成跟飞编队,通过测量两个卫星之间的距离变化率来反演地球重力场模型。下面给出长基线相对轨道摄动重力场测量的各种数学模型及其实现方法。

12.3.1　Kaula 线性摄动法

在 12.2.1 节中,将 Kaula 给出的地球引力位函数与轨道根数之间的关系代入拉格朗日摄动运动方程,求解得到轨道根数摄动量,并根据这些摄动量得到径向、迹向、法向位置摄动量的解析表达式,其中这些解析表达式表示为引力位系数的线性组合形式。也就是说,建立了 3 个正交方向上轨道摄动量与引力位系数之间的线性关系。对所有历元时刻均建立这样的线性关系式,联立得到重力场反演的观测方程。与其类似,针对长基线相对轨道摄动重力场测量,需要建立星间距离或距离变化率摄动量与引力位系数之间的线性关系式,进而得到重力场反演的观测方程。

　　设长基线相对轨道摄动重力场测量中的两个卫星分别为卫星 1 和卫星 2,两个卫星在极轨道上一前一后飞行,形成跟飞编队,其中卫星 1 为引导星,卫星 2 为跟飞星。两个卫星的地心距分别为 r_1 和 r_2,两个卫星的地心矢量夹角为 α,则星间距离 ρ 为

$$\rho^2 = r_1^2 + r_2^2 - 2r_1 r_2 \cos\alpha \tag{12-3-1}$$

　　在圆轨道飞行条件下,认为两个卫星的地心距相等,从而有[3]

$$r_1 = r_2 = r, \quad \rho = 2r\sin\frac{\alpha}{2} \tag{12-3-2}$$

　　如果不存在地球非球形摄动,则两个卫星的星间距离 ρ 保持不变。实际上,在非球形摄动力作用下,两个卫星的径向和迹向运动均会出现摄动,导致星间距离也会出现摄动变化 $\delta\rho$:

$$\delta\rho = (\delta r_1 + \delta r_2)\sin\frac{\alpha}{2} + r\delta\alpha\cos\frac{\alpha}{2} \tag{12-3-3}$$

　　已知

$$\begin{aligned}
& r = a(1 - e\cos E) \\
& \delta\tau = r(\delta\omega + \delta f + \delta\Omega\cos i) \\
& r\delta\alpha = \delta\tau_1 - \delta\tau_2
\end{aligned} \tag{12-3-4}$$

其中,a 为轨道半长轴;e 为偏心率;i 为轨道倾角;E 为偏近点角;$\delta\tau$ 为迹向轨道摄动量;$\delta\omega$ 为近地点角距的摄动量;δf 为真近点角摄动;$\delta\Omega$ 为升交点赤经摄动量;$\delta\alpha$ 为两个卫星地心矢量夹角的摄动量。

　　由式(12-3-3)和式(12-3-4)可知,星间距离摄动量可以表示为径向和迹向轨道摄动量的组合。由于 $S_{nkpq}^*(C_{nk}, S_{nk})$ 和 $S_{nkpq}(C_{nk}, S_{nk})$ 均是 $\{C_{nk}, S_{nk}\}_{n=2,3,\cdots;k=0,1,\cdots,n}$ 的线性组合,因而径向和迹向的轨道摄动量 Δr 和 $\Delta\tau$ 均是 $\{C_{nk}, S_{nk}\}_{n=2,3,\cdots;k=0,1,\cdots,n}$ 的线性组合。这样,由式(12-2-21)、式(12-2-22)可知,Δr 和 $\Delta\tau$ 可以表示为

$$\Delta r = \sum_{n=1}^{\infty} \sum_{k=0}^{n} \sum_{p=0}^{n} \sum_{q=-\infty}^{\infty} C_{nkpq}^{\Delta r}(\bar{a}, \bar{e}, \bar{i}) S_{nkpq}^{\Delta r}(\bar{\omega}, \overline{M}, \overline{\Omega}, S_G; C_{nk}, S_{nk}) \tag{12-3-5}$$

$$\Delta\tau = \sum_{n=1}^{\infty} \sum_{k=0}^{n} \sum_{p=0}^{n} \sum_{q=-\infty}^{\infty} C_{nkpq}^{\Delta\tau}(\bar{a}, \bar{e}, \bar{i}) S_{nkpq}^{\Delta\tau}(\bar{\omega}, \overline{M}, \overline{\Omega}, S_G; C_{nk}, S_{nk}) \tag{12-3-6}$$

其中的符号定义见 12.2.1 节。假设长基线相对轨道摄动重力场测量中两个卫星的平近点角平均值为 M,则它们的平近点角可以表示为

$$M_1 = M + \frac{\alpha}{2} \tag{12-3-7}$$

$$M_2 = M - \frac{\alpha}{2} \tag{12-3-8}$$

　　假如不存在地球非球形摄动力,则两个卫星除平近点角外,其他轨道根数均相等。将式(12-3-7)和式(12-3-8)代入式(12-3-5)和式(12-3-6),得到两个卫星径向和迹向的轨道摄动量为

$$(\Delta r)_1 = \sum_{n=1}^{\infty} \sum_{k=0}^{n} \sum_{p=0}^{n} \sum_{q=-\infty}^{\infty} C_{nkpq}^{\Delta r}(\bar{a},\bar{e},\bar{i}) S_{nkpq}^{\Delta r}\left(\bar{\omega},M+\frac{\alpha}{2},\bar{\Omega},S_{\mathrm{G}};C_{nk},S_{nk}\right)$$

$$(12\text{-}3\text{-}9)$$

$$(\Delta r)_2 = \sum_{n=1}^{\infty} \sum_{k=0}^{n} \sum_{p=0}^{n} \sum_{q=-\infty}^{\infty} C_{nkpq}^{\Delta r}(\bar{a},\bar{e},\bar{i}) S_{nkpq}^{\Delta r}\left(\bar{\omega},M-\frac{\alpha}{2},\bar{\Omega},S_{\mathrm{G}};C_{nk},S_{nk}\right)$$

$$(12\text{-}3\text{-}10)$$

$$(\Delta \tau)_1 = \sum_{n=1}^{\infty} \sum_{k=0}^{n} \sum_{p=0}^{n} \sum_{q=-\infty}^{\infty} C_{nkpq}^{\Delta \tau}(\bar{a},\bar{e},\bar{i}) S_{nkpq}^{\Delta \tau}\left(\bar{\omega},M+\frac{\alpha}{2},\bar{\Omega},S_{\mathrm{G}};C_{nk},S_{nk}\right)$$

$$(12\text{-}3\text{-}11)$$

$$(\Delta \tau)_2 = \sum_{n=1}^{\infty} \sum_{k=0}^{n} \sum_{p=0}^{n} \sum_{q=-\infty}^{\infty} C_{nkpq}^{\Delta \tau}(\bar{a},\bar{e},\bar{i}) S_{nkpq}^{\Delta \tau}\left(\bar{\omega},M-\frac{\alpha}{2},\bar{\Omega},S_{\mathrm{G}};C_{nk},S_{nk}\right)$$

$$(12\text{-}3\text{-}12)$$

考虑到式(12-3-3)和式(12-3-4),得到星间距离的摄动量为

$$\delta\rho = \sin\frac{\alpha}{2} \sum_{n=1}^{\infty} \sum_{k=0}^{n} \sum_{p=0}^{n} \sum_{q=-\infty}^{\infty} C_{nkpq}^{\Delta r}\left[S_{nkpq}^{\Delta r}\left(M+\frac{\alpha}{2}\right) + S_{nkpq}^{\Delta r}\left(M-\frac{\alpha}{2}\right)\right]$$

$$+ \cos\frac{\alpha}{2} \sum_{n=1}^{\infty} \sum_{k=0}^{n} \sum_{p=0}^{n} \sum_{q=-\infty}^{\infty} C_{nkpq}^{\Delta r}\left[S_{nkpq}^{\Delta r}\left(M+\frac{\alpha}{2}\right) - S_{nkpq}^{\Delta r}\left(M-\frac{\alpha}{2}\right)\right] \quad (12\text{-}3\text{-}13)$$

其中,$C_{nkpq}^{\Delta r}$、$C_{nkpq}^{\Delta \tau}$ 是 $(\bar{a},\bar{e},\bar{i})$ 的函数;$S_{nkpq}^{\Delta r}$、$S_{nkpq}^{\Delta \tau}$ 是 $(\bar{\omega},\bar{M},\bar{\Omega},S_{\mathrm{G}};C_{nk},S_{nk})$ 的函数,并且表示为 $\{C_{nk},S_{nk}\}_{n=2,3,\cdots;k=0,1,\cdots,n}$ 的线性组合,因此 $\delta\rho$ 可以表示为引力位系数 $\{C_{nk},S_{nk}\}_{n=2,3,\cdots;k=0,1,\cdots,n}$ 的线性组合。设待求重力场模型的阶数为 n,则共有 $N = n^2+2n-3$ 个引力位系数,每个历元时刻的星间距离摄动量是这些引力位系数的线性组合。其中,星间距离摄动量定义为两个卫星实际轨道星间距离和参考轨道星间距离之差。设历元时刻 i 的星间距离摄动量 $\delta\rho$ 与引力位系数之间的线性关系为

$$\delta\rho_i = (A_{i1},A_{i2},\cdots,A_{iN}) \cdot (C_{20},C_{21},S_{21},C_{22},S_{22};\cdots;C_{n0},\cdots,C_{nn},S_{nn})^{\mathrm{T}}$$

$$(12\text{-}3\text{-}14)$$

设观测数据中共有 P 个历元,将所有历元时刻的星间距离摄动量联立,得到

$$\begin{bmatrix} \delta\rho_1 \\ \delta\rho_2 \\ \vdots \\ \delta\rho_P \end{bmatrix} = \begin{bmatrix} A_{11} & A_{12} & \cdots & A_{1N} \\ A_{21} & A_{22} & \cdots & A_{2N} \\ \vdots & \vdots & & \vdots \\ A_{P1} & A_{P2} & \cdots & A_{PN} \end{bmatrix} \cdot (C_{20},C_{21},S_{21},C_{22},S_{22};\cdots;C_{n0},\cdots,C_{nn},S_{nn})^{\mathrm{T}}$$

$$(12\text{-}3\text{-}15)$$

式(12-3-15)即为以星间距离为观测量的长基线相对轨道摄动重力场测量观测方程。利用最小二乘法求解上述方程组,得到地球重力场模型。

下面建立以星间距离变化率为观测量的重力场测量观测方程。由于参考轨道是一个均匀进动的椭圆,平均轨道根数 $(\bar{a},\bar{e},\bar{i})$ 不变,$(\bar{\omega},\bar{M},\bar{\Omega})$ 是时间的线性函

数,因此由式(12-3-13)得到星间距离变化率的摄动量为

$$
\delta\dot\rho = \sin\frac{\alpha}{2}\sum_{n=1}^{\infty}\sum_{k=0}^{n}\sum_{p=0}^{n}\sum_{q=-\infty}^{\infty}C_{nkpq}^{\Delta r}\left[\dot S_{nkpq}^{\Delta r}\left(M+\frac{\alpha}{2}\right)+\dot S_{nkpq}^{\Delta r}\left(M-\frac{\alpha}{2}\right)\right]
$$

$$
+\cos\frac{\alpha}{2}\sum_{n=1}^{\infty}\sum_{k=0}^{n}\sum_{p=0}^{n}\sum_{q=-\infty}^{\infty}C_{nkpq}^{\Delta r}\left[\dot S_{nkpq}^{\Delta r}\left(M+\frac{\alpha}{2}\right)-\dot S_{nkpq}^{\Delta r}\left(M-\frac{\alpha}{2}\right)\right] \quad (12\text{-}3\text{-}16)
$$

$\delta\dot\rho$ 是引力位系数的线性组合,而引力位系数是常数,因此 $\delta\dot\rho$ 也是引力位系数的线性组合。

设历元时刻 i 的星间距离变化率 $\delta\dot\rho$ 与引力位系数之间的线性关系为

$$
\delta\dot\rho = (B_{i1},B_{i2},\cdots,B_{iN})\cdot(C_{20},C_{21},S_{21},C_{22},S_{22};\cdots;C_{n0},\cdots,C_{nn},S_{nn})^{\mathrm T}
$$

$$(12\text{-}3\text{-}17)$$

同样,将 P 个历元时刻的星间距离变化率摄动量方程联立,得到

$$
\begin{bmatrix}\delta\dot\rho_1\\\delta\dot\rho_2\\\vdots\\\delta\dot\rho_P\end{bmatrix}=\begin{bmatrix}B_{11}&B_{12}&\cdots&B_{1N}\\B_{21}&B_{22}&\cdots&B_{2N}\\\vdots&\vdots& &\vdots\\B_{P1}&B_{P2}&\cdots&B_{PN}\end{bmatrix}\cdot(C_{20},C_{21},S_{21},C_{22},S_{22};\cdots;C_{n0},\cdots,C_{nn},S_{nn})^{\mathrm T}
$$

$$(12\text{-}3\text{-}18)$$

式(12-3-18)即为以星间距离变化率为观测量的长基线相对轨道摄动重力场测量观测方程,求解得到地球重力场模型。

12.3.2 能量守恒法

对于长基线相对轨道摄动重力场测量,利用能量守恒法进行重力场反演,就是要建立引力位系数与两个卫星能量之间的关系,求解得到重力场模型。分别用下标 A 和 B 表示两个卫星,根据式(12-2-48),得到两个卫星的能量守恒方程分别为

$$
V_A = \frac{1}{2}\dot r_{iA}^2 - \omega\,(r_{ix}\dot r_{iy}-\dot r_{ix}r_{iy})_A - \int_{t_0}^{t}\boldsymbol a_A\cdot\dot{\boldsymbol r}_{iA}\mathrm dt - V_{cA}-E_A \quad (12\text{-}3\text{-}19)
$$

$$
V_B = \frac{1}{2}\dot r_{iB}^2 - \omega\,(r_{ix}\dot r_{iy}-\dot r_{ix}r_{iy})_B - \int_{t_0}^{t}\boldsymbol a_B\cdot\dot{\boldsymbol r}_{iB}\mathrm dt - V_{cB}-E_B \quad (12\text{-}3\text{-}20)
$$

上述两式作差,得到

$$
V_{AB}=V_A-V_B=\frac{1}{2}(\dot r_{iA}^2-\dot r_{iB}^2)-\omega\big[(r_{ix}\dot r_{iy}-\dot r_{ix}r_{iy})_A-(r_{ix}\dot r_{iy}-\dot r_{ix}r_{iy})_B\big]
$$

$$
-\int_{t_0}^{t}(\boldsymbol a_A\cdot\dot{\boldsymbol r}_{iA}-\boldsymbol a_B\cdot\dot{\boldsymbol r}_{iB})\mathrm dt - V_{c,AB}-E_{AB} \quad (12\text{-}3\text{-}21)
$$

两个卫星的动能差可以表示为

$$
\frac{1}{2}(\dot r_{iA}^2-\dot r_{iB}^2)=\frac{1}{2}(\dot{\boldsymbol r}_{iA}-\dot{\boldsymbol r}_{iB})(\dot{\boldsymbol r}_{iA}+\dot{\boldsymbol r}_{iB})=\dot{\boldsymbol r}_{iB}\cdot\dot{\boldsymbol r}_{iAB}+\frac{1}{2}\dot r_{iAB}^2 \quad (12\text{-}3\text{-}22)
$$

其中,$\boldsymbol r_{iAB}$ 的方向定义为由 B 指向 A。设由卫星 B 指向卫星 A 的单位矢量为 $\boldsymbol e_{AB}$,则两星之间的距离可以表示为

$$\rho_{AB} = r_{iAB} \cdot e_{AB} \tag{12-3-23}$$

求导得到

$$\dot{\rho}_{AB} = \dot{r}_{iAB} \cdot e_{AB} + r_{iAB} e_{AB} \cdot \dot{e}_{AB} = \dot{r}_{iAB} \cdot e_{AB} \tag{12-3-24}$$

其中，单位矢量 e_{AB} 满足关系 $e_{AB} \cdot \dot{e}_{AB} = 0$。设 $\dot{r}_{iAB}$ 和 e_{AB} 之间的夹角为 γ，则

$$\dot{\rho}_{AB} = \dot{r}_{iAB} \cos\gamma \tag{12-3-25}$$

从而

$$\dot{r}_{iAB} = \frac{\dot{\rho}_{AB}}{\cos\gamma} \tag{12-3-26}$$

设 $\dot{r}_{iB}$ 和 $\dot{r}_{iAB}$ 之间的夹角为 β，则有

$$\dot{r}_{iB} \cdot \dot{r}_{iAB} = \dot{r}_{iB} \dot{r}_{iAB} \cos\beta \tag{12-3-27}$$

其中，$\cos\gamma$、$\cos\beta$ 可以根据卫星定轨数据得到，其计算公式为

$$\cos\gamma = \langle \dot{r}_{iAB}, r_{iAB} \rangle, \quad \cos\beta = \langle \dot{r}_{iB}, \dot{r}_{iAB} \rangle \tag{12-3-28}$$

$\langle a, b \rangle$ 表示矢量 a 和矢量 b 的夹角。由式（12-3-26）和式（12-3-27）得到

$$\dot{r}_{iB} \cdot \dot{r}_{iAB} = \dot{r}_{iB} \dot{\rho}_{AB} \frac{\langle \dot{r}_{iB}, \dot{r}_{iAB} \rangle}{\langle \dot{r}_{iAB}, r_{iAB} \rangle} \tag{12-3-29}$$

将式（12-3-26）和式（12-3-27）代入式（12-3-22），得到

$$\frac{1}{2}(\dot{r}_{iA}^2 - \dot{r}_{iB}^2) = \dot{r}_{iB} \dot{\rho}_{AB} \frac{\langle \dot{r}_{iB}, \dot{r}_{iAB} \rangle}{\langle \dot{r}_{iAB}, r_{iAB} \rangle} + \frac{1}{2}\left(\frac{\dot{\rho}_{AB}}{\langle \dot{r}_{iAB}, r_{iAB} \rangle}\right)^2 \tag{12-3-30}$$

由式（12-3-21）、式（12-3-22）、式（12-3-30）得到两星之间的能量差为

$$V_{AB} = V_A - V_B$$

$$= \dot{r}_{iB} \dot{\rho}_{AB} \frac{\langle \dot{r}_{iB}, \dot{r}_{iAB} \rangle}{\langle \dot{r}_{iAB}, r_{iAB} \rangle} + \frac{1}{2}\left(\frac{\dot{\rho}_{AB}}{\langle \dot{r}_{iAB}, r_{iAB} \rangle}\right)^2 - \omega[(r_{ix}\dot{r}_{iy} - \dot{r}_{ix}r_{iy})_A$$

$$- (r_{ix}\dot{r}_{iy} - \dot{r}_{ix}r_{iy})_B] - \int_{t_0}^{t}(a_A \cdot \dot{r}_{iA} - a_B \cdot \dot{r}_{iB})\mathrm{d}t - V_{c,AB} - E_{AB}$$

$$\tag{12-3-31}$$

两个卫星的引力位分别表示为

$$V_A = \frac{GM}{r_{eA}} + \frac{GM}{r_{eA}} \sum_{n=2}^{\infty} \sum_{m=0}^{n} (\bar{C}_{nm}E_{nm,A} + \bar{S}_{nm}F_{nm,A}) \tag{12-3-32}$$

$$V_B = \frac{GM}{r_{eB}} + \frac{GM}{r_{eB}} \sum_{n=2}^{\infty} \sum_{m=0}^{n} (\bar{C}_{nm}E_{nm,B} + \bar{S}_{nm}F_{nm,B}) \tag{12-3-33}$$

将式（12-3-32）、式（12-3-33）代入式（12-3-31）中，整理得到

$$GM \sum_{n=2}^{\infty} \sum_{m=0}^{n} \left[\left(\frac{E_{nm,A}}{r_{eA}} - \frac{E_{nm,B}}{r_{eB}}\right)\bar{C}_{nm} + \left(\frac{F_{nm,A}}{r_{eA}} - \frac{F_{nm,B}}{r_{eB}}\right)\bar{S}_{nm}\right]$$

$$= \dot{r}_{iB} \dot{\rho}_{AB} \frac{\langle \dot{r}_{iB}, \dot{r}_{iAB} \rangle}{\langle \dot{r}_{iAB}, r_{iAB} \rangle} + \frac{1}{2}\left(\frac{\dot{\rho}_{AB}}{\langle \dot{r}_{iAB}, r_{iAB} \rangle}\right)^2 - \left(\frac{GM}{r_{eA}} - \frac{GM}{r_{eB}}\right) - \omega[(r_{ix}\dot{r}_{iy} - \dot{r}_{ix}r_{iy})_A$$

$$- (r_{ix}\dot{r}_{iy} - \dot{r}_{ix}r_{iy})_B] - \int_{t_0}^{t}(a_{iA} \cdot \dot{r}_{iA} - a_{iB} \cdot \dot{r}_{iB})\mathrm{d}t - V_{c,AB} - E_{AB} \tag{12-3-34}$$

其中,下标 i 表示在地心惯性系中,下标 e 表示在地球固连坐标系中。等式左端是地球引力位系数的线性组合,组合系数可以通过两个卫星的精密定轨数据得到,等式右端可以通过卫星定轨数据、非引力干扰观测数据、星间距离变化率观测数据以及三体引力建模、潮汐建模等得到。对于每个历元时刻,均可以建立式(12-3-34)所示的数学关系。

设所要恢复的地球重力场模型的最高阶数为 n,则待求解的引力位系数个数为 $N = n^2 + 2n - 3$,设在历元时刻 i,式(12-3-34)中第 j 个引力位系数的线性组合系数为 $A_{i,j}$,等式右端记为 d_i,则有

$$(A_{i1}, A_{i2}, \cdots, A_{iN}) \cdot (C_{20}, C_{21}, S_{21}, C_{22}, S_{22}; \cdots; C_{N0}, \cdots, C_{NN}, S_{NN})^{\mathrm{T}} = d_i$$

$$(12\text{-}3\text{-}35)$$

设共有 P 个观测历元,对每个历元时刻建立式(12-3-35)所示的方程,联立得到重力场测量的观测方程。利用最小二乘法求解,得到地球重力场模型。

$$\begin{bmatrix} A_{11} & A_{12} & \cdots & A_{1N} \\ A_{21} & A_{22} & \cdots & A_{2N} \\ \vdots & \vdots & & \vdots \\ A_{P1} & A_{P2} & \cdots & A_{PN} \end{bmatrix} \cdot (C_{20}, C_{21}, S_{21}, C_{22}, S_{22}; \cdots; C_{N0}, \cdots, C_{NN}, S_{NN})^{\mathrm{T}} = \begin{bmatrix} d_1 \\ d_2 \\ \vdots \\ d_N \end{bmatrix}$$

$$(12\text{-}3\text{-}36)$$

12.3.3　动力学方法

在基于动力学方法的长基线相对轨道摄动重力场测量中,利用微波干涉测距仪或激光干涉测距仪等星间测距装置,获取两个卫星之间的距离变化率。选择一个参考重力场模型、卫星摄动力模型以及两个卫星的初始状态,分别针对两个卫星进行轨道积分,并进行轨道作差,得到星间距离变化率的参考值。通过不断调整重力场模型、摄动力模型参数和两个卫星的初始状态参数,使通过轨道作差得到的星间距离变化率不断逼近通过星间测距装置得到的星间距离变化率。当充分逼近时,经过调整的重力场模型即为反演重力场模型。

下面建立动力法重力场反演的数学模型。设两个卫星的位置矢量分别为 $\boldsymbol{r}_1$ 和 $\boldsymbol{r}_2$,如图 12.1 所示,它们的相对矢量为

$$\boldsymbol{\rho} = \boldsymbol{r}_1 - \boldsymbol{r}_2 \tag{12-3-37}$$

从而,星间距离的平方为

$$\rho^2 = (\boldsymbol{r}_1 - \boldsymbol{r}_2)^2 \tag{12-3-38}$$

两边同时求导,得到

$$2\rho\dot{\rho} = 2(\boldsymbol{r}_1 - \boldsymbol{r}_2) \cdot (\dot{\boldsymbol{r}}_1 - \dot{\boldsymbol{r}}_2) \tag{12-3-39}$$

从而,进一步可得到两星的星间距离变化率为

$$\dot{\rho} = (\dot{\boldsymbol{r}}_1 - \dot{\boldsymbol{r}}_2) \cdot \frac{\boldsymbol{r}_1 - \boldsymbol{r}_2}{\rho} = (\dot{\boldsymbol{r}}_1 - \dot{\boldsymbol{r}}_2) \cdot \boldsymbol{e}_\rho \tag{12-3-40}$$

其中，e_ρ 为沿星间相对距离矢量方向的单位矢量

$$e_\rho = \frac{r_1 - r_2}{\rho} \tag{12-3-41}$$

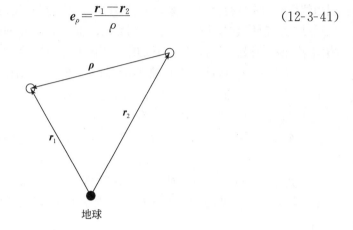

图 12.1 长基线相对轨道摄动重力场测量

根据式(12-3-40)，基于参考重力场模型、卫星摄动力模型和初始状态参数，经轨道积分和轨道作差，并结合星间距离变化率测量误差，可以得到仿真的星间距离变化率为

$$\tilde{\dot{\rho}} = (\dot{r}_1 - \dot{r}_2) \cdot e_\rho + \varepsilon \tag{12-3-42}$$

其中，ε 是星间距离变化率测量误差对应的噪声。下面建立基于星间距离变化率的重力场测量观测方程。对式(12-3-40)作全微分，可得

$$\Delta \dot{\rho} = (\Delta \dot{r}_1 - \Delta \dot{r}_2) \cdot e_\rho + (\dot{r}_1 - \dot{r}_2) \cdot \Delta e_\rho \tag{12-3-43}$$

进一步有

$$\begin{aligned} \Delta \dot{\rho} &= (\Delta \dot{r}_1 - \Delta \dot{r}_2) \cdot e_\rho + (\dot{r}_1 - \dot{r}_2) \cdot e_n \Delta t \\ &= (\Delta \dot{r}_1 - \Delta \dot{r}_2) \cdot e_\rho + (\Delta r_1 - \Delta r_2) \cdot e_n \end{aligned} \tag{12-3-44}$$

其中，定义

$$\begin{aligned} e_n = \dot{e}_\rho &= \frac{\rho(\dot{r}_1 - \dot{r}_2) - \dot{\rho}(r_1 - r_2)}{\rho^2} \\ &= \frac{\rho(\dot{r}_1 - \dot{r}_2) - [(\dot{r}_1 - \dot{r}_2) \cdot e_\rho](r_1 - r_2)}{\rho^2} \\ &= \frac{\dot{r}_1 - \dot{r}_2}{\rho} - \frac{[(\dot{r}_1 - \dot{r}_2) \cdot (r_1 - r_2)](r_1 - r_2)}{\rho^3} \end{aligned} \tag{12-3-45}$$

将式(12-3-41)和式(12-3-45)代入式(12-3-44)中，得到

$$\Delta \dot{\rho} = (\Delta \dot{r}_1 - \Delta \dot{r}_2) \cdot \frac{r_1 - r_2}{\rho} + (\Delta r_1 - \Delta r_2) \cdot \left\{ \frac{\dot{r}_1 - \dot{r}_2}{\rho} - \frac{[(\dot{r}_1 - \dot{r}_2) \cdot (r_1 - r_2)](r_1 - r_2)}{\rho^3} \right\}$$

$$\tag{12-3-46}$$

为方便起见，记 $X_1=\begin{bmatrix}r_1\\\dot r_1\end{bmatrix}$，$X_2=\begin{bmatrix}r_2\\\dot r_2\end{bmatrix}$，则有

$$\Delta\dot\rho=\begin{bmatrix}a^{\mathrm T}&b^{\mathrm T}\end{bmatrix}\Delta X_1-\begin{bmatrix}a^{\mathrm T}&b^{\mathrm T}\end{bmatrix}\Delta X_2 \tag{12-3-47}$$

其中

$$a_{3\times1}=\frac{\dot r_1-\dot r_2}{\rho}-\frac{[(\dot r_1-\dot r_2)\cdot(r_1-r_2)](r_1-r_2)}{\rho^3} \tag{12-3-48}$$

$$b_{3\times1}=\frac{r_1-r_2}{\rho} \tag{12-3-49}$$

从式(12-3-47)可以看出，基于星间距离变化率的观测方程可以根据绝对轨道摄动重力场反演的观测方程求得。

已知绝对轨道摄动重力场测量的观测方程为

$$\Delta X=\frac{\partial X(t)}{\partial X(t_0)}\Delta X_0+\frac{\partial X(t)}{\partial P}\Delta P=\Psi_{6\times(6+k)}\begin{bmatrix}\Delta X_0\\\Delta P\end{bmatrix}_{(6+k)\times1} \tag{12-3-50}$$

根据式(12-3-50)可以得到

$$\Delta\dot\rho=\begin{bmatrix}a^{\mathrm T}&b^{\mathrm T}\end{bmatrix}\Psi_1(t)\begin{bmatrix}\Delta X_{0,1}\\\Delta P\end{bmatrix}-\begin{bmatrix}a^{\mathrm T}&b^{\mathrm T}\end{bmatrix}\Psi_2(t)\begin{bmatrix}\Delta X_{0,2}\\\Delta P\end{bmatrix} \tag{12-3-51}$$

因为

$$\Psi(t)=\begin{bmatrix}\bar Y(t)\\\dot Y(t)\end{bmatrix}=\begin{bmatrix}Y_X(t)_{3\times6}&Y_P(t)_{3\times k}\\\dot Y_X(t)_{3\times6}&\dot Y_P(t)_{3\times k}\end{bmatrix} \tag{12-3-52}$$

所以有

$$\Delta\dot\rho=\begin{bmatrix}a^{\mathrm T}&b^{\mathrm T}\end{bmatrix}\begin{bmatrix}Y_{X,1}(t)_{3\times6}&Y_{P,1}(t)_{3\times k}\\\dot Y_{X,1}(t)_{3\times6}&\dot Y_{P,1}(t)_{3\times k}\end{bmatrix}\begin{bmatrix}\Delta X_{0,1}\\\Delta P\end{bmatrix}$$
$$-\begin{bmatrix}a^{\mathrm T}&b^{\mathrm T}\end{bmatrix}\begin{bmatrix}Y_{X,2}(t)_{3\times6}&Y_{P,2}(t)_{3\times k}\\\dot Y_{X,2}(t)_{3\times6}&\dot Y_{P,2}(t)_{3\times k}\end{bmatrix}\begin{bmatrix}\Delta X_{0,2}\\\Delta P\end{bmatrix} \tag{12-3-53}$$

整理得到

$$\Delta\dot\rho=\begin{bmatrix}a^{\mathrm T}Y_{X,1}(t)_{3\times6}+b^{\mathrm T}\dot Y_{X,1}(t)_{3\times6},&a^{\mathrm T}Y_{P,1}(t)_{3\times k}+b^{\mathrm T}\dot Y_{P,1}(t)_{3\times k}\end{bmatrix}\begin{bmatrix}\Delta X_{0,1}\\\Delta P\end{bmatrix}$$
$$-\begin{bmatrix}a^{\mathrm T}Y_{X,2}(t)_{3\times6}+b^{\mathrm T}\dot Y_{X,2}(t)_{3\times6},&a^{\mathrm T}Y_{P,2}(t)_{3\times k}+b^{\mathrm T}\dot Y_{P,2}(t)_{3\times k}\end{bmatrix}\begin{bmatrix}\Delta X_{0,2}\\\Delta P\end{bmatrix} \tag{12-3-54}$$

整理得到长基线相对轨道摄动重力场测量的观测方程为

$$\Delta\dot\rho=\tilde{\dot\rho}-\bar{\dot\rho}=\begin{bmatrix}D_1&D_2&D_3\end{bmatrix}\begin{bmatrix}\Delta X_{0,1}\\\Delta X_{0,2}\\\Delta P\end{bmatrix} \tag{12-3-55}$$

其中

$$D_1 = a^T Y_{X,1}(t) + b^T \dot{Y}_{X,1}(t) \tag{12-3-56}$$

$$D_2 = -[a^T Y_{X,2}(t) + b^T \dot{Y}_{X,2}(t)] \tag{12-3-57}$$

$$D_3 = a^T [Y_{P,1}(t) - Y_{P,2}(t)] + b^T [\dot{Y}_{P,1}(t) - \dot{Y}_{P,2}(t)] \tag{12-3-58}$$

根据观测方程(12-3-55),得到基于动力学方法的长基线相对轨道摄动重力场反演过程如下:

(1)利用星间测距装置,获取两个卫星之间的距离变化率观测值$\overline{\dot{\rho}}$;

(2)选择一个参考重力场模型、卫星摄动力模型和初始状态,进行轨道积分,得到两个卫星的积分轨道,作差后得到星间距离变化率的计算值;

(3)根据卫星精密定轨数据,计算a^T和b^T;

(4)根据精密定轨数据,计算矩阵$A(t)$、$B(t)$、$C(t)$,进而求解微分方程(12-2-69)和式(12-2-70),得到$\boldsymbol{\Phi}$和S矩阵,也就得到$Y(t)$和$\dot{Y}(t)$;

(5)对所有轨道历元,建立如式(12-3-55)所示的观测方程,所有观测方程联立求解,得到重力场模型位系数改正量和两个卫星初始状态改正量;

(6)将位系数改正量和初始状态改正量加入第(2)步中的相应参数中,重复第(2)～第(5)步,直至迭代收敛,即星间距离变化率观测值和计算值充分逼近,此时经改正后的参考重力场模型即为最终的反演重力场模型。

12.3.4　短弧边值法

短弧边值法的基本原理是牛顿第二定律,将重力卫星运动方程转换为Fredholm类型的边值问题,通过对边值问题的求解,得到重力场模型[4~6]。

在长基线相对轨道摄动重力场测量中,卫星1为引导星,卫星2为跟踪星,它们在地心惯性系中的位置矢量分别为r_1和r_2,由卫星1指向卫星2的矢量为

$$r_{12} = r_2 - r_1 \tag{12-3-59}$$

设沿r_{12}方向的单位矢量为e_{12},星间距离为ρ_{12},星间距离对时间的一阶和二阶导数分别为$\dot{\rho}_{12}$和$\ddot{\rho}_{12}$,两星受到的加速度之差为$g(t, r_{12}, r_1, \dot{r}_1, \dot{r}_2, x)$,$x$为地球重力场参数组成的矢量,则有

$$\ddot{\rho}_{12}(t) = \frac{\dot{r}_{12}^2 - \dot{\rho}_{12}^2}{\rho_{12}} + e_{12} \cdot g(t, r_{12}, r_1, \dot{r}_1, \dot{r}_2, x) \tag{12-3-60}$$

将上述问题转换为边值问题,即

$$r_{12}(\tau) = (1-\tau)r_{12,A} + \tau r_{12,B} - T^2 \int_0^1 K(\tau, \tau') \left[\frac{\dot{r}_{12}^2 - \dot{\rho}_{12}^2}{\rho_{12}} + e_{12} \cdot g(t, r_{12}, r_1, \dot{r}_1, \dot{r}_2, x) \right] d\tau' \tag{12-3-61}$$

其中,边值条件为

$$r_{12,A} = r_{12}(t_A), \quad r_{12,B} = r_{12}(t_B), \quad t_A < t_B \tag{12-3-62}$$

积分核函数为

$$K(\tau,\tau') = \begin{cases} \tau(1-\tau'), & \tau \leqslant \tau' \\ \tau'(1-\tau), & \tau \geqslant \tau' \end{cases} \tag{12-3-63}$$

单位化的时间变量为

$$\tau = \frac{t-t_A}{T}, \quad T = t_B - t_A, \quad t \in [t_A, t_B] \tag{12-3-64}$$

该边值问题的解可以表示为级数形式

$$r_{12}(\tau) = (1-\tau)r_{12,A} + \tau r_{12,B} + \sum_{v=1}^{\infty} r_{12,v}\sin(v\pi\tau) \tag{12-3-65}$$

其中,无穷级数的系数为

$$r_{12,v} = -\frac{2T^2}{\pi^2 v^2}\int_0^1 \left[\sin(v\pi\tau')\frac{\dot{\boldsymbol{r}}_{12}^2 - \dot{\rho}_{12}^2}{\rho_{12}} + \boldsymbol{e}_{12}\cdot\boldsymbol{g}(\tau',r_{12},\boldsymbol{r}_1,\dot{\boldsymbol{r}}_1,\dot{\boldsymbol{r}}_2,\boldsymbol{x})\right]\mathrm{d}\tau' \tag{12-3-66}$$

两星受到的加速度之差可以展开为

$$\boldsymbol{g}(\tau',r_{12},\boldsymbol{r}_1,\dot{\boldsymbol{r}}_1,\dot{\boldsymbol{r}}_2,\boldsymbol{x}) = \boldsymbol{g}_d(\tau',\boldsymbol{r}_1,\boldsymbol{r}_2,\dot{\boldsymbol{r}}_1,\dot{\boldsymbol{r}}_2) + \nabla V_{12,E}^0(\tau',\boldsymbol{r}_1,\boldsymbol{r}_2,\boldsymbol{x}_0) + \nabla V_{12,E}^d(\tau',\boldsymbol{r}_1,\boldsymbol{r}_2,\Delta\boldsymbol{x}) \tag{12-3-67}$$

其中,$\boldsymbol{g}_d(\tau',\boldsymbol{r}_1,\boldsymbol{r}_2,\dot{\boldsymbol{r}}_1,\dot{\boldsymbol{r}}_2)$ 为两星受到的非地球引力干扰加速度之差;$\nabla V_{12,E}^0(\tau',\boldsymbol{r}_1,\boldsymbol{r}_2,\boldsymbol{x}_0)$ 为在选择的参考重力场模型(其引力位函数表示为 V^0)下两星地球引力加速度之差;$\nabla V_{12,E}^d(\tau',\boldsymbol{r}_1,\boldsymbol{r}_2,\Delta\boldsymbol{x})$ 为在未知的改正重力场模型(其引力位函数表示为 V_d)下的两星地球引力加速度之差;$\Delta\boldsymbol{x}$ 为实际重力场模型相对参考重力场模型的改正量。相对已知的参考重力场模型而言,待求解的重力场模型改正量是一个小量,两者之和等于实际重力场模型,从而有

$$\begin{aligned} \nabla V_{12,E}^0(\tau',\boldsymbol{r}_1,\boldsymbol{r}_2,\boldsymbol{x}_0) &= \nabla[V^0(\boldsymbol{r}_2) - V^0(\boldsymbol{r}_1)] \\ \nabla V_{12,E}^d(\tau',\boldsymbol{r}_1,\boldsymbol{r}_2,\Delta\boldsymbol{x}) &= \nabla[V^d(\boldsymbol{r}_2) - V^d(\boldsymbol{r}_1)] \end{aligned} \tag{12-3-68}$$

参考重力场模型和重力场模型改正量的具体形式为

$$V^0 = \frac{GM_e}{r}\sum_{n=0}^{n_{\max}}\sum_{m=0}^{n}\left(\frac{R_e}{r}\right)^n \bar{P}_{nm}(\cos\theta)(\bar{C}_{nm}\cos m\lambda + \bar{S}_{nm}\sin m\lambda) \tag{12-3-69}$$

$$V^d = \frac{GM_e}{r}\sum_{n=0}^{n_{\max}}\sum_{m=0}^{n}\left(\frac{R_e}{r}\right)^n \bar{P}_{nm}(\cos\theta)(\Delta\bar{C}_{nm}\cos m\lambda + \Delta\bar{S}_{nm}\sin m\lambda) \tag{12-3-70}$$

对于式(12-3-65)中无穷级数的系数,可以根据星间距离、星间距离变化率或星间距离对时间的二阶导数得

$$r_{12,v} = 2\int_0^1 \sin(v\pi\tau')[r_{12}(\tau') - (1-\tau')r_{12,A} - \tau'r_{12,B}]\mathrm{d}\tau' \tag{12-3-71}$$

$$r_{12,v} = \frac{2T}{\pi v}\int_0^1 \cos(v\pi\tau')\dot{r}_{12}(\tau')\mathrm{d}\tau' \tag{12-3-72}$$

$$r_{12,v} = -\frac{2T^2}{\pi^2 v^2}\int_0^1 \sin(v\pi\tau')\ddot{r}_{12}(\tau')\mathrm{d}\tau' \tag{12-3-73}$$

已知两星受到的加速度之差为

$$\ddot{\boldsymbol{r}}_{12}(t) = \boldsymbol{g}(t, \boldsymbol{r}_{12}, \boldsymbol{r}_1, \dot{\boldsymbol{r}}_1, \dot{\boldsymbol{r}}_2, \boldsymbol{x}) \tag{12-3-74}$$

与式(12-3-61)类似,得到两星位置矢量差为

$$\boldsymbol{r}_{12}(\tau) = (1-\tau)\boldsymbol{r}_{12,A} + \tau \boldsymbol{r}_{12,B} - T^2 \int_0^1 K(\tau, \tau') \boldsymbol{g}(\tau', \boldsymbol{r}_{12}, \boldsymbol{r}_1, \dot{\boldsymbol{r}}_1, \dot{\boldsymbol{r}}_2, \boldsymbol{x}) \mathrm{d}\tau'$$

$$\tag{12-3-75}$$

式(12-3-75)对时间求导,得到两星速度矢量差为

$$\dot{\boldsymbol{r}}_{12}(\tau) = \frac{\boldsymbol{r}_{12,B} - \boldsymbol{r}_{12,A}}{T} - T \int_0^1 \frac{\mathrm{d}K(\tau, \tau')}{\mathrm{d}\tau} \boldsymbol{g}(\tau', \boldsymbol{r}_{12}, \boldsymbol{r}_1, \dot{\boldsymbol{r}}_1, \dot{\boldsymbol{r}}_2, x) \mathrm{d}\tau' \tag{12-3-76}$$

这样就可以得到星间距离和星间距离变化率为

$$\rho_{12} = \boldsymbol{r}_{12}(\tau) \cdot \boldsymbol{e}_{12}(\tau), \quad \dot{\rho}_{12} = \dot{\boldsymbol{r}}_{12}(\tau) \cdot \boldsymbol{e}_{12}(\tau) \tag{12-3-77}$$

即

$$\rho_{12}(\tau) = (1-\tau)\boldsymbol{r}_{12,A} \cdot \boldsymbol{e}_{12}(\tau) + \tau \boldsymbol{r}_{12,B} \cdot \boldsymbol{e}_{12}(\tau)$$
$$- T^2 \boldsymbol{e}_{12}(\tau) \cdot \int_0^1 K(\tau, \tau') \boldsymbol{g}(\tau', \boldsymbol{r}_{12}, \boldsymbol{r}_1, \dot{\boldsymbol{r}}_1, \dot{\boldsymbol{r}}_2, \boldsymbol{x}) \mathrm{d}\tau' \tag{12-3-78}$$

$$\dot{\rho}_{12} = \frac{(\boldsymbol{r}_{12,B} - \boldsymbol{r}_{12,A}) \cdot \boldsymbol{e}_{12}(\tau)}{T}$$
$$- T\boldsymbol{e}_{12}(\tau) \cdot \int_0^1 \frac{\mathrm{d}K(\tau, \tau')}{\mathrm{d}\tau} \boldsymbol{g}(\tau', \boldsymbol{r}_{12}, \boldsymbol{r}_1, \dot{\boldsymbol{r}}_1, \dot{\boldsymbol{r}}_2, \boldsymbol{x}) \mathrm{d}\tau' \tag{12-3-79}$$

其中,沿两星连线方向的单位矢量 $\boldsymbol{e}_{12}(\tau)$ 可以根据卫星定轨数据得到。将式(12-3-67)代入式(12-3-78)和式(12-3-79)中,得到

$$\rho_{12}(\tau) = (1-\tau)\boldsymbol{r}_{12,A} \cdot \boldsymbol{e}_{12}(\tau) + \tau \boldsymbol{r}_{12,B} \cdot \boldsymbol{e}_{12}(\tau)$$
$$- T^2 \boldsymbol{e}_{12}(\tau) \cdot \int_0^1 K(\tau, \tau') \boldsymbol{g}_d(\tau', \boldsymbol{r}_1, \boldsymbol{r}_2, \dot{\boldsymbol{r}}_1, \dot{\boldsymbol{r}}_2) \mathrm{d}\tau'$$
$$- T^2 \boldsymbol{e}_{12}(\tau) \cdot \int_0^1 K(\tau, \tau') \nabla V_{12,E}^0(\tau', \boldsymbol{r}_1, \boldsymbol{r}_2, \boldsymbol{x}_0) \mathrm{d}\tau'$$
$$- T^2 \boldsymbol{e}_{12}(\tau) \cdot \int_0^1 K(\tau, \tau') \nabla V_{12,E}^d(\tau', \boldsymbol{r}_1, \boldsymbol{r}_2, \Delta\boldsymbol{x}) \mathrm{d}\tau' \tag{12-3-80}$$

$$\dot{\rho}_{12} = \frac{(\boldsymbol{r}_{12,B} - \boldsymbol{r}_{12,A}) \cdot \boldsymbol{e}_{12}(\tau)}{T}$$
$$- T\boldsymbol{e}_{12}(\tau) \cdot \int_0^1 \frac{\mathrm{d}K(\tau, \tau')}{\mathrm{d}\tau} \boldsymbol{g}_d(\tau', \boldsymbol{r}_1, \boldsymbol{r}_2, \dot{\boldsymbol{r}}_1, \dot{\boldsymbol{r}}_2) \mathrm{d}\tau'$$
$$- T\boldsymbol{e}_{12}(\tau) \cdot \int_0^1 \frac{\mathrm{d}K(\tau, \tau')}{\mathrm{d}\tau} \nabla V_{12,E}^0(\tau', \boldsymbol{r}_1, \boldsymbol{r}_2, \boldsymbol{x}_0) \mathrm{d}\tau'$$
$$- T\boldsymbol{e}_{12}(\tau) \cdot \int_0^1 \frac{\mathrm{d}K(\tau, \tau')}{\mathrm{d}\tau} \nabla V_{12,E}^d(\tau', \boldsymbol{r}_1, \boldsymbol{r}_2, \Delta\boldsymbol{x}) \mathrm{d}\tau' \tag{12-3-81}$$

在任意时刻 τ_i,对式(12-3-80)进行线性近似,得到

$$(1-\tau_i)\boldsymbol{r}_{12,A} \cdot \boldsymbol{e}_{12}(\tau_i) + \tau_i \boldsymbol{r}_{12,B} \cdot \boldsymbol{e}_{12}(\tau_i) + \sum_{k=1}^K \Delta x_k d_{ik(n,m)} = l(\tau_i)$$

$$\tag{12-3-82}$$

其中,K 为待求的引力位系数的个数。

$$l(\tau_i) = \rho_{12}(\tau_i) + T^2 \boldsymbol{e}_{12}(\tau_i) \cdot \int_0^1 K(\tau_i, \tau') \nabla V_{12,E}^0(\tau', \boldsymbol{r}_1, \boldsymbol{r}_2, \boldsymbol{x}_0) \mathrm{d}\tau' + T^2 \boldsymbol{e}_{12}(\tau_i)$$
$$\times \int_0^1 K(\tau_i, \tau') \boldsymbol{g}_d(\tau', \boldsymbol{r}_1, \boldsymbol{r}_2, \dot{\boldsymbol{r}}_1, \dot{\boldsymbol{r}}_2) \mathrm{d}\tau' \tag{12-3-83}$$

$$d_{ik(n,m)} = -GM_e R_e^{\ n} T^2 \boldsymbol{e}_{12}(\tau_i) \cdot \int_0^1 K(\tau_i, \tau') \nabla_{12}\left[\frac{\bar{P}_{nm}(\cos\theta)}{r^{n+1}} Q(\lambda)\right] \mathrm{d}\tau' \tag{12-3-84}$$

$$\nabla_{12}\left[\frac{\bar{P}_{nm}(\cos\theta)}{r^{n+1}} Q(\lambda)\right] = \nabla_{r=r_2}\left[\frac{\bar{P}_{nm}(\cos\theta)}{r^{n+1}} Q(\lambda)\right] - \nabla_{r=r_1}\left[\frac{\bar{P}_{nm}(\cos\theta)}{r^{n+1}} Q(\lambda)\right] \tag{12-3-85}$$

其中,$Q(\lambda)$ 等于 $\cos(m\lambda)$ 或 $\sin(m\lambda)$。在式(12-3-83)中,待估计的参数包括 t_A 和 t_B 时刻的两星速度矢量差 $\hat{\boldsymbol{r}}_{12,A}$ 和 $\hat{\boldsymbol{r}}_{12,B}$、$K$ 个引力位系数。假设弧段上共有 N 个观测历元,对每个历元建立如式(12-3-83)所示的方程,联立得到

$$\begin{bmatrix} (1-\tau_1)\boldsymbol{e}_{12}(\tau_1) & \tau_1\boldsymbol{e}_{12}(\tau_1) & d_{1,1} & \cdots & d_{1,K} \\ \vdots & \vdots & \vdots & & \vdots \\ (1-\tau_N)\boldsymbol{e}_{12}(\tau_N) & \tau_N\boldsymbol{e}_{12}(\tau_N) & d_{N,1} & \cdots & d_{N,K} \\ \boldsymbol{E} & \boldsymbol{0}_{3\times3} & \boldsymbol{0}_{3\times1} & \cdots & \boldsymbol{0}_{3\times1} \\ \boldsymbol{0}_{3\times3} & \boldsymbol{E} & \boldsymbol{0}_{3\times1} & \cdots & \boldsymbol{0}_{3\times1} \end{bmatrix} \begin{bmatrix} \hat{\boldsymbol{r}}_{12,A} \\ \hat{\boldsymbol{r}}_{12,B} \\ \Delta x_1 \\ \vdots \\ \Delta x_K \end{bmatrix} = \begin{bmatrix} l(\tau_i) \\ \vdots \\ l(\tau_N) \\ \boldsymbol{r}_{12,A} \\ \boldsymbol{r}_{12,B} \end{bmatrix} \tag{12-3-86}$$

式(12-3-86)即为以星间距离为观测量的短弧边值法重力场反演观测方程,利用最小二乘法求解得到重力场模型。

同理,也可以建立以星间距离变化率为观测量的重力场反演观测方程。在任意时刻,对式(12-3-81)线性化,得到一阶近似值为

$$\frac{(\boldsymbol{r}_{12,B} - \boldsymbol{r}_{12,A}) \cdot \boldsymbol{e}_{12}(\tau_i)}{T} + \sum_{k=1}^K \Delta x_k D_{ik(n,m)} = L(\tau_i) \tag{12-3-87}$$

其中

$$L(\tau_i) = \dot{\rho}_{12}(\tau_i) + T\boldsymbol{e}_{12}(\tau_i) \cdot \int_0^1 \frac{\mathrm{d}K(\tau_i, \tau')}{\mathrm{d}\tau} \boldsymbol{g}_d(\tau', \boldsymbol{r}_1, \boldsymbol{r}_2, \dot{\boldsymbol{r}}_1, \dot{\boldsymbol{r}}_2) \mathrm{d}\tau'$$
$$+ T\boldsymbol{e}_{12}(\tau_i) \cdot \int_0^1 \frac{\mathrm{d}K(\tau, \tau')}{\mathrm{d}\tau} \nabla V_{12,E}^0(\tau', \boldsymbol{r}_1, \boldsymbol{r}_2, \boldsymbol{x}_0) \mathrm{d}\tau' \tag{12-3-88}$$
$$D_{ik(n,m)} = -GM_e R_e^n T\boldsymbol{e}_{12}(\tau_i)$$
$$\times \int_0^1 \frac{\mathrm{d}K(\tau_i, \tau')}{\mathrm{d}\tau} \nabla_{12}\left[\frac{\bar{P}_{nm}(\cos\theta)}{r^{n+1}} Q(\lambda)\right] \mathrm{d}\tau' \tag{12-3-89}$$

与式(12-3-83)相同,式(12-3-87)中待估计参数为 t_A 和 t_B 时刻的两星速度矢量差 $\hat{\boldsymbol{r}}_{12,A}$ 和 $\hat{\boldsymbol{r}}_{12,B}$、$K$ 个引力位系数。设弧段上共有 N 个观测历元,对每个历元建

立方程,联立得到

$$\begin{bmatrix} -\boldsymbol{e}_{12}(\tau_1)/T & \boldsymbol{e}_{12}(\tau_1)/T & d_{1,1} & \cdots & d_{1,K} \\ \vdots & \vdots & \vdots & & \vdots \\ -\boldsymbol{e}_{12}(\tau_N)/T & \boldsymbol{e}_{12}(\tau_N)/T & d_{N,1} & \cdots & d_{N,K} \\ \boldsymbol{E} & \boldsymbol{0}_{3\times3} & \boldsymbol{0}_{3\times1} & \cdots & \boldsymbol{0}_{3\times1} \\ \boldsymbol{0}_{3\times3} & \boldsymbol{E} & \boldsymbol{0}_{3\times1} & \cdots & \boldsymbol{0}_{3\times1} \end{bmatrix} \begin{bmatrix} \hat{\boldsymbol{r}}_{12,A} \\ \hat{\boldsymbol{r}}_{12,B} \\ \Delta x_1 \\ \vdots \\ \Delta x_K \end{bmatrix} = \begin{bmatrix} l(\tau_i) \\ \vdots \\ l(\tau_N) \\ \boldsymbol{r}_{12,A} \\ \boldsymbol{r}_{12,B} \end{bmatrix} \qquad (12\text{-}3\text{-}90)$$

式(12-3-90)即为以星间距离变化率为观测量的重力场反演观测方程,求解得到重力场模型。

12.3.5　加速度法

在长基线相对轨道摄动重力场测量中,设两个卫星 A 和 B 在地心惯性系中的位置矢量分别是 $\boldsymbol{r}_A$ 和 $\boldsymbol{r}_B$,$\boldsymbol{r}_{AB}$ 表示由卫星 B 指向 A 的矢量,则

$$\boldsymbol{r}_{AB} = \boldsymbol{r}_A - \boldsymbol{r}_B \qquad (12\text{-}3\text{-}91)$$

$\boldsymbol{e}_{AB}$ 是沿 $\boldsymbol{r}_{AB}$ 方向的单位矢量,则

$$\boldsymbol{e}_{AB} = \frac{\boldsymbol{r}_{AB}}{|\boldsymbol{r}_{AB}|} \qquad (12\text{-}3\text{-}92)$$

两星之间的距离为

$$\rho_{AB} = \boldsymbol{r}_{AB} \cdot \boldsymbol{e}_{AB} \qquad (12\text{-}3\text{-}93)$$

式(12-3-93)对时间求导,得到星间距离变化率为

$$\dot{\rho}_{AB} = \dot{\boldsymbol{r}}_{AB} \cdot \boldsymbol{e}_{AB} + r_{AB}\boldsymbol{e}_{AB} \cdot \dot{\boldsymbol{e}}_{AB} = \dot{\boldsymbol{r}}_{AB} \cdot \boldsymbol{e}_{AB} \qquad (12\text{-}3\text{-}94)$$

再次对时间求导,得到星间加速度为

$$\ddot{\rho}_{AB} = \ddot{\boldsymbol{r}}_{AB} \cdot \boldsymbol{e}_{AB} + \dot{\boldsymbol{r}}_{AB} \cdot \dot{\boldsymbol{e}}_{AB} \qquad (12\text{-}3\text{-}95)$$

将等式 $\boldsymbol{r}_{AB} = \rho_{AB}\boldsymbol{e}_{AB}$ 两边同时对时间求导,整理得到

$$\dot{\boldsymbol{e}}_{AB} = \frac{\dot{\boldsymbol{r}}_{AB} - \dot{\rho}_{AB}\boldsymbol{e}_{AB}}{\rho_{AB}} \qquad (12\text{-}3\text{-}96)$$

在式(12-3-95)中,$\ddot{\boldsymbol{r}}_{AB} = \ddot{\boldsymbol{r}}_A - \ddot{\boldsymbol{r}}_B$ 表示两星在地心惯性系中加速度矢量之差,它由四部分构成,分别是两星中心引力之差 $\boldsymbol{F}_{AB}^0$、两星非球形地球摄动力之差 $\boldsymbol{F}_{AB}^T$、两星受到的三体引力和潮汐(包括地球固体潮、海潮、大气潮)等保守力摄动之差 $\boldsymbol{F}_{AB}^C$、大气阻力和太阳光压等非保守力摄动之差 $\boldsymbol{F}_{AB}^N$,即[7]

$$\ddot{\boldsymbol{r}}_{AB} = \boldsymbol{F}_{AB}^0 + \boldsymbol{F}_{AB}^T + \boldsymbol{F}_{AB}^C + \boldsymbol{F}_{AB}^N \qquad (12\text{-}3\text{-}97)$$

两星的中心引力之差为

$$\boldsymbol{F}_{AB}^0 = \boldsymbol{F}_A^0 - \boldsymbol{F}_B^0 = -GM\left(\frac{\boldsymbol{r}_A}{|\boldsymbol{r}_A|^3} - \frac{\boldsymbol{r}_B}{|\boldsymbol{r}_B|^3}\right) \qquad (12\text{-}3\text{-}98)$$

设地球非球形摄动位在地球固连坐标系中表示为 $R(X,Y,Z)$,其中 (X,Y,Z) 为地球固连坐标系中的直角坐标。设地心惯性系到地球固连坐标系的转换矩阵为 $\boldsymbol{M}(t)$,则卫星 A 和 B 受到的地球非球形摄动力在地心惯性系中表示为

$$\boldsymbol{F}_A^T = \boldsymbol{M}^{-1}(t) \frac{\partial R(X,Y,Z)}{\partial [X,Y,Z]} \Big|_{(X,Y,Z)=\boldsymbol{M}(t)\boldsymbol{r}_A}$$

$$\boldsymbol{F}_B^T = \boldsymbol{M}^{-1}(t) \frac{\partial R(X,Y,Z)}{\partial [X,Y,Z]} \Big|_{(X,Y,Z)=\boldsymbol{M}(t)\boldsymbol{r}_B}$$

$$(12\text{-}3\text{-}99)$$

从而得到

$$\boldsymbol{F}_{AB}^T = \boldsymbol{M}^{-1}(t) \left\{ \frac{\partial R(X,Y,Z)}{\partial [X,Y,Z]} \Big|_{(X,Y,Z)=\boldsymbol{M}(t)\boldsymbol{r}_A} - \frac{\partial R(X,Y,Z)}{\partial [X,Y,Z]} \Big|_{(X,Y,Z)=\boldsymbol{M}(t)\boldsymbol{r}_B} \right\}$$

$$(12\text{-}3\text{-}100)$$

$\boldsymbol{F}_{AB}^C$ 可以通过精确的数学建模得到,$\boldsymbol{F}_{AB}^N$ 可以根据重力卫星的非引力干扰观测数据得到。由式(12-3-98)可知,$\boldsymbol{F}_{AB}^T$ 可以根据卫星精密定轨数据得到。$\boldsymbol{F}_{AB}^T$ 中含有待求解的引力位系数。由于 $R(X,Y,Z)$ 是引力位系数的线性组合,根据式(12-3-100)可知,$\boldsymbol{F}_{AB}^T$ 也是引力位系数的线性组合。

由式(12-3-95)~式(12-3-100),得到

$$\left\{ \boldsymbol{M}^{-1}(t) \left[\frac{\partial R(X,Y,Z)}{\partial [X,Y,Z]} \Big|_{(X,Y,Z)=\boldsymbol{M}(t)\boldsymbol{r}_A} - \frac{\partial R(X,Y,Z)}{\partial [X,Y,Z]} \Big|_{(X,Y,Z)=\boldsymbol{M}(t)\boldsymbol{r}_B} \right] \right\} \cdot \boldsymbol{e}_{AB}$$

$$= \ddot{\rho}_{AB} + GM \left(\frac{\boldsymbol{r}_A}{|\boldsymbol{r}_A|^3} - \frac{\boldsymbol{r}_B}{|\boldsymbol{r}_B|^3} \right) \cdot \boldsymbol{e}_{AB} - \boldsymbol{F}_{AB}^C \cdot \boldsymbol{e}_{AB} - \boldsymbol{F}_{AB}^N \cdot \boldsymbol{e}_{AB} - \dot{\boldsymbol{r}}_{AB} \cdot \dot{\boldsymbol{e}}_{AB}$$

$$(12\text{-}3\text{-}101)$$

$R(X,Y,Z)$ 的具体表达式见 3.3 节。分析可知,式(12-3-101)等式左边是关于引力位系数的线性组合,组合系数可以根据两个卫星的精密定轨数据得到;等式右边第一项 $\ddot{\rho}_{AB}$ 可以根据星间距离变化率插值得到,具体的插值方法见 12.2.5 小节,等式右边 $GM \left(\frac{\boldsymbol{r}_A}{|\boldsymbol{r}_A|^3} - \frac{\boldsymbol{r}_B}{|\boldsymbol{r}_B|^3} \right) \cdot \boldsymbol{e}_{AB} - \dot{\boldsymbol{r}}_{AB} \cdot \dot{\boldsymbol{e}}_{AB}$ 可以根据卫星定轨数据得到,$-\boldsymbol{F}_{AB}^C \cdot \boldsymbol{e}_{AB}$ 可以通过高精度数学模型和定轨数据得到,$-\boldsymbol{F}_{AB}^N \cdot \boldsymbol{e}_{AB}$ 可以根据非引力干扰观测数据和定轨数据得到。

设待求重力场模型阶数为 n,则未知的位系数个数为 $N = n^2 + 2n - 3$,设在历元时刻 i,式(12-3-101)左边第 j 个引力位系数的线性组合系数为 A_{ij},等式右端记为 d_i,则有

$$(A_{i1}, A_{i2}, \cdots, A_{iN}) \cdot (C_{20}, C_{21}, S_{21}, C_{22}, S_{22}; \cdots; C_{N0}, \cdots, C_{NN}, S_{NN})^T = d_i$$

$$(12\text{-}3\text{-}102)$$

设共有 P 个观测历元,对每个历元时刻建立式(12-3-102)所示的方程,联立得到重力场测量的观测方程,求解得到重力场模型。

$$\begin{bmatrix} A_{11} & A_{12} & \cdots & A_{1N} \\ A_{21} & A_{22} & \cdots & A_{2N} \\ \vdots & \vdots & & \vdots \\ A_{P1} & A_{P2} & \cdots & A_{PN} \end{bmatrix} \cdot (C_{20}, C_{21}, S_{21}, C_{22}, S_{22}; \cdots; C_{N0}, \cdots, C_{NN}, S_{NN})^T = \begin{bmatrix} d_1 \\ d_2 \\ \vdots \\ d_N \end{bmatrix}$$

$$(12\text{-}3\text{-}103)$$

12.4　短基线相对轨道摄动重力场反演的数学模型

短基线相对轨道摄动重力场测量,是指通过测量重力卫星中的近距离上两个引力敏感器的相对距离变化率或相对加速度来反演重力场。在具体实现上,有内编队模式和重力梯度仪模式两种方式。无论内编队模式中外卫星腔体内两个内卫星之间的距离变化率,还是重力梯度仪中两个加速度计的差分测量数据,都可以通过数学变换,等效于当地重力梯度。也就是说,短基线相对轨道摄动重力场测量可以看作基于重力梯度观测的重力场测量。

对于短基线相对轨道摄动重力场测量即重力梯度重力场测量,由于重力梯度可以表示为扰动位泛函的形式,因此采用空域法来恢复重力场是最自然的方式[8]。下面基于空域最小二乘法,建立短基线相对轨道摄动重力场测量的观测方程。

设重力卫星位置矢量为 $\boldsymbol{P}$,与该位置对应的引力位为 $V(\boldsymbol{P})$,它可以表示为正常椭球产生的正常引力位 $U(\boldsymbol{P})$ 和扰动位 $T(\boldsymbol{P})$ 之和

$$V(\boldsymbol{P})=U(\boldsymbol{P})+T(\boldsymbol{P}) \tag{12-4-1}$$

在局部指北坐标系中,式(12-4-1)对不同坐标分量 (x,y,z) 的二阶导数存在如下关系:

$$V_{ij}(\boldsymbol{P})=U_{ij}(\boldsymbol{P})+T_{ij}(\boldsymbol{P}) \tag{12-4-2}$$

其中,$ij=xx,xy,xz,yy,yz,zz$。局部指北坐标系 (x,y,z) 和地球固连坐标系 (r,θ,λ) 中引力位二阶导数的相互转化关系为

$$\begin{cases} V_{xx}=\dfrac{1}{r}V_r+\dfrac{1}{r^2}V_{\theta\theta} \\[2mm] V_{xy}=\dfrac{1}{r^2\sin\theta}V_{\theta\lambda}-\dfrac{\cos\theta}{r^2\sin^2\theta}V_{\lambda} \\[2mm] V_{xz}=\dfrac{1}{r^2}V_{\theta}-\dfrac{1}{r}V_{r\theta} \\[2mm] V_{yy}=\dfrac{1}{r}V_r+\dfrac{\cot\theta}{r^2}V_{\theta}+\dfrac{1}{r^2\sin^2\theta}V_{\lambda\lambda} \\[2mm] V_{yz}=\dfrac{1}{r^2\sin\theta}V_{\lambda}-\dfrac{1}{r\sin\theta}V_{r\lambda} \\[2mm] V_{zz}=V_{rr} \end{cases} \tag{12-4-3}$$

实际上,在短基线相对轨道摄动重力场测量中,重力卫星的真实位置矢量 $\boldsymbol{P}$ 是未知的,通过精密定轨只能得到其观测值 $\boldsymbol{P}'$,它们之间存在一定的偏差。将正常引力位在 $\boldsymbol{P}'$ 附近泰勒展开,并作一阶近似,得到

$$U_{ij}(\boldsymbol{P})=U_{ij}(\boldsymbol{P}')+U_{ijk}(\boldsymbol{P}')\Delta x^k \tag{12-4-4}$$

其中,$\Delta x^k=\boldsymbol{P}-\boldsymbol{P}'=(\Delta x,\Delta y,\Delta z)^{\mathrm{T}}$;$U_{ijk}(\boldsymbol{P}')=\dfrac{\partial^3 U(\boldsymbol{P}')}{\partial x_i\partial x_j\partial x_k}$。考虑到扰动位量级很

小,可以认为 $T_{ij}(\boldsymbol{P}) = T_{ij}(\boldsymbol{P}')$。由式(12-4-2)和式(12-4-4)得到

$$V_{ij}(\boldsymbol{P}) = U_{ij}(\boldsymbol{P}') + U_{ijk}(\boldsymbol{P}')\Delta x^k + T_{ij}(\boldsymbol{P}') + \varepsilon_{ij} \qquad (12\text{-}4\text{-}5)$$

其中,ε_{ij} 包括模型误差和观测误差。式(12-4-5)即为

$$\Delta \Gamma_{ij}(\boldsymbol{P}') = V_{ij}(\boldsymbol{P}) - U_{ij}(\boldsymbol{P}') = U_{ijk}(\boldsymbol{P}')\Delta x^k + T_{ij}(\boldsymbol{P}') + \varepsilon_{ij} \qquad (12\text{-}4\text{-}6)$$

其中,$\Delta \Gamma_{ij}(\boldsymbol{P}')$ 称为重力梯度异常。在重力卫星位置观测量 $\boldsymbol{P}'$ 已知的情况下,$U_{ijk}(\boldsymbol{P}')$ 可以根据正常引力位表达式计算得到,$T_{ij}(\boldsymbol{P}')$ 表示为扰动位对坐标分量二阶导数的形式。对重力卫星所有观测点均可以建立如式(12-4-6)所示形式的方程,将它们联立起来,得到线性观测方程组,求解得到观测点坐标改正量$(\Delta x,\Delta y,\Delta z)$以及扰动位系数,从而得到重力场模型。

12.5　卫星编队重力场反演的数学模型

卫星编队重力场测量是指通过测量获取编队中各个卫星之间的距离变化率,并通过加速计测量得到非引力干扰或直接利用外卫星腔体屏蔽非引力干扰,进而从星间距离变化率观测值中剔除非引力干扰的影响,得到纯引力作用下的星间距离变化率数据,以此恢复重力场模型。与 GRACE 等传统长基线相对轨道摄动重力场测量相比,卫星编队重力场测量不仅具有沿飞行方向上的星间测距,还引入了轨道径向和法向的星间测距,从而可以大大提高重力场测量的分辨率和精度。

在 12.3 节中,针对沿迹向的长基线相对轨道摄动重力场测量,建立了基于动力学方法的重力场反演模型。实际上,在 12.3 节的推导过程中,并没有假设两个卫星一定沿迹向飞行,所建立的模型对沿轨道面法向或径向的星间测距仍然成立,式(12-3-55)可以应用于卫星编队中任意两个存在星间测距的卫星上。设编队中任意两个卫星 i 和 j 之间存在星间测距,基于该星间距离变化率反演重力场的观测方程可以表示为

$$\Delta \dot{\varrho} = \begin{bmatrix}(\boldsymbol{D}_1)_{ij} & (\boldsymbol{D}_2)_{ij} & (\boldsymbol{D}_3)_{ij}\end{bmatrix}\begin{bmatrix}\Delta \boldsymbol{X}_{0i} \\ \Delta \boldsymbol{X}_{0j} \\ \Delta \boldsymbol{P}\end{bmatrix} \qquad (12\text{-}5\text{-}1)$$

下标 ij 表示该变量与卫星 i 和 j 有关;$\Delta \boldsymbol{X}_{0i}$、$\Delta \boldsymbol{X}_{0j}$ 分别是卫星 i 和 j 的初始状态改正量;$\Delta \boldsymbol{P}$ 是重力场模型参数(可以包括其他动力学参数)的改正量。针对编队中的所有星间测距观测,建立如式(12-5-1)所示的观测方程,并将它们联立起来,得到基于动力学方法的卫星编队重力场反演观测方程。

下面以具有 4 个卫星的编队为例,说明卫星编队重力场测量动力法反演的观测方程建立过程。设编队中卫星编号分别为 1、2、3、4,任意两个卫星之间均存在星间测距,在动力法迭代过程中每个卫星初始状态改正量分别为 $\Delta \boldsymbol{X}_{01}$、$\Delta \boldsymbol{X}_{02}$、

$\Delta \boldsymbol{X}_{03}$、$\Delta \boldsymbol{X}_{04}$，$\Delta \dot{\rho}_{ij}$ 表示卫星 i 和 j 之间的星间距离变化率残差，则该卫星编队重力场测量的观测方程为

$$
\begin{bmatrix} \Delta\dot{\rho}_{12} \\ \Delta\dot{\rho}_{13} \\ \Delta\dot{\rho}_{14} \\ \Delta\dot{\rho}_{23} \\ \Delta\dot{\rho}_{24} \\ \Delta\dot{\rho}_{34} \end{bmatrix} = \begin{bmatrix} (\boldsymbol{D}_1)_{12} & (\boldsymbol{D}_2)_{12} & \boldsymbol{0}_{1\times6} & \boldsymbol{0}_{1\times6} & (\boldsymbol{D}_3)_{12} \\ (\boldsymbol{D}_1)_{13} & \boldsymbol{0}_{1\times6} & (\boldsymbol{D}_2)_{13} & \boldsymbol{0}_{1\times6} & (\boldsymbol{D}_3)_{13} \\ (\boldsymbol{D}_1)_{14} & \boldsymbol{0}_{1\times6} & \boldsymbol{0}_{1\times6} & (\boldsymbol{D}_2)_{14} & (\boldsymbol{D}_3)_{14} \\ \boldsymbol{0}_{1\times6} & (\boldsymbol{D}_1)_{23} & (\boldsymbol{D}_2)_{23} & \boldsymbol{0}_{1\times6} & (\boldsymbol{D}_3)_{23} \\ \boldsymbol{0}_{1\times6} & (\boldsymbol{D}_1)_{24} & \boldsymbol{0}_{1\times6} & (\boldsymbol{D}_2)_{24} & (\boldsymbol{D}_3)_{24} \\ \boldsymbol{0}_{1\times6} & \boldsymbol{0}_{1\times6} & (\boldsymbol{D}_1)_{34} & (\boldsymbol{D}_2)_{34} & (\boldsymbol{D}_3)_{34} \end{bmatrix}_{\text{Links}\times(\text{Sat}\times6+k)} \begin{bmatrix} \Delta\boldsymbol{X}_{01} \\ \Delta\boldsymbol{X}_{02} \\ \Delta\boldsymbol{X}_{03} \\ \Delta\boldsymbol{X}_{04} \\ \Delta\boldsymbol{P} \end{bmatrix}_{(\text{Sat}\times6+k)\times1}
$$

$$(12\text{-}5\text{-}2)$$

其中，Sat 为编队中的卫星数目；Links 是编队中存在星间测距链路的数目。如果编队中某两个卫星之间不存在星间测距，那么在式（12-5-2）中把相应的行删除即可。

　　基于动力学方法的卫星编队重力场反演过程，与 12.3 节给出的长基线相对轨道摄动重力场反演步骤相同，这里不再重复叙述。

12.6　重力场测量观测方程中引力位系数的排列

　　由 12.2～12.5 节可知，对于绝对轨道摄动重力场测量、长基线或短基线相对轨道摄动重力场测量、卫星编队重力场测量等方式，无论采用 Kaula 线性摄动法、能量守恒法、动力学方法，还是采用短弧边值法、加速度法等重力场反演方法，都是通过分析观测量与地球引力位系数之间的关系，构造以引力位系数为未知数的线性方程组，求解线性方程组得到重力场模型。设待解的重力场模型的最高阶数为 n，则待解的引力位系数共有 $N=n^2+2n-3$ 个。在线性方程组的待求矢量中，理论上讲，这 $N=n^2+2n-3$ 个位系数可以按任意顺序排列，并对应不同的方程组形式和结构，以及不同的迭代计算稳定性。位系数排列顺序的选择，一方面考虑遵循一定的规律，便于确定各个位系数在待解矢量中的索引位置，另一方面考虑方程组解的稳定性。通常，位系数的排列顺序分为以阶数 n 为主和以次数 m 为主两种。

12.6.1　以阶数为主的位系数排列

　　在以阶数为主的位系数排序中，外层排列由阶数控制，按照阶数从小到大的顺序排列；内层排列由次数控制，即对于每个阶数，将次数按照从小到大的顺序排列。

这种排列方式便于控制和管理球谐级数展开的最高阶数,并且便于确定每个位系数的位置。根据内层排列中余弦项和正弦项先后顺序的不同,以阶数为主的排列可以分为交叉排列、顺序排列。

交叉排列指具有相同下标的余弦项和正弦项位系数相邻排列,如式(12-6-1)所示,这种排列方式便于控制位系数展开到特定的阶数。

$$\bar{C}_{20}, \bar{C}_{21}, \bar{S}_{21}, \bar{C}_{22}, \bar{S}_{22};$$

$$\bar{C}_{30}, \bar{C}_{31}, \bar{S}_{31}, \bar{C}_{32}, \bar{S}_{32}, \bar{C}_{33}, \bar{S}_{33};$$

$$\vdots \tag{12-6-1}$$

$$\bar{C}_{n0}, \bar{C}_{n1}, \bar{S}_{n1}, \bar{C}_{n2}, \bar{S}_{n2}, \cdots, \bar{C}_{nn}, \bar{S}_{nn};$$

顺序排列有两种形式,一种是从 2 阶到 n 阶先排列完所有的余弦项系数,然后排列所有的正弦项系数;另一种是针对 2 阶到 n 阶,在每一阶上先排列余弦项系数,然后排列正弦项系数。两种排列形式分别为

$$\bar{C}_{20}, \bar{C}_{21}, \bar{C}_{22};$$

$$\bar{C}_{30}, \bar{C}_{31}, \bar{C}_{32}, \bar{C}_{33};$$

$$\vdots$$

$$\bar{C}_{n0}, \bar{C}_{n1}, \bar{C}_{n2}, \cdots, \bar{C}_{nn};$$

$$\bar{S}_{21}, \bar{S}_{22}; \tag{12-6-2}$$

$$\bar{S}_{31}, \bar{S}_{32}, \bar{S}_{33};$$

$$\vdots$$

$$\bar{S}_{n1}, \bar{S}_{n2}, \cdots, \bar{S}_{nn};$$

$$\bar{C}_{20}, \bar{C}_{21}, \bar{C}_{22}, \bar{S}_{21}, \bar{S}_{22};$$

$$\bar{C}_{30}, \bar{C}_{31}, \bar{C}_{32}, \bar{C}_{33}, \bar{S}_{31}, \bar{S}_{32}, \bar{S}_{33};$$

$$\vdots \tag{12-6-3}$$

$$\bar{C}_{n0}, \bar{C}_{n1}, \bar{C}_{n2}, \cdots, \bar{C}_{nn}, \bar{S}_{n1}, \bar{S}_{n2}, \cdots, \bar{S}_{nn};$$

12.6.2　以次数为主的位系数排列

在以次数为主的位系数排列中,外层排列由次数控制,按照从小到大的顺序;内层排列由阶数控制。根据同一次数上不同阶数正余弦位系数排列顺序的不同,分为交叉排列、顺序排列、奇偶排列。

交叉排列是指对于具有相同次数的位系数,阶数从小到大排列,并且阶数和次数均相同的余弦项和正弦项位系数相邻,即

$$\bar{C}_{20},\bar{C}_{30},\cdots,\bar{C}_{n0};$$

$$\bar{C}_{21},\bar{S}_{21},\bar{C}_{31},\bar{S}_{31},\cdots,\bar{C}_{n1},\bar{S}_{n1};$$

$$\bar{C}_{22},\bar{S}_{22},\bar{C}_{32},\bar{S}_{32},\cdots,\bar{C}_{n2},\bar{S}_{n2};$$

$$\bar{C}_{33},\bar{S}_{33},\bar{C}_{43},\bar{S}_{43},\cdots,\bar{C}_{n3},\bar{S}_{n3}; \qquad (12\text{-}6\text{-}4)$$

$$\vdots$$

$$\bar{C}_{n-1,n-1},\bar{S}_{n-1,n-1},\bar{C}_{n,n-1},\bar{S}_{n,n-1};$$

$$\bar{C}_{nn},\bar{S}_{nn};$$

顺序排列有两种形式,一种是对于每个次数,按照阶数从小到大的顺序,先排列余弦项系数,然后排列正弦项系数;另一种是对于次数从 0 到最大值 n,先排列完所有的余弦项系数,然后排列正弦项系数。两种形式具体如下:

$$\bar{C}_{20},\bar{C}_{30},\cdots,\bar{C}_{n0};$$

$$\bar{C}_{21},\bar{C}_{31},\cdots,\bar{C}_{n1},\bar{S}_{21},\bar{S}_{31},\cdots,\bar{S}_{n1};$$

$$\bar{C}_{22},\bar{C}_{32},\cdots,\bar{C}_{n2},\bar{S}_{22},\bar{S}_{32},\cdots,\bar{S}_{n2};$$

$$\bar{C}_{33},\bar{C}_{43},\cdots,\bar{C}_{n3},\bar{S}_{33},\bar{S}_{43},\cdots,\bar{S}_{n3}; \qquad (12\text{-}6\text{-}5)$$

$$\vdots$$

$$\bar{C}_{n-1,n-1},\bar{C}_{n,n-1},\bar{S}_{n-1,n-1},\bar{S}_{n,n-1};$$

$$\bar{C}_{nn},\bar{S}_{nn};$$

$$\bar{C}_{20},\bar{C}_{30},\cdots,\bar{C}_{n0};$$

$$\bar{C}_{21},\bar{C}_{31},\cdots,\bar{C}_{n1};$$

$$\bar{C}_{22},\bar{C}_{32},\cdots,\bar{C}_{n2};$$

$$\bar{C}_{33},\bar{C}_{43},\cdots,\bar{C}_{n3};$$

$$\vdots$$

$$\bar{C}_{n-1,n-1},\bar{C}_{n,n-1};$$

$$\bar{C}_{nn};$$

$$\bar{S}_{21},\bar{S}_{31},\cdots,\bar{S}_{n1}; \tag{12-6-6}$$

$$\bar{S}_{22},\bar{S}_{32},\cdots,\bar{S}_{n2};$$

$$\bar{S}_{33},\bar{S}_{43},\cdots,\bar{S}_{n3};$$

$$\vdots$$

$$\bar{S}_{n-1,n-1},\bar{S}_{n,n-1};$$

$$\bar{S}_{nn};$$

其中,式(12-6-5)所示的顺序排列对应的法方程矩阵具有块对角结构,这是因为余弦项函数和正弦项函数由于正交使矩阵非对角元素为 0,从而便于高阶位系数的法方程求解,大大降低对计算机存储和运算速度的要求。

奇偶排列是指对于每个次数,先排列偶阶数的余弦项,其次排列奇阶数的余弦项系数,然后排列偶阶数的正弦项系数,最后排列奇阶数的正弦项系数。以最高阶数 n 为偶数为例,得到这种排列的具体形式如下。这种排列方式考虑了勒让德函数关于赤道的对称性,可以得到具有块对角结构的法方程。

$$\bar{C}_{20},\bar{C}_{40},\cdots,\bar{C}_{n0},\bar{C}_{30},\bar{C}_{50},\cdots,\bar{C}_{n-1,0};$$

$$\bar{C}_{21},\bar{C}_{41},\cdots,\bar{C}_{n1},\bar{C}_{31},\bar{C}_{51},\cdots,\bar{C}_{n-1,1},\bar{S}_{21},\bar{S}_{41},\cdots,\bar{S}_{n1},\bar{S}_{31},\bar{S}_{51},\cdots,\bar{S}_{n-1,1};$$

$$\bar{C}_{22},\bar{C}_{42},\cdots,\bar{C}_{n2},\bar{C}_{32},\bar{C}_{52},\cdots,\bar{C}_{n-1,2},\bar{S}_{22},\bar{S}_{42},\cdots,\bar{S}_{n2},\bar{S}_{32},\bar{S}_{52},\cdots,\bar{S}_{n-1,2};$$

$$\vdots \tag{12-6-7}$$

$$\bar{C}_{n,n-1},\bar{C}_{n-1,n-1},\bar{S}_{n,n-1},\bar{S}_{n-1,n-1};$$

$$\bar{C}_{nn},\bar{S}_{nn};$$

参 考 文 献

[1] Rosborough G W, Tapley B D. Radial, transverse and normal satellite position perturbations due to the geopotential[J]. Celestial Mechanics, 1987, 40: 409－421.

[2] Mayer-Gürr T, Ilk K H, Eicker A, et al. ITG-CHAMP01: A CHAMP gravity field model from short kinematic arcs over a one-year observation period[J]. Journal of Geodesy, 2005, 78: 462－480.

[3] Sharma J. Precise determination of the geopotential with a low-low satellite-to-satellite tracking mission[D]. Austin: The University of Texas at Austin, 1995.

[4] Ilk K H. On the analysis of satellite-to-satellite tracking data[C]//Proceedings of the International Symposium on Space Techniques for Geodesy, Sopron, 1984.

[5] Ilk K H, Rummel R, Thalhammer M. Refined method for the regional recovery from GPS/SST and SGG[R]. CIGAR III/2, ESA contract No. 10713/93/F/FL, European Space Agency, 1995.

[6] Mayer-Gürr T, Eicker A, Ilk K H. Gravity Field Recovery from GRACE-SST Data of Short Arcs[M]. Berlin: Springer, 2006.

[7] 郑伟,许厚泽,钟敏,等. 基于星间加速度法精确和快速确定 GRACE 地球重力场[J]. 地球物理学进展, 2011, 26(2): 416－423.

[8] 刘晓刚. GOCE 卫星测量恢复地球重力场模型的理论与方法[D]. 郑州:解放军信息工程大学, 2011.

第 13 章　内编队重力场测量系统

前面围绕天基重力场测量理论展开论述,针对绝对轨道摄动重力场测量、长基线和短基线相对轨道摄动重力场测量以及卫星编队重力场测量,建立了重力场测量的解析理论体系,并介绍了卫星轨道动力学、GPS 精密定轨、卫星编队动力学等相关基础知识。从本章开始到第 15 章将围绕天基重力场测量的工程技术来阐述,介绍基于内编队纯引力轨道构造的重力场测量实现方法,包括内编队系统设计、内卫星非引力干扰建模与抑制、内外卫星相对状态测量技术、内编队飞行控制技术等,它们构成了内编队重力场测量的核心技术。

13.1　内编队纯引力轨道构造与重力场测量

天基重力场测量通过获取卫星在地球重力场作用下的动力学信息,并从中剔除非引力干扰的影响,得到纯地球引力作用下的卫星绝对轨道或相对轨道,以此反演重力场。天基重力场测量的关键在于,获取纯地球引力作用下的卫星绝对运动轨道或相对运动轨道。在工程实现中,可以利用加速度计测量卫星受到的非引力干扰,然后从轨道观测数据中剔除其影响,如已发射的重力卫星 CHAMP、GRACE就采用了这种模式;也可以通过具有内部空腔的卫星屏蔽外部非引力干扰的影响,在腔体内部构造出纯引力轨道环境,腔体中的质量块就会沿纯引力轨道飞行。通过对腔体内部质量块纯引力轨道的观测,也可以得到地球重力场模型,清华大学和国防科技大学提出的内编队重力场测量系统(简称内编队系统)采用了这种模式,如图 13.1 所示。

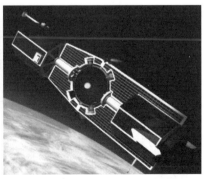

图 13.1　内编队重力场测量系统

内编队系统是由内卫星和外卫星组成的一种特殊卫星编队,其中外卫星具有球形腔体,内卫星位于腔体中心,沿纯地球引力作用下的轨道运行,用于敏感地球引力信号。内编队系统的意义在于,通过构造内卫星纯引力轨道完成高精度重力场测量,实现了不依赖于加速度计的重力场测量实现新途径,不仅解决了天基重力场测量的工程实现问题,还可满足相关引力探测任务对纯引力轨道环境的要求。

13.2　内编队重力场测量系统概述

13.2.1　内编队系统组成

内编队系统由内卫星和外卫星两部分组成,采用内、外卫星编队飞行的方式实现地球重力场测量。外卫星具有球形腔体,内卫星是标称位置处于腔体中心的球形验证质量[1],如图 13.2 所示。外卫星腔体屏蔽了大气阻力、太阳光压等外部非引力干扰对内卫星的扰动,同时通过合理的物理参数设置,严格抑制内卫星在腔体中受到的非引力干扰,使其沿纯引力轨道飞行[2,3]。

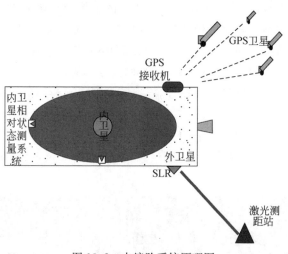

图 13.2　内编队系统原理图

在重力场测量过程中,内卫星自由飞行在外卫星的腔体中,通过控制外卫星相对于内卫星的位置,保证内、外卫星不相碰撞。通过 GPS 定轨获取外卫星精密轨道数据,通过相对状态测量装置,获取内、外卫星的相对位置和相对速度,由此得到内卫星纯引力轨道数据,进而反演地球重力场。

内外卫星在物理上不相连,属于分布式卫星的范畴。在理想情况下,内、外卫星的质心是重合的,不存在一般分布式卫星系统中的相对绕飞运动。但是,在摄动因素的影响下,内外卫星的质心会发生相对偏移,因而内编队可以看作标称绕飞半径为 0 的特殊编队。

内编队系统主要由以下几部分组成[4]。

外卫星:具有内腔体的卫星平台,可以实现厘米级精密定轨和内、外卫星相对位置控制。

内卫星:在外卫星腔体中飞行的球形验证质量块,不受大气阻力、太阳光压等外部干扰力的作用。

GPS 接收机:高动态双频多通道接收机,用于外卫星的高精度轨道确定。

激光向后反射镜阵列:在地面激光测距站可视弧段内,反射地面的激光信号,由此得到卫星和地面站的距离,进而确定卫星精密轨道。

微推进系统:毫牛量级的推力器,用于补偿大气阻力、太阳光压等摄动力,保持内、外卫星不相碰撞。

星敏感器:为外卫星提供高精度的姿态数据。

内、外卫星相对状态测量装置:用于测量内外卫星的相对位置,为内编队控制和内卫星纯引力轨道的确定提供测量信息。

13.2.2　内编队重力场测量任务目标

内编队系统主要针对低阶即长波重力场测量目标,具体任务指标如下。

(1)重力场测量的有效阶数不低于 60。

(2)累积到 60 阶的大地水准面累积误差不大于 20cm,重力异常累积误差不大于 2mGal。

13.2.3　内编队系统任务参数设计

内编队系统采用了绝对轨道摄动重力场测量方式,其任务参数优化设计的理论依据是 6.5 节给出的轨道参数与载荷指标设计方法。内编队选择太阳同步回归轨道,具有稳定的光照条件。内编队系统的轨道高度设计为 348.639km,回归周期为 7 天,倾角为 96.844°,非引力干扰为 1.0×10^{-10} m/s²,定轨误差为 5cm,任务总时间为 6 个月。针对 60 阶测量目标,允许的最大采样间隔为 45.755s,设计值选为 5s。基于上述参数,利用 6.2 节和 6.3 节建立的绝对轨道摄动重力场测量性能解析公式,计算内编队重力场测量性能,如图 13.3～图 13.5 所示。

在设计参数下,分析可知重力场测量的有效阶数是 68,累积到 60 阶的大地水准面累积误差是 17.42cm,重力异常累积误差是 1.44mGal。这说明所设计的内编队系统任务参数能够实现既定的重力场测量目标。

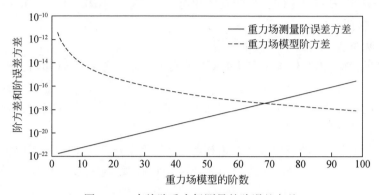

图 13.3　内编队重力场测量的阶误差方差

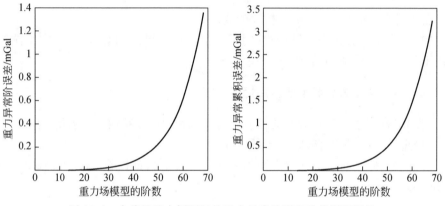

图 13.4　内编队重力场测量的重力异常阶误差及其累积误差

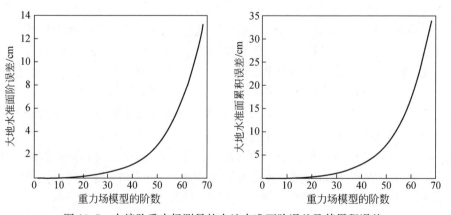

图 13.5　内编队重力场测量的大地水准面阶误差及其累积误差

13.3　内　卫　星

内卫星是敏感地球引力的载体,其纯引力轨道构造水平即非引力干扰抑制精度决定了内编队地球重力场的测量水平。因此,内卫星设计必须围绕尽可能降低非引力干扰的原则,在这一原则下确定其物理参数,包括内卫星形状、面质比、尺寸、表面发射率和粗糙度等。

13.3.1　内卫星所处腔体环境

内卫星始终位于外卫星腔体环境中,因此内卫星设计必须充分考虑外卫星腔体的物理特征,使内卫星在外卫星腔体环境中受到的非引力干扰满足要求。根据内编队系统设计可知,外卫星腔体环境具有如下特征。

(1)外卫星腔体为球形,直径为50cm。

(2)外卫星腔体为高导热率铜,表面经过氧化处理,表面发射率不低于0.7。

(3)外卫星腔体内壁不同部位的温差不超过5℃。

(4)外卫星内壁上布置有光学差分影像测量系统,用于确定内外卫星之间的相对状态,因而内卫星的形状和尺寸应满足该系统的测量要求。

(5)外卫星为内卫星提供了与外部空间环境隔绝的独立空间,屏蔽了大气阻力、太阳光压等表面接触力的影响。但是,外卫星无法屏蔽内卫星受到的非接触干扰力,如三体引力、地球潮汐作用等。同时,内卫星还会受到外卫星腔体环境的作用,如外卫星万有引力、辐射计效应、热辐射压力、腔体内部残余气体阻尼、电磁作用以及穿透外卫星壁面的宇宙射线撞击等。

可以通过精确建模得到内卫星受到的三体引力、潮汐作用力,其模型精度可以满足内卫星非引力干扰的抑制要求,因此在内卫星设计中不需要考虑它们。对于外卫星万有引力、辐射计效应、热辐射压力、气体阻尼、电磁干扰等,虽然可以建立其精确的力学模型,但是在轨运行时这些模型中的物理参数很难精确获取,这使利用力学模型评估真实内卫星干扰力的精度有限。因此,为了保证内卫星非引力干扰的抑制精度,需要通过合理的内卫星参数设计,使非引力干扰低于一定的量级。也就是说,虽然不能够确定内卫星非引力干扰的准确数值,但是可以确定其低于一定的量级水平,从而保证内编队重力场测量任务目标的实现。

基于内卫星非引力干扰模型,以内编队重力场测量任务要求的非引力干扰精度 10^{-10} m/s^2 为指标,选择内卫星材料、面质比、形状、尺寸等。其中,内卫星非引力干扰模型见表13.1,与内卫星相关的参数用下标 i 表示。关于这些干扰力模型中参数的具体定义,以及这些干扰力模型的建立过程,将在第14章中详细介绍。

表 13.1　内卫星非引力干扰

类型	模型	量级估算/(m/s²)	备注
辐射计效应	$a_{ram} = \dfrac{2}{3\pi} p \dfrac{\Delta T}{T} \left(\dfrac{A}{M}\right)_i$	1×10^{-11}	与内卫星面质比相关
热辐射压力	$a_{rad} = \dfrac{4\pi^2 k^4}{45 c^3 h^3} T^3 \delta T \left(\dfrac{A}{M}\right)_i$	1×10^{-11}	与内卫星面质比相关
静磁场力	$a_{m3} = \dfrac{1}{M_i} \lvert \boldsymbol{M}_r \rvert \lvert \nabla \boldsymbol{B}_o \rvert$	10^{-13}	与内卫星质量、剩余磁矩相关
	$a_{m1} = \dfrac{2}{\mu_0 \xi_m} B_o \lvert \nabla \boldsymbol{B}_o \rvert \left(\dfrac{\chi_m}{\rho}\right)_i$	10^{-14}	与内卫星密度、材料磁化率相关
	$a_{m2} = \dfrac{2}{\mu_0 \xi_m} B_{ip} \lvert \nabla \boldsymbol{B}_o \rvert \left(\dfrac{\chi_m}{\rho}\right)_i$	10^{-14}	与内卫星密度、材料磁化率相关
洛伦兹力	$a_l = \dfrac{1}{\xi_e} v B_{ip} \left(\dfrac{q}{M}\right)_i$	10^{-15}	与内卫星质量、带电量相关
宇宙射线撞击	$a_r = \dfrac{\lambda \sqrt{2 m E_d}}{M_i}$	10^{-17}	与内卫星质量相关

13.3.2　内卫星参数

1. 内卫星的材料选取

为了抑制内卫星受到的非引力干扰,其材料选取准则为:①高密度,使同样非引力干扰引起的扰动加速度小;②高导热率,使内卫星表面温度均匀,降低热噪声;③低磁化率,使外磁场产生的内卫星磁矩小,降低电磁干扰力。满足这些要求的可选材料有金、铂、铱,其参数如表 13.2 所示。

表 13.2　金、铂、铱的材料属性

材料	密度 /(g/cm³)	导热系数 /[W/(m·K)]	熔点 /℃	比磁化率 /(cm³/g)	弹性模量 /GPa	硬度 (金刚石10)
金	19.30	315	1063	-0.15×10^{-6}	78.7	2.5
铂	21.45	71.4	1772	0.9712×10^{-6}	134.4	4.5
铱	22.56	147	2454	0.133×10^{-6}	527.6	6.5

由表 13.2 可知,内卫星材料既可以选择金、铂、铱的纯金属,也可以采用其中两种或三种材料的合金。从高密度要求的角度看,三种金属的密度相差不大,基本都可以满足要求。从低磁化率要求的角度看,选择两种金属组成的合金可以实现磁化率接近 0 的目标,也就是选择金铂合金或金铱合金,因为金的磁化率为负,具

有抗磁性,而铂和铱的磁化率为正,表现为顺磁性,通过合金中两种金属的合适配比,可以使磁化率的理论值为 0。与金铂合金相比,金铱合金中两种金属磁化率的绝对值更为接近,这意味着为使合金磁化率低于一定量级,金铱合金可以在更宽的合金配比范围内实现低磁化率目标。下面通过计算公式说明这一分析结论。设某一纯金属物体的密度为 ρ,体积为 V,比磁化率为 χ_0,则它在磁场强度为 H 的外磁场下产生的诱导磁矩 M 为

$$M = \chi_0 V H \rho \tag{13-3-1}$$

根据合金的配比比例,可以计算合金的磁化率,得到金铂合金的比磁化率为

$$\chi_{\mathrm{Au\text{-}Pt}} = \frac{\chi_{\mathrm{Au}} \rho_{\mathrm{Au}} V_{\mathrm{Au}} H + \chi_{\mathrm{Pt}} \rho_{\mathrm{Pt}} V_{\mathrm{Pt}} H}{(\rho_{\mathrm{Au}} V_{\mathrm{Au}} + \rho_{\mathrm{Pt}} V_{\mathrm{Pt}}) H} \tag{13-3-2}$$

物体的比磁化率的量纲为 $\mathrm{m^3/kg}$,乘以该物体的密度后,得到其体积磁化率,量纲为 1。由此得到金铂合金的体积磁化率为

$$\chi_{0,\mathrm{Au\text{-}Pt}} = \chi_{\mathrm{Au\text{-}Pt}} \rho_{\mathrm{Au\text{-}Pt}} = \chi_{\mathrm{Au}} \rho_{\mathrm{Au}} \eta_{\mathrm{Au}} + \chi_{\mathrm{Pt}} \rho_{\mathrm{Pt}} \eta_{\mathrm{Pt}} \tag{13-3-3}$$

其中,η_{Au} 是金铂合金中金的体积百分比;η_{Pt} 是铂的体积百分比;$\eta_{\mathrm{Au}} + \eta_{\mathrm{Pt}} = 1$。

同理,得到金铱合金的体积磁化率为

$$\chi_{0,\mathrm{Au\text{-}Ir}} = \chi_{\mathrm{Au}} \rho_{\mathrm{Au}} \eta_{\mathrm{Au}} + \chi_{\mathrm{Ir}} \rho_{\mathrm{Ir}} \eta_{\mathrm{Ir}} \tag{13-3-4}$$

其中,η_{Au} 是金铱合金中金的体积百分比;η_{Ir} 是铱的体积百分比;$\eta_{\mathrm{Au}} + \eta_{\mathrm{Ir}} = 1$。磁化率 χ 带下标 0 表示的是体积磁化率,不带下标表示的是比磁化率。按照式(13-3-3)和式(13-3-4),计算在要求合金体积磁化率低于 10^{-6} 的情况下,对两种金属的配比要求,如图 13.6 和图 13.7 所示。由图可知,如果要求内卫星合金的体积磁化率低于 10^{-6},则对于金铂合金而言,要求金的体积含量为 $84\% \sim 92\%$,区间较小;对于金铱合金而言,要求金的体积含量为 $34\% \sim 67\%$,区间较大。

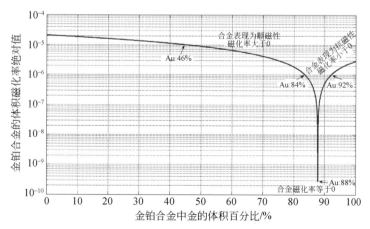

图 13.6　金铂合金的体积磁化率

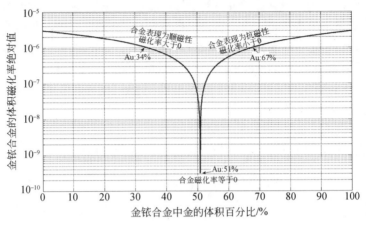

图 13.7　金铱合金的体积磁化率

从合金低磁化率要求的角度考虑,为了便于合金配比,金铱合金比金铂合金更容易实现配比。在实际加工生产中,不可避免地存在一定的配比误差和杂质,在这种情况下,金铱合金更容易实现更低的磁化率。另外,根据表 13.2 中的物理参数,金铱合金的导热性能、硬度均优于金铂合金。因此,选择内卫星的材料为金铱合金。

2. 内卫星面质比的选取

根据 13.2 节内编队重力场测量的任务目标可知要求内卫星非引力干扰的抑制精度为 1.0×10^{-10} m/s^2。在内卫星非引力干扰中,与面质比参数相关的力为辐射计效应、热辐射压力、气体阻尼。根据第 14 章给出的这些干扰力模型及其抑制指标,分析可知内卫星面质比应小于 2×10^{-3} m^2/kg。

3. 内卫星形状的选取

内卫星选用球形,其优势如下。

(1)在体积一定的情况下,球形各向的截面积相同,且小于其他形状时的最大截面积,即面质比最小。

(2)对于内外卫星相对状态测量,需要得到的是内卫星质心相对外卫星的位置,不需要相对姿态。如果内卫星选用球形,则在利用差分影像测量系统进行相对状态测量时,便于确定质心位置。

4. 内卫星半径的选取

由于采用差分影像测量系统确定内外卫星之间的相对状态,因此内卫星半径应当满足测量系统要求。内卫星半径受到差分影像测量系统中偏振分光棱镜和光电二极管探测器尺寸的约束。根据这些器件的选型,初步确定内卫星半径为 18mm。

综合以上分析,得到内卫星设计参数,如表 13.3 所示。

表 13.3　内卫星设计

设计变量	参数选取	设计变量	参数选取
形状	球形	质量	63.747g
密度	$20.90 \times 10^3\,\mathrm{kg/m^3}$	表面发射率	0.05
直径	18mm	表面粗糙度	$5\mu m$
面质比	$1.5 \times 10^{-3}\,\mathrm{m^2/kg}$	材料	金铱合金(体积比 51:49)

13.3.3　金铱合金内卫星加工

　　虽然金铱合金在实现低磁化率方面具有独特的优势,但是与常规合金相比,在实际制备过程中存在一定的困难。这是因为金和铱的熔点相差较大,金的熔点是1064℃,铱的熔点是 2410℃,同时它们的互溶度很小,约为 2%。为了达到金和铱按固定化学成分配比形成合金,采用了粉末烧结成形技术,具体工艺流程包括纯金和纯铱制粉、混粉、高温烧结、热处理、机加工等。

　　制粉过程采用化学方法,将纯度大于 99.95% 的纯金和纯铱制成超细粉末,粉末微粒的直径为 $0.5\sim1.5\mu m$,制成的粉末经除湿烘干过筛备用。

　　制备完金粉和铱粉后,将它们混合,按比例将金粉和铱粉进行干混,制成成分均匀的粉末。

　　将充分混合均匀的金粉和铱粉进行高温烧结,粉末烧结的模具采用石墨模具和不锈钢模具。为了防止烧结过程渗碳,必须在烧结模具装料前喷涂防氧化涂层。烧结温度为 850~910℃,加压 10~30MPa,保持时间 45min~1.5h。

　　烧结完成后,需要进行热处理,使合金成分均匀,使用的热处理温度为800~850℃。

　　烧结完成后进行机加工。由于铱较硬,属于难机加工金属,因此在机加工过程中将金铱合金坯料装夹在特制的机加工模具中,切割坯料形成圆球体。加工过程要保证一次加工完成,防止重新装夹模具造成圆度和圆心的偏移。

　　根据金铱合金的加工流程,总结其制备的关键技术如下:

　　(1)纯金和纯铱制粉技术,保证超细金粉和铱粉粒度均匀,杂质含量低;

　　(2)金粉和铱粉混粉技术,保证金粉和铱粉混粉均匀,减少单一粉体团簇;

　　(3)粉末烧结技术,保证烧结金铱合金球体成分均匀,性能均匀;

　　(4)热处理技术,进一步提高金铱合金球体的成分均匀性和性能均匀性;

　　(5)金铱合金机加工工艺,采用特制的装夹具提高机加工球体的圆度和表面光洁性。

　　按照上述工艺流程,得到金铱合金圆柱坯料及机加工后的金铱合金球体,分别如图 13.8 和图 13.9 所示。

图 13.8　金铱合金圆柱坯料

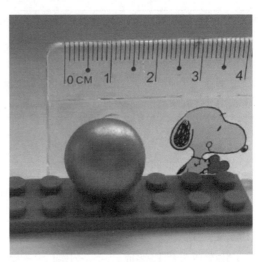

图 13.9　金铱合金球体

13.3.4　金铱合金的物理性能

金铱合金球体制备完成后,通过测试确定其物理性能,包括杂质元素组成、金相组织、密度、硬度、圆度、直径等。

1. 杂质元素

金铱合金中杂质元素的测试范围包括金属元素 Co、Ni、Fe、Cu、Ag、Bi、Al、Mn 和非金属杂质元素 C、O。采用美国 Thermo Fisher 公司的 Element GD 型辉光放电质谱仪进行测试,该方法适用于金属中 ppb 级(百万分之一)及其以上含量的杂质分析,可以检测高纯金属中的痕量和超痕量杂质元素,检测结果如表 13.4 所示。

表 13.4　金铱合金球体中的杂质元素

元素	含量/(mg/kg)
Co	0.032
Ni	2.6
Fe	19
Cu	7.3
Ag	8
Bi	<21
Al	8.9

元素	含量/(mg/kg)
Mn	0.46
As	0.035
C	0.036
O	0.024

2. 硬度

利用 MVK-E 显微硬度计,在 5mm×5mm×3mm 的金铱合金方块上测量硬度,测试结果中的硬度值 HV0.3 的数值分别为 111、177、160、136、103,平均硬度值为 137.4。其中,测试硬度时的金相图如图 13.10 所示。

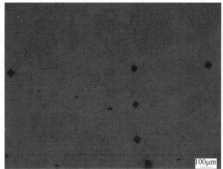

图 13.10 金铱合金块体硬度测试

3. 直径和圆度

利用游标卡尺测量金铱合金球体的圆度和直径,多次测量求取平均值。多次测量得到的金铱合金球体的直径数值为 17.0、17.1、17.3、17.3、17.2、17.1、17.4、17.3、17.4,单位为 mm,直径的平均值为 17.23mm。

根据金铱合金直径的多次测量值,可以计算圆度,其公式为

$$圆度 = 2 \times \frac{直径最大值 - 直径最小值}{直径最大值 + 直径最小值} \times 100\% \tag{13-3-5}$$

根据上述公式,计算得到金铱合金球体的圆度为 2.3%。

4. 密度

使用 FA2104J 型密度天平测试金铱合金的密度,在水中称重结果为 41.6803g,在空气中称重结果为 44.302g,由此计算得到密度为 16.839g/cm³。

也可以根据已经测量的金铱合金直径和质量,直接计算其密度,计算结果为 16.60g/cm³。

根据金铱合金中的配比比例,得到其理论密度为 20.90g/cm³,实际密度与理

论密度的差别反映了粉末烧结后合金的压实程度。

5. 金相组织

在 5mm×5mm×5mm 的金铱合金块状试样上制作金相。试样在 180♯、400♯、600♯、800♯、1200♯、2400♯金刚石砂纸上磨光及抛光表面,然后在 OLYMPUS BX51 光学显微镜上观察照相,如图 13.11 所示,其中观察倍数分别为 100 和 200。按《金属平均晶粒度测定法》(GB/T 6394—2002)测量晶粒尺寸,可知晶粒平均尺寸为 120μm。

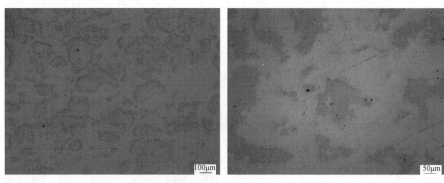

图 13.11 金铱合金块体的金相组织

13.3.5 内卫星锁紧释放机构

内卫星锁紧释放机构用于实现火箭发射以及重力场测量任务开始前的内卫星锁紧和任务启动后的内卫星释放。在火箭发射和任务开始前,内卫星球体处于锁紧状态,防止内卫星与外卫星内壁碰撞,对内卫星球体起到保护作用。内卫星处于锁紧状态时,锁紧机构的压紧力应当满足一定的要求,既能够牢固地锁紧内卫星,使其在火箭发射过程中不致脱落,又不能够过大而使内卫星产生明显形变。当开始进行重力场测量任务时,需要及时地将内卫星释放到外卫星腔体中,使其沿纯引力轨道运行。要求内卫星的释放速度在一定的范围内,使其释放后能够很快处于外卫星腔体中心附近,并且释放速度不能过大,以避免内卫星释放后与外卫星腔体内壁碰撞。根据这些要求,设计了两种内卫星锁紧释放机构。

1. 内卫星锁紧释放机构方案一

在该方案中,内卫星紧锁释放机构由热刀组合、释放舱、活动扣盖和固定扣栓等部分组成,如图 13.12 所示,紧锁释放机构总质量约为 1.1kg,尺寸约为 100mm×70mm×70mm。热刀组合包括完全备份的两个热刀、热刀分离块、支架及供电线等,释放舱舱底装有隔振层。活动扣盖采用类似于机械手的构形,在锁紧时扣牢内卫星,释放时能够在扭转弹簧或者包带的作用下,绕固定旋轴旋转。固定扣栓上面有滑槽和固定孔。活动扣盖释放后,其上的一个弹簧销经过固定扣栓时,由于滑动和弹簧被压缩吸能而减振,最后进入固定口上的圆形扣孔内进行固定。

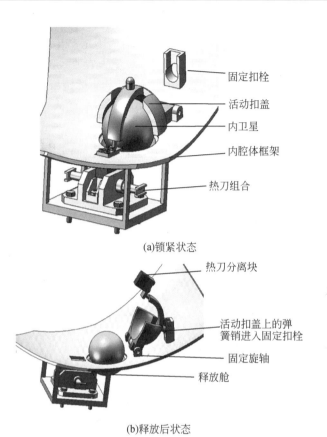

固定扣栓

活动扣盖

内卫星

内腔体框架

热刀组合

(a)锁紧状态

热刀分离块

活动扣盖上的弹
簧销进入固定扣栓

固定旋轴

释放舱

(b)释放后状态

图 13.12　内卫星锁紧释放机构一

2. 内卫星锁紧释放机构方案二

在该方案中,锁紧释放机构由热刀组合、夹紧板、连接绳、复位弹簧及安装结构组成。在重力场测量任务开始时,热刀加热电阻丝,切断连接绳,使夹紧板在复位弹簧的作用下展开到安装结构壁面上,完成内卫星的释放,如图 13.13 所示。

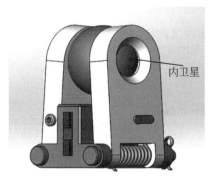

内卫星

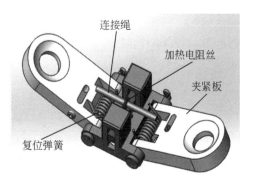

连接绳

加热电阻丝

夹紧板

复位弹簧

图 13.13　内卫星锁紧释放机构二

　　当内编队重力场测量任务开始时,锁紧释放机构打开,内卫星进入外卫星腔体内。从理论上讲,如果释放过程中释放机构不对内卫星产生扰动,那么内卫星相对外卫星的释放速度为 0。由于释放机构不可避免地存在一定的非对称因素,它会对内卫星释放产生随机扰动,使内卫星相对外卫星腔体内壁具有一定的初始释放速度。通过地面试验反复测试,可以确定随机扰动引起的内卫星释放速度,以此为基础确定锁紧释放机构是否满足要求。

　　针对这一方案中的锁紧释放机构,采用平抛法测试内卫星初始释放速度。将锁有内卫星模拟件的锁紧释放机构安装在一定的高度上,如图 13.14 所示,然后将锁紧机构打开,内卫星在随机扰动以及重力作用下运动。如果不存在随机扰动,那么内卫星将落在安装位置的正下方。但是,在实际随机扰动作用下,内卫星落点会偏离正下方。根据物体平抛运动规律,通过测量内卫星落点与正下方之间的偏差,可以确定内卫星的水平速度,也就是随机扰动引起的内卫星释放速度。

图 13.14　内卫星初始释放速度地面测试

　　反复进行了 6 次内卫星初始释放速度测量,结果如表 13.5 所示,可知内卫星初始释放速度的估计值为 12.9mm/s,计算得到初速度的标准差为

$$\sigma_v = \frac{1}{M_n}\sqrt{\frac{1}{n-1}\sum_{i=1}^{n}v_i^2} = 7.5(\text{mm/s}) \tag{13-3-6}$$

表 13.5　内卫星释放初速度试验结果

	试验 1	试验 2	试验 3	试验 4	试验 5	试验 6	均值
水平位移测量结果/mm	1.0	3.0	8.5	7.0	8.0	10.0	6.3
水平初速度测量结果/(mm/s)	2.1	6.2	17.5	14.4	16.5	20.6	12.9

对内卫星锁紧释放机构的锁紧性能也要进行测试,验证其在火箭发射过程中能否将内卫星锁紧,起到保护作用。试验采用我国已发射入轨的天拓二号(TT-2)卫星鉴定级条件,对锁紧释放机构进行了冲击试验、正弦振动环境试验和随机振动环境试验,如图 13.15 所示。根据试验结果,改进锁紧释放机构设计,使其满足压紧力要求。

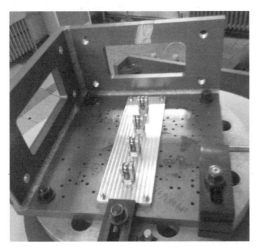

图 13.15 内卫星锁紧释放机构振动力学试验

13.4 外 卫 星

13.4.1 外卫星结构

外卫星结构的功能包括:

(1)保持卫星的外形和内部空间,为任务载荷提供集成条件,为各种设备提供安装面和安装空间;

(2)使卫星能够承受在地面、发射和在轨工作时的各种力学载荷,保证其在地面、发射和在轨工作时的完整性;

(3)保证卫星在地面的停放、翻转、安装、总装、操作、测试和运输。

外卫星主要包括主承力框架、前后服务舱、有效载荷舱、太阳电池阵、尾翼、星外设备和对接环等,如图 13.16 所示。

1. 主承力框架

主承力框架为外卫星的承力结构,材料选用硬铝 LY12,结构外形如图 13.17 所示。

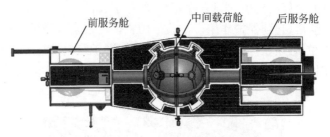

图 13.16　外卫星的主要结构组成

图 13.17　铝合金主框架结构

2. 结构舱

　　外卫星内部采用分舱式结构布局,以便于安装、拆卸和分配载荷,同时又可以将相互干扰比较严重的元器件分开,保证卫星正常工作,还可使星载设备尽量远离内卫星,减小星载设备对内卫星的电磁干扰和万有引力干扰,星内设备布置如图 13.18所示。

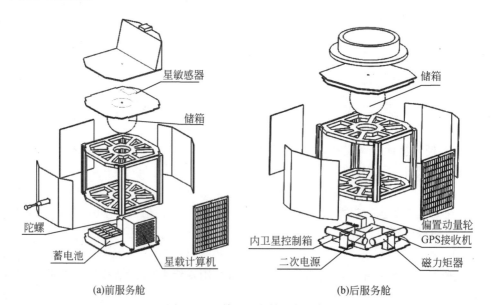

(a)前服务舱　　　　　　　　　　　　　　　(b)后服务舱

图 13.18　前后服务舱星载设备

3. 星外设备

外卫星的外部设备主要有太阳敏感器、磁强计、星敏感器、GPS 天线、S 波段天线、激光后向反射镜等。

4. 有效载荷舱

有效载荷舱内部为球形结构,其包络尺寸为 636mm×580mm×556mm。

5. 太阳电池阵

太阳电池阵侧面帆板基板采用铝蜂窝结构,厚度为 10mm,太阳电池阵基板的总面积为 1.20m²。

6. 星箭适配器

星箭适配器由卫星对接框、连接器组件、行程开关、细长体释放安装筒组成。卫星与火箭对接采用 Φ600 型包带连接弹簧分离机构,采用 24 个长度为 30mm 的 M6 螺栓与卫星结构板连接。星箭适配器如图 13.19 所示,结构材料为 EN AW-5083 铝合金,表面黑色阳极氧化处理。

图 13.19　星箭适配器

13.4.2　外卫星尾翼优化设计

根据卫星气动力矩计算,设计合理的尾翼尺寸。由于内编队系统的卫星质心和几何中心基本重合,因此计算气动力矩只需计算头部平面和尾部舵片的气动力矩。在气动力矩和卫星重力梯度力矩平衡的条件下,得到单个尾翼面积约为 0.15m²。

13.4.3　外卫星热控对结构的要求

外卫星的姿态稳定方式为三轴稳定,在总体布局时热设计采用隔热、散热、加热的总体方案。

1. 隔热

采用多层隔热材料制成的星衣包覆卫星,在避免漏热的前提下,星衣将提供很好的隔热作用。做好外露设备与星体的热隔离措施,有效地避免外热流值的周期变化对星体的损坏。除散热面和对接环外,卫星星体外露部分均包覆多层隔热组件(multi-layer insulation,MLI),最外表面为防原子氧涂层。MLI是一个被动的热控系统,外层具有高反射率的镜面材料,通常是 0.0254mm 厚的聚酰亚胺膜,其背面有几埃厚的镀银层,外表面是镀金层。聚酰亚胺膜在结构上通过粗玻璃纤维网来加强,防止撕裂。MLI系统的内层与卫星本体接触,各层的导热主要发生在各自的银层内部,相邻层之间通过热辐射换热。它们的隔热能力随着层数目的增大而增加,层数越多,就越能够将热量保存在卫星内部、将低温影响阻挡在外部,典型的 MLI 系统有 10~14 层。

2. 散热

用低太阳吸收率和高红外发射率的辐射区域将卫星本体的废热散出。卫星散热面所处位置的外热流应当比较小而且稳定,最好不要受到阳光照射。散热可以靠热控涂层来实现。散热面盖板涂漆,与卫星对地方向的蜂窝板间的连接处以金属铟连接,强化传热。

3. 加热

当卫星处于低功率模式时,利用加热器来保护器件。薄膜加热器可靠性高、结构简单,由加热材料和绝缘材料组成,其加热功率与加热膜的面积成正比,可以定做成所需形状,特别适用于精密仪器、零部件及局部器件热控,尤其是在星上蓄电池温度低于设计状态时,进行电加热主动温控,以保证蓄电池工作。

在典型热工况下进行内编队系统的热仿真计算,其中工况条件如下。

1. 卫星轨道

轨道半长轴为 6726.776km,偏心率为 0.0,轨道倾角为 96.844°,近地点角距为 0.0°,升交点赤经为 266.8317°(升交点地方时为 18:00:00PM),真近点角为 0.0°。

2. 卫星姿态

卫星姿态采用三轴对地稳定方式。

3. 分析模型

分析模型由本体和 5 个仪器舱组成。其中,本体上有太阳电池阵、散热区,其他部分着星衣 MLI,本体与太阳电池阵有隔热结构。在太阳电池阵上,外热流有 9% 被反射,91% 被吸收,且这部分中有 25% 转换为电能。在卫星内部,两处仪器发热,功率分别为 10W 和 5W。卫星包覆多层隔热材料,导热率为 4×10^{-4} W/(m·K)。

4. 主要载荷

内卫星球体直径为 18mm,采用体积比为 51:49 的金铱合金。外卫星腔体半径为 50mm,采用铝合金 LY12。外卫星内壁的厚度为 5mm,外卫星温度分布为上半球 300.5K 和下半球 300K。在此工况下,进行仿真估算。太阳电池阵的最高温度为 166.75℃,卫星本体与内部仪器的温度为-19~28℃,分析结果如图 13.20 所示。

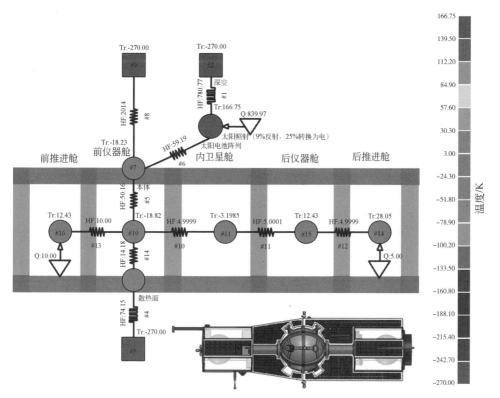

图 13.20 典型工况下的内编队系统总体热仿真(见彩图)

参 考 文 献

[1] 刘红卫,王兆魁,张育林. 内卫星辐射计效应建模与分析[J]. 空间科学学报,2010,30(3): 243-249.

[2] Wiegand M,Scheithauer S,Theil S. Step proof mass dynamics [J]. Acta Astronautica. 2003,54(9):631-638.

[3] Haines R. Development of a drag-free control system [C]//The 14th Annual AIAA/USU Conference on Small Satellites,Logan,2000.

[4] 张育林,曾国强,王兆魁,等. 分布式卫星系统理论及应用[M]. 北京:科学出版社,2008.

第 14 章　内卫星非引力干扰建模与抑制方法

14.1　内卫星纯引力轨道飞行干扰源

内编队重力场测量的关键在于,获取只受地球引力作用的内卫星轨道数据,以此反演地球重力场。从理论上讲,要达到这个目的,必须保证内卫星只受地球引力的作用,即其受到的所有非引力干扰完全被屏蔽。在实际中,内卫星受到的干扰不能被完全屏蔽,这使最终的内卫星纯引力轨道测量结果存在误差,影响到重力场测量的精度。因此必须分析各项误差因素,根据重力场测量任务所要求的精度,分配误差指标,给出非引力干扰抑制的原则和方法。

内卫星受到的非引力干扰指除地球引力外的其他所有力。根据物理学知识,力就是物质(包括物质场)之间的相互作用。内卫星所处的腔体内存在残余气体、空间粒子、温度场、电磁场、引力场,除地球引力场外,其他物质(场)对内卫星的作用都是非引力干扰。

内卫星在腔体中受到的非引力干扰包括:外卫星对内卫星的万有引力、辐射计效应、热辐射压力、残余气体阻尼、电场力、静磁力、洛伦兹力、测量光压、腔体壁面和内卫星表面的出气效应、潮汐和三体引力摄动等[1,2]。下面介绍这些非引力干扰产生的机理。

(1)外卫星万有引力。内外卫星是两个不同的动力学实体,它们之间存在万有引力作用。外卫星的万有引力作用虽然是引力,却与目标引力场无关,在内编队重力场测量任务中表现为干扰。同时,外卫星在轨运行时,由于燃料的消耗,质量分布会发生变化;外卫星结构的热变形、外卫星与内卫星之间的相对运动,也会导致附加的万有引力干扰。

(2)辐射计效应。内卫星辐射计效应是由外卫星腔体中的温度梯度引起的。内卫星表面温度梯度的存在,使内卫星表面气体分子逸出产生的反作用力之和不为 0;外卫星内壁温度梯度的存在,使从外卫星内壁逸出的气体分子对内卫星的撞击力之和不为 0。内卫星辐射计效应就是该反作用力和撞击力的矢量和,该矢量和与腔体中的温度梯度、内卫星面质比成正比[3]。

(3)热辐射压力。根据光的波粒二象性,可以把内卫星和腔体壁面所组成的空腔内的热辐射看成具有各种频率、各种运动方向的光子集合,即光子气体。腔体内表面温度不均匀,使内卫星受到的光子辐射压强不均匀,从而产生力[4]。

(4)残余气体阻尼。当内卫星在外卫星腔体中具有宏观运动时,气体分子在内卫星表面上的吸附和逸出会导致气体分子获得动能增量,这个动能增量就是内卫星的气体阻尼损耗。气体阻尼与腔体中压力、内卫星最大截面积和内卫星运动速度成正比。

(5)电场力。卫星上存在的电极和电路会产生微弱电场,卫星外壁上因为宇宙射线的撞击也会积累电荷,同时由于腔体上外接电缆的需要,必然存在多处孔洞,从而造成电场的泄漏,这是腔体内存在电场的原因。当内卫星上携带有电荷时,在腔体中就会受到电场力的作用,该作用力与电场强度和内卫星携带电荷量成正比[5,6]。

(6)静磁力。卫星电气设备中电流变化会激发磁场,在腔体内产生局部磁场。对于内编队系统,可能的磁场来源包括紧锁/释放机构、内外卫星相对状态测量装置、内卫星放电装置以及电源系统、天线等外卫星设备。内卫星采用金铱合金材料,会带有一定的剩磁,在磁场中会受到静磁力。

(7)洛伦兹力。带电荷的内卫星在磁场中运动时会受到力的作用,即洛伦兹力,该力与内卫星电荷量、内卫星运动速度和磁感应强度成正比。

(8)测量光压。为了维持内卫星电势,用紫外线照射腔体内壁,因此会有紫外光照射到内卫星上,内卫星吸收和反射光线时产生的动量会对内卫星造成干扰。另外,可见光测量也会对内卫星产生力的作用。

(9)出气效应。外卫星内壁面和内卫星表面会对腔体中的气体分子进行吸收和释放,这样就会引起腔体中的压力变化,产生对内卫星的加速度扰动。

(10)潮汐和三体引力摄动。在 20000km 高度以下,日月引力的摄动远小于地球扁率的影响。在日月引力影响下,地球的弹性形变表现为固体潮、海潮和大气潮。当然,大气潮的起因更主要的是热源。研究表明,海潮对卫星运动的影响是固体潮影响的 10%~20%,而大气潮对卫星运动的影响仅是海潮的 1%。因此,在一般情况下主要考虑固体潮和海潮[7]。

潮汐和日月引力造成的内卫星干扰是不可以改变的,但是已经存在潮汐和日月引力的精确模型[8~11],在反演地球重力场时把潮汐和日月引力的因素考虑进去即可,所以在内卫星干扰力抑制中不需要考虑潮汐和日月引力的影响。

需要从内卫星受力的特点出发,对各种非引力干扰建模分析,并估算其量级大小;以降低内卫星非引力干扰为目标,研究内卫星的材料、形状和尺寸确定等问题;进行内、外卫星物理参数的优化设置,实现最佳的非引力干扰抑制效果,从而满足重力场测量的任务要求。

14.2 外卫星万有引力精确计算与摄动抑制方法

内编队在轨飞行时,内卫星位于外卫星的腔体中心附近。如果外卫星结构及其上布置的卫星载荷质量分布完全对称,则外卫星对内卫星产生的万有引力作用为 0。但是,这种完全对称的外卫星质量分布在工程上是不可能实现的,并且在轨工作时由于卫星燃料消耗、结构热变形等因素的影响,外卫星质量分布会随时间产生变化,导致外卫星不可避免地对内卫星产生万有引力作用。为了实现内卫星一定精度的纯引力轨道飞行、保证重力场测量任务的实施,需要研究极高精度的外卫星万有引力计算方法,分析其对内卫星纯引力轨道飞行的影响,并提出外卫星万有引力的精确抑制方法以及外卫星万有引力摄动的检验方法,以满足内编队重力场测量的任务要求。

其中,万有引力计算方法包括三种,分别是基于质点近似、基于 CAD 模型和基于质量特性的计算方法。万有引力精确抑制方法包括两种,分别是基于补偿质量块、基于外卫星自旋的万有引力抑制方法;外卫星万有引力摄动检验方法包括两种,分别是地面检验方法和在轨飞行验证方法。

14.2.1　外卫星万有引力作用的物理规律

根据万有引力定律,质点 1 对质点 2 的万有引力为

$$\boldsymbol{F}_P = GM_1 M_2 \frac{\boldsymbol{r}_{1,2}}{|\boldsymbol{r}_{1,2}|^3} \tag{14-2-1}$$

其中,G 为万有引力常数;M_1、M_2 分别为两质点的质量;$\boldsymbol{r}_{1,2}$ 为质点 2 指向质点 1 的矢量。假设两个质点在直角坐标系 $O\text{-}xyz$ 中的位置分别为 (x_1, y_1, z_1) 和 (x_2, y_2, z_2),它们之间的万有引力分量表达式为

$$\boldsymbol{F}_P = \begin{bmatrix} F_x \\ F_y \\ F_z \end{bmatrix} = \frac{GM_1 M_2}{[(x_1-x_2)^2 + (y_1-y_2)^2 + (z_1-z_2)^2]^{3/2}} \begin{bmatrix} x_1-x_2 \\ y_1-y_2 \\ z_1-z_2 \end{bmatrix} \tag{14-2-2}$$

其中,F_x、F_y 和 F_z 分别是沿着 3 个坐标轴方向的引力分量。

由于万有引力是保守力,因此存在引力位函数 $V(x,y,z)$,它是以坐标 (x,y,z) 为自变量的标量函数,对 3 个坐标轴的偏导数分别等于引力 $\boldsymbol{F}$ 在这 3 个方向上的分量:

$$\frac{\partial V}{\partial x} = F_x, \quad \frac{\partial V}{\partial y} = F_y, \quad \frac{\partial V}{\partial z} = F_z \tag{14-2-3}$$

质点 1 在质点 2 处的引力位为

$$V_{\text{point}} = \frac{GM_1}{|\boldsymbol{r}_{1,2}|} \tag{14-2-4}$$

假设存在一个质体 A,它可以看作无数个质点之和,因而其引力位可通过积分得到

$$V_{\text{body}} = G \int_A \frac{\mathrm{d}m}{r} \tag{14-2-5}$$

其中,$\mathrm{d}m$ 为单元质量;r 为 $\mathrm{d}m$ 至质体外部一点 P 的距离。设直角坐标系 $O\text{-}xyz$ 中 $\mathrm{d}m$ 的坐标为 (ξ, η, ζ),点 P 的坐标为 (x_P, y_P, z_P),$\mathrm{d}m$ 处的质体密度为 D,则质体引力位可以表示为

$$V_{\text{body}} = G \iiint_B \frac{D(\xi, \eta, \zeta)}{\sqrt{(\xi - x_P)^2 + (\eta - y_P)^2 + (\zeta - z_P)^2}} \mathrm{d}\xi \mathrm{d}\eta \mathrm{d}\zeta \tag{14-2-6}$$

引力梯度是引力位的二阶偏导数,它是一个二阶对称张量,且满足空间拉普拉斯方程,故引力梯度矩阵的迹为零,仅有 5 个独立分量[12,13]。

$$T = \begin{bmatrix} V_{xx} & V_{xy} & V_{xz} \\ V_{yx} & V_{yy} & V_{yz} \\ V_{zx} & V_{zy} & V_{zz} \end{bmatrix} = \begin{bmatrix} \partial F_x/\partial x & \partial F_x/\partial y & \partial F_x/\partial z \\ \partial F_y/\partial x & \partial F_y/\partial y & \partial F_y/\partial z \\ \partial F_z/\partial x & \partial F_z/\partial y & \partial F_z/\partial z \end{bmatrix} = \frac{GM_1 M_2}{|\boldsymbol{r}_{1,2}|^5} \times$$

$$\begin{bmatrix} 2(x_1-x_2)^2-(y_1-y_2)^2-(z_1-z_2)^2 & -3(x_1-x_2)(y_1-y_2) & -3(x_1-x_2)(z_1-z_2) \\ -3(x_1-x_2)(y_1-y_2) & -(x_1-x_2)^2+2(y_1-y_2)^2-(z_1-z_2)^2 & -3(y_1-y_2)(z_1-z_2) \\ -3(x_1-x_2)(z_1-z_2) & -3(y_1-y_2)(z_1-z_2) & -(x_1-x_2)^2-(y_1-y_2)^2+2(z_1-z_2)^2 \end{bmatrix}$$

$$\tag{14-2-7}$$

对于形状规则、质量分布已知的物体,可以由式(14-2-6)积分得到引力位表达式。但是对于一般物体,由于对不规则的形状和不均匀的内部质量分布没有精确的了解,严格完成积分运算很困难,甚至是不可能的。因此,通常采用近似方法计算宏观物体的引力。下面给出一些近似方法[14]。

1. 质点近似方法

当两个物体的距离远大于其尺度时,可以把两物体视作质点,采用式(14-2-1)近似计算它们之间的万有引力,或者采用式(14-2-4)计算引力位。从泰勒级数展开的角度看,质点近似是对引力位函数(14-2-6)的零阶近似。

2. 二阶近似方法

MacCullagh 函数给出了引力位的二阶近似表达式[15]:

$$V_{\text{MC}} = \frac{GM_o}{r_o} + \frac{G}{2r_P^3}(I_{xx} + I_{yy} + I_{zz} - 3I_P) \tag{14-2-8}$$

其中,假定坐标原点位于物体的质心并采用主轴坐标系,M_o 为物体质量;r_P 为物体质心与 P 点的距离;I_{xx}、I_{yy}、I_{zz} 为物体沿 3 个坐标轴方向的转动惯量;I_P 为物体沿质心与 P 点连线方向的转动惯量。

设质心指向 P 点的矢量的方向余弦为$(\cos\alpha, \cos\beta, \cos\gamma)$,则物体对外部一点的引力二阶近似表达式为

$$F_{\text{MC},x} = \frac{GM_o}{r_P^2}\cos\alpha + \frac{3G}{2r_P^4}(3I_{xx} + I_{yy} + I_{zz} - 5I_P)\cos\alpha$$

$$F_{\text{MC},y} = \frac{GM_o}{r_P^2}\cos\beta + \frac{3G}{2r_P^4}(I_{xx} + 3I_{yy} + I_{zz} - 5I_P)\cos\beta$$

$$F_{\text{MC},z} = \frac{GM_o}{r_P^2}\cos\gamma + \frac{3G}{2r_P^4}(I_{xx} + I_{yy} + 3I_{zz} - 5I_P)\cos\gamma \qquad (14\text{-}2\text{-}9)$$

在理论上,将引力位函数(14-2-6)的泰勒展开截断到任意阶,就可以得到相应阶的引力近似计算公式,并且可以利用更高一阶来确定所忽略的高阶项量级[16]。

14.2.2　外卫星万有引力对内卫星纯引力轨道飞行的影响

内编队系统的相对位置控制,总是能够使内卫星处于其标称位置的一个较小的邻域内,且卫星的姿态运动范围很小[17,18]。为了简化问题,不妨假设内卫星始终处于标称位置,并忽略内卫星的姿态运动。

(1)万有引力摄动稳态值的影响。内卫星在其轨道坐标系内受到万有引力摄动稳态值的恒定作用,它与理想纯引力轨道的偏差在轨道径向和飞行方向存在长期项。特别是飞行方向的长期项中包含时间的二次项,使内卫星实际轨道与理想纯引力轨道的偏差增长较快。

(2)万有引力摄动变化值的影响。由于外卫星结构热变形和燃料消耗等原因,万有引力摄动会发生变化,这将在万有引力摄动稳态值的基础上,产生时变摄动。

14.2.3　基于质点假设的外卫星万有引力计算误差分析

万有引力计算的质点近似方法不考虑物体的质量分布,是最简单、最常用的方法。为便于描述,给出以下几个定义。

物体尺度:物体上任意两点之间距离的最大值。

引力计算距离:物体质心与物体外任意需要计算引力的一点 P 之间的距离;或者是两个相互吸引的物体之间的质心距或者是两个质点之间的距离。

物体相对尺度:物体尺度与引力计算距离的比值。

一般而言,物体相对尺度越小,利用质点近似计算引力的误差也越小。下面针对一般物体和具有实际应用意义的若干特殊构形物体,分析质点近似误差与物体相对尺度之间的关系,建立质点近似误差估计模型。

1. 一般物体的质点近似引力计算误差

质点近似是引力计算的零阶近似公式,可以利用引力计算的一阶项来估计其误差范围。引力计算中通常把物体质心作为局部坐标系原点,这使引力计算的一阶项始终为零。因此,采用二阶项估计质点近似引起的计算误差。

根据式(14-2-9),不妨以 x 向引力为例,可得到零阶项和二阶项为

$$F_{\text{MC},x} = F_{\text{MC},x,0} + F_{\text{MC},x,2}$$

$$F_{\text{MC},x,0} = \frac{GM_o}{r_P^2}\cos\alpha, \quad F_{\text{MC},x,2} = \frac{3G}{2r_P^4}(3I_{xx} + I_{yy} + I_{zz} - 5I_P)\cos\alpha$$

$$(14\text{-}2\text{-}10)$$

可以证明,在主轴坐标系下,物体绕任意过原点的轴的转动惯量满足

$$\min(I_{xx}, I_{yy}, I_{zz}) \leqslant I_P \leqslant \max(I_{xx}, I_{yy}, I_{zz}) \tag{14-2-11}$$

二阶项与零阶项的相对关系为

$$\left| \frac{F_{\mathrm{MC},x,2}}{F_{\mathrm{MC},x,0}} \right| = \frac{3}{2} \frac{|3I_{xx} + I_{yy} + I_{zz} - 5I_P|}{M_o r_P^2} \tag{14-2-12}$$

而

$$
\begin{aligned}
&|3I_{xx} + I_{yy} + I_{zz} - 5I_P| \\
&= (3I_{xx} + I_{yy} + I_{zz}) - 5I_P \\
&\leqslant 5\max(I_{xx}, I_{yy}, I_{zz}) - 5\min(I_{xx}, I_{yy}, I_{zz})
\end{aligned} \tag{14-2-13}
$$

或

$$
\begin{aligned}
&|3I_{xx} + I_{yy} + I_{zz} - 5I_P| \\
&= 5I_P - (3I_{xx} + I_{yy} + I_{zz}) \\
&\leqslant 5\max(I_{xx}, I_{yy}, I_{zz}) - 5\min(I_{xx}, I_{yy}, I_{zz})
\end{aligned} \tag{14-2-14}
$$

因此总有

$$
\begin{aligned}
\left| \frac{F_{\mathrm{MC},x,2}}{F_{\mathrm{MC},x,0}} \right| &= \frac{3}{2} \frac{|3I_{xx} + I_{yy} + I_{zz} - 5I_P|}{M_o r_P^2} \\
&\leqslant \frac{3}{2} \frac{5\max(I_{xx}, I_{yy}, I_{zz}) - 5\min(I_{xx}, I_{yy}, I_{zz})}{M_o r_P^2} \\
&\leqslant \frac{15\max(I_{xx}, I_{yy}, I_{zz})}{2M_o r_P^2} \\
&\leqslant \frac{15}{2M_o r_P^2} M_o \left(\frac{L_o}{2} \right)^2 \\
&< 2\left(\frac{L_o}{r_P} \right)^2
\end{aligned} \tag{14-2-15}
$$

其中, L_o 为物体尺度; L_o/r_P 为物体相对尺度。由式(14-2-15)可知,当物体相对尺度为小量时,二阶项相对于零阶项是二阶小量。利用式(14-2-15)可以保守地估计质点近似引起的计算误差

$$e_{\mathrm{point}} = 2\left(\frac{L_o}{r_P} \right)^2 \tag{14-2-16}$$

式(14-2-16)给出的是相对误差,乘以引力计算值就可以得到绝对误差。式(14-2-16)是对一般物体质点近似误差的保守估计,卫星部件及其分割单元往往具有一定的构形,其质点近似误差可以得到更精确的估计。

2. 立方体物体的质点近似引力计算误差

设均质立方体的边长为 $2a$,密度为 ρ_{cb},则其尺度为 $L_o = 2\sqrt{3}a$。以立方体质心为坐标原点,则其对外部任意一点 $P(x_P, y_P, z_P)$ 的万有引力的 x 向分量为

$$F_x = G\rho_{cb} \int_{-a}^{a} \int_{-a}^{a} \int_{-a}^{a} \frac{x - x_P}{[(x - x_P)^2 + (y - y_P)^2 + (z - z_P)^2]^{3/2}} \mathrm{d}x \mathrm{d}y \mathrm{d}z$$

$$=G\rho_{cb}\int_{-a}^{a}\int_{-a}^{a}\{[(a+x_P)^2+(y-y_P)^2+(z-z_P)^2]^{-1/2}$$

$$-[(a-x_P)^2+(y-y_P)^2+(z-z_P)^2]^{-1/2}\}\mathrm{d}y\mathrm{d}z \tag{14-2-17}$$

类似地,可以得到其 y 向分量和 z 向分量分别为

$$F_y=G\rho_{cb}\int_{-a}^{a}\int_{-a}^{a}\{[(x-x_P)^2+(a+y_P)^2+(z-z_P)^2]^{-1/2}$$

$$-[(x-x_P)^2+(a-y_P)^2+(z-z_P)^2]^{-1/2}\}\mathrm{d}x\mathrm{d}z \tag{14-2-18}$$

$$F_z=G\rho_{cb}\int_{-a}^{a}\int_{-a}^{a}\{[(x-x_P)^2+(y-y_P)^2+(a+z_P)^2]^{-1/2}$$

$$-[(x-x_P)^2+(y-y_P)^2+(a-z_P)^2]^{-1/2}\}\mathrm{d}x\mathrm{d}y \tag{14-2-19}$$

可以推导得到立方体的引力精确解,则可以更为准确地估计将立方体直接近似为质点的引力计算误差,即

$$e_{\mathrm{cubic}}=\frac{GM_{\mathrm{cubic}}/r_P^2-(F_x^2+F_y^2+F_z^2)^{\frac{1}{2}}}{(F_x^2+F_y^2+F_z^2)^{\frac{1}{2}}} \tag{14-2-20}$$

其中, $M_{\mathrm{cubic}}=8\rho_{cb}a^3$ 为立方体的质量; r_P 为 P 点与立方体质心的距离。由于立方体引力精确解的形式过于复杂,难以进一步给出比式(14-2-20)更为清晰的显式表达式。利用式(14-2-20)可以从数值上分析立方体直接近似为质点的引力计算误差,并归纳出便于使用的经验公式。

立方体在相对尺度为一定值时的万有引力质点近似误差如图 14.1 所示。由图可见,在外部点距离立方体质心达到立方体边长的 2 倍时,即立方体相对尺度为 $\sqrt{3}/2$ 时,将立方体直接近似为质点的引力计算相对误差在 10^{-3} 量级;随着外部点相对距离的增大,即立方体相对尺度的减小,对立方体进行质点近似引起的计算误差逐渐减小,当外部点距离立方体质心达到立方体边长的 10 倍时,即立方体相对尺度为 $\sqrt{3}/10$ 时,质点近似引起的相对误差在 10^{-6} 量级。

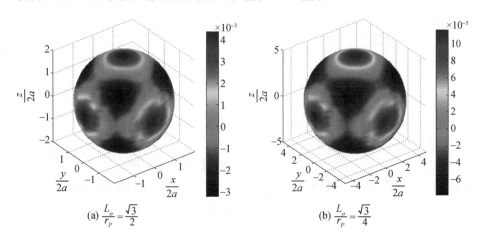

$$(a)\ \frac{L_o}{r_P}=\frac{\sqrt{3}}{2} \qquad\qquad (b)\ \frac{L_o}{r_P}=\frac{\sqrt{3}}{4}$$

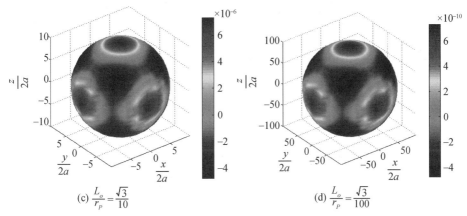

(c) $\dfrac{L_o}{r_P} = \dfrac{\sqrt{3}}{10}$ 　　　　　　　　　　　(d) $\dfrac{L_o}{r_P} = \dfrac{\sqrt{3}}{100}$

图 14.1　立方体相对尺度为一定值时的质点近似相对误差(见彩图)

质点近似误差的最大值随着质心距与立方体边长之比的变化情况如图 14.2
所示。可以看出,立方体近似为质点的引力计算相对误差的最大值与 $r_P/(2a)$ 在
双对数坐标下呈线性关系,拟合得到

$$|e_{\text{cubic}}|_{\max} = 0.0712 \left(\frac{r_P}{2a}\right)^{-3.9930} \tag{14-2-21}$$

即　　　　　$$|e_{\text{cubic}}|_{\max} = 0.0712 \left(\frac{L_o}{\sqrt{3}\,r_P}\right)^{3.9930} = 0.00794 \left(\frac{L_o}{r_P}\right)^{3.9930} \tag{14-2-22}$$

式(14-2-22)能够估计立方体近似为质点的引力计算相对误差,乘以引力的大
小即可得到对引力计算误差的估计。

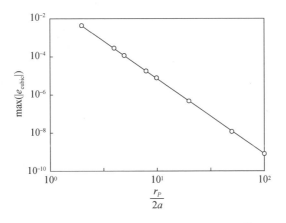

图 14.2　质点近似下立方体引力计算相对误差与 $\frac{r_P}{2a}$ 的关系

3. 四面体物体的质点近似引力计算误差

边长为 $2a$ 的均质正四面体对外部一点 P 的万有引力如图 14.3 所示,图 14.3(b)

为四面体在 x-y 平面的投影,其中坐标系的原点位于四面体的一个顶点,x-y 平面与原点所对的底面平行,x 轴与该底面的一条边平行,h 为四面体的一个高,$(0,0,z_G)$ 为四面体的质心位置,参数 b 和 c 的意义如图 14.3(b) 所示,推导可得

$$b = -\frac{\sqrt{3}}{3}a, \quad c = \frac{2\sqrt{3}}{3}a$$

$$h = \frac{2\sqrt{6}}{3}a, \quad z_G = \frac{\sqrt{6}}{2}a$$

$$V = \frac{2\sqrt{2}}{3}a^3 \tag{14-2-23}$$

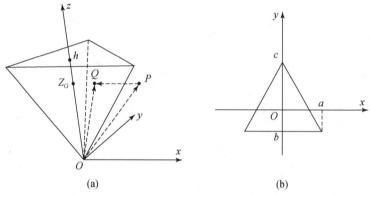

图 14.3　四面体对外部一点 P 的引力

正四面体对 P 点的引力为

$$
\begin{aligned}
F_x =& G\rho_{\text{tet}} \int_0^h \int_0^{\frac{\zeta}{h}a} \int_{\frac{\zeta}{h}b}^{\frac{b-c}{a}\xi+\frac{\zeta}{h}c} \frac{\xi - x_P}{\left[(\xi-x_P)^2 + (\eta-y_P)^2 + (\zeta-z_P)^2\right]^{3/2}} \mathrm{d}\eta \mathrm{d}\xi \mathrm{d}\zeta \\
&+ G\rho_{\text{tet}} \int_0^h \int_{-\frac{\zeta}{h}a}^0 \int_{\frac{\zeta}{h}b}^{-\frac{b-c}{a}\xi+\frac{\zeta}{h}c} \frac{\xi - x_P}{\left[(\xi-x_P)^2 + (\eta-y_P)^2 + (\zeta-z_P)^2\right]^{3/2}} \mathrm{d}\eta \mathrm{d}\xi \mathrm{d}\zeta \\
F_y =& G\rho_{\text{tet}} \int_0^h \int_0^{\frac{\zeta}{h}a} \int_{\frac{\zeta}{h}b}^{\frac{b-c}{a}\xi+\frac{\zeta}{h}c} \frac{\eta - y_P}{\left[(\xi-x_P)^2 + (\eta-y_P)^2 + (\zeta-z_P)^2\right]^{3/2}} \mathrm{d}\eta \mathrm{d}\xi \mathrm{d}\zeta \\
&+ G\rho_{\text{tet}} \int_0^h \int_{-\frac{\zeta}{h}a}^0 \int_{\frac{\zeta}{h}b}^{-\frac{b-c}{a}\xi+\frac{\zeta}{h}c} \frac{\eta - y_P}{\left[(\xi-x_P)^2 + (\eta-y_P)^2 + (\zeta-z_P)^2\right]^{3/2}} \mathrm{d}\eta \mathrm{d}\xi \mathrm{d}\zeta \\
F_z =& G\rho_{\text{tet}} \int_0^h \int_0^{\frac{\zeta}{h}a} \int_{\frac{\zeta}{h}b}^{\frac{b-c}{a}\xi+\frac{\zeta}{h}c} \frac{\zeta - z_P}{\left[(\xi-x_P)^2 + (\eta-y_P)^2 + (\zeta-z_P)^2\right]^{3/2}} \mathrm{d}\eta \mathrm{d}\xi \mathrm{d}\zeta \\
&+ G\rho_{\text{tet}} \int_0^h \int_{-\frac{\zeta}{h}a}^0 \int_{\frac{\zeta}{h}b}^{-\frac{b-c}{a}\xi+\frac{\zeta}{h}c} \frac{\zeta - z_P}{\left[(\xi-x_P)^2 + (\eta-y_P)^2 + (\zeta-z_P)^2\right]^{3/2}} \mathrm{d}\eta \mathrm{d}\xi \mathrm{d}\zeta
\end{aligned} \tag{14-2-24}
$$

将正四面体近似为位于其质心的相同质量的质点,则其对 P 点的引力大小为

$$\left| F_{\text{point}} \right| = \frac{G\rho_{\text{tet}}V}{x_P^2 + y_P^2 + (z_G - z_P)^2} = G\rho_{\text{tet}}V \frac{1}{r_P^2} \tag{14-2-25}$$

其中，r_P 是 P 点到正四面体质心的距离，即引力计算距离。将正四面体直接近似为质点导致的万有引力计算相对误差为

$$e_{\text{tet}} = \frac{\left| F_{\text{point}} \right| - (F_x^2 + F_y^2 + F_z^2)^{\frac{1}{2}}}{(F_x^2 + F_y^2 + F_z^2)^{\frac{1}{2}}} \tag{14-2-26}$$

在实际应用中，如对结构模型划分网格时，四面体单元会发生变形，不完全是正四面体。通常用单元长细比来描述单元的形变情况：

$$\text{AR} = \frac{\text{最长边的长度}}{\text{最短边的长度}} \tag{14-2-27}$$

为了简化分析，不妨假设正四面体沿着 z 轴方向拉伸，得到变形后的四面体。设被拉长的 3 条边的长度为 $2\widetilde{a}$ ，则

$$\text{AR} = \frac{2\widetilde{a}}{2a} \tag{14-2-28}$$

此时，与顶点相对的底面没有发生变化，式（14-2-23）中参数 b 和 c 保持不变，而

$$h = 2a\sqrt{\text{AR}^2 - \frac{1}{3}}, \quad z_G = \frac{3}{4}h = \frac{3}{2}a\sqrt{\text{AR}^2 - \frac{1}{3}}$$

$$V = \frac{1}{3}h(\sqrt{3}\,a^2) = \frac{2\sqrt{3}}{3}a^3\sqrt{\text{AR}^2 - \frac{1}{3}} \tag{14-2-29}$$

将式（14-2-29）中的参数代替相应的正四面体参数，就可以得到变形后的四面体直接近似为质点的引力计算误差。此时四面体尺度相对于外部点与四面体质心距离的比值即其相对尺度为

$$\frac{L_o}{r_P} = \frac{2a \cdot \text{AR}}{r_P} \tag{14-2-30}$$

由于式（14-2-24）的显式积分结果难以得到，且形式上会过于复杂，故不再直接利用式（14-2-26）推导显式的误差表达式。利用数值方法对质点近似引起的引力计算误差进行分析，并归纳出便于使用的经验公式。

图 14.4 给出了在正四面体相对尺度为 1 的球面上的 e_{tet} 值。为了便于表达，坐标原点平移到了正四面体的质心。在与正四面体质心距离相同的情况下，当外部点位于四面体顶点附近时，质点近似的计算值小于精确值；反之，当外部点位于正四面体底面中心附近时，质点近似的计算值大于精确值。而且，存在 4 个相对误差为零的区域，即在这些区域，质点近似与精确值相等。为了便于比较，图 14.5 给出了在四面体相对尺度为 1/10，即 $L_o/r_P = 1/10$ 的球面上的 e_{tet} 值。可见，当正四面体的相对尺度下降一个数量级时，质点近似误差整体上能够降低 3 个数量级。

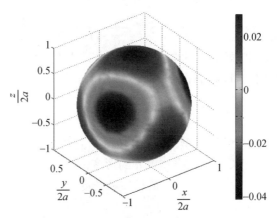

图 14.4　正四面体相对尺度为 1 时的质点近似引力计算相对误差(见彩图)

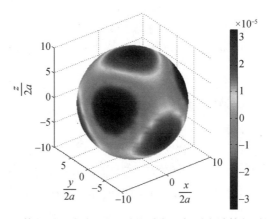

图 14.5　正四面体相对尺度为 1/10 时的质点近似引力计算相对误差(见彩图)

图 14.6 给出了变形后的四面体的质点近似计算相对误差,其中四面体长细比参数 AR=2,相对尺度为 1。相比于正四面体,变形后的四面体质量分布集中性和对称性变差。与图 14.4 相比可知,在相同的尺度下,从整体上看,变形后的四面体的质点近似相对误差更大。

图 14.7 给出了质点近似相对误差的最大值随着四面体相对尺度和形变情况的变化曲线。为了更加直观,图中采用了双对数坐标,横轴是相对尺度的倒数。随着相对尺度的减小,质点近似误差从整体上以更大的幅度减小;随着 AR 的增大,即形变的增加,质点近似误差从整体上逐渐变大,在 AR>10 之后趋于稳定,不再明显增大。因此,物体尺度对质点近似误差的影响更为显著。

由图 14.7 可知,所有曲线在双对数坐标系下都呈线性关系。在实际应用中,一般可以实现 AR 不超过 50。将 AR=50 时质点近似误差最大值与相对尺度的关系进行拟合,得到

$$|e_{\text{tet}}|_{\max} = 0.1348 \left(\frac{r_P}{2a \cdot \text{AR}} \right)^{-2.0494}$$

$$= 0.1348 \left(\frac{L_o}{r_P} \right)^{2.0494} \tag{14-2-31}$$

式(14-2-31)是对四面体直接近似为质点的引力计算相对误差的估计,乘以引力计算值,就可以得到引力计算的绝对误差。

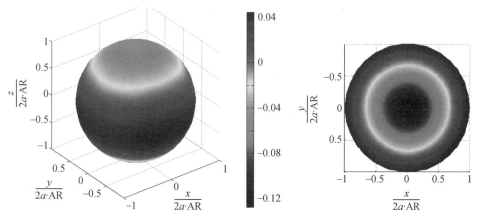

图 14.6　长细比为 2 的四面体相对尺度为 1 时的质点近似引力计算相对误差(见彩图)

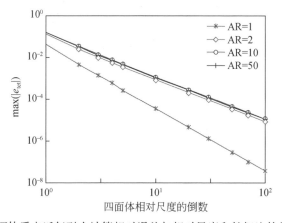

图 14.7　四面体质点近似引力计算相对误差与相对尺度和长细比的关系(见彩图)

14.2.4　基于 CAD 模型的外卫星万有引力计算方法

在内编队系统研制的各个阶段,均需要利用 CAD 模型计算万有引力。在初期设计阶段,引力计算只能利用 CAD 模型,所计算的引力实际是 CAD 模型的引力;在研制的最终阶段,仅利用材质均匀部件的 CAD 模型,计算的是真实系统的引力。因此,在利用 CAD 模型计算万有引力时,始终认为 CAD 模型的质量分布是准确的,只需要保证引力计算的算法误差满足要求。

1. 计算过程

针对具体部件的 CAD 模型,采用立方体或者四面体网格将其划分为有限个质量单元,导出单元对应的节点坐标,结合材质密度,得到单元质量、单元质心位置。然后,采用质点近似计算每个单元产生的引力,再对所有单元的计算结果求和,就可以得到该部件 CAD 模型产生的引力。球体对于外部点的引力等同于位于其质心的、相同质量的质点产生的引力,忽略球形自由质量块的制造误差,则其在引力计算中可以直接作为质点。

为了便于描述,以屏蔽腔体中心,即内卫星标称位置为原点建立腔体直角体坐标系 $O(x,y,z)$。设卫星三轴姿态稳定,则卫星体坐标系与以腔体中心为原点的轨道坐标系相同,其中 y 向为轨道飞行方向,x 向为轨道径向。在直角坐标系的基础上建立球坐标系 $O(\rho,\theta,\varphi)$,如图 14.8 所示。

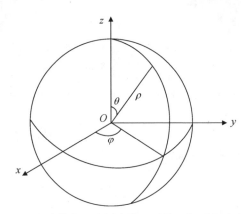

图 14.8　以腔体中心为原点的卫星体坐标系和球坐标系

设内卫星的质心坐标为 (x_0,y_0,z_0)。将 CAD 模型质量单元从 1 至 n 编号,记第 i 个单元的坐标为 (x_i,y_i,z_i),从自由质量块指向单元 i 的矢量为 $\boldsymbol{r}_{i0} = (x_i-x_0)\boldsymbol{i}+(y_i-y_0)\boldsymbol{j}+(z_i-z_0)\boldsymbol{k}$,由质点近似公式可得单元 i 对自由质量块的万有引力加速度为

$$\boldsymbol{a}_{g,i} = \frac{GM_{o,i}\boldsymbol{r}_{i0}}{|\boldsymbol{r}_{i0}|^3} = \frac{GM_{o,i}\left[(x_i-x_0)\boldsymbol{i}+(y_i-y_0)\boldsymbol{j}+(z_i-z_0)\boldsymbol{k}\right]}{\left[(x_i-x_0)^2+(y_i-y_0)^2+(z_i-z_0)^2\right]^{\frac{3}{2}}}$$

$$(14\text{-}2\text{-}32)$$

其中,$M_{o,i}$ 为单元 i 的质量;$\boldsymbol{i}$、$\boldsymbol{j}$、$\boldsymbol{k}$ 分别为沿 x、y、z 方向的单位矢量。该 CAD 模型对内卫星的万有引力加速度为

$$\boldsymbol{a}_{g,\mathrm{CAD}} = \sum_i \boldsymbol{a}_{g,i} = \sum_i a_{g,i,x}\boldsymbol{i}+\sum_i a_{g,i,y}\boldsymbol{j}+\sum_i a_{g,i,z}\boldsymbol{k} \qquad (14\text{-}2\text{-}33)$$

其中

$$a_{g,i,x} = \frac{GM_{o,i}(x_i - x_0)}{\left[(x_i - x_0)^2 + (y_i - y_0)^2 + (z_i - z_0)^2\right]^{\frac{3}{2}}}$$

$$a_{g,i,y} = \frac{GM_{o,i}(y_i - y_0)}{\left[(x_i - x_0)^2 + (y_i - y_0)^2 + (z_i - z_0)^2\right]^{\frac{3}{2}}}$$

$$a_{g,i,z} = \frac{GM_{o,i}(z_i - z_0)}{\left[(x_i - x_0)^2 + (y_i - y_0)^2 + (z_i - z_0)^2\right]^{\frac{3}{2}}} \qquad (14\text{-}2\text{-}34)$$

类似地,可以计算该 CAD 模型产生的万有引力梯度。具体计算公式可以根据式(14-2-7)给出,不再赘述。

2. 满足质点近似条件的单元尺度调整

由于计算过程中对每个单元采用了质点近似,计算结果存在误差。

根据所选用的单元类型,分别利用式(14-2-22)或式(14-2-31)可以保守地估计每个单元的引力计算相对误差 e_i,进而得到绝对误差为

$$e_i \boldsymbol{a}_{g,i} = e_i(a_{g,i,x}\boldsymbol{i} + a_{g,i,y}\boldsymbol{j} + a_{g,i,z}\boldsymbol{k}) \qquad (14\text{-}2\text{-}35)$$

通过误差传递关系得到整个 CAD 模型的万有引力计算误差为

$$\Delta \boldsymbol{a}_{g,\text{CAD}} = \sqrt{\sum_i (a_{g,i,x} \cdot e_i)^2}\,\boldsymbol{i} + \sqrt{\sum_i (a_{g,i,y} \cdot e_i)^2}\,\boldsymbol{j} + \sqrt{\sum_i (a_{g,i,z} \cdot e_i)^2}\,\boldsymbol{k}$$

$$(14\text{-}2\text{-}36)$$

若计算误差能够满足要求,则所用的单元尺度是合适的;否则,进一步减小单元划分时的网格尺度,再次计算引力,并估计误差,直到误差满足要求。

单元尺度越小,计算误差越小。但是过小的单元尺度会导致大量的单元数目,从而使计算代价增大。在实际计算中,只要单元尺度能够使计算误差满足要求即可,不宜盲目减小。

3. 计算方法检验

采用基于 CAD 模型的数值方法,计算已知解析结果的几何体的万有引力,检验数值计算方法。

不妨采用立方体对方法进行检验。立方体边长为 200mm,中心为坐标原点。分别将其直接视为质点、对 CAD 模型按 100mm 大小划分网格、按 50mm 大小划分网格、按 10mm 大小划分网格、按 5mm 大小划分网格,计算其对外部点 $P(500,0,0)$ mm 的万有引力,结果如表 14.1 所示。其中,网格划分时采用四面体单元。表中给出了计算结果与立方体解析解的相对误差,以及根据四面体单元误差合成的总误差。

由表 14.1 可知,通过对 CAD 模型进行单元划分,能够计算得到模型对外部点的万有引力。随着单元尺度的减小,计算精度逐渐提高,并且能够最终收敛到精确解,但是单元数量也迅速增大。利用单元相对尺度与质点近似误差的关系,得到单元的引力计算误差,进一步合成得到总的引力计算误差,这种方式能够较为保守地

估计出整个模型的万有引力计算误差。对于表 14.1 中第 3 列的计算结果,给出的是引力加速度与万有引力常数和密度乘积的比值。

表 14.1　立方体 CAD 模型对外部一点的万有引力计算结果

单元划分方式	单元数量	计算结果($/\, G\rho_{\text{cubic}}$)	直接比较的相对误差	单元误差合成的相对误差
解析解	—	0.031941818	—	—
直接视为质点(立方体单元)	1	0.032000000	1.8×10^{-3}	1.8×10^{-3}
100mm 四面体单元	96	0.031954445	4.0×10^{-4}	1.1×10^{-3}
50mm 四面体单元	565	0.031942892	3.4×10^{-5}	1.3×10^{-4}
10mm 四面体单元	43096	0.031941822	1.2×10^{-7}	8.0×10^{-7}
5mm 四面体单元	232707	0.031941817	5.3×10^{-8}	1.8×10^{-7}

针对立方体模型,对 CAD 模型的万有引力数值计算方法进行验证,结果表明所给出的数值计算方法是可行的,并能够估计出计算误差。

14.2.5　基于质量特性的外卫星万有引力计算方法

对于材质非均匀的部件,在获得质量特性之后,利用质量特性更为准确地计算万有引力。

1. 直接近似为质点计算引力的方法

对于该类部件,原则上将其远离内卫星布置,并尽可能减小其尺度,以减小相对尺度。将部件近似为位于质心的质点,计算其产生的引力。由于质量和质心位置均是实际测量得到的,这能够比利用其粗略的 CAD 模型更为真实地计算其引力。

若部件的构形与立方体或者四面体接近,则可以利用相应的质点近似误差估计模型保守地给出部件的引力计算误差;否则,利用一般物体的质点近似误差估计模型给出引力计算误差。若误差能够满足要求,则采用质点近似的计算结果;否则,尝试进一步减小部件的相对尺度和质量,以减小质点近似的引力计算误差。

由于卫星设计受到多种因素的约束,若最终部件直接近似为质点导致的引力计算误差不能满足要求,则采用引力计算的二阶近似方法,借助质量分布的高阶信息,以更高的精度计算引力。

以圆柱体部件为例,对直接近似为质点的计算方法和判断准则进行说明。圆柱体的高为 H_{cylinder},半径为 R_{cylinder},以其质心为坐标原点,建立主轴坐标系。不失一般性,假设 P 点位于圆柱体轴线上,则圆柱体对 P 点引力的精确值为

$$\frac{a_{\text{cylinder}}}{G}=2\pi\left[\sqrt{\left(r_P-\frac{1}{2}H_{\text{cylinder}}\right)^2+R_{\text{cylinder}}^2}-\sqrt{\left(r_P+\frac{1}{2}H_{\text{cylinder}}\right)^2+R_{\text{cylinder}}^2}+H_{\text{cylinder}}\right]$$

$$(14\text{-}2\text{-}37)$$

将圆柱体直接视为质点,得到引力近似值为

$$\frac{a_{\text{cylinder},P}}{G}=\pi R_{\text{cylinder}}^2 H_{\text{cylinder}}\frac{1}{r_P^2}\qquad(14\text{-}2\text{-}38)$$

图 14.9 给出了圆柱体直接近似为质点的引力计算相对误差随相对尺度的变化关系。随着相对尺度 L_o/r_P 的减小,即随着 r_P/L_o 的增大,直接近似为质点得到的引力值逐渐趋近于精确值。对于图中所给的不同高度直径比的圆柱体,在 L_o/r_P 为 1/5 时,直接近似为质点的引力计算相对误差不超过 1/100,这小于利用式(14-2-16)保守估计的误差。若要求相对误差不超过 5/1000,则进一步减小 L_o/r_P 为 1/10,仍然可以直接近似为质点。若希望相对误差能够达到 1/1000,而 L_o/r_P 已经无法再减小,则不能再将圆柱体直接近似为质点,需要采用更高精度的方法计算其引力。

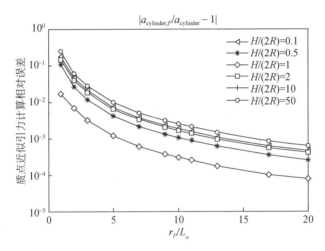

图 14.9　圆柱体部件直接近似为质点的引力计算误差随相对尺度的变化

在实际应用中,上述圆柱体算例也有重要的意义,如垫片、飞轮、螺钉、磁力矩器等柱状元器件可以从图 14.9 中找到直接近似为质点的具体条件。

2. 采用 MacCullagh 函数的引力二阶近似计算

根据质量、质心位置、转动惯量等质量特性测量值,可以利用式(14-2-8)和式(14-2-9)给出的 MacCullagh 函数,近似计算材质非均匀部件的引力位和引力。但是,利用 MacCullagh 函数计算引力要求两个物体之一必须是质点,并且要能够根据质点的位置变动不断得出物体的转动惯量 I_P。

可见,MacCullagh 函数仅适用于内卫星可以直接视为质点的情况。因此,需要建立工程上适用范围更广的引力二阶近似计算方法。

3. 利用质量特性以二阶精度计算引力的等效质点组方法

对于某材质非均匀部件,可以用一个与其质量特性相同的等效质点组来以二阶精度计算其产生的引力。该方法利用了实际可测的质量分布信息,能够提高引力计算精度,并且具有更广的适用范围。下面对该方法进行说明和证明。

已知该材质非均匀部件的质量为 M_o ,在腔体坐标系中质心位置为 (x_o, y_o, z_o) ,在该部件主轴坐标系中的转动惯量为 $(I_{xx,o}, I_{yy,o}, I_{zz,o})$ 。设与其质量特性相同的等效质点组包含 N_{PG} 个质点,质点的质量记为 $m_{PG,i}$, $i = 1, 2, \cdots, N_{PG}$,在该部件的主轴坐标系中的坐标依次为 $(x_{PG,i}, y_{PG,i}, z_{PG,i})$, $i = 1, 2, \cdots, N_{PG}$,则等效质点组满足以下方程:

$$\sum_{i=1}^{N_{PG}} m_{PG,i} = M_o$$

$$\sum_{i=1}^{N_{PG}} m_{PG,i} x_{PG,i} = 0, \quad \sum_{i=1}^{N_{PG}} m_{PG,i} y_{PG,i} = 0, \quad \sum_{i=1}^{N_{PG}} m_{PG,i} z_{PG,i} = 0$$

$$\sum_{i=1}^{N_{PG}} m_{PG,i} (y_{PG,i}^2 + z_{PG,i}^2) = I_{xx,o}, \quad \sum_{i=1}^{N_{PG}} m_{PG,i} (x_{PG,i}^2 + z_{PG,i}^2) = I_{yy,o}$$

$$\sum_{i=1}^{N_{PG}} m_{PG,i} (x_{PG,i}^2 + y_{PG,i}^2) = I_{zz,o}$$

$$\sum_{i=1}^{N_{PG}} m_{PG,i} x_{PG,i} y_{PG,i} = 0, \quad \sum_{i=1}^{N_{PG}} m_{PG,i} x_{PG,i} z_{PG,i} = 0, \quad \sum_{i=1}^{N_{PG}} m_{PG,i} y_{PG,i} z_{PG,i} = 0$$

$$(14-2-39)$$

下面证明满足上述方程的质点组与所等效的部件,绕任意过质心的轴具有相同的转动惯量。对于三维空间中任意一参考点 O 与以此参考点为原点的直角坐标系 $O\text{-}xyz$,刚体 B_1 的转动惯量矩阵为

$$\boldsymbol{I}_O = \begin{bmatrix} I_{xx} & I_{xy} & I_{xz} \\ I_{yx} & I_{yy} & I_{yz} \\ I_{zx} & I_{zy} & I_{zz} \end{bmatrix} \tag{14-2-40}$$

其中,矩阵的对角元素 I_{xx} 、 I_{yy} 、 I_{zz} 分别为对于 x 轴、 y 轴、 z 轴的转动惯量,矩阵的非对角元素为惯量积。若 x 轴、 y 轴、 z 轴为刚体的惯量主轴,则刚体的转动惯量矩阵的对角元素为其主转动惯量,非对角元素为零。

设点 P 为三维空间里的任意一点,则刚体 B_1 对于 OP 轴的转动惯量是

$$I_P = \frac{\boldsymbol{r}_P}{|\boldsymbol{r}_P|} \cdot \boldsymbol{I}_O \cdot \frac{\boldsymbol{r}_P^{\mathrm{T}}}{|\boldsymbol{r}_P|} \tag{14-2-41}$$

其中, $\boldsymbol{r}_P$ 为 P 点的位置矢量,形式上为一个行矢量。设刚体 B_2 与刚体 B_1 在同一坐标系下,具有相同的质心位置和转动惯量矩阵,则由式(14-2-41)可知,刚体 B_2 与刚体 B_1 对于任意的转动轴具有相同的转动惯量。

由等效质点组所满足的方程来看,等效质点组在部件的主轴坐标系下,与部件具有相同的质心位置和转动惯量矩阵,则对于任意 P 点与部件质心连线形成的转动轴,等效质点组与部件具有相同的转动惯量。

由于等效质点组与部件具有相同的质量和质心位置,对于任意轴具有相同的转动惯量,则由 MacCullagh 函数可知,两者在二阶展开下,具有相同的万有引力计算结果。因此,可用等效质点组代替部件,以二阶精度计算其外部的万有引力。该方法适用于任意复杂部件,且在实际计算中非常方便,只需要计算所包含的每个质点产生的引力,然后求和就得到等效质点组产生的引力,也就是所代替的部件产生的引力。该方法的最终数据形式与基于 CAD 模型的计算方法一致,都是质点分布数据,便于形成整体的质量分布模型数据。

等效质点组中质点的坐标 $(x_{PG,i}, y_{PG,i}, z_{PG,i})$,$i=1,2,\cdots,N_{PG}$ 是在部件的主轴坐标系中给出的。设部件的主轴坐标系到腔体坐标系的旋转矩阵为 $\boldsymbol{R}_{ob}$,则质点组在腔体坐标系中的坐标为

$$(x_{PG,b,i}, y_{PG,b,i}, z_{PG,b,i}) = (x_{PG,i}, y_{PG,i}, z_{PG,i})\boldsymbol{R}_{ob}^{\mathrm{T}} + (x_o, y_o, z_o) \quad (14\text{-}2\text{-}42)$$

记录等效质点组在腔体坐标系中的以上坐标,就可以始终利用等效质点组代替部件计算对内卫星 (x_0, y_0, z_0) 的万有引力

$$a_{PG,x} = G\sum_{i=1}^{N_{PG}} m_{PG,i} \frac{x_{PG,b,i} - x_0}{\left[(x_{PG,b,i} - x_0)^2 + (y_{PG,b,i} - y_0)^2 + (z_{PG,b,i} - z_0)^2\right]^{3/2}}$$

$$a_{PG,y} = G\sum_{i=1}^{N_{PG}} m_{PG,i} \frac{y_{PG,b,i} - y_0}{\left[(x_{PG,b,i} - x_0)^2 + (y_{PG,b,i} - y_0)^2 + (z_{PG,b,i} - z_0)^2\right]^{3/2}}$$

$$a_{PG,z} = G\sum_{i=1}^{N_{PG}} m_{PG,i} \frac{z_{PG,b,i} - z_0}{\left[(x_{PG,b,i} - x_0)^2 + (y_{PG,b,i} - y_0)^2 + (z_{PG,b,i} - z_0)^2\right]^{3/2}}$$

$$(14\text{-}2\text{-}43)$$

类似地,可以利用等效质点组代替部件计算万有引力梯度。具体计算公式可以根据式(14-2-7)给出,不再赘述。

需要说明的是,等效质点组是为了便于计算引力而引入的假想点,并不意味着在实际卫星上存在这样的点,或者要在这些点上安装部件。在实际应用中,还应注意以下几点。

(1)质点数目 N_{PG} 的确定。式(14-2-39)包含 10 个方程,则变量数不能低于 10 个,而每个质点具有 4 个变量,即质量和三维坐标,故要求 $N_{PG} \geqslant 3$。但是,并非 N_{PG} 越大计算精度越高,因为只能证明该方法在二阶以内是精确的。一般而言,N_{PG} 在 6 附近就比较合适。

(2)等效质点组的不唯一。对于某一个有解的 N_{PG},在不额外增加约束,而仅依靠式(14-2-39)求解质点组时,由于变量数必然大于方程数,结果不唯一,可以求出多个与部件质量特性相同的等效质点组。

(3)增加对质点位置的约束。为了避免求解到的质点组中某些质点恰好落在内卫星的运动范围之内,从而在引力计算时产生奇异,可以对质点位置增加一定的约束,如要求质点全部位于部件的外包络中就是一种自然简便的约束。在增加约

束后,要根据约束的具体情况调整 N_{PG} 的大小,特别是增加等式约束时,方程的数量增加,变量数也要具有相应的规模。

仍以圆柱体状部件为例,对此方法进行具体说明。圆柱体的半径为 $R_{\text{cylinder}}=5\text{cm}$,高为 $H_{\text{cylinder}}=10\text{cm}$,取单位密度,则其质量为 $M_o=\pi R_{\text{cylinder}}^2 H_{\text{cylinder}}$。以其质心为坐标原点建立主轴坐标系,其中轴线方向为 z 轴,则其主转动惯量为

$$I_{xx}=I_{yy}=\frac{1}{12}M_o(3R_{\text{cylinder}}^2+H_{\text{cylinder}}^2)$$

$$I_{zz}=\frac{1}{2}M_oR_{\text{cylinder}}^2 \tag{14-2-44}$$

取不同的质点数量,根据式(14-2-39)求解与圆柱体部件质量特性相同的等效质点组,并要求所有质点位于包络圆柱体的立方体内,计算结果如表 14.2 所示。利用等效质点组近似计算圆柱体对轴线上一点的引力 $a_{\text{cylinder},PG}$,并与引力精确值 a_{cylinder} 进行比较,如图 14.10 所示。为了便于对比,图中同时给出了利用 MacCullagh 函数所计算的引力近似值 $a_{\text{cylinder,MC}}$ 和质点近似的引力计算值 $a_{\text{cylinder},P}$。可以看出,随着圆柱体相对尺度的减小,即随着 r_P/L_o 的增大,等效质点组所计算的引力近似值能够与利用 MacCullagh 函数所计算的引力近似值以相同的趋势趋向于精确值;用等效质点组代替部件的引力计算误差明显低于质点近似的误差。这说明采用等效质点组方法计算引力,能够达到二阶精度,计算误差显著低于将部件直接视为质点时的误差。

表 14.2 与圆柱体部件质量特性相同的等效质点组

N_{PG}	$\dfrac{m_{PG,i}}{M_o}$	$x_{PG,i},y_{PG,i},z_{PG,i}$ /cm		
5	0.159354	−0.3414	−3.6793	−3.3631
	0.211757	4.3760	−0.5773	2.1957
	0.214904	−3.1050	−1.0986	3.9698
	0.297415	−0.4418	3.5154	−1.1075
	0.116571	−0.6313	−0.8653	−3.8840
6	0.045260	0.8488	4.0961	4.3025
	0.481017	−2.0407	−0.1394	0.5417
	0.116424	2.8727	−3.6672	5.0000
	0.072482	−3.0237	−1.8109	−4.9932
	0.186666	2.3237	3.8972	−0.9898
	0.098151	4.0158	−2.9303	−5.0000

续表

N_{PG}	$\dfrac{m_{PG,i}}{M_o}$	$(x_{PG,i}, y_{PG,i}, z_{PG,i})$ /cm		
7	0.106953	−0.8549	4.8554	−3.5042
	0.093647	−4.9429	−0.7396	−1.9959
	0.048566	4.1974	−2.9346	4.6672
	0.093126	2.3408	5.0000	4.2550
	0.479259	−0.9830	−1.0637	1.3921
	0.178239	3.3918	−1.4762	−4.0844
	0.000210	−4.5218	−1.1630	−1.9492

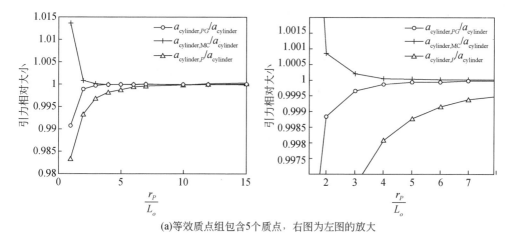

(a)等效质点组包含5个质点，右图为左图的放大

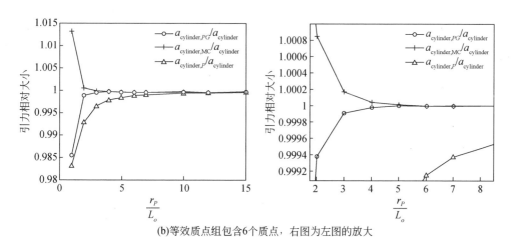

(b)等效质点组包含6个质点，右图为左图的放大

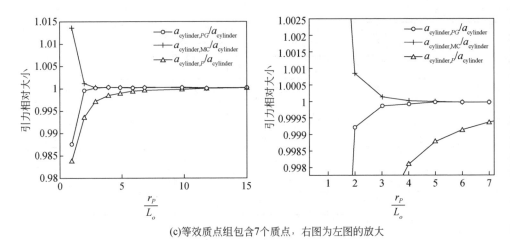

(c)等效质点组包含7个质点，右图为左图的放大

图 14.10　　圆柱体引力计算的等效质点组方法近似值与精确值的比较

综上所述，对于材质非均匀部件，在获得其实体质量特性测量值之后，利用质量特性更准确地计算其万有引力。原则上，此类部件尽可能远离内卫星布置，或减小其整体尺度，以降低其相对尺度，优先采用质点近似方法计算引力。若直接近似为质点导致的引力计算误差总是不能满足要求，则求解与其质量特性相同的等效质点组，利用等效质点组以二阶精度计算引力。

14.2.6　基于补偿质量块的外卫星万有引力抑制方法

一般情况下，仅依靠系统设计难以将万有引力摄动抑制到任务要求的范围之内，需要采取专门的措施进行万有引力抑制。这里提出了基于补偿质量设计的引力抑制方法，有效地降低了外卫星万有引力对内卫星纯引力轨道的扰动。

利用补偿质量对万有引力摄动进行抑制，就是要通过专用补偿质量来调整屏蔽腔体周围的质量分布，从而改变作用域内的局部引力场，将万有引力摄动降低到任务要求的范围之内。从一般意义上讲，补偿质量可以是一个连续的质体，也可以是若干不连通的分散质量块。

为了便于描述，将内卫星相对其标称位置的运动范围定义为万有引力摄动的作用域，简称作用域。腔体周围质量分布的外部引力位及引力位的一阶导数是连续和有限的，也就是作用域内的万有引力摄动是一致连续和有界的。当作用域内某一参考点处的万有引力及其梯度充分小时，作用域内的万有引力摄动就能降低到任务要求的范围之内。因此，在补偿块设计时以某一参考点的万有引力及其梯度抑制作为依据，通过对参考点处的万有引力及其梯度抑制目标的调整，反复迭代，逐渐改善整个作用域内的万有引力摄动抑制效果，直到满足要求，其过程如图 14.11 所示。

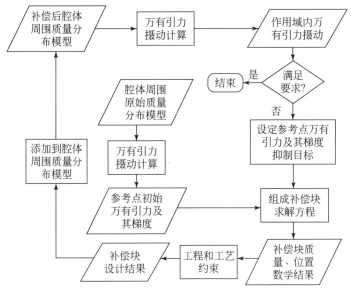

图 14.11　万有引力摄动抑制的补偿质量块设计方法

不妨选择内卫星标称位置为参考点,假设作用域内的万有引力摄动抑制要求为 F_r,参考点处的万有引力及其梯度的抑制目标分别设置为 F_t 和 T_t,作用域的包络半径为 d,则在达到补偿目标后,作用域内任意一点 $P(x_P,y_P,z_P)$ 的万有引力摄动为

$$F_P = F_t + T_t \cdot r_P + O(|r_P|) \tag{14-2-45}$$

其中,$r_P = (x_P,y_P,z_P)^{\mathrm{T}}$ 是 P 点的位置矢量;$O(|r_P|)$ 是 $|r_P|$ 的高阶小量。为了满足作用域内的万有引力摄动抑制要求,必须有

$$|F_{j,P}| < |F_{j,r}|, \quad j=x,y,z \tag{14-2-46}$$

而

$$
\begin{aligned}
|F_{j,P}| &= |F_{j,t} + T_{j,t} \cdot r_P + O(|r_P|)_j| \\
&< |F_{j,t}| + |T_{j,t} \cdot r_P| + |O(|r_P|)_j| \\
&\leqslant |F_{j,t}| + |T_{j,t} \cdot r_P| + |T_{j,t} \cdot r_P| \\
&\leqslant |F_{j,t}| + 2|T_{j,t}| |r_P| \\
&\leqslant |F_{j,t}| + 2\sqrt{3} \parallel T_t \parallel_{\max} |r_P| \\
&\leqslant |F_{j,t}| + 2\sqrt{3} \parallel T_t \parallel_{\max} d \\
&< |F_{j,t}| + 4 \parallel T_t \parallel_{\max} d
\end{aligned}
\tag{14-2-47}
$$

其中,$T_{j,t}$ 和 $O(|r_P|)_j$ 分别是 T_t 和 $O(|r_P|)$ 的第 j 行;$\parallel * \parallel_{\max}$ 是矩阵最大范数。补偿质量块设计的必要条件为

$$|F_{j,t}| < |F_{j,r}|, \quad j=x,y,z \tag{14-2-48}$$

补偿质量块设计的充分条件为

$$|F_{j,t}| + 4 \parallel T_t \parallel_{\max} d < |F_{j,r}|, \quad j=x,y,z \tag{14-2-49}$$

由于作用域内引力场的连续性特征,逐渐降低 $|\mathbf{F}_t|$ 和 $\|\mathbf{T}_t\|_{\max}$ 就能得到满足万有引力摄动抑制要求的补偿设计结果。在万有引力计算时,均质球体可以直接视为质点。因此,补偿块均采用均质球体,以简化设计工作并减小引力计算误差。由于万有引力定律的距离反平方性质,补偿块距离作用域越近,万有引力作用越强。为了用较少的补偿质量块实现作用域内的万有引力摄动抑制,补偿质量块的安装位置距离作用域越近越好。从工程实现上,补偿块最方便的安装位置是腔体上,因此补偿质量块紧贴腔体外壁布置。

在组成补偿质量块求解方程时,可以通过在特定的位置配置一系列质量块来满足参考点引力及其梯度抑制目标。具体采用的方式包括如下三种。

方式 1:同时对补偿块的质量大小及其安装位置求解,理论上这可以得到最优的补偿块配置结果。

方式 2:在给定的安装位置,仅对补偿块的质量大小求解。通常根据先验知识或者卫星设计的约束事先确定可用位置。

方式 3:采用同样大小的标准补偿块,对标准质量和补偿块安装位置求解。这有利于统一加工和安装补偿块。

对于方式 1,设球形腔体外壁的半径为 r_o。若腔体为非球形,则 r_o 为其包络半径。设 n 个球形补偿块的半径为 r_i,$i=1,2,\cdots,n$,在球坐标系中的安装方位为 (θ_i,φ_i), $i=1,2,\cdots,n$。对于给定的材料密度 ρ_c,求解补偿块的质量就等同于求解其半径。因此,需要对 r_i,$i=1,2,\cdots,n$ 和 (θ_i,φ_i), $i=1,2,\cdots,n$ 求解。

补偿块的质量为

$$m_i = \frac{4\pi r_i^3 \rho_c}{3}, \quad i=1,2,\cdots,n \qquad (14\text{-}2\text{-}50)$$

对参考点处的万有引力摄动及其梯度抑制为

$$G\sum_i \frac{m_i}{(r_o+r_i)^2}\begin{bmatrix}\sin\theta_i\cos\varphi_i\\\sin\theta_i\sin\varphi_i\\\cos\theta_i\end{bmatrix}+\begin{bmatrix}F_{x,0}\\F_{y,0}\\F_{z,0}\end{bmatrix}=\begin{bmatrix}F_{x,c}\\F_{y,c}\\F_{z,c}\end{bmatrix}, \quad i=1,2,\cdots,n$$

$$(14\text{-}2\text{-}51)$$

$$G\sum_i \frac{m_i}{(r_o+r_i)^3}\begin{bmatrix}2(\sin\theta_i\cos\varphi_i)^2-(\sin\theta_i\sin\varphi_i)^2-(\cos\theta_i)^2\\-(\sin\theta_i\cos\varphi_i)^2+2(\sin\theta_i\sin\varphi_i)^2-(\cos\theta_i)^2\\-(\sin\theta_i\cos\varphi_i)^2-(\sin\theta_i\sin\varphi_i)^2+2(\cos\theta_i)^2\\-3(\sin\theta_i\cos\varphi_i)\cdot(\sin\theta_i\sin\varphi_i)\\-3(\sin\theta_i\cos\varphi_i)\cdot(\cos\theta_i)\\-3(\sin\theta_i\sin\varphi_i)\cdot(\cos\theta_i)\end{bmatrix}+\begin{bmatrix}V_{xx,0}\\V_{yy,0}\\V_{zz,0}\\V_{xy,0}\\V_{xz,0}\\V_{yz,0}\end{bmatrix}=\begin{bmatrix}V_{xx,c}\\V_{yy,c}\\V_{zz,c}\\V_{xy,c}\\V_{xz,c}\\V_{yz,c}\end{bmatrix},$$

$$i=1,2,\cdots,n \qquad (14\text{-}2\text{-}52)$$

其中,$F_{x,0}$、$F_{y,0}$、$F_{z,0}$ 是补偿前参考点处的万有引力分量;$V_{xx,0}$、$V_{yy,0}$、$V_{zz,0}$、$V_{xy,0}$、

$V_{xz,0}$、$V_{yz,0}$ 是补偿前参考点处的万有引力梯度分量；$F_{x,c}$、$F_{y,c}$、$F_{z,c}$、$V_{xx,c}$、$V_{yy,c}$、$V_{zz,c}$、$V_{xy,c}$、$V_{xz,c}$、$V_{yz,c}$ 分别是补偿后的万有引力与其梯度分量。在某一数目 n 下，对补偿块的质量和安装位置求解，是一个以 r_i，(θ_i,φ_i)，$i=1,2,\cdots,n$ 为自变量的约束优化问题：

$$\min\sum_i m_i,\quad i=1,2,\cdots,n \tag{14-2-53}$$

$$\text{s. t.}\begin{cases} r_i\geqslant 0,\quad 0\leqslant\theta_i\leqslant\pi,\quad 0\leqslant\varphi_i\leqslant 2\pi \\ |F_{j,c}|\leqslant|F_{j,t}|,\quad j=x,y,z \\ \max(|V_{xx,c}|,|V_{yy,c}|,|V_{zz,c}|,|V_{xy,c}|,|V_{xz,c}|,|V_{yz,c}|)\leqslant\parallel\bm{T}_t\parallel_{\max} \end{cases}$$
$$\tag{14-2-54}$$

采用合适的算法对上述问题求解，将 n 从 1 逐渐增大，直到 $n=n_0$ 时出现可行解，就可以得到补偿块的半径和安装方位。

对于方式 2，已知补偿块的安装方位 (θ_i,φ_i)，$i=1,2,\cdots,n$，仅需对补偿块的半径 r_i，$i=1,2,\cdots,n$ 求解。同样利用方式 1 中所建立的模型进行求解，只是由于安装方位已知，仅 r_i，$i=1,2,\cdots,n$ 为约束优化问题的自变量，约束条件为

$$\text{s. t.}\begin{cases} r_i\geqslant 0 \\ |F_{j,c}|\leqslant|F_{j,t}|,\quad j=x,y,z \\ \max(|V_{xx,c}|,|V_{yy,c}|,|V_{zz,c}|,|V_{xy,c}|,|V_{xz,c}|,|V_{yz,c}|)\leqslant\parallel\bm{T}_t\parallel_{\max} \end{cases}$$
$$\tag{14-2-55}$$

对于方式 3，标准补偿块的质量、大小均相同，设半径定义为 r_c。这里需要对 r_c 和 (θ_i,φ_i)，$i=1,2,\cdots,n$ 进行求解。再次利用方式 1 中所建立的模型求解，仅需对相关方程作如下改动：

$$r_i=r_c,\quad i=1,2,\cdots,n \tag{14-2-56}$$

其中，r_c 和 (θ_i,φ_i)，$i=1,2,\cdots,n$ 是约束优化问题的自变量。

在工程和工艺上，对补偿块有以下基本要求：

(1)高密度，有利于减小补偿块的体积，节省安装空间，避免在安装时与外卫星上的其他部件相干涉；

(2)良好的机械性能，有利于精密加工和安装；

(3)非磁体，避免对内卫星产生电磁干扰力。

基于以上要求，可以优选确定补偿块的材质，并根据材质的机械特性和工艺水平，确定补偿块的制造和安装精度。在补偿块求解模型给出的数学结果基础上，考虑精度约束，将数学结果保留到适当的精度，就可以得到补偿块的设计结果。

将设计结果添加到原始的周围质量分布模型中，组成补偿后的质量分布模型，重新计算作用域内的万有引力摄动，对补偿效果进行检验。若补偿后的万有引力摄动满足抑制要求，则此设计结果是可用的。否则，减小 $|\bm{F}_t|$ 和 $\parallel\bm{T}_t\parallel_{\max}$，重新利用补偿块求解模型进行计算，然后得到新的设计结果并检验。重复这个过程，直

到得到可用的设计结果。

14.2.7　基于外卫星自旋的万有引力抑制方法

外卫星万有引力摄动对内卫星纯引力轨道具有长期影响。由于万有引力摄动与腔体坐标系固连,通过卫星绕过腔体质心的轴以一定频率自旋,将万有引力摄动调制到该频率上,可以降低万有引力摄动引起的纯引力轨道长期偏差,从而实现对外卫星万有引力摄动的有效抑制。

设在腔体坐标系中,外卫星万有引力摄动为 $[f_x, f_y, f_z]$,令外卫星绕沿着轨道面法向的主轴即 z 轴以角速率 ω_b 旋转,则万有引力摄动在轨道坐标系内为

$$\boldsymbol{f}_g' = \begin{bmatrix} f_x\cos(\omega_b t) - f_y\sin(\omega_b t) \\ f_x\sin(\omega_b t) + f_y\cos(\omega_b t) \\ f_z \end{bmatrix} \tag{14-2-57}$$

将调制后的万有引力摄动代入 Hill 方程,求解得到内卫星实际轨道与理想纯引力轨道的偏差为

$$\begin{cases} x = \dfrac{1}{n}\left(\dot{x}_0 - \dfrac{\omega_b - 2n}{\omega_b^2 - n^2}f_y\right)\sin(nt) - \dfrac{1}{n}\left(3nx_0 + 2\dot{y}_0 + \dfrac{2\omega_b - n}{\omega_b^2 - n^2}f_x\right)\cos(nt) \\ \qquad - \dfrac{\omega_b - 2n}{\omega_b(\omega_b^2 - n^2)}\left[f_x\cos(\omega_b t) - f_y\sin(\omega_b t)\right] \\ \qquad + \dfrac{2}{n}\left(2nx_0 + \dot{y}_0 + \dfrac{f_x}{\omega_b}\right) \\ y = \dfrac{2}{n}\left(3nx_0 + 2\dot{y}_0 + \dfrac{2\omega_b - n}{\omega_b^2 - n^2}f_x\right)\sin(nt) + \dfrac{2}{n}\left(\dot{x}_0 - \dfrac{\omega_b - 2n}{\omega_b^2 - n^2}f_y\right)\cos(nt) \\ \qquad - \dfrac{(\omega_b - n)^2 + 2n^2}{\omega_b^2(\omega_b^2 - n^2)}\left[f_y\cos(\omega_b t) + f_x\sin(\omega_b t)\right] \\ \qquad - 3\left(2nx_0 + \dot{y}_0 + \dfrac{f_x}{\omega_b}\right)t + \dfrac{1}{n}\left(ny_0 - 2\dot{x}_0 + \dfrac{2\omega_b - 3n}{\omega_b^2}f_y\right) \\ z = \dfrac{\dot{z}_0}{n}\sin(nt) + \left(z_0 - \dfrac{f_z}{n^2}\right)\cos(nt) + \dfrac{f_z}{n^2} \end{cases} \tag{14-2-58}$$

假定初始时刻,内卫星位于纯引力轨道上,即初始相对状态为零,则偏差的长期项和常数项为

$$\begin{cases} x'_{\text{long}} = 0 \\ y'_{\text{long}} = -3\dfrac{f_x}{\omega_b}t, \\ z'_{\text{long}} = 0 \end{cases} \qquad \begin{cases} x'_{\text{const}} = \dfrac{2f_x}{n\omega_b} \\ y'_{\text{const}} = \dfrac{2\omega_b - 3n}{n\omega_b^2}f_y \\ z'_{\text{const}} = \dfrac{f_z}{n^2} \end{cases} \tag{14-2-59}$$

可见,在外卫星绕 z 轴自旋的情况下,万有引力摄动仅导致内卫星位置偏差在 y 向存在长期项,且仅是时间的一次项。对轨道偏差的长期项和常数项的量级进行估计,如表 14.3 所示,其中自旋角速率比轨道角速率大两个量级。一个轨道周期之后,长期项引起的纯引力轨道偏差为微米量级;半月之内长期项的累积偏差仅为亚毫米级。可见,卫星绕沿着轨道面法向的主轴自旋能够有效降低万有引力摄动引起的内卫星位置偏差。

表 14.3　卫星绕轨道面法向自旋时的内卫星位置偏差量级估计

偏差/m		时间/s		
		一个轨道周期	一天	半月
x'_{const}	$\dfrac{2f_x}{n\omega_b}$	10^{-7}	10^{-7}	10^{-7}
y'_{long}	$-3\dfrac{f_x}{\omega_b}t$	10^{-7}	10^{-5}	10^{-4}
y'_{const}	$\dfrac{2\omega_b-3n}{n\omega_b^2}f_y$	10^{-7}	10^{-7}	10^{-7}
z'_{const}	$\dfrac{f_z}{n^2}$	10^{-5}	10^{-5}	10^{-5}
合计		10^{-5}	10^{-5}	10^{-4}

令外卫星绕沿着轨道面径向的主轴即 x 轴以角速率 ω_b 旋转,则万有引力摄动在轨道坐标系内为

$$\boldsymbol{f}''_g = \begin{bmatrix} f_x \\ f_z\sin(\omega_b t) + f_y\cos(\omega_b t) \\ f_z\cos(\omega_b t) - f_y\sin(\omega_b t) \end{bmatrix} \tag{14-2-60}$$

代入 Hill 方程的右端,求解得到内卫星实际轨道与理想纯引力轨道的偏差为

$$x = \left[\frac{\dot{x}_0}{n} - \frac{2}{(n^2-\omega_b^2)}f_y\right]\sin(nt) - \frac{1}{n}\left[3nx_0 + 2\dot{y}_0 + \frac{f_x}{n} - \frac{2\omega_b^2}{\omega_b(n^2-\omega_b^2)}f_z\right]\cos(nt)$$
$$- \frac{2n}{\omega_b(n^2-\omega_b^2)}\left[f_z\cos(\omega_b t) - f_y\sin(\omega_b t)\right] + 4x_0 + \frac{2}{n}\dot{y}_0 + \frac{f_x}{n^2} + \frac{2f_z}{n\omega_b}$$

$$\tag{14-2-61}$$

$$y = \frac{2}{n}\left[3nx_0 + 2\dot{y}_0 + \frac{f_x}{n} - \frac{2\omega_b^2}{\omega_b(n^2-\omega_b^2)}f_z\right]\sin(nt) + 2\left[\frac{\dot{x}_0}{n} - \frac{2}{(n^2-\omega_b^2)}f_y\right]\cos(nt)$$
$$+ \frac{3n^2+\omega_b^2}{\omega_b^2(n^2-\omega_b^2)}\left[f_z\sin(\omega_b t) + f_y\cos(\omega_b t)\right]$$
$$+ \left(-6nx_0 - 3\dot{y}_0 - \frac{2f_x}{n} - \frac{3f_z}{\omega_b}\right)t - \frac{2\dot{x}_0}{n} + y_0 - \frac{3f_y}{\omega_b^2} \tag{14-2-62}$$

$$z = \frac{1}{n}\left(\dot{z}_0 + \frac{\omega_b f_y}{n^2 - \omega_b^2}\right)\sin(nt) + \left(z_0 - \frac{f_z}{n^2 - \omega_b^2}\right)\cos(nt)$$

$$+ \frac{1}{n^2 - \omega_b^2}\left[f_z\cos(\omega_b t) - f_y\sin(\omega_b t)\right] \tag{14-2-63}$$

同样,在初始相对状态为零时,位置偏差的长期项和常数项为

$$\begin{cases} x''_{\text{long}} = 0 \\ y''_{\text{long}} = -\frac{2f_x}{n}t - \frac{3f_z}{\omega_b}t, \\ z''_{\text{long}} = 0 \end{cases} \quad \begin{cases} x''_{\text{const}} = \frac{f_x}{n^2} + \frac{2f_z}{n\omega_b} \\ y''_{\text{const}} = -\frac{3f_y}{\omega_b^2} \\ z''_{\text{const}} = 0 \end{cases} \tag{14-2-64}$$

可见,在外卫星绕 x 轴自旋的情况下,万有引力摄动也只能导致内卫星实际轨道与理想纯引力轨道在 y 向产生长期项偏差,且仅是时间的一次项。由于 x 向和 y 向运动的耦合,在 y 向长期项中体现了万有引力摄动 x 向的作用,这是与卫星绕 z 轴旋转时所不同的。对位置偏差的长期项和常数项的量级进行估计,如表 14.4 所示,其中自旋角速率大于轨道角速率两个量级。一个轨道周期之后,长期项引起的内卫星位置偏差为亚毫米量级;半月之内长期项的累积偏差仅为厘米级。可见,外卫星绕 x 轴自旋同样能够有效降低万有引力摄动引起的内卫星位置偏差。

表 14.4 卫星绕轨道面径向自旋时的内卫星位置偏差量级估计

偏差/m		时间/s		
		一个轨道周期	一天	半月
x''_{const}	$\frac{f_x}{n^2} + \frac{2f_z}{n\omega_b}$	10^{-5}	10^{-5}	10^{-5}
y''_{long}	$-\frac{2f_x}{n}t - \frac{3f_z}{\omega_b}t$	10^{-5}	10^{-3}	10^{-2}
y''_{const}	$-\frac{3f_y}{\omega_b^2}$	10^{-9}	10^{-9}	10^{-9}
合计		10^{-5}	10^{-3}	10^{-2}

与绕 z 轴方式相比,绕 x 轴旋转对万有引力摄动影响的抑制效果较差。但是,绕 x 轴旋转在工程实现上较为方便,且对卫星的工作影响较小。

由以上分析可知,外卫星绕沿着轨道面法向或者径向的主轴自旋,可以显著降低万有引力摄动对内卫星纯引力轨道运动的影响。当然,在应用中需要结合内编队重力场测量任务,来决定是否选用卫星自旋方法。

14.2.8　外卫星万有引力摄动地面检验方法

外卫星万有引力摄动是内卫星干扰力中最重要的一项,是内卫星纯引力轨道构造水平的关键影响因素。本小节提出基于引力实验平台的地面验证方法,以检验外卫星万有引力计算方法和抑制方法的可行性。

利用高精度扭秤可以测量出两个物体之间微弱的引力作用。基于此技术,可以在实验室中对外卫星产生的引力进行测量,实验方案如图 14.12 所示。卫星位于一个具有平动和转动自由度的实验台上。通过对实验台的调整,可以使卫星沿着某一指定方向对测试质量块产生吸引力,而扭秤可以测量到外卫星产生的万有引力。将卫星按照一定的频率旋转,就可以使扭秤测量到一个调制到旋转频率上的力,从而精确地测得外卫星产生的万有引力。将外卫星沿某一方向作线性往复运动,就可以测出该方向上的引力梯度。需要说明的是,由于外卫星腔体是一个封闭的结构,在不对卫星造成破坏的情况下,不可能把扭秤的测试质量置于腔体内部,以直接测量参考质量块受到的万有引力摄动。因此,该实验方案通过对卫星外部一点或者多点的引力测量来验证万有引力计算方法。

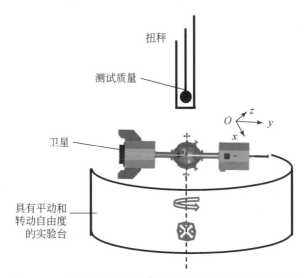

图 14.12　基于扭秤技术的外卫星万有引力测量实验方案

具体实验过程如下:

(1)选择 N_e 个测试点,记为 P_i, $i=1,2,\cdots,N_e$;

(2)依次将扭秤测试质量置于 N_e 个测试点,测量外卫星在测试点的引力及其梯度;

(3)利用外卫星质量分布模型,计算其在所有测试点的引力及其梯度;

(4)对引力及其梯度的测量值和计算值进行比较,检验引力计算的精度。

　　在外卫星万有引力摄动计算中,对于材质均匀部件,能够通过控制其 CAD 模型的网格划分尺度来逐渐降低引力计算误差;对于材质非均匀部件,由于质量特性测量的误差、相对尺度的限制,其引力计算误差是整星引力计算误差的主要部分。在无法直接测量参考质量块受到的万有引力摄动的情况下,可以将测试点布置在腔体附近,且整体上使测试点与卫星上材质非均匀部件的距离接近于参考质量块与这些部件的距离。这样,能够更有针对性地检验材质非均匀部件的引力计算结果,使实验更具有实际意义。另外,在设备允许的情况下,测试点的空间分布范围应尽可能大,以减小随机误差的影响。

　　若实验结果表明误差满足要求,则该部件通过检验,更换下一个需要检验的部件;否则,改进该部件的质量特性测量精度,重新计算其产生的引力、引力梯度,与部件引力、引力梯度测量值比较。如果仍不满足要求,则需要改进卫星设计,降低该部件的质量、相对尺度,甚至更换为能够满足要求的部件。

　　该实验对周围环境要求严格,并依赖于扭秤的技术水平。下面对这些因素进行分析,说明方案的可行性。

　　(1)实验环境要求和相应措施。在实验中,万有引力作用非常微弱,需要对扭秤长期连续作用,以测量万有引力作用的累积效应。从信号测量的角度看,这是对弱信号的较低频率的测量,对环境干扰的要求比较严格,如需要防止大地颤动、温度变化、气体对流、周围干扰引起的振动等环境干扰。因此,实验需要在具有电磁屏蔽保护、恒温和真空保持能力的隔振平台上完成。

　　测量引力常数 G 等引力类实验对于环境也有相同的要求。因此,该实验可以借助引力类实验已经构建成功的实验环境和平台开展。

　　(2)扭秤精度需求分析。万有引力数值计算的精度可达到 10^{-11} m/s² 量级,引力的测量精度也应达到 10^{-11} m/s² 量级。假定 1 天(8.64×10^4 s)完成一次测量,则扭秤的灵敏度要求达到 10^{-9} m/(s^2 Hz$^{1/2}$)量级。

　　目前较为先进的扭秤的技术水平已经达到了 10^{-11} m/(s^2 Hz$^{1/2}$)量级以上[19],能够满足实验需求。以上分析表明,基于引力类实验已经构建的实验环境和平台,采用满足精度要求的扭秤可以完成设计的实验内容。

14.2.9　外卫星万有引力摄动在轨飞行验证方法

　　在内编队系统研制过程中,将利用技术验证星对关键技术进行飞行验证,包括对摄动因素分析和抑制的检验。可以利用技术验证星,对万有引力摄动计算结果及其方法进行在轨验证。

　　分析可知,内编队系统中万有引力摄动对内卫星的作用是连续的,这导致内卫星逐渐偏离纯引力轨道,同时也使内卫星轨道半长轴发生长期变化。由卫星轨道摄动方程可知,在万有引力摄动下,内卫星轨道半长轴的变化为[20]

$$\frac{\mathrm{d}a_{\mathrm{inner}}}{\mathrm{d}t}=\frac{2}{n_{\mathrm{inner}}\sqrt{1-e_{\mathrm{inner}}^{2}}}\left[f_{x}e_{\mathrm{inner}}\sin f_{\mathrm{inner}}+f_{y}(1+e_{\mathrm{inner}}\cos f_{\mathrm{inner}})\right] \quad (14\text{-}2\text{-}65)$$

其中，a_{inner} 为内卫星轨道半长轴；e_{inner} 为内卫星轨道偏心率；f_{inner} 为内卫星轨道真近点角；n_{inner} 为内卫星轨道角速率；f_{x} 为万有引力摄动在内卫星轨道径向上的分量；f_{y} 为万有引力摄动在内卫星轨道飞行方向上的分量。

据此，可以通过分析验证星不同工作模式下万有引力摄动导致的轨道半长轴变化量的差异，从逻辑上检验万有引力摄动计算结果，从而实现对万有引力摄动计算方法的检验。

1. 万有引力摄动飞行验证方法

按照内编队系统基本方案设计技术验证星，验证星包含外卫星和球形内卫星，它具有内外卫星相对状态测量、精密轨道跟踪、三轴姿态稳定控制等能力。在设计中，外卫星采用相对较小的腔体，并在腔体上安装增强万有引力作用的吸引质量，使发射后沿着轨道飞行方向的主轴上的万有引力摄动达到 $1\times10^{-8}\,\mathrm{m/s^{2}}$，且抑制其他摄动因素，使万有引力摄动从量级上明显大于其他摄动因素。

技术验证星的主要参数如表 14.5 所示，其中轨道高度为 500km，有利于降低燃料消耗；验证星在工作模式下处于三轴姿态稳定状态；定轨误差为 5cm。对万有引力摄动进行验证，也可以视为对主要摄动因素的在轨标定，因此完成万有引力摄动验证的同时，技术验证星还可用于一定阶次的重力场测量。重力场测量任务对摄动因素的要求为 $1.0\times10^{-8}\,\mathrm{m/s^{2}}$。由于技术验证星的设计轨道偏心率为 0，则轨道半长轴在万有引力摄动作用下的变化率近似为

$$\frac{\mathrm{d}a_{\mathrm{inner}}}{\mathrm{d}t}=\frac{2}{n_{\mathrm{inner}}}f_{y} \quad (14\text{-}2\text{-}66)$$

表 14.5　内编队技术验证星的主要参数

参数		取值
轨道	高度	500km
	倾角	90°
	偏心率	0
标称状态下的万有引力摄动	轨道径向	$1\times10^{-9}\,\mathrm{m/s^{2}}$
	轨道飞行方向	$1\times10^{-8}\,\mathrm{m/s^{2}}$
	轨道法向	$1\times10^{-9}\,\mathrm{m/s^{2}}$
整星质量		10kg
腔体		球壳，内径 10cm
内卫星		实心球体，半径 1cm

参数	取值
姿态控制方式	三轴姿态稳定
内外卫星相对位置控制误差	1cm
内外卫星相对位置测量误差	1mm
定轨误差	5cm
重力场测量对摄动因素的要求	$1 \times 10^{-8} \mathrm{m/s^2}$
任务寿命	6个月

技术验证星具有如下两种不同的工作模式。

模式一,验证星处于标称状态,其飞行方向的万有引力摄动沿着前进方向。在该模式下,万有引力摄动会使内卫星轨道半长轴逐渐增大。

模式二,验证星绕着沿轨道面径向的主轴做180°旋转,从而将飞行方向的万有引力摄动反向。在该模式下,万有引力摄动会使内卫星轨道半长轴逐渐减小。

在完成任务初始化之后,验证星先在模式一下运行一个月,并精确测量其轨道。然后,验证星切换到模式二下运行一个月,同样精确测量其轨道。轨道测量数据和内外卫星相对位置数据都是验证任务所需要的数据。在完成任务飞行之后,通过对轨道测量数据的事后处理,分别得出验证星在模式一、模式二下的轨道半长轴变化量,从而得到两种模式下的轨道半长轴变化量之差的实际观测值。

以设计状态下的验证星万有引力摄动计算结果为基础,根据在轨相对位置测量对万有引力摄动计算结果进行修正,然后计算轨道半长轴变化率,通过数值积分得出两种模式下万有引力摄动导致的轨道半长轴变化量计算值,进而得到两种模式下轨道半长轴变化量之差的理论预测值。在模式一与模式二中,内卫星轨道摄动因素的主要差别是飞行方向的万有引力摄动不同,这是两种模式下轨道半长轴变化量之差的主导因素。对比其理论预测值与实际观测值,如果两者一致则验证了理论预测值的准确性,从而间接验证了万有引力摄动计算结果的准确性,也进一步说明了万有引力摄动计算方法的有效性。

在万有引力摄动计算结果已经得到验证后,重力场恢复中可以较为准确地扣除万有引力摄动的影响,从而技术验证星还能够实现一定阶次的重力场测量。

2. 万有引力摄动飞行验证方法的仿真

利用高精度轨道计算程序对万有引力摄动在轨飞行验证方法进行仿真。在仿真中,假定两种模式下的初始轨道相同,采用的参数如表14.6所示。暂不考虑姿态控制误差,万有引力摄动均在轨道坐标系中施加。

表 14.6　万有引力摄动在轨飞行验证方法的仿真参数

参数		数值
轨道	高度	500km
	倾角	90°
	偏心率	0
模式一的万有引力摄动	轨道径向	$1\times10^{-9}\,\mathrm{m/s^2}$
	轨道飞行方向	$1\times10^{-8}\,\mathrm{m/s^2}$
	轨道法向	$1\times10^{-9}\,\mathrm{m/s^2}$
模式二的万有引力摄动	轨道径向	$1\times10^{-9}\,\mathrm{m/s^2}$
	轨道飞行方向	$-1\times10^{-8}\,\mathrm{m/s^2}$
	轨道法向	$-1\times10^{-9}\,\mathrm{m/s^2}$
参考重力场		70 阶次 EGM96
步长		1s
时长		30d

　　根据轨道计算结果,得到两种模式下技术验证星的轨道半长轴变化量之差,如图 14.13 所示。可以看出,两种模式下的轨道半长轴变化量之差较为明显,对其进行最小二乘拟合,得

$$\delta a_{\mathrm{fit}} = 3.604\times10^{-5}t - 0.0880 \qquad (14\text{-}2\text{-}67)$$

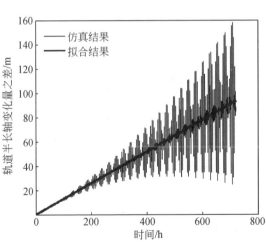

图 14.13　两种模式下验证星轨道半长轴变化量之差的仿真结果和拟合结果

　　图 14.14 对比给出了拟合结果,可见拟合结果在长期趋势上反映了轨道半长轴变化量之差,代表了轨道半长轴变化量之差的实际观测值。

万有引力摄动引起的两种模式下轨道半长轴变化量之差的理论预测值为

$$\Delta a_{pre} = \frac{2}{n_{inner}} \Delta f_y t = 3.614 \times 10^{-5} t \tag{14-2-68}$$

对比式(14-2-67)和式(14-2-68),将理论预测值与实际观测值进行对比,如图14.14所示。可知,在两种模式下,轨道半长轴变化量之差的理论预测值与实际观测值的长期趋势一致,这说明可以通过对轨道半长轴变化量的观测来验证万有引力摄动。因此,所提出的万有引力摄动在轨验证方法是可行的。

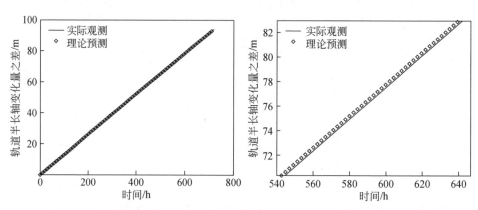

图14.14　两种模式下轨道半长轴变化量之差的理论预测值与实际观测值对比

3. 万有引力摄动飞行验证方法的误差因素影响分析

万有引力摄动在轨飞行验证方法受到以下误差因素的影响:技术验证星定轨误差、内外卫星相对位置测量误差、三轴姿态稳定控制误差。下面分析这些误差因素的影响。

1)验证星定轨误差

验证星具备5cm的精密定轨能力。在仿真得到的验证星轨道计算结果中,加入5cm的正态分布随机误差,再次对两种模式下的轨道半长轴变化量之差进行观测,得到图14.15和如下公式

$$\delta a'_{fit} = 3.604 \times 10^{-5} t - 0.0880 \tag{14-2-69}$$

将图14.15与图14.13进行对比,可知验证星5cm的定轨误差对万有引力摄动飞行验证没有影响,能够满足要求。

2)内外卫星相对位置测量误差

内外卫星相对位置测量结果,一方面要为内外卫星相对保持控制提供状态信息,另一方面是实际万有引力摄动计算以及重力场解算的重要依据。这里,主要分析其误差对万有引力摄动验证任务的影响。

在验证方法中,根据内外卫星相对位置测量数据,计算内卫星实际受到的万有引力摄动。相对位置测量误差会导致万有引力摄动的计算误差,会进一步导致轨

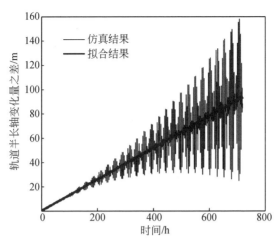

图 14.15　两种模式下验证星轨道半长轴变化量之差（定轨误差为 5cm）

道半长轴变化量之差的理论预测值的计算误差。

记技术验证星的相对位置测量误差为 σ_{rp}，外卫星在内卫星所处范围内的万有引力梯度为 T_y，则由相对位置测量误差导致的万有引力摄动计算误差为

$$\delta f_y = \| T_y \|_2 \sigma_{rp} \tag{14-2-70}$$

其中，$\| T_y \|_2$ 为引力梯度的二范数。从而，轨道半长轴变化量之差的理论预测值的计算误差为

$$\sigma_a = \frac{2}{n_{\mathrm{inner}}} \delta f_y = \frac{2}{n_{\mathrm{inner}}} \| T_y \|_2 \sigma_{rp} t \tag{14-2-71}$$

对此误差提出要求，可以得到对相对位置测量误差和内卫星所处范围内的万有引力梯度的要求。不妨要求此误差与技术验证星定轨误差相当，也为 5cm，则对于验证星的 1mm 相对位置测量误差，有

$$\| T_y \|_2 = \frac{5\mathrm{cm}}{1\mathrm{mm}} \frac{1}{30\mathrm{d}} \frac{n_{\mathrm{inner}}}{2} = 1.1 \times 10^{-8}\,\mathrm{s}^{-2} \tag{14-2-72}$$

即要求内卫星所处范围内的万有引力梯度的二范数不超过 $1.1 \times 10^{-8}\,\mathrm{s}^{-2}$。

因此，保留一定余量，在技术验证星设计中要求内卫星所处范围内的万有引力摄动梯度各分量不超过 $1.0 \times 10^{-8}\,\mathrm{s}^{-2}$，则 1mm 的内外卫星相对位置测量误差不会对验证方法产生影响，能够满足要求。

3）三轴姿态稳定控制误差

设验证星姿态角存在微小偏差 $(\delta\phi, \delta\theta, \delta\psi)$，不失一般性，万有引力摄动偏差在轨道坐标系内为

$$\delta f_g = R_Z(\delta\psi) R_Y(\delta\theta) R_X(\delta\phi) f_g - f_g \tag{14-2-73}$$

其中，f_g 为外卫星万有引力摄动在轨道坐标系中的表示；$R_Z(\delta\psi)$、$R_Y(\delta\theta)$、$R_X(\delta\phi)$ 分别为

$$\begin{cases} \boldsymbol{R}_Z(\delta\psi) = \begin{bmatrix} \cos\delta\psi & -\sin\delta\psi & 0 \\ \sin\delta\psi & \cos\delta\psi & 0 \\ 0 & 0 & 1 \end{bmatrix} \\[6mm] \boldsymbol{R}_Y(\delta\theta) = \begin{bmatrix} \cos\delta\theta & 0 & \sin\delta\theta \\ 0 & 1 & 0 \\ -\sin\delta\theta & 0 & \cos\delta\theta \end{bmatrix} \\[6mm] \boldsymbol{R}_X(\delta\phi) = \begin{bmatrix} 1 & 0 & 0 \\ 0 & \cos\delta\phi & -\sin\delta\phi \\ 0 & \sin\delta\phi & \cos\delta\phi \end{bmatrix} \end{cases} \tag{14-2-74}$$

将式(14-2-74)代入式(14-2-73),且由于 $|\delta\phi|\ll 1$,$|\delta\theta|\ll 1$,$|\delta\psi|\ll 1$,化简后去掉二阶小量,得到轨道坐标系下的万有引力摄动偏差为

$$\begin{cases} \delta f_x = -f_y\delta\psi + f_z\delta\theta \\ \delta f_y = -f_z\delta\phi + f_x\delta\psi \\ \delta f_z = -f_x\delta\theta + f_y\delta\phi \end{cases} \tag{14-2-75}$$

不失一般性,假定三轴姿态控制偏差相同,即 $|\delta\varphi|=|\delta\theta|=|\delta\psi|$,则

$$\begin{cases} |\delta f_x| \leqslant |f_y\delta\psi| + |f_z\delta\theta| = (|f_y| + |f_z|) \cdot |\delta\phi| \\ |\delta f_y| \leqslant |f_z\delta\phi| + |f_x\delta\psi| = (|f_x| + |f_z|) \cdot |\delta\theta| \\ |\delta f_z| \leqslant |f_x\delta\theta| + |f_y\delta\phi| = (|f_x| + |f_y|) \cdot |\delta\psi| \end{cases} \tag{14-2-76}$$

若要求万有引力摄动偏差不超过 $|\delta \boldsymbol{f}_g|_{\text{sup}}$,即

$$|\delta f_x| \leqslant |\delta\boldsymbol{f}_g|_{\text{sup}}, \quad |\delta f_y| \leqslant |\delta\boldsymbol{f}_g|_{\text{sup}}, \quad |\delta f_z| \leqslant |\delta\boldsymbol{f}_g|_{\text{sup}} \tag{14-2-77}$$

则满足下面要求时,式(14-2-77)必然成立:

$$|\delta\phi|,|\delta\theta|,|\delta\psi| \leqslant \min\left(\frac{|\delta\boldsymbol{f}_g|_{\text{sup}}}{|f_y| + |f_z|}, \frac{|\delta\boldsymbol{f}_g|_{\text{sup}}}{|f_x| + |f_z|}, \frac{|\delta\boldsymbol{f}_g|_{\text{sup}}}{|f_x| + |f_y|}\right) \tag{14-2-78}$$

式(14-2-78)是对技术验证星的姿态控制误差的保守要求。在验证星的重力场测量数据处理中,经过检验的万有引力摄动将会按照其计算值被扣除。但实际施加到内卫星上的万有引力摄动还存在姿态偏差导致的偏差量,这应该控制在对摄动因素的要求范围内,不能超过 $1\times10^{-8}\,\text{m/s}^2$。将相关数值代入式(14-2-78)中,可得

$$|\delta\phi|,|\delta\theta|,|\delta\psi| \leqslant 2.6° \tag{14-2-79}$$

保留一定的余量,则要求验证星三轴姿态控制误差为

$$|\delta\phi|,|\delta\theta|,|\delta\psi| \leqslant 1° \tag{14-2-80}$$

综上所述,验证星的 5cm 定轨误差能够满足要求;在技术验证星设计中要求内卫星所处范围内的万有引力摄动梯度不超过 $1\times10^{-8}\,\text{s}^{-2}$,则 1mm 的内外卫星相对位置测量误差也能够满足要求;综合验证星的万有引力摄动验证和重力场测

量需求,要求验证星三轴姿态控制误差为 1°,这在工程上是能够实现的。对这些主要误差因素的分析,进一步说明了万有引力摄动飞行验证方法的可实现性。

14.3　内卫星热噪声的数学模型与抑制方法

内编队系统在轨运行时,外卫星表面温度受空间环境的影响,向阳面和背阳面呈现出很大的温差。虽然可以通过各种被动或主动温控措施,尽可能地避免外卫星表面温度变化对内卫星腔体的影响,但是这种避免措施不可能严格实现,也就是说外部空间环境通过外卫星不可避免地对内卫星及其所处腔体环境产生影响。同时,卫星内部电子设备的运行也会产生热,使内卫星和外卫星腔体产生温度变化。外卫星腔体内壁温度的不均匀及其随时间的变化,会推动腔体内残余气体分子产生相应的运动,从而对内卫星产生力的作用。另外,腔体内壁热环境会以辐射的形式,对内卫星产生压力作用。根据产生机理的不同,内卫星在外卫星腔体内受到的与热环境相关的力包括辐射计效应、热辐射压力、残余气体阻尼,它们统称为热噪声。下面建立它们的数学模型。

14.3.1　内卫星辐射计效应

如果在外卫星腔体内的某一方向上存在温度梯度,那么腔体内该方向上的气体分子运动速度分布会不对称,对内卫星作用力的代数和不为零,从而产生加速度噪声,这就是内卫星辐射计效应,如图 14.16 所示。

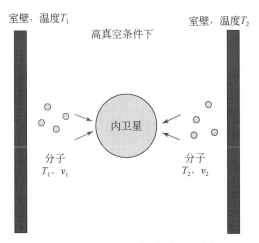

图 14.16　内卫星辐射计效应示意图

在设计工况下,外卫星腔体中的平均温度 T_0 为 300K,压力 P_0 为 9.77×10^{-6} Pa,计算气体分子的平均自由程为

$$\lambda = \frac{1}{\sqrt{2}\,\pi d^2 n} = \frac{kT_0}{\sqrt{2}\,\pi d^2 P_0} \tag{14-3-1}$$

其中,空气分子直径 $d \approx 3.5 \times 10^{-10}\,\mathrm{m}$;玻尔兹曼常量 $k = 1.38 \times 10^{-23}\,\mathrm{J/K}$。可知,$\lambda$ 为 778m,远大于腔体尺寸 0.25m,从而认为空腔中气体分子之间没有碰撞,仅存在气体分子与壁面(内卫星表面和腔体内壁)的碰撞。气体分子与内卫星的作用方式可以分为两种,一种是内卫星表面向外逸出气体分子,使内卫星受到反作用力 $\boldsymbol{F}_1$ 及其力矩 $\boldsymbol{M}_1$,另一种是来自外卫星内壁的气体分子向内卫星表面撞击,使内卫星受到撞击力 $\boldsymbol{F}_2$ 及其力矩 $\boldsymbol{M}_2$。为了便于推导内卫星辐射计效应,在内编队系统中建立球坐标系,如图 14.17 所示。

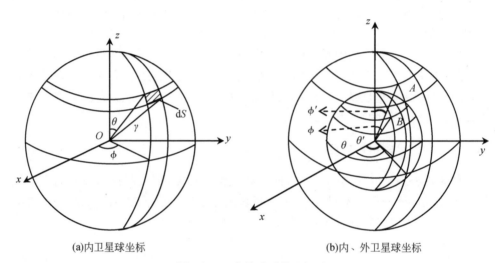

(a)内卫星球坐标　　　　　　　　　　　　　(b)内、外卫星球坐标

图 14.17　内编队系统坐标系

在理性气体模型假设下,根据能量守恒和动量守恒,推导得到

$$\boldsymbol{F}_1 = \oiint_S \mathrm{d}\boldsymbol{F}$$

$$= -\oiint_S \frac{nkr^2}{2} T(\theta,\phi)(\sin^2\theta\cos\phi, \sin^2\theta\sin\phi, \sin\theta\cos\theta)\,\mathrm{d}\phi\mathrm{d}\theta \tag{14-3-2}$$

$$\boldsymbol{M}_1 = 0 \tag{14-3-3}$$

$$\boldsymbol{F}_2 = \oiint_S \mathrm{d}\boldsymbol{F} = \frac{3n'kr^2R^2}{4\pi}\int_0^{2\pi}\mathrm{d}\phi\int_0^\pi \sin\theta\mathrm{d}\theta$$

$$\times \iint_{S'(\theta,\phi)} \frac{T'(\theta',\phi')\sin\theta'g_1g_2}{\rho^2}\boldsymbol{\tau}_0(\theta,\phi,\theta',\phi')\,\mathrm{d}\theta'\mathrm{d}\phi' \tag{14-3-4}$$

$$\boldsymbol{M}_2 = \oiint_S \mathrm{d}M = \frac{3n'kr^2R^2}{4\pi}\int_0^{2\pi}\mathrm{d}\phi\int_0^\pi \sin\theta\mathrm{d}\theta$$

$$\times \iint\limits_{S'(\theta,\phi)} \frac{T'(\theta',\phi')\sin\theta' g_1 g_2}{\rho^2} \boldsymbol{r}_B \times \boldsymbol{\tau}_0 \mathrm{d}\theta' \mathrm{d}\phi' \qquad (14\text{-}3\text{-}5)$$

其中，n' 是腔体内壁附近的气体分子数密度；n 是内卫星表面的气体分子数密度；k 为玻尔兹曼常量；r、R 分别为内卫星、外卫星腔体的半径；$T(\theta,\phi)$、$T'(\theta',\phi')$ 分别为内卫星表面、外卫星腔体内壁的温度分布。

内卫星辐射计效应为

$$\boldsymbol{F} = \boldsymbol{F}_1 + \boldsymbol{F}_2, \quad \boldsymbol{M} = \boldsymbol{M}_1 + \boldsymbol{M}_2 = \boldsymbol{M}_2 \qquad (14\text{-}3\text{-}6)$$

在式(14-3-5)和式(14-3-6)中，有

$$g_2(\theta,\phi,\theta',\phi') = \cos\beta = \frac{\boldsymbol{BA} \cdot \boldsymbol{g}_B}{\| \boldsymbol{BA} \| \ \| \boldsymbol{g}_B \|} \qquad (14\text{-}3\text{-}7)$$

$$g_1(\theta,\phi,\theta',\phi') = \cos\beta' = \frac{\boldsymbol{AB} \cdot (-\boldsymbol{g}_A)}{\| \boldsymbol{AB} \| \ \| \boldsymbol{g}_A \|} \qquad (14\text{-}3\text{-}8)$$

$$\boldsymbol{\tau}_0 = \frac{\boldsymbol{AB}}{\| \boldsymbol{AB} \|} = \boldsymbol{\tau}_0(\theta,\phi,\theta',\phi') \qquad (14\text{-}3\text{-}9)$$

$$\rho = \| \boldsymbol{AB} \| = \| \boldsymbol{r}_A - \boldsymbol{r}_B \| = \rho(\theta,\phi,\theta',\phi') \qquad (14\text{-}3\text{-}10)$$

$$\boldsymbol{g}_A = \frac{\boldsymbol{r}_A}{\| \boldsymbol{r}_A \|} = (\sin\theta'\cos\phi', \sin\theta'\sin\phi', \cos\theta') \qquad (14\text{-}3\text{-}11)$$

$$\boldsymbol{g}_B = \frac{\boldsymbol{r}_B}{\| \boldsymbol{r}_B \|} = (\sin\theta\cos\phi, \sin\theta\sin\phi, \cos\theta) \qquad (14\text{-}3\text{-}12)$$

$$\boldsymbol{r}_A = (R\sin\theta'\cos\phi', R\sin\theta'\sin\phi', R\cos\theta') \qquad (14\text{-}3\text{-}13)$$

$$\boldsymbol{r}_B = (r\sin\theta\cos\phi, r\sin\theta\sin\phi, r\cos\theta) \qquad (14\text{-}3\text{-}14)$$

将式(14-3-7)～式(14-3-14)代入式(14-3-6)中，化简得到

$$\boldsymbol{F} = \frac{3P_0 r^2 R^2}{4\pi T_0} \int_0^{2\pi} \mathrm{d}\phi \int_0^{\pi} \sin\theta \mathrm{d}\theta \iint\limits_{S'(\theta,\phi)} T'(\theta',\phi')\sin\theta'$$

$$\times \frac{(rf-R)(r-Rf)}{(r^2+R^2-2Rrf)^{\frac{5}{2}}} \begin{bmatrix} r\sin\theta\cos\phi - R\sin\theta'\cos\phi' \\ r\sin\theta\sin\phi - R\sin\theta'\sin\phi' \\ r\cos\theta - R\cos\theta' \end{bmatrix} \mathrm{d}\theta' \mathrm{d}\phi'$$

$$- \frac{P_0 r^2}{2T_0} \int_0^{2\pi} \mathrm{d}\phi \int_0^{\pi} T(\theta,\phi)(\sin^2\theta\cos\phi, \sin^2\theta\sin\phi, \sin\theta\cos\theta)\mathrm{d}\theta \qquad (14\text{-}3\text{-}15)$$

$$\boldsymbol{M} = \oiint\limits_{S} \mathrm{d}\boldsymbol{M} = \frac{3P_0 r^2 R^2}{4\pi T_0} \int_0^{2\pi} \mathrm{d}\phi \int_0^{\pi} \sin\theta \mathrm{d}\theta \iint\limits_{S'(\theta,\phi)} T'(\theta',\phi')\sin\theta'$$

$$\times \frac{Rr(rf-R)(r-Rf)}{(r^2+R^2-2Rrf)^{\frac{5}{2}}} \begin{bmatrix} \sin\theta'\sin\phi'\cos\theta - \sin\theta\sin\phi\cos\theta' \\ \sin\theta\cos\phi\cos\theta' - \sin\theta'\cos\phi'\cos\theta \\ \sin\theta\sin\theta'\sin(\phi-\phi') \end{bmatrix} \mathrm{d}\theta' \mathrm{d}\phi' \qquad (14\text{-}3\text{-}16)$$

其中，$f = \sin\theta\cos\phi\sin\theta'\cos\phi' + \sin\theta\sin\phi\sin\theta'\sin\phi' + \cos\theta\cos\theta'$。式(14-3-15)和式(14-3-16)即为内卫星辐射计效应的数学模型。

由式(14-3-15)和式(14-3-16)可知，影响内卫星辐射计效应的参数有空腔中

的平均压强 P_0、平均温度 T_0、内卫星半径 r、外卫星半径 R、温度分布 $T(\theta,\phi)$ 和 $T'(\theta',\phi')$。下面分析这些物理参数对内卫星辐射计效应的影响。由式(14-3-2)可知，$\boldsymbol{F}_1$ 与 P_0/T_0 成正比，与内卫星半径的平方 r^2 即内卫星最大截面积成正比，与外卫星半径 R 无关；由 $\boldsymbol{F}_1$ 产生的加速度与 P_0/T_0 成正比，与面质比 $\pi r^2/m$ 成正比。取内卫星表面温度对半分布，即下半球温度为 T_0，上半球温度为 $T_0+\delta T$，如图 14.18 所示。

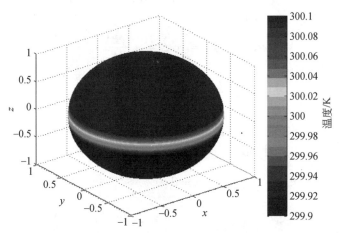

图 14.18　内卫星表面温度对半分布示意图(见彩图)

计算在图 14.18 所示的温度分布下温差 δT 对 $\boldsymbol{F}_1$ 的影响，如图 14.19 所示。

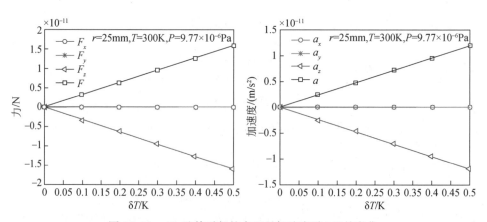

图 14.19　$\boldsymbol{F}_1$ 及其引起的内卫星加速度随 δT 的变化

由图 14.19 可知，在温度对半分布的情况下，$\boldsymbol{F}_1$ 及其加速度与 δT 成正比，当温差 δT 为 0 时，$\boldsymbol{F}_1$ 为 0。同理，得到 $\boldsymbol{F}_1$ 随 T_0 的变化，如图 14.20 所示。

从图 14.20 中可以看出，$\boldsymbol{F}_1$ 及其加速度与 $1/T_0$ 成正比。下面研究内卫星表

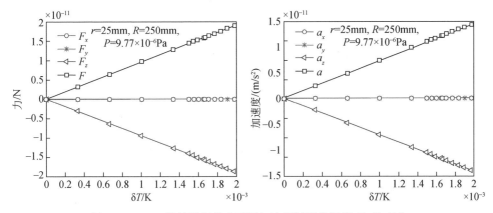

图 14.20　F_1 及其引起的内卫星加速度随平均温度 T_0 的变化

面温度随机分布下的抛射效应作用力 $\boldsymbol{F}_1$，内卫星表面温度分布如图 14.21 所示，计算结果如图 14.22 所示。

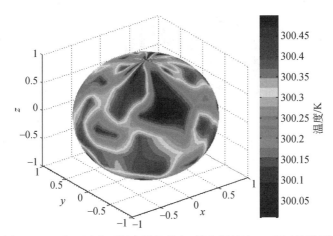

图 14.21　内卫星表面温度随机分布(最大温差为 0.5K)(见彩图)

由图 14.22 可知，在内卫星表面温度随机分布的情况下，内卫星受到的抛射效应作用力及其加速度在 10^{-14} N 和 10^{-14} m/s^2 量级，其中参数设置为 $r = 25$mm，$R = 250$mm，$T = 300$K，$\delta T = 0.5$K，$P = 9.77 \times 10^{-6}$ Pa。

分析可知，$\boldsymbol{F}_2$ 及其引起的加速度与 P_0/T_0 成正比，腔体半径 R 对 $\boldsymbol{F}_2$ 及其加速度有影响。在计算中取腔体内壁温度为对半分布，如图 14.23 所示，空腔中压力为 $P_0 = 9.77 \times 10^{-6}$ Pa，温度为 $T_0 = 300$K，温差为 $\delta T = 0.5$K，内卫星半径为 $r = 25$mm。计算 $\boldsymbol{F}_2$ 随外卫星半径 R 的变化规律，如图 14.24 所示。

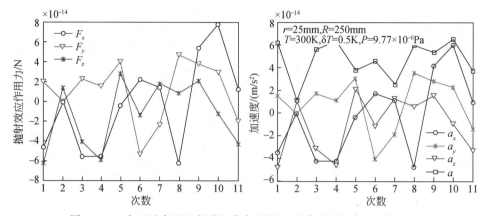

图 14.22 内卫星表面温度随机分布下的 F_1 及其引起的内卫星加速度

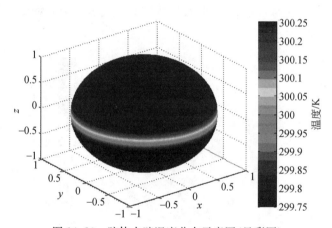

图 14.23 腔体内壁温度分布示意图(见彩图)

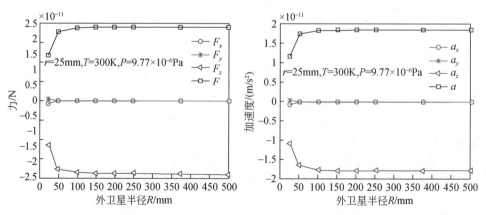

图 14.24 F_2 及其加速度随腔体半径 R 的变化

由图 14.24 可知,随着腔体半径 R 的增加,F_2 及其加速度逐渐增加,但是增加越来越缓慢,最终趋于平稳。这是因为当腔体半径增加到一定程度后,相对内卫星而言腔体可以看作大空间,此时腔体半径 R 对 F_2 及其加速度不再有明显的影响。

下面分析内卫星半径 r 对撞击效应作用力及其加速度的影响。在计算中仍然取外卫星腔体内壁温度为对半分布,空腔中的压力 $P_0 = 9.77 \times 10^{-6}$ Pa,平均温度 $T_0 = 300$K,温差 $\delta T = 0.5$K,外卫星半径 $R = 500$mm,计算结果如图 14.25 所示。

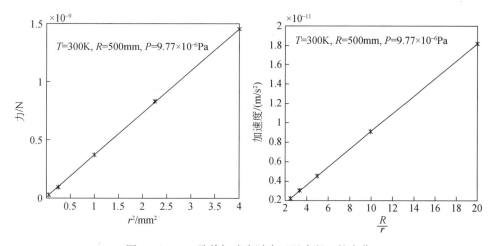

图 14.25　F_2 及其加速度随内卫星半径 r 的变化

由图 14.25 可知,F_2 与内卫星半径的平方 r^2 即内卫星的截面积成正比,F_2 产生的加速度与 $1/r$ 成正比。在内卫星材料密度一定的情况下,$1/r$ 代表内卫星的面质比。

通过以上对内卫星所受辐射计效应的分析和计算,可以得到如下结论。

(1)球形内卫星表面气体分子抛射效应引起的力矩 $M_1 = 0$。这说明将内卫星做成球形有利于减小作用在内卫星上的力矩。

(2)压强 P_0、温度梯度 $\delta T/T_0$ 的影响。内卫星表面抛射效应作用力 F_1 和撞击效应作用力 F_2 均与压强 P_0、温度梯度 $\delta T/T_0$ 成正比,加速度 a_1 和 a_2 也均与压强 P_0、温度梯度 $\delta T/T_0$ 成正比;从而辐射计效应总的作用力及其加速度均与压强 P_0、温度梯度 $\delta T/T_0$ 成正比。为了抑制辐射计效应作用力及其加速度,可以采取降低压强 P_0 和降低温度梯度 $\delta T/T_0$ 的措施。

(3)内卫星半径 r 的影响。内卫星表面抛射效应作用力 F_1 和撞击效应作用力 F_2 均与 r^2 成正比,加速度 a_1 和 a_2 均与 $1/r$ 成正比,从而辐射计效应总的作用力与内卫星最大截面积成正比,加速度与内卫星的面质比成正比。这说明,为了减小辐射计效应引起的加速度,可以采取降低面质比等措施。

(4)腔体半径 R 的影响。抛射效应作用力 F_1 及其加速度与外卫星腔体半径 R

无关；撞击效应作用力F_2及其加速度随R的增加而增加，但是增加越来越缓慢，最终趋于平稳。这说明，为了减小作用在内卫星上的辐射计效应加速度，可以采取适当减小腔体半径R的措施。

14.3.2　内卫星热辐射压力

根据光的波粒二象性质，可以把内卫星和腔体壁面所组成的空腔内的热辐射看成具有各种频率、各种运动方向的光子集合，即光子气体。腔体内表面温度的不均匀性会使内卫星受到光子的辐射压强不均匀，由此对内卫星产生的作用力即为热辐射压力。

所有光子具有相同的速度，但可能有不同的能量和动量，它们之间的关系为

$$\varepsilon = pc = h\nu = \bar{h}\omega \tag{14-3-17}$$

其中，ε、p和c分别表示光子的能量、动量和真空中的光速；ν、ω表示光子的频率和圆频率，$\omega = 2\pi\nu$；h为普朗克常数，且$\bar{h} = h/(2\pi)$。

空腔内的光子气体达到平衡后，遵从玻色-爱因斯坦分布：

$$N_l = \frac{g_l}{\mathrm{e}^{\beta\varepsilon_i} - 1} = \frac{g_l}{\mathrm{e}^{\bar{h}\omega/(kT)} - 1} \tag{14-3-18}$$

其中，g_l为量子态数；k为玻尔兹曼常量；T为热力学温度。由于光子的自旋量子数为1，则自旋在动量方向的投影可取$\pm\omega$两个可能值，相当于右和左两个圆偏振。

根据量子统计理论，在体积为V的辐射场内，动量在$p \sim p + \mathrm{d}p$范围内的光量子态数为

$$g_l = \frac{8\pi V}{h^3} p^2 \mathrm{d}p \tag{14-3-19}$$

于是，得到在$\omega \sim \omega + \mathrm{d}\omega$圆频率范围内光子的量子态数为

$$g_l = \frac{V}{\pi^2 c^3} \omega^2 \mathrm{d}\omega \tag{14-3-20}$$

因此，在体积V内的平均光子数为

$$N_l = \frac{V}{\pi^2 c^3} \frac{\omega^2 \mathrm{d}\omega}{\mathrm{e}^{\beta\varepsilon_i} - 1} \tag{14-3-21}$$

又因为每个光子的能量$\varepsilon = pc = h\nu = \bar{h}\omega$，则在$\omega \sim \omega + \mathrm{d}\omega$圆频率范围内光子气体的内能为

$$\mathrm{d}U(\omega, T) = N_l \varepsilon = \frac{V}{\pi^2 c^3} \frac{\bar{h}\omega^3}{\mathrm{e}^{\beta\varepsilon_i} - 1} \mathrm{d}\omega \tag{14-3-22}$$

对所有圆频率积分，得到光子气体的总内能为

$$U = \frac{V}{\pi^2 c^3} \int_0^\infty \frac{\bar{h}\omega^3}{\mathrm{e}^{\beta\varepsilon_i} - 1} \mathrm{d}\omega = \frac{\pi^2 k^4}{15 c^3 \bar{h}^3} V T^4 = \frac{\pi^2 k^4}{60 \bar{h}^3 c^2} \frac{4}{c} V T^4 = \sigma \frac{4}{c} V T^4$$

$$\tag{14-3-23}$$

密度为

$$u = \frac{U}{V} = \frac{4}{c}\sigma T^4 \tag{14-3-24}$$

其中，T 为腔体内的平均温度，其他常数见表 14.7。

表 14.7 物理常量表

常数名称	数 值
真空中的光速	$c = 3 \times 10^8$ m/s
普朗克常量	$\bar{h} = 1.06 \times 10^{-34}$ J/s
	$h = 6.63 \times 10^{-34}$ J/s
玻尔兹曼常量	$k = 1.38 \times 10^{-23}$ J/K
斯特藩-玻尔兹曼常数	$\sigma = 5.7 \times 10^{-8}$ W/(m$^2 \cdot$ K^4)

在平衡辐射场中，辐射压强与辐射能量密度 u 之间的关系为

$$p = \frac{1}{3}u = \frac{4}{3c}\sigma T^4 \tag{14-3-25}$$

设两侧腔壁的温度分别为 $T_1 = T + \Delta T, T_2 = T$，这样得到内卫星受到的热辐射压力的合力为

$$
\begin{aligned}
F_{\text{rad}} &= \frac{4}{3c}\sigma S\left[(T + \Delta T)^4 - T^4\right] \\
&= \frac{4}{3c}\sigma S \cdot 4T^3 \Delta T\left(1 + \frac{\Delta T}{T} + \frac{\Delta T^2}{2T^2}\right)\left(1 + \frac{\Delta T}{2T}\right) \\
&= \frac{16}{3c}\sigma S T^3 \Delta T\left(1 + \frac{\Delta T}{T} + \frac{\Delta T^2}{2T^2}\right)\left(1 + \frac{\Delta T}{2T}\right)
\end{aligned}
\tag{14-3-26}
$$

由此，得出因热辐射压力引起的加速度噪声为

$$a_{\text{rad}} = \frac{16}{3c}\sigma T^3 \Delta T\left(1 + \frac{\Delta T}{T} + \frac{\Delta T^2}{2T^2}\right)\left(1 + \frac{\Delta T}{2T}\right)\left(\frac{S}{M}\right) \approx \frac{16}{3c}\sigma T^3 \Delta T\left(\frac{S}{M}\right) \tag{14-3-27}$$

设扰动温差为 0.5K，腔体内的设计平均温度为 300K，计算得到在设计状态下：

$$
\begin{aligned}
a_{\text{rad}} &= \frac{16}{3c}\sigma T^3 \Delta T\left(1 + \frac{\Delta T}{T} + \frac{\Delta T^2}{2T^2}\right)\left(1 + \frac{\Delta T}{2T}\right)\left(\frac{S}{M}\right) \\
&= \frac{4}{c\rho r}\sigma T^3 \Delta T\left(1 + \frac{\Delta T}{T} + \frac{\Delta T^2}{2T^2}\right)\left(1 + \frac{\Delta T}{2T}\right) \\
&= 2.06 \times 10^{-11}\,(\text{m/s}^2)
\end{aligned}
\tag{14-3-28}
$$

(1)改变腔体内的平均温度，得到热辐射压力加速度变化曲线，如图 14.26 所示。

（2）改变内卫星的半径，得到热辐射压力加速度变化曲线，如图 14.27 所示。

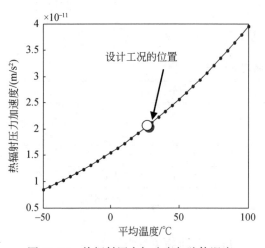

图 14.26　热辐射压力加速度与腔体温度的关系　　图 14.27　热辐射压力加速度与内卫星半径的关系

（3）改变壁面温差，得到热辐射压力加速度变化曲线，如图 14.28 所示。

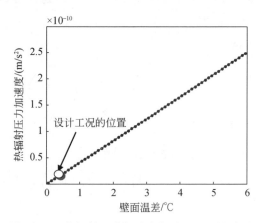

图 14.28　热辐射压力加速度与壁面温差的关系

14.3.3　内卫星残余气体阻尼

当内卫星在腔体中具有宏观运动时，气体分子在内卫星表面上的吸附和逸出会导致气体分子获得动能增量，这个动能增量就是内卫星的气体阻尼损耗，使内卫星受到力的作用，这就是残余气体阻尼的作用原理。

设内卫星以速率 v 沿某方向运动，内卫星受到的气体阻尼力大小为

$$F_a = -\eta v \tag{14-3-29}$$

其中，η 为阻尼系数，即

$$\eta = p(2S_x + S_y + S_z)\sqrt{\frac{2m}{\pi kT}} \tag{14-3-30}$$

其中，p 为残余气体压强；m 为腔内气体分子质量；k 为玻尔兹曼常量；T 为腔体内平衡温度；S_i 为内卫星 i 方向的迎风面积，$i = x, y, z$。

进一步可得残余气体阻尼引起的加速度噪声为

$$a_{\text{pre}} = \sqrt{\frac{4kT\eta}{M}} \tag{14-3-31}$$

其中，M 为内卫星质量。由于内卫星为均匀球形，故 $S_x = S_y = S_z = S$，S 为最大截面积，因此

$$a_{\text{pre}} = \sqrt{\frac{4kT\eta}{M}} = 4\sqrt{\sqrt{\frac{2kTm}{\pi}}}\sqrt{p}\sqrt{\frac{S}{M}} \tag{14-3-32}$$

由此可知，残余气体阻尼引起的干扰加速度与腔内平衡温度的 4 次方根、内卫星面质比的平方根以及残余气体压强的平方根成正比。

14.3.4　内卫星辐射计效应和气体阻尼的耦合作用

1. 辐射计效应和气体阻尼作用的物理机理

内卫星辐射计效应是由其密闭腔体中的温度梯度引起的。由于内卫星表面温度梯度的存在，内卫星表面气体分子逸出产生的反作用力之和不为 0；由于密闭腔体内壁温度梯度的存在，从腔体内壁逸出的气体分子对内卫星的撞击力之和不为 0。内卫星辐射计效应就是该反作用力和撞击力的矢量和。

当内卫星在其密闭腔体中具有宏观运动时，气体分子在内卫星表面上的吸附和逸出会导致气体分子获得动能增量，这个动能增量就是内卫星的气体阻尼损耗[21]。

虽然内卫星辐射计效应和残余气体阻尼都是气体分子作用力，但是两者矢量和并不是内卫星受到的实际气体分子作用力，这两种力是耦合的。这是因为单位时间内撞击到内卫星表面的气体分子数不仅和腔体中的温度分布有关，还和内卫星的相对运动速度有关。下面分析并建立这种耦合关系的数学模型，以准确计算内卫星受到的实际气体分子作用力。

2. 屏蔽腔体中余弦定律的适用性分析

余弦定律指碰撞于固体表面的分子，它们飞离表面的方向与原飞来方向无关，并按飞离方向与表面法向夹角的余弦进行分布。设有一个分子，则其离开固体表面时位于立体角 $\mathrm{d}\omega$（与表面法线成 θ 角）中的概率为

$$\mathrm{d}P = \frac{\mathrm{d}\omega \cos\theta}{\pi} \tag{14-3-33}$$

实验证明，对于在分子尺度上光滑的表面，气体分子逸出方向取决于飞来方

向。对于常见材料,即使被精密研磨过,离分子光滑的尺度还很远。在通常情况下,可认为余弦定律是成立的,在分析屏蔽腔体中的分子逸出时可应用余弦定律。

3. 内卫星表面分子逸出引起的作用力

以屏蔽腔体中心为原点,建立直角坐标系 XYZ ,如图 14.29 所示,设内卫星球心偏离腔体中心的位置矢量为

$$\boldsymbol{r}_0 = x_0 \boldsymbol{i} + y_0 \boldsymbol{j} + z_0 \boldsymbol{k} \tag{14-3-34}$$

其中, $\boldsymbol{i}$ 、$\boldsymbol{j}$ 、$\boldsymbol{k}$ 分别是 X 、Y 、Z 方向的单位矢量。设内卫星在屏蔽腔体中具有宏观运动速度 $\boldsymbol{v}_0$:

$$\boldsymbol{v}_0 = v_x \boldsymbol{i} + v_y \boldsymbol{j} + v_z \boldsymbol{k} \tag{14-3-35}$$

如图 14.30 所示,以内卫星质心为原点建立球坐标系,其中 x 、y 、z 轴分别平行于 X 、Y 、Z 。设腔体平均压力为 p_0 ,平均温度为 T_0 ,验证质量球半径为 r ,其表面球坐标为 (r,θ,ϕ) , $0 \leqslant \theta \leqslant \pi$, $0 \leqslant \phi \leqslant 2\pi$,内卫星表面温度分布为 $T_{\text{in}}(\theta,\phi)$ 。

假设内卫星在腔体中的宏观运动不会改变其表面分子的逸出数目,仅改变气体分子的逸出速度。那么,内卫星表面气体分子逸出引起的作用力可以分为两部分,一部分是辐射计效应部分,即由表面温度梯度引起的,记为 $\boldsymbol{F}_{11}$;另一部分是残余气体阻尼部分,即由内卫星在腔体中的宏观运动引起的,记为 $\boldsymbol{F}_{12}$ 。

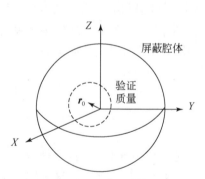

图 14.29　内卫星和腔体相对位置

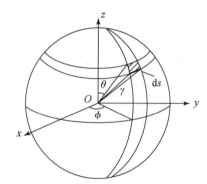

图 14.30　内卫星球坐标系

$\boldsymbol{F}_{11}$ 作用于内卫星球心:

$$\boldsymbol{F}_{11} = -\frac{p_0 r^2}{2\sqrt{T_0}} \oiint_{S_{\text{In Sat}}} \sin\theta \sqrt{T_{\text{in}}(\theta,\phi)} (\sin\theta\cos\phi \boldsymbol{i} + \sin\theta\sin\phi \boldsymbol{j} + \cos\theta \boldsymbol{k}) \mathrm{d}\theta \mathrm{d}\phi$$

$$\tag{14-3-36}$$

由余弦定律可知,单位时间从内卫星表面微元 $\mathrm{d}s$ 逸出的分子数为

$$\mathrm{d}N = \frac{n\bar{v}\mathrm{d}s}{2}\int_0^{\frac{\pi}{2}}\cos\alpha\sin\alpha\mathrm{d}\alpha = \frac{n\bar{v}\mathrm{d}s}{4} \tag{14-3-37}$$

其中, n 为微元 $\mathrm{d}s$ 附近的分子数密度; $\bar{v}$ 为 $\mathrm{d}s$ 表面气体分子逸出的平均速度,其大

小为

$$\overline{v} = \sqrt{\frac{8kT_{\text{in}}}{\pi m}} \tag{14-3-38}$$

其中，k 为玻尔兹曼常量；m 为气体分子质量；$T_{\text{in}}(\theta,\phi)$ 为内卫星表面温度分布。根据气体状态方程

$$p = nkT \tag{14-3-39}$$

由热流逸效应可知[22]

$$p = p_0 \sqrt{\frac{T_{\text{in}}(\theta,\phi)}{T_0}} \tag{14-3-40}$$

将式(14-3-38)～式(14-3-40)代入式(14-3-37)中，积分得到单位时间从内卫星表面逸出的分子总数为

$$N = \oiint\limits_{S_{\text{In Sat}}} \frac{n\overline{v}\mathrm{d}s}{4} = p_0 r^2 \sqrt{\frac{8\pi}{kmT_0}} \tag{14-3-41}$$

从而

$$\boldsymbol{F}_{12} = -mN\boldsymbol{v}_0 = -p_0 r^2 \sqrt{\frac{8\pi m}{kT_0}}(v_x\boldsymbol{i}+v_y\boldsymbol{j}+v_z\boldsymbol{k}) \tag{14-3-42}$$

由对称性可知，$\boldsymbol{F}_{12}$ 的作用点为内卫星球心。由式(14-3-36)和式(14-3-42)可知，由内卫星表面气体分子逸出引起的作用力为

$$\boldsymbol{F}_1 = \boldsymbol{F}_{11} + \boldsymbol{F}_{12} = -p_0 r^2 \sqrt{\frac{8\pi m}{kT_0}}(v_x\boldsymbol{i}+v_y\boldsymbol{j}+v_z\boldsymbol{k})$$

$$-\frac{p_0 r^2}{2\sqrt{T_0}}\oiint\limits_{S_{\text{InSat}}} \sin\theta\sqrt{T_{\text{in}}(\theta,\phi)}\,(\sin\theta\cos\phi\boldsymbol{i}+\sin\theta\sin\phi\boldsymbol{j}+\cos\theta\boldsymbol{k})\mathrm{d}\theta\mathrm{d}\phi$$

$$\tag{14-3-43}$$

4. 屏蔽腔体内壁逸出分子对内卫星的撞击力

从屏蔽腔体内壁逸出的气体分子直接撞击到具有宏观运动速度的内卫星上，被内卫星表面吸附，这样，内卫星就会受到气体分子撞击力的作用。

内卫星及其屏蔽腔体的相对位置如图 14.31 所示，设腔体半径为 R，腔体内壁的温度分布为 $T_{\text{out}}(\Theta,\Phi)$，则腔体内壁坐标为

$$\boldsymbol{r}_A = R\sin\Theta\cos\Phi\boldsymbol{i} + R\sin\Theta\sin\Phi\boldsymbol{j} + R\cos\Theta\boldsymbol{k} \tag{14-3-44}$$

设腔体内壁 A 处的微元 $\mathrm{d}S$ 外法向单位矢量为

$$\boldsymbol{g}_A = \frac{\boldsymbol{r}_A}{|\boldsymbol{r}_A|} = \sin\Theta\cos\Phi\boldsymbol{i} + \sin\Theta\sin\Phi\boldsymbol{j} + \cos\Theta\boldsymbol{k} \tag{14-3-45}$$

其中，$\boldsymbol{i}$、$\boldsymbol{j}$、$\boldsymbol{k}$ 是沿 X、Y、Z 轴的单位矢量；$0 \leqslant \Theta \leqslant \pi$；$0 \leqslant \Phi \leqslant 2\pi$。

设内卫星表面 a 处微元 $\mathrm{d}s$ 的外法向单位矢量为

$$\boldsymbol{g}_a = \sin\theta\cos\phi\boldsymbol{i} + \sin\theta\sin\phi\boldsymbol{j} + \cos\theta\boldsymbol{k} \tag{14-3-46}$$

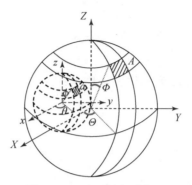

图 14.31　内卫星相对位置

已知内卫星球半径为 r，表面坐标为 $\boldsymbol{r}_a$：

$$\boldsymbol{r}_a = r\boldsymbol{g}_a + \boldsymbol{r}_0 = (x_0 + r\sin\theta\cos\phi)\boldsymbol{i} + (y_0 + r\sin\theta\sin\phi)\boldsymbol{j} + (z_0 + r\cos\theta)\boldsymbol{k}$$

$$(14\text{-}3\text{-}47)$$

如图 14.32 所示，设内卫星和腔体表面微元之间的距离矢量为

$$\boldsymbol{\rho}(\theta,\phi,\Theta,\Phi,x_0,y_0,z_0) = \boldsymbol{r}_a - \boldsymbol{r}_A \tag{14-3-48}$$

设 $\mathrm{d}S$ 内法向 $-\boldsymbol{g}_A$ 与 $\boldsymbol{\rho}$ 的夹角为 X，$\mathrm{d}s$ 外法向 $\boldsymbol{g}_a$ 与 $-\boldsymbol{\rho}$ 的夹角为 χ。考虑从 $\mathrm{d}S$ 逸出且在以 $\boldsymbol{\rho}$ 为中心的 $\Omega \sim \Omega + \mathrm{d}\Omega$ 立体角范围内运动的气体分子。这些气体分子在 $\mathrm{d}t$ 时间内的逸出总数为

$$\mathrm{d}N_0 = n\mathrm{d}S \cdot v\cos X\mathrm{d}t \tag{14-3-49}$$

其中，n 是 $\mathrm{d}S$ 附近的分子数密度，由式(14-3-39)和式(14-3-40)可得

$$n = \frac{p_0}{k\sqrt{T_0 T_{\text{out}}(\Theta,\Phi)}} \tag{14-3-50}$$

设 $\mathrm{d}s$ 对 $\mathrm{d}S$ 的立体角为

$$\mathrm{d}\Omega^* = \frac{\mathrm{d}s\cos\chi}{\rho^2} \tag{14-3-51}$$

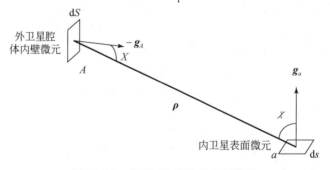

图 14.32　内卫星和腔体的表面微元

那么，气体分子沿以 $\boldsymbol{\rho}$ 为中心的 $\Omega \sim \Omega + \mathrm{d}\Omega$ 立体角范围逸出、速率在 $v \sim v+$

$\mathrm{d}v$ 内的概率为

$$q = f(\boldsymbol{v})\mathrm{d}v\mathrm{d}\Omega^* = \frac{f(v)\mathrm{d}v}{4\pi}\frac{\mathrm{d}s\cos\chi}{\rho^2} \tag{14-3-52}$$

考虑到内卫星在腔体中具有速度 $\boldsymbol{v}_0$，在 $\mathrm{d}t$ 时间内从 $\mathrm{d}S$ 逸出的、速率在 $v \sim v+\mathrm{d}v$ 内、被 $\mathrm{d}s$ 吸收的分子数为

$$\mathrm{d}N_1 = n\mathrm{d}S\Big(v\cos X - \frac{\boldsymbol{v}_0 \cdot \boldsymbol{\rho}}{\rho}\Big)\mathrm{d}t \cdot \frac{f(v)\mathrm{d}v}{4\pi}\frac{\mathrm{d}s\cos\chi}{\rho^2} \tag{14-3-53}$$

设气体分子被内卫星表面吸附后具有速度 $\boldsymbol{v}_0$，从 $\mathrm{d}S$ 逸出速率为 $v \sim v+\mathrm{d}v$ 的气体分子对 $\mathrm{d}s$ 的作用力为 $\Delta\boldsymbol{F}(\theta,\phi)$，则

$$\Delta\boldsymbol{F} = \frac{m\mathrm{d}N_1(v\boldsymbol{\tau}_0 - \boldsymbol{v}_0)}{\mathrm{d}t} = mn\Big(v\cos X - \frac{\boldsymbol{v}_0 \cdot \boldsymbol{\rho}}{\rho}\Big) \cdot \frac{f(v)\mathrm{d}v}{4\pi}\frac{\mathrm{d}S\mathrm{d}s\cos\chi}{\rho^2}(v\boldsymbol{\tau}_0 - \boldsymbol{v}_0)$$

$$\tag{14-3-54}$$

其中，$\boldsymbol{\tau}_0(\theta,\phi,\Theta,\Phi,x_0,y_0,z_0) = \boldsymbol{\rho}/|\boldsymbol{\rho}|$。将式(14-3-50)代入式(14-3-54)中，并对所有积分变量积分，得到作用在内卫星上的合力 $\boldsymbol{F}_2$ 为

$$\boldsymbol{F}_2 = K\int_0^{2\pi}\mathrm{d}\phi \cdot \int_0^{\pi}\sin\theta\mathrm{d}\theta \cdot \iint \frac{\cos\chi\sin\Theta}{\rho^2\sqrt{T_{\mathrm{out}}(\Theta,\Phi)}}\mathrm{d}\Theta\mathrm{d}\Phi$$

$$\times \int_0^{+\infty}\Big(v\cos X - \frac{\boldsymbol{v}_0 \cdot \boldsymbol{\rho}}{\rho}\Big)(v\boldsymbol{\tau}_0 - \boldsymbol{v}_0)f(v)\mathrm{d}v \tag{14-3-55}$$

其中，常数 $K = (mp_0R^2r^2)/(4k\pi\sqrt{T_0})$。

在式(14-3-55)中，积分变量 Θ、Φ 的积分区域确定如下：过内卫星表面微元 $\mathrm{d}s$ 作切平面，如图 14.33 所示，切平面上方的半球空间(不含内卫星部分)为 $\mathrm{d}s$ 的可见入射区域，该区域的腔体内壁为 Θ、Φ 的积分区域。

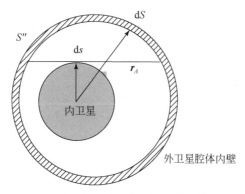

图 14.33　$\mathrm{d}s$ 的可见入射区域 S''

式(14-3-43)和式(14-3-55)相加并展开，得到内卫星受到的总气体分子作用力 $\boldsymbol{F}$ 为

$$\boldsymbol{F} = K \int_0^{2\pi} \mathrm{d}\phi \cdot \int_0^{\pi} \sin\theta \mathrm{d}\theta \cdot \iint \frac{(\boldsymbol{r}_0 \cdot \boldsymbol{u} + r - Rf_1)}{[r_0^2 + r^2 + R^2 - 2Rrf_1 + 2\boldsymbol{r}_0 \cdot (\boldsymbol{nu} - R\boldsymbol{U})]^2}$$

$$\times \frac{\sin\Theta}{\sqrt{T_{\mathrm{out}}(\Theta,\Phi)}} \mathrm{d}\Theta \mathrm{d}\Phi$$

$$\times \int_0^{+\infty} [v(\boldsymbol{r}_0 \cdot \boldsymbol{U} + rf_1 - R) + \boldsymbol{r}_0 \cdot \boldsymbol{v}_0 + \boldsymbol{nu} \cdot \boldsymbol{v}_0 - R\boldsymbol{U} \cdot \boldsymbol{v}_0]$$

$$\times \left[\frac{v(\boldsymbol{r}_0 + \boldsymbol{nu} - R\boldsymbol{U})}{\sqrt{r_0^2 + r^2 + R^2 - 2Rrf_1 + 2\boldsymbol{r}_0 \cdot (\boldsymbol{nu} - R\boldsymbol{U})}} - \boldsymbol{v}_0 \right] f(v) \mathrm{d}v$$

$$- \frac{p_0 r^2}{2\sqrt{T_0}} \int_0^{2\pi} \mathrm{d}\phi \int_0^{\pi} \sin\theta \sqrt{T_{\mathrm{in}}(\theta,\phi)} \boldsymbol{u} \mathrm{d}\theta - p_0 r^2 \sqrt{\frac{8\pi m}{kT_0}} \boldsymbol{v}_0 \qquad (14\text{-}3\text{-}56)$$

其中

$$f_1 = \sin\theta\cos\phi\sin\Theta\cos\Phi + \sin\theta\sin\phi\sin\Theta\sin\Phi + \cos\theta\cos\Theta$$

$$\boldsymbol{u}(\theta,\phi) = \sin\theta\cos\phi\boldsymbol{i} + \sin\theta\sin\phi\boldsymbol{j} + \cos\theta\boldsymbol{k}$$

$$\boldsymbol{U}(\Theta,\Phi) = \sin\Theta\cos\Phi\boldsymbol{i} + \sin\Theta\sin\Phi\boldsymbol{j} + \cos\Theta\boldsymbol{k}$$

$$\boldsymbol{r}_0 = x_0\boldsymbol{i} + y_0\boldsymbol{j} + z_0\boldsymbol{k}$$

$$\boldsymbol{v}_0 = v_x\boldsymbol{i} + v_y\boldsymbol{j} + v_z\boldsymbol{k}$$

$$f(v) = 4\pi \left[\frac{m}{2\pi kT_{\mathrm{out}}(\Theta,\Phi)} \right]^{\frac{3}{2}} v^2 \mathrm{e}^{-\frac{mv^2}{2kT_{\mathrm{out}}(\Theta,\Phi)}} \qquad (14\text{-}3\text{-}57)$$

式(14-3-56)和式(14-3-57)即为内卫星辐射计效应和气体阻尼的耦合作用模型。

5. 内卫星辐射计效应和残余气体阻尼的耦合性分析

根据产生原因的不同,气体分子作用力可以分为内卫星表面分子逸出引起的作用力 $\boldsymbol{F}_1$ 和屏蔽腔体内壁逸出分子对内卫星的撞击力 $\boldsymbol{F}_2$。

在式(14-3-43)中,若令内卫星表面温度分布 $T_{\mathrm{in}}(\theta,\phi)$ 为常数,则

$$\boldsymbol{F}_1 = -p_0 r^2 \sqrt{\frac{8\pi m}{kT_0}} (v_x\boldsymbol{i} + v_y\boldsymbol{j} + v_z\boldsymbol{k}) \qquad (14\text{-}3\text{-}58)$$

若令内卫星在屏蔽腔体中运动速度 $\boldsymbol{v}_0$ 为 $\boldsymbol{0}$,则

$$\boldsymbol{F}_1 = -\frac{p_0 r^2}{2\sqrt{T_0}} \oiint_{S_{\mathrm{InSat}}} \sin\theta \sqrt{T_{\mathrm{in}}(\theta,\phi)} (\sin\theta\cos\phi\boldsymbol{i} + \sin\theta\sin\phi\boldsymbol{j} + \cos\theta\boldsymbol{k}) \mathrm{d}\theta \mathrm{d}\phi$$

$$(14\text{-}3\text{-}59)$$

从而可知,在 $\boldsymbol{F}_1$ 中辐射计效应和残余气体阻尼是不耦合的,$\boldsymbol{F}_1$ 是相应辐射计效应和残余气体阻尼的矢量和。

已知麦克斯韦速率分布函数 $f(v)$ 具有如下性质:

$$\int_0^{+\infty} f(v)\mathrm{d}v = 1, \quad \int_0^{+\infty} vf(v)\mathrm{d}v = \sqrt{\frac{8kT}{\pi m}}, \quad \int_0^{+\infty} v^2 f(v)\mathrm{d}v = \frac{3kT}{m}$$

$$(14\text{-}3\text{-}60)$$

将式(14-3-60)代入式(14-3-55)中,得到

$$\boldsymbol{F}_2 = K\int_0^{2\pi}\mathrm{d}\phi \cdot \int_0^{\pi}\sin\theta\mathrm{d}\theta$$

$$\times \iint \frac{\cos\chi\sin\Theta}{\rho^2}\begin{bmatrix}\dfrac{3k\sqrt{T_{\mathrm{out}}(\Theta,\Phi)}}{m}\cos X\boldsymbol{\tau}_0 \\[2mm] -(\cos X\boldsymbol{v}_0 + \dfrac{\boldsymbol{v}_0 \cdot \boldsymbol{\rho}}{\rho}\boldsymbol{\tau}_0)\sqrt{\dfrac{8k}{\pi m}} \\[2mm] +\dfrac{\boldsymbol{v}_0 \cdot \boldsymbol{\rho}}{\rho\sqrt{T_{\mathrm{out}}(\Theta,\Phi)}}\boldsymbol{v}_0\end{bmatrix}\mathrm{d}\Theta\mathrm{d}\Phi \qquad (14\text{-}3\text{-}61)$$

由式(14-3-61)可知,被积函数中的 $\dfrac{3k\sqrt{T_{\mathrm{out}}(\Theta,\Phi)}}{m}\cos X\boldsymbol{\tau}_0$ 项完全由腔体中的温度梯度引起,它属于辐射计效应部分;$\left(\cos X\boldsymbol{v}_0 + \dfrac{\boldsymbol{v}_0 \cdot \boldsymbol{\rho}}{\rho}\boldsymbol{\tau}_0\right)\sqrt{\dfrac{8k}{\pi m}}$ 项完全由内卫星在腔体中的运动引起,它属于残余气体阻尼部分;$\dfrac{\boldsymbol{v}_0 \cdot \boldsymbol{\rho}}{\rho\sqrt{T_{\mathrm{out}}(\Theta,\Phi)}}\boldsymbol{v}_0$ 项由腔体中温度梯度和内卫星在腔体中的运动共同引起,它是辐射计效应和残余气体阻尼耦合作用的部分。可知,$\boldsymbol{F}_2$ 中的辐射计效应和残余气体阻尼是耦合的。

6. 内卫星辐射计效应、气体阻尼与系统参数的关系

式(14-3-56)中的气体分子作用力可表示为

$$\boldsymbol{F} = \frac{mp_0r^2}{4k\pi\sqrt{T_0}} \cdot \int_0^{2\pi}\mathrm{d}\phi \cdot \int_0^{\pi}\sin\theta\mathrm{d}\theta \cdot \iint \frac{\left(\dfrac{\boldsymbol{r}_0}{R} \cdot \boldsymbol{u} + \dfrac{r}{R} - f_1\right)}{\left[\dfrac{r_0^2}{R^2} + \dfrac{r^2}{R^2} + 1 - 2\dfrac{r}{R}f_1 + 2\dfrac{\boldsymbol{r}_0}{R} \cdot \left(\dfrac{r}{R}\boldsymbol{u} - \boldsymbol{U}\right)\right]^2}$$

$$\times \frac{\sin\Theta}{\sqrt{T_{\mathrm{out}}(\Theta,\Phi)}}\mathrm{d}\Theta\mathrm{d}\Phi \cdot \int_0^{+\infty}\left[v\left(\frac{\boldsymbol{r}_0}{R} \cdot \boldsymbol{U} + \frac{r}{R}f_1 - 1\right) + \frac{\boldsymbol{r}_0}{R} \cdot \boldsymbol{v}_0 + \frac{r}{R}\boldsymbol{u} \cdot \boldsymbol{v}_0 - \boldsymbol{U} \cdot \boldsymbol{v}_0\right]$$

$$\times \left[\frac{v\left(\dfrac{\boldsymbol{r}_0}{R} + \dfrac{r}{R}\boldsymbol{u} - \boldsymbol{U}\right)}{\sqrt{\dfrac{r_0^2}{R^2} + \dfrac{r^2}{R^2} + 1 - 2\dfrac{r}{R}f_1 + 2\dfrac{\boldsymbol{r}_0}{R} \cdot \left(\dfrac{r}{R}\boldsymbol{u} - \boldsymbol{U}\right)}} - \boldsymbol{v}_0\right]f(v)\mathrm{d}v$$

$$-\frac{p_0r^2}{2\sqrt{T_0}}\int_0^{2\pi}\mathrm{d}\phi\int_0^{\pi}\sin\theta\sqrt{T_{\mathrm{in}}(\theta,\phi)}\boldsymbol{u}\mathrm{d}\theta - p_0r^2\sqrt{\frac{8\pi m}{kT_0}}\boldsymbol{v}_0 \qquad (14\text{-}3\text{-}62)$$

通常,屏蔽腔体半径 R 远大于内卫星半径 r ,并且在标称状态下,内卫星球心与屏蔽腔体中心重合,从而认为

$$\frac{r}{R} \ll 1, \quad \frac{r^2}{R^2} \ll 1, \quad \left|\frac{\boldsymbol{r}_0}{R}\right| \ll 1, \quad \frac{r_0^2}{R^2} \ll 1 \qquad (14\text{-}3\text{-}63)$$

如果认为 R 充分大,式(14-3-62)可以近似为

$$\boldsymbol{F} = -\frac{mp_0r^2}{4k\pi\sqrt{T_0}} \cdot \int_0^{2\pi}\mathrm{d}\phi \cdot \int_0^{\pi}\sin\theta\mathrm{d}\theta \cdot \iint \frac{f_1\sin\Theta}{\sqrt{T_{\mathrm{out}}(\Theta,\Phi)}}\mathrm{d}\Theta\mathrm{d}\Phi$$

$$\times \int_0^{+\infty} (v + \boldsymbol{U} \cdot \boldsymbol{v}_0)(v\boldsymbol{U} + \boldsymbol{v}_0) f(v) \mathrm{d}v$$

$$-\frac{p_0 r^2}{2\sqrt{T_0}} \int_0^{2\pi} \mathrm{d}\phi \int_0^{\pi} \sin\theta \sqrt{T_{\mathrm{in}}(\theta,\phi)}\, \boldsymbol{u}\mathrm{d}\theta - p_0 r^2 \sqrt{\frac{8\pi m}{kT_0}}\, \boldsymbol{v}_0 \qquad (14\text{-}3\text{-}64)$$

由式(14-3-64)可知,在认为屏蔽腔体半径 R 充分大的情况下,气体分子对内卫星的作用力 $\boldsymbol{F}$(辐射计效应和残余气体阻尼的综合作用)与腔体平均压力 p_0 成正比,与内卫星的最大截面积成正比,与平均温度 T_0 的平方根成反比。当 R 充分大时,$\boldsymbol{F}$ 随 R 的变化量可以忽略。

7. 辐射计效应和残余气体阻尼耦合模型的仿真计算

比较辐射计效应和残余气体阻尼单独建模结果与耦合建模结果,其中耦合模型即式(14-3-56)和式(14-3-57),辐射计效应模型采用文献[23]中的结果。根据文献[24]得到残余气体阻尼 $\boldsymbol{F}$ 为

$$\boldsymbol{F} = -\frac{2p_0 r^2}{3}\sqrt{\frac{8\pi m}{kT_0}}\, v_z \boldsymbol{k} \qquad (14\text{-}3\text{-}65)$$

其中,设内卫星位于腔体中心,速度沿 Z 轴正方向;p_0 为腔体平均压力;T_0 为腔体平均温度;r 为内卫星半径;m 为气体分子平均质量;k 为玻尔兹曼常量;v_z 为内卫星沿 Z 轴的速率;$\boldsymbol{k}$ 为 Z 轴正方向的单位矢量。这些参数的取值如表 14.8 所示。

表 14.8　耦合模型数值计算中的参数设置

参数	数值	参数	数值
屏蔽腔体半径	$R=250\mathrm{mm}$	内卫星半径	$r=25\mathrm{mm}$
腔体平均压力	$p_0=9.77\times10^{-6}\mathrm{Pa}$	腔体平均温度	$T_0=300\mathrm{K}$
内卫星位于腔体中心	$\boldsymbol{r}_0=(0,0,0)$		

采用对半温度分布,内卫星上、下表面的温度分别取为 300K、299.5K,腔体内壁上、下表面温度分别取为 300.25K、299.75K,如图 14.34 所示。

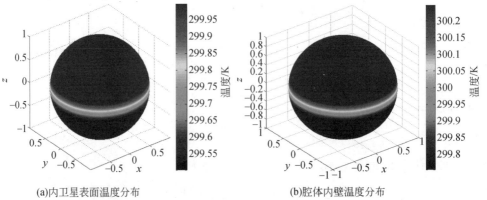

(a)内卫星表面温度分布　　　　　　　　　(b)腔体内壁温度分布

图 14.34　腔体中的温度分布(见彩图)

内卫星表面气体分子逸出引起的辐射计效应和气体阻尼是不耦合的,所以在仿真中只计算腔体内壁分子撞击到内卫星引起的辐射计效应和气体阻尼,并分析它们的耦合性。在不同的内卫星运动速度下进行仿真计算,结果如图 14.35 所示。可知,辐射计效应与内卫星运动速度无关,气体阻尼随内卫星运动速度线性增加,辐射计效应和气体阻尼的耦合计算结果也随内卫星运动速度线性增加,且耦合计算结果的斜率大于气体阻尼的斜率。这就验证了辐射计效应和气体阻尼是耦合的,并且耦合性随内卫星运动速度的增加而增加。

将图 14.35 局部放大,如图 14.36 所示。可知,在该仿真条件下,存在临界速度 v_c(0.17m/s),当内卫星运动速度小于 v_c 时,耦合模型计算结果小于两者的代数和;当内卫星运动速度大于 v_c 时,耦合模型计算结果大于两者的代数和。

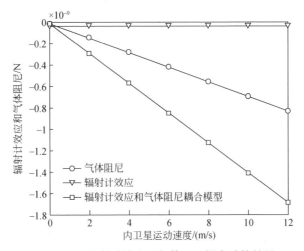

图 14.35 辐射计效应和气体阻尼耦合计算结果

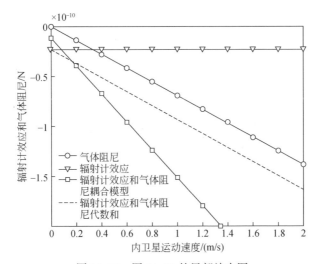

图 14.36 图 14.35 的局部放大图

14.4　内卫星电磁非引力干扰分析与抑制

内卫星所处的腔体环境受到星际磁场、卫星内部电磁辐射的综合影响,必然有微弱的电磁场存在。由于宇宙射线的辐照,内卫星会积累电荷;内卫星的加工过程中会因为铁杂质的存在引入剩磁,而且会在外部磁场作用下产生诱导磁矩;内卫星本身是高速运动的。基于所有这些因素,内卫星可能受到的电磁干扰力主要包括三部分:静电场力、静磁场力和洛伦兹力。

14.4.1　电磁干扰力建模

1. 静电力

外卫星上存在的电极和电路会产生微弱电场,内卫星表面上因为宇宙射线的撞击会积累电荷,因此一般对腔体采用被动电荷屏蔽措施,以减少腔体内的电场。由于腔体上外接电缆的需要,必然存在多处孔洞,从而造成电场的泄漏,这是腔体内仍然存在电场的主要原因。设内卫星带电量为 q,腔体内电场强度为 E,静电场干扰力为

$$f = qE \tag{14-4-1}$$

作用到内卫星上产生的干扰加速度为

$$a = \frac{f}{m_i} \tag{14-4-2}$$

其中,m_i 为内卫星质量。

2. 静磁力

设内卫星所在空间的磁场强度为 B,内卫星的磁矩为 M_p,根据电动力学原理,磁场作用于内卫星的静磁力为

$$f_m = \nabla(M_p \cdot B) \tag{14-4-3}$$

其中,B 由局部磁场 B_0 和地球磁场 B_{ip} 叠加得

$$B = B_0 + B_{ip} \tag{14-4-4}$$

卫星上的电气设备中电流变化激发磁场,在腔体内的残留构成局部磁场。对于内编队系统,可能的磁场来源包括紧锁/释放机构、相对状态测量装置、内卫星放电装置以及电源系统、天线等设备。

内卫星磁矩由剩余磁矩和诱导磁矩组成

$$M_p = M_r + \frac{\chi_m V_p}{\mu_0} B \tag{14-4-5}$$

其中,M_r 为剩余磁矩;V_p 为内卫星体积;χ_m 为磁化率;μ_0 为真空磁导率。

综合式(14-4-3)~式(14-4-5),得到内卫星加速度为

$$a_m = \frac{f_m}{m_i} = \frac{\chi_m}{\mu_0 \rho} \nabla(\boldsymbol{B} \cdot \boldsymbol{B}) + \frac{1}{m_i} \nabla(\boldsymbol{M}_r \cdot \boldsymbol{B}) \tag{14-4-6}$$

其中

$$\nabla(\boldsymbol{B} \cdot \boldsymbol{B}) = \nabla(\boldsymbol{B}_0 \cdot \boldsymbol{B}_0 + 2\boldsymbol{B}_0 \cdot \boldsymbol{B}_{ip} + \boldsymbol{B}_{ip} \cdot \boldsymbol{B}_{ip}) \tag{14-4-7}$$

由 $\boldsymbol{B}_0 \cdot \boldsymbol{B}_0$、$2\boldsymbol{B}_0 \cdot \boldsymbol{B}_{ip}$、$\nabla(\boldsymbol{M}_r \cdot \boldsymbol{B})$ 分别主导产生了如下三类噪声加速度。

第一类：

$$a_{m1} = \frac{2\chi_m}{\mu_0 \rho} |\nabla B_0| B_0 \tag{14-4-8}$$

第二类：

$$a_{m2} = \frac{2\chi_m}{\mu_0 \rho} |\nabla B_0| B_{ip} \tag{14-4-9}$$

第三类：

$$a_{m3} = \frac{1}{m_i} |\boldsymbol{M}_r| |\nabla B_0| \tag{14-4-10}$$

3. 洛伦兹力

洛伦兹力是运动电荷在磁场中受到的力,计算式为

$$\boldsymbol{F} = q_i(\boldsymbol{v} \times \boldsymbol{B}) \tag{14-4-11}$$

其中,q_i 为电荷量;v 为电荷速度;B 为磁场强度。

内卫星沿轨道运动时切割星际磁场磁力线,产生洛伦兹力,其计算公式为

$$f_l = v_i q_i B_{ip} \tag{14-4-12}$$

其中,v_i 为卫星在轨运行速度,则洛伦兹力引起的加速度为

$$a_l = \frac{1}{m_i} v_i q_i B_{ip} \tag{14-4-13}$$

14.4.2　基于金铱合金的内卫星电磁干扰力抑制

内卫星不可避免地存在剩余磁矩,其与外部磁场作用时会受到电磁干扰力;同时,在外部磁场作用下内卫星会产生诱导磁矩,进而加剧内卫星受到的电磁干扰。因此,降低内卫星电磁干扰的关键在于屏蔽外部磁场、降低内卫星剩余磁矩和磁化率。其中,降低内卫星磁化率可以有效减弱外部磁场引起的诱导磁矩。

目前,在国际空间引力探测任务中,降低磁化率的通用措施是采用金铂合金材料,这是因为金是抗磁性物质,铂是顺磁性物质,两种材料按照一定的比例混合,可以使合金的磁化率接近 $0^{[25]}$。由于金和铂的磁化率绝对值相差较大,为了达到较低的合金磁化率,允许的金铂配比范围较小。研究发现,铱也是顺磁性物质,它和金的磁化率绝对值非常接近,意味着金铱的配比范围较宽,易于实现更低的合金磁化率。同时,金铱合金同样满足重力卫星任务对验证质量的高密度、高导热率要求。金、铂、铱的物性参数如表 14.9 所示[26,27]。

表 14.9　金、铂、铱的物性参数

种类	密度 /(g/cm³)	导热系数 /[W/(m·K)]	熔点 /℃	比磁化率 /(cm³/g)	弹性模量 /GPa	硬度 （金刚石硬度为10）
金	19.30	315	1063	-0.15×10^{-6}	78.7	2.5
铂	21.45	71.4	1772	0.9712×10^{-6}	134.4	4.5
铱	22.56	147	2454	0.133×10^{-6}	527.6	6.5

根据定义可知,体积为 V 的物体在磁场强度 H 作用下产生的诱导磁矩 M 为

$$M = \chi_0 V H \rho \tag{14-4-14}$$

其中, ρ 为物体密度; χ_0 是比磁化率,即单位质量的物体在单位磁场强度作用下的磁化强度,单位为 m^3/kg 。

根据定义可知,金铂合金的比磁化率为

$$\chi_{0,\text{alloy}} = \frac{\chi_{0,\text{Au}}\rho_{\text{Au}}V_{\text{Au}}H + \chi_{0,\text{Pt}}\rho_{\text{Pt}}V_{\text{Pt}}H}{(\rho_{\text{Au}}V_{\text{Au}} + \rho_{\text{Pt}}V_{\text{Pt}})H} \tag{14-4-15}$$

金铂合金的体积磁化率(单位为1)为

$$\chi_{\text{Au-Pt}} = \chi_{0,\text{Au-Pt,alloy}}\rho_{\text{Au-Pt,alloy}} = \frac{\chi_{0,\text{Au}}\rho_{\text{Au}}V_{\text{Au}} + \chi_{0,\text{Pt}}\rho_{\text{Pt}}V_{\text{Pt}}}{V_{\text{Au}} + V_{\text{Pt}}} \tag{14-4-16}$$

同理,得到金铱合金的体积磁化率为

$$\chi_{\text{Au-Ir}} = \chi_{0,\text{Au-Ir,alloy}}\rho_{\text{Au-Ir,alloy}} = \frac{\chi_{0,\text{Au}}\rho_{\text{Au}}V_{\text{Au}} + \chi_{0,\text{Ir}}\rho_{\text{Ir}}V_{\text{Ir}}}{V_{\text{Au}} + V_{\text{Ir}}} \tag{14-4-17}$$

其中,下标 Au、Pt、Ir、Au-Pt、Au-Ir 分别代表金、铂、铱、金铂合金、金铱合金。分别在不同的配比下,计算金铂合金和金铱合金的体积磁化率,如图 14.37 和图 14.38 所示。由图可知,如果要求内卫星的体积磁化率低于 10^{-6},则对于金铂合金而言,要求金的体积含量为 84%～92%,配比区间较小;对于金铱合金而言,要求金的体积含量为 34%～67%,配比区间较大。因此,选择金铱合金比金铂合金更有利于实现合金磁化率的降低。

根据式(14-4-16),得到金铂合金磁化率为 0 时的金和铂的体积百分比分别为

$$P_{\text{Au}} = \frac{\chi_{0,\text{Pt}}\rho_{\text{Pt}}}{\chi_{0,\text{Pt}}\rho_{\text{Pt}} - \chi_{0,\text{Au}}\rho_{\text{Au}}}, \quad P_{\text{Pt}} = \frac{-\chi_{0,\text{Au}}\rho_{\text{Au}}}{\chi_{0,\text{Pt}}\rho_{\text{Pt}} - \chi_{0,\text{Au}}\rho_{\text{Au}}} \tag{14-4-18}$$

根据式(14-4-17),得到金铱合金磁化率为 0 时的金和铱的体积百分比分别为

$$P_{\text{Au}} = \frac{\chi_{0,\text{Ir}}\rho_{\text{Ir}}}{\chi_{0,\text{Ir}}\rho_{\text{Ir}} - \chi_{0,\text{Au}}\rho_{\text{Au}}}, \quad P_{\text{Ir}} = \frac{-\chi_{0,\text{Au}}\rho_{\text{Au}}}{\chi_{0,\text{Ir}}\rho_{\text{Ir}} - \chi_{0,\text{Au}}\rho_{\text{Au}}} \tag{14-4-19}$$

实际上,加工过程中不可能严格按照式(14-4-18)和式(14-4-19)进行配比,也就是得到合金磁化率为 0 是很难实现的。设合金体积配比误差为 δP,则金铂合金和金铱合金能够达到最低磁化率时的实际配比分别是

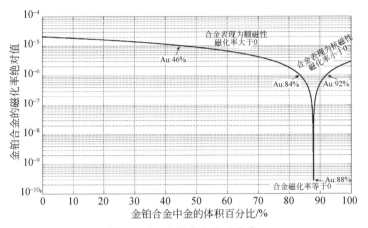

图 14.37　金铂合金的磁化率

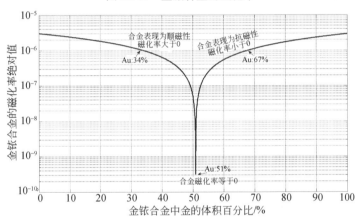

图 14.38　金铱合金的磁化率

$$\hat{P}_{Au} = \frac{\chi_{0,Pt}\rho_{Pt}}{\chi_{0,Pt}\rho_{Pt} - \chi_{0,Au}\rho_{Au}} + \delta P, \quad \hat{P}_{Pt} = \frac{-\chi_{0,Au}\rho_{Au}}{\chi_{0,Pt}\rho_{Pt} - \chi_{0,Au}\rho_{Au}} - \delta P \quad (14\text{-}4\text{-}20)$$

$$\hat{P}_{Au} = \frac{\chi_{0,Ir}\rho_{Ir}}{\chi_{0,Ir}\rho_{Ir} - \chi_{0,Au}\rho_{Au}} + \delta P, \quad \hat{P}_{Ir} = \frac{-\chi_{0,Au}\rho_{Au}}{\chi_{0,Ir}\rho_{Ir} - \chi_{0,Au}\rho_{Au}} - \delta P \quad (14\text{-}4\text{-}21)$$

按照式(14-4-20)和式(14-4-21)的体积配比,利用式(14-4-16)和式(14-4-17)得到金铂合金、金铱合金分别能够实现的最低磁化率为

$$\hat{\chi}_{Au\text{-}Pt} = (\chi_{0,Au}\rho_{Au} - \chi_{0,Pt}\rho_{Pt})\delta P \quad (14\text{-}4\text{-}22)$$

$$\hat{\chi}_{Au\text{-}Ir} = (\chi_{0,Au}\rho_{Au} - \chi_{0,Ir}\rho_{Ir})\delta P \quad (14\text{-}4\text{-}23)$$

从而

$$\frac{\hat{\chi}_{Au\text{-}Ir}}{\hat{\chi}_{Au\text{-}Pt}} = \frac{(\chi_{0,Au}\rho_{Au} - \chi_{0,Ir}\rho_{Ir})\delta P}{(\chi_{0,Au}\rho_{Au} - \chi_{0,Pt}\rho_{Pt})\delta P} = 24.85\% \quad (14\text{-}4\text{-}24)$$

式(14-4-24)意味着在同样的配比精度下,金铱合金的磁化率可以降低到金铂合金的 24.85%,从而可以有效降低内卫星受到的电磁干扰力。

14.5　测量光压建模与抑制

如果使用紫外线照射腔体内壁进行电势维持,就会有紫外线照射到内卫星上,内卫星吸收和反射光线时产生的动量对内卫星造成加速度干扰。此处定义以下参数。

E:入射光照度,单位为 W/m^2。

I_0:入射光发光强度,单位为 W/Sr。

r:内卫星半径,单位为 m。

θ:入射光和面元法线的夹角。

ρ:入射光在面元的总反射系数,$0 \leqslant \rho \leqslant 1$。

s:反射光中的镜面反射系数,$0 \leqslant s \leqslant 1$。

1. 朗伯反射

朗伯反射时各方向的亮度相同,反射强度为 $I_\varphi = I_0 \cos\varphi$,单位为 W/Sr,则在上半球空间积分可得反射功率为

$$E_{lb} = 2 \int_0^{\frac{\pi}{2}} I_0 \cos\varphi \mathrm{d}\varphi = \frac{1}{2} I_0 \tag{14-5-1}$$

总动量方向垂直于面元,积分得到总动量为

$$P_{lb} = \frac{2}{c} \int_0^{\frac{\pi}{2}} I_0 \cos\varphi \cos\varphi \mathrm{d}\varphi = \frac{\pi I_0}{2c} \tag{14-5-2}$$

由能量守恒,得到

$$E_{lb} = E\cos\theta \cdot \rho(1-s)\mathrm{d}A \tag{14-5-3}$$

所以

$$P_{lb} = \frac{\pi E \rho(1-s)\mathrm{d}A\cos\theta}{c} \tag{14-5-4}$$

2. 镜面反射

镜面反射的总动量方向垂直于面元,因而

$$P_{mirr} = \frac{2E\rho s \mathrm{d}A \cos^2\theta}{c} \tag{14-5-5}$$

3. 吸收

吸收产生的动量沿入射方向,从而

$$P_{abso} = \frac{E(1-\rho)\mathrm{d}A\cos\theta}{c} \tag{14-5-6}$$

在同等光强下,平行光将产生最大的光压作用。因此对平行光照射情况进行估算。对上半球各表面进行积分,可得总的光压作用为

$$P = \int_0^{\frac{\pi}{2}} (P_{\mathrm{lb}} + P_{\mathrm{mirr}} + P_{\mathrm{abso}}) \mathrm{d}A \tag{14-5-7}$$

其中, $\mathrm{d}A = 2R^2 \mathrm{d}\theta$, 代入整理得到

$$P = \frac{4ER^2}{c} \int_0^{\frac{\pi}{2}} \left[\pi\rho(1-s)\cos\theta + \rho s \cos\theta\cos\theta + (1-\rho)\cos\theta \right] \mathrm{d}\theta$$

$$= \frac{4ER^2}{c} \left[\pi\rho(1-s) + \frac{\pi}{4}\rho s + (1-\rho) \right] \tag{14-5-8}$$

可知, 当 $\rho=1$ 且 $s=1$ 时, P 取最小值 $P_{\min} = \dfrac{\pi R^2 E}{c}$; 当 $\rho=1$ 且 $s=0$ 时, P 取最大值 $P_{\max} = \dfrac{4\pi R^2 E}{c}$。

因此, 光压引起的最大加速度摄动为

$$a = \frac{P_{\max}}{m_{\mathrm{i}}} = \frac{4kE}{c} \tag{14-5-9}$$

其中, k 是球体面质比; E 为总辐射能量; c 为光速。

若要求光压加速度摄动为 $10^{-15} \mathrm{m/s^2}$ 量级, 则光源在内卫星上的辐射强度 E 应为

$$\frac{ac}{4k} = \frac{10^{-15} \times 3 \times 10^8}{4 \times 0.0015} = 5 \times 10^{-5} \, (\mathrm{W/m^2}) \tag{14-5-10}$$

考察金属的光电效应, 所需紫外线的光强与内卫星的充电率相关。单个光子的能量为

$$\varepsilon = h\nu \tag{14-5-11}$$

其中, h 为普朗克常数; ν 为光电效应的红限频率。重金属的红限频率在 12×10^{14} Hz 附近, 内卫星充电率取 370e/s, 于是腔体内壁所需的光照功率约为

$$P = 370h\nu = 2.91 \times 10^{-16} \, \mathrm{W} \tag{14-5-12}$$

可见, 在正常充电状态下所需光强是很微弱的。峰值状态下(太阳黑子爆发), 内卫星充电率达到 7000e/s, 也只需要 $5.51 \times 10^{-15} \mathrm{W}$ 的功率。

若允许光压引起的加速度噪声范围扩大到 $10^{-13} \mathrm{m/s^2}$, 则辐射功率允许达到 0.0392mW。腔体内壁用于光电效应的区域镀金, 反射率小于 0.05, 允许的紫外线强度为 0.785mW。实际上, 考虑工程的可实现性, 放电措施不必一直实施, 可能的设置是取 0.1mW 左右的光束, 定时照射, 每天放电一次。使用 0.1mW 的紫外光照射引起的噪声加速度在 $10^{-13} \mathrm{m/s^2}$ 量级, 满足非引力干扰的设计指标。

14.6　宇宙射线撞击

宇宙射线中的高能粒子会穿透外卫星, 对内卫星产生冲击力。设粒子撞击内卫星产生冲量 p, 根据物理定义有

$$\boldsymbol{p} = m\boldsymbol{v}_r, \quad E_d = \frac{1}{2}m\boldsymbol{v}_r{}^2 \tag{14-6-1}$$

其中, m 为粒子质量; $\boldsymbol{v}_r$ 为粒子速度; E_d 为粒子携带能量。建立冲量大小和能量的如下关系:

$$p = \sqrt{2mE_d} \tag{14-6-2}$$

设粒子撞击内卫星的频率为 λ, 根据冲量定理

$$\lambda \boldsymbol{p} = m_i \frac{\mathrm{d}\boldsymbol{v}_r}{\mathrm{d}t} = m_i \boldsymbol{a}_r \tag{14-6-3}$$

其中, m_i 为内卫星质量。于是内卫星受到的加速度大小为

$$a_r = \frac{\lambda \sqrt{2mE_d}}{m_i} \tag{14-6-4}$$

低轨卫星粒子撞击频率的经验值是 $30\mathrm{s}^{-1}$, 由于内卫星对粒子的防护能力偏弱,该值应按照偏大估计,取为充电率的 2 倍。能够击中内卫星的粒子大部分是能量在 20MeV 以上的质子。λ 取 740, E_d 取 20MeV, m 取质子质量,代入式(14-6-4)得到

$$a_r = \frac{\lambda \sqrt{2mE_d}}{m_i} \approx 6.1 \times 10^{-17}\,(\mathrm{m/s^2}) \tag{14-6-5}$$

14.7　出气效应分析与抑制

常温下材料出气的原因有材料中溶解气体的解溶、扩散以及表面吸附气体的脱附[28],其中解溶是造成真空中材料出气的最主要原因[29]。

对于金属材料,经过 $300 \sim 400℃$ 高温烘烤后的出气速率为[28]

$$\begin{aligned} w &= (10^{-13} \sim 10^{-12}) \left(\frac{\mathrm{torr \cdot L}}{\mathrm{s \cdot cm^2}} \right) \\ &= (10^{-13} \sim 10^{-12}) \frac{133.32237\mathrm{Pa \cdot 10^{-3}m^3}}{10^{-4}\mathrm{s \cdot m^2}} \\ &= 1333.2237 \times (10^{-13} \sim 10^{-12}) \left(\frac{\mathrm{Pa \cdot m^3}}{\mathrm{s \cdot m^2}} \right) \end{aligned} \tag{14-7-1}$$

设内卫星的半径为 r, 外卫星的半径为 R, 则单位时间内腔体中的压力变化量 Δp 为

$$\Delta p = \frac{w \cdot 4\pi(R^2 + r^2)}{\frac{4}{3}\pi(R^3 - r^3)} \tag{14-7-2}$$

由热流逸效应得到

$$\frac{p}{p_0} = \sqrt{\frac{T}{T_0}} \tag{14-7-3}$$

从而

$$\frac{p_0 + \Delta p}{p_0} = \sqrt{\frac{T_0 + \Delta T}{T_0}} \Rightarrow \frac{\Delta p}{p_0} \approx \frac{\Delta T}{2T_0} \tag{14-7-4}$$

将式(14-7-2)代入式(14-7-4),得到

$$\frac{\Delta T}{2T_0} = \frac{3w \cdot (R^2 + r^2)}{p_0(R^3 - r^3)} \tag{14-7-5}$$

内卫星表面对半温度分布下的辐射计效应的计算公式为

$$a = \frac{4p_0 S}{3\pi M} \cdot \frac{\Delta T}{2T_0} \tag{14-7-6}$$

其中,p_0 为腔体中的平均压力;T_0 为腔体中的平均温度;$S = \pi r^2$ 为内卫星最大截面积;M 为内卫星质量;ΔT 为腔体中的温差。

将式(14-7-5)代入式(14-7-6),得到出气效应引起的内卫星加速度为

$$a = \frac{4w}{M} \cdot \frac{(R^2 + r^2)r^2}{R^3 - r^3} \tag{14-7-7}$$

代入内编队系统参数,得到

$$a = 1.0297 \times 10^{-12} \sim 10.297 \times 10^{-12} \, (\mathrm{m/s^2}) \tag{14-7-8}$$

可见,如果外卫星腔体和内卫星球体经过 $300 \sim 400\,℃$ 高温烘烤后,出气效应引起的加速度在 $10^{-12} \, \mathrm{m/s^2}$ 量级。

14.8　内卫星非引力干扰综合分析

14.8.1　内卫星各非引力干扰汇总

综上所述,在轨工作时内卫星飞行于外卫星腔体中,大气阻尼、太阳光压等外部干扰力被屏蔽,内卫星在外卫星腔体中受到如下主要非引力干扰:

(1)外卫星对内卫星的万有引力;

(2)辐射计效应;

(3)热辐射压力;

(4)残余气体阻尼;

(5)电场力;

(6)静磁力;

(7)洛伦兹力;

(8)粒子撞击力;

(9)光压;

(10)出气效应;

(11)潮汐和日月引力。

潮汐和日月引力对内卫星的影响是不可改变的,并且已经存在潮汐和日月引力的精确模型,在反演地球重力场时将其考虑进去即可,所以在内卫星的非引力干扰抑制中不需要考虑潮汐和日月引力,内卫星非引力干扰体系如图14.39所示。

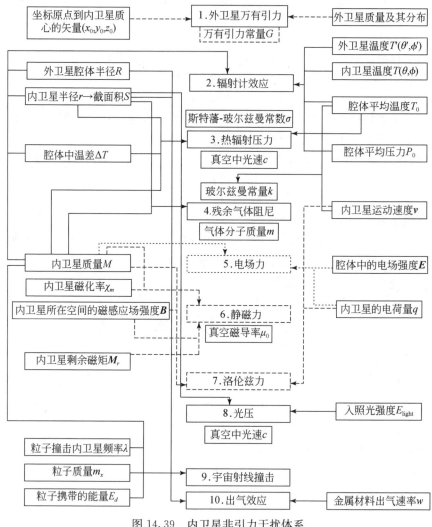

图 14.39　内卫星非引力干扰体系

14.8.2　内卫星非引力干扰的量级排序及耦合性分析

仿真计算中的参数设置如下。

1. 所使用的物理常数

万有引力常量, $G = 6.67 \times 10^{-11} \mathrm{N} \cdot \mathrm{m}^2 / \mathrm{kg}^2$。

斯特藩-玻尔兹曼常数, $\sigma = 5.7 \times 10^{-8} \mathrm{W} / (\mathrm{m}^2 \cdot \mathrm{K}^4)$。

真空中的光速,$c = 3 \times 10^8 \mathrm{m/s}$。

空气分子的质量,$m = \dfrac{29 \times 10^{-3}}{6.023 \times 10^{23}} \mathrm{kg}$。

玻尔兹曼常量,$k = 1.38 \times 10^{-23} \mathrm{J/K}$。

真空磁导率,$\mu_0 = 4\pi \times 10^{-7} \mathrm{N/A^2}$。

2. 内编队系统物理参数设置

1）几何参数

外卫星腔体半径,$R = 250 \mathrm{mm}$。

内卫星球半径,$r = 18 \mathrm{mm}$。

2）静力学参数

外卫星腔体平均温度,$T_0 = 300 \mathrm{K}$。

外卫星腔体平均压力,$p_0 = 9.77 \times 10^{-6} \mathrm{Pa}$。

外卫星腔体温差,$\Delta T = 0.5 \mathrm{K}$。

内卫星质量,$M = 0.51 \mathrm{kg}$。

内卫星材料,体积比为 51∶49 的金铱合金。

内卫星密度,$20.90 \times 10^3 \mathrm{kg/m^3}$。

外卫星密度,$\rho_{\mathrm{out}} = 2750 \mathrm{kg/m^3}$。

3）运动学参数

内卫星在腔体中的相对运动速度,$v = 0.1 \mathrm{m/s}$。

4）电磁参数

内卫星带电荷量,$q = 2.78 \times 10^{-12} \mathrm{C}$。

内卫星的剩余磁矩,$M_r = 1.0 \times 10^{-7} \mathrm{A \cdot m^2}$。

内卫星磁化率,$\chi_{\mathrm{m}} = 5.0 \times 10^{-5} \mathrm{A/m}$。

局部磁场强度,$B_0 = 8.0 \times 10^{-7} \mathrm{T}$,$|\nabla B_0| = 3.0 \times 10^{-6} \mathrm{T/m}$。

腔体中的电场强度,$E = 0.5 \mathrm{V/m}$。

5）光学参数

入射光强度,$E_{\mathrm{light}} = 5.0 \times 10^{-5} \mathrm{W/m^2}$。

6）腔体表面参数

腔体表面的金属材料经 300 ~ 400℃ 烘烤后的出气速率 $w = 1333.2237 \times (10^{-13} \sim 10^{-12})(\mathrm{Pa \cdot m^3})/(\mathrm{s \cdot m^2})$。

7）其他参数

粒子撞击内卫星的频率,$\lambda = 20 \sim 370 \mathrm{Hz}$。

粒子质量,$m_x = 1.7 \times 10^{-27} \mathrm{kg}$。

粒子携带的能量,$E_d = 3.2 \times 10^{-12} \mathrm{J}$。

内编队沿太阳同步轨道运行,轨道高度为 348.639km,升交点地方时 18:00:00PM。

计算得到内卫星各非引力干扰大小，如表 14.10 所示。

表 14.10　内卫星非引力干扰

非引力干扰	数值/(m/s²)	非引力干扰	数值/(m/s²)
外卫星万有引力[①]	10^{-12}	静磁力[②]	$3.0\times10^{-16}、8.3\times10^{-16}、3\times10^{-14}$
辐射计效应	1.036×10^{-11}	洛伦兹力	4.2×10^{-14}
热辐射压力	2.057×10^{-11}	光压	10^{-15}
残余气体阻尼	1.595×10^{-11}	宇宙射线撞击	6.10×10^{-17}
电场力	1.065×10^{-12}	出气效应[③]	5.66×10^{-12}

① 这里的数值是外卫星对内卫星万有引力的计算误差量级，并不是万有引力的大小。在反演地球重力场考虑外卫星对内卫星的万有引力时，只要万有引力的计算误差小于一定水平即可。

②后面的三个数值对应三类加速度。

③取出气效应计算结果的平均值。

由表 14.10 可知，在设计工况下，内卫星非引力干扰量级从大到小依次为：热辐射压力、残余气体阻尼、辐射计效应、出气效应、电场力、洛伦兹力、静磁力、光压、宇宙射线撞击。这些非引力干扰都是矢量，要想求得内卫星受到的总非引力干扰，就要求出这些加速度的矢量和。但是，要获得这些加速度的方向是很困难的，也是没有必要的。因为工程设计中只需要使内卫星非引力干扰小于 $10^{-10}\,\mathrm{m/s^2}$ 即可，也就是说只要能够估计出内卫星非引力干扰的上限即可。

由矢量运算规则可知，这些矢量的绝对值求和是该上限，也可以用平方和求根来估计该上限。经计算得到：

(1)内卫星各非引力干扰绝对值求和为 $5.468\times10^{-11}\,\mathrm{m/s^2}<10^{-10}\,\mathrm{m/s^2}$；

(2)内卫星各非引力干扰平方和求根为 $2.862\times10^{-11}\,\mathrm{m/s^2}<10^{-10}\,\mathrm{m/s^2}$。

其中，绝对值求和是最保守的估计方法，在这种情况下的内卫星非引力干扰摄动加速度仍然满足小于 $10^{-10}\,\mathrm{m/s^2}$ 的要求。所以，仿真中的工况可以满足设计要求。如果要得到内卫星总非引力干扰更准确的估计，就需要考虑以上所有非引力干扰之间的耦合性，即它们之间的重合部分。从表 14.10 中可以看出，辐射计效应、残余气体阻尼和热辐射压力是最大的三种非引力干扰，其他的非引力干扰量级较小。所以，只需要分析辐射计效应、残余气体阻尼和热辐射压力之间的耦合性。辐射计效应和残余气体阻尼是耦合的，它们共同的施力物体是气体分子；而热辐射压力的施力物体是光子气体，与辐射计效应和残余气体阻尼没有共同部分，即与辐射计效应和残余气体阻尼不耦合。在要求内外卫星相对运动速度小于 0.1m/s 的条件下，辐射计效应和残余气体阻尼的耦合结果与两者的绝对值求和很接近。所以，当内外卫星相对运动速度小于 0.1m/s 时，在估计内卫星受到的总非引力干扰时，绝对值相加的结果与实际值比较接近，取为 $5.468\times10^{-11}\,\mathrm{m/s^2}$。

参 考 文 献

[1] Schumaker B L. Disturbance reduction requirements for LISA[J]. Classical and Quantum Gravity, 2003, 20(10): S239—S253.

[2] Stebbins R T, Bender P L, Hanson J, et al. Current error estimates for LISA spurious accelerations[J]. Classical and Quantum Gravity, 2004, 21(5): S653—S660.

[3] Schumaker B L. Overview of disturbance reduction requirements for LISA[C]//The 4th Annual LISA Symposium, Pennsylvania, 2002.

[4] Carbone L, Cavalleri A, Dolesi R, et al. Upper limits on stray force noise for LISA[J]. Classical and Quantum Gravity, 2004, 21(5): S611—S620.

[5] From M. Investigation of a concept for a scout satellite for a LEO drag free mission[D]. Lulea: Lulea University of Technology, 2005.

[6] Weber W J, Carbone L, Cavalleri A, et al. Possibilities for measurement and compensation of stray DC electric fields acting on drag-free test masses[J]. Advances in Space Research, 2007, 39(2): 213—218.

[7] 刘林. 人造地球卫星轨道力学[M]. 北京: 高等教育出版社, 1992.

[8] 蒋方华, 李俊峰, 宝音贺西. 高精度卫星轨道摄动模型[C]//全国第十三届空间及运动体控制技术学术年会, 宜昌, 2008.

[9] 周江存, 徐建桥, 孙和平. 中国大陆精密重力潮汐改正模型[J]. 地球物理学报, 2009, 52(6): 1474—1482.

[10] 孙和平, Ducarme B, 许厚泽, 等. 基于全球超导重力仪观测研究海潮和固体潮模型的适定性[J]. 中国科学(D 辑), 2005, 35(7): 649—657.

[11] 孙和平, 徐建桥, Ducarme B. 基于全球超导重力仪观测资料考虑液核近周日共振效应的固体潮试验模型[J]. 科学通报, 2003, 48(6): 610—614.

[12] Macmillan W D. The Theory of The Potential[M]. New York: Dover Publications, 1958.

[13] Cesare S, Aguirre M, Allasio A, et al. The measurement of Earth's gravity field after the GOCE mission[J]. Acta Astronautica, 2010, 67: 702—712.

[14] 谷振丰. 近地空间纯引力轨道飞行环境分析与摄动抑制方法研究[D]. 北京: 清华大学, 2012.

[15] Maccullagh J, Jellett J H, Haughton S. The Collected Works of James MacCullagh[M]. Dublin: Hodges Figgis, 1880.

[16] Swank A J. Gravitational mass attraction measurement for drag-free references[D]. Stanford: Stanford University, 2009.

[17] Dang Z, Tang S, Xiang J, et al. Rotational and translational integrated control for inner-formation gravity measurement satellite system[J]. Acta Astronautica, 2012, 75: 136—153.

[18] 曹喜滨, 施梨, 董晓光, 等. 基于干扰观测的无阻力卫星控制器设计[J]. 宇航学报, 2012, 33(4): 411—418.

[19] Tu H B, Bai Y Z, Zhou Z B, et al. Performance measurements of an inertial sensor with a two-stage controlled torsion pendulum[J]. Classical and Quantum Gravity, 2010,

　　　27(20):205016.

[20] 章仁为. 卫星轨道姿态动力学与控制[M]. 北京:北京航空航天大学出版社,1998.

[21] 高流,李普,方玉明. 低压下微机械谐振器件挤压膜阻尼分子动力学仿真的一种高效算法
　　　[J]. 振动与冲击,2009,28(12):101—106.

[22] 孙海,李得天,张涤新,等. 电容薄膜规热流逸效应修正方法研究[J]. 真空科学与技术学
　　　报,2009,29(1):16—20.

[23] 刘红卫,王兆魁,张育林. 内卫星辐射计效应建模与分析[J]. 空间科学学报,2010,30(3):
　　　243—249.

[24] 陈光锋,唐富荣,薛大同. 静电悬浮加速度计气体阻尼及其对控制系统特性影响分析[J].
　　　真空与低温,2005,11(4):216—221.

[25] Hueller M,Armano M,Carbone L,et al. Measuring the LISA test mass magnetic
　　　properties with a torsion pendulum[J]. Classical and Quantum Gravity,2005,22(10):
　　　S521—S526.

[26] 《贵金属生产技术实用手册》编委会. 贵金属生产技术实用手册[M]. 北京:冶金工业出版
　　　社,2011.

[27] 宁远涛,杨正芬,文飞. 铂[M]. 北京:冶金工业出版社,2010.

[28] 胡汉泉,王迁. 真空物理与技术及其在电子器件中的应用(下)[M]. 北京:国防工业出版
　　　社,1985.

[29] 胡汉泉,王迁. 真空物理与技术及其在电子器件中的应用(上)[M]. 北京:国防工业出版
　　　社,1982.

第 15 章　内编队相对状态测量与飞行控制技术

15.1　概　　述

　　为了保证内编队重力场测量的稳定性和可靠性,卫星平台需要在结构、热控、电磁兼容等多方面为内卫星提供接近纯引力的飞行环境。为此,内卫星被放置于外卫星空腔结构中,以便屏蔽大气阻力、太阳光压等扰动因素。由于内卫星与卫星平台所处的力学环境存在差异,为了有效保证内卫星的无干扰自由飞行,卫星平台上需要安装高效的姿轨控系统。该姿轨控系统一方面维持卫星平台本体的在轨稳定运动,另一方面实时克服由于受力差异导致的平台与内卫星之间的相对漂移。

　　国外重力卫星(如 GOCE 卫星[1])采用了阻力补偿控制系统实现上述目的,并将其称作无阻力(drag-free)控制[2]。该控制系统的本质是以卫星平台实时测得的干扰力作为信号,引导推进系统对卫星平台施加与干扰力大小相等、方向相反的控制力,从而保证卫星平台与内部验证质量处于同样的力学环境中,确保系统稳定运行。在无阻力控制体系中,干扰力的测量通常是由验证质量与卫星平台之间的力学耦合实现的。例如,在 GOCE 卫星中,重力梯度仪 6 个加速度计中的验证质量是由腔壁上的静电作用维持悬浮状态的[3]。静电力大小作为对外界干扰的敏感信号,同时被传递给卫星平台实现阻力补偿控制。

　　为了解决阻力补偿控制带来的力学耦合问题,一种可能的方案是将验证质量以完全自由漂浮的方式,放置于卫星平台提供的腔体中,确保卫星平台与验证质量之间完全物理隔离。为了克服卫星平台与验证质量之间由于受力不同带来的漂移,需要以近乎无干扰的方式测得两者之间的相对状态(位置、速度、姿态、角速度),并以此为信号驱动控制系统维持卫星平台相对验证质量的状态。这就是内编队重力场测量系统的思想[4~6]。

　　内编队系统的基本原理如图 15.1 所示[7]。其中,提供腔体空间的卫星通常称作外卫星(outer satellite),位于外卫星腔体内的验证质量被称作内卫星(inner satellite)[5,6]。由于内卫星被放置于外卫星的腔体内,因此大气阻力、太阳光压等典型的摄动干扰力不会作用于内卫星。当进一步实施严格的内部干扰抑制后,如精细调节外卫星的质量分布,使内卫星受到的外卫星万有引力干扰低于一定量级,则内卫星可看成仅受地球引力作用[8~12]。此时,内卫星的运动几乎贴合在一条所谓的纯地球引力轨道上[5,6]。利用内编队飞行方式构造出的内卫星纯引力轨道飞行,不仅可以用来支持地球重力场测量[13~15]，也可为诸多基础物理实验提供要求的安静环境，典型的实验有引力波探测[16]、等效原理检验[17]、短程线效应和坐标系拖曳效应验证[18]等。

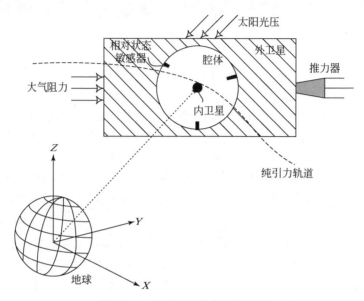

图 15.1　内编队系统基本原理图

　　注意到内卫星沿纯引力轨道飞行的同时，外卫星自身是暴露在大气和太阳辐射中的。这意味着，大气阻力、太阳光压辐射等强摄动干扰在持续影响着外卫星的运动。由于这种受力上的差异，即使初始时刻内卫星和外卫星的质心重合，随着时间的推移，两者之间的相对距离仍会持续增大。由于外卫星的腔体尺寸是有限的，当内外卫星之间的距离达到腔体的特征尺度时，内卫星就会撞在外卫星的腔体壁面上。这是不允许的，因为碰撞会导致内卫星纯引力轨道的破坏和不连续，致使采用这种模式的科学任务失败。此外，碰撞也会干扰位于腔体壁面上的敏感器和损伤内卫星表面的平整度，而这些都在一定程度上影响科学实验本身的精度。为了避免内外卫星碰撞的发生，而且事实上大多数实验任务还要求内卫星尽可能位于腔体中心附近很小的区域内，要求外卫星具备实时姿轨控制能力。通过高精度的姿轨控制，外卫星可以实时抵消作用在自身表面的大气阻力、太阳光压等非保守力干扰，并实现对内卫星运动的实时精密跟踪。

　　为了实现控制所需的状态信息，内编队控制体系采用了无干扰或低干扰的方法实现相对状态测量，典型的方法有红外探测方法[19]、差分影像测量方法[20,21]等。基于这些测量信息，控制系统在卫星编队动力学模型的支持下实时计算需要的反馈控制力。其中，用于维持内编队运行的控制力并非单纯地抵消干扰力，而是在判断相对运动趋势的基础上有选择地决定抵消或者利用干扰力。通过这种精心设计的控制算法,相对状态测量系统和控制系统合力完成了外卫星对内卫星的精密跟踪保持,从而保证了内编队飞行的持续进行。相比于采用基于阻力补偿思想的 drag-free 技术,基于相对状态测量的内编队技术对测量精度和实时响应度均降低了要求,因而其工程实现也更容易。

由内编队飞行的概念可知,外卫星对内卫星的精密跟踪保持是内编队控制的核心目标[22~24]。通常情况下,内编队的腔体尺寸在几十厘米量级上,这样的编队距离远小于典型编队控制的尺寸,因为后者往往在数十米到数百公里量级。在这样小的尺度里,内编队要求严格的碰撞规避,这给编队控制的精度带来了前所未有的挑战。此外,内编队飞行还要求这种精密编队保持能够持续较长的时间,通常为数月。由于大气阻力、太阳光压辐射的持续作用,内编队控制必须具备实时和连续工作的能力。

根据上述分析可知,内编队控制问题是一种典型的带边界约束控制问题。对于内卫星而言,其运动的边界是由外卫星的腔体尺寸决定的。需要注意的是,内卫星在内编队系统里是主星,其不受控,只沿纯引力轨道自由飞行;外卫星在内编队系统里是从星,它通过施加控制力跟踪内卫星,并使两者质心之间的距离保持在 0 附近。因此,当提及内编队系统的边界时,准确的含义是指外卫星的运动范围。尽管外卫星本身并没有被约束在任何物理腔体内,但由于内外卫星碰撞规避的严格要求以及外卫星腔体尺寸的有限性,外卫星实质上是被约束在以内卫星质心为中心、以腔体半径为边界的一个虚拟空间中,如图 15.2 所示。图中,内编队系统的外卫星具有一个球形腔体,相应的内卫星是一个小的球形验证质量块。经过简单的分析可知,为了避免碰撞,外卫星的质心只能在图中虚线圆围绕的区域里运动,而这个运动范围正好等于外卫星腔体的空间。

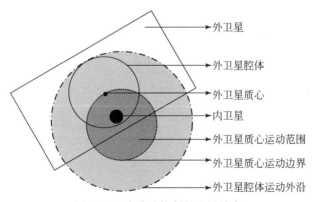

图 15.2　内编队控制的边界约束

15.2　内编队动力学建模与分析

内编队系统的高精度跟踪保持控制是建立在有效的动力学建模基础上的。其中,内编队系统的动力学模型可分为编队动力学和相对姿态动力学两种。编队动力学模型描述了内卫星和外卫星各自质心平动的相对关系,相对姿态动力学模型描述了外卫星本体坐标系相对内卫星质心轨道坐标系的动力学行为。

15.2.1　内编队系统编队动力学模型

由于内卫星和外卫星是两颗独立的卫星实体,因此各自可由牛顿运动方程或轨道根数微分方程来描述。用下标 i 表示内卫星,下标 o 表示外卫星,当采用牛顿运动方程时有

$$\ddot{\boldsymbol{r}}_i = -\frac{\mu}{r_i^3}\boldsymbol{r}_i + \frac{\boldsymbol{F}_{di}}{m_i} + \frac{\boldsymbol{U}_i}{m_i}, \quad \ddot{\boldsymbol{r}}_o = -\frac{\mu}{r_o^3}\boldsymbol{r}_o + \frac{\boldsymbol{F}_{do}}{m_o} + \frac{\boldsymbol{U}_o}{m_o} \tag{15-2-1}$$

其中,$\boldsymbol{r}_i$、$\boldsymbol{r}_o$ 分别为内、外卫星在地球惯性系(简称为 IF)的位置矢量;$\boldsymbol{F}_{di}$、$\boldsymbol{F}_{do}$ 分别为内、外卫星受到的摄动干扰力;$\boldsymbol{U}_i$ 和 $\boldsymbol{U}_o$ 分别为内、外卫星受到的控制力;m_i、m_o 为两星的质量。对于内编队系统来说,内卫星不受控制力作用,因此 $\boldsymbol{U}_i = \boldsymbol{0}$。

为了描述外卫星质心相对内卫星质心的平动运动,定义相对运动坐标系(RF),如图 15.3 所示。该坐标系原点为内卫星的质心,x 轴方向为由地球质心沿

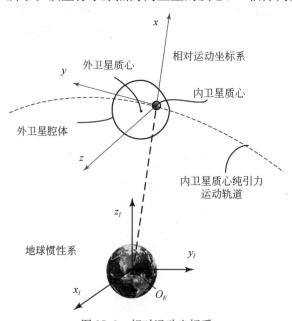

图 15.3　相对运动坐标系

轨道径向指向内卫星质心，z 轴垂直于内卫星轨道面并指向轨道角动量方向，y 轴与另外两轴垂直，并形成右手直角坐标系。

若将式(15-2-1)中的两个公式相减，并将得到的结果表示在相对运动坐标系，可得到内外卫星之间的相对运动动力学方程为[25,26]

$$m_o \ddot{\boldsymbol{\rho}} + \boldsymbol{C}(\dot{v}) \dot{\boldsymbol{\rho}} + \boldsymbol{D}(\dot{v}, \ddot{v}, r_o) \boldsymbol{\rho} + \boldsymbol{n}(r_i, r_o) = \boldsymbol{U} + \boldsymbol{F}_d \qquad (15\text{-}2\text{-}2)$$

其中，$\boldsymbol{\rho} = \boldsymbol{r}_o - \boldsymbol{r}_i$ 表示相对位置矢量；$\boldsymbol{U}$ 表示作用在外卫星上的控制力；$\boldsymbol{F}_d$ 为内外卫星的摄动加速度之差；$\boldsymbol{C}(\dot{v})$ 为速度矩阵；$\boldsymbol{D}(\dot{v}, \ddot{v}, r_o)$ 为位置矩阵；$\boldsymbol{n}(r_i, r_o)$ 为残余非线性项。其各自的具体形式为

$$\boldsymbol{C}(\dot{v}) = 2m_o \begin{bmatrix} 0 & -\dot{v} & 0 \\ \dot{v} & 0 & 0 \\ 0 & 0 & 0 \end{bmatrix} \qquad (15\text{-}2\text{-}3)$$

$$\boldsymbol{D}(\dot{v}, \ddot{v}, r_o) = m_o \begin{bmatrix} \dfrac{\mu}{r_o^3} - \dot{v}^2 & -\ddot{v} & 0 \\[3mm] \ddot{v} & \dfrac{\mu}{r_o^3} - \dot{v}^2 & 0 \\[3mm] 0 & 0 & \dfrac{\mu}{r_o^3} \end{bmatrix} \qquad (15\text{-}2\text{-}4)$$

$$\boldsymbol{n}(r_i, r_o) = m_o \mu \left(\dfrac{r_i}{r_o^3} - \dfrac{1}{r_i^2}, 0, 0 \right)^{\mathrm{T}} \qquad (15\text{-}2\text{-}5)$$

$$\boldsymbol{F}_d = \boldsymbol{F}_{do} - \dfrac{m_o}{m_i} \boldsymbol{F}_{di} \qquad (15\text{-}2\text{-}6)$$

其中，$v(t)$ 为内卫星真近点角，其变化率为

$$\dot{v}(t) = \dfrac{n \left[1 + e\cos v(t) \right]^2}{(1 - e^2)^{\frac{3}{2}}}, \qquad \ddot{v}(t) = \dfrac{-2n^2 e \left[1 + e\cos v(t) \right]^3 \sin v(t)}{(1 - e^2)^3}$$

$$(15\text{-}2\text{-}7)$$

其中，$n = \sqrt{\mu / a^3}$ 表示内卫星轨道角速度；a、e 表示内卫星的半长轴和偏心率。

15.2.2　内编队系统相对姿态动力学模型

在用于重力场测量的经典内编队方案中，内卫星是一颗球形质量块，因此本身没有姿态的概念。然而，外卫星轨道推力系统的工作必须建立在一定的姿态体系下，这就涉及姿态的测量和控制问题。为方便起见，以上述固连在内卫星上的相对运动坐标系 RF 为参考系，定义外卫星本体坐标系（BF）相对该参考系的姿态为相对姿态。

采用四元数描述姿态，定义 $\boldsymbol{q} = (q_1, q_2, q_3, q_4)^{\mathrm{T}}$ 为外卫星本体坐标系相对参考坐标系的姿态角，其中 $\bar{\boldsymbol{q}} = (q_1, q_2, q_3)^{\mathrm{T}}$ 表示四元数前 3 个分量构成的矢量。定义 $\boldsymbol{\omega} = (\omega_1, \omega_2, \omega_3)^{\mathrm{T}}$ 为外卫星本体坐标系相对参考坐标系的角速度，则相对姿态的运

动学模型可表示为

$$\dot{\bar{q}} = \frac{1}{2}(\boldsymbol{\omega} \times \bar{q} + q_4 \boldsymbol{\omega}) \tag{15-2-8}$$

$$\dot{q}_4 = -\frac{1}{2} \boldsymbol{\omega}^{\mathrm{T}} \bar{q} \tag{15-2-9}$$

其中

$$\bar{q}^{\mathrm{T}} \bar{q} + q_4^2 = 1 \tag{15-2-10}$$

为便于分析问题,定义外卫星本体坐标系相对地球惯性系的姿态角速度为$\boldsymbol{\omega}_f$,参考坐标系相对地球惯性坐标系的角速度为$\boldsymbol{\omega}_0$,则容易得到下述关系:

$$\boldsymbol{\omega}_f = \boldsymbol{\omega} + \boldsymbol{\omega}_0 \tag{15-2-11}$$

在地球惯性坐标系下,容易得到外卫星本体坐标系的姿态动力学方程为

$$J \dot{\boldsymbol{\omega}}_f \big|_{\mathrm{BF}} + \boldsymbol{\omega}_f \times (J \boldsymbol{\omega}_f) = T_c + T_d \tag{15-2-12}$$

其中,J表示外卫星的转动惯量矩阵;T_c、T_d分别表示控制力矩和环境干扰力矩。式中的符号×表示矢量叉乘,其定义为

$$\boldsymbol{\omega} \times = \begin{bmatrix} 0 & \omega_3 & -\omega_2 \\ -\omega_3 & 0 & \omega_1 \\ \omega_2 & -\omega_1 & 0 \end{bmatrix} \tag{15-2-13}$$

其中,ω_1、ω_2、ω_3表示矢量$\boldsymbol{\omega}$的3个分量。几个角速度之间存在下述关系:

$$\dot{\boldsymbol{\omega}}_f \big|_{\mathrm{IF}} = \dot{\boldsymbol{\omega}} \big|_{\mathrm{IF}} + \dot{\boldsymbol{\omega}}_0 \big|_{\mathrm{IF}} \tag{15-2-14}$$

注意,矢量在不同坐标系间的导数满足如下关系:

$$\dot{a} \big|_A = \dot{a} \big|_B + \boldsymbol{\omega}_{AB} \times a \tag{15-2-15}$$

其中,$\boldsymbol{\omega}_{AB}$表示B坐标系相对A坐标系的角速度。根据上述关系容易得到姿态动力学方程的另一种表示为

$$J \dot{\boldsymbol{\omega}} \big|_{\mathrm{BF}} = J \{ \boldsymbol{\omega} \times [A(q) \boldsymbol{\omega}_0] - A(q) \dot{\boldsymbol{\omega}}_0 \big|_{\mathrm{RF}} \}$$
$$- [\boldsymbol{\omega} + A(q) \boldsymbol{\omega}_0] \times \{ J [\boldsymbol{\omega} + A(q) \boldsymbol{\omega}_0] \} + T_c + T_d \tag{15-2-16}$$

其中,矩阵$A(q)$表示参考坐标系到外卫星体坐标系的姿态转换矩阵,其具体形式为

$$A(q) = \begin{bmatrix} q_1^2 - q_2^2 - q_3^2 + q_4^2 & 2(q_1 q_2 + q_3 q_4) & 2(q_1 q_3 - q_2 q_4) \\ 2(q_1 q_2 - q_3 q_4) & -q_1^2 + q_2^2 - q_3^2 + q_4^2 & 2(q_2 q_3 + q_1 q_4) \\ 2(q_1 q_3 + q_2 q_4) & 2(q_2 q_3 - q_1 q_4) & -q_1^2 - q_2^2 + q_3^2 + q_4^2 \end{bmatrix}$$
$$\tag{15-2-17}$$

15.2.3 内编队摄动干扰力模型

1. 摄动力模型

上述内编队相对运动动力学中,包含了两项干扰力F_{do}、F_{di}。其中,内卫星受到

的干扰力 $\boldsymbol{F}_{di}$ 对于内编队控制来说几乎可以忽略。然而,已有研究表明[27],外卫星对内卫星的万有引力干扰仍在一定程度上影响着相对运动。这主要是因为,较小的万有引力干扰在放大系数 m_o/m_i 的作用下仍有可能具有可观的数值,见式(15-2-6)。因此,这里考虑了万有引力耦合作用。对于外卫星而言,主要的摄动力来自大气阻力、J_2 摄动和太阳光压。然而,由于内外卫星之间的距离较近,大约在厘米量级,因此 J_2 摄动差实际非常小。下面对这些主要项分别进行建模与分析。

1)大气阻力摄动差

大气阻力仅作用于外卫星,因此两者的摄动差为

$$\boldsymbol{F}_{dd} = -\frac{1}{2} C_d \rho_d A_s \boldsymbol{V}^T \boldsymbol{V} \frac{\boldsymbol{V}}{|\boldsymbol{V}|} \tag{15-2-18}$$

其中

$$\boldsymbol{V} = \dot{\boldsymbol{r}}_o - \boldsymbol{\omega}_e \times \boldsymbol{r}_o \tag{15-2-19}$$

其中,C_d 为大气阻力系数,一般取值为 2.1;ρ_d 为外卫星所在轨道的大气密度;A_s 为外卫星迎风面积;$\boldsymbol{V}$ 为外卫星相对大气的速度;$\boldsymbol{\omega}_e$ 为地球自转角速度。公式中涉及的大气密度模型可参考文献[28]。

2)太阳光压摄动之差

太阳光压也仅作用于外卫星,其模型为[28]

$$\boldsymbol{F}_{dR} = k\rho_{SR} C_R \left(\frac{S_R}{m_o}\right) \boldsymbol{r}_s \tag{15-2-20}$$

其中,k 为受晒因子;ρ_{SR} 为作用在离太阳一个天文单位处黑体上的光压,对于近地卫星而言,可取为 $\rho_{SR} = 4.560 \times 10^{-6} \, \mathrm{N/m^2}$;$C_R$ 为卫星表面反射系数,对于完全吸收的材料,$C_R = 1$;而对于漫反射的材料,$C_R = 1.44$;S_R/m_o 为外卫星受太阳辐射的面质比。由于采用太阳同步晨昏轨道,在一段有限的较长时间内,卫星的光照条件是相同的。假设太阳光垂直照射在卫星侧面上,并假设这一侧面位于轨道系的 xOy 面,则 $\boldsymbol{r}_s$ 在轨道系下可表示为 $\boldsymbol{r}_s = (0,0,1)^T$。

3)J_2 摄动之差

J_2 摄动是地球非球形摄动项中最大的项。内、外卫星之间的 J_2 摄动力之差可由下述公式表示[29]:

$$\boldsymbol{F}_{d,J_2} = \boldsymbol{\psi}_{J_2} \cdot \boldsymbol{\rho} \tag{15-2-21}$$

其中,J_2 表示地球二阶摄动系数;矩阵 $\boldsymbol{\psi}_{J_2}$ 的表达式为

$$\boldsymbol{\psi}_{J_2} = 6m_o J_2 \left(\frac{\mu R_e^2}{r_i^5}\right) \begin{bmatrix} 1 - s_i^2 s_v^2 & s_i^2 s_{2v} & s_{2i} s_v \\ s_i^2 s_{2v} & s_i^2 \left(\frac{7}{4} s_v^2 - \frac{1}{2}\right) - \frac{1}{4} & -\frac{1}{4} s_{2i} c_v \\ s_{2i} s_v & -\frac{1}{4} s_{2i} c_v & s_i^2 \left(\frac{5}{4} s_v^2 + \frac{1}{2}\right) - \frac{3}{4} \end{bmatrix}$$

$$\tag{15-2-22}$$

其中，$s_\cdot = \sin(\cdot)$，$c_\cdot = \cos(\cdot)$；i 表示内卫星轨道倾角；v 表示内卫星纬度辐角；R_e 为地球赤道半径。

4）外卫星引力干扰

由文献[27]可知，内卫星受到的来自外卫星的万有引力为

$$\boldsymbol{F}_{di} \approx \boldsymbol{F}_{di,n} + \boldsymbol{\psi}_d \cdot \boldsymbol{\rho} \tag{15-2-23}$$

其中

$$\boldsymbol{F}_{di,n} = m_i \sum_{j=1}^{n} Gm_j(\boldsymbol{d}_j - \boldsymbol{d}_o)/\parallel \boldsymbol{d}_j - \boldsymbol{d}_o \parallel^3, \quad \boldsymbol{\psi}_d = m_i \sum_{j=1}^{n} (Gm_j/\parallel \boldsymbol{d}_j - \boldsymbol{d}_o \parallel^3) = \boldsymbol{I}_{3\times3}$$

其中，$\boldsymbol{F}_{di,n}$ 表示万有引力中与内卫星位置无关的部分；$\boldsymbol{\psi}_d \cdot \boldsymbol{\rho}$ 表示万有引力中与内卫星位置相关的部分，$\boldsymbol{\psi}_d$ 可看作外卫星在腔体空间内的引力梯度矩阵；$\boldsymbol{I}_{3\times3}$ 为 3×3 的单位矩阵；m_j 表示将外卫星分成 n 份质量单元后第 j 块单元对应的质量；$\boldsymbol{d}_j$ 表示第 j 块质量单元 m_j 在外卫星体坐标系中的位置矢量；$\boldsymbol{d}_o$ 表示腔体中心相对外卫星质心的位置矢量。注意到外卫星受到的来自内卫星的万有引力正好与式（15-2-23）呈相反数，即 $\boldsymbol{F}_{do} = -\boldsymbol{F}_{di}$。

5）重新整理的编队动力学

将以上摄动差相加，得到总的摄动干扰力之差为

$$\begin{aligned}\boldsymbol{F}_d &= \boldsymbol{F}_{do} - \lambda \boldsymbol{F}_{di} \\ &= \boldsymbol{F}_{dd} + \boldsymbol{F}_{d,J_2} + \boldsymbol{F}_{dR} - (1+\lambda)\boldsymbol{F}_{di} \\ &= \boldsymbol{F}_{dd} + \boldsymbol{F}_{dR} - (1+\lambda)\boldsymbol{F}_{di,n} + [\boldsymbol{\psi}_{J_2} - (1+\lambda)\boldsymbol{\psi}_d]\cdot\boldsymbol{\rho}\end{aligned} \tag{15-2-24}$$

其中，$\lambda = m_o/m_i$ 表示外卫星和内卫星的质量之比。以上摄动中未加考虑的地球高阶摄动以及其他未建模干扰力，它们均作为动力学中的不确定性来处理。

经过上述干扰力建模后的内编队动力学方程可重新表述为

$$m_o\ddot{\boldsymbol{\rho}} + \boldsymbol{C}(\dot{v})\dot{\boldsymbol{\rho}} + [\boldsymbol{D}(\dot{v},\ddot{v},r_o) + \boldsymbol{E}(i,v,\boldsymbol{d}_j,\boldsymbol{d}_o,r_i)]\boldsymbol{\rho} + \boldsymbol{n}(r_i,r_o) = \boldsymbol{U} + \boldsymbol{F}_N \tag{15-2-25}$$

其中

$$\boldsymbol{E}(i,v,\boldsymbol{d}_j,\boldsymbol{d}_o,r_i) = -\boldsymbol{\psi}_{J_2} + (1+\lambda)\boldsymbol{\psi}_d, \quad \boldsymbol{F}_N = \boldsymbol{F}_{dd} + \boldsymbol{F}_{dR} - (1+\lambda)\boldsymbol{F}_{di,n} \tag{15-2-26}$$

注意到，由于矩阵 $\boldsymbol{\psi}_{J_2}$ 和 $\boldsymbol{\psi}_d$ 均为对称矩阵，因此 $\boldsymbol{E}$ 也是对称矩阵，这一属性为后续控制算法设计带来了便利。

2. 摄动力矩模型

外卫星受到的摄动力矩由其受到的所有摄动力和作用点到外卫星质心之间的距离矢量共同产生。以大气阻力力矩 $\boldsymbol{T}_{dd}$ 为例，其计算公式为

$$\boldsymbol{T}_{dd} = \boldsymbol{r}_d \times \boldsymbol{F}_{dd} \tag{15-2-27}$$

其中，$\boldsymbol{r}_d$ 表示气动力压心在外卫星体坐标系下的位置矢量，其他摄动力矩可通过类似方法计算得到，这里不再赘述。

15.3　内外卫星相对状态测量方法

15.3.1　内外卫星相对状态测量的意义

内外卫星相对状态为内外卫星保持控制提供参考,是内卫星纯引力轨道构造的基本信息,同时是重力场恢复必不可少的科学数据。

验证质量相对状态测量方法有电容式测量、磁感应测量和光学测量三种。在已有的相对状态测量技术中,光学测量具有精度高、干扰小、对腔体尺寸无约束的显著优势。DeBra 等在文献[30]中指出,引力敏感器的性能优化设计应首先考虑光学测量方式。光学影像测量的纳米级精度不仅适用于某些引力探测任务的科学数据获取,更可满足绝大多数任务对卫星跟踪验证质量的控制需求,其纳米级精度可保障验证质量的初始状态捕获和仪器设备的在轨校准,因而可作为引力敏感器相对位置获取的一种基本途径。

15.3.2　红外被动成像测量方法

红外测量系统的主要部件组成如图 15.4 所示,除内卫星和内卫星所处的外腔体外,还包括红外镜头、红外焦平面阵列、采样电路和信息处理平台等 4 个部分。红外镜头、红外焦平面阵列和采样电路组合称为探测器。为了保证后续工程样机的兼容性,探测器和信息处理平台均进行了自主研制。为了系统调试的方便,使用了嵌入式工控机作为调试平台,利用成熟通用的 PC 平台技术完成图像的采集与处理,完成图像处理算法的功能验证,为软件代码向信息处理平台的移植奠定基础。

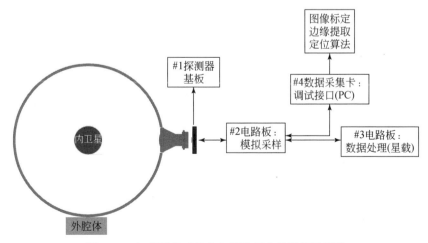

图 15.4　红外测量系统电气硬件部分总体设计思路

下面根据对内卫星测量范围和测量精度的要求,确定球形腔体的内径,以及红外相机在腔体上的排布。

1. 成像波段设计

根据任务环境,内外卫星处于近地轨道上,其温度控制在 300K 附近。根据维恩位移定律,黑体的光谱辐照度峰值对应的波长 λ_{max} 与热力学温度 T 之间的关系为

$$\lambda_{max}T = 2.8976 \times 10^{-3}\,\text{m} \cdot \text{K} \approx 2.9 \times 10^{-3}\,\text{m} \cdot \text{K} \qquad (15\text{-}3\text{-}1)$$

在 $T = 300\text{K}$ 时,

$$\lambda_{max} = \frac{2.8976 \times 10^{-3}}{300}\,\text{m} = 9.659 \times 10^{-6}\,\text{m} = 9.659\mu\text{m} \qquad (15\text{-}3\text{-}2)$$

该波长属于长红外波段。当温度有 $\pm 1\text{K}$ 的浮动时,波长在 $9.62 \sim 9.69\mu\text{m}$ 内变化。即使温度浮动达到 $\pm 40\text{K}$,峰值波长仍位于 $8 \sim 12\mu\text{m}$ 内。因此,红外探测器和红外镜头的工作波长确定为 $8 \sim 12\mu\text{m}$。

为了简化系统设计,避免引入复杂的制冷设备,拟采用非制冷型的红外焦平面阵列进行红外成像。现有供货渠道可提供的探测器温度分辨率为 $80 \sim 120\text{mK}$。为了保证目标提取的可靠性,一般要求图像有 $2:1 \sim 4:1$ 的信噪比。为此,前景和背景的有效温度差应在 0.2K 以上,为保证裕量,设定在 0.4K。

2. 腔体内径范围

要求内卫星的测量范围为 $\pm l$,则景深范围必须包含 $R \pm l$ 的范围。设镜头景深要求在 f_1、f_2 之间,则应有

$$R - (l+r) \geqslant f_1, \quad R + (l+r) \leqslant f_2 \qquad (15\text{-}3\text{-}3)$$

即

$$R \geqslant (l+r) + f_1, \quad R \leqslant f_2 - (l+r) \qquad (15\text{-}3\text{-}4)$$

成像分辨率的最低要求是在 $\pm l$ 的同心球内单个像素分辨率优于 δr,设焦距为 f,于是应有

$$\frac{R+l+r}{f} \leqslant \frac{\delta r}{\varepsilon} \qquad (15\text{-}3\text{-}5)$$

$$R \leqslant \frac{\delta r}{\varepsilon}f - (l+r) \qquad (15\text{-}3\text{-}6)$$

综合得到腔体尺寸范围是

$$(l+r) + f_1 \leqslant R \leqslant \frac{\delta r}{\varepsilon}f - (l+r) \qquad (15\text{-}3\text{-}7)$$

实际镜头 f_1 可取为 100mm,f 可取 $4 \sim 12\text{mm}$;δr 的值影响最后的定位精度,根据工程经验,取为 2mm。r、ε 值已确定,于是球径 R 的取值范围由保精度测量区域大小 l 决定。当 l 取最小值 50mm 时,R 的下限达到最小值 175mm。

3. 构形初步设计

3 个相机均布在垂直于内卫星释放机构所在中轴线的平面上,配置角度为 θ,

如图 15.5 所示。图 15.6 给出了两个相机所在大圆的剖面图。

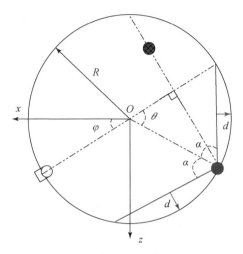

图 15.5　单个相机视场配置图

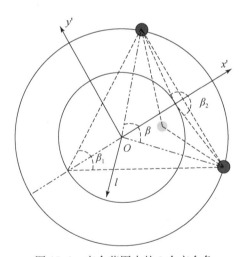

图 15.6　交会范围内的 3 个交会角

两个相机在平面上成 120°角分布,根据立体几何关系,应有

$$2R\sin\frac{\beta}{2} = R\sin\theta \cdot 2\sin 60° \qquad (15\text{-}3\text{-}8)$$

其中,β 为两相机对腔体中心成像的交会角。类似地,图 15.6 中的 β_1、β_2 为交会范围边缘的两个交会角,分别为整个交会范围内交会角的最小值和最大值。

由几何关系

$$\beta_1 = 2\arctan\frac{R\sin\dfrac{\beta}{2}}{R\cos\dfrac{\beta}{2}+l}, \quad \beta_2 = 2\arctan\frac{R\sin\dfrac{\beta}{2}}{R\cos\dfrac{\beta}{2}-l} \tag{15-3-9}$$

其中，β 由式(15-3-8)解得

$$\beta = 2\arctan(\sin\theta\sin 60°) \tag{15-3-10}$$

为了保证交会定位精度，保精度测量范围交会角均应在 $60°\sim120°$ 内。令 $\beta_1 = 60°$，$\beta_2 = 120°$，整理得到方程组

$$\begin{cases} \sin\theta\sin60° = \tan30°\left[\cos\left[\arcsin(\sin\theta\sin 60°)\right] + \dfrac{l}{R}\right] \\ \sin\theta\sin60° = \tan60°\left[\cos\left[\arcsin(\sin\theta\sin 60°)\right] - \dfrac{l}{R}\right] \end{cases} \tag{15-3-11}$$

解得

$$\begin{cases} \theta = \arcsin\dfrac{2}{\sqrt{7}} \approx 49.1° \\ R = \sqrt{7}\,l \approx 2.65l \end{cases} \tag{15-3-12}$$

由此可见，为了达到交会角范围要求，配置方位角 θ 是固定的，而 R 与 l 应具有 2.65 的比例关系。

视场盲区处的极大值为

$$d = R - R\sin\alpha \tag{15-3-13}$$

得到

$$d = 2.65l(1 - \sin\alpha) \tag{15-3-14}$$

图像辨识是根据图像的周长进行的。被遮挡距离为 d，相当于被遮挡周长

$$c_d = 2r\arccos\frac{r-d}{r} \tag{15-3-15}$$

其中，角度以弧度为单位。为了满足图像辨识的需要，认为 c_d 的大小应不超过内卫星周长的 $2/3$，则

$$c_d \leqslant \frac{2}{3}(2\pi r) \Rightarrow \arccos\frac{r-d}{r} \leqslant \frac{2\pi}{3} \Rightarrow d \leqslant 1.5r = 37.5 \tag{15-3-16}$$

令 $d = 37.5\text{mm}$，由式(15-3-15)可得

$$\alpha = \arcsin\left(1 - \frac{37.5}{2.65l}\right) \tag{15-3-17}$$

交会范围 l 是一个关键的设计指标，确定了 l 也就确定了 R，并确定了视场角 2α 的最小值。令 l 在 $50\sim100\text{mm}$ 内变化，绘制 R-l、2α-l 曲线，如图 15.7 所示。图中主要关注 $R > 175\text{mm}$ 的范围。根据控制系统性能，内卫星在 x、y、z 方向的运动偏差分别为 20mm、50mm、10mm。能包含该范围的球形区域最小半径为 55mm，增加一个小球半径的裕量，则最小保精度测量范围可以定为 80mm。根据

总体要求,期望保精度区域为 100mm,因为保精度测量范围必然是包含在交会范围内的,所以设交会范围 l 在 80~100mm 内取值。由图 15.7 可知,这要求腔体半径在 212~265mm 内,视场角在 111°~118°内。

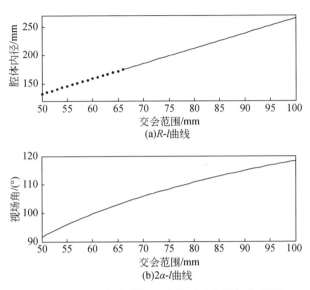

(a)R-l曲线

(b)2α-l曲线

图 15.7 基于交会范围的腔体尺寸和视场角配置

4. 交会定位精度分析

按交会解算时目标距离相机最远的情况进行精度估计。目标直径为 $2r$,与单个相机的距离 h 为

$$h = \sqrt{R^2 + l^2 + 2lR\sqrt{1 - \sin^2\theta \sin^2 60°}} \tag{15-3-18}$$

相机视场角为 α,相机靶面分辨率为 384×288 像素,则可以计算目标在图像上成像的直径为

$$\Gamma = \frac{2r}{2h\tan\alpha} \times 288 \tag{15-3-19}$$

目标在图像上的周长像素数目为 $\Gamma\pi$。设取其中 64% 的像素(其他的作为粗差剔除)用于拟合椭圆求取定位中心。考虑边缘的不清晰、噪声影响等,设目标边缘点提取的精度为 2 像素,则目标中心图像定位精度能够达到

$$\frac{2}{\sqrt{0.64\Gamma\pi}} = \frac{2.5}{\sqrt{\Gamma\pi}} \text{像素} \tag{15-3-20}$$

即图像上目标提取精度达到 $\frac{2.5}{\sqrt{\Gamma\pi}}$ 像素。一个像素误差造成的视线偏差为

$$\Delta\alpha = \frac{\frac{2.5}{\sqrt{d\pi}}}{288} 2\alpha = \frac{1.25\alpha}{72\sqrt{\Gamma\pi}} \tag{15-3-21}$$

R 越大，α 越大，则 $\Delta\alpha$ 越大。也就是说，随着保精度测量区域的增大，测量误差也增大。在 $l \in [80,100]$ 范围内的最佳工况如下：

（1）腔体内径 $R=212\text{mm}$；

（2）视场角 $2\alpha=111°$；

（3）保精度测量范围 $l=80\text{mm}$。

在此最佳工况下计算，可得 $\Gamma=18$ 像素，$\Delta\alpha=0.12°$。下面分两种情况进行定位精度的分析。当交会角为锐角时，如图 15.8 所示，目标在 P_1 位置，空间坐标为 (x,y,z)。C_1 与 C_2 为两相机位置，其空间坐标分别为 $(R\sin\theta,0,R\cos\theta)$ 和 $(-R\sin\theta\cos 60°,R\sin\theta\sin 60°,R\cos\theta)$。图中点划线表示光心到目标实际位置的视线，虚线表示存在目标图像定位误差时进行交会计算所采用的视线。当交会角是锐角时，虚线情况下的交会结果与目标实际位置误差最大。如果定位视线误差为 $\Delta\alpha$，则交会计算目标位置误差最大的结果是 P_1'。

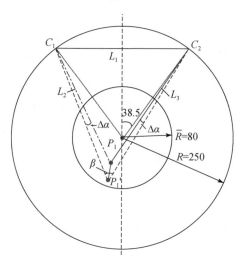

图 15.8　双相机交会测量的精度分析（目标位置 P_1）

令 C_1C_2、C_1P_1 和 C_2P_1 的长度分别为 L_1、L_2 和 L_3，$\angle C_1P_1C_2$、$\angle C_1C_2P_1$ 和 $\angle C_2C_1P_1$ 的角度分别为 α_1、α_2 和 α_3，则有

$$L_1=\sqrt{3}R\sin\theta \tag{15-3-22}$$

$$L_2=\sqrt{(x-R\sin\theta)^2+y^2+(z-R\cos\theta)^2} \tag{15-3-23}$$

$$L_3=\sqrt{(x+R\sin\theta\cos 60°)^2+(y-R\sin\theta\sin 60°)^2+(z-R\cos\theta)^2} \tag{15-3-24}$$

$$\alpha_1=\arccos\left(\frac{-L_1^2+L_2^2+L_3^2}{2L_2L_3}\right) \tag{15-3-25}$$

$$\alpha_2 = \arccos\left(\frac{L_1^2 - L_2^2 + L_3^2}{2L_1 L_3}\right) \qquad (15\text{-}3\text{-}26)$$

$$\alpha_3 = \arccos\left(\frac{L_1^2 + L_2^2 - L_3^2}{2L_1 L_2}\right) \qquad (15\text{-}3\text{-}27)$$

令 $\angle C_1 P_1' C_2$ 的角度为 β,则

$$\beta = \pi - (\alpha_2 + \Delta\alpha) - (\alpha_3 + \Delta\alpha) \qquad (15\text{-}3\text{-}28)$$

令 $P_1 P_1'$ 的距离为 D_1,在三角形 $C_1 P_1' P_1$ 中,根据正弦定理有

$$\frac{D_1}{\sin(\Delta\alpha)} = \frac{L_2}{\sin\angle C_1 P_1' P_1} \qquad (15\text{-}3\text{-}29)$$

在三角形 $C_2 P_1' P_1$ 中,由正弦定理有

$$\frac{D_1}{\sin(\Delta\alpha)} = \frac{L_3}{\sin(\beta - \angle C_1 P_1' P)} \qquad (15\text{-}3\text{-}30)$$

联立式(15-3-29)和式(15-3-30)可解得

$$D_1 = L_2 \sin(\Delta\alpha)\sqrt{\left(\frac{L_2\cos\beta + L_3}{L_2\sin\beta}\right)^2 + 1} \qquad (15\text{-}3\text{-}31)$$

如图 15.9 所示,当交会角为钝角时,目标在 P_2 位置,空间坐标为 (x, y, z)。图中点划线表示光心到目标实际位置的视线,虚线表示存在目标图像定位误差时进行交会计算所采用的视线。当交会角是钝角时,虚线情况下的交会结果与目标实际位置误差最大。如果定位视线误差为 $\Delta\alpha$,则交会计算目标位置误差最大的结果是 P_2'。

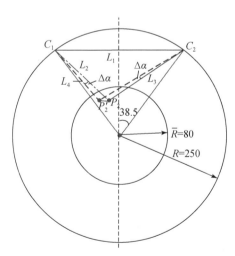

图 15.9 双相机交会测量的精度分析(目标位置 P_2)

L_1、L_2、L_3、α_1、α_2、α_3 的定义与图 15.8 一致。显然,$\angle C_1 P_2' C_2 = \angle C_1 P_2 C_2 = \alpha_1$,在三角形 $C_1 P_2' C_2$ 中,令 $C_1 P_2'$ 的长度为 L_4,则根据正弦定理有

$$\frac{L_1}{\sin\alpha_1} = \frac{L_4}{\sin(\alpha_2 - \Delta\alpha)} \tag{15-3-32}$$

可得

$$L_4 = \frac{L_1 \sin(\alpha_2 - \Delta\alpha)}{\sin\alpha_1} \tag{15-3-33}$$

令 $P_2 P'_2$ 的长度为 D_2，在三角形 $C_1 P'_2 C_2$ 中，由余弦定理有

$$D_2 = \sqrt{L_2^2 + L_4^2 - 2L_2 L_4 \cos(\Delta\alpha)} \tag{15-3-34}$$

把 $\Delta\alpha$ 代入式(15-3-34)，对保精度测量范围内的坐标进行搜索，得到最大误差为 1.17mm，位置坐标为 $(20,35,69)$；最小误差为 0.39mm，位置坐标为 $(-20,-37,-68)$。如果测量精度超出了 1mm 的容许范围，说明 R、α 过大了。由于所选择的工况是三相机配置构形中最好的，在镜头的物理条件限制下，仅使用 3 个相机不能同时满足测量精度和零盲区的要求，只能对相机的配置构形进行修正，以降低对 α 的要求。

5. 探测器布局设计

3 个相机的配置方案中之所以选取大的 α，是为了尽量减少成像盲区。那么降低对 α 的要求有两个途径，一是增加相机数量，二是改变光轴方向。考察 3 个测量相机参数不变而顶部增加一个广角镜头相机的方案。在这种配置方式下，单个测量相机不要求能够覆盖全视场，但要求 3 个测量相机综合起来能够覆盖内卫星释放区域所在的半球，而广角相机用于提供视场覆盖的冗余备份。如图 15.10 所示，3 个测量相机仍然对称配置，光轴指向球心，D 点为盲区最大区域顶点。如图 15.11 所示，考察 $D\bar{D}$ 所在的截面，只要单个相机的视场能够覆盖 D、E_1、E_2 三点，就可以保证 3 个相机对底面半球的覆盖。

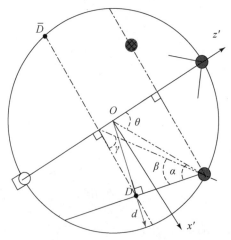

图 15.10　备份相机配置示意图

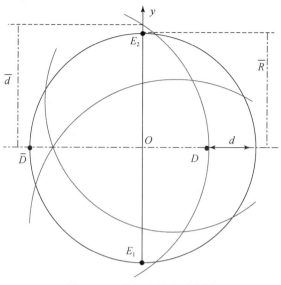

图 15.11　截面上的盲区分析

根据几何关系,可以写出由 R、θ、α 所表示的 $\bar{d}$ 和 $\bar{R}$。对于固定的 R,令 α 在 $40°\sim60°$ 内变化,进行数值解算,可以绘制 $\bar{d}$、$\bar{R}$-α 曲线,如图 15.12～图 15.14 所示,两条曲线交点的横坐标即为零盲区的最小视场角。

如图 15.12 所示,视场角配置为 $44.5°\times2=89°$ 时,可以保证释放区域零盲区。此时交会范围为 80mm,计算该范围内的定位误差,得到最大误差为 0.78mm,最小误差为 0.26mm,满足精度要求。

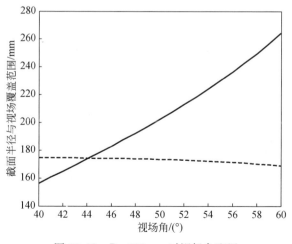

图 15.12　$R=212$mm 时视场角配置

如图 15.13 所示,视场角配置为 $45°\times2=90°$ 时,可以保证释放区域零盲区。

此时交会范围为 87mm,计算该范围内的定位误差,得到最大误差为 0.92mm,最小误差为 0.31mm,也满足精度要求。

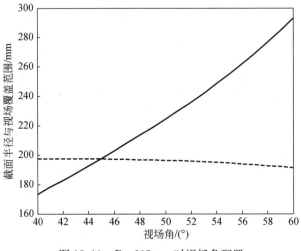

图 15.13 $R=235$mm 时视场角配置

如图 15.14 所示,视场角配置为 $46°×2=92°$ 时,可以保证释放区域零盲区。此时交会范围为 100mm,计算该范围内的定位误差,得到最大误差为 1.15298mm,坐标为 $(-24,-45,-86)$,不满足精度要求。对 80mm 球形范围内的误差进行求解,得到最大误差为 1.1mm,坐标为 $(-12,-24,-48)$,不满足精度要求。对 55mm 球形范围内的误差进行求解,得到最大误差为 0.91mm,满足精度要求。

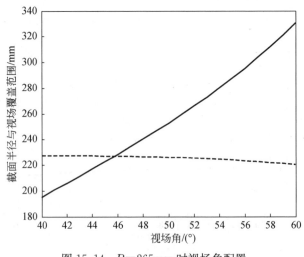

图 15.14 $R=265$mm 时视场角配置

上述结果说明,100mm 的保精度测量区域是难以达到的。原因如下:交会范围由 50mm 增大到 100mm 的过程中,根据配置约束,腔体半径由 212mm 增大到 265mm,视场角由 89°增加到 92°,定位误差逐渐增大;交会范围的增大伴随着定位精度的降低,必然在某个中间区域取得保精度范围的最大值,该最大值小于 100mm。

图 15.15 给出了测量相机和备份相机的光路图。为简便起见,半视场角 α、α' 均取为 45°,容易计算 3 块视场盲区的最大尺度分别为

$$d_1 = 0.245R, \quad d_2 = d_3 = 0.223R \tag{15-3-35}$$

取视场角为 90°,则腔体半径可以在 212~235mm 范围内取值。当 $R = 235\text{mm}$ 时,计算得到

$$d_1 = 57.6\text{mm}, \quad d_2 = d_3 = 52.4\text{mm} \tag{15-3-36}$$

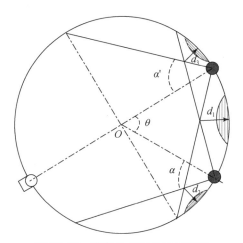

图 15.15　带备份相机的视场配置

根据前面的分析,最大允许盲区尺度为 37.5mm,扣除该距离,得到图中描绘的 3 块理论死区,尺度分别为 20.1mm、14.9mm、14.9mm,如果图像质量好,死区可以进一步减小。增大视场角固然可以把死区进一步缩减,但目前测量相机视场角可调整的范围并不大,通常为 89°~92°,如果备份相机选用与测量相机相同大小的视场角,3 块死区是难以完全消除的。

4 个相机选用相同的镜头是出于工程实现的考虑。如果把备份相机的视场角扩大到 120°以上,根据前面的分析,可以完全消除上半球的死区。选用四相机配置方案,如表 15.1 所示。

表 15.1　配置结果

配置角度 θ/(°)	腔体半径 R/mm	垂直视场角/(°)	交会范围/mm
49.1	235	90	87
保精度(1mm)测量范围/mm	下半球视场死区	上半球视场死区 $\alpha' = \alpha$	上半球视场死区 $\alpha' \geqslant 120$
87	0	20.1	0

4 个相机的配置方案如图 15.16(a)所示，该配置性能如下。

(1)4 个相机全部正常工作时，可以交会测量且有冗余备份；下半球无死区且有覆盖冗余；上半球有 9 个独立的小块死区，如图 15.16(b)所示，如果备份相机使用大于 120°的镜头则无死区。

(2)某测量相机失效时，可以交会测量；下半球无死区；上半球有 9 个独立的小块死区或无死区。

(3)备份相机失效时，可以交会测量；下半球无死区；上半球有 7 个独立的死区，如图 15.16(c)所示。在 $R=235\text{mm}$ 时计算最大盲区尺度为 67.5mm，死区大小为 30mm。

采用 4 个相机的布局，镜头为垂直视场角 90°(对角视场角 118°)的广角镜头，保精度测量范围为 87mm。

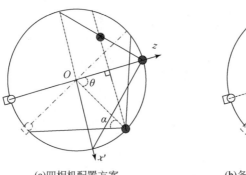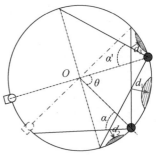

(a)四相机配置方案　　　　(b)备份相机工作时的上半球死区

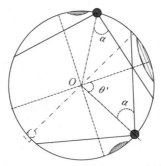

(c)备份相机失效时的上半球死区

图 15.16　四相机配置方案及视场死区示意图

6. 红外镜头设计

根据上述分析确定的镜头参数，确定 3 个主要的定位探测器，使用焦距为 6mm、视场角为 90°的长波红外镜头，光圈为 1.0，在光学设计中考虑了畸变校正，最后的畸变率小于 3%。备份的定位探测器使用视场角为 118°的广角镜头，焦距为 3.6mm,光圈为 1.0,最后畸变率为 25%。镜筒内壁采用铝喷砂阳极氧化工艺,发射率达到 0.8,尽量降低了杂散光干扰。

7. 红外敏感器件选型

红外相机光路如图 15.17 所示。

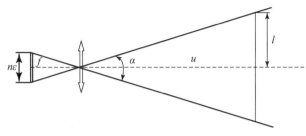

图 15.17　红外相机光路

在标称状态下,内卫星在外卫星腔体中心附近运动。假设允许内卫星在垂直光轴的平面内偏离中心点的距离为 l。探测器处在透镜的焦平面,其尺寸为 $n\varepsilon$,透镜焦距为 f,显然有

$$\frac{n\varepsilon}{2f}=\frac{l}{u} \tag{15-3-37}$$

视场角为

$$\alpha=2\arctan\frac{l}{u}=2\arctan\frac{n\varepsilon}{2f} \tag{15-3-38}$$

从而可得单像元测角精度为

$$\delta\alpha=2\arctan\frac{\varepsilon}{2f} \tag{15-3-39}$$

在视场角较小的情况下,结合式(15-3-37),$\delta\alpha$ 可近似表示为

$$\delta\alpha=\frac{\varepsilon}{f}=\frac{2l}{un} \tag{15-3-40}$$

根据经验公式,红外相机孔径为

$$D=\frac{2.44\lambda f Q}{\varepsilon} \tag{15-3-41}$$

其中,λ 为波长;f 为镜头焦距;Q 为品质系数,满足 $0.5<Q<2$;ε 为像元尺寸。

下面从式(15-3-37)~式(15-3-41)出发,根据光学工程的基本原理,设计透镜焦距和探测器参数,包括像元数目 $n\times n$ 和像元大小 ε。在分析和设计中,取长度单位为 mm,视场角采用角度单位。前面已经分析得出相机的工作波段为 $8\sim14\mu m$,这里取 $\lambda=10\mu m$ 作为设计参考值,品质系数 Q 取为 1.1。

由式(15-3-37)可得

$$f=\frac{u}{2l}n\varepsilon \tag{15-3-42}$$

采用球形腔体,内卫星处于标称位置时,u 的取值为

$$u^* = R \tag{15-3-43}$$

设 l 的实际最大取值极限是 $\bar{l}$,其大小是与卫星运行状况和轨道控制系统性能相关的。为了保证标称位置附近有最好的图像质量,探测器应对焦在平衡点。把式(15-3-43)和 $l = \bar{l}$ 代入式(15-3-42),得到参数边界约束条件为

$$\frac{f}{\varepsilon} = \frac{R}{2\bar{l}} n \tag{15-3-44}$$

随着内卫星球体与探测器距离的变化,球体在图像中的大小会改变。如果球体缩小为 $\bar{n}$ 个像素,根据式(15-3-44)得到

$$\frac{\bar{n}\varepsilon}{2f} = \frac{r}{R+l} \tag{15-3-45}$$

在故障模式下,内卫星球体可能偏离中心位置很远,直至碰撞腔体。在 $l \leqslant \bar{l}$ 的范围以外,不要求对球体质心精确定位,但是需要能够分辨出球体。把 $l = R$ 代入式(15-3-45),得到参数边界约束条件为

$$\frac{\bar{n}\varepsilon}{2f} = \frac{r}{2R - r} \tag{15-3-46}$$

技术指标中要求位置测量精度优于 1mm。于是,在 $l = \bar{l}$ 距离处,$\bar{n} \times \bar{n}$ 个像素应该覆盖内卫星球体的外切正方形,则

$$\bar{n} \geqslant 2r \tag{15-3-47}$$

令 $\bar{n} = 2kr$、$k \geqslant 1$、$l = \bar{l}$ 一起代入式(15-3-46),结合式(15-3-44)得到参数边界约束条件为

$$\frac{f}{\varepsilon} = k(R + \bar{l}) \tag{15-3-48}$$

进一步得到

$$n = 2k\bar{l}\left(1 + \frac{\bar{l}}{R}\right) \tag{15-3-49}$$

其中,k 为 1mm 对应的像素个数。于是,所有设计相关的约束关系式总结如下:

$$\begin{cases} n = 2k\bar{l}\left(1 + \dfrac{\bar{l}}{R}\right), & \dfrac{f}{\varepsilon} = \dfrac{R}{2\bar{l}}n \\ D = \dfrac{f}{\varepsilon} 2.44\lambda Q, & \alpha = 2\arctan\dfrac{n/2}{f/\varepsilon} \end{cases} \tag{15-3-50}$$

在规定了 $\bar{l}$ 的前提下,探测器参数的确定最后归结为参数 k 的选取。取 $\bar{l} = 100$,$R = 250$,绘制探测器分辨率与 k 的变化关系,如图 15.18 所示。

k 取 1 或 2 时,探测器像素分辨率分别要求达到 280 和 560。根据目前红外探测器的技术水平和市场供应状况,确定探测器选型的参考值如表 15.2 所示。

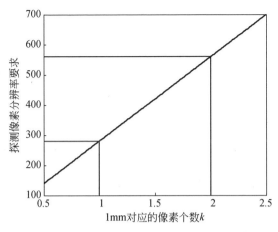

图 15.18　探测器像素与成像质量变化的曲线图

表 15.2　红外相机参数

参数	数值
工作波段	$8\sim14\mu m$
像元数目	320×240
像元大小	$25\mu m\times25\mu m$
工作温度	$0\sim40℃$
工作环境	真空,温度均衡,1℃温漂

红外探测器选用多晶硅工艺的红外焦平面阵列 UL 03 16 2,其温度分辨率为 120mK。这是一款红外光电敏感元件,其光谱敏感范围位于长波区域。它包含的微测辐射热仪焦平面阵列含有两部分,由 384×288 个单元组成,采用多晶硅工艺制作的电阻型两维探测阵列,以及连接到探测阵列的硅工艺读出电路。UL 03 16 2 红外成像传感器可以提供最高 60 帧/s 的原始模拟信号。传感器通过一个串行口控制。像元尺寸为 $25\mu m\times25\mu m$,图像尺寸为 $9.6mm\times7.2mm$,标称图像格式为 384×288,默认格式为 320×240 像元。按照默认的分辨率计算,像素与成像目标的比例关系约为 45∶50。

15.3.3　基于光束能量的内外卫星相对状态测量方法

在内编队系统中,内卫星光学差分影像测量系统用于精确测量内卫星在腔体内的相对位置,该系统利用激光发射和接收信号功率的强度,判断激光光柱被内卫星遮挡的面积大小,从而确定内卫星在外卫星腔体中的相对状态。

1. 差分光学影像测量原理

内卫星差分影像测量系统的原理为：在内卫星两侧发射两束平行激光，内卫星位移将造成两侧激光束的遮挡，从而引起激光束末端光电探测器接收能量的差异，通过对光电探测器能量差的探测就可以精确测得内卫星位移，如图 15.19 所示。下面给出差分光学影像测量的数学表示。已知在圆柱坐标系 (r, θ, z) 中，激光强度即单位面积上的功率为

$$I(r, z) = I_0 \left[\frac{w_0}{w(z)} \right]^2 \mathrm{e}^{-\frac{2r^2}{w^2(z)}} \qquad (15\text{-}3\text{-}51)$$

其中，z 沿激光发射方向；r 是到 z 轴的距离。

$$w(z) = w_0 \sqrt{1 + \left(\frac{z}{z_0}\right)^2} \qquad (15\text{-}3\text{-}52)$$

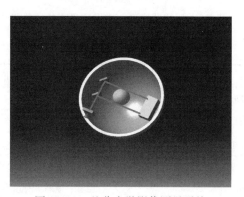

图 15.19　差分光学影像测量系统

差分光学影像测量系统如图 15.20 所示。激光源发射激光，经过半波片（waveplates）调整相位，经过偏振分光棱镜（polarization beam splitter，PBS）后，光线发生偏转。两束偏转激光垂直入射到光电二极管探测器（photodiode detector）上。光电二极管探测器的输出信号与入射在其上的激光束功率成正比。利用差分运算器，将两个光电二极管输出信号作差分处理，可得到信号能量的变化，进而得到内卫星的位移。下面以一个方向上的位移测量为例，说明差分光学影像测量的原理，相关尺寸如图 15.21 所示。其中，r 为光电二极管探测器半径；w 为投射到光电二极管探测器上的激光光斑半径；d 为两个光电二极管探测器之间的距离，$d = 2R$，R 是内卫星半径；u 为内卫星位移；x 为内卫星运动方向。

根据激光功率表达式，得到左右光电二极管探测器上的入射激光功率为

$$P_{lr}(r, w) = P_0 \iint \mathrm{e}^{-\frac{2r^2}{w^2}} \mathrm{d}A_{lr} \qquad (15\text{-}3\text{-}53)$$

其中，激光束的总功率为

$$P_0 = \frac{1}{2} \pi I_0 w_0^2 \qquad (15\text{-}3\text{-}54)$$

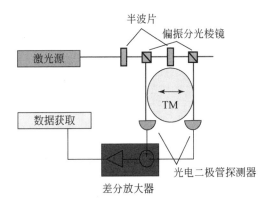

图 15.20　差分光学影像测量系统

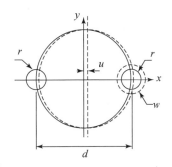

图 15.21　差分光学影像测量
系统相关尺寸

得到右探测器上的归一化能量为

$$P_{nr}(u,d,r,w)=\frac{P_0}{P_{\max}}\int_{R+u}^{\frac{d}{2}+r}2\cdot\int_0^{\sqrt{r^2-(x-\frac{d}{2})^2}}e^{-\frac{2\left[(x-\frac{d}{2})^2+y^2\right]}{w^2}}\mathrm{d}y\mathrm{d}x \quad (15\text{-}3\text{-}55)$$

其中，$P_{\max}$ 是入射到探测器上的最大功率。同理，得到左探测器上的归一化能量为

$$P_{nl}(u,d,r,w)=P_{nr}(-u,-d,r,w) \quad (15\text{-}3\text{-}56)$$

差分得到

$$P_{n,\mathrm{diff}}=P_{nl}-P_{nr} \quad (15\text{-}3\text{-}57)$$

$P_{n,\mathrm{diff}}$ 和内卫星位移 u 是一一对应的，利用数值计算得到 $P_{n,\mathrm{diff}}$ 和归一化位移之间的关系，如图 15.22 所示。

由图 15.22 可知，差分信号能量与归一化的内卫星位移近似成正比。分析得到，当内卫星位移 u 在 ±0.3mm 范围内运动时，线性化误差小于 10%。w/r 越大，即照射到光电二极管探测器上的激光光斑半径和探测器半径比值越大，线性化近似误差越小。

2. 内卫星差分光学影像测量系统组成

差分光学影像测量系统的关键载荷包括光源、光电二极管探测器、模数转换器和数字信号处理器。

1）光源

光源会首先从数字信号处理器获得信号，为信号放大器设定参考电压，信号放大器之后设有一个晶体管来控制通过光源的电流大小，此外还有一个与数字信号处理器相连的电流监控器用以校准电流。每个方向的光源应当保证有相同的输入电压，以减小光强噪声带来的误差。

2）光电二极管探测器与信号放大器

光电二极管具有噪声低、动态范围大的要求。设定接收面直径为 2mm，内卫

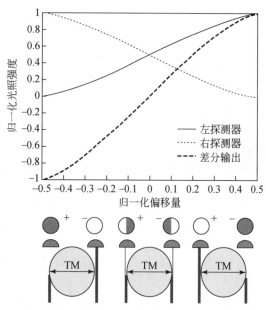

图 15.22　差分信号能量与内卫星位移的关系

星 1nm 的位移会造成 $2 \times 10^{-12} \, \mathrm{m}^2$ 的光照面积变化。若光束总功率为 1mW,该位移导致的能量变化为 $6.37 \times 10^{-10} \, \mathrm{W}$。光电二极管的转换敏感度为 1.05A/W,则电流的变化精度为 $6.68 \times 10^{-10} \, \mathrm{A/nm}$。为了在 16bit 模数转换器中反映电流变化,信号放大器需要至少 $2.28 \times 10^5 \, \mathrm{V/A}$ 的放大系数。

3)模数转换器

为了实现量程为 2mm、测量精度为 1nm 的测量能力,模数转化器需要至少 21bit 的位数。

4)数字信号处理器

由于大小、重量和输入功率的限制,通常的锁定放大器并不能用在卫星上,在差分光学影像测量系统的设计中,利用数字信号处理器(digital signal processor, DSP)同时实现对在模数转换后获得的数字信号的放大功能。此外,DSP 还可以借助数字频率合成器生成调制信号。

15.3.4　内外卫星相对状态确定的滤波方法

测量设备获取的原始数据一般被称作观测数据,它们往往并不等同于系统内部的状态,而是需要按照一定的模型转换后才能得到后者。由于观测过程不可避免地引入各种随机误差,由观测数据直接求解得到的系统状态也带有误差。为了尽量剔除或降低误差的影响,可以考虑通过系统状态所满足的动力学约束来改进结果。通过对基于动力学模型预测的状态和基于观测得到的状态之间的加权平均,有望使最终得到的状态估计结果更接近真实值,这个过程称作滤波,相应的数据处理方法称作滤波算法。下面给出基于可见光成像观测和无损卡尔曼滤波(unscented Kalman filter,UKF)滤波算法支持的内外卫星相对状态确定方法。

1)姿轨一体化动力学模型

内外卫星的相对状态包括相对位置 $\boldsymbol{\rho}$、相对速度 $\boldsymbol{v}$、姿态四元数 $\boldsymbol{q}$ 和角速度 $\boldsymbol{\omega}$,将这 4 个变量合并为一个矢量,得到 $\boldsymbol{x}=(\boldsymbol{\rho}^{\mathrm{T}},\boldsymbol{v}^{\mathrm{T}},\boldsymbol{q}^{\mathrm{T}},\boldsymbol{\omega}^{\mathrm{T}})^{\mathrm{T}}$。15.2 节已给出了内编队中涉及的两类动力学,即编队动力学和相对姿态动力学。将这两个动力学合并为一个整体,且采用新的矢量 $\boldsymbol{x}$ 来描述,则得到系统动力学的状态空间模型为

$$\dot{\boldsymbol{x}}=\boldsymbol{g}(\boldsymbol{x},\boldsymbol{U})+\boldsymbol{W}=\boldsymbol{f}(\boldsymbol{x})+\boldsymbol{U}+\boldsymbol{W} \tag{15-3-58}$$

其中,控制输入 $\boldsymbol{U}=(\boldsymbol{0},\boldsymbol{u}_1^{\mathrm{T}},\boldsymbol{0},\boldsymbol{u}_2^{\mathrm{T}})^{\mathrm{T}}$,$\boldsymbol{u}_1=\boldsymbol{F}_{\mathrm{c}}$ 表示控制加速度,$\boldsymbol{u}_2=\boldsymbol{J}^{-1}\cdot\boldsymbol{T}_{\mathrm{c}}$ 表示控制力矩加速度,$\boldsymbol{J}$ 表示外卫星惯量矩阵,这几个矢量的维度分别满足 $\boldsymbol{0}\in\boldsymbol{R}^{1\times3}$,$\boldsymbol{u}_1$、$\boldsymbol{u}_2\in\boldsymbol{R}^{3\times1}$。环境噪声矢量 $\boldsymbol{W}=(\boldsymbol{0},\boldsymbol{w}_{\mathrm{t}}^{\mathrm{T}},\boldsymbol{0},\boldsymbol{w}_{\mathrm{r}}^{\mathrm{T}})^{\mathrm{T}}$,并假设 $w_{\mathrm{t}}=n(0,\sigma_{\mathrm{t}}^2)$、$w_{\mathrm{r}}=n(0,\sigma_{\mathrm{r}}^2)$ 均为高斯白噪声,其中 σ_{t}、σ_{r} 分别为编队动力学中的噪声均方差、相对姿态动力学中的噪声均方差。非线性函数 $\boldsymbol{f}(\boldsymbol{x})=(\boldsymbol{f}_1^{\mathrm{T}},\boldsymbol{f}_2^{\mathrm{T}},\boldsymbol{f}_3^{\mathrm{T}},\boldsymbol{f}_4^{\mathrm{T}})^{\mathrm{T}}$ 的具体表达式为

$$\boldsymbol{f}_1=\boldsymbol{v} \tag{15-3-59}$$

$$\boldsymbol{f}_2=-\frac{1}{m_{\mathrm{o}}}\left[\boldsymbol{C}(\dot{v})\dot{\boldsymbol{\rho}}+\boldsymbol{D}(\dot{v},\ddot{v},r_{\mathrm{o}})\boldsymbol{\rho}+\boldsymbol{n}(r_{\mathrm{i}},r_{\mathrm{o}})\right] \tag{15-3-60}$$

$$\boldsymbol{f}_3=\frac{1}{2}\boldsymbol{\Omega}(\boldsymbol{\omega})\cdot\boldsymbol{q} \tag{15-3-61}$$

$$\boldsymbol{f}_4=\left\{\boldsymbol{\omega}\times\left[\boldsymbol{A}(\boldsymbol{q})\,\boldsymbol{\omega}_0\right]-\boldsymbol{A}(\boldsymbol{q})\,\dot{\boldsymbol{\omega}}_0\,|_{\mathrm{RF}}\right\}-\boldsymbol{J}^{-1}\left[\boldsymbol{\omega}+\boldsymbol{A}(\boldsymbol{q})\,\boldsymbol{\omega}_0\right]\times\left\{\boldsymbol{J}\left[\boldsymbol{\omega}+\boldsymbol{A}(\boldsymbol{q})\,\boldsymbol{\omega}_0\right]\right\} \tag{15-3-62}$$

其中

$$\boldsymbol{\Omega}(\boldsymbol{\omega})=\begin{bmatrix} 0 & \omega_3 & -\omega_2 & \omega_1 \\ -\omega_3 & 0 & \omega_1 & \omega_2 \\ \omega_2 & -\omega_1 & 0 & \omega_3 \\ -\omega_1 & -\omega_2 & -\omega_3 & 0 \end{bmatrix} \tag{15-3-63}$$

2)系统观测模型

假设采用可见光成像手段实现内外卫星相对状态的确定,其中可见光镜头的个数为 N。第 i 个镜头观测到的像元位置 $\widetilde{\boldsymbol{b}}_i$ 和系统真实状态 $\boldsymbol{x}$ 之间的关系为

$$\widetilde{\boldsymbol{b}}_i=\boldsymbol{\xi}_i(\boldsymbol{x})+v_i,\quad i=1,2,\cdots,N \tag{15-3-64}$$

其中,$\widetilde{\boldsymbol{b}}_i=(\widetilde{\delta}_i,\widetilde{\eta}_i)^{\mathrm{T}}$,上标"~"表示非真实值;$\boldsymbol{\xi}_i$ 为相对位置矢量 $\boldsymbol{x}$ 的函数;$v_i=(v_{xi},v_{yi})^{\mathrm{T}}$ 表示观测噪声,满足 $v_i=n(0,\sigma_v^2)$,σ_v 为噪声均方差。

将上述 N 个镜头的观测数据合并,得到一个整体的观测模型为

$$\boldsymbol{y}=\boldsymbol{h}(\boldsymbol{x})+\boldsymbol{v} \tag{15-3-65}$$

其中,$\boldsymbol{y}=(\widetilde{\boldsymbol{b}}_1^{\mathrm{T}},\widetilde{\boldsymbol{b}}_2^{\mathrm{T}},\cdots,\widetilde{\boldsymbol{b}}_N^{\mathrm{T}})^{\mathrm{T}}$;$\boldsymbol{h}(\boldsymbol{x})=(\boldsymbol{\xi}_1^{\mathrm{T}},\boldsymbol{\xi}_2^{\mathrm{T}},\cdots,\boldsymbol{\xi}_N^{\mathrm{T}})^{\mathrm{T}}$;$\boldsymbol{v}=(\boldsymbol{v}_1^{\mathrm{T}},\boldsymbol{v}_2^{\mathrm{T}},\cdots,\boldsymbol{v}_N^{\mathrm{T}})^{\mathrm{T}}$。

3)用于相对状态确定的改进 UKF 滤波算法

注意到,内编队系统的姿轨一体化动力学方程是非线性的,采用经典的卡尔曼滤波(Kalman filter,KF)算法会存在一定的困难,因此考虑能适用于非线性情形的UKF 算法。UKF 算法相比 KF 算法,在状态预测时直接采用积分实现,这使得它能处理所有可能的非线性情形。此外,UKF 算法为了提高算法的收敛效率,在一次估计值的附近随机生成多个估计值,并通过这多个估计值分别预测更新,以预测结果的加权平均作为下一次的估计值。但是,标准的 UKF 算法仅用于没有控制的情形,注意到算法支持下的控制也是相对状态的函数,因此控制项可以看成动力学中的一部分。鉴于此,这里给出一种改进的 UKF 算法,可以处理带有控制的相对状态确定问题。

改进的 UKF 算法如图 15.23 所示,共包含 7 个步骤。第一步,配置滤波算法的参数,其中,n 表示用于随机生成多个估计值的个数的一半,$\kappa、\alpha、\beta$ 是用于调节不

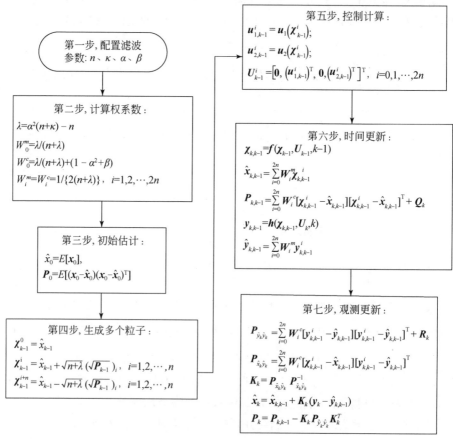

图 15.23　用于内外卫星相对状态确定的 UKF 算法

同估计值的权系数。第二步,通过第一步给出的参数,计算得到相应的权系数。第三步,基于先验知识或随机猜测,给出相对状态的初始估计和偏差估计。第四~第七步是各独立时刻滤波的完整步骤。第四步在上一步滤波结果的基础上,随机生成多个状态估计值,第五步根据给定的控制算法计算不同的估计值对应的控制量,第六步根据系统非线性动力学模型计算各状态估计值及控制下一步积分结果,第七步根据观测结果调节积分结果,并给出当前估计值。

4)仿真分析

下面给出一个数值仿真案例,用于说明上述滤波方法的有效性。

例 15.1　假设外卫星质量为 200kg,内卫星质量为 0.768kg,外卫星转动惯量为 $J=\mathrm{diag}\{53.12,32.16,46.35\}\mathrm{kg\cdot m}^2$。外卫星腔体半径为 0.5m,内卫星半径为 0.02m,内卫星初始高度为 350km。3 个可见光成像镜头安装在体坐标系的如下位置:$(0.5,0,0)^\mathrm{T}$、$(-0.25,0.433,0)^\mathrm{T}$、$(-0.25,-0.433,0)^\mathrm{T}$,单位为 m。内外卫星的初始相对状态为 $\boldsymbol{\rho}_0=(0.4,0,0.3)^\mathrm{T}(\mathrm{m})$、$\boldsymbol{v}_0=(-0.01,0.02,-0.03)^\mathrm{T}(\mathrm{m/s})$、$\boldsymbol{q}_0=(0.245,-0.316,0.2,0.894)^\mathrm{T}$、$\boldsymbol{\omega}_0=(-0.1,0.2,-0.3)^\mathrm{T}(\mathrm{rad/s})$。系统噪声和观测噪声的均方差设为 $\sigma_t=10^{-11}(\mathrm{m/s}^2)$,$\sigma_r=10^{-11}(\mathrm{rad/s}^2)$,$\sigma_v=10^{-5}(\mathrm{m})$。这表明,环境干扰力大约为 $10^{-6}(\mathrm{m/s}^2)$、$10^{-6}(\mathrm{rad/s}^2)$量级,观测误差为 $10^{-3}\mathrm{m}$ 量级。基于上述滤波方法,得到如下结果。图 15.24 给出了无控时的

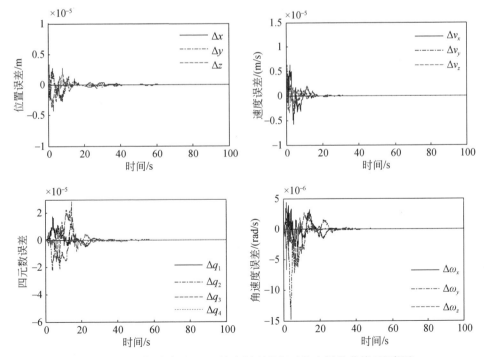

图 15.24　无控时采用 UKF 算法得到的相对状态误差曲线(见彩图)

滤波结果,图中显示的是相对位置误差、相对速度误差、四元数误差、姿态角速度误差随时间的变化曲线。由图可知,所有误差随时间逐渐减小,最后趋于零附近。这表明 UKF 算法有效实现了相对状态的确定。表 15.3 给出了滤波平稳后的相对状态误差,可知无论是有控还是无控,所采用的 UKF 算法均能有效实现相对状态的确定,且两者的精度基本一致。

表 15.3　有控和无控时内编队相对状态滤波后的平均误差

状态	位置/m	速度/(m/s)	四元数	角速度/(rad/s)
无控制	$10^{-8} \sim 10^{-7}$	$10^{-9} \sim 10^{-8}$	$10^{-7} \sim 10^{-6}$	$10^{-8} \sim 10^{-7}$
有控制	$10^{-8} \sim 10^{-7}$	$10^{-9} \sim 10^{-8}$	$10^{-7} \sim 10^{-6}$	$10^{-8} \sim 10^{-7}$

15.4　内编队飞行控制方法

在内编队系统中,内外卫星之间的相对位置在外界环境干扰力的作用下会持续发生变化。为了维持内卫星处于纯引力轨道的自由飞行状态,必须通过轨道控制使外卫星实时精密跟踪内卫星的运动,避免内、外卫星碰撞。由于内外卫星之间的相对运动可看成一种编队行为,理论上可基于编队控制的方法实现系统维持。

下面给出几种有效的内编队系统控制方法[31]。

15.4.1　时变系统控制理论

首先,给出时变系统的几个重要引理。考虑如下时变系统:

$$\dot{\boldsymbol{x}} = \varepsilon \boldsymbol{f}(t, \boldsymbol{x}, \varepsilon) \tag{15-4-1}$$

其中,ε 为正常数;函数 $\boldsymbol{f}: [0, \infty) \times D \times [0, \varepsilon_0] \to R^n$ 是有界连续的,且其一阶、二阶导数也是有界连续的。假设 $\boldsymbol{f}(t, \boldsymbol{x}, \varepsilon)$ 同时是周期性的,其周期为 T。下面给出一个定常系统:

$$\dot{\boldsymbol{x}} = \varepsilon \boldsymbol{f}_{\mathrm{av}}(\boldsymbol{x}) \tag{15-4-2}$$

其中

$$\boldsymbol{f}_{\mathrm{av}}(\boldsymbol{x}) = \frac{1}{T} \int_0^T \boldsymbol{f}(\tau, \boldsymbol{x}, 0) \mathrm{d}\tau \tag{15-4-3}$$

引理 15.1　对于由式(15-4-1)和式(15-4-2)分别决定的两个动力学系统,若 $\boldsymbol{x}(t, \varepsilon)$ 和 $\boldsymbol{x}_{\mathrm{av}}(t, \varepsilon)$ 分别为其对应的解,则有如下结论[32]。

(1)若 $\boldsymbol{x}_{\mathrm{av}}(t, \varepsilon) \in D, \forall t \in [0, b/\varepsilon]$,且 $\| \boldsymbol{x}(0, \varepsilon) - \boldsymbol{x}_{\mathrm{av}}(0, \varepsilon) \| = O(\varepsilon)$,其中 $O(\cdot)$ 表示一阶无穷小,则有 $\| \boldsymbol{x}(t, \varepsilon) - \boldsymbol{x}_{\mathrm{av}}(t, \varepsilon) \| = O(\varepsilon), \forall t \in [0, b/\varepsilon]$。

(2)若 $\boldsymbol{p}^* \in D$ 是式(15-4-2)系统的一个指数稳定平衡点,且存在一个正常数 ρ 使 $\| \boldsymbol{x}_{\mathrm{av}}(0, \varepsilon) - \boldsymbol{p}^* \| = \rho$,且 $\| \boldsymbol{x}(0, \varepsilon) - \boldsymbol{x}_{\mathrm{av}}(0, \varepsilon) \| = O(\varepsilon)$,那么对于所有 $t \in [0, \infty)$,有 $\| \boldsymbol{x}(t, \varepsilon) - \boldsymbol{x}_{\mathrm{av}}(t, \varepsilon) \| = O(\varepsilon)$。

（3）若 $\boldsymbol{p}^* \in D$ 是式(15-4-2)系统的一个指数稳定平衡点,那么就总有一个正常数 ε^*,对于任意 $0 < \varepsilon < \varepsilon^*$,在 $\boldsymbol{p}^*$ 的 $O(\varepsilon)$ 邻域内,总能找到式(15-4-1)的一个以 T 为周期的解。

引理 15.2　考虑如下线性时变系统:

$$\dot{\boldsymbol{x}} = \varepsilon \boldsymbol{A}(t)\boldsymbol{x} \tag{15-4-4}$$

其中,$\boldsymbol{A}(t+T) = \boldsymbol{A}(t)$,$\varepsilon > 0$。若令

$$\bar{\boldsymbol{A}} = \frac{1}{T}\int_0^T \boldsymbol{A}(\tau)\mathrm{d}\tau \tag{15-4-5}$$

则有如下平均系统[32]:

$$\dot{\boldsymbol{x}} = \varepsilon \bar{\boldsymbol{A}}\boldsymbol{x} \tag{15-4-6}$$

上述平均系统有一个平衡点 $\boldsymbol{x} = \boldsymbol{0}$。假设矩阵 $\bar{\boldsymbol{A}}$ 是 Hurwitz 矩阵,则由引理 15.1 可知,对于充分小的 ε,系统 $\dot{\boldsymbol{x}} = \varepsilon \bar{\boldsymbol{A}}\boldsymbol{x}$ 总有一个在 $\boldsymbol{x} = \boldsymbol{0}$ 的 $O(\varepsilon)$ 邻域内的周期解。而且还可知,$\boldsymbol{x} = \boldsymbol{0}$ 是系统 $\dot{\boldsymbol{x}} = \varepsilon \boldsymbol{A}(t)\boldsymbol{x}$ 的一个指数稳定平衡点。

引理 15.3　给定系统 $\dot{\boldsymbol{x}} = \boldsymbol{f}(t,\boldsymbol{x})$,且 $\boldsymbol{f}(t,\boldsymbol{0}) = \boldsymbol{0}$。令 $V(t,\boldsymbol{x})$ 和 $W(t,\boldsymbol{x})$ 在域 D 内是连续的,且满足如下 4 个条件[33]:

（1）$V(t,\boldsymbol{x})$ 是正的和递减的;

（2）存在一个 $U(\boldsymbol{x})$,使 $\dot{V}(t,\boldsymbol{x}) \leqslant U(\boldsymbol{x}) \leqslant 0$;

（3）$\|W(t,\boldsymbol{x})\|$ 是有界的;

（4）$\max\{d(\boldsymbol{x},M),\dot{W}(t,\boldsymbol{x})\} \geqslant k(\|\boldsymbol{x}\|)$ 成立,其中 $M = \{\boldsymbol{x}|U(\boldsymbol{x}) = 0\}$,而 $d(\boldsymbol{x},M)$ 表示 $\boldsymbol{x}$ 到 M 的距离,$k(\cdot)$ 是一类 K 函数。

那么,系统 $\dot{\boldsymbol{x}} = \boldsymbol{f}(t,\boldsymbol{x})$ 的平衡点在域 D 内是渐近稳定的。

引理 15.4　引理 15.3 的第 4 个条件等价于下述两个条件[33]:

（1）$\dot{W}(t,\boldsymbol{x})$ 是连续的,且 $\dot{W}(t,\boldsymbol{x}) = g(\beta(t),\boldsymbol{x})$,其中 g 是连续的,$\beta(t)$ 是连续有界的;

（2）存在一类 K 函数 $\alpha(\cdot)$,使得对于任意的 $\forall \boldsymbol{x} \in M$ 满足 $\dot{W}(t,\boldsymbol{x}) \geqslant \alpha(\|\boldsymbol{x}\|)$,其中 M 定义于引理 15.3。

引理 15.5　对于函数 $\phi: R_+ \to R$,若其是一致连续的,且极限 $\lim_{t \to \infty}\int_0^t \phi(\tau)\mathrm{d}\tau$ 存在并且有限,则 $\lim_{t \to \infty}\phi(t) \to 0$ [34]。该引理也称 Barbalat 引理。

引理 15.6　对于函数 $\phi: R_+ \to R$,若 $\phi,\dot{\phi} \in L_\infty$,且对于某个 $p \in [1,\infty)$,有 $\phi \in L_p$,则有 $\lim_{t \to \infty}\phi(t) \to 0$ [34]。

15.4.2　内编队非线性控制算法设计

下面设计四种不同的非线性控制算法。

1. 反馈线性化＋PD 控制算法

受文献[26]启发,设计如下第一种内编队非线性控制算法:

$$U = -F_N + n(r_i, r_o) - K_p\rho - K_d\dot{\rho} \tag{15-4-7}$$

其中,K_p、K_d 均为对称矩阵。K_p 具体取值为

$$K_p = \begin{bmatrix} k_{p1} & k_{p4} & k_{p5} \\ k_{p4} & k_{p2} & k_{p6} \\ k_{p5} & k_{p6} & k_{p3} \end{bmatrix} \tag{15-4-8}$$

其中

$$\begin{cases} k_{p1} = -E(1,1) - D(1,1) + \varepsilon_1, & k_{p4} = -E(1,2) \\ k_{p2} = -E(2,2) - D(2,2) + \varepsilon_2, & k_{p5} = -E(1,3) \\ k_{p3} = -E(3,3) - D(3,3) + \varepsilon_3, & k_{p6} = -E(2,3) \end{cases} \tag{15-4-9}$$

其中,$\varepsilon_i(i=1,2,3)$ 为任选的正实数,K_d 满足 $\mathrm{trace}(K_d) > 0$。

定理 15.1　对于控制算法(15-4-7),连同上述 K_p 和 K_d 的取值规则,则 $x=0$ 是内编队系统(15-2-25)的指数稳定平衡点。

证明　将控制算法(15-4-7)代入系统(15-2-25),得到

$$m_o\ddot{\rho} + [K_d + C(\dot{v})]\dot{\rho} + [K_p + D(\dot{v}, \ddot{v}, r_o) + E(i, v, d_j, d_o, r_i)]\rho = 0 \tag{15-4-10}$$

它可写为如下线性状态空间的形式:

$$\dot{x} = \frac{1}{m_o}A(t)x \tag{15-4-11}$$

其中,$x = (\rho^T, \dot{\rho}^T)^T$。时变矩阵为

$$A(t) = \begin{bmatrix} 0_{3\times3} & m_o I_{3\times3} \\ -(K_p + D + E) & -(K_d + C) \end{bmatrix} \tag{15-4-12}$$

由于内外卫星的位置矢量几乎相等,即 $r_i \approx r_o$,因此上述时变矩阵满足 $A(t+T) = A(t)$,其中 T 为卫星轨道周期,则式(15-4-12)存在如下对应的平均系统:

$$\dot{x} = \frac{1}{m_o}\bar{A}x \tag{15-4-13}$$

其中,平均矩阵为

$$\bar{A} = \frac{1}{T}\int_0^T A(\tau)\mathrm{d}\tau = \begin{bmatrix} 0_{3\times3} & m_o I_{3\times3} \\ -\dfrac{1}{T}\int_0^T (K_p + D + E)\mathrm{d}\tau & -\dfrac{1}{T}\int_0^T (K_d + C)\mathrm{d}\tau \end{bmatrix} \tag{15-4-14}$$

将上述 K_p 矩阵的具体取值代入式(15-4-14),并计算其矩阵行列式得

$$\det\bar{A} = \left(\frac{1}{T}\right)^3 [k_1 k_2 + \ddot{v}^2]k_3 \tag{15-4-15}$$

其中

$$\begin{cases} k_1 = \int_0^T [k_{p1} + E(1,1) + D(1,1)] \mathrm{d}\tau \\ k_2 = \int_0^T [k_{p2} + E(2,2) + D(2,2)] \mathrm{d}\tau \\ k_3 = \int_0^T [k_{p3} + E(3,3) + D(3,3)] \mathrm{d}\tau \end{cases} \tag{15-4-16}$$

考虑到 $k_{pi}(i=1,2,3)$ 的取值,有 $\det \bar{\boldsymbol{A}} > 0$。注意到矩阵 $\boldsymbol{C}$ 是反对称矩阵,因此有

$$\mathrm{trace}(\bar{\boldsymbol{A}}) = -\mathrm{trace}(\boldsymbol{K}_{\mathrm{d}}) \tag{15-4-17}$$

又因为 $\mathrm{trace}(\boldsymbol{K}_{\mathrm{d}}) > 0$,则可知矩阵 $\bar{\boldsymbol{A}}$ 是 Hurwitz 的,则由引理 15.2 可知,$\boldsymbol{x} = \boldsymbol{0}$ 是系统(15-2-25)的指数稳定平衡点。

2. 基于 Lyapunov 函数的控制算法

受文献[26]的启发,首先定义如下 Lyapunov 候选函数:

$$V(t, \boldsymbol{x}) = \frac{1}{2} \boldsymbol{\rho}^{\mathrm{T}} \boldsymbol{K}_{\mathrm{p}} \boldsymbol{\rho} + \frac{1}{2} m_{\mathrm{o}} \dot{\boldsymbol{\rho}}^{\mathrm{T}} \boldsymbol{K}_{\mathrm{d}} \dot{\boldsymbol{\rho}} \tag{15-4-18}$$

其中,$\boldsymbol{K}_{\mathrm{p}} = \boldsymbol{K}_{\mathrm{p}}^{\mathrm{T}}$,$\boldsymbol{K}_{\mathrm{d}} = \boldsymbol{K}_{\mathrm{d}}^{\mathrm{T}}$ 为两个正定对称矩阵。由此可知,上述 Lyapunov 候选函数是正定的。现选择两个 K 类函数使[35]

$$\alpha_1(\|\boldsymbol{x}\|) \leqslant V(t, \boldsymbol{x}) \leqslant \alpha_2(\|\boldsymbol{x}\|) \tag{15-4-19}$$

上述 Lyapunov 函数的一阶时间导数满足

$$\dot{V}(t, x) = \boldsymbol{\rho}^{\mathrm{T}} \boldsymbol{K}_{\mathrm{p}} \dot{\boldsymbol{\rho}} + \dot{\boldsymbol{\rho}}^{\mathrm{T}} \boldsymbol{K}_{\mathrm{d}} [\boldsymbol{U} + \boldsymbol{F}_N - (\boldsymbol{D} + \boldsymbol{E}) \boldsymbol{\rho} - \boldsymbol{C}(\dot{\boldsymbol{v}}) \dot{\boldsymbol{\rho}} - \boldsymbol{n}] \tag{15-4-20}$$

若设计如下控制算法:

$$\boldsymbol{U} = -\boldsymbol{F}_N + (\boldsymbol{D} + \boldsymbol{E}) \boldsymbol{\rho} + \boldsymbol{C}(\dot{v}) \dot{\boldsymbol{\rho}} + \boldsymbol{n} + \boldsymbol{K}_{\mathrm{d}}^{-1}(-\boldsymbol{K}_{\mathrm{p}} \boldsymbol{\rho} - \boldsymbol{K}_{\mathrm{d}} \dot{\boldsymbol{\rho}}) \tag{15-4-21}$$

则可使

$$\dot{V}(t, \boldsymbol{x}) = -\dot{\boldsymbol{\rho}}^{\mathrm{T}} \boldsymbol{K}_{\mathrm{d}} \dot{\boldsymbol{\rho}} \leqslant 0 \tag{15-4-22}$$

若将上述控制算法代入系统(15-2-25),则有

$$m_{\mathrm{o}} \ddot{\boldsymbol{\rho}} + [\boldsymbol{I} + \boldsymbol{C}(\dot{v})] \dot{\boldsymbol{\rho}} + \boldsymbol{K}_{\mathrm{d}}^{-1} \boldsymbol{K}_{\mathrm{p}} \boldsymbol{\rho} = \boldsymbol{0} \tag{15-4-23}$$

定义如下平滑函数:

$$W(t, \boldsymbol{x}) = \varepsilon m_{\mathrm{o}} \boldsymbol{\rho}^{\mathrm{T}} \boldsymbol{K}_{\mathrm{d}} \dot{\boldsymbol{\rho}} \tag{15-4-24}$$

其导数满足

$$\dot{W}(t, \boldsymbol{x}) = \varepsilon m_{\mathrm{o}} \dot{\boldsymbol{\rho}}^{\mathrm{T}} \boldsymbol{K}_{\mathrm{d}} \dot{\boldsymbol{\rho}} - \varepsilon \boldsymbol{\rho}^{\mathrm{T}} \boldsymbol{K}_{\mathrm{d}} \{[\boldsymbol{I} + \boldsymbol{C}(\dot{v})] \dot{\boldsymbol{\rho}} + \boldsymbol{K}_{\mathrm{d}}^{-1} \boldsymbol{K}_{\mathrm{p}} \boldsymbol{\rho}\} \tag{15-4-25}$$

在集合 $E: \{\dot{V}(t, \boldsymbol{x}) = 0\} = \{\dot{\boldsymbol{\rho}} = \boldsymbol{0}\}$ 内,有

$$\dot{W}(t, \boldsymbol{x}) = -\varepsilon \boldsymbol{\rho}^{\mathrm{T}} \boldsymbol{K}_{\mathrm{p}} \boldsymbol{\rho} \tag{15-4-26}$$

若进一步将矩阵 $\boldsymbol{K}_{\mathrm{p}}$ 选为 $\boldsymbol{K}_{\mathrm{p}} = \boldsymbol{I}_{3 \times 3}$,则有

$$|\dot{W}(t,\boldsymbol{x})| = \varepsilon \parallel \boldsymbol{\rho} \parallel^2 \qquad (15\text{-}4\text{-}27)$$

根据上述结果,有如下定理。

定理 15.2 对于内编队系统(15-2-25),若选择控制算法(15-4-21),且其中 $K_p = K_p^{\mathrm{T}}$、$K_d = K_d^{\mathrm{T}}$ 为正定对称矩阵,进一步令 $K_p = I_{3\times3}$,则系统渐近稳定,且平衡点为 $\boldsymbol{x}=\boldsymbol{0}$。

证明 根据上述控制算法,由前面的分析可知,有如下结果:

$$|\dot{W}(t,\boldsymbol{x})| > \frac{\varepsilon}{2} \parallel \boldsymbol{\rho} \parallel^2 \qquad (15\text{-}4\text{-}28)$$

则可知引理 15.3、引理 15.4 的条件满足,由此可知定理成立。

3. 基于虚拟势的控制算法

受文献[36]和文献[37]启发,设计如下控制算法:

$$U = -F_N + (D+E)\boldsymbol{\rho} + n + F_p(\boldsymbol{\rho}) - \lambda_d \tanh(\dot{\boldsymbol{\rho}}) \qquad (15\text{-}4\text{-}29)$$

其中

$$F_p(\boldsymbol{\rho}) = -\nabla_\rho P(\boldsymbol{\rho}) = -\frac{\partial P(\boldsymbol{\rho})}{\partial \boldsymbol{\rho}} = -\lambda_p \tanh(\parallel \boldsymbol{\rho} \parallel) \frac{\boldsymbol{\rho}}{\parallel \boldsymbol{\rho} \parallel} \qquad (15\text{-}4\text{-}30)$$

其中,虚拟势函数为

$$P(\boldsymbol{\rho}) = \lambda_p \log[\cosh(\parallel \boldsymbol{\rho} \parallel)] \qquad (15\text{-}4\text{-}31)$$

其中,λ_p、λ_d 均为正常数。

定理 15.3 控制算法(15-4-16)可使内编队系统(15-2-25)渐近稳定,且平衡点为 $\boldsymbol{x}=\boldsymbol{0}$。

证明 选择如下候选 Lyapunov 函数:

$$V(t,\boldsymbol{x}) = P(\boldsymbol{x}) + \frac{1}{2}m_o \dot{\boldsymbol{\rho}}^{\mathrm{T}}\dot{\boldsymbol{\rho}} \qquad (15\text{-}4\text{-}32)$$

其时间一阶导数为

$$\dot{V}(t,\boldsymbol{x}) = -\dot{\boldsymbol{\rho}}^{\mathrm{T}} F_p(\boldsymbol{\rho}) + \dot{\boldsymbol{\rho}}^{\mathrm{T}} [U + F_N - C(\dot{v})\dot{\boldsymbol{\rho}} - (D+E)\boldsymbol{\rho} - n]$$

$$(15\text{-}4\text{-}33)$$

将控制算法代入式(15-4-33)得到

$$\dot{V}(t,\boldsymbol{x}) = -\lambda_d \dot{\boldsymbol{\rho}}^{\mathrm{T}} \tanh(\dot{\boldsymbol{\rho}}) \qquad (15\text{-}4\text{-}34)$$

注意到,$V(t,\boldsymbol{x})$ 是正定的,$\dot{V}(t,\boldsymbol{x})$ 是半负定的,因此 $(\boldsymbol{\rho}^{\mathrm{T}}, \dot{\boldsymbol{\rho}}^{\mathrm{T}})^{\mathrm{T}}$ 是有界的。

定义如下有界函数

$$W(t,\boldsymbol{x}) = m_o \boldsymbol{\rho}^{\mathrm{T}}\dot{\boldsymbol{\rho}} \qquad (15\text{-}4\text{-}35)$$

定义集合 $M = \{(\boldsymbol{\rho},\dot{\boldsymbol{\rho}}) | \dot{V}=0\} = \{(\boldsymbol{\rho},\dot{\boldsymbol{\rho}}) | \dot{\boldsymbol{\rho}}=0\}$,在该集合上有

$$\dot{W}(t,\boldsymbol{x}) = -\lambda_p \tanh(\parallel \boldsymbol{\rho} \parallel) \parallel \boldsymbol{\rho} \parallel \qquad (15\text{-}4\text{-}36)$$

由于 $|\dot{W}(t,\boldsymbol{x})|$ 是正定函数,因此存在一类 K 函数,使

$$|\dot{W}(t,\boldsymbol{x})| \geqslant \alpha(\parallel \boldsymbol{\rho} \parallel) \qquad (15\text{-}4\text{-}37)$$

根据引理 15.3 和引理 15.4 可知,定理成立。

4. 无速度测量的虚拟势控制算法

内编队系统的理想测量量应同时包含相对位置和相对速度,但在某些情况下可能没有速度测量量。借鉴文献[36]和文献[37]的思路,设计无速度测量的虚拟势控制算法

$$U = -F_N + (D + E)\rho + n + F_p(\rho) - \lambda_d \tanh(\dot{z}) \tag{15-4-38}$$

其中,λ_d 为正常数;$F_p(\rho)$ 的表达式见式(15-4-30),z 函数满足如下动力学方程:

$$\dot{z} = -\lambda_z z + \rho \tag{15-4-39}$$

其初值选为 $z(0) = \dfrac{1}{\lambda_z} \rho(0)$。

定理 15.4　控制算法(15-4-38)可使内编队系统(15-2-25)渐近稳定,其平衡点为 $x = 0$。

证明　选取候选 Lyapunov 函数为

$$V(t, x, z) = P(x) + \frac{1}{2} m_0 \dot{\rho}^T \dot{\rho} + \lambda_d \sum_{j=1}^{3} \log[\cosh(\dot{z}_j)] \tag{15-4-40}$$

其导数为

$$\dot{V}(t, x, z) = -\dot{\rho}^T F_p(\rho) + \dot{\rho}^T [U + F_N - C(\dot{v})\dot{\rho} - (D + E)\rho - n]$$
$$+ \lambda_d(-\lambda_z \dot{z} + \dot{\rho}) \tanh(\dot{z}) \tag{15-4-41}$$

将控制算法代入式(15-4-41)得到

$$\dot{V}(t, x, z) = -\lambda_d \lambda_z \dot{z} \tanh(\dot{z}) \tag{15-4-42}$$

由此可知,$\dot{V}(t, x, z) \leqslant 0$。同时,注意到 $V(t, x, z)$ 是正定的且径向无界的,由此可知 $(\rho, \dot{\rho}, z) \in L_\infty$。由式(15-4-39)可知,$\dot{z} \in L_\infty$,更进一步也有 $\ddot{z} \in L_\infty$。对式(15-4-41)求时间一阶导,同时考虑正切函数的有界性质,可知 $\ddot{V}(t, x, z) \in L_\infty$。由此可知 $\dot{V}(t, x, z)$ 是一致连续的。现在考虑 $V(t, x, z) > 0$,$\dot{V}(t, x, z) \leqslant 0$,则极限 $\lim_{t \to \infty} \int_0^t \dot{V}(\tau, x, z) \mathrm{d}\tau$ 存在且为有限的。进一步由引理 15.5 可知,$\lim_{t \to \infty} \dot{V}(\tau, x, z) = 0$。由式(15-4-42)可知,当 $t \to \infty$ 时有 $\dot{z} \to 0$。

由于 $\ddot{z} \in L_\infty$ 且 $\dot{z} \to 0$,则根据引理 15.5 可知,当 $t \to \infty$ 时有 $\ddot{z} \to 0$。将式(15-4-39)求导,并考虑到当 $t \to \infty$ 时 $\ddot{z} \to 0$ 和 $\dot{z} \to 0$,则可知当 $t \to \infty$ 时有 $\dot{\rho} \to 0$。由系统动力学公式(15-2-25)可知,因为 $(\rho, \dot{\rho}, z) \in L_\infty$ 则有 $\ddot{\rho} \in L_\infty$。因此再次使用引理 15.5,并考虑到 $t \to \infty$ 时 $\dot{\rho} \to 0$,则有 $t \to \infty$ 时 $\ddot{\rho} \to 0$。

最后,将 $(\dot{\rho}, \ddot{\rho}, \dot{z}) \to 0$ 和控制算法代入动力学系统公式(15-2-25)得

$$0 = F_p(\rho) \tag{15-4-43}$$

这意味着当 $t \to \infty$ 时有 $\rho \to 0$,从而定理得证。

15.4.3　仿真计算及分析

下面给出一个仿真案例,用于验证上述建立的四种非线性控制算法。

例 15.2　假设外卫星质量为 200kg,内卫星质量为 0.768kg。外卫星腔体半径为 0.3m,内卫星半径为 0.02m。内卫星初始轨道根数为:轨道高度为 350km,偏心率为 0.001,轨道倾角为 98.7°,升交点赤经为 120°,近地点辐角为 30°,初始真近点角为 0°。外卫星质心相对内卫星的初始相对位置和速度分别为 $x_0 = 0.125$m,$y_0 = 0.125$m,$z_0 = -0.1768$m,$v_{x0} = v_{y0} = v_{z0} = 0$m/s。相关参数设置如表 15.4 所示。仿真中相对位置和速度的测量精度、控制力大小如表 15.5 所示。

表 15.4　控制算法参数设置

控制算法	控制算法中的参数设置
反馈线性化＋PD 控制算法	$k_{p1\sim p3} = 10^{-3}$,$k_{p4\sim p6}$ 由式(15-4-9)计算,$\boldsymbol{K}_d = 0.2\,\boldsymbol{I}_{3\times3}$
基于 Lyapunov 函数的控制算法	$\boldsymbol{K}_p = 10^{-3}\,\boldsymbol{I}_{3\times3}$,$\boldsymbol{K}_d = 0.2\,\boldsymbol{I}_{3\times3}$
基于虚拟势的控制算法	$\lambda_p = 10^{-3}$,$\lambda_d = 0.2$
无速度测量的虚拟势控制算法	$\lambda_p = 10^{-3}$,$\lambda_d = 0.2$,$\lambda_z = 0.5$

表 15.5　相对测量精度和推力能力

相对位置测量精度	相对速度测量精度	推力上界
$\pm 10^{-2}$m	$\pm 10^{-4}$m/s	20mN

图 15.25 给出了采用四种非线性控制算法实现的内编队相对运动轨迹。由图可知,四种控制算法均实现了内编队相对位置的稳定,在大约 2 个轨道周期后,所有四种方法对应的位置均收敛至零附近,相应的速度也收敛至零附近。相比较而言,基于 Lyapunov 的控制算法收敛速度相对快一些,大约不到 1 个轨道周期。

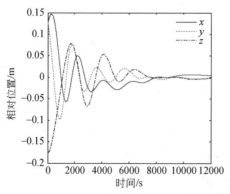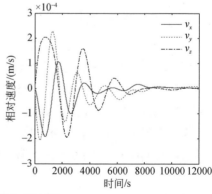

(a)反馈线性化+PD控制

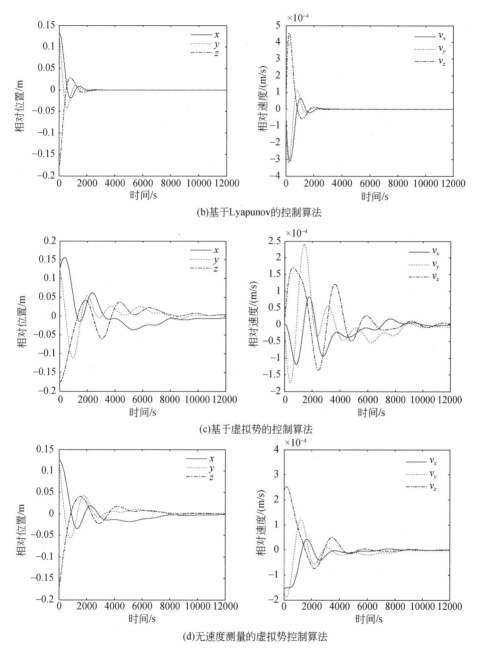

(b)基于 Lyapunov 的控制算法

(c)基于虚拟势的控制算法

(d)无速度测量的虚拟势控制算法

图 15.25　基于四种控制算法的内编队相对运动轨迹

　　由于燃料消耗是控制算法的另一个关键指标,因此下面计算四种控制算法下的燃料消耗。采用如下公式计算燃耗,其中 Δv 是卫星的速度增量,I_{sp} 为推力器比冲,g 为地面重力加速度。

$$\Delta m = \frac{m_0}{I_{sp} g} \Delta v \tag{15-4-44}$$

式(15-4-44)中,速度增量采用下式估计:

$$\Delta v \approx \frac{\sum_{j=1}^{n} \sum_{k=1}^{3} |U_k(j)| \cdot \Delta t_j}{m_0} \tag{15-4-45}$$

其中,$U_k(j)$ 表示第 k 个控制算法对应的第 j 个控制力分量;Δt_j 表示动力学积分步长。

按照式(15-4-44)和式(15-4-45)得到的推力燃耗轨迹如图 15.26 所示。由图可知,基于 Lyapunov 的控制算法燃料消耗最大,而基于虚拟势的控制算法燃料消耗最小,无速度测量的虚拟势控制算法消耗为次小。因此,如果重视收敛速度,应该选择基于 Lyapunov 的控制算法;而如果重视燃料消耗,则应该选择基于虚拟势的控制算法;若重视燃料消耗,且系统无速度测量,则选择无速度测量的虚拟势控制算法。

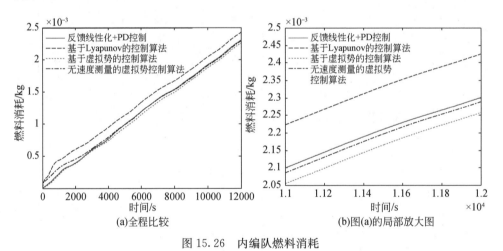

图 15.26　内编队燃料消耗

15.5　内编队系统姿态轨道一体化控制方法

15.4 节介绍的内编队系统编队控制方法,是在假设外卫星姿态控制良好的基础上提出的。这样假设的原因在于,一般卫星的控制系统通常采用轨道和姿态分开设计、独立运行的方案,其中轨道控制用于卫星质心位置的调节,采用推力器实现;姿态控制用于卫星本体相对质心转动关系的调节,采用飞轮或磁力矩器实现。

事实上,卫星的轨道和姿态控制可以考虑采用一套推力器同时实现。这是因为,推力器推力不过质心时可附带产生一定的力矩,通过多个推力器的合理搭配,可在产生编队控制所需的控制力的同时产生用于姿态控制的力矩。采用多个推力器组合的方案实现内编队姿态轨道一体化控制,可有效降低控制系统的成本和复杂度,提高系统的运行效率和可靠性。这种基于全推力器实现姿轨一体化控制的思想已在重力卫星 GOCE 上得到了初步应用[38~40]。这里基于已有研究成果,给出姿轨一体化控制的总体方案和控制算法[41,42]。

15.5.1　基于微推力器组合的姿轨一体化控制总体方案

基于微推力器组合的姿轨一体化控制总体方案如图 15.27 所示。由图可知,一体化控制相对于传统控制的区别在于,引入了推力分配环节。为了实现姿轨一体化控制,首先仍然如传统控制一样,为轨道和姿态分别设计有效的控制算法。然后,期望的控制力指令 F_c 和控制力矩指令 T_c 同时传递给推力分配环节。根据设计好的推力分配算法,将期望控制力和控制力矩所需要的推力合理映射到多个不同的推力器上,产生各推力器的推力指令 $u_i(i=1,2,\cdots,n)$。在给定的推力器安装位置 $d_i(i=1,2,\cdots,n)$ 和推力方向 $e_i(i=1,2,\cdots,n)$ 基础上,这些推力器工作产生的合力 $\sum\limits_{i=1}^{n} u_i e_i$ 形成实际控制力 $\tilde{F}_c$,产生的合力矩 $\sum\limits_{i=1}^{n} u_i e_i \times d_i$ 形成实际控制力矩 $\tilde{T}_c$。

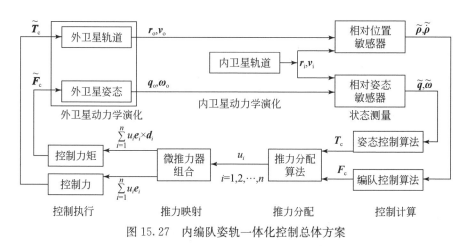

图 15.27　内编队姿轨一体化控制总体方案

为了确保一套推力器即可实现期望的控制力和控制力矩,推力器的个数 n 以及安装位置 d_i 和推力方向 e_i 必须满足一定的要求。根据卫星不同的构型设计以及科学载荷的配置方案,推力器的安装位置会有所不同。这里假设外卫星具有细长形构型,其长边沿飞行方向,且其首尾截面为正八边形[41,42]。由于飞行方向需要克服大气阻力,推力器最好分别安装于卫星首尾的迎风和背风面上。推力器的个数应该在满足基本轨道和姿态控制的需求下尽可能少,但考虑到系统的可靠性,需要使推力器的个数具有一定的冗余度。这里定义冗余度为允许系统任意推力器失效的最大数目,记为 $R^{[42]}$,即系统失去 R 个推力器后仍能满足控制需求。对于 n 维控制问题,满足冗余度 R 的最小冗余系统需要的推力器数目为 $m=n+1+2R^{[43]}$。对于内编队系统姿轨一体化控制来说,$n=6$,若选择冗余度 $R=2$,则需要的推力器总数为 $m=11$。然而,考虑到正八边形的安装截面,为对称起见,一个面安装 8 个推力器,则总的推力器数目为 16 个。

图 15.28 为内编队系统的推力器安装方位示意图,其中图中只给出了安装于尾部背风面的 1～8 号推力器的方位,而 9～16 号推力器安装于外卫星前面迎风面上,其安装位置和角度与后面 8 个推力器对称。图中,O_b 为外卫星质心,x_b、z_b 为八边形截面内两个相互垂直的方向,y_b 为细长体长边方向。在标称姿态下,x_b 沿轨道径向,z_b 沿垂直轨道面指向角动量方向。

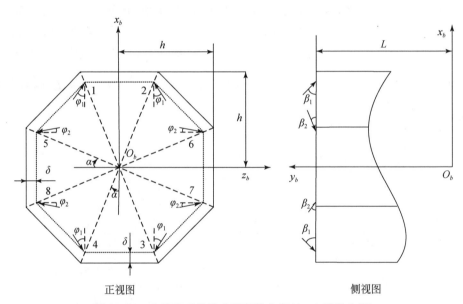

正视图　　　　　　　　　　　　　　侧视图

图 15.28　内编队系统推力器安装方案(1～8 号推力器)

由此得到推力器的安装位置矩阵 $\boldsymbol{d}$ 为

$$\boldsymbol{d}=\begin{bmatrix} H & H & -H & -H & W & W & -W & -W & H & H & -H & -H & W & W & -W & -W \\ L & L & L & L & L & L & L & L & -L & -L & -L & -L & -L & -L & -L & -L \\ -W & W & W & -W & -H & H & H & -H & -W & W & W & -W & -H & H & H & -H \end{bmatrix}$$

$$(15\text{-}5\text{-}1)$$

其中,$H=h-\delta$,$W=H\cdot\tan\alpha$。推力方向矩阵 $\boldsymbol{e}$ 为

$$\boldsymbol{e}=\begin{bmatrix} e_1 & e_1 & -e_1 & -e_1 & -e_2 & -e_2 & e_2 & e_2 & e_7 & e_7 & -e_7 & -e_7 & -e_8 & -e_8 & e_8 & e_8 \\ -e_3 & -e_3 & -e_3 & -e_3 & -e_4 & -e_4 & -e_4 & -e_4 & e_9 & e_9 & e_9 & e_9 & e_{10} & e_{10} & e_{10} & e_{10} \\ e_5 & -e_5 & -e_5 & e_5 & -e_6 & e_6 & e_6 & -e_6 & e_{11} & -e_{11} & e_{11} & -e_{11} & -e_{12} & e_{12} & e_{12} & -e_{12} \end{bmatrix}$$

$$(15\text{-}5\text{-}2)$$

其中,$e_1 = c(\beta_1)c(\varphi_1)$;$e_2 = c(\beta_2)s(\varphi_2)$;$e_3 = s(\beta_1)$;$e_4 = s(\beta_2)$;$e_5 = c(\beta_1)s(\varphi_1)$;$e_6 = c(\beta_2)c(\varphi_2)$;$e_7 = c(\beta_3)c(\varphi_3)$;$e_8 = c(\beta_4)s(\varphi_4)$;$e_9 = s(\beta_3)$;$e_{10} = s(\beta_4)$;$e_{11} = c(\beta_3)s(\varphi_3)$;$e_{12} = c(\beta_4)c(\varphi_4)$。缩写符号 $s(\cdot)$ 和 $c(\cdot)$ 的含义为 $s(\cdot) = \sin(\cdot)$,$c(\cdot) = \cos(\cdot)$。

15.5.2　姿轨一体化控制算法设计

1. 编队控制算法

一体化控制方案中的编队控制算法可以采用 15.4.2 小节中给出的四种算法中的任意一种。这些算法均可满足期望的条件,实现外卫星对内卫星的精密跟踪保持。下面重点设计姿态控制算法。

2. 姿态控制算法

内编队系统中外卫星的姿态运动学和动力学如式(15-2-8)、式(15-2-9)和式(15-2-16)所示。根据上述动力学形式,设计如下控制律:

$$\boldsymbol{T}_c = -k_\omega \boldsymbol{\omega} - k_q \mathrm{sgn}(q_4)\bar{\boldsymbol{q}} + \mathrm{RNR} \tag{15-5-3}$$

其中,k_ω 和 k_q 分别为两个正实数;RNR 表示动力学中残余非线性项

$$
\begin{aligned}
\mathrm{RNR} = &-\boldsymbol{J}\{\boldsymbol{\omega} \times [\boldsymbol{A}(\boldsymbol{q})\,\boldsymbol{\omega}_0] - \boldsymbol{A}(\boldsymbol{q})\,\dot{\boldsymbol{\omega}}_0|_{\mathrm{RF}}\} \\
&+ [\boldsymbol{A}(\boldsymbol{q})\,\boldsymbol{\omega}_0] \times \{\boldsymbol{J}[\boldsymbol{\omega} + \boldsymbol{A}(\boldsymbol{q})\,\boldsymbol{\omega}_0]\} - \boldsymbol{T}_d
\end{aligned} \tag{15-5-4}
$$

函数 $\mathrm{sgn}(x)$ 表示符号函数,其定义如下:

$$\mathrm{sgn}(x) = \begin{cases} 1, & x > 0 \\ 0, & x = 0 \\ -1, & x < 0 \end{cases} \tag{15-5-5}$$

引理 15.7　由式(15-2-8)、式(15-2-9)和式(15-2-16)描述的动力学系统有两个平衡点:$[\bar{\boldsymbol{q}} = \boldsymbol{\omega} = \boldsymbol{0},\ q_4 = 1]$ 和 $[\bar{\boldsymbol{q}} = \boldsymbol{\omega} = \boldsymbol{0},\ q_4 = -1]$。

证明　令上述系统的右端项为零,得到如下约束式:

$$\boldsymbol{\omega} \times \bar{\boldsymbol{q}} + q_4 \boldsymbol{\omega} = \boldsymbol{0} \tag{15-5-6}$$

$$\boldsymbol{\omega}^{\mathrm{T}} \bar{\boldsymbol{q}} = 0 \tag{15-5-7}$$

$$\boldsymbol{\omega} \times \{\boldsymbol{J}[\boldsymbol{\omega} + \boldsymbol{A}(\boldsymbol{q})\,\boldsymbol{\omega}_0]\} + k_\omega \boldsymbol{\omega} + k_q \mathrm{sgn}(q_4)\bar{\boldsymbol{q}} = \boldsymbol{0} \tag{15-5-8}$$

如果 $\bar{\boldsymbol{q}} \neq \boldsymbol{0}$,那么由式(15-5-7)可知,$\boldsymbol{\omega} = \boldsymbol{0}$,而这无法使式(15-5-8)成立。因此 $\bar{\boldsymbol{q}} = \boldsymbol{0}$ 成立,此时由式(15-5-6)可知 $\boldsymbol{\omega} = \boldsymbol{0}$ 成立,将这两个关系代入式(15-5-8),发现该式也成立。又由 $\bar{\boldsymbol{q}}$ 与 q_4 的约束关系 $\bar{\boldsymbol{q}}^{\mathrm{T}}\bar{\boldsymbol{q}} + q_4^2 = 1$ 可知 $q_4 = \pm 1$。

注意到,$q_4 = \pm 1$ 在物理上代表同一个点。下面根据上述引理,给出控制律式(15-5-3)下姿态动力学系统的行为。

定理 15.5　姿态动力学系统(式(15-2-8)、式(15-2-9)、式(15-2-16))在控制律式(15-5-3)的作用下渐近稳定于平衡点 $[\bar{\boldsymbol{q}} = \boldsymbol{\omega} = \boldsymbol{0},\ q_4 = 1]$ 和 $[\bar{\boldsymbol{q}} = \boldsymbol{\omega} = \boldsymbol{0},\ q_4 = -1]$。

证明　定义状态矢量 $\boldsymbol{x} = [\boldsymbol{\omega}^{\mathrm{T}}, \bar{\boldsymbol{q}}^{\mathrm{T}}]^{\mathrm{T}}$,则 $\boldsymbol{x} = \boldsymbol{0}$ 代表了系统的平衡点。构造如下候选 Lyapunov 函数:

$$V(x) = \omega^T J \omega + 2k_q \bar{q}^T \bar{q} + 2k_q [q_4 - \mathrm{sgn}(q_4)]^2 \tag{15-5-9}$$

由该构造形式可知，$V(x)$ 是正定的，且 $V(0)=0$。进一步还知道 $V(x)$ 是径向无界的，即 $\|x\| \to \infty \Rightarrow V(x) \to \infty$。$V(x)$ 的时间导数为

$$\begin{aligned}\dot{V}(x) = &\ 2\omega^T J \dot{\omega} + 2k_q \bar{q}^T \dot{\bar{q}} + 4k_q [q_4 - \mathrm{sgn}(q_4)](\dot{q}_4 - 0) \\ = &\ 2\omega^T J \{\omega \times [A(q)\omega_0] - A(q)\dot{\omega}_0|_{RF}\} \\ &- 2\omega^T [\omega + A(q)\omega_0] \times \{J[\omega + A(q)\omega_0]\} + 2\omega^T(T_d + T_c) \\ &+ 2k_q \bar{q}^T(\omega \times \bar{q} + q_4\omega) - 2k_q[q_4 - \mathrm{sgn}(q_4)]\omega^T \bar{q}\end{aligned} \tag{15-5-10}$$

将控制律式(15-5-3)代入式(15-5-10)，得到

$$\begin{aligned}\dot{V}(x) = &\ 2\omega^T \{-\omega \times \{J[\omega + A(q)\omega_0]\} - k_\omega \omega - k_q \mathrm{sgn}(q_4)\bar{q}\} \\ &+ 2k_q \bar{q}^T(\omega \times \bar{q} + q_4\omega) - 2k_q[q_4 - \mathrm{sgn}(q_4)]\omega^T \bar{q}\end{aligned} \tag{15-5-11}$$

容易看到式(15-5-11)中的第一项为零，即 $2\omega^T(-\omega \times \{J[\omega + A(q)\omega_0]\}) = 0$，这可由矢量运算规则得到。同样，$2k_q \bar{q}^T(\omega \times \bar{q})$ 也为零，所以式(15-5-11)化简为

$$\begin{aligned}\dot{V}(x) = &\ 2\omega^T[-k_\omega \omega - k_q \mathrm{sgn}(q_4)\bar{q}] + 2k_q q_4 \bar{q}^T \omega - 2k_q[q_4 - \mathrm{sgn}(q_4)]\omega^T \bar{q} \\ = &\ -2k_\omega \omega^T \omega\end{aligned} \tag{15-5-12}$$

由此可知，$\dot{V}(x)$ 是半负定的。定义集合 $S = \{x | \dot{V}(x) = 0\}$，注意到 $\dot{V}(x) = 0 \Rightarrow \omega = 0$，所以集合 S 具体为：$S = \{x | \omega = 0\}$，称作不变集。假设解 $x(t)$ 是 S 中的一个元素，则由 $\omega(t) \equiv 0$ 得到 $\dot{\omega}(t) \equiv 0$。注意到，在控制律式(15-5-3)作用下，系统动力学变为

$$J\dot{\omega} = -\omega \times \{J[\omega + A(q)\omega_0]\} - k_\omega \omega - k_q \mathrm{sgn}(q_4)\bar{q} \tag{15-5-13}$$

将 $\omega(t) \equiv 0$ 和 $\dot{\omega}(t) \equiv 0$ 代入式(15-5-13)得到 $\bar{q}(t) \equiv 0$，此时 $q_4 \equiv \pm 1$。这等价于 $x = 0$。也就是说，不变集 S 中的解始终回到自身中。因而系统渐近稳定于平衡点 $[\bar{q} = \omega = 0, q_4 = 1]$ 和 $[\bar{q} = \omega = 0, q_4 = -1]$。

15.5.3　姿轨一体化推力分配算法设计

前面已给出了内编队系统一种可能的推力器分布方案。在上述方案的初步认识下，将推力分配问题进行一般化建模。假设第 i 个推力器在体坐标系下的安装位置为 $d_i = (x_i, y_i, z_i)^T$，其推力方向可表示为 $e_i = (e_{ix}, e_{iy}, e_{iz})^T$，则该推力器产生的推力矢量为

$$F_i = u_i e_i \tag{15-5-14}$$

其中，u_i 为该推力器产生的推力大小。该推力器产生的力矩为

$$T_i = (d_i \times e_i)u_i \tag{15-5-15}$$

将 n 个推力器的推力大小表示在一个矢量里面，并记作控制 $u = (u_1, u_2, \cdots, u_n)^T$。这 n 个推力器产生的合力与合力矩分别为

$$F = \sum_{i=1}^n F_i = \sum_{i=1}^n u_i e_i = Au \tag{15-5-16}$$

$$T = \sum_{i=1}^{n} T_i = \sum_{i=1}^{n} (d_i \times e_i) u_i = Bu \qquad (15\text{-}5\text{-}17)$$

其中,矩阵 A 和 B 分别为

$$A = (e_1, e_2, \cdots, e_n) \qquad (15\text{-}5\text{-}18)$$
$$B = (d_1 \times e_1, d_2 \times e_2, \cdots, d_n \times e_n) \qquad (15\text{-}5\text{-}19)$$

进一步定义控制矩阵 $D = (A, B)^T$ 及期望控制量 $C = (F_c, T_c)^T$,则基于多个推力器同时实现期望控制力和控制力矩的问题可描述为下述有关 u 的线性方程求解问题:

$$Du = C \qquad (15\text{-}5\text{-}20)$$

这是推力分配问题的标准形式。显然,如果能够求解得到对应期望控制量 C 的推力 u,则一体化控制可以实现。若不考虑约束,当矩阵 D 行满秩时,可由伪逆法得到式(15-5-20)的一个解为

$$u = D^T (D D^T)^{-1} C \qquad (15\text{-}5\text{-}21)$$

通常上述线性方程问题的求解还需考虑实际约束,例如,推力上下限约束

$$u_i^{\min} \leqslant u_i \leqslant u_i^{\max}, \quad i = 1, 2, \cdots, n \qquad (15\text{-}5\text{-}22)$$

其中, $u_i^{\min} \geqslant 0$。上述分量形式的约束也可表示为矢量形式的约束: $u_{\min} \leqslant u \leqslant u_{\max}$。

当推力器数目足够多、推力上下限足够宽时,式(15-5-20)总是有解的,且解的个数不唯一。此时,以总的推力消耗最小为指标优化求解,其模型如下:

$$\min_{u} J = \sum_{i=1}^{n} u_i$$
$$\text{s. t. } Du = C$$
$$u_{\min} \leqslant u \leqslant u_{\max} \qquad (15\text{-}5\text{-}23)$$

上述优化模型的求解可通过线性规划方法实现,具体参考文献[44]。

15.5.4　仿真计算及分析

例 15.3　下面给出一个实际案例,检验前面算法的有效性。假设内编队系统的基本参数如例 15.1 中所示。除此之外,外卫星转动惯量为 $\mathrm{diag}(80, 25, 80)\,\mathrm{kg \cdot m^2}$,推力系统的安装位置参数为 $L = 1.4\mathrm{m}, h = 0.4\mathrm{m}, \delta = 0.04\mathrm{m}$,安装方向角参数为 $\alpha = 22.5°, \beta_1 = 45°, \beta_2 = 45°, \beta_3 = 40°, \beta_4 = 70°, \varphi_1 = 45°, \varphi_2 = 30°, \varphi_3 = 45°, \varphi_4 = 30°$。姿态控制算法中的两个系数设为 $k_q = 0.5$ 和 $k_\omega = 2$。姿态初始状态为 $q_0 = (0.01, -0.02, 0.02, 0.9995)^T$, $\omega_0 = (-0.1, 0.2, 0.1)^T (°)/\mathrm{s}$,内外卫星初始相对位置和速度分别为 $\rho_0 = (-0.01, 0.02, -0.03)^T \mathrm{m}, v_0 = (1, -3, 4)^T \cdot 10^{-3}\ \mathrm{m/s}$。假设推力器共 16 个,安装关系如 15.5.1 节所述,推力器下限为 $0.1\mathrm{mN}$,推力器上限为 $20\mathrm{mN}$。

根据上述条件,得到仿真结果如下。其中,相对位置、速度的变化情况如图 15.29 所示,外卫星姿态角和角速度的变化情况如图 15.30 所示。其中,姿态角由四元数按照 3-2-1 的转换顺序变换得到对应的欧拉姿态角。

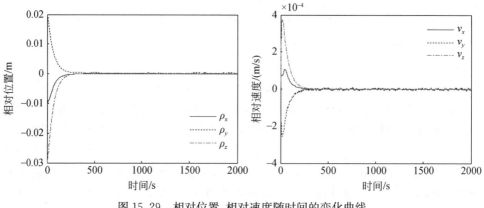

图 15.29　相对位置、相对速度随时间的变化曲线

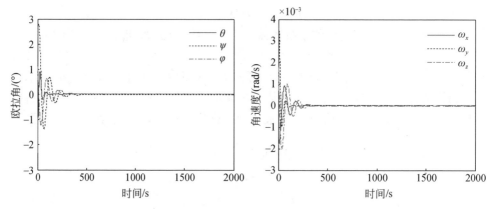

图 15.30　外卫星姿态、角速度随时间的变化曲线

由图中结果可知,相对位置、速度、姿态角、角速度随时间迅速收敛至零附近,这说明所设计的控制算法及推力分配算法是有效的。期望控制力、控制力矩随时间变化的曲线如图 15.31 所示,由图可知期望控制量随着控制对象的收敛而逐渐

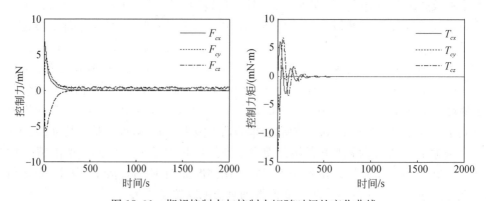

图 15.31　期望控制力与控制力矩随时间的变化曲线

收敛。各推力器的实际推力随时间的变化曲线如图 15.32 所示,可知各推力器的推力输出均满足约束条件。

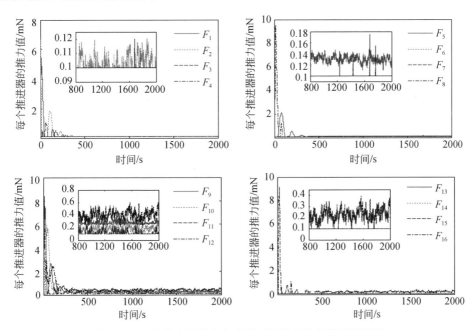

图 15.32　各推力器推力大小随时间的变化曲线(见彩图)

参 考 文 献

[1] Johannessen J A, Balmino G, Leprovost C, et al. The European gravity field and steady-state ocean circulation explorer satellite mission: Its impact on geophysics[J]. Surveys in Geophysics, 2003, 24: 339—386.

[2] Lange B. The control and use of drag-free satellites[D]. Stanford: Stanford University, 1964.

[3] Acernese F, Calloni E, de Rosa R, et al. An optical readout system for the LISA gravitational reference sensors[J]. Classical and Quantum Gravity, 2004, 21: S621—S627.

[4] 张育林,曾国强,王兆魁,等. 分布式卫星系统理论及应用[M]. 北京:科学出版社,2007.

[5] 刘红卫,王兆魁,张育林. 内卫星辐射计效应建模与分析[J]. 空间科学学报,2010, 30(3): 243—249.

[6] Wang Z K, Zhang Y L. Acquirement of pure gravity orbit using precise formation flying technology [J]. Acta Astronautica, 2013, 82(1): 124—128.

[7] 党朝辉. 航天器集群边界建模与控制方法研究[D]. 长沙:国防科技大学,2015.

[8] Gu Z, Wang Z, Zhang Y. Analysis of residual gas disturbance on the inner satellite of inner formation flying system [J]. Science China Technological Sciences, 2012, 55: 2511—2517.

[9] Gu Z, Wang Z, Liu K, et al. On-orbit verification of self-gravity computation for the inner formation flying system[C]//The 7th International Workshop on Satellite Constellation and

Formation Flying，Lisbon，2013.

[10] 谷振丰，王兆魁，张育林. 基于卫星自旋的纯引力轨道万有引力干扰抑制[J]. 中国空间科学技术，2013，33 (4)：40－46.

[11] Gu Z，Wang Z，Zhang Y. Compensation of gravitational attraction disturbance to pure gravity orbit for Inner Formation Flying System [J]. Acta Astronautica, 2012,81(2):635－644.

[12] 谷振丰. 近地空间纯引力轨道飞行环境分析与摄动抑制方法研究[D]. 北京:清华大学，2012.

[13] Liu H W, Wang Z K, Zhang Y L. Modeling and analysis of earth's gravity field measurement performance by inner- formation flying system [J]. Advances in Space Research, 2013, 52: 451－465.

[14] Liu H W, Wang Z K, Zhang Y L. A signal-strength model for gravity-field spectrum components in a local space [J]. Annals of Geophysics, 2012, 55(5): 1017－1026.

[15] 刘红卫，王兆魁，张育林. 内编队地球重力场测量性能数值分析[J]. 国防科技大学学报，2013，35(4)：14－19.

[16] Hechler F, Folkner W M. Mission analysis for the laser interferometer space antenna (LISA) mission [J]. Advances in Space Research, 2003, 32(7): 1277－1282.

[17] Touboul P, Métris G, Lebat V, et al. The MICROSCOPE experiment, ready for the in-orbit test of the equivalence principle [J]. Classical and Quantum Gravity, 2012, 29: 1840－1850.

[18] Everitt C W F, DeBra D B, Parkinson B W, et al. Gravity probe B: Final results of a space experiment to test general relativity[J]. Physical Review Letters, 2011, 106: 221－322.

[19] Han D P, Xiao L L, Wang Z K, et al. Design of infrared imaging system for inner-formation flying system [C]//Proceedings of SPIE, Beijing,2011.

[20] Hou Z, Wang Z, Zhang Y. Performance analysis and experimental design for differential optical shadow sensor[C]. The 2nd IAA Conference on Dynamics and Control of Space Systems,Roma,2014.

[21] Sun K X, Saps B, Robert B, et al. Modular gravitational reference sensor development [J]. Journal of Physics: Conference Series, 2009, 154: 12－26.

[22] 吉莉. 内编队重力场测量卫星系统控制方法研究[D]. 长沙:国防科技大学，2012.

[23] Ji L, Liu K, Xiang J. On all-propulsion design of integrated orbit and attitude control for inner-formation gravity field measurement satellite[J]. Science China Technology Sciences, 2011, 54(12): 3233－3242.

[24] 吉莉，刘昆，项军华. 内编队重力场测量卫星微推力器姿轨一体化控制[J]. 国防科技大学学报，2011，33(6)：89－94.

[25] Kristiansen R, Grøtli E I, Nicklasson P J, et al. A 6DOF model of a leader- follower spacecraft formation[C]//Proceedings of the Conference on Simulation and Modeling, Trondheim, 2005.

[26] Kristiansen R, Nicklasson P J. Spacecraft formation flying: A review and new results on state feedback control [J]. Acta Astronautica, 2009, 65: 1537－1552.

[27] Dang Z. Modeling and controller design of inner- formation flying system with two proof-

masses [J]. Aerospace Science and Technology, 2013, 30(1): 8－17.

[28] Wertz J R. Spacecraft Attitude Determination and Control [M]. Dordrecht: Reidel Publishing Company, 2001.

[29] Alfriend K T, Vadali S R, Gurfil P, et al. Spacecraft Formation Flying: Dynamics, Control and Navigation [M]. Oxford: Butterworth-Heinemann, 2010.

[30] DeBra D B, Conklin J W. Measurement of drag and its cancellation[J]. Classical and Quantum Gravity, 2011, 28(9): 094015.

[31] Dang Z, Zhang Y. Control design and analysis of an inner- formation flying system[J]. IEEE Transactions on Aerospace and Electronic Systems, 2013, 51(3): 1621－1634.

[32] Khalil H K. Nonlinear Systems [M]. Upper Saddle River: Pearson Education International, 1996.

[33] Paden B, Panja R. Globally asymptotically stable 'PD+' controller for robot manipulators [J]. Journal International of Control, 1988, 47(6): 1697－1712.

[34] Krstic M, Kanellakopoulos I, Kokotovic P V. Nonlinear and Adaptive Control Design [M]. New York: John Wiley & Sons, 1995.

[35] 廖晓昕. 稳定性的理论、方法和应用[M]. 武汉: 华中科技大学出版社, 2009.

[36] Zhang B Q, Song S M. Decentralized coordinated control for multiple spacecraft formation maneuvers [J]. Acta Astronautica, 2009, 74: 79－97.

[37] Lawton J R T, Beard R W, Young B J. A decentralized approach to formation maneuvers [J]. IEEE Transactions on Robotics Autom, 2003, 19(6): 933－941.

[38] Canuto E, Molano A, Massotti L. Drag- free control of the GOCE satellite: Noise and observer design[J]. IEEE Transactions on Control Systems Technology, 2010, 18(2): 501－509.

[39] Canuto E, Massotti L. All- propulsion design of the drag- free and attitude control of the European satellite GOCE[J]. Acta Astronautica, 2009, 64: 325－344.

[40] Canuto E, Molano-Jimenez A, Perez-Montenegro C, et al. Long-distance, drag-free, low-thrust, LEO formation control for Earth gravity monitoring[J]. Acta Astronautica, 2011, 69: 571－582.

[41] Dang Z, Tang S, Xiang J, et al. Rotational and translational integrated control for inner-formation gravity measurement satellite system[J]. Acta Astronautica, 2012, 75: 136－153.

[42] 唐生勇. 航天器过驱动控制分配方法与应用[D]. 哈尔滨: 哈尔滨工业大学, 2012.

[43] Crawford B S. Operation and design of multi- jet spacecraft control systems [D]. Cambridge: Massachusetts Institute of Technology, 1968.

[44] Bodson M. Evaluation of optimization methods for control allocation[J]. Journal of Guidance, Control, and Dynamics, 2002, 25(4): 703－711.

附录 A　内符合标准下的全球重力场模型性能

目前,全球重力场模型多达 170 个左右,它们的空间分辨率和精度各不相同。其中,空间分辨率指标与模型阶数具有对应关系,决定了模型刻画地球重力场的精细程度,阶数越大,空间分辨率越高;精度指标包括由重力场模型得到的大地水准面精度和重力异常精度,决定了模型刻画地球重力场的准确程度。为了直观地描述这些全球重力场模型的空间分辨率和精度,便于针对不用的应用任务选取合理的全球重力场模型,这里采用内符合标准给出全球重力场模型的空间分辨率和精度描述。

根据 2.3.16 节分析,选取 2014 年建立的 EIGEN-6C4 模型来代表"真实重力场",其阶数为 2190,它是根据 GOCE、GRACE、LAGEOS 等卫星跟踪观测数据以及测高数据、地面重力测量数据等得到的。基于 EIGEN-6C4 模型,计算"真实重力场"在不同阶数上的大地水准面高,并计算待分析全球重力场模型在不同阶数上的大地水准面高,以及待分析模型相对"真实重力场"模型的大地水准面阶误差及其累积误差。如果某一阶数上的大地水准面阶误差越小,则说明待分析重力场模型在这一阶数上的精度越高。

设待分析重力场模型用 A 来表示,则 EIGEN-6C4 模型和 A 模型在不同阶数 n 上的大地水准面高分别为

$$H_n = R_e \sqrt{(2n+1)\, \sigma_{n,\mathrm{EIGEN\text{-}6C4}}^2} \tag{A-1}$$

$$H_n = R_e \sqrt{(2n+1)\, \sigma_{n,\mathrm{A}}^2} \tag{A-2}$$

其中,R_e 为地球平均半径;$\sigma_{n,\mathrm{EIGEN\text{-}6C4}}^2$、$\sigma_{n,\mathrm{A}}^2$ 是重力场模型 EIGEN-6C4 和 A 的阶方差。设 $\{\bar{C}_{nk,\mathrm{EIGEN\text{-}6C4}}, \bar{S}_{nk,\mathrm{EIGEN\text{-}6C4}}\}$、$\{\bar{C}_{nk,\mathrm{A}}, \bar{S}_{nk,\mathrm{A}}\}$ 是相应重力场模型的位系数,则

$$\sigma_{n,\mathrm{EIGEN\text{-}6C4}}^2 = \frac{1}{2n+1}\sum_{k=0}^{n}(\bar{C}_{nk,\mathrm{EIGEN\text{-}6C4}}^2 + \bar{S}_{nk,\mathrm{EIGEN\text{-}6C4}}^2) \tag{A-3}$$

$$\sigma_{n,\mathrm{A}}^2 = \frac{1}{2n+1}\sum_{k=0}^{n}(\bar{C}_{nk,\mathrm{A}}^2 + \bar{S}_{nk,\mathrm{A}}^2) \tag{A-4}$$

定义模型 A 相对模型 EIGEN-6C4 的阶误差方差为

$$\delta\sigma_n{}^2 = \frac{1}{2n+1}\sum_{k=0}^{n}\left[(\bar{C}_{nk,\mathrm{EIGEN\text{-}6C4}} - \bar{C}_{nk,\mathrm{A}})^2 + (\bar{S}_{nk,\mathrm{EIGEN\text{-}6C4}} - \bar{S}_{nk,\mathrm{A}})^2\right] \tag{A-5}$$

其中,$2 \leqslant n \leqslant \min(N_{\mathrm{EIGEN\text{-}6C4}}, N_{\mathrm{A}})$,$N_{\mathrm{EIGEN\text{-}6C4}}$ 是重力场模型的 EIGEN-6C4 的最高阶数,N_{A} 是模型 A 的最高阶数。由此得到模型 A 相对 EIGEN-6C4 的大地水

准面阶误差为

$$\Delta_n = R_e \sqrt{(2n+1)\,\delta\sigma_n{}^2} \qquad (A\text{-}6)$$

n 阶大地水准面的累积误差为

$$\Delta = \sqrt{\sum_{k=2}^{n} (\Delta_k)^2} \qquad (A\text{-}7)$$

根据上述公式,绘制已知全球重力场模型在不同阶数上的大地水准面高及其误差,如图 A.1～图 A.135 所示。在图中,横轴为待分析重力场模型的阶数,阶数越大,表明该重力场模型的空间分辨率越高;纵轴为大地水准面高,圆圈代表"真实重力场模型"在不同阶数上的大地水准面高,实线是待分析重力场模型在不同阶数上的大地水准面高,点线是待分析重力场模型相对"真实重力场模型"的大地水准面阶误差,虚线是从 3 阶开始累积计算的大地水准面累积误差。对于某一阶数,如果大地水准面阶误差小于"真实重力场模型"的大地水准面高,则说明待分析重力场模型在该阶数上是有效的。大地水准面阶误差越小,表明待分析重力场模型在该阶数上包含的引力信号越强。

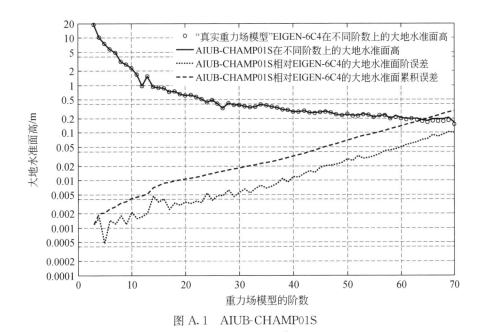

图 A.1　AIUB-CHAMP01S

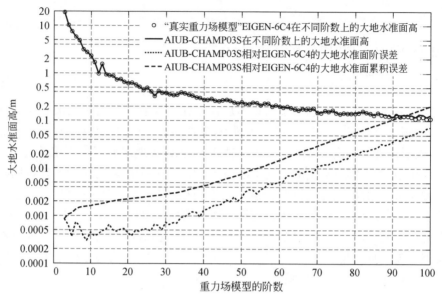

图 A.2　AIUB-CHAMP03S

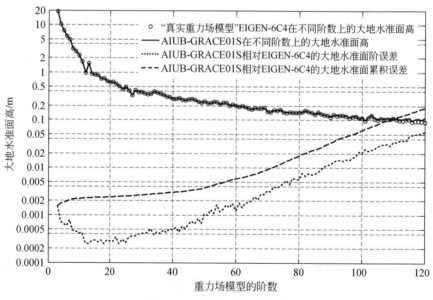

图 A.3　AIUB-GRACE01S

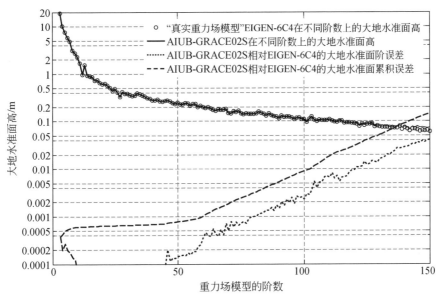

图 A.4　AIUB-GRACE02S

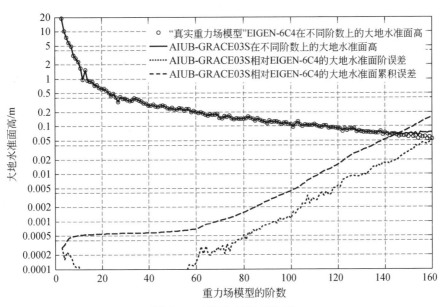

图 A.5　AIUB-GRACE03S

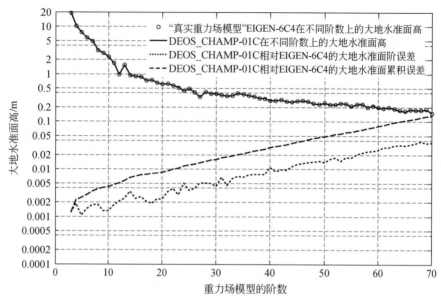

图 A.6　DEOS_CHAMP-01C

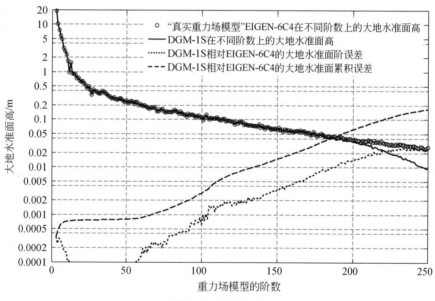

图 A.7　DGM-1S

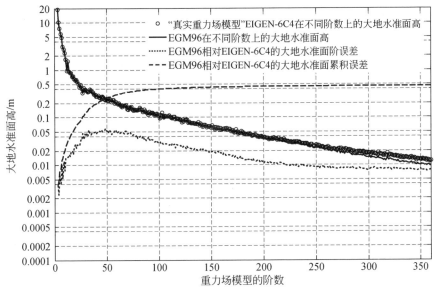

图 A.8　EGM96

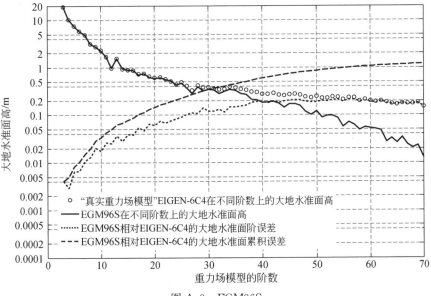

图 A.9　EGM96S

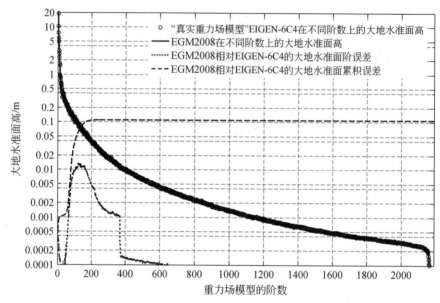

图 A. 10　EGM2008

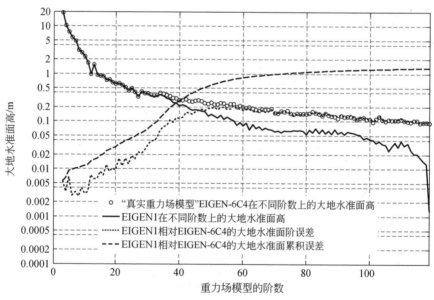

图 A. 11　EIGEN1

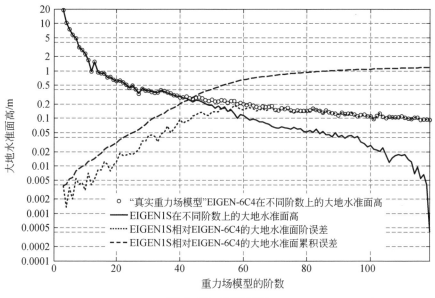

图 A.12 EIGEN1S

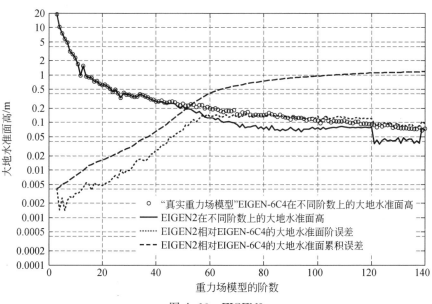

图 A.13 EIGEN2

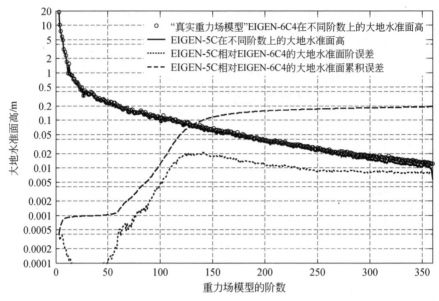

图 A.14　EIGEN-5C

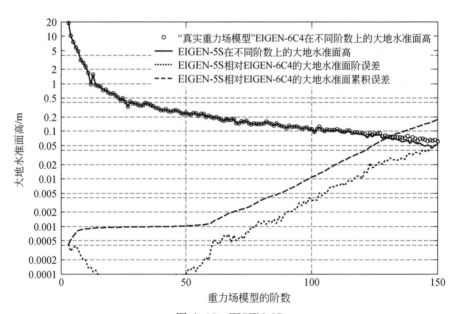

图 A.15　EIGEN-5S

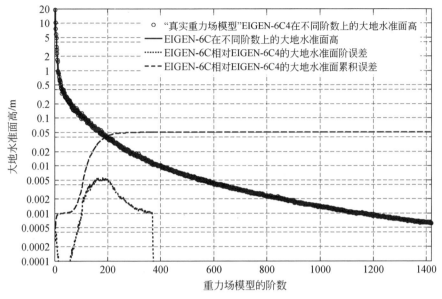

图 A.16　EIGEN-6C

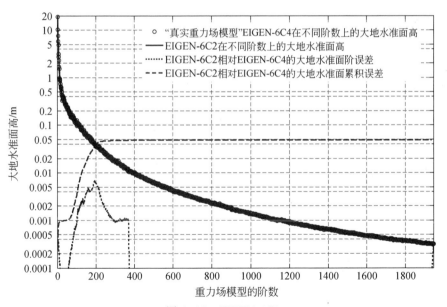

图 A.17　EIGEN-6C2

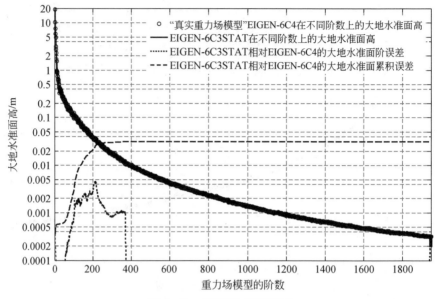

图 A.18　EIGEN-6C3STAT

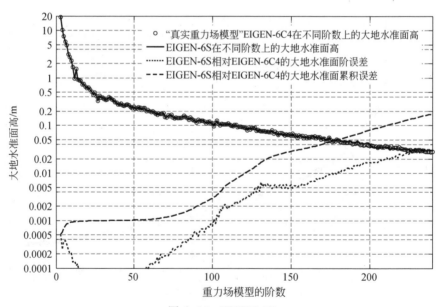

图 A.19　EIGEN-6S

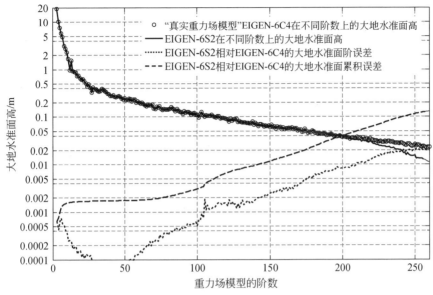

图 A. 20　EIGEN-6S2

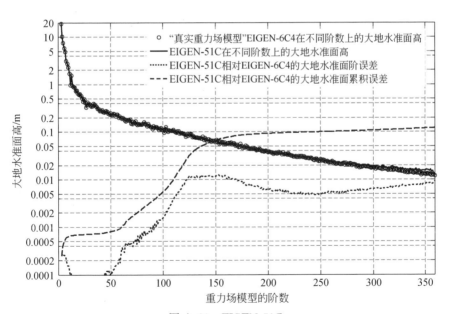

图 A. 21　EIGEN-51C

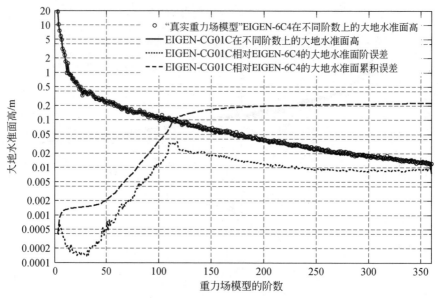

图 A.22　EIGEN-CG01C

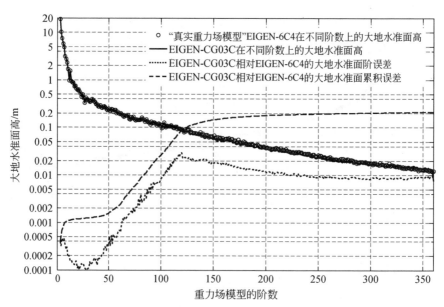

图 A.23　EIGEN-CG03C

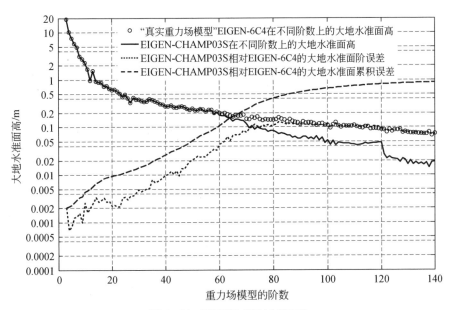

图 A. 24 EIGEN-CHAMP03S

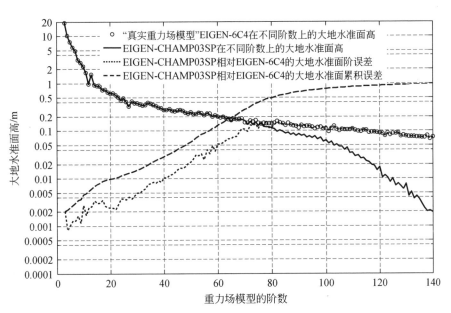

图 A. 25 EIGEN-CHAMP03SP

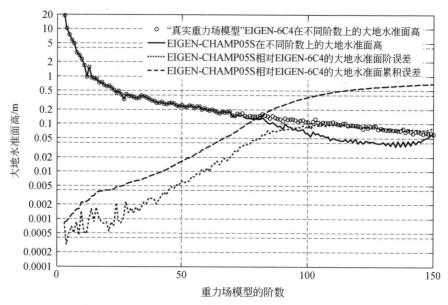

图 A.26　EIGEN-CHAMP05S

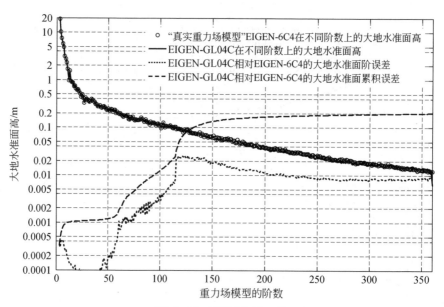

图 A.27　EIGEN-GL04C

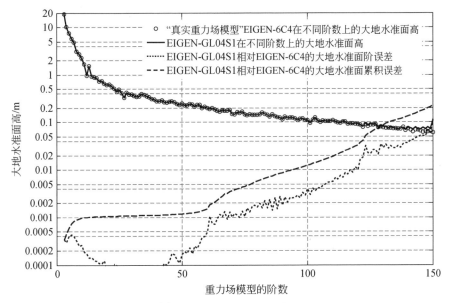

图 A.28　EIGEN-GL04S1

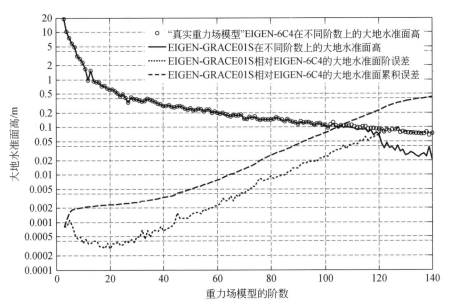

图 A.29　EIGEN-GRACE01S

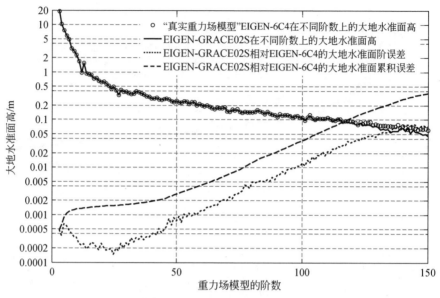

图 A.30　EIGEN-GRACE02S

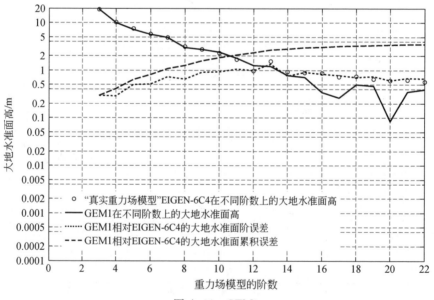

图 A.31　GEM1

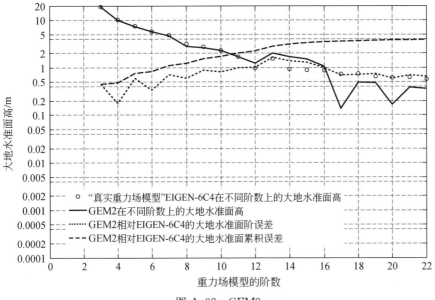

图 A. 32 GEM2

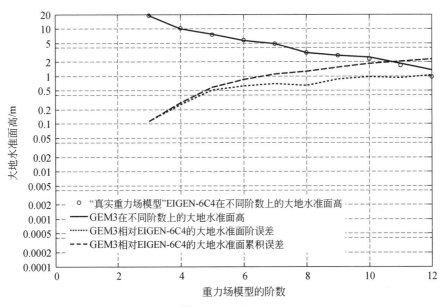

图 A. 33 GEM3

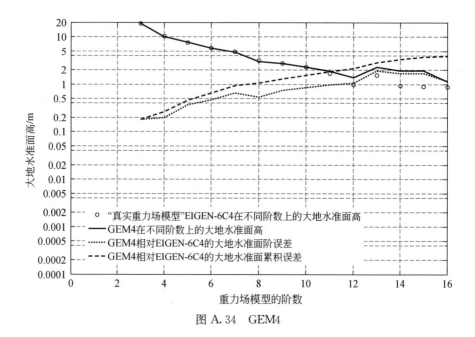

图 A. 34　GEM4

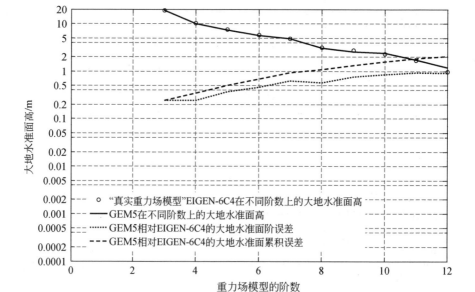

图 A. 35　GEM5

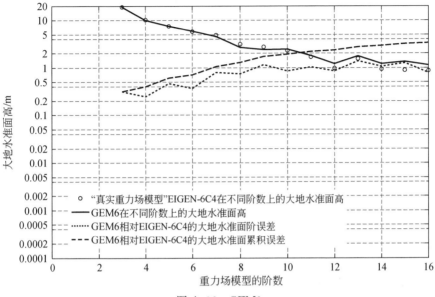

图 A. 36　GEM6

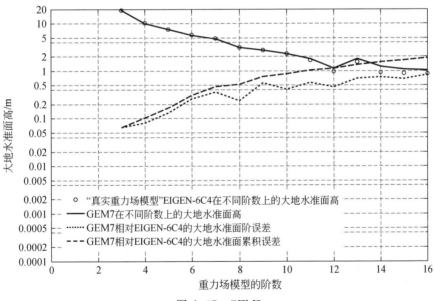

图 A. 37　GEM7

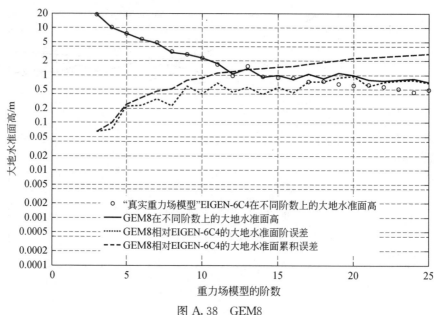

图 A.38　　GEM8

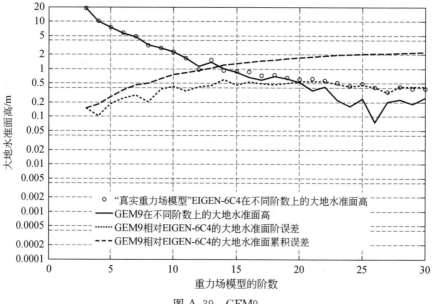

图 A.39　　GEM9

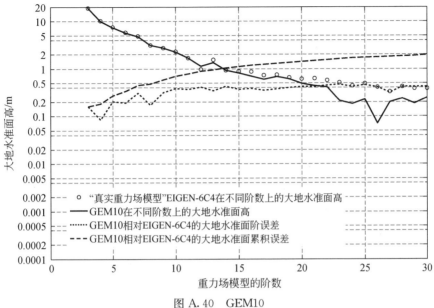

图 A.40　GEM10

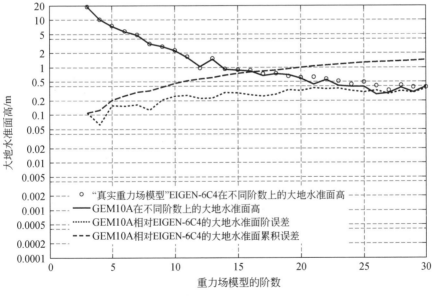

图 A.41　GEM10A

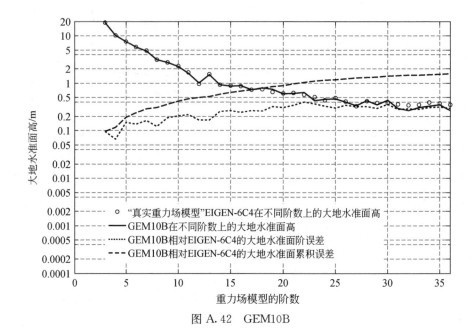

图 A.42　GEM10B

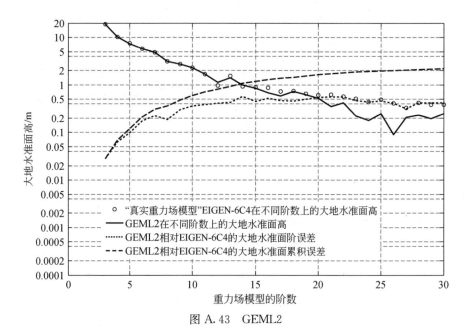

图 A.43　GEML2

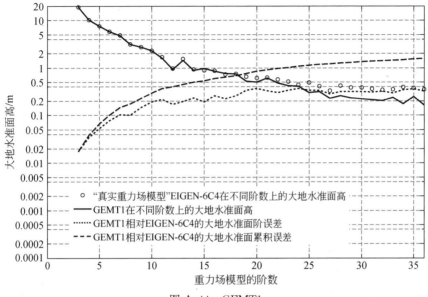

图 A.44　GEMT1

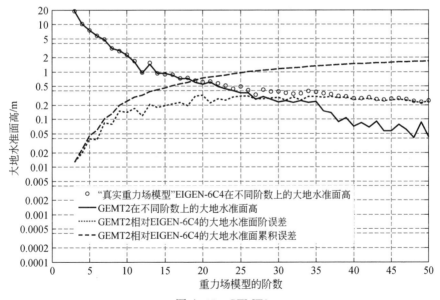

图 A.45　GEMT2

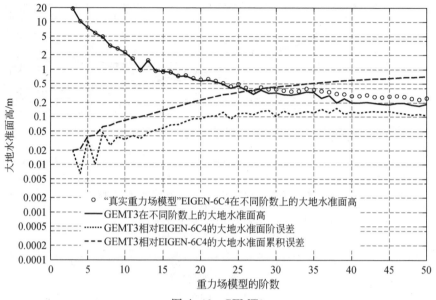

图 A.46　GEMT3

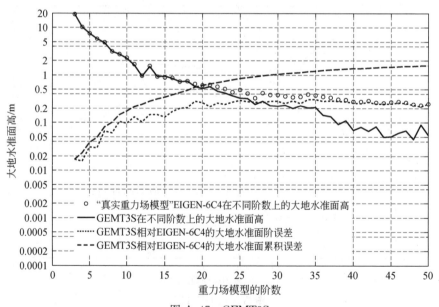

图 A.47　GEMT3S

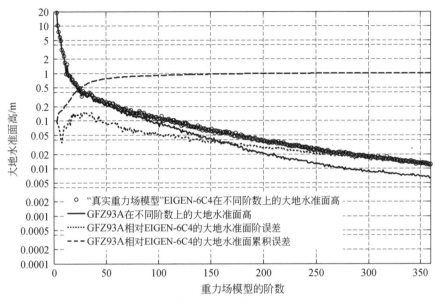

图 A.48　GFZ93A

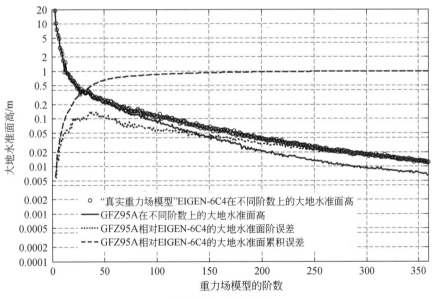

图 A.49　GFZ95A

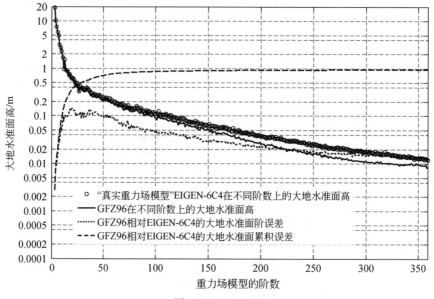

图 A.50　GFZ96

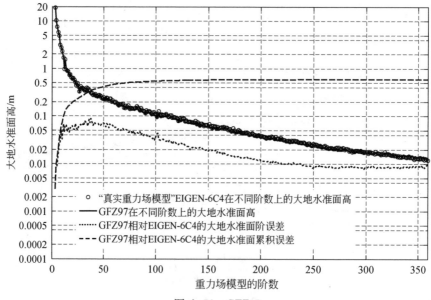

图 A.51　GFZ97

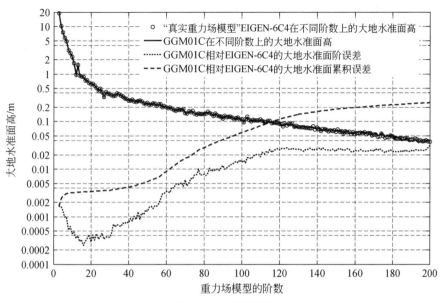

图 A. 52　GGM01C

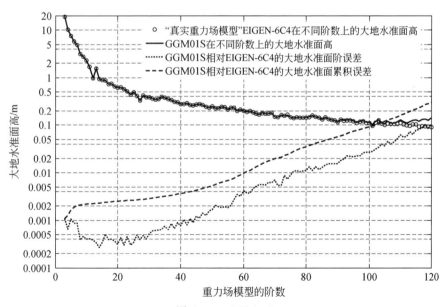

图 A. 53　GGM01S

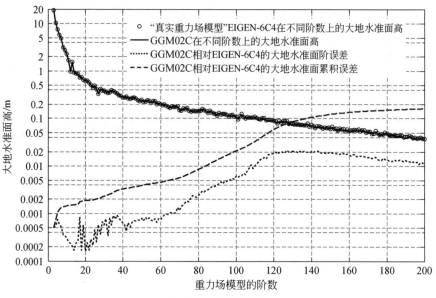

图 A. 54　GGM02C

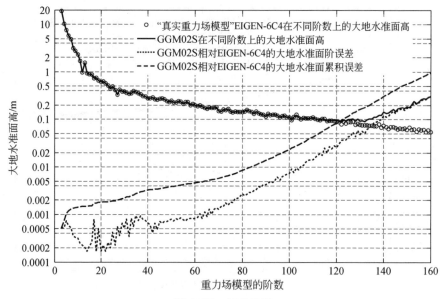

图 A. 55　GGM02S

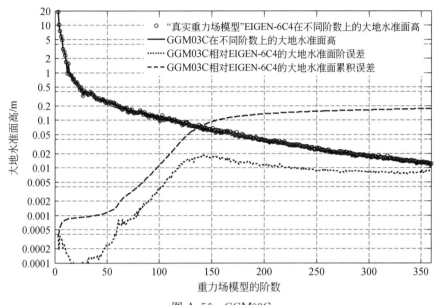

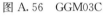

图 A. 56　GGM03C

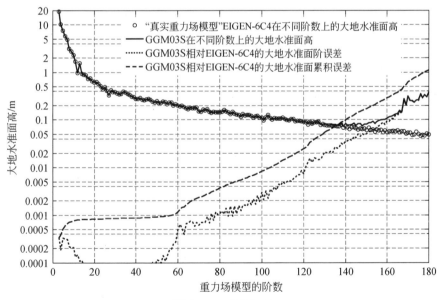

图 A. 57　GGM03S

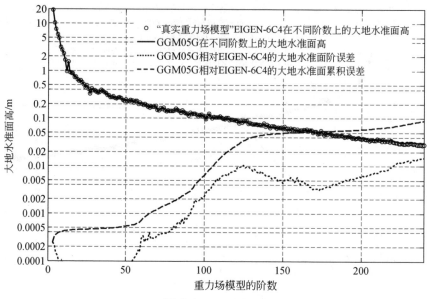

图 A. 58　GGM05G

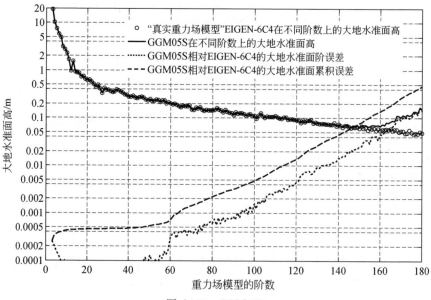

图 A. 59　GGM05S

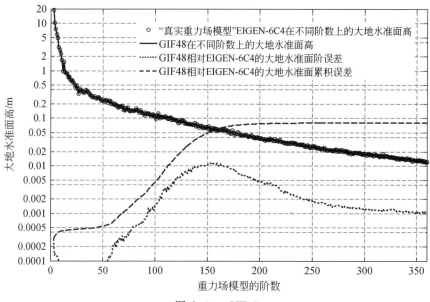

图 A.60　GIF48

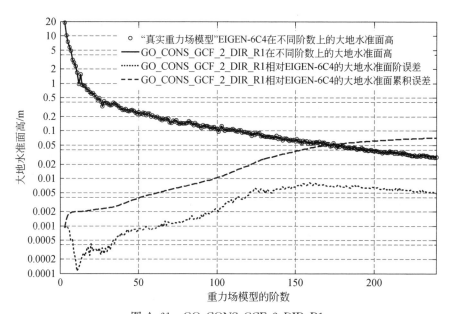

图 A.61　GO_CONS_GCF_2_DIR_R1

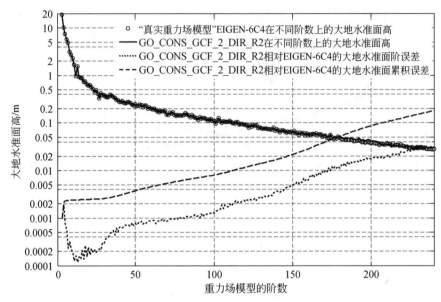

图 A.62　GO_CONS_GCF_2_DIR_R2

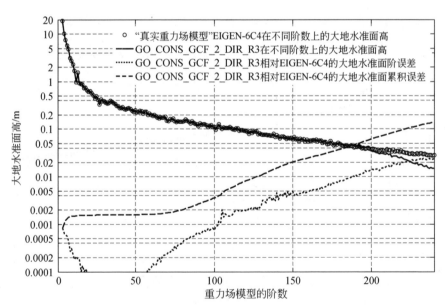

图 A.63　GO_CONS_GCF_2_DIR_R3

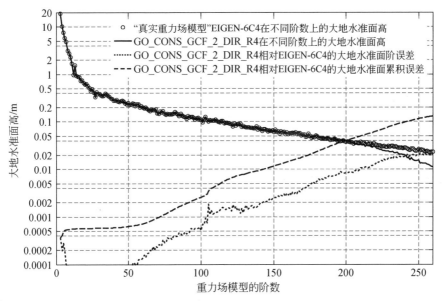

图 A. 64 GO_CONS_GCF_2_DIR_R4

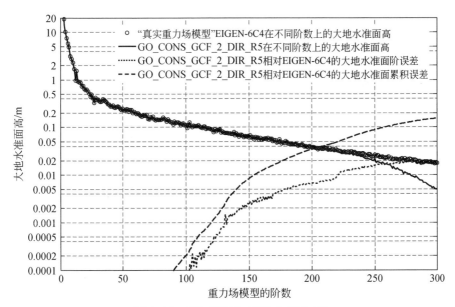

图 A. 65 GO_CONS_GCF_2_DIR_R5

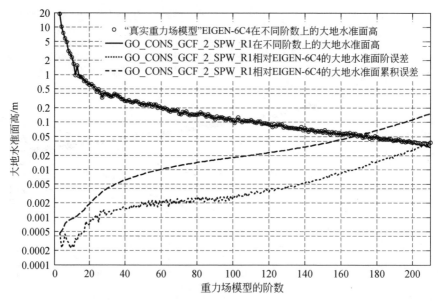

图 A. 66　GO_CONS_GCF_2_SPW_R1

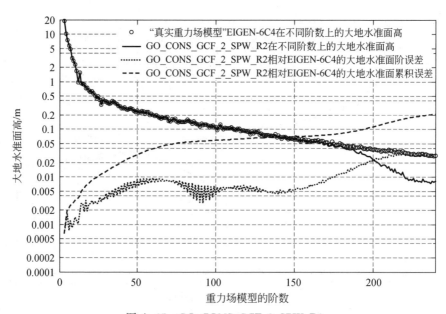

图 A. 67　GO_CONS_GCF_2_SPW_R2

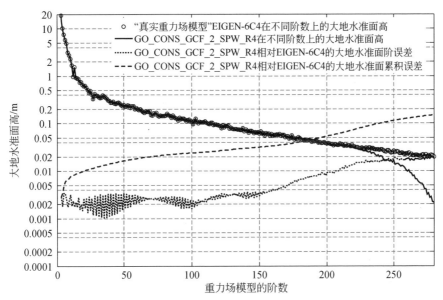

图 A. 68 GO_CONS_GCF_2_SPW_R4

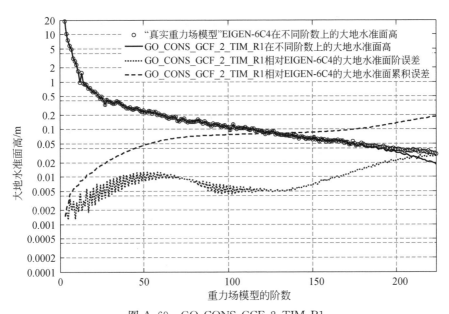

图 A. 69 GO_CONS_GCF_2_TIM_R1

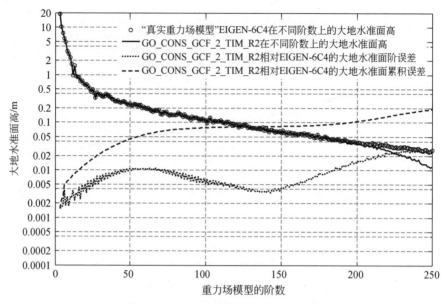

图 A. 70　GO_CONS_GCF_2_TIM_R2

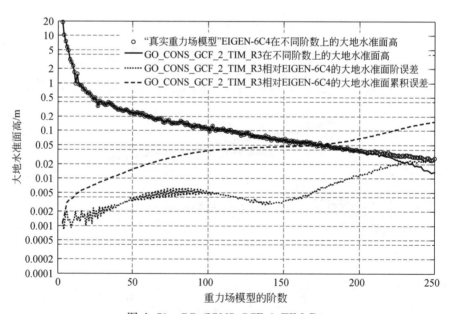

图 A. 71　GO_CONS_GCF_2_TIM_R3

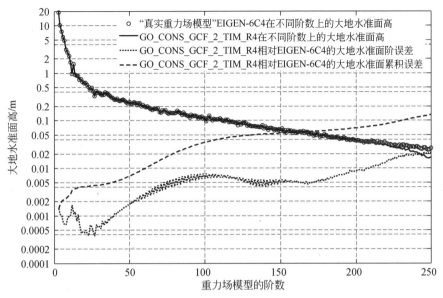

图 A.72　GO_CONS_GCF_2_TIM_R4

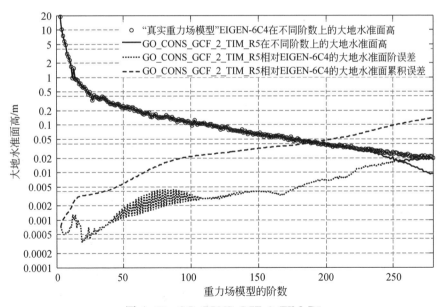

图 A.73　GO_CONS_GCF_2_TIM_R5

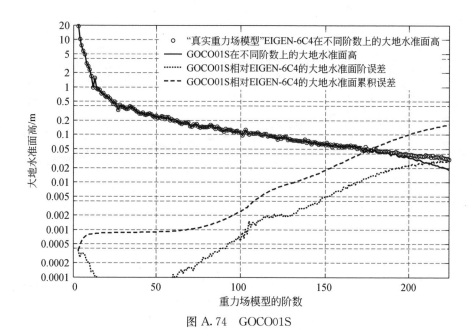

图 A. 74　GOCO01S

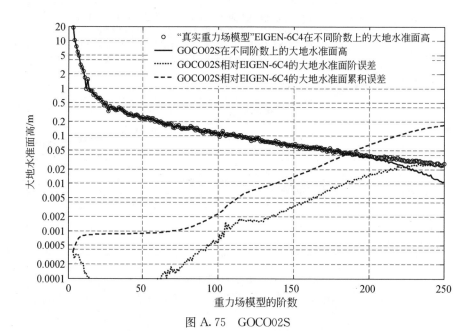

图 A. 75　GOCO02S

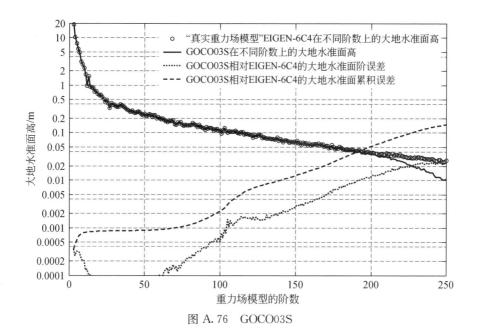

图 A.76 GOCO03S

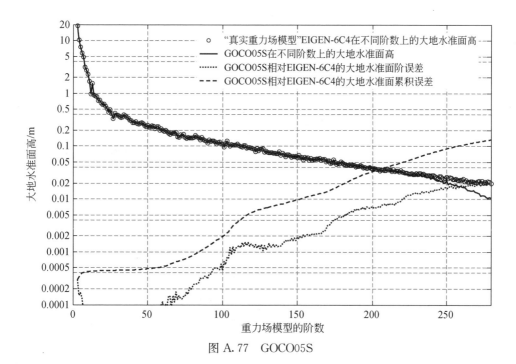

图 A.77 GOCO05S

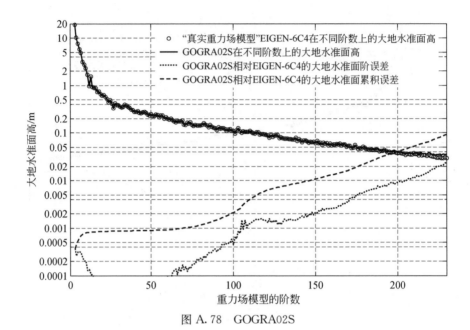

图 A.78　GOGRA02S

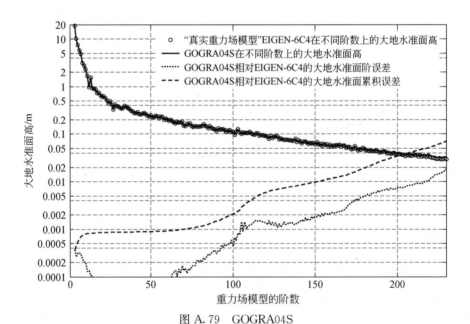

图 A.79　GOGRA04S

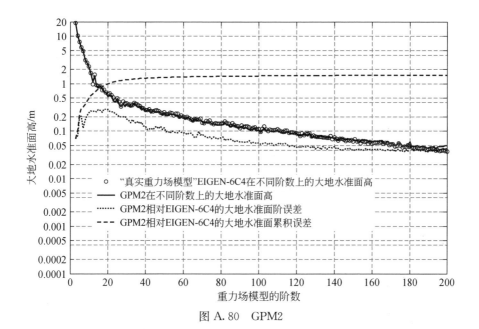

图 A. 80　GPM2

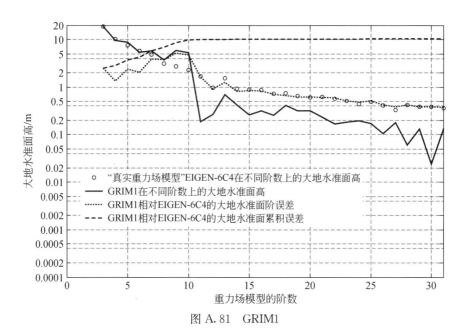

图 A. 81　GRIM1

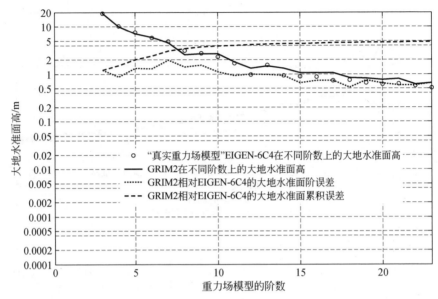

图 A.82　GRIM2

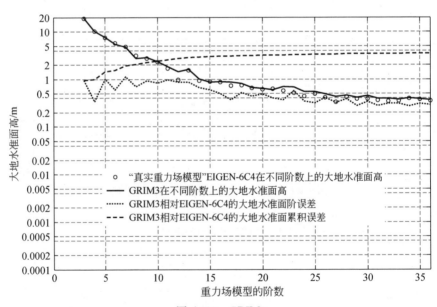

图 A.83　GRIM3

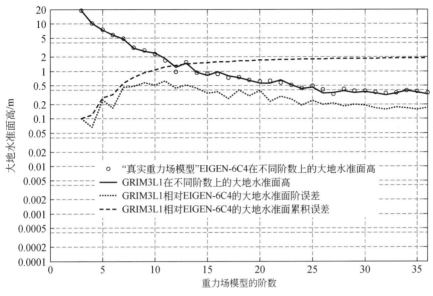

图 A. 84   GRIM3L1

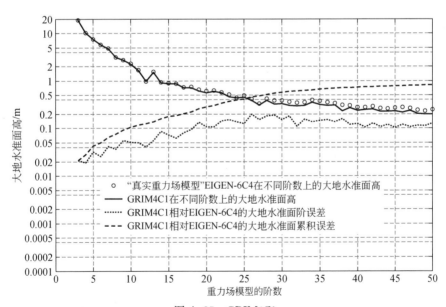

图 A. 85   GRIM4C1

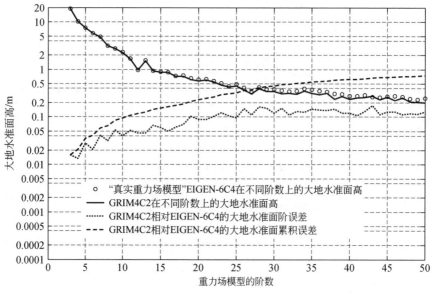

图 A.86　GRIM4C2

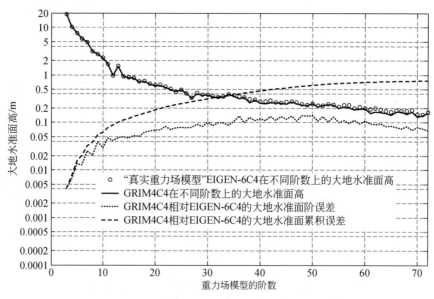

图 A.87　GRIM4C4

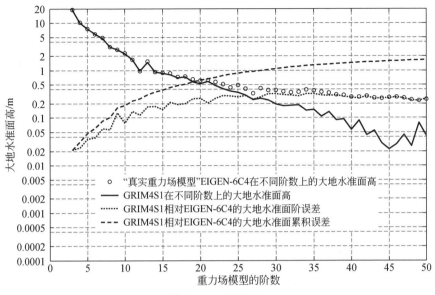

图 A.88 GRIM4S1

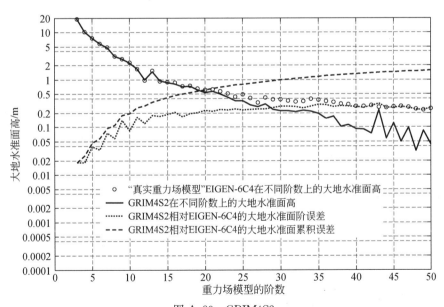

图 A.89 GRIM4S2

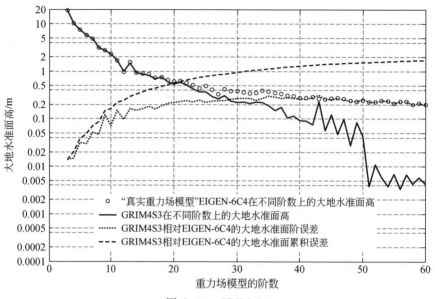

图 A.90　GRIM4S3

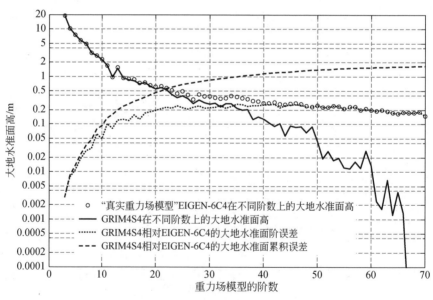

图 A.91　GRIM4S4

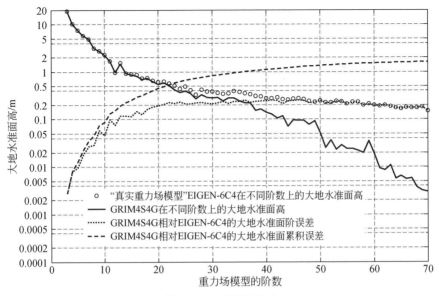

图 A. 92　GRIM4S4G

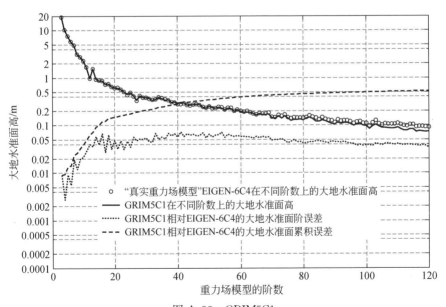

图 A. 93　GRIM5C1

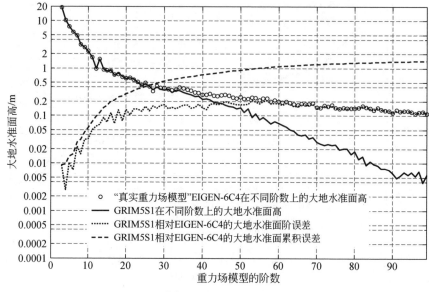

图 A.94　　GRIM5S1

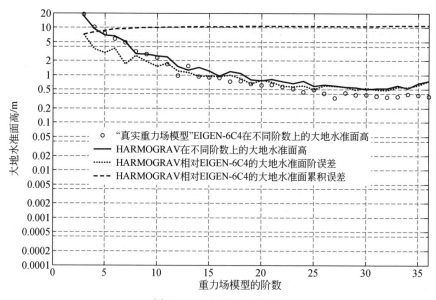

图 A.95　　HARMOGRAV

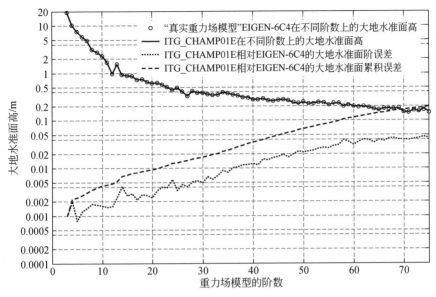

图 A. 96 ITG_CHAMP01E

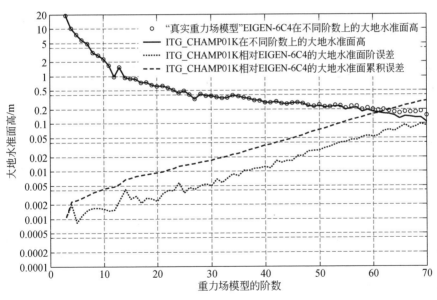

图 A. 97 ITG_CHAMP01K

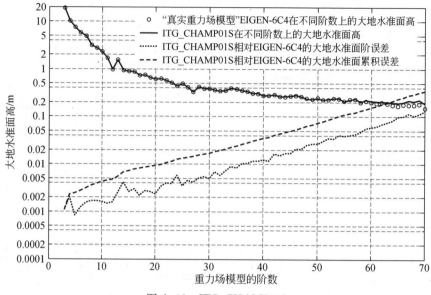

图 A. 98　ITG_CHAMP01S

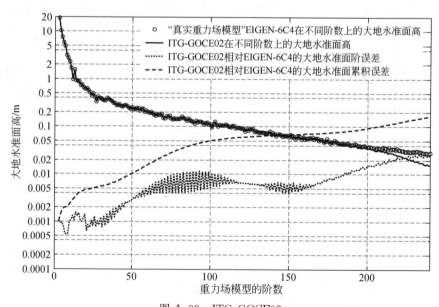

图 A. 99　ITG-GOCE02

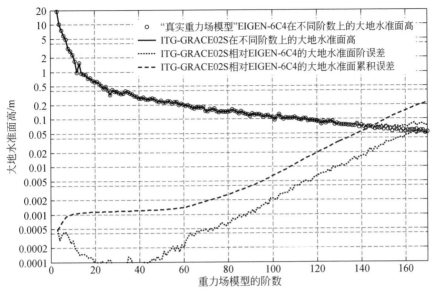

图 A.100 ITG-GRACE02S

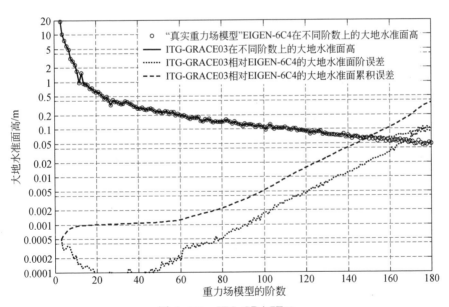

图 A.101 ITG-GRACE03

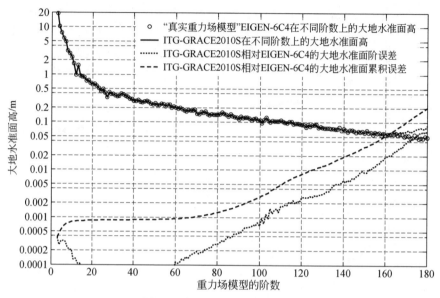

图 A.102　ITG-GRACE2010S

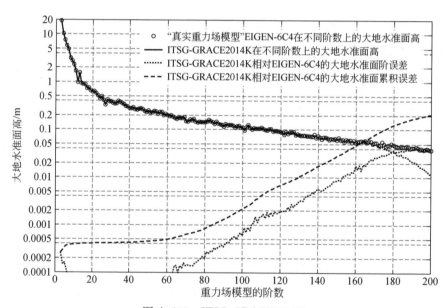

图 A.103　ITSG-GRACE2014K

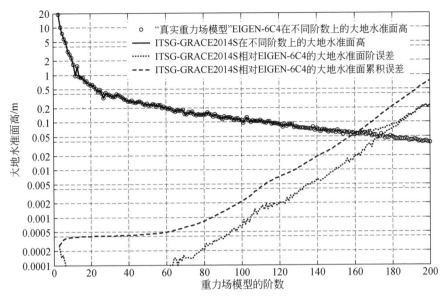

图 A.104　ITSG-GRACE2014S

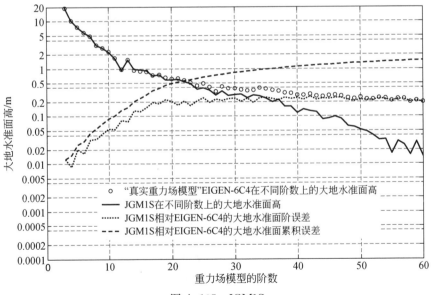

图 A.105　JGM1S

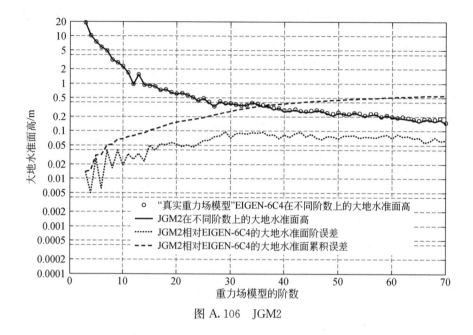

图 A.106　JGM2

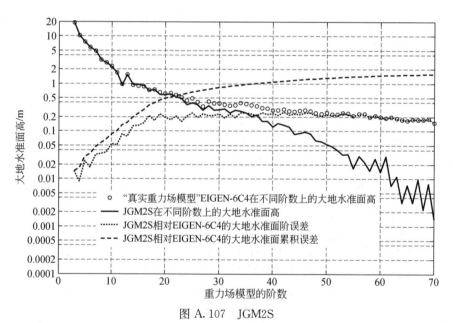

图 A.107　JGM2S

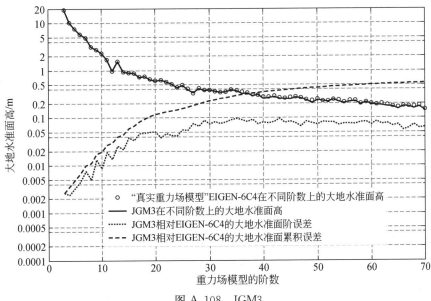

图 A.108　JGM3

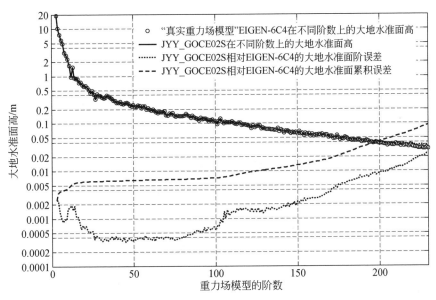

图 A.109　JYY_GOCE02S

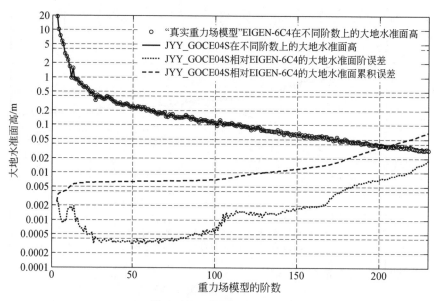

图 A. 110　JYY_GOCE04S

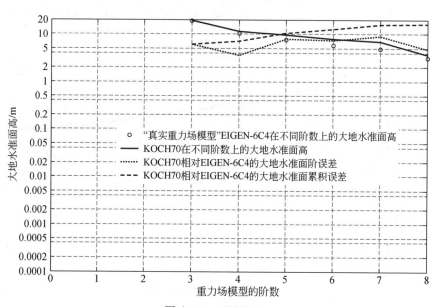

图 A. 111　KOCH70

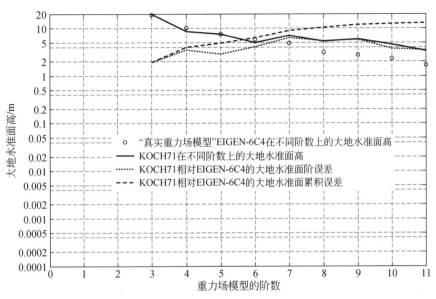

图 A.112　KOCH71

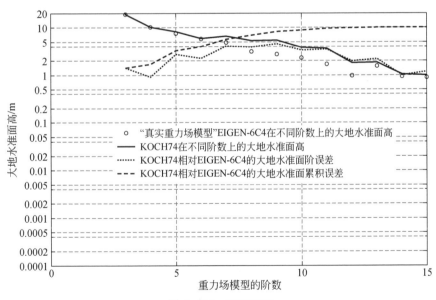

图 A.113　KOCH74

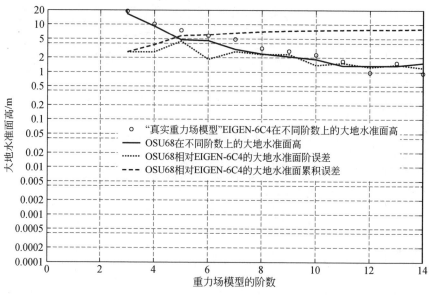

图 A.114　OSU68

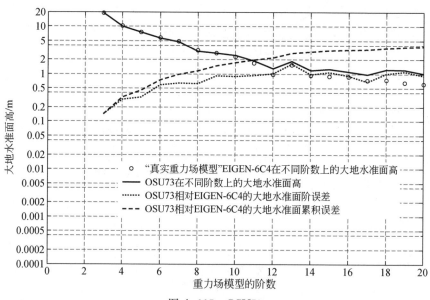

图 A.115　OSU73

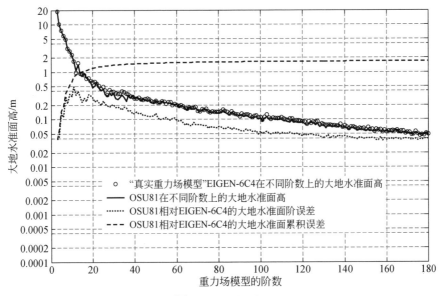

图 A.116　OSU81

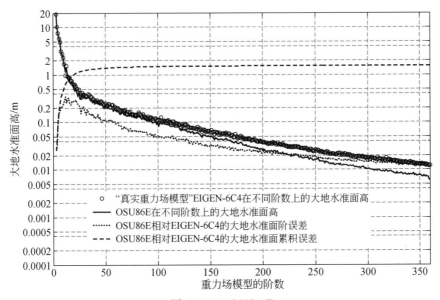

图 A.117　OSU86E

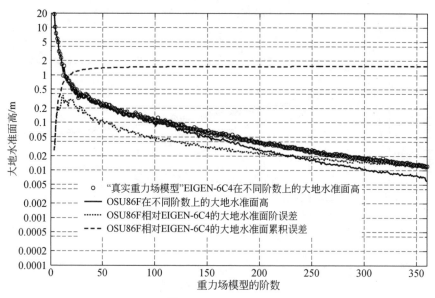

图 A. 118　　OSU86F

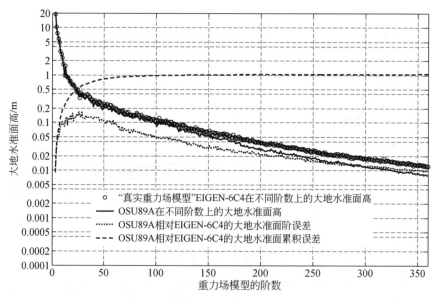

图 A. 119　　OSU89A

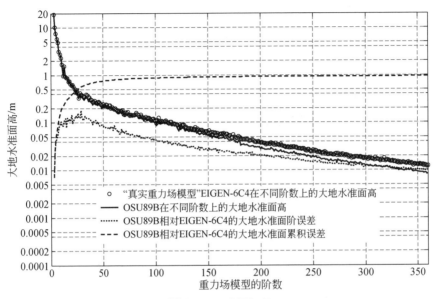

图 A. 120　OSU89B

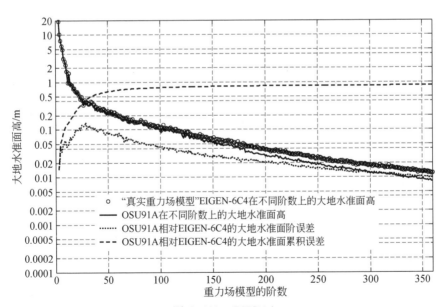

图 A. 121　OSU91A

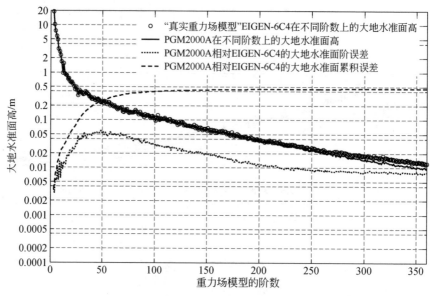

图 A.122　PGM2000A

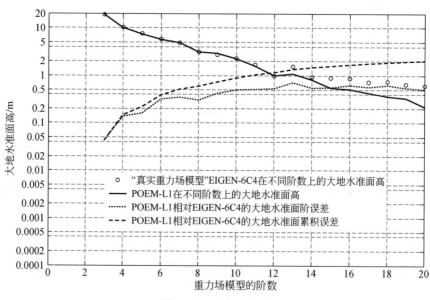

图 A.123　POEM-L1

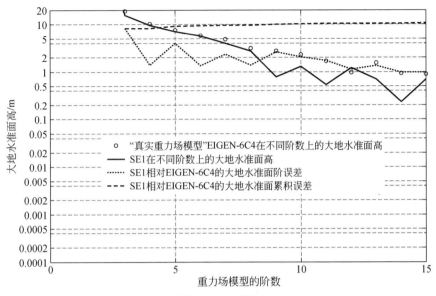

图 A.124　SE1

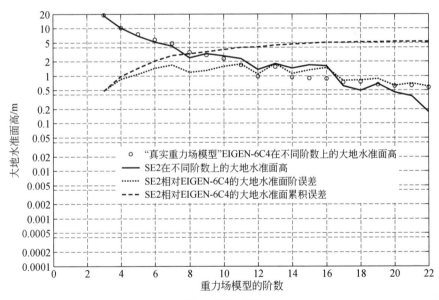

图 A.125　SE2

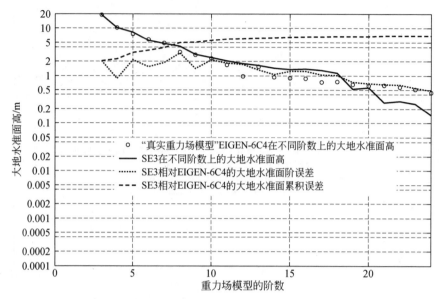

图 A.126　SE3

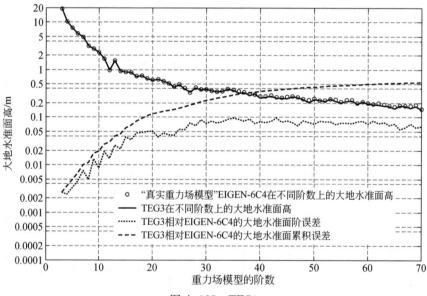

图 A.127　TEG3

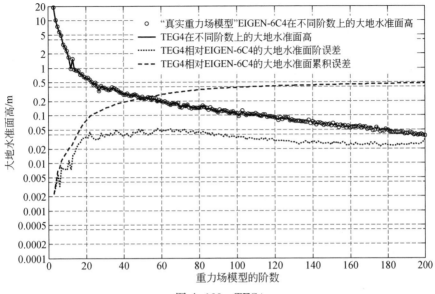

图 A.128　TEG4

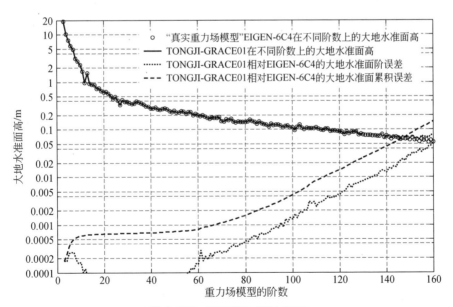

图 A.129　TONGJI-GRACE01

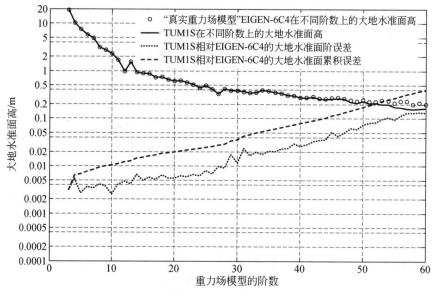

图 A. 130　TUM1S

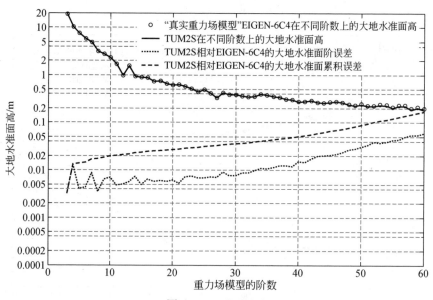

图 A. 131　TUM2S

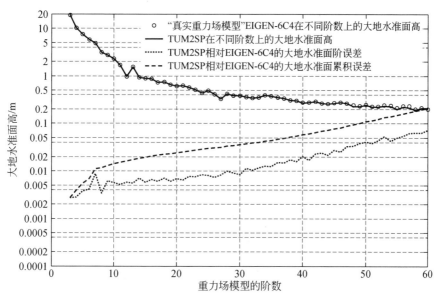

图 A.132 TUM2SP

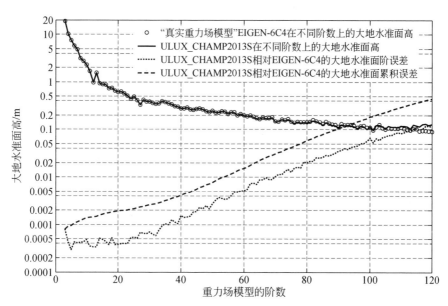

图 A.133 ULUX_CHAMP2013S

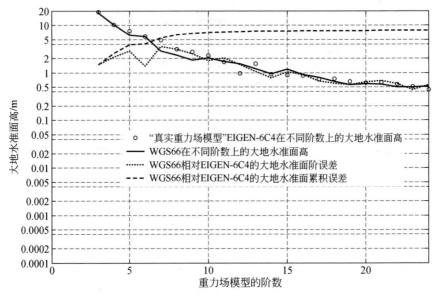

图 A. 134　WGS66

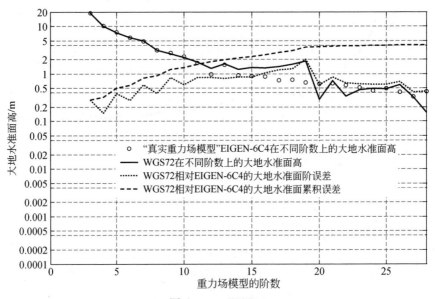

图 A. 135　WGS72

附录 B 缩 写 词

英文缩写词	英文全称	中文词	章节
ACC	SuperSTAR accelerometer	加速度计	1.3.5
AFRL	Air Force Research Laboratory	美国空军实验室	1.3.5
ASI	Alcatel Space Industry	阿尔卡特航天公司	1.3.5
ATS-6	Applications Technology Satellite-6	应用技术卫星-6	1.3.2
CHAMP	challenging minisatellite payload	挑战性小卫星有效载荷	1.3.1, 1.3.5, 1.4, 2.3.9, 2.3.11, 2.3.12, 5.1.5, 6.1, 6.3.3, 6.6.1, 6.6.2, 13.1
CIO	conventional international origin	国际协议原点	4.3.1
CNES	Centre National d'Etudes Spatiales	法国国家空间研究中心	1.3.5, 2.3.6, 2.3.7, 5.1.1
DFACS	drag-free and attitude control system	阻力补偿与姿态控制系统	1.3.5
DISCOS	disturbance compensation system	阻力补偿控制系统	1.3.3
DORIS	Doppler orbitography and radio positioning integrated by satellite	天基多普勒轨道确定和无线电定位组合系统	1.3.3, 2.3.3, 2.3.5, 2.3.6, 2.3.8, 5.1.1, 5.1.3, 5.1.5
DTU	Technical University of Denmark	丹麦技术大学	1.3.5
EGG	electrostatic gravity gradiometer	静电重力梯度仪	1.3.5
ESA	European Space Agency	欧洲太空局	1.3.3, 1.3.4, 1.4, 5.1.3, 8.7.2, 10.1.3
ET	ephemeris time	历书时	4.2.4
GAMES	gravity and magnetic earth surveyor	重力场与磁场测量任务	1.3.3
GFZ	Geo Forschungs Zentrum	德国地球科学研究中心	1.3.2, 2.3.7, 5.1.3
GNSS	global navigation satellite system	全球导航卫星系统	1.3.2, 5.1.4
GOCE	gravity field and steady-state ocean circulation explorer	地球重力场和稳态洋流探测卫星	1.3.1, 1.3.2, 1.3.4, 1.3.5, 1.4, 2.3, 5.1.5, 8.7.1, 8.7.2, 15.5

英文缩写词	英文全称	中文词	章节
GPS	global positioning system	全球定位系统	1. 3. 1，1. 3. 2，1. 3. 3，1. 3. 4，1. 3. 5，1. 4，4. 2. 8，5. 1. 4，5. 2，5. 3，5. 4，5. 5，5. 6，6. 6. 2，7. 4. 2，8. 7. 2，12. 1，13. 2. 1
GRACE	gravity recovery and climate experiment	重力场恢复与气候实验	1. 3. 1，1. 3. 2，1. 3. 3，1. 3. 5，1. 4，2. 3，5. 1. 5，7. 2. 5，7. 4，10. 1，10. 5，11. 5，12. 5，13. 1
GRAVSAT	gravitational satellite mission	重力卫星任务	1. 3. 3
GRM	gravitational research mission	重力研究任务	1. 3. 3
GRSG	Groupe de Recherche de Geodisie Spatiale	空间大地测量研究机构	5. 1. 1
HOW	handover word	转换字	5. 1. 4
IERS	international earth rotation service	国际地球自转服务机构	4. 3. 2
IFS	inner-formation flying system	内编队系统	1. 3. 1，6. 1，11. 6. 2，12. 2. 5，12. 4，13. 1，13. 2，13. 3，13. 4，14. 1，14. 2，14. 3，14. 8，15. 1，15. 2，15. 4，15. 5
IGN	Instituto Geográfico National	地理研究所	5. 1. 1
IGS	international GPS service for geodynamics	国际 GPS 地球动力学服务	5. 1. 5
ILRS	international laser ranging service	国际激光测距服务	5. 1. 2
IPU	instrument processing unit	仪器处理单元	1. 3. 5
JD	Julian date	儒略日	4. 2. 9
JGM	joint gravity model	联合重力场模型	2. 3. 1，2. 3. 6，2. 3. 16
JPL	Jet Propulsion Laboratory	喷气推进实验室	1. 3. 5，7. 4. 2
KBR	K-band ranging system	K 波段星间测距装置	1. 3. 5
LAGEOS	laser geodynamics satellite	激光地球动力学卫星	1. 3. 1，2. 3. 1，2. 3. 3，2. 3. 5，2. 3. 6，2. 3. 7，2. 3. 8
LETI	Laboratoire d'Electronique de Technologie et d'Instrumentation	法国电子与信息技术实验室	1. 3. 5
LISA	laser interferometer space antenna	激光干涉空间天线	1. 4，10. 1. 3
MJD	modified Julian date	简化儒略日	4. 2. 9

续表

英文缩写词	英文全称	中文词	章节
MMM	magnetospheric multiscale mission	磁层多尺度任务	10.1.3
MOS	mission operation system	任务操作系统	7.4.2
MTA	center of mass trim assembly	质心微调组件	1.3.5
NASA	National Aeronautics and Space Administration	国家航空航天局	1.3.3, 1.3.4, 1.3.5, 1.4, 2.3.3, 2.3.6, 2.3.8, 10.1.3
NGA	National Geospatial-Intelligence Agency	国家地理空间情报局	2.3.8
NGGM	next-generation gravimetry mission	下一代重力卫星任务	1.3.1, 1.4, 7.2.1
NIMA	National Imagery and Mapping Agency	国家图像与测绘局	2.3.8
NORAD	North American Aerospace Defense Command	北美防空防天司令部	6.6.1
ONERA	Office National d'Etudes et de Recherches Aerospatials	法国航空航天研究中心	1.3.5
POPSAT	precise orbit positioning satellite	精密轨道确定卫星	1.3.3
PRARE	precise range and range-rate equipment	精密测距测速系统	5.1.3, 5.1.5
RDC	raw data center	原始数据中心	7.4.2
SAO	Smithsonian Astrophysical Observatory	史密森天体物理天文台	1.3.3, 2.3.2
SCA	star camera assembly	星敏感器组件	1.3.5
SDS	science data system	科学数据系统	7.4.2
SGGM	superconducting gravity gradiometer mission	超导重力梯度测量任务	1.3.4
SLALOM	satellite laser low orbit mission	低轨卫星激光任务	1.3.3
SLR	satellite laser ranging	卫星激光测距	5.1.2, 5.1.5, 5.6
ST	sidereal time	恒星时	4.2.3
STEP	satellite test of the equivalence principle	等效原理检验卫星	1.3.4
TAI	international atomic time	国际原子时	4.2.5
TAS	Thales Alenia Space	泰累兹·阿莱尼亚宇航公司	1.4

续表

英文缩写词	英文全称	中文词	章节
TDB	barycentric dynamic time	太阳系质心动力学时	4.2.6
TDT	terrestrial dynamic time	地球质心动力学时	4.2.6
TLE	two-line element	两行轨道根数	6.6.1
TLW	telemertry word	遥测字	5.1.4
UCW	User Consultation Work-Shop	用户专题学术讨论会	1.3.5
USO	ultra stable oscillator	超稳定振荡器	1.3.5
UT	universal time	世界时	4.2.2
UTC	coordinated universal time	协调世界时	4.2.7
UTCSR	University of Texas, Center for Space Research	得克萨斯大学空间研究中心	2.3.10, 7.4.2

索　引

索引词	页码	索引词	页码
CHAMP	7	定轨数据间隔	240
EGM96	14	定轨误差	12
GOCE	8	动力学方法	219
GRACE	8	短弧边值法	13
GRACE Follow-on	39	短基线相对轨道摄动重力场测量	6
Kaula 准则	234	短周期项	172
NGGM	8	反演重力场模型	7
Swarm	39	非引力干扰	6
编队飞行	371	辐射计效应	6
补偿质量块	516	复合内编队系统	8
参考轨道	221	高低跟踪重力场测量	7
参数敏感度矩阵	236	高阶摄动	228
测量光压	515	高斯型摄动运动方程	172
差分影像测量系统	18	跟飞编队	16
纯引力轨道	5	功率谱	230
大地测量学	1	构形参数	401
大地水准面	2	观测方程	8
大地水准面累积误差	12	轨道摄动	6
大地水准面阶误差	43	环绕星	379
带谐项	68	回归周期	45
低阶重力场	12	几何法定轨	219
地球扁率	10	加速度计	6
地球非球形摄动	172	阶方差	76
地球椭球长半径	59	阶误差方差	20
地球中心引力	143	静态重力场	20
地球重力场和海洋环流探测卫星	8	绝对轨道摄动重力场测量	6
地心惯性坐标系	149	空间分辨率	1
地心距	174	拉格朗日型摄动运动方程	172
缔合勒让德方程	104	拉普拉斯方程	67

索引词	页码	索引词	页码
勒让德多项式	63	卫星测高	5
面积积分	156	位系数误差	42
内编队	6	线性摄动理论	19
内符合	88	相对状态测量	13
内卫星	6	星间测距	8
能量守恒法	13	星间基线	8
谱分析	20	星间距离变化率	15
球谐函数	68	验证质量	13
球谐级数	75	引导敏感器	277
全球重力场模型	1	引力敏感器	6
扇谐项	39	引力摄动位	10
摄动力模型	143	载荷指标	228
时变重力场模型	18	长基线相对轨道摄动重力场测量	6
时间分辨率	1	正常重力场	69
时域法	22	重力场恢复与气候实验	8
太阳同步轨道	22	重力梯度卫星	8
天基重力场测量	5	重力梯度仪	9
天线相位中心	206	重力卫星	7
田谐项	68	重力异常	2
外符合	88	重力异常累积误差	22
外卫星	6	重力异常阶误差	76
微波测距仪	8	状态转移矩阵	236
伪距	26	总任务时间	21
卫星编队	39	最佳频段	351

彩　　图

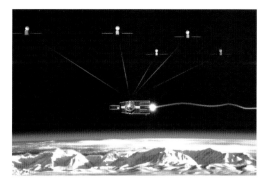

图 1.5　内编队绝对轨道摄动重力场测量

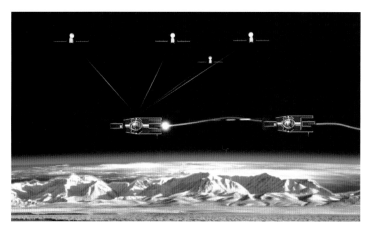

图 1.8　复合内编队长基线相对轨道摄动重力场测量

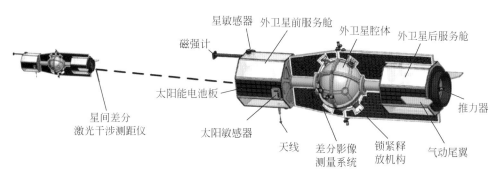

图 1.15　复合内编队系统组成

图 1.16　复合内编队重力场测量系统

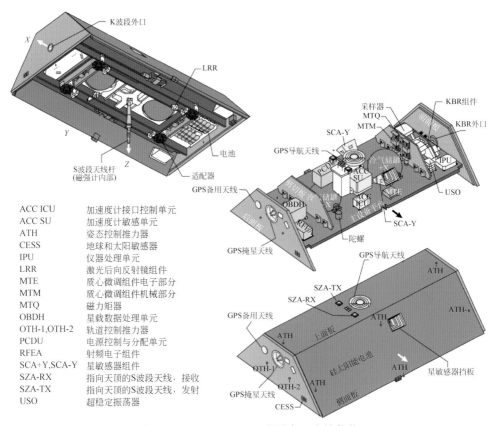

ACC ICU	加速度计接口控制单元
ACC SU	加速度计敏感单元
ATH	姿态控制推力器
CESS	地球和太阳敏感器
IPU	仪器处理单元
LRR	激光后向反射镜组件
MTE	质心微调组件电子部分
MTM	质心微调组件机械部分
MTQ	磁力矩器
OBDH	星载数据处理单元
OTH-1,OTH-2	轨道控制推力器
PCDU	电源控制与分配单元
RFEA	射频电子组件
SCA+Y,SCA-Y	星敏感器组件
SZA-RX	指向天顶的S段天线，接收
SZA-TX	指向天顶的S段天线，发射
USO	超稳定振荡器

图 1.24　GRACE 卫星上的设备和有效载荷

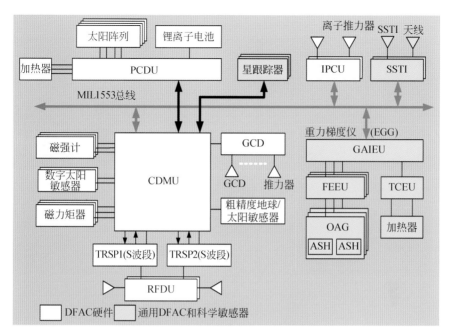

图 1.33 GOCE 卫星电子设备框图

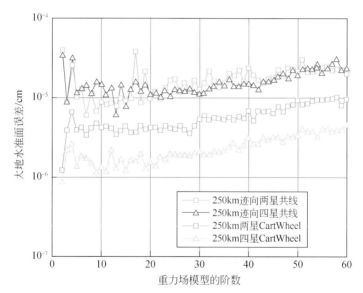

图 1.39 250km 轨道高度下四种编队测量重力场的大地水准面阶误差

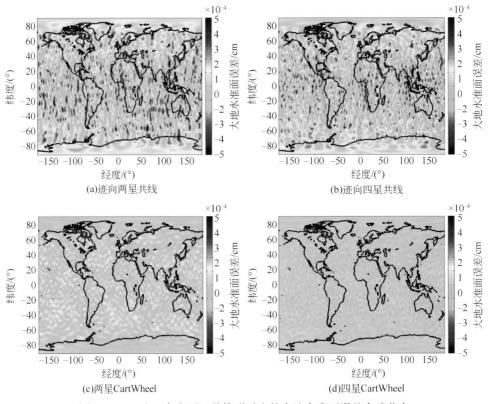

图 1.40 250km 高度下四种构形对应的大地水准面误差全球分布

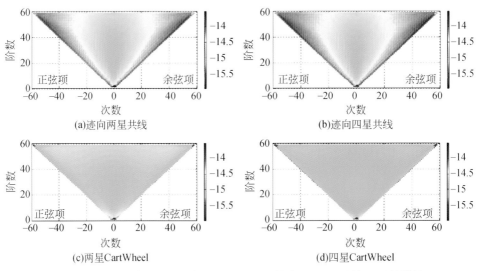

图 1.41 250km 高度下四种构形对应的位系数阶误差(取对数 lg 后的结果)

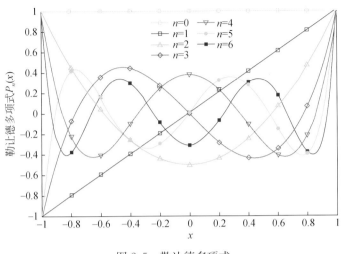

图 2.5　勒让德多项式

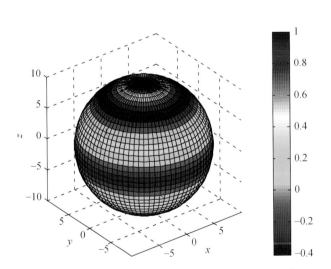

图 2.6　地球引力位的 6 阶带谐项沿球面的分布规律

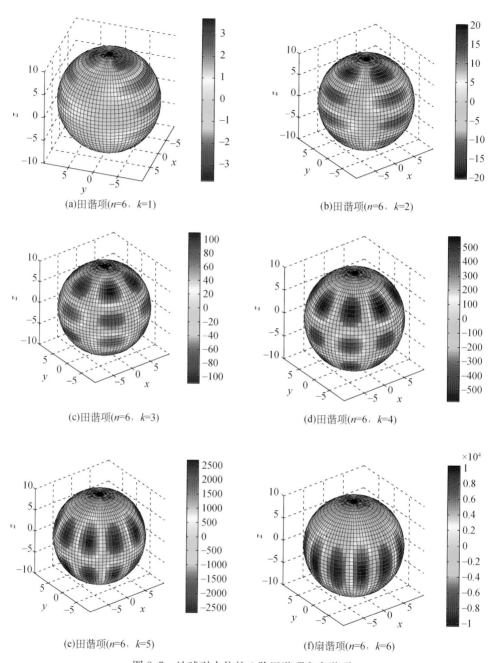

(a)田谐项(n=6，k=1)

(b)田谐项(n=6，k=2)

(c)田谐项(n=6，k=3)

(d)田谐项(n=6，k=4)

(e)田谐项(n=6，k=5)

(f)扇谐项(n=6，k=6)

图 2.7　地球引力位的 6 阶田谐项和扇谐项

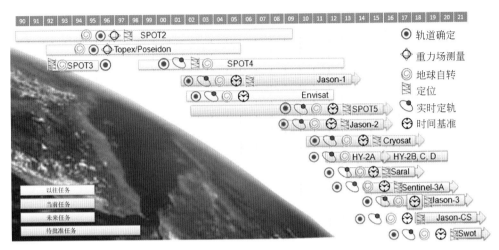

図 5.1 采用 DORIS 系统的卫星任务

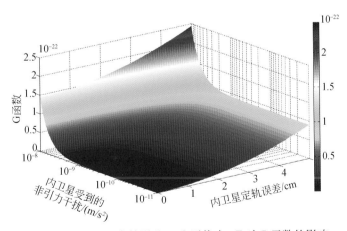

图 6.2 重力卫星定轨误差 Δr 和干扰力 δF 对 G 函数的影响

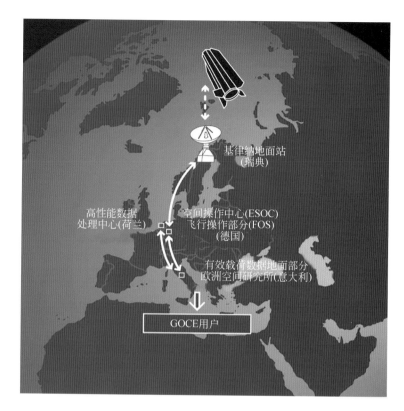

基律纳地面站
(瑞典)

高性能数据
处理中心(荷兰)

空间操作中心(ESOC)
飞行操作部分(FOS)
(德国)

有效载荷数据地面部分
欧洲空间研究所(意大利)

GOCE用户

图 8.18 GOCE 卫星数据传输链路

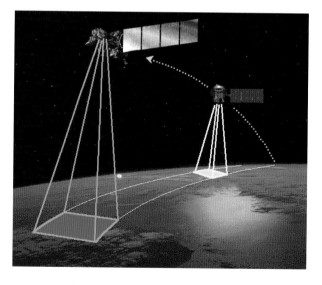

图 10.1 LandSat7 和 EO-1 卫星编队

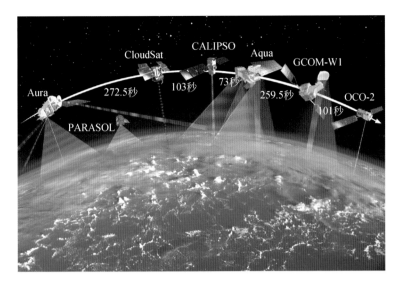

图 10.2　A-train 卫星任务

图 10.3　MMS 卫星编队

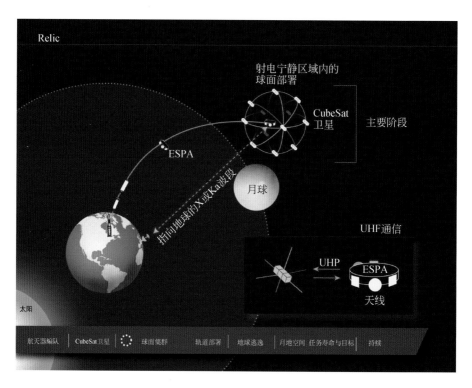

图 10.4 Relic 卫星编队

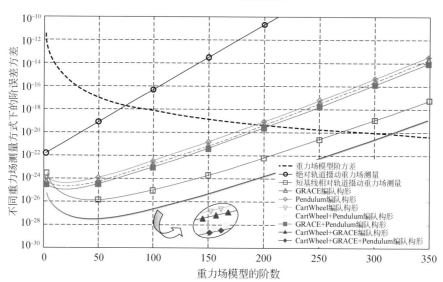

图 11.20 不同测量方式下的重力场测量阶误差方差

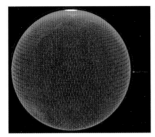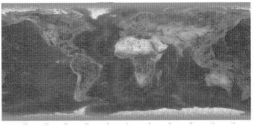

图 11.21　重力卫星全球覆盖测量示意图

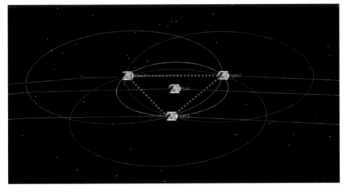

图 11.25　重力场测量卫星编队

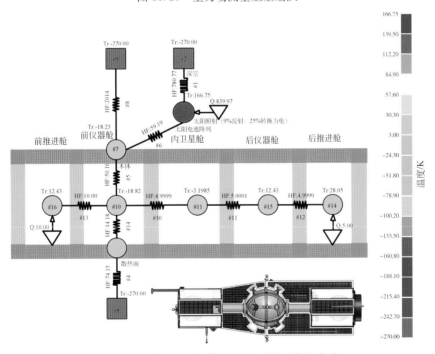

图 13.20　典型工况下的内编队系统总体热仿真

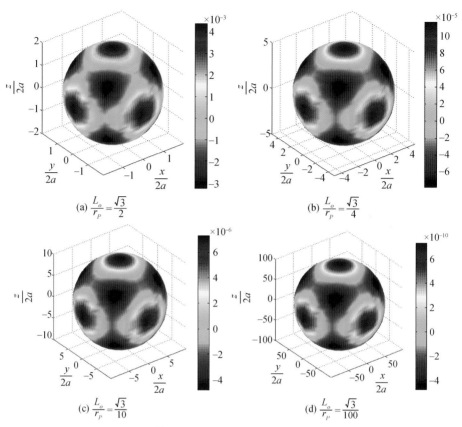

(a) $\dfrac{L_o}{r_P} = \dfrac{\sqrt{3}}{2}$ (b) $\dfrac{L_o}{r_P} = \dfrac{\sqrt{3}}{4}$

(c) $\dfrac{L_o}{r_P} = \dfrac{\sqrt{3}}{10}$ (d) $\dfrac{L_o}{r_P} = \dfrac{\sqrt{3}}{100}$

图 14.1 立方体相对尺度为一定值时的质点近似相对误差

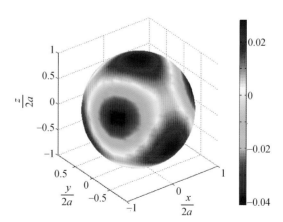

图 14.4 正四面体相对尺度为 1 时的质点近似引力计算相对误差

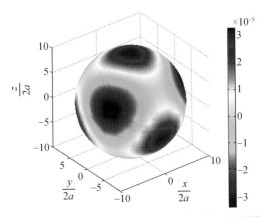

图 14.5 正四面体相对尺度为 1/10 时的质点近似引力计算相对误差

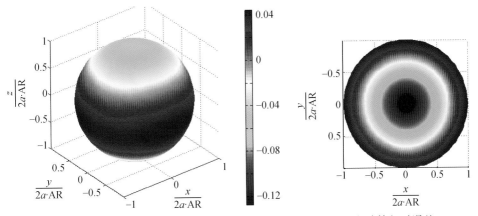

图 14.6 长细比为 2 的四面体相对尺度为 1 时的质点近似引力计算相对误差

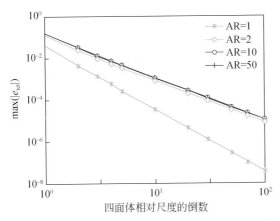

图 14.7 四面体质点近似引力计算相对误差与相对尺度和长细比的关系

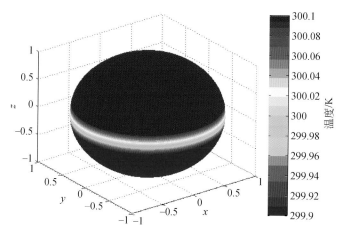

图 14.18　内卫星表面温度对半分布示意图

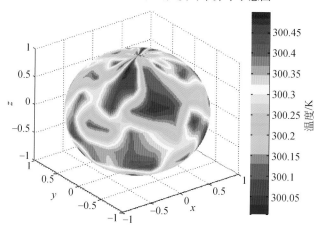

图 14.21　内卫星表面温度随机分布(最大温差为 0.5K)

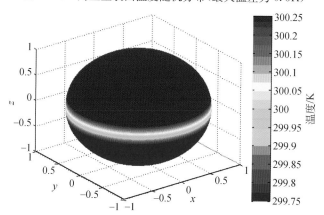

图 14.23　腔体内壁温度分布示意图

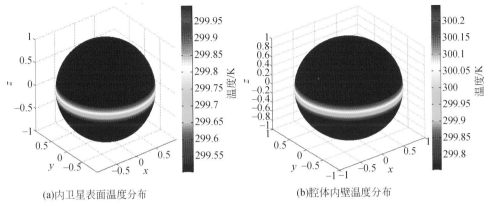

(a)内卫星表面温度分布 (b)腔体内壁温度分布

图 14.34 腔体中的温度分布

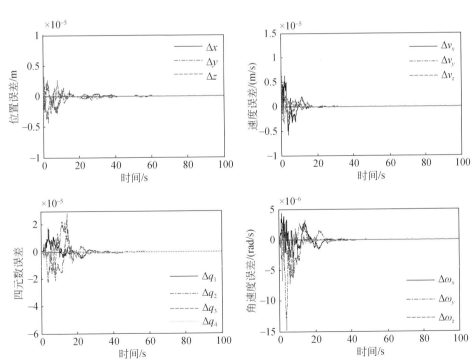

图 15.24 无控时采用 UKF 算法得到的相对状态误差曲线

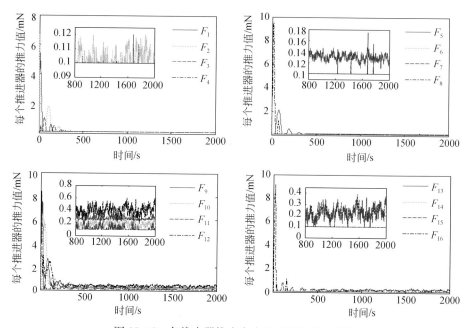

图 15.32　各推力器推力大小随时间的变化曲线